Um curso de mecânica clássica

Blucher

Um curso de mecânica clássica

Carlos Batista

Um curso de mecânica clássica

Editora Edgard Blücher Ltda.

Publisher Edgard Blücher
Editores Eduardo Blücher e Jonatas Eliakim
Coordenação editorial Andressa Lira
Produção editorial Thaís Pereira
Revisão de texto Maurício Katayama
Capa Laércio Flenic
Imagem da capa Gira pião, Guilherme da Fonte Franca

Editora Blucher
Rua Pedroso Alvarenga, 1245, 4º andar
CEP 04531-934 – São Paulo – SP – Brasil
Tel.: 55 11 3078-5366
contato@blucher.com.br
www.blucher.com.br

Dados Internacionais de Catalogação na Publicação (CIP)
Angélica Ilacqua CRB-8/7057

Batista, Carlos
Um curso de mecânica clássica / Carlos Batista. — São Paulo : Blucher, 2023.

p. 548

Bibliografia
ISBN 978-85-212-2182-1

1. Mecânica I. Título

23-4693 CDD 531

Índice para catálogo sistemático: 1. Mecânica

Prefácio

É seguro dizer que a mecânica clássica é a ferramenta mais básica da Física teórica. Os princípios e lições dessa matéria são essenciais para uma compreensão da mecânica quântica, da mecânica estatística e do eletromagnetismo (bem como de qualquer outra teoria de campo). Assim sendo, uma formação sólida em mecânica clássica de partículas deve fazer parte do currículo de qualquer estudante de Física em nível superior. No entanto, o interesse em tal disciplina não deve ser restrito aos que estão no curso de Física; aqueles que seguirão a carreira da Matemática e da Engenharia também se beneficiarão de um conhecimento básico da mecânica. De fato, um dos principais alicerces das engenharias são as leis da Física, ciência que tem como um de seus pilares a mecânica clássica. Analogamente, a mecânica clássica deu origem a incontáveis problemas matemáticos de grande relevância histórica, contribuindo para o desenvolvimento e até a criação de novas ferramentas matemáticas. Por isso, estudantes de Engenharia e Matemática também podem se favorecer enormemente do conhecimento sobre as abordagens lagrangiana e hamiltoniana para a mecânica clássica, temas centrais desta obra.

Este livro tem como público-alvo estudantes de exatas que vão desde o segundo ano do curso superior até o primeiro ano do mestrado. Portanto, assume-se que o/a leitor/a tenha conhecimento das ferramentas elementares de cálculo, como derivada e integral, e que saiba aplicá-las aos problemas tradicionais da mecânica newtoniana. Além disso, espera-se que o/a estudante tenha tido um contato prévio com os conteúdos das disciplinas de geometria analítica e álgebra linear. Cumpridos esses pré-requisitos, o presente texto tem a ambição de ser autocontido. Logo, ferramentas matemáticas como equações diferenciais e o tratamento de vetores e matrizes através da notação de índices são introduzidas ao longo do livro na profundidade necessária para acompanhar os temas abordados nesta obra.

Para fins de referência, esta obra busca apresentar a mecânica clássica em um nível semelhante aos conhecidos livros dos seguintes autores: Thornton & Marion, Goldstein, Nivaldo Lemos e Landau & Lifchitz. Esses quatro livros mencionados são excelentes opções para seguir ao longo de um curso de mecânica clássica. Acredito, no entanto, que bons/boas estudantes jamais devem basear seus conhecimentos na visão de um único autor. Cada uma dessas obras literárias reflete uma determinada forma de enxergar a matéria. Frequentemente, um encadeamento de raciocínios que faz todo sentido para um autor/a pode ser pouco palatável para um/a leitor/a. A exposição a diferentes formas de abordar um tema é, portanto, essencial para que o/a estudante possa decidir aquela que faz mais sentido e, então, possa criar um roteiro lógico que lhe permita entender o conteúdo desejado. Tipicamente, o roteiro criado pelo/a leitor/a será uma espécie de colcha de retalhos formada pelo que foi aprendido em cada uma das fontes de informação. Daí a grande importância da exposição à diversidade de abordagens. No que tange a este livro, cito as seguintes contribuições originais que, no meu entender, o diferenciam das quatro obras citadas: uma discussão crítica sobre as leis de Newton; o uso da notação de índices e da convenção de soma de Einstein ao longo do texto; o destaque dado ao papel das simetrias na mecânica clássica, tanto através do teorema de Nöther quanto no estudo das transformações canônicas; uma introdução à teoria dos grupos contínuos, que é de grande valia para uma melhor manipulação das transformações de simetria; o papel de destaque dado à função ação, em particular, seu uso para motivar o método de Hamilton-Jacobi; um capítulo inteiro dedicado às teorias de calibre e à dinâmica hamiltoniana com vínculos. O peso dado ao papel das simetrias no presente texto busca refletir a relevância absolutamente central desse tema na Física teórica moderna, algo de que sinto falta em livros-textos voltados para estudantes em início de graduação. Da mesma forma, as chamadas teorias de calibre compõem a base do modelo teórico para as quatro interações fundamentais da natureza. Apesar disso, esse é um tópico que não costuma ser abordado nos tratados introdutórios à mecânica clássica (uma exceção é o livro do Nivaldo Lemos, que dedica uma seção ao tema). Aqui, busquei fazer um exposição relativamente extensa sobre o assunto, dentro do contexto de mecânica de partículas.

Como de costume em livros-textos, a presente obra apresenta diversos exemplos ao longo do escrito, a fim de ilustrar o uso do conteúdo que está sendo abordado. Foi feito um esforço para construir exemplos originais que diferissem dos problemas já contemplados em outros materiais bibliográficos. Perseguir essa meta, no entanto, se mostrou bastante desafiador, pois há exemplos dos quais é difícil fugir, por serem relativamente simples de serem resolvidos e, apesar disso, terem a capacidade de ensinar os principais pontos da teoria, razão pela qual certos problemas estão em essencialmente todos os tratados de mecânica clássica. Ao fim de cada capítulo, também são sugeridos alguns exercícios para que o/a leitor/a tenha a oportunidade de testar seu aprendizado. Em cada capítulo, ao menos um desses exercícios está resolvido. Também busquei, na medida do possível, introduzir problemas originais, que diferissem daqueles já propostos em outros textos. Dedicar-se a resolver esses problemas é absolutamente essencial para o/a leitor/a que busca entender a matéria. Faço votos de que este livro contribua de alguma forma para que o/a estudante alicerce seu conhecimento acadêmico em bases sólidas e que se sinta estimulado/a a aprender mais.

Recife, 09/02/2023
Carlos Batista

Agradecimentos

Em primeiro lugar, gostaria de agradecer a todas e todos que contribuíram para a minha educação formal, sem a qual a escrita deste livro e o fato de eu ter me tornado um professor de Física jamais seriam possíveis. Neste quesito, devo efusivos agradecimentos à minha mãe, Ana Lúcia, que, desde meus primeiros anos no colégio, disse-me, de forma copiosa, que a educação era o mais eficiente caminho para a minha independência e que era preciso estudar todos os dias. Eu demorei a colocar em prática esses valiosos conselhos; fui um aluno com desempenho abaixo da média durante a maior parte da minha formação colegial. No entanto, no ensino médio, quando finalmente me deparei com assuntos que me motivaram (a saber, Física e Matemática), eu comecei realizar o desejo da minha mãe, o de me tornar um estudante dedicado. Por essa inabalável persistência, muito obrigado, Mainha! Também agradeço à minha irmã, Natália, que, na minha infância e no início da vida adulta, foi uma importante referência de alguém responsável e obstinada em alcançar seus objetivos através do estudo. Ademais, sou muito grato às minhas tias Valéria e Julieta por terem ajudado minha Mãe a custear bons colégios e cursos. Muitíssimo obrigado, tia Vavá e tia Juju.

Por fim, gostaria de agradecer à minha esposa, Juliana. Uma pessoa fantástica, um poço infinito repleto de qualidades. Suas lições de gentileza, inteligência, generosidade, coragem, alegria e humildade me fazem aprender diariamente e são minha maior fonte de inspiração e motivação para seguir em busca de me tornar alguém melhor e mais feliz. Durante esses dezessete anos em que estamos juntos, ela me apoiou enormemente e me ajudou a executar todos os meus planos pessoais e profissionais. Em particular, deu-se ao trabalho de fazer a revisão ortográfica de todo este livro. Não há palavras que possam representar a gratidão e a felicidade de tê-la ao meu lado para compartilhar minha existência. Te Amo, Nina linda!

Recife, 09/02/2023
Carlos Batista

A Mecânica da Vida

A vida só é plena quando há evolução
E usamos nosso dom de causar transformação
Comportamentos egoístas causam repulsão
Enquanto o bem atrai o bem, é ação e reação

O movimento do pião tem beleza e cadência
Nos inspira a agir com base na ciência
A inércia não ajuda, é preciso diligência
Trabalhar honestamente, buscando coerência
Dar exemplos ressonantes com a máxima frequência

A dinâmica das partículas tem um fluxo natural
Usar fórmula mais fácil pode ser regra geral
É preciso persistência para mudar o referencial
Cada parte é importante ainda que infinitesimal
Escolher sempre o positivo, esse é o sinal

A grandeza da atitude deixa tudo mais harmônico
Não há receita pronta, nem parâmetro canônico
O vetor é o respeito, sem discurso hegemônico
O teorema é antigo, embora nunca anacrônico

Juliana Magalhães Franca

Conteúdo

Capítulo 1

Revisão matemática e notação

Os objetivos deste capítulo inicial são relembrar algumas ferramentas matemáticas básicas, com as quais se assume que o/a leitor/a já tenha tido contato mais aprofundado em outros cursos, e estabelecer o padrão de notação que será adotado no restante do livro.

1.1 O espaço vetorial $\mathbb{R}^n$

O $\mathbb{R}^n$ é um espaço vetorial de dimensão n sobre o corpo dos reais. Isso significa que podemos introduzir uma base composta de n vetores, $\{\boldsymbol{b}_1, \boldsymbol{b}_2, \cdots, \boldsymbol{b}_n\}$, de forma que um elemento qualquer desse espaço, $\boldsymbol{v} \in \mathbb{R}^n$, pode sempre ser escrito da seguinte maneira:

$$\boldsymbol{v} = v_1\,\boldsymbol{b}_1 + v_2\,\boldsymbol{b}_2 + \cdots + v_n\,\boldsymbol{b}_n = \sum_{i=1}^{n} v_i\,\boldsymbol{b}_i\,,$$

onde $\{v_i\}$ é um conjunto de n constantes reais. Tais constantes são denominadas as componentes do vetor $\boldsymbol{v}$ na base $\{\boldsymbol{b}_i\}$. Essa base não é única. Na verdade, em qualquer espaço vetorial existem infinitas bases que podem ser adotadas. Por exemplo, se usarmos a base $\{\tilde{\boldsymbol{b}}_i\}$ definida por

$$\tilde{\boldsymbol{b}}_1 = \boldsymbol{b}_1 + 2\boldsymbol{b}_2\,, \quad \tilde{\boldsymbol{b}}_2 = \boldsymbol{b}_1 + \boldsymbol{b}_2\,, \quad \tilde{\boldsymbol{b}}_j = \boldsymbol{b}_j \text{ se } j \geq 3\,,$$

então as componentes do vetor $\boldsymbol{v}$ mudarão. Mais precisamente, teremos a seguinte expansão:

$$\boldsymbol{v} = \sum_{i=1}^{n} \tilde{v}_i\,\tilde{\boldsymbol{b}}_i\,, \quad \text{com } \tilde{v}_1 = v_2 - v_1\,,\ \tilde{v}_2 = 2v_1 - v_2 \text{ e } \tilde{v}_j = v_j \text{ se } j \geq 3\,.$$

Um produto interno em um espaço vetorial, também conhecido como produto escalar, é uma operação que age em dois vetores e fornece um número. Dados os vetores $\boldsymbol{v}$ e $\boldsymbol{w}$, o produto interno entre eles será denotado por $\boldsymbol{v}\cdot\boldsymbol{w}$. O produto escalar deve sempre ser simétrico e bilinear, ou seja, sendo $\boldsymbol{v}$, $\boldsymbol{w}$ e $\boldsymbol{m}$ vetores quaisquer e α e β números reais quaisquer, então as seguintes relações devem ser válidas:

$$\boldsymbol{v}\cdot\boldsymbol{w} = \boldsymbol{w}\cdot\boldsymbol{v} \quad \text{e} \quad \boldsymbol{v}\cdot(\alpha\,\boldsymbol{w} + \beta\,\boldsymbol{m}) = \alpha\,\boldsymbol{v}\cdot\boldsymbol{w} + \beta\,\boldsymbol{v}\cdot\boldsymbol{m}\,.$$

Um produto interno é dito positivo definido quando temos $\boldsymbol{v}\cdot\boldsymbol{v} > 0$ para todo vetor $\boldsymbol{v}$ diferente do vetor zero. Nesse caso, define-se a norma do vetor $\boldsymbol{v}$ como sendo o seguinte número real e positivo:

$$|\boldsymbol{v}| \equiv \sqrt{\boldsymbol{v}\cdot\boldsymbol{v}}\,.$$

Um vetor é dito normalizado quando sua norma é 1, em cujo caso muitas vezes ele é chamado de versor. Por exemplo, o vetor

$$\hat{\boldsymbol{v}} \equiv \frac{1}{|\boldsymbol{v}|}\boldsymbol{v}$$

é o versor na direção de $\boldsymbol{v}$, pois tem a mesma direção e sentido de $\boldsymbol{v}$ e sua norma é um. Versores serão geralmente denotados por uma letra em negrito com um acento circunflexo acima. Dado um produto interno positivo definido, a seguinte relação é sempre válida:

$$|\boldsymbol{v}|^2 \, |\boldsymbol{w}|^2 \geq (\boldsymbol{v} \cdot \boldsymbol{w})^2 \,,$$

a chamada desigualdade de Schwarz. Por conta disso, a razão $(\boldsymbol{v} \cdot \boldsymbol{w})/(|\boldsymbol{v}| \, |\boldsymbol{w}|)$ é sempre um número contido no intervalo $[-1, 1]$ e, portanto, podemos associar esse número ao cosseno de um ângulo θ. Dizemos então que θ é o ângulo entre os vetores $\boldsymbol{v}$ e $\boldsymbol{w}$. Sendo assim, vale a seguinte relação:

$$\boldsymbol{v} \cdot \boldsymbol{w} = |\boldsymbol{v}| \, |\boldsymbol{w}| \cos\theta \,.$$

Em particular, dois vetores são ortogonais entre si quando o produto interno entre eles se anula.

Todo espaço vetorial de dimensão finita munido de um produto interno positivo definido admite bases cartesianas $\{\hat{\boldsymbol{e}}_1, \cdots, \hat{\boldsymbol{e}}_n\}$, que são bases cujos produtos internos de seus elementos fornecem:

$$\hat{\boldsymbol{e}}_i \cdot \hat{\boldsymbol{e}}_j = \begin{cases} 1 & \text{se} \;\; i = j \,, \\ 0 & \text{se} \;\; i \neq j \,. \end{cases}$$

Esse tipo de base também é chamada de ortonormal. Note que os elementos de uma base cartesiana são normalizados e ortogonais entre si. Dada uma base ortonormal $\{\hat{\boldsymbol{e}}_i\}$, podemos construir infinitas outras bases cartesianas aplicando transformações ortogonais. Voltaremos a esse ponto mais adiante.

1.2 Coordenadas cartesianas no $\mathbb{R}^3$

Considere o espaço em que vivemos. Podemos rotular os pontos desse espaço com três coordenadas, razão pela qual dizemos que nosso espaço é tridimensional. Sendo assim, é possível associar os pontos desse espaço a vetores do $\mathbb{R}^3$. Para fazer isso, precisamos selecionar um ponto do espaço para ser nossa origem e os vetores serão as setas que conectam a origem aos pontos do espaço. Nessa construção, o vetor zero corresponde ao ponto onde está a origem. Além disso, se introduzirmos três setas ortogonais entre si e de mesmo tamanho, podemos associá-las a uma base ortonormal $\{\hat{\boldsymbol{e}}_1, \hat{\boldsymbol{e}}_2, \hat{\boldsymbol{e}}_3\}$. Um ponto do espaço pode, então, ser associado ao vetor posição $\boldsymbol{r}$ expandido nessa base:

$$\boldsymbol{r} = \mathrm{x}\,\hat{\boldsymbol{e}}_1 + \mathrm{y}\,\hat{\boldsymbol{e}}_2 + \mathrm{z}\,\hat{\boldsymbol{e}}_3 \,,$$

onde $\{\mathrm{x}, \mathrm{y}, \mathrm{z}\}$ são as chamadas coordenadas cartesianas do ponto cujo vetor associado é $\boldsymbol{r}$. Os vetores de uma base cartesiana do $\mathbb{R}^3$ serão muitas vezes escritos da seguinte forma alternativa: $\{\hat{\boldsymbol{e}}_\mathrm{x}, \hat{\boldsymbol{e}}_\mathrm{y}, \hat{\boldsymbol{e}}_\mathrm{z}\}$.

O vetor $\boldsymbol{r}$ pode denotar a posição de uma partícula que executa determinada trajetória, mudando de posição com o passar do tempo. Nesse caso, as coordenadas cartesianas serão funções do tempo t, de maneira que podemos escrever

$$\boldsymbol{r}(t) = \mathrm{x}(t)\, \hat{\boldsymbol{e}}_\mathrm{x} + \mathrm{y}(t)\, \hat{\boldsymbol{e}}_\mathrm{y} + \mathrm{z}(t)\, \hat{\boldsymbol{e}}_\mathrm{z} \,.$$

Nesse tipo de situação, geralmente vamos adotar a mesma base cartesiana $\{\hat{\boldsymbol{e}}_i\}$ em todos os instantes de tempo, de forma que a derivada temporal da base fornece zero. Sendo assim, o vetor velocidade da partícula é dado por

$$\boldsymbol{v} = \frac{d\boldsymbol{r}}{dt} = \frac{d\mathrm{x}}{dt}\, \hat{\boldsymbol{e}}_\mathrm{x} + \frac{d\mathrm{y}}{dt}\, \hat{\boldsymbol{e}}_\mathrm{y} + \frac{d\mathrm{z}}{dt}\, \hat{\boldsymbol{e}}_\mathrm{z} = v_\mathrm{x}\, \hat{\boldsymbol{e}}_\mathrm{x} + v_\mathrm{y}\, \hat{\boldsymbol{e}}_\mathrm{y} + v_\mathrm{z}\, \hat{\boldsymbol{e}}_\mathrm{z} \,.$$

Analogamente, a aceleração da partícula é dada por:

$$\boldsymbol{a} = \frac{d^2\boldsymbol{r}}{dt^2} = \frac{d^2\mathrm{x}}{dt^2}\, \hat{\boldsymbol{e}}_\mathrm{x} + \frac{d^2\mathrm{y}}{dt^2}\, \hat{\boldsymbol{e}}_\mathrm{y} + \frac{d^2\mathrm{z}}{dt^2}\, \hat{\boldsymbol{e}}_\mathrm{z} = a_\mathrm{x}\, \hat{\boldsymbol{e}}_\mathrm{x} + a_\mathrm{y}\, \hat{\boldsymbol{e}}_\mathrm{y} + a_\mathrm{z}\, \hat{\boldsymbol{e}}_\mathrm{z} \,.$$

Agora, suponha que f seja uma grandeza que dependa da posição da partícula e do tempo, ou seja, $f = f(\boldsymbol{r}, t)$. Equivalentemente, podemos escrever de forma mais explícita $f = f(\mathrm{x}, \mathrm{y}, \mathrm{z}, t)$. Por exemplo, f pode denotar a energia da partícula ou a sua distância em relação a outra partícula. Então, se quisermos calcular a taxa de variação de f no tempo, temos que levar em consideração a dependência temporal explícita no tempo mas também a dependência implícita, pois as coordenadas cartesianas da partícula, $\{\mathrm{x}, \mathrm{y}, \mathrm{z}\}$, também podem variar no tempo. Por isso, ao derivarmos f em relação ao tempo, temos que usar a regra da cadeia:

$$\frac{df}{dt} = \frac{\partial f}{\partial \mathrm{x}} \frac{d\mathrm{x}}{dt} + \frac{\partial f}{\partial \mathrm{y}} \frac{d\mathrm{y}}{dt} + \frac{\partial f}{\partial \mathrm{z}} \frac{d\mathrm{z}}{dt} + \frac{\partial f}{\partial t} = (\boldsymbol{v} \cdot \boldsymbol{\nabla} f) + \frac{\partial f}{\partial t} \,,$$

onde, no lado direito da equação acima, $\boldsymbol{v}$ denota o vetor velocidade da partícula e $\boldsymbol{\nabla} f$ é o chamado gradiente da função f, que, em coordenadas cartesianas, é definido por

$$\boldsymbol{\nabla} f \equiv \frac{\partial f}{\partial \mathrm{x}}\, \hat{\boldsymbol{e}}_\mathrm{x} + \frac{\partial f}{\partial \mathrm{y}}\, \hat{\boldsymbol{e}}_\mathrm{y} + \frac{\partial f}{\partial \mathrm{z}}\, \hat{\boldsymbol{e}}_\mathrm{z} \,. \tag{1.1}$$

Um campo vetorial é um mapa que associa a cada ponto do espaço vetorial um vetor. Por exemplo, o seguinte objeto é um campo vetorial no $\mathbb{R}^3$:

$$\boldsymbol{A} = A_1(\mathrm{x}, \mathrm{y}, \mathrm{z})\, \hat{\boldsymbol{e}}_\mathrm{x} + A_2(\mathrm{x}, \mathrm{y}, \mathrm{z})\, \hat{\boldsymbol{e}}_\mathrm{y} + A_3(\mathrm{x}, \mathrm{y}, \mathrm{z})\, \hat{\boldsymbol{e}}_\mathrm{z} \,, \tag{1.2}$$

onde as funções A_i podem mudar de valor ponto a ponto. O vetor posição $\boldsymbol{r}$ é um exemplo de campo vetorial, para o qual valem as seguintes relações: $A_1 = \mathrm{x}$, $A_2 = \mathrm{y}$ e $A_3 = \mathrm{z}$. O gradiente de uma função também é um campo vetorial. Usando o operador gradiente e o produto interno, podemos definir um operador que leva campos vetoriais em funções no $\mathbb{R}^3$; a ação desse operador é denotada por $\boldsymbol{\nabla} \cdot \boldsymbol{A}$ e definida da seguinte forma:

$$\boldsymbol{\nabla} \cdot \boldsymbol{A} \equiv \frac{\partial A_1}{\partial \mathrm{x}} + \frac{\partial A_2}{\partial \mathrm{y}} + \frac{\partial A_3}{\partial \mathrm{z}} \,. \tag{1.3}$$

Denominamos a função $\boldsymbol{\nabla} \cdot \boldsymbol{A}$ como sendo o divergente do campo vetorial $\boldsymbol{A}$. Por exemplo, $\boldsymbol{\nabla} \cdot \boldsymbol{r} = 3$. Embora não apresentemos a prova aqui, é um fato que a definição do divergente é invariante pela escolha de base cartesiana. Ou seja, independente da base cartesiana que adotemos para expandir o campo vetorial $\boldsymbol{A}$, a função resultante será a mesma, desde que nas derivadas parciais da Eq. (1.3) usemos as coordenadas cartesianas definidas a partir da base cartesiana escolhida.

1.3 Rotações

Dada uma transformação linear, $\mathcal{T}: \mathbb{R}^n \to \mathbb{R}^n$, para sermos capazes de obter sua atuação em um vetor qualquer, basta saber sua atuação em uma base. De fato, se conhecermos os vetores $\boldsymbol{b}_i'$ definidos por

$$\boldsymbol{b}_i' \equiv \mathcal{T}(\boldsymbol{b}_i)\,,$$

onde $\{\boldsymbol{b}_i\}$ é alguma base, então segue que, dado um vetor $\boldsymbol{v}$ qualquer, temos:

$$\boldsymbol{v}' \equiv \mathcal{T}(\boldsymbol{v}) = \mathcal{T}\left(\sum_i v_i\,\boldsymbol{b}_i\right) = \sum_i v_i\,\mathcal{T}(\boldsymbol{b}_i) = \sum_i v_i\,\boldsymbol{b}_i'\,,$$

onde na segunda igualdade foi utilizado o fato de que a transformação $\mathcal{T}$ é linear.

Uma rotação $\mathcal{R}: \mathbb{R}^n \to \mathbb{R}^n$ é uma transformação linear nos vetores de um espaço vetorial munido de produto interno positivo definido que preserva a norma dos vetores. Note que, dados dois vetores quaisquer, $\boldsymbol{v}$ e $\boldsymbol{w}$, vale a seguinte identidade:

$$|\boldsymbol{v}+\boldsymbol{w}|^2 = (\boldsymbol{v}+\boldsymbol{w})\cdot(\boldsymbol{v}+\boldsymbol{w}) = |\boldsymbol{v}|^2 + |\boldsymbol{w}|^2 + 2\boldsymbol{v}\cdot\boldsymbol{w} = |\boldsymbol{v}|^2 + |\boldsymbol{w}|^2 + 2|\boldsymbol{v}|\,|\boldsymbol{w}|\,\cos\theta\,.$$

Resolvendo essa equação para θ, o ângulo entre os vetores $\boldsymbol{v}$ e $\boldsymbol{w}$, chega-se ao seguinte resultado:

$$\theta = \arccos\left(\frac{|\boldsymbol{v}+\boldsymbol{w}|^2 - |\boldsymbol{v}|^2 - |\boldsymbol{w}|^2}{2|\boldsymbol{v}|\,|\boldsymbol{w}|}\right)\,.$$

Dessa equação, concluímos que o ângulo entre dois vetores pode ser expresso apenas em termos de normas. Portanto, como uma rotação preserva a norma de todos os vetores, segue que os ângulos entre os vetores também são preservados por rotações. Além disso, o produto interno entre os vetores também é invariante pela ação das rotações. Ou seja, se $\boldsymbol{v}' = \mathcal{R}(\boldsymbol{v})$ e $\boldsymbol{w}' = \mathcal{R}(\boldsymbol{w})$, então segue que

$$\boldsymbol{v}\cdot\boldsymbol{w} \;=\; \boldsymbol{v}'\cdot\boldsymbol{w}'\,.$$

Em particular, rotações levam bases cartesianas em bases cartesianas, já que após a rotação os vetores continuam tendo norma 1 e sendo ortogonais entre si. Um exemplo de uma rotação no espaço $\mathbb{R}^3$ é dada por

$$\mathcal{R}(\hat{\boldsymbol{e}}_1) = \cos\lambda\,\hat{\boldsymbol{e}}_1 + \mathrm{sen}\lambda\,\hat{\boldsymbol{e}}_2\;,\;\; \mathcal{R}(\hat{\boldsymbol{e}}_2) = -\mathrm{sen}\lambda\,\hat{\boldsymbol{e}}_1 + \cos\lambda\,\hat{\boldsymbol{e}}_2\;,\;\; \mathcal{R}(\hat{\boldsymbol{e}}_3) = \hat{\boldsymbol{e}}_3\,, \tag{1.4}$$

onde λ é um número real qualquer. De fato, dessa forma temos, por exemplo,

$$\hat{\boldsymbol{e}}_1'\cdot\hat{\boldsymbol{e}}_1' = \cos^2\lambda + \mathrm{sen}^2\lambda = 1\;,\;\; \hat{\boldsymbol{e}}_1'\cdot\hat{\boldsymbol{e}}_2' = -\cos\lambda\,\mathrm{sen}\lambda + \mathrm{sen}\lambda\,\cos\lambda = 0\;,\;\; \hat{\boldsymbol{e}}_1'\cdot\hat{\boldsymbol{e}}_3' = 0\,.$$

Além disso, ainda valem $\hat{\boldsymbol{e}}_2'\cdot\hat{\boldsymbol{e}}_2' = 1$, $\hat{\boldsymbol{e}}_3'\cdot\hat{\boldsymbol{e}}_3' = 1$ e $\hat{\boldsymbol{e}}_2'\cdot\hat{\boldsymbol{e}}_3' = 0$, onde $\hat{\boldsymbol{e}}_i' \equiv \mathcal{R}(\hat{\boldsymbol{e}}_i)$. Essa rotação está ilustrada na Fig. 1.1, onde é possível ver que tal operação executa uma rotação de um ângulo λ nos vetores do plano xy, enquanto os vetores ao longo do eixo z não são afetados. A rotação mais geral no espaço $\mathbb{R}^3$ pode sempre ser escrita como a composição de uma rotação no plano xy, com uma rotação no plano yz seguida de uma rotação no plano zx. Mais geralmente, qualquer rotação no $\mathbb{R}^n$ pode ser escrita como uma composição de rotações nos planos cartesianos.

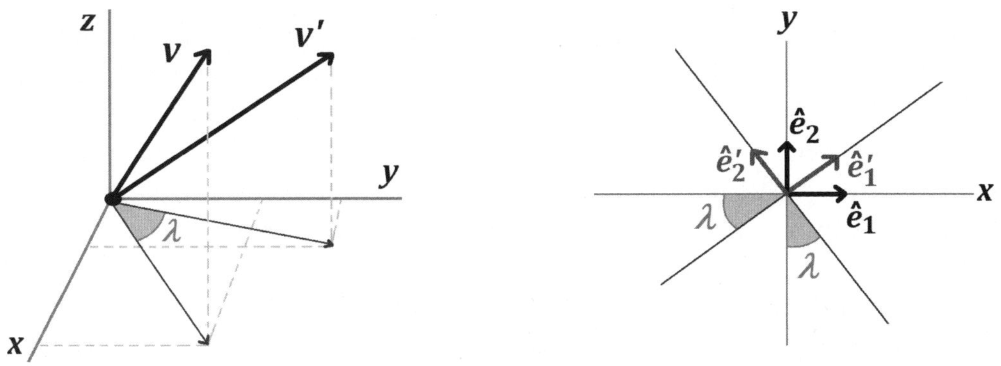

Figura 1.1: À esquerda, vemos a ação da rotação (1.4) em um vetor genérico $\boldsymbol{v}$. Vemos que a projeção desse vetor no plano xy sofre uma rotação de um ângulo λ no sentido anti-horário. Na ilustração à direita, vemos a ação dessa rotação na base cartesiana do plano xy. O vetor $\hat{\boldsymbol{e}}_3$ não é afetado pela rotação.

1.4 Produto vetorial

Uma vez introduzida alguma base cartesiana no $\mathbb{R}^3$, podemos definir o produto vetorial. Tal produto age em um par de vetores e é denotado pelo símbolo $\times$. O resultado dessa operação é também um vetor do $\mathbb{R}^3$. O produto vetorial é bilinear e antissimétrico, ou seja,

$$\boldsymbol{v} \times (\alpha\,\boldsymbol{w} + \beta\,\boldsymbol{m}) = \alpha\,(\boldsymbol{v} \times \boldsymbol{w}) + \beta\,(\boldsymbol{v} \times \boldsymbol{m}) \quad \text{e} \quad \boldsymbol{v} \times \boldsymbol{w} = -\,\boldsymbol{w} \times \boldsymbol{v}\,,$$

onde α e β são números reais quaisquer, ao passo que $\boldsymbol{v}$, $\boldsymbol{w}$ e $\boldsymbol{m}$ são vetores quaisquer do $\mathbb{R}^3$. Uma consequência imediata da antissimetria é que o produto vetorial de um vetor consigo é sempre zero,

$$\boldsymbol{v} \times \boldsymbol{v} = 0\,.$$

Mais geralmente, a antissimetria com a bilinearidade garantem que se dois vetores apontam na mesma direção, ou seja, se são proporcionais entre si, então o produto vetorial entre eles é nulo.

Dada uma base cartesiana $\{\hat{\boldsymbol{e}}_1, \hat{\boldsymbol{e}}_2, \hat{\boldsymbol{e}}_3\}$, o produto vetorial é completamente definido através das seguintes relações:

$$\hat{\boldsymbol{e}}_1 \times \hat{\boldsymbol{e}}_2 = \hat{\boldsymbol{e}}_3\,, \quad \hat{\boldsymbol{e}}_2 \times \hat{\boldsymbol{e}}_3 = \hat{\boldsymbol{e}}_1\,, \quad \hat{\boldsymbol{e}}_3 \times \hat{\boldsymbol{e}}_1 = \hat{\boldsymbol{e}}_2\,. \tag{1.5}$$

O produto $\hat{\boldsymbol{e}}_1 \times \hat{\boldsymbol{e}}_1$, por exemplo, não precisa ser explicitado, pois é automaticamente zero por conta da antissimetria do produto vetorial. Analogamente, podemos afirmar que $\hat{\boldsymbol{e}}_2 \times \hat{\boldsymbol{e}}_1 = -\hat{\boldsymbol{e}}_3$, o que é consequência da Eq. (1.5) e da antissimetria. Então, por exemplo,

$$\begin{aligned}(\hat{\boldsymbol{e}}_1 + 2\,\hat{\boldsymbol{e}}_2) \times (5\,\hat{\boldsymbol{e}}_2 - \hat{\boldsymbol{e}}_3) &= 5\,\hat{\boldsymbol{e}}_1 \times \hat{\boldsymbol{e}}_2 - \hat{\boldsymbol{e}}_1 \times \hat{\boldsymbol{e}}_3 + 10\,\hat{\boldsymbol{e}}_2 \times \hat{\boldsymbol{e}}_2 - 2\,\hat{\boldsymbol{e}}_2 \times \hat{\boldsymbol{e}}_3 \\ &= 5\,\hat{\boldsymbol{e}}_3 + \hat{\boldsymbol{e}}_2 + 0 - 2\,\hat{\boldsymbol{e}}_1 = 5\,\hat{\boldsymbol{e}}_3 + \hat{\boldsymbol{e}}_2 - 2\,\hat{\boldsymbol{e}}_1\,.\end{aligned}$$

É importante notar que o produto vetorial não é associativo. Isto é, em geral, temos

$$\boldsymbol{v} \times (\boldsymbol{w} \times \boldsymbol{m}) \neq (\boldsymbol{v} \times \boldsymbol{w}) \times \boldsymbol{m}\,.$$

De fato, um exemplo da não associatividade é explicitado a seguir:

$$\hat{\boldsymbol{e}}_1 \times (\hat{\boldsymbol{e}}_1 \times \hat{\boldsymbol{e}}_2) = \hat{\boldsymbol{e}}_1 \times \hat{\boldsymbol{e}}_3 = -\hat{\boldsymbol{e}}_2\,, \quad (\hat{\boldsymbol{e}}_1 \times \hat{\boldsymbol{e}}_1) \times \hat{\boldsymbol{e}}_2 = 0 \times \hat{\boldsymbol{e}}_2 = 0\,.$$

Portanto, se em alguma expressão houver uma composição de produtos vetoriais, é necessário que sejam colocados os parênteses a fim de estabelecer a ordem com a qual os produtos devem ser calculados, caso contrário a expressão estará mal definida.

Uma pergunta pertinente é a seguinte: se duas pessoas utilizarem bases cartesianas diferentes para definirem seus produtos vetoriais no $\mathbb{R}^3$, esses produtos serão consistentes entre si? A resposta é: "geralmente sim", a não ser que as bases cartesianas tenham orientações invertidas, em cujo caso os produtos vetoriais serão quase consistentes entre si, diferirão apenas por um sinal. Vejamos isso. Comecemos pelo caso em que os produtos coincidem. Suponha que $\{\hat{\boldsymbol{e}}_i\}$ e $\{\hat{\boldsymbol{e}}'_i\}$ sejam as duas bases cartesianas relacionadas pela rotação definida na Eq. (1.4). Então, aquele que decidir adotar a base $\{\hat{\boldsymbol{e}}_i\}$ para definir o produto vetorial usará a Eq. (1.5) para calcular os produtos. Por outro lado, quem preferir usar a base $\{\hat{\boldsymbol{e}}'_i\}$ fará uso das seguintes identidades:

$$\hat{\boldsymbol{e}}'_1 \times \hat{\boldsymbol{e}}'_2 = \hat{\boldsymbol{e}}'_3\,, \quad \hat{\boldsymbol{e}}'_2 \times \hat{\boldsymbol{e}}'_3 = \hat{\boldsymbol{e}}'_1\,, \quad \hat{\boldsymbol{e}}'_3 \times \hat{\boldsymbol{e}}'_1 = \hat{\boldsymbol{e}}'_2\,. \tag{1.6}$$

Vejamos se essas duas definições são coerentes entre si. Por exemplo, calculemos $\hat{\boldsymbol{e}}'_1 \times \hat{\boldsymbol{e}}'_2$ usando a definição (1.5) de produto vetorial em conjunto com a Eq. (1.4):

$$\begin{aligned}\hat{\boldsymbol{e}}'_1 \times \hat{\boldsymbol{e}}'_2 &= (\cos\lambda\,\hat{\boldsymbol{e}}_1 + \text{sen}\lambda\,\hat{\boldsymbol{e}}_2) \times (-\text{sen}\lambda\,\hat{\boldsymbol{e}}_1 + \cos\lambda\,\hat{\boldsymbol{e}}_2) = \cos^2\lambda\,\hat{\boldsymbol{e}}_1 \times \hat{\boldsymbol{e}}_2 - \text{sen}^2\lambda\,\hat{\boldsymbol{e}}_2 \times \hat{\boldsymbol{e}}_1 \\ &= \cos^2\lambda\,\hat{\boldsymbol{e}}_3 + \text{sen}^2\lambda\,\hat{\boldsymbol{e}}_3 = \hat{\boldsymbol{e}}_3 = \hat{\boldsymbol{e}}'_3\,,\end{aligned}$$

o que está em pleno acordo com a Eq. (1.6). Analogamente, prova-se que o cálculo dos produtos $\hat{\boldsymbol{e}}'_i \times \hat{\boldsymbol{e}}'_j$ através da Eq. (1.5) conduz exatamente às identidades da Eq. (1.6). Por outro lado, um exemplo de base cartesiana que levaria a um produto vetorial distinto é a seguinte:

$$\tilde{\boldsymbol{e}}_1 = -\hat{\boldsymbol{e}}_1\,, \quad \tilde{\boldsymbol{e}}_2 = -\hat{\boldsymbol{e}}_2\,, \quad \tilde{\boldsymbol{e}}_3 = -\hat{\boldsymbol{e}}_3\,. \tag{1.7}$$

Primeiro, note que essa nova base é, de fato, cartesiana. Então, usando a definição (1.5) de produto vetorial, obtemos, por exemplo,

$$\tilde{\boldsymbol{e}}_1 \times \tilde{\boldsymbol{e}}_2 = (-\hat{\boldsymbol{e}}_1) \times (-\hat{\boldsymbol{e}}_2) = \hat{\boldsymbol{e}}_1 \times \hat{\boldsymbol{e}}_2 = \hat{\boldsymbol{e}}_3 = -\,\tilde{\boldsymbol{e}}_3\,,$$

que é o que deveríamos esperar a menos do sinal, que está trocado. Os demais produtos vetoriais também aparecerão todos com os sinais trocados. Dizemos que as bases $\{\hat{\boldsymbol{e}}_i\}$ e $\{\tilde{\boldsymbol{e}}_i\}$ têm orientações opostas. A transformação linear que conecta essas bases, dada na Eq. (1.7), é chamada de inversão espacial. Na seção anterior, foi argumentado que toda rotação leva uma base cartesiana em uma base cartesiana. Ocorre que o contrário não é verdadeiro. Além das rotações, a composição de uma rotação qualquer com a operação de inversão espacial também leva base cartesiana em base cartesiana, embora inverta a orientação. As transformações lineares que preservam o produto interno são denominadas transformações ortogonais. As rotações formam um subconjunto das transformações ortogonais. O subconjunto complementar é formado pelas transformações que são a composição de uma rotação com a inversão espacial.

Usando o produto vetorial e o operador gradiente, é possível definir um operador chamado de rotacional que age em campos vetoriais e fornece como resultado campos vetoriais. Sua definição é a seguinte:

$$\boldsymbol{\nabla} \times \boldsymbol{A} \equiv \left(\frac{\partial A_3}{\partial \mathrm{y}} - \frac{\partial A_2}{\partial \mathrm{z}}\right) \hat{\boldsymbol{e}}_{\mathrm{x}} + \left(\frac{\partial A_1}{\partial \mathrm{z}} - \frac{\partial A_3}{\partial \mathrm{x}}\right) \hat{\boldsymbol{e}}_{\mathrm{y}} + \left(\frac{\partial A_2}{\partial \mathrm{x}} - \frac{\partial A_1}{\partial \mathrm{y}}\right) \hat{\boldsymbol{e}}_{\mathrm{z}}\,.$$

O campo vetorial $\boldsymbol{\nabla} \times \boldsymbol{A}$ é denominado o rotacional de $\boldsymbol{A}$. A definição do rotacional é invariante por mudança de base cartesiana, desde que as bases cartesianas tenham a mesma orientação, caso contrário haverá uma discrepância no sinal do rotacional.

Antes de prosseguir, é pertinente comentar que o produto vetorial só pode ser definido no $\mathbb{R}^3$; não há um produto análogo que possa ser definido de forma consistente (canônica) no espaço $\mathbb{R}^n$ para $n \neq 3$.

1.5 Série de Taylor

Uma função $f : \mathbb{R} \to \mathbb{R}$ é dita **suave** em um ponto $x_0 \in \mathbb{R}$ se essa função e todas as suas derivadas forem contínuas no ponto x_0. Suponha que $f(x)$ e $h(x)$ sejam funções suaves em x_0, então é fácil ver que

$$a\, f(x) + b\, h(x)$$

é uma função suave em x_0, quaisquer que sejam as constantes reais a e b. Ou seja, combinações lineares de funções suaves em um ponto também são funções suaves nesse ponto. Isso prova que o conjunto das funções suaves em um ponto x_0 forma um espaço vetorial. Esse espaço vetorial tem dimensão infinita e uma base de funções para esse espaço é dada por:

$$\{1,\, (x - x_0),\, (x - x_0)^2,\, (x - x_0)^3,\, \cdots\}\,.$$

Portanto, se $f(x)$ é suave em x_0, segue que essa função pode ser escrita da seguinte forma:

$$f(x) = a_0 + a_1\,(x - x_0) + a_2\,(x - x_0)^2 + \cdots = \sum_{p=0}^{\infty} a_p\,(x - x_0)^p\,. \tag{1.8}$$

De fato, não é difícil obter as constantes a_p que tornam a igualdade acima verdadeira. Por exemplo, avaliando a Eq. (1.8) no ponto x_0, obtemos $f(x_0) = a_0$, o que fornece uma expressão para a_0. Por sua vez, tomando a derivada da Eq. (1.8) em relação a x e depois avaliando o resultado em x_0, encontramos:

$$f'(x) = a_1 + 2\,a_2\,(x - x_0) + 3\,a_3\,(x - x_0)^2 \cdots \quad \Rightarrow \quad f'(x_0) = a_1\,,$$

o que fornece uma expressão para a_1. Agora, derivando a expressão para $f'(x)$ e avaliando o resultado em x_0, obtemos $f''(x_0) = 2a_2$. Analogamente, tomando q derivadas da Eq. (1.8) e depois assumindo $x = x_0$, obtemos:

$$f^{(q)}(x_0) \equiv \left.\frac{d^q f}{dx^q}\right|_{x=x_0} = q!\, a_q \quad \Rightarrow \quad a_q = \frac{1}{q!}\, f^{(q)}(x_0)\,.$$

Portanto, qualquer função $f(x)$ suave em x_0 pode ser escrita da seguinte forma:

$$f(x) = \sum_{p=0}^{\infty} \frac{f^{(p)}(x_0)}{p!}\,(x - x_0)^p\,.$$

A expressão no lado direito da equação acima é denominada a **série de Taylor** da função f em torno do ponto x_0.

Por exemplo, consideremos a série de Taylor da função $f(x) = e^{\alpha x}$ em torno do ponto $x_0 = 0$. As derivadas dessa função são dadas por $f^{(p)}(x) = \alpha^p\, e^{\alpha x}$, de forma que a série de Taylor é dada por

$$e^{\alpha x} = \sum_{p=0}^{\infty} \frac{\alpha^p}{p!}\, x^p\,. \tag{1.9}$$

Agora, consideremos a função $h(x) = 1/x$ com $x_0 = 1$. É fácil provar que $h^{(p)}(1) = (-1)^p\, p!$, de forma que sua série de Taylor em torno de $x_0 = 1$ é a seguinte:

$$\frac{1}{x} = 1 - (x-1) + (x-1)^2 - (x-1)^3 + \cdots = \sum_{p=0}^{\infty} (-1)^p\,(x-1)^p\,. \tag{1.10}$$

Uma das principais utilidades das séries de Taylor é seu uso para realizar aproximações de funções quando estamos interessados em pontos que estão na vizinhança do ponto de expansão, x_0, algo que será abordado em breve. Outra aplicação importante é para provar certas identidades que são relevantes na Física e na Matemática. Por exemplo, a chamada fórmula de Euler,

$$e^{ix} = \cos x \,+\, i\,\mathrm{sen} x\,, \tag{1.11}$$

onde $i = \sqrt{-1}$ é a unidade imaginária, pode ser facilmente provada expandindo ambos os lados da equação em série de Taylor e observando que ambas as séries coincidem. Ou, equivalentemente, basta provar que ambas as funções e todas as suas derivadas têm o mesmo valor quando avaliadas no ponto $x = 0$, por exemplo.

É importante, no entanto, notar que nem sempre a série de Taylor é bem definida para qualquer x. De fato, em geral, a soma das infinitas parcelas que compõem a série só converge para x suficientemente próximo de x_0. Um teste-padrão para saber se a soma infinita

$$S = \sum_{p=0}^{\infty} A_p$$

tem valor bem definido é o chamado teste da razão, que afirma que, se A_{p+1}/A_p tiver módulo menor que um no limite $p \to \infty$, então a série convergirá. No caso da série de Taylor, temos:

$$\frac{A_{p+1}}{A_p} = \frac{\frac{f^{(p+1)}(x_0)}{(p+1)!}(x-x_0)^{p+1}}{\frac{f^{(p)}(x_0)}{p!}(x-x_0)^p} = \frac{f^{(p+1)}(x_0)}{f^{(p)}(x_0)} \cdot \frac{(x-x_0)}{p+1}\,.$$

Portanto, se assumirmos que $|x - x_0|$ é suficientemente pequeno, sempre podemos fazer o módulo da expressão anterior ser menor que um. Por exemplo, a série da Eq. (1.10) só converge para $|x-1| < 1$, ao passo que a série da exponencial $e^{\alpha x}$ em torno de $x = 0$, dada na Eq. (1.9), converge para qualquer valor de x.

Seja $f(x)$ uma função suave em x_0 e denotemos por ϵ o desvio de x em relação a x_0, ou seja, $\epsilon = x - x_0$. Então, a série de Taylor de $f(x)$ pode ser escrita da seguinte forma:

$$f(x) = f(x_0+\epsilon) = f(x_0) + f'(x_0)\,\epsilon + \frac{1}{2}f''(x_0)\,\epsilon^2 + \frac{1}{6}f'''(x_0)\,\epsilon^3 + \cdots \tag{1.12}$$

Agora, note que, se ϵ é um número real cujo módulo é menor que um, $|\epsilon| < 1$, então vale

$$|\epsilon| > |\epsilon^2| > |\epsilon^3| > \cdots\,,$$

ou seja, quanto maior a potência de ϵ, menor seu módulo. Por exemplo, se $\epsilon = 0.1$, então $\epsilon^2 = 0.01$, $\epsilon^3 = 0.001$ e assim por diante. Logo, para ϵ suficientemente pequeno, quanto maior a potência de ϵ na série de Taylor (1.12), menor o módulo do termo e, portanto, menor a relevância do termo. Então, se ϵ for pequeno, podemos desprezar potências altas de ϵ e considerar a série de Taylor apenas até a potência ϵ^n:

$$f(x_0+\epsilon) \simeq f(x_0) + f'(x_0)\,\epsilon + \frac{1}{2}f''(x_0)\,\epsilon^2 + \cdots + \frac{1}{n!}f^{(n)}(x_0)\,\epsilon^n\,. \tag{1.13}$$

Dizemos então que a função $f(x)$ foi aproximada em série de Taylor até ordem n. Por exemplo, a aproximação de $f(x)$ em primeira ordem é a seguinte:

$$f(x_0 + \epsilon) \simeq f(x_0) + f'(x_0)\,\epsilon\,.$$

Quanto maior a ordem de aproximação, ou seja, quanto maior o n na Eq. (1.13), mais fidedigna será a aproximação. Muitas vezes, a série de Taylor é escrita da seguinte forma:

$$f(x_0 + \epsilon) = f(x_0) + f'(x_0)\,\epsilon + O(\epsilon^2)\,.$$

A parcela $O(\epsilon^2)$ denota todos os termos de ordem quadrática em ϵ e de ordem superior. De forma geral, se escrevermos $O(\epsilon^n)$ queremos denotar termos com potência ϵ^n ou ordem superior, como ϵ^{n+1} e assim por diante.

Se uma função não for suave em um determinado ponto x_0, ela não admitirá série de Taylor em torno desse ponto, até porque a própria função não terá valor bem definido em x_0 ou pelo menos uma de suas derivadas não poderá ser calculada em x_0, de forma que ao menos um dos coeficientes a_p não poderá ser obtido. Por exemplo, a função $h(x) = 1/x$ não é suave em $x = 0$, pois seu limite à esquerda é $-\infty$ e seu limite à direita é ∞. Então, ela não admite série de Taylor em torno de $x = 0$. Todavia, essa mesma função admite série de Taylor em torno de qualquer outro ponto da reta real. Por exemplo, na Eq. (1.10) vimos a série de Taylor dessa função em torno de $x_0 = 1$. Analogamente, a função $f(x) = \sqrt{x}$ não admite série de Taylor em torno de $x_0 = 0$, pois suas derivadas divergem nesse ponto.

Se tivermos uma função de duas variáveis, $f = f(\mathrm{x}, \mathrm{y})$, que seja suave no ponto $(\mathrm{x}_0, \mathrm{y}_0)$, também será possível introduzir sua série de Taylor em torno desse ponto. Mais precisamente, valerá a seguinte igualdade:

$$f(\mathrm{x}_0 + \epsilon_\mathrm{x}, \mathrm{y}_0 + \epsilon_\mathrm{y}) = \sum_{n_\mathrm{x}=0}^{\infty} \sum_{n_\mathrm{y}=0}^{\infty} \frac{f_0^{(n_\mathrm{x}, n_\mathrm{y})}}{n_\mathrm{x}!\, n_\mathrm{y}!}\, \epsilon_\mathrm{x}^{n_\mathrm{x}}\, \epsilon_\mathrm{y}^{n_\mathrm{y}}\,, \tag{1.14}$$

onde na equação acima temos

$$f_0^{(n_\mathrm{x}, n_\mathrm{y})} \equiv \left.\frac{\partial^{n_\mathrm{x}}}{\partial \mathrm{x}^{n_\mathrm{x}}} \frac{\partial^{n_\mathrm{y}} f}{\partial \mathrm{y}^{n_\mathrm{x}}}\right|_{(\mathrm{x},\mathrm{y})=(\mathrm{x}_0,\mathrm{y}_0)}.$$

Em particular, fazendo $\epsilon_\mathrm{y} = 0$ na Eq. (1.14) recuperamos a série de Taylor unidimensional na variável x. Uma série de Taylor análoga àquela mostrada na Eq. (1.14) é válida para um número arbitrário de variáveis.

1.6 Equações diferenciais

As equações diferenciais têm um papel absolutamente central na formulação matemática de essencialmente qualquer teoria física, e a mecânica clássica não é exceção. Nesta seção, focaremos as equações diferenciais que têm a seguinte forma:

$$a_2\,\frac{d^2X}{dt^2} + a_1\,\frac{dX}{dt} + a_0\,X = F(t)\,, \tag{1.15}$$

onde os coeficientes a_i são constantes e $F(t)$ é uma função conhecida. Trata-se de uma equação diferencial ordinária (EDO) linear e de segunda ordem com coeficientes constantes. O objetivo quando nos deparamos com este tipo de problema é encontrar todas as funções $X(t)$ que resolvem a equação acima.

Notemos o seguinte: se $X(t)$ obedecer à Eq. (1.15), então valerá a seguinte relação:

$$X'' = \frac{1}{a_2}\left[F - a_1 X' - a_0 X\right] . \tag{1.16}$$

Portanto, se conhecermos os valores de X e X' em um ponto $t = t_0$, então poderemos determinar X'' nesse ponto através da Eq. (1.16). Além disso, derivando a Eq. (1.16) em relação a t sucessivas vezes, poderemos determinar $X^{(n)}$ em termos das derivadas de ordem menor. Logo, se conhecermos os valores de X e X' em um ponto $t = t_0$, é possível determinar o valor de $X^{(n)}(t_0)$ para qualquer $n \geq 2$. Através desses valores poderemos construir a série de Taylor de $X(t)$ em torno de t_0 e, portanto, determinar a função que resolve a equação diferencial. Em suma, para estabelecer por completo uma solução $X(t)$ basta fixar os valores de X e X' em algum ponto $t = t_0$. Ou seja, a solução geral da equação depende de duas constantes, $X(t_0)$ e $X'(t_0)$, as chamadas condições iniciais ou condições de contorno da equação diferencial. Como um exemplo dessa conclusão, consideremos a seguinte equação diferencial: $X'' = 1$. Sua solução é um tanto quanto trivial. Integrando ambos os lados dessa equação em relação ao tempo, encontra-se: $X' = t + c_1$, onde c_1 é alguma constante. Em seguida, integrando ambos os lados da equação $X' = t + c_1$ em relação ao tempo, conclui-se que

$$X(t) = \frac{1}{2}t^2 + c_1 t + c_2 ,$$

onde c_2 é alguma constante. Essa é a chamada **solução geral** da equação diferencial $X'' = 1$. Note que essa solução depende de duas constantes que, a princípio, podem ser quaisquer. Tais constantes podem ser fixadas impondo condições iniciais ao problema. Por exemplo, se estivermos interessados em soluções tais que $X(0) = 1$ e $X'(0) = 2$, então teremos que adotar $c_1 = 2$ e $c_2 = 1$. A solução será, portanto, $X(t) = \frac{1}{2}t^2 + 2t + 1$, que é uma **solução particular** para a equação diferencial. Via de regra, uma equação diferencial de ordem n deverá ter em sua solução geral n constantes arbitrárias, as chamadas constantes de integração.

No caso especial em que $F(t) = 0$ na Eq. (1.15), dizemos que a equação diferencial é **homogênea**. Em equações lineares e homogêneas, se $X_1(t)$ e $X_2(t)$ forem duas soluções particulares para a equação diferencial, então é imediato provar que

$$X(t) = c_1 X_1(t) + c_2 X_2(t) \tag{1.17}$$

também será solução da mesma equação, quaisquer que sejam as constantes c_1 e c_2. Portanto, se X_1 e X_2 forem duas soluções particulares independentes da equação diferencial homogênea de segunda ordem, então a solução (1.17) será a solução geral, pois contém duas constantes arbitrárias.

Comecemos nossa introdução aos métodos para resolver as equações diferenciais focando o caso homogêneo. Para resolver equações da forma

$$a_2 X'' + a_1 X' + a_0 X = 0 , \tag{1.18}$$

vamos usar o *ansatz* (ou seja, o palpite) $X(t) = e^{\beta t}$, onde β é uma constante. Então, inserindo esse ansatz na Eq. (1.18), chega-se à seguinte igualdade:

$$(a_2 \beta^2 + a_1 \beta + a_0)\, e^{\beta t} = 0 .$$

Como a equação acima deve valer para qualquer t, conclui-se que o termo entre parênteses deve ser zero. Portanto, o nosso problema se resume a resolver uma equação algébrica, determinar os valores de β que fazem o polinômio de grau dois $(a_2\,\beta^2 + a_1\,\beta + a_0)$ se anular. Em geral, há duas soluções para esse problema, pois polinômios de ordem dois sempre têm duas raízes. Denotando essas raízes por β_1 e β_2, conclui-se que $X_1(t) = e^{\beta_1 t}$ e $X_2(t) = e^{\beta_2 t}$ são soluções particulares para a equação diferencial homogênea. A solução geral, por sua vez, é dada por:

$$X(t) = c_1\, e^{\beta_1 t} + c_2\, e^{\beta_2 t}\,. \tag{1.19}$$

Então, por exemplo, para resolver a equação diferencial $X'' + X - 6X = 0$ precisamos encontrar as raízes do polinômio $\beta^2 + \beta - 6$. Usando a fórmula de Bhaskara, vemos que essas raízes são $\beta = 2$ e $\beta = -3$. Logo, a solução geral para essa equação diferencial é

$$X(t) = c_1\, e^{2t} + c_2\, e^{-3t}\,.$$

Um cenário especial ocorre quando as raízes do polinômio são degeneradas, ou seja, $\beta_1 = \beta_2$. Nesse caso, as soluções X_1 e X_2 não são mais independentes e a solução (1.19) não será mais a solução geral, pois terá, efetivamente, apenas uma constante de integração, já que a solução poderá ser escrita da seguinte forma:

$$X(t) = (c_1 + c_2)\, e^{\beta_1 t} = \tilde{c}_1\, e^{\beta_1 t}\,,$$

onde $\tilde{c}_1 \equiv c_1 + c_2$. Nesse cenário especial, devemos procurar uma segunda solução particular independente. A fim de ganharmos intuição, analisemos a seguinte equação diferencial:

$$X'' - (2a + \epsilon)X' + (a^2 + a\,\epsilon)X = 0\,,$$

onde a e ϵ são constantes. Usando o método que acabamos de introduzir, conclui-se que $X_1 = e^{a\,t}$ e $X_2 = e^{(a+\epsilon)\,t}$ são soluções particulares. Note que no limite $\epsilon \to 0$ as duas soluções coincidem. Como uma combinação linear de soluções é uma solução, para equações diferenciais lineares e homogêneas, segue que a combinação a seguir é uma solução:

$$X(t) = \frac{1}{\epsilon}\left[e^{(a+\epsilon)t} - e^{at}\right] = \frac{e^{at}}{\epsilon}\left[e^{\epsilon t} - 1\right] = \frac{e^{at}}{\epsilon}\left[\epsilon\, t + \frac{1}{2}(\epsilon\, t)^2 + O(\epsilon^3)\right]\,.$$

Tomando o limite $\epsilon \to 0$ da equação acima, obtemos $X \to t\, e^{at}$. Portanto, quando $\epsilon = 0$, caso em que as raízes ficam degeneradas, temos que $t\, e^{at}$ também é solução, além da solução e^{at}. Em suma, quando $\beta_1 = \beta_2$, a solução geral da equação homogênea é

$$X(t) = c_1\, e^{\beta_1 t} + c_2\, t\, e^{\beta_1 t} = (c_1 + c_2\, t)\, e^{\beta_1 t}\,. \tag{1.20}$$

Um outro caso especial, além do caso degenerado que acabamos de tratar, é quando as raízes β_1 e/ou β_2 são complexas. Aqui, vamos assumir que os coeficientes a_0, a_1 e a_2, que aparecem na equação diferencial (1.18), são todos reais. Então, se β for uma raiz, seu conjugado complexo, $\beta^\star$, também será uma raiz. Isso significa que se $\beta_1 = b_1 + ib_2$ for uma raiz, com b_1 e b_2 reais e $b_2 \neq 0$, então a segunda raiz será $\beta_2 = b_1 - ib_2$. Nesse caso, a solução geral será:

$$\begin{aligned} X(t) &= c_1\, e^{\beta_1 t} + c_2\, t\, e^{\beta_2 t} = e^{b_1 t}\left[c_1 e^{ib_2 t} + c_2\, e^{-ib_2 t}\right] \\ &= e^{b_1 t}\left[\,(c_1 + c_2)\,\cos(b_2 t) + i(c_1 - c_2)\,\mathrm{sen}(b_2 t)\,\right]\,, \end{aligned}$$

$F = P_n(t)\, e^{\gamma t}$	$\gamma \neq \beta_1, \beta_2$	$X_p = \tilde{P}_n(t)\, e^{\gamma t}$
$F = P_n(t)\, e^{\gamma t}$	$\gamma = \beta_1 \neq \beta_2$	$X_p = \tilde{P}_n(t)\, t\, e^{\gamma t}$
$F = P_n(t)\, e^{\gamma t}$	$\gamma = \beta_1 = \beta_2$	$X_p = \tilde{P}_n(t)\, t^2\, e^{\gamma t}$
$F = P_n(t)\, \cos(\gamma t)$	$\gamma \neq \beta_1, \beta_2$	$X_p = \tilde{P}_n(t)\, \cos(\gamma t) + \hat{P}_n(t)\, \text{sen}(\gamma t)$
$F = P_n(t)\, \text{sen}(\gamma t)$	$\gamma \neq \beta_1, \beta_2$	$X_p = \tilde{P}_n(t)\, \cos(\gamma t) + \hat{P}_n(t)\, \text{sen}(\gamma t)$

Tabela 1.1: Essa tabela mostra os ansatz X_p que devemos adotar para diferentes opções de fontes $F(t)$ que podem aparecer na equação diferencial (1.15).

onde na última igualdade foi utilizada a fórmula de Euler (1.11). Então, definindo as constantes $\tilde{c}_1 \equiv c_1 + c_2$ e $\tilde{c}_2 \equiv i(c_1 - c_2)$, segue que a solução geral pode ser escrita da seguinte forma:

$$X(t) = \tilde{c}_1\, e^{b_1 t} \cos(b_2 t) \,+\, \tilde{c}_2\, e^{b_1 t} \text{sen}(b_2 t)\,, \tag{1.21}$$

onde $\tilde{c}_1$ e $\tilde{c}_2$ são constantes complexas quaisquer. Inclusive, se essas constantes forem reais, a solução $X(t)$ será real, que é o desejável no domínio da mecânica clássica.

Uma vez tratados esses casos especiais, estamos prontos para considerar a equação diferencial não homogênea (1.15). Nesse caso, é fácil ver que se X_p é uma solução particular dessa equação e X_h é uma solução para a parte homogênea dessa equação, ou seja, X_h é uma solução para (1.18), então a soma $X = X_p + X_h$ também será solução da equação não homogênea (1.15). Portanto, se X_1 e X_2 forem soluções independentes da equação homogênea, a solução geral da equação não homogênea será:

$$X(t) = X_p(t) + c_1\, X_1(t) + c_2\, X_2(t)\,.$$

Podemos afirmar isso porque tal função obedece à equação desejada e possui duas constantes arbitrárias. A questão agora é: como devemos fazer para encontrarmos uma solução particular $X_p(t)$? O procedimento dependerá do formato da função fonte $F(t)$. Por exemplo, se a fonte tiver a forma $F = P_n(t)\, e^{\gamma t}$, onde $P_n(t)$ é algum polinômio de grau n em t e $\gamma \neq \beta_1, \beta_2$, então devemos adotar o ansatz $X_p = \tilde{P}_n(t) e^{\gamma t}$, onde $\tilde{P}_n$ é algum polinômio de grau n em t cujos $(n+1)$ coeficientes são desconhecidos. Para determinar esses coeficientes, precisamos inserir o ansatz na equação diferencial e então resolver a equação algébrica que resultará. Por sua vez, se $F = P_n(t)\, e^{\gamma t}$ e $\gamma = \beta_1 \neq \beta_2$, então devemos adotar o ansatz $X_p = \tilde{P}_n(t)\, t\, e^{\gamma t}$. Finalmente, se $F = P_n(t)\, e^{\gamma t}$ com $\gamma = \beta_1 = \beta_2$, então o ansatz deve ser $X_p = \tilde{P}_n(t)\, t^2\, e^{\gamma t}$. Outras opções de F que são combinações lineares das opções já tratadas podem ser resolvidas considerando combinações lineares dos respectivos ansatz. Por exemplo, se $F = P_n(t) \cos(\gamma t)$, então podemos usar o fato de que $\cos(\gamma t)$ é uma combinação linear de $e^{i\gamma t}$ e $e^{-i\gamma t}$. Portanto, devemos tentar um ansatz do tipo $X_p = \tilde{P}_n(t) e^{i\gamma t} + \hat{P}_n(t) e^{-i\gamma t}$, onde os polinômios $\tilde{P}_n$ e $\hat{P}_n$ devem ambos ter seus coeficientes determinados. Como $e^{\pm i\gamma t}$ são combinações lineares de $\cos(\gamma t)$ e $\text{sen}(\gamma t)$, segue que podemos, equivalentemente, usar o ansatz $X_p = \bar{P}_n(t) \cos(\gamma t) + \check{P}_n(t)\text{sen}(\gamma t)$. Outros tipos de funções $F(t)$ não serão cobertas nesta introdução. A Tabela 1.1 resume os casos descritos neste parágrafo.

A melhor forma de entender o conteúdo do parágrafo anterior é através de um exemplo. Consideremos a seguinte equação diferencial para $X(t)$:

$$X'' + X' - 6X = 5\, t\, e^{2t}\,. \tag{1.22}$$

O primeiro passo para achar a solução geral dessa equação é resolver sua parte homogênea, algo que já foi feito no início desta seção. A solução da equação homogênea fornece $\beta_1 = 2$ e $\beta_2 = -3$. Nesse caso, a fonte tem a forma $F = P_1(t)\, e^{\gamma t}$, onde $P_1 = 5t$ é um polinômio de grau 1. Além disso, vemos que $\gamma = 2 = \beta_1$. Portanto, nosso ansatz deve ser

$$X_p(t) = \tilde{P}_1(t)\, t\, e^{\gamma t} = (a + b\, t)\, t\, e^{2t} = (a\, t + b\, t^2)\, e^{2t}\,.$$

Na equação anterior, $\tilde{P}_1(t)$ foi substituído por $(a + b\, t)$, que é a forma mais geral de um polinômio de grau 1. As constantes a e b devem ser determinadas substituindo esse ansatz na equação diferencial (1.22). Fazendo isso, chega-se à seguinte igualdade, que deve ser válida para um t arbitrário:

$$5\, t\, e^{2t} = X_p'' + X_p' - 6X_p = [\,(5a + 2b)\; + \; 10\, b\, t\,]\; e^{2t}\,.$$

Considerando então que as funções t e t^2 são linearmente independentes, vemos que a equação acima implica que devemos escolher a e b de forma que:

$$(5a + 2b) = 0 \quad \text{e} \quad 10\, b = 5 \quad \Rightarrow \qquad a = -1/5 \quad \text{e} \quad b = 1/2\,.$$

Portanto, a solução geral para a equação diferencial (1.22) é dada por:

$$X(t) = X_p + c_1\, X_1 + c_2\, X_2 = \left(\frac{t}{2} - \frac{1}{5}\right)\, t\, e^{2t} \; + \; c_1\, e^{2t} \; + \; c_2\, e^{-3t}\,,$$

onde c_1 e c_2 são constantes arbitrárias.

1.7 Exercícios sugeridos

Exercício 1
Dada a rotação da Eq. (1.4), que leva a base cartesiana $\{\hat{\boldsymbol{e}}_i\}$ na base $\{\hat{\boldsymbol{e}}'_i\}$, faça o que é pedido.
a) Obtenha expressões para as coordenadas $\{\mathrm{x}', \mathrm{y}', \mathrm{z}'\}$ em termos das coordenadas $\{\mathrm{x}, \mathrm{y}, \mathrm{z}\}$.
b) Demonstre que, dada uma função qualquer $f(\boldsymbol{r})$, seu gradiente fornece o mesmo campo vetorial quer usemos a base $\{\hat{\boldsymbol{e}}_i\}$ ou a base $\{\hat{\boldsymbol{e}}'_i\}$ na definição de gradiente dada na Eq. (1.1).
c) Demonstre que, dado um campo vetorial $\boldsymbol{A}$, seu divergente fornece a mesma função quer usemos a base $\{\hat{\boldsymbol{e}}_i\}$ ou a base $\{\hat{\boldsymbol{e}}'_i\}$.

Exercício 2 – ***resolvido***
Considere a transformação linear $\mathcal{R} : \mathbb{R}^3 \to \mathbb{R}^3$ cuja ação em um vetor genérico $\boldsymbol{V} \in \mathbb{R}^3$ é dada por:

$$\mathcal{R}(\boldsymbol{V}) = A_\phi \boldsymbol{V} + B_\phi (\boldsymbol{V} \cdot \hat{\boldsymbol{n}})\, \hat{\boldsymbol{n}} + \cos\phi\, \boldsymbol{V} \times \hat{\boldsymbol{n}}\,,$$

onde $\hat{\boldsymbol{n}}$ é um vetor fixo de norma um e ϕ é um parâmetro fixo. Sabendo que essa transformação é uma rotação em torno do versor $\hat{\boldsymbol{n}}$, determine quais devem ser as funções A_ϕ e B_ϕ.

Exercício 3
Demonstre que o rotacional do gradiente de uma função é sempre zero e que o divergente do rotacional de um campo vetorial é sempre zero.

Exercício 4
Prove que o vetor $\boldsymbol{v} \times \boldsymbol{w}$ é sempre ortogonal aos vetores $\boldsymbol{v}$ e $\boldsymbol{w}$.

Exercício 5
Sendo $f(\boldsymbol{r}) = e^{\boldsymbol{v}\cdot\boldsymbol{r}}$, onde $\boldsymbol{v}$ é um vetor constante do $\mathbb{R}^3$, obtenha a série de Taylor de $f(\boldsymbol{r} + \epsilon\, \hat{\boldsymbol{n}})$ até segunda ordem no parâmetro ϵ, onde $\hat{\boldsymbol{n}}$ é um versor constante.

Exercício 6
Encontre a solução geral para a seguinte equação diferencial:

$$X'' + 16\, X = t^2\, e^{4t}\,.$$

Solução do Exercício 2

Se a rotação é em torno do eixo paralelo a $\hat{\boldsymbol{n}}$, então qualquer vetor nessa direção deve ser invariante pela ação da transformação linear. Em particular, deve valer $\mathcal{R}(\hat{\boldsymbol{n}}) = \hat{\boldsymbol{n}}$. Impondo essa identidade na definição da ação de $\mathcal{R}$, obtemos:

$$\hat{\boldsymbol{n}} = \mathcal{R}(\hat{\boldsymbol{n}}) = A_\phi \,\hat{\boldsymbol{n}} + B_\phi \,\hat{\boldsymbol{n}} + 0 \quad \Rightarrow \quad A_\phi + B_\phi = 1\,.$$

Agora, seja $\hat{\boldsymbol{e}}$ um versor que é ortogonal a $\hat{\boldsymbol{n}}$, ou seja, $\hat{\boldsymbol{e}} \cdot \hat{\boldsymbol{n}} = 0$. A ação da transformação linear nesse versor é dada por:

$$\mathcal{R}(\hat{\boldsymbol{e}}) = A_\phi \,\hat{\boldsymbol{e}} + 0 + \cos\phi\,(\hat{\boldsymbol{e}} \times \hat{\boldsymbol{n}})\,.$$

Então, calculando a norma ao quadrado de $\mathcal{R}(\hat{\boldsymbol{e}})$, temos:

$$|\mathcal{R}(\hat{\boldsymbol{e}})|^2 = A_\phi^2 + \cos^2\phi\,|\hat{\boldsymbol{e}} \times \hat{\boldsymbol{n}}|^2 + 2\,A_\phi\,\cos\phi\,\hat{\boldsymbol{e}} \cdot (\hat{\boldsymbol{e}} \times \hat{\boldsymbol{n}})\,. \tag{1.23}$$

Ocorre que o vetor $(\hat{\boldsymbol{e}} \times \hat{\boldsymbol{n}})$ é sempre ortogonal a $\hat{\boldsymbol{e}}$ e a $\hat{\boldsymbol{n}}$ (exercício 4), de forma que o último termo na expressão acima é igual a zero. Além disso, como $\hat{\boldsymbol{e}}$ é ortogonal a $\hat{\boldsymbol{n}}$, segue que $|\hat{\boldsymbol{e}} \times \hat{\boldsymbol{n}}| = 1$. De fato, essa última afirmação pode ser extraída do fato de que, dados dois vetores quaisquer, $\boldsymbol{v}$ e $\boldsymbol{w}$, vale a seguinte identidade:

$$|\boldsymbol{v} \times \boldsymbol{w}| = |\boldsymbol{v}|\,|\boldsymbol{w}|\,\text{sen}\theta\,,$$

onde θ é o ângulo entre $\boldsymbol{v}$ e $\boldsymbol{w}$. Sendo assim, a Eq. (1.23) fornece:

$$|\mathcal{R}(\hat{\boldsymbol{e}})|^2 = A_\phi^2 + \cos^2\phi\,.$$

Como $\mathcal{R}$ é uma rotação, segue que $|\mathcal{R}(\hat{\boldsymbol{e}})| = |\hat{\boldsymbol{e}}| = 1$. Portanto,

$$A_\phi^2 + \cos^2\phi = 1 \quad \Rightarrow \quad A_\phi = \pm\sqrt{1 - \cos^2\phi} = \pm\,\text{sen}\phi\,.$$

Por sua vez, usando a identidade $A_\phi + B_\phi = 1$, concluímos que

$$B_\phi = 1 - A_\phi = 1 \mp \text{sen}\phi\,.$$

Capítulo 2

Leis de Newton e as leis de conservação

A chamada mecânica newtoniana é calcada em três axiomas expostos em sequência pela primeira vez no livro *Princípios Matemáticos da Filosofia Natural*, escrito por Isaac Newton e publicado no ano de 1687. Esses três axiomas são hoje conhecidos como *as leis de Newton* e podem ser enunciados da seguinte forma:

- **1ª Lei:** *Se nenhuma força age sobre um corpo, então seu vetor velocidade é constante.*

- **2ª Lei:** *Se $\boldsymbol{p}$ é o momento linear da partícula, então sua taxa de variação é dada por $\frac{d\boldsymbol{p}}{dt} = \boldsymbol{F}$, onde $\boldsymbol{F}$ é a força total que age sobre a partícula.*

- **3ª Lei:** *Se, em determinado instante, o corpo* 1 *exerce uma força $\boldsymbol{F}$ sobre o corpo* 2*, então, no mesmo instante de tempo, o corpo 2 exercerá uma força $(-\boldsymbol{F})$ sobre o corpo 1.*

A 1ª lei é também conhecida como lei da inércia e foi primeiro elaborada por Galileo Galilei, cinquenta anos antes de Newton publicar seu livro. Por sua vez, a 3ª lei é popularmente conhecida como a lei da ação e reação.

2.1 Uma visão crítica das leis de Newton

Embora seja indiscutível a relevância que essas três leis tiveram para o desenvolvimento da física clássica, é honesto dizer que o conteúdo de cada uma das três leis pode ser contestado em certa medida. Antes de começar a apontar as falhas dessas leis, é importante ressaltar que, segundo Newton, elas só devem ter validade em referenciais inerciais. É justamente aí que começam a surgir os problemas lógicos. Conforme definido por Newton, um referencial é dito inercial quando não é acelerado, ou seja, quando a orientação de seus eixos é mantida fixa e sua origem move-se com velocidade constante. Mas essa velocidade constante e a orientação são medidas em relação a quê? Resposta de Newton: em relação ao espaço absoluto. Newton defendia a noção de que havia um espaço absoluto, crença que só pode ser debatida no âmbito da filosofia abstrata. Na prática, a verdade é que apenas os movimentos relativos entre os objetos podem ser percebidos, não é possível enxergar o "espaço absoluto" para definir como um objeto está se deslocando em relação a essa entidade. Uma forma alternativa de definir um referencial inercial é dizendo que se trata de um referencial que se move de forma não acelerada em relação a outro referencial inercial. No entanto, essa última definição é circular e, portanto, vazia.

Alguns autores, especialmente no passado, diziam que as velocidades e orientações dos referenciais inerciais eram medidas em relação às "estrelas fixas". Ocorre que simplesmente não existem estrelas fixas. Pensemos. A Terra gira em torno do Sol, o Sol gira em torno do centro da Via Láctea, a Via Láctea gira em torno do centro de um aglomerado de galáxias, e assim por diante. Ou seja, todos os objetos astronômicos estão em movimentos de rotação e, portanto, acelerados. As chamadas estrelas "fixas" são um conjunto de objetos astronômicos distantes que parecem não se mover entre si, embora se movam em relação ao Sol. Mas é claro que, na verdade, esses objetos têm um movimento relativo; ocorre que, devido à grande distância em relação à Terra, é muito difícil detectar tal movimentação. De fato, a visão cientificamente plausível é que o nosso sistema solar não tem nada de fundamentalmente especial em relação aos demais sistemas estelares, ele é apenas mais um. Logo, da mesma forma que o Sol está acelerado em relação aos objetos astronômicos mais próximos, as "estrelas fixas" também estão aceleradas em relação aos seus entornos. Como a primeira lei de Newton fala sobre velocidade constante em relação a um referencial inercial, vemos que o fato de tais referenciais estarem mal definidos acaba esvaziando parte de seu conteúdo. O que podemos extrair da primeira lei é o seguinte: uma vez escolhido um referencial (inercial ou não, até porque não existem referenciais não acelerados), se uma partícula tem vetor velocidade constante em relação a esse referencial, então diremos que a força que age sobre a partícula (conforme medida nesse referencial) é zero. Portanto, a lei da inércia serve para ajudar a definir o significado da palavra *força* em determinado referencial. Voltaremos a falar de referenciais inerciais no capítulo sobre referenciais acelerados (Capítulo 5). Lá será argumentado que um substituto concreto e adequado para a noção newtoniana de espaço absoluto é o campo gravitacional, algo que está na base da teoria da relatividade geral.

Quando aplicada a uma partícula de massa constante m, a segunda lei de Newton pode ser escrita da seguinte forma:

$$m\,\boldsymbol{a} \equiv m\,\frac{d^2\boldsymbol{r}}{dt^2} = \boldsymbol{F}\,, \tag{2.1}$$

onde $\boldsymbol{r}$ é a posição da partícula em questão e $\boldsymbol{F}$ denota a força total que age sobre a partícula. Para se chegar à Eq. (2.1), foi usado que o momento linear de uma partícula é definido por $\boldsymbol{p} = m\boldsymbol{v}$, onde $\boldsymbol{v} = d\boldsymbol{r}/dt$. Podemos então pensar que essa lei é inequívoca, que ela fornece uma equação de movimento explícita para as partículas. Mas não é bem assim. De fato, em vez de imaginar a Eq. (2.1) como sendo uma equação que definirá a trajetória da partícula, é cientificamente mais plausível afirmar que tal lei fornece a definição do que chamamos de força. Ou seja, a força total que age em uma partícula é igual à sua massa vezes a aceleração. A verdadeira física está nos modelos que nós fazemos para as forças. Por exemplo, a força eletrostática decai com o quadrado da distância entre as partículas e é proporcional ao produto de suas cargas elétricas. A fim de deixar mais claro, consideremos um sistema massa-mola unidimensional. Sabemos que um bom modelo para a força que a mola exerce sobre a massa é $F = -k\mathrm{x}$, onde k é uma constante e x é o deslocamento da mola em relação à posição de equilíbrio. Portanto, a dinâmica da partícula é ditada pela seguinte equação:

$$m\,\frac{d^2\mathrm{x}}{dt^2} = F = -k\,\mathrm{x}\,.$$

No entanto, em vez de usar a força como um elemento intermediário para se chegar à equação que dita a dinâmica, poderíamos apenas afirmar, como consequência de observações experimentais, que a aceleração de um sistema massa-mola é dada por $-k\mathrm{x}/m$. A partir desse fato podemos, então, obter a dinâmica do sistema. Não precisamos da segunda lei de Newton para fazer essa afirmação; trata-se de uma observação experimental válida especificamente para sistemas do tipo massa-mola. Apesar dessa visão crítica sobre a segunda lei, é possível extrair conteúdo dela. Em primeiro lugar, ela passa pelo conceito de massa, que é absolutamente essencial para a física. A massa de um corpo é a medida da sua inércia, ou seja, afere a tendência que um corpo tem de continuar seu movimento. Quanto maior a massa de um corpo, mais esforço é necessário para acelerá-lo. Um outro aspecto importante que não está escrito na segunda lei mas que é talvez a principal razão de sua relevância histórica é o fato de que as forças obedecem ao princípio da superposição. É claro que podemos omitir a palavra força e afirmar que a taxa de variação do momento linear de uma partícula obedece ao princípio da superposição. Note, entretanto, que o mesmo não é válido para a aceleração. De fato, se olharmos para um sistema composto de várias partículas, a aceleração do corpo total não é a soma dos vetores aceleração de suas partículas. Portanto, um aspecto valioso da segunda lei de Newton é que ela identifica a massa vezes a aceleração como sendo um objeto relevante e de importância prática para descrever a dinâmica das partículas. Por exemplo, mais adiante veremos que, se a força total sobre um sistema de partículas for zero, então a aceleração do centro de massa do sistema será nula. Essa é um lei útil que é facilmente expressa em termos do conceito de força (ou massa vezes aceleração). O fato de a grandeza que o Newton definiu como força obedecer ao princípio da superposição permite, por exemplo, que, no sistema massa-mola, possamos aferir qual é a força que a mola exerce sobre a massa mesmo quando ela está parada. De fato, podemos distender a mola de uma distância x e então verificar a força que estamos exercendo para manter a massa parada. Ou seja, podemos aferir a aceleração à qual a massa será submetida mesmo antes de analisar o movimento oscilatório. Uma outra afirmação que está implícita na segunda lei e que merece destaque é que a dinâmica das partículas geralmente deve ser escrita em termos da derivada segunda da posição em relação ao tempo; a natureza, em geral, não requer derivadas de ordem mais alta. Esse é um fato empírico interessante do nosso Universo. Em suma, a segunda lei essencialmente define o que é chamado de força na mecânica e o que realmente importa são os modelos que fazemos para as diversas forças da natureza. Nesse sentido, o maior mérito que deve ser atribuído à segunda lei de Newton é que ela identifica ingredientes-chave para a descrição da dinâmica de uma partícula.

Uma transformação de Galileo é uma mudança de referencial tal que o novo referencial se move a uma velocidade constante em relação ao referencial anterior. Em termos de coordenadas, isso significa o seguinte: se $\boldsymbol{r}$ é o vetor posição no referencial antigo e $\boldsymbol{r}'$ é o vetor posição conforme medido no novo referencial, então teremos uma transformação de Galileo se

$$\boldsymbol{r}' = \boldsymbol{r} - \boldsymbol{v}\,t - \boldsymbol{r}_0\,,$$

onde $\boldsymbol{v}$ e $\boldsymbol{r}_0$ são vetores constantes, com o primeiro denotando a velocidade do novo referencial conforme medida no referencial anterior, ao passo que $\boldsymbol{r}_0$ denota a posição da origem do novo referencial no instante $t = 0$ conforme medida no referencial inicial. A Fig. 2.1 ilustra essa mudança de referenciais. Notemos que as acelerações são mantidas invariantes por transformações de Galileo, pois, como $\boldsymbol{v}$ e $\boldsymbol{r}_0$ são constantes, segue que

$$\boldsymbol{a}' = \frac{d^2\boldsymbol{r}'}{dt^2} = \frac{d^2}{dt^2}(\boldsymbol{r} - \boldsymbol{v}\,t - \boldsymbol{r}_0) = \frac{d^2\boldsymbol{r}}{dt^2} = \boldsymbol{a}\,.$$

Portanto, pela segunda lei de Newton, que relaciona aceleração com força, concluímos que as forças são invariantes pelas transformações de Galileo. Aqui estamos assumindo que a massa é uma grandeza escalar, ou seja, invariante por mudança de referencial. Portanto, se pudéssemos identificar um certo referencial como sendo inercial e se as leis de Newton fossem válidas nesse referencial, então elas seriam válidas em todos os outros referenciais inerciais (aqueles referenciais conectados ao primeiro através de transformações de Galileo) sem que precisássemos alterar as forças. No entanto, conforme discutido acima, a verdade é que a noção newtoniana de referencial inercial não encontra lastro na realidade.

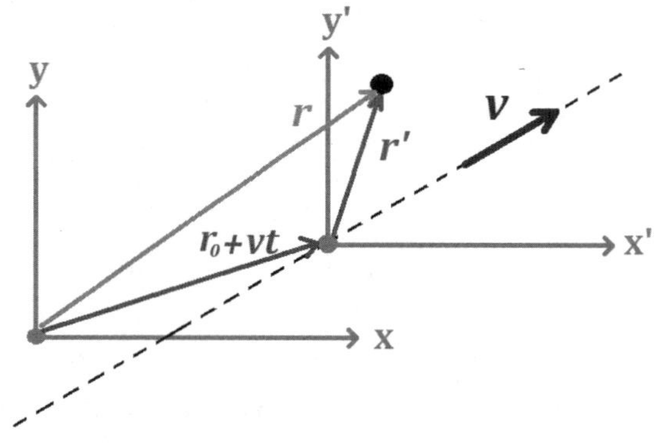

Figura 2.1: Referenciais S e S' relacionados por uma transformação de Galileo. A linha tracejada representa a trajetória da origem do referencial S', que segue um movimento retilíneo e uniforme com velocidade $\boldsymbol{v}$ quando vista do referencial S.

Com relação à terceira lei de Newton, sua inconsistência não é lógica ou filosófica, é palpável, pois existem experimentos que comprovam inequivocamente que a lei da ação e reação não é válida em certos sistemas. Vamos entender a origem dessa falha. Pensemos em interações a distância, como aquelas causadas pelas forças gravitacionais e eletromagnéticas. A terceira lei afirma que, se o corpo 1 exerce uma força sobre o corpo 2 em determinado instante, então o corpo 2 exercerá uma força oposta naquele mesmo instante. Portanto, a terceira lei pressupõe que as interações a distância ocorrem instantaneamente. Segundo tal lei, a partícula 2 deve reagir à ação da partícula 1 no exato instante em que a partícula 1 agir. Todavia, isso não pode ser verdade. De fato, após o surgimento da teoria da relatividade especial, no ano de 1905, passou-se a compreender que nenhum efeito físico se manifesta instantaneamente. Ou seja, nada pode se propagar com velocidade infinita. Mais precisamente, hoje é bem estabelecido, através de experimentos, que nenhuma interação viaja com velocidade superior à velocidade da luz no vácuo (aproximadamente 3×10^8 m/s). Por exemplo, a interação eletromagnética viaja à velocidade da luz, razão pela qual cargas elétricas que se deslocam e interagem entre si exercem e sofrem forças que não obedecem à terceira lei de Newton. O mesmo vale para a interação gravitacional, que também se propaga com a velocidade da luz no vácuo. Portanto, se o Sol explodir exatamente agora, só sentiremos os efeitos gravitacionais de tal explosão após pouco mais de oito minutos, que é o tempo que a informação gravitacional do Sol leva para chegar à Terra. No entanto, isso não quer dizer que a terceira lei é inútil por não ser exatamente verdadeira. De fato, se tratarmos de partículas que viajam a velocidades muito menores que a velocidade da luz no vácuo e se não estivermos interessados em medidas de tempo excessivamente precisas, geralmente é uma boa aproximação assumir a validade da lei da ação e reação. Apesar disso, existem forças que nem mesmo em caráter aproximativo obedecem à terceira lei, a exemplo da força de Lorentz, a força que um campo magnético exerce sobre uma partícula com carga elétrica não nula. Existe um outro ponto que torna a terceira lei menos importante que as outras duas leis de Newton: ao passo que podemos assumir que as duas primeiras leis são válidas em qualquer referencial (desde que definamos adequadamente o conceito de força), o mesmo não vale para a terceira lei. De fato, suponha que os referenciais S e S' estejam acelerados entre si, em cujo caso as forças medidas em ambos os referenciais não são iguais, pois não estão conectados por uma transformação de Galileo. Nesse cenário, a relação entre as forças aferidas nesses referenciais deve ser:

$$\boldsymbol{F}' = \boldsymbol{F} + \boldsymbol{\delta} \,,$$

para algum vetor $\boldsymbol{\delta}$ diferente de zero. Então, ao analisar um par de partículas a partir do referencial S, suponha que a terceira lei de Newton seja válida, de forma que $\boldsymbol{F}_1 = -\boldsymbol{F}_2$, onde $\boldsymbol{F}_1$ é a força que a partícula 2 exerce sobre a partícula 1 e $\boldsymbol{F}_2$ é a força que a partícula 1 exerce sobre a partícula 2. Nesse caso, segundo um observador atrelado ao referencial S', as forças sobre as partículas 1 e 2 seriam, respectivamente,

$$\boldsymbol{F}'_1 = \boldsymbol{F}_1 + \boldsymbol{\delta} \quad \text{e} \quad \boldsymbol{F}'_2 = \boldsymbol{F}_2 + \boldsymbol{\delta} = -\boldsymbol{F}_1 + \boldsymbol{\delta} \,.$$

Vemos então que, como $\boldsymbol{\delta} \neq 0$, então $\boldsymbol{F}'_1 \neq -\boldsymbol{F}'_2$. Ou seja, a terceira lei de Newton não será válida no referencial S'. Portanto, não é possível dizer que a terceira lei de Newton é válida em qualquer referencial. Na melhor das hipóteses ela pode ser válida (para certas forças) em um conjunto de referenciais que estejam conectados por transformações de Galileo. Inclusive, a princípio, forças diferentes podem obedecer à terceira lei em diferentes classes de referenciais.

As críticas apresentadas acima foram feitas visando o debate honesto de ideias, valor absolutamente essencial para o infindável processo de construção da ciência. De forma alguma esse ponto de vista questionador busca desmerecer a importância histórica das leis de Newton ou colocar em cheque a genialidade de seu criador, Isaac Newton, o qual pode, seguramente, ser considerado uma das personalidades mais talentosas e perspicazes da história humanidade. Na verdade, a existência de imperfeições em leis físicas deve ser vista com naturalidade. Há dois motivos para isso. Primeiro, a Física é uma ciência muito complexa, fruto de um longo processo histórico em que múltiplos desenvolvimentos teóricos e experimentais vão se acomodando uns aos outros na medida em que o tempo passa. Sendo assim, dada tamanha complexidade, é muito difícil enunciar uma lei em poucas palavras sem que ela tenha algum nível de falha lógica e/ou esteja em discordância com alguma interpretação válida de determinado experimento. Nesse sentido, a Física é muito diferente da Matemática, pois a última pode ser construída de forma axiomática, baseando-se em afirmações que não podem ser contestadas nem hoje nem no futuro, pois são consequência de um encadeamento lógico (no sentido técnico da palavra *lógica*). Essa é a razão pela qual existem vários exemplos de grandes talentos da matemática que foram revelados ainda na infância, com o exemplo mais proeminente sendo o matemático alemão Carl F. Gauss. Por sua vez, é muito improvável que um criança ou um adolescente seja capaz de dar uma contribuição significativa à Física. Sua aptidão pode ser notada prematuramente, mas as contribuições concretas provavelmente só surgirão na fase adulta, quando sua maturidade estiver formada e seu repertório de teorias e experimentos for vasto. Em segundo lugar, é essencial manter em mente que as leis da Física não são verdades absolutas; elas sempre serão apenas um modelo aproximado para a realidade. A Física é uma construção humana que tenta descrever a complexidade da natureza através de princípios simples e abrangentes. É de se esperar que todas as leis e modelos da Física que hoje são entendidos como corretos sejam, no futuro, substituídos por descrições mais precisas. Essas novas leis podem, inclusive, ser radicalmente diferentes e refutar os princípios mais elementares da descrição anterior. Por exemplo, a mecânica quântica afirma que o conceito de trajetória de uma partícula não faz sentido em determinados cenários e a teoria da relatividade colocou por terra a noção de tempo universal, dois princípios fundamentais da Física pré-século XX. Para ilustrar a efemeridade das construções físicas, gosto de lembrar do campo eletromagnético, que hoje é muito bem compreendido e que muitos imaginam como sendo uma verdadeira entidade da natureza. No entanto, tal campo é uma mera abstração que os cientistas criaram a fim de explicar certos efeitos como o choque elétrico e a atração entre ímãs. Nesse sentido, o campo eletromagnético não é real, o que é concreto é o fato de que dois ímãs podem se atrair ou se repelir. No futuro, poderemos chegar à conclusão de que é possível explicar a interação entre ímãs de forma muito mais eficaz e compatível com as teorias vigentes naquele tempo usando um outro conceito que não o de campo eletromagnético. A partir desse momento o campo eletromagnético "deixará de existir".

2.2 Leis de conservação

Umas das importantes consequências das leis de Newton são as leis de conservação do momento linear, do momento angular e da energia. Nesta seção, discutiremos quais são as condições necessárias para que cada uma dessas conhecidas leis de conservação valha.

Por simplicidade, e a fim de tornar explícitos os pontos cruciais que conduzem às leis de conservação, faremos as provas para um sistema de duas partículas. No entanto, os mesmos resultados são válidos para um número arbitrário de partículas. Aqui, vamos considerar as partículas 1 e 2 de massas m_1 e m_2 e denotaremos por $\boldsymbol{F}_1$ e $\boldsymbol{F}_2$ as forças totais que agem nessas partículas quando medidas em um certo referencial S. Para conveniência futura, vamos decompor essas forças em duas componentes, uma externa e uma que decorre da interação com a outra partícula. Vamos, então, escrever:

$$\boldsymbol{F}_1 = \boldsymbol{f}_{1,\text{ext}} + \boldsymbol{f}_{1,\text{int}} \quad \text{e} \quad \boldsymbol{F}_2 = \boldsymbol{f}_{2,\text{ext}} + \boldsymbol{f}_{2,\text{int}} \,.$$

Nas equações acima, $\boldsymbol{f}_{1,\text{int}}$ denota a força que a partícula 2 exerce sobre a partícula 1, ao passo que $\boldsymbol{f}_{2,\text{int}}$ denota a força que a partícula 1 exerce sobre a partícula 2. Por exemplo, suponha que a partícula 1 tem carga elétrica diferente de zero e que haja uma campo elétrico externo presente na região onde estão as partículas 1 e 2. Dizemos que o campo é externo quando ele não é gerado por nenhuma das partículas do sistema. Nesse caso, a partícula 1 sentirá uma força elétrica decorrente de sua interação com o campo elétrico. Essa força contribui para $\boldsymbol{f}_{1,\text{ext}}$, pois decorre de uma interação que é externa ao sistema formado pelas duas partículas. Por sua vez, suponha que a partícula 2 também tenha uma carga elétrica não nula, então ela também realizará uma força eletromagnética sobre a partícula 1, essa força eletromagnética contribuirá para $\boldsymbol{f}_{1,\text{int}}$. De forma análoga, a força gravitacional que a partícula 2 exerce sobre a partícula 1 também fará parte de $\boldsymbol{f}_{1,\text{int}}$. Notemos que, assumindo a validade da terceira lei de Newton no referencial S, podemos considerar a seguinte relação entre as forças internas:

$$\boldsymbol{f}_{1,\text{int}} = -\boldsymbol{f}_{2,\text{int}} \,. \tag{2.2}$$

A lei da ação e reação não impõe nenhuma conexão entre as forças $\boldsymbol{f}_{1,\text{ext}}$ e $\boldsymbol{f}_{2,\text{ext}}$. Uma ilustração da decomposição das forças em um sistema de duas partículas é mostrada na Fig. 2.2.

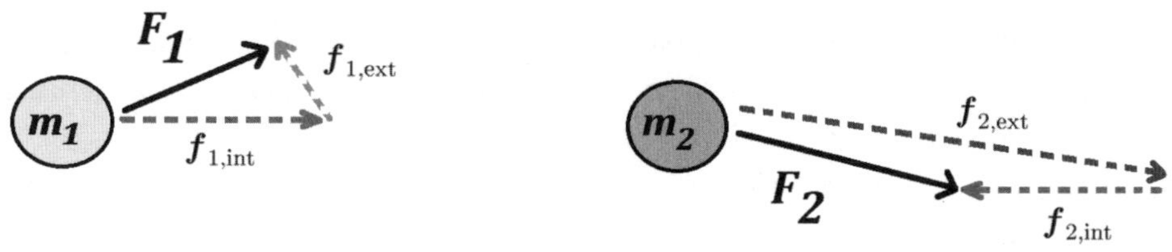

Figura 2.2: Sistema de duas partículas e a decomposição de suas forças em suas componentes externas e internas. Note que, nesse caso, o sistema obedece à terceira lei de Newton, pois vale a Eq. (2.2).

2.2.1 Conservação do momento linear

O momento linear total do sistema é a soma vetorial dos momentos lineares de suas partículas. Logo, no caso de duas partículas, o momento linear total é:

$$\boldsymbol{P} = \boldsymbol{p}_1 + \boldsymbol{p}_2 \,.$$

Então, a taxa de variação do momento linear é dada por

$$\frac{d\boldsymbol{P}}{dt} = \frac{d\boldsymbol{p}_1}{dt} + \frac{d\boldsymbol{p}_2}{dt} = \boldsymbol{F}_1 + \boldsymbol{F}_2 = \boldsymbol{f}_{1,\text{ext}} + \boldsymbol{f}_{2,\text{ext}} + \left(\boldsymbol{f}_{1,\text{int}} + \boldsymbol{f}_{2,\text{int}}\right) ,$$

onde na segunda igualdade foi usada a segunda lei de Newton. Agora, por conta da Eq. (2.2), segue que o termo entre parênteses no lado direito da equação acima é zero. Analogamente, quando temos um número arbitrário de partículas a terceira lei garante que a soma das forças internas é sempre zero. Concluímos, então, que vale a seguinte equação:

$$\frac{d\boldsymbol{P}}{dt} = \boldsymbol{f}_{1,\text{ext}} + \boldsymbol{f}_{2,\text{ext}} = \boldsymbol{F}_{\text{ext}} \,, \tag{2.3}$$

onde $\boldsymbol{F}_{\text{ext}}$ denota a soma de todas as forças externas que agem no sistema. Portanto, podemos anunciar a seguinte lei de conservação:

> *se a força externa total que age em um sistema é zero, $\boldsymbol{F}_{ext} = 0$, então o momento linear total é conservado, ou seja, $\boldsymbol{P}$ é constante no tempo.*

Dado um sistema de N partículas com massas constantes m_i e posições $\boldsymbol{r}_i$, segue que seu centro de massa é definido como sendo o ponto do espaço localizado na seguinte posição:

$$\boldsymbol{R} = \sum_{i=1}^{N} \frac{m_i}{M} \boldsymbol{r}_i \,,$$

onde M é a massa total do sistema, $M = \sum_i m_i$. Ou seja, $\boldsymbol{R}$ é a média ponderada das posições das partículas, onde o fator de ponderação é a massa das partículas. Partículas mais pesadas contribuem mais para a posição do centro de massa. Tomando a derivada temporal da posição do centro de massa e usando a hipótese de que as massas das partículas são constantes, temos:

$$\frac{d\boldsymbol{R}}{dt} = \frac{1}{M} \sum_{i=1}^{N} m_i \frac{d\boldsymbol{r}_i}{dt} = \frac{1}{M} \sum_{i=1}^{N} \boldsymbol{p}_i = \frac{1}{M} \boldsymbol{P}$$

Logo, se a força externa total sobre o sistema se anular, o momento total será constante e, consequentemente, a velocidade do centro de massa será conservada. Ou seja, na ausência de força externa, o centro de massa seguirá um movimento retilíneo uniforme. No entanto, vale ressaltar que essas conclusões pressupõem a validade da terceira lei de Newton, que, como discutimos, não é sempre válida.

2.2.2 Conservação da energia

Na mecânica clássica, dizemos que uma força é conservativa quando ela pode ser escrita como o gradiente de uma função. Ou seja, a força $\boldsymbol{F}$ é dita conservativa se existir uma função $U(\boldsymbol{r},t)$ tal que

$$\boldsymbol{F} = -\boldsymbol{\nabla} U \equiv -\frac{\partial U}{\partial \mathrm{x}}\,\hat{\boldsymbol{e}}_{\mathrm{x}} - \frac{\partial U}{\partial \mathrm{y}}\,\hat{\boldsymbol{e}}_{\mathrm{y}} - \frac{\partial U}{\partial \mathrm{z}}\,\hat{\boldsymbol{e}}_{\mathrm{z}}\,.$$

Nesse caso, dizemos que U é a energia potencial associada à força ou, mais coloquialmente, o potencial da força. Por exemplo, a força gravitacional, a força eletrostática, a força elástica e uma força constante são todos exemplos de forças conservativas. Por sua vez, a força de atrito entre uma partícula e um fluido, usualmente modelada na forma $\boldsymbol{F} = -\alpha\,\boldsymbol{v}$, onde α é uma constante e $\boldsymbol{v}$ é a velocidade da partícula, não é conservativa. Dada uma força, podemos saber se ela é conservativa calculando seu rotacional. A condição necessária e suficiente para que $\boldsymbol{F}(\boldsymbol{r},t)$ seja o gradiente de uma função é que seu rotacional se anule, ou seja, $\boldsymbol{\nabla} \times \boldsymbol{F} = 0$.

Considere então uma partícula de massa m sujeita a uma força conservativa cujo potencial é U, ou seja, sua dinâmica é regida pela seguinte equação:

$$m\frac{d^2\boldsymbol{r}}{dt^2} = -\boldsymbol{\nabla} U\,.$$

Então, a energia total da partícula é denotada por E e definida como sendo a soma de sua energia cinética, $\frac{m}{2}v^2$, com a energia potencial U:

$$E = \frac{m}{2}\,\boldsymbol{v}\cdot\boldsymbol{v} + U\,.$$

Assim sendo, a taxa de variação da energia ao longo da trajetória é dada por:

$$\frac{dE}{dt} = m\,\frac{d\boldsymbol{v}}{dt}\cdot\boldsymbol{v} + (\boldsymbol{\nabla} U)\cdot\frac{d\boldsymbol{r}}{dt} + \frac{\partial U}{\partial t}\,, \tag{2.4}$$

onde foi assumido que a massa da partícula é constante e foi usada a regra da cadeia para calcular a derivada total da função $U(\boldsymbol{r},t)$, pois, além da possível dependência temporal explícita, a dependência em $\boldsymbol{r}$ também pode contribuir para a variação temporal da função U, já que a posição da partícula geralmente varia com o tempo, ou seja, $\boldsymbol{r} = \boldsymbol{r}(t)$. Então, inserindo a segunda lei de Newton na Eq. (2.4) e usando o fato de que a força é conservativa com potencial U, temos:

$$\frac{dE}{dt} = \boldsymbol{F}\cdot\boldsymbol{v} + (-\boldsymbol{F})\cdot\boldsymbol{v} + \frac{\partial U}{\partial t} = \frac{\partial U}{\partial t}\,. \tag{2.5}$$

Logo, se a energia potencial não depender explicitamente do tempo, então a energia total será conservada.

Quando só há uma partícula no sistema, todas as forças que agem sobre ela são externas. Nesse caso é tentador, e até natural, dizer que U é a energia potencial da partícula. No entanto, a energia potencial é sempre uma energia de interação entre duas partes, de forma que a energia potencial é do conjunto. Por exemplo, considere uma partícula de massa m em queda livre no campo gravitacional da Terra. A energia potencial associada à força gravitacional é $U = -G\,m\,M_T/D$, onde G é a constante gravitacional de Newton, M_T é a massa da Terra e D é a distância da partícula até o centro da Terra. No caso de a partícula estar próxima à superfície da Terra, essa energia pode ser aproximada como sendo $U = mgh$, onde g é a aceleração local da gravidade e h é a distância da partícula à superfície da Terra. Essas energias potenciais são usualmente atribuídas à partícula de massa m, mas, na realidade, essa é a energia de interação do par partícula-Terra. Se a Terra atrai a partícula através da força gravitacional $\boldsymbol{F}$, então a partícula também atrai a Terra, e a força sobre a Terra é $-\boldsymbol{F}$. Ocorre que, como a Terra tem inércia (i.e., massa) muito maior que a partícula, segue que a aceleração sofrida pela Terra em decorrência dessa força é desprezível quando comparada à aceleração da partícula. Essa é a razão pela qual, nesse sistema específico, faz sentido pensar a energia potencial como sendo uma propriedade da partícula. No entanto, de forma geral, a energia potencial provém de uma interação entre duas partes e, portanto, deve ser atribuída ao par que interage, não a um dos elementos.

Portanto, se tivermos um sistema de duas partículas que sofrem forças conservativas, podemos dizer que existem três energias potenciais relevantes: a energia $U_1(\boldsymbol{r}_1, t)$ da interação da partícula 1 com o meio externo, a energia $U_2(\boldsymbol{r}_2, t)$ da interação entre a partícula 2 e os campos externos e a energia $U_{12}(\boldsymbol{r}_1, \boldsymbol{r}_2, t)$ da interação entre as partículas 1 e 2. A força que age sobre a partícula 1 se escreve, então, da seguinte forma:

$$\boldsymbol{F}_1 = \boldsymbol{f}_{1,\text{ext}} + \boldsymbol{f}_{1,\text{int}} \to \begin{cases} \boldsymbol{f}_{1,\text{ext}} = -\boldsymbol{\nabla}_1 U_1 \,, \\ \\ \boldsymbol{f}_{1,\text{int}} = -\boldsymbol{\nabla}_1 U_{12} \,, \end{cases} \tag{2.6}$$

onde o operador diferencial $\boldsymbol{\nabla}_1$ denota o gradiente nas coordenadas da partícula 1, ou seja,

$$\boldsymbol{\nabla}_1 = \frac{\partial}{\partial \boldsymbol{r}_1} \equiv \hat{\boldsymbol{e}}_{\mathrm{x}} \frac{\partial}{\partial \mathrm{x}_1} + \hat{\boldsymbol{e}}_{\mathrm{y}} \frac{\partial}{\partial \mathrm{y}_1} + \hat{\boldsymbol{e}}_{\mathrm{z}} \frac{\partial}{\partial \mathrm{z}_1} \,,$$

com $\{\mathrm{x}_1, \mathrm{y}_1, \mathrm{z}_1\}$ sendo as coordenadas cartesianas da partícula 1. Observações análogas valem para a partícula 2. Nesse contexto de um sistema composto por duas partículas, a energia total do sistema deve ser definida por

$$E = \frac{m_1}{2} \boldsymbol{v}_1 \cdot \boldsymbol{v}_1 + \frac{m_2}{2} \boldsymbol{v}_2 \cdot \boldsymbol{v}_2 + U = \frac{m_1}{2} \boldsymbol{v}_1 \cdot \boldsymbol{v}_1 + \frac{m_2}{2} \boldsymbol{v}_2 \cdot \boldsymbol{v}_2 + U_1 + U_2 + U_{12} \,.$$

Logo, a taxa de variação da energia é dada por:

$$\begin{aligned} \frac{dE}{dt} &= \boldsymbol{F}_1 \cdot \boldsymbol{v_1} + \boldsymbol{F}_2 \cdot \boldsymbol{v_2} + \boldsymbol{v}_1 \cdot \boldsymbol{\nabla}_1 U_1 + \boldsymbol{v}_2 \cdot \boldsymbol{\nabla}_2 U_2 + \boldsymbol{v}_1 \cdot \boldsymbol{\nabla}_1 U_{12} + \boldsymbol{v}_2 \cdot \boldsymbol{\nabla}_2 U_{12} + \frac{\partial U}{\partial t} \\ &= \boldsymbol{v}_1 \cdot (\boldsymbol{F}_1 + \boldsymbol{\nabla}_1 U_1 + \boldsymbol{\nabla}_1 U_{12}) + \boldsymbol{v}_2 \cdot (\boldsymbol{F}_2 + \boldsymbol{\nabla}_2 U_2 + \boldsymbol{\nabla}_2 U_{12}) + \frac{\partial U}{\partial t} \\ &= \frac{\partial U}{\partial t} \,, \end{aligned}$$

onde a Eq. (2.6) foi usada e $U \equiv U_1 + U_2 + U_{12}$ é a energia potencial total. Então, podemos concluir o seguinte:

se um sistema sofre apenas forças conservativas e a energia potencial associada a esse conjunto de forças não depende explicitamente do tempo, então a energia total do sistema é conservada.

No caso de o sistema ser composto por N partículas, a energia potencial será a composição de $N(N+1)/2$ termos, com N termos $U_i(\boldsymbol{r}_i, t)$ advindos da interação entre as partículas e o meio externo e $N(N-1)/2$ termos $U_{ij}(\boldsymbol{r}_i, \boldsymbol{r}_j, t)$, com $i \neq j$, provenientes da interação entre as partículas i e j. Ao listarmos as energias potenciais U_{ij}, só precisamos considerar o caso $j > i$, para que não contemos a mesma interação duas vezes. Como mencionado anteriormente, as energias potenciais sempre se referem à interação entre duas partes. Apesar disso, podemos pensar a energia potencial U_i como sendo uma energia da partícula i. Em geral, isso acontece porque supomos que as partículas que compõem nosso sistema são "partículas teste", ou seja, não são capazes de afetar significativamente o meio externo. Por exemplo, essas N partículas poderiam ser os planetas do sistema solar e o meio externo poderia ser a vizinhança do Sol. Nesse caso, o Sol e seu campo gravitacional quase não são afetados pela presença dos planetas. Podemos desprezar o movimento do Sol. No entanto, também podemos considerar o cenário onde as partículas do sistema são capazes de afetar o meio externo, sendo assim a alteração do meio externo se reflete em uma dependência temporal das energias potenciais U_i. Por exemplo, considere que nosso sistema é composto de uma única partícula que interage com o meio externo e que esse meio externo se resume a uma outra partícula de mesma massa. Assuma que a interação relevante é a gravitacional. Nesse caso, a partícula do sistema fará a partícula externa se aproximar, por conta da atração gravitacional. Isso, por sua vez, fará com que o campo gravitacional ao qual a partícula do sistema está exposta se intensifique com o passar do tempo. Ou seja, teremos uma energia potencial U_1 que dependerá explicitamente do tempo.

Os resultados desta seção se referem a forças conservativas. Em geral, forças que dependem da velocidade não são conservativas, pois não podem ser escritas como o gradiente de uma função. Um exemplo disso é a força de atrito em um fluido viscoso, que normalmente é modelada na forma $\boldsymbol{F} = -\alpha \boldsymbol{v}$, onde α é uma constante. No entanto, a força magnética é um exemplo de força que depende da velocidade mas que, apesar disso, permite uma lei de conservação de energia associada. Uma partícula de carga elétrica $\mathfrak{q}$ exposta a um campo magnético $\boldsymbol{B}$ sofre a seguinte força magnética:

$$\boldsymbol{F}_{\text{mag}} = \mathfrak{q}\, \boldsymbol{v} \times \boldsymbol{B}\,,$$

a chamada força de Lorentz. Ocorre que essa força é sempre ortogonal à velocidade, $\boldsymbol{F}_{\text{mag}} \cdot \boldsymbol{v} = 0$, de forma que ela não realiza trabalho. De fato, o trabalho infinitesimal realizado por uma força $\boldsymbol{F}$ em um deslocamento $d\boldsymbol{r}$ é dado por:

$$dW = \boldsymbol{F} \cdot d\boldsymbol{r} = \boldsymbol{F} \cdot \frac{d\boldsymbol{r}}{dt}\, dt = \boldsymbol{F} \cdot \boldsymbol{v}\, dt\,.$$

Portanto, se $\boldsymbol{F} \cdot \boldsymbol{v} = 0$ não haverá trabalho realizado, a exemplo da força de Lorentz. Por sua vez, se a força não realiza trabalho ela não modificará a energia cinética da partícula. Vejamos explicitamente que nesse caso existe uma lei de conservação de energia. Suponha que uma partícula de massa m sofre uma força total que é a soma de uma força conservativa com uma força magnética, ou seja,

$$\boldsymbol{F} = -\boldsymbol{\nabla} U + \boldsymbol{F}_{\text{mag}}\,.$$

Então, vamos definir a energia dessa partícula como sendo $E = mv^2/2 + U$. Logo, a derivada temporal da energia fornece:

$$\begin{aligned}\frac{dE}{dt} &= m\,\frac{d\boldsymbol{v}}{dt}\cdot\boldsymbol{v} + (\boldsymbol{\nabla}U)\cdot\frac{d\boldsymbol{r}}{dt} + \frac{\partial U}{\partial t}\\ &= (\boldsymbol{F}+\boldsymbol{\nabla}U)\cdot\boldsymbol{v} + \frac{\partial U}{\partial t}\\ &= \boldsymbol{F}_{\text{mag}}\cdot\boldsymbol{v} + \frac{\partial U}{\partial t}\end{aligned}$$

Portanto, vemos que, se U não depender explicitamente do tempo, então a energia total será conservada. Logo, apesar de não ser uma força conservativa no sentido da definição dada aqui, a força magnética não impede a existência de uma lei de conservação de energia. Diferentemente da escolha feita neste livro, muitos autores definem forças conservativas como sendo aquelas cujo trabalho realizado não depende dos detalhes do caminho percorrido pela partícula, relacionando-se apenas com os pontos inicial e final. De acordo com essa última definição, a força magnética seria conservativa, pois seu trabalho é sempre zero, independentemente do trajeto. Em contraste, segundo a definição adotada aqui neste livro para força conservativa, $\boldsymbol{F} = -\boldsymbol{\nabla}U$, geralmente a força realizará trabalho, pois, em geral, teremos $\boldsymbol{F}\cdot\boldsymbol{v} \neq 0$. No caso especial em que U não depender explicitamente do tempo teremos que o trabalho realizado por tal força será:

$$W = \int dW = \int \boldsymbol{F}\cdot\boldsymbol{v}\,dt = -\int \boldsymbol{v}\cdot\boldsymbol{\nabla}U\,dt = -\int\frac{dU}{dt}\,dt = -\int dU = U(\boldsymbol{r}_f) - U(\boldsymbol{r}_0)\,.$$

Ou seja, o trabalho dependerá apenas dos pontos final, $\boldsymbol{r}_f$, e inicial, $\boldsymbol{r}_0$. É possível provar que as duas definições para força conservativa coincidem quando o potencial (ou a força) só depende da posição da partícula, e não explicitamente do tempo ou da velocidade, por exemplo.

Em determinadas circunstâncias, forças de atrito podem ser associadas a um potencial. Por exemplo, considere o atrito cinético entre um bloco e uma superfície. Normalmente essa força é constante e se opõe ao movimento do bloco. Portanto, se o bloco se mover apenas em uma dimensão, digamos na direção positiva do eixo x, então a força será dada por $\boldsymbol{F} = -f_0\,\hat{\boldsymbol{e}}_{\text{x}}$, onde f_0 é uma constante. Essa força pode ser escrita da seguinte forma: $\boldsymbol{F} = -\boldsymbol{\nabla}(f_0\text{x})$ e, portanto, nesse contexto, pode ser considerada conservativa. A energia conservada aqui não é a do bloco, mas sim a do conjunto bloco mais superfície. Todavia, essa conclusão só vale enquanto a força de atrito cinética for constante. Na prática, no entanto, essa hipótese pode deixar de valer se a velocidade da partícula mudar de direção ou se anular. De forma geral, a força de atrito cinético é dada por $\boldsymbol{F} = -f_0\,\boldsymbol{v}/|\boldsymbol{v}|$ e essa última expressão para a força não pode ser escrita como o gradiente de uma função, pois depende da velocidade da partícula.

2.2.3 Conservação do momento angular

O momento angular total de um sistema de duas partículas é dado por:

$$\boldsymbol{L} = \boldsymbol{r}_1\times\boldsymbol{p}_1 + \boldsymbol{r}_2\times\boldsymbol{p}_2\,.$$

Logo, tomando a derivada temporal dessa expressão, temos:

$$\frac{d\boldsymbol{L}}{dt} = \frac{d\boldsymbol{r}_1}{dt}\times\boldsymbol{p}_1 + \boldsymbol{r}_1\times\frac{d\boldsymbol{p}_1}{dt} + \frac{d\boldsymbol{r}_2}{dt}\times\boldsymbol{p}_2 + \boldsymbol{r}_2\times\frac{d\boldsymbol{p}_2}{dt}\,. \tag{2.7}$$

Agora, notemos que

$$\frac{d\boldsymbol{r}_1}{dt} \times \boldsymbol{p}_1 = m_1 \frac{d\boldsymbol{r}_1}{dt} \times \frac{d\boldsymbol{r}_1}{dt} = 0 \,,$$

pois, se dois vetores apontam na mesma direção, então o produto vetorial entre eles é zero. Analogamente, temos que o correspondente da equação acima também vale para a partícula 2. Logo, em conjunto com a segunda lei de Newton, segue que a Eq. (2.7) fornece:

$$\begin{aligned} \frac{d\boldsymbol{L}}{dt} &= \boldsymbol{r}_1 \times \boldsymbol{F}_1 + \boldsymbol{r}_2 \times \boldsymbol{F}_2 \\ &= \boldsymbol{r}_1 \times \boldsymbol{f}_{1,\text{ext}} + \boldsymbol{r}_1 \times \boldsymbol{f}_{1,\text{int}} + \boldsymbol{r}_2 \times \boldsymbol{f}_{2,\text{ext}} + \boldsymbol{r}_2 \times \boldsymbol{f}_{2,\text{int}} \,. \end{aligned}$$

Logo, inserindo a Eq. (2.2) na identidade acima e usando a definição de torque, $\boldsymbol{\mathcal{T}} = \boldsymbol{r} \times \boldsymbol{F}$, temos:

$$\frac{d\boldsymbol{L}}{dt} = \boldsymbol{\mathcal{T}}_{1,\text{ext}} + \boldsymbol{\mathcal{T}}_{2,\text{ext}} + (\boldsymbol{r}_1 - \boldsymbol{r}_2) \times \boldsymbol{f}_{1,\text{int}} \,. \tag{2.8}$$

Nosso objetivo é provar que a taxa de variação do momento angular do sistema é igual ao torque externo total. No entanto, o último termo no lado direito da equação acima impede essa conclusão. Apesar disso, uma versão mais restritiva da terceira lei de Newton afirma que as forças de interação entre duas partículas são sempre na direção da linha imaginária que as conecta. Assumindo então a validade dessa forma mais restritiva da terceira lei de Newton, temos que $\boldsymbol{f}_{1,\text{int}} \propto (\boldsymbol{r}_1 - \boldsymbol{r}_2)$, de forma que o último termo da Eq. (2.8) se anula, em cujo caso temos:

$$\frac{d\boldsymbol{L}}{dt} = \boldsymbol{\mathcal{T}}_{\text{ext}} \,, \tag{2.9}$$

onde $\boldsymbol{\mathcal{T}}_{\text{ext}}$ é torque externo total, ou seja, a soma dos torques exercidos em cada uma das partículas pelas forças externas. Logo, vale a seguinte conclusão:

> *se o torque externo total sobre um sistema for nulo e se as forças internas ocorrerem nas direções das linhas que conectam os pares de partículas, então o momento angular total do sistema será conservado.*

A hipótese de que as forças de interação entre duas partículas ocorrem na direção da reta que as conecta pode ser vista como consequência da hipótese de que o espaço tem a mesma aparência em todos os pontos e em todas as direções. Essas são, de fato, hipóteses assumidas por Newton em seus tratados sobre mecânica. Ou seja, Newton assumiu que se retirássemos todos os corpos do espaço seria impossível distinguir um ponto do espaço de outro ponto (homogeneidade do espaço), bem como as direções seriam todas equivalentes (isotropia). Portanto, segundo Newton, experimentos não são capazes de distinguir um ponto do espaço absoluto em relação a outro, da mesma forma que não conseguem diferenciar direções. Uma consequência imediata dessa hipótese é que a intensidade da interação entre duas partículas só deve depender da distância entre elas, não das posições específicas onde elas estão. Portanto, a força de interação entre as partículas 1 e 2 só pode depender de $\boldsymbol{r}_1 - \boldsymbol{r}_2$. Ou seja, se $\boldsymbol{f}_{1,\text{int}}$ é a força que a partícula 2 exerce sobre a partícula 1, então devemos ter:

$$\boldsymbol{f}_{1,\text{int}} = (\boldsymbol{r}_2 - \boldsymbol{r}_1)\, H(r,t) \,,$$

onde $r \equiv |\boldsymbol{r}_2 - \boldsymbol{r}_1|$ é a distância entre as partículas e H é alguma função, que dependerá da interação considerada. Essa força pode ser escrita da seguinte forma:

$$\boldsymbol{f}_{1,\text{int}} = -\boldsymbol{\nabla}_1 U_{12}(r,t)\,, \qquad \text{onde} \qquad U_{12}(r,t) = \int r\, H(r,t)\, dr\,.$$

Por exemplo, no caso da força gravitacional entre duas partículas, temos

$$H = \frac{G\, m_1\, m_2}{r^3} \qquad \text{e} \qquad U_{12} = \int \frac{G\, m_1\, m_2}{r^2}\, dr = -\frac{G\, m_1\, m_2}{r}\,.$$

Analogamente, a força que a partícula 1 exercerá sobre a partícula 2 será

$$\boldsymbol{f}_{2,\text{int}} = -\boldsymbol{\nabla}_2 U_{12} = (\boldsymbol{r}_1 - \boldsymbol{r}_2)\, H(r,t) = -\,\boldsymbol{f}_{1,\text{int}}\,.$$

Portanto, se assumirmos a homogeneidade e a isotropia do espaço, a força de interação entre as partículas será conservativa e a energia potencial de interação só dependerá da distância entre as partículas e do tempo. Na verdade, Newton também assumiu a homogeneidade do tempo, de forma que a possibilidade dessa dependência temporal poderia ser ignorada.

Quando um sistema físico é invariante por determinada transformação, diz-se que ele tem uma simetria. A homogeneidade do espaço significa que existe uma simetria no espaço, pois ao fazermos uma translação espacial global, ou seja, a mesma translação para todas as partículas, nada deve mudar. Da mesma forma, a isotropia significa que existe uma simetria por rotações globais. Mais adiante no curso, veremos que essas simetrias por rotação estão associadas à lei de conservação de momento angular. Essa não é uma conexão peculiar ou restrita a esse exemplo. De forma geral, simetrias (contínuas) estão associadas a leis de conservação. Essa importante conexão é formalizada através do chamado teorema de Nöther, o qual será abordado mais adiante neste livro. Um outro exemplo da relação entre simetrias e leis de conservação pode ser visto na lei de conservação da energia. De fato, vimos que se a energia potencial não depender explicitamente do tempo, isto é, se o sistema for invariante por translação temporal, então a energia total do sistema será conservada.

De acordo com o modelo vigente para a Física clássica, o espaço não é mais entendido como sendo homogêneo e isotrópico, e o tempo não é homogêneo. De fato, segundo a teoria da relatividade geral, teoria que melhor descreve a interação gravitacional clássica hoje em dia, o espaço e o tempo formam uma única entidade, o espaço-tempo, que é um ambiente de dimensão quatro. Esse ambiente não é homogêneo nem isotrópico, pois o campo gravitacional gera deformações. Diz-se que o espaço-tempo é curvo. Dentro do contexto da relatividade geral, não existem, via de regra, leis de conservação globais de energia e momento, podemos apenas falar em conservações locais, em uma certa região do espaço e durante um certo intervalo de tempo. Além disso, no âmbito da mecânica quântica, as leis de conservação de energia e momento podem deixar de valer de forma exata. Apesar disso, essas leis de conservação continuam tendo papel de destaque dentro do domínio da mecânica quântica.

2.2.4 Discutindo as leis de conservação

Se assumirmos que as intensidades das forças internas só dependem da distância entre as partículas, então tais forças serão conservativas. Logo, na ausência de forças externas, poderemos garantir a existência de uma lei de conservação de energia. Além disso, vimos que, se não houver forças externas, os momentos linear e angular do sistema serão conservados. Em suma, na ausência de forças externas, a energia e os momentos são conservados (assumindo que as forças internas obedecem à terceira lei de Newton e que suas intensidades só dependem da distância entre as partículas).

Suponha então que só houvesse duas partículas no Universo, as partículas 1 e 2. Nesse caso, se considerarmos nosso sistema como sendo apenas a partícula 1, então as leis de conservação de energia e momentos, em geral, não valerão para o nosso sistema, pois geralmente a partícula 2 poderá exercer forças sobre a partícula 1. Ou seja, haverá forças externas ao sistema. Em contraste, se considerarmos nosso sistema como sendo composto pelas duas partículas, então não haverá mais nada externo ao sistema, de forma que as forças externas serão necessariamente nulas. Nesse cenário, a energia e os momentos do sistema serão conservados (assumindo a validade da versão mais restritiva da terceira lei de Newton). Portanto, na mecânica newtoniana, podemos sempre fazer as leis de conservação valerem desde que o sistema considerado abranja todas as partes que interagem entre si. Por exemplo, quando um bloco desliza sobre uma superfície rugosa sua energia não é conservada. No entanto, se considerarmos o sistema como sendo o par bloco-superfície, a energia total é conservada. Logo, quando alguma lei de conservação deixa de valer é sinal de que não estamos considerando todos os elementos relevantes como sendo parte do sistema. Um exemplo interessante disso é a história da descoberta da partícula elementar chamada neutrino. Com base em experimentos, sabia-se que um nêutron poderia se transformar em um próton mais um elétron; esse é o chamado decaimento beta. Observou-se, no entanto, que nesse decaimento a energia e os momentos não eram conservados. Em face dessas constatações, o físico de origem austríaca W. Pauli postulou no ano de 1930 que deveria existir uma outra partícula, chamada neutrino (pois tal partícula precisaria ter carga elétrica nula para que a carga fosse conservada no decaimento), que deveria ser emitida junto com o próton e o elétron no decaimento beta. Era essa partícula que carregava a energia e o momento que estavam faltando para que valessem as leis de conservação. De fato, o neutrino foi posteriormente observado em laboratório, porém isso só foi possível mais de duas décadas após a conjectura feita por Pauli.

A fim de provar as leis de conservação do momento linear e do momento angular, tivemos que assumir que as forças internas obedecem à terceira lei. Todavia, como discutido há pouco, nem todas as forças gozam dessa propriedade. Por exemplo, a força eletromagnética entre partículas eletricamente carregadas não obedece a tal princípio, nem de forma aproximada. Isso significa que, na realidade, essas leis de conservação não são observadas nem no domínio da mecânica clássica newtoniana? Não. Tais leis de conservação são tão importantes para a física teórica que tentamos ao máximo preservar sua validade. No caso da interação eletromagnética, a solução para dizer que tais leis continuam valendo é associar uma energia, um momento linear e um momento angular ao próprio campo eletromagnético. Logo, quando definimos o momento linear total do sistema como sendo a soma dos momentos lineares das partículas com o momento linear do campo eletromagnético, a lei de conservação do momento linear é válida. Essa "artimanha" pode, a princípio, parecer apenas um truque espúrio. Mas, na verdade, essa atribuição de energia e momentos ao campo eletromagnético está calcada em bases bastante sólidas, tanto do ponto de vista físico quanto do ponto de vista matemático. É como se, ao considerarmos apenas os momentos e a energia das partículas, ignorando o campo eletromagnético, estivéssemos analisando apenas parte do sistema, razão pela qual poderia parecer que a energia e os momentos não eram conservados.

2.3 Exercícios sugeridos

Exercício 1
Demonstre as lei de conservação de momento linear para um sistema de N partículas no qual a força externa total é nula.

Exercício 2
Demonstre a lei de conservação da energia em um sistema de N partículas no qual agem forças conservativas cuja energia potencial total não depende explicitamente do tempo.

Exercício 3
Demonstre a lei de conservação do momento angular em um sistema de 3 partículas no qual o torque externo total é nulo e no qual as forças internas são sempre entre pares de partículas e na direção da linha que conecta as partículas.

Exercício 4 – *resolvido*
O campo elétrico gerado por uma partícula eletricamente carregada se dá na direção radial, para fora da partícula se a carga for positiva e para dentro se for negativa. Por sua vez, o campo magnético gerado por uma partícula que viaja a uma velocidade constante $\boldsymbol{v}$ é ortogonal a essa velocidade, formando anéis que circundam a linha de movimento da partícula. A figura ao lado ilustra o campo elétrico de uma carga positiva e o campo magnético de uma carga negativa. Considere então duas partículas que viajam com velocidades $\boldsymbol{v}_1$ e $\boldsymbol{v}_2$, em determinado referencial, com essas velocidades sendo ortogonais entre si, $\boldsymbol{v}_1 \perp \boldsymbol{v}_2$.

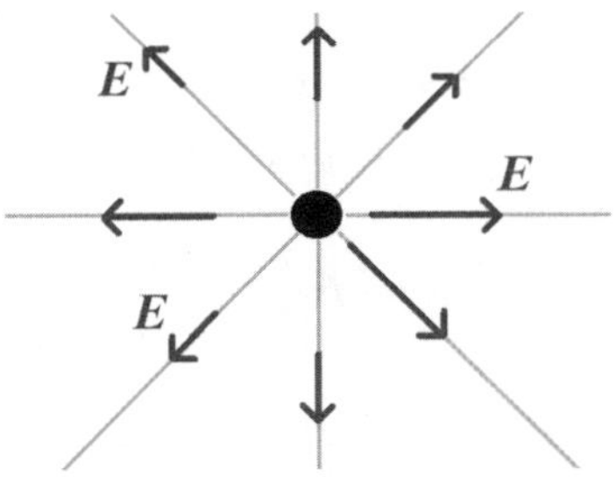

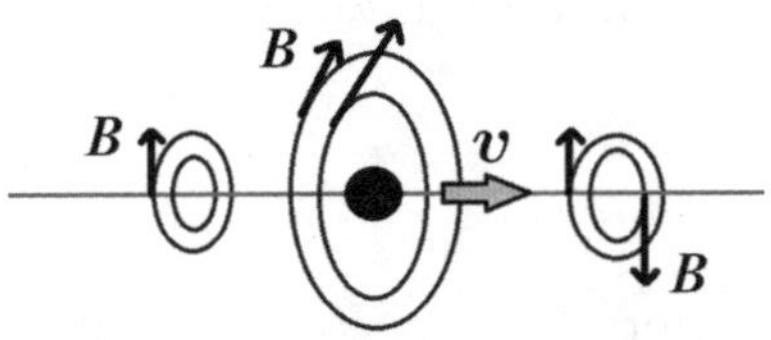

Demonstre que a força eletromagnética, $\boldsymbol{F} = \mathfrak{q}\left(\boldsymbol{E} + \frac{1}{c}\boldsymbol{v} \times \boldsymbol{B}\right)$, que a partícula 1 exerce na partícula 2 não está na mesma direção que a força da partícula 2 sobre a partícula 1 e que, portanto, a força eletromagnética não obedece à terceira lei de Newton. Do ponto de vista das leis de conservação, quais os impactos do fato de que a força eletromagnética não obedece à terceira lei de Newton?

Solução do Exercício 4

A figura ao lado mostra duas partículas de cargas elétricas negativas, q_1 e q_2, se movimentando em linhas retas ortogonais entre si. A partícula 1 se movimenta na direção $\hat{\boldsymbol{e}}_{\mathrm{y}}$, ao passo que a partícula 2 se movimenta na direção $\hat{\boldsymbol{e}}_{\mathrm{z}}$. Na figura ao lado, o campo $\boldsymbol{E}_1$ representa o campo elétrico gerado por q_1 na posição da partícula 2. Analogamente, o campo $\boldsymbol{E}_2$ representa o campo elétrico gerado por q_2 na posição da partícula 1. O campo elétrico sentido por q_1 é aquele gerado por q_2. Portanto, a força elétrica que a partícula 2 exerce sobre a partícula 1 é: $\boldsymbol{F}_{e,1} = q_1\,\boldsymbol{E}_2$. Analogamente, a força elétrica que a partícula 1 exerce sobre a partícula 2 é: $\boldsymbol{F}_{e,2} = q_2\,\boldsymbol{E}_1$.

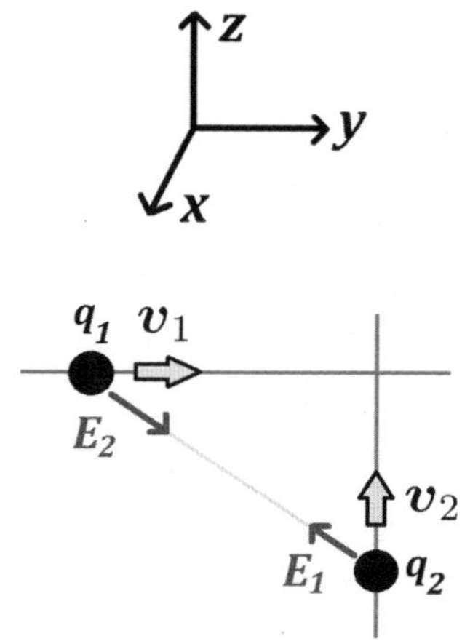

Como $\boldsymbol{E}_1$ e $\boldsymbol{E}_2$ apontam na mesma direção e em sentidos opostos, vemos que, a princípio (supondo que $|\boldsymbol{F}_{e,1}| = |\boldsymbol{F}_{e,2}|$), a parte elétrica da força eletromagnética obedece à terceira lei de Newton. Agora, vejamos a componente magnética da força de Lorentz. O campo magnético que a partícula 2 gera na posição da partícula 1 se dá no sentido negativo do eixo x, ou seja, $\boldsymbol{B}_2(\boldsymbol{r}_1) = -\alpha\hat{\boldsymbol{e}}_{\mathrm{x}}$, onde $\alpha > 0$. Então, a força magnética que a partícula 2 exerce sobre a partícula 1 é dada por

$$\boldsymbol{F}_{m,1} = \frac{q_1}{c}\,\boldsymbol{v}_1 \times \boldsymbol{B}_2 = -\,\frac{1}{c}\,q_1\,|\boldsymbol{v}_1|\,\alpha\,(\hat{\boldsymbol{e}}_{\mathrm{y}} \times \hat{\boldsymbol{e}}_{\mathrm{x}}) = \frac{1}{c}\,q_1\,|\boldsymbol{v}_1|\,\alpha\,\hat{\boldsymbol{e}}_{\mathrm{z}}\,.$$

Por sua vez, o campo magnético que a partícula 1 gera na posição da partícula 2 é dado por $\boldsymbol{B}_1(\boldsymbol{r}_2) = \beta\hat{\boldsymbol{e}}_{\mathrm{x}}$, com $\beta > 0$. Logo, a força magnética que a partícula 1 exerce sobre a partícula 2 é dada por

$$\boldsymbol{F}_{m,2} = \frac{q_2}{c}\,\boldsymbol{v}_2 \times \boldsymbol{B}_1 = -\,\frac{1}{c}\,q_2\,|\boldsymbol{v}_2|\,\beta\,(\hat{\boldsymbol{e}}_{\mathrm{z}} \times \hat{\boldsymbol{e}}_{\mathrm{x}}) = \frac{1}{c}\,q_2\,|\boldsymbol{v}_2|\,\beta\,\hat{\boldsymbol{e}}_{\mathrm{y}}\,.$$

Já que $\boldsymbol{F}_{m,1}$ e $\boldsymbol{F}_{m,2}$ apontam em direções distintas, é impossível que a força magnética obedeça à terceira lei de Newton.

A não validade da terceira lei de Newton significa que em um sistema fechado composto por partículas carregadas as forças internas geralmente não se cancelam, de forma que o momento linear e o momento angular das cargas geralmente não são conservados na ausência de forças externas. Esse "problema" é resolvido ao atribuirmos energia e momento ao campo eletromagnético gerado pelas partículas. Então, por exemplo, se definirmos o momento linear total do sistema como sendo a soma dos momentos lineares de todas as partículas com o momento linear do campo eletromagnético total, o momento total será conservado na ausência de forças externas atuando sobre o sistema de partículas carregadas. Conclusões análogas valem para as leis de conservação de energia e momento angular.

Capítulo 3

Oscilador harmônico e ressonância

A menos do caso trivial de uma partícula na qual age uma força constante, o problema mais simples que podemos tratar na mecânica clássica é o sistema massa-mola unidimensional, ilustrado na Fig. 3.1.

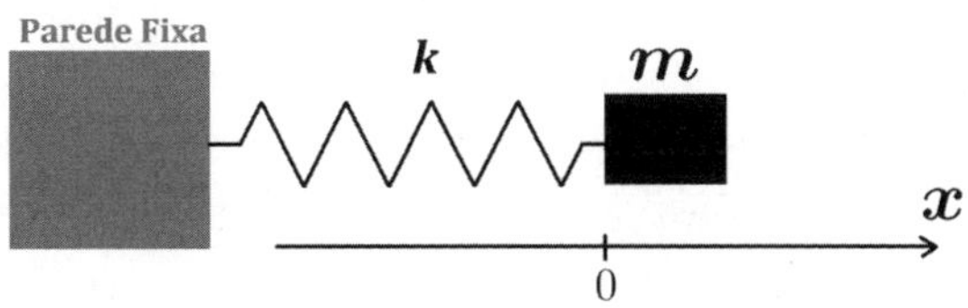

Figura 3.1: Bloco de massa m preso a uma mola. A outra extremidade da mola está fixada em uma parede. A coordenada x mede o deslocamento em relação à posição de equilíbrio da mola, de forma que em $x = 0$ a força exercida pela mola é nula.

Quando a mola não é distendida ou comprimida, ou seja, quando o bloco está em sua posição de equilíbrio, a força exercida pela mola é zero. No entanto, ao deslocarmos o bloco de sua posição de equilíbrio, a mola passa a exercer uma força que é diretamente proporcional à distância entre o bloco e sua posição de equilíbrio. Além disso, o sentido da força é contrário àquele do deslocamento. Essa é a chamada lei de Hooke. Portanto, a força que a mola exerce sobre o bloco é dada por:

$$\boldsymbol{F}_m = -k\,x\,\hat{\mathbf{e}}\,, \tag{3.1}$$

onde k é uma constante positiva que depende das características da mola; x é a posição do bloco medida em relação à posição de equilíbrio; e $\hat{\mathbf{e}}$ é um vetor normalizado que aponta na direção crescente da coordenada x. Note que essa coordenada pode assumir valores positivos e negativos. Quando $x > 0$ significa que a mola foi distendida, ao passo que se $x < 0$ significa que a mola foi comprimida. A constante k está relacionada à "dureza" da mola; quanto mais difícil deslocar a mola, maior o valor de k. A razão do sinal negativo no lado direito da Eq. (3.1) é que a mola sempre tende a voltar para seu comprimento de equilíbrio, de forma que se a distendermos puxando o bloco para a direita ela exercerá uma força para a esquerda e vice-versa. Dizemos que se trata de uma força do tipo restauradora. Esse mesmo modelo também se aplica a tiras feitas de borracha ou outro material elástico, em vez da mola.

Vale ressaltar que, em uma mola real, a Eq. (3.1) é uma excelente aproximação no limite de pequenos deslocamentos ($|x|$ pequeno). No entanto, para valores de $|x|$ suficientemente grandes comparados ao comprimento natural da mola, é de se esperar que a força exercida pela mola também contenha termos quadráticos em x, termos cúbicos em x e assim por diante. Ocorre que esses termos de ordem mais alta não são relevantes quando $|x|$ é "pequeno". Portanto, para desvios muito grandes em relação ao comprimento de equilíbrio, é de se esperar que a lei de Hooke deixe de valer de forma exata. Além disso, os materiais reais têm um ponto de ruptura, de forma que a partir de determinada força uma mola real se partirá.

3.1 Oscilação livre

Usando a segunda lei de Newton, a equação que rege a dinâmica do bloco é a seguinte:

$$m\,\frac{d^2x}{dt^2} = -\,k\,x\,. \tag{3.2}$$

Essa equação diferencial ordinária é particularmente simples de ser resolvida porque é linear na variável dependente $x(t)$ e, além disso, tem coeficientes constantes. A solução para esse tipo de equação pode ser obtida através do ansatz $x(t) = e^{\beta t}$, onde devemos encontrar os valores da constante β que resolvem a equação acima. Como a equação em questão é de segunda ordem, segue que deve haver dois valores possíveis para β e a solução geral será então uma combinação linear das duas soluções exponenciais. No caso, inserindo a $x(t) = e^{\beta t}$ na Eq. (3.2), obtemos $\beta = \pm i\sqrt{k/m}$, onde i é a unidade imaginária, ou seja, $i \equiv \sqrt{-1}$. Portanto, a solução geral é

$$x(t) = a\,e^{i\omega_0\,t} + b\,e^{-i\omega_0\,t}\,, \quad \text{com} \quad \omega_0 \equiv \sqrt{k/m}\,.$$

Na solução acima, a e b podem ser constantes complexas arbitrárias. Todavia, como queremos soluções reais para $x(t)$, devemos assumir $a = b^\star$. Logo, se $a = (A - iB)/2$, com A e B reais, então $b = (A + iB)/2$. Inserindo isso na equação acima e usando a fórmula de Euler para escrever as exponenciais complexas em termos de cossenos e senos, chega-se à seguinte solução geral:

$$x(t) = A\,\cos(\omega_0 t) + B\,\mathrm{sen}(\omega_0 t)\,, \quad \text{com} \quad \omega_0 \equiv \sqrt{k/m}\,.$$

As constantes reais A e B são determinadas pelas condições iniciais do bloco. Por exemplo, se a posição inicial é $x(0) = x_0$ e a velocidade inicial é $v(0) = v_0$, então $A = x_0$ e $B = v_0/\omega_0$. A solução acima também pode ser equivalentemente escrita da seguinte forma:

$$x(t) = \tilde{A}\,\cos(\omega_0 t + \phi)\,, \tag{3.3}$$

com $\tilde{A}$ e ϕ sendo constantes reais determinadas pelas condições iniciais. A constante ϕ é a chamada fase inicial do oscilador, ao passo que $\tilde{A}$ é denominada a amplitude da oscilação, pois corresponde à distorção máxima da mola. A relação entre as constantes de integração nas duas formas de escrever a solução real é a seguinte:

$$A = \tilde{A}\,\cos(\phi) \quad \text{e} \quad B = -\tilde{A}\,\mathrm{sen}(\phi)\,.$$

Da Eq. (3.3), vemos que a dinâmica de $x(t)$ é uma oscilação harmônica com frequência angular ω_0. Essa é a chamada **frequência natural** do sistema massa-mola. Por sua vez, o período de oscilação do sistema é dado por

$$T = \frac{2\pi}{\omega_0} = 2\pi\sqrt{\frac{m}{k}}\,.$$

Esse é o menor tempo necessário para que o estado de movimento do sistema se repita, tanto a posição quanto a velocidade.

A força que age sobre o bloco é conservativa, pois pode ser escrita como a derivada de uma função:

$$F = -\frac{dU}{dx}, \quad \text{com} \quad U = \frac{k}{2}x^2 .$$

Como essa energia potencial não depende explicitamente do tempo, a energia total do sistema massa-mola deve ser conservada:

$$E = \frac{m}{2}\dot{x}^2 + \frac{k}{2}x^2 = \text{constante} .$$

De fato, inserindo a expressão (3.3) na equação acima para a energia, obtemos:

$$E = \frac{m}{2}\tilde{A}^2\,\omega_0^2\,\text{sen}^2(\omega_0 + \phi) + \frac{k}{2}\tilde{A}^2\,\cos^2(\omega_0 + \phi) = \frac{k}{2}\tilde{A}^2 ,$$

que é constante. Note, inclusive, que esse valor para a energia já deveria ser esperado. Com efeito, já que a energia deve ser constante ao longo da trajetória do bloco, podemos computá-la em qualquer parte do trajeto. Em particular, a energia no ponto de distensão máxima, $x = \tilde{A}$, é puramente potencial, pois se trata de um ponto de retorno, no qual a velocidade do bloco é nula. Sendo assim, a energia nesse ponto é $E = U = \frac{k}{2}\tilde{A}^2$. A Fig. 3.2 ilustra de forma qualitativa o deslocamento do bloco em função do tempo, bem como o comportamento das energias cinética e potencial.

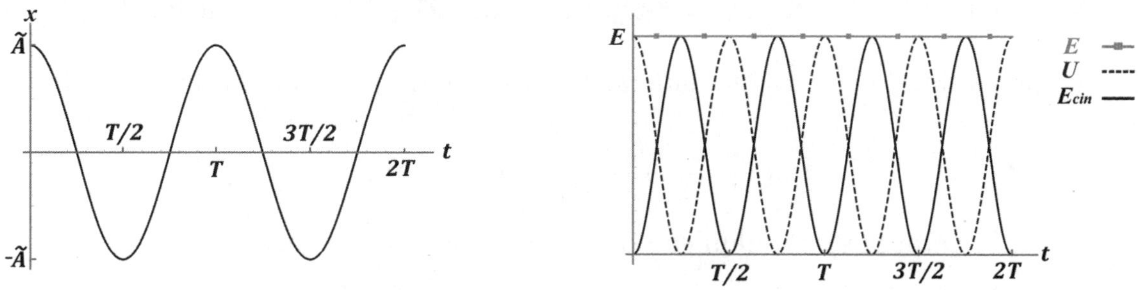

Figura 3.2: À esquerda, o gráfico do deslocamento do bloco em função do tempo. Note que a cada período T ele volta para a configuração inicial de posição e velocidade. A velocidade está relacionada à inclinação desse gráfico. No lado direito, temos os gráficos da energia cinética, E_{cin}, e da energia potencial, U. Embora E_{cin} e U oscilem no tempo, a soma delas é sempre constante e igual a E.

Vimos que a energia do sistema massa-mola é conservada. Todavia, o mesmo não acontece com o momento linear, pois há uma força externa agindo. De fato, a parede exerce uma força sobre esse sistema. Sendo assim, nem o momento linear do bloco nem o momento linear do sistema massa-mola são conservados. Já se considerarmos o nosso sistema como sendo composto pelo trio parede-mola-bloco, o momento linear total deverá ser conservado. De fato, podemos pensar a parede fixa como sendo um objeto de massa muitíssimo maior que a do par massa-mola, de forma que ela essencialmente fica parada apesar da força exercida pela mola. Nesse caso, o centro de massa do trio está localizado na parede e, como a parede não se move, segue que o centro de massa está fixo, o que é equivalente a dizer que o momento linear total do sistema formado pelas três partes é nulo e, portanto, constante.

3.2 Oscilação forçada com $\omega \neq \omega_0$

Nesta seção será assumido que, além da força exercida pela mola, o bloco sofre uma outra força. Vamos supor que essa força externa é periódica e com frequência angular ω. Mais precisamente, assumamos

$$\boldsymbol{F}_{\text{ext}} = f_0 \cos(\omega t)\, \hat{\boldsymbol{e}}\,,$$

com f_0 e ω sendo constantes. Nesta seção, será considerado o caso em que a frequência da excitação externa é diferente da frequência natural do sistema massa-mola, $\omega \neq \omega_0$. Nesse cenário, a equação que rege a dinâmica do bloco é

$$m\frac{d^2x}{dt^2} = -k\,x + f_0 \cos(\omega t) \quad \Rightarrow \quad \ddot{x} + \omega_0^2\, x = \frac{f_0}{m} \cos(\omega t)\,. \tag{3.4}$$

A equação anterior é uma equação diferencial ordinária linear e não homogênea. O termo no lado direito não depende de x ou de suas derivadas e é usualmente denominado a fonte da equação diferencial. É a existência desse termo que quebra a homogeneidade da equação. A solução geral desse tipo de equação é uma soma da solução geral para a versão homogênea da equação, ou seja, $\ddot{x} + \omega_0^2 x = 0$, com uma solução particular da equação com fonte. No caso em questão, a solução geral da parte homogênea já foi vista na seção anterior: $x_h = \tilde{A}\cos(\omega_0 t + \phi)$. Por sua vez, para a solução particular, devemos tentar um ansatz $x_p = a\,\cos(\omega t) + b\,\text{sen}(\omega t)$, com a e b sendo constantes a serem determinadas. Inserindo esse ansatz na Eq. (3.4), chega-se ao seguinte resultado:

$$\frac{f_0}{m}\cos(\omega t) = \ddot{x}_p + \omega_0^2\, x_p = a\,(\omega_0^2 - \omega^2)\cos(\omega t) + b\,(\omega_0^2 - \omega^2)\,\text{sen}(\omega t)\,,$$

de forma que, a fim de que a igualdade acima seja válida para um t arbitrário, devemos concluir que

$$a = \frac{f_0}{m(\omega_0^2 - \omega^2)} \qquad \text{e} \qquad b = 0\,.$$

Logo, a solução geral para a dinâmica do oscilador forçado é a seguinte:

$$x(t) = x_h + x_p = \tilde{A}\cos(\omega_0 t + \phi) + \frac{f_0}{m(\omega_0^2 - \omega^2)}\cos(\omega\, t)\,. \tag{3.5}$$

Vemos que o sistema massa-mola executará uma oscilação que é uma combinação linear de duas oscilações harmônicas, uma com a frequência natural do sistema e outra com a frequência da excitação externa.

Note que, por conta da existência de força externa dependente do tempo, a energia do sistema massa-mola não é mais conservada. De fato, a soma das energias cinética e potencial do sistema massa-mola ao longo da trajetória (3.5) fornece:

$$\begin{aligned} E &= \frac{m}{2}\dot{x}^2 + \frac{m\,\omega_0^2}{2}\,x^2 \\ &= \frac{f_0^2\omega_0^2}{2m} + \frac{m\,\omega_0^2}{2}\tilde{A}^2 + \frac{f_0^2}{2m}(\omega^2 - \omega_0^2)\,\text{sen}^2(\omega t) \\ &\quad + \tilde{A} f_0 \omega_0 \left[\omega\,\text{sen}(\omega t)\text{sen}(\omega_0 t + \phi) + \omega_0 \cos(\omega t)\cos(\omega_0 t + \phi)\right]. \end{aligned} \tag{3.6}$$

Embora a força externa seja conservativa, pois pode ser escrita como a derivada espacial de um potencial,

$$F_{\text{ext}} = -\frac{dU_{\text{ext}}}{dx}\,, \quad \text{com} \quad U_{\text{ext}} \equiv -\,x\,F_{\text{ext}}(t)\,,$$

ocorre que esse potencial depende explicitamente do tempo. Portanto, mesmo se considerássemos o potencial associado a essa força que age no bloco para compor a expressão da energia, ainda assim ela não seria conservada. Da Eq. (3.6), vemos que a energia oscila no tempo. Podemos, então, nos perguntar: já que o agente externo está sempre exercendo a força, por que a energia não cresce com o tempo? A razão é que essa força ora está no mesmo sentido da força exercida pela mola, ora está em sentido contrário. Portanto, em determinados momentos a mola se opõe à força externa, impedindo que grandes distensões ocorram. Essa "falta de harmonia" entre as forças da mola e do agente externo se dá porque as frequências são diferentes, $\omega \neq \omega_0$. Isso faz com que as forças estejam ora em fase, ora fora de fase. Isso pode ser visto analisando a potência inserida no sistema pela força externa. Se dx é o deslocamento do bloco no intervalo de tempo dt, então o trabalho feito pela força externa sobre o sistema massa-mola nesse intervalo de tempo será dado por:

$$dW_{\rm ext} = F_{\rm ext}\, dx \quad \Rightarrow \quad P_{\rm ext} \equiv \frac{dW_{\rm ext}}{dt} = F_{\rm ext}\,\frac{dx}{dt}\,,$$

onde $P_{\rm ext}$ denota a potência inserida no sistema pela força externa. Usando a solução obtida na Eq. (3.5) e a expressão para a força externa, obtemos:

$$P_{\rm ext} = -\tilde{A}\, f_0\, \omega_0 \,\mathrm{sen}(\omega_0\, t + \phi)\, \cos(\omega\, t) - \frac{f_0^2\, \omega}{m(\omega_0^2 - \omega^2)}\,\mathrm{sen}(\omega\, t)\, \cos(\omega\, t)\,.$$

Vemos então que a potência inserida não tem um sinal fixo, ela ora é positiva, ora é negativa, de forma que há momentos em que a força externa contribui para aumentar a energia do sistema e momentos em que ajuda a diminuir sua energia.

3.3 Oscilação forçada com $\omega = \omega_0$, a ressonância

Agora, vamos considerar que nosso sistema massa-mola é excitado por uma força periódica com frequência igual à frequência natural do sistema, ou seja,

$$\boldsymbol{F}_{\rm ext} = f_0\, \cos(\omega_0 t)\, \hat{\boldsymbol{e}}\,.$$

Nesse caso, a equação de movimento se torna:

$$\ddot{x} + \omega_0^2\, x = \frac{f_0}{m}\, \cos(\omega_0 t)\,. \tag{3.7}$$

Note que não podemos obter a solução geral para essa equação através da solução do caso em que a frequência externa é diferente da frequência natural, pois a última diverge no limite $\omega \to \omega_0$, como pode ser visto da Eq. (3.5). A razão para isso é que a fonte da equação diferencial (3.7) é uma solução da parte homogênea dessa equação, de modo que, nesse caso especial, o ansatz para a solução particular deve ser

$$x_p = t\, \left[a\, \cos(\omega_0 t) + b\, \mathrm{sen}(\omega_0 t)\right]\,.$$

Inserindo esse palpite para x_p na Eq. (3.7), obtemos:

$$\frac{f_0}{m}\, \cos(\omega_0 t) = \ddot{x}_p + \omega_0^2\, x_p = 2\omega_0\, [b\, \cos(\omega_0 t) - a\, \mathrm{sen}(\omega_0 t)] \quad \Rightarrow \quad \begin{cases} a = 0\,, \\ b = \frac{f_0}{2m\omega_0}\,. \end{cases}$$

Logo, a solução geral nesse caso é dada por:

$$x(t) = x_h + x_p = \tilde{A}\cos(\omega_0 t + \phi) + \frac{f_0}{2m\omega_0}\, t\,\mathrm{sen}(\omega_0\, t)\,. \tag{3.8}$$

Em particular, se o bloco estava inicialmente parado na posição de equilíbrio, ou seja, se $x(0) = 0$ e $\dot{x}(0) = 0$, segue que a solução se torna:

$$x(t) = \frac{f_0}{2m\omega_0}\, t\,\mathrm{sen}(\omega_0\, t)\,,$$

cuja forma qualitativa do gráfico é ilustrada na Fig. 3.3. Vemos então que o bloco realiza

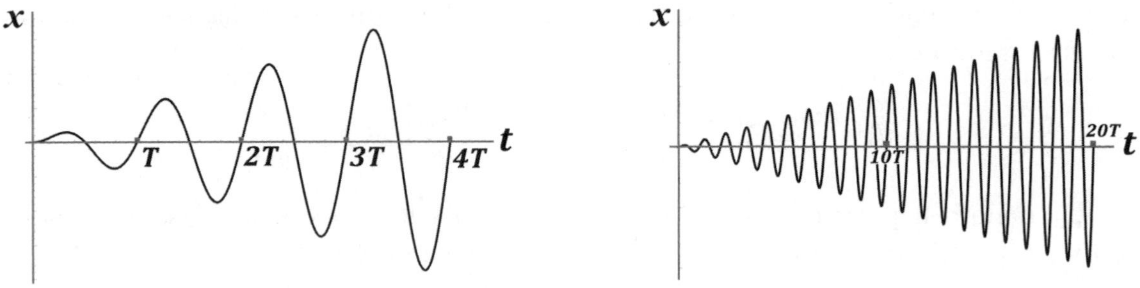

Figura 3.3: Em ambos os gráficos temos $x(t) = B\, t\,\mathrm{sen}(\omega_0\, t)$. No lado esquerdo temos o intervalo $t \in (0, 4T)$, ao passo que no gráfico da direita vemos a evolução de x em um intervalo maior, $t \in (0, 20T)$, onde $T = 2\pi/\omega_0$ é o período de um ciclo na oscilação livre.

uma oscilação com uma amplitude que cresce linearmente com o tempo. Isso ocorre porque a frequência natural da mola é a mesma da força externa, de forma que o sistema massa-mola se alinha à excitação externa fazendo com que a potência inserida no sistema pela força externa tenha uma contribuição dominantemente positiva. De fato, usando a Eq. (3.8) para calcular essa potência, temos:

$$P_{\text{ext}} = F_{\text{ext}}\frac{dx}{dt} = t\,\frac{f_0^2}{2m}\cos^2(\omega_0 t) + \frac{f_0^2}{2m\omega_0}\cos(\omega_0 t)\mathrm{sen}(\omega_0 t) - \tilde{A} f_0 \cos(\omega_0 t)\mathrm{sen}(\omega_0 t + \phi)\,.$$

Notemos que ao passo que o primeiro termo no lado direito da equação acima é sempre positivo para $t > 0$, os outros dois termos podem ser positivos ou negativos. Ocorre que, para t suficientemente grande, o primeiro termo é muito mais relevante que os demais, já que ele oscila com uma amplitude que cresce linearmente com o tempo, ao passo que os outros dois termos têm amplitude constante. Portanto, depois de um tempo, a força externa passa a contribuir apenas para inserir energia no sistema, ela não se opõe ao movimento. A força externa e a mola entram então em sintonia. Isso só é possível porque essa força externa tem a mesma frequência que o sistema massa-mola. Esse fenômeno em que a amplitude da oscilação cresce significativamente quando existe uma excitação externa periódica que age com a frequência natural do sistema é chamado de **ressonância**. Estruturas contínuas como pontes e prédios têm várias frequências naturais (infinitas, na verdade) e, caso haja alguma excitação externa periódica com frequência igual a uma das frequências naturais, a estrutura pode ser comprometida por conta da grande amplitude de oscilação. Por exemplo, com relação aos prédios, o que determina a frequência natural de oscilação em relação a um eixo vertical que passa pelo seu centro é, essencialmente, a altura desse prédio. Então, em uma cidade em que muitos prédios têm a mesma altura, a incidência de um terremoto que ocorre com uma frequência similar à frequência natural dos prédios tem grande potencial destrutivo, ainda que a intensidade do terremoto não seja tão elevada.

3.4 Oscilação forçada e amortecida

A situação dramática demonstrada na Fig. 3.3, em que a amplitude da oscilação cresce de forma indefinida, nunca é vista na prática. São dois os motivos. Primeiro, como mencionado no início deste capítulo, a lei de Hooke deixa de valer para amplitudes muito grandes e, além disso, o sistema iria quebrar em algum momento. Por exemplo, se esticarmos demais uma mola, ela se romperá. Segundo, e mais importante, no mundo real sempre existe atrito, o que gera amortecimento e acaba por impedir que a amplitude da oscilação cresça arbitrariamente. De fato, nesta seção investigaremos como a existência de amortecimento afeta a dinâmica do sistema massa-mola.

Vamos assumir que, além da força exercida pela mola, $F_m = -kx$, e da força periódica externa, $F_{\text{ext}} = f_0 \cos(\omega t)$, também age sobre o bloco uma força de amortecimento em função do atrito do bloco com o ar que o circunda. O efeito desse atrito será modelado pela seguinte força:

$$\boldsymbol{F}_{\text{at}} = -\,\alpha\,\boldsymbol{v} = -\,\alpha\,\frac{dx}{dt}\,\hat{\boldsymbol{e}}\,,$$

onde α é uma constante positiva. Trata-se de um modelo plausível para o atrito porque é de se esperar que, quando o bloco estiver parado, $|\boldsymbol{v}| = 0$, a força de resistência do ar deve se anular, o que ocorre nesse modelo. Além disso, a força de resistência do ar deve ser na mesma direção do movimento do bloco, porém em sentido contrário, se opondo ao sentido do vetor velocidade, o que também é satisfeito por esse modelo para a força de atrito, por conta do sinal negativo. Logo, dentro do contexto aqui considerado, a segunda lei de Newton fornece:

$$\ddot{x} + 2\tilde{\alpha}\,\dot{x} + \omega_0^2\,x = \tilde{f}_0\,\cos(\omega t)\,, \tag{3.9}$$

onde as redefinições de constantes $\tilde{\alpha} \equiv \alpha/(2m)$ e $\tilde{f}_0 \equiv f_0/m$ foram adotadas por conveniência. Como visto na seção anterior, a solução desse tipo de equação diferencial linear é a soma da solução geral da parte homogênea da equação com uma solução particular da equação com fonte. A equação homogênea é dada por

$$\ddot{x}_h + 2\tilde{\alpha}\,\dot{x}_h + \omega_0^2\,x_h = 0\,,$$

e para achar sua solução devemos adotar o ansatz $x_h = e^{\beta t}$. Inserindo esse ansatz na equação acima, podemos encontrar os valores apropriados para β:

$$\beta^2 + 2\tilde{\alpha}\,\beta + \omega_0^2 = 0 \quad \Rightarrow \quad \beta = -\tilde{\alpha} \pm \sqrt{\tilde{\alpha}^2 - \omega_0^2}\,.$$

Temos, então, dois cenários a considerar: as possibilidades $\tilde{\alpha} \geq \omega_0$ e $\tilde{\alpha} < \omega_0$. No primeiro caso, dizemos que o oscilador é superamortecido, pois a dinâmica livre (i.e., com $f_0 = 0$) não terá nenhum tipo de oscilação, apenas um decaimento exponencial. Trataremos desse caso particular mais adiante. Por ora, vamos considerar que $\tilde{\alpha} < \omega_0$, em cujo caso as soluções para β se tornam:

$$\beta = -\tilde{\alpha} \pm i\,\nu_0\;, \qquad \text{com} \quad \nu_0 \equiv \sqrt{\omega_0^2 - \tilde{\alpha}^2}\,.$$

Sendo assim, a solução geral da equação homogênea pode ser escrita da seguinte forma:

$$x_h = e^{-\tilde{\alpha} t}\,[\,A\cos(\nu_0 t) + B\,\mathrm{sen}(\nu_0 t)\,] = \tilde{A}\,e^{-\tilde{\alpha} t}\,\cos(\nu_0 t + \phi)\,,$$

onde $\tilde{A}$ e ϕ são constantes de integração que devem ser fixadas pelas condições iniciais. Note que, na presença de atrito, a frequência da parte oscilante da solução, ν_0, é menor que a frequência sem atrito, ω_0. Isso é de se esperar, pois o amortecimento retarda o movimento do bloco, ou seja, torna o período maior e, portanto, a frequência é menor. Além disso, a amplitude da oscilação tem um decaimento exponencial por conta do atrito, e isso denuncia que o atrito drena energia para fora do sistema massa-mola. Com relação à solução particular, devemos tentar um ansatz do tipo $x_p = a\cos(\omega t) + b\,\mathrm{sen}(\omega t)$. Inserindo essa expressão para x_p na Eq. (3.9), obtemos o seguinte:

$$\tilde{f}_0\,\cos(\omega t) = \left[a(\omega_0^2 - \omega^2) + 2b\tilde{\alpha}\omega\right]\,\cos(\omega t) \;+\; \left[b(\omega_0^2 - \omega^2) - 2a\tilde{\alpha}\omega\right]\,\mathrm{sen}(\omega t)\,,$$

donde concluímos que:

$$a(\omega_0^2 - \omega^2) + 2b\tilde{\alpha}\omega = \tilde{f}_0 \quad \text{e} \quad b(\omega_0^2 - \omega^2) - 2a\tilde{\alpha}\omega = 0\,.$$

Resolvendo esse par de equações algébricas para a e b, obtemos finalmente:

$$a = \frac{\tilde{f}_0\,(\omega_0^2 - \omega^2)}{4\tilde{\alpha}^2\omega^2 + (\omega_0^2 - \omega^2)^2} \quad \text{e} \quad b = \frac{2\tilde{f}_0\,\tilde{\alpha}\omega}{4\tilde{\alpha}^2\omega^2 + (\omega_0^2 - \omega^2)^2}\,.$$

Em suma, a solução geral para a dinâmica do sistema massa-mola é:

$$x(t) = \tilde{A}\,e^{-\tilde{\alpha} t}\,\cos(\nu_0 t + \phi) + \frac{\tilde{f}_0}{4\tilde{\alpha}^2\omega^2 + (\omega_0^2 - \omega^2)^2}\,\left[(\omega_0^2 - \omega^2)\cos(\omega t) + 2\tilde{\alpha}\omega\,\mathrm{sen}(\omega t)\right].$$

Agora introduzamos a fase φ_0 como sendo o ângulo que é definido pelas seguintes equações:

$$\cos(\varphi_0) \equiv \frac{\omega_0^2 - \omega^2}{\sqrt{4\tilde{\alpha}^2\omega^2 + (\omega_0^2 - \omega^2)^2}} \quad \text{e} \quad \mathrm{sen}(\varphi_0) \equiv \frac{2\tilde{\alpha}\omega}{\sqrt{4\tilde{\alpha}^2\omega^2 + (\omega_0^2 - \omega^2)^2}}\,.$$

Notemos que φ_0 está, de fato, bem definido, pois essas funções nos lados direitos das igualdades acima têm valores dentro do intervalo $[-1, 1]$, como deve ser para as funções seno e cosseno. Além disso, e igualmente importante, temos

$$\cos^2(\varphi_0) + \mathrm{sen}^2(\varphi_0) = \frac{(\omega_0^2 - \omega^2)^2}{4\tilde{\alpha}^2\omega^2 + (\omega_0^2 - \omega^2)^2} + \frac{4\tilde{\alpha}^2\omega^2}{4\tilde{\alpha}^2\omega^2 + (\omega_0^2 - \omega^2)^2} = 1\,,$$

como deve ser. Usando então essa definição para φ_0, podemos escrever a solução $x(t)$ da seguinte forma compacta:

$$x(t) = \tilde{A}\,e^{-\tilde{\alpha} t}\,\cos(\nu_0 t + \phi) + \frac{\tilde{f}_0}{\sqrt{4\tilde{\alpha}^2\omega^2 + (\omega_0^2 - \omega^2)^2}}\,\cos(\omega t - \varphi_0)\,.$$

Agora, vamos analisar a solução que acabamos de obter. No lado direito da última expressão para $x(t)$, há dois termos que têm naturezas distintas. O primeiro desses termos representa a oscilação natural do sistema massa-mola amortecido e esse oscila com frequência ν_0, mas tem uma amplitude que decresce exponencialmente com o tempo, por conta do atrito. Esse termo é denominado a parte **transiente** da solução, pois ele não é significativo no longo prazo, por conta do decaimento exponencial. O segundo termo, por sua vez, tem amplitude constante e seu efeito persiste com o passar do tempo. Para fins práticos, se estivermos interessados apenas no logo prazo, ou seja, no regime de tempos elevados ($t \gg 1/\tilde{\alpha}$), podemos considerar que a solução se resume apenas à segunda parte:

$$x(t) \simeq \frac{\tilde{f}_0}{\sqrt{4\tilde{\alpha}^2\omega^2 + (\omega_0^2 - \omega^2)^2}} \cos(\omega t - \varphi_0) , \quad \text{para} \quad t \gg 1/\tilde{\alpha} . \qquad (3.10)$$

Essa parte dominante da solução oscila com frequência igual à frequência da excitação externa e, se não houvesse força externa, ela não existiria. De fato, vemos claramente que, se f_0 for zero, esse termo dominante deixará de existir. A razão de esse termo ter amplitude constante, apesar da existência de amortecimento, se deve ao fato de que a força externa está constantemente injetando energia no sistema, de forma que a perda de energia por conta do atrito é recomposta pela força externa. Portanto, se excitarmos um oscilador real com uma força periódica, a oscilação ocorrerá com a frequência da excitação externa, não com a frequência natural do sistema, onde estamos desprezando a parte que decai exponencialmente com o tempo. A Fig. 3.4 ilustra de forma qualitativa, para uma escolha específica de parâmetros, o gráfico da solução $x(t)$ completa e o gráfico apenas da parte dominante. Vemos que, de fato, para tempos elevados os gráficos coincidem, de forma que o termo transiente deixa de ser relevante.

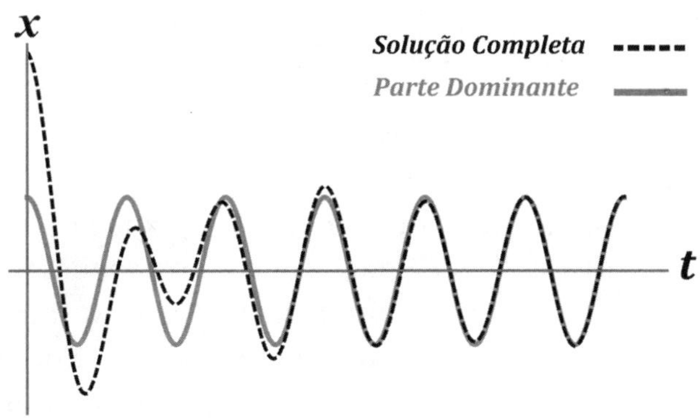

Figura 3.4: A solução $x(t)$ completa corresponde ao gráfico tracejado, ao passo que a parte dominante da solução, i.e. apenas aquela que tem amplitude constante, corresponde ao gráfico com a linha contínua. Vemos que os gráficos são praticamente indistinguíveis para tempos elevados.

Na presença de amortecimento também podemos e devemos falar de ressonância. De fato, olhando para a solução (3.10), podemos investigar qual é o valor de ω que torna a amplitude máxima para ω_0 e $\tilde{\alpha}$ fixos, e dizemos então que essa frequência ω é a frequência de ressonância, ω_r. Tal frequência pode ser obtida derivando a expressão da amplitude em relação a ω e igualando o resultado a zero:

$$\frac{d}{d\omega}\left[\frac{\tilde{f}_0}{\sqrt{4\tilde{\alpha}^2\omega^2 + (\omega_0^2 - \omega^2)^2}}\right] = 0 \quad \Rightarrow \quad \omega_r = \sqrt{\omega_0^2 - 2\tilde{\alpha}^2} .$$

Em particular, quando a razão $\tilde{\alpha}/\omega_0$ é pequena, ou seja, quando o atrito não é tão intenso, segue que a frequência de ressonância é aproximadamente a frequência natural da oscilação livre do sistema massa-mola, $\omega_r \simeq \omega_0$. Por outro lado, quando $\tilde{\alpha}/\omega_0 > 1/2$, não é muito adequado falar em ressonância, pois a amplitude não tem um máximo muito destacado e seu valor não é elevado. Os gráficos mostrados na Fig. 3.5 demonstram bem esse ponto. Esses gráficos ilustram a amplitude adimensional

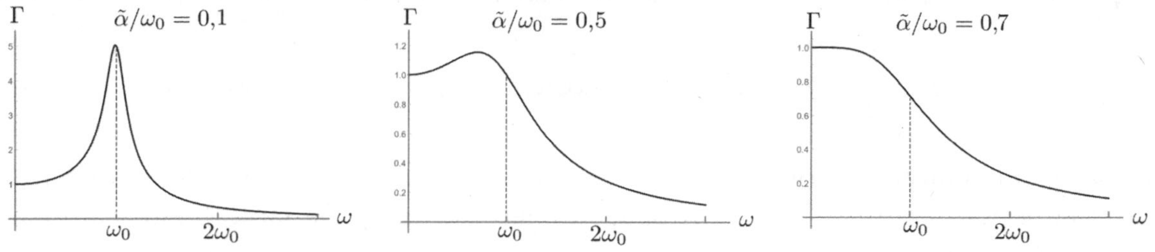

Figura 3.5: Amplitude Γ em função da frequência, definida na Eq. (3.11). Vemos gráficos de Γ para diferentes valores da razão $\tilde{\alpha}/\omega_0$. Quando essa razão é pequena, ou seja, quando o amortecimento é pequeno, vemos que existe uma pequena faixa de frequências ω que leva a uma grande amplitude, razão pela qual é plausível falar de ressonância nesse caso. Essa faixa está localizada na região $\omega \simeq \omega_0$. Já se $\tilde{\alpha}/\omega_0 > 1/2$, a amplitude não tem um pico elevado, e o pico do gráfico é disperso, ou seja, espalhado em um intervalo maior de frequências ω, razão pela qual não é oportuno falar de uma frequência de ressonância nesse caso.

$$\Gamma \equiv \frac{\omega_0^2}{\sqrt{4\tilde{\alpha}^2\omega^2 + (\omega_0^2 - \omega^2)^2}} \tag{3.11}$$

em função de ω. É plausível falar em ressonância apenas no regime de baixo amortecimento, i.e. quando a razão $\tilde{\alpha}/\omega_0$ é pequena.

Notemos que, mesmo quando o amortecimento é pequeno, i.e. $\tilde{\alpha}/\omega_0 \ll 1$, existe uma diferença dramática entre a ressonância com amortecimento e a ressonância sem amortecimento. No último caso, em que o amortecimento é exatamente zero, a amplitude da oscilação cresce indefinidamente com o passar do tempo. Por outro lado, quando há atrito, por mínimo que seja, a amplitude da oscilação é limitada, muito embora possa ser bastante elevada. Por esse motivo, no mundo real, nunca veremos uma ressonância como a mostrada na seção anterior, em que a amplitude da oscilação cresce sem limites. Na presença de atrito, a oscilação forçada tem amplitude constante, mas essa amplitude pode ser significativamente maior se a frequência externa for bem ajustada para coincidir com a frequência de ressonância, especialmente se o amortecimento não for elevado.[1]

3.5 O fator de qualidade de um oscilador amortecido

Quando deixamos um oscilador amortecido oscilar livremente, sua energia vai se dissipando com o passar do tempo. De fato, como visto na seção anterior, na ausência de força externa ($f_0 = 0$) o bloco segue a seguinte dinâmica:

$$x(t) = \tilde{A}\, e^{-\tilde{\alpha}t} \cos(\nu_0 t + \phi)\ , \qquad \text{com } \nu_0 = \sqrt{\omega_0^2 - \tilde{\alpha}^2}\,.$$

[1] O seguinte vídeo disponível no *YouTube* mostra um experimento com uma massa presa a uma mola sendo excitada por um agente externo: [Título: `Forced Oscillation Resonance` | Canal: `Animated Science`]. No vídeo, vemos que a amplitude de movimento da massa cresce enormemente quando a frequência com a qual a força externa age se aproxima da frequência natural da mola. Outro vídeo que mostra fenômenos de ressonância é o seguinte: [Título: `Resonance` | Canal: `George Panagiotakopoulos`].

Logo, calculando a energia do sistema massa-mola com essa dinâmica, temos:

$$E(t) = \frac{m}{2}\dot{x}^2 + \frac{m\omega_0^2}{2}x^2 = \frac{m}{2}\tilde{A}^2\, e^{-2\tilde{\alpha}t}\left[\omega_0^2 + \tilde{\alpha}^2\cos(2\nu_0 t + 2\phi) + \tilde{\alpha}\nu_0 \mathrm{sen}(2\nu_0 t + 2\phi)\right]$$

A energia média em um ciclo é definida da seguinte forma:

$$\bar{E}(t) = \frac{1}{T}\int_t^{t+T} E(t')\, dt' \,, \qquad \text{onde } T \equiv \frac{2\pi}{\nu_0}\,.$$

No regime de baixo amortecimento, $\tilde{\alpha}/\omega_0 \ll 1$, a exponencial $e^{-2\tilde{\alpha}t}$ varia muito pouco durante um intervalo de tempo $\Delta t = T$. Sendo assim, ao calcularmos a média $\bar{E}(t)$, podemos, como uma boa aproximação, encarar o fator exponencial $e^{-2\tilde{\alpha}t}$ como sendo essencialmente constante durante o intervalo de integração. Fazendo isso, segue que os termos com cosseno e seno, na expressão para $E(t)$, têm média zero ao longo de um ciclo, de forma que a energia média em um ciclo que começa no instante t é dada aproximadamente por:

$$\bar{E}(t) \simeq \frac{m\,\omega_0^2}{2}\tilde{A}^2\, e^{-2\tilde{\alpha}t} \qquad (\text{ assumindo } \tilde{\alpha}/\omega_0 \ll 1\ )\,.$$

A Fig. 3.6 ilustra a diferença entre os gráficos da energia instantânea e da energia média por ciclo.

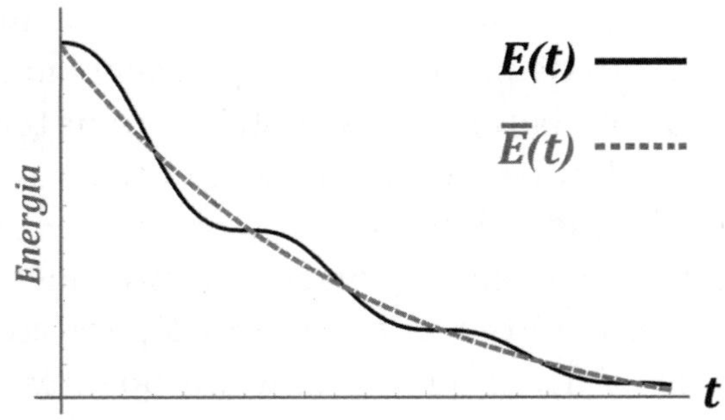

Figura 3.6: Energia do oscilador em função do tempo (linha contínua) e o gráfico da energia média (linha tracejada). Gráficos feitos para o caso em que $\tilde{\alpha}/\omega_0 = 0.1$.

O **fator de qualidade** de um oscilador amortecido é uma grandeza adimensional que afere o quanto o oscilador livre consegue manter de sua energia por ciclo de oscilação. Tal fator é denotado por Q e definido da seguinte forma:

$$Q \equiv 2\pi\,\frac{\bar{E}(t)}{\Delta\bar{E}(t)}\,, \qquad \text{onde} \quad \Delta\bar{E}(t) \equiv \bar{E}(t) - \bar{E}(t+T)\,.$$

Ou seja, o fator de qualidade é a razão entre a energia média em um ciclo e a quantidade de energia perdida nesse ciclo. Portanto, Q fornece uma medida da quantidade de energia que é preservada por ciclo. Por exemplo, na ausência de amortecimento temos $\Delta\bar{E} = 0$, de forma que o fator de qualidade é infinito. Por outro lado, para osciladores muito amortecidos temos $Q \to 2\pi$, pois, nesse caso, a energia perdida em um ciclo é quase a energia total do sistema. Agora, calculemos Q explicitamente. Para isso, primeiro computemos $\Delta\bar{E}$:

$$\Delta\bar{E} = \bar{E}(t) - \bar{E}(t+T) \simeq \frac{m\,\omega_0^2}{2}\tilde{A}^2\,\left[e^{-2\tilde{\alpha}t} - e^{-2\tilde{\alpha}(t+T)}\right] = \bar{E}(t)\,\left[1 - e^{-4\pi\tilde{\alpha}/\nu_0}\right]\,.$$

Logo, assumindo $\tilde{\alpha} \ll \omega_0$, segue que o fator de qualidade é dado por:

$$Q = \frac{2\pi}{1 - e^{-4\pi\tilde{\alpha}/\nu_0}} \,.$$

Como estamos assumindo o regime de baixo amortecimento, $\tilde{\alpha} \ll \omega_0$, é útil expandir a expressão anterior em série de Taylor em potências da razão $\tilde{\alpha}/\omega_0$. Fazendo tal expansão até primeira ordem, temos:

$$e^{-4\pi\tilde{\alpha}/\nu_0} \simeq 1 - 4\pi\,\frac{\tilde{\alpha}}{\nu_0} \simeq 1 - 4\pi\,\frac{\tilde{\alpha}}{\omega_0}\,,$$

de forma que o fator de qualidade fornece:

$$Q \simeq \frac{\omega_0}{2\tilde{\alpha}} \quad (\text{ se } \tilde{\alpha} \ll \omega_0)\,.$$

Objetos com alto fator de qualidade são importantes, entre outras coisas, porque podem armazenar energia sem grande desperdício. Tais objetos têm bastante uso, por exemplo, em experimentos de óptica. Nesse contexto, já foram fabricadas microesferas de quartzo com fatores de qualidade superiores a 10^9. Cristais com alto fator de qualidade também são importantes para fabricar relógios. De fato, os relógios mais modernos usam pequenos diapasões (objetos em forma de U usados para afinar instrumentos musicais) feitos de cristal de quartzo. Esses diapasões têm frequência bem conhecida (em geral, usa-se 2^{15}Hz). A fim de gastar pouca bateria, tais cristais devem ter alto fator de qualidade. Bons relógios têm cristais com fatores de qualidade da ordem de 10^5. A razão de se usar quartzo é que tais cristais são piezoelétricos. Isso significa que deformações no cristal geram sinais elétricos e, reciprocamente, quando correntes elétricas passam pelo cristal ele sofre deformações. Usa-se, então, essa propriedade para converter as oscilações dos cristais de quartzo em sinais elétricos que comunicam quantas oscilações foram feitas e são empregados impulsos elétricos advindos da bateria para manter o cristal oscilando. Inclusive, os relógios mais precisos do mundo, os relógios atômicos, também utilizam cristais de quartzo como parte do sistema. Mas, nesses relógios de grande acurácia, a frequência de referência não vem do diapasão de quartzo, mas sim de átomos de césio que são excitados a uma frequência muito precisa. Hoje em dia, há relógios atômicos tão precisos que, se tivessem sido ativados no instante do Big Bang (há 13,8 bilhões de anos atrás), teriam atrasos da ordem de apenas um segundo. Comparativamente, um relógio de qualidade ordinária costuma atrasar cerca de um segundo por dia. Mas para que servem relógios tão precisos? O sistema de GPS, utilizado rotineiramente para localização de objetos na Terra, só pode funcionar a contento com relógios atômicos.

3.6 Amortecimento crítico

Suponha que um sistema massa-mola tenha uma certa frequência natural ω_0, e que queiramos ajustar o amortecimento do sistema, parametrizado pela grandeza $\tilde{\alpha}$, de forma que, quando puxarmos o bloco para fora da sua posição de equilíbrio e depois o soltarmos, ele retorne o mais rapidamente possível à posição $x = 0$. É intuitivo pensar que quanto maior o amortecimento, ou seja, quanto maior $\tilde{\alpha}$, mais célere será a perda de energia do sistema. No entanto, veremos que esse não é exatamente o caso, pois um amortecimento muito elevado também significa que o bloco tardará a voltar para a posição de equilíbrio.

Quando lidamos com um oscilador amortecido, há três regimes de amortecimento a serem considerados:

$$\begin{cases} \tilde{\alpha} < \omega_0 & \rightarrow \text{ subamortecido}\,, \\ \tilde{\alpha} = \omega_0 & \rightarrow \text{ amortecimento crítico}\,, \\ \tilde{\alpha} > \omega_0 & \rightarrow \text{ superamortecido}\,. \end{cases}$$

Nas seções anteriores consideramos apenas o caso subamortecido, no qual a solução da parte homogênea corresponde a uma oscilação cuja amplitude decai exponencialmente com o tempo. Por sua vez, no caso superamortecido não há oscilação, apenas ocorre um decaimento exponencial do desvio x. De fato, a dinâmica da oscilação livre é descrita pela seguinte equação de movimento:

$$\ddot{x} + 2\tilde{\alpha}\,\dot{x} + \omega_0^2\,x = 0\,,$$

de forma que, quando $\tilde{\alpha} > \omega_0$, a solução geral é dada por:

$$x(t) = a\,e^{-(\tilde{\alpha}+\kappa)t} + b\,e^{-(\tilde{\alpha}-\kappa)t}\,, \qquad \text{onde} \qquad \kappa \equiv \sqrt{\tilde{\alpha}^2 - \omega_0^2}\,.$$

Na equação anterior, a e b são constantes de integração que devem ser determinadas pelas condições iniciais do sistema. Em particular, no limite do caso crítico, i.e. quando $\tilde{\alpha} \rightarrow \omega_0$, temos $\kappa \rightarrow 0$, de forma que a solução acima se torna

$$x(t) \rightarrow (a+b)\,e^{-\tilde{\alpha}t} = \tilde{a}\,e^{-\tilde{\alpha}t}\,.$$

Essa não pode ser a solução geral da equação de movimento no caso crítico, pois ela tem apenas uma constante de integração independente, a saber, $\tilde{a} = a + b$, ao passo que a solução geral de uma equação diferencial de segunda ordem deve ter duas constantes de integração. A razão matemática de o caso crítico ser especial é que, se inserirmos o ansatz $x = e^{\beta t}$ na equação de movimento quando $\tilde{\alpha} = \omega_0$, veremos que as duas soluções para β são degeneradas. Nesse cenário, a solução geral é dada por

$$x(t) = (a + b\,t)\,e^{-\tilde{\alpha}t} = (a + b\,t)\,e^{-\omega_0 t}\,.$$

De fato, se substituirmos o ansatz $x = f(t)\,e^{-\tilde{\alpha}t}$ na equação de movimento livre quando $\tilde{\alpha} = \omega_0$, chegaremos à seguinte restrição sobre f: $\ddot{f} = 0$, ou seja, $f(t)$ pode ser uma função linear do tempo.

Agora, vamos considerar dois sistemas massa-mola com mesma frequência natural ω_0 e que obedecem às mesmas condições iniciais,

$$x(0) = x_0 \quad \text{e} \quad \dot{x}(0) = 0\,,$$

ou seja, os blocos foram deslocados de suas posições de equilíbrio e foram soltos do repouso no instante $t = 0$. Vamos assumir que um dos sistemas é superamortecido enquanto o outro tem amortecimento crítico. Impondo as condições iniciais a esses sistemas, segue que as soluções para a dinâmica de x, a depender do regime de amortecimento, são as seguintes:

$$\begin{cases} \text{Amortecimento Crítico} \rightarrow x_{cri} = x_0\,e^{-\omega_0 t}\,(1 + \omega_0 t)\,, \\[2ex] \text{Superamortecimento} \rightarrow x_{sup} = \frac{x_0}{2\kappa}\left[(\tilde{\alpha}+\kappa)e^{-(\tilde{\alpha}-\kappa)t} - (\tilde{\alpha}-\kappa)e^{-(\tilde{\alpha}+\kappa)t}\right]\,, \end{cases}$$

onde, na expressão anterior, as constantes $\tilde{\alpha}$ e κ se referem ao sistema superamortecido. Por sua vez, na expressão para x_{cri}, o parâmetro de amortecimento, $\tilde{\alpha}$, foi substituído por ω_0, já que os valores dessas constantes devem coincidir no caso crítico. Em particular, calculando a taxa de variação de x em relação ao tempo nesses dois cenários, obtemos as seguintes expressões:

$$\begin{cases} \text{Amortecimento Crítico} \rightarrow \dot{x}_{cri} = -x_0\,\omega_0^2\,t\,e^{-\omega_0 t}\,, \\ \\ \text{Superamortecimento} \rightarrow \dot{x}_{sup} = -\frac{x_0\,\omega_0^2}{2\kappa}\,e^{-\tilde{\alpha}t}\left(e^{\kappa t} - e^{-\kappa t}\right). \end{cases} \tag{3.12}$$

Note que, diferentemente do caso subamortecido, os sinais dessas taxas de variação são fixos para todo $t > 0$, o que significa que não haverá oscilação, pois a velocidade do bloco estará sempre no mesmo sentido. Por exemplo, se $x_0 > 0$ o bloco nunca acessará a região $x < 0$.

Agora, nossa intenção é averiguar em qual dos dois sistemas considerados acima o bloco se aproximará mais rapidamente da posição de equilíbrio. Para tanto, vamos calcular a razão $\dot{x}_{cri}/\dot{x}_{sup}$. Se, em determinado instante, essa razão for maior que um, é sinal de que, nesse instante, x_{cri} está se aproximando mais rapidamente da posição de equilíbrio que x_{sup}. Contrariamente, se a razão for menor que um, então, no instante em questão, o sistema superamortecido está se aproximando da posição de equilíbrio com mais velocidade. Usando a Eq. (3.12), vemos que essa razão é dada por

$$\frac{\dot{x}_{cri}}{\dot{x}_{sup}} = \frac{2\kappa\,t\,e^{(\tilde{\alpha}-\omega_0)t}}{e^{\kappa t} - e^{-\kappa t}}\,.$$

Analisemos essa expressão no limite $t \simeq 0$, para ver em qual dos cenários a aproximação da posição de equilíbrio é mais célere nos instantes iniciais. Fazendo a expansão em série de Taylor até segunda ordem em t, temos:

$$\frac{\dot{x}_{cri}}{\dot{x}_{sup}} = 1 + (\tilde{\alpha} - \omega_0)t + O(t^3)\,.$$

Concluímos então que, nos instantes iniciais, a razão é maior que um, já que $\tilde{\alpha}$ se refere ao parâmetro amortecimento do caso superamortecido e, portanto, é maior que ω_0. Isso mostra que inicialmente o sistema com amortecimento crítico tem um retorno ao equilíbrio mais célere. Esse fato pode ser mais claramente observado através do gráfico mostrado na Fig. 3.7.

Esse conhecimento é relevante, por exemplo, para a fabricação dos dispositivos utilizados para fechar portas manuais automaticamente. Tais equipamentos são compostos de uma mola que tem como função trazer a porta que fora aberta à sua posição inicial (porta fechada), mas ela deve fazer isso da maneira mais rápida e sem que a porta bata com força ao ser fechada. Para tanto, é preciso colocar um dispositivo de amortecimento, de forma que podemos pensar nesse aparato como sendo um sistema massa-mola amortecido. Se tivermos $\tilde{\alpha} < \omega_0$, ou seja, sistema subamortecido, a porta baterá ao ser fechada, pois a mola tenderá a executar um movimento oscilatório e, portanto, a mola tentará puxar a porta além do batente. Isso deve ser evitado. Portanto, devemos desenhar o sistema de forma que $\tilde{\alpha} \geq \omega_0$. Mas, a fim de que a porta seja fechada o mais rapidamente possível, o amortecimento deve ser ajustado para ser o mais próximo possível do crítico, ou seja, $\tilde{\alpha} \simeq \omega_0$. De fato, se o parâmetro de amortecimento $\tilde{\alpha}$ for muito maior que a

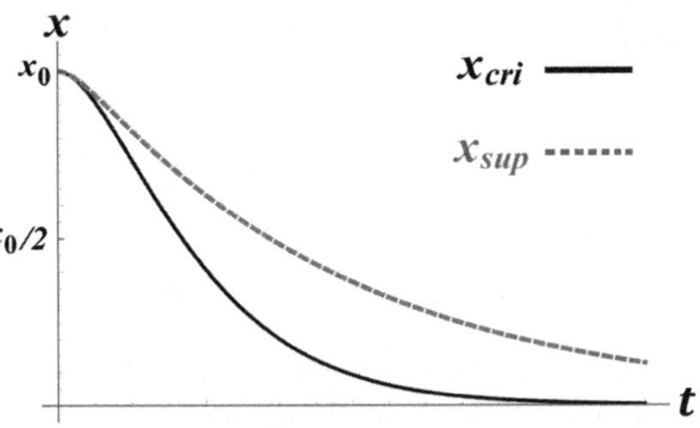

Figura 3.7: Nos gráficos acima, temos as dinâmicas $x(t)$ para dois sistemas massa-mola com as mesmas condições iniciais, um com amortecimento crítico e outro superamortecido. Em ambos os sistemas é assumida a mesma frequência natural ω_0. Em particular isso significa que $\tilde{\alpha}_{cri} = \omega_0$. Já no sistema superamortecido foi assumido $\tilde{\alpha}_{sup} = 2\omega_0$. Dos gráficos acima, vemos que, apesar de o parâmetro de amortecimento ser maior no caso superamortecido, o retorno ao equilíbrio é mais rápido quando o amortecimento é crítico.

frequência natural da mola, ω_0, a porta demorará demais para fechar. Além disso, um alto amortecimento exigiria que fizéssemos mais força para abrir a porta.[2]

[2]Dois interessantes vídeos disponíveis no *YouTube* que mostram os três tipos de amortecimento são os seguintes: [Título: `Oscilações Amortecidas | Experimentos - Amortecimento subcrítico, crítico e supercrítico` | Canal: `Fisica Universitária`] e [Título: `Damped Oscillatory Motion` | Canal: `Rebecca Koehler`].

3.7 Exercícios sugeridos

Exercício 1

Considere uma partícula de massa 1kg se movendo em duas dimensões sujeita à seguinte força:

$$\boldsymbol{F} = (2 - \mathrm{x})\,\hat{\boldsymbol{e}}_{\mathrm{x}} - \mathrm{y}\,\hat{\boldsymbol{e}}_{\mathrm{y}} \,.$$

A força acima está exposta em Newtons, ao passo que x e y estão em metros.

a) Demonstre que existe um ponto de equilíbrio estável neste sistema. Isto é, um ponto tal que, se pusermos a partícula em repouso neste ponto, ela permanecerá lá para sempre.

b) Mostre que, se perturbarmos a partícula neste ponto, ela executará um movimento cujas projeções nos eixos x e y são oscilações harmônicas.

c) Suponha que a condição inicial da partícula seja a seguinte:

$$\boldsymbol{r}(0) = 3\,\hat{\boldsymbol{e}}_{\mathrm{x}} \quad \text{e} \quad \boldsymbol{v}(0) = \dot{\boldsymbol{r}}(0) = \hat{\boldsymbol{e}}_{\mathrm{x}} + \frac{3}{2}\,\hat{\boldsymbol{e}}_{\mathrm{y}} \,,$$

onde o vetor posição está em metros e o vetor velocidade em metros por segundo. Obtenha $\boldsymbol{r}(t)$ para $t > 0$.

d) Demonstre que a trajetória da partícula no plano (x, y) é uma elipse centrada no ponto de equilíbrio. A elipse não terá seus eixos principais nas direções $\hat{\boldsymbol{e}}_{\mathrm{x}}$ e $\hat{\boldsymbol{e}}_{\mathrm{y}}$.

Exercício 2

No caso do oscilador amortecido e forçado, obtenha a energia cinética em função do tempo (desprezando a parte transiente da solução) e demonstre que ela oscila no tempo. Prove então que a amplitude dessa oscilação é máxima quando a frequência da excitação externa, ω, é igual à frequência da oscilação livre, ω_0. Ou seja, do ponto de vista da energia cinética, a ressonância ocorre quando $\omega = \omega_0$.

Exercício 3 - *resolvido*

Calcule a dinâmica de um sistema massa-mola com baixo amortecimento ($\tilde{\alpha} < \omega_0$) sujeito à seguinte força externa:

$$\boldsymbol{F}_{\mathrm{ext}} = \frac{q_0}{2\epsilon}\, e^{-|t|/\epsilon}\, \hat{\boldsymbol{e}} \,,$$

onde $\epsilon > 0$. Considere a seguinte condição inicial: $x(0) = 0$ e $\dot{x}(0) = 0$. Como essa força não é uma função suave (sua derivada é descontínua em $t = 0$), para encontrar a solução é preciso resolver duas equações de movimento, uma com a força $(\frac{q_0}{2\epsilon})\, e^{t/\epsilon}$ na região $t < 0$, e outra com uma força $(\frac{q_0}{2\epsilon})\, e^{-t/\epsilon}$ na região $t > 0$. A solução total será a composição das soluções nas duas regiões. Achada a solução, estude o comportamento do bloco no limite $\epsilon \to 0$. Esse limite é interessante porque a força está totalmente concentrada em torno de $t = 0$. É como se essa força representasse uma martelada dada no bloco no instante $t = 0$, pois, apesar de agir em um intervalo de tempo ínfimo, ela emprega um impulso finito. No caso, o impulso causado pela força externa em questão é q_0, independentemente do valor de ϵ:

$$I = \int_{-\infty}^{\infty} F_{\mathrm{ext}}\, dt = q_0 \,.$$

Exercício 4

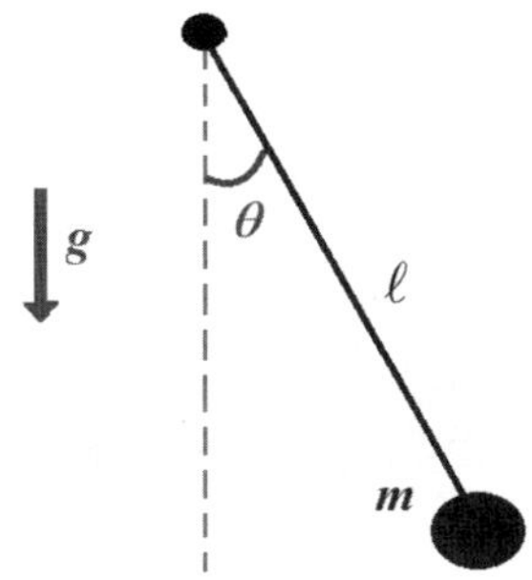

Considere um pêndulo simples composto por uma barra de comprimento ℓ e massa desprezível e uma bola de massa m localizada na extremidade da barra, como mostrado na figura ao lado. O pêndulo é posto em um campo gravitacional uniforme com aceleração $-g\hat{\boldsymbol{e}}_z$ e o movimento do pêndulo se dá no plano yz. Denotemos por θ o desvio angular do pêndulo em relação à posição angular de equilíbrio, que ocorre quando a barra está alinhada com o eixo z. Considere que o pêndulo sofre amortecimento por conta do atrito entre a bola e o ar que a circunda e que essa força de atrito é $\boldsymbol{F}_{at} = -\alpha \boldsymbol{v}$, onde $\boldsymbol{v}$ é a velocidade da bola.

a) Encontre a equação dinâmica para o vetor posição da bola, $\boldsymbol{r}$.

b) Use o resultado do item anterior para determinar a equação dinâmica para θ.

c) Note que a equação anterior poderia ter sido obtida analisando o torque total no bloco e relacionando esse torque com a variação de momento angular do bloco.

d) Use o regime de pequenas oscilações ($|\theta| \ll 1$) para expandir a função senθ em série de Taylor até primeira ordem e linearize a equação diferencial para θ. Use esse resultado para determinar o período de oscilação do bloco no regime de pequenas oscilações. Note que o período independe da amplitude e que essa é a razão pela qual os pêndulos podem ser usados como relógios.

Solução do Exercício 3

Sendo $\boldsymbol{F} = -\alpha\,\boldsymbol{v}$ a força de atrito sobre o bloco e k a constante de mola, então a segunda lei de Newton fornece:

$$m\,\ddot{x} = -\alpha\,\dot{x} - k\,x + \frac{q_0}{2\epsilon}\,e^{-|t|/\epsilon} \quad\Rightarrow\quad \ddot{x} + 2\tilde{\alpha}\,\dot{x} + \omega_0^2\,x = Q_0\,e^{-|t|/\epsilon}\,,$$

onde $\tilde{\alpha} = \alpha/(2m)$, $\omega_0 = \sqrt{k/m}$ e $Q_0 = q_0/(2m\epsilon)$. Vamos separar essa última equação em duas partes, uma válida quando $t \leq 0$ e outra na região $t \geq 0$:

$$\begin{cases} \ddot{x} + 2\tilde{\alpha}\,\dot{x} + \omega_0^2\,x = Q_0\,e^{t/\epsilon}\,, & \text{se } t \leq 0\,; \\ \\ \ddot{x} + 2\tilde{\alpha}\,\dot{x} + \omega_0^2\,x = Q_0\,e^{-t/\epsilon}\,, & \text{se } t \geq 0\,. \end{cases}$$

Para resolver essas equações diferenciais, devemos primeiro achar a solução geral da parte homogênea dessas equações diferenciais, $\ddot{x}_h + 2\tilde{\alpha}\,\dot{x}_h + \omega_0^2\,x_h = 0$. Como visto neste capítulo, essa solução é dada por:

$$x_h = A\,e^{-\tilde{\alpha}\,t}\,\text{sen}(\nu_0\,t + \phi)\,, \quad \nu_0 \equiv \sqrt{\omega_0^2 - \tilde{\alpha}^2}\,.$$

Na solução acima, A e ϕ são constantes de integração que devem ser fixadas através das condições iniciais. Agora, devemos buscar uma solução particular para essas EDOs. Comecemos com a equação válida na região $t \leq 0$, em cujo caso a fonte é $Q_0\,e^{t/\epsilon}$. Nesse caso, devemos tentar um ansatz do tipo $x_p = B\,e^{t/\epsilon}$, onde B é uma constante a ser determinada pela imposição da equação diferencial:

$$\ddot{x}_p + 2\tilde{\alpha}\,\dot{x}_p + \omega_0^2\,x_p = Q_0\,e^{t/\epsilon} \xrightarrow{x_p = B\,e^{t/\epsilon}} B\left[\frac{1}{\epsilon^2} + \frac{2\tilde{\alpha}}{\epsilon} + \omega_0^2\right] e^{t/\epsilon} = Q_0\,e^{t/\epsilon}\,.$$

Dessa última equação, concluímos que $B = \frac{\epsilon^2\,Q_0}{1+2\epsilon\tilde{\alpha}+\epsilon^2\omega_0^2}$. Portanto, a solução geral da equação quando $t < 0$ é dada por:

$$x(t) = A\,e^{-\tilde{\alpha}\,t}\,\text{sen}(\nu_0\,t + \phi) + \frac{\epsilon^2\,Q_0}{1 + 2\epsilon\tilde{\alpha} + \epsilon^2\omega_0^2}\,e^{t/\epsilon}\,.$$

Agora, vamos impor as condições de contorno $x(0) = 0$ e $\dot{x}(0) = 0$, o que nos fornece:

$$A\,\text{sen}(\phi) + \frac{\epsilon^2\,Q_0}{1 + 2\epsilon\tilde{\alpha} + \epsilon^2\omega_0^2} = 0 \quad \text{e} \quad A\,\nu_0\,\cos(\phi) - A\,\tilde{\alpha}\,\text{sen}(\phi) + \frac{\epsilon\,Q_0}{1 + 2\epsilon\tilde{\alpha} + \epsilon^2\omega_0^2} = 0\,,$$

cuja solução é:

$$A = \frac{\pm\,\epsilon\,Q_0}{\nu_0\sqrt{1 + 2\epsilon\,\tilde{\alpha} + \epsilon^2\omega^2}} \quad \text{e} \quad \phi = \mp\,\arctan\left(\frac{\epsilon\,\nu_0}{1 + \epsilon\,\tilde{\alpha}}\right).$$

Então, uma solução na região $t < 0$ é dada por:

$$x(t) = \frac{-\,\epsilon\,Q_0}{\nu_0\sqrt{1 + 2\epsilon\,\tilde{\alpha} + \epsilon^2\omega^2}}\,e^{-\tilde{\alpha}\,t}\,\text{sen}(\nu_0\,t + \phi_0) + \frac{\epsilon^2\,Q_0}{1 + 2\epsilon\tilde{\alpha} + \epsilon^2\omega_0^2}\,e^{t/\epsilon} \quad (t \leq 0)\,,$$

onde $\phi_0 = \arctan\left(\frac{\epsilon\,\nu_0}{1+\epsilon\,\tilde{\alpha}}\right)$. Por sua vez, a solução na região $t \geq 0$ pode ser obtida da solução acima simplesmente trocando ϵ por $-\epsilon$, pois a diferença entre as equações diferenciais nas duas regiões pode ser obtida fazendo essa troca. Portanto, uma solução na região $t \geq 0$ é dada por:

$$x(t) = \frac{\epsilon\, Q_0}{\nu_0 \sqrt{1 - 2\epsilon\, \tilde{\alpha} + \epsilon^2 \omega^2}}\, e^{-\tilde{\alpha}\, t}\, \text{sen}(\nu_0\, t + \theta_0) + \frac{\epsilon^2\, Q_0}{1 - 2\tilde{\alpha}\epsilon + \epsilon^2 \omega_0^2}\, e^{-t/\epsilon} \quad (t \geq 0)\,,$$

onde $\theta_0 = -\arctan\left(\frac{\epsilon\,\nu_0}{1-\epsilon\,\tilde{\alpha}}\right)$. Finalmente, substituindo Q_0 por $q_0/(2m\epsilon)$ nas soluções acima e depois tomando o limite $\epsilon \to 0$, temos que a solução em ambas as regiões pode ser escrita da seguinte forma:

$$x(t) = \frac{q_0}{2m\nu_0}\, e^{-\tilde{\alpha}\, t}\, \text{sen}(\nu_0\, |t|) + \frac{\epsilon\, q_0}{2m}\, e^{-|t|/\epsilon} \quad \xrightarrow{\epsilon \to 0} \quad x(t) = \frac{q_0}{2m\nu_0}\, e^{-\tilde{\alpha}\, t}\, \text{sen}(\nu_0\, |t|)\,,$$

Portanto, no limite $\epsilon \to 0$ a dinâmica na região $t > 0$ corresponde a uma oscilação livre de um oscilador que partiu da posição $x(0) = 0$ com velocidade inicial $\dot{x}(0) = q_0/2m$. Essa velocidade inicial foi decorrente da "martelada" proporcionada pela força externa. A figura ao lado mostra o gráfico da força externa em função do tempo para diferentes valores de ϵ. Fica claro que quando ϵ se aproxima de zero o gráfico se torna cada vez mais alto no ponto $t = 0$ e mais concentrado em torno desse ponto. No limite $\epsilon \to 0$ é como se a força fosse aplicada apenas no instante $t = 0$, embora gerando um impulso finito, como se fosse uma martelada.

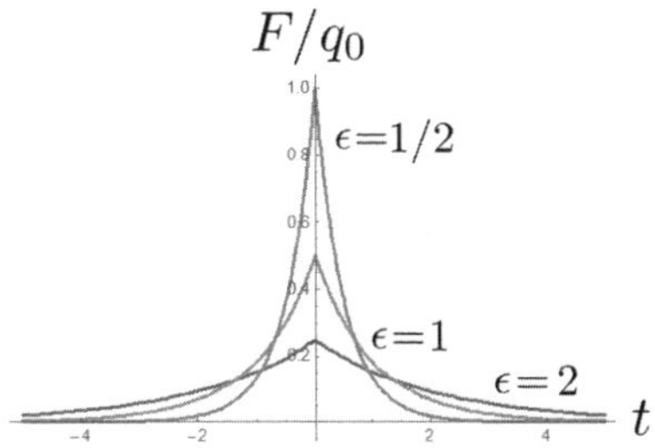

O fato de o momento linear inicial do bloco, em $t = 0^+$, não ser igual a q_0 (magnitude do impulso externo) é consequência de que nessa solução, em $t = 0^-$, o bloco se aproxima da origem com momento linear $-q_0/2$, ou seja, com velocidade inicial oposta ao sentido da martelada. Então, a martelada inverte o sentido do movimento do bloco, como ilustrado na figura ao lado.

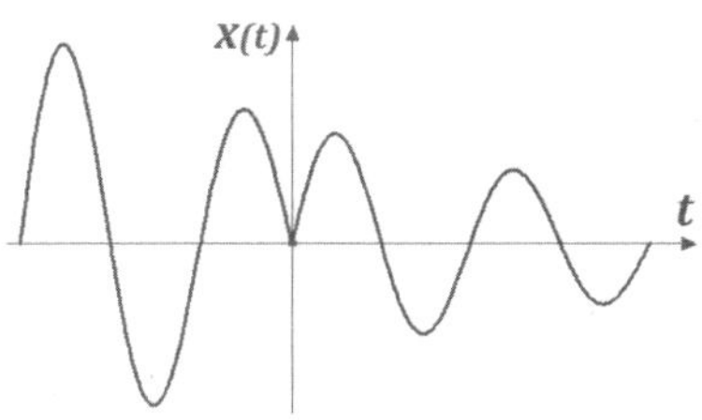

Mais precisamente, temos as seguintes condições de contorno em $t = 0$:

$$x(0^-) = 0 \ , \quad x(0^+) = 0 \ , \quad \dot{x}(0^-) = -\frac{q_0}{2m} \ , \quad \dot{x}(0^+) = \frac{q_0}{2m}\,.$$

Vemos que na solução final, quando $\epsilon = 0$, a função $x(t)$ é contínua, mas a função $\dot{x}(t)$ é descontínua em $t = 0$, seu limite à esquerda é diferente do limite à direita. A razão da descontinuidade foi justamente a "martelada" causada pela força externa.

Capítulo 4

Introdução à notação indicial

A notação é a forma escolhida para escrever um determinado conteúdo, seja com a intenção de comunicar algum conhecimento já estabelecido ou visando a compreensão de algo novo. Para alguns, o uso de determinada notação pode parecer algo meramente cosmético e fruto de uma escolha subjetiva. No entanto, existem vários exemplos na física e na matemática em que o emprego da notação adequada pode fazer a diferença entre conseguir ou não estabelecer a solução de uma equação. Também, o uso da notação ideal pode fazer toda diferença na comunicação didática. Um exemplo particularmente exuberante de uma notação alternativa que acabou virando padrão por conta de suas vantagens computacionais e didáticas são os chamados diagramas de Feynman, que são uma forma de representar, através de desenhos, complicadas integrais que surgem no estudo de teorias quânticas de campos interagentes. Além de tornar a representação das integrais mais compacta, tais desenhos permitem uma interpretação visual do tipo de processo físico que é descrito pela integral. Todavia, o uso de novas notações não traz apenas vantagens. Para cada nova notação é preciso investir tempo e esforço para compreendê-la, até ganharmos prática e intuição de como usá-la. No início, é comum achar que não há razão para mudar a notação, que a troca só torna as coisas desnecessariamente complicadas. No entanto, se a notação for realmente boa, depois de insistir em compreendê-la, pode ser que você nunca mais queira utilizar aquela antiga notação com a qual já estava acostumado/a.

Neste capítulo, trataremos da notação indicial e da chamada convenção de soma de Einstein. Trata-se de uma forma de representar matrizes e seus produtos, bem como objetos mais complexos como os tensores. Como enfatizado no parágrafo anterior, para aprender a utilizar essa notação e tirar vantagem dela é preciso investir tempo, mas esse esforço certamente vale a pena. De fato, a notação indicial é hoje onipresente em estudos de relatividade geral, geometria diferencial e teoria de representação de grupos, pois o seu uso torna a escrita mais compacta e os cálculos mais intuitivos.

Antes de prosseguir, vale mencionar que, infelizmente, existem trabalhos científicos que têm como único objetivo reescrever certos conteúdos já estabelecidos usando novas notações, mas sem apontar de forma clara como essas novas maneiras de descrever o problema trarão vantagens. Ao se criar uma nova notação ou uma nova abordagem para problemas já consolidados, é importante ter a honestidade de apontar suas desvantagens e indicar as possíveis vantagens com clareza. Caso a notação pensada não traga nenhum benefício prático, é melhor nem introduzi-la, caso contrário pessoas investirão tempo aprendendo algo que nada acrescenta.

4.1 Matrizes e seus produtos

No que segue, $\mathbb{M}$ e $\mathbb{N}$ denotarão matrizes quadradas $n \times n$, ao passo que $\boldsymbol{X}$ e $\boldsymbol{Y}$ serão vetores colunas $n \times 1$. Por sua vez, $\mathbb{M}^t$ denotará a transposta da matriz $\mathbb{M}$, assim como $\boldsymbol{X}^t$ será o vetor linha $1 \times n$ que é o transposto do vetor $\boldsymbol{X}$. A matriz $\mathbb{M}$ tem n^2 componentes, ao passo que $\boldsymbol{X}$ possui n componentes. Por exemplo, no caso $n = 2$, esses objetos têm as seguintes componentes:

$$\mathbb{M} = \begin{bmatrix} M^1{}_1 & M^1{}_2 \\ M^2{}_1 & M^2{}_2 \end{bmatrix} \longrightarrow \quad \text{componentes } M^i{}_j \,,$$
$$\boldsymbol{X} = \begin{bmatrix} X^1 \\ X^2 \end{bmatrix} \longrightarrow \quad \text{componentes } X^i \,,$$
$$\mathbb{M}^t = \begin{bmatrix} M^t{}_1{}^1 & M^t{}_1{}^2 \\ M^t{}_2{}^1 & M^t{}_2{}^2 \end{bmatrix} \longrightarrow \quad \text{componentes } M^t{}_i{}^j \,,$$
$$\boldsymbol{X}^t = \begin{bmatrix} X^t_1 & X^t_2 \end{bmatrix} \longrightarrow \quad \text{componentes } X^t_i \,.$$

Os índices $i, j, \cdots$ assumem valores 1 ou 2 nas equações acima, mas no caso de n arbitrário eles variam dentro do conjunto $\{1, 2, \cdots, n\}$. Aqui utilizamos um índice sobrescrito (índice up) e um índice subscrito (índice down) para representar as componentes da matriz $\mathbb{M}$. Mais explicitamente, o índice i em $M^i{}_j$ é denominado um **índice up**, ao passo que o índice j é um **índice down**. Essa escolha de onde alocar os índices foi feita para conveniência futura, mas, em outras situações, diferentes possibilidades podem ser adotadas. Por exemplo, podemos denotar as componentes de $\mathbb{M}$ por M_{ij}. O que nunca muda é que o primeiro índice, o índice i no exemplo em questão, se refere à linha, ao passo que o segundo índice, o índice j, indica a coluna. Por exemplo, $M^1{}_2$, $M_1{}^2$ e M_{12} representam a mesma componente da matriz $\mathbb{M}$, a saber, a componente que está na primeira linha e na segunda coluna. Por fim, pela definição de matriz transposta, segue que

$$M^t{}_i{}^j = M^j{}_i \quad \text{e} \quad X^t_i = X^i \,.$$

Na notação indicial, em vez de denotar as matrizes pelos símbolos abstratos $\mathbb{M}$ e $\boldsymbol{X}$, as representamos por suas componentes. Ou seja, se for dito algo sobre "a matriz $M^i{}_j$", não se trata apenas da componente ij dessa matriz, mas sim de toda a matriz. Ou seja, os índices ij são encarados como genéricos, podem assumir quaisquer valores do conjunto $\{1, 2, \cdots, n\}$.

Agora, façamos a matriz quadrada $\mathbb{M}$ atuar no vetor coluna $\boldsymbol{X}$ e vejamos como isso é escrito em termos de índices. Mais uma vez, para simplificar a escrita, vamos tratar do caso $n = 2$. Então, se $\boldsymbol{Y} = \mathbb{M} \cdot \boldsymbol{X}$ segue que

$$\begin{bmatrix} Y^1 \\ Y^2 \end{bmatrix} = \begin{bmatrix} M^1{}_1 & M^1{}_2 \\ M^2{}_1 & M^2{}_2 \end{bmatrix} \begin{bmatrix} X^1 \\ X^2 \end{bmatrix} = \begin{bmatrix} M^1{}_1 X^1 + M^1{}_2 X^2 \\ M^2{}_1 X^1 + M^2{}_2 X^2 \end{bmatrix} .$$

Portanto, concluímos que vale a seguinte equação indicial:

$$\boldsymbol{Y} = \mathbb{M} \cdot \boldsymbol{X} \quad \leftrightarrow \quad Y^i = \sum_{j=1}^{n} M^i{}_j X^j \,. \tag{4.1}$$

Analogamente, vejamos como o produto de duas matrizes quadradas se expressa em termos de índices. Suponha que $\mathbb{P}$ seja a matriz quadrada definida pelo produto $\mathbb{M} \cdot \mathbb{N}$, então:

$$\begin{bmatrix} P^1{}_1 & P^1{}_2 \\ P^2{}_1 & P^2{}_2 \end{bmatrix} = \begin{bmatrix} M^1{}_1 & M^1{}_2 \\ M^2{}_1 & M^2{}_2 \end{bmatrix} \begin{bmatrix} N^1{}_1 & N^1{}_2 \\ N^2{}_1 & N^2{}_2 \end{bmatrix}$$
$$= \begin{bmatrix} (M^1{}_1 N^1{}_1 + M^1{}_2 N^2{}_1) & (M^1{}_1 N^1{}_2 + M^1{}_2 N^2{}_2) \\ (M^2{}_1 N^1{}_1 + M^2{}_2 N^2{}_1) & (M^2{}_1 N^1{}_2 + M^2{}_2 N^2{}_2) \end{bmatrix}.$$

Logo, em termos de componentes, podemos escrever

$$\mathbb{P} = \mathbb{M} \cdot \mathbb{N} \;\leftrightarrow\; P^i{}_j = \sum_{k=1}^{n} M^i{}_k N^k{}_j\,. \tag{4.2}$$

Note que a soma se dá no último índice da primeira matriz com o primeiro índice da segunda matriz. Por fim, vamos escrever as expressões para o traço de uma matriz quadrada e para o produto de um vetor linha com um vetor coluna em termos da notação indicial:

$$\operatorname{tr}(\mathbb{M}) = \sum_{i=1}^{n} M^i{}_i \quad \text{e} \quad \boldsymbol{Y}^t \cdot \boldsymbol{X} = \sum_{i=1}^{n} Y^t_i X^i\,. \tag{4.3}$$

4.2 Convenção de soma de Einstein

Após desenvolver a teoria da relatividade especial, em 1905, Albert Einstein percebeu que precisaria encontrar uma descrição para a interação gravitacional que fosse compatível com os princípios da relatividade. Finalmente, em 1915, ele concluiu a elaboração de uma teoria relativística para a gravidade, a chamada teoria da relatividade geral. Até hoje, essa é a teoria que melhor descreve fenômenos gravitacionais clássicos. Uma ferramenta matemática essencial na relatividade geral são os chamados tensores, objetos matemáticos que se transformam de determinada maneira pela mudança do sistema de coordenadas e que podem ter muitos índices. Sendo assim, Einstein teve que lidar com um grande número de índices. Ele então percebeu que, quase sempre, quando dois índices estavam sendo somados, um deles era up e o outro era down. Da mesma forma, quase sempre que havia um índice up igual a um índice down, eles estavam sendo somados. De fato, podemos notar que nas equações indiciais acima que envolvem uma soma, Eqs. (4.1), (4.2) e (4.3), sempre temos um índice up sendo somado com um índice down. Então, a fim de deixar a escrita menos conturbada, Einstein lançou mão da seguinte regra, hoje chamada de **convenção de soma de Einstein**:

> *Sempre que houver um índice up igual a um índice down em uma mesma parcela de uma equação, devemos subentender que uma soma sobre todos os valores do índice está sendo feita, sem a necessidade de escrever o símbolo de soma. Essa convenção só não se aplicará caso seja dito explicitamente.*

De acordo com essa regra, segue que as equações matriciais vistas acima serão escritas agora da seguinte maneira:

$$\begin{aligned} &\boldsymbol{Y} = \mathbb{M} \cdot \boldsymbol{X} && \leftrightarrow \; Y^i = M^i{}_j X^j\,, \\ &\mathbb{P} = \mathbb{M} \cdot \mathbb{N} && \leftrightarrow \; P^i{}_j = M^i{}_k N^k{}_j\,, \\ &\operatorname{tr}(\mathbb{M}) && \leftrightarrow \; M^i{}_i\,, \\ &\boldsymbol{Y}^t \cdot \boldsymbol{X} && \leftrightarrow \; Y^t_i X^i\,. \end{aligned}$$

Note que os símbolos de soma foram omitidos; eles estão subentendidos, no entanto. Por exemplo, na expressão $M^i{}_j X^j$, como o índice j aparece repetido, com uma aparição sendo down e a outra sendo up, segue que tal índice deve ser somado sobre todos os valores dentro do conjunto $\{1, 2, \cdots, n\}$. Ou seja,

$$M^i{}_j X^j \equiv M^i{}_1 X^1 + M^i{}_2 X^2 + \cdots + M^i{}_n X^n .$$

Diz-se que os índices iguais que estão sendo somados estão **contraídos**; esse é o jargão adotado para se referir a esses índices. Por sua vez, os índices que não estão sendo somados são chamados de **índices livres**. Os índices contraídos também são muitas vezes denominados **índices mudos**. A razão é que a letra usada para rotulá-los não diz nada de relevante. Por exemplo, notemos que

$$M^i{}_i = M^1{}_1 + M^2{}_2 + \cdots M^n{}_n \quad \text{e} \quad M^k{}_k = M^1{}_1 + M^2{}_2 + \cdots M^n{}_n .$$

Portanto, $M^i{}_i = M^k{}_k$. Na verdade, tanto faz a letra que usamos para índices que estão contraídos,

$$M^i{}_i = M^j{}_j = M^k{}_k = M^\ell{}_\ell = \cdots$$

No entanto, é preciso tomar cuidado ao fazer uma mudança de índices mudos, pois nunca devemos rotular índices contraídos com as mesmas letras de índices livres, caso contrário não saberemos qual soma deve ser feita. Por exemplo,

$$\begin{cases} X^i Y^j Z^t_j \;\to\; \text{correto,} \\ X^i Y^k Z^t_k \;\to\; \text{correto,} \\ X^i Y^i Z^t_i \;\to\; \text{errado.} \end{cases}$$

Embora as duas primeiras expressões acima façam sentido e denotem exatamente a mesma coisa, a última não tem interpretação clara. Por exemplo, nessa expressão errada o índice down de $\boldsymbol{Z}^t$ estaria sendo somado com o índice up de $\boldsymbol{X}$ ou com o índice up de $\boldsymbol{Y}$? Ou estaria sendo somado com ambos simultaneamente? Ou seja, a referida expressão poderia ter as seguintes três interpretações na linguagem usual (sem convenção de soma):

$$\left(\sum_{i=1}^{n} X^i Z^t_i\right) Y^i , \quad \left(\sum_{i=1}^{n} Y^i Z^t_i\right) X^i \quad \text{ou} \quad \left(\sum_{i=1}^{n} X^i Y^i Z^t_i\right) .$$

Devido a esse tipo de multiplicidade de interpretações, quando se adota a convenção de soma de Einstein, nunca se pode permitir que haja três índices iguais em uma mesma parcela de uma equação. A palavra “parcela” na frase anterior é importante porque podemos ter uma expressão que é uma soma de parcelas, cada uma com um par de índices iguais, com um deles sendo up e o outro sendo down. Portanto, a expressão

$$M^i{}_i + X^i Y^t_i - W^t_k N^k{}_j Z^j = 0$$

não é problemática. De fato, se abrirmos mão da convenção de soma, segue que a última equação significa o seguinte:

$$\left(\sum_{i=1}^{n} M^i{}_i\right) + \left(\sum_{i=1}^{n} X^i Y^t_i\right) - \left(\sum_{k=1}^{n}\sum_{j=1}^{n} W_k N^k{}_j Z^j\right) = 0 ,$$

não há margem para dúvidas. Além disso, na convenção de soma de Einstein também não é admitido que em uma parcela existam dois índices iguais na mesma posição, i.e.

ambos up ou ambos down. Logo, devemos considerar a expressão X^iY^i como tendo um erro de sintaxe.

Feitas essas importantes observações, é preciso tomar cuidado ao substituirmos expressões dentro de uma equação indicial, pois pode ser necessário mudarmos os índices mudos. Por exemplo, considere a expressão

$$Z^i = N^i{}_j X^j \,, \quad \text{onde} \quad X^j \equiv M^j{}_i Y^i \,.$$

Se quisermos inserir a definição de X^j na expressão para Z^i devemos modificar o índice mudo i que aparece na definição de X^j dada acima. Podemos usar qualquer letra para rotular esses índices mudos, como k ou ℓ, por exemplo. Só não podemos usar i ou j, pois esses índices já aparecem na expressão. Ou seja,

$$Z^i = N^i{}_j X^j \,, \quad X^j \equiv M^j{}_i Y^i \quad \Rightarrow \quad \begin{cases} Z^i = N^i{}_j\, M^j{}_\ell\, Y^\ell & \rightarrow \quad \text{correto,} \\ Z^i = N^i{}_j\, M^j{}_i\, Y^i & \rightarrow \quad \text{errado,} \\ Z^i = N^i{}_j\, M^j{}_j\, Y^j & \rightarrow \quad \text{errado.} \end{cases}$$

Essa observação pode parecer inocente, mas é absolutamente crucial. Boa parte dos erros cometidos por aqueles que estão iniciando o aprendizado do formalismo de índices ocorre ao substituir uma expressão sem executar as trocas necessárias de índices mudos.

Os índices livres de uma equação indicial também podem ser modificados da maneira que preferirmos. No entanto, ao fazer isso devemos executar a troca em todas as parcelas da equação. Por exemplo, na equação $Z^i = N^i{}_j X^j$, podemos trocar o índice i por qualquer índice diferente de j, desde que o façamos em ambos os lados da equação. Portanto, ambas as equações

$$Z^i = N^i{}_j\, X^j \quad \text{e} \quad Z^\ell = N^\ell{}_j\, X^j$$

têm exatamente o mesmo conteúdo, ou seja, são matematicamente equivalentes.

Para que uma equação indicial seja matematicamente consistente, em geral, todas as parcelas precisam ter exatamente os mesmos índices livres. Por exemplo, a equação

$$M^i{}_j\, N^j{}_k + Z_k\, P^i{}_\ell\, X^\ell + Y^i\, X_k = 0$$

tem uma sintaxe sem erros. Em particular, note que os índices livres dessa equação são i e k e eles aparecem em todas as parcelas. Além disso, se um índice livre está up em uma parcela, ele deve ser up em todas as parcelas. Analogamente para os índices down que estão livres. Quanto aos índices mudos, eles não precisam ser os mesmos nas diferentes parcelas. Inclusive, podem existir índices contraídos em uma parcela da equação, mas não em outra, isso não é problemático. Então, por exemplo, as equações

$$Z^i = M^j{}_j \,, \quad M^k{}_j = N^j{}_k \quad \text{e} \quad M^k{}_j\, N^j{}_i = Y^\ell\, X_i$$

estão todas com erros de sintaxe, pois os índices livres das parcelas dessas equações não coincidem. Essa necessidade de os índices livres coincidirem em todas as parcelas vem da teoria de tensores, mais precisamente do fato de que, em uma equação tensorial, todos os termos precisam se transformar da mesma maneira por uma mudança de coordenadas. Se os objetos da equação não forem tensores ou se a equação indicial se referir a um sistema de coordenadas específico, essa regra pode ser violada. Por exemplo, poderíamos escrever $X^i = 1$, para significar que todas as n componentes do vetor coluna $\boldsymbol{X}$ têm valor 1. Ou podemos montar a equação $X^t_i = X^i$ para comunicar que as componentes do vetor linha

$\boldsymbol{X}^t$ coincidem numericamente com as componentes do vetor coluna $\boldsymbol{X}$. No entanto, são raras as aparições desse tipo de equação na física e mais raras ainda na matemática. Logo, em geral, se os índices livres das parcelas de uma equação não forem todos iguais, algo deve estar errado.

Suponha que os pontos de um espaço de dimensão dois sejam rotulados pelas coordenadas $\{x^1, x^2\}$ e que tenhamos uma função $f : \mathbb{R}^2 \to \mathbb{R}$. Ou seja, $f = f(x^1, x^2)$. Muitas vezes, a fim de tornar o argumento da função mais compacto, usaremos a notação $f = f(x)$. Consideremos então uma curva neste espaço, $x^i(t)$, onde t é o parâmetro da curva. Sendo assim, podemos definir a função f ao longo da curva, $f = f(x(t))$. Então, usando a regra da cadeia, segue que a taxa de variação dessa função ao longo da curva é dada por:

$$\frac{df}{dt} = \frac{d}{dt} f(x^1(t), x^2(t)) = \frac{\partial f}{\partial x^1}\frac{dx^1}{dt} + \frac{\partial f}{\partial x^2}\frac{dx^2}{dt} \quad \Rightarrow \quad \frac{df}{dt} = \dot{x}^i\,\partial_i f\,,$$

onde, na última identidade, $\dot{x}^i$ denota a derivada de x^i em relação ao tempo e ∂_i representa a derivada parcial $\partial/\partial x^i$. Embora tenha sido provada apenas para o caso de um espaço bidimensional, $n = 2$, a verdade é que essa última fórmula é válida em dimensão arbitrária, para uma função $f : \mathbb{R}^n \to \mathbb{R}$ com n qualquer. Essa expressão para df/dt é mais um exemplo de como a notação indicial em conjunto com a convenção de soma de Einstein deixa a escrita compacta e elegante.

Note que, diferentemente do que ocorre com matrizes, na notação indicial a ordem dos fatores que aparecem se multiplicando em uma parcela não importa. A razão é que nessa notação estamos lidando com números reais, cujos produtos não são afetados pelas mudanças de ordem. Por exemplo, o produto de matrizes quadradas $\mathbb{P} = \mathbb{M}\cdot\mathbb{N}$ é escrito em notação indicial da seguinte maneira:

$$P^i{}_j = M^i{}_k\,N^k{}_j\,.$$

No entanto, a seguinte forma de escrever a equação acima está igualmente correta:

$$P^i{}_j = N^k{}_j\,M^i{}_k\,.$$

Como a ordem dos fatores não importa, é preciso saber fazer o caminho inverso, partindo da notação indicial e convertendo, de forma correta, a equação indicial para a notação matricial. É necessário ter cautela nesse caminho inverso, pois, em geral, $\mathbb{M}\cdot\mathbb{N} \neq \mathbb{N}\cdot\mathbb{M}$. Quando temos um produto matricial que ocorre em determinada ordem, ao escrevermos o equivalente desse produto em notação indicial, preservando a ordem do produto matricial, os índices somados na representação matricial estarão sempre contíguos, ou seja, um ao lado do outro. Isso pode ser visto, por exemplo, no produto $\mathbb{M}\cdot\mathbb{N}\cdot\boldsymbol{X} = \boldsymbol{Z}$, que pode ser escrito da seguinte forma:

$$M^i{}_j\,N^j{}_k\,X^k = Z^i\,.$$

Mas poderíamos também escrever

$$X^k\,N^j{}_k\,M^i{}_j = Z^i\,,$$

e, nesse caso, a conversão correta para a notação matricial é menos óbvia. Consideremos, por exemplo, o seguinte produto:

$$X^j\,N_k{}^\ell\,M^k{}_j\,W_\ell\,.$$

Qual é a representação matricial desse produto? Para responder a essa pergunta é conveniente tentar rearranjar a ordem dos produtos de forma que os índices contraídos fiquem contíguos:

$$X^j\, N_k{}^\ell\, M^k{}_j\, W_\ell \;\to\; \begin{cases} W_\ell\, N_k{}^\ell\, M^k{}_j\, X^j = W_\ell\, (N^t)^\ell{}_k\, M^k{}_j\, X^j \\ \\ X^j\, M^k{}_j\, N_k{}^\ell\, W_\ell = X^j\, (M^t)_j{}^k\, N_k{}^\ell\, W_\ell \end{cases}.$$

Logo, esse produto pode ser interpretado de duas formas na linguagem matricial:

$$\boldsymbol{W}^t \cdot \mathbb{N}^t \cdot \mathbb{M} \cdot \boldsymbol{X} \quad \text{ou} \quad \boldsymbol{X}^t \cdot \mathbb{M}^t \cdot \mathbb{N} \cdot \boldsymbol{W}.$$

Note que a primeira expressão é simplesmente a transposta da segunda. As duas formas são equivalentes porque a matriz resultante é 1×1 e, portanto, é igual à sua transposta. Todavia, se adotarmos uma convenção sobre o posicionamento dos índices dos vetores colunas e dos vetores linhas, a associação será única. Por exemplo, se convencionarmos que vetores colunas devem sempre ter índice up e que vetores linhas têm índice down, então a expressão adequada é $\boldsymbol{W}^t \cdot \mathbb{N}^t \cdot \mathbb{M} \cdot \boldsymbol{X}$, assumindo que $\boldsymbol{X}$ e $\boldsymbol{W}$ são vetores coluna. Por outro lado, se assumirmos que vetores colunas devem sempre ter índice down, então a correspondência adequada será $\boldsymbol{X}^t \cdot \mathbb{M}^t \cdot \mathbb{N} \cdot \boldsymbol{W}$, assumindo que $\boldsymbol{X}$ e $\boldsymbol{W}$ são vetores coluna.

4.3 O delta de Kronecker

O delta de Kronecker é um símbolo com dois índices, $\delta^i{}_j$, que é definido da seguinte forma:

$$\delta^i{}_j = \begin{cases} 1 \quad \text{se} \quad i = j\,, \\ \\ 0 \quad \text{se} \quad i \neq j\,. \end{cases}$$

Então, por exemplo, as componentes $\delta^1{}_1$, $\delta^1{}_2$, $\delta^2{}_1$ e $\delta^2{}_2$ têm os seguintes valores:

$$\delta^1{}_1 = 1\,, \quad \delta^1{}_2 = 0\,, \quad \delta^2{}_1 = 0\,, \quad \delta^2{}_2 = 1\,.$$

Notemos que a matriz identidade $\mathbb{I}$ tem as mesmas componentes que $\delta^i{}_j$. O símbolo delta de Kronecker também pode ser denotado com ambos os índices up, δ^{ij}, ou com ambos os índices down, δ_{ij}. Essas diferentes opções de onde alocar os índices não alteram os valores das componentes. Então, por exemplo, $\delta^{2\,2} = 1$ e $\delta_{1\,3} = 0$. Não é difícil verificar que valem as seguintes identidades:

$$\delta^i{}_i = n\,, \quad \delta^i{}_j\, X^j = X^i\,, \quad \delta^i{}_j\, M^j{}_\ell = M^i{}_\ell\,,$$

onde $\boldsymbol{X}$ e $\mathbb{M}$ são matrizes quaisquer e n é a dimensão do espaço. De fato, por definição da convenção de soma de Einstein, temos:

$$\delta^i{}_i = \delta^1{}_1 + \delta^2{}_2 + \cdots + \delta^n{}_n = \underbrace{1 + 1 + \cdots + 1}_{n \text{ vezes}} = n\,.$$

De forma análoga, temos:

$$\delta^i{}_j\, X^j = \delta^i{}_1\, X^1 + \delta^i{}_2\, X^2 + \cdots + \delta^i{}_n\, X^n\,.$$

Fazendo a escolha de índice $i = 1$ na equação acima, por exemplo, teremos o seguinte:

$$\delta^1{}_j X^j = \delta^1{}_1 X^1 + \delta^1{}_2 X^2 + \cdots + \delta^1{}_n X^n = 1 \cdot X^1 + 0 \cdot X^2 + \cdots + 0 \cdot X^n = X^1 .$$

Analogamente, se tivéssemos escolhido $i = 2$, obteríamos $\delta^2{}_j X^j = X^2$. De forma geral, se variarmos i sobre todas as possibilidades, podemos verificar que ambos os lados da equação $\delta^i{}_j X^j = X^i$ coincidem, para qualquer escolha de i. Para provar a identidade $\delta^i{}_j M^j{}_\ell = M^i{}_\ell$, basta seguir passos completamente análogos aos da prova anterior. Na verdade, esse tipo de equação vale para qualquer objeto contraído com o símbolo delta de Kronecker. Por exemplo,

$$T^i{}_{jk}\, \delta^j{}_\ell = T^i{}_{\ell k} .$$

Portanto, em geral, vale a seguinte regra:

> *Sempre que um índice de um "tensor" estiver contraído com um índice do delta de Kronecker, podemos fazer o seguinte: eliminar o delta de Kronecker e substituir o índice do tensor que estava contraído pelo índice do delta que estava livre:* $\delta^i{}_k W_i = W_k$.

É impressionante o número de vezes que essa regra aparece durante a manipulação de equações indiciais.

O delta de Kronecker surge com frequência quando usamos derivadas parciais em um espaço multidimensional. Se $\{x^i\} = \{x^1, x^2, \cdots, x^n\}$ são as coordenadas de um espaço de dimensão n, então vale a seguinte identidade:

$$\frac{\partial x^i}{\partial x^j} = \delta^i{}_j . \tag{4.4}$$

Por exemplo, já que as coordenadas x^1 e x^2 são vistas como independentes uma da outra, segue que

$$\frac{\partial x^1}{\partial x^1} = 1 , \quad \frac{\partial x^1}{\partial x^2} = 0 , \quad \frac{\partial x^2}{\partial x^1} = 0 \quad \text{e} \quad \frac{\partial x^2}{\partial x^2} = 1 ,$$

o que está em plena concordância com Eq. (4.4). O delta também pode ser utilizado para denotar o produto interno entre vetores do $\mathbb{R}^n$. De fato, dados os vetores $\boldsymbol{v} = v^i\, \hat{\boldsymbol{e}}_i$ e $\boldsymbol{w} = w^i\, \hat{\boldsymbol{e}}_i$, onde $\{\hat{\boldsymbol{e}}_i\}$ é uma base cartesiana, então segue que

$$\boldsymbol{v} \cdot \boldsymbol{w} = \delta_{ij}\, v^i\, w^j .$$

Por exemplo, em duas dimensões temos:

$$\delta_{ij}\, v^i\, w^j = \delta_{11}\, v^1\, w^1 + \delta_{12}\, v^1\, w^2 + \delta_{21}\, v^2\, w^1 + \delta_{22}\, v^2\, w^2 = v^1\, w^1 + v^2\, w^2 = \boldsymbol{v} \cdot \boldsymbol{w} .$$

Em particular, os vetores da base cartesiana obedecem à seguinte equação: $\hat{\boldsymbol{e}}_i \cdot \hat{\boldsymbol{e}}_j = \delta_{ij}$. O delta de Kronecker também pode ser usado para subir ou abaixar índices sem modificar o valor numérico das componentes e respeitando a convenção de soma de Einstein. Por exemplo, enquanto a equação $X^t_i = X^i$ está tecnicamente errada, pois o índice livre aparece como down no lado esquerdo e como up no lado direito, a igualdade $X^t_i = \delta_{ij} X^j$ comunica a mesma informação, do ponto de vista numérico, mas tem a vantagem de respeitar as regras do formalismo indicial.

4.4 Contrações com índices simétricos e antissimétricos

Sejam S_{ij} uma matriz simétrica e A^{ij} uma matriz antissimétrica, ou seja,

$$S_{ij} = S_{ji} \quad \text{e} \quad A^{ij} = -A^{ji} . \tag{4.5}$$

Vejamos então que, independentemente das formas explícitas desses objetos, a contração $S_{ij}A^{ij}$ fornece zero. Por exemplo, no caso $n = 2$ temos:

$$S_{ij}\, A^{ij} = S_{1j}\, A^{1j} + S_{2j}\, A^{2j} = S_{11}\, A^{11} + S_{12}\, A^{12} + S_{21}\, A^{21} + S_{22}A^{22} .$$

Como A^{ij} é antissimétrico, segue que $A^{11} = A^{22} = 0$, de forma que

$$S_{ij}\, A^{ij} = S_{12}\, A^{12} + S_{21}\, A^{21} = S_{12}\, A^{12} + S_{12}\, (-A^{12}) = 0 ,$$

onde a Eq. (4.5) foi utilizada na penúltima igualdade. A prova para o caso de n arbitrário é igualmente simples de ser feita. Vejamos uma prova mais abstrata para o caso em que n é qualquer. Por conta da Eq. (4.5), segue que

$$S_{ij}\, A^{ij} = (S_{ji})\,\left(-A^{ji}\right) = -\, S_{ji}\, A^{ji} .$$

Agora, como i e j são índices mudos na equação acima, podemos rotulá-los como quisermos. Em particular, podemos fazer as trocas $j \to i$ e $i \to j$, de forma que o lado direito da equação acima se torna $-S_{ij}A^{ij}$. Portanto, provamos que $S_{ij}A^{ij}$ é igual ao seu negativo, o que só é possível se essa contração for zero. Podemos, então, fazer a seguinte afirmação geral:

> *A contração de um par de índices simétricos com um par de índices antissimétricos é sempre igual a zero.*

As provas acima foram conduzidas considerando que o objeto simétrico tem índices down, ao passo que a matriz antissimétrica tem índices up. Essa foi uma escolha arbitrária e o resultado continua válido mesmo se o objeto simétrico tiver índices up e o antissimétrico tiver índices down. Então, por exemplo, se C_{ij} é uma matriz antissimétrica, segue que $X^iC_{ij}X^j$ é automaticamente zero, pois X^iX^j é um objeto simétrico.

Uma matriz quadrada qualquer M_{ij} pode sempre ser escrita como sendo a soma de uma matriz simétrica com uma matriz antissimétrica,

$$M_{ij} = M^+_{ij} + M^-_{ij} \quad \text{onde} \quad M^\pm_{ij} = \frac{1}{2}(M_{ij} \pm M_{ji}) .$$

Dizemos que M^+_{ij} é a parte simétrica de M_{ij}, ao passo que M^-_{ij} é a parte antissimétrica. Se A^{ij} é antissimétrica, então

$$A^{ij}\, M_{ij} = A^{ij}\, M^-_{ij} ,$$

ou seja, a parte simétrica de M_{ij} não contribui para a contração, pois $A^{ij}\, M^+_{ij}$ é automaticamente igual a zero, qualquer que seja a matriz M_{ij}. Analogamente, se S^{ij} é simétrica, então

$$S^{ij}\, M_{ij} = S^{ij}\, M^+_{ij} ,$$

isto é, só a parte simétrica de M_{ij} contribui para essa contração. Por exemplo, suponha que seja dito que a contração

$$M_{ij}\, X^i\, X^j$$

se anula para *qualquer* vetor coluna X^i. O que podemos concluir dessa última afirmação? A resposta é que $M^+_{ij} = 0$, ou seja, M_{ij} é antissimétrico. Nesse exemplo, não podemos concluir nada sobre a parte antissimétrica de M_{ij}, pois ela não contribui para a contração $M_{ij}X^iX^j$. De fato, façamos uma prova explícita dessa afirmação no caso $n = 2$. Como X^i é qualquer, podemos escolher suas componentes como sendo o que quisermos. Então, escolhendo $X^i = \delta^i{}_1$, segue que

$$0 = M_{ij}\, X^i\, X^j = M_{ij}\, \delta^i{}_1\, \delta^j{}_1 = M_{11}\,.$$

Analogamente, escolhendo $X^i = \delta^i{}_2$, podemos provar que M_{22} é igual a zero. Por fim, se adotarmos a expressão $X^i = \delta^i{}_1 + \kappa\, \delta^i{}_2$, com $\kappa \neq 0$, veremos que:

$$0 = M_{ij}\, X^i\, X^j = M_{ij}\, (\delta^i{}_1 + \kappa\, \delta^i{}_2)\, (\delta^j{}_1 + \kappa\, \delta^j{}_2) = M_{11} + \kappa(M_{12} + M_{21}) + \kappa^2\, M_{22}\,.$$

Portanto, usando que $M_{11} = 0$ e $M_{22} = 0$, identidades estabelecidas há pouco, concluímos da equação acima que $(M_{12} + M_{21}) = 0$. Em suma, provamos que todas as componentes da matriz M^+_{ij} são nulas. Todavia, não é possível afirmar nada sobre a combinação $(M_{12} - M_{21})$ e, portanto, não há restrições sobre a matriz M^-_{ij}, a parte antissimétrica de M_{ij}.

4.5 O símbolo de Levi-Civita

Nesta seção trataremos do objeto ε_{ijk}, denominado símbolo de Levi-Civita. Esse importante símbolo de três índices só está definido em três dimensões, i.e. quando $n = 3$. Para outras dimensões, é possível definir um símbolo de Levi-Civita diferente, com n índices, mas aqui trataremos apenas do símbolo com três índices, de forma que, nesta seção, estaremos sempre assumindo espaços tridimensionais.

O símbolo de Levi-Civita pode ser definido como sendo o único símbolo de três índices que é *totalmente antissimétrico* e que obedece à condição $\varepsilon_{1\,2\,3} = 1$. Então, por exemplo, $\varepsilon_{1\,3\,2} = -1$. Com efeito, na Eq. $\varepsilon_{1\,2\,3} = 1$, se trocarmos o segundo índice pelo terceiro, teremos $\varepsilon_{1\,3\,2}$ do lado esquerdo da equação, mas devemos multiplicar a equação por (-1) para poder fazer essa troca, já que o símbolo é totalmente antissimétrico. Analogamente, podemos provar que $\varepsilon_{2\,3\,2} = 0$, pois se fizermos a troca do primeiro índice pelo terceiro índice, na componente $\varepsilon_{2\,3\,2}$, segue que nada mudará visualmente, pois o primeiro e o terceiro índice são iguais. Por outro lado, como ε_{ijk} é totalmente antissimétrico, segue que uma troca de índices deve mudar o sinal da componente. Ou seja, concluímos que $\varepsilon_{2\,3\,2} = -\varepsilon_{2\,3\,2}$, isto é, $\varepsilon_{2\,3\,2} = 0$. Em suma, as componentes do símbolo de Levi-Civita têm os seguintes valores:

$$\varepsilon_{ijk} = \begin{cases} 1 & , \quad \text{se } ijk \text{ for permutação par de } 123\,; \\ -1 & , \quad \text{se } ijk \text{ for permutação ímpar de } 123\,; \\ 0 & , \quad \text{se houver índices repetidos em } ijk\,. \end{cases} \tag{4.6}$$

Aqui vale lembrar que permutações são trocas de posicionamento de índices. Por exemplo, ikj é um permutação de ijk. Uma permutação é dita par se o número de trocas simples de índices for par e será ímpar se o número de trocas for ímpar. Por exemplo, para obter 231 a partir de 123 precisamos de duas trocas de posicionamento,

$$1\,2\,3 \longrightarrow 2\,1\,3 \longrightarrow 2\,3\,1\,,$$

de forma que 231 é uma permutação par de 123. As permutações pares de 123 são 123, 231 e 312, ao passo que as permutações ímpares de 123 são 132, 213 e 321. Por vezes vamos usar outras versões desse símbolo, como ε^{ijk} e $\varepsilon^{i}{}_{jk}$ que essencialmente têm as mesmas componentes. Por exemplo, $\varepsilon^{2\,3\,1} = 1$ e $\varepsilon^{1}{}_{2\,3} = 1$.

Seja $\{\hat{\boldsymbol{e}}_1, \hat{\boldsymbol{e}}_2, \hat{\boldsymbol{e}}_3\}$ uma base para o espaço vetorial $\mathbb{R}^3$. Então, o produto vetorial entre os vetores $\boldsymbol{v} = v^i\,\hat{\boldsymbol{e}}_i$ e $\boldsymbol{w} = w^i\,\hat{\boldsymbol{e}}_i$ pode ser escrito no formalismo indicial da seguinte forma:

$$\boldsymbol{v} \times \boldsymbol{w} = \varepsilon_{ij}{}^{k}\, v^i\, w^j\, \hat{\boldsymbol{e}}_k = \varepsilon_{ijk}\, v^i\, w^j\, \hat{\boldsymbol{e}}^k\,, \tag{4.7}$$

onde na última igualdade foi definido $\hat{\boldsymbol{e}}^k \equiv \hat{\boldsymbol{e}}_k$. Note que essa expressão para o produto vetorial é bilinear e antissimétrica, como deve ser. Em particular, os vetores da base obedecem à seguinte condição:

$$\hat{\boldsymbol{e}}_i \times \hat{\boldsymbol{e}}_j = \varepsilon_{ij}{}^{k}\, \hat{\boldsymbol{e}}_k\,.$$

Então, por exemplo,

$$\hat{\boldsymbol{e}}_1 \times \hat{\boldsymbol{e}}_2 = \varepsilon_{12}{}^{k}\, \hat{\boldsymbol{e}}_k = \varepsilon_{12}{}^{1}\, \hat{\boldsymbol{e}}_1 + \varepsilon_{12}{}^{2}\, \hat{\boldsymbol{e}}_2 + \varepsilon_{12}{}^{3}\, \hat{\boldsymbol{e}}_3 = 0\, \hat{\boldsymbol{e}}_1 + 0\, \hat{\boldsymbol{e}}_2 + \hat{\boldsymbol{e}}_3 = \hat{\boldsymbol{e}}_3\,,$$

o que está em pleno acordo com a definição de produto vetorial dada anteriormente na Eq. (1.5).

Uma importante propriedade obedecida pelo símbolo de Levi-Civita é a seguinte:

$$\varepsilon^{ij\ell}\, \varepsilon_{pq\ell} = \delta^{i}{}_{p}\, \delta^{j}{}_{q} \;-\; \delta^{i}{}_{q}\, \delta^{j}{}_{p}\,. \tag{4.8}$$

Para provar essa identidade, basta inserir os diferentes valores possíveis para os índices i, j, p e q e notar que há uma coincidência entre os dois lados da equação. Usando essa propriedade do símbolo de Levi-Civita em conjunto com a Eq. (4.7), é fácil estabelecer a seguinte identidade vetorial:

$$\boldsymbol{a} \times (\boldsymbol{b} \times \boldsymbol{c}) = (\boldsymbol{a} \cdot \boldsymbol{c})\, \boldsymbol{b} \;-\; (\boldsymbol{a} \cdot \boldsymbol{b})\, \boldsymbol{c}\,. \tag{4.9}$$

4.6 Exercícios sugeridos

Exercício 1 – ***resolvido***
Assumindo que $\boldsymbol{X}$ e $\boldsymbol{W}$ são vetores coluna, escreva o análogo matricial para a seguinte expressão indicial: $X^i\, W^j\, M_{kj}\, N^{k\ell}\, P_{i\ell}$.

Exercício 2
Determine o valor da constante a que torna verdadeira a seguinte equação:

$$M_{p\ell}\, \delta^i{}_j\, \delta^\ell{}_m\, \delta_{ik}\, \delta^{jk} = a\, \delta_{pk}\, M_{im}\, \delta^{ik}\,.$$

Exercício 3
Prove a identidade mostrada na Eq. (4.9).

Exercício 4 – ***resolvido***
Sendo $\boldsymbol{a}$, $\boldsymbol{b}$, $\boldsymbol{c}$ e $\boldsymbol{d}$ vetores do $\mathbb{R}^3$, use as propriedades do símbolo de Levi-Civita para demonstrar a seguinte identidade:

$$(\boldsymbol{a} \times \boldsymbol{b}) \cdot (\boldsymbol{c} \times \boldsymbol{d}) = (\boldsymbol{a} \cdot \boldsymbol{c})(\boldsymbol{b} \cdot \boldsymbol{d}) \;-\; (\boldsymbol{a} \cdot \boldsymbol{d})(\boldsymbol{b} \cdot \boldsymbol{c})\,.$$

Exercício 5
Seja A^{ij} uma matriz 3×3. Prove que as seguintes identidades são verdadeiras:
a) $\varepsilon_{ijk}\, A^{1\,i}\, A^{2\,j}\, A^{3\,k} = \det(\mathbb{A})\,.$
b) $\varepsilon_{ijk}\, A^{p\,i}\, A^{q\,j}\, A^{\ell\,k} = \det(\mathbb{A})\, \varepsilon^{pq\ell}\,.$

Solução do Exercício 1

Devemos rearranjar a ordem dos objetos de forma a tentar deixar os índices que estão sendo contraídos um ao lado do outro.

$$X^i\, W^j\, M_{kj}\, N^{k\ell}\, P_{i\ell} = X^i\, P_{i\ell}\, N^{k\ell}\, M_{kj}\, W^j = X^i\, P_{i\ell}\, (N^t)^{\ell k}\, M_{kj}\, W^j\,.$$

Na expressão acima, os índices contraídos estão sempre contíguos, assim como ocorre nas multiplicações matriciais. A versão matricial da expressão acima é então dada por

$$\boldsymbol{X}^t \cdot \mathbb{P} \cdot \mathbb{N}^t \cdot \mathbb{M} \cdot \boldsymbol{W}\,.$$

A substituição de X^i pelo vetor linha $\boldsymbol{X}^t$ se deve ao fato de o enunciado afirmar que $\boldsymbol{X}$ é um vetor coluna. Sendo assim, como um vetor coluna não pode ser multiplicado à direita por uma matriz quadrada, ao passo que um vetor linha pode, conclui-se que, do ponto de vista matricial, o vetor à esquerda deve ser um vetor linha, que é o caso de $\boldsymbol{X}^t$.

Solução do Exercício 4

$$\begin{aligned}
(\boldsymbol{a} \times \boldsymbol{b}) \cdot (\boldsymbol{c} \times \boldsymbol{d}) &= (\varepsilon_{ijk}\, a^i\, b^j\, \boldsymbol{e}^k) \cdot (\varepsilon^{\ell pq}\, c_\ell\, d_p\, \boldsymbol{e}_q) = a^i\, b^j\, c_\ell\, d_p\, (\varepsilon_{ijk}\, \varepsilon^{\ell pq})\, (\boldsymbol{e}^k \cdot \boldsymbol{e}_q) \\
&= a^i\, b^j\, c_\ell\, d_p\, (\varepsilon_{ijk}\, \varepsilon^{\ell pq})\, \delta^k{}_q = a^i\, b^j\, c_\ell\, d_p\, (\varepsilon_{ijk}\, \varepsilon^{\ell pk}) \\
&= a^i\, b^j\, c_\ell\, d_p\, (\delta^\ell{}_i\, \delta^p{}_j \,-\, \delta^p{}_i\, \delta^\ell{}_j) \\
&= (a^i\, c_i)(b^j\, d_j) \,-\, (a^i\, d_i)(b^j\, c_j) = (\boldsymbol{a} \cdot \boldsymbol{c})(\boldsymbol{b} \cdot \boldsymbol{d}) \,-\, (\boldsymbol{a} \cdot \boldsymbol{d})(\boldsymbol{b} \cdot \boldsymbol{c})\,.
\end{aligned}$$

Capítulo 5

Referenciais acelerados

Conforme argumentado anteriormente, na teoria newtoniana o conceito de referencial inercial é mal definido. De fato, só seria possível dizer que um referencial é inercial se houvesse, ao menos, um objeto no Universo que não estivesse acelerado. Esse objeto poderia, então, ser utilizado como referência para testarmos se um referencial é inercial ou não. Todavia, os corpos celestes estão sempre sendo acelerados por conta (majoritariamente) da atração gravitacional exercida pelos incontáveis astros que os rodeiam. Isso leva a crer que não é plausível falar em acelerações absolutas. No entanto, é preciso ter cautela ao proferir tal afirmação. É necessário definir bem o que quer se dizer por "aceleração absoluta". De fato, conforme veremos no que segue, há experimentos que parecem permitir detectar quando estamos ou não acelerados.

Um argumento que pode ser dado a favor da noção de aceleração absoluta é o seguinte: se estivermos dentro de um vagão de trem sem janelas, podemos, aparentemente, executar experimentos dentro do vagão, sem fazer comparações com o ambiente externo, e detectar se o vagão está com velocidade constante em relação ao solo ou se está acelerado. Ou seja, conseguiríamos perceber as acelerações. Por exemplo, suponha que o vagão tenha um lustre pendurado no teto. Então, quando o vagão for acelerado para a frente, o lustre, por inércia, tenderá a ficar para trás, de forma que a corrente do lustre deixará de ser paralela à direção vertical (direção do campo gravitacional local). Isso é ilustrado na Fig. 5.1. No entanto, esse argumento em favor do fato de que acelerações absolutas são detectáveis pode ser rebatido. Considere que a aceleração fosse causada por uma força do tipo gravitacional. Por exemplo, suponha que colocássemos o vagão próximo a uma estrela que exercesse uma força gravitacional significativa. Essa força agiria tanto no vagão quanto no lustre e a aceleração de ambos seria a mesma, pois a gravidade atrai todos os objetos com a mesma aceleração. Nesse caso, o vagão estaria acelerado em relação à estrela mas o observador dentro do vagão não perceberia isso, pois o lustre continuaria na posição vertical (supondo que essa fosse a posição inicial).

Esse simples experimento mental nos permite entender o ponto nevrálgico da questão sobre ser possível definir o conceito de aceleração absoluta. A resposta é que somos capazes de detectar acelerações relativas ao campo gravitacional. O campo gravitacional permeia todo o espaço e, se nenhuma força *extra* agir em um objeto (além da força gravitacional), ele seguirá uma trajetória que seria o "caminho natural", dadas suas condições iniciais de posição e velocidade. Na interpretação newtoniana, essa trajetória natural é acelerada, mas, na prática, não poderíamos fazer experimentos para detectar essa aceleração de forma absoluta. Apenas acelerações que nos desviam da trajetória natural causada pelo campo gravitacional podem ser percebidas. Portanto, o objeto de referência para sabermos se estamos acelerados ou não é o campo gravitacional. Um objeto em queda livre, ou seja,

Figura 5.1: No lado esquerdo temos um vagão se movendo com velocidade constante em relação ao solo. Ao passo que na ilustração do meio o vagão está sendo acelerado para a direita. Alguém que está dentro do vagão é capaz de distinguir as duas situações olhando para o lustre. No entanto, se tanto o vagão quanto o lustre forem acelerados (digamos, por uma força do tipo gravitacional), como representado na figura da direita, não será mais possível distinguir entre essa situação e o caso de velocidade constante.

um objeto sobre o qual nenhuma força age além da gravitacional, é o mais próximo de algo não acelerado que podemos chegar. Analogamente, a definição mais adequada para substituir os referenciais inerciais newtonianos são os referenciais atrelados a observadores em queda livre. No entanto, esses "referenciais inerciais" geralmente estão acelerados entre si, pois a força gravitacional tem diferentes intensidades e direções em distintos pontos do espaço. A compreensão mais completa desse tema requer um conhecimento mínimo dos fundamentos da teoria da relatividade geral, a teoria relativística da gravitação criada por Albert Einstein. Segundo essa teoria, o campo gravitacional deforma o espaço-tempo. Ou, em outras palavras, o espaço-tempo (na verdade, sua métrica) é o próprio campo gravitacional. Nesse contexto, observadores em queda livre são aqueles que se movem apenas sobre a influência das ondulações do espaço-tempo, sem nenhuma força extra. Caso alguma força extra passe a agir no observador, ele poderá perceber que sua trajetória se desviará do caminho natural e, portanto, saberá que seu referencial não será mais "inercial". Nessa teoria, a gravidade não é considerada uma força, pois ela é vista como uma consequência das curvaturas do espaço-tempo. Vemos, então, que o conceito de espaço absoluto pensado por Newton não é totalmente equivocado. De fato, segundo o entendimento moderno, podemos falar da existência de um espaço-tempo absoluto e as acelerações que podem ser percebidas são aquelas relativas a esse espaço-tempo. O erro de Newton foi apenas não perceber que a gravidade desempenha um papel central nessa discussão e que seria conveniente incorporá-la ao conceito de espaço.

Há outro importante experimento mental que demonstra como podemos detectar a presença de aceleração intrínseca, a chamada experiência do balde de Newton. Nessa experiência, submete-se um balde com água a dois cenários. No primeiro, o balde é deixado parado em relação a nós na superfície Terrestre e se nota que a superfície da água é aproximadamente plana e ortogonal à direção do campo gravitacional local. No outro cenário, coloca-se o balde para girar em alta velocidade em relação ao eixo central do balde, em cujo caso se observa que a superfície da água fica curva. A Fig. 5.7 ilustra esses experimentos. Newton usou essa experiência para argumentar a existência de um espaço absoluto. Segundo ele, quando a superfície da água no balde não for plana, é sinal de que o balde está acelerado de alguma forma em relação ao "espaço absoluto". A interpretação correta, no entanto, é que a água está acelerada em relação ao campo gravitacional local.

Na hora de estudarmos um fenômeno físico, podemos adotar qualquer referencial; não existem referenciais privilegiados do ponto de vista fundamental. Podem existir, evidentemente, referenciais que sejam mais convenientes. Por exemplo, para analisar a dinâmica de um sistema massa-mola na superfície da Terra, não parece inteligente adotar um referencial que esteja em repouso em relação ao cometa Halley, embora seja uma escolha legítima. Por outro lado, é natural escolher um referencial que esteja em repouso em relação à região da Terra onde o oscilador se encontra. Mas esse referencial não é inercial. De fato, por exemplo, lembre que a Terra está girando em torno de si e, portanto, está acelerada em relação ao campo gravitacional local.

Já que neste livro estamos tratando da mecânica newtoniana, em cujo formalismo não é plausível falar em acelerações absolutas, a postura filosófica adotada aqui é a de que apenas acelerações relativas fazem sentido. Portanto, neste capítulo não trataremos de referenciais acelerados no sentido absoluto, pois, se assim o fosse, estaríamos falando de todos os referenciais. Nosso interesse, neste capítulo e no próximo, é investigar como as leis da dinâmica de uma partícula se relacionam quando passamos de um referencial para outro que está acelerado em relação ao primeiro referencial. Aqui consideraremos não apenas referenciais cujas origens estão aceleradas uma em relação à outra, mas também incluiremos a possibilidade de a orientação relativa dos referenciais se alterar com o tempo. Ou seja, trataremos do movimento relativo mais geral possível.

5.1 Rotações no $\mathbb{R}^3$

Suponha que $\boldsymbol{\mathcal{V}}$ seja um vetor no $\mathbb{R}^3$ e que executemos uma rotação de um ângulo θ em torno de um eixo que está na direção $\hat{\boldsymbol{n}}$, onde $\hat{\boldsymbol{n}}$ é um vetor normalizado. Por conta da rotação, o vetor $\boldsymbol{\mathcal{V}}$ se transformará no vetor $\boldsymbol{\mathcal{V}}'$, como esquematizado na equação a seguir:

$$\boldsymbol{\mathcal{V}} \xrightarrow{\theta \hat{\boldsymbol{n}}} \boldsymbol{\mathcal{V}}'$$

No que segue, vamos inicialmente assumir que $\hat{\boldsymbol{n}}$ e $\boldsymbol{\mathcal{V}}$ não são paralelos, caso contrário a rotação teria um efeito trivial sobre $\boldsymbol{\mathcal{V}}$, a saber, esse vetor não seria alterado pela rotação. Portanto, vamos admitir que $\hat{\boldsymbol{n}} \times \boldsymbol{\mathcal{V}} \neq 0$. Nossa intenção é escrever uma expressão para $\boldsymbol{\mathcal{V}}'$ em termos de θ, $\hat{\boldsymbol{n}}$ e $\boldsymbol{\mathcal{V}}$, sem fazer menção a nenhuma base específica.

Comecemos montando uma base ortogonal usando $\hat{\boldsymbol{n}}$ e $\boldsymbol{\mathcal{V}}$. Definamos então os seguintes vetores:

$$\boldsymbol{E}_1 = \hat{\boldsymbol{n}}\,, \quad \boldsymbol{E}_2 = \boldsymbol{\mathcal{V}} - (\boldsymbol{\mathcal{V}} \cdot \hat{\boldsymbol{n}})\,\hat{\boldsymbol{n}}\,, \quad \boldsymbol{E}_3 = \hat{\boldsymbol{n}} \times \boldsymbol{\mathcal{V}}\,. \tag{5.1}$$

Usando o fato de que $\hat{\boldsymbol{n}} \times \boldsymbol{\mathcal{V}}$ é sempre ortogonal a $\hat{\boldsymbol{n}}$ e a $\boldsymbol{\mathcal{V}}$, é fácil provar que os vetores $\boldsymbol{E}_1$, $\boldsymbol{E}_2$ e $\boldsymbol{E}_3$ são ortogonais entre si, ou seja,

$$\boldsymbol{E}_1 \cdot \boldsymbol{E}_2 = 0\,, \quad \boldsymbol{E}_1 \cdot \boldsymbol{E}_3 = 0\,, \quad \boldsymbol{E}_2 \cdot \boldsymbol{E}_3 = 0\,.$$

Como consequência, podemos afirmar que o conjunto $\{\boldsymbol{E}_1, \boldsymbol{E}_2, \boldsymbol{E}_3\}$ é linearmente independente e, portanto, forma uma base do $\mathbb{R}^3$. No entanto, essa base não está normalizada, pois, em geral, os vetores $\boldsymbol{E}_2$ e $\boldsymbol{E}_3$ têm normas diferentes de um. De fato, calculando suas normas, encontra-se:

$$|\boldsymbol{E}_2|^2 = |\boldsymbol{E}_3|^2 = |\boldsymbol{\mathcal{V}}|^2 - (\boldsymbol{\mathcal{V}} \cdot \hat{\boldsymbol{n}})^2\,.$$

Portanto, definindo

$$\alpha \equiv \sqrt{|\boldsymbol{\mathcal{V}}|^2 - (\boldsymbol{\mathcal{V}} \cdot \hat{\boldsymbol{n}})^2}$$

segue que podemos escrever os vetores $\boldsymbol{E}_i$ da seguinte forma:

$$\boldsymbol{E}_1 = \hat{\boldsymbol{e}}_1\,, \quad \boldsymbol{E}_2 = \alpha\,\hat{\boldsymbol{e}}_2\,, \quad \boldsymbol{E}_3 = \alpha\,\hat{\boldsymbol{e}}_3\,,$$

onde $\hat{\boldsymbol{e}}_i$ são vetores de norma um. Ou seja, $\{\hat{\boldsymbol{e}}_1, \hat{\boldsymbol{e}}_2, \hat{\boldsymbol{e}}_3\}$ é uma base cartesiana. Qualquer vetor pode ser escrito nessa base. Em particular, por conta da definição do vetor $\boldsymbol{E}_2$, note que a expansão do vetor $\boldsymbol{\mathcal{V}}$ nessa base cartesiana é dada por:

$$\boldsymbol{\mathcal{V}} = (\boldsymbol{\mathcal{V}} \cdot \hat{\boldsymbol{n}})\, \hat{\boldsymbol{n}} + \boldsymbol{E}_2 = (\boldsymbol{\mathcal{V}} \cdot \hat{\boldsymbol{n}})\, \hat{\boldsymbol{e}}_1 + \alpha\, \hat{\boldsymbol{e}}_2 \,. \tag{5.2}$$

A rotação de um ângulo θ em torno de $\hat{\boldsymbol{n}}$ não deve alterar o vetor $\hat{\boldsymbol{e}}_1$, pois ele é paralelo ao eixo de rotação. Por outro lado, conforme ilustrado na Fig. 5.2, a rotação deve ter o seguinte efeito no vetor $\hat{\boldsymbol{e}}_2$:

$$\hat{\boldsymbol{e}}_2 \ \stackrel{\theta\hat{\boldsymbol{n}}}{\longrightarrow}\ \hat{\boldsymbol{e}}_2' = \cos\theta\, \hat{\boldsymbol{e}}_2 + \text{sen}\theta\, \hat{\boldsymbol{e}}_3 \,. \tag{5.3}$$

Sendo assim, usando as Eqs. (5.2) e (5.3), concluímos que o vetor $\boldsymbol{\mathcal{V}}'$ é dado por:

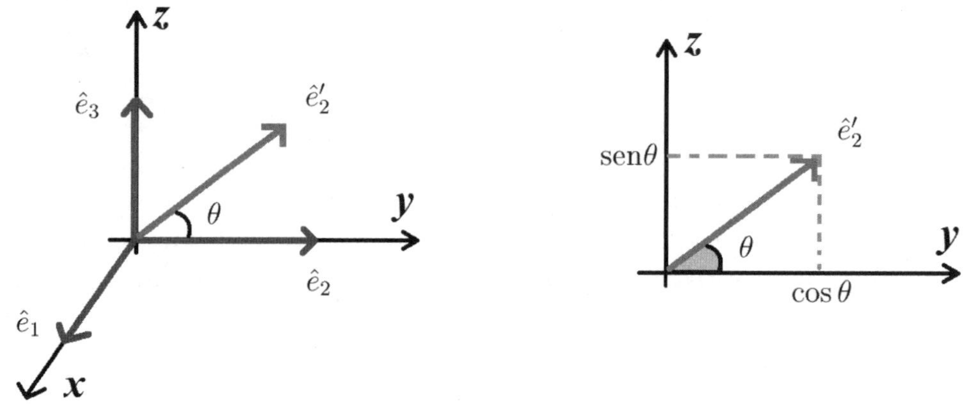

Figura 5.2: Nesta figura, vemos como o vetor normalizado $\hat{\mathbf{e}}_2$ se transforma quando executamos uma rotação de um ângulo θ em torno do eixo $\hat{\boldsymbol{e}}_1$.

$$\begin{aligned}\boldsymbol{\mathcal{V}}' &= (\boldsymbol{\mathcal{V}} \cdot \hat{\boldsymbol{n}})\, \hat{\boldsymbol{e}}_1' + \alpha\, \hat{\boldsymbol{e}}_2' \\ &= (\boldsymbol{\mathcal{V}} \cdot \hat{\boldsymbol{n}})\, \hat{\boldsymbol{e}}_1 + \alpha\, [\cos\theta\, \hat{\boldsymbol{e}}_2 + \text{sen}\theta\, \hat{\boldsymbol{e}}_3] \\ &= (\boldsymbol{\mathcal{V}} \cdot \hat{\boldsymbol{n}})\, \boldsymbol{E}_1 + \cos\theta\, \boldsymbol{E}_2 + \text{sen}\theta\, \boldsymbol{E}_3 \,.\end{aligned}$$

Então, substituindo na equação acima as expressões que definem a base ortogonal $\{\boldsymbol{E}_i\}$, dadas na Eq. (5.1), chegamos à relação desejada:

$$\boldsymbol{\mathcal{V}} \ \stackrel{\theta\hat{\boldsymbol{n}}}{\longrightarrow}\ \cos\theta\, \boldsymbol{\mathcal{V}} + (1 - \cos\theta)(\boldsymbol{\mathcal{V}} \cdot \hat{\boldsymbol{n}})\ \hat{\boldsymbol{n}} + \text{sen}\theta\ \hat{\boldsymbol{n}} \times \boldsymbol{\mathcal{V}} \,. \tag{5.4}$$

Ou seja, a rotação de um ângulo θ (no sentido anti-horário) em torno do vetor normalizado $\hat{\boldsymbol{n}}$, quando atua em um vetor $\boldsymbol{\mathcal{V}}$ qualquer, fornece o vetor dado no lado direto da Eq. (5.4). Em particular, apesar de, durante a dedução desse resultado, termos assumido que $\boldsymbol{\mathcal{V}}$ e $\hat{\boldsymbol{n}}$ não são paralelos, a expressão final também é válida no cenário em que esses vetores são paralelos. Com efeito, nesse caso, a Eq. (5.4) prevê que $\boldsymbol{\mathcal{V}}$ é invariante pela rotação.

Uma situação relevante da regra de transformação obtida acima se dá quando o ângulo θ é pequeno, em cujo caso podemos usar as seguintes expansões em série de Taylor:

$$\cos\theta = 1 + O(\theta^2) \quad \text{e} \quad \text{sen}\theta = \theta + O(\theta^3) \,.$$

Sendo assim, considerando termos de até primeira ordem em θ, a transformação (5.4) se torna:

$$\boldsymbol{\mathcal{V}} \xrightarrow{\theta\hat{\boldsymbol{n}}} \boldsymbol{\mathcal{V}}' = \boldsymbol{\mathcal{V}} + \theta\,\hat{\boldsymbol{n}} \times \boldsymbol{\mathcal{V}} \quad (\text{se } |\theta| \ll 1)\,. \tag{5.5}$$

Portanto, denotando por $d\theta$ um ângulo infinitesimal e sendo $d\boldsymbol{\mathcal{V}} \equiv \boldsymbol{\mathcal{V}}' - \boldsymbol{\mathcal{V}}$ a mudança em $\boldsymbol{\mathcal{V}}$ devido à rotação infinitesimal, podemos afirmar que:

$$d\boldsymbol{\mathcal{V}} = d\theta\,\hat{\boldsymbol{n}} \times \boldsymbol{\mathcal{V}}\,.$$

Em particular, se, em cada instante de tempo t, executarmos uma rotação de um ângulo $d\theta$ em torno do eixo $\hat{\boldsymbol{n}}$, onde $d\theta$ e $\hat{\boldsymbol{n}}$ podem variar no tempo, segue que a taxa de variação do vetor $\boldsymbol{\mathcal{V}}$ por conta dessas sucessivas rotações é dada por:

$$\frac{d\boldsymbol{\mathcal{V}}}{dt} = \boldsymbol{\omega} \times \boldsymbol{\mathcal{V}}\,, \tag{5.6}$$

onde

$$\boldsymbol{\omega} \equiv \frac{d\theta}{dt}\,\hat{\boldsymbol{n}}$$

denota a velocidade angular instantânea da rotação. Logo, a velocidade angular associada a uma rotação aponta na direção do eixo em torno do qual ocorre a rotação. O sentido do vetor $\boldsymbol{\omega}$ é determinado de tal forma que a rotação ocorra no sentido anti-horário quando a observamos "por cima da ponta do vetor", como ilustrado no lado esquerdo da Fig. 5.3.

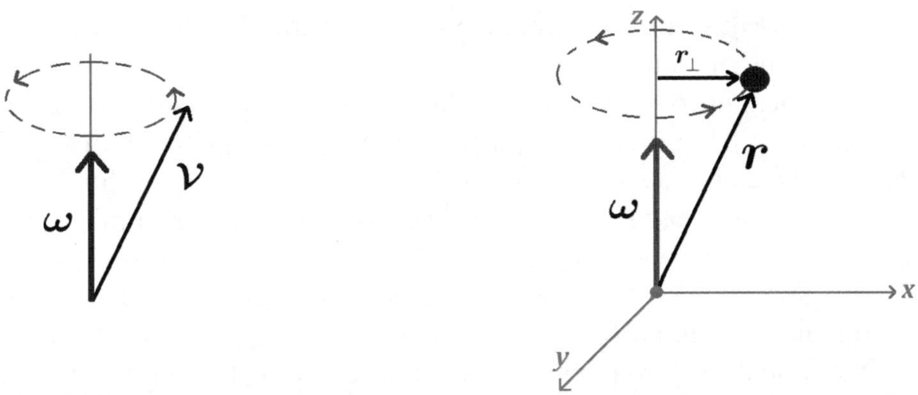

Figura 5.3: No lado esquerdo, o vetor $\boldsymbol{\mathcal{V}}$ está sendo rotacionado com velocidade angular constante $\boldsymbol{\omega}$. A rotação se dá em torno do eixo definido pela direção $\boldsymbol{\omega}$ e no sentido anti-horário. No lado direito, o vetor $\boldsymbol{r}$ representa o vetor posição de uma partícula que se movimenta ao longo de um círculo de raio $|\boldsymbol{r}_\perp|$.

Como uma aplicação da fórmula (5.6), consideremos o caso trivial em que a velocidade angular da rotação é constante. Digamos que $\boldsymbol{\omega} = \omega\,\hat{\mathbf{e}}_{\mathrm{z}}$, onde $\hat{\mathbf{e}}_{\mathrm{z}}$ é o elemento de alguma base cartesiana $\{\hat{\mathbf{e}}_{\mathrm{x}}, \hat{\mathbf{e}}_{\mathrm{y}}, \hat{\mathbf{e}}_{\mathrm{z}}\}$ e ω é o módulo da velocidade angular. Expandindo o vetor $\boldsymbol{\mathcal{V}}$ nessa base cartesiana, temos

$$\boldsymbol{\mathcal{V}} = \mathcal{V}_{\mathrm{x}}\,\hat{\mathbf{e}}_{\mathrm{x}} + \mathcal{V}_{\mathrm{y}}\,\hat{\mathbf{e}}_{\mathrm{y}} + \mathcal{V}_{\mathrm{z}}\,\hat{\mathbf{e}}_{\mathrm{z}}\,.$$

Inserindo então essa expressão na Eq. (5.6), chega-se à seguinte identidade vetorial:

$$\frac{d\mathcal{V}_{\mathrm{x}}}{dt}\,\hat{\mathbf{e}}_{\mathrm{x}} + \frac{d\mathcal{V}_{\mathrm{y}}}{dt}\,\hat{\mathbf{e}}_{\mathrm{y}} + \frac{d\mathcal{V}_{\mathrm{z}}}{dt}\,\hat{\mathbf{e}}_{\mathrm{z}} = -\,\omega\,\mathcal{V}_{\mathrm{y}}\,\hat{\mathbf{e}}_{\mathrm{x}} + \omega\,\mathcal{V}_{\mathrm{x}}\,\hat{\mathbf{e}}_{\mathrm{y}}\,,$$

donde concluímos que:

$$\frac{d\mathcal{V}_x}{dt} = -\,\omega\,\mathcal{V}_y\,, \quad \frac{d\mathcal{V}_y}{dt} = \omega\,\mathcal{V}_x\,, \quad \frac{d\mathcal{V}_z}{dt} = 0\,. \tag{5.7}$$

A última dessas equações é simples de ser integrada; ela nos diz que $\mathcal{V}_z$ é uma constante, $\mathcal{V}_z = B_0$. Já as equações para $\mathcal{V}_x$ e $\mathcal{V}_y$ estão acopladas e, para resolvê-las, vamos derivar em relação ao tempo a equação para $\mathcal{V}_x$ e então substituir a equação para $\mathcal{V}_y$:

$$\frac{d^2\mathcal{V}_x}{dt^2} = -\,\omega\,\frac{d\mathcal{V}_y}{dt} = -\,\omega\,(\omega\,\mathcal{V}_x) \quad\Rightarrow\quad \frac{d^2\mathcal{V}_x}{dt^2} + \omega^2\,\mathcal{V}_x = 0\,.$$

Por sua vez, a solução geral dessa última equação diferencial é dada por

$$\mathcal{V}_x = A_0\,\cos(\omega t + \phi_0)\,,$$

onde A_0 e ϕ_0 são constantes de integração que devem ser fixadas pelas condições iniciais. Finalmente, usando a primeira relação da Eq. (5.7), podemos determinar $\mathcal{V}_y$:

$$\mathcal{V}_y = -\,\frac{1}{\omega}\frac{d\mathcal{V}_x}{dt} = A_0\,\mathrm{sen}(\omega t + \phi_0)\,.$$

Portanto, a solução geral da Eq. (5.6), no caso em que $\boldsymbol{\omega} = \omega\,\hat{\boldsymbol{e}}_z$, com ω sendo constante, é dada por:

$$\boldsymbol{\mathcal{V}}(t) = A_0\,[\cos(\omega t + \phi_0)\,\hat{\boldsymbol{e}}_x + \mathrm{sen}(\omega t + \phi_0)\,\hat{\boldsymbol{e}}_y] + B_0\,\hat{\boldsymbol{e}}_z\,, \tag{5.8}$$

onde A_0, B_0 e ϕ_0 são constantes de integração. Essa dinâmica significa que a ponta do vetor $\boldsymbol{\mathcal{V}}$ executa um movimento circular uniforme em torno do eixo z, enquanto a origem do vetor está fixa tocando o eixo z, como ilustrado na parte esquerda da Fig. 5.3. A dinâmica obedecida por $\boldsymbol{\mathcal{V}}(t)$ dado na equação acima é comumente chamada de precessão de Larmor, em homenagem ao físico irlandês Joseph Larmor, que, no final do século XIX, descobriu que o momento magnético de uma partícula imersa em um campo magnético uniforme executa exatamente esse tipo de rotação. Ele, então, usou isso para explicar detalhes da linha espectral de átomos submetidos a campos magnéticos externos.

Agora, apliquemos a fórmula (5.6), por duas vezes sucessivas, ao vetor posição de uma partícula cujo movimento é puramente rotacional. Ou seja, façamos $\boldsymbol{\mathcal{V}} = \boldsymbol{r}$ na Eq. (5.6) e, em seguida, adotando $\boldsymbol{\mathcal{V}} = \boldsymbol{v}$, apliquemos mais uma vez a Eq. (5.6):

$$\boldsymbol{v} = \frac{d\boldsymbol{r}}{dt} = \boldsymbol{\omega}\times\boldsymbol{r} \quad\Rightarrow\quad \boldsymbol{a} = \frac{d\boldsymbol{v}}{dt} = \boldsymbol{\omega}\times\boldsymbol{v} = \boldsymbol{\omega}\times(\boldsymbol{\omega}\times\boldsymbol{r}) = -\,\omega^2\,\boldsymbol{r}_\perp\,, \tag{5.9}$$

onde, na equação anterior, temos $\boldsymbol{r}_\perp \equiv \boldsymbol{r} - (\boldsymbol{r}\cdot\hat{\boldsymbol{n}})\hat{\boldsymbol{n}}$, com $\hat{\boldsymbol{n}}$ sendo um versor que tem a mesma direção e sentido de $\boldsymbol{\omega}$. Em outras palavras, adotamos a definição $\boldsymbol{\omega} = \omega\hat{\boldsymbol{n}}$. A Eq. (5.9) é a conhecida fórmula para a aceleração centrípeta. Tal igualdade vale mesmo no caso em que $\boldsymbol{\omega}$ depende do tempo. A única restrição necessária para a validade dessa fórmula é que $|\boldsymbol{r}|$ seja constante durante a trajetória da partícula, ou seja, o movimento deve ser uma rotação pura. Os vetores $\boldsymbol{r}$ e $\boldsymbol{r}_\perp$ estão ilustrados no lado direito da Fig. (5.3), no caso especial em que $\boldsymbol{\omega}$ é constante. Nesse caso especial, no qual a velocidade angular é constante, podemos verificar explicitamente a validade da Eq. (5.9) por meio do resultado obtido no parágrafo anterior. De fato, segundo a Eq. (5.8), a dinâmica de um vetor posição que está girando com velocidade angular constante $\boldsymbol{\omega} = \omega\,\hat{\boldsymbol{e}}_z$ é dada por:

$$\boldsymbol{r}(t) = A_0\,[\cos(\omega t + \phi_0)\,\hat{\boldsymbol{e}}_x + \mathrm{sen}(\omega t + \phi_0)\,\hat{\boldsymbol{e}}_y] + B_0\,\hat{\boldsymbol{e}}_z\,.$$

Em particular, vemos que

$$\boldsymbol{r}_\perp \equiv \boldsymbol{r} - (\boldsymbol{r} \cdot \hat{\mathbf{e}}_{\mathrm{z}})\hat{\mathbf{e}}_{\mathrm{z}} = A_0 \left[\cos(\omega t + \phi_0)\, \hat{\mathbf{e}}_{\mathrm{x}} + \operatorname{sen}(\omega t + \phi_0)\, \hat{\mathbf{e}}_{\mathrm{y}}\right].$$

Calculando a derivada segunda de $\boldsymbol{r}$ em relação ao tempo, encontramos a seguinte aceleração para a partícula:

$$\boldsymbol{a} = \frac{d^2\boldsymbol{r}}{dt^2} = -\,\omega^2 A_0 \left[\cos(\omega t + \phi_0)\, \hat{\mathbf{e}}_{\mathrm{x}} + \operatorname{sen}(\omega t + \phi_0)\, \hat{\mathbf{e}}_{\mathrm{y}}\right] = -\,\omega^2\, \boldsymbol{r}_\perp\,,$$

o que está em plena conformidade com o resultado genérico da Eq. (5.9).

5.2 Mudança arbitrária de referencial

Nesta seção, veremos como os vetores posição, velocidade e aceleração de uma partícula medidos em diferentes referenciais se relacionam. Aqui vamos considerar a mudança de referencial mais arbitrária possível. Isso significa que, além de as origens dos referenciais poderem se mover de qualquer maneira, vamos assumir que o eixos podem ser rotacionados com o passar do tempo.

Sejam S e $\tilde{S}$ dois referenciais cartesianos cujos eixos estão alinhados com as seguintes bases ortonormais:

$$S \to \{\boldsymbol{e}_{\mathrm{x}}, \boldsymbol{e}_{\mathrm{y}}, \boldsymbol{e}_{\mathrm{z}}\} \quad , \quad \tilde{S} \to \{\tilde{\boldsymbol{e}}_{\mathrm{x}}, \tilde{\boldsymbol{e}}_{\mathrm{y}}, \tilde{\boldsymbol{e}}_{\mathrm{z}}\}.$$

Note que o acento circunflexo, geralmente utilizado na base cartesiana a fim de lembrar que esses vetores são normalizados, foi omitido com o intuito de tornar a notação menos carregada. Essas duas bases cartesianas não precisam estar alinhadas. De fato, vamos assumir que a base $\{\tilde{\boldsymbol{e}}_i\}$ pode rotacionar em relação à base $\{\boldsymbol{e}_i\}$ com velocidade angular $\boldsymbol{\omega} = \boldsymbol{\omega}(t)$. A base do referencial S também pode estar rotacionando com o tempo em relação a um terceiro referencial, mas, como estamos medindo os eventos do ponto de vista de alguém que está atrelado ao referencial S, a movimentação do referencial S não é percebida. Portanto, vamos assumir que

$$\frac{d\boldsymbol{e}_i}{dt} = 0 \quad \text{e} \quad \frac{d\tilde{\boldsymbol{e}}_i}{dt} = \boldsymbol{\omega} \times \tilde{\boldsymbol{e}}_i\,. \tag{5.10}$$

Reforçando, isso não significa que a base $\{\boldsymbol{e}_i\}$ não se modifica de forma absoluta. Ocorre que estamos assumindo a postura de que apenas mudanças relativas fazem sentido na natureza. Sempre estamos comparando o que queremos analisar com algo para saber se determinada coisa se alterou. Por exemplo, podemos imaginar que estamos em um ponto fixo da superfície terrestre e que S é o nosso referencial, que está parado em relação a nós. Por sua vez, $\tilde{S}$ pode ser um referencial atrelado a um avião que viaja fazendo piruetas. É claro que, para nós, a orientação do referencial $\tilde{S}$ muda com o tempo, ao passo que o nosso referencial está "parado". No entanto, em relação ao Sol, por exemplo, nosso referencial translada e rotaciona com o passar do tempo.

Dado um vetor $\boldsymbol{V}$, ele pode ser escrito tanto no referencial do sistema S quanto no referencial do sistema $\tilde{S}$:

$$\boldsymbol{V} = V^i\, \boldsymbol{e}_i \quad \text{e} \quad \boldsymbol{V} = \tilde{V}^i\, \tilde{\boldsymbol{e}}_i\,.$$

Tomando a derivada temporal desse vetor e usando a Eq. (5.10), nota-se o seguinte:

$$\frac{dV^i}{dt}\, \boldsymbol{e}_i = \frac{d}{dt}\left(V^i\, \boldsymbol{e}_i\right) = \frac{d\boldsymbol{V}}{dt} = \frac{d}{dt}\left(\tilde{V}^i\, \tilde{\boldsymbol{e}}_i\right) = \frac{d\tilde{V}^i}{dt}\, \tilde{\boldsymbol{e}}_i + \tilde{V}^i\, \frac{d\tilde{\boldsymbol{e}}_i}{dt} = \frac{d\tilde{V}^i}{dt}\, \tilde{\boldsymbol{e}}_i + \tilde{V}^i\, \boldsymbol{\omega} \times \tilde{\boldsymbol{e}}_i\,.$$

Logo, concluímos que

$$\frac{dV^i}{dt}\boldsymbol{e}_i = \frac{d\tilde{V}^i}{dt}\tilde{\boldsymbol{e}}_i + \boldsymbol{\omega}\times\boldsymbol{V}\,. \tag{5.11}$$

Note que, se o referencial $\{\tilde{\boldsymbol{e}}_i\}$ não estivesse girando, ou seja, se $\boldsymbol{\omega} = 0$, o lado direito da equação acima se reduziria ao primeiro termo. Do ponto de vista de um observador acoplado ao referencial $\tilde{S}$ (girando junto com ele), a velocidade angular do referencial $\tilde{S}$ é zero. Portanto, o primeiro termo no lado direito da Eq. (5.11) pode ser entendido como sendo a taxa de variação de $\boldsymbol{V}$ conforme medida por um observador atrelado ao referencial $\tilde{S}$. Por esse motivo, a Eq. (5.11) é usualmente escrita da seguinte forma:

$$\left(\frac{d\boldsymbol{V}}{dt}\right)_S = \left(\frac{d\boldsymbol{V}}{dt}\right)_{\tilde{S}} + \boldsymbol{\omega}\times\boldsymbol{V}\,, \tag{5.12}$$

onde, na equação acima, $\boldsymbol{\omega}$ denota a velocidade angular do referencial $\tilde{S}$, conforme observada no referencial S. Na Eq. (5.12), o termo no lado esquerdo significa a variação de $\boldsymbol{V}$ segundo um observador acoplado ao referencial S e, analogamente, o primeiro termo no lado direito denota a taxa de variação medida por um observador atrelado ao referencial $\tilde{S}$.

Uma vez considerada a mudança de orientação do referencial $\tilde{S}$, vamos tratar do movimento da origem desse referencial. Denotaremos por $\boldsymbol{R} = \boldsymbol{R}(t)$ a posição da origem de $\tilde{S}$ medida no referencial S. Sendo assim, denotando por $\boldsymbol{r}$ o vetor posição de uma partícula no referencial S e por $\tilde{\boldsymbol{r}}$ o vetor posição dessa mesma partícula, porém medido em relação à origem de $\tilde{S}$, concluímos que o vínculo entre esses vetores é o seguinte:

$$\boldsymbol{r} = \boldsymbol{R} + \tilde{\boldsymbol{r}}\,. \tag{5.13}$$

A Fig. 5.4 ilustra o significado dessa equação de forma geométrica. Agora, tomando a

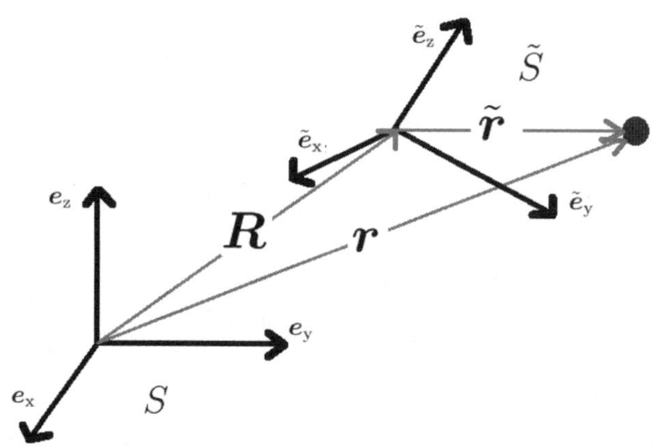

Figura 5.4: A figura mostra os referenciais S e $\tilde{S}$ e uma partícula. Segundo o referencial S, o vetor posição da partícula é $\boldsymbol{r}$. Esse vetor pode ser escrito como sendo a soma vetorial dos vetores $\tilde{\boldsymbol{r}}$ e $\boldsymbol{R}$. O vetor $\tilde{\boldsymbol{r}}$ denota a posição da partícula medida a partir da origem de $\tilde{S}$, ao passo que $\boldsymbol{R}$ é a posição da origem de $\tilde{S}$ medida no referencial S.

derivada temporal do vetor posição da partícula considerada, o vetor $\boldsymbol{r}$, e usando as Eqs. (5.12) e (5.13), obtemos a seguinte expressão para a velocidade da partícula:

$$\left(\frac{d\boldsymbol{r}}{dt}\right)_S = \left(\frac{d\boldsymbol{R}}{dt}\right)_S + \left(\frac{d\tilde{\boldsymbol{r}}}{dt}\right)_S = \left(\frac{d\boldsymbol{R}}{dt}\right)_S + \left(\frac{d\tilde{\boldsymbol{r}}}{dt}\right)_{\tilde{S}} + \boldsymbol{\omega}\times\tilde{\boldsymbol{r}}\,,$$

Logo, podemos escrever o seguinte:

$$\boldsymbol{v} = \tilde{\boldsymbol{v}} + \boldsymbol{V} + \boldsymbol{\omega} \times \tilde{\boldsymbol{r}}\,, \tag{5.14}$$

onde, na equação acima, $\boldsymbol{v}$ é a velocidade da partícula conforme medida no referencial S, ao passo que $\tilde{\boldsymbol{v}} = (d\tilde{\boldsymbol{r}}/dt)_{\tilde{S}}$ é a velocidade da mesma partícula, porém conforme medida por um observador atrelado ao referencial $\tilde{S}$, e $\boldsymbol{V} = (d\boldsymbol{R}/dt)_S$ é a velocidade da origem do referencial $\tilde{S}$ medida por um observador em S. Por sua vez, tomando a derivada temporal da Eq. (5.14), obtemos:

$$\left(\frac{d\boldsymbol{v}}{dt}\right)_S = \left[\left(\frac{d\tilde{\boldsymbol{v}}}{dt}\right)_{\tilde{S}} + \boldsymbol{\omega} \times \tilde{\boldsymbol{v}}\right] + \left(\frac{d\boldsymbol{V}}{dt}\right)_S + \left(\frac{d\boldsymbol{\omega}}{dt}\right)_S \times \tilde{\boldsymbol{r}} + \boldsymbol{\omega} \times \left[\left(\frac{d\tilde{\boldsymbol{r}}}{dt}\right)_{\tilde{S}} + \boldsymbol{\omega} \times \tilde{\boldsymbol{r}}\right].$$

As derivadas temporais de $\boldsymbol{R}$, $\boldsymbol{V}$ e $\boldsymbol{\omega}$ não devem ser convertidas para uma expressão em termos de derivadas medidas no referencial $\tilde{S}$, pois esses vetores já são naturalmente definidos em termos do referencial S. Por exemplo, $\boldsymbol{\omega}$ é a velocidade angular do referencial $\tilde{S}$ aferida no referencial S. Não faz sentido, portanto, calcular $(d\boldsymbol{\omega}/dt)_{\tilde{S}}$. A equação anterior pode ser escrita de forma mais compacta da seguinte maneira:

$$\boldsymbol{a} = \tilde{\boldsymbol{a}} + \boldsymbol{A} + \boldsymbol{\omega} \times (\boldsymbol{\omega} \times \tilde{\boldsymbol{r}}) + 2\,\boldsymbol{\omega} \times \tilde{\boldsymbol{v}} + \dot{\boldsymbol{\omega}} \times \tilde{\boldsymbol{r}}\,, \tag{5.15}$$

onde, na equação acima, $\boldsymbol{a}$ é a aceleração da partícula conforme medida no referencial S, ao passo que $\tilde{\boldsymbol{a}} \equiv (d\tilde{\boldsymbol{v}}/dt)_{\tilde{S}}$ é a aceleração da mesma partícula, porém conforme medida por um observador atrelado ao referencial $\tilde{S}$, e $\boldsymbol{A} \equiv (d\boldsymbol{V}/dt)_S$ é a aceleração da origem do referencial $\tilde{S}$, de acordo com um observador em S. O terceiro termo no lado direito da Eq. (5.15), $\boldsymbol{\omega} \times (\boldsymbol{\omega} \times \tilde{\boldsymbol{r}})$, é a chamada aceleração centrífuga, ao passo que o quarto termo, $2\,\boldsymbol{\omega} \times \tilde{\boldsymbol{v}}$, é a chamada aceleração de Coriolis. Veremos mais sobre a interpretação desses termos nas seções seguintes. Notemos que, quando o referencial $\tilde{S}$ não está girando em relação a S, ou seja, quando $\boldsymbol{\omega} = 0$, a relação entre as acelerações nos referenciais S e $\tilde{S}$ é particularmente simples, pois, nesse caso, a aceleração medida no referencial S é a soma vetorial da aceleração medida no referencial $\tilde{S}$ com a aceleração da origem de $\tilde{S}$. A existência de rotação é que torna tudo mais complexo.

Suponha que, no referencial S, a força total que age na partícula seja $\boldsymbol{F}$. Então, a segunda lei de Newton fornece $\boldsymbol{F} = m\boldsymbol{a}$, onde m é a massa da partícula. Por sua vez, se $\tilde{\boldsymbol{F}}$ é a força resultante na partícula conforme observada no referencial $\tilde{S}$, a segunda lei de Newton nesse referencial fornece $\tilde{\boldsymbol{F}} = m\tilde{\boldsymbol{a}}$. De fato, como discutido em capítulo anterior sobre as leis de Newton, tais leis valem em qualquer referencial, não apenas em referenciais inerciais, até porque a concepção newtoniana para referenciais inerciais não é compatível com a realidade observada. O detalhe importante, no entanto, é que a força não precisa ser a mesma em todos os referenciais. A força só é invariante quando a relação entre os dois referenciais é uma transformação de Galileo, ou seja quando $\boldsymbol{A}$ e $\boldsymbol{\omega}$ são ambos nulos. No caso geral, a Eq. (5.15) nos permite concluir que a relação entre as forças observadas nos referenciais $\tilde{S}$ e S é a seguinte:

$$\tilde{\boldsymbol{F}} = \boldsymbol{F} - m\boldsymbol{A} - m\,\boldsymbol{\omega} \times (\boldsymbol{\omega} \times \tilde{\boldsymbol{r}}) - 2m\,\boldsymbol{\omega} \times \tilde{\boldsymbol{v}} - m\,\dot{\boldsymbol{\omega}} \times \tilde{\boldsymbol{r}}\,. \tag{5.16}$$

As forças adicionais à força $\boldsymbol{F}$, no lado direito da equação acima, são usualmente chamadas de **forças inerciais**. Diz-se que essas forças são fictícias, pois surgem apenas por conta de uma mera mudança de referencial. Mas a verdade é que, de certa forma, essas forças são tão fictícias quanto a força normal que o chão exerce sobre nossos pés e que nos sustenta na superfície terrestre.

5.3 O caso sem rotação, $\omega = 0$

Nesta seção, vamos considerar o caso em que um referencial não está rotacionando em relação ao outro, ou seja, $\boldsymbol{\omega} = 0$. Neste cenário, a relação entre as forças é a seguinte:

$$\tilde{\boldsymbol{F}} = \boldsymbol{F} - m\boldsymbol{A}\,.$$

Portanto, analisando esse caso podemos entender melhor a interpretação e o efeito do termo $m\boldsymbol{A}$ na força observada no referencial $\tilde{S}$. Note que os eixos dos referenciais S e $\tilde{S}$ não precisam estar alinhados, ou seja, não precisam ser paralelos. Apenas estamos exigindo que a orientação relativa não mude com o tempo. Em particular, conforme observado em um terceiro referencial $\bar{\text{S}}$, os eixos de S e $\tilde{S}$ podem rotacionar, mas devem fazê-lo com a mesma velocidade angular, de forma que os ângulos entre os vetores $\tilde{\boldsymbol{e}}_i$ e $\boldsymbol{e}_j$ não mudem com o tempo.

Como um exemplo para ilustrar essa situação, considere um bloco de massa m que está sobre uma superfície. Quando observada no referencial S, a superfície tem aceleração $\boldsymbol{a} = a_0\boldsymbol{e}_{\text{x}}$. Por sua vez, vamos definir o referencial $\tilde{S}$ como sendo aquele no qual a superfície está em repouso e cujos eixos são alinhados aos eixos de S. A Fig. 5.5 ilustra essa configuração. O bloco desliza sobre a superfície sofrendo uma força de atrito cinético

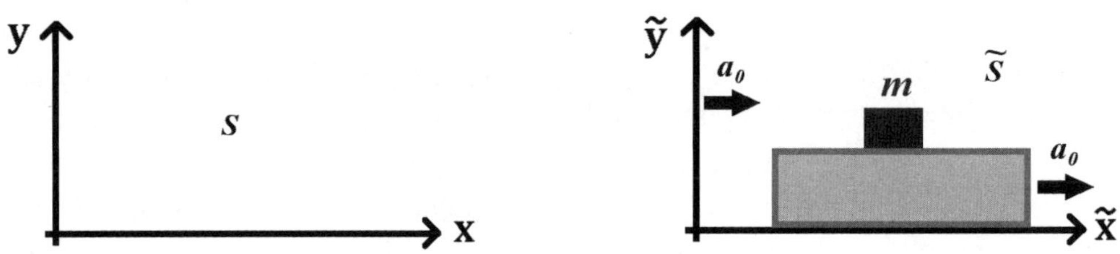

Figura 5.5: O referencial $\tilde{S}$ está atrelado à superfície. Nesse referencial, a superfície está parada. No referencial S, a mesma superfície tem aceleração a_0 no sentido positivo do eixo x. O bloco desliza sobre a superfície e sofre força de atrito ao deslizar.

dada por $\boldsymbol{F}_{at} = f_{at}\,\boldsymbol{e}_{\text{x}}$, quando medida no referencial S. Portanto, no referencial S, a força total que age sobre o bloco de massa m é:

$$\boldsymbol{F} = f_{at}\,\boldsymbol{e}_{\text{x}}\,.$$

Note que, como a superfície está sendo acelerada no sentido positivo do eixo x e como a aceleração do bloco não pode ultrapassar a da superfície, temos:

$$0 \leq f_{at} \leq m\,a_0\,.$$

Já no referencial da superfície, o referencial $\tilde{S}$, a força total sobre o bloco é:

$$\tilde{\boldsymbol{F}} = \boldsymbol{F} - m\,\boldsymbol{A} = (f_{at} - m\,a_0)\,\boldsymbol{e}_{\text{x}}\,,$$

onde foi usado $\boldsymbol{A} = a_0\boldsymbol{e}_{\text{x}}$, pois essa é a aceleração do referencial $\tilde{S}$, segundo alguém acoplado ao referencial S. Logo, no referencial $\tilde{S}$, a segunda lei de Newton fornece:

$$m\,\tilde{a} = \tilde{F} = (f_{at} - m\,a_0) \;\leq\; 0\,.$$

Então, vemos que, no referencial $\tilde{S}$, o bloco tem aceleração no sentido negativo do eixo $\tilde{\text{x}}$. Isso era de se esperar, pois a inércia do bloco faz com que ele escorregue para trás em relação à superfície. Logo, no referencial da superfície, o bloco tem velocidade e aceleração negativas. No caso particular em que o atrito é forte o suficiente para impedir que o bloco deslize, ou seja, quando a força de atrito é do tipo estática, temos $f_{at} = ma_0$. Nesse cenário a segunda lei de Newton no referencial $\tilde{S}$ fornece $\tilde{a} = 0$, ou seja, o bloco não se acelera em relação à superfície, como esperado. Por outro lado, a aceleração do bloco no referencial S seria a_0.

Vemos então que a interpretação do termo $m\boldsymbol{A}$ na Eq. (5.16) é um tanto trivial, ele simplesmente implementa a soma vetorial das acelerações. Ou seja, se um objeto O tem aceleração $\boldsymbol{a}_1$ em relação ao objeto P, ao passo que o objeto P tem aceleração $\boldsymbol{a_2}$ em relação ao objeto Q, então o objeto O terá aceleração $\boldsymbol{a}_1 + \boldsymbol{a}_2$ em relação ao objeto Q.

5.4 Força centrífuga

Agora vamos analisar o papel da força centrífuga, $m\boldsymbol{\omega} \times (\boldsymbol{\omega} \times \tilde{\boldsymbol{r}})$. Para isso, consideremos um cenário onde $\boldsymbol{A} = 0$, $\tilde{\boldsymbol{v}} = 0$ e $\dot{\boldsymbol{\omega}} = 0$, em cujo caso temos:

$$\tilde{\boldsymbol{F}} = \boldsymbol{F} - m\,\boldsymbol{\omega} \times (\boldsymbol{\omega} \times \tilde{\boldsymbol{r}})\,.$$

A condição $\boldsymbol{A} = 0$ significa que as origens dos sistemas S e $\tilde{S}$ devem ter um movimento relativo que é retilíneo e uniforme. Aqui vamos considerar o caso mais simples, quando as origens coincidem. Por sua vez, a hipótese $\dot{\boldsymbol{\omega}} = 0$ significa que o referencial $\tilde{S}$ tem eixos que giram com velocidade angular constante $\boldsymbol{\omega}$ em relação aos eixos de S. No caso, vamos considerar $\boldsymbol{\omega} = \omega_0 \boldsymbol{e}_{\text{z}}$. Finalmente, a restrição $\tilde{\boldsymbol{v}} = 0$ impõe que a partícula estudada esteja em repouso no referencial $\tilde{S}$. Em particular, isso significa que seu vetor posição no referencial S, ou seja, $\boldsymbol{r}$, descreve um movimento circular uniforme. A Fig. 5.6 ilustra um cenário particular em que essas condições são válidas. Nessa ilustração, a partícula de massa m está presa a uma corda de comprimento ℓ cuja extremidade está fixada na origem de S. A partícula descreve um movimento circular uniforme no plano xy e o referencial $\tilde{S}$ rotaciona junto com a partícula.

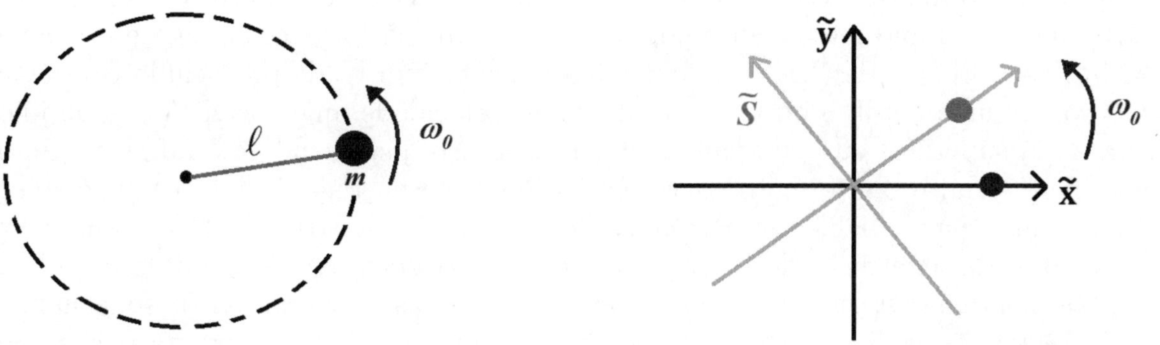

Figura 5.6: No lado esquerdo, uma partícula de massa m presa a uma corda de comprimento ℓ gira com velocidade angular constante ω_0 em torno da origem do referencial S. A tração na corda exerce uma força sobre a partícula permitindo-lhe seguir essa trajetória circular. No lado direito, vemos o referencial $\tilde{S}$ que acompanha a partícula. Esse referencial gira com velocidade angular ω_0.

As posições da partícula nos referenciais S e $\tilde{S}$ são, respectivamente, dadas por:

$$\boldsymbol{r} = \ell\,[\cos(\omega_0 t)\,\boldsymbol{e}_{\text{x}} + \text{sen}(\omega_0 t)\,\boldsymbol{e}_{\text{y}}] \qquad \text{e} \qquad \tilde{\boldsymbol{r}} = \ell\,\tilde{\boldsymbol{e}}_{\text{x}}\,. \tag{5.17}$$

Como escolhemos os sistemas S e $\tilde{S}$ de forma que suas origens coincidam, segue que $\boldsymbol{r} = \tilde{\boldsymbol{r}}$. Portanto, igualando as expressões acima para $\boldsymbol{r}$ e $\tilde{\boldsymbol{r}}$, concluímos que

$$\tilde{\boldsymbol{e}}_{\mathrm{x}} = \cos(\omega_0 t)\,\boldsymbol{e}_{\mathrm{x}} + \mathrm{sen}(\omega_0 t)\,\boldsymbol{e}_{\mathrm{y}}\,.$$

No referencial $\tilde{S}$, a partícula parece não se mover, de forma que $\tilde{\boldsymbol{v}} = 0$ e $\tilde{\boldsymbol{a}} = 0$. Logo, nesse referencial temos que a força total sobre a partícula é nula, $\tilde{\boldsymbol{F}} = 0$. Portanto, a força total no referencial S é dada por:

$$\boldsymbol{F} = \tilde{\boldsymbol{F}} + m\,\boldsymbol{\omega} \times (\boldsymbol{\omega} \times \tilde{\boldsymbol{r}}) = m\,\boldsymbol{\omega} \times (\boldsymbol{\omega} \times \tilde{\boldsymbol{r}}) = m\,\omega_0^2\,\ell\,\boldsymbol{e}_{\mathrm{z}} \times (\boldsymbol{e}_{\mathrm{z}} \times \tilde{\boldsymbol{e}}_{\mathrm{x}})\,.$$

Usando as propriedades do produto vetorial, temos que

$$\boldsymbol{e}_{\mathrm{z}} \times (\boldsymbol{e}_{\mathrm{z}} \times \tilde{\boldsymbol{e}}_{\mathrm{x}}) = \boldsymbol{e}_{\mathrm{z}}(\boldsymbol{e}_{\mathrm{z}} \cdot \tilde{\boldsymbol{e}}_{\mathrm{x}}) \;-\; \tilde{\boldsymbol{e}}_{\mathrm{x}}(\boldsymbol{e}_{\mathrm{z}} \cdot \boldsymbol{e}_{\mathrm{z}}) = -\,\tilde{\boldsymbol{e}}_{\mathrm{x}}\,,$$

de forma que a força total sobre a partícula no referencial S é dada por:

$$\boldsymbol{F} = -\,m\,\omega_0^2\,\ell\,\tilde{\boldsymbol{e}}_{\mathrm{x}} = -\,m\,\omega_0^2\,\boldsymbol{r}\,.$$

Essa mesma expressão para a força $\boldsymbol{F}$ também pode ser encontrada usando a Eq. (5.17) para calcular a aceleração $\boldsymbol{a} = d^2\boldsymbol{r}/dt^2$ e depois usando a igualdade $\boldsymbol{F} = m\boldsymbol{a}$. Essa força é exercida pela corda à qual a partícula está presa e ela aponta para o centro da rotação. O módulo da força é dado por $m\omega_0^2\ell$. No referencial $\tilde{S}$, além dessa força exercida pela corda, existe a força centrífuga, que aponta na direção radial, porém no sentido oposto à força exercida pela corda (para fora do círculo), de forma que a força total é zero nesse referencial. Note que não há um agente físico que exerça essa força centrífuga, ela é consequência de uma escolha de referencial. É por isso que esse tipo de força é comumente denominada uma força fictícia.

Esse exemplo mostra que, se uma partícula está parada em um referencial girante, então deve haver alguma força centrípeta atuando nela, pois só dessa forma ela poderá girar junto com o referencial. O "papel da força centrífuga" é, então, se opor a essa força centrípeta, de forma que a força total sobre a partícula seja nula no referencial girante.

Um outro exemplo interessante que ilustra o efeito da força centrífuga é o chamado experimento do balde de Newton. Nesse experimento, um balde preenchido com água e suspenso por uma corda é posto para girar com velocidade angular ω. Antes de iniciar a rotação, a superfície da água parece plana, ao passo que quando o balde está girando a superfície adquire um formato curvo, como ilustrado na Fig. 5.7. Em um referencial que gira junto com o balde, as partículas da água estão paradas, de forma que a força total sobre cada uma delas deve ser nula. Se nos concentrarmos em uma partícula que está exatamente na interface água/ar, temos que as forças sobre ela são: peso, centrífuga, normal. A força normal é a reação exercida pelo fluido que está abaixo da partícula em questão e que a impede de penetrar no fluido. A força normal deve sempre ser ortogonal à superfície. Feito esse resumo, tentemos determinar o formato da superfície da água.

Consideremos uma partícula no plano xz e seja $\mathrm{z} = \mathrm{z}(\mathrm{x})$ a curva formada pela superfície da água. Um vetor tangente a essa superfície é dado por

$$\boldsymbol{T} = \frac{d\boldsymbol{r}}{d\mathrm{x}} = \boldsymbol{e}_{\mathrm{x}} + \frac{d\mathrm{z}}{d\mathrm{x}}\,\boldsymbol{e}_{\mathrm{z}}\,.$$

A força peso e a força centrífuga são dadas por

$$\boldsymbol{P} = -\,m\,g\,\boldsymbol{e}_{\mathrm{z}} \quad \text{e} \quad \boldsymbol{F}_{cf} = m\,\omega^2\,\mathrm{x}\,\boldsymbol{e}_{\mathrm{x}}\,,$$

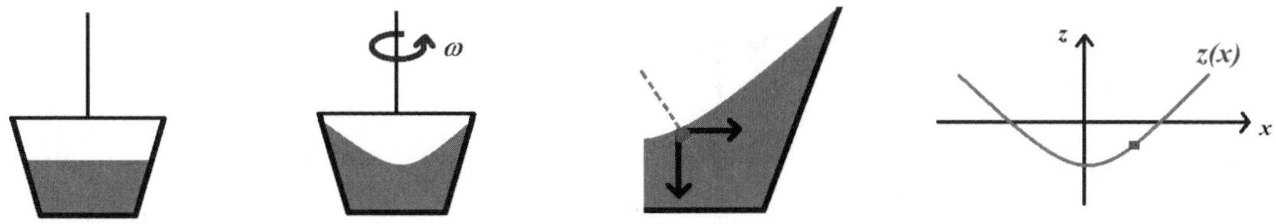

Figura 5.7: No lado esquerdo, o balde está parado. Na ilustração seguinte o balde está girando, e vemos que a superfície da água adota um formato parabólico. Em seguida, vemos as forças que agem em uma porção do fluido que está na interface água/ar quando o balde está girando. Temos a força peso (para baixo) e a força centrífuga (para a direita). A soma vetorial dessas forças deve ser ortogonal à superfície da água, de maneira a ser equilibrada pela força normal. À direita, temos a ilustração da curva formada pela superfície da água.

onde g é a aceleração local da gravidade. A soma dessas forças deve ser o negativo da força normal e, portanto, deve ser ortogonal à superfície. De fato, se essa soma vetorial tivesse alguma componente tangente à superfície, a partícula acabaria por se deslocar ao longo da superfície. Portanto,

$$(\boldsymbol{P} + \boldsymbol{F}_{cf}) \cdot \boldsymbol{T} = 0 \quad \Rightarrow \quad g\,\frac{d\mathrm{z}}{d\mathrm{x}} = \omega^2\,\mathrm{x}\,.$$

Integrando essa última equação diferencial para z(x), temos:

$$\mathrm{z} = \frac{\omega^2}{2g}\,\mathrm{x}^2 + c\,,$$

onde c é uma constante de integração. Essa constante pode ser determinada levando em consideração que o volume total ocupado pela água não deve mudar. O importante é observar que a interface água/ar tem o formato de uma parábola. Na verdade, esse é o formato da superfície em um corte transversal do balde; a superfície em si é um paraboloide.[1]

5.5 Força de Coriolis

Diferentemente do que fizemos nas seções anteriores, não é possível montar um cenário onde a força de Coriolis, $-2m\boldsymbol{\omega} \times \tilde{\boldsymbol{v}}$, seja analisada de maneira isolada. De fato, se quisermos aniquilar a força centrífuga, deveremos assumir que $\tilde{\boldsymbol{r}}$ é paralelo a $\boldsymbol{\omega}$ em todos os instantes. No entanto, se isso acontecer, $\tilde{\boldsymbol{v}}$ também será paralelo a $\boldsymbol{\omega}$ e, portanto, não haverá força de Coriolis. Nesse raciocínio foi assumido que $\boldsymbol{\omega}$ é constante. Caso contrário, o termo que depende de $\dot{\boldsymbol{\omega}}$ apareceria na expressão para $\tilde{\boldsymbol{F}}$. Em suma, se a força de Coriolis aparecer, o mesmo ocorrerá com a força centrífuga. Logo, a fim de compreender o efeito da força de Coriolis, precisamos saber muito bem qual é o papel da força centrífuga, para poder descontar seu efeito na análise final do problema. Com esse objetivo em mente, analisemos o sistema considerado na Fig. 5.8. Nesse experimento, o referencial $\tilde{S}$ está rotacionando em relação ao referencial S com velocidade angular $\boldsymbol{\omega} = \omega_0 \boldsymbol{e}_\mathrm{z}$ e as origens de ambos os referenciais coincidem em todos os instantes. Além disso, os referenciais S e

[1] O seguinte vídeo disponível no *YouTube* mostra um experimento do balde de Newton: [Título: `newton's bucket experiment` | Canal: `xi dai`].

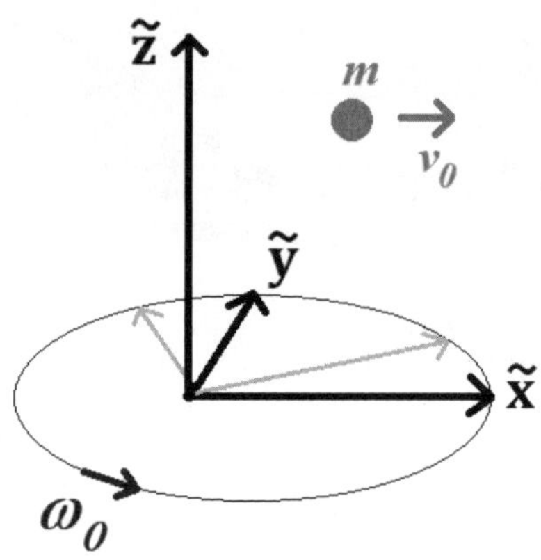

Figura 5.8: Uma partícula de massa m tem velocidade constante na direção $\boldsymbol{e}_{\mathrm{x}}$. O referencial $\tilde{S}$ é rotacionado com velocidade angular $\omega_0 \boldsymbol{e}_{\mathrm{z}}$ em relação ao referencial S. A aceleração local da gravidade é considerada nula.

$\tilde{S}$ têm eixos paralelos no instante $t = 0$. Sendo assim, a relação entre os vetores das bases cartesianas é a seguinte:

$$\tilde{\boldsymbol{e}}_{\mathrm{x}} = \cos(\omega_0 t)\, \boldsymbol{e}_{\mathrm{x}} + \operatorname{sen}(\omega_0 t)\, \boldsymbol{e}_{\mathrm{y}}\ , \quad \tilde{\boldsymbol{e}}_{\mathrm{y}} = -\operatorname{sen}(\omega_0 t)\, \boldsymbol{e}_{\mathrm{x}} + \cos(\omega_0 t)\, \boldsymbol{e}_{\mathrm{y}}\ , \quad \tilde{\boldsymbol{e}}_{\mathrm{z}} = \boldsymbol{e}_{\mathrm{z}}\,.$$

Invertendo essas relações, obtemos as seguintes igualdades:

$$\boldsymbol{e}_{\mathrm{x}} = \cos(\omega_0 t)\, \tilde{\boldsymbol{e}}_{\mathrm{x}} - \operatorname{sen}(\omega_0 t)\, \tilde{\boldsymbol{e}}_{\mathrm{y}}\ , \quad \boldsymbol{e}_{\mathrm{y}} = \operatorname{sen}(\omega_0 t)\, \tilde{\boldsymbol{e}}_{\mathrm{x}} + \cos(\omega_0 t)\, \tilde{\boldsymbol{e}}_{\mathrm{y}}\ , \quad \boldsymbol{e}_{\mathrm{z}} = \tilde{\boldsymbol{e}}_{\mathrm{z}}\,.$$

Levando em consideração que os vetores posição $\boldsymbol{r}$ e $\tilde{\boldsymbol{r}}$ são iguais, já que as origens de S e $\tilde{S}$ coincidem, segue que a seguinte identidade deve ser válida:

$$\tilde{\mathrm{x}}\, \tilde{\boldsymbol{e}}_{\mathrm{x}} + \tilde{\mathrm{y}}\, \tilde{\boldsymbol{e}}_{\mathrm{y}} + \tilde{\mathrm{z}}\, \tilde{\boldsymbol{e}}_{\mathrm{z}} = \mathrm{x}\, \boldsymbol{e}_{\mathrm{x}} + \mathrm{y}\, \boldsymbol{e}_{\mathrm{y}} + \mathrm{z}\, \boldsymbol{e}_{\mathrm{z}}\,.$$

Escrevendo então $\boldsymbol{e}_j$ em termos de $\tilde{\boldsymbol{e}}_i$, no lado direito da equação acima, concluímos que:

$$\tilde{\mathrm{x}} = \mathrm{x}\, \cos(\omega_0 t) + \mathrm{y}\operatorname{sen}(\omega_0 t)\ , \quad \tilde{\mathrm{y}} = -\mathrm{x}\operatorname{sen}(\omega_0 t) + \mathrm{y}\, \cos(\omega_0 t)\ , \quad \tilde{\mathrm{z}} = \mathrm{z}\,. \tag{5.18}$$

Agora, vamos analisar a dinâmica de uma partícula com velocidade $\boldsymbol{v} = v_0 \boldsymbol{e}_{\mathrm{x}}$ quando medida no referencial S, conforme ilustrado na Fig. 5.8. Suponha que no referencial S a trajetória da partícula seja dada por:

$$\mathrm{x}(t) = x_0 + v_0\, t\ , \quad \mathrm{y}(t) = 0\ , \quad \mathrm{z}(t) = z_0\,.$$

Logo, usando a Eq. (5.18), vemos que, no sistema de coordenadas de $\tilde{S}$, a trajetória é descrita da seguinte forma:

$$\tilde{\mathrm{x}}(t) = (x_0 + v_0 t)\, \cos(\omega_0 t)\ , \quad \tilde{\mathrm{y}}(t) = -(x_0 + v_0 t) \operatorname{sen}(\omega_0 t)\ , \quad \tilde{\mathrm{z}}(t) = z_0\,. \tag{5.19}$$

Sendo assim, as componentes da aceleração nesse sistema de coordenadas são:

$$\begin{aligned}
\ddot{\tilde{\mathrm{x}}}(t) &= -\omega_0^2\, (x_0 + v_0\, t)\, \cos(\omega_0 t) - 2\, \omega_0\, v_0 \operatorname{sen}(\omega_0 t) = -\omega_0^2\, \tilde{\mathrm{x}} - 2\, \omega_0\, v_0 \operatorname{sen}(\omega_0 t)\ ,\\
\ddot{\tilde{\mathrm{y}}}(t) &= \omega_0^2\, (x_0 + v_0\, t) \operatorname{sen}(\omega_0 t) - 2\, \omega_0\, v_0\, \cos(\omega_0 t) = -\omega_0^2\, \tilde{\mathrm{y}} - 2\, \omega_0\, v_0\, \cos(\omega_0 t)\ ,\\
\ddot{\tilde{\mathrm{z}}}(t) &= 0\,.
\end{aligned}$$

Logo, para um observador atrelado ao referencial $\tilde{S}$, a força que atua na partícula é:

$$\begin{aligned}\tilde{\boldsymbol{F}} &= m\,\tilde{\boldsymbol{a}} = m\,\ddot{\tilde{\mathrm{x}}}\,\tilde{\boldsymbol{e}}_{\mathrm{x}} + m\,\ddot{\tilde{\mathrm{y}}}\,\tilde{\boldsymbol{e}}_{\mathrm{y}} + m\,\ddot{\tilde{\mathrm{z}}}\,\tilde{\boldsymbol{e}}_{\mathrm{z}} \\ &= -\,m\,\omega_0^2\,\tilde{\boldsymbol{r}}_\perp - 2m\,v_0\,\omega_0\,[\mathrm{sen}(\omega_0 t)\,\tilde{\boldsymbol{e}}_{\mathrm{x}} + \cos(\omega_0 t)\,\tilde{\boldsymbol{e}}_{\mathrm{y}}]\,, \end{aligned} \tag{5.20}$$

onde $\tilde{\boldsymbol{r}}_\perp \equiv \tilde{\boldsymbol{r}} - \tilde{\mathrm{z}}\tilde{\boldsymbol{e}}_{\mathrm{z}}$ é a parte do vetor posição que é ortogonal ao eixo z. A expressão acima para a força $\tilde{\boldsymbol{F}}$ se divide em dois termos. O primeiro é uma força centrípeta, pois é ortogonal ao eixo de rotação e proporcional à distância entre a partícula e o eixo. Essa força já deveria ser esperada, pois, do ponto de vista do referencial $\tilde{S}$, a partícula gira em torno do eixo $\tilde{\mathrm{z}}$ com frequência angular ω_0 no sentido horário. O segundo termo, por sua vez, é proporcional a v_0 e, consequentemente, não existe quando v_0 é nulo. Isso pode nos levar a pensar que esse segundo termo corresponde à força de Coriolis, já que essa última só existe quando a partícula tem velocidade diferente de zero. No entanto, a velocidade que contribui para a força de Coriolis é $\tilde{\boldsymbol{v}}$, ou seja, a velocidade medida no referencial $\tilde{S}$, ao passo que v_0 é a velocidade medida no referencial S. Note que, mesmo se v_0 for nulo, a velocidade $\tilde{\boldsymbol{v}}$ será diferente de zero, pois no referencial $\tilde{S}$ a partícula estará executando um movimento circular uniforme em torno do eixo $\tilde{\mathrm{z}}$. Portanto, concluímos que essa não deve ser toda a força de Coriolis, pois, neste exemplo, a força de Coriolis também deve contribuir para a força centrípeta. De fato, como nesse experimento temos $\boldsymbol{F}$, $\boldsymbol{A}$ e $\dot{\boldsymbol{\omega}}$ todos iguais a zero, segue que a Eq. (5.16) fornece a seguinte expressão para a força no referencial $\tilde{S}$:

$$\tilde{\boldsymbol{F}} = \underbrace{-m\,\boldsymbol{\omega}\times(\boldsymbol{\omega}\times\tilde{\boldsymbol{r}})}_{\text{Centrífuga}}\ \underbrace{-\,2\,m\,\boldsymbol{\omega}\times\tilde{\boldsymbol{v}}}_{\text{Coriolis}} \tag{5.21}$$

Calculando os dois termos que compõem essa força, obtemos:

$$\begin{cases} \text{Centrífuga:}\ -\,m\,\boldsymbol{\omega}\times(\boldsymbol{\omega}\times\tilde{\boldsymbol{r}}) = m\,\omega_0^2\,\tilde{\boldsymbol{r}}_\perp \\ \\ \text{Coriolis:}\ -\,2\,m\,\boldsymbol{\omega}\times\tilde{\boldsymbol{v}} = -2\,m\,\omega_0^2\,\tilde{\boldsymbol{r}}_\perp - 2m\,v_0\,\omega_0\,[\mathrm{sen}(\omega_0 t)\,\tilde{\boldsymbol{e}}_{\mathrm{x}} + \cos(\omega_0 t)\,\tilde{\boldsymbol{e}}_{\mathrm{y}}] \end{cases}$$

Em particular, notemos que, substituindo essas expressões na Eq. (5.21), chegamos a uma equação para $\tilde{\boldsymbol{F}}$ que coincide com a Eq. (5.20), como haveria de ser.

Então, vemos que, neste exemplo, a força de Coriolis tem dois termos, uma componente centrípeta e uma componente que é proporcional a v_0. A componente centrípeta da força de Coriolis tem interpretação mais óbvia, ela se soma à força centrífuga para dar origem à componente centrípeta da força $\tilde{\boldsymbol{F}}$, ou seja, a soma dessas duas partes fornece $-m\omega_0^2\tilde{\boldsymbol{r}}_\perp$, cujo efeito é fazer com que a partícula rotacione em torno do eixo z. Como argumentado há pouco, a componente centrípeta da força de Coriolis existe mesmo quando v_0 é nulo. Por outro lado, a interpretação do segundo termo da força de Coriolis não é tão clara. Sendo assim, vamos tentar entender a "razão" de essa componente da força de Coriolis existir. Como essa parte da força de Coriolis depende linearmente de v_0, ao passo que a força centrífuga não depende *explicitamente* de v_0, podemos investigar seu efeito na dinâmica da partícula no referencial $\tilde{S}$ olhando para a parte de $\tilde{\boldsymbol{r}}(t)$ que depende de v_0. Olhando para a Eq. (5.19), vemos que essa parte é dada por:

$$\boldsymbol{\Delta} = v_0\,t\,[\,\cos(\omega_0 t)\,\tilde{\boldsymbol{e}}_{\mathrm{x}} - \mathrm{sen}(\omega_0 t)\,\tilde{\boldsymbol{e}}_{\mathrm{y}}\,]\,.$$

Imaginando $\boldsymbol{\Delta}$ como sendo o vetor posição de uma partícula fictícia, segue que a dinâmica dessa partícula está ilustrada na Fig. 5.9. Note que a cada período $2\pi/\omega_0$ essa partícula completa uma volta no em torno do eixo z. No entanto, o raio do círculo percorrido

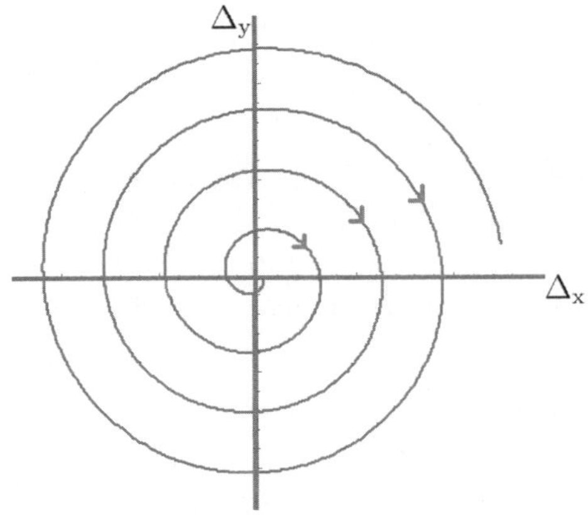

Figura 5.9: Essa figura mostra a dinâmica $\boldsymbol{\Delta}(t)$ no plano xy. Trata-se de um movimento espiral. O fato de o raio $|\boldsymbol{\Delta}|$ crescer linearmente com o tempo, em conjunto com o fato de que a partícula fictícia completa cada volta no mesmo intervalo de tempo independentemente de sua distância ao eixo z, reflete-se no espaçamento uniforme entre os "círculos" na figura acima.

aumenta linearmente com o tempo, de forma que a distância a ser varrida no intervalo de tempo $2\pi/\omega_0$ se torna cada vez maior. Ou seja, a velocidade da partícula fictícia vai aumentando com o passar do tempo. De fato, notemos que o módulo de sua velocidade é dado por:

$$\left|\frac{d\boldsymbol{\Delta}}{dt}\right| = |v_0|\,\sqrt{1+\omega_0^2 t^2}\,.$$

Portanto, o efeito da componente da força de Coriolis que não é centrípeta é compensar o fato de que, quando a partícula se distancia do eixo de rotação, sua velocidade no referencial $\tilde{S}$ deve ser cada vez maior, pois o raio (e, consequentemente, o perímetro) do círculo percorrido em um período é cada vez maior.[2]

Até agora, considerando a relação entre $\boldsymbol{F}$ e $\tilde{\boldsymbol{F}}$ dada na Eq. (5.16), já analisamos as consequências dos termos $m\boldsymbol{A}$, da força centrífuga e da força de Coriolis.[3] Restaria analisar o termo $-m\dot{\boldsymbol{\omega}} \times \tilde{\boldsymbol{r}}$. Ocorre que esse termo não tem muito uso, pois, na maioria dos experimentos, a relação entre os referenciais de interesse não envolve uma velocidade angular que varia com o tempo. Sendo assim, neste livro não será feita uma análise do efeito desse termo. Todavia, tendo visto os três exemplos aqui considerados, o/a leitor/a tem plena condição de elaborar um experimento mental em que $\dot{\boldsymbol{\omega}} \neq 0$ e então analisar o efeito do termo $-m\dot{\boldsymbol{\omega}} \times \tilde{\boldsymbol{r}}$ na dinâmica da partícula.

[2]É importante mencionar que, se calcularmos a aceleração $d^2\boldsymbol{\Delta}/dt^2$ e multiplicarmos pela massa m, não chegaremos apenas à componente da força de Coriolis que é *explicitamente* proporcional a v_0, pois o resultado também conterá um termo de força que é proporcional ao tempo. Esse termo está implícito na componente centrípeta da força de Coriolis. De fato, a componente centrípeta da força de Coriolis depende de $\tilde{\boldsymbol{r}}_\perp$, que, por sua vez, depende de v_0. Portanto, quando selecionamos a parte de $\tilde{\boldsymbol{r}}(t)$ que depende de v_0, ou seja, o vetor $\boldsymbol{\Delta}$, sua dinâmica também é afetada por parte da componente centrípeta da força de Coriolis.

[3]Se lançarmos uma bola em uma trajetória reta, segundo nosso referencial, um observador que esteja girando em relação ao nosso referencial observará uma trajetória curva. A força de Coriolis serve para "explicar" a curvatura da trajetória no referencial do observador girante. Os seguintes vídeos disponíveis no *YouTube* ilustram muito bem esse ponto: [Título: `coriolis effect (2-11)` | Canal: `samwsm1`], [Título: `Coriolis Effect` | Canal: `TSG Physics`].

5.6 Exercícios sugeridos

Exercício 1

Suponha que um balde com água esteja em um campo gravitacional uniforme cuja aceleração local da gravidade é $-g_0\boldsymbol{e}_\mathrm{z}$. Quando o balde está parado, a interface água/ar é plana e paralela ao plano cartesiano xy. Determine, então, o formato da interface quando o balde é submetido a uma aceleração constante $\boldsymbol{a} = \alpha\,\boldsymbol{e}_\mathrm{x} + \beta\,\boldsymbol{e}_\mathrm{z}$.

Exercício 2

Considere o exemplo visto na seção sobre a força de Coriolis, Seção 5.5. Mas, desta vez, assuma que a posição da partícula no referencial S é dada por

$$\boldsymbol{r} = x_0\,\boldsymbol{e}_\mathrm{x} + v_0\,t\,\boldsymbol{e}_\mathrm{z}\,.$$

Determine a dinâmica da partícula percebida no referencial $\tilde{S}$. Ou seja, encontre $\tilde{\boldsymbol{r}}(t)$. Por fim, estabeleça a aceleração e força sobre a partícula no referencial $\tilde{S}$ e verifique a validade da Eq. (5.16).

Exercício 3 – ***resolvido***

Seja $\boldsymbol{R}_1$ o vetor posição da origem do referencial S_1 conforme medida no referencial S e seja $\boldsymbol{\omega}_1$ a velocidade angular de S_1 em relação a S. Analogamente, sejam $\boldsymbol{R}_2$ e $\boldsymbol{\omega}_2$ a posição da origem de S_2 e a velocidade angular de S_2 medidas em relação a S.
a) Encontre uma expressão para a velocidade angular de S_2 em relação a S_1.
b) Prove que a Eq. (5.15) composta duas vezes seguidas, de S para S_1 e depois de S_1 para S_2, fornece o mesmo resultado obtido quando implementamos a mudança de referencial direta de S para S_2.

Solução do Exercício 3

a) Denotando por $\boldsymbol{\omega}_{21}$ a velocidade angular do referencial S_2 em relação ao referencial S_1, segue que, se $\boldsymbol{\mathcal{V}}$ é um vetor qualquer que varia com o tempo, então valem as seguintes equações:

$$\left(\frac{d\boldsymbol{\mathcal{V}}}{dt}\right)_S = \left(\frac{d\boldsymbol{\mathcal{V}}}{dt}\right)_{S_1} + \boldsymbol{\omega}_1 \times \boldsymbol{\mathcal{V}} \ , \quad \left(\frac{d\boldsymbol{\mathcal{V}}}{dt}\right)_S = \left(\frac{d\boldsymbol{\mathcal{V}}}{dt}\right)_{S_2} + \boldsymbol{\omega}_2 \times \boldsymbol{\mathcal{V}} \ ,$$

$$\left(\frac{d\boldsymbol{\mathcal{V}}}{dt}\right)_{S_1} = \left(\frac{d\boldsymbol{\mathcal{V}}}{dt}\right)_{S_2} + \boldsymbol{\omega}_{21} \times \boldsymbol{\mathcal{V}} .$$

Igualando os lados direitos das duas primeiras equações e depois inserindo a terceira identidade na expressão resultante, chega-se à seguinte igualdade:

$$(\boldsymbol{\omega}_{21} - \boldsymbol{\omega}_2 + \boldsymbol{\omega}_1) \times \boldsymbol{\mathcal{V}} = 0 .$$

Como $\boldsymbol{\mathcal{V}}$ é um vetor arbitrário, essa equação só pode ser verdadeira se o vetor entre parênteses for zero. Portanto, concluímos que:

$$\boldsymbol{\omega}_{21} = \boldsymbol{\omega}_2 - \boldsymbol{\omega}_1 .$$

b) Fazendo a passagem do referencial S para o referencial S_1, temos que, se $\boldsymbol{a}$ é a aceleração de uma partícula no referencial S, então a aceleração dessa partícula conforme percebida em S_1 será dada por:

$$\boldsymbol{a}_1 = \boldsymbol{a} - \left(\frac{d^2\boldsymbol{R}_1}{dt^2}\right)_S - \boldsymbol{\omega}_1 \times (\boldsymbol{\omega}_1 \times \boldsymbol{r}_1) - 2\boldsymbol{\omega}_1 \times \left(\frac{d\boldsymbol{r}_1}{dt}\right)_{S_1} - \left(\frac{d\boldsymbol{\omega}_1}{dt}\right)_S \times \boldsymbol{r}_1 ,$$

onde $\boldsymbol{r}_1$ é a posição da partícula no referencial 1. Analogamente, sendo $\boldsymbol{r}_2$ e $\boldsymbol{a}_2$ a posição e a aceleração da partícula no referencial S_2, segue que, fazendo a passagem do referencial S_1 para o referencial S_2, temos:

$$\boldsymbol{a}_2 = \boldsymbol{a}_1 - \left(\frac{d^2\boldsymbol{R}_{21}}{dt^2}\right)_{S_1} - \boldsymbol{\omega}_{21} \times (\boldsymbol{\omega}_{21} \times \boldsymbol{r}_2) - 2\boldsymbol{\omega}_{21} \times \left(\frac{d\boldsymbol{r}_2}{dt}\right)_{S_2} - \left(\frac{d\boldsymbol{\omega}_{21}}{dt}\right)_{S_1} \times \boldsymbol{r}_2 ,$$

onde $\boldsymbol{R}_{21} = \boldsymbol{r}_1 - \boldsymbol{r}_2 = \boldsymbol{R}_2 - \boldsymbol{R}_1$ representa a posição da origem de S_2 medida a partir da origem de S_1. Para obter a expressão desejada para $\boldsymbol{a}_2$, devemos começar escrevendo $\left(\frac{d\boldsymbol{\omega}_{21}}{dt}\right)_{S_1}$ em termos da derivada temporal em relação a S, o que fornece:

$$\left(\frac{d\boldsymbol{\omega}_{21}}{dt}\right)_{S_1} = \left(\frac{d\boldsymbol{\omega}_{21}}{dt}\right)_S - \boldsymbol{\omega}_1 \times \boldsymbol{\omega}_{21} = \dot{\boldsymbol{\omega}}_2 - \dot{\boldsymbol{\omega}}_1 + \boldsymbol{\omega}_2 \times \boldsymbol{\omega}_1 ,$$

onde o ponto acima das variáveis denota uma derivada temporal em relação ao referencial S. Analogamente, precisamos expressar $\left(\frac{d^2\boldsymbol{R}_{21}}{dt^2}\right)_{S_1}$ em termos de derivadas em relação a S. Fazendo uso da equação para mudança de referencial da derivada segunda em relação ao tempo, Eq. (5.16), prova-se:

$$\left(\frac{d^2\boldsymbol{R}_{21}}{dt^2}\right)_{S_1} = \ddot{\boldsymbol{R}}_{21} + \boldsymbol{\omega}_1 \times (\boldsymbol{\omega}_1 \times \boldsymbol{R}_{21}) - 2\boldsymbol{\omega}_1 \times \left(\frac{d\boldsymbol{R}_{21}}{dt}\right)_S - \dot{\boldsymbol{\omega}}_1 \times \boldsymbol{R}_{21} .$$

No lado direito dessa última identidade, é conveniente que usemos $\boldsymbol{R}_{21} = \boldsymbol{R}_2 - \boldsymbol{R}_1$ no primeiro termo e $\boldsymbol{R}_{21} = \boldsymbol{r}_1 - \boldsymbol{r}_2$ nos demais. Além disso, vamos escrever $\left(\frac{d\boldsymbol{R}_{21}}{dt}\right)_S$ da seguinte forma:

$$\left(\frac{d\boldsymbol{R}_{21}}{dt}\right)_S = \left(\frac{d\boldsymbol{r}_1}{dt}\right)_S - \left(\frac{d\boldsymbol{r}_2}{dt}\right)_S = \left(\frac{d\boldsymbol{r}_1}{dt}\right)_{S_1} + \boldsymbol{\omega}_1 \times \boldsymbol{r}_1 - \left(\frac{d\boldsymbol{r}_2}{dt}\right)_{S_2} - \boldsymbol{\omega}_2 \times \boldsymbol{r}_2\,.$$

Agora, substituindo esse resultado na equação para $\left(\frac{d^2\boldsymbol{R}_{21}}{dt^2}\right)_{S_1}$, temos:

$$\begin{aligned}
\left(\frac{d^2\boldsymbol{R}_{21}}{dt^2}\right)_{S_1} =& \ddot{\boldsymbol{R}}_2 - \ddot{\boldsymbol{R}}_1 - \boldsymbol{\omega}_1 \times (\boldsymbol{\omega}_1 \times \boldsymbol{r}_1) - \boldsymbol{\omega}_1 \times (\boldsymbol{\omega}_1 \times \boldsymbol{r}_2) + 2\boldsymbol{\omega}_1 \times (\boldsymbol{\omega}_2 \times \boldsymbol{r}_2) \\
& - 2\boldsymbol{\omega}_1 \times \left(\frac{d\boldsymbol{r}_1}{dt}\right)_{S_1} + 2\boldsymbol{\omega}_1 \times \left(\frac{d\boldsymbol{r}_2}{dt}\right)_{S_2} - \dot{\boldsymbol{\omega}}_1 \times (\boldsymbol{r}_1 - \boldsymbol{r}_2) \\
=& \boldsymbol{a}_1 - \boldsymbol{a} + \ddot{\boldsymbol{R}}_2 - \boldsymbol{\omega}_1 \times (\boldsymbol{\omega}_1 \times \boldsymbol{r}_2) + 2\boldsymbol{\omega}_1 \times (\boldsymbol{\omega}_2 \times \boldsymbol{r}_2) \\
& + 2\boldsymbol{\omega}_1 \times \left(\frac{d\boldsymbol{r}_2}{dt}\right)_{S_2} + \dot{\boldsymbol{\omega}}_1 \times \boldsymbol{r}_2\,,
\end{aligned}$$

Por fim, substituindo esses resultados junto com a expressão para $\left(\frac{d\boldsymbol{\omega}_{21}}{dt}\right)_{S_1}$ na equação que obtivemos para $\boldsymbol{a}_2$, chega-se ao seguinte resultado após vários cancelamentos:

$$\boldsymbol{a}_2 = \boldsymbol{a} - \ddot{\boldsymbol{R}}_2 - \boldsymbol{\omega}_2 \times (\boldsymbol{\omega}_2 \times \boldsymbol{r}_2) - 2\boldsymbol{\omega}_2 \times \left(\frac{d\boldsymbol{r}_2}{dt}\right)_{S_2} - \dot{\boldsymbol{\omega}}_2 \times \boldsymbol{r}_2\,.$$

Para se chegar a esse resultado é muito importante levar em consideração que as expressões

$$\boldsymbol{\omega}_1 \times (\boldsymbol{\omega}_2 \times \boldsymbol{r}_2)\,, \quad -\boldsymbol{\omega}_2 \times (\boldsymbol{\omega}_1 \times \boldsymbol{r}_2) \ \text{ e } \quad (\boldsymbol{\omega}_1 \times \boldsymbol{\omega}_2) \times \boldsymbol{r}_2$$

são distintas. Inclusive, tais expressões estão relacionadas através da seguinte equação:

$$\boldsymbol{\omega}_1 \times (\boldsymbol{\omega}_2 \times \boldsymbol{r}_2) - \boldsymbol{\omega}_2 \times (\boldsymbol{\omega}_1 \times \boldsymbol{r}_2) = (\boldsymbol{\omega}_1 \times \boldsymbol{\omega}_2) \times \boldsymbol{r}_2\,.$$

A última equação para $\boldsymbol{a}_2$ é exatamente a aplicação direta da Eq. (5.15) quando passamos do referencial S para o referencial S_2. Isso prova a consistência de (5.15) quando fazemos a composição de duas transformações de referenciais.

Capítulo 6

Dinâmica vista da superfície terrestre

Segundo a teoria da gravitação universal formulada por Newton, a força de atração gravitacional entre partículas de massas m_1 e m_2 é dada por

$$\boldsymbol{F} = \frac{m_1 m_2 G}{|\boldsymbol{r}_2 - \boldsymbol{r}_1|^2} \hat{\boldsymbol{n}}, \tag{6.1}$$

onde $G \simeq 6,7 \cdot 10^{-11}\text{m}^3\text{s}^{-2}\text{kg}^{-1}$ é a constante gravitacional de Newton e $\hat{\boldsymbol{n}}$ é um vetor normalizado ao longo da linha que conecta as partículas e cujo sentido é atrativo. A Fig. 6.1 ilustra essa força de atração. No entanto, a essa altura, já sabemos que o conceito de

Figura 6.1: Força gravitacional entre partículas de massas m_1 e m_2.

força não é invariante por mudança de referencial. Portanto, a Eq. (6.1) não pode ser válida em qualquer referencial. Segundo a teoria original de Newton, essa expressão para a força gravitacional seria válida em referenciais inerciais. Todavia, como já discutido copiosamente, a definição newtoniana de referenciais inerciais não é compatível com a realidade observada. Portanto, é preciso estabelecer de forma mais clara o referencial onde essa lei é válida.

Suponha, por exemplo, que o Universo fosse composto por apenas duas partículas pontuais, as partículas 1 e 2 de massas m_1 e m_2. Suponha também que, no instante t, haja um referencial em que ambas estejam paradas. Então, nesse caso especial, a resposta parece trivial: a Eq. (6.1) valeria no referencial de repouso das partículas e em qualquer outro referencial que estivesse relacionado a ele por uma transformação de Galileo. Ocorre que, mesmo nesse cenário ultrassimples, tal resposta, apesar de soar plausível, está errada. De fato, consideremos o caso em que a partícula 2 está girando em torno da partícula 1 por conta da força gravitacional, executando uma trajetória circular quando vista no referencial S, conforme ilustrado na parte esquerda da Fig. 6.2. Agora, definindo o referencial $\tilde{S}$ como sendo aquele que rotaciona junto com a partícula 2 e que tem a partícula 1 em sua origem, vemos que, nesse referencial, ambas as partículas parecem estar paradas, já que suas coordenadas não mudam com o tempo. Portanto, pela regra mencionada no começo deste parágrafo, a Eq. (6.1) deveria ser válida nesse referencial. Contudo, esse não é o caso. De fato, no referencial $\tilde{S}$, é como se a força gravitacional fosse zero, pois, apesar de as partículas estarem livres, elas não se movem.

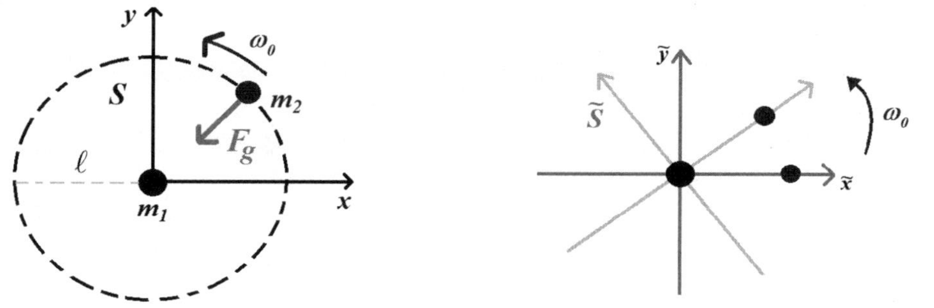

Figura 6.2: No lado esquerdo vemos a dinâmica percebida no referencial S. Nesse referencial, a partícula 1 está parada na origem, ao passo que a partícula 2 executa uma trajetória circular uniforme de raio ℓ em torno da origem. Por sua vez, no lado direito da figura, vemos que, no referencial $\tilde{S}$, que gira junto com a partícula 2, ambas as partículas têm coordenadas fixas, ou seja, estão paradas.

Conforme argumentado no capítulo anterior, a referência para saber se um referencial está acelerado é o campo gravitacional local. Portanto, a resposta correta para saber em que referencial a lei da gravitação (6.1) deve valer é a seguinte: ela vale em um referencial que não se move em relação às linhas do campo gravitacional. Isso fica mais claro quando uma das partículas tem massa muito maior que a outra. Suponha, por exemplo, que $m_1 \gg m_2$. Nesse caso, podemos considerar a partícula 2 como sendo uma partícula-teste, ou seja, podemos desprezar sua contribuição para o campo gravitacional. Em tal cenário, as linhas do campo gravitacional estão ilustradas na Fig. 6.3. Essas linhas de campo fornecem uma

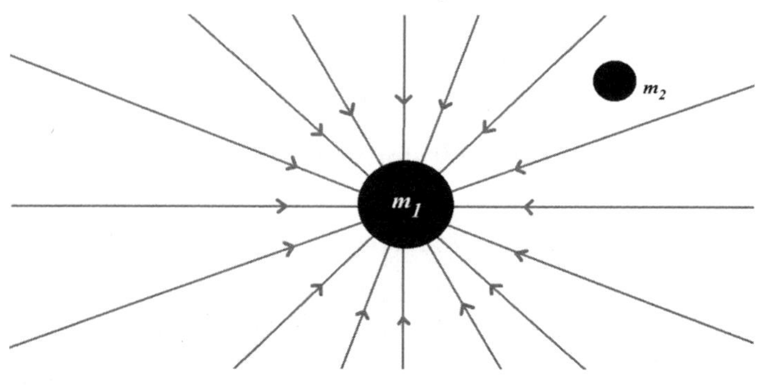

Figura 6.3: Linhas do campo gravitacional no referencial em que a partícula de massa m_1 está parada (assumindo $m_1 \gg m_2$). As linhas são radiais e apontam em direção à partícula 1. Logo, se soltarmos uma partícula-teste, a gravidade exercerá força em direção à partícula 1.

referência para determinar se a partícula 2 está acelerada ou não. Só podemos aplicar a Eq. (6.1) para determinar a força gravitacional na partícula 2 em referenciais não acelerados. Esse exemplo, em conjunto com a Fig. 6.3, deixa claro como o campo gravitacional serve de referência para verificar se determinado referencial é acelerado ou não. Por exemplo, vemos que o referencial $\tilde{S}$, que gira junto com a partícula 2, é tal que os pontos dos seus eixos são acelerados em relação às linhas do campo gravitacional e, portanto, esse referencial não é "inercial" no sentido da relatividade geral.

No caso em que as duas partículas têm massas comparáveis, a situação é mais complicada, especialmente levando em consideração que, na teoria da gravitação newtoniana, o campo gravitacional se propaga de forma instantânea. Nesse cenário, não podemos desprezar o campo gravitacional gerado pela partícula 2, de forma que as linhas de campo têm a forma ilustrada na Fig. 6.4. Nessa situação, usando a teoria newtoniana da gravi-

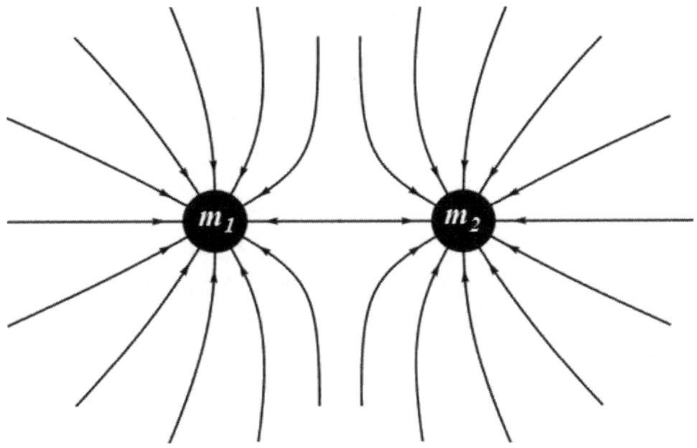

Figura 6.4: Linhas do campo gravitacional em um instante fixo, supondo que haja apenas as partículas de massas m_1 e m_2 no Universo (assumindo $m_1 \simeq m_2$).

tação, as linhas de campo percebidas no referencial $\tilde{S}$ têm esse mesmo formato em todos os instantes. Ou seja, não temos como "detectar" que a partícula 2 está girando em torno da partícula 1. Se, no entanto, houver uma terceira partícula no Universo, a partícula 3, que tenha massa muito maior que as partículas 1 e 2, poderemos considerar as partículas 1 e 2 como sendo partículas-teste e usar o campo gravitacional de 3 para determinar se as partículas 1 e 2 estão aceleradas ou não. Nesse caso, a Eq. (6.1) valerá nos referenciais que não estão acelerados em relação ao campo gravitacional da partícula 3. Esse fato de que as noções de aceleração e inércia de um objeto não são algo intrínseco, mas sim dependentes do posicionamento do restante do conteúdo de matéria do Universo, é chamado de princípio de Mach. Tal princípio não tem uma formulação única, ele é descrito de diferentes formas por diferentes autores. Apesar disso, Albert Einstein afirmou que tal princípio desempenhou um papel central para a concepção da teoria da relatividade geral. O problema na teoria newtoniana de saber em que referencial a Eq. (6.1) é válida no caso em que há apenas duas partículas de massas comparáveis no Universo não tem relevância prática. De fato, no Universo em que vivemos há inúmeras partículas, de forma que o impasse mencionado no parágrafo anterior é meramente filosófico, já que nunca poderemos fazer um experimento para estabelecer a verdade. Além disso, é importante manter em mente que já temos uma teoria mais adequada para descrever os fenômenos gravitacionais, a relatividade geral. Nessa teoria, os referenciais "inerciais" são bem definidos, independentemente do número de partículas presente no Universo. Até na ausência de matéria é possível identificar os referenciais "inerciais".

6.1 Referencial na superfície terrestre

Nesta seção, vamos lidar com a queda de objetos ordinários na atmosfera terrestre do ponto de vista de alguém que está em um ponto fixo da superfície terrestre. Veremos que o fato de a Terra estar girando em torno de seu próprio eixo Norte/Sul trará consequências importantes à dinâmica observada. Consideraremos dois referenciais, o referencial S, cuja origem está localizada no centro da Terra e que não gira junto com a Terra, e o referencial $\tilde{S}$, cuja origem está em um ponto fixo da superfície terrestre e que, portanto, gira junto com a Terra. A Fig. 6.5 ilustra esses dois referenciais.

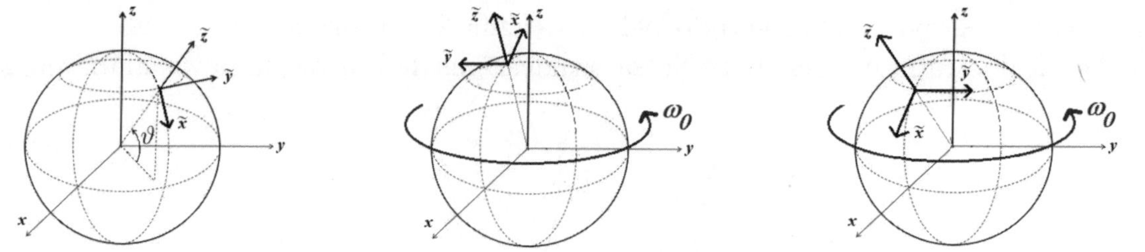

Figura 6.5: O referencial S tem sua origem no centro da Terra, ao passo que o referencial $\tilde{S}$ tem sua origem em um ponto fixo da superfície terrestre. O referencial S não gira junto com a superfície terrestre, diferentemente do referencial $\tilde{S}$.

Na vizinhança da Terra, podemos considerar os corpos em queda livre como sendo partículas-teste e que a fonte dominante de campo gravitacional é a Terra. É claro que há inúmeras outras fontes de campo gravitacional, como o Sol, os planetas vizinhos, o buraco negro no centro de nossa galáxia... Ocorre que, como a intensidade do campo gravitacional decai com a distância da fonte, segue que tais contribuições são desprezíveis quando comparadas à contribuição da própria Terra. Portanto, nas proximidades da superfície terrestre, as linhas do campo gravitacional são essencialmente radiais e a superfície da Terra está acelerada em relação a essas linhas, conforme ilustrado na Fig. 6.6. Como

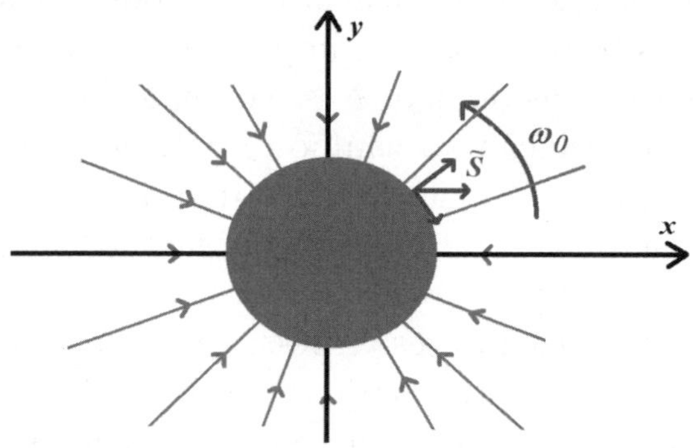

Figura 6.6: Corte transversal da Terra vista "por cima" do polo Norte. O referencial S tem sua origem no centro da Terra, ao passo que o referencial $\tilde{S}$ tem sua origem em um ponto fixo da superfície Terrestre. Como o referencial S está em repouso em relação às linhas do campo gravitacional local, segue que a lei newtoniana para a força gravitacional é válida nesse referencial. Por sua vez, o referencial $\tilde{S}$ está acelerado em relação às linhas do campo gravitacional e, portanto, a Eq. (6.1) não vale nesse referencial.

o referencial S não gira junto com a Terra, ele não está acelerado em relação às linhas do campo gravitacional local (ver Fig. 6.6). Sendo assim, concluímos que a Eq. (6.1) é válida nesse referencial. Ou seja, no referencial S, a força que atua em uma partícula de massa m em queda livre é:

$$\boldsymbol{F} = -\frac{m\, M_T\, G}{r^2}\,\hat{\boldsymbol{r}}\,,$$

onde $r = |\boldsymbol{r}|$, com $\boldsymbol{r}$ sendo o vetor posição da partícula no referencial S, $\hat{\boldsymbol{r}} \equiv \boldsymbol{r}/r$ é o vetor normalizado que aponta na direção de $\boldsymbol{r}$ e M_T é a massa da Terra. Por outro lado, o referencial $\tilde{S}$ atrelado a um ponto da superfície Terrestre está acelerado em relação ao campo gravitacional local. Usando a Eq. (5.16), podemos então afirmar que a força percebida nesse referencial é dada por

$$\tilde{\boldsymbol{F}} = -\frac{m\,M_T\,G}{r^3}\boldsymbol{r} - m\boldsymbol{A} - m\,\boldsymbol{\omega}\times(\boldsymbol{\omega}\times\tilde{\boldsymbol{r}}) - 2\,m\,\boldsymbol{\omega}\times\tilde{\boldsymbol{v}}\,, \tag{6.2}$$

onde o termo contendo $\dot{\boldsymbol{\omega}}$ foi desprezado, já que a velocidade angular da Terra é essencialmente constante no referencial S. A velocidade angular em questão é dada por $\boldsymbol{\omega} = \omega_0\boldsymbol{e}_{\rm z}$, onde ω_0 é dado por:

$$\omega_0 = \frac{2\pi}{\text{Período}} = \frac{2\pi}{24\times 60\times 60} \simeq 7.3\,\times 10^{-5}\,\text{s}^{-1}\,,$$

onde foi usado o fato de que a Terra leva 24 horas para dar uma volta em torno de si. O eixo z do referencial S está alinhado com o eixo Norte-Sul da Terra, que é o eixo de rotação. Sendo $\boldsymbol{R}$ a posição da origem de $\tilde{S}$ aferida no referencial S, segue que $|\boldsymbol{R}| = R_T$, onde R_T é o raio da Terra. Além disso, como, do ponto de vista do referencial S, a movimentação da origem de $\tilde{S}$ se deve exclusivamente à rotação da Terra, segue que

$$\boldsymbol{V} = \left(\frac{d\boldsymbol{R}}{dt}\right)_S = \boldsymbol{\omega}\times\boldsymbol{R} \quad \text{e} \quad \boldsymbol{A} = \left(\frac{d\boldsymbol{V}}{dt}\right)_S = \boldsymbol{\omega}\times\boldsymbol{V} = \boldsymbol{\omega}\times(\boldsymbol{\omega}\times\boldsymbol{R})\,,$$

onde a Eq. (5.12) foi utilizada. Agora, inserindo essa expressão para $\boldsymbol{A}$ na Eq. (6.2) e usando a identidade $\boldsymbol{r} = \boldsymbol{R} + \tilde{\boldsymbol{r}}$, concluímos que:

$$\tilde{\boldsymbol{F}} = -\frac{m\,M_T\,G}{r^3}\boldsymbol{r} - m\,\boldsymbol{\omega}\times(\boldsymbol{\omega}\times\boldsymbol{r}) - 2\,m\,\boldsymbol{\omega}\times\tilde{\boldsymbol{v}}\,. \tag{6.3}$$

Para objetos não muito distantes da superfície terrestre, temos que $r \simeq R_T$, de forma que se costuma escrever:

$$-\frac{M_T\,G}{r^3}\boldsymbol{r} \simeq -\frac{M_T\,G}{R_T^2}\hat{\boldsymbol{r}} \equiv \boldsymbol{g}_0\,.$$

O vetor $\boldsymbol{g}_0$ é a chamada aceleração local da gravidade. A força gravitacional percebida no referencial S é então dada por $\boldsymbol{F} = m\boldsymbol{g}_0$. Se um corpo estiver em repouso em relação ao referencial $\tilde{S}$, ou seja, se $\tilde{\boldsymbol{v}} = 0$, segue que a força percebida no referencial $\tilde{S}$ será:

$$\tilde{\boldsymbol{F}} = m\,[\boldsymbol{g}_0 - \boldsymbol{\omega}\times(\boldsymbol{\omega}\times\boldsymbol{r})] = m\,\boldsymbol{g}\,,$$

onde

$$\boldsymbol{g} \equiv \boldsymbol{g}_0 - \boldsymbol{\omega}\times(\boldsymbol{\omega}\times\boldsymbol{r})$$

é a chamada aceleração gravitacional efetiva. Portanto, a aceleração gravitacional efetiva percebida por um observador parado na superfície terrestre não se dá exatamente na direção radial (ou seja, apontando para o centro da Terra), existe uma correção devido à força centrífuga, conforme ilustrado na Fig. 6.7. Na linha do equador, onde a aceleração centrífuga é máxima, temos $|\boldsymbol{\omega}\times(\boldsymbol{\omega}\times\boldsymbol{R})| \simeq 0.034\text{m/s}^2$. Como $|\boldsymbol{g}_0| \simeq 9.8\text{m/s}^2$, segue que a alteração na aceleração gravitacional é da ordem de 0.35%. Essa força centrífuga é a responsável pelo fato de a Terra ser achatada nos polos. Ou seja, a distância do centro da Terra até os polos é menor que a distância do centro à linha do equador. A Fig. 6.7 também ilustra esse fato de forma exagerada. A diferença de distância é de aproximadamente 20km, o que é muito pouco comparado ao raio médio da Terra, que é de 6371km. Apesar disso, a discrepância nas distâncias se reflete de forma mensurável na aceleração local da gravidade. Como os polos ficam mais próximos ao centro da Terra, segue que a

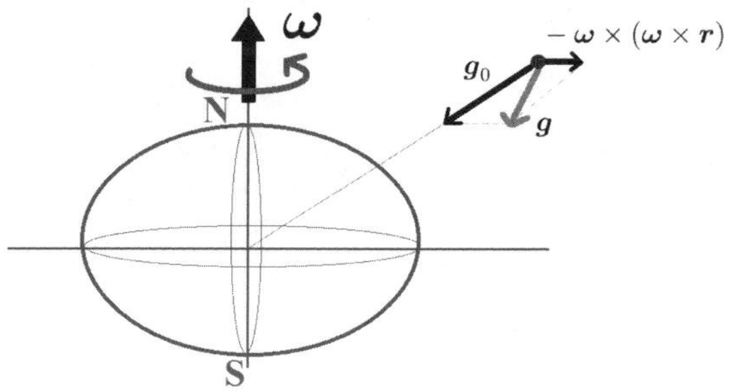

Figura 6.7: A composição da aceleração do campo gravitacional terrestre, $\boldsymbol{g}_0$, com a aceleração centrífuga, $-\boldsymbol{\omega} \times (\boldsymbol{\omega} \times \boldsymbol{r})$, dá origem à aceleração gravitacional efetiva, $\boldsymbol{g}$. Note que $\boldsymbol{g}$ não aponta na direção radial, a não ser que estejamos nos polos da Terra. Para fins de facilitar a visualização, a intensidade da aceleração centrífuga foi exagerada, na prática ela é muito menor que g_0. O achatamento nos polos Norte e Sul também foi exagerado.

atração gravitacional é maior quando comparada à gravidade na linha do equador. Essa diferença é da ordem de $0.066\mathrm{m/s^2}$. Portanto, no cômputo final, considerando os efeitos do achatamento dos polos e a aceleração centrífuga, segue que a aceleração efetiva nos polos é de aproximadamente $0.1\mathrm{m/s^2}$ maior que a aceleração na linha do equador. Ou seja, quando nos pesamos no equador, nosso peso é cerca de 1% menor que o peso nos polos. Essa é uma das razões pelas quais as bases de lançamentos de foguetes e satélites são geralmente instaladas próximo à linha do equador, pois lá a atração gravitacional é menor. Além disso, quando um objeto é lançado ao espaço partindo de um ponto próximo à linha do equador, ele já parte com uma grande velocidade inicial, aproximadamente 1600km/h, por conta do fato de que o objeto está girando junto com a Terra e com um grande raio de rotação (aproximadamente o raio da Terra). Essa velocidade inicial acarreta uma enorme economia de combustível quando comparado a um lançamento feito próximo a um dos polos, onde a velocidade inicial seria aproximadamente zero. Por esse motivo, os EUA lançam a maior parte de seus foguetes a partir do Cabo Canaveral, uma das regiões dos EUA mais próximas à linha do equador. No Brasil, a base de lançamento de foguetes é no município de Alcântara, no estado do Maranhão, que também é localizado próximo à linha do equador.

6.2 Efeito da força de Coriolis

Até agora, não analisamos a relevância do termo de Coriolis presente na Eq. (6.3). Para que a aceleração de Coriolis seja da ordem de 10% da aceleração centrífuga na linha do equador, segue que a velocidade do objeto no referencial da superfície terrestre deve ser da ordem de 167km/h. Ou seja,

$$\omega_0\, |\tilde{\boldsymbol{v}}| \simeq \frac{1}{10}\,\omega_0^2\, R_T \quad \Rightarrow \quad |\tilde{\boldsymbol{v}}| \simeq 167\,\mathrm{km/h}\ .$$

Portanto, o efeito da força de Coriolis em objetos ordinários é geralmente diminuto. Por exemplo, a aceleração de Coriolis não pode ser percebida quando lançamos uma bola alguns metros acima da nossa cabeça e depois a pegamos quando ela cai de volta. No entanto, a aceleração de Coriolis tem efeitos relevantes no lançamento de objetos que caem de grande altitude e viajam com alta velocidade, a exemplo de mísseis de guerra.

Apesar de sua pequena magnitude, a aceleração de Coriolis é responsável pelo fato de que tornados no hemisfério Norte geralmente rotacionam no sentido anti-horário quando vistos do espaço sideral, ao passo que, no hemisfério Sul, os tornados costumam girar no sentido horário. Para entender esse efeito, primeiro precisamos compreender como se dá o deslocamento das massas de ar na atmosfera. O que rege esses deslocamentos são as pressões atmosféricas locais. Quando existe uma zona de baixa pressão, por conta de uma mudança de temperatura, por exemplo, há um fluxo do ar ao redor em direção à região onde a pressão está mais baixa. Isso é ilustrado na Fig. 6.8. A fim de compreender

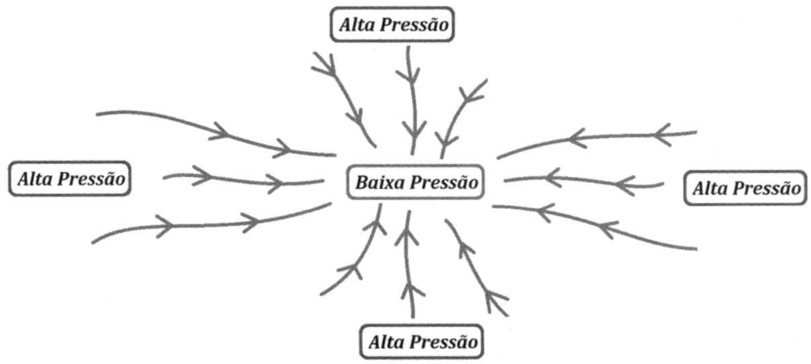

Figura 6.8: A figura ilustra o deslocamento das massas de ar. Quando surge uma zona de baixa pressão, ocorre um fluxo das massas de ar vizinhas em direção à região de baixa pressão.

a diferença entre os hemisférios, devemos notar que, no hemisfério Norte, a projeção da velocidade angular da Terra na direção ortogonal à superfície é tal que seu sentido aponta para fora da superfície, ao passo que, no hemisfério Sul, essa projeção aponta para dentro da superfície. Esse fato está ilustrado na parte superior da Fig. 6.9. Nessa mesma figura, na parte inferior, a zona de baixa pressão está localizada no centro dos discos e a direção dominante do fluxo de ar é simbolizada pelos vetores $\tilde{\boldsymbol{v}}$ que apontam em direção ao centro. Por sua vez, os vetores $\boldsymbol{F}_C$ denotam a direção local da força de Coriolis que age nessas massas de ar. Na parte esquerda da figura, estamos considerando que a velocidade angular do disco aponta para fora da página (rotação anti-horária), o que significa que estamos modelando o hemisfério Norte. Por sua vez, no lado direito da Fig. 6.9, a velocidade angular aponta para dentro da página (rotação horária), ou seja, estamos modelando o hemisfério Sul. Vemos, então, que, no hemisfério Norte, a força de Coriolis circula no sentido anti-horário, fazendo com que as massas de ar também circulem nesse sentido. No hemisfério Sul, a rotação se dá no sentido oposto. Consequentemente, próximo à linha do equador, onde ocorre a transição, a força de Coriolis não tem intensidade significativa para influenciar as massas de ar. Muitas vezes se diz que esse interessante efeito da força de Coriolis pode ser observado quando vemos a água escoar pelos ralos de nossas casas e ao darmos descarga na privada. No entanto, isso não é bem verdade, pois a intensidade da aceleração de Coriolis é baixíssima, de forma que outros elementos, como a velocidade inicial e/ou a curvatura da pia ou da privada são muito mais determinantes para o sentido da rotação. Se, no entanto, enchermos uma bacia com água e deixarmos a bacia imóvel por algumas horas até que o movimento residual da água se dissipe, então, ao fazer um furo no fundo da bacia, é possível perceber que a rotação da água ao cair pelo furo se dará de acordo com o hemisfério. No hemisfério Sul, a rotação será no sentido horário. Para observar mais nitidamente esse efeito é preciso não estar tão próximo à linha do equador

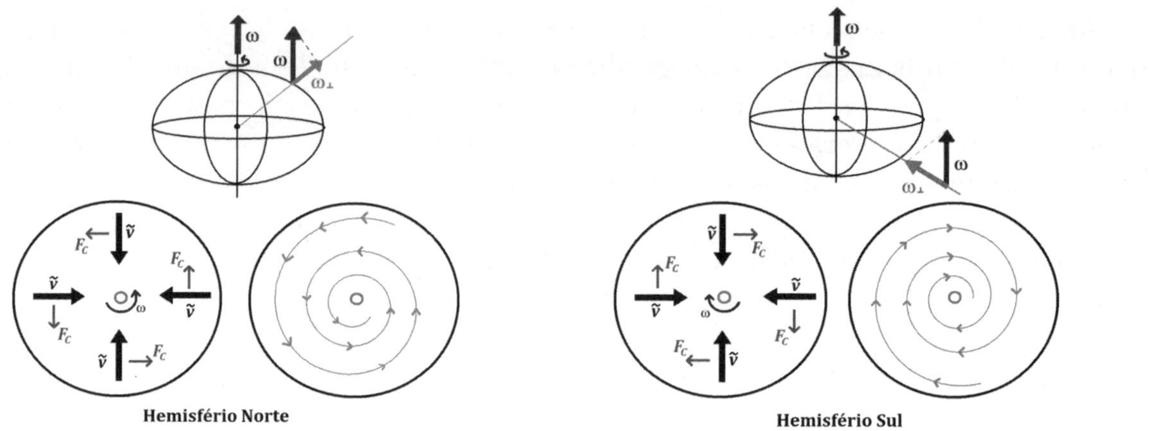

Figura 6.9: Na parte superior da figura, vemos que, no hemisfério Norte, a velocidade angular da Terra, quando decomposta em termos da base cartesiana de $\tilde{S}$, aponta para fora da superfície terrestre (ou seja, a rotação é no sentido anti-horário em relação a um disco local tangente à superfície). Já no hemisfério Sul, a velocidade angular aponta para dentro da superfície terrestre (rotação no sentido horário). Nas figuras de baixo, supomos que no centro do disco que gira com velocidade angular $\boldsymbol{\omega}$ existe uma região de baixa pressão, de forma que o ar flui majoritariamente das bordas do disco para o centro. Essa velocidade relativa entre o ar e o disco ($\tilde{\boldsymbol{v}} \neq 0$) permite o surgimento da força de Coriolis. Quando o disco gira no sentido anti-horário (parte esquerda da figura), vê-se que a aceleração de Coriolis, $2\tilde{\boldsymbol{v}} \times \boldsymbol{\omega}$, circula no sentido anti-horário também. Analogamente, quando o sentido da rotação do disco é horária, a força de Coriolis circula no mesmo sentido (parte direita da figura). Vale salientar que as partículas de ar não terão apenas velocidade radial, como destacado na figura. A força de Coriolis também dará origem a componentes de velocidade que são tangenciais aos círculos centrados no ponto de baixa pressão. Ocorre que, em geral, a velocidade dominante será a velocidade radial, apontando para o centro atrator. Ademais, a força de Coriolis não é a única força que atua nas partículas; a força radial de atração é a força dominante, embora não seja mostrada na ilustração acima.

e é útil espalhar algumas gotas de corante na água.[1]

Em muitas discussões sobre a aceleração de Coriolis, os efeitos desse termo são argumentados do ponto de vista algébrico, mas a compreensão intuitiva não é abordada. Todavia, tal entendimento é simples. Suponha que um disco gira com velocidade angular ω em relação a um referencial externo S e que uma partícula está inicialmente parada em relação ao disco. Considere que essa partícula esteja a uma distância r_0 do centro do disco. Então, em relação ao referencial externo S, a partícula tem velocidade $v_0 = r_0\omega$ no instante $t = 0$. Suponha também que, a partir do instante $t = 0$, a partícula está livre para se mover e passa a agir nela uma força de módulo constante F_0 que sempre aponta em direção ao eixo de rotação. A parte esquerda da Fig. 6.10 ilustra esse instante inicial. Suponha que, no instante $t = t_1$, a partícula volta a ter a mesma posição angular no disco, mas seu raio cai pela metade, $r = r_0/2$, conforme ilustrado na parte central da Fig. 6.10. Como a força é sempre na direção radial, segue que, no instante t_1, a velocidade da partícula na direção horizontal continua sendo $v_0 = r_0\omega$. Ocorre que agora, com essa velocidade, a partícula pode dar duas voltas no disco no intervalo de um período de rotação

[1]Esse experimento foi gravado no seguinte vídeo disponível no *YouTube*: [Título: `Does Water Swirl the Other Way in the Southern Hemisphere?` | Canal: `Veritasium`]. Nesse interessante vídeo, o experimento é feito nos dois hemisférios e é mostrado que a rotação se dá em sentidos opostos, como esperado.

do disco, pois, como o raio caiu pela metade, sua velocidade angular dobrou. Ou seja, do ponto de vista do disco, a partícula foi acelerada na direção angular (direção ortogonal à radial). Essa aceleração em relação ao disco é exatamente a aceleração de Coriolis. Por conta dessa aparente aceleração angular, a trajetória da partícula em relação ao disco tem a forma ilustrada na parte direita da Fig. 6.10.

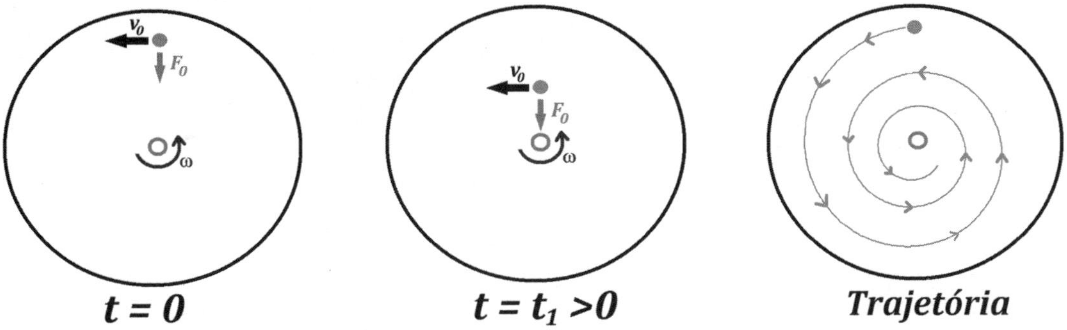

Figura 6.10: Na parte esquerda, vemos a partícula no instante $t = 0$. Nesse instante, a partícula está em repouso em relação ao disco e, portanto, tem velocidade $v_0 = \omega r_0$ em relação ao referencial externo. Existe também uma força que atrai a partícula até o centro do disco. Em um instante posterior, $t = t_1$, a partícula estará mais próxima ao centro e sua velocidade transversal medida no referencial externo será a mesma, $v_0 = \omega r_0$. Isso está mostrado na ilustração do meio. Na direita vemos a trajetória completa da partícula conforme vista por um observador atrelado ao disco.

Apesar de a aceleração de Coriolis ser desprezível do ponto de vista numérico, quando comparada à aceleração gravitacional g_0, ela tem efeitos visíveis em pêndulos. Quando colocamos um pêndulo para oscilar em determinado plano, com o passar do tempo, esse plano vai girando em torno da direção da gravidade local. No entanto, para percebermos isso a olhos nus, precisamos observar o pêndulo por tempos da ordem de uma hora ou mais. Estudaremos esse efeito detalhadamente mais adiante neste capítulo.

6.3 Objeto em queda livre

Esta seção tem como objetivo responder à seguinte questão: do ponto de vista de alguém que está parado na superfície da Terra, qual é a dinâmica de um objeto que é solto do repouso de uma altura h e que segue sua trajetória de queda livre até atingir o solo terrestre? Sendo m a massa do objeto, sua dinâmica é ditada pela seguinte equação:

$$m\left(\ddot{\tilde{\boldsymbol{r}}}\right)_{\tilde{S}} = \tilde{\boldsymbol{F}} = m\,\boldsymbol{g} - 2m\,\boldsymbol{\omega}\times\tilde{\boldsymbol{v}}\,, \tag{6.4}$$

onde $\boldsymbol{g}$ é a aceleração local da gravidade *efetiva*, ou seja, já considerando o termo centrífugo e até o fato de a Terra não ser exatamente redonda. Vamos alinhar o eixo $\tilde{z}$ com a direção do campo gravitacional efetivo local, de forma que

$$\boldsymbol{g} = g\,\tilde{\boldsymbol{e}}_z\,.$$

A Fig. 6.11 ilustra essa escolha de referencial. É verdade que, do ponto de vista do referencial $\tilde{S}$, a aceleração gravitacional efetiva $\boldsymbol{g}$ varia de intensidade e até de direção durante a trajetória da partícula em queda livre, mas essas mudanças são ínfimas e, portanto, serão desprezadas no que segue. Ou seja, vamos considerar que $\boldsymbol{g}$ é constante. Além disso, vamos alinhar o eixo $\tilde{\mathrm{y}}$ com a direção *oeste* → *leste*, conforme ilustrado na Fig. 6.11. O eixo remanescente, $\tilde{\mathrm{x}}$, é então escolhido de forma a fazer com que as intersecções entre os três eixos sejam ortogonais. Dessa forma, a velocidade angular do referencial $\tilde{S}$

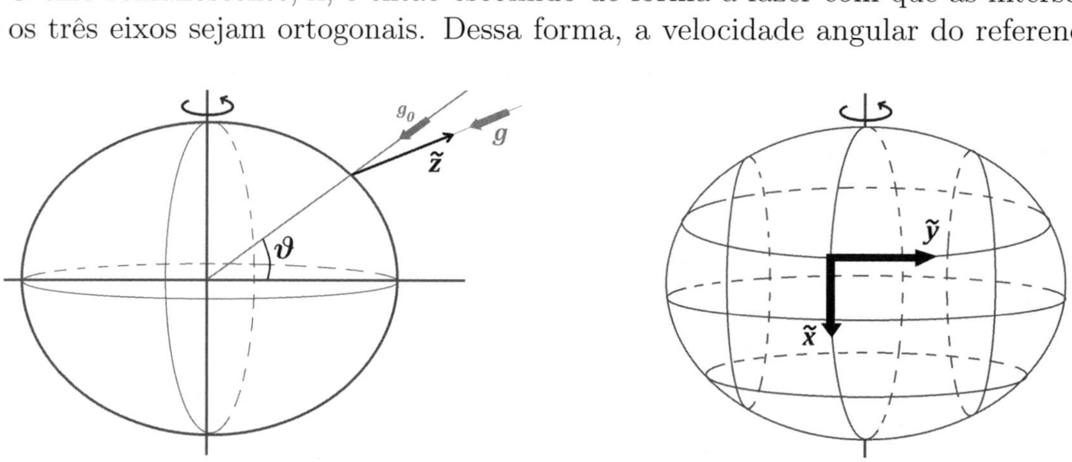

Figura 6.11: No lado esquerdo da figura, vemos que o eixo $\tilde{\mathrm{z}}$ foi alinhado com a direção da gravidade efetiva local, que já leva em consideração o termo centrífugo $-\boldsymbol{\omega}\times(\boldsymbol{\omega}\times\boldsymbol{r})$. A diferença entre a direção de $\boldsymbol{g}_0$ e a direção da gravidade efetiva $\boldsymbol{g}$ foi exagerada nessa figura, caso contrário seria difícil ilustrar tal diferença, que é, no máximo, da ordem de 1% na realidade. O ângulo ϑ mede a latitude do observador. No lado direito, vemos como os eixos $\tilde{\mathrm{x}}$ e $\tilde{\mathrm{y}}$ foram escolhidos. O eixo $\tilde{\mathrm{y}}$ está alinhado com o paralelo local, ou seja, ao longo da direção oeste-leste. O eixo $\tilde{\mathrm{x}}$ é então escolhido de maneira a completar um referencial cartesiano, no qual os eixos devem ser ortogonais entre si.

em relação ao referencial S, $\boldsymbol{\omega}$, é ortogonal ao eixo $\tilde{\mathrm{y}}$. Mais precisamente, assumindo que $\boldsymbol{g}$ seja aproximadamente paralelo a $\boldsymbol{g}_0$, temos:

$$\boldsymbol{\omega} = -\omega_0 \cos\vartheta\, \tilde{\boldsymbol{e}}_{\mathrm{x}} + \omega_0 \operatorname{sen}\vartheta\, \tilde{\boldsymbol{e}}_{\mathrm{z}}\,, \tag{6.5}$$

onde ϑ é o ângulo de latitude, conforme ilustrado na Fig. 6.11. Em particular, vemos que, no polo Norte (ou seja, $\vartheta = \pi/2$), a velocidade angular $\boldsymbol{\omega}$ está alinhada com o eixo $\tilde{\mathrm{z}}$, ao passo que, na linha do equador ($\vartheta = 0$), a velocidade angular aponta no sentido $-\tilde{\boldsymbol{e}}_{\mathrm{x}}$, como pode ser intuído da Fig. 6.11. Já que o eixo $\tilde{\mathrm{z}}$ foi escolhido de maneira a ser paralelo a $\boldsymbol{g}$, que via de regra aponta em uma direção levemente diferente de $\boldsymbol{g}_0$, segue que a Eq. (6.5) é uma aproximação. Mas essa diferença entre o exato e o aproximado pode, na maior parte das situações de interesse prático, ser negligenciada. De fato, a diferença entre essas duas acelerações gravitacionais é de no máximo 1%. Além disso, em último caso, a Eq. (6.5) pode ser considerada exata desde que ϑ seja substituído por uma latitude efetiva. Então, fazendo uso da Eq. (6.5), a aceleração de Coriolis é dada por:

$$\begin{aligned}-2\boldsymbol{\omega}\times\tilde{\boldsymbol{v}} &= (2\omega_0 \cos\vartheta\, \tilde{\boldsymbol{e}}_{\mathrm{x}} - 2\omega_0 \operatorname{sen}\vartheta\, \tilde{\boldsymbol{e}}_{\mathrm{z}}) \times (\dot{\tilde{\mathrm{x}}}\, \tilde{\boldsymbol{e}}_{\mathrm{x}} + \dot{\tilde{\mathrm{y}}}\, \tilde{\boldsymbol{e}}_{\mathrm{y}} + \dot{\tilde{\mathrm{z}}}\, \tilde{\boldsymbol{e}}_{\mathrm{z}}) \\ &= 2\omega_0 \operatorname{sen}\vartheta\, \dot{\tilde{\mathrm{y}}}\, \tilde{\boldsymbol{e}}_{\mathrm{x}} - 2\omega_0 (\operatorname{sen}\vartheta\, \dot{\tilde{\mathrm{x}}} + \cos\vartheta\, \dot{\tilde{\mathrm{z}}})\, \tilde{\boldsymbol{e}}_{\mathrm{y}} + 2\omega_0 \cos\vartheta\, \dot{\tilde{\mathrm{y}}}\, \tilde{\boldsymbol{e}}_{\mathrm{z}}\,.\end{aligned} \tag{6.6}$$

Portanto, usando as Eqs. (6.4) e (6.5), conclui-se que as equações dinâmicas desse sistema são:

$$\ddot{\tilde{\mathrm{x}}} = 2\omega_0 \operatorname{sen}\vartheta\, \dot{\tilde{\mathrm{y}}}\,, \quad \ddot{\tilde{\mathrm{y}}} = -2\omega_0 (\operatorname{sen}\vartheta\, \dot{\tilde{\mathrm{x}}} + \cos\vartheta\, \dot{\tilde{\mathrm{z}}})\,, \quad \ddot{\tilde{\mathrm{z}}} = -g + 2\omega_0 \cos\vartheta\, \dot{\tilde{\mathrm{y}}}\,. \tag{6.7}$$

É possível desacoplar essas equações diferenciais tomando derivadas temporais das equações acima. De fato, fazendo isso, podemos provar, em particular, que:

$$\frac{d^3\tilde{x}}{dt^3} = 2\omega_0 \text{sen}\vartheta\, \ddot{\tilde{y}}\,, \quad \frac{d^4\tilde{y}}{dt^4} = -2\omega_0 \left[\text{sen}\vartheta \frac{d^3\tilde{x}}{dt^3} + \cos\vartheta \frac{d^3\tilde{z}}{dt^3}\right]\,, \quad \frac{d^3\tilde{z}}{dt^3} = 2\omega_0 \cos\vartheta\, \ddot{\tilde{y}}\,.$$

Usando então essas três equações, concluímos que:

$$\frac{d^4\tilde{y}}{dt^4} + 4\,\omega_0^2\, \frac{d^2\tilde{y}}{dt^2} = 0\,,$$

que é uma equação desacoplada para $\mathrm{y}(t)$. Como se trata de uma EDO com coeficientes constantes, segue que a solução geral é simples de ser obtida. De fato, essa solução é dada por:

$$\tilde{y}(t) = c_1 + c_2\, t + c_3\, \text{sen}(2\omega_0 t) + c_4\, \cos(2\omega_0 t)\,,$$

onde os parâmetros c_i são constantes de integração. Agora, inserindo essa solução na Eq. (6.7), podemos facilmente encontrar $\tilde{x}(t)$ e $\tilde{z}(t)$. Feito isso, mais duas constantes de integração surgirão. Essas seis constantes de integração são, então, fixadas através da imposição das condições iniciais:

$$\tilde{x}(0) = \tilde{y}(0) = 0\,, \quad \tilde{z}(0) = h\,, \quad \dot{\tilde{x}}(0) = \dot{\tilde{y}}(0) = \dot{\tilde{z}}(0) = 0\,. \tag{6.8}$$

No final das contas, a solução é a seguinte:[2]

$$\begin{cases} \tilde{x}(t) = \frac{g}{8\omega_0^2}\, \text{sen}(2\vartheta)\left[\cos(2\omega_0 t) + 2\omega_0^2 t^2 - 1\right]\,, \\ \\ \tilde{y}(t) = \frac{g}{4\omega_0^2}\, \cos(\vartheta)\left[2\omega_0 t - \text{sen}(2\omega_0 t)\right]\,, \\ \\ \tilde{z}(t) = h - \frac{g}{2} t^2 + \frac{g}{2\omega_0^2}\, \cos^2(\vartheta)\left[\omega_0^2 t^2 - \text{sen}^2(\omega_0 t)\right]\,. \end{cases} \tag{6.9}$$

Então, além de cair por conta da gravidade, mudando o valor da coordenada $\tilde{z}$ com o passar do tempo, vemos que a partícula também se movimenta nas direções $\tilde{x}$ e $\tilde{y}$, por conta da força de Coriolis.

Note que, de acordo com a solução apresentada acima, o deslocamento da partícula na direção $\tilde{x}$, ou seja, no sentido Norte-Sul, depende do sinal de ϑ. Isto é, o sentido do movimento na direção Norte-Sul depende do hemisfério onde a partícula foi solta. Se a partícula for solta no hemisfério Norte ($\vartheta > 0$), ela será desviada para o Sul ($\Delta\tilde{x} > 0$). Por outro lado, se a partícula estiver no hemisfério Sul ($\vartheta < 0$), o deslocamento se dará para o Norte ($\Delta\tilde{x} < 0$). Em particular, se a partícula for lançada da linha do equador, as forças inerciais nunca ocasionarão um desvio na direção Norte-Sul. Diz-se que, em 1914, durante uma batalha nas ilhas Malvinas (arquipélago localizado no oceano Atlântico ao

[2]Quando usamos equações diferenciais de ordem mais baixa para deduzir equações de ordem mais alta, depois de resolver a equação de ordem mais alta, precisamos substituir a solução nas equações originárias para verificar que elas estão sendo satisfeitas. Por exemplo, usando o sistema de duas equações $\dot{x} = y$ e $\dot{y} = x$, podemos concluir que $\ddot{x} = x$ e $\ddot{y} = y$, cujas soluções são $x = c_1 e^t + c_2 e^{-t}$ e $y = c_3 e^t + c_4 e^{-t}$. No entanto, para que as equações originais sejam satisfeitas, devemos ter $c_3 = c_1$ e $c_4 = -c_2$. Isso ocorre porque o fato de A implicar B não garante que B implique A. No problema tratado nesta seção, usamos as equações de segunda ordem (6.7) para deduzir a equação de quarta ordem para y. Precisamos então substituir a solução $\mathrm{y}(t)$, que tem quatro constantes de integração, nas equações originais, a fim de fixar parte dessas constantes.

sul da Argentina), a esquadra britânica errou sistematicamente a pontaria dos torpedos porque o armamento fora calibrado para levar em consideração a aceleração de Coriolis do hemisfério Norte, onde as batalhas e os testes costumavam ocorrer. Entretanto, como a contenda se deu no hemisfério Sul, o desvio de Coriolis ocorreu para a direção Norte em vez de para direção Sul, como de costume. Todavia, há grandes indícios de que tal estória não passa de uma lenda, até porque os canhões da época não eram precisos a ponto de ser plausível ajustá-los para o desvio de Coriolis, especialmente em se tratando do desvio na direção Norte-Sul, que tem magnitude ainda menos expressiva que o desvio na direção Leste-Oeste.

Podemos obter de forma mais simples uma solução para a dinâmica da partícula em queda livre se levarmos em consideração que a partícula inicia seu movimento do repouso e que a aceleração na direção $\tilde{\mathrm{z}}$ é muito maior que a aceleração nas demais direções, ou seja, $g \gg \omega_0 |\tilde{v}_{\mathrm{x}}|$ e $g \gg \omega_0 |\tilde{v}_{\mathrm{y}}|$. Nesse caso, é plausível assumir que, na maior parte da trajetória, valem as relações $|\dot{\tilde{\mathrm{z}}}| \gg |\dot{\tilde{\mathrm{x}}}|$ e $|\dot{\tilde{\mathrm{z}}}| \gg |\dot{\tilde{\mathrm{y}}}|$. De fato, essas hipóteses só deixam de ser verdadeiras muito próximo ao instante inicial $t = 0$. Então, assumindo $\vartheta \neq \pi/2$, é justificável substituir as equações dinâmicas (6.7) pelas seguintes versões aproximadas:

$$\ddot{\tilde{\mathrm{x}}} = 2\omega_0 \,\mathrm{sen}\vartheta \,\dot{\tilde{\mathrm{y}}} \,, \quad \ddot{\tilde{\mathrm{y}}} \simeq -2\omega_0 \cos\vartheta \,\dot{\tilde{\mathrm{z}}} \,, \quad \ddot{\tilde{\mathrm{z}}} \simeq -g \,. \tag{6.10}$$

Integrando a última dessas equações, em seguida integrando a equação do meio e, por fim, integrando a primeira, podemos facilmente encontrar a solução geral para esse sistema de EDOs acopladas. As constantes de integração podem ser fixadas por meio das condições iniciais (6.8). Após todo esse procedimento, a solução final é a seguinte:

$$\tilde{\mathrm{x}}(t) \simeq \frac{1}{6}\, g\, \omega_0^2 \,\mathrm{sen}\vartheta \,\cos\vartheta \, t^4 \,, \quad \tilde{\mathrm{y}}(t) \simeq \frac{1}{3}\, g\, \omega_0 \cos\vartheta \, t^3 \,, \quad \tilde{\mathrm{z}}(t) \simeq h - \frac{gt^2}{2} \,. \tag{6.11}$$

As soluções (6.9) e (6.11) têm aparências completamente diferentes, de forma que é natural tentar entender como a solução aproximada (6.11) pode ser extraída da solução exata (6.9). A resposta é a seguinte: devemos assumir o limite de pequenos tempos, $\omega_0 t \ll 1$ na Eq. (6.9). De fato, tomando esse limite, obtém-se o seguinte:

$$\begin{cases} \tilde{\mathrm{x}}(t) = \frac{1}{12}\, g \,\mathrm{sen}(2\vartheta)\, \omega_0^2\, t^4 + O(t^5) \,, \\ \tilde{\mathrm{y}}(t) = \frac{1}{3}\, g\, \cos(\vartheta)\, \omega_0\, t^3 + O(t^5) \,, \\ \tilde{\mathrm{z}}(t) = h - \frac{1}{2}\, g\, t^2 + \frac{1}{6}\, g\, \cos^2(\vartheta)\, \omega_0^2\, t^4 + O(t^5) \,. \end{cases} \tag{6.12}$$

Em particular, se desprezarmos termos de ordem $(\omega_0 t)^4$ e de ordem mais alta, vemos que a solução aproximada (6.11) é recuperada. A razão de a aproximação de pequenos tempos ser aquela que conduz à solução (6.9) é que, quando $\omega_0 t \ll 1$, a aceleração gravitacional, g, é muito maior que a aceleração de Coriolis, já que a partícula partiu do repouso e, portanto, sua velocidade $\tilde{\boldsymbol{v}}$ ainda tem módulo muito pequeno. Em particular, se formos apenas até termos de ordem cúbica no tempo, teremos a seguinte solução aproximada:

$$\tilde{\mathrm{x}}(t) \simeq 0 \,, \quad \tilde{\mathrm{y}}(t) \simeq \frac{1}{3}\, g\, \omega_0 \cos\vartheta \, t^3 \,, \quad \tilde{\mathrm{z}}(t) \simeq h - \frac{gt^2}{2} \,. \tag{6.13}$$

Vemos que, nesse regime de aproximação, a dinâmica das coordenadas $\tilde{\mathrm{x}}$ e $\tilde{\mathrm{z}}$ é a usual e o efeito da força de Coriolis é apenas aumentar o valor da coordenada $\tilde{\mathrm{y}}$, ou seja, a partícula é acelerada em direção ao Leste. Isso está em pleno acordo com o que fora discutido sobre os efeitos da aceleração de Coriolis. Embora a partícula esteja inicialmente parada em relação ao referencial $\tilde{S}$, ela tem uma velocidade inicial em relação ao referencial S, pois a partícula está girando junto com a superfície da Terra. Essa velocidade inicial é na direção Leste, já que a Terra gira do Oeste para o Leste (sentido anti-horário quando visto do polo Norte). Quando a partícula diminui sua coordenada $\tilde{z}$, por conta da atração gravitacional, é como se sua velocidade angular em torno do eixo de rotação da Terra aumentasse, já que o raio da rotação foi diminuído. É por isso que, do ponto de vista de alguém parado na superfície da Terra, é como se a partícula tivesse acelerada na direção Leste. Esse deslocamento a Leste durante a queda da partícula ocorre independentemente do hemisfério onde a partícula foi largada, já que a solução (6.13) é insensível por uma mudança de sinal em ϑ.

6.4 Pêndulo de Foucault

Tipicamente, quando colocamos um pêndulo simples para oscilar, temos a impressão de que a oscilação se dá em um plano fixo. Por exemplo, na Fig. 6.12 a oscilação se daria no plano $\tilde{y}\tilde{z}$, ou seja, no plano $\tilde{x} = 0$. No entanto, o fato de a Terra girar em torno de si dá origem à força de Coriolis e essa, por sua vez, faz com que o plano de oscilação do pêndulo simples rotacione, conforme ilustrado na parte direita da Fig. 6.12. Ocorre que essa rotação do plano de oscilação se dá a uma taxa muito lenta, de forma que só podemos percebê-la a olho nu se esperarmos intervalos de tempo da ordem de uma hora. Esse tipo de pêndulo cujo cabo de sustentação está livre para girar em qualquer direção é chamado de pêndulo de Foucault, em homenagem ao físico Francês Jean B. L. Foucault, que, em meados do século XIX, idealizou e executou um experimento com esse tipo de pêndulo, como meio de demonstrar que a Terra girava em torno de si.

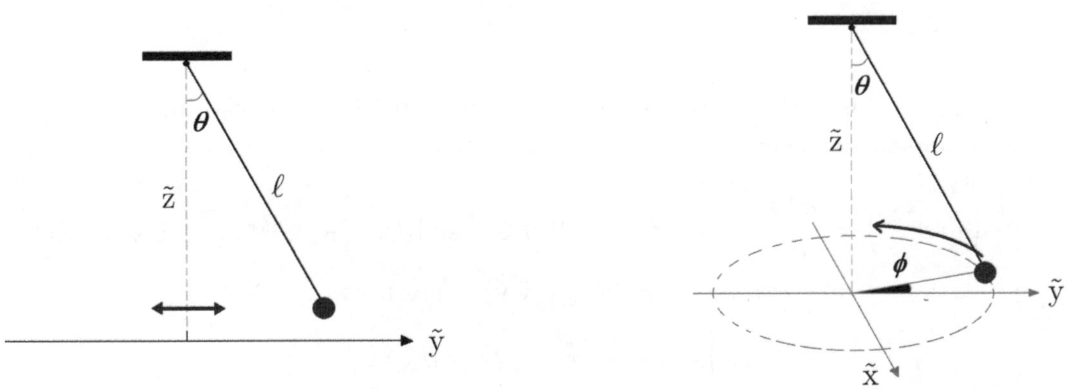

Figura 6.12: No lado esquerdo da figura vemos um pêndulo simples que parece oscilar em um plano fixo, o plano $\tilde{x} = 0$, no caso. No entanto, a força de Coriolis faz com que esse plano de oscilação rotacione lentamente, como ilustrado na parte direita da figura. O ângulo θ oscila por conta da força gravitacional, ao passo que ϕ muda com o tempo por conta da força de Coriolis.

Se desprezarmos a aceleração de Coriolis, segue que a equação que rege a dinâmica do ângulo θ entre o cabo e a direção vertical $\tilde{z}$ (direção do capo gravitacional efetivo) é a seguinte:

$$\ddot{\theta} = -\frac{g}{\ell}\,\mathrm{sen}\theta\,,$$

onde g é a aceleração efetiva da gravidade no local do experimento e ℓ denota o comprimento do cabo que sustenta a partícula. No regime de pequenas oscilações, $|\theta| \ll 1$, podemos usar a aproximação sen$\theta \simeq \theta$, em cujo caso a equação anterior admite solução analítica:

$$\ddot{\theta} \simeq -\frac{g}{\ell}\theta \quad \Rightarrow \quad \theta(t) = a\,\mathrm{sen}(\nu\, t) + b\,\cos(\nu\, t)\ , \quad \text{onde} \quad \nu \equiv \sqrt{\frac{g}{\ell}}\,.$$

Na solução acima, a e b são constantes de integração a serem determinadas pelas condições iniciais do sistema.

Uma vez analisada a oscilação dominante, agora vamos investigar de que forma o plano de oscilação rotaciona em torno do eixo vertical $\tilde{\mathrm{z}}$. Para isso, devemos procurar a componente $\tilde{\boldsymbol{e}}_{\mathrm{z}}$ do torque. Vamos estabelecer nosso sistema de coordenadas de forma que sua origem esteja na posição de equilíbrio do pêndulo. Logo, sendo m a massa da partícula presa ao cabo, segue que a força de Coriolis nessa partícula é então dada por:

$$\begin{aligned}\boldsymbol{F}_C &= -2m\,\boldsymbol{\omega} \times \tilde{\boldsymbol{v}} \\ &= 2m\,\omega_0\,\left[\mathrm{sen}\vartheta\,\dot{\tilde{\mathrm{y}}}\,\tilde{\boldsymbol{e}}_{\mathrm{x}} - (\mathrm{sen}\vartheta\,\dot{\tilde{\mathrm{x}}} + \cos\vartheta\,\dot{\tilde{\mathrm{z}}})\,\tilde{\boldsymbol{e}}_{\mathrm{y}} + \cos\vartheta\,\dot{\tilde{\mathrm{y}}}\,\tilde{\boldsymbol{e}}_{\mathrm{z}}\right]\ ,\end{aligned}$$

onde a Eq. (6.6) foi utilizada na dedução acima. Por sua vez, o torque causado pela força de Coriolis é o seguinte:

$$\tilde{\mathcal{T}}_C = \tilde{\boldsymbol{r}} \times \boldsymbol{F}_C = 2m\,\omega_0\,\left[(\cdots)\,\tilde{\boldsymbol{e}}_{\mathrm{x}} + (\cdots)\,\tilde{\boldsymbol{e}}_{\mathrm{y}} - \left(\mathrm{sen}\vartheta\,\tilde{\mathrm{x}}\,\dot{\tilde{\mathrm{x}}} + \mathrm{sen}\vartheta\,\tilde{\mathrm{y}}\,\dot{\tilde{\mathrm{y}}} + \cos\vartheta\,\tilde{\mathrm{x}}\,\dot{\tilde{\mathrm{z}}}\right)\tilde{\boldsymbol{e}}_{\mathrm{z}}\right]\,.$$

Na equação acima, as componentes $\tilde{\boldsymbol{e}}_{\mathrm{x}}$ e $\tilde{\boldsymbol{e}}_{\mathrm{y}}$ do torque não foram explicitadas porque não têm relação com a rotação em torno do eixo vertical, que é nosso objeto de interesse nesta seção. Sendo $\rho \equiv \sqrt{\tilde{\mathrm{x}}^2 + \tilde{\mathrm{y}}^2}$ a distância da partícula até o eixo $\tilde{\mathrm{z}}$, segue que o momento angular da partícula em torno desse eixo é dado por:

$$\tilde{L}_{\tilde{\mathrm{z}}} = m\,\rho^2\,\dot{\phi}\,,$$

onde ϕ é o ângulo ilustrado na parte direita da Fig. 6.12. A versão angular da segunda lei de Newton então fornece:

$$\begin{aligned}\frac{d}{dt}\left(m\,\rho^2\,\dot{\phi}\right) = \frac{d\tilde{L}_{\tilde{\mathrm{z}}}}{dt} = \tilde{\mathcal{T}}_C \cdot \tilde{\boldsymbol{e}}_{\tilde{\mathrm{z}}} &= -2m\,\omega_0\,\left(\mathrm{sen}\vartheta\,\tilde{\mathrm{x}}\,\dot{\tilde{\mathrm{x}}} + \mathrm{sen}\vartheta\,\tilde{\mathrm{y}}\,\dot{\tilde{\mathrm{y}}} + \cos\vartheta\,\tilde{\mathrm{x}}\,\dot{\tilde{\mathrm{z}}}\right) \\ &= -2m\,\omega_0\,\left[\mathrm{sen}\vartheta\,(\tilde{\mathrm{x}}\,\dot{\tilde{\mathrm{x}}} + \tilde{\mathrm{y}}\,\dot{\tilde{\mathrm{y}}}) + \cos\vartheta\,\tilde{\mathrm{x}}\,\dot{\tilde{\mathrm{z}}}\right] \\ &= -m\,\omega_0\,\left[\mathrm{sen}\vartheta\,\frac{d}{dt}(\rho^2) + 2\cos\vartheta\,\tilde{\mathrm{x}}\,\dot{\tilde{\mathrm{z}}}\right]\,.\end{aligned}$$

Ocorre que, no regime de pequenas oscilações, a velocidade $\dot{\tilde{\mathrm{z}}}$ tem magnitude desprezível quando comparada à velocidade $\dot{\rho}$. De fato,

$$\rho = \ell\,\mathrm{sen}\theta \simeq \ell\,\theta \quad \text{e} \quad \tilde{\mathrm{z}} = \ell\,\cos\theta \simeq \ell\,,$$

onde, nessas equações, foram desprezados termos quadráticos e de ordem superior em θ. Portanto, nessa aproximação de primeira ordem na amplitude angular θ, temos: $\dot{\tilde{\mathrm{z}}} \simeq 0$. Assumindo essa aproximação, segue que a equação dinâmica para ϕ se torna:

$$\frac{d}{dt}\left(\rho^2\,\dot{\phi}\right) \simeq -\omega_0\,\mathrm{sen}\vartheta\,\frac{d}{dt}(\rho^2) = \frac{d}{dt}\left(-\omega_0\,\mathrm{sen}\vartheta\,\rho^2\right)\,.$$

Logo, concluímos que:

$$\rho^2\,\dot{\phi} = -\omega_0\,\text{sen}\vartheta\,\rho^2 + c\,,$$

onde c é uma constante de integração. É natural adotar $c = 0$, caso contrário $\dot{\phi}$ divergiria quando $\rho = 0$. É verdade que o ângulo ϕ não é uma função bem definida ao longo do eixo $\rho = 0$, de forma que a divergência de $\dot{\phi}$ não seria de todo estranha. Um argumento mais justo para adotar $c = 0$ é que, se c não se anular, o momento angular $\tilde{L}_{\tilde{z}}$ seria diferente de zero ainda que estivéssemos considerando a solução trivial $\rho(t) = 0$. Só precisaríamos considerar o caso $c \neq 0$ se a condição inicial do pêndulo fosse tal que ele tivesse momento angular diferente de zero em relação ao eixo z̃. Então, adotando a escolha $c = 0$, segue que

$$\dot{\phi} = -\omega_0\,\text{sen}\vartheta \quad\Rightarrow\quad \phi(t) = -\omega_0\,\text{sen}\vartheta\,t + \phi_0\,,$$

onde ϕ_0 é uma constante de integração. Portanto, vemos que a velocidade angular do plano de oscilação do pêndulo em torno do eixo vertical é $-\omega_0\text{sen}\vartheta$. O sinal negativo indica que, no polo Norte ($\vartheta > 0$), a rotação se dá no sentido horário, ao passo que, no polo Sul ($\vartheta < 0$), a rotação ocorre no sentido anti-horário. Esses sentidos de rotação são opostos ao que ocorre com as massas de ar que formam os furacões. Note que, na linha do equador ($\vartheta = 0$), o efeito desaparece, ou seja, o plano de rotação do pêndulo permanece fixo. Já no polo Norte ($\vartheta = \pi/2$), por exemplo, a velocidade angular é $-\omega_0$, onde vale lembrar que ω_0 é a velocidade angular da Terra em torno de seu próprio eixo. Ou seja, durante um dia, o pêndulo no polo Norte dá uma volta de 2π em torno do eixo vertical. Isso era de se esperar, pois o pêndulo oscila em um plano fixo em relação ao campo gravitacional, enquanto a superfície da Terra está girando embaixo do pêndulo. Por isso, para um observador atrelado à superfície terrestre, é como se o pêndulo estivesse ficando para trás e, portanto, girando no sentido contrário ao sentido de rotação da Terra. Em Recife, por exemplo, a latitude é $\vartheta \simeq -8^o$, de forma que o plano de oscilação de um pêndulo simples rotaciona apenas 14% de uma volta em um dia inteiro. Esse exemplo mostra como é difícil perceber essa rotação do pêndulo de Foucault, especialmente se o experimento for realizado próximo à linha do equador.[3]

[3]O seguinte vídeo disponível no *YouTube* explica de forma ilustrada a razão de percebemos o plano de oscilação do pêndulo de Foucault girar: [Título: `Foucault Pendulum 3d animation explanation` | Canal: `P B Abhinav`]. Um vídeo com o pêndulo real de Foucault é o seguinte: [Título: `Foucault pendulum` | Canal: `Bruce Stockwell`].

6.5 Exercícios sugeridos

Exercício 1 – ***resolvido***

Considere uma partícula que foi lançada para o alto com velocidade inicial v_0 (ou seja, na direção do campo gravitacional e no sentido contrário), exatamente sobre a linha do equador. Denotando por g a intensidade da aceleração da gravidade efetiva na região onde a partícula fora lançada, obtenha uma expressão exata para o desvio da partícula na direção Leste-Oeste no momento do pouso da partícula em relação à posição do lançamento. No limite em que v_0 é pequeno ($v_0\omega_0/g \ll 1$), o desvio se dá para o leste ou para o oeste?

Exercício 2

Suponha que um avião lança um míssil de uma altura h e com velocidade inicial v_0 alinhada à direção Norte-Sul e no sentido Norte. No momento em que o míssil foi lançado, o avião estava a uma latitude ϑ. Usando nas equações de movimento a aproximação válida $\dot{\mathrm{y}} \simeq 0$, obtenha a trajetória do míssil. Note que, neste caso, não podemos assumir $\dot{\mathrm{x}} \simeq 0$, por conta da velocidade inicial do míssil.

Exercício 3

Considere um sistema massa-mola que é posto para oscilar em uma superfície ortogonal à direção do campo gravitacional local, em um local cuja latitude é ϑ. Assuma que o atrito com a superfície é desprezível. Inicialmente, o bloco é posto para oscilar ao longo da direção $\mathrm{\tilde{x}}$, mas a aceleração de Coriolis faz o bloco rotacionar em torno do eixo vertical, conforme ilustrado na figura ao lado. Obtenha a velocidade angular exata do bloco em torno da direção vertical.

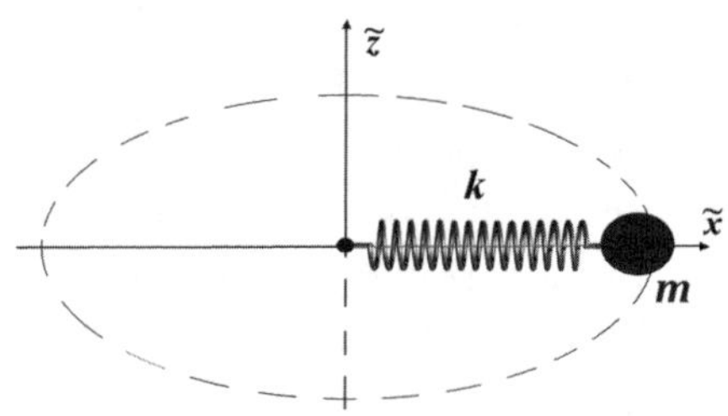

Solução do Exercício 1

Inserindo $\vartheta = 0$ na Eq. (6.7), obtemos que as equações dinâmicas associadas a esse problema são dadas, no referencial $\tilde{S}$, por

$$\ddot{\tilde{x}} = 0\,, \quad \ddot{\tilde{y}} = -2\omega_0\,\dot{\tilde{z}}\,, \quad \ddot{\tilde{z}} = -g + 2\omega_0\,\dot{\tilde{y}}\,.$$

Derivando a última dessas equações em relação ao tempo e depois utilizando a segunda equação, temos:

$$\frac{d^3\tilde{z}}{dt^3} = 2\omega_0\,\ddot{\tilde{y}} = -4\omega_0^2\,\dot{\tilde{z}} \;\Rightarrow\; \frac{d^2\dot{\tilde{z}}}{dt^2} + 4\,\omega_0^2\,\dot{\tilde{z}} = 0 \;\Rightarrow\; \dot{\tilde{z}} = 2\omega_0\,a\,\cos(2\omega_0 t) + 2\omega_0\,b\,\mathrm{sen}(2\omega_0 t),$$

onde a e b são constantes de integração. Agora, integrando ambos os lados da última equação, temos:

$$\tilde{z}(t) = a\,\mathrm{sen}(2\omega_0 t) - b\,\cos(2\omega_0 t) + c\,,$$

onde c é uma constante de integração. Impondo as condições de contorno $\tilde{z}(0) = 0$ e $\dot{\tilde{z}}(0) = v_0$, obtemos:

$$\tilde{z}(t) = \frac{v_0}{2\omega_0}\,\mathrm{sen}(2\omega_0 t) - b\,\cos(2\omega_0 t) + b\,.$$

Inserindo esse último resultado na última equação dinâmica, temos:

$$2\omega_0\,\dot{\tilde{y}} = g + \ddot{\tilde{z}} = g - 2\omega_0\,v_0\,\mathrm{sen}(2\omega_0 t) + 4\omega_0^2\,b\,\cos(2\omega_0 t)\,.$$

Integrando ambos os lados da EDO, temos:

$$\tilde{y}(t) = \frac{g\,t}{2\omega_0} + \frac{v_0}{2\omega_0}\,\cos(2\omega_0 t) + b\,\mathrm{sen}(2\omega_0 t) + d\,.$$

Então, impondo as condições de contorno $\tilde{y}(0) = 0$ e $\dot{\tilde{y}}(0) = 0$, obtemos $d = -v_0/(2\omega_0)$ e $b = -g/(4\omega_0^2)$. Em suma, a solução é dada por:

$$\begin{cases} \tilde{y}(t) = \frac{g}{2\omega_0}\,t + \frac{v_0}{2\omega_0}\,[\cos(2\omega_0 t) - 1] - \frac{g}{4\omega_0^2}\,\mathrm{sen}(2\omega_0 t)\,, \\ \\ \tilde{z}(t) = \frac{v_0}{2\omega_0}\,\mathrm{sen}(2\omega_0 t) + \frac{g}{4\omega_0^2}\,[\cos(2\omega_0 t) - 1] = \mathrm{sen}(\omega_0 t)\left[\frac{v_0}{\omega_0}\,\cos(\omega_0 t) - \frac{g}{2\omega_0^2}\,\mathrm{sen}(\omega_0 t)\right]\,. \end{cases}$$

Vemos que $\tilde{z}$ volta a se anular quando $t = \frac{1}{\omega_0}\,\arctan(2\omega_0 v_0/g)$, esse é o instante do pouso. Nesse instante, temos:

$$\tilde{y} = -\frac{v_0}{\omega_0} + \frac{g}{2\omega_0^2}\,\arctan(2\omega_0 v_0/g)\,.$$

Essa é a expressão solicitada. No limite $v_0 \to 0$, essa expressão fornece:

$$\tilde{y} \simeq -\frac{4\omega_0\,v_0^3}{3g^2}\,.$$

O sinal negativo indica que o desvio se dá no sentido Oeste.

Capítulo 7

Corpos rígidos e os momentos de inércia

Um corpo macroscópico formado por um conjunto de partículas é dito rígido quando as massas dessas partículas e as distâncias relativas entre elas são mantidas fixas em todos os instantes de tempo. Exemplificando, uma frigideira de metal pode ser pensada como sendo um corpo rígido. De fato, por exemplo, a distância entre o cabo da frigideira e seu centro não muda com o tempo, bem como a composição dessas duas partes da panela, de modo que as densidades permanecem as mesmas. É claro que, do ponto de vista microscópico, as moléculas que compõem a frigideira estão se movendo, de forma que o corpo não é rigorosamente rígido. Nesse sentido, nenhum objeto é realmente rígido. No entanto, a olho nu, não enxergamos essas movimentações relativas. Portanto, no que concerne aos experimentos macroscópicos (escala de comprimento acima de 1mm, digamos), podemos considerar que a frigideira é rígida.

Em geral, precisamos de $3N$ coordenadas para descrever a configuração de um sistema de N partículas. Ou seja, três coordenadas para cada partícula. Entretanto, para um corpo rígido são necessários apenas seis graus de liberdade para descrever sua configuração, apesar do fato de que esse corpo pode ter um número arbitrário de partículas. A saber, precisamos de três coordenadas para descrever a posição de seu centro de massa (ou de qualquer outro ponto fixo do corpo) e precisamos conhecer a orientação desse corpo. Essa orientação pode ser determinada por três parâmetros. Por exemplo, podemos usar os chamados ângulos de Euler (ϕ, θ, ψ), que serão definidos no próximo capítulo. Esse número reduzido de coordenadas necessárias para caracterizar a configuração de um corpo rígido torna a descrição de sua dinâmica muito mais palatável. Em vários casos, até uma solução analítica é possível. Neste capítulo e no próximo, trataremos da dinâmica de corpos rígidos.

7.1 Momento angular e o momento de inércia

Consideremos um corpo rígido formado por N partículas de massas $\{m_\alpha\}$ cujos vetores posição em algum referencial S são $\{\boldsymbol{r}_\alpha\}$, onde o índice α varia dentro do conjunto $\{1, 2, \cdots, N\}$. Então, no referencial S, o momento angular total do corpo é dado por:

$$\boldsymbol{L} = \sum_{\alpha=1}^{N} m_\alpha \boldsymbol{r}_\alpha \times \dot{\boldsymbol{r}}_\alpha \,.$$

Agora, seja $\tilde{S}$ um referencial atrelado ao corpo rígido, ou seja, a origem desse referencial não se move em relação ao corpo, bem como o corpo não rotaciona em relação aos eixos desse referencial. Em outras palavras, os vetores posição $\tilde{\boldsymbol{r}}_\alpha$ de todas as partículas do corpo medidas nesse referencial são constantes:

$$\left(\frac{d\tilde{\boldsymbol{r}}_\alpha}{dt}\right)_{\tilde{S}} = 0\,.$$

Denotando por $\boldsymbol{R}$ a posição da origem de $\tilde{S}$ medida no referencial S, conforme ilustrado na Fig. 7.1, então vale a seguinte relação:

$$\boldsymbol{r}_\alpha = \boldsymbol{R} + \tilde{\boldsymbol{r}}_\alpha\,.$$

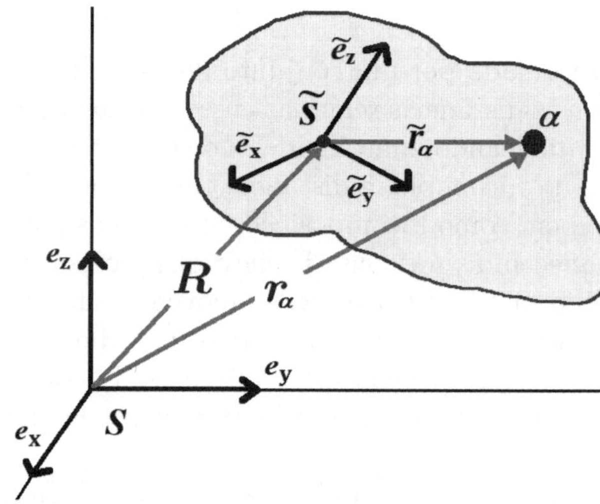

Figura 7.1: Vemos a posição da partícula α medida nos referenciais S e $\tilde{S}$. O vetor $\boldsymbol{R}$ denota a posição da origem de $\tilde{S}$ medida no referencial S.

Sendo assim, o momento angular do sistema medido no referencial S pode ser escrito da seguinte forma:[1]

$$\begin{aligned}
\boldsymbol{L} &= \sum_\alpha m_\alpha\,(\boldsymbol{R} + \tilde{\boldsymbol{r}}_\alpha) \times (\dot{\boldsymbol{R}} + \dot{\tilde{\boldsymbol{r}}}_\alpha) \\
&= \sum_\alpha m_\alpha\,\boldsymbol{R} \times \dot{\boldsymbol{R}} + \sum_\alpha m_\alpha \tilde{\boldsymbol{r}}_\alpha \times \dot{\boldsymbol{R}} + \boldsymbol{R} \times \sum_\alpha m_\alpha \dot{\tilde{\boldsymbol{r}}}_\alpha + \sum_\alpha m_\alpha \tilde{\boldsymbol{r}}_\alpha \times \dot{\tilde{\boldsymbol{r}}}_\alpha \\
&= M\,\boldsymbol{R} \times \dot{\boldsymbol{R}} \,+\, M\,\tilde{\boldsymbol{R}}_{CM} \times \dot{\boldsymbol{R}} \,+\, M\,\boldsymbol{R} \times \dot{\tilde{\boldsymbol{R}}}_{CM} \,+\, \sum_\alpha m_\alpha \tilde{\boldsymbol{r}}_\alpha \times \dot{\tilde{\boldsymbol{r}}}_\alpha\,,
\end{aligned} \tag{7.1}$$

onde

$$M \equiv \sum_{\alpha=1}^{N} m_\alpha \quad \text{e} \quad \tilde{\boldsymbol{R}}_{CM} \equiv \frac{1}{M} \sum_{\alpha=1}^{N} m_\alpha\,\tilde{\boldsymbol{r}}_\alpha$$

denotam, respectivamente, a massa total do corpo rígido e a posição do centro de massa do corpo medida no referencial $\tilde{S}$. Na expressão acima, as derivadas temporais são calculadas em relação ao referencial S.

[1]Muitas vezes, a fim de tornar a notação mais compacta, serão omitidos os limites inferior e superior de uma soma. Quando isso acontecer, deve-se subentender que o índice somado está variando entre todas as possibilidades. No caso do índice α, ele varia dentro do conjunto $\{1, 2, \cdots, N\}$.

Uma escolha particularmente conveniente de origem para o referencial $\tilde{S}$ é o centro de massa do corpo rígido, em cujo caso temos $\boldsymbol{R} = \boldsymbol{R}_{CM}$ e $\tilde{\boldsymbol{R}}_{CM} = 0$, onde $\boldsymbol{R}_{CM}$ é a posição do centro de massa do corpo relativa à origem do referencial S. Adotando essa opção para a origem de $\tilde{S}$, teremos:

$$\begin{aligned} \boldsymbol{L} &= M\,\boldsymbol{R}_{CM} \times \dot{\boldsymbol{R}}_{CM} + \sum_{\alpha} m_\alpha \tilde{\boldsymbol{r}}_\alpha \times \dot{\tilde{\boldsymbol{r}}}_\alpha \\ &= \boldsymbol{L}_{CM} + \bar{\boldsymbol{L}}\,, \end{aligned} \tag{7.2}$$

onde $\boldsymbol{L}_{CM} \equiv M\,\boldsymbol{R}_{CM} \times \dot{\boldsymbol{R}}_{CM}$ denota o que seria o momento angular de uma partícula de massa M localizada no centro de massa do corpo rígido segundo um observador no referencial S. Por sua vez, $\bar{\boldsymbol{L}}$ é definido por:

$$\bar{\boldsymbol{L}} \equiv \sum_{\alpha} m_\alpha \tilde{\boldsymbol{r}}_\alpha \times \dot{\tilde{\boldsymbol{r}}}_\alpha = \sum_{\alpha} m_\alpha \tilde{\boldsymbol{r}}_\alpha \times \left(\frac{d\tilde{\boldsymbol{r}}_\alpha}{dt}\right)_S . \tag{7.3}$$

$\bar{\boldsymbol{L}}$ pode ser interpretado como sendo o momento angular do corpo em relação a um referencial $\bar{S}$, que tem a origem coincidente com $\tilde{S}$, mas cujos eixos são paralelos aos eixos de S; isso porque, na Eq. (7.3), os vetores posição $\tilde{\boldsymbol{r}}_\alpha$ são medidos em relação à origem de $\tilde{S}$, mas a derivada temporal $\dot{\tilde{\boldsymbol{r}}}_\alpha$ é calculada em relação ao referencial S. Note que o momento angular $\tilde{\boldsymbol{L}}$ do corpo em relação ao referencial $\tilde{S}$ é zero, pois o corpo não se move em relação a esse referencial. Em suma, quando usamos o centro de massa do corpo como sendo a origem de $\tilde{S}$, o momento angular do corpo no referencial S é simplesmente a soma do "momento angular do centro de massa" com o momento angular em relação à origem de $\tilde{S}$. É claro que o centro de massa não tem um momento angular por si, até porque o centro de massa de um objeto pode nem ter massa, como ocorre em um anel ou em uma casca esférica. O que $\boldsymbol{L}_{CM}$ representa é o momento angular de uma partícula pontual fictícia de massa M localizada no centro de massa do corpo rígido.

Um caso especial em que a expressão para o momento angular pode ser simplificada ocorre quando o corpo rígido tem um ponto que não se move em relação ao referencial S, que é o referencial do observador. Por exemplo, isso ocorre com um pião que rodopia no chão, em cujo caso o ponto fixo é a ponteira que está sempre em contato com o chão e permanece essencialmente parada. Nesse tipo de cenário, é natural e conveniente escolher a origem de ambos os referenciais, S e $\tilde{S}$, como sendo esse ponto fixo. Como as origens coincidem, segue que $\boldsymbol{R} = 0$. Inserindo isso na Eq. (7.1), temos:

$$\boldsymbol{L} = \bar{\boldsymbol{L}} = \sum_{\alpha} m_\alpha \tilde{\boldsymbol{r}}_\alpha \times \dot{\tilde{\boldsymbol{r}}}_\alpha\,,$$

o que é de se esperar, já que, nesse caso, os referenciais S e $\bar{S}$ coincidem. Resumindo, em geral, é conveniente escolher a origem de $\tilde{S}$ como sendo o centro de massa do corpo. Todavia, no caso especial em que um ponto do corpo está parado em relação ao referencial do observador, S, costuma ser ainda mais conveniente escolher esse ponto fixo como sendo a origem de ambos os referenciais.

Conforme visto nos dois capítulos anteriores, a derivada temporal de um vetor $\boldsymbol{\mathcal{V}}$ em relação ao referencial S se relaciona à derivada temporal do mesmo vetor em relação a um referencial $\tilde{S}$ da seguinte forma:

$$\left(\frac{d\boldsymbol{\mathcal{V}}}{dt}\right)_S = \left(\frac{d\boldsymbol{\mathcal{V}}}{dt}\right)_{\tilde{S}} + \boldsymbol{\omega} \times \boldsymbol{\mathcal{V}}\,, \tag{7.4}$$

onde $\boldsymbol{\omega}$ denota a velocidade angular de $\tilde{S}$ em relação ao referencial S. No cenário tratado neste capítulo, podemos, equivalentemente, dizer que $\boldsymbol{\omega}$ é a velocidade angular do corpo rígido em relação a S, já que o referencial $\tilde{S}$ está parado em relação ao corpo. Em particular, aplicando a fórmula (7.4) ao vetor $\tilde{\boldsymbol{r}}_\alpha$ e usando o fato de que tal vetor está fixo no referencial $\tilde{S}$, temos:

$$\left(\frac{d\tilde{\boldsymbol{r}}_\alpha}{dt}\right)_S = \boldsymbol{\omega} \times \tilde{\boldsymbol{r}}_\alpha \,.$$

Inserindo essa igualdade na definição de $\bar{\boldsymbol{L}}$, dada na Eq. (7.3), concluímos que:

$$\bar{\boldsymbol{L}} \equiv \sum_\alpha m_\alpha \tilde{\boldsymbol{r}}_\alpha \times (\boldsymbol{\omega} \times \tilde{\boldsymbol{r}}_\alpha) = \sum_\alpha m_\alpha \left[\, |\tilde{\boldsymbol{r}}_\alpha|^2 \,\boldsymbol{\omega} \;-\; (\tilde{\boldsymbol{r}}_\alpha \cdot \boldsymbol{\omega})\, \tilde{\boldsymbol{r}}_\alpha \right] , \tag{7.5}$$

onde a identidade vetorial $\boldsymbol{a} \times (\boldsymbol{b} \times \boldsymbol{c}) = (\boldsymbol{a} \cdot \boldsymbol{c})\boldsymbol{b} - (\boldsymbol{a} \cdot \boldsymbol{b})\boldsymbol{c}$ foi usada. Expressando essa equação vetorial em alguma base cartesiana $\{\boldsymbol{E}_i\}$, temos:

$$\begin{aligned}
\bar{L}^i\, \boldsymbol{E}_i = \bar{\boldsymbol{L}} &= \sum_\alpha m_\alpha \left[\, (\delta_{\ell k} \tilde{x}^\ell_\alpha \tilde{x}^k_\alpha)\, \omega^i \;-\; (\delta_{\ell j} \tilde{x}^\ell_\alpha \omega^j)\, \tilde{x}^i_\alpha \right] \boldsymbol{E}_i \\
&= \sum_\alpha m_\alpha \left[\, (\delta_{\ell k} \tilde{x}^\ell_\alpha \tilde{x}^k_\alpha)\, \delta^i_{\ j} \;-\; (\delta_{\ell j} \tilde{x}^\ell_\alpha)\, \tilde{x}^i_\alpha \right] \omega^j\, \boldsymbol{E}_i \\
&= \sum_\alpha m_\alpha \left[\, \tilde{x}_{\alpha k} \tilde{x}^k_\alpha\, \delta^i_{\ j} \;-\; \tilde{x}_{\alpha j}\, \tilde{x}^i_\alpha \right] \omega^j\, \boldsymbol{E}_i \,,
\end{aligned} \tag{7.6}$$

onde $\tilde{x}^i_\alpha$ denotam as componentes do vetor posição $\tilde{\boldsymbol{r}}_\alpha$ na base cartesiana $\{\boldsymbol{E}_i\}$. Na última linha da manipulação acima, foi adotada a definição $\tilde{x}_{\alpha j} \equiv \delta_{j\ell} \tilde{x}^\ell_\alpha$. Ou seja, $\tilde{x}_{\alpha j}$ e $\tilde{x}^j_\alpha$ têm os mesmos valores numéricos. A única diferença entre esses dois objetos é a posição dos índices cartesianos; no primeiro o índice é down, ao passo que no segundo objeto o índice é up. Essa mudança de posição serve apenas para poder usar a convenção de soma de Einstein. Na equação acima, a base $\{\boldsymbol{E}_i\}$ pode ser qualquer base cartesiana, pois se trata de uma equação vetorial e, portanto, invariante por mudança de base. Inclusive, a expressão para o produto interno, $\boldsymbol{a} \cdot \boldsymbol{b} = \delta_{ij} a^i b^j$, é invariante por mudança de base cartesiana, ou seja, tem a mesma forma quando as componentes a^i e b^j são referentes a qualquer base cartesiana. Isso é importante, pois esse fato foi implicitamente utilizado para expressar os produtos internos $(\tilde{\boldsymbol{r}}_\alpha \cdot \tilde{\boldsymbol{r}}_\alpha)$ e $(\tilde{\boldsymbol{r}}_\alpha \cdot \boldsymbol{\omega})$ em termos das componentes dos vetores envolvidos. Logo, na equação acima, a base cartesiana $\{\boldsymbol{E}_i\}$ pode ser tanto a base $\{\tilde{\boldsymbol{e}}_i\}$ associada ao referencial $\tilde{S}$, como também pode ser escolhida como sendo a base $\{\boldsymbol{e}_i\}$ que é associada ao referencial do observador, S. Obviamente, as componentes $\tilde{x}^i_\alpha$ e ω^i mudam seus valores numéricos a depender da escolha de base. No que segue, a opção adotada para a base será $\boldsymbol{E}_i = \tilde{\boldsymbol{e}}_i$, ou seja, vamos usar a base atrelada ao corpo para expressar o vetor $\bar{\boldsymbol{L}}$. Sendo assim,

$$\bar{\boldsymbol{L}} = \tilde{\bar{L}}^i\, \tilde{\boldsymbol{e}}_i = \sum_\alpha m_\alpha \left[\, \tilde{x}_{\alpha k}\, \tilde{x}^k_\alpha\, \delta^i_{\ j} \;-\; \tilde{x}_{\alpha j}\, \tilde{x}^i_\alpha \right] \tilde{\omega}^j\, \tilde{\boldsymbol{e}}_i \,. \tag{7.7}$$

Na última equação, o til acima das componentes dos vetores $\bar{\boldsymbol{L}}$ e $\boldsymbol{\omega}$ serve para lembrar que tais vetores estão sendo expandidos na base do referencial $\tilde{S}$. É importante manter em mente, no entanto, que o fato de usarmos a base $\{\tilde{\boldsymbol{e}}_i\}$ para expressar tais vetores não altera suas interpretações físicas. O vetor $\bar{\boldsymbol{L}} = \tilde{\bar{L}}^i \tilde{\boldsymbol{e}}_i$ significa o momento angular do corpo rígido em relação ao referencial $\bar{S}$, cuja origem coincide com a de $\tilde{S}$ e cujos eixos são paralelos aos eixos do referencial S. O significado físico desse vetor persiste independentemente da base escolhida para expandi-lo. Por sua vez, o vetor $\boldsymbol{\omega} = \tilde{\omega}^i \tilde{\boldsymbol{e}}_i$ representa a velocidade angular do corpo rígido medida no referencial S.

Agora, vamos definir o seguinte objeto denominado de **momento de inércia** do corpo rígido:

$$\tilde{I}^i{}_j \equiv \sum_\alpha m_\alpha \left[\tilde{x}_{\alpha k} \tilde{x}^k_\alpha \delta^i{}_j - \tilde{x}^i_\alpha \tilde{x}_{\alpha j} \right] . \tag{7.8}$$

Usando essa definição e a Eq. (7.7), conclui-se que as componentes do momento angular $\bar{\boldsymbol{L}}$ podem ser escritas da seguinte forma:

$$\tilde{\bar{L}}^i = \tilde{I}^i{}_j \tilde{\omega}^j . \tag{7.9}$$

Até o momento, consideramos o caso em que o corpo rígido é formado por um conjunto discreto de partículas pontuais. No entanto, o mais comum é lidarmos com corpos contínuos (do ponto de vista macroscópico). Nesse caso, o somatório em α deve ser substituído por uma integral volumétrica sobre o corpo e a massa m_α deve ser substituída pelo elemento de massa $dm = \rho dV$, onde $\rho = \rho(\tilde{\boldsymbol{r}})$ é a densidade volumétrica de massa do corpo no ponto $\tilde{\boldsymbol{r}}$ e $dV = d\tilde{x} d\tilde{y} d\tilde{z}$ é o elemento de volume. Ou seja, no caso contínuo temos:

$$\tilde{I}^i{}_j \equiv \int (\tilde{x}_k \tilde{x}^k \delta^i{}_j - \tilde{x}^i \tilde{x}_j) \rho \, dV . \tag{7.10}$$

A integral acima é feita sobre todo o volume ocupado pelo corpo. Se o corpo for bidimensional, como uma casca esférica, a densidade ρ deve ser trocada por uma densidade de massa por unidade de área, densidade superficial, e o elemento de volume dV deve ser substituído por um elemento de área. Nesse caso, a integral será uma integral de superfície. Analogamente, se o corpo for unidimensional, como um bastão, a integral será em um único parâmetro. Antes de prosseguirmos, vejamos alguns exemplos.

Exemplo: Considere um corpo rígido formado por duas partículas pontuais de massa m separadas por uma haste de comprimento ℓ e massa desprezível. Calcule o momento de inércia desse objeto em relação ao referencial $\tilde{S}$ ilustrado na Fig. 7.2.

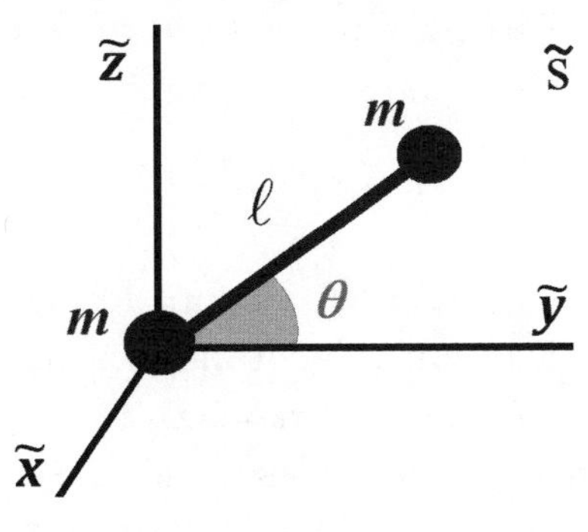

Figura 7.2: Corpo rígido formado por duas partículas de massa m separadas por uma haste de comprimento ℓ e massa desprezível. Uma das massas está na origem e a haste que conecta as partículas está contida no plano $\tilde{x} = 0$, fazendo um ângulo θ com o eixo $\tilde{y}$.

Solução

Nesse corpo, há duas partículas com massa, as partículas 1 e 2. As posições dessas partículas têm as seguintes componentes:

$$\tilde{x}_1^i = 0 \quad \text{e} \quad \tilde{x}_2^i = \ell \cos\theta \, \delta_2^i \, + \, \ell \, \text{sen}\theta \, \delta_3^i \, .$$

Em particular, temos que $\tilde{x}_{1\,i}\,\tilde{x}_1^i = 0$ e $\tilde{x}_{2\,i}\,\tilde{x}_2^i = \ell^2$. Logo, o momento de inércia em relação ao referencial $\tilde{S}$ é dado por:

$$\tilde{I}^i{}_j = m\,\ell^2\,\delta^i{}_j \, - \, m\,\ell^2\left[\cos^2\theta\,\delta_2^i\delta_{j\,2} \, + \, \cos\theta\,\text{sen}\theta\,(\delta_2^i\delta_{j\,3} + \delta_3^i\delta_{j\,2}) \, + \, \text{sen}^2\theta\,\delta_3^i\delta_{j\,3}\right] .$$

Então, a expressão matricial para o momento de inércia é:

$$\tilde{I}^i{}_j = m\,\ell^2 \begin{bmatrix} 1 & 0 & 0 \\ 0 & \text{sen}^2\theta & -\frac{1}{2}\text{sen}(2\theta) \\ 0 & -\frac{1}{2}\text{sen}(2\theta) & \cos^2\theta \end{bmatrix} .$$

Notemos que, se mudarmos θ, ou seja, se mudarmos a orientação relativa entre o corpo e o referencial $\tilde{S}$, o momento de inércia mudará. Isso mostra que o momento de inércia varia com a orientação do referencial adotado. Em particular, se tivéssemos $\theta = 0$ ou $\theta = \pi/2$, o momento de inércia seria uma matriz diagonal. Isso ocorreria porque, nesses dois casos particulares, os eixos de $\tilde{S}$ estariam alinhados com eixos principais de inércia do corpo, conceito que veremos mais adiante neste capítulo ■

Nas abordagens mais elementares de mecânica clássica, o momento de inércia é geralmente definido como sendo um número, não uma matriz 3×3. Naquele contexto, o momento de inércia é sempre referente a um eixo fixo. Aqui, na abordagem mais geral, o corpo pode executar rotações arbitrárias e o eixo de rotação pode mudar com o passar do tempo. Nesse contexto, precisamos de uma matriz 3×3 simétrica para descrever a inércia de um corpo com relação às rotações. Se conhecermos a matriz $\tilde{I}^i{}_j$, podemos facilmente obter o momento de inércia em relação a qualquer eixo N que passe pela origem de $\tilde{S}$. De fato, se o eixo N estiver na direção do versor $\boldsymbol{n} = \tilde{n}^i\,\tilde{\boldsymbol{e}}_i$, então o momento de inércia em torno desse eixo será dado por

$$\tilde{I}_N \, = \, I_{ij}\,\tilde{n}^i\,\tilde{n}^j \, ,$$

onde $\tilde{I}_{ij} \equiv \delta_{ik}\tilde{I}^k{}_j$. Por exemplo, no caso do corpo descrito no exemplo anterior, se quisermos saber o momento de inércia em relação ao eixo que passa ao longo da haste que conecta as duas partículas, devemos adotar $\boldsymbol{n} = \cos\theta\tilde{\boldsymbol{e}}_2 + \text{sen}\theta\tilde{\boldsymbol{e}}_3$, em cujo caso o cálculo do momento de inércia $\tilde{I}_N$ fornecerá zero. Isso era de se esperar, já que, nesse caso, as duas partículas estarão sobre o eixo N. Já se fizermos $\boldsymbol{n} = \text{sen}\theta\tilde{\boldsymbol{e}}_2 - \cos\theta\tilde{\boldsymbol{e}}_3$, o eixo N será ortogonal à haste e o momento de inércia $\tilde{I}_N$ será $m\ell^2$, o que também é de se esperar, pois a partícula 1 estará sobre o eixo e, portanto, não contribuirá para o momento de inércia, ao passo que a partícula 2 estará a uma distância ℓ desse eixo, contribuindo com $m\ell^2$ para o valor do momento de inércia em relação a N.

Exemplo: Considere um corpo rígido de composição homogênea com massa M no formato de um paralelepípedo de lados com tamanhos a, b e c. Calcule os momentos de inércia desse corpo nos dois referenciais ilustrados na Fig. 7.3.

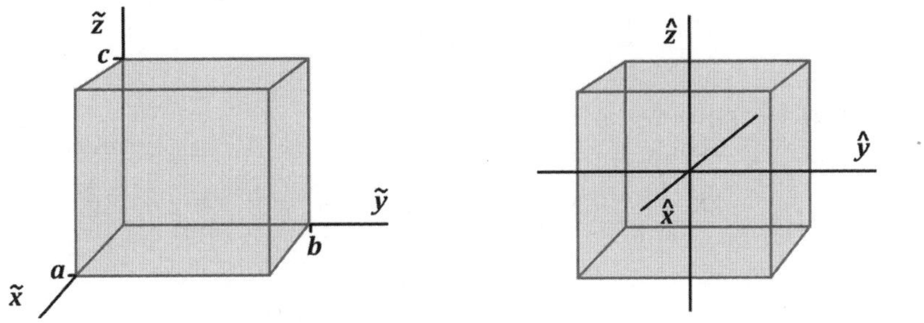

Figura 7.3: Paralelepípedo cujos lados têm tamanhos a, b e c. Nesta figura, vemos o mesmo corpo em dois referenciais distintos. O referencial $\tilde{S}$, na esquerda, tem sua origem alinhada com um dos vértices do paralelepípedo e as faces são paralelas aos planos coordenados. Já o referencial $\hat{S}$, na direita, tem sua origem no centro do paralelepípedo. A diferença entre os dois referenciais é apenas uma translação da origem.

Solução

Como o corpo é homogêneo, segue que sua densidade de massa é constante e dada pela razão entre sua massa e seu volume, $\rho = M/(abc)$. Em primeiro lugar, calculemos seu momento de inércia em relação ao referencial $\tilde{S}$. Para tanto, devemos usar a Eq. (7.10). Tal expressão é composta por dois termos. O primeiro termo de interesse é:

$$\begin{aligned}\int (\tilde{x}_k\,\tilde{x}^k)\rho\, dV &= \frac{M}{abc}\int_0^a d\tilde{\mathrm{x}}\int_0^b d\tilde{\mathrm{y}}\int_0^c d\tilde{\mathrm{z}}\,(\tilde{\mathrm{x}}^2+\tilde{\mathrm{y}}^2+\tilde{\mathrm{z}}^2) = \frac{M}{abc}\left[\frac{a^3}{3}bc+\frac{b^3}{3}ac+\frac{c^3}{3}ab\right]\\ &= \frac{M}{3}\,(a^2+b^2+c^2)\,.\end{aligned}$$

Por sua vez, o segundo termo de interesse é dado por:

$$\begin{aligned}\int \tilde{x}^i\,\tilde{x}_j\,\rho\, dV &= \frac{M}{abc}\int_0^a d\tilde{\mathrm{x}}\int_0^b d\tilde{\mathrm{y}}\int_0^c d\tilde{\mathrm{z}}\,(\tilde{\mathrm{x}}\,\delta^i{}_1+\tilde{\mathrm{y}}\,\delta^i{}_2+\tilde{\mathrm{z}}\,\delta^i{}_3)(\tilde{\mathrm{x}}\,\delta_{j\,1}+\tilde{\mathrm{y}}\,\delta_{j\,2}+\tilde{\mathrm{z}}\,\delta_{j\,3})\\ &= \frac{M\,a^2}{3}\,\delta^i{}_1\delta_{j\,1}+\frac{M\,b^2}{3}\,\delta^i{}_2\delta_{j\,2}+\frac{M\,c^2}{3}\,\delta^i{}_3\delta_{j\,3}+\frac{M\,ab}{4}\,(\delta^i{}_1\delta_{j\,2}+\delta^i{}_2\delta_{j\,1})\\ &\quad+\frac{M\,ac}{4}\,(\delta^i{}_1\delta_{j\,3}+\delta^i{}_3\delta_{j\,1})+\frac{M\,bc}{4}\,(\delta^i{}_2\delta_{j\,3}+\delta^i{}_3\delta_{j\,2})\,.\end{aligned}$$

Inserindo esses termos calculados na Eq. (7.10), chega-se à seguinte expressão para o momento de inércia em relação ao referencial $\tilde{S}$:

$$\tilde{I}^i{}_j = \frac{M}{4}\begin{bmatrix}\frac{4}{3}(b^2+c^2) & -ab & -ac\\ -ab & \frac{4}{3}(a^2+c^2) & -bc\\ -ac & -bc & \frac{4}{3}(a^2+b^2)\end{bmatrix}\,. \tag{7.11}$$

Executando cálculos análogos no referencial $\hat{S}$, temos que o primeiro termo da expressão

Eq. (7.10) para o momento de inércia é:

$$\begin{aligned}\int (\hat{x}_k \hat{x}^k)\rho\, dV &= \frac{M}{abc}\int_{-a/2}^{a/2} d\hat{\mathrm{x}} \int_{-b/2}^{b/2} d\hat{\mathrm{y}} \int_{-c/2}^{c/2} d\hat{\mathrm{z}}\, (\hat{\mathrm{x}}^2+\hat{\mathrm{y}}^2+\hat{\mathrm{z}}^2)\\ &= \frac{M}{12}\,(a^2+b^2+c^2)\,.\end{aligned}$$

Por sua vez, o segundo termo é dado por:

$$\begin{aligned}\int \hat{x}^i\, \hat{x}_j\, \rho\, dV =& \frac{M}{abc}\int_{-a/2}^{a/2} d\hat{\mathrm{x}} \int_{-b/2}^{b/2} d\hat{\mathrm{y}} \int_{-c/2}^{c/2} d\hat{\mathrm{z}}\, (\hat{\mathrm{x}}\,\delta^i{}_1+\hat{\mathrm{y}}\,\delta^i{}_2+\hat{\mathrm{z}}\,\delta^i{}_3)(\hat{\mathrm{x}}\,\delta_{j\,1}+\hat{\mathrm{y}}\,\delta_{j\,2}+\hat{\mathrm{z}}\,\delta_{j\,3})\\ =& \frac{M\,a^2}{12}\,\delta^i{}_1\delta_{j\,1}+\frac{M\,b^2}{12}\,\delta^i{}_2\delta_{j\,2}+\frac{M\,c^2}{12}\,\delta^i{}_3\delta_{j\,3}\,.\end{aligned}$$

Fazendo uso desses termos calculados na Eq. (7.10), chega-se à seguinte expressão para o momento de inércia relativo ao referencial $\hat{S}$:

$$\hat{I}^i{}_j = \frac{M}{12}\begin{bmatrix} (b^2+c^2) & 0 & 0\\ 0 & (a^2+c^2) & 0\\ 0 & 0 & (a^2+b^2)\end{bmatrix}. \tag{7.12}$$

Como a diferença entre os referenciais $\tilde{S}$ e $\hat{S}$ é apenas a posição da origem, com a orientação dos eixos coordenados sendo a mesma nos dois referenciais, concluímos, deste exemplo, que uma mudança na posição da origem pode alterar drasticamente a matriz momento de inércia. Aqui, por exemplo, vemos que a matriz é diagonal no referencial $\hat{S}$, mas o mesmo não ocorre no referencial $\tilde{S}$ ■

Nos contatos iniciais com a mecânica clássica, é comum lidarmos com partículas que executam trajetórias confinadas em um plano. Nesse cenário, tanto o vetor posição quanto o vetor velocidade são tangentes ao plano de movimento, o que garante que o momento angular seja sempre ortogonal ao plano de movimento. Isso é consequência imediata da definição de momento angular, $\boldsymbol{L} = m\boldsymbol{r}\times\dot{\boldsymbol{r}}$, e das propriedades do produto vetorial, que implicam $\boldsymbol{L}\cdot\boldsymbol{r} = 0$ e $\boldsymbol{L}\cdot\dot{\boldsymbol{r}} = 0$. Da mesma forma, nesses movimentos planares, a velocidade angular da partícula, $\boldsymbol{\omega}$, também é sempre ortogonal ao plano de movimento. Portanto, em tal cenário simplificado, os vetores $\boldsymbol{\omega}$ e $\boldsymbol{L}$ são sempre paralelos entre si. Entretanto, esse não é o caso geral. De fato, a relação $\tilde{\tilde{L}}^i = \tilde{I}^i{}_j\,\tilde{\omega}^j$ deixa claro que, em geral, os vetores $\boldsymbol{L}$ e $\boldsymbol{\omega}$ não são paralelos entre si. Isso vale mesmo no caso em que o corpo rígido se resume a uma única partícula pontual. Por exemplo, consideremos uma partícula pontual de massa m que se move em três dimensões com velocidade angular constante $\boldsymbol{\omega} = \omega_0\boldsymbol{e}_{\mathrm{z}}$. Então, sua dinâmica é regida pela seguinte equação:

$$\frac{d\mathrm{x}}{dt}\boldsymbol{e}_{\mathrm{x}}+\frac{d\mathrm{y}}{dt}\boldsymbol{e}_{\mathrm{y}}+\frac{d\mathrm{z}}{dt}\boldsymbol{e}_{\mathrm{z}} = \frac{d\boldsymbol{r}}{dt} = \boldsymbol{\omega}\times\boldsymbol{r} = \omega_0(-\mathrm{y}\boldsymbol{e}_{\mathrm{x}}+\mathrm{x}\boldsymbol{e}_{\mathrm{y}})\,,$$

cuja solução geral é dada por:

$$\boldsymbol{r} = \mathrm{x}\,\boldsymbol{e}_{\mathrm{x}}+\mathrm{y}\,\boldsymbol{e}_{\mathrm{y}}+\mathrm{z}\,\boldsymbol{e}_{\mathrm{z}} = A\,\cos(\omega_0 t+\alpha)\,\boldsymbol{e}_{\mathrm{x}} + A\,\mathrm{sen}(\omega_0 t+\alpha)\,\boldsymbol{e}_{\mathrm{y}} + \beta\,\boldsymbol{e}_{\mathrm{z}}\,,$$

onde A, α e β são constantes de integração. O momento angular da partícula é, então, dado por:

$$\begin{aligned}\boldsymbol{L} &= m\,\boldsymbol{r}\times\dot{\boldsymbol{r}} = m\,\omega_0\,(\mathrm{x}\,\boldsymbol{e}_{\mathrm{x}}+\mathrm{y}\,\boldsymbol{e}_{\mathrm{y}}+\mathrm{z}\,\boldsymbol{e}_{\mathrm{z}})\times(-\mathrm{y}\boldsymbol{e}_{\mathrm{x}}+\mathrm{x}\boldsymbol{e}_{\mathrm{y}})\\ &= m\,\omega_0\,\left[-\mathrm{z}\,\mathrm{x}\,\boldsymbol{e}_{\mathrm{x}}-\mathrm{z}\,\mathrm{y}\,\boldsymbol{e}_{\mathrm{y}}+(\mathrm{x}^2+\mathrm{y}^2)\,\boldsymbol{e}_{\mathrm{z}}\right]\\ &= m\,\omega_0\,\left[-\beta\,\boldsymbol{r}_\perp + A^2\,\boldsymbol{e}_{\mathrm{z}}\right]\,,\end{aligned}$$

onde, na expressão acima, $\boldsymbol{r}_\perp \equiv \mathrm{x}\boldsymbol{e}_\mathrm{x} + \mathrm{y}\boldsymbol{e}_\mathrm{y}$ denota a componente do vetor posição que é ortogonal à velocidade angular. Vemos que, em geral, o vetor momento angular não aponta na direção $\boldsymbol{e}_\mathrm{z}$ e, portanto, não é paralelo a $\boldsymbol{\omega}$. A exceção ocorre quando $\beta = 0$, em cujo caso o vetor posição e o vetor velocidade geram o mesmo plano em todos os instantes de tempo, o plano $\mathrm{z} = 0$, de forma que movimento é do tipo planar. A Fig. 7.4 ilustra o movimento da partícula em questão, bem como mostra a direção do vetor velocidade angular e do momento angular.[2]

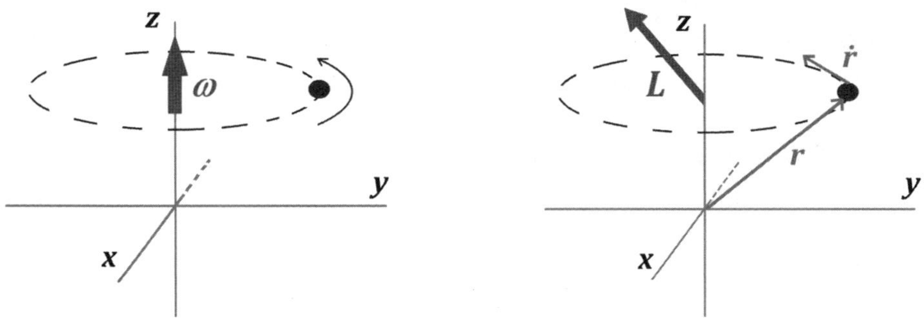

Figura 7.4: Na parte esquerda da figura, vemos que a velocidade angular $\boldsymbol{\omega}$ é paralela ao eixo z. Já no lado direito, vemos que o vetor momento angular, $\boldsymbol{L}$, não está alinhado com o eixo z. De fato, em cada instante de tempo, o vetor $\boldsymbol{L}$ deve ser ortogonal ao vetor posição e ao vetor velocidade.

7.2 Energia cinética de um corpo rígido

A energia cinética total de um conjunto de partículas é a soma das energias cinéticas de cada uma das partículas. Portanto, a energia cinética do corpo rígido em relação ao referencial S é dada por:

$$\begin{aligned} E_{cin} &= \sum_\alpha \frac{m_\alpha}{2}|\dot{\boldsymbol{r}}_\alpha|^2 = \frac{1}{2}\sum_\alpha m_\alpha \left|\dot{\boldsymbol{R}} + \dot{\tilde{\boldsymbol{r}}}_\alpha\right|^2 = \frac{1}{2}\sum_\alpha m_\alpha \left(|\dot{\boldsymbol{R}}|^2 + 2\dot{\boldsymbol{R}}\cdot\dot{\tilde{\boldsymbol{r}}}_\alpha + |\dot{\tilde{\boldsymbol{r}}}_\alpha|^2\right) \\ &= \frac{M}{2}|\dot{\boldsymbol{R}}|^2 + M\dot{\boldsymbol{R}}\cdot\dot{\tilde{\boldsymbol{R}}}_{CM} + \frac{1}{2}\sum_\alpha m_\alpha|(\boldsymbol{\omega}\times\tilde{\boldsymbol{r}}_\alpha)|^2 . \end{aligned} \tag{7.13}$$

A escolha padrão para a origem do referencial atrelado ao corpo rígido é o centro de massa desse corpo, em cujo caso temos que $\boldsymbol{R}$, que denota a posição da origem de $\tilde{S}$ no referencial S, será a posição do centro de massa, ou seja, $\boldsymbol{R} = \boldsymbol{R}_{CM}$. Além disso, para essa escolha de referencial $\tilde{S}$, temos $\tilde{\boldsymbol{R}}_{CM} = 0$, já que $\tilde{\boldsymbol{R}}_{CM}$ denota a posição do centro de massa no referencial $\tilde{S}$. Portanto, feita essa escolha padrão de origem para o referencial $\tilde{S}$, teremos:

$$E_{cin} = \frac{M}{2}|\dot{\boldsymbol{R}}_{CM}|^2 + \bar{E}_{cin}\,, \qquad \text{onde} \quad \bar{E}_{cin} \equiv \frac{1}{2}\sum_\alpha m_\alpha|(\boldsymbol{\omega}\times\tilde{\boldsymbol{r}}_\alpha)|^2 . \tag{7.14}$$

[2]Suponha que torques externos não ajam sobre um sistema. Então, seu momento angular deve ser conservado. Portanto, se o momento de inércia diminuir, a velocidade angular deve aumentar a fim de manter o momento angular constante. O seguinte vídeo disponível no *YouTube* mostra um experimento no qual o momento de inércia de um corpo é alterado durante o movimento: [Título: `Conservação do momento angular: banqueta` | Canal: `Física do Ensino Médio`]. Esse fato é utilizado por patinadores de gelo para executar giros de alta velocidade, como ilustrado no seguinte vídeo: [Título: `The Physics behind Figure Skating Spins` | Canal: `Sarah-Maria Müller`].

O objeto $\bar{E}_{cin}$ denota a energia cinética do corpo rígido em relação ao referencial $\bar{S}$, cuja origem coincide com a origem de $\tilde{S}$, mas cujos eixos estão alinhados com os eixos do referencial S. $\bar{E}_{cin}$ é usualmente conhecida como sendo **a energia de rotação** do corpo rígido em relação à origem do referencial $\bar{S}$. Logo, a Eq. (7.14) nos permite concluir que, se a origem de $\tilde{S}$ for escolhida como sendo o centro de massa do corpo rígido, então a energia cinética total do corpo será a soma da energia cinética de translação do centro de massa com a energia cinética de rotação do corpo em torno do centro de massa.

Conforme discutido na seção anterior, um caso especial ocorre quando o corpo rígido tem algum ponto que não se move em relação ao referencial do observador, S. Nesse cenário particular, é mais conveniente escolher as origens de ambos os referenciais, S e $\tilde{S}$, como sendo esse ponto que não se move, em cujo caso temos $\boldsymbol{R} = 0$. Então, nessa situação, a Eq. (7.13) fornece

$$E_{cin} = \frac{1}{2}\sum_{\alpha} m_\alpha |(\boldsymbol{\omega} \times \tilde{\boldsymbol{r}}_\alpha)|^2 = \bar{E}_{cin}\,, \tag{7.15}$$

o que é de se esperar, pois os referenciais S e $\bar{S}$ coincidem nesse cenário. Ou seja, quando um ponto do corpo está fixo e escolhemos a origem do referencial do observador como sendo esse ponto, segue que a energia cinética se resume à energia de rotação em torno de tal ponto.

Usando a identidade vetorial $|\boldsymbol{a} \times \boldsymbol{b}|^2 = |\boldsymbol{a}|^2|\boldsymbol{b}|^2 - (\boldsymbol{a}\cdot\boldsymbol{b})^2$, conclui-se que:

$$\begin{aligned}\bar{E}_{cin} &= \frac{1}{2}\sum_{\alpha} m_\alpha \left[\, |\tilde{\boldsymbol{r}}_\alpha|^2\, |\boldsymbol{\omega}|^2 - (\tilde{\boldsymbol{r}}_\alpha \cdot \boldsymbol{\omega})^2\, \right] \\ &= \frac{1}{2}\sum_{\alpha} m_\alpha \left[(\tilde{x}_{\alpha k}\tilde{x}^k_\alpha)\,(\delta_{ij}\tilde{\omega}^i\tilde{\omega}^j) - (\tilde{x}_{\alpha i}\tilde{\omega}^i)(\tilde{x}_{\alpha j}\tilde{\omega}^j)\right] \\ &= \frac{1}{2}\left[\sum_{\alpha} m_\alpha \left(\tilde{x}_{\alpha k}\tilde{x}^k_\alpha\, \delta_{ij} - \tilde{x}_{\alpha i}\tilde{x}_{\alpha j}\right)\right] \tilde{\omega}^i\, \tilde{\omega}^j\,. \end{aligned} \tag{7.16}$$

Na equação acima, $\tilde{\omega}^j$ denota as componentes do vetor $\boldsymbol{\omega}$ na base cartesiana de $\tilde{S}$, em consonância com a notação adotada na seção anterior. Note que o termo entre colchetes na última linha da equação acima tem exatamente as mesmas componentes que o momento de inércia $\tilde{I}^i{}_j$ definido na Eq. (7.8), a única diferença é que, na Eq. (7.16), o índice i está na posição down. Portanto, podemos escrever a Eq. (7.16) da seguinte forma:

$$\bar{E}_{cin} = \frac{1}{2}\,\tilde{I}_{ij}\,\tilde{\omega}^i\,\tilde{\omega}^j\,, \tag{7.17}$$

onde $\tilde{I}_{ij} \equiv \delta_{ik}\tilde{I}^k{}_j$. Note que, por definição, o momento de inércia é sempre simétrico, ou seja, $\tilde{I}_{ij} = \tilde{I}_{ji}$. Isso faz com que, em vez de termos que calcular as nove componentes da matriz $\tilde{I}_{ij}$ (ou, equivalentemente, da matriz $\tilde{I}^i{}_j$), baste que calculemos seis. Mais precisamente, para determinar o momento de inércia por completo, precisamos apenas computar os elementos diagonais ($\tilde{I}_{11}$, $\tilde{I}_{22}$ e $\tilde{I}_{33}$) e os elementos do triângulo superior ($\tilde{I}_{12}$, $\tilde{I}_{13}$ e $\tilde{I}_{23}$). Os elementos do triângulo inferior, ($\tilde{I}_{21}$, $\tilde{I}_{31}$ e $\tilde{I}_{32}$), ficam automaticamente determinados uma vez que obtivermos os elementos do triângulo superior.

Exemplo: Considere o paralelepípedo ilustrado na parte esquerda da Fig. 7.3. Suponha que ele seja posto para girar com velocidade angular constante $\boldsymbol{\omega} = \omega_0\tilde{\boldsymbol{e}}_z$ em relação ao referencial S. O referencial S é definido como sendo aquele cuja origem coincide com a de $\tilde{S}$, mas cujos eixos estão fixos em relação ao observador e seus eixos coincidem com os de $\tilde{S}$ apenas no instante inicial $t = 0$ (ou após completar um número inteiro de voltas em torno de $\tilde{\boldsymbol{e}}_z$). A Fig. 7.5 ilustra a configuração em questão. Obtenha a energia cinética total do paralelepípedo.

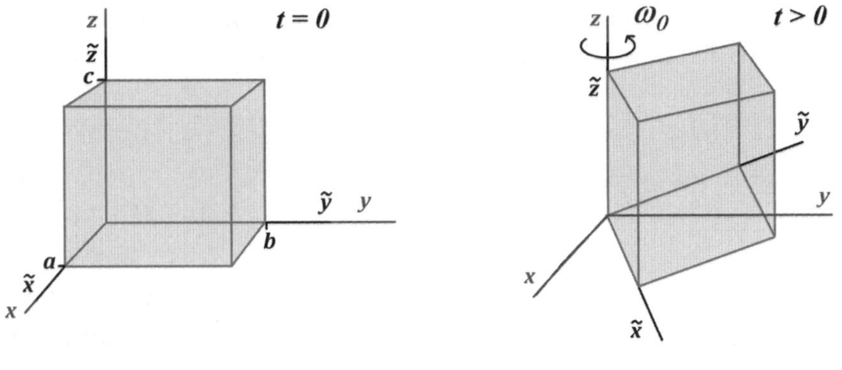

Figura 7.5: Na parte esquerda da figura, vemos o paralelepípedo no instante $t = 0$. No lado direito, temos a configuração em um instante posterior, $t > 0$. Note que os eixos z e z̃ coincidem em todos os instantes.

Solução

Como a origem está fixa, segue que $\boldsymbol{R} = 0$, de forma que a Eq. (7.15) é válida. Além disso, temos $\tilde{\omega}^i = \omega_0 \delta^i_3$. Logo,

$$E_{cin} = \bar{E}_{cin} = \frac{1}{2}\,\tilde{I}_{ij}\,\tilde{\omega}^i\,\tilde{\omega}^j = \frac{\omega_0^2}{2}\,\tilde{I}_{33} = \frac{M\,\omega_0^2}{6}(a^2 + b^2) \quad \blacksquare$$

Assim como a massa de um corpo é uma medida do quão difícil é transladar esse corpo, o momento de inércia é uma medida do quão difícil é rotacionar um corpo. Notemos que, para uma dada velocidade de translação fixa, o momento linear e a energia cinética são ambos diretamente proporcionais à massa do corpo. De forma análoga, para uma dada velocidade angular fixa, o momento angular e a energia cinética de rotação são ambos diretamente proporcionais ao momento de inércia. Obviamente, uma diferença significativa entre a massa e o momento de inércia de um corpo é que a primeira é um escalar, ou seja, só tem uma componente e não depende da escolha de referencial, ao passo que o segundo é um tensor simétrico de rank 2, o que significa que o momento de inércia tem seis componentes independentes e que essas componentes dependem da escolha de referencial.

7.3 Eixos principais de inércia

O teorema espectral, tipicamente estudado nos cursos introdutórios à álgebra linear, afirma que, se um operador linear é autoadjunto, então ele admite uma base ortonormal de autovetores. Do ponto de vista matricial, isso significa que, dada uma matriz quadrada simétrica, é sempre possível diagonalizá-la através de uma escolha conveniente de base. Além disso, a base que diagonaliza essa matriz pode sempre ser escolhida como sendo ortonormal. Como o momento de inércia de um corpo, $\tilde{I}_{ij}$, é uma matriz simétrica, segue que sempre podemos encontrar uma orientação para os eixos cartesianos que torna o momento de inércia uma matriz diagonal. Portanto, se $\tilde{I}_{ij}$ é o momento de inércia de um corpo referente a um referencial cartesiano $\tilde{S}$, então sempre podemos encontrar outro referencial cartesiano $\hat{S}$, que tem *a mesma origem* que $\tilde{S}$, mas cujos eixos podem ter outra orientação, de forma que o momento de inércia relativo a esse novo referencial, $\hat{I}_{ij}$, seja uma matriz diagonal. O esquema abaixo resume esse fato:

$$\tilde{I}_{ij} = \begin{bmatrix} \tilde{I}_{11} & \tilde{I}_{12} & \tilde{I}_{13} \\ \tilde{I}_{21} & \tilde{I}_{22} & \tilde{I}_{23} \\ \tilde{I}_{31} & \tilde{I}_{32} & \tilde{I}_{33} \end{bmatrix} \xrightarrow{\tilde{S}\to\hat{S}} \quad \hat{I}_{ij} = \begin{bmatrix} \gamma_1 & 0 & 0 \\ 0 & \gamma_2 & 0 \\ 0 & 0 & \gamma_3 \end{bmatrix}.$$

Os eixos de $\hat{S}$, referencial que diagonaliza o momento de inércia, são chamados de **eixos principais de inércia**. Por sua vez, as três componentes γ_i, que aparecem na diagonal de $\hat{I}_{ij}$, são denominadas de **momentos principais de inércia**. Associado a cada eixo principal de inércia, há um momento principal de inércia. Em geral, só há três eixos principais de inércia para uma dada origem do referencial e os momentos principais são, tipicamente, distintos entre si. No entanto, em casos especiais, em que a distribuição de massa do corpo tem certa simetria em relação à origem considerada, é possível que dois ou três momentos principais de inércia coincidam, em cujo caso os eixos principais de inércia deixam de ser únicos. Por exemplo, se $\gamma_1 = \gamma_2 \neq \gamma_3$, então *qualquer* par de eixos ortogonais no plano gerado pelos vetores $\{\hat{\boldsymbol{e}}_1, \hat{\boldsymbol{e}}_2\}$ pode ser adotado como sendo dois dos três eixos principais de inércia. Há, portanto, uma infinidade de eixos principais nesse caso especial. Como um exemplo desses casos especiais, podemos considerar que o corpo rígido é uma esfera homogênea e que a origem do referencial está no centro da esfera. Nesse caso, é óbvio que, por conta da isotropia total da esfera em relação ao seu ponto central, os momentos principais de inércia devem ser todos iguais e quaisquer três eixos ortogonais entre si serão eixos principais. No entanto, se a origem considerada para a esfera não for o centro, teremos apenas dois momentos principais coincidindo, de forma que um dos eixos principais será único. Esse exemplo da esfera está ilustrado na Fig. 7.6. Esse exemplo deixa claro que os momentos principais de inércia, bem como os eixos principais de inércia, não dependem apenas do corpo rígido analisado, dependem também da origem adotada. Portanto, não seria correto falar algo como: "os momentos principais de inércia do cubo são ...". Teríamos de dizer: "os momentos principais de inércia do cubo em relação à origem O são ...". Por fim, é importante notar que nem sempre a simetria que dará origem a uma degenerescência dos momentos principais de inércia, em relação a determinada origem, é trivial de ser percebida. Por exemplo, se considerarmos um cubo homogêneo e a origem do referencial como sendo o centro do cubo, também teremos uma degenerescência total entre os três momentos principais. De fato, isso pode ser visto no exemplo do paralelepípedo, tratado há pouco, quando adotamos o referencial $\hat{S}$ e fazemos $a = b = c$ na Eq. (7.12), em cujo caso obtemos $\gamma_1 = \gamma_2 = \gamma_3 = Ma^2/6$. Apesar da coincidência entre esses momentos de inércia ser um fato matemático, não é intuitivo, do ponto de vista das rotações, que o eixo diagonal que conecta dois vértices opostos do cubo seja equivalente a um eixo ortogonal a um par de faces opostas do cubo.

A maneira de determinar os eixos e os momentos principais de inércia de um corpo em relação a certa origem é seguindo o procedimento-padrão para diagonalizar uma matriz. A saber, precisamos determinar os autovalores e autovetores da matriz $\tilde{I}_{ij}$. Logo, temos

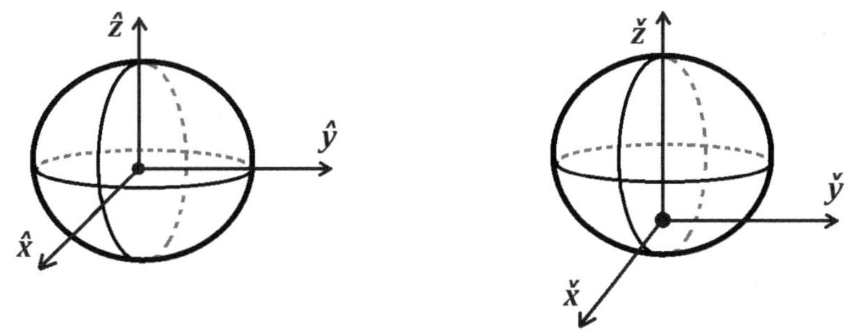

Figura 7.6: No lado esquerdo, o referencial $\hat{S}$ tem sua origem no centro da esfera. Nesse referencial, teremos $\gamma_1 = \gamma_2 = \gamma_3$. Em particular, isso implica que, se modificarmos a orientação dos eixos de $\hat{S}$, mantendo a origem no centro da esfera e preservando a ortogonalidade entre os três eixos, o novos eixos cartesianos continuarão a ser eixos principais. No lado direito, vemos que uma rotação do referencial $\check{S}$ em torno do eixo $\check{z}$ não altera a distribuição de massa em relação aos eixos, pois há simetria de rotação em torno do eixo $\check{z}$. Portanto, é de se esperar que $\gamma_1 = \gamma_2$. No entanto, no referencial $\check{S}$ teremos $\gamma_3 \neq \gamma_1$.

que começar encontrando os valores de γ que resolvem a equação

$$\det\left(\tilde{I}_{ij} - \gamma\,\delta_{ij}\right) = 0\,. \tag{7.18}$$

No lado esquerdo da equação anterior, teremos um polinômio de grau três na variável γ, de forma que haverá três raízes, γ_1, γ_2 e γ_3. Em situações excepcionais, pode haver coincidência entre algumas dessas raízes. Depois, precisamos achar os autovetores $\boldsymbol{E}_{(1)}$, $\boldsymbol{E}_{(2)}$ e $\boldsymbol{E}_{(3)}$ associados a cada uma dessas raízes. Esses vetores são determinados por meio das seguintes equações:

$$\tilde{I}^i{}_j\,\tilde{E}^j_{(1)} = \gamma_1\,\tilde{E}^i_{(1)}\,, \quad \tilde{I}^i{}_j\,\tilde{E}^j_{(2)} = \gamma_2\,\tilde{E}^i_{(2)}\,, \quad \tilde{I}^i{}_j\,\tilde{E}^j_{(3)} = \gamma_3\,\tilde{E}^i_{(3)}\,,$$

onde $\tilde{E}^j_{(\ell)}$ denotam as componentes do vetor $\boldsymbol{E}_{(\ell)}$ na base $\{\tilde{\boldsymbol{e}}_i\}$. Os vetores $\boldsymbol{E}_{(\ell)}$ que resolvem essas três equações já serão, em geral, automaticamente ortogonais entre si, o que é consequência do teorema espectral. Uma exceção a essa última afirmação ocorrerá quando existir degenerescência entre os momentos de inércia γ_ℓ, em cujo caso temos que fazer uma escolha de base ortogonal dentre as soluções admitias. As direções dos eixos principais serão, então, as direções dos vetores $\boldsymbol{E}_{(1)}$, $\boldsymbol{E}_{(2)}$ e $\boldsymbol{E}_{(3)}$. Para entender como esse algoritmo funciona, nada melhor que praticá-lo em um exemplo concreto.

Exemplo: Voltando ao problema do paralelepípedo ilustrado na Fig. 7.3, encontre os momentos e os eixos principais de inércia relativos à origem localizada em um dos vértices do paralelepípedo, conforme mostrado na parte esquerda da Fig. 7.3. Para fins de simplicidade computacional, considere o caso particular $b = a$ e $c = \sqrt{5}a$.

Solução

Aplicando a Eq. (7.18) ao momento de inércia da Eq. (7.11) e assumindo as relações $b = a$ e $c = \sqrt{5}a$, obtemos:

$$0 = \begin{vmatrix} 2Ma^2 - \gamma & -\frac{1}{4}Ma^2 & -\frac{\sqrt{5}}{4}Ma^2 \\ -\frac{1}{4}Ma^2 & 2Ma^2 - \gamma & -\frac{\sqrt{5}}{4}Ma^2 \\ -\frac{\sqrt{5}}{4}Ma^2 & -\frac{\sqrt{5}}{4}Ma^2 & \frac{2}{3}Ma^2 - \gamma \end{vmatrix} = \frac{39}{32}M^3a^6 - \frac{287}{48}M^2a^4\gamma + \frac{14}{3}Ma^2\gamma^2 - \gamma^3 .$$

É possível provar que as raízes do polinômio acima são:

$$\gamma_1 = \frac{1}{4}Ma^2 , \quad \gamma_2 = \frac{13}{6}Ma^2 , \quad \gamma_3 = \frac{9}{4}Ma^2 .$$

Para encontrar o vetor $\boldsymbol{E}_{(1)}$, temos que resolver, então, a seguinte equação:

$$\begin{bmatrix} 2Ma^2 & -\frac{1}{4}Ma^2 & -\frac{\sqrt{5}}{4}Ma^2 \\ -\frac{1}{4}Ma^2 & 2Ma^2 & -\frac{\sqrt{5}}{4}Ma^2 \\ -\frac{\sqrt{5}}{4}Ma^2 & -\frac{\sqrt{5}}{4}Ma^2 & \frac{2}{3}Ma^2 \end{bmatrix} \begin{bmatrix} \tilde{E}_{(1)}^{\ 1} \\ \tilde{E}_{(1)}^{\ 2} \\ \tilde{E}_{(1)}^{\ 3} \end{bmatrix} = \frac{1}{4}Ma^2 \begin{bmatrix} \tilde{E}_{(1)}^{\ 1} \\ \tilde{E}_{(1)}^{\ 2} \\ \tilde{E}_{(1)}^{\ 3} \end{bmatrix} ,$$

cuja solução geral é:

$$\tilde{E}_{(1)}^{\ 1} = \alpha , \quad \tilde{E}_{(1)}^{\ 2} = \alpha , \quad \tilde{E}_{(1)}^{\ 3} = \frac{6}{\sqrt{5}}\alpha \quad \Rightarrow \quad \boldsymbol{E}_{(1)} = \alpha\left(\tilde{\boldsymbol{e}}_1 + \tilde{\boldsymbol{e}}_2 + \frac{6}{\sqrt{5}}\tilde{\boldsymbol{e}}_3\right) ,$$

onde α é uma constante arbitrária. Podemos, por exemplo, escolher α de forma a tornar o vetor acima normalizado. Para tanto, basta fazer $\alpha = \sqrt{5/46}$. De forma análoga, podemos obter os vetores $\boldsymbol{E}_{(2)}$ e $\boldsymbol{E}_{(3)}$, cujas soluções normalizadas são:

$$\boldsymbol{E}_{(2)} = \frac{3}{\sqrt{23}}\left(\tilde{\boldsymbol{e}}_1 + \tilde{\boldsymbol{e}}_2 - \frac{\sqrt{5}}{3}\tilde{\boldsymbol{e}}_3\right) \quad \text{e} \quad \boldsymbol{E}_{(3)} = \frac{1}{\sqrt{2}}\left(\tilde{\boldsymbol{e}}_1 - \tilde{\boldsymbol{e}}_2\right) .$$

Os eixos principais de inércia são, então, as retas paralelas a esses três vetores e que passam pela origem do referencial $\tilde{S}$. Note que os vetores $\boldsymbol{E}_{(1)}$, $\boldsymbol{E}_{(2)}$ e $\boldsymbol{E}_{(3)}$ são ortogonais entre si, como deveriam ser, já que os momentos de inércia γ_1, γ_2 e γ_3 não são degenerados. Aliás, verificar a ortogonalidade dos eixos principais é uma forma de testar se algum cálculo errado foi feito. No referencial $\hat{S}$, cuja origem é o mesmo vértice que é origem do referencial $\tilde{S}$ e cujos eixos cartesianos estão alinhados com a base $\{\boldsymbol{E}_{(1)}, \boldsymbol{E}_{(2)}, \boldsymbol{E}_{(3)}\}$ obtida acima, o momento de inércia é dado pela seguinte matriz:

$$\hat{I}_{ij} = \frac{M\,a^2}{4}\begin{bmatrix} 1 & 0 & 0 \\ 0 & 26/3 & 0 \\ 0 & 0 & 9 \end{bmatrix} \ \blacksquare$$

A fim de lidarmos com o caso especial em que há degenerescência nos momentos principais de inércia, vamos agora considerar o caso em que os lados do paralelepípedo são todos iguais e a origem do referencial é um de seus vértices.

Exemplo: Mais uma vez, consideremos o paralelepípedo ilustrado na parte esquerda da Fig. 7.3. Entretanto, desta vez vamos assumir que $a = b = c$, ou seja, o corpo é um cubo de lado a. A tarefa é encontrar os momentos e os eixos principais de inércia relativos à origem localizada em um dos vértices do cubo.

Solução

Aplicando a Eq. (7.18) ao momento de inércia da Eq. (7.11) e assumindo as relações $a = b = c$, obtemos:

$$0 = \begin{vmatrix} \frac{2}{3}Ma^2 - \gamma & -\frac{1}{4}Ma^2 & -\frac{1}{4}Ma^2 \\ -\frac{1}{4}Ma^2 & \frac{2}{3}Ma^2 - \gamma & -\frac{1}{4}Ma^2 \\ -\frac{1}{4}Ma^2 & -\frac{1}{4}Ma^2 & \frac{2}{3}Ma^2 - \gamma \end{vmatrix} = \frac{121}{864}M^3a^6 - \frac{55}{48}M^2a^4\gamma + 2Ma^2\gamma^2 - \gamma^3 .$$

As raízes do polinômio acima são:

$$\gamma_1 = \frac{1}{6}\,Ma^2 \,, \quad \gamma_2 = \frac{11}{12}\,Ma^2 \,, \quad \gamma_3 = \frac{11}{12}\,Ma^2 .$$

Vemos, então, que as raízes γ_2 e γ_3 são degeneradas. Para encontrar o vetor $\boldsymbol{E}_{(1)}$, devemos resolver a seguinte equação de autovalor:

$$\begin{bmatrix} \frac{2}{3}Ma^2 & -\frac{1}{4}Ma^2 & -\frac{1}{4}Ma^2 \\ -\frac{1}{4}Ma^2 & \frac{2}{3}Ma^2 & -\frac{1}{4}Ma^2 \\ -\frac{1}{4}Ma^2 & -\frac{1}{4}Ma^2 & \frac{2}{3}Ma^2 \end{bmatrix} \begin{bmatrix} \tilde{E}_{(1)}^{\,1} \\ \tilde{E}_{(1)}^{\,2} \\ \tilde{E}_{(1)}^{\,3} \end{bmatrix} = \frac{1}{6}\,Ma^2 \begin{bmatrix} \tilde{E}_{(1)}^{\,1} \\ \tilde{E}_{(1)}^{\,2} \\ \tilde{E}_{(1)}^{\,3} \end{bmatrix} ,$$

cuja solução geral é:

$$\tilde{E}_{(1)}^{\,1} = \alpha \,, \quad \tilde{E}_{(1)}^{\,2} = \alpha \,, \quad \tilde{E}_{(1)}^{\,3} = \alpha \quad \Rightarrow \quad \boldsymbol{E}_{(1)} = \frac{1}{\sqrt{3}}\,(\tilde{\boldsymbol{e}}_1 + \tilde{\boldsymbol{e}}_2 + \tilde{\boldsymbol{e}}_3) \,,$$

onde a constante arbitrária α foi escolhida de maneira a normalizar o vetor $\boldsymbol{E}_{(1)}$. Para achar os eixos associados ao momento de inércia $\gamma = \gamma_2 = \gamma_3$, devemos, analogamente, resolver a seguinte equação:

$$\begin{bmatrix} \frac{2}{3}Ma^2 & -\frac{1}{4}Ma^2 & -\frac{1}{4}Ma^2 \\ -\frac{1}{4}Ma^2 & \frac{2}{3}Ma^2 & -\frac{1}{4}Ma^2 \\ -\frac{1}{4}Ma^2 & -\frac{1}{4}Ma^2 & \frac{2}{3}Ma^2 \end{bmatrix} \begin{bmatrix} \alpha_1 \\ \alpha_2 \\ \alpha_3 \end{bmatrix} = \frac{11}{12}\,Ma^2 \begin{bmatrix} \alpha_1 \\ \alpha_2 \\ \alpha_3 \end{bmatrix} ,$$

cuja solução geral é $\alpha_3 = -(\alpha_1 + \alpha_2)$. Portanto, qualquer eixo que passe pela origem do sistema de coordenadas $\tilde{S}$ e que seja paralelo ao vetor

$$\boldsymbol{E} = \alpha_1\,\tilde{\boldsymbol{e}}_1 + \alpha_2\,\tilde{\boldsymbol{e}}_2 - (\alpha_1 + \alpha_2)\tilde{\boldsymbol{e}}_3$$

é um eixo principal de inércia, independentemente da escolha feita para as constantes α_1 e α_2. Há, portanto, uma infinidade de eixos principais. Esses eixos estão todos contidos em um mesmo plano e esse plano é ortogonal ao vetor $\boldsymbol{E}_{(1)}$, como deveria ser. Para definir os vetores $\boldsymbol{E}_{(2)}$ e $\boldsymbol{E}_{(3)}$ devemos, então, escolher alguma base ortogonal nesse plano. Uma opção, entre infinitas outras, é a seguinte:

$$\boldsymbol{E}_{(2)} = \frac{1}{\sqrt{2}}\,(\tilde{\boldsymbol{e}}_1 - \tilde{\boldsymbol{e}}_3) \quad \text{e} \quad \boldsymbol{E}_{(3)} = \frac{1}{\sqrt{6}}\,(\tilde{\boldsymbol{e}}_1 - 2\tilde{\boldsymbol{e}}_2 + \tilde{\boldsymbol{e}}_3) \,.$$

Na primeira dessas escolhas foi feito $\alpha_1 = 1/\sqrt{2}$ e $\alpha_2 = 0$, ao passo que o vetor $\boldsymbol{E}_{(3)}$ foi obtido fazendo $\alpha_1 = 1/\sqrt{6}$ e $\alpha_2 = -2/\sqrt{6}$. O importante é que os vetores $\{\boldsymbol{E}_{(2)}, \boldsymbol{E}_{(3)}\}$ sejam ortogonais entre si, como de fato são. Alinhando os eixos do referencial $\hat{S}$ com essa base cartesiana $\{\boldsymbol{E}_{(1)}, \boldsymbol{E}_{(2)}, \boldsymbol{E}_{(3)}\}$, obteremos que o momento de inércia $\hat{I}_{ij}$ será a matriz diagonal de entradas $(\gamma_1, \gamma_2, \gamma_3)$ ■

Dizemos que um corpo rígido tem um plano de simetria quando esse plano divide o corpo em duas partes idênticas no que tange à distribuição de massa. Se o corpo for homogêneo, isso significa que as duas partes são a imagem especular uma da outra. Portanto, se escolhermos a origem do sistema de coordenadas $\tilde{S}$ de forma a estar contida nesse plano e orientarmos o referencial de forma que $\tilde{\boldsymbol{e}}_{\text{x}}$ seja a direção normal ao plano de simetria, segue que o plano em questão será definido por $\tilde{\text{x}} = 0$. A condição de que tal plano é um plano de simetria é, então, equivalente à seguinte propriedade da densidade de massa (supondo o corpo contínuo, por simplicidade):

$$\rho(\tilde{\text{x}}, \tilde{\text{y}}, \tilde{\text{z}}) = \rho(-\tilde{\text{x}}, \tilde{\text{y}}, \tilde{\text{z}})\,.$$

Consequentemente, usando a Eq. (7.10), temos que:

$$\tilde{I}_{12} = \int_{-\tilde{\text{x}}_0}^{\tilde{\text{x}}_0} d\tilde{\text{x}} \int d\tilde{\text{y}} \int d\tilde{\text{z}}\,\left[-\tilde{\text{x}}\,\tilde{\text{y}}\,\rho(\tilde{\text{x}}, \tilde{\text{y}}, \tilde{\text{z}})\right] = 0\,,$$

pois a função dentro dos colchetes é ímpar na variável $\tilde{\text{x}}$ e o intervalo de integração é simétrico. De forma análoga, prova-se que $\tilde{I}_{13} = 0$. Ou seja, o momento de inércia tem a seguinte forma matricial:

$$\tilde{I}_{ij} = \begin{bmatrix} \tilde{I}_{11} & 0 & 0 \\ 0 & \tilde{I}_{22} & \tilde{I}_{23} \\ 0 & \tilde{I}_{32} & \tilde{I}_{33} \end{bmatrix}.$$

Portanto, o vetor $\tilde{\boldsymbol{e}}_{\text{x}}$ é um autovetor do momento de inércia. Isso significa que o eixo $\tilde{\text{x}}$ é um eixo principal de inércia relativo a essa origem. Assim sendo, acabamos de provar o seguinte resultado: *se o corpo rígido tiver um plano de simetria, então os eixos ortogonais a esse plano serão eixos principais de inércia em relação a referenciais cujas origens estejam contidas nesse plano.* A Fig. 7.7 ilustra três planos de simetria do paralelepípedo que passam pelo centro do corpo. Cada um desses planos determina um eixo de simetria que passa pelo centro. Portanto, nesse caso muito especial, conseguimos determinar os três eixos principais de inércia relativos ao centro do paralelepípedo apenas olhando para as simetrias do corpo. Todavia, é importante manter em mente que, em geral, os corpos rígidos não têm planos de simetria.

Um cenário ainda mais especial ocorre quando um objeto tem um eixo de simetria. Isto é, quando existe um eixo que passa pelo corpo tal que a distribuição de massa é invariante por rotações em torno desse eixo, como ilustrado na Fig. 7.8. Assumindo a existência de tal eixo e escolhendo o referencial $\tilde{S}$ de forma que seu eixo $\tilde{\text{x}}$ esteja alinhado com o eixo de simetria, decorre a seguinte igualdade:

$$\rho(\tilde{\text{x}}, \tilde{\text{y}}, \tilde{\text{z}}) = \rho(\tilde{\text{x}}, \alpha, \beta)\,,$$

onde α e β são quaisquer parâmetros que obedeçam ao vínculo

$$\alpha^2 + \beta^2 = \tilde{\text{y}}^2 + \tilde{\text{z}}^2\,.$$

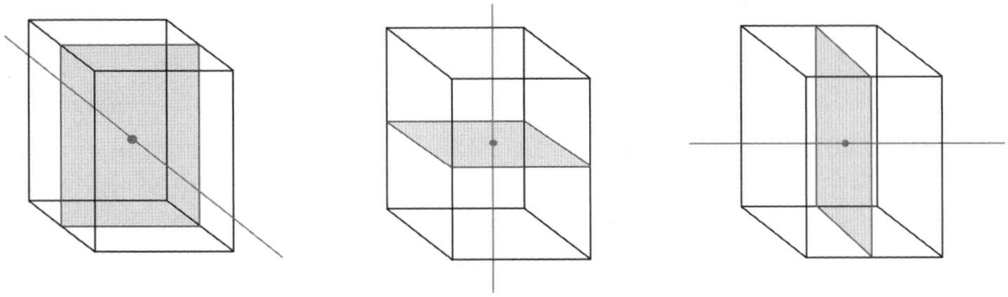

Figura 7.7: Vemos três planos de simetria que passam pelo ponto central de um paralelepípedo. Logo, os três eixos principais de inércia que passam por esse ponto são os eixos ortogonais a esses planos de simetria.

Em particular, decorrem as seguintes igualdades quando o eixo $\tilde{x}$ é um eixo de simetria:

$$\rho(\tilde{x},\tilde{y},\tilde{z}) = \rho(\tilde{x},-\tilde{y},\tilde{z}) \quad \text{e} \quad \rho(\tilde{x},\tilde{y},\tilde{z}) = \rho(\tilde{x},\tilde{y},-\tilde{z})\,.$$

Usando essas identidades em conjunto com a Eq. (7.10), é fácil notar que as componentes $\tilde{I}_{12}$, $\tilde{I}_{13}$ e $\tilde{I}_{23}$ são todas nulas, pois o integrando é uma função ímpar (em $\tilde{y}$ e/ou em $\tilde{z}$) e o intervalo de integração é simétrico nas variáveis $\tilde{y}$ e $\tilde{z}$. Portanto, o momento de inércia $\tilde{I}_{ij}$ será uma matriz diagonal. Assim sendo, acabamos de estabelecer o seguinte resultado geral: *se um corpo rígido tem um eixo de simetria, então esse é um eixo principal de inércia em qualquer referencial cuja origem esteja localizada no eixo de simetria. Além disso, qualquer eixo ortogonal ao eixo de simetria também será um eixo principal de inércia.* Essa última afirmação pode ser compreendida de outra forma, notando que qualquer plano que contenha o eixo de simetria é um plano de simetria, vide Fig. 7.8. Essa infinidade de eixos principais de inércia é o reflexo de uma degenerescência nos valores dos momentos principais de inércia. De fato, por conta da simetria de rotação em torno do eixo $\tilde{x}$, segue que $\gamma_2 = \gamma_3$.

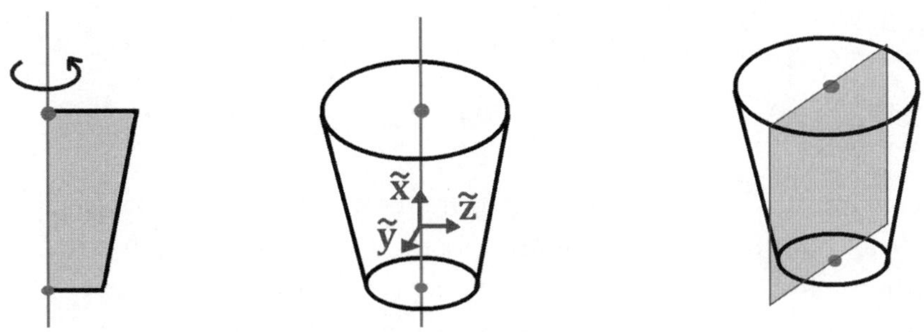

Figura 7.8: À esquerda, vemos como um objeto de revolução pode ser gerado geometricamente: pega-se um fatia plana com um formato arbitrário, fixa-se ela a um eixo e então se faz uma rotação de 360°. Na ilustração do meio, vemos o corpo tridimensional gerado e seu eixo de simetria. Nessa figura, o eixo $\tilde{x}$ foi alinhado com o eixo de simetria. Por fim, no lado direito, foi ilustrado um plano de simetria desse objeto. Na verdade, qualquer plano que contenha o eixo de simetria será um plano de simetria.

7.4 Transladando a origem do referencial

Nesta seção, vamos investigar como o momento de inércia de um corpo rígido é alterado quando fazemos uma mudança de referencial através de uma translação, passando de um referencial cuja origem está no centro de massa, $\tilde{S}$, para um outro referencial $\check{S}$. Em particular, como translações não alteram as direções dos vetores, devemos assumir que os referenciais $\tilde{S}$ e $\check{S}$ têm eixos paralelos. Denotemos por $\boldsymbol{\Delta}$ o vetor posição da origem de $\check{S}$ quando medido no referencial $\tilde{S}$, conforme ilustrado na Fig. 7.9. Sendo $\tilde{\boldsymbol{r}}_\alpha$ e $\check{\boldsymbol{r}}_\alpha$ os vetores

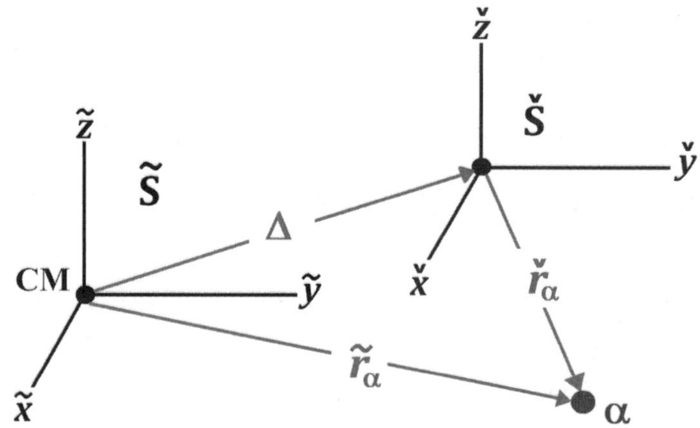

Figura 7.9: A ilustração mostra os referenciais $\tilde{S}$ e $\check{S}$ que são relacionados por uma translação. Seus eixos são paralelos.

posição de uma mesma partícula α do corpo rígido, vemos que vale a seguinte identidade:

$$\tilde{\boldsymbol{r}}_\alpha = \boldsymbol{\Delta} + \check{\boldsymbol{r}}_\alpha \,.$$

Portanto, a relação entre os momentos de inércia nos referenciais $\tilde{S}$ e $\check{S}$ é a seguinte:

$$\begin{aligned}
\check{I}_{ij} &= \sum_\alpha m_\alpha \left[\check{x}_{\alpha k}\check{x}^k_\alpha\,\delta_{ij} - \check{x}_{\alpha i}\check{x}_{\alpha j}\right] \\
&= \sum_\alpha m_\alpha \left[(\tilde{x}_{\alpha k} - \tilde{\Delta}_k)(\tilde{x}^k_\alpha - \tilde{\Delta}^k)\,\delta_{ij} - (\tilde{x}_{\alpha i} - \tilde{\Delta}_i)(\tilde{x}_{\alpha j} - \tilde{\Delta}_j)\right] \\
&= \tilde{I}_{ij} - 2M\tilde{R}^k_{CM}\,\tilde{\Delta}_k\,\delta_{ij} + M\tilde{R}_{CM\,i}\,\tilde{\Delta}_j + M\tilde{\Delta}_i\tilde{R}_{CM\,j} + M\left[(\tilde{\Delta}_k\tilde{\Delta}^k)\delta_{ij} - \tilde{\Delta}_i\tilde{\Delta}_j\right] \,,
\end{aligned}$$

onde, na expressão acima, $\tilde{\Delta}_i$ denota as componentes do vetor $\boldsymbol{\Delta}$ na base $\{\tilde{\boldsymbol{e}}_i\}$, assim como $\tilde{R}_{CM\,i}$ representa as componentes do vetor posição do centro de massa no referencial $\tilde{S}$. Ocorre que estamos assumindo que $\tilde{S}$ tem sua origem localizada no centro de massa do corpo rígido, de forma que $\tilde{R}_{CM\,i} = 0$. Sendo assim, a equação acima fornece:

$$\check{I}_{ij} = \tilde{I}_{ij} + M\,\left[(\tilde{\Delta}_k\tilde{\Delta}^k)\delta_{ij} - \tilde{\Delta}_i\tilde{\Delta}_j\right] \,. \tag{7.19}$$

Em palavras, essa última equação nos afirma que o momento de inércia em relação a um ponto qualquer do corpo rígido é igual à soma do momento de inércia em relação ao centro de massa, $\tilde{I}_{ij}$, com o momento de inércia de uma partícula pontual fictícia de massa M deslocada de um vetor $\boldsymbol{\Delta}$ em relação ao centro de massa, onde $\boldsymbol{\Delta}$ é o vetor que conecta o centro de massa do corpo ao ponto onde se quer calcular o momento de inércia, conforme ilustrado na Fig. 7.9.

A Eq. (7.19) deixa claro que as direções dos eixos principais de inércia são, em geral, alteradas quando fazemos uma translação na origem do referencial. De fato, suponha que $\tilde{S}$ tem sua base cartesiana alinhada com os eixos principais do corpo em relação ao centro de massa. Então $\tilde{I}_{ij}$ será uma matriz diagonal. No entanto, a matriz $\check{I}_{ij}$ não será diagonal se mais de uma das três componentes $\tilde{\Delta}_i$ for diferente de zero. Ou seja, as direções dos eixos principais irão mudar se a translação não for ao longo de um dos eixos principais relativos ao centro de massa.

Considere um eixo que passa pelo centro de massa do corpo e está orientado na direção do vetor normalizado $\boldsymbol{n}$, e denotemos esse eixo por $\tilde{N}$. Se o corpo rígido de interesse for rotacionado em torno desse eixo, então o momento de inércia em torno de tal eixo será dado pela projeção do momento de inércia ao longo da direção $\boldsymbol{n}$, $\tilde{I}_{\tilde{N}} \equiv \tilde{I}_{ij}\, \tilde{n}^i\, \tilde{n}^j$. Isso significa que, se o corpo estiver girando com velocidade angular de magnitude ω em torno desse eixo, então a energia cinética de rotação será dada por:

$$\bar{E}_{cin} = \frac{1}{2}\, \tilde{I}_{\tilde{N}}\, \omega^2 \,.$$

Note, no entanto, que, em geral, $\bar{\boldsymbol{L}} \neq \omega \tilde{I}_{\tilde{N}} \boldsymbol{n}$, pois, como argumentado anteriormente, usualmente o momento angular não aponta na mesma direção da velocidade angular. Uma exceção a essa última afirmação ocorre se $\tilde{N}$ for um eixo principal de inércia, em cujo caso teremos $\bar{\boldsymbol{L}} = \omega \tilde{I}_{\tilde{N}} \boldsymbol{n}$. Agora, consideremos um corpo que foi posto para rotacionar em torno de um eixo $\check{N}$, que é paralelo ao versor $\boldsymbol{n}$, mas que não passa pelo centro de massa. Definamos o referencial $\check{S}$ como sendo um referencial cuja origem está ao longo do eixo $\check{N}$ e cujos eixos são paralelos aos eixos de $\tilde{S}$. A Fig. 7.10 ilustra essa mudança de eixo. Então, usando a Eq. (7.19), vemos que o momento de inércia em torno desse novo

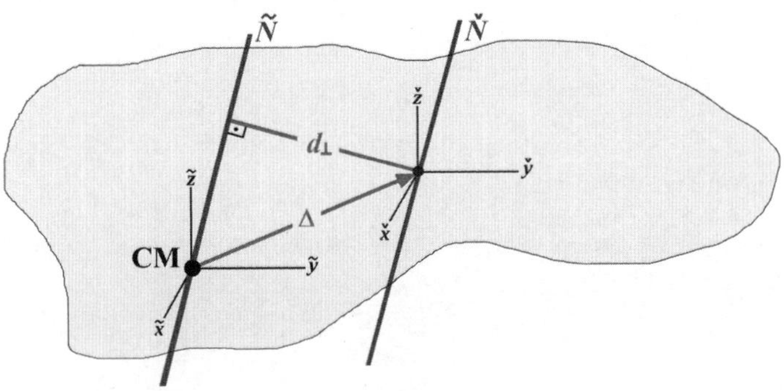

Figura 7.10: Os eixos $\tilde{N}$ e $\check{N}$ são paralelos. O primeiro passa pelo centro de massa do corpo e o segundo passa pela origem do referencial $\check{S}$. O vetor $\boldsymbol{\Delta}$ conecta o centro de massa à origem de $\check{S}$ e $d_\perp = |\boldsymbol{\Delta} - (\boldsymbol{\Delta}\cdot\boldsymbol{n})\boldsymbol{n}|$ denota a distância entre os eixos.

eixo é dado por:

$$\check{I}_{\check{N}} \equiv \check{I}_{ij}\, \check{n}^i\, \check{n}^j = \check{I}_{ij}\, \tilde{n}^i\, \tilde{n}^j = \tilde{I}_{ij}\, \tilde{n}^i\, \tilde{n}^j + M\, \left[\boldsymbol{\Delta}\cdot\boldsymbol{\Delta} - \boldsymbol{\Delta}\cdot\boldsymbol{n}\right] . \tag{7.20}$$

Note que $\check{n}^i = \tilde{n}^i$, pois os eixos dos referenciais $\check{S}$ e $\tilde{S}$ são assumidos paralelos, de forma que as bases $\{\check{\boldsymbol{e}}_i\}$ e $\{\tilde{\boldsymbol{e}}_i\}$ coincidem. Agora, notemos que a componente de $\boldsymbol{\Delta}$ que é ortogonal à direção $\boldsymbol{n}$ é dada por:

$$\boldsymbol{d}_\perp = \boldsymbol{\Delta} - (\boldsymbol{\Delta}\cdot\boldsymbol{n})\,\boldsymbol{n} \,.$$

A norma de $\boldsymbol{d}_\perp$ representa a distância entre os eixos $\tilde{N}$ e $\check{N}$, como ilustrado na Fig. 7.10. O quadrado dessa norma é dado por:

$$d_\perp^2 = [\,\boldsymbol{\Delta} - (\boldsymbol{\Delta} \cdot \boldsymbol{n})\,\boldsymbol{n}\,] \cdot [\,\boldsymbol{\Delta} - (\boldsymbol{\Delta} \cdot \boldsymbol{n})\,\boldsymbol{n}\,] = \boldsymbol{\Delta} \cdot \boldsymbol{\Delta} - \boldsymbol{\Delta} \cdot \boldsymbol{n}\,.$$

Usando esse fato, vemos que a Eq. (7.20) pode ser escrita da seguinte maneira:

$$\check{I}_{\check{N}} = \tilde{I}_{\tilde{N}} + M\,d_\perp^2\,. \tag{7.21}$$

Essa equação é a expressão matemática do chamado **teorema dos eixos paralelos**, um resultado que tem grande utilidade prática quando precisamos calcular a energia cinética de rotação em relação a um eixo que não passa pelo centro de massa.

7.5 Exercícios sugeridos

Exercício 1

Considere uma placa homogênea de massa M em formato retangular de lados a e b e com espessura desprezível. Considerando uma das quinas dessa placa como sendo a origem de $\tilde{S}$, determine os momentos principais de inércia e seus eixos principais associados.

Exercício 2 – *resolvido*

Considere uma placa bidimensional plana de formato arbitrário. Prove que, se considerarmos um referencial $\tilde{S}$ cuja origem pertence à placa, então o eixo ortogonal à placa será um eixo principal de inércia. Denotemos por γ_3 o momento de inércia associado a esse eixo. Além disso, prove que a soma dos outros dois momentos principais de inércia é igual ao momento γ_3. Ou seja, estabeleça a identidade $\gamma_3 = \gamma_1 + \gamma_2$.

Exercício 3

Considere um corpo rígido que consiste em uma esfera de raio R feita de material homogêneo tal que uma esfera de raio r, onde $r < R$, foi escavada de maneira a tangenciar a superfície da esfera maior, conforme ilustrado ao lado. Determine os três eixos principais de inércia em relação ao centro da esfera maior e obtenha os respectivos momentos de inércia. Encontre também o centro de massa desse corpo.

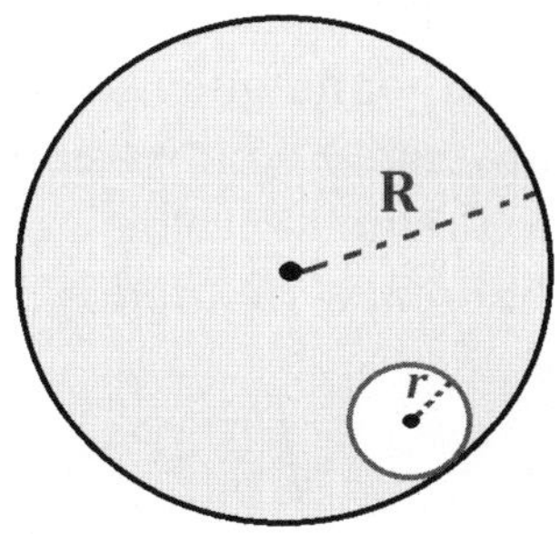

Exercício 4 – *resolvido*

Considere um cone maciço e homogêneo de massa M, altura h e com ângulo de abertura 2α, conforme ilustrado ao lado. Assumindo que a ponta do cone, P, tem uma posição fixa e que o cone rola *sem deslizar* sobre um plano horizontal, escreva uma expressão para a energia cinética total do cone em relação a um referencial fixo S cuja origem é P. Escreva a expressão para a energia em termos de $\dot{\phi}$, onde ϕ é o ângulo em torno do eixo central do cone, como ilustrado ao lado.

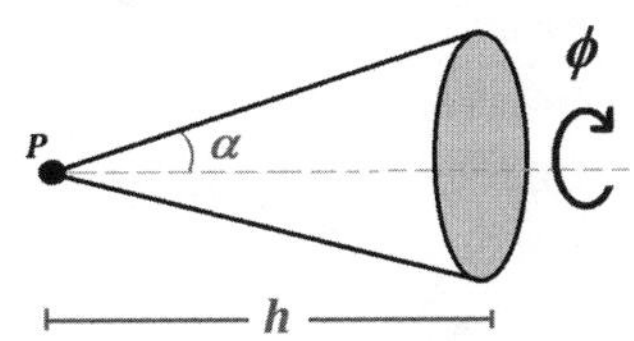

Solução do Exercício 2

Consideremos que a placa bidimensional está contida no plano $\tilde{\mathrm{z}} = 0$. Nesse caso, devemos falar de uma densidade superficial de massa, $\varrho = \varrho(\tilde{\mathrm{x}}, \tilde{\mathrm{y}})$, onde ϱ tem unidade de massa por área. Então, supondo que a placa tem espessura h, com $h \to 0$, segue que a densidade volumétrica de massa será dada por $\rho = \frac{1}{h}\varrho$. Então, a componente $\tilde{I}_{13}$ do momento de inércia fornece:

$$\tilde{I}_{13} = \int \rho dV\,(-\tilde{\mathrm{x}}\tilde{\mathrm{z}}) = -\frac{1}{h}\int_0^h d\tilde{\mathrm{z}} \int d\tilde{\mathrm{x}} \int d\tilde{\mathrm{y}}\; \varrho(\tilde{\mathrm{x}}, \tilde{\mathrm{y}})\, \tilde{\mathrm{x}}\tilde{\mathrm{z}} = -\frac{h}{2}\int d\tilde{\mathrm{x}} \int d\tilde{\mathrm{y}}\; \varrho(\tilde{\mathrm{x}}, \tilde{\mathrm{y}})\, \tilde{\mathrm{x}}\,,$$

onde, na última passagem, foi efetuada a integração em $\tilde{\mathrm{z}}$. Logo, no limite $h \to 0$, vemos que $\tilde{I}_{13}$ se anulará. Analogamente, a expressão para $\tilde{I}_{23}$ se anulará no limite em que a espessura da placa vai a zero. Diferentemente, $\tilde{I}_{12}$ não precisa se anular nesse limite. Como $\tilde{I}_{13} = \tilde{I}_{23} = 0$, concluímos que o vetor $\tilde{\boldsymbol{e}}_3$ será um autovetor da matriz momento de inércia e, consequentemente, o eixo $\tilde{\mathrm{z}}$ será um eixo principal de inércia. Os outros dois eixos principais devem ser ortogonais ao eixo $\tilde{\mathrm{z}}$ e, portanto, devem estar contidos no plano $\tilde{\mathrm{x}}\tilde{\mathrm{y}}$. Suponha que nós tenhamos orientado os eixos cartesianos $\tilde{\mathrm{x}}$ e $\tilde{\mathrm{y}}$ para serem alinhados exatamente com esses eixos principais. Nesse caso, as únicas componentes diferentes de zero do momento de inércia serão $\tilde{I}_{11} = \gamma_1$, $\tilde{I}_{22} = \gamma_2$ e $\tilde{I}_{33} = \gamma_3$. Esses momentos principais de inércia serão dados por:

$$\gamma_1 = \int \frac{\varrho}{h} dV\,(\tilde{\mathrm{y}}^2 + \tilde{\mathrm{z}}^2)\,, \quad \gamma_2 = \int \frac{\varrho}{h} dV\,(\tilde{\mathrm{x}}^2 + \tilde{\mathrm{z}}^2)\,, \quad \gamma_3 = \int \frac{\varrho}{h} dV\,(\tilde{\mathrm{x}}^2 + \tilde{\mathrm{y}}^2)\,.$$

As integrais de $\tilde{\mathrm{z}}^2$ que aparecem nas expressões de γ_1 e γ_2 são iguais a zero, no limite $h \to 0$. De fato,

$$\int \frac{\varrho}{h} dV\,\tilde{\mathrm{z}}^2 = \frac{1}{h}\int_0^h \tilde{\mathrm{z}}^2\, d\tilde{\mathrm{z}} \int d\tilde{\mathrm{x}} d\tilde{\mathrm{y}}\, \varrho(\tilde{\mathrm{x}}, \tilde{\mathrm{y}}) = \frac{h^2}{3}\int d\tilde{\mathrm{x}} d\tilde{\mathrm{y}}\, \varrho(\tilde{\mathrm{x}}, \tilde{\mathrm{y}}) \overset{h\to 0}{=} 0\,.$$

Sendo assim, concluímos que valem as seguintes expressões para os momentos principais de inércia:

$$\gamma_1 = \int \frac{\varrho}{h} dV\,\tilde{\mathrm{y}}^2\,, \quad \gamma_2 = \int \frac{\varrho}{h} dV\,\tilde{\mathrm{x}}^2\,, \quad \gamma_3 = \int \frac{\varrho}{h} dV\,(\tilde{\mathrm{x}}^2 + \tilde{\mathrm{y}}^2)\,.$$

Portanto, concluímos que $\gamma_3 = \gamma_1 + \gamma_2$.

Solução do Exercício 4

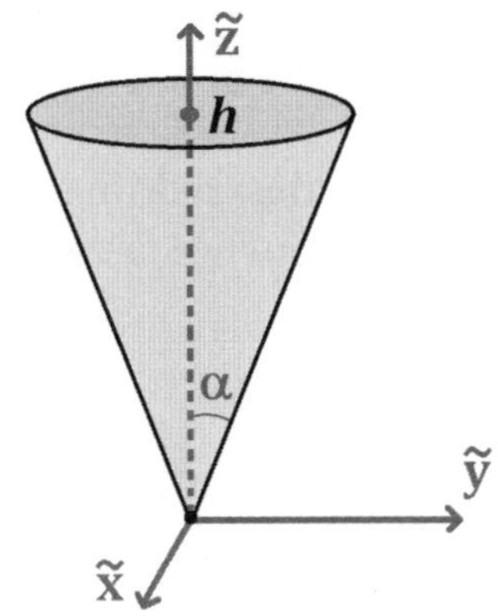

Em primeiro lugar, precisamos calcular o momento de inércia do cone. Escolhamos a origem do referencial $\tilde{S}$ atrelado ao cone como sendo o vértice do cone. Além disso, alinhemos o eixo $\tilde{z}$ com o eixo de simetria, como ilustrado ao lado. Pelo teorema que foi provado no final da Seção 7.3, um eixo de simetria é sempre um eixo principal, assim como qualquer eixo ortogonal a ele. Portanto, os eixos cartesianos do referencial $\tilde{S}$ ilustrado ao lado são eixos principais, de forma que o momento de inércia $\tilde{I}_{ij}$ será uma matriz diagonal. Além disso, teremos $\tilde{I}_{11} = \tilde{I}_{22}$. Portanto, só precisaremos calcular duas componentes.

$$\tilde{I}_{11} = \frac{M}{V}\int(\tilde{y}^2 + \tilde{z}^2)\, d\tilde{x}d\tilde{y}d\tilde{z} \qquad \text{e} \qquad \tilde{I}_{33} = \frac{M}{V}\int(\tilde{x}^2 + \tilde{y}^2)\, d\tilde{x}d\tilde{y}d\tilde{z}\,,$$

onde, na equação acima, V denota o volume do cone. Se o cone tem raio da base R e altura h, seu volume é dado por:

$$V = \frac{1}{3}\pi\, R^2\, h = \frac{1}{3}\pi\,(h\,\tan\alpha)^2\, h = \frac{\pi}{3}\,\tan^2\alpha\, h^3\,.$$

Essas integrais são mais facilmente realizadas usando coordenadas polares $\{\varrho, \varphi, z\}$ definidas através das seguintes equações:

$$\tilde{x} = \varrho\,\cos\varphi \quad \text{e} \quad \tilde{y} = \varrho\,\text{sen}\varphi \quad \Rightarrow \quad d\tilde{x}d\tilde{y} = \varrho\, d\varrho\, d\varphi\,.$$

A coordenada ϱ representa a distância do ponto até o eixo $\tilde{z}$, ao passo que φ é o ângulo em torno desse eixo. O domínio do cone é facilmente expresso nesse sistema de coordenadas, o cone é definido pela condição $0 \leq \varrho \leq \tilde{z}\,\tan\alpha$. Sendo assim, temos:

$$\tilde{I}_{33} = \frac{M}{V}\int_0^h d\tilde{z}\int_0^{\tilde{z}\,\tan\alpha}\varrho\, d\varrho\int_0^{2\pi}d\varphi\,\varrho^2 = \frac{\pi\, M}{10V}\,h^5\,\tan^4\alpha = \frac{3M}{10}\,h^2\,\tan^2\alpha\,,$$

$$\tilde{I}_{11} = \tilde{I}_{22} = \frac{M}{V}\int_0^h d\tilde{z}\int_0^{\tilde{z}\,\tan\alpha}\varrho\, d\varrho\int_0^{2\pi}d\varphi\,(\varrho^2\,\text{sen}^2\varphi + \tilde{z}^2) = \frac{3M}{20}\left(\tan^2\alpha\, h^2 + 4h^2\right)\,.$$

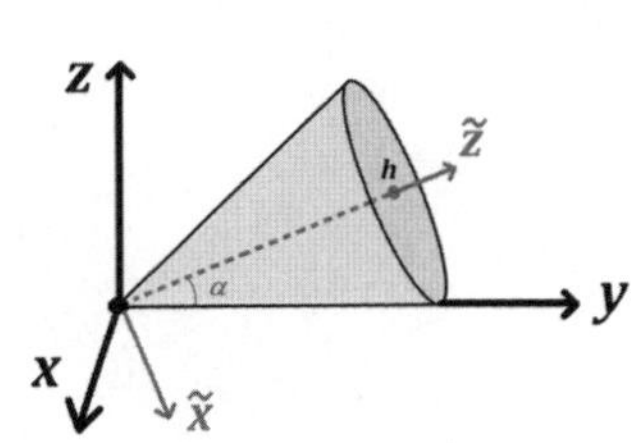

No que segue, usemos o referencial S, que está parado em relação ao chão, definido na figura ao lado. S e $\tilde{S}$ têm origens coincidentes, localizadas no vértice do cone, que é um ponto que não se move. Sendo assim, a energia cinética do cone é dada por:

$$E_{cin} = \frac{1}{2}\tilde{I}_{ij}\,\tilde{\omega}^i\,\tilde{\omega}^j = \frac{1}{2}\tilde{I}_{11}\,\left[(\tilde{\omega}^1)^2 + (\tilde{\omega}^2)^2\right] + \frac{1}{2}\tilde{I}_{33}\,(\tilde{\omega}^3)^2\,.$$

O que nos resta é calcular as componentes da velocidade angular, $\tilde{\omega}^i$. Toda operação de rotação no $\mathbb{R}^3$ deixa algum eixo invariante. Portanto, a cada instante da rotação do cone, algum eixo deve ficar parado. Como o cone rola sem deslizar, o eixo que permanece fixo é o eixo que está momentaneamente em contato com o chão. Na figura anterior, esse eixo foi alinhado com o eixo y do referencial S. Portanto, concluímos que $\boldsymbol{\omega} = \omega\,\boldsymbol{e}_{\text{y}}$, onde ω é a magnitude da velocidade angular.

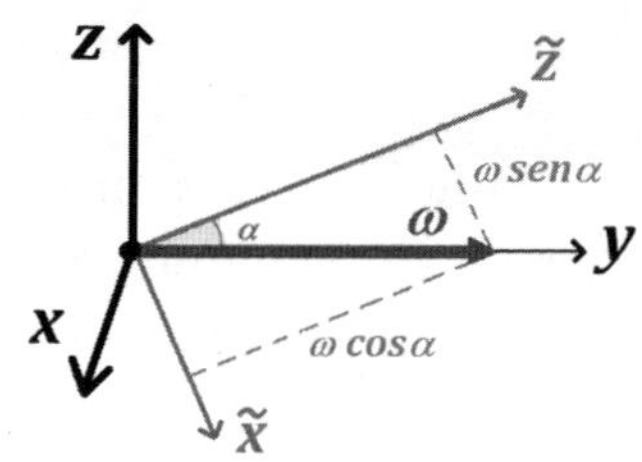

Escrevendo essa expressão em termos da base cartesiana do referencial $\tilde{S}$, temos:

$$\boldsymbol{\omega} = \omega\, \boldsymbol{e}_{\mathrm{y}} = \omega\,\mathrm{sen}\alpha\, \tilde{\boldsymbol{e}}_{\mathrm{x}} + \omega\, \cos\alpha\, \tilde{\boldsymbol{e}}_{\mathrm{z}}\,,$$

conforme ilustrado na figura ao lado. Por definição do ângulo ϕ, a componente $\tilde{\omega}^3$ é exatamente $\dot{\phi}$. Ou seja,

$$\omega\, \cos\alpha = \dot{\phi} \quad \Rightarrow \quad \omega = \frac{\dot{\phi}}{\cos\alpha}\,.$$

Em suma,

$$\tilde{\omega}^1 = \omega\,\mathrm{sen}\alpha = \tan\alpha\,\dot{\phi}\,, \quad \tilde{\omega}^2 = 0\,, \quad \tilde{\omega}^3 = \dot{\phi}\,.$$

Logo, a energia cinética é dada por:

$$\begin{aligned} E_{cin} &= \frac{3M}{40}\left(\tan^2\alpha + 4\right) h^2\, \tan^2\alpha\, \dot{\phi}^2 + \frac{3M}{20}\, h^2\, \tan^2\alpha\, \dot{\phi}^2 \\ &= \frac{3Mh^2\, \tan^2\alpha}{40\, \cos^2\alpha}\left(1 + 5\cos^2\alpha\right)\dot{\phi}^2\,. \end{aligned}$$

Capítulo 8

Ângulos de Euler e a dinâmica dos corpos rígidos

No capítulo anterior, nós estabelecemos as bases matemáticas para estudar a dinâmica dos corpos rígidos. Agora, vamos aplicar tais ferramentas para investigar a evolução temporal de um corpo rígido submetido a forças externas. Essencialmente, faremos uso das seguintes equações:

$$M\,\frac{d^2}{dt^2}\boldsymbol{R}_{CM} = \boldsymbol{F}_{ext} \quad \text{e} \quad \frac{d\boldsymbol{L}}{dt} = \boldsymbol{\mathcal{T}}_{ext}\,, \tag{8.1}$$

onde $\boldsymbol{F}_{ext}$ e $\boldsymbol{\mathcal{T}}_{ext}$ denotam, respectivamente, os somatórios das forças e dos torques externos que agem sobre o corpo rígido. Note que se trata de duas equações vetoriais e, portanto, correspondem a seis vínculos ao todo. Como um corpo rígido tem seis graus de liberdade, três referentes à posição de um ponto do corpo e mais três referentes à orientação do corpo, essas duas equações devem ser suficientes para determinar a dinâmica do corpo rígido. Ao aplicar essas equações, é importante que sejamos coerentes na escolha dos referenciais. Por exemplo, tanto $\boldsymbol{L}$ quanto $\boldsymbol{\mathcal{T}}_{ext}$ devem ser relativos ao mesmo referencial. Tipicamente, há dois referenciais de interesse, o do observador e o do corpo que se move em relação ao observador. Normalmente, as forças e, consequentemente, os torques são sabidos no referencial do observador. Portanto, se quiséssemos usar a Eq. (8.1) no referencial do corpo, teríamos que empregar a lei de transformação das forças, que envolve os termos de força centrífuga e de Coriolis, dificultando a determinação da solução. Por essa razão, ao fazer uso dessas equações dinâmicas, em geral, adota-se o referencial do observador, que denotamos por S neste livro.

8.1 Movimentos planares

O movimento de um corpo rígido é dito planar quando cada ponto do corpo se desloca dentro de um único plano ao longo do tempo. Diferentes pontos podem estar contidos em diferentes planos, porém tais planos devem ser todos paralelos entre si para que o movimento seja considerado planar. Logo, os pontos só podem girar em torno de um único eixo, o eixo ortogonal aos planos de movimento. Nesse caso, é útil orientar as bases cartesianas dos referenciais S e $\tilde{S}$ de forma que os versores $\boldsymbol{e}_{\mathrm{z}}$ e $\tilde{\boldsymbol{e}}_{\mathrm{z}}$ coincidam e estejam alinhados com o eixo de rotação. Sendo assim, a velocidade angular só terá componente na direção do eixo z:

$$\boldsymbol{\omega} = \dot{\phi}\,\boldsymbol{e}_{\mathrm{z}} = \dot{\phi}\,\tilde{\boldsymbol{e}}_{\mathrm{z}} \quad \Rightarrow \quad \tilde{\omega}^i = \dot{\phi}\,\delta^i{}_3\,, \tag{8.2}$$

onde ϕ denota o ângulo em torno do eixo de rotação. Dessa maneira, a energia cinética de rotação fica dada por

$$\bar{E}_{cin} = \frac{1}{2}\,\tilde{I}_{33}\,\dot{\phi}^2\,.$$

Portanto, a energia cinética de rotação dependerá apenas de uma velocidade angular, $\dot{\phi}$. Isso traz grande simplificação para análise da dinâmica, especialmente quando se faz uso do chamado formalismo lagrangiano, que será abordado mais adiante neste livro. Em tal formalismo, a energia cinética desempenha um papel central na obtenção das equações de movimento. Note, entretanto, que, em geral, não podemos afirmar que o momento angular $\bar{\boldsymbol{L}}$ também estará alinhado com o eixo $\tilde{\boldsymbol{e}}_z$. Esse alinhamento ocorrerá, no entanto, caso o eixo $\tilde{\boldsymbol{e}}_z$ seja um eixo principal de inércia do corpo em relação à origem escolhida para $\tilde{S}$. Isso já ilustra como o formalismo lagrangiano é mais vantajoso que o newtoniano, pois, no último, a equação dinâmica faz uso do momento angular, e esse momento angular pode variar de direção com tempo, apesar de o movimento ser planar.

Supondo que a origem do referencial $\tilde{S}$ tenha sido escolhida como sendo o centro de massa, podemos usar a Eq. (7.2) para expressar o momento angular medido no referencial do observador, o referencial S. Então, utilizando tal expressão e a Eq. (8.2), vemos que a taxa de variação do momento angular em um movimento planar é dada por:

$$\frac{d\boldsymbol{L}}{dt} = M\,\boldsymbol{R}_{CM} \times \ddot{\boldsymbol{R}}_{CM} + \ddot{\phi}\,\tilde{I}^i{}_3\,\tilde{\boldsymbol{e}}_i + \dot{\phi}^2\,\tilde{I}^i{}_3\,(\tilde{\boldsymbol{e}}_z \times \tilde{\boldsymbol{e}}_i) = \boldsymbol{\mathcal{T}}_{ext}\,. \tag{8.3}$$

Uma vez que o movimento foi assumindo como sendo planar, $\boldsymbol{R}_{CM}(t)$ deve estar sempre em um mesmo plano. Escolhendo esse plano como sendo a superfície z = 0, segue que $\boldsymbol{R}_{CM}$ e $\dot{\boldsymbol{R}}_{CM}$ estarão sempre contidos no plano xy, de forma que $\boldsymbol{R}_{CM} \times \ddot{\boldsymbol{R}}_{CM}$ estará na direção $\boldsymbol{e}_z$. Ou seja, o momento angular "do centro de massa" estará na direção do eixo de rotação. Note que, em geral, a equação dinâmica (8.3) será de difícil solução, pois contém termos quadráticos em $\dot{\phi}$, de forma que a equação diferencial é não linear. Uma grande simplificação ocorre, no entanto, se o eixo de rotação for um eixo principal em relação ao centro de massa, em cujo caso teremos a seguinte equação dinâmica:

$$M\,\boldsymbol{R}_{CM} \times \ddot{\boldsymbol{R}}_{CM} + \ddot{\phi}\,\tilde{I}_{33}\,\tilde{\boldsymbol{e}}_z = \boldsymbol{\mathcal{T}}_{ext}\,. \tag{8.4}$$

Apesar de a Eq. (8.4) ser vetorial, o lado esquerdo só tem componentes na direção $\boldsymbol{e}_z$, de forma que tal equação só tem, efetivamente, uma componente.

Exemplo: Suponha que um objeto de revolução, ou seja, um objeto com um eixo de simetria, role sob a influência da força peso em um plano inclinado de altura h e com inclinação θ, conforme ilustrado na Fig. 8.1. Considere que existe uma força de atrito estático entre o corpo e o plano, de maneira que o rolamento ocorra sem que o corpo deslize. Supondo que o corpo partiu do repouso no topo do plano, determine o tempo necessário para que ele percorra toda a extensão do plano inclinado. A massa do corpo é M, o raio da seção transversal de contato é ρ e a aceleração local da gravidade é g. Assuma que o movimento do corpo é planar e que o plano de rotação que contém o centro de massa é aquele que faz contato com a superfície do plano inclinado.

Solução

Usando o sistema de coordenadas S ilustrado na Fig. 8.1, valem as seguintes equações:

$$\boldsymbol{R}_{CM} = \mathrm{x}\,\boldsymbol{e}_x\,, \quad \boldsymbol{\omega} = \dot{\phi}\,\boldsymbol{e}_z = \dot{\phi}\,\tilde{\boldsymbol{e}}_z\,, \quad \bar{\boldsymbol{L}} = I\,\dot{\phi}\,\boldsymbol{e}_z = I\,\dot{\phi}\,\tilde{\boldsymbol{e}}_z\,,$$

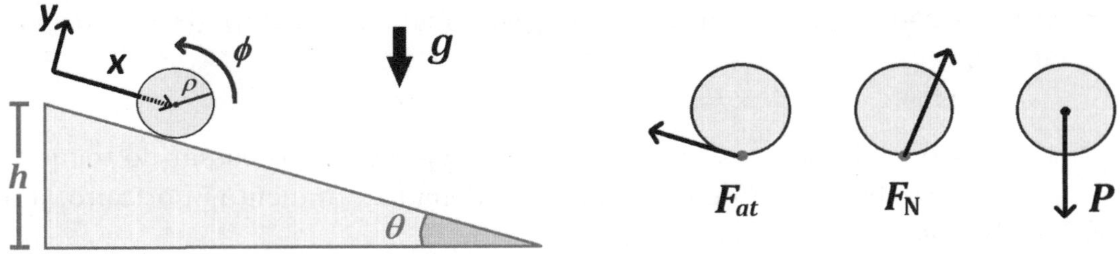

Figura 8.1: O corpo rígido desce o plano inclinado sem deslizar. O eixo de simetria do corpo é ortogonal à página. O ângulo ϕ é o ângulo de rotação em torno do eixo z, mas note que deveremos ter $\dot{\phi} < 0$, pois a rotação se dará no sentido horário. No lado direito da figura, vemos as três forças que agem sobre o corpo e seus pontos de atuação.

onde o referencial atrelado ao corpo, $\tilde{S}$, foi escolhido de forma que o vetor $\tilde{\boldsymbol{e}}_{\rm z}$ esteja alinhado com o eixo de simetria do corpo e ϕ denota o ângulo em torno desse eixo. Por fim, I representa o momento de inércia em relação ao eixo de simetria. Note que, por ser um eixo de simetria, trata-se também de um eixo principal de inércia em relação ao centro de massa, motivo pelo qual o momento angular está na mesma direção da velocidade angular. Em particular, notemos que $\boldsymbol{e}_{\rm z} = \tilde{\boldsymbol{e}}_{\rm z}$. Por sua vez, as forças que atuam no corpo são dadas por:

$$\boldsymbol{F}_{at} = -A\,\boldsymbol{e}_{\rm x}\,, \quad \boldsymbol{F}_N = N\,\boldsymbol{e}_{\rm y}\,, \quad \boldsymbol{P} = Mg\,\text{sen}\theta\,\boldsymbol{e}_{\rm x} - Mg\cos\theta\,\boldsymbol{e}_{\rm y}\,,$$

onde $\boldsymbol{F}_{at}$ denota a força de atrito, com A sendo sua magnitude; $\boldsymbol{F}_N$ é a força normal, com N sendo sua magnitude; e $\boldsymbol{P}$ denota a força peso. Os valores de A e N são, a princípio, desconhecidos.

A dinâmica do centro de massa é, então, regida pela seguinte equação:

$$M\,\frac{d^2}{dt^2}\boldsymbol{R}_{CM} = \boldsymbol{F}_{ext} \quad \Rightarrow \quad M\ddot{\rm x}\,\boldsymbol{e}_{\rm x} = (Mg\,\text{sen}\theta - A)\,\boldsymbol{e}_{\rm x} + (N - Mg\cos\theta)\,\boldsymbol{e}_{\rm y}\,.$$

Dessa equação, concluímos então que $N = Mg\cos\theta$, pois o corpo não se movimenta na direção $\boldsymbol{e}_{\rm y}$. Ademais, vale a seguinte relação:

$$\ddot{\rm x} = g\,\text{sen}\theta - \frac{1}{M}A\,.$$

Por sua vez, fazendo uso da Eq. (7.2), concluímos que o momento angular do corpo no referencial S é dado por:

$$\boldsymbol{L} = M\,\boldsymbol{R}_{CM} \times \dot{\boldsymbol{R}}_{CM} + \bar{\boldsymbol{L}} = M\,({\rm x}\,\boldsymbol{e}_{\rm x}) \times (\dot{\rm x}\,\boldsymbol{e}_{\rm x}) + I\,\dot{\phi}\,\boldsymbol{e}_{\rm z} = I\,\dot{\phi}\,\boldsymbol{e}_{\rm z}$$

De forma análoga, o torque total é dado por:

$$\boldsymbol{\mathcal{T}}_{ext} = ({\rm x}\,\boldsymbol{e}_{\rm x} - \rho\,\boldsymbol{e}_{\rm y}) \times (\boldsymbol{F}_{at} + \boldsymbol{F}_N) + ({\rm x}\,\boldsymbol{e}_{\rm x}) \times \boldsymbol{P} = -\rho\,\boldsymbol{e}_{\rm y} \times \boldsymbol{F}_{at} = -\rho\,A\,\boldsymbol{e}_{\rm z}\,.$$

Portanto, a equação que rege a dinâmica da rotação é dada por:

$$\frac{d\boldsymbol{L}}{dt} = \boldsymbol{\mathcal{T}}_{ext} \quad \Rightarrow \quad I\,\ddot{\phi} = -\rho\,A\,. \tag{8.5}$$

Em suma, encontramos uma equação que fornece a aceleração em ϕ e uma equação que fornece a aceleração em x, mas não é possível resolvê-las porque não conhecemos a magnitude da força de atrito, A. Ocorre que a condição de rolamento (sem deslizar) gera um conexão entre as coordenadas ϕ e x. Mais precisamente, essa hipótese corresponde ao seguinte vínculo:

$$\mathrm{x} = -\rho\,\phi \quad \Rightarrow \quad \ddot{\mathrm{x}} = -\rho\,\ddot{\phi}\,,$$

onde o sinal negativo foi posto porque o ângulo ϕ decresce com o passar do tempo, pois o corpo gira no sentido horário, ao passo que a coordenada x aumenta. Portanto, juntando as equações obtidas até agora, temos:

$$\ddot{\mathrm{x}} = g\,\mathrm{sen}\theta - \frac{1}{M}\,A = g\,\mathrm{sen}\theta + \frac{I}{\rho\,M}\,\ddot{\phi} = g\,\mathrm{sen}\theta - \frac{I}{\rho^2\,M}\,\ddot{\mathrm{x}} \quad \Rightarrow \quad \ddot{\mathrm{x}} = \frac{g\,\mathrm{sen}\theta}{1+\frac{I}{\rho^2 M}}\,.$$

Portanto, usando as condições iniciais $\mathrm{x}(0) = 0$ e $\dot{\mathrm{x}}(0) = 0$, concluímos que:

$$\mathrm{x}(t) = \frac{g\,\mathrm{sen}\theta}{2(1+\frac{I}{\rho^2 M})}\,t^2\,.$$

O tempo necessário para que o corpo percorra toda a extensão do plano, t_0, pode ser obtido através da seguinte equação:

$$\mathrm{x}(t_0) = \frac{h}{\mathrm{sen}\theta} \quad \Rightarrow \quad t_0 = \sqrt{\frac{2h(1+\frac{I}{\rho^2 M})}{g\,\sin^2\theta}}\,.$$

A razão $I/(M\rho^2)$ depende da distribuição de massa do corpo considerado. Por exemplo, para uma casca esférica, uma esfera maciça e para um cilindro de base circular, tal razão assume os seguintes valores, respectivamente: 2/3, 1/2 e 2/5. Portanto, dentre esses três objetos, o que levará mais tempo para descer o plano inclinado é a casca esférica. A razão é que seu maior momento de inércia faz com que mais energia seja necessária para fazer o corpo girar em torno de seu eixo, sobrando menos energia para a translação do centro de massa. Aliás, por falar em energia, a forma mais simples de se resolver esse problema é empregando a lei de conservação de energia. Durante a queda, a energia potencial gravitacional é convertida em energia cinética de translação e energia cinética de rotação, de forma que vale a seguinte igualdade:

$$M g\,\Delta h = \frac{M}{2}V_{CM}^2 + \frac{1}{2}I\omega^2 = \frac{M}{2}\dot{\mathrm{x}}^2 + \frac{1}{2}I\dot{\phi}^2 = \frac{M}{2}\left(1+\frac{I}{M\rho^2}\right)\dot{\mathrm{x}}^2\,,$$

onde Δh denota a variação de altura do centro de massa. Portanto, usando que $\Delta h = \mathrm{x}\,\mathrm{sen}\theta$, concluímos que:

$$g\,\mathrm{x}\,\mathrm{sen}\theta = \frac{1}{2}\left(1+\frac{I}{M\rho^2}\right)\dot{\mathrm{x}}^2 \quad \Rightarrow \quad \mathrm{x}(t) = \frac{g\,\mathrm{sen}\theta}{2(1+\frac{I}{\rho^2 M})}\,(t+\tau_0)^2\,,$$

onde τ_0 é uma constante de integração, que deve ser escolhida como sendo zero ■

8.2 Equações de Euler

No capítulo anterior, vimos que a expressão para o momento angular do corpo rígido em relação ao referencial S, o referencial do observador, é particularmente simples se escolhermos a origem do referencial $\tilde{S}$, o referencial atrelado ao corpo, como sendo o centro de massa. Nesse caso, temos:

$$\boldsymbol{L} = \boldsymbol{L}_{CM} + \bar{\boldsymbol{L}} = \boldsymbol{L}_{CM} + \tilde{I}^i{}_j\,\tilde{\omega}^j\,\tilde{\boldsymbol{e}}_i\,,$$

onde $\boldsymbol{L}_{CM}$ é o momento angular "do centro de massa" em relação ao referencial S. Por sua vez, $\bar{\boldsymbol{L}}$ é o momento angular do corpo rígido em relação ao referencial $\bar{S}$, que tem a mesma origem que $\tilde{S}$, mas cujos eixos são paralelos aos eixos de S. Ademais, $\tilde{\omega}^j$ são as componentes do vetor $\boldsymbol{\omega}$ expandido na base $\{\tilde{\boldsymbol{e}}_i\}$. Lembrando que $\boldsymbol{\omega}$ é a velocidade angular do corpo rígido em relação ao referencial S. Além disso, vimos que no caso especial em que o corpo tem algum ponto que está parado no referencial S, como no caso de um pião, se escolhermos esse ponto como sendo a origem dos referenciais S e $\tilde{S}$, segue que $\boldsymbol{L} = \bar{\boldsymbol{L}}$. Logo, de forma geral, podemos escrever

$$\boldsymbol{L} = \boldsymbol{\mathfrak{L}} + \bar{\boldsymbol{L}} = \boldsymbol{\mathfrak{L}} + \tilde{I}^i{}_j\, \tilde{\omega}^j\, \tilde{\boldsymbol{e}}_i\,, \tag{8.6}$$

onde $\boldsymbol{\mathfrak{L}}$ é definido por:

$$\boldsymbol{\mathfrak{L}} = \begin{cases} \boldsymbol{L}_{CM}\,, & \text{se a origem de } \tilde{S} \text{ for o centro de massa;} \\ \\ 0\,, & \text{se a origem de } \tilde{S} \text{ for um ponto que está fixo em } S \text{ (caso haja).} \end{cases} \tag{8.7}$$

Portanto, a lei que rege a dinâmica da rotação do corpo rígido, dada na Eq. (8.1), pode ser escrita da seguinte forma:

$$\frac{d\boldsymbol{L}}{dt} = \frac{d}{dt}\left(\boldsymbol{\mathfrak{L}} + \bar{\boldsymbol{L}}\right) = \boldsymbol{\mathcal{T}} \quad \Rightarrow \quad \frac{d\bar{\boldsymbol{L}}}{dt} = \boldsymbol{\mathcal{T}} - \dot{\boldsymbol{\mathfrak{L}}}\,, \tag{8.8}$$

onde $\boldsymbol{\mathcal{T}}$ é o torque externo total sobre o corpo e as derivadas temporais acima são relativas ao referencial do observador. A propósito, a convenção aqui adotada é que, se não for indicado explicitamente em relação a que referencial determinada derivada temporal está sendo tomada, deve-se assumir que tal derivada seja em relação ao referencial S.

Uma relevante simplificação ocorre se orientarmos o referencial $\tilde{S}$ de forma que seus eixos fiquem alinhados com as direções dos eixos principais de inércia do corpo rígido. Nesse caso, $\tilde{I}^i{}_j$ será uma matriz diagonal. No que segue, faremos sempre essa escolha, de forma que podemos escrever:

$$\bar{\boldsymbol{L}} = \gamma_1\, \tilde{\omega}^1\, \tilde{\boldsymbol{e}}_1 + \gamma_2\, \tilde{\omega}^2\, \tilde{\boldsymbol{e}}_2 + \gamma_3\, \tilde{\omega}^3\, \tilde{\boldsymbol{e}}_3 = \sum_{i=1}^{3} \gamma_i\, \tilde{\omega}^i\, \tilde{\boldsymbol{e}}_i\,, \tag{8.9}$$

onde γ_i são os momentos principais de inércia em relação à origem do referencial $\tilde{S}$. No lado direito da equação acima, deixamos de usar a convenção de soma de Einstein, pois existem três objetos sendo somados (não apenas dois, como de costume), razão pela qual tivemos que usar o símbolo de soma de forma explícita.

Agora, podemos calcular a derivada temporal de $\bar{\boldsymbol{L}}$ fazendo uso da seguinte relação:

$$\frac{d}{dt}\tilde{\boldsymbol{e}}_i = \left(\frac{d\tilde{\boldsymbol{e}}_i}{dt}\right)_S = \left(\frac{d\tilde{\boldsymbol{e}}_i}{dt}\right)_{\tilde{S}} + \boldsymbol{\omega} \times \tilde{\boldsymbol{e}}_i = \boldsymbol{\omega} \times \tilde{\boldsymbol{e}}_i = \varepsilon_{ji}{}^k \tilde{\omega}^j\, \tilde{\boldsymbol{e}}_k\,,$$

onde ε_{ijk} é o símbolo de Levi-Civita. Notemos, também, que os valores de γ_i não mudam com o tempo, já que o referencial $\tilde{S}$ não se move em relação ao corpo rígido. Sendo assim, a derivada temporal da Eq. (8.9) fornece:

$$\frac{d\bar{\boldsymbol{L}}}{dt} = \sum_i \gamma_i \left(\frac{d\tilde{\omega}^i}{dt}\,\tilde{\boldsymbol{e}}_i + \tilde{\omega}^i\,\frac{d\tilde{\boldsymbol{e}}_i}{dt}\right) = \sum_i \gamma_i\, \dot{\tilde{\omega}}^i\, \tilde{\boldsymbol{e}}_i + \sum_i \gamma_i\, \varepsilon_{ji}{}^k\, \tilde{\omega}^i\, \tilde{\omega}^j\, \tilde{\boldsymbol{e}}_k\,. \tag{8.10}$$

Portanto, igualando a taxa de variação de $\bar{\boldsymbol{L}}$ a $(\boldsymbol{\mathcal{T}} - \dot{\boldsymbol{\mathfrak{L}}})$, conforme dado na Eq. (8.8), segue que as três componentes da equação dinâmica da rotação podem ser escritas da seguinte forma explícita:

$$\begin{cases} \gamma_1\,\dot{\tilde{\omega}}^1 - (\gamma_2 - \gamma_3)\,\tilde{\omega}^2\,\tilde{\omega}^3 = (\boldsymbol{\mathcal{T}} - \dot{\boldsymbol{\mathfrak{L}}})\cdot\tilde{\boldsymbol{e}}_{\mathrm{x}}\,, \\ \gamma_2\,\dot{\tilde{\omega}}^2 - (\gamma_3 - \gamma_1)\,\tilde{\omega}^3\,\tilde{\omega}^1 = (\boldsymbol{\mathcal{T}} - \dot{\boldsymbol{\mathfrak{L}}})\cdot\tilde{\boldsymbol{e}}_{\mathrm{y}}\,, \\ \gamma_3\,\dot{\tilde{\omega}}^3 - (\gamma_1 - \gamma_2)\,\tilde{\omega}^1\,\tilde{\omega}^2 = (\boldsymbol{\mathcal{T}} - \dot{\boldsymbol{\mathfrak{L}}})\cdot\tilde{\boldsymbol{e}}_{\mathrm{z}}\,. \end{cases} \tag{8.11}$$

Essas são as famosas e importantes **equações de Euler**. No entanto, essas equações não são muito úteis se não soubermos uma forma de relacionar as componentes de $\boldsymbol{\omega}$ com a orientação relativa entre o corpo rígido e o referencial do observador. Isso será feito na próxima seção, com a introdução dos chamados ângulos de Euler.

Um caso especial no qual a aplicação das equações de Euler é particularmente simples ocorre quando o movimento é do tipo planar e o eixo de rotação é um dos eixos principais, pois, nesse cenário, duas das componentes $\tilde{\omega}^i$ se anulam. Por exemplo, no problema do corpo que rola sobre o plano inclinado, tratado na seção anterior, os eixos z e $\tilde{\mathrm{z}}$ coincidem e só há rotação em torno do eixo z, de forma que $\tilde{\omega}^1$ e $\tilde{\omega}^2$ são identicamente nulas. Sendo assim, as equações de Euler se reduzem a:

$$\gamma_3\,\dot{\tilde{\omega}}^3 = (\boldsymbol{\mathcal{T}} - \dot{\boldsymbol{\mathfrak{L}}})\cdot\boldsymbol{e}_{\mathrm{z}}\,, \tag{8.12}$$

onde $\tilde{\omega}^3 = \dot{\phi}$ e $\gamma_3 = I$, de acordo com a notação adotada na seção anterior. Naquele problema, valem as igualdades $\boldsymbol{\mathfrak{L}} = \boldsymbol{L}_{CM} = 0$ e $\boldsymbol{\mathcal{T}} = -\rho\,A\,\boldsymbol{e}_{\mathrm{z}}$, onde ρ é o raio do objeto que rola e A é a intensidade da força de atrito. Portanto, a equação de Euler (8.12) fornece:

$$\gamma_3\,\dot{\tilde{\omega}}^3 = -\rho\,A \quad \Leftrightarrow \quad I\,\ddot{\phi} = -\rho\,A\,,$$

o que está em pleno acordo com a Eq. (8.5), obtida na seção anterior.

8.3 Ângulos de Euler

A ação de uma rotação em um vetor $\boldsymbol{v} = v^1\,\boldsymbol{e}_{\mathrm{x}} + v^2\,\boldsymbol{e}_{\mathrm{y}} + v^3\,\boldsymbol{e}_{\mathrm{z}}$ pode ser matematicamente representada através da ação de uma matriz quadrada 3×3, $\mathbb{M}$, em um vetor coluna cujas componentes são aquelas de $\boldsymbol{v}$. Ou seja, encarando $\boldsymbol{v}$ como um vetor coluna de componentes (v^1, v^2, v^3), segue que a rotação corresponde à seguinte transformação linear:

$$\boldsymbol{v} \longrightarrow \boldsymbol{v}' = \mathbb{M}\cdot\boldsymbol{v}\,.$$

Quando aplicamos a mesma rotação a dois vetores, o ângulo entre eles não muda. Além disso, o tamanho dos vetores também não é alterado por uma rotação. Portanto, o produto interno entre os dois vetores rotacionados não é modificado:

$$\boldsymbol{v}\cdot\boldsymbol{w} = \boldsymbol{v}'\cdot\boldsymbol{w}' \qquad \forall\,\boldsymbol{v},\boldsymbol{w}\,\in\,\mathbb{R}^3\,.$$

Em notação indicial, isso pode ser escrito da seguinte forma:

$$\delta_{ij}\,v^i\,w^j = \delta_{k\ell}\,(M^k{}_i v^i)(M^\ell{}_j w^j) \quad\Rightarrow\quad \left[M^k{}_i\,\delta_{k\ell}\,M^\ell{}_j - \delta_{ij}\right]\,v^i\,w^j = 0\,.$$

Como v^i e w^j são arbitrários, segue dessa última equação que:

$$M^k{}_i\,\delta_{k\ell}\,M^\ell{}_j - \delta_{ij} = 0 \quad\Leftrightarrow\quad \mathbb{M}^t\cdot\mathbb{I}\cdot\mathbb{M} = \mathbb{I} \quad\Leftrightarrow\quad \mathbb{M}^t\cdot\mathbb{M} = \mathbb{I}\,,$$

onde $\mathbb{I}$ é a matriz identidade 3×3. Essa última restrição significa que a matriz $\mathbb{M}$ que implementa uma rotação deve ser uma **matriz ortogonal**. Reciprocamente, toda matriz ortogonal representará uma rotação (acompanhada de uma possível inversão, se o determinante de $\mathbb{M}$ for negativo). Portanto, não é qualquer matriz quadrada que implementa uma rotação, apenas as matrizes ortogonais o fazem.

Uma matriz quadrada arbitrária, $\mathbb{N}$, possui nove componentes independentes. Todavia, se tal matriz for ortogonal, essas componentes devem estar relacionadas através da equação $\mathbb{N}^t\cdot\mathbb{N}=\mathbb{I}$. Por se tratar de uma identidade matricial quadrada, essa última equação tem nove componentes. No entanto, apenas seis dessas componentes são independentes, pois a matriz identidade, no lado direito, é simétrica e a matriz $\mathbb{N}^t\cdot\mathbb{N}$ também é sempre simétrica, a despeito de quem seja $\mathbb{N}$. Portanto, a componente ij dessa equação implica o mesmo vínculo que a componente ji. Dessa forma, a equação que impõe que $\mathbb{N}$ seja ortogonal corresponde a apenas seis vínculos. Dessa maneira, dentre as nove componentes de $\mathbb{N}$, sobram três graus de liberdade. Isso quer dizer que a rotação mais geral pode ser rotulada por três parâmetros.

Existem infinitas formas de rotular essa rotação mais geral, a mais comum sendo através dos chamados ângulos de Euler. Tal forma de parametrizar uma rotação se baseia no fato de que qualquer transformação desse tipo pode ser construída como a composição de uma rotação em torno do eixo z, seguida de uma rotação em torno do eixo x e, finalmente, seguida de outra rotação em torno do eixo z. Como são três rotações ao todo, segue que há três ângulos envolvidos, usualmente denotados por (ϕ,θ,ψ); esses são os **ângulos de Euler**.[1] A descrição detalhada de como tais ângulos são definidos está feita na Fig. 8.2.[2]

Dada uma rotação genérica, ela leva os vetores de uma base cartesiana $\{\boldsymbol{e}_i\}$ nos vetores de outra base cartesiana, $\{\tilde{\boldsymbol{e}}_i\}$. Rotulando essa rotação através dos ângulos de Euler, seguindo os passos descritos na Fig. 8.2, obtém-se que a relação entre os vetores dessas duas bases é a seguinte:

$$\tilde{\boldsymbol{e}}_i \equiv [E_{(\phi,\theta,\psi)}]_i{}^j\,\boldsymbol{e}_j = E_i{}^j\,\boldsymbol{e}_j\,, \tag{8.13}$$

[1]Ou seja, denotando por $R_n(\sigma)$ a matriz que implementa uma rotação de um ângulo σ em torno do eixo n, qualquer matriz de rotação $\mathbb{M}$ pode ser escrita como sendo o seguinte produto de matrizes: $R_{\rm z}(\psi)R_{\rm x}(\theta)R_{\rm z}(\phi)$, para alguma escolha de ângulos (ϕ,θ,ψ). É claro que poderíamos ter escolhido outra forma de escrever nossa matriz de rotação. Por exemplo, dada uma matriz de rotação $\mathbb{M}$, é sempre possível achar ângulos (ϕ',θ',ψ') tais que valha a seguinte igualdade: $\mathbb{M} = R_{\rm z}(\psi')R_{\rm y}(\theta')R_{\rm x}(\phi')$. A razão de fazermos a escolha pelos eixos (z, x, z) e de seus respectivos ângulos (ϕ,θ,ψ) é meramente histórica. Entretanto, note que não é possível escrever uma rotação *genérica* na forma $R_{\rm z}(\tilde\psi)R_{\rm x}(\tilde\theta)R_{\rm x}(\tilde\phi)$, pois essa última matriz pode ser equivalentemente expressa como $R_{\rm z}(\tilde\psi)R_{\rm x}(\tilde\theta+\tilde\phi)$, de forma que só há, efetivamente, dois graus de liberdade nessa maneira de escrever a matriz ortogonal. A saber, $\tilde\psi$ e $(\tilde\theta+\tilde\phi)$. Nesse último caso, é como se quiséssemos rotular os pontos de um espaço de dimensão três (o espaço das matrizes ortogonais) com apenas duas coordenadas, o que é impossível.

[2]Uma visualização mais nítida dos ângulos de Euler pode ser encontrada nos seguintes vídeos disponíveis no *YouTube*: [Título: `The Aerospace Euler Angles` | Canal: `Greg Horn`] , [Título: `rotation sequence (Euler Angles)` | Canal: `Vadim Yudintsev`]. No entanto, perceba que nesses vídeos o papel dos ângulos ϕ e ψ está invertido em relação ao que foi definido neste livro.

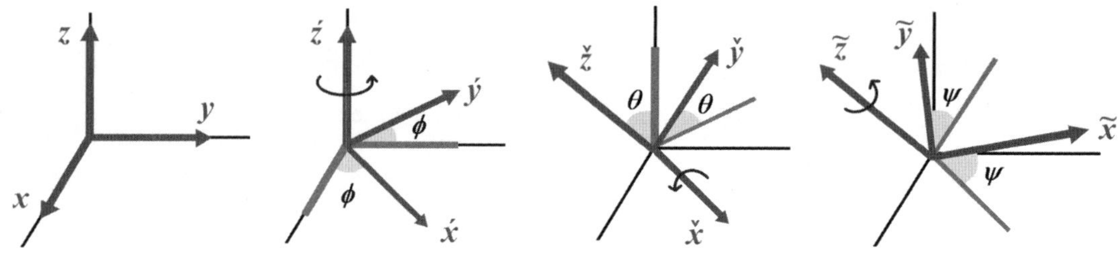

Figura 8.2: Os ângulos de Euler, (ϕ, θ, ϕ), são definidos através do procedimento ilustrado acima. Primeiro executamos a transformação $\boldsymbol{e}_i \to \acute{\boldsymbol{e}}_i$ que implementa uma rotação de um ângulo ϕ em torno do eixo z. Em seguida, a transformação $\acute{\boldsymbol{e}}_i \to \check{\boldsymbol{e}}_i$ corresponde a uma rotação de um ângulo θ em torno do eixo x́. Por fim, é feita uma rotação de um ângulo ψ em torno do eixo ž, levando a base $\{\check{\boldsymbol{e}}_i\}$ na base $\{\tilde{\boldsymbol{e}}_i\}$.

onde $[E_{(\phi,\theta,\psi)}]_i{}^j = E_i{}^j$ representa as componentes da seguinte matriz ortogonal:

$$\mathbb{E}_{(\phi,\theta,\psi)} = \begin{bmatrix} \cos\psi & \text{sen}\psi & 0 \\ -\text{sen}\psi & \cos\psi & 0 \\ 0 & 0 & 1 \end{bmatrix} \cdot \begin{bmatrix} 1 & 0 & 0 \\ 0 & \cos\theta & \text{sen}\theta \\ 0 & -\text{sen}\theta & \cos\theta \end{bmatrix} \cdot \begin{bmatrix} \cos\phi & \text{sen}\phi & 0 \\ -\text{sen}\phi & \cos\phi & 0 \\ 0 & 0 & 1 \end{bmatrix} . \quad (8.14)$$

É útil registrar que a inversa da matriz $\mathbb{E}_{(\phi,\theta,\psi)}$ é a matriz $\mathbb{E}_{(-\psi,-\theta,-\phi)}$, o que pode ser facilmente verificado olhando para a Eq. (8.14). A forma mais explícita de $\mathbb{E}_{(\phi,\theta,\psi)}$ pode ser facilmente obtida fazendo a multiplicação das três matrizes ortogonais mostradas na Eq. (8.14), e o resultado final é o seguinte:

$$\mathbb{E}_{(\phi,\theta,\psi)} = \begin{bmatrix} c_\phi c_\psi - c_\theta s_\phi s_\psi & c_\theta c_\phi s_\psi + s_\phi c_\psi & s_\theta s_\psi \\ -c_\theta s_\phi c_\psi - c_\phi s_\psi & c_\theta c_\phi c_\psi - s_\phi s_\psi & s_\theta c_\psi \\ s_\theta s_\phi & -s_\theta c_\phi & c_\theta \end{bmatrix} , \quad (8.15)$$

onde, na expressão acima, foram utilizadas as abreviações $c_\theta \equiv \cos\theta$ e $s_\theta \equiv \text{sen}\theta$, com o objetivo de deixar a expressão final mais compacta. Em particular, da Eq. (8.15), podemos ver que a transposta de $\mathbb{E}_{(\phi,\theta,\psi)}$ é igual à matriz $\mathbb{E}_{(-\psi,-\theta,-\phi)}$. Isso é de se esperar, pois, como fora dito há pouco, $\mathbb{E}_{(-\psi,-\theta,-\phi)}$ é a inversa da matriz $\mathbb{E}_{(\phi,\theta,\psi)}$, mostrando que a inversa de $\mathbb{E}$ é igual à sua transposta, ou seja, trata-se de uma matriz ortogonal. Como um exemplo de que qualquer rotação pode ser escrita como a matriz $\mathbb{E}_{(\phi,\theta,\psi)}$ para alguma escolha de ângulos (ϕ, θ, ψ), notemos que uma rotação de um ângulo σ em torno do eixo y pode ser representada pelos seguintes ângulos de Euler: $(\phi, \theta, \psi) = (\pi/2,\, \sigma,\, 3\pi/2)$. O domínio dos ângulos de Euler necessário para parametrizar todas as rotações possíveis é o seguinte:

$$\phi \in [0, 2\pi) \ , \quad \theta \in [0, \pi] \ , \quad \psi \in [0, 2\pi) \, .$$

Note que a Eq. (8.13) fornece a relação entre os vetores das bases dos referenciais S e $\tilde{S}$. Apesar de sua ação alterar os vetores da base, a matriz ortogonal $\mathbb{E}_{(\phi,\theta,\psi)}$ não modifica os vetores de interesse físico, como posição e velocidade. Tais vetores com interpretação física não podem ser modificados simplesmente porque decidimos mudar de referencial, eles são invariantes. O que mudam são suas componentes, mas as direções e os tamanhos dos vetores físicos são invariantes pela mudança de referencial. Portanto, denotando por V^i as componentes de um vetor físico na base do referencial do observador, S, e denotando por $\tilde{V}^i$ as componentes do mesmo vetor na base do referencial atrelado ao corpo rígido, $\tilde{S}$, temos que:

$$V^i\,\boldsymbol{e}_i = \boldsymbol{V} = \tilde{V}^i\,\tilde{\boldsymbol{e}}_i\,.$$

Agora, substituindo a Eq. (8.13) na identidade acima, concluímos que a relação entre as componentes do vetor $\boldsymbol{V}$ nos dois referenciais é a seguinte:

$$V^j = \tilde{V}^i\,[E_{(\phi,\theta,\psi)}]_i{}^j = \tilde{V}^i\,E_i{}^j\,, \tag{8.16}$$

onde, na última igualdade, foi feita apenas uma simplificação na notação das componentes da matriz $\mathbb{E}_{(\phi,\theta,\psi)}$, omitindo a dependência nos ângulos (ϕ,θ,ψ).

Denotando por $R_n(\sigma)$ a matriz que implementa uma rotação de um ângulo σ em torno do eixo n, então, da Eq. (8.14), concluímos que a matriz $\mathbb{E}_{(\phi,\theta,\psi)}$ pode ser escrita da seguinte forma: $\mathbb{E} = R_{\rm z}(\psi)R_{\rm x}(\theta)R_{\rm z}(\phi)$. Ou seja, diríamos que sua ação equivale a uma rotação em torno do eixo z seguida de uma rotação do eixo x e seguida por outra rotação em torno do eixo z, onde esses eixos de rotação seriam os eixos cartesianos do referencial S. No entanto, conforme explicado na Fig. 8.2, o correto é interpretar que a rotação implementada por $\mathbb{E}_{(\phi,\theta,\psi)}$ é a composição de uma rotação de um ângulo ϕ em torno do eixo z seguida de uma rotação de um ângulo θ em torno do *novo* eixo x, denotado por x́ na Fig. 8.2, e depois seguida por uma rotação de um ângulo ψ em torno do *novo* eixo z, denotado por ž na Fig. 8.2. Essa última interpretação é a correta porque, conforme estabelecido na Eq. (8.13), a matriz $\mathbb{E}$ age nos vetores da base, em vez de agir nos vetores físicos (o que seria mais usual). Portanto, a ação de $R_{\rm z}(\phi)$ provoca a mudança de base $\boldsymbol{e}_i \to \acute{\boldsymbol{e}}_i$. Depois, a ação da rotação $R_{\rm x}(\theta)$ implementa a mudança de base $\acute{\boldsymbol{e}}_i \to \check{\boldsymbol{e}}_i$ e, por fim, a rotação $R_{\rm z}(\psi)$ executa a mudança de base $\check{\boldsymbol{e}}_i \to \tilde{\boldsymbol{e}}_i$.

Nosso objetivo neste capítulo é o estudo da dinâmica dos corpos rígidos. Então, qual é a relação entre as rotações abstratas consideradas nesta seção e o tópico de interesse? A conexão entre esses temas se dá porque a base cartesiana atrelada ao referencial do corpo, $\tilde{S}$, relaciona-se com a base cartesiana do referencial do observador, S, através de uma rotação. Com efeito, quaisquer duas bases cartesianas estão relacionadas através de uma transformação ortogonal. Denotaremos essa transformação por $\mathbb{E}_{(\phi,\theta,\psi)}$. Sendo assim, os ângulos de Euler, (ϕ,θ,ψ), servirão para rotular a orientação do corpo rígido em relação ao referencial do observador. Nesse cenário, os ângulos de Euler geralmente serão funções do tempo. De fato, tipicamente, o referencial $\tilde{S}$ estará girando em relação ao referencial S. Portanto, do ponto de vista do observador, os vetores da base $\{\tilde{\boldsymbol{e}}_i\}$ poderão mudar com o tempo. Ou seja, a transformação linear $\boldsymbol{e}_i \to \tilde{\boldsymbol{e}}_i$ deve depender do tempo.

Agora, tomando a derivada temporal da Eq. (8.13) no referencial do observador, temos:

$$\left(\frac{d\tilde{\boldsymbol{e}}_i}{dt}\right)_S = \dot{E}_i{}^j\,\boldsymbol{e}_j + E_i{}^j\left(\frac{d\boldsymbol{e}_j}{dt}\right)_S = \dot{E}_i{}^j\,\boldsymbol{e}_j = \dot{E}_i{}^j\,(E^{-1})_j{}^k\,\tilde{\boldsymbol{e}}_k\,, \tag{8.17}$$

onde primeiro foi usado que os vetores $\boldsymbol{e}_j$ são constantes do ponto de vista do referencial S e depois foi usada a Eq. (8.13). É importante manter em mente que a derivada temporal da matriz $\mathbb{E}_{(\phi,\theta,\psi)}$, que aparece na equação acima, é em relação ao referencial S. Por outro lado, podemos afirmar que:

$$\left(\frac{d\tilde{\boldsymbol{e}}_i}{dt}\right)_S = \left(\frac{d\tilde{\boldsymbol{e}}_i}{dt}\right)_{\tilde{S}} + \boldsymbol{\omega}\times\tilde{\boldsymbol{e}}_i = \boldsymbol{\omega}\times\tilde{\boldsymbol{e}}_i\,, \tag{8.18}$$

uma vez que os vetores $\tilde{\boldsymbol{e}}_i$ são constantes em relação ao referencial $\tilde{S}$. Na expressão acima, $\boldsymbol{\omega}$ denota a velocidade angular do corpo rígido (ou do referencial $\tilde{S}$) em relação ao observador (ou ao referencial S). Agora, notando que os lados esquerdos das Eqs. (8.17) e (8.18) são iguais, concluímos que:

$$\boldsymbol{\omega} \times \tilde{\boldsymbol{e}}_i = (\dot{E}E^{-1})_i{}^k\, \tilde{\boldsymbol{e}}_k = (\dot{E}E^t)_i{}^k\, \tilde{\boldsymbol{e}}_k\,, \tag{8.19}$$

onde foi usado o fato de que a matriz $\mathbb{E}$ é ortogonal, de maneira que $\mathbb{E}^{-1} = \mathbb{E}^t$. Usando a notação indicial, segue que essa equação pode ser escrita da seguinte forma:

$$(\dot{E}E^t)_i{}^k\, \tilde{\boldsymbol{e}}_k = \tilde{\omega}^j\, \tilde{\boldsymbol{e}}_j \times \tilde{\boldsymbol{e}}_i = \tilde{\omega}^j\, \varepsilon_{ji}{}^k \tilde{\boldsymbol{e}}_k \quad \Rightarrow \quad \tilde{\omega}^j\, \varepsilon_{ji}{}^k = (\dot{E}E^t)_i{}^k\,.$$

Então, contraindo a equação anterior com $\varepsilon^{\ell i}{}_k$ e usando a propriedade $\varepsilon_{ji}{}^k \varepsilon^{\ell i}{}_k = 2\delta^\ell{}_j$, concluímos que:

$$\tilde{\omega}^\ell = \frac{1}{2}\,\varepsilon^{\ell i}{}_k\,(\dot{E}E^t)_i{}^k\,. \tag{8.20}$$

Por fim, utilizando a matriz $\mathbb{E}$ definida na Eq. (8.14) para computar o lado direito da Eq. (8.20), concluímos que o vetor $\boldsymbol{\omega}$ tem as seguintes componentes na base $\{\tilde{\boldsymbol{e}}_i\}$:

$$\boldsymbol{\omega} = (\dot{\phi}\,\text{sen}\theta\,\text{sen}\psi + \dot{\theta}\,\cos\psi)\tilde{\boldsymbol{e}}_{\text{x}} + (\dot{\phi}\,\text{sen}\theta\cos\psi - \dot{\theta}\,\text{sen}\psi)\tilde{\boldsymbol{e}}_{\text{y}} + (\dot{\phi}\,\cos\theta + \dot{\psi})\tilde{\boldsymbol{e}}_{\text{z}}. \tag{8.21}$$

A execução dessa conta é laboriosa, mas não requer nenhuma criatividade, apenas atenção e paciência. De posse desse resultado, podemos usar a Eq. (8.16) para encontrar as componentes de $\boldsymbol{\omega}$ na base do referencial S. O resultado final é o seguinte:

$$\boldsymbol{\omega} = (\dot{\psi}\,\text{sen}\theta\,\text{sen}\phi + \dot{\theta}\,\cos\phi)\boldsymbol{e}_{\text{x}} + (-\dot{\psi}\,\text{sen}\theta\cos\phi + \dot{\theta}\,\text{sen}\phi)\boldsymbol{e}_{\text{y}} + (\dot{\psi}\,\cos\theta + \dot{\phi})\boldsymbol{e}_{\text{z}}. \tag{8.22}$$

Essas importantes expressões para $\boldsymbol{\omega}$ relacionam a velocidade angular do corpo rígido com a taxa de variação dos ângulos de Euler, que rotulam a orientação do corpo rígido em relação ao referencial S. Foi exatamente essa a motivação para introduzirmos os ângulos de Euler neste capítulo, fazer a conexão entre o conceito abstrato de velocidade angular com ângulos que efetivamente podem ser medidos. Quando realizamos um experimento, não medimos $\boldsymbol{\omega}$ diretamente, mas temos a capacidade de medir os ângulos (ϕ, θ, ψ) e suas taxas de variação e, com essas informações, podemos calcular a velocidade angular do corpo.

8.4 Lançamento de disco

Suponha que lancemos um disco (um prato redondo, por exemplo) de forma que inicialmente o eixo de simetria do disco esteja quase alinhado com a direção do campo gravitacional terrestre e que o disco tenha um velocidade inicial horizontal v_0 e uma velocidade angular não nula em torno do seu eixo de simetria. Vamos, então, estudar a dinâmica desse disco. Em particular, veremos que, além da rotação em torno do eixo de simetria, o disco também executará uma rotação oscilatória em torno dos outros eixos principais e essa oscilação tem frequência angular que é o dobro da velocidade angular de rotação em torno do eixo de simetria. A Fig. 8.3 ilustra o problema em tela.

A fim de descrever a evolução temporal do disco, temos que analisar a dinâmica do centro de massa e a dinâmica da sua orientação. Comecemos pelo centro de massa. Escolhendo a direção z como sendo aquela do campo gravitacional, temos que a única força que age sobre o corpo é a força peso, dada por $\boldsymbol{P} = -m\,g\,\boldsymbol{e}_{\text{z}}$, onde m é a massa do

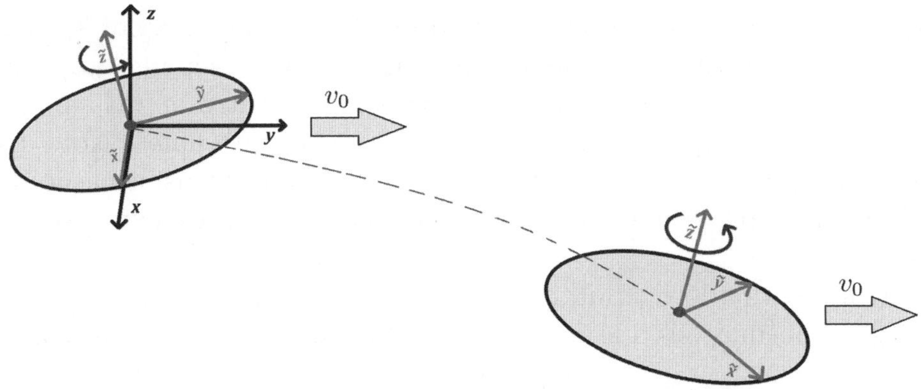

Figura 8.3: Na parte esquerda, temos o disco no instante $t = 0$. Nesse instante, a origem do referencial S está no centro de massa do disco. Na parte direita da figura, vemos o disco em um instante posterior. Por conta da força gravitacional, o centro de massa descreve uma trajetória parabólica em relação ao referencial S, que está parado em relação ao chão. No instante inicial, o disco tem velocidade angular não nula em relação ao seu eixo de simetria e o centro de massa tem velocidade $v_0\boldsymbol{e}_\mathrm{y}$ em relação ao chão.

disco e g é a aceleração local da gravidade. Portanto, a dinâmica do centro de massa é ditada pela seguinte equação:

$$m\,\ddot{\boldsymbol{R}}_{CM} = -m\,g\,\boldsymbol{e}_\mathrm{z} \quad\Rightarrow\quad \boldsymbol{R}_{CM} = v_0\,t\,\boldsymbol{e}_\mathrm{y} - \frac{1}{2}\,g\,t^2\,\boldsymbol{e}_\mathrm{z}\,,$$

onde já foi assumido que, em $t = 0$, o centro de massa do disco só tinha velocidade horizontal e essa velocidade, cujo módulo é denotado por v_0, foi alinhada com o eixo y. Como em um campo gravitacional uniforme podemos considerar que a força peso age exatamente no centro de massa, segue que o torque sobre o disco é:

$$\boldsymbol{\mathcal{T}} = \boldsymbol{R}_{CM} \times \boldsymbol{P} = (v_0\,t\,\boldsymbol{e}_\mathrm{y} - \frac{1}{2}\,g\,t^2\,\boldsymbol{e}_\mathrm{z}) \times (-m\,g\,\boldsymbol{e}_\mathrm{z}) = -m\,g\,v_0\,t\,\boldsymbol{e}_\mathrm{x}\,. \tag{8.23}$$

Por sua vez, o momento angular do centro de massa em relação ao referencial S, que está parado em relação ao chão, é dado por:

$$\boldsymbol{L}_{CM} = m\,\boldsymbol{R}_{CM} \times \dot{\boldsymbol{R}}_{CM} = m\,(v_0\,t\,\boldsymbol{e}_\mathrm{y} - \frac{1}{2}\,g\,t^2\,\boldsymbol{e}_\mathrm{z}) \times (v_0\,\boldsymbol{e}_\mathrm{y} - g\,t\,\boldsymbol{e}_\mathrm{z}) = -\frac{t^2}{2}\,m\,g\,v_0\,\boldsymbol{e}_\mathrm{x}\,.$$

No caso em questão, a origem de $\tilde{S}$, o referencial atrelado ao disco, foi escolhida como sendo o centro de massa, de maneira que a Eq. (8.7) nos diz que $\boldsymbol{\mathfrak{L}} = \boldsymbol{L}_{CM}$. Portanto, dadas as expressões acima para $\boldsymbol{\mathcal{T}}$ e $\boldsymbol{L}_{CM}$, concluímos que

$$\boldsymbol{\mathcal{T}} = \dot{\boldsymbol{\mathfrak{L}}}\,. \tag{8.24}$$

De acordo com a Eq. (8.8), isso significa que o momento angular $\bar{\boldsymbol{L}}$ é conservado. Esse é o momento angular do corpo em relação ao referencial cuja origem é o centro de massa e cujos eixos têm orientações fixas em relação ao chão. Por outro lado, o momento angular total, $\boldsymbol{L} = \boldsymbol{L}_{CM} + \bar{\boldsymbol{L}}$, não é conservado. A razão para isso é que o movimento do centro de massa pode ser visto como uma rotação em torno da origem do referencial S, como pode ser intuído da Fig. 8.3.

O resultado (8.24) poderia ter sido obtido de forma mais simples se tivéssemos escolhido o referencial S como sendo aquele que viaja com velocidade $v_0\boldsymbol{e}_{\mathrm{y}}$ em relação ao chão, pois, nesse caso, o vetor posição e a velocidade do centro de massa seriam sempre na direção $\boldsymbol{e}_{\mathrm{z}}$, de maneira que $\boldsymbol{\mathcal{T}}$ e $\boldsymbol{L}_{CM}$ seriam identicamente nulos. Note que a relação entre esse referencial e o referencial atrelado ao chão é uma transformação de Galileo e, portanto, tal mudança na escolha do referencial S não alteraria a expressão para a força que atua no disco.

Finalmente, substituindo o resultado (8.24) nas equações de Euler, dadas em (8.11), obtemos as seguintes equações que regem a dinâmica das rotações do disco:

$$\gamma_1\,\dot{\tilde{\omega}}^1 - (\gamma_2-\gamma_3)\,\tilde{\omega}^2\,\tilde{\omega}^3 = 0\,, \quad \gamma_2\,\dot{\tilde{\omega}}^2 - (\gamma_3-\gamma_1)\,\tilde{\omega}^3\,\tilde{\omega}^1 = 0\,, \quad \gamma_3\,\dot{\tilde{\omega}}^3 - (\gamma_1-\gamma_2)\,\tilde{\omega}^1\,\tilde{\omega}^2 = 0\,.$$

Lembremos que, ao usarmos as equações de Euler, estamos tacitamente assumindo que os eixos do referencial $\tilde{S}$ estão alinhados com os eixos principais de inércia do corpo rígido. No caso em questão, $\tilde{\mathrm{z}}$ foi escolhido como sendo o eixo de simetria. Logo, se I é o momento de inércia do disco em relação ao seu eixo de simetria, segue que $\gamma_3 = I$. Além disso, é possível provar que, para um disco (que é um objeto de revolução com espessura desprezível), vale o seguinte: $\gamma_1 = \gamma_2 = I/2$. Levando esses fatos em consideração, as equações de Euler se tornam:

$$\dot{\tilde{\omega}}^1 + \tilde{\omega}^2\,\tilde{\omega}^3 = 0\,, \quad \dot{\tilde{\omega}}^2 - \tilde{\omega}^3\,\tilde{\omega}^1 = 0\,, \quad \dot{\tilde{\omega}}^3 = 0\,.$$

A última dessas equações nos diz que $\tilde{\omega}^3$ é constante, denotemos essa constante por ω_0. Ou seja, $\tilde{\omega}^3 = \omega_0$. Sendo assim, as outras duas equações são dadas por:

$$\dot{\tilde{\omega}}^1 + \omega_0\,\tilde{\omega}^2 = 0\,, \quad \dot{\tilde{\omega}}^2 - \omega_0\,\tilde{\omega}^1 = 0\,. \tag{8.25}$$

Derivando a primeira dessas equações em relação ao tempo e usando a segunda para substituir $\dot{\tilde{\omega}}^2$, concluímos que:

$$\ddot{\tilde{\omega}}^1 + \omega_0^2\,\tilde{\omega}^1 = 0 \quad \Rightarrow \quad \tilde{\omega}^1 = \Omega_0\,\cos(\omega_0 t + \nu_0)\,,$$

onde Ω_0 e ν_0 são constantes de integração. Logo, substituindo esse resultado na primeira relação da Eq. (8.25), obtemos que:

$$\tilde{\omega}^2 = \Omega_0\,\mathrm{sen}(\omega_0 t + \nu_0)\,.$$

Então, escrevendo $\tilde{\omega}^i$ em termos dos ângulos de Euler, através da Eq. (8.21), concluímos que valem as seguintes equações:

$$\begin{cases} \dot{\phi}\,\mathrm{sen}\theta\,\mathrm{sen}\psi + \dot{\theta}\,\cos\psi = \Omega_0\,\cos(\omega_0 t + \nu_0)\,, \\ \dot{\phi}\,\mathrm{sen}\theta\cos\psi - \dot{\theta}\,\mathrm{sen}\psi = \Omega_0\,\mathrm{sen}(\omega_0 t + \nu_0)\,, \\ \dot{\phi}\,\cos\theta + \dot{\psi} = \omega_0\,. \end{cases} \tag{8.26}$$

Trata-se de um sistema de equações diferenciais ordinárias não linear de primeira ordem. A não linearidade dessas equações as torna muito difíceis de serem resolvidas de forma exata. De fato, não há solução geral conhecida de forma analítica. Apesar disso, vamos tentar extrair algumas informações fisicamente relevantes dessas equações. Primeiro, notemos que, em geral, a constante ω_0 não denota a taxa de rotação do disco em torno do seu eixo de simetria. Com efeito, olhando para a Fig. 8.2, vemos que ψ denota o ângulo de rotação em torno do eixo $\tilde{z}$, que é o eixo de simetria do disco. Por outro lado, da Eq. (8.26), vemos que $\dot{\psi}$ não é constante, a combinação $\dot{\phi}\cos\theta + \dot{\psi}$ é que é conservada.

Uma solução particular exata para esse conjunto de equações é dada por

$$\phi = 0\,, \quad \theta = 0\,, \quad \psi = \omega_0\, t + \psi_0\,.$$

Nesse caso, a constante de integração Ω_0 deve ser nula. Essa solução corresponde ao cenário em que o eixo de simetria do disco está perfeitamente alinhado com a direção do campo gravitacional. Note que, pela definição dos ângulos de Euler, quando $\theta = 0$ os ângulos ϕ e ψ representam rotações em relação ao mesmo eixo, de forma que só a soma $\phi + \psi$ tem significado. Nesse caso, é útil assumir que $\phi = 0$ e considerar apenas ψ, como adotado na solução particular acima.

A fim de tirar conclusões mais gerais, que vão além da solução particular mencionada no parágrafo anterior, lembremos da hipótese de que o disco fora lançado de forma que o eixo de simetria do disco estivesse quase na direção vertical. Agora, por meio da Fig. 8.2, podemos concluir que θ significa o ângulo entre o eixo de simetria do disco e a direção do campo gravitacional. Portanto, a nossa hipótese corresponde a assumir que θ é pequeno. Sendo assim, podemos considerar as aproximações $\text{sen}\theta \simeq \theta$ e $\cos\theta \simeq 1$. Nesse contexto, o sistema de equações (8.26) pode ser aproximado da seguinte forma:

$$\begin{cases} \dot{\phi}\,\theta\,\text{sen}\psi + \dot{\theta}\,\cos\psi \simeq \Omega_0\,\cos(\omega_0 t + \nu_0)\,, \\ \dot{\phi}\,\theta\cos\psi - \dot{\theta}\,\text{sen}\psi \simeq \Omega_0\,\text{sen}(\omega_0 t + \nu_0)\,, \\ \dot{\phi} + \dot{\psi} \simeq \omega_0\,. \end{cases} \tag{8.27}$$

Multiplicando a primeira dessas identidades por $\cos\psi$ e a segunda por $\text{sen}\psi$, e depois subtraindo os resultados, concluímos que:

$$\dot{\theta} \simeq \Omega_0\,\left[\cos(\omega_0 t + \nu_0)\,\cos\psi\,-\,\text{sen}(\omega_0 t + \nu_0)\,\text{sen}\psi\right] = \Omega_0\,\cos(\psi + \omega_0 t + \nu_0)\,.$$

Analogamente, multiplicando a primeira das relações em (8.27) por $\text{sen}\psi$, multiplicando a segunda por $\cos\psi$ e depois somando os resultados, conclui-se que:

$$\dot{\phi}\,\theta \simeq \Omega_0\,\left[\cos(\omega_0 t + \nu_0)\,\text{sen}\psi\,+\,\text{sen}(\omega_0 t + \nu_0)\,\cos\psi\right] = \Omega_0\,\text{sen}(\psi + \omega_0 t + \nu_0)\,.$$

Finalmente, substituindo $\dot{\phi}$ por $\omega_0 - \dot{\psi}$, chega-se ao seguinte par de equações para o par de variáveis (θ, ψ):

$$\begin{cases} \dot{\theta} \simeq \Omega_0\,\cos(\psi + \omega_0 t + \nu_0)\,, \\ \\ \theta(\omega_0 - \dot{\psi}) \simeq \Omega_0\,\text{sen}(\psi + \omega_0 t + \nu_0)\,, \end{cases} \tag{8.28}$$

Esse sistema acoplado pode ser resolvido de forma numérica. Uma solução particular para ele é mostrada graficamente na Fig. 8.4. Nessa solução, vemos que $\theta(t)$ tem uma dinâmica oscilatória e sua frequência de oscilação é aproximadamente o dobro da velocidade angular de rotação em torno do eixo de simetria. Vemos também que o ângulo ϕ não cresce de forma monótona, ele oscila em torno de um valor médio com a mesma frequência da oscilação de θ.

É possível extrair um conjunto mais simples de equações diferenciais a partir do sistema (8.28). Derivando a primeira dessas equações e inserindo a segunda equação no resultado, chega-se a uma equação de segunda ordem para θ. Analogamente, derivando a segunda

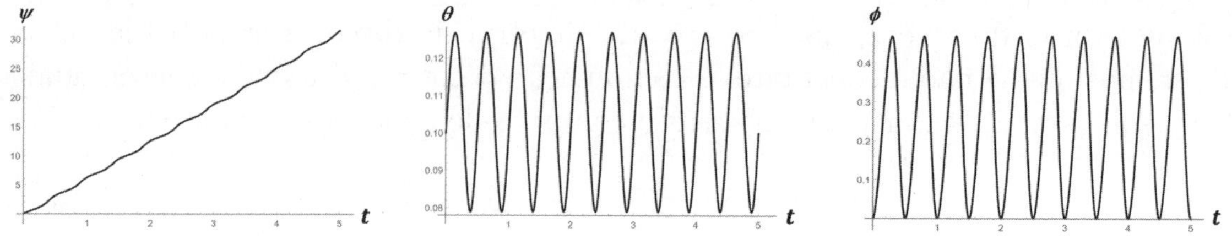

Figura 8.4: Solução numérica para o sistema de equações (8.28) em conjunto com a equação $\dot\phi + \dot\psi = \omega_0$. Para obter essa solução foi feita a seguinte escolha de parâmetros: $\omega_0 = 2\pi$, $\Omega_0 = 3/10$, $\theta(0) = 1/10$, $\nu_0 = \psi(0) = \phi(0) = 0$. Notemos que o gráfico de $\psi(t)$ é aproximadamente uma reta com inclinação 2π, de forma que o período de revolução do ângulo ψ é 1. Por sua vez, olhando para os gráficos de $\theta(t)$ e $\phi(t)$, vemos que esses ângulos oscilam com período 1/2, ou seja, têm o dobro da frequência quando comparados à rotação em torno do eixo de simetria.

relação em (8.28) e inserindo a primeira, obtém-se uma equação de segunda ordem para ψ. Essas equações de segunda ordem são as seguintes:

$$\ddot\theta + (\omega_0 - \dot\psi^2)\theta \simeq 0 \quad \text{e} \quad \ddot\psi\,\theta + 2\,\dot\psi\,\dot\theta \simeq 0\,. \tag{8.29}$$

A segunda dessas equações pode ser facilmente integrada e o resultado é dado por:

$$\theta \simeq \frac{c}{\sqrt{\dot\psi}}\,, \tag{8.30}$$

onde c é uma constante de integração. Finalmente, inserindo a Eq. (8.30) na primeira das relações em (8.29), chega-se à seguinte equação desacoplada para ψ:

$$2\,\dddot\psi\,\dot\psi \;-\; 3\,(\ddot\psi)^2 \;+\; 4\,(\dot\psi)^4 \;-\; 4\,\omega_0^2\,(\dot\psi)^2 = 0\,. \tag{8.31}$$

Agora, olhando para a solução numérica obtida na Fig. 8.4, é plausível assumir que ψ seja dado por uma função que cresce linearmente com o tempo adicionada de uma função que oscila com pequena amplitude e com frequência constante, ou seja,

$$\psi \simeq \sigma_1\,t + \epsilon\,\mathrm{sen}(\sigma_2\,t + \nu_1)\,, \tag{8.32}$$

onde σ_1, σ_2, ν_1 e ϵ são parâmetros constantes, com ϵ sendo pequeno. Então, inserindo esse ansatz na Eq. (8.31) e indo até a primeira ordem em ϵ, chega-se à seguinte equação:

$$4\sigma_1^2\,(\omega_0^2 \;-\; \sigma_1^2) \;+\; 2\,\epsilon\,\sigma_1\,\sigma_2\,(\sigma_2^2 - 8\sigma_1^2 + 4\omega_0^2)\cos(\sigma_2 t + \nu_1) \simeq 0$$

Como essa equação deve ser válida para um tempo arbitrário, ambas as parcelas devem se anular, pois a função constante é linearmente independente da função $\cos(\sigma_2 t + \nu_1)$. Portanto,

$$(\omega_0^2 \;-\; \sigma_1^2) \simeq 0 \quad \text{e} \quad (\sigma_2^2 - 8\sigma_1^2 + 4\omega_0^2) \simeq 0 \quad \Rightarrow \quad \sigma_1 \simeq \omega_0 \;\text{ e }\; \sigma_2 \simeq 2\omega_0\,.$$

Inserindo esses resultados no ansatz (8.32), concluímos que, nessa aproximação de primeira ordem em ϵ, vale:

$$\psi \simeq \omega_0\,t + \epsilon\,\mathrm{sen}(2\omega_0\,t + \nu_1)\,, \tag{8.33}$$

Logo, em ordem zero no parâmetro ϵ, vemos que o ângulo ψ cresce linearmente com o tempo e que sua velocidade angular é dada por ω_0. Então, nesse regime de aproximação, concluímos que o período necessário para que o disco complete uma volta em torno do seu eixo de simetria, z̃, é dado por $T = 2\pi/\omega_0$. Por sua vez, até primeira ordem em ϵ, a velocidade angular do movimento em torno do eixo de simetria é dada por

$$\dot{\psi} \simeq \omega_0 + 2\epsilon\, \omega_0 \cos(2\omega_0\, t + \nu_1)\,.$$

Vemos, então, que a velocidade angular $\dot{\psi}$ não é constante, ela oscila em torno de ω_0. Porém, como a média do termo harmônico $\cos(2\omega_0\, t + \nu_1)$ em um período $T = 2\pi/\omega_0$ é nula, segue que a média temporal da velocidade angular é igual ao seu valor em ordem zero no parâmetro ϵ. Ou seja,

$$\overline{\dot{\psi}} \simeq \omega_0 + O(\epsilon^2)\,.$$

Agora, inserindo a Eq. (8.33) dentro da Eq. (8.30) e expandindo o resultado até primeira ordem em ϵ, obtemos:

$$\theta \simeq \frac{c}{\sqrt{\omega_0}}\,[\,1\, -\, \epsilon\, \cos(2\omega_0\, t + \nu_1)]\,.$$

Portanto, concluímos que, nessa aproximação de pequenos valores para θ e indo até primeira ordem em ϵ, o ângulo θ oscila com frequência angular $2\omega_0$, o dobro da velocidade angular média do disco em torno do eixo de simetria. Também podemos obter uma solução aproximada para ϕ através da relação $\dot{\phi} + \dot{\psi} \simeq \omega_0$, advinda da Eq. (8.27). De fato, usando tal relação em conjunto com a Eq. (8.33), obtém-se:

$$\phi \simeq \phi_0\, -\, \epsilon\, \mathrm{sen}(2\omega_0 t + \nu_1)\,,$$

onde ϕ_0 é uma constante de integração. Vemos, então, que a frequência angular de oscilação do ângulo ϕ também é dada por $2\omega_0$.[3] Note que os resultados analíticos aproximados que acabamos de obter para $\psi(t)$, $\theta(t)$ e $\phi(t)$ têm as mesmas características das soluções gráficas exatas apresentadas na Fig. 8.4.

8.5 Pião simétrico

Agora, consideremos a dinâmica de um pião simétrico, ou seja, um objeto de revolução com uma ponta. Vamos assumir que o pião gira enquanto mantém sua ponta em contato com o chão em um ponto fixo. Escolhamos esse ponto para ser a origem dos referenciais S e $\tilde{S}$, como ilustrado na Fig. 8.5. Com essa escolha de origem, segue da Eq. (8.7) que $\mathfrak{L} = 0$, de forma que a equação que rege a dinâmica das rotações é dada por $\frac{d}{dt}\bar{\boldsymbol{L}} = \boldsymbol{\mathcal{T}}$, onde $\boldsymbol{\mathcal{T}}$ é o torque externo total que age sobre o pião. No caso, há três forças que atuam no corpo, a normal com o chão, o atrito com o chão e a força peso. As duas primeiras forças não exercem torque, pois agem na ponta do pião, que está na origem do referencial S, de forma que o braço de alavanca é zero. Por sua vez, a força peso é dada por $\boldsymbol{P} = -mg\boldsymbol{e}_z$, onde m é a massa do pião e g a aceleração local da gravidade. Como

[3] A dinâmica das rotações discutidas nesta seção podem ser visualizadas no seguinte vídeo disponível no *YouTube*: [Título: `Feynman's Wobbling Plate` | Canal: `Jacob Forster`]. É importante manter em mente que, nos experimentos reais, a interação do disco com o ar, através das forças de arrasto, pode influenciar fortemente a dinâmica do disco, especialmente quando a massa do disco é pequena, como em um disco de frisbee. A importância das forças de arrasto é brevemente explicada no seguinte vídeo do *YouTube*: [Título: `Why Does a Frisbee Fly | A Moment of Science | PBS` | Canal: `A Moment of Science`]. No seguinte vídeo é possível observar a complexa dinâmica de um disco de frisbee: [Título: `15 Ultimate Frisbee Throws You Should Learn (with slow motion)` | Canal: `Ultimate101`].

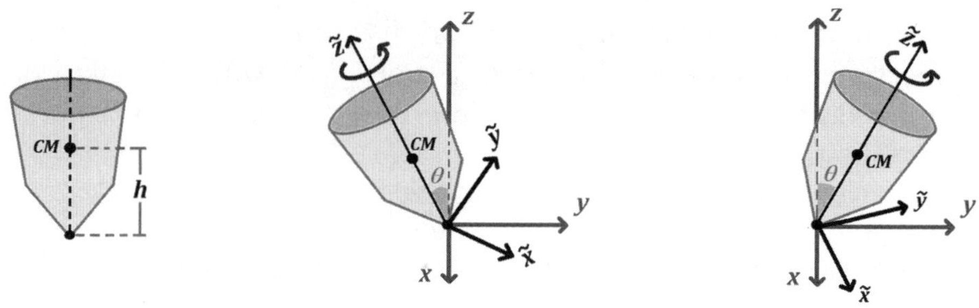

Figura 8.5: Na primeira ilustração, vemos que a distância da ponta do pião até seu centro de massa é h. Nas duas ilustrações seguintes, vemos o pião simétrico enquanto ele gira, em dois instantes distintos. O ângulo de Euler θ é o ângulo entre os eixos z e z̃. A ponta do pião está todo o tempo localizada na origem dos referenciais S e $\tilde{S}$ e, portanto, está parada em relação a ambos os referenciais.

o campo gravitacional é uniforme, podemos considerar que a força peso age no centro de massa do pião, de maneira que seu torque é dado por:

$$\boldsymbol{\mathcal{T}} = \boldsymbol{R}_{CM} \times \boldsymbol{P}\,. \tag{8.34}$$

Uma vez que o centro de massa do pião deve estar ao longo do seu eixo de simetria e como esse eixo foi escolhido como sendo z̃, segue que a posição do centro de massa é simplesmente dada por $\boldsymbol{R}_{CM} = h\tilde{\boldsymbol{e}}_{\rm z}$, onde h denota a distância da ponta do pião até seu centro de massa (vide Fig. 8.5). Note que $\boldsymbol{R}_{CM}$ está escrito na base do referencial $\tilde{S}$, ao passo que $\boldsymbol{P}$ é mais facilmente escrito na base de S. A fim de tomar o produto vetorial entre esses vetores e então obter o torque, devemos escrever $\tilde{\boldsymbol{e}}_{\rm z}$ na base $\{\boldsymbol{e}_i\}$ ou escrever $\boldsymbol{e}_{\rm z}$ na base $\{\tilde{\boldsymbol{e}}_i\}$. Usando as Eqs. (8.13) e (8.15), vemos que essas relações entre os vetores das diferentes bases são dadas por:

$$\begin{cases} \tilde{\boldsymbol{e}}_{\rm z} &= [\mathbb{E}_{(\phi,\theta,\psi)}]_3{}^i\, \boldsymbol{e}_i = \operatorname{sen}\theta \operatorname{sen}\phi\, \boldsymbol{e}_{\rm x} - \operatorname{sen}\theta\, \cos\phi\, \boldsymbol{e}_{\rm y} + \cos\theta\, \boldsymbol{e}_{\rm z}\,, \\ \\ \boldsymbol{e}_{\rm z} &= [\mathbb{E}^{-1}_{(\phi,\theta,\psi)}]_3{}^i\, \tilde{\boldsymbol{e}}_i = \operatorname{sen}\theta \operatorname{sen}\psi\, \tilde{\boldsymbol{e}}_{\rm x} + \operatorname{sen}\theta\, \cos\psi\, \tilde{\boldsymbol{e}}_{\rm y} + \cos\theta\, \tilde{\boldsymbol{e}}_{\rm z}\,. \end{cases} \tag{8.35}$$

Por meio dessas identidades e da Eq. (8.34), conclui-se que o torque é dado pelas seguintes expressões:

$$\boldsymbol{\mathcal{T}} = \begin{cases} -mgh\, (\operatorname{sen}\theta\, \cos\phi\, \boldsymbol{e}_{\rm x} + \operatorname{sen}\theta \operatorname{sen}\phi\, \boldsymbol{e}_{\rm y}) \\ \\ mgh\, (\operatorname{sen}\theta\, \cos\psi\, \tilde{\boldsymbol{e}}_{\rm x} - \operatorname{sen}\theta \operatorname{sen}\psi\, \tilde{\boldsymbol{e}}_{\rm y}) \end{cases}. \tag{8.36}$$

Sendo assim, as equações que regem a dinâmica das rotações do pião, ou seja, as equações de Euler (8.11), são dadas por:

$$\begin{cases} \gamma_1\, \dot{\tilde{\omega}}^1 - (\gamma_2 - \gamma_3)\, \tilde{\omega}^2\, \tilde{\omega}^3 = mgh \operatorname{sen}\theta\, \cos\psi\,, \\ \gamma_2\, \dot{\tilde{\omega}}^2 - (\gamma_3 - \gamma_1)\, \tilde{\omega}^3\, \tilde{\omega}^1 = -\,mgh \operatorname{sen}\theta \operatorname{sen}\psi\,, \\ \gamma_3\, \dot{\tilde{\omega}}^3 - (\gamma_1 - \gamma_2)\, \tilde{\omega}^1\, \tilde{\omega}^2 = 0\,. \end{cases} \tag{8.37}$$

Como o pião é um objeto de revolução e escolhemos o eixo z̃ como sendo seu eixo de simetria, segue que $\gamma_1 = \gamma_2$, de forma que a última das equações de Euler acima implica que $\tilde{\omega}^3$ deve ser constante. Denotemos essa constante por ω_0, de forma que, escrevendo

$\tilde{\omega}^3$ em termos dos ângulos de Euler, através da Eq. (8.21), concluímos que vale a seguinte identidade:

$$\dot{\psi} + \dot{\phi}\cos\theta = \omega_0 \,. \tag{8.38}$$

Por sua vez, as duas primeiras relações da Eq. (8.37) fornecem:

$$\begin{cases} \dot{\tilde{\omega}}^1 + (\alpha - 1)\,\omega_0\,\tilde{\omega}^2 = \beta\,\text{sen}\theta\,\cos\psi \,, \\ \dot{\tilde{\omega}}^2 - (\alpha - 1)\,\omega_0\,\tilde{\omega}^1 = -\,\beta\,\text{sen}\theta\,\text{sen}\psi \,, \end{cases} \tag{8.39}$$

onde foram feitas as seguintes identificações:

$$\alpha \equiv \frac{\gamma_3}{\gamma_1} = \frac{\gamma_3}{\gamma_2} \quad \text{e} \quad \beta \equiv \frac{m\,g\,h}{\gamma_1} = \frac{m\,g\,h}{\gamma_2}\,.$$

Multiplicando a primeira das equações em (8.39) por $\tilde{\omega}^1$ e a segunda por $\tilde{\omega}^2$, e depois somando essas duas equações, concluímos que:

$$\tilde{\omega}^1\,\dot{\tilde{\omega}}^1 + \tilde{\omega}^2\,\dot{\tilde{\omega}}^2 = \beta\,\text{sen}\theta\,\left(\cos\psi\,\tilde{\omega}^1 - \text{sen}\psi\,\tilde{\omega}^2\right) = \beta\,\text{sen}\theta\,\dot{\theta}\,,$$

onde, na última igualdade, as componentes $\tilde{\omega}^1$ e $\tilde{\omega}^2$ foram escritas em termos dos ângulos de Euler, usando a Eq. (8.21). Notemos que a identidade acima pode ser convenientemente escrita da seguinte forma:

$$\frac{d}{dt}\left[(\tilde{\omega}^1)^2 + (\tilde{\omega}^2)^2 + 2\beta\,\cos\theta\right] = 0\,.$$

Trata-se de uma lei de conservação. Vamos denotar a grandeza conservada dentro dos colchetes por ε_0. Logo,

$$\varepsilon_0 = (\tilde{\omega}^1)^2 + (\tilde{\omega}^2)^2 + 2\beta\,\cos\theta = \dot{\theta}^2 + \dot{\phi}^2\,\text{sen}^2\theta + 2\beta\,\cos\theta\,, \tag{8.40}$$

onde, na última igualdade, foi usada a Eq. (8.21). Essa lei de conservação tem origem na lei de conservação da energia total do sistema. De fato, lembremos que: como os referenciais S e $\bar{S}$ coincidem, pois as origens de $\tilde{S}$ e S coincidem, segue que a energia cinética do corpo rígido se resume à energia de rotação:

$$E_{cin} = \bar{E}_{cin} = \frac{1}{2}\,\tilde{I}_{ij}\,\tilde{\omega}^i\,\tilde{\omega}^j = \frac{\gamma_1}{2}\left[(\tilde{\omega}^1)^2 + (\tilde{\omega}^2)^2\right] + \frac{\gamma_3}{2}\,(\tilde{\omega}^3)^2\,.$$

Então, a energia total do corpo, que é a soma da energia cinética com a energia potencial gravitacional, é dada por:

$$E = E_{cin} + m\,g\,\text{z} = \frac{\gamma_1}{2}\left[(\tilde{\omega}^1)^2 + (\tilde{\omega}^2)^2\right] + \frac{\gamma_3}{2}\,(\tilde{\omega}^3)^2 + m\,g\,h\,\cos\theta = \frac{\gamma_1}{2}\,\varepsilon_0 + \frac{\gamma_3}{2}\,(\tilde{\omega}^3)^2\,.$$

Assim sendo, uma vez que $\tilde{\omega}^3$ é constante, concluímos que a conservação de ε_0 tem relação direta com a conservação da energia total do corpo rígido. É claro que, na prática, a energia não é exatamente conservada, pois o ar exerce arrasto sobre o pião, drenando a energia do corpo. Além disso, a ponta do pião não ficará totalmente parada, de forma que também haverá atrito com o chão. Aqui nesta seção, estamos desconsiderando essas fontes de dissipação, razão pela qual a energia total é conservada.

Uma outra lei de conservação pode ser obtida do fato de que o torque não tem componentes na direção $\boldsymbol{e}_\text{z}$, o que pode ser visto na Eq. (8.36). Portanto, segue que

$$0 = \boldsymbol{e}_\text{z}\cdot\boldsymbol{\mathcal{T}} = \boldsymbol{e}_\text{z}\cdot\frac{d\bar{\boldsymbol{L}}}{dt} = \frac{d}{dt}\left(\boldsymbol{e}_\text{z}\cdot\bar{\boldsymbol{L}}\right)\,,$$

onde foi usado o fato de que a derivada temporal acima é em relação ao referencial do observador, no qual os vetores $\boldsymbol{e}_i$ são constantes. Concluímos, portanto, que $(\boldsymbol{e}_{\rm z} \cdot \bar{\boldsymbol{L}})$ é constante durante a rotação. Então, denotado essa nova constante por $\gamma_1 \lambda_0$ e usando a Eq. (8.35), concluímos que:

$$\begin{aligned} \gamma_1 \lambda_0 &= \boldsymbol{e}_{\rm z} \cdot \bar{\boldsymbol{L}} \\ &= (\text{sen}\theta\,\text{sen}\psi\, \tilde{\boldsymbol{e}}_{\rm x} + \text{sen}\theta\, \cos\psi\, \tilde{\boldsymbol{e}}_{\rm y} + \cos\theta\, \tilde{\boldsymbol{e}}_{\rm z}) \cdot \big(\gamma_1\, \tilde{\omega}^1\, \tilde{\boldsymbol{e}}_{\rm x} + \gamma_2\, \tilde{\omega}^2\, \tilde{\boldsymbol{e}}_{\rm y} + \gamma_3\, \tilde{\omega}^3\, \tilde{\boldsymbol{e}}_{\rm z}\big) \\ &= \gamma_1\, \tilde{\omega}^1\, \text{sen}\theta\,\text{sen}\psi + \gamma_1\, \tilde{\omega}^2\, \text{sen}\theta\, \cos\psi + \gamma_3\, \tilde{\omega}^3\, \cos\theta\,. \end{aligned}$$

Por fim, substituindo as expressões para $\tilde{\omega}^i$ em termos dos ângulos de Euler, concluímos que essa lei de conservação pode ser escrita da seguinte forma:

$$\lambda_0 = \big(\text{sen}^2\theta + \alpha\, \cos^2\theta\big)\, \dot{\phi} + \alpha\, \cos\theta\, \dot{\psi}\,. \tag{8.41}$$

Usando as três leis de conservação (8.38), (8.40) e (8.41), podemos encontrar expressões para as derivadas dos ângulos de Euler:

$$\begin{cases} \dot{\phi} = \csc^2\theta\, (\lambda_0 - \alpha\, \omega_0 \cos\theta)\,, \\ \\ \dot{\theta} = \pm\sqrt{\varepsilon_0 - 2\beta\cos\theta - \csc^2\theta(\lambda_0 - \alpha\,\omega_0\cos\theta)^2}\,, \\ \\ \dot{\psi} = \omega_0(1 + \alpha\cot^2\theta) - \lambda_0 \cos\theta\, \csc^2\theta\,. \end{cases} \tag{8.42}$$

Com essas relações em mãos, é possível obter a dinâmica do pião. De fato, usando a equação para $\dot{\theta}$ podemos, através da realização de uma integral em θ, encontrar $\theta(t)$. Então, substituindo $\theta(t)$ nas equações para $\dot{\phi}$ e $\dot{\psi}$, podemos realizar integrais no tempo e encontrar $\phi(t)$ e $\psi(t)$. Ocorre que tais integrais não têm solução analítica em termos de funções ordinárias, é possível realizá-las apenas de forma numérica, ou seja, de maneira aproximada através do uso de computadores. É claro que essa aproximação computacional pode ser tão refinada quanto se queira, o custo é apenas o tempo necessário para se realizar os cálculos.

Definindo a função $V(\theta)$ por $V(\theta) \equiv 2\beta\cos\theta + \csc^2\theta(\lambda_0 - \alpha\,\omega_0\cos\theta)^2$, podemos reescrever a expressão para $\dot{\theta}$ da seguinte forma:

$$\dot{\theta} = \pm\sqrt{\varepsilon_0 - V(\theta)}\,. \tag{8.43}$$

Como $\dot{\theta}$ deve ser um número real, segue que a desigualdade $\varepsilon_0 \geq V(\theta)$ deve ser válida para qualquer θ acessado pelo pião. A forma geral do gráfico de $V(\theta)$ para uma ampla faixa de valores dos parâmetros α, β, λ_0 e ω_0 é mostrada esquematicamente na Fig. 8.6. Vemos, então, que $V(\theta)$ tem um mínimo no intervalo $\theta \in (0, \pi)$ e que $V(\theta)$ tende a infinito nos extremos desse intervalo. Portanto, para um dado valor de ε_0 maior que o mínimo de $V(\theta)$, concluímos que θ só pode assumir valores dentro de um intervalo (θ_1, θ_2), caso contrário a condição $\varepsilon_0 \geq V(\theta)$ deixaria de ser verdadeira. A parte direita da Fig. 8.6 ilustra esses pontos de retorno. Isso indica que o pião terá uma inclinação em relação ao campo gravitacional que oscilará entre θ_1 e θ_2. Essa oscilação é chamada de **nutação**. É claro que, no experimento real, a força de atrito do pião com o chão e do pião com o ar que o circunda farão o pião perder energia gradativamente. Como consequência, os valores dos ângulos θ_1 e θ_2 vão aumentando com o tempo até que o "corpo" do pião encoste no chão, interrompendo seu movimento.

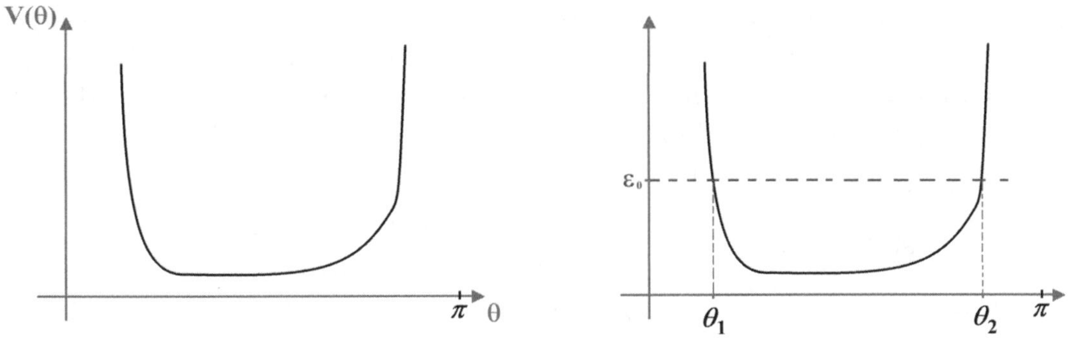

Figura 8.6: Na parte esquerda, vemos a forma geral do gráfico da função $V(\theta)$ para diferentes escolhas dos parâmetros α, β, λ_0 e ω_0. No lado direito, vemos que, a fim de manter ε_0 maior que $V(\theta)$, o ângulo θ deve ficar restrito ao domínio $\theta \in (\theta_1, \theta_2)$.

A função $V(\theta)$ pode ser pensada como uma espécie de energia potencial para a variável θ. Isso porque a Eq. (8.43) pode ser escrita da seguinte forma:

$$\dot{\theta}^2 + V(\theta) = \varepsilon_0\,.$$

Essa lei de conservação é idêntica a uma lei de conservação de energia de uma partícula fictícia de massa $m = 2$ e energia potencial $V(\theta)$ que se move em uma dimensão, com θ sendo a coordenada que rotula a posição da partícula. Portanto, podemos estudar a estabilidade da dinâmica do ângulo θ analisando o potencial $V(\theta)$. Façamos isso em um cenário particular. Suponha que o pião foi posto para girar de forma que, no instante inicial, o eixo de simetria fazia um ângulo θ_0 com a direção do campo gravitacional. Além disso, suponhamos que, inicialmente, o pião só tinha rotação em torno do seu eixo de simetria. Nesse caso, teremos as seguintes condições iniciais:

$$\theta(0) = \theta_0 \;, \quad \dot{\theta}(0) = 0 \quad \text{e} \quad \dot{\phi}(0) = 0\,.$$

Em particular, avaliando as identidades da Eq. (8.42) no instante $t = 0$ e impondo essas condições iniciais, chega-se às seguintes relações:

$$\lambda_0 = \alpha\,\omega_0 \cos\theta_0 \;, \quad \varepsilon_0 = 2\beta \cos\theta_0 \quad \text{e} \quad \dot{\psi}(0) = \omega_0\,. \tag{8.44}$$

Então, inserindo essa expressão para λ_0 na equação para o potencial $V(\theta)$, obtemos:

$$V(\theta) = 2\beta\cos\theta + \alpha^2\,\omega_0^2\,\csc^2\theta(\cos\theta_0 - \cos\theta)^2\,. \tag{8.45}$$

Com isso em mãos, podemos estudar a estabilidade do movimento do pião para essas condições iniciais. Com esse objetivo, vamos expandir esse potencial em série de Taylor em torno do ângulo θ_0. A expansão até segunda ordem fornece:[4]

$$V(\theta) \simeq 2\beta\cos(\theta_0) - 2\,\beta\,\text{sen}\theta_0\,(\theta - \theta_0) + (\alpha^2\omega_0^2 - \beta\,\cos\theta_0)\,(\theta - \theta_0)^2\,. \tag{8.46}$$

[4]Vale mencionar que essa expansão em série de Taylor não é a expansão correta quando escolhemos $\theta_0 = 0$. Isso ocorre porque a função $f(\theta, \theta_0) = \csc^2\theta(\cos\theta_0 - \cos\theta)^2$ não é uma função suave no ponto $(\theta, \theta_0) = (0, 0)$. De fato, se primeiro assumirmos $\theta_0 = 0$ na Eq. (8.45), e apenas depois fizermos a expansão em série de Taylor em torno de $\theta = 0$, obteremos $V(\theta) \simeq 2\beta + (\frac{\alpha^2\omega_0^2}{4} - \beta)\theta^2$, o que difere do resultado mostrado na Eq. (8.46) no limite $\theta_0 \to 0$.

Na expressão acima, $V(\theta)$ é aproximado por uma parábola e a concavidade dessa parábola depende do sinal de $(\alpha^2\omega_0^2 - \beta\cos\theta_0)$. Se esse sinal for positivo, significa que existe um ponto de estabilidade na vizinhança de θ_0, ao passo que um sinal negativo indica que não há estabilidade próximo de θ_0. Portanto, a condição de estabilidade pode ser escrita da seguinte forma:

$$\text{Estabilidade:} \quad \omega_0 > \frac{\sqrt{\beta\cos\theta_0}}{\alpha} = \frac{\sqrt{m\,g\,h\,\gamma_1\cos\theta_0}}{\gamma_3} \equiv \omega_c\,,$$

onde, na última equação, foi definida a frequência crítica ω_c. Portanto, se a velocidade de rotação inicial em torno do eixo de simetria for menor que a frequência crítica, $\omega_0 < \omega_c$, o pião irá se desestabilizar. Quem já tentou lançar um pião sabe disso: para conseguir deixar o pião "em pé", precisamos girá-lo com velocidade angular suficiente. Analisemos essa estabilidade com mais detalhe. Como a força é o negativo da derivada do potencial em relação à coordenada, segue da expansão acima que, em $t = 0$, a "força" que age no pião na direção θ é dada por:

$$F_{\theta_0} = -\left.\frac{dV}{d\theta}\right|_{\theta_0} = 2\,\beta\,\text{sen}\theta_0$$

Vemos que essa "força" é positiva, ou seja, a inclinação $\theta = \theta_0$ não é uma inclinação de equilíbrio, exceto no caso em que $\theta_0 = 0$. No caso geral, quando $\theta_0 \neq 0$, o pião tende a aumentar o ângulo θ até que o mínimo do potencial seja atingido. Usando a aproximação (8.46), vemos que esse mínimo ocorre na inclinação $\theta_\star$ dada por:

$$\left.\frac{dV}{d\theta}\right|_{\theta_\star} = 0 \;\Rightarrow\; \theta_\star \simeq \theta_0 + \frac{\beta\,\text{sen}\theta_0}{\alpha^2\omega_0^2 - \beta\cos\theta_0} = \theta_0 + \frac{\tan\theta_0}{\left(\frac{\omega_0}{\omega_c}\right)^2 - 1}\,.$$

Logo, se a velocidade angular inicial for elevada, $\omega_0 \gg \omega_c$, a razão (ω_c/ω_0) será pequena. Então, expandindo a última expressão até segunda ordem na razão (ω_c/ω_0), teremos:

$$\theta_\star \simeq \theta_0 + \tan\theta_0\left(\frac{\omega_c}{\omega_0}\right)^2.$$

Em particular, nesse cenário, vemos que o equilíbrio será próximo de θ_0. Inclusive, esse fato é importante para dar legitimidade ao uso da aproximação (8.46) para calcular $\theta_\star$. Então, já que a inclinação do pião oscilará em torno da inclinação de equilíbrio, $\theta = \theta_\star$, é útil avaliar as expressões para $\dot\phi$, $\dot\theta$ e $\dot\psi$, para esse valor de θ. Dessa maneira, teremos uma noção da ordem de grandeza das taxas de variação dos ângulos de Euler. Levando em consideração as condições iniciais (8.44) e inserindo $\theta = \theta_\star$ na Eq. (8.42), chega-se às seguintes expressões válidas até a ordem quadrática no parâmetro (ω_c/ω_0):

$$\dot\phi(\theta_\star) \simeq \frac{\alpha\,\omega_0}{\cos\theta_0}\left(\frac{\omega_c}{\omega_0}\right)^2, \quad \dot\theta(\theta_\star) \simeq \pm\frac{\sqrt{2\beta}\,\text{sen}\theta_0}{\sqrt{\cos\theta_0}}\left(\frac{\omega_c}{\omega_0}\right), \quad \dot\psi(\theta_\star) \simeq \omega_0 - \alpha\,\omega_0\left(\frac{\omega_c}{\omega_0}\right)^2.$$

Vemos, então, que o pião rotacionará em torno do seu eixo de simetria, pois $\dot\psi \neq 0$; executará um movimento de nutação, pois $\dot\theta \neq 0$; e precessionará em torno do eixo z, pois $\dot\phi \neq 0$. Como estamos assumindo $\omega_0 \gg \omega_c$, segue das expressões acima que vale a seguinte hierarquia para as velocidades angulares: $|\dot\psi| \gg |\dot\theta| \gg |\dot\phi|$. Portanto, a rotação mais lenta será aquela do ângulo ϕ, que corresponde à precessão do pião em torno da direção do campo gravitacional. Esse fato pode ser facilmente comprovado em experimentos de lançamentos de pião.[5]

[5]Os seguintes vídeos disponíveis no *YouTube* mostram experimentos com piões girando: [Título:

8.6 Exercícios sugeridos

Exercício 1

Determine qual é a frequência das pequenas oscilações de um hemisfério homogêneo de raio R oscilando em uma mesa. Ou seja, estude o movimento de metade de uma esfera homogênea que foi apoiada em uma superfície horizontal com a parte curva ficando em contato com a superfície. Denote por g a aceleração local da gravidade. Considere dois cenários distintos.
a) Não há atrito entre o hemisfério e a mesa.
b) Há atrito entre o hemisfério e a mesa e o hemisfério oscila sem deslizar.

Exercício 2

a) Encontre os ângulos de Euler (ϕ, θ, ψ) que fazem com que a matriz $\mathbb{E}_{(\phi,\theta,\psi)}$ corresponda a uma rotação de um ângulo $\pi/2$ em torno da direção $\boldsymbol{n} = \frac{1}{\sqrt{2}}(\boldsymbol{e}_{\rm x} + \boldsymbol{e}_{\rm y})$.
b) A rotação $\mathbb{E}_{(\phi,\theta,\psi)}$ associada aos ângulos de Euler $(\phi, \theta, \psi) = (\pi/3, \pi/4, 3\pi/4)$ se dá em torno de que eixo? Qual é o ângulo de rotação em torno desse eixo?

Exercício 3

Deduza a relação entre a velocidade angular $\boldsymbol{\omega}$ e os ângulos de Euler, ou seja, prove a Eq. (8.21).

Exercício 4 – *resolvido*

Uma porta homogênea de largura a, altura b e espessura desprezível foi instalada de forma não ideal, de maneira que o eixo de rotação das dobradiças faz um ângulo ε com a direção do campo gravitacional, como ilustrado ao lado. Sendo assim, se abrirmos a porta de um ângulo de 90° e a soltarmos, ela se fechará por conta própria. Desconsiderando atritos e denotando por g a aceleração local da gravidade, encontre uma expressão para o intervalo de tempo Δt necessário para que a porta se feche por conta própria.

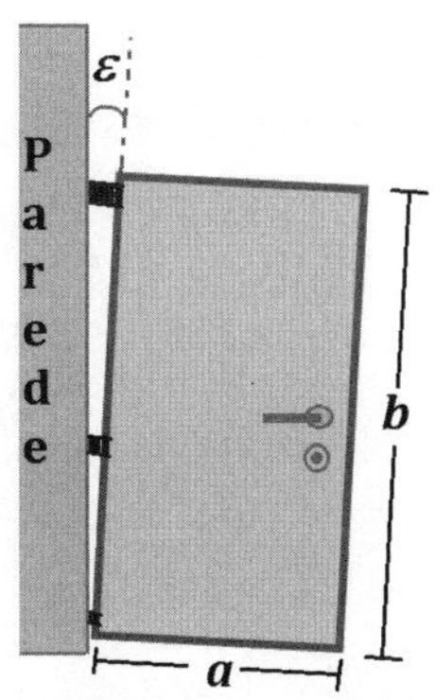

Spinning Top | Canal: bmanishap] , [Título: Learn 7 Spin Top Tricks the Easy Way with a Champion! | Canal: Mark Hayward]. Um experimento simples sobre conservação de momento angular é mostrado no seguinte vídeo: [Título: MIT Physics: Spinning Bike Wheel and Conservation of Angular Momentum | Canal: MITK12Videos]. Um vídeo que mostra a precessão de um objeto girante é o seguinte: [Título: Gyroscopic Precession | Canal: Veritasium].

Solução do Exercício 4

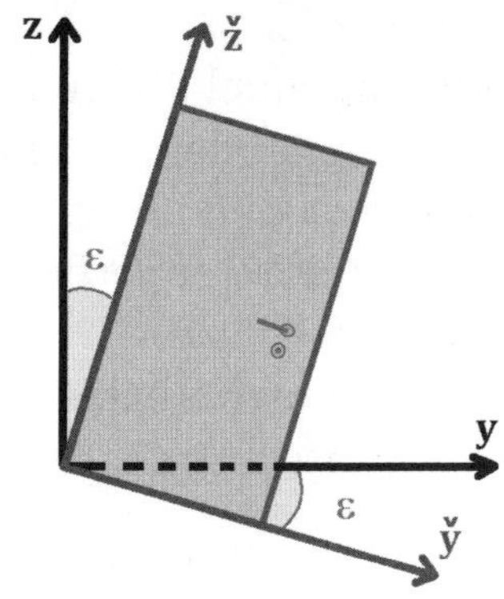

Comecemos considerando o referencial cartesiano usual, $\{\boldsymbol{e}_\mathrm{x}, \boldsymbol{e}_\mathrm{y}, \boldsymbol{e}_\mathrm{z}\}$, para o qual o vetor $\boldsymbol{e}_\mathrm{z}$ está alinhado com o campo gravitacional, de forma que a força peso é dada por $\boldsymbol{P} = -Mg\boldsymbol{e}_\mathrm{z}$, onde M é a massa da porta. Outro referencial que será utilizado tem o eixo z alinhado com o eixo de rotação da porta, conforme ilustrado ao lado, essa base cartesiana será denotada por $\{\check{\boldsymbol{e}}_\mathrm{x}, \check{\boldsymbol{e}}_\mathrm{y}, \check{\boldsymbol{e}}_\mathrm{z}\}$. Aqui, a base $\{\check{\boldsymbol{e}}_i\}$ não está atrelada à porta, ela está parada em relação ao chão e em relação à base $\{\boldsymbol{e}_i\}$. A conexão entre as duas bases pode ser intuída da figura ao lado e é dada por:

$$\begin{cases} \check{\boldsymbol{e}}_\mathrm{x} = \boldsymbol{e}_\mathrm{x} \\ \check{\boldsymbol{e}}_\mathrm{y} = \cos\varepsilon\, \boldsymbol{e}_\mathrm{y} - \mathrm{sen}\varepsilon\, \boldsymbol{e}_\mathrm{z} \\ \check{\boldsymbol{e}}_\mathrm{z} = \mathrm{sen}\varepsilon\, \boldsymbol{e}_\mathrm{y} + \cos\varepsilon\, \boldsymbol{e}_\mathrm{z} \end{cases} \quad \text{e} \quad \begin{cases} \boldsymbol{e}_\mathrm{x} = \check{\boldsymbol{e}}_\mathrm{x} \\ \boldsymbol{e}_\mathrm{y} = \cos\varepsilon\, \check{\boldsymbol{e}}_\mathrm{y} + \mathrm{sen}\varepsilon\, \check{\boldsymbol{e}}_\mathrm{z} \\ \boldsymbol{e}_\mathrm{z} = -\mathrm{sen}\varepsilon\, \check{\boldsymbol{e}}_\mathrm{y} + \cos\varepsilon\, \check{\boldsymbol{e}}_\mathrm{z} \end{cases} .$$

Como a rotação da porta se dá apenas em torno do eixo ž, segue que sua energia cinética de rotação é dada por:

$$E_{cin} = \frac{1}{2}\, \check{I}_{ij}\, \check{\omega}^i\, \check{\omega}^j = \frac{1}{2}\, \check{I}_{33}\, (-\dot{\phi})\, (-\dot{\phi}) = \frac{M\,a^2}{6}\, \dot{\phi}^2\,,$$

onde $\check{I}_{33}$ é o momento de inércia da porta em relação ao seu eixo de rotação e ϕ denota o ângulo de abertura da porta em relação à posição em que ela está fechada. Note que, diferentemente de $\check{I}_{33}$, as demais componentes de $\check{I}_{ij}$ devem mudar com a abertura da porta, ou seja, devem depender de ϕ. De fato, o referencial $\check{S}$ não está fixo em relação à porta enquanto ela gira.

Além das bases cartesianas definidas acima, é útil introduzir uma base $\{\tilde{\boldsymbol{e}}_\mathrm{x}, \tilde{\boldsymbol{e}}_\mathrm{y}, \tilde{\boldsymbol{e}}_\mathrm{z}\}$ que esteja em repouso em relação à porta. Escolhamos essa base de forma a coincidir com a base $\{\check{\boldsymbol{e}}_i\}$ quando a porta está fechada, como na figura acima. Por outro lado, quando a porta está aberta de um ângulo ϕ, sua relação com a base $\{\check{\boldsymbol{e}}_i\}$ será a seguinte:

$$\begin{cases} \tilde{\boldsymbol{e}}_\mathrm{x} = \cos\phi\, \check{\boldsymbol{e}}_\mathrm{x} - \mathrm{sen}\phi\, \check{\boldsymbol{e}}_\mathrm{y} \\ \tilde{\boldsymbol{e}}_\mathrm{y} = \mathrm{sen}\phi\, \check{\boldsymbol{e}}_\mathrm{x} + \cos\phi\, \check{\boldsymbol{e}}_\mathrm{y} \\ \tilde{\boldsymbol{e}}_\mathrm{z} = \check{\boldsymbol{e}}_\mathrm{z} \end{cases} \quad \text{e} \quad \begin{cases} \check{\boldsymbol{e}}_\mathrm{x} = \cos\phi\, \tilde{\boldsymbol{e}}_\mathrm{x} + \mathrm{sen}\phi\, \tilde{\boldsymbol{e}}_\mathrm{y} \\ \check{\boldsymbol{e}}_\mathrm{y} = -\mathrm{sen}\phi\, \tilde{\boldsymbol{e}}_\mathrm{x} + \cos\phi\, \tilde{\boldsymbol{e}}_\mathrm{y} \\ \check{\boldsymbol{e}}_\mathrm{z} = \tilde{\boldsymbol{e}}_\mathrm{z} \end{cases} .$$

A posição do centro de massa da porta é dada por:

$$\boldsymbol{R}_{CM} = \frac{a}{2}\, \tilde{\boldsymbol{e}}_\mathrm{y} + \frac{b}{2}\, \tilde{\boldsymbol{e}}_\mathrm{z} = \frac{a}{2}\, \mathrm{sen}\phi\, \check{\boldsymbol{e}}_\mathrm{x} + \frac{a}{2}\, \cos\phi\, \check{\boldsymbol{e}}_\mathrm{y} + \frac{b}{2}\, \check{\boldsymbol{e}}_\mathrm{z}$$

Portanto, a coordenada z associada ao centro de massa da porta é dada por:

$$\mathrm{z}_{CM} = \boldsymbol{R}_{CM} \cdot \boldsymbol{e}_\mathrm{z} = \frac{b}{2}\, \cos\varepsilon - \frac{a}{2}\cos\phi\, \mathrm{sen}\varepsilon\,.$$

A energia potencial gravitacional da porta é então dada por:

$$U = M\, g\, \mathrm{z}_{CM} = \frac{M\, g\, b}{2}\, \cos\varepsilon - \frac{M\, g\, a}{2}\, \cos\phi\, \mathrm{sen}\varepsilon\,.$$

Então, a lei de conservação de energia fornece

$$E_{cin} + U = \frac{M\, a^2}{6}\, \dot{\phi}^2 + \frac{M\, g\, b}{2}\, \cos\varepsilon - \frac{M\, g\, a}{2}\, \cos\phi\, \mathrm{sen}\varepsilon = \mathit{constante}\,. \tag{8.47}$$

Supondo que a porta partiu do repouso quando estava com uma abertura de 90°, segue que essa constante pode ser determinada inserindo $\phi(t = 0) = \pi/2$ e $\dot{\phi}(t = 0) = 0$ na equação acima, fornecendo o seguinte valor para a constante que representa a energia total: $Mgb\cos\varepsilon/2$. Usando esse fato, chega-se à seguinte conclusão:

$$\frac{M\,a^2}{6}\,\dot{\phi}^2 = \frac{M\,g\,a}{2}\cos\phi\,\text{sen}\varepsilon \quad \Rightarrow \quad \dot{\phi} = -\sqrt{\frac{3g}{a}\,\text{sen}\varepsilon\,\cos\phi}\,,$$

onde o sinal negativo foi escolhido porque, ao fechar a porta, o ângulo ϕ diminui, passando de $\pi/2$ para zero. Ou seja, para dt positivo, devemos ter $d\phi$ negativo. Integrando essa última equação de $\phi = \pi/2$ até $\phi = 0$, chega-se ao intervalo de tempo necessário para que a porta se feche:

$$\Delta t = -\sqrt{\frac{a}{3g\,\text{sen}\varepsilon}}\int_{\pi/2}^{0}\frac{d\phi}{\sqrt{\cos\phi}} \simeq 2,622\sqrt{\frac{a}{3g\,\text{sen}\varepsilon}}\,,$$

onde a última integral foi realizada de forma numérica. Essa é a resposta procurada.

Antes de encerrar, note que, neste problema, não podemos aplicar diretamente as equações de Euler para descrever a dinâmica da porta, ao menos não usando o referencial $\tilde{S}$ definido acima. A razão é que, em tal referencial, os eixos cartesianos não são eixos principais de inércia, ou seja, $\tilde{I}_{ij}$ não é diagonal. De fato, vale a seguinte igualdade:

$$\tilde{I}^i{}_j = M\begin{bmatrix} (a^2+b^2)/3 & 0 & 0 \\ 0 & b^2/3 & -ab/4 \\ 0 & -ab/4 & a^2/3 \end{bmatrix}$$

No entanto, se definirmos o referencial $\acute{S}$ atrelado à porta como sendo aquele cujos eixos são paralelos aos eixos de $\tilde{S}$ e cuja origem está na posição $\tilde{\boldsymbol{r}} = b/2\tilde{\boldsymbol{e}}_z$, medida a partir da origem de $\tilde{S}$, o momento de inércia será diagonal. A figura ao lado ilustra esse novo referencial. Em tal referencial, o momento de inércia será dado por:

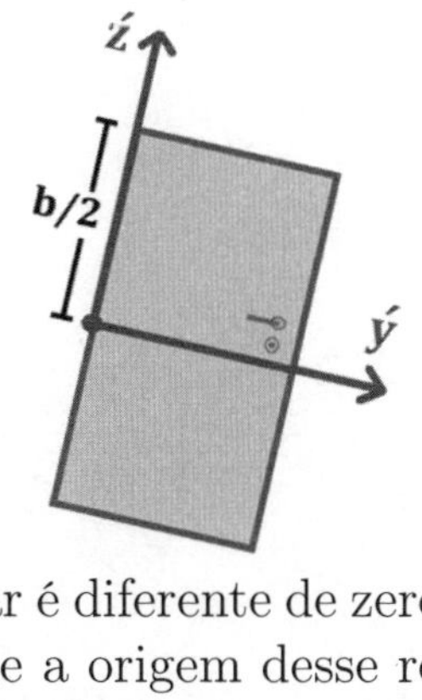

$$\acute{I}_{ij} = \frac{M}{12}\,\text{diag}\left(4a^2+b^2\,,\,b^2\,,\,4a^2\right)$$

Nesse referencial, apenas a componente $\acute{\omega}^3 = -\dot{\phi}$ da velocidade angular é diferente de zero, já que a porta só rotaciona em torno do eixo ź. Além disso, note que a origem desse referencial está parada em relação ao chão, de forma que, usando a Eq. (8.7), concluímos que $\mathfrak{L} = 0$. Sendo assim, as equações de Euler se resumem ao seguinte:

$$\frac{M\,a^2}{3}\,\ddot{\phi} = -\boldsymbol{\mathcal{T}}\cdot\acute{\boldsymbol{e}}_z = \frac{a}{2}\,M\,g\,\left(\tilde{\boldsymbol{e}}_y\times\boldsymbol{e}_z\right)\cdot\tilde{\boldsymbol{e}}_z = -\frac{M\,a\,g}{2}\,\text{sen}\varepsilon\,\text{sen}\phi\,.$$

Note que, além da força peso, também existem as forças exercidas pelas dobradiças, cujos torques são individualmente diferentes de zero, mas a soma dos torques exercidos pelas dobradiças na porta é nula. Como sugestão, prove que a equação dinâmica que acabamos de estabelecer é compatível com a lei de conservação da energia que obtivemos na Eq. (8.47).

Capítulo 9

Vínculos e o formalismo lagrangiano

Neste capítulo, será introduzida uma nova forma de abordar os problemas da mecânica clássica, o chamado formalismo Lagrangiano. Dentro do cenário onde ele é aplicável, tal formalismo reproduz os mesmos resultados da abordagem newtoniana, como não poderia deixar de ser. Porém, trata-se de um formalismo de aplicação muito mais simples, o que o torna poderoso. Problemas que seriam praticamente impossíveis de serem elucidados na abordagem newtoniana podem ter uma solução quase trivial no formalismo lagrangiano. A principal classe de problemas em que o formalismo newtoniano é inconveniente, ao passo que a abordagem lagrangiana é natural, é aquela formada pelos chamados sistemas vinculados, cenários em que as partículas estão restritas a se moverem em determinadas superfícies ou quando seus graus de liberdade estão conectados por equações algébricas. Na seção a seguir, começaremos analisando um exemplo particularmente simples desse tipo de problema.

9.1 Conta presa a um arame

Nesta seção, vamos considerar uma conta de massa m (ou seja, um pequeno objeto com um furo no meio, por onde se pode passar uma linha ou um arame) presa a um arame contido no plano xy. O arame está deformado de maneira que os pontos desse arame pertençam à curva $\mathrm{y} = f(\mathrm{x})$. A Fig. 9.1 ilustra o problema em tela. Vamos supor que não haja atrito entre a conta e o arame, de maneira que a única força que o arame exerce sobre a conta é a força normal $\boldsymbol{F}_N$, que é sempre ortogonal à curva formada pelo arame. Além dessa força de contato exercida pelo arame, suponhamos que sobre a conta age também uma força externa que é conservativa, $\boldsymbol{F}_{ext} = -\boldsymbol{\nabla} U$, onde $U = U(\mathrm{x}, \mathrm{y})$ é a energia potencial associada à força externa. O arame mantém seu formato à medida que a conta se desloca sobre ele, de maneira que, efetivamente, a partícula só tem um grau de liberdade, pois, se soubermos a coordenada x da posição da partícula, então conheceremos simultaneamente sua coordenada y, que será dada por $\mathrm{y} = f(\mathrm{x})$.

Para determinar a dinâmica da conta no formalismo newtoniano, precisamos saber a força total que age sobre ela. Há duas forças que precisamos considerar, a força externa, $\boldsymbol{F}_{ext}$, e a força normal exercida pelo arame, $\boldsymbol{F}_N$. Ocorre que não temos uma expressão para essa última. Essa é a grande inconveniência da abordagem newtoniana quando comparada ao método lagrangiano, pois, na abordagem newtoniana, temos que estabelecer qual é a força exercida pelo arame, mesmo que, na verdade, não estejamos interessados em conhecê-la; queremos apenas determinar a trajetória da partícula. Um modelo natural para a força exercida pelo arame é, então, o seguinte: como a partícula está impedida de se mover na direção ortogonal ao arame, podendo se deslocar apenas na direção tangente ao arame,

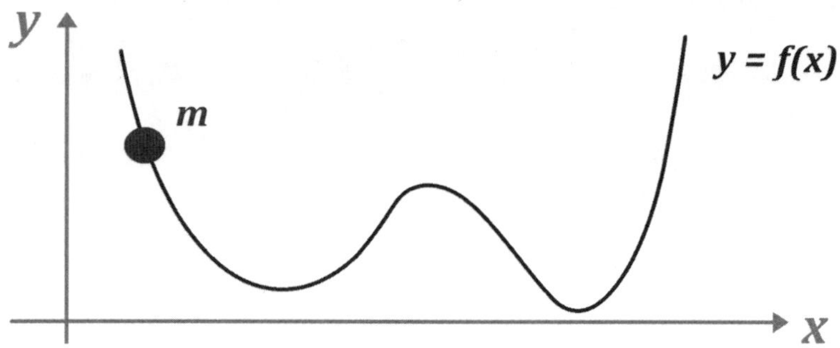

Figura 9.1: Conta de massa m está presa a um arame contorcido de maneira a formar a curva $y = f(x)$. Isso faz com que a conta esteja confinada a se mover ao longo dessa curva.

é natural imaginar que a força resultante sobre a partícula deva ser sempre na direção tangente ao arame. Ou seja, é plausível imaginar que a força normal exercida pelo arame seja tal que anula a componente da força externa $\boldsymbol{F}_{ext}$ que esteja na direção ortogonal ao arame. Em outras palavras, decompondo a força externa em sua componente paralela ao arame, $\boldsymbol{F}_{\parallel}$, e em sua componente perpendicular ao arame, $\boldsymbol{F}_{\perp}$, temos:

$$\boldsymbol{F}_{ext} = \boldsymbol{F}_{\parallel} + \boldsymbol{F}_{\perp} .$$

O modelo proposto para a força normal assume, então, que $\boldsymbol{F}_N = -\,\boldsymbol{F}_{\perp}$. Dessa forma, a força total sobre a conta será:

$$\boldsymbol{F} = \boldsymbol{F}_{ext} + \boldsymbol{F}_N = (\boldsymbol{F}_{\parallel} + \boldsymbol{F}_{\perp}) + (-\,\boldsymbol{F}_{\perp}) = \boldsymbol{F}_{\parallel} ,$$

que é paralela ao arame. Denotando por $\hat{\boldsymbol{\tau}}$ um versor tangente ao arame e por $\hat{\boldsymbol{n}}$ um versor normal ao arame, valem as seguintes identidades:

$$\boldsymbol{F}_{\parallel} = (\boldsymbol{F}_{ext} \cdot \hat{\boldsymbol{\tau}})\,\hat{\boldsymbol{\tau}} \quad \text{e} \quad \boldsymbol{F}_{\perp} = (\boldsymbol{F}_{ext} \cdot \hat{\boldsymbol{n}})\,\hat{\boldsymbol{n}} .$$

No caso, sendo $\boldsymbol{r} = \mathrm{x}\,\hat{\boldsymbol{e}}_{\mathrm{x}} + f(\mathrm{x})\,\hat{\boldsymbol{e}}_{\mathrm{y}}$ o vetor posição de um ponto do arame, segue que

$$\frac{d\boldsymbol{r}}{d\mathrm{x}} = \hat{\boldsymbol{e}}_{\mathrm{x}} + \frac{df}{d\mathrm{x}}\,\hat{\boldsymbol{e}}_{\mathrm{y}} = \hat{\boldsymbol{e}}_{\mathrm{x}} + f'(\mathrm{x})\,\hat{\boldsymbol{e}}_{\mathrm{y}}$$

é um vetor tangente ao arame no ponto $(\mathrm{x}, f(\mathrm{x}))$. Portanto, o vetor $(f'\hat{\boldsymbol{e}}_{\mathrm{x}} - \hat{\boldsymbol{e}}_{\mathrm{y}})$, que é ortogonal ao vetor $d\boldsymbol{r}/d\mathrm{x}$, deve ser ortogonal ao arame. Então, dividindo esses vetores por suas normas, podemos definir os seguintes versores que são respectivamente tangente e perpendicular ao arame:

$$\hat{\boldsymbol{\tau}} = \frac{1}{\sqrt{1+f'^2}}\,[\hat{\boldsymbol{e}}_{\mathrm{x}} + f'\,\hat{\boldsymbol{e}}_{\mathrm{y}}] \quad , \quad \hat{\boldsymbol{n}} = \frac{1}{\sqrt{1+f'^2}}\,[f'\,\hat{\boldsymbol{e}}_{\mathrm{x}} - \hat{\boldsymbol{e}}_{\mathrm{y}}] .$$

Sendo assim, a dinâmica da conta será regida pela seguinte equação diferencial:

$$m\,(\ddot{\mathrm{x}}\,\hat{\boldsymbol{e}}_{\mathrm{x}} + \ddot{\mathrm{y}}\,\hat{\boldsymbol{e}}_{\mathrm{y}}) = m\,\boldsymbol{a} = \boldsymbol{F} = \boldsymbol{F}_{\parallel} = (\boldsymbol{F}_{ext} \cdot \hat{\boldsymbol{\tau}})\,\hat{\boldsymbol{\tau}} = \frac{-(\partial_{\mathrm{x}}U + f'\partial_{\mathrm{y}}U)}{1+f'^2}\,(\hat{\boldsymbol{e}}_{\mathrm{x}} + f'\,\hat{\boldsymbol{e}}_{\mathrm{y}}) .$$

Portanto, conclui-se que:

$$\ddot{\mathrm{x}} = -\,\frac{(\partial_{\mathrm{x}}U + f'\partial_{\mathrm{y}}U)}{m(1+f'^2)} \quad \text{e} \quad \ddot{\mathrm{y}} = -\,\frac{f'(\partial_{\mathrm{x}}U + f'\partial_{\mathrm{y}}U)}{m(1+f'^2)} . \tag{9.1}$$

Onde devemos lembrar que as coordenadas x e y, que aparecem nos lados direitos das equações acima, são funções de t. Então, por exemplo, $f' = f'(\mathrm{x}(t))$. Em particular, a Eq. (9.1) implica a seguinte relação entre as acelerações das coordenadas x e y: $\ddot{\mathrm{y}} = f'\ddot{\mathrm{x}}$. No entanto, essa igualdade não é correta, pois, como a conta deve estar sempre em um dos pontos do arame, segue que

$$\mathrm{y}(t) = f(\mathrm{x}(t)) \quad \Rightarrow \quad \dot{\mathrm{y}} = f'\dot{\mathrm{x}} \quad \Rightarrow \quad \ddot{\mathrm{y}} = f''\dot{\mathrm{x}}^2 + f'\ddot{\mathrm{x}}\,, \tag{9.2}$$

o que está em desacordo com a Eq. (9.1). Isso prova que *nosso modelo para a força normal exercida pelo arame estava errado.* De fato, tal modelo partiu da hipótese de que a força resultante deveria ser sempre tangente ao arame, ou seja, a aceleração da partícula deveria ser na direção tangente. Mas, na verdade, o que precisa ser sempre tangente é a velocidade da partícula, não a aceleração. Por exemplo, suponha que a conta esteja inicialmente parada em um dos mínimos da curva $\mathrm{y} = f(\mathrm{x})$ mostrada na Fig. (9.1). Então, o versor tangente ao arame nesse ponto é $\hat{\boldsymbol{e}}_{\mathrm{x}}$. Já que a partícula está em um mínimo, para que a partícula passe a se mover ao longo do arame ela precisará, necessariamente, aumentar o valor da sua coordenada y, de forma que ela precisará ter aceleração na direção $\hat{\boldsymbol{e}}_{\mathrm{y}}$, que é ortogonal ao arame. O que a partícula não pode ter no instante inicial é velocidade na direção $\hat{\boldsymbol{e}}_{\mathrm{y}}$, caso contrário ela deixará o arame. Isso mostra que nossa ideia de assumir que a força resultante é sempre tangente ao arame está equivocada.

A proposta adotada neste livro didático, de começar implementando um modelo que está errado, é não ortodoxa e arriscada, tenho consciência. Geralmente, os livros didáticos optam por mostrar apenas o que está correto. No entanto, neste caso, a razão de primeiro mostrar uma solução incorreta foi para dar um exemplo concreto que ilustrasse a seguinte lição: determinar as forças de vínculo de um sistema vinculado é, via de regra, uma tarefa não trivial. Essa é a razão pela qual o formalismo newtoniano é inadequado para tratar desse tipo de problema.

Agora, vamos à resposta correta para a dinâmica da conta presa ao arame. Como não há atrito entre a conta e o arame, segue que a força de vínculo exercida pelo arame é necessariamente ortogonal ao arame, de forma que $\boldsymbol{F}_N \cdot \hat{\boldsymbol{\tau}} = 0$. Logo,

$$m\ddot{\boldsymbol{r}} = \boldsymbol{F}_{ext} + \boldsymbol{F}_N \quad \Rightarrow \quad (m\ddot{\boldsymbol{r}} - \boldsymbol{F}_{ext}) \cdot \hat{\boldsymbol{\tau}} = \boldsymbol{F}_N \cdot \hat{\boldsymbol{\tau}} = 0\,.$$

Portanto, a equação dinâmica desejada é a seguinte:

$$(m\ddot{\boldsymbol{r}} - \boldsymbol{F}_{ext}) \cdot \hat{\boldsymbol{\tau}} = (m\ddot{\boldsymbol{r}} - \boldsymbol{F}_{\parallel}) \cdot \hat{\boldsymbol{\tau}} = 0\,. \tag{9.3}$$

Note que, para chegar a essa equação, não foi feita nenhuma hipótese sobre a intensidade da força normal $\boldsymbol{F}_N$, que é uma força desconhecida. Apenas foi usado o fato inconteste de que a força normal exercida pelo arame é ortogonal ao arame. É por isso que podemos afirmar com segurança que a Eq. (9.3) está correta. Tal equação muito se assemelha à equação errada adotada há pouco, que é dada por $(m\ddot{\boldsymbol{r}} - \boldsymbol{F}_{\parallel}) = 0$. A diferença entre elas é que na Eq. (9.3) estamos apenas afirmando que a relação $(m\ddot{\boldsymbol{r}} - \boldsymbol{F}_{\parallel}) = 0$ é verdadeira ao longo da direção tangente, não estamos afirmando nada sobre a dinâmica na direção perpendicular ao arame. Antes tínhamos, portanto, duas equações escalares, a saber, $(m\ddot{\boldsymbol{r}} - \boldsymbol{F}_{\parallel}) \cdot \hat{\boldsymbol{\tau}} = 0$ e $(m\ddot{\boldsymbol{r}} - \boldsymbol{F}_{\parallel}) \cdot \hat{\boldsymbol{n}} = 0$; agora, estamos assumindo que apenas a primeira delas é verdadeira. Será que isso é suficiente para determinar a dinâmica? Sim, pois, apesar de o problema se passar em um espaço bidimensional, a conta só tem um grau de liberdade efetivo, já que suas coordenadas estão vinculadas através da relação

$\mathrm{y} = f(\mathrm{x})$. Então, a forma correta de solucionar o problema é considerar apenas a equação $(m\ddot{\boldsymbol{r}} - \boldsymbol{F}_{\|}) \cdot \hat{\boldsymbol{\tau}} = 0$ em conjunto com o vínculo $\mathrm{y} = f(\mathrm{x})$. Façamos isso:

$$0 = (m\ddot{\boldsymbol{r}} - \boldsymbol{F}_{ext}) \cdot \hat{\boldsymbol{\tau}} = \frac{1}{\sqrt{1+f'^2}}\,(m\ddot{\mathrm{x}} + mf'\ddot{\mathrm{y}} + \partial_{\mathrm{x}}U + f'\partial_{\mathrm{y}}U) \; .$$

Nessa equação, y deve ser substituído por $f(\mathrm{x})$. Em particular, usando a Eq. (9.2), chega-se ao seguinte resultado:

$$m\,(1+f'^2)\,\ddot{\mathrm{x}} + m\,f'\,f''\,\dot{\mathrm{x}}^2 + \partial_{\mathrm{x}}U + f'\,\partial_{\mathrm{y}}U = 0\,, \tag{9.4}$$

onde, na equação acima, qualquer dependência em y deve ser substituída por $f(\mathrm{x})$, de forma que nessa equação será uma equação diferencial ordinária de segunda ordem para $\mathrm{x}(t)$. Após resolvida essa equação, podemos determinar $\mathrm{y}(t)$ usando a identidade $\mathrm{y}(t) = f(\mathrm{x}(t))$.

Por exemplo, suponhamos que o arame tenha o formato de uma parábola, $\mathrm{y} = \alpha\,\mathrm{x}^2$, e que a força externa seja a força gravitacional $\boldsymbol{F}_{ext} = -mg\hat{\boldsymbol{e}}_{\mathrm{y}}$, ou seja, $U(\mathrm{x},\mathrm{y}) = mg\mathrm{y}$. Nesse caso, a Eq. (9.4) se torna:

$$(1 + 4\,\alpha^2\,\mathrm{x}^2)\,\ddot{\mathrm{x}} + 4\,\alpha^2\,\mathrm{x}\,\dot{\mathrm{x}}^2 + 2\,\alpha\,g\,\mathrm{x} = 0 \tag{9.5}$$

Trata-se de uma equação diferencial não linear que não admite solução analítica. No entanto, podemos notar que $\mathrm{x}(t) = 0$ é uma solução estacionária da equação acima. Tal solução representa a partícula parada no mínimo da parábola, como ilustrado na parte esquerda da Fig. 9.2. Podemos, então, investigar o que acontece se deslocarmos essa

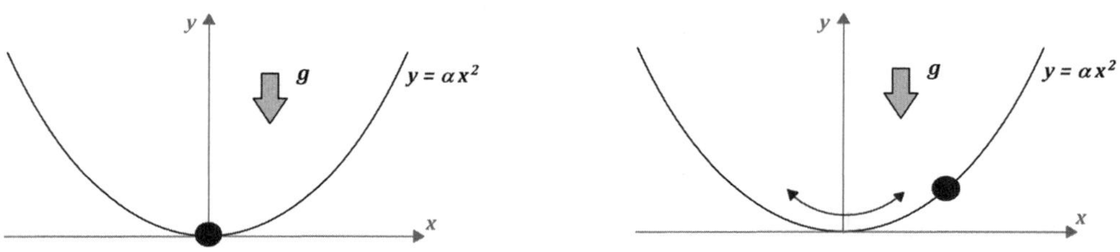

Figura 9.2: Conta de massa m está sob a influência de uma campo gravitacional constante e presa a um arame em formato de parábola. No lado esquerdo, vemos a conta no ponto de equilíbrio. No lado direito da figura, vemos a conta executando pequenas oscilações em torno do ponto de equilíbrio.

partícula de uma pequena distância em relação ao ponto de equilíbrio. Assumindo que x está próximo de zero (ou seja, a conta está próxima do equilíbrio) podemos desprezar, na Eq. (9.5), os termos quadráticos e cúbicos em x, em cujo caso a equação de movimento se torna:

$$\ddot{\mathrm{x}} + 2\,\alpha\,g\,\mathrm{x} \simeq 0 \quad \Rightarrow \quad \mathrm{x}(t) \simeq A_0\,\cos(\sqrt{2\alpha g}\,t + \theta_0)\,,$$

onde A_0 e θ_0 são constantes de integração. Logo, vemos que a partícula oscilará em torno do ponto de equilíbrio com frequência angular $\sqrt{2\alpha g}$. Essa oscilação está ilustrada na parte direita da Fig. 9.2. Tendo $\mathrm{x}(t)$ em mãos, podemos finalmente determinar $\mathrm{y}(t)$ usando a equação do vínculo:

$$\mathrm{y}(t) = \alpha\,\mathrm{x}^2 = \alpha\,A_0^2\,\cos^2(\sqrt{2\alpha g}\;t + \theta_0)\,.$$

Em particular, notemos que os vetores posição, velocidade e aceleração são dados por:

$$\boldsymbol{r} = \mathrm{x}\,\hat{\boldsymbol{e}}_{\mathrm{x}} + \alpha \mathrm{x}^2\,\hat{\boldsymbol{e}}_{\mathrm{y}}\ , \qquad \dot{\boldsymbol{r}} = \dot{\mathrm{x}}\,\hat{\boldsymbol{e}}_{\mathrm{x}} + 2\alpha\mathrm{x}\,\dot{\mathrm{x}}\,\hat{\boldsymbol{e}}_{\mathrm{y}}\ , \qquad \ddot{\boldsymbol{r}} = \ddot{\mathrm{x}}\,\hat{\boldsymbol{e}}_{\mathrm{x}} + 2\alpha(\dot{\mathrm{x}}^2 + \mathrm{x}\,\ddot{\mathrm{x}})\,\hat{\boldsymbol{e}}_{\mathrm{y}}\ .$$

Então, calculando o produto interno desses vetores com o versor normal ao arame,

$$\hat{\boldsymbol{n}} = \frac{1}{\sqrt{1+f'^2}}\,(f'\,\hat{\boldsymbol{e}}_{\mathrm{x}} - \hat{\boldsymbol{e}}_{\mathrm{y}}) = \frac{1}{\sqrt{1+4\alpha^2\mathrm{x}^2}}\,(2\alpha\,\mathrm{x}\,\hat{\boldsymbol{e}}_{\mathrm{x}} - \hat{\boldsymbol{e}}_{\mathrm{y}})\,,$$

obtemos o seguinte:

$$\boldsymbol{r}\cdot\hat{\boldsymbol{n}} = \frac{\alpha\,\mathrm{x}^2}{\sqrt{1+4\alpha^2\mathrm{x}^2}}\ , \qquad \dot{\boldsymbol{r}}\cdot\hat{\boldsymbol{n}} = 0\ , \qquad \ddot{\boldsymbol{r}}\cdot\hat{\boldsymbol{n}} = \frac{-2\,\alpha\,\dot{\mathrm{x}}^2}{\sqrt{1+4\alpha^2\mathrm{x}^2}}\ .$$

Como na presente solução temos $\dot{\mathrm{x}} \neq 0$ (assumindo $A_0 \neq 0$), segue da última equação acima que a aceleração e, portanto, a força resultante não são necessariamente tangentes ao arame. Isso prova, mais uma vez, que nosso modelo inicial para a força normal estava errado. Por outro lado, a velocidade da conta deve ser sempre tangente ao arame, o que pode ser concluído da equação $\dot{\boldsymbol{r}}\cdot\hat{\boldsymbol{n}} = 0$.

9.2 Vínculos holonômicos e coordenadas generalizadas

Nesta seção, vamos considerar um sistema mecânico genérico rotulado por n coordenadas x_i. Essas coordenadas podem se referir a mais de uma partícula. Por exemplo, se o sistema for composto por duas partículas pontuais se movendo no espaço $\mathbb{R}^3$, as partículas A e B, podemos então escrever:

$$x_1 = \mathrm{x}_A\ , \quad x_2 = \mathrm{y}_A\ , \quad x_3 = \mathrm{z}_A\ , \quad x_4 = \mathrm{x}_B\ , \quad x_5 = \mathrm{y}_B\ , \quad x_6 = \mathrm{z}_B\ .$$

Nesse caso, temos $n = 6$ e dizemos que o sistema possui seis graus de liberdade, pois são necessárias e suficientes seis coordenadas para rotular sua configuração por completo.

Quando as coordenadas x_i são conectadas por uma equação algébrica da forma

$$f(x_1, \cdots, x_n, t) = 0\,,$$

dizemos que há um **vínculo holonômico** no sistema. De maneira mais geral, o sistema poderia estar submetido a vários vínculos holonômicos:

$$f_1(x,t) = 0\ , \quad f_2(x,t) = 0\ , \ \cdots\ , \quad f_p(x,t) = 0\ . \tag{9.6}$$

Supondo que esses são todos os vínculos e que eles são independentes entre si, o sistema terá então $(n-p)$ graus de liberdade efetivos. Nesse caso, em vez de usar n coordenadas para rotular o estado do sistema, podemos usar apenas $(n-p)$. Essas coordenadas que já incorporam automaticamente os vínculos não precisam ser cartesianas e são chamadas de **coordenadas generalizadas**. Comumente, denotaremos o conjunto de coordenadas generalizadas por $\{q^\alpha\}$, onde o índice grego α varia de 1 a $(n-p)$. As coordenadas iniciais, x_i, poderão, então, ser expressas em termos das coordenadas generalizadas:

$$x_i = x_i(q^1, q^2, \cdots, q^{n-p}, t) = x_i(q,t)\,, \tag{9.7}$$

onde, na última igualdade, foi utilizada a letra q para denotar o conjunto das $(n-p)$ coordenadas generalizadas. Para que $\{q^\alpha\}$ sejam consideradas coordenadas generalizadas, as equações de vínculo (9.6) devem ser automaticamente satisfeitas ao substituirmos as expressões $x_i = x_i(q, t)$ nessas equações. É importante manter em mente que existe uma infinidade de formas de escolher as coordenadas generalizadas; elas não são únicas. No entanto, tipicamente existem escolhas de coordenadas generalizadas que são particularmente naturais e acabam por simplificar a descrição do sistema e a solução de sua dinâmica. A melhor forma de entender os conceitos de vínculos holonômicos e de coordenadas generalizadas é através de exemplos. Vamos a eles.

Como primeiro exemplo, analisemos um pêndulo simples, ilustrado na Fig. 9.3. A configuração do sistema pode ser rotulada pelas coordenadas cartesianas que dão a posição da massa m no plano de oscilação. Ou seja, podemos adotar

$$x_1 = \mathrm{x} \quad \text{e} \quad x_2 = \mathrm{y}\,.$$

No entanto, há um vínculo conectando essas coordenadas, pois a massa sempre está a uma distância constante da origem do sistema. Mais precisamente, vale o seguinte vínculo holonômico:

$$f(\mathrm{x}, \mathrm{y}) = \mathrm{x}^2 + \mathrm{y}^2 - \ell^2 = 0\,, \tag{9.8}$$

como pode ser visto da Fig. 9.3. Vemos então que, em vez de dois graus de liberdade, x e y, o sistema só tem um grau de liberdade efetivo, por conta do vínculo (9.8). Sendo assim, só precisaremos de uma coordenada generalizada. Por exemplo, podemos usar a coordenada generalizada q definida através das seguintes equações:

$$\mathrm{x} = q \quad \text{e} \quad \mathrm{y} = \sqrt{\ell^2 - q^2}\,.$$

Note que, dessa forma, o vínculo (9.8) é automaticamente satisfeito, qualquer que seja o valor da coordenada q. Uma coordenada generalizada mais interessante é θ, que denota o ângulo entre a haste do pêndulo e o eixo y, vide Fig. 9.3. A relação entre as coordenadas cartesianas e esse ângulo é a seguinte:

$$\mathrm{x} = \ell\,\mathrm{sen}\theta \quad \text{e} \quad \mathrm{y} = \ell\,\cos\theta\,. \tag{9.9}$$

Perceba que essa forma de escrever as coordenadas cartesianas satisfaz automaticamente ao vínculo (9.8), qualquer que seja θ. Por isso que θ é uma coordenada generalizada. Se determinarmos $\theta(t)$, bastará usar a Eq. (9.9) para obter $\mathrm{x}(t)$ e $\mathrm{y}(t)$.

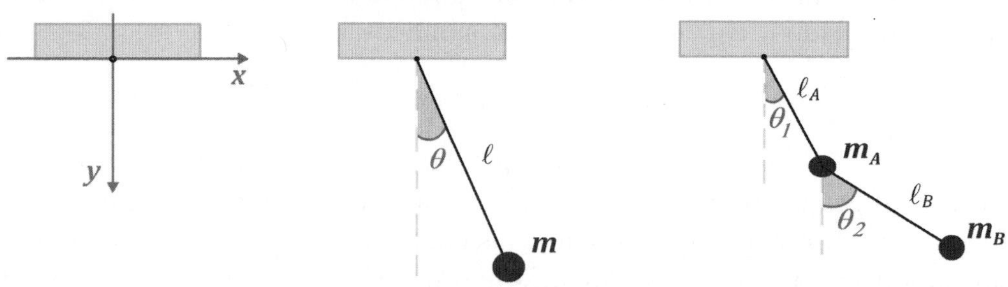

Figura 9.3: Na parte esquerda, vemos a definição do sistema de coordenadas cartesianas adotado, com sua origem sendo a rótula em torno da qual ocorre a rotação. No meio, vemos um pêndulo simples de comprimento ℓ. Na direita, vemos um pêndulo duplo ilustrado, com cabos de comprimentos ℓ_A e ℓ_B.

Agora, consideremos o famoso pêndulo duplo, formado por duas partículas, A e B, onde a partícula B está suspensa por a uma haste de comprimento ℓ_B presa a uma rótula localizada na partícula A. Por sua vez, a partícula A está suspensa por um haste de comprimento ℓ_A presa a uma rótula fixada ao teto. Esse sistema está ilustrado na parte direita da Fig. 9.3. É possível descrever a configuração do sistema através das coordenadas cartesianas associadas às partículas A e B, em cujo caso precisaríamos, a princípio, de quatro graus de liberdade, $\{\mathrm{x}_A, \mathrm{y}_A, \mathrm{x}_B, \mathrm{y}_B\}$. No entanto, durante a dinâmica do pêndulo, tais coordenadas não são independentes umas das outras, pois a distância entre a partícula A e a rótula fixa é sempre igual a ℓ_A; bem como a distância entre as partículas A e B é sempre igual a ℓ_B, de forma que valem os seguintes vínculos:

$$\mathrm{x}_A^2 + \mathrm{y}_A^2 = \ell_A^2 \quad \text{e} \quad (\mathrm{x}_B - \mathrm{x}_A)^2 + (\mathrm{y}_B - \mathrm{y}_A)^2 = \ell_B^2 \,. \tag{9.10}$$

Trata-se de vínculos holonômicos. Como esses vínculos são independentes entre si, segue que o sistema tem efetivamente apenas dois graus de liberdade, de forma que precisamos de duas coordenadas generalizadas para rotular o estado do sistema. Por exemplo, podemos usar q_1 e q_2 como sendo essas coordenadas, onde as coordenadas iniciais se conectam com tais coordenadas generalizadas da seguinte forma:

$$\mathrm{x}_A = q_1 \,, \quad \mathrm{y}_A = \sqrt{\ell_A^2 - q_1^2} \,, \quad \mathrm{x}_B = q_2 \,, \quad \mathrm{y}_B = \sqrt{\ell_A^2 - q_1^2} + \sqrt{\ell_B^2 - (q_2 - q_1)^2} \,.$$

Dessa forma, os vínculos (9.10) são automaticamente satisfeitos para quaisquer q_1 e q_2. Então, se soubermos a dinâmica dessas coordenadas, ou seja, se conhecermos $q_1(t)$ e $q_2(t)$, poderemos determinar $\mathrm{x}_A(t)$, $\mathrm{y}_A(t)$, $\mathrm{x}_B(t)$ e $\mathrm{y}_B(t)$ através da equação anterior. Em vez de adotar q_1 e q_2 como coordenadas generalizadas, podemos usar os ângulos θ_1 e θ_2 ilustrados na Fig. 9.3. Em termos desses ângulos, as coordenadas cartesianas das duas partículas são dadas por:

$$\begin{cases} \mathrm{x}_A = \ell_A \,\mathrm{sen}\theta_1 \,, \quad \mathrm{x}_B = \ell_A \,\mathrm{sen}\theta_1 + \ell_B \,\mathrm{sen}\theta_2 \,, \\ \\ \mathrm{y}_A = \ell_A \cos\theta_1 \,, \quad \mathrm{y}_B = \ell_A \cos\theta_1 + \ell_B \cos\theta_2 \,. \end{cases} \tag{9.11}$$

Com essas definições das coordenadas cartesianas, os vínculos (9.10) são automaticamente obedecidos, para quaisquer θ_1 e θ_2.

Finalmente, consideremos o sistema formado por um corpo rígido. Tal corpo pode ter um número arbitrário de partículas, N. Portanto, a princípio, precisaríamos de $3N$ coordenadas x_i para descrever tal sistema. No entanto, por definição de corpo rígido, a distância entre as partículas deve permanecer fixa com o passar do tempo. Além disso, a orientação relativa entre as partículas não pode mudar com o tempo. Essas restrições correspondem a um total de $(3N - 6)$ vínculos holonômicos independentes, pois, para descrever por completo a configuração de um corpo rígido em determinado instante de tempo, só precisamos de seis coordenadas generalizadas. Tais coordenadas podem ser, por exemplo, as três componentes do vetor posição do centro de massa e os três ângulos de Euler, que informarão sobre a orientação do corpo. Ou seja,

$$(q^1, q^2, q^3, q^4, q^5, q^6) = (\mathrm{x}_{CM}, \mathrm{y}_{CM}, \mathrm{z}_{CM}, \phi, \theta, \psi) \,.$$

Portanto, um corpo rígido tem seis graus de liberdade efetivos.

Os vínculos nos exemplos acima não dependem do tempo. No entanto, mesmo que dependessem, ainda assim eles seriam classificados como holonômicos. Por exemplo, no pêndulo duplo, os comprimentos das hastes, ℓ_A e ℓ_B, poderiam variar com o tempo de uma forma conhecida controlada por computador. Nesse caso, as equações de vínculo (9.10) continuariam válidas, o que mudaria seria o fato de que ℓ_A e ℓ_B seriam funções do tempo. Em particular os ângulos θ_1 e θ_2 continuariam sendo boas coordenadas generalizadas.

9.3 Vínculos não holonômicos

Todos os outros vínculos que não podem ser escritos como equações algébricas da forma 9.6 são ditos não holonômicos. Um importante exemplo de um vínculo não holonômico é o de uma moeda que rola sem deslizar em um plano. Esse sistema está ilustrado na Fig. 9.4. Para determinar a configuração da moeda, podemos usar quatro parâmetros: as coordenadas x e y, que dão a posição do ponto de contato entre a moeda e o plano; o ângulo ϕ, que fornece a orientação da face da moeda em relação ao eixo x; e o ângulo θ, que afere o quanto a moeda girou em torno do seu eixo de simetria. Aqui, estamos supondo que a moeda está sempre na posição vertical, caso contrário precisaríamos de mais um ângulo para rotular sua inclinação em relação ao eixo z. O fato de que a moeda rola sem

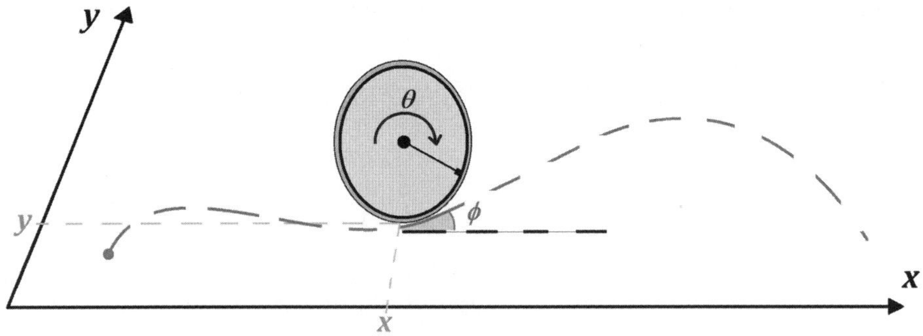

Figura 9.4: A moeda rola em um plano sem deslizar. O ângulo θ afere o quanto a moeda girou em torno do seu eixo de simetria, ao passo que o ângulo ϕ mede a inclinação da face da moeda em relação ao eixo x. As coordenadas cartesianas (x, y) se referem à posição do ponto de contato entre a moeda e o plano de rolamento.

deslizar significa que a distância percorrida pela moeda deve ser igual a $R\theta$, onde R é o raio da moeda. Mas, além disso, o fato de a moeda não deslizar implica que a direção da velocidade da moeda deve estar contida no plano tangente à face da moeda. Por exemplo, se, no instante t, a face estiver paralela ao plano $\mathrm{x} = \mathrm{y}$, ou seja, se $\phi = 45^o$, então o vetor velocidade do ponto de contato da moeda deve ser ao longo da direção $\frac{1}{\sqrt{2}}(\hat{\boldsymbol{e}}_\mathrm{x} + \hat{\boldsymbol{e}}_\mathrm{y})$ nesse instante. Matematicamente, esses dois vínculos mencionados correspondem às seguintes relações:

$$\int_0^t |\boldsymbol{v}(t')|dt' = R\,\theta \quad \text{e} \quad \frac{\dot{\mathrm{y}}}{\dot{\mathrm{x}}} = \tan\phi\,, \tag{9.12}$$

onde $|\boldsymbol{v}(t')| = \sqrt{\dot{\mathrm{x}}^2 + \dot{\mathrm{y}}^2}$ denota o módulo da velocidade da moeda no instante t' e a integral temporal dessa grandeza fornece a distância percorrida pelo ponto de contato entre a moeda e o plano. Derivando o primeiro desses vínculos em relação ao tempo, obtemos o seguinte vínculo equivalente:

$$R\,\dot{\theta} = |\boldsymbol{v}(t')| = \sqrt{\dot{\mathrm{x}}^2 + \dot{\mathrm{y}}^2}\,.$$

Essa relação, em conjunto com o segundo vínculo da Eq. (9.12), carrega a mesma informação que o seguinte par de vínculos:

$$\dot{\mathrm{x}} = R\,\dot{\theta}\cos\phi \quad \text{e} \quad \dot{\mathrm{y}} = R\,\dot{\theta}\,\mathrm{sen}\phi\,. \tag{9.13}$$

Tais vínculos não são holonômicos, pois não são equações algébricas relacionando as coordenadas e o tempo. Em vez disso, eles relacionam as velocidades. Em geral, vínculos do tipo $f(x, \dot{x}, t) = 0$ não são vínculos holonômicos. Há, no entanto, raras exceções. De fato, é possível que um vínculo seja apresentado dessa forma, porém possa ser integrado e transformado em um vínculo equivalente que seja holonômico. Por exemplo, suponhamos que a moeda do exemplo anterior esteja restrita a se mover ao longo de uma direção específica, por conta da presença de um trilho, como ilustrado na Fig. 9.5. Nesse caso,

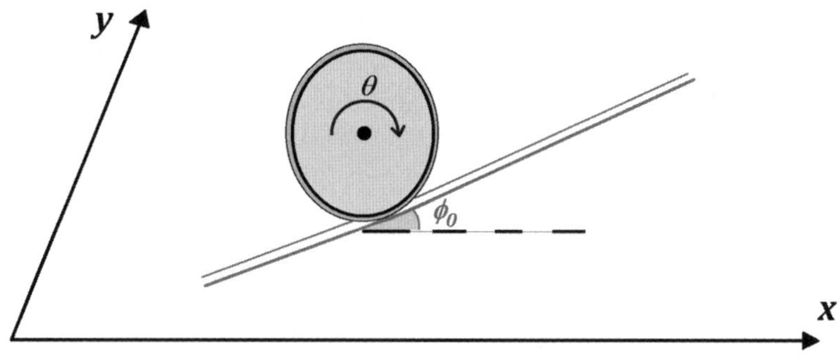

Figura 9.5: A moeda rola sem deslizar ao longo de um trilho reto que faz um ângulo ϕ_0 com a direção do eixo x.

como $\phi = \phi_0$ é constante, segue que os vínculos da Eq. (9.13) podem ser integrados e equivalentemente escritos da seguinte forma:

$$\mathrm{x} - R\,\theta \cos\phi_0 = c_{\mathrm{x}} \quad \text{e} \quad \mathrm{y} - R\,\theta\, \mathrm{sen}\phi_0 = c_{\mathrm{y}}\,,$$

onde c_{x} e c_{y} são constantes. Esses últimos vínculos, por sua vez, são vínculos holonômicos. Em suma, geralmente, o vínculo de rolar sem deslizar é um vínculo não holonômico. Entretanto, se o rolamento se der ao longo de uma direção específica e com o corpo mantendo a orientação do seu eixo de rolamento em relação à direção do movimento, então o vínculo será holonômico.

Acabamos de ver que um vínculo pode ser escrito de forma a depender das velocidades e ainda assim ser equivalente a um vínculo holonômico. Isso pode tornar mais complexa a classificação da natureza de um vínculo, se é holonômico ou não. No entanto, dado um vínculo dependente das velocidades, há maneiras de se averiguar se ele pode ser posto em uma forma holonômica. Por exemplo, considere um vínculo que depende linearmente das velocidades:

$$H(x, \dot{x}, t) = \sum_{i=1}^{n} h_i(x, t)\, \dot{x}_i + h_0(x, t) = 0\,. \tag{9.14}$$

A maneira mais natural de imaginar que esse vínculo advenha de um vínculo holonômico $f(x, t) = 0$ é supondo que $H(x, \dot{x}, t)$ seja a derivada temporal de $f(x, t)$. De fato, tomando a derivada de $f(x, t)$, temos:

$$\frac{df}{dt} = \sum_{i=1}^{n} (\partial_{x_i} f)\, \dot{x}_i + \partial_t f\,,$$

onde $\partial_t f \equiv \partial f / \partial t$, por exemplo. Note que esse último vínculo também depende linearmente das velocidades. Portanto, se $H = df/dt$, concluímos que

$$h_i(x, t) = \partial_{x_i} f = \partial_i f \quad \text{e} \quad h_0(x, t) = \partial_t f\,.$$

Assim sendo, se valer a identidade $H = df/dt$, podemos afirmar que:

$$\partial_i h_j - \partial_j h_i = \partial_i(\partial_j f) - \partial_j(\partial_i f) = 0 \quad \text{e} \quad \partial_i h_0 - \partial_t h_i = \partial_i(\partial_t f) - \partial_t(\partial_i f) = 0\,,$$

pois derivadas parciais comutam. Essas são condições necessárias para que o vínculo $H(x, \dot{x}, t) = 0$ seja equivalente ao vinculo holonômico $f(x, t) = 0$. Então, dado um vínculo $H(x, \dot{x}, t) = 0$, que seja linear nas velocidades, podemos testar se ele é equivalente a um vínculo holonômico verificando se as relações

$$\partial_i h_j - \partial_j h_i = 0 \quad \text{e} \quad \partial_i h_0 - \partial_t h_i = 0$$

são satisfeitas, para todas as opções de índices i e j. Por exemplo, no caso da moeda rolante, o primeiro vínculo da Eq. (9.13) é dado por:

$$H = \dot{\mathrm{x}} - R\dot{\theta}\cos\phi = 0$$

Comparando esse vínculo com a Eq. (9.14), chega-se às seguintes identificações:

$$h_{\mathrm{x}} = 1\,, \quad h_{\mathrm{y}} = 0\,, \quad h_\theta = -R\cos\phi\,, \quad h_\phi = 0\,, \quad h_0 = 0\,.$$

Em particular, vemos que

$$\partial_\phi h_\theta - \partial_\theta h_\phi = R\,\mathrm{sen}\phi \neq 0\,.$$

Isso prova que o vínculo em questão não pode ser escrito como a derivada temporal de um vínculo holonômico. De fato, o vínculo em questão é não holonômico. O método exemplificado neste parágrafo serve para averiguar o caráter holonômico de vínculos que dependam linearmente das velocidades. Para casos mais gerais, é preciso lançar mão de outras técnicas que fogem do escopo deste curso.

9.4 Equações de Lagrange

Consideremos um sistema composto por N partículas cujos vetores posição são $\{\boldsymbol{r}_a\}$ e suas respectivas massas são m_a, onde o índice a vai de 1 a N. Além disso, suponhamos que esse sistema obedeça a p vínculos holonômicos independentes,

$$f_1(\boldsymbol{r}_1, \cdots, \boldsymbol{r}_N, t) = 0\,, \quad f_2(\boldsymbol{r}_1, \cdots, \boldsymbol{r}_N, t) = 0\,, \quad \cdots, \quad f_p(\boldsymbol{r}_1, \cdots, \boldsymbol{r}_N, t) = 0\,. \tag{9.15}$$

Nesse caso, há $(3N - p)$ graus de liberdade efetivos, de forma que precisamos apenas de $(3N - p)$ coordenadas generalizadas para rotular unicamente o estado do sistema. Denotemos essas coordenadas generalizadas por q^α, onde os índices gregos α, β, $\cdots$, variam entre 1 e $(3N - p)$. A equação que rege a dinâmica da partícula a é, então, dada por:

$$m_a\,\ddot{\boldsymbol{r}}_a = \boldsymbol{F}_{a,ext} + \boldsymbol{F}_{a,vin}\,,$$

onde $\boldsymbol{F}_{a,ext}$ é a soma das forças externas que agem sobre a partícula a, ao passo que $\boldsymbol{F}_{a,vin}$ denota a força total de vínculo sobre a partícula a. Ou seja, as forças $\boldsymbol{F}_{a,vin}$ garantem que os p vínculos sejam sempre satisfeitos. Por exemplo, no caso da conta presa a um arame, a força de vínculo seria a força normal exercida pelo arame. No caso de um pêndulo simples, a força de vínculo seria a tração exercida pela haste à qual a partícula está presa. Não conhecemos as formas exatas das forças $\boldsymbol{F}_{a,vin}$, apenas sabemos que elas têm as magnitudes e direções necessárias para garantir que os vínculos sejam obedecidos a cada instante de tempo. Com relação às forças externas, vamos sempre assumir que elas são conservativas, ou seja, existe uma função $U(\boldsymbol{r}_1, \cdots, \boldsymbol{r}_N, t)$ tal que vale a seguinte relação:

$$\boldsymbol{F}_{a,ext} = -\boldsymbol{\nabla}_a U(\boldsymbol{r}_1, \cdots, \boldsymbol{r}_N, t)\,.$$

Nessa equação, $\boldsymbol{\nabla}_a$ denota o gradiente relativo às coordenadas da partícula a. Portanto,

$$\boldsymbol{\nabla}_a U = \frac{\partial U}{\partial \mathrm{x}_a}\,\hat{\boldsymbol{e}}_\mathrm{x} + \frac{\partial U}{\partial \mathrm{y}_a}\,\hat{\boldsymbol{e}}_\mathrm{y} + \frac{\partial U}{\partial \mathrm{z}_a}\,\hat{\boldsymbol{e}}_\mathrm{z}\,.$$

A função U é a chamada energia potencial do sistema. Ela engloba a energia de interação entre as partículas do sistema bem como a energia de interação entre elas e o ambiente externo. As equações dinâmicas do nosso sistema podem, então, ser escritas da seguinte forma:

$$m_a\,\ddot{\boldsymbol{r}}_a + \boldsymbol{\nabla}_a U \;=\; \boldsymbol{F}_{a,vin}\,. \tag{9.16}$$

Trata-se de um total de N equações vetoriais, uma para cada valor de a. Cada uma dessas equações tem 3 componentes, formando um total de $3N$ equações escalares.

Lembremos agora de uma importante lição que aprendemos no exemplo da conta presa ao arame. Naquele problema, nós vimos que o sistema só tinha um grau de liberdade efetivo, razão pela qual só resolvemos uma componente da segunda lei de Newton (a componente tangente ao arame). Isso nos permitiu determinar a dinâmica de um grau de liberdade, $\mathrm{x}(t)$; o outro grau de liberdade, $\mathrm{y}(t)$, foi então determinado através da equação de vínculo. O mesmo raciocínio vale no caso geral. Em vez de determinar a dinâmica das $3N$ coordenadas $\boldsymbol{r}_a$ através da segunda lei de Newton, vamos resolver para apenas $(3N-p)$ delas o número de graus de liberdade efetivos. As p coordenadas restantes serão, então, determinadas através das p equações de vínculo. Portanto, em vez de considerarmos as $3N$ componentes das Eqs. (9.16), iremos considerar apenas $(3N-p)$ dessas equações. As componentes da segunda lei de Newton que vamos considerar são exatamente aquelas que estão ao longo das direções tangentes à superfície de vínculo. Essa chamada **superfície de vínculo** consiste no espaço de dimensão $(3N-p)$ que pode ser acessado pelas partículas do sistema em um instante t. Trata-se da superfície imersa no espaço de dimensão $3N$ cujos pontos têm as seguintes coordenadas:

$$\{\boldsymbol{r}_1(q,t),\, \boldsymbol{r}_2(q,t), \cdots, \boldsymbol{r}_N(q,t)\} = \{\mathrm{x}_1(q,t),\, \mathrm{y}_1(q,t),\, \mathrm{z}_1(q,t),\, \mathrm{x}_2(q,t), \cdots, \mathrm{z}_N(q,t)\}\,.$$

Para qualquer escolha das coordenadas generalizadas $\{q^\alpha\}$, o ponto acima pertence à superfície de vínculo. Portanto, dizemos que as coordenadas que rotulam os pontos da superfície de vínculo são as $(3N-p)$ coordenadas generalizadas, do mesmo modo que os ângulos θ e ϕ, de um sistema de coordenadas esféricas do $\mathbb{R}^3$, rotulam os pontos de uma esfera centrada na origem. Conforme visto nos exemplos anteriores, devem existir relações algébricas entre as coordenadas $\boldsymbol{r}_a$ e as coordenadas generalizadas, $\boldsymbol{r}_a = \boldsymbol{r}_a(q,t)$, de forma que os vínculos sejam automaticamente satisfeitos ao inserirmos $\boldsymbol{r}_a(q,t)$ nas Eqs. (9.15). Dizemos que um deslocamento das partículas é tangente à superfície de vínculo no instante t quando esse deslocamento é compatível com a manutenção dos vínculos (9.15). Equivalentemente, isso significa que os deslocamentos tangentes à superfície de vínculo são aqueles que advêm das variações das coordenadas generalizadas q^α nas relações $\boldsymbol{r}_a = \boldsymbol{r}_a(q,t)$. É importante reforçar que, em geral, a superfície de vínculo não é uma superfície real imersa no espaço $\mathbb{R}^3$, trata-se de uma superfície abstrata de dimensão $(3N-p)$ embebida no espaço abstrato de dimensão $3N$. Por exemplo, no caso do pêndulo duplo, a superfície de vínculo tem dimensão 2 e está imersa em um espaço de dimensão quatro gerado pelas coordenadas $\{\mathrm{x}_A, \mathrm{y}_A, \mathrm{x}_B, \mathrm{y}_B\}$. Nesse exemplo, podemos usar os ângulos θ^1 e θ^2 para rotular os pontos dessa superfície bidimensional (vide Fig. 9.3). No caso do pêndulo simples, a superfície de vínculo é uma curva unidimensional contida no plano xy. Essa curva é um círculo centrado na rótula à qual a haste está presa, como ilustrado na Fig. 9.6.

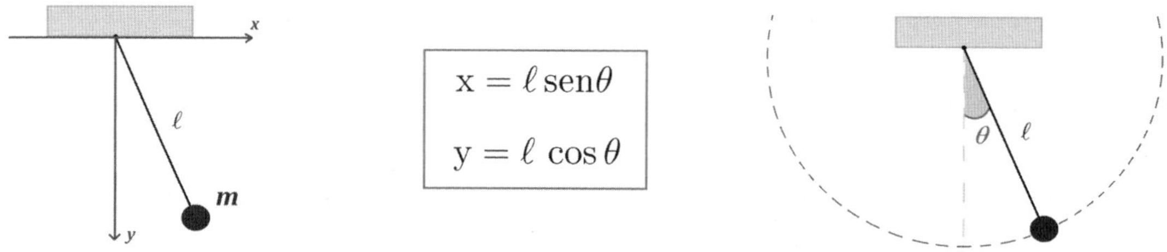

Figura 9.6: A superfície de vínculo do pêndulo simples é o círculo de raio ℓ tracejado, no lado direito da figura. A partícula de massa m deve, a cada instante, estar em um dos pontos desse círculo. De fato, nesse problema, o vínculo impõe que a distância da partícula à rótula seja sempre ℓ. Ao variamos θ continuamente estamos varrendo diferentes pontos dessa "superfície". Logo, o ângulo θ é uma coordenada que rotula os pontos da superfície de vínculo.

Para determinar as direções tangentes à superfície de vínculo, notemos o fato geométrico de que, se um vetor for tangente a uma superfície em determinado ponto, então um deslocamento infinitesimal ao longo da direção desse vetor levará esse ponto em outro ponto contido na superfície, como ilustrado na Fig. 9.7. Portanto, em particular, já que

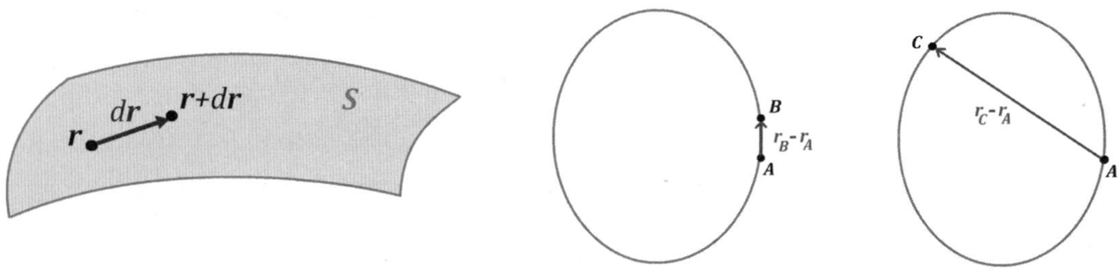

Figura 9.7: À esquerda, vemos que, se os pontos $\boldsymbol{r}$ e $\boldsymbol{r} + d\boldsymbol{r}$ pertencerem ambos à superfície S, então o vetor infinitesimal $d\boldsymbol{r}$ deverá ser tangente à superfície no ponto $\boldsymbol{r}$. Isso é ilustrado de forma mais detalhada no restante da figura, onde analisamos o caso em que a superfície é uma elipse imersa no $\mathbb{R}^2$. Na ilustração central, vemos que os pontos A e B estão muito próximos um do outro e que o vetor $(\boldsymbol{r}_B - \boldsymbol{r}_A)$ é um vetor tangente à superfície. Em contraste, os pontos A e C, mostrados no lado direito da figura, estão distantes entre si e o vetor $(\boldsymbol{r}_C - \boldsymbol{r}_A)$ não é tangente à superfície.

os pontos

$$\{\boldsymbol{r}_1(q,t),\, \boldsymbol{r}_2(q,t), \cdots, \boldsymbol{r}_N(q,t)\} \quad \text{e} \quad \{\boldsymbol{r}_1(q+dq,t),\, \boldsymbol{r}_2(q+dq,t), \cdots, \boldsymbol{r}_N(q+dq,t)\}$$

pertencem ambos à superfície de vínculo no instante t, segue que a diferença entre eles deve ser tangente à superfície de vínculo nesse instante. Por exemplo, se a variação dq envolver apenas a coordenada generalizada q^1, teremos o seguinte:

$$\boldsymbol{r}_a(q^1 + dq^1, q^2, \cdots, q^{(3N-p)}, t) - \boldsymbol{r}_a(q^1, q^2, \cdots, q^{(3N-p)}, t) \simeq (\partial_{q^1}\boldsymbol{r}_a)\, dq^1 \,,$$

donde concluímos que o vetor de componentes

$$\{\partial_{q^1}\boldsymbol{r}_1\,,\ \partial_{q^1}\boldsymbol{r}_2\,,\ \partial_{q^1}\boldsymbol{r}_3,\ \cdots\ ,\ \partial_{q^1}\boldsymbol{r}_N\}$$

é um vetor tangente à superfície de vínculo. Note que esse não é um vetor do $\mathbb{R}^3$, mas sim um vetor do espaço $\mathbb{R}^{3N}$ e, portanto, ele tem $3N$ componentes. De forma geral, o vetor

$$\{\partial_{q^\alpha}\boldsymbol{r}_1\,,\ \partial_{q^\alpha}\boldsymbol{r}_2\,,\ \partial_{q^\alpha}\boldsymbol{r}_3,\ \cdots\ ,\ \partial_{q^\alpha}\boldsymbol{r}_N\} \tag{9.17}$$

é tangente à superfície de vínculo para qualquer valor de α. Como dito há pouco, consideraremos apenas as equações dinâmicas ao longo das direções tangentes à superfície de vínculo. Portanto, fazendo o produto interno da Eq. (9.16) com o vetor tangente (9.17), chegamos à seguinte equação:[1]

$$\sum_{a=1}^{N} m_a\,\ddot{\boldsymbol{r}}_a\cdot\partial_{q^\alpha}\boldsymbol{r}_a + \sum_{a=1}^{N}\boldsymbol{\nabla}_a U\cdot\partial_{q^\alpha}\boldsymbol{r}_a = \sum_{a=1}^{N}\boldsymbol{F}_{a,vin}\cdot\partial_{q^\alpha}\boldsymbol{r}_a\,. \tag{9.18}$$

Trata-se de $(3N-p)$ equações, uma para cada valor do índice α. Esse é exatamente o número de equações que é necessário para estabelecer a dinâmica das $(3N-p)$ coordenadas generalizadas. Ou seja, essas equações nos permitirão determinar $q^\alpha(t)$.

Agora, vamos tentar interpretar o lado direito da Eq. (9.18). Fazendo $\alpha = 1$ e multiplicando por um parâmetro infinitesimal ϵ, teremos:

$$\sum_{a=1}^{N}\boldsymbol{F}_{a,vin}\cdot\partial_{q^1}\boldsymbol{r}_a\,\epsilon = \sum_{a=1}^{N}\boldsymbol{F}_{a,vin}\cdot\delta\boldsymbol{r}_a\,, \tag{9.19}$$

onde

$$\delta\boldsymbol{r}_a \equiv \boldsymbol{r}_a(q^1+\epsilon, q^2, \cdots, q^N, t) - \boldsymbol{r}_a(q^1, q^2, \cdots, q^N, t)$$

é o vetor do $\mathbb{R}^3$ que representa o deslocamento da partícula a quando q^1 é variado de uma quantia infinitesimal ϵ. Logo, o vetor do espaço $\mathbb{R}^{3N}$ dado por

$$\{\delta\boldsymbol{r}_1\,,\ \delta\boldsymbol{r}_2\,,\ \delta\boldsymbol{r}_3\,,\ \cdots\ ,\ \delta\boldsymbol{r}_N\}$$

representa o deslocamento tangente à superfície de vínculo quando a coordenada generalizada q^1 é variada infinitesimalmente enquanto as demais coordenadas generalizadas são mantidas fixas. O lado direito da Eq. (9.19) representa, portanto, o trabalho realizado pelas forças de vínculo quando a coordenada generalizada q^1 é modificada de forma infinitesimal em um instante t fixo. Logo, de forma geral, o lado direito da Eq. (9.18) é proporcional ao trabalho total realizado pelas forças de vínculo no sistema quando a coordenada q^α é variada de forma infinitesimal. A hipótese fundamental do formalismo lagrangiano é a seguinte: *as forças de vínculo não realizam trabalho sobre o sistema.* Podemos entender isso do ponto de vista geométrico notando que as forças de vínculo são ortogonais à superfície de vínculo. Por esse motivo, em determinado instante, o produto interno entre a força de vínculo e um deslocamento tangente à superfície é zero. Esse fato foi utilizado, por exemplo, no problema da conta presa ao arame, onde a força de vínculo era justamente a força normal exercida pelo arame. Isso também ocorre no pêndulo simples, onde a força de vínculo é a tração exercida pela haste e ela se dá ao longo da direção

[1] Esse produto interno é feito no espaço de dimensão $3N$, por isso é necessário somar sobre o índice a.

da haste, ao passo que o deslocamento causado por uma variação infinitesimal do ângulo θ ocorre em uma direção ortogonal à haste. Essa hipótese, de que forças de vínculo não realizam trabalho, permite assumir que o lado direito da Eq. (9.18) é igual a zero, de forma que somos deixados com as seguintes equações:

$$\sum_{a=1}^{N} m_a \, \ddot{\boldsymbol{r}}_a \cdot \partial_{q^\alpha} \boldsymbol{r}_a + \sum_{a=1}^{N} \boldsymbol{\nabla}_a U \cdot \partial_{q^\alpha} \boldsymbol{r}_a = 0 \,. \tag{9.20}$$

Note que há $(3N - p)$ equações, uma para cada valor de α. Ou seja, o número de equações dinâmicas é igual ao número de graus de liberdade efetivos do sistema.

A hipótese fundamental de que forças de vínculo não realizam trabalho pode sempre ser considerada, desde que isolemos adequadamente as forças de vínculo das forças externas. Por exemplo, no problema da conta presa ao arame, se houvesse atrito entre a conta e o arame, então essa força de atrito realizaria trabalho para deslocamentos feitos ao longo do arame. No entanto, tal força de atrito não deve ser vista como força de vínculo, pois ela não é responsável por manter a conta presa ao arame, a responsável por isso é a força normal. Portanto, essa força de atrito deve ser vista como parte das forças externas. Vale mencionar, entretanto, que as forças de atrito não são conservativas e, portanto, não podem ser escritas como o gradiente de uma função, diferentemente do que foi assumido nesta seção sobre as forças externas.

Agora, vamos tentar reescrever a Eq. (9.20) de uma maneira particularmente interessante. Com relação ao primeiro termo, vamos escrevê-lo da seguinte forma:

$$\sum_{a=1}^{N} m_a \, \ddot{\boldsymbol{r}}_a \cdot \partial_{q^\alpha} \boldsymbol{r}_a = \sum_{a=1}^{N} \left[\frac{d}{dt} \left(m_a \, \dot{\boldsymbol{r}}_a \cdot \partial_{q^\alpha} \boldsymbol{r}_a \right) - m_a \, \dot{\boldsymbol{r}}_a \cdot \frac{d}{dt} \left(\partial_{q^\alpha} \boldsymbol{r}_a \right) \right] . \tag{9.21}$$

Por sua vez, já que $\boldsymbol{r}_a$ pode ser visto como uma função das coordenadas generalizadas e do tempo, segue que:

$$\dot{\boldsymbol{r}}_a = \frac{d\boldsymbol{r}_a}{dt} = \frac{\partial \boldsymbol{r}}{\partial q^\beta} \frac{dq^\beta}{dt} + \frac{\partial \boldsymbol{r}_a}{\partial t} = \frac{\partial \boldsymbol{r}_a}{\partial q^\beta} \dot{q}^\beta + \frac{\partial \boldsymbol{r}_a}{\partial t} \,, \tag{9.22}$$

onde, na equação acima, o índice β está sendo somado, em conformidade com a convenção de soma de Einstein. De maneira análoga, vendo $(\partial_{q^\alpha} \boldsymbol{r}_a)$ como uma função de (q, t), segue que:

$$\frac{d}{dt}(\partial_{q^\alpha} \boldsymbol{r}_a) = \left[\frac{\partial}{\partial q^\beta} (\partial_{q^\alpha} \boldsymbol{r}_a) \right] \frac{dq^\beta}{dt} + \frac{\partial}{\partial t} (\partial_{q^\alpha} \boldsymbol{r}_a) = \frac{\partial}{\partial q^\alpha} \left[\frac{\partial \boldsymbol{r}_a}{\partial q^\beta} \dot{q}^\beta + \frac{\partial \boldsymbol{r}_a}{\partial t} \right] = \frac{\partial \dot{\boldsymbol{r}}_a}{\partial q^\alpha} \,, \tag{9.23}$$

onde, na última passagem, foi utilizada a Eq. (9.22) e, na penúltima igualdade, foi assumido que q e $\dot{q}$ são variáveis independentes, ou seja,

$$\frac{\partial \dot{q}^\beta}{\partial q^\alpha} = 0 \quad \text{e} \quad \frac{\partial q^\beta}{\partial \dot{q}^\alpha} = 0 \,.$$

Essas não são identidades que devam ser provadas, trata-se apenas de uma escolha. A saber, vamos considerar que $(q, \dot{q}, t)$ são coordenadas independentes de um espaço de dimensão $2(3N - p) + 1$. Sendo assim, vendo $\dot{\boldsymbol{r}}_a$ como uma função de $(q, \dot{q}, t)$, segue da Eq. (9.22) a validade da seguinte identidade:

$$\frac{\partial \dot{\boldsymbol{r}}_a}{\partial \dot{q}^\alpha} = \frac{\partial \boldsymbol{r}_a}{\partial q^\alpha} \,. \tag{9.24}$$

Por fim, inserindo as Eqs. (9.23) e (9.24) no lado direito da Eq. (9.21), chegaremos ao seguinte resultado:

$$\sum_{a=1}^{N} m_a\, \ddot{\boldsymbol{r}}_a \cdot \partial_{q^\alpha} \boldsymbol{r}_a = \sum_{a=1}^{N} \left[\frac{d}{dt}\left(m_a\, \dot{\boldsymbol{r}}_a \cdot \frac{\partial \dot{\boldsymbol{r}}_a}{\partial \dot{q}^\alpha} \right) - m_a\, \dot{\boldsymbol{r}}_a \cdot \frac{\partial \dot{\boldsymbol{r}}_a}{\partial q^\alpha} \right]$$
$$= \frac{d}{dt} \sum_{a=1}^{N} m_a \frac{\partial}{\partial \dot{q}^\alpha} \left(\frac{1}{2} \dot{\boldsymbol{r}}_a \cdot \dot{\boldsymbol{r}}_a \right) - \sum_{a=1}^{N} m_a \frac{\partial}{\partial q^\alpha} \left(\frac{1}{2} \dot{\boldsymbol{r}}_a \cdot \dot{\boldsymbol{r}}_a \right) . \tag{9.25}$$

Então, notando que a energia cinética total do sistema de partículas é dada por

$$E_{cin} = \frac{1}{2} \sum_{a=1}^{N} m_a\, |\dot{\boldsymbol{r}}_a|^2 ,$$

segue que a Eq. (9.25) pode ser escrita da seguinte forma conveniente:

$$\sum_{a=1}^{N} m_a\, \ddot{\boldsymbol{r}}_a \cdot \partial_{q^\alpha} \boldsymbol{r}_a = \frac{d}{dt}\left[\frac{\partial}{\partial \dot{q}^\alpha} E_{cin} \right] - \frac{\partial}{\partial q^\alpha} E_{cin} . \tag{9.26}$$

Notemos que a energia cinética é uma função das velocidades $\dot{\boldsymbol{r}}_a$. Essas velocidades, por sua vez, são funções de q, $\dot{q}$ e t, como pode ser percebido da Eq. (9.22). Ou seja, em geral, temos $E_{cin} = E_{cin}(q, \dot{q}, t)$. Agora, vamos reescrever o segundo termo da Eq. (9.20). Esse é mais fácil. Usando que $U = U(\boldsymbol{r}_1, \cdots, \boldsymbol{r}_N, t)$ e que $\boldsymbol{r}_a = \boldsymbol{r}_a(q, t)$, concluímos que a energia potencial é função de (q, t), de maneira que a regra da cadeia fornece:

$$\sum_{a=1}^{N} \boldsymbol{\nabla}_a U \cdot \partial_{q^\alpha} \boldsymbol{r}_a = \sum_{a=1}^{N} \left[\frac{\partial U}{\partial \mathrm{x}_a} \frac{\partial \mathrm{x}_a}{\partial q^\alpha} + \frac{\partial U}{\partial \mathrm{y}_a} \frac{\partial \mathrm{y}_a}{\partial q^\alpha} + \frac{\partial U}{\partial \mathrm{z}_a} \frac{\partial \mathrm{z}_a}{\partial q^\alpha} \right] = \frac{\partial U}{\partial q^\alpha} \tag{9.27}$$

Por fim, usando as Eqs. (9.26) e (9.27), segue que a Eq. (9.20) pode ser escrita da seguinte forma equivalente:

$$\frac{d}{dt}\left[\frac{\partial}{\partial \dot{q}^\alpha} E_{cin} \right] - \frac{\partial}{\partial q^\alpha} \left[E_{cin} - U \right] = 0 . \tag{9.28}$$

Já que a energia potencial não depende das velocidades, depende apenas das posições $\boldsymbol{r}_a(q, t)$ e do tempo, segue que $\partial U / \partial \dot{q}^\alpha = 0$. Por esse motivo, a equação acima pode ser escrita da seguinte maneira:

$$\frac{d}{dt}\left[\frac{\partial \mathcal{L}}{\partial \dot{q}^\alpha} \right] - \frac{\partial \mathcal{L}}{\partial q^\alpha} = 0 , \tag{9.29}$$

onde a grandeza $\mathcal{L}$ é denominada a **função lagrangiana** do sistema, ou simplesmente o **lagrangiano** do sistema, e definida por:

$$\mathcal{L} = \mathcal{L}(q, \dot{q}, t) = E_{cin}(q, \dot{q}, t) - U(q, t) = E_{cin} - U . \tag{9.30}$$

A Eq. (9.29) é a chamada **equação de Lagrange**. Trata-se de um conjunto de $(3N - p)$ equações diferenciais de segunda ordem, uma para cada valor do índice α. Resolvendo essas equações, podemos determinar as soluções gerais para $q^\alpha(t)$. Uma vez obtidos $q^\alpha(t)$, usamos as expressões $\boldsymbol{r}_a = \boldsymbol{r}_a(q, t)$, que resolvem os vínculos, para determinar $\boldsymbol{r}_a(t)$.

Como um exemplo trivial, consideremos um sistema de uma partícula sem vínculos. Nesse caso, podemos usar as coordenadas cartesianas como sendo as próprias coordenadas generalizadas, ou seja, $q = (\mathrm{x}, \mathrm{y}, \mathrm{z})$. Nesse caso, o lagrangiano é dado por:

$$\mathcal{L} = \frac{m}{2}(\dot{\mathrm{x}}^2 + \dot{\mathrm{y}}^2 + \dot{\mathrm{z}}^2) - U(\mathrm{x}, \mathrm{y}, \mathrm{z}, t) .$$

Então, por exemplo, a equação de Lagrange associada à coordenada generalizada x fornece:

$$\frac{d}{dt}\left[\frac{\partial \mathcal{L}}{\partial \dot{\mathrm{x}}}\right] - \frac{\partial \mathcal{L}}{\partial \mathrm{x}} = 0 \;\Rightarrow\; \frac{d}{dt}[m\,\dot{\mathrm{x}}] + \frac{\partial U}{\partial \mathrm{x}} = 0 \;\Rightarrow\; m\,\ddot{\mathrm{x}} = -\frac{\partial U}{\partial \mathrm{x}}$$

Essa é nada mais nada menos que a componente x da segunda lei de Newton $m\ddot{\boldsymbol{r}} = -\boldsymbol{\nabla} U$. Ou seja, na ausência de vínculos, as equações de Lagrange reproduzem o conteúdo da segunda lei de Newton.

Como um exemplo mais interessante, vejamos o problema da conta presa ao arame, abordado no início deste capítulo. A posição da conta é inicialmente descrita por duas coordenadas cartesianas, x e y. Ocorre, no entanto, que existe um vínculo entre essas coordenadas: $\mathrm{y} = f(\mathrm{x})$. Nesse caso, podemos adotar x como sendo uma coordenada generalizada e y pode ser determinada através da equação de vínculo. A energia cinética em termos da coordenada generalizada é dada por:

$$E_{cin} = \frac{m}{2}\dot{\mathrm{x}}^2 + \frac{m}{2}\dot{\mathrm{y}}^2 = \frac{m}{2}\dot{\mathrm{x}}^2 + \frac{m}{2}\left[\frac{df(\mathrm{x})}{dt}\right]^2 = \frac{m}{2}\dot{\mathrm{x}}^2 + \frac{m}{2}\left[f'(\mathrm{x})\,\dot{\mathrm{x}}\right]^2 = \frac{m}{2}\dot{\mathrm{x}}^2(1 + f'^2)\,,$$

onde $f' \equiv df/d\mathrm{x}$. Por sua vez, a energia potencial, por conta do campo gravitacional, é dada por $U = mg\mathrm{y} = mgf(\mathrm{x})$. Sendo assim, o lagrangiano do sistema em termos da coordenada generalizada x é dado por:

$$\mathcal{L} = E_{cin} - U = \frac{m}{2}\dot{\mathrm{x}}^2[1 + f'(\mathrm{x})^2] - mgf(\mathrm{x})\,.$$

Logo, segue que:

$$\begin{cases} \frac{d}{dt}\left[\frac{\partial \mathcal{L}}{\partial \dot{\mathrm{x}}}\right] = \frac{d}{dt}\left[m\,\dot{\mathrm{x}}\,(1 + f'^2)\right] = m\,\ddot{\mathrm{x}}\,(1 + f'^2) + 2m\,\dot{\mathrm{x}}^2\,f'\,f''\,, \\ \frac{\partial \mathcal{L}}{\partial \mathrm{x}} = m\,\dot{\mathrm{x}}^2\,f'\,f'' - mgf'\,. \end{cases}$$

Então, igualando os dois termos acima, vemos que a equação de Lagrange é dada por:

$$m\,\ddot{\mathrm{x}}\,(1 + f'^2) + m\,\dot{\mathrm{x}}^2\,f'\,f'' + mgf' = 0\,.$$

Essa equação nos permite determinar $\mathrm{x}(t)$ e está em pleno acordo com o que foi obtido na Eq. (9.4). Uma vez resolvida tal equação diferencial, podemos determinar $\mathrm{y}(t)$ através da equação de vínculo $\mathrm{y} = f(\mathrm{x})$.

9.5 Deslocamento virtual versus deslocamento real

Na seção anterior, foi argumentado que só precisamos considerar as equações de movimento ao longo das direções tangentes à superfície de vínculo. A implementação matemática dessa ideia foi feita através do produto interno entre a segunda lei de Newton e os vetores

$$\delta \boldsymbol{r}_a \equiv \boldsymbol{r}_a(q + dq, t) - \boldsymbol{r}_a(q, t) = \frac{\partial \boldsymbol{r}_a}{\partial q^\alpha}\,dq^\alpha\,.$$

Esses vetores são deslocamentos infinitesimais tangentes à superfície de vínculo no instante t.[2] Esses deslocamentos, para dq^α quaisquer, são chamados de **deslocamentos virtuais**.

[2]Para ser mais preciso, o vetor $\{\delta\boldsymbol{r}_1, \delta\boldsymbol{r}_2, \cdots, \delta\boldsymbol{r}_N\}$ é que é tangente à superfície de vínculo no instante t, pois a superfície de vínculo é uma entidade geométrica imersa em um espaço de dimensão $3N$.

Eles podem diferir dos deslocamentos reais executados pelas partículas ao longo do tempo. De fato, suponhamos que, entre os instantes t e $t + dt$, as coordenadas generalizadas do sistema passem de q^α para $q^\alpha + dq^\alpha$. Nesse caso, as mudanças nos vetores posição das partículas são dadas por:

$$d\boldsymbol{r}_a = \boldsymbol{r}_a(q + dq, t + dt) - \boldsymbol{r}_a(q, t) = \frac{\partial \boldsymbol{r}_a}{\partial q^\alpha} dq^\alpha + \frac{\partial \boldsymbol{r}_a}{\partial t} dt\,.$$

Esses vetores infinitesimais $d\boldsymbol{r}_a$, por sua vez, são os chamados **deslocamentos reais** do sistema. Em outras palavras, os deslocamentos virtuais consideram o tempo fixo e são tangentes à superfície de vínculo em determinado instante de tempo. Já os deslocamentos reais consideram a evolução do sistema em um intervalo de tempo infinitesimal, dt. A relação entre os dois é a seguinte:

$$d\boldsymbol{r}_a = \delta\boldsymbol{r}_a + \frac{\partial \boldsymbol{r}_a}{\partial t} dt\,.$$

Portanto, esses deslocamentos coincidem quando $\partial\boldsymbol{r}_a/\partial t = 0$, ou seja, quando as relações entre as coordenadas cartesianas e as coordenadas generalizadas não dependem explicitamente do tempo.[3] Mas eles diferem quando essas relações dependem explicitamente do tempo. Por exemplo, no caso da coordenada generalizada θ para o pêndulo simples, os deslocamentos reais e virtuais apontam na mesma direção quando o comprimento da haste, ℓ, não varia com o tempo. Mas, se o comprimento ℓ variar com o passar do tempo, isto é, se tivermos $\ell = g(t)$ onde $g(t)$ é uma função conhecida e tal que $g' \neq 0$, então as direções do deslocamentos reais não mais coincidirão com as dos deslocamentos virtuais.

Uma parte central da dedução das equações de Lagrange foi a hipótese de que as forças de vínculo não executam trabalho sobre o sistema, ou seja, assumimos que

$$\sum_a \boldsymbol{F}_{a,vin} \cdot \delta\boldsymbol{r}_a = 0\,.$$

Esse trabalho, no lado esquerdo da equação acima, é chamado de **trabalho virtual**, pois ele é calculado usando os deslocamentos virtuais. Portanto, a hipótese básica do formalismo lagrangiano é que o trabalho *virtual* das forças de vínculo é sempre nulo, algo que, de fato, pode sempre ser assumido. No entanto, isso não significa que as forças de vínculo nunca podem realizar trabalho sobre o sistema, pois o **trabalho real** deve ser calculado com os deslocamentos reais:

$$dW = \sum_a \boldsymbol{F}_{a,vin} \cdot d\boldsymbol{r}_a = \sum_a \boldsymbol{F}_{a,vin} \cdot \left(\delta\boldsymbol{r}_a + \frac{\partial \boldsymbol{r}_a}{\partial t} dt\right) = \sum_a \boldsymbol{F}_{a,vin} \cdot \frac{\partial \boldsymbol{r}_a}{\partial t} dt\,. \tag{9.31}$$

Portanto, quando os vínculos dependem do tempo, é possível que as forças de vínculo realizem trabalho (real) sobre o sistema.[4] Por exemplo, no caso do pêndulo simples usual,

[3]Via de regra, quando os vínculos não dependem explicitamente do tempo, não faz sentido escolher coordenadas generalizadas tais que as relações $\boldsymbol{r}_a = \boldsymbol{r}_a(q, t)$ dependam explicitamente do tempo. No entanto, como as coordenadas generalizadas podem ser escolhidas da forma que quisermos, desde que os vínculos sejam satisfeitos, é possível fazer com que as relações $\boldsymbol{r}_a = \boldsymbol{r}_a(q, t)$ dependam do tempo em qualquer cenário. Por exemplo, no problema da conta, tratado no início deste capítulo, poderíamos usar a coordenada generalizada q definida através das seguintes relações: $\mathrm{x} = t\,q$ e $\mathrm{y} = f(t\,q)$. Nesse caso, vemos que as relações $x_i = x_i(q, t)$ dependem do tempo, apesar de o vínculo não depender explicitamente do tempo.

[4]Se os vínculos não dependerem explicitamente do tempo, podemos ter $\frac{\partial \boldsymbol{r}_a}{\partial t} \neq 0$, como explicado na última nota de rodapé. No entanto, nesse caso, $\frac{\partial \boldsymbol{r}_a}{\partial t}$ será um vetor tangente à superfície de vínculo, de forma que o lado direito da Eq. (9.31) será zero. Portanto, o trabalho real das forças de vínculo só poderá ser diferente de zero quando os vínculos dependerem explicitamente do tempo.

a haste exerce uma tração sobre a massa, mas essa tração nunca realiza trabalho, pois sua direção é ortogonal à velocidade instantânea da massa. No entanto, se o comprimento da haste variar ao longo do tempo, $\ell = g(t)$, então a força de vínculo realizará trabalho sobre o sistema. Isso, inclusive, já deve ser esperado. Suponha, por exemplo, que a haste diminua de tamanho com o tempo. Então, essa mudança contribuirá para subir a massa no sentido contrário ao da aceleração gravitacional e, para fazer isso, é preciso realizar trabalho. Esse trabalho será realizado pela força de tração da haste, que é a força de vínculo. Logo, nesse caso, a energia do sistema aumentará com o tempo. É preciso, portanto, não confundir os conceitos de trabalho virtual e trabalho real. O primeiro é sempre nulo, mas o segundo pode não ser, caso os vínculos dependam do tempo.

9.6 Invariância por mudança de coordenadas generalizadas

Dado um sistema mecânico com vínculos (ou mesmo sem vínculos), existe uma infinidade de conjuntos de coordenadas generalizadas que podem ser adotados para rotular as configurações desse sistema. Todos esses conjuntos têm o mesmo número de coordenadas, que é igual ao número de graus de liberdade efetivos do sistema. Mas as naturezas geométricas desses conjuntos de coordenadas podem ser completamente diferentes. Por exemplo, as coordenadas generalizadas de determinado conjunto podem ser ângulos em relação a certos eixos. Por sua vez, outro conjunto pode ser formado por coordenadas que representam distâncias em relação a certos pontos. Apesar dessa diversidade, é interessante notar que a forma genérica da equação de Lagrange independe de qual conjunto de coordenadas generalizadas vamos adotar. Então, por exemplo, para o pêndulo simples, vimos duas opções de coordenadas generalizadas, as coordenadas q e θ. Por definição, $q = \mathrm{x}$, ou seja, trata-se de uma coordenada cartesiana com dimensão de comprimento, ao passo que θ é um ângulo e, portanto, adimensional. Tais coordenadas estão ilustradas na Fig. 9.3. As formas da equação de Lagrange para essas duas opções de coordenadas generalizadas são:

$$\frac{d}{dt}\frac{\partial \mathcal{L}}{\partial \dot{\theta}} = \frac{\partial \mathcal{L}}{\partial \theta} \quad \text{e} \quad \frac{d}{dt}\frac{\partial \mathcal{L}}{\partial \dot{q}} = \frac{\partial \mathcal{L}}{\partial q}\,.$$

Portanto, a forma genérica da equação de Lagrange é invariante pela escolha de coordenadas generalizadas. Mas é importante perceber que os lagrangianos têm formas diferentes nos dois casos:

$$\mathcal{L} = \frac{m\,\ell^2}{2}\,\dot{\theta}^2 - m\,g\,\ell\,(1-\cos\theta) \quad \text{e} \quad \mathcal{L} = \frac{m\,\ell^2}{2}\,\frac{\dot{q}^2}{\ell^2 - q^2} - m\,g\,\left(\ell - \sqrt{\ell^2 - q^2}\right)\,.$$

Consequentemente, as equações diferenciais obtidas da equação de Lagrange são diferentes:

$$\ell\,\ddot{\theta} + g\,\mathrm{sen}\theta = 0 \quad \text{e} \quad \frac{\ell^2\,\ddot{q}}{\ell^2 - q^2} + \frac{\ell^2\,q\,\dot{q}^2}{(\ell^2 - q^2)^2} + \frac{g\,q}{\sqrt{\ell^2 - q^2}} = 0\,.$$

Em particular, vemos que a equação para θ é muito mais elegante e compacta que a equação para q. Isso deixa claro como é importante escolher de forma inteligente as coordenadas generalizadas que serão utilizadas, pois essa pode ser a diferença entre conseguir ou não conseguir resolver a equação diferencial que rege a dinâmica do sistema. Esse exemplo deixa claro que a invariância da equação de Lagrange se dá *antes de substituirmos os lagrangianos.* Não estamos falando da equação diferencial final que será obtida; essa geralmente não é invariante pela mudança de coordenadas.

A prova de que a forma genérica da equação de Lagrange é invariante foi feita implicitamente quando deduzimos a equação de Lagrange a partir da segunda lei de Newton, pois essa dedução foi feita para quaisquer coordenadas generalizadas, e nenhuma restrição foi imposta. No entanto, é possível apresentar uma prova mais explícita dessa invariância. Por questões didáticas, aqui faremos tal prova no caso em que o sistema de interesse tem apenas um grau de liberdade efetivo. O caso geral será deixado para o/a leitor/a na seção de exercícios sugeridos. Consideremos uma coordenada generalizada x para esse sistema e seja $\mathcal{L} = \mathcal{L}(x, \dot{x}, t)$ o lagrangiano associado. Além disso, seja $y = y(x, t)$ uma outra possível coordenada generalizada para esse sistema. A relação entre as velocidades nos dois sistemas de coordenadas é então dada por:

$$\dot{y} = \frac{d}{dt}y(x,t) = \frac{\partial y}{\partial x}\dot{x} + \frac{\partial y}{\partial t}. \tag{9.32}$$

Em particular, segue dessa equação, e do fato de que devemos considerar $(x, \dot{x}, t)$ como coordenadas independentes, a seguinte identidade:

$$\frac{\partial \dot{y}}{\partial \dot{x}} = \frac{\partial y}{\partial x}.$$

O lagrangiano no sistema de coordenadas y será denotado por $\tilde{\mathcal{L}} = \tilde{\mathcal{L}}(y, \dot{y}, t)$. A relação entre os lagrangianos dos dois sistemas de coordenadas é a seguinte:

$$\mathcal{L}(x, \dot{x}, t) \equiv \tilde{\mathcal{L}}\left(y_{(x,t)}, \dot{y}_{(x,\dot{x},t)}, t\right).$$

Ou seja, as funções $\mathcal{L}$ e $\tilde{\mathcal{L}}$ têm o mesmo valor numérico, mas as dependências funcionais em relação a seus argumentos são geralmente distintas. Apesar disso, na Física, costuma-se usar a mesma letra para denotar a função lagrangiana em diferentes sistemas de coordenadas. Verdade seja dita, na Física, é costume fazer uso deliberado desse abuso de notação sempre que estamos lidando com uma função que não altera seu valor quando se muda de coordenadas. Nesta seção, todavia, seremos mais rigorosos e usaremos um $\sim$ sobrescrito para distinguir a função lagrangiana nos dois sistemas de coordenadas. No entanto, no restante do livro, adotaremos a convenção informal de sempre denotar o lagrangiano da mesma forma, independentemente do sistema de coordenadas adotado. Agora, calculemos os dois termos que aparecem na equação de Lagrange na coordenada x em termos de derivadas relativas à coordenada y. Primeiro, temos:

$$\frac{d}{dt}\frac{\partial \mathcal{L}}{\partial \dot{x}} = \frac{d}{dt}\left(\frac{\partial \tilde{\mathcal{L}}}{\partial \dot{y}}\frac{\partial \dot{y}}{\partial \dot{x}}\right) = \frac{d}{dt}\left(\frac{\partial \tilde{\mathcal{L}}}{\partial \dot{y}}\frac{\partial y}{\partial x}\right) = \left(\frac{d}{dt}\frac{\partial \tilde{\mathcal{L}}}{\partial \dot{y}}\right)\frac{\partial y}{\partial x} + \frac{\partial \tilde{\mathcal{L}}}{\partial \dot{y}}\frac{d}{dt}\frac{\partial y}{\partial x}. \tag{9.33}$$

Por sua vez, vemos que o segundo termo da equação de Lagrange é dado por:

$$\frac{\partial \mathcal{L}}{\partial x} = \frac{\partial \tilde{\mathcal{L}}}{\partial y}\frac{\partial y}{\partial x} + \frac{\partial \tilde{\mathcal{L}}}{\partial \dot{y}}\frac{\partial \dot{y}}{\partial x} \tag{9.34}$$

Notemos que, usando a Eq. (9.32), o último termo da equação acima pode ser reescrito da seguinte forma:

$$\frac{\partial \dot{y}}{\partial x} = \frac{\partial^2 y}{\partial x^2}\dot{x} + \frac{\partial^2 y}{\partial x \partial t} = \dot{x}\,\partial_x\frac{\partial y}{\partial x} + \partial_t\frac{\partial y}{\partial x} = \frac{d}{dt}\frac{\partial y}{\partial x}. \tag{9.35}$$

Finalmente, usando as Eqs. (9.33), (9.34) e (9.35), chega-se ao seguinte resultado:

$$\frac{d}{dt}\frac{\partial \mathcal{L}}{\partial \dot{x}} - \frac{\partial \mathcal{L}}{\partial x} = \left[\frac{d}{dt}\frac{\partial \tilde{\mathcal{L}}}{\partial \dot{y}} - \frac{\partial \tilde{\mathcal{L}}}{\partial y}\right]\frac{\partial y}{\partial x}.$$

Portanto, sempre que a equação de Lagrange for válida no sistema de coordenadas y, ela também será válida no sistema de coordenadas x. Isso prova que a equação de Lagrange mantém sua forma genérica quando mudamos de coordenadas generalizadas.

9.7 Exercícios sugeridos

Exercício 1

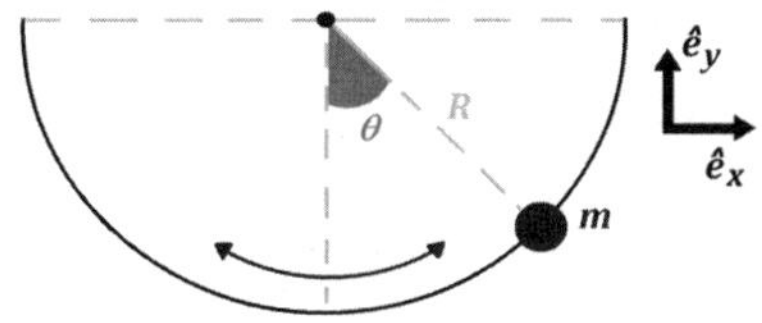

Uma conta de massa m está presa a um arame semicircular de raio R, conforme ilustrado ao lado. Além disso, age sobre a conta a seguinte força constante: $\boldsymbol{F} = m\,\alpha\hat{\boldsymbol{e}}_{\mathrm{x}} - m\,g\hat{\boldsymbol{e}}_{\mathrm{y}}$, com α e g sendo constantes positivas e $\alpha < g$. Usando θ como coordenada generalizada, faça o que é pedido abaixo.
a) Encontre a energia cinética da conta, a energia potencial e o lagrangiano.
b) Determine a equação de movimento para θ e identifique o ponto de equilíbrio.
c) Determine a frequência das pequenas oscilações em torno do ponto de equilíbrio.

Exercício 2 – *resolvido*

Considerando o problema da conta presa ao arame, tratado na primeira seção deste capítulo, use a equação de movimento correta para a conta, aquela deduzida pelo formalismo lagrangiano, para determinar a força de vínculo que age sobre a conta.

Exercício 3

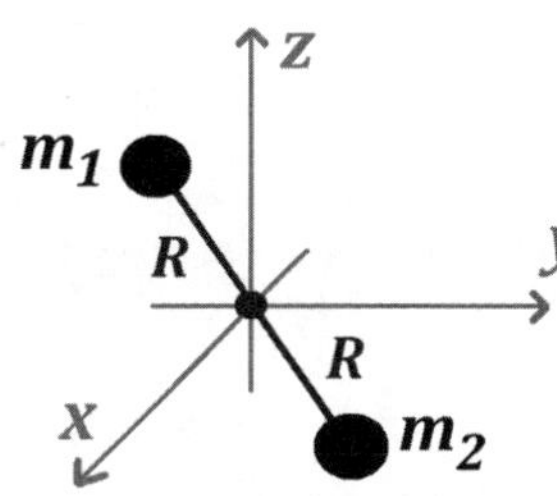

Considere um sistema formado por duas partículas pontuais, de massas m_1 e m_2, que estão conectadas por uma haste rígida de comprimento $2R$ e massa desprezível, cujo centro está fixado a uma rótula localizada na origem do sistema de coordenadas $\{\mathrm{x}, \mathrm{y}, \mathrm{z}\}$, conforme ilustrado ao lado. A haste pode girar livremente, mas seu centro está sempre localizado na origem.
a) Argumente que a superfície de vínculo é uma esfera de dimensão dois.
b) Encontre coordenadas generalizadas $\{q_1, q_2\}$ que rotulem os pontos dessa superfície.
c) Prove que $\{\partial_{q^\alpha}\boldsymbol{r}_1\,,\ \partial_{q^\alpha}\boldsymbol{r}_2\}$ é um vetor tangente à superfície.
d) Demonstre que o trabalho das forças de vínculo sobre o sistema é nulo.

Exercício 4

Considere um sistema formado por duas partículas conectadas por uma haste rígida, semelhante ao explorado no exercício anterior. No entanto, desta vez, suponha que o centro da haste não esteja fixo; ele pode se mover livremente, de maneira que o sistema tem 5 graus de liberdade efetivos. Argumente que, em geral, a força de vínculo $\boldsymbol{F}_{1,vinc}$ realizará trabalho sobre a partícula 1, mas que o trabalho *total* exercido pelas forças $\boldsymbol{F}_{1,vinc}$ e $\boldsymbol{F}_{2,vinc}$ sobre o sistema será nulo.

Exercício 5

Demonstre explicitamente a invariância da equação de Lagrange por mudança de coordenadas generalizadas quando o número de graus de liberdade efetivos é arbitrário.

Solução do Exercício 2

Na primeira seção deste capítulo, vimos que, usando a coordenada x como coordenada generalizada, a equação de movimento correta para esse sistema é dada por:

$$m\,(1+f'^2)\,\ddot{\mathrm{x}} + m\,f'\,f''\,\dot{\mathrm{x}}^2 + \partial_{\mathrm{x}}U + f'\,\partial_{\mathrm{y}}U = 0\,,$$

conforme estabelecido na Eq. (9.4). Dessa equação, concluímos que:

$$\ddot{\mathrm{x}} = \frac{-1}{m\,(1+f'^2)}\left[m\,f'\,f''\,\dot{\mathrm{x}}^2 + \partial_{\mathrm{x}}U + f'\,\partial_{\mathrm{y}}U\right].$$

Derivando a identidade $\mathrm{y} = f(\mathrm{x}(t))$ duas vezes em relação ao tempo, obtém-se a seguinte relação:

$$\ddot{\mathrm{y}} = f''\,\dot{\mathrm{x}}^2 \,+\, f'\,\ddot{\mathrm{x}}\,,$$

conforme provado na Eq. (9.2). Sendo assim, concluímos que:

$$\ddot{\mathrm{y}} = \frac{1}{m\,(1+f'^2)}\left[m\,f''\,\dot{\mathrm{x}}^2 - f'\,\partial_{\mathrm{x}}U - f'^2\,\partial_{\mathrm{y}}U\right]$$

Logo, a força resultante sobre a conta é dada por:

$$\boldsymbol{F} = m\,(\ddot{\mathrm{x}}\,\hat{\boldsymbol{e}}_{\mathrm{x}} + \ddot{\mathrm{y}}\,\hat{\boldsymbol{e}}_{\mathrm{y}}) = -\,\frac{m\,f'\,f''\,\dot{\mathrm{x}}^2 + \partial_{\mathrm{x}}U + f'\,\partial_{\mathrm{y}}U}{1+f'^2}\,\hat{\boldsymbol{e}}_{\mathrm{x}} + \frac{m\,f''\,\dot{\mathrm{x}}^2 - f'\,\partial_{\mathrm{x}}U - f'^2\,\partial_{\mathrm{y}}U}{1+f'^2}\,\hat{\boldsymbol{e}}_{\mathrm{y}}.$$

A força total é a soma da força externa, $\boldsymbol{F}_{ext} = -\boldsymbol{\nabla}U$, com a força de vínculo $\boldsymbol{F}_{vinc} = \boldsymbol{F}_N$. Portanto, a força de vínculo é dada por:

$$\boldsymbol{F}_N = \boldsymbol{F} + \boldsymbol{\nabla}U = \frac{-\,m\,f'\,f''\,\dot{\mathrm{x}}^2 + f'^2\,\partial_{\mathrm{x}}U - f'\,\partial_{\mathrm{y}}U}{1+f'^2}\,\hat{\boldsymbol{e}}_{\mathrm{x}} + \frac{m\,f''\,\dot{\mathrm{x}}^2 - f'\,\partial_{\mathrm{x}}U + \partial_{\mathrm{y}}U}{1+f'^2}\,\hat{\boldsymbol{e}}_{\mathrm{y}}.$$

Notemos, em particular, que, se fizermos o produto interno dessa força $\boldsymbol{F}_N$ com o versor tangente,

$$\hat{\boldsymbol{\tau}} = \frac{1}{\sqrt{1+f'^2}}\,(\hat{\boldsymbol{e}}_{\mathrm{x}} \,+\, f'\,\hat{\boldsymbol{e}}_{\mathrm{y}})\,,$$

o resultado obtido será zero, como deve ser.

Capítulo 10

Aplicações do formalismo lagrangiano

No capítulo anterior, foi introduzido o formalismo lagrangiano e chegamos a aplicá-lo a alguns sistemas mais simples. Agora, neste capítulo, empregaremos tal formalismo em exemplos mais elaborados. Antes de prosseguir, no entanto, é importante recordar que esse poderoso formalismo tem suas limitações, ele não se aplica quando o sistema de interesse tem vínculos não holonômicos e, em geral, ele só é compatível com forças externas que sejam conservativas, ou seja, que possam ser escritas como o gradiente de uma função. Por exemplo, forças de atrito, em geral, não podem ser incorporadas de forma natural no formalismo lagrangiano. Uma importante exceção a essa última limitação é a força de Lorentz, que é a força que o campo eletromagnético exerce sobre uma partícula pontual com carga elétrica não nula. Tal força depende da velocidade da partícula e, portanto, não pode ser escrita como o gradiente de uma função $-U(\boldsymbol{r}, t)$. Apesar disso, é possível acomodar a força de Lorentz no formalismo lagrangiano, conforme será demonstrado mais adiante neste capítulo.

10.1 Pêndulo com rótula sobre trilho semicircular

Consideremos um sistema planar composto por duas partículas, uma conta de massa m_A e uma partícula de massa m_B. A conta está presa a um arame semicircular de raio R e a partícula B está presa a uma haste de tamanho ℓ cuja extremidade está fixada em uma rótula localizada na conta A. A aceleração local do campo gravitacional é g. A Fig. 10.1 ilustra o problema em tela. O objetivo deste exemplo é determinar a equação de movimento que rege a dinâmica do sistema.

Figura 10.1: Conta de massa m_A presa a um arame semicircular de raio R. A partícula B, por sua vez, está presa a uma haste de tamanho ℓ cuja extremidade está fixada em uma rótula localizada na conta A. No lado direito da figura, vemos a definição adotada para os eixos cartesianos x e y.

Usando as coordenadas cartesianas x e y, ilustradas na parte direita da Fig. 10.1, segue que a energia cinética e a energia potencial do sistema são dadas, respectivamente, por:

$$E_{cin} = \frac{m_A}{2}(\dot{x}_A^2 + \dot{y}_A^2) + \frac{m_B}{2}(\dot{x}_B^2 + \dot{y}_B^2) \quad \text{e} \quad U = -\,m_A\, g\, y_A - m_B\, g\, y_B\,.$$

No entanto, não podemos usar as coordenadas $\{x_A, y_A, x_B, y_B\}$ como sendo coordenadas generalizadas do problema, pois há dois vínculos que devem ser satisfeitos. Portanto, só são necessárias $(4-2)$ coordenadas generalizadas. Existe o vínculo que obriga a partícula A a permanecer no semicírculo e o vínculo que obriga a distância entre as partículas A e B a ser sempre igual a ℓ. Logo, esse sistema tem apenas dois graus de liberdade efetivos. Podemos, então, usar os ângulos θ e ϕ, definidos na Fig. 10.1, para rotular esses graus de liberdade. A relação entre essas coordenadas generalizadas e as coordenadas cartesianas é a seguinte:

$$x_A = R\,\text{sen}\theta\,, \quad y_A = R\,\cos\theta\,, \quad x_B = R\,\text{sen}\theta + \ell\,\text{sen}\phi\,, \quad y_B = R\,\cos\theta + \ell\,\cos\phi\,.$$

Portanto, a relação entre as velocidades das coordenadas generalizadas e as velocidades das coordenadas cartesianas é a seguinte:

$$\begin{cases} \dot{x}_A = R\,\dot\theta\,\cos\theta\,, \quad \dot{y}_A = -R\,\dot\theta\,\text{sen}\theta\,, \\ \\ \dot{x}_B = R\,\dot\theta\,\cos\theta + \ell\,\dot\phi\,\cos\phi\,, \quad \dot{y}_B = -R\,\dot\theta\,\text{sen}\theta - \ell\,\dot\phi\,\text{sen}\phi\,. \end{cases}$$

Logo, inserindo essas expressões na equação para a energia cinética total, obtemos:

$$E_{cin} = \frac{m_A}{2}\,R^2\,\dot\theta^2 + \frac{m_B}{2}\left[R^2\dot\theta^2 + \ell^2\dot\phi^2 + R\,\ell\,\dot\theta\,\dot\phi\,\cos(\theta-\phi)\right].$$

Por conseguinte, o lagrangiano do sistema é dado por:

$$\mathcal{L} = \frac{M}{2}R^2\dot\theta^2 + \frac{m_B}{2}\ell^2\dot\phi^2 + \frac{m_B}{2}\,R\,\ell\,\dot\theta\dot\phi\,\cos(\theta-\phi) + R\,M\,g\cos\theta + \ell\,m_B\,g\cos\phi\,,$$

onde $M \equiv m_A + m_B$. Com o lagrangiano em mãos, podemos obter as equações de movimento para as coordenadas generalizadas. Os dois termos necessários para se montar a equação de Lagrange para θ são os seguintes:

$$\begin{cases} \frac{d}{dt}\frac{\partial\mathcal{L}}{\partial\dot\theta} &= \frac{d}{dt}\left[\dot\theta\,M\,R^2 + \frac{m_B}{2}\,R\,\ell\,\dot\phi\,\cos(\theta-\phi)\right] \\ &= \ddot\theta\,M\,R^2 + \frac{m_B}{2}\,R\,\ell\,\ddot\phi\,\cos(\theta-\phi) - \frac{m_B}{2}\dot\phi(\dot\theta-\dot\phi)\,R\,\ell\,\text{sen}(\theta-\phi)\,, \\ \\ \frac{\partial\mathcal{L}}{\partial\theta} &= -\frac{m_B}{2}\,\dot\theta\,\dot\phi\,R\,\ell\,\text{sen}(\theta-\phi) - M\,R\,g\,\text{sen}\theta\,. \end{cases}$$

Portanto, a equação de movimento associada à coordenada θ é dada por:

$$M\,R^2\ddot\theta + \frac{m_B}{2}\,R\,\ell\,\ddot\phi\cos(\theta-\phi) + \frac{m_B}{2}\,R\,\ell\,\dot\phi^2\,\text{sen}(\theta-\phi) + M\,g\,R\,\text{sen}\theta = 0\,.$$

Através de cálculos análogos, obtém-se que a equação de Lagrange associada à coordenada ϕ é dada por:

$$m_B\ell^2\ddot\phi + \frac{m_B}{2}\,R\,\ell\,\ddot\theta\cos(\theta-\phi) - \frac{R\,\ell}{2}\,\dot\theta^2\,\text{sen}(\theta-\phi) + m_B\,g\,\ell\,\text{sen}\phi = 0\,.$$

Notemos que, embora tenhamos sido capazes de montar as equações de movimento, tais equações são bastante complexas. Trata-se de um sistema acoplado de equações diferenciais não lineares de segunda ordem. Essas equações não admitem uma solução geral analítica. Apesar disso, é fácil ver que $\{\theta(t), \phi(t)\} = \{0, 0\}$ é uma solução exata desse par de equações. Ou seja, o ponto $(\theta, \phi) = (0, 0)$ é um ponto de equilíbrio do sistema. Logo, faz sentido estudar as perturbações em torno desse ponto de equilíbrio. Então, considerando apenas os termos lineares em θ e em ϕ nas equações acima, chegaremos ao seguinte par de equações de movimento:

$$M\,R^2\,\ddot{\theta} + m_B\frac{R\ell}{2}\,\ddot{\phi} + M\,g\,R\,\theta \simeq 0 \quad \text{e} \quad m_B\ell^2\ddot{\phi} + m_B\frac{R\ell}{2}\,\ddot{\theta} + m_B\,g\,\ell\,\phi \simeq 0\,.$$

Esse par de equações, por sua vez, é linear e, portanto, admite solução exata. Tal solução não será apresentada aqui. Porém, quando tratarmos de pequenas oscilações multidimensionais, mais adiante no livro, aprenderemos o algoritmo geral para resolver sistemas de equações diferenciais lineares e acopladas.

10.2 Pêndulo com haste elástica

Consideremos um pêndulo simples de massa m cuja haste de sustentação tem massa desprezível e é feita de um material elástico cuja constante de elasticidade é k. O comprimento natural da haste é ℓ. Ou seja, a haste pode ser comprimida ou distendida e a tração por conta da modificação no comprimento da haste é dada por $-kr$, onde r mede a mudança de comprimento da haste em relação ao seu comprimento original. O deslocamento r pode ser positivo ou negativo. Equivalentemente, podemos imaginar que a haste é feita por uma mola cujo comprimento natural é ℓ e cuja constante de mola é k. A Fig. 10.2 ilustra esse sistema.

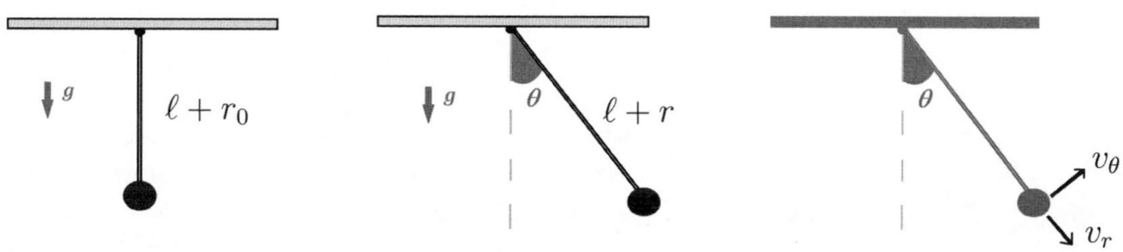

Figura 10.2: Na parte esquerda, vemos o pêndulo no equilíbrio, com a massa parada em $\theta = 0$. Nesse caso, o comprimento da haste é $\ell + r_0$, com $r_0 = mg/k$. No centro, vemos o pêndulo fora do equilíbrio, em cujo caso o comprimento da haste é $\ell + r$, com r podendo ser positivo ou negativo. No lado direito, vemos as componentes angular e radial da velocidade da massa quando o pêndulo está fora do equilíbrio.

Não há vínculos no sistema, mas, ainda assim, é extremamente vantajoso usar o formalismo lagrangiano em detrimento do newtoniano. De fato, se usarmos as coordenadas r e θ como coordenadas generalizadas, a energia potencial pode ser expressa de maneira bastante simples. Trata-se da soma da energia potencial gravitacional com a energia potencial elástica da haste:

$$U = -\,m\,g\,(\ell + r)\,\cos\theta + \frac{1}{2}k\,r^2\,.$$

Por sua vez, a energia cinética pode ser calculada notando que a velocidade da partícula de massa m pode ser decomposta como a soma de uma componente angular, $v_\theta = (\ell + r)\,\dot\theta$, e uma componente radial, $v_r = \dot r$. Além disso, essas componentes são sempre ortogonais entre si, como ilustrado na parte direita da Fig. 10.2. Portanto, a energia cinética do sistema é dada por:

$$E_{cin} = \frac{m}{2}\,|\boldsymbol{v}|^2 = \frac{m}{2}\,|\boldsymbol{v}_\theta + \boldsymbol{v}_r|^2 = \frac{m}{2}\,\left(|\boldsymbol{v}_\theta|^2 + |\boldsymbol{v}_r|^2\right) = \frac{m}{2}\left[(\ell + r)^2\,\dot\theta^2 + \dot r^2\right].$$

Com isso em mãos, podemos montar o lagrangiano no sistema de coordenadas (r, θ):

$$\mathcal{L} = E_{cin} - U = \frac{m}{2}\left[(\ell + r)^2\,\dot\theta^2 + \dot r^2\right] + m\,g\,(\ell + r)\,\cos\theta - \frac{1}{2}k\,r^2\,.$$

Notando que

$$\frac{d}{dt}\frac{\partial \mathcal{L}}{\partial \dot r} = m\ddot r \quad \text{e} \quad \frac{\partial \mathcal{L}}{\partial r} = m\,(\ell + r)\,\dot\theta^2 + m\,g\,\cos\theta - k\,r\,,$$

concluímos que a equação de Lagrange associada à coordenada r é dada por:

$$m\ddot r - m\,(\ell + r)\,\dot\theta^2 - m\,g\,\cos\theta + k\,r = 0\,. \tag{10.1}$$

Analogamente, chega-se à seguinte equação de movimento para a coordenada θ:

$$m(\ell + r)^2\,\ddot\theta + 2m\,(\ell + r)\,\dot r\,\dot\theta + m\,g\,(\ell + r)\,\mathrm{sen}\theta = 0\,. \tag{10.2}$$

Em particular, notemos que $\theta(t) = 0$ é uma solução para essa última equação. De fato, olhando para a geometria do problema, é de se esperar que tal sistema possa ter essa solução, pois ela corresponde ao pêndulo alinhado com o eixo vertical oscilando apenas nessa direção. Ao inserirmos $\theta(t) = 0$ na equação de movimento associada a r, Eq. (10.1), somos levados à equação

$$\ddot r + \frac{k}{m}\,(\,r - r_0\,) = 0\,,$$

onde $r_0 \equiv mg/k$. Definindo a coordenada $R \equiv r - r_0$, segue que a equação anterior se torna $\ddot R + \frac{k}{m}R = 0$, que é a equação tradicional para um sistema massa-mola cuja posição de equilíbrio é $R = 0$. Então, vemos que, na solução $\theta(t) = 0$, o sistema não oscila em torno da posição $r = 0$, mas sim em torno da posição $r = r_0$. Isso é de se esperar, pois essa é a posição de equilíbrio desse pêndulo elástico. Em $r = r_0$, a força peso é balanceada pela tração exercida pela mola, de forma que vale a igualdade $mg = kr_0$.

Poderíamos também explorar a possibilidade de termos uma solução com r constante, ou seja, $r(t) = c$, onde c é alguma constante. Assumindo essa hipótese nas Eqs. (10.1) e (10.2), somos levados às seguintes equações diferenciais:

$$(\ell + c)\,\dot\theta^2 = -\,g\,\cos\theta + \frac{c\,k}{m} \quad \text{e} \quad (\ell + c)\,\ddot\theta = -g\,\mathrm{sen}\theta\,.$$

Trata-se de duas equações para $\theta(t)$. No entanto, geralmente elas são incompatíveis entre si. De fato, derivando a primeira delas em relação ao tempo, somos levados à equação $2(\ell + c)\ddot\theta = g\,\mathrm{sen}\theta$, que só é compatível com a equação $(\ell + c)\ddot\theta = -g\,\mathrm{sen}\theta$ se $\theta(t) = 0$. Portanto, a única solução com $r(t)$ constante é a solução $r(t) = r_0$ e $\theta(t) = 0$. Então, não é possível ter o pêndulo oscilando em θ com r fixo ao longo da oscilação. Isso ilustra uma importante lição que devemos sempre manter em mente: quando temos um sistema de equações diferenciais acopladas, geralmente não podemos fazer escolhas específicas para o comportamento funcional de algumas coordenadas e depois tentar resolver as equações diferenciais para as demais coordenadas, pois geralmente não será possível achar uma solução que obedeça a todas as equações. A não ser que nossa escolha tenha a sorte de ser uma possível solução do sistema.[1]

A principal razão de o formalismo lagrangiano ser mais poderoso que a abordagem newtoniana é que nele não precisamos lidar com vetores, apenas com quantidades escalares, como energia cinética e energia potencial. É por isso que, mesmo na ausência de vínculos, é usualmente mais conveniente utilizar o formalismo lagrangiano. Além disso, na abordagem lagrangiana, podemos facilmente mudar as coordenadas generalizadas adotadas para descrever o sistema de interesse. Em contrapartida, a segunda lei de Newton é particularmente adaptada ao uso de coordenadas cartesianas, de maneira que sua forma em outros sistemas de coordenadas costuma ser prolixa e difícil de ser obtida. A vantagem da abordagem lagrangiana se torna ainda mais significativa quando há vínculos, já que não precisamos nos preocupar com as direções e intensidades das forças de vínculo, pois os vínculos são incorporados *ab initio* na escolha das coordenadas generalizadas.

10.3 Esfera rolando em ladeira curva

Uma esfera maciça e homogênea de raio R e massa m é submetida a um empurrão e, como consequência, ela sobe uma ladeira cujo perfil de altura é dado por $\mathrm{y} = f(\mathrm{x})$, com $f'(\mathrm{x}) > 0$ para $\mathrm{x} > 0$. A parte esquerda da Fig. 10.3 ilustra esse problema. A esfera sobe a ladeira rolando sem deslizar e a aceleração local da gravidade é g. O objetivo deste exemplo é encontrar um lagrangiano que descreva a dinâmica esfera.

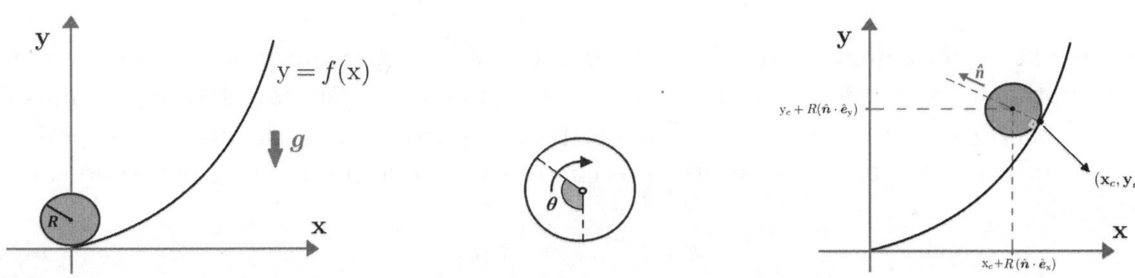

Figura 10.3: Uma esfera sólida de raio R é empurrada para subir uma ladeira de formato $\mathrm{y} = f(\mathrm{x})$. Na figura do meio, vemos a definição do ângulo θ, que rotula o quanto a esfera girou em torno do eixo ortogonal ao plano de movimento. Na parte direita da figura, mostra-se como obter a relação entre a posição do centro de massa da esfera e a posição do ponto de contato entre a esfera e a ladeira, $(\mathrm{x}_c, \mathrm{y}_c)$.

Como se trata de um movimento planar, basta usarmos duas coordenadas cartesianas para rotular a posição do centro de massa da esfera, $(\mathrm{x}_{cm}, \mathrm{y}_{cm})$. Por sua vez, para rotular

[1]Uma analogia dessa lição pode ser vista para o seguinte par de equações algébricas: $x + y = 1$ e $x - y = 1$. Não podemos supor que $x = 0$, por exemplo, e tentar resolver as equações para y, pois a primeira dessas equações fornecerá $y = 1$, ao passo que a segunda equação fornecerá $y = -1$, que são incompatíveis entre si. Isso ocorre porque o par de equações algébricas só admite uma solução, que é $x = 1$ e $y = 0$. Analogamente, no par de equações diferenciais (10.1) e (10.2), não faz sentido "chutar" uma solução específica para $r(t)$ e esperar que, ao fim, encontremos uma solução correta para $\theta(t)$. Geralmente não será possível.

a orientação da esfera, podemos usar o ângulo θ, que representa o ângulo de rotação da esfera em torno do eixo que passa pelo centro de massa e é ortogonal ao plano de movimento do centro de massa. A parte central da Fig. 10.3 ilustra o ângulo θ. No entanto, há dois vínculos que devem ser satisfeitos nesse sistema. A saber, o ponto de contato entre a esfera e a ladeira, cujas coordenadas cartesianas serão denotadas por $(\mathrm{x}_c, \mathrm{y}_c)$, deve pertencer à curva. Ou seja, deve valer $\mathrm{y}_c = f(\mathrm{x}_c)$. Além disso, como a esfera rola sem deslizar, a distância percorrida pelo ponto de contato deve ser igual a $R\theta$. Portanto, há apenas um grau de liberdade efetivo. Para representar esse grau de liberdade, vamos usar a coordenada generalizada x_c.

A energia cinética da esfera é a soma da energia cinética de translação do centro de massa com a energia cinética de rotação em torno do centro de massa, conforme estabelecido na Eq. (7.14). A energia cinética de rotação é $\frac{1}{2}I\dot{\theta}^2$, onde I é o momento de inércia da esfera em relação ao eixo de rotação que passa pelo centro de massa. No caso da esfera, vale $I = \frac{2}{5}mR^2$. Por sua vez, a energia cinética de translação é dada por $\frac{m}{2}v_{cm}^2$, onde v_{cm} denota a velocidade de translação do centro massa. A energia potencial se resume à energia potencial gravitacional, que é dada por $mg\mathrm{y}_{cm}$. Sendo assim, o lagrangiano é dado por:

$$\mathcal{L} = \frac{m}{2}\,v_{cm}^2 + \frac{1}{2}I\,\dot{\theta}^2 - m\,g\,\mathrm{y}_{cm}\,. \tag{10.3}$$

Agora, devemos expressar essas três parcelas do lagrangiano em termos de apenas uma coordenada generalizada. No caso, escolhamos essa coordenada como sendo x_c, a coordenada x do ponto de contato entre a esfera e a ladeira. Comecemos expressando $\dot{\theta}$ em termos de x_c e $\dot{\mathrm{x}}_c$. Pelo vínculo de rolamento, em conjunto com o vínculo $\mathrm{y}_c = f(\mathrm{x}_c)$, concluímos que:

$$\dot{\theta}^2 = \frac{1}{R^2}\,(\dot{\mathrm{x}}_c^2 + \dot{\mathrm{y}}_c^2) = \frac{1}{R^2}\,(1 + f'^2)\,\dot{\mathrm{x}}_c^2\,,$$

onde, na expressão acima, a função $f' = df/d\mathrm{x}$ está avaliada em $\mathrm{x} = \mathrm{x}_c$. Agora, vamos tentar expressar as coordenadas cartesianas do centro de massa da esfera em termos das coordenadas do ponto de contato. Olhando para a parte direita da Fig. 10.3, podemos concluir que a relação entre os vetores posição do centro de massa e do ponto de contato é a seguinte:

$$\boldsymbol{r}_{cm} = \boldsymbol{r}_c + R\,\hat{\boldsymbol{n}}\,, \tag{10.4}$$

onde $\hat{\boldsymbol{n}}$ é o vetor normal à ladeira no ponto de contato. Um vetor tangente à ladeira no ponto (x, y) é dado por:

$$\boldsymbol{\tau} = \frac{d}{d\mathrm{x}}\,(\mathrm{x}\,\hat{\boldsymbol{e}}_\mathrm{x} + \mathrm{y}(\mathrm{x})\,\hat{\boldsymbol{e}}_\mathrm{y}) = \hat{\boldsymbol{e}}_\mathrm{x} + f'\,\hat{\boldsymbol{e}}_\mathrm{y}\,.$$

Logo, o versor ortogonal à ladeira no ponto $(\mathrm{x}_c, \mathrm{y}_c)$ é dado por:

$$\hat{\boldsymbol{n}} = \frac{1}{\sqrt{1 + f'^2}}\,\left[-f'\,\hat{\boldsymbol{e}}_\mathrm{x} + \hat{\boldsymbol{e}}_\mathrm{y}\right]\,,$$

onde a função f' deve ser avaliada em $\mathrm{x} = \mathrm{x}_c$. Agora, com a expressão para $\hat{\boldsymbol{n}}$ em mãos, podemos usar a Eq. (10.4) para estabelecer uma identidade explícita conectando a posição do centro de massa com a nossa coordenada generalizada:

$$\boldsymbol{r}_{cm} = \left(\mathrm{x}_c - \frac{R\,f'}{\sqrt{1 + f'^2}}\right)\,\hat{\boldsymbol{e}}_\mathrm{x} + \left(f + \frac{R}{\sqrt{1 + f'^2}}\right)\,\hat{\boldsymbol{e}}_\mathrm{y}\,, \tag{10.5}$$

onde f e f' estão avaliadas em $\mathrm{x} = \mathrm{x}_c$. Em particular, da expressão acima, podemos obter $\mathrm{y}_{cm} = \mathrm{y}_{cm}(\mathrm{x}_c)$, a fim de substituir na energia potencial. Finalmente, resta determinar v_{cm}^2 em termos da coordenada generalizada x_c e de sua derivada temporal. Tomando a derivada temporal da Eq. (10.5), temos:

$$\dot{\boldsymbol{r}}_{cm} = \left[1 - \frac{R\, f''}{(1+f'^2)^{3/2}}\right] \dot{\mathrm{x}}_c \,\hat{\boldsymbol{e}}_{\mathrm{x}} + \left[1 - \frac{R\, f''}{(1+f'^2)^{3/2}}\right] f'\, \dot{\mathrm{x}}_c \,\hat{\boldsymbol{e}}_{\mathrm{y}} \,.$$

Então, calculando o módulo ao quadrado desse vetor, temos:

$$v_{cm}^2 = |\dot{\boldsymbol{r}}_{cm}|^2 = (1+f'^2)\left[1 - \frac{R\, f''}{(1+f'^2)^{3/2}}\right]^2 \dot{\mathrm{x}}_c^2 \,.$$

Agora, estamos em condições de montar a expressão para o lagrangiano. Inserindo as identidades para v_{cm}^2, $\dot{\theta}^2$ e y_{cm} na Eq. (10.3), chega-se ao seguinte resultado:

$$\mathcal{L} = \left\{ \frac{m}{2}\left[1 - \frac{R\, f''}{(1+f'^2)^{3/2}}\right]^2 + \frac{I}{2R^2} \right\} (1+f'^2)\, \dot{\mathrm{x}}_c^2 - m\, g \left(f + \frac{R}{\sqrt{1+f'^2}} \right) , \qquad (10.6)$$

onde, na equação acima, as funções f e f' devem ser encaradas como funções de x_c. Derivar a equação de movimento agora é apenas questão de paciência. Geralmente, a equação diferencial final para $\mathrm{x}_c(t)$ será não linear e, portanto, pode não permitir solução analítica. No entanto, dadas as condições iniciais $\mathrm{x}_c(0) = 0$ e $\dot{\mathrm{x}}_c(0) = v_0$, será sempre possível achar a solução por meio de um computador (solução numérica).

Podemos aplicar a Eq. (10.6) a casos específicos. Por exemplo, se a ladeira for um plano inclinado com ângulo de inclinação α, teremos o perfil de curva $\mathrm{y} = f(\mathrm{x}) = \mathrm{x} \tan\alpha$. Esse cenário está ilustrado na Fig. 10.4. Nesse caso, o lagrangiano (10.6) se torna:

$$\mathcal{L} = \left(\frac{m}{2} + \frac{I}{2R^2} \right) \sec^2\alpha\; \dot{\mathrm{x}}_c^2 - m\, g\, (\tan\alpha\, \mathrm{x}_c + R\, \cos\alpha) \,.$$

Sendo assim, a equação de Lagrange é dada por:

$$\ddot{\mathrm{x}}_c = \frac{g\,\mathrm{sen}\alpha\, \cos\alpha}{1 + \frac{I}{mR^2}} \quad \Rightarrow \quad \ddot{\mathrm{x}}_c(t) = v_0\, t + \frac{g\,\mathrm{sen}\alpha\, \cos\alpha}{2(1 + \frac{I}{mR^2})}\, t^2 \,.$$

Esse resultado está em pleno acordo com o que fora obtido no exemplo da seção 8.1. Entretanto, note que, naquele exemplo, a coordenada x representava a distância percorrida ao longo do plano, o que difere da nossa coordenada generalizada x_c. A relação entre essas duas coordenadas é $\mathrm{x}_c = \mathrm{x}\, \cos\alpha$.

Uma outra aplicação particularmente simples do resultado (10.6) se dá no caso de uma ladeira em forma de um semicírculo de raio A, onde $A > R$, conforme ilustrado na Fig. 10.4. Supondo que o semicírculo está centrado no ponto $(\mathrm{x}, \mathrm{y}) = (0, A)$, temos que a equação que descreve o perfil da ladeira é a seguinte:

$$\mathrm{y} = f(\mathrm{x}) = A - \sqrt{A^2 - \mathrm{x}^2} \,.$$

Nesse caso, temos:

$$f' = \frac{\mathrm{x}}{\sqrt{A^2 - \mathrm{x}^2}} \quad , \quad (1+f'^2) = \frac{A^2}{A^2 - x^2} \quad \mathrm{e} \quad f'' = \frac{A^2}{(A^2 - \mathrm{x}^2)^{3/2}} \,.$$

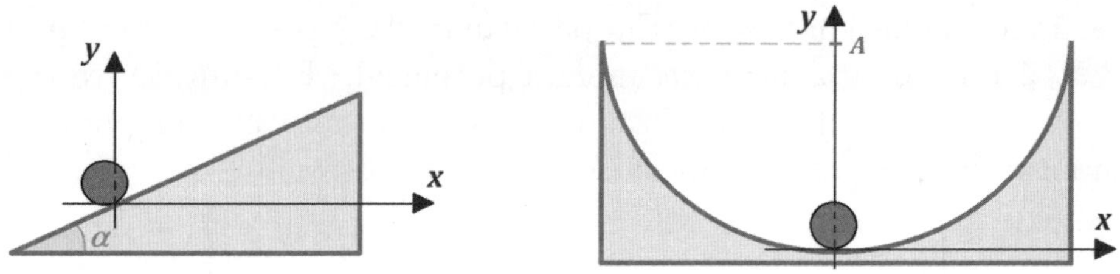

Figura 10.4: À esquerda, vemos um plano inclinado cujo ângulo de inclinação é α. À direita, vemos um ladeira em forma de semicírculo de raio A. Em ambas as figuras, a origem do sistema de coordenadas foi colocada no ponto inicial da trajetória.

Inserindo essas identidades na Eq. (10.6), chega-se ao seguinte lagrangiano:

$$\mathcal{L} = \frac{m\,B^2}{2(A^2 - \mathrm{x}_c^2)}\,\dot{\mathrm{x}}_c^2 - m\,g\left[A + \left(\frac{R}{A} - 1\right)\sqrt{A^2 - \mathrm{x}_c^2}\right],$$

onde $B^2 \equiv (A-R)^2 + A^2\,\frac{I}{mR^2}$. A equação de movimento, nesse caso, é dada por:

$$\ddot{\mathrm{x}}_c + \frac{2\,\mathrm{x}_c}{A^2 - \mathrm{x}_c^2}\,\dot{\mathrm{x}}_c^2 + \frac{g}{B^2}\left(1 - \frac{R}{A}\right)\mathrm{x}_c\,\sqrt{A^2 - \mathrm{x}_c^2} = 0\,.$$

Em particular, podemos obter a frequência de oscilação em torno da solução de equilíbrio $\mathrm{x}_c(t) = 0$. Desprezando termos quadráticos e de ordem mais alta em x_c na equação acima, temos:

$$\ddot{\mathrm{x}}_c + \frac{g}{B^2}\,(A - R)\,\mathrm{x}_c \simeq 0\,,$$

cuja solução geral é uma oscilação harmônica com frequência angular $\omega = \frac{1}{B}\sqrt{g(A-R)}$.

10.4 A força de Lorentz na abordagem lagrangiana

Até agora, vimos que o formalismo lagrangiano é compatível com a descrição de sistemas cujas forças externas são forças conservativas, no sentido de que podem ser escritas como o gradiente de uma energia potencial $U(q,t)$. No entanto, há um importante tipo de sistema que não obedece a essa condição e que, mesmo assim, pode ser acomodado na abordagem lagrangiana: o caso de uma partícula com carga elétrica não nula imersa em uma região com campo eletromagnético. Nesse cenário, a força eletromagnética que age na partícula de carga elétrica $\mathfrak{q}$ é conhecida como **força de Lorentz** e dada por:

$$\boldsymbol{F} = \mathfrak{q}\,\boldsymbol{E} + \frac{\mathfrak{q}}{c}\,\boldsymbol{v} \times \boldsymbol{B}\,, \tag{10.7}$$

onde $\boldsymbol{E}$ e $\boldsymbol{B}$ são os campos elétrico e magnético, respectivamente; $\boldsymbol{v} = \dot{\boldsymbol{r}}$ é a velocidade da partícula; e c é a velocidade da luz no vácuo, que é uma constante. Notemos que essa força depende da velocidade da partícula e, portanto, não pode ser escrita como o gradiente de um potencial. Além disso, os campos $\boldsymbol{E}$ e $\boldsymbol{B}$ podem depender da posição e do tempo, não precisam ser constantes. Desse modo, além da dependência na velocidade, tais campos podem ser empecilhos para que a força seja escrita como o gradiente de uma função.

Imagine que a força total externa sobre uma partícula de massa m possa ser separada em dois termos. Um termo conservativo, $-\boldsymbol{\nabla} U$, e um termo $\widehat{\boldsymbol{F}}$ que não pode ser escrito como o gradiente de um potencial, mas que suas componentes sejam dadas por

$$\widehat{F}_i = \frac{d}{dt}\frac{\partial \widehat{\mathcal{U}}}{\partial \dot{x}^i} - \frac{\partial \widehat{\mathcal{U}}}{\partial x^i}, \tag{10.8}$$

para alguma função escalar $\widehat{\mathcal{U}} = \widehat{\mathcal{U}}(x, \dot{x}, t)$, onde $\{x^i\}$ são as coordenadas cartesianas da partícula. Nesse caso, a segunda lei de Newton fornece a seguinte equação dinâmica para a partícula:

$$m\,\ddot{x}_i = -\frac{\partial U}{\partial x^i} + \left[\frac{d}{dt}\frac{\partial \widehat{\mathcal{U}}}{\partial \dot{x}^i} - \frac{\partial \widehat{\mathcal{U}}}{\partial x^i}\right]. \tag{10.9}$$

Essa é exatamente a equação de Lagrange associada ao seguinte lagrangiano:

$$\widehat{\mathcal{L}} = E_{cin} - (\,U + \widehat{\mathcal{U}}\,), \tag{10.10}$$

onde $E_{cin} = \frac{m}{2}\sum_i (\dot{x}^i)^2$ é a energia cinética. De fato, usando esse lagrangiano, temos:

$$\frac{\partial \widehat{\mathcal{L}}}{\partial \dot{x}^i} = m\,\dot{x}^i - \frac{\partial \widehat{\mathcal{U}}}{\partial \dot{x}^i}, \quad \frac{d}{dt}\frac{\partial \widehat{\mathcal{L}}}{\partial \dot{x}^i} = m\,\ddot{x}^i - \frac{d}{dt}\frac{\partial \widehat{\mathcal{U}}}{\partial \dot{x}^i} \quad \text{e} \quad \frac{\partial \widehat{\mathcal{L}}}{\partial x^i} = -\frac{\partial U}{\partial x^i} - \frac{\widehat{\mathcal{U}}}{\partial x^i},$$

de forma que a equação de Lagrange associada a $\widehat{\mathcal{L}}$ fornece exatamente a Eq. (10.9). Em suma, se a parte não conservativa da força externa puder ser escrita da forma especial (10.8), então é possível obter a dinâmica do sistema na abordagem lagrangiana, desde que adotemos o lagrangiano $\widehat{\mathcal{L}}$ definido na Eq. (10.10).

Agora, provemos que a força de Lorentz, embora não conservativa, pode ser escrita como mostrado na Eq. (10.8). Antes, lembremos que duas das quatro equações de Maxwell fornecem:

$$\boldsymbol{\nabla}\cdot\boldsymbol{B} = 0 \quad \text{e} \quad \boldsymbol{\nabla}\times\boldsymbol{E} + \frac{1}{c}\,\partial_t\boldsymbol{B} = 0\,.$$

A primeira dessas equações nos permite concluir que o campo magnético pode ser escrito como o rotacional de um campo vetorial, $\boldsymbol{B} = \boldsymbol{\nabla}\times\boldsymbol{A}$. Então, inserindo esse fato na segunda equação de Maxwell dada acima, concluímos que

$$\boldsymbol{\nabla}\times\left(\boldsymbol{E} + \frac{1}{c}\,\partial_t\boldsymbol{A}\right) = 0\,,$$

o que, por sua vez, garante que o termo entre parênteses pode ser escrito como o gradiente de uma função escalar. Denotaremos essa função por $-\phi(\boldsymbol{r}, t)$. Sendo assim, segue que os campos elétrico e magnético podem sempre ser escritos da seguinte forma:[2]

$$\boldsymbol{E} = -\boldsymbol{\nabla}\phi - \frac{1}{c}\partial_t\boldsymbol{A} \quad \text{e} \quad \boldsymbol{B} = \boldsymbol{\nabla}\times\boldsymbol{A}\,. \tag{10.11}$$

O campo $\boldsymbol{A}$ é conhecido como potencial vetor do campo eletromagnético, ao passo que ϕ é o chamado potencial elétrico. Sendo assim, a força de Lorentz, dada na Eq. (10.7), pode sempre ser escrita da seguinte maneira:

$$\boldsymbol{F} = -\mathfrak{q}\,\boldsymbol{\nabla}\phi + \frac{\mathfrak{q}}{c}\,[\boldsymbol{v}\times(\boldsymbol{\nabla}\times\boldsymbol{A}) - \partial_t\boldsymbol{A}]\,. \tag{10.12}$$

[2]Tecnicamente, podemos afirmar que essa forma de escrever é sempre possível *localmente*. Ou seja, em uma vizinhança qualquer do espaço $\mathbb{R}^3$. Mas, pode acontecer de tal expressão não valer globalmente. Nesse último caso, é possível que tenhamos que usar diferentes pares $(\phi, \boldsymbol{A})$ em diferentes regiões do espaço.

O primeiro desses termos é conservativo, com a energia potencial associada sendo dada por $U = \mathfrak{q}\,\phi(\boldsymbol{r},t)$. Com relação ao segundo termo, em geral, ele depende da velocidade e não pode ser expresso como um gradiente de uma função escalar das coordenadas. Provaremos, no entanto, que esse segundo termo pode ser escrito como mostrado em (10.8). Expressando o produto vetorial em termos do símbolo de Levi-Civita, temos:

$$\boldsymbol{v}\times(\boldsymbol{\nabla}\times\boldsymbol{A}) = \varepsilon_{ij}{}^{k}\,\dot{x}^i\,\varepsilon^{\ell nj}\partial_\ell A_n\,\hat{\boldsymbol{e}}_k = (\delta_i{}^{n}\delta^{k\ell} - \delta_i{}^{\ell}\delta^{kn})\dot{x}^i\,\partial_\ell A_n\,\hat{\boldsymbol{e}}_k = \left(\dot{x}^i\,\partial^k A_i - \dot{x}^i\,\partial_i A^k\right)\hat{\boldsymbol{e}}_k\,.$$

Portanto, concluímos que a componente da parte não conservativa da força de Lorentz na direção $\hat{\boldsymbol{e}}_k$ é dada por:

$$\widehat{F}_k = \frac{\mathfrak{q}}{c}\left[\dot{x}^i\,\partial_k A_i - \dot{x}^i\,\partial_i A_k - \partial_t A_k\right]. \tag{10.13}$$

Essa força pode ser escrita na forma (10.8), desde que a função $\widehat{\mathcal{U}}$ seja definida por:

$$\widehat{\mathcal{U}} = -\frac{\mathfrak{q}}{c}\,\boldsymbol{v}\cdot\boldsymbol{A} = -\frac{\mathfrak{q}}{c}\,\dot{x}^i\,A_i\,.$$

De fato, com essa escolha, temos:

$$\frac{d}{dt}\frac{\partial\widehat{\mathcal{U}}}{\partial\dot{x}^k} - \frac{\partial\widehat{\mathcal{U}}}{\partial x^k} = -\frac{\mathfrak{q}}{c}\frac{d}{dt}A_k + \frac{\mathfrak{q}}{c}\,\dot{x}^i\partial_k A_i = -\frac{\mathfrak{q}}{c}\left[\frac{\partial A_k}{\partial x^i}\frac{dx^i}{dt} + \frac{\partial A_k}{\partial t}\right] + \frac{\mathfrak{q}}{c}\,\dot{x}^i\partial_k A_i\,.$$

O lado direito dessa expressão coincide exatamente com o lado direito da Eq. (10.13), provando que a força de Lorentz pode ser tratada dentro da abordagem lagrangiana. Em suma, o lagrangiano de uma partícula de massa m e carga elétrica $\mathfrak{q}$, imersa em uma região com campo eletromagnético associado aos potenciais $(\phi, \boldsymbol{A})$, é dado por:

$$\mathcal{L}(\boldsymbol{r},\dot{\boldsymbol{r}},t) = \frac{m}{2}|\dot{\boldsymbol{r}}|^2 - \mathfrak{q}\,\phi(\boldsymbol{r},t) + \frac{\mathfrak{q}}{c}\,\dot{\boldsymbol{r}}\cdot\boldsymbol{A}(\boldsymbol{r},t)\,. \tag{10.14}$$

Se, além da força de Lorentz, a partícula estiver sujeita a outra força externa conservativa, cujo potencial seja $U(\boldsymbol{r},t)$, então o lagrangiano será dado pela expressão acima subtraída de $U(\boldsymbol{r},t)$.

Uma pergunta legítima é a seguinte: para que se dar ao trabalho de escrever o lagrangiano de uma partícula que interage com o campo eletromagnético se, ao final, vamos simplesmente obter a já conhecida equação de Newton com a força de Lorentz? Há várias razões. Primeiro, só a curiosidade já seria suficiente, pois é através dela que a ciência dá passos adiante. Segundo, se essa partícula carregada estiver sujeita a vínculos holonômicos, podemos incorporá-los diretamente ao lagrangiano dado acima, sem nos preocuparmos em determinar as forças de vínculo. Por exemplo, suponha que essa partícula seja posta entre duas placas que obrigam a partícula a se mover ao longo do plano $\mathrm{x} = 2\mathrm{y}$. Então, nesse caso, podemos usar y e z como coordenadas generalizadas e simplesmente trocar x por 2y e substituir $\dot{\mathrm{x}}$ por $2\dot{\mathrm{y}}$ no lagrangiano (10.14). Por fim, a obtenção do lagrangiano (10.14) será de relevância futura quando falarmos do formalismo hamiltoniano. Esse último formalismo fornece uma poderosa abordagem para os problemas de mecânica clássica. Tal abordagem costumeiramente faz uso do lagrangiano para definir seu objeto fundamental, chamado de hamiltoniano. Muito embora a existência de um lagrangiano não seja essencial para a definição do hamiltoniano.

10.5 Partícula em paraboloide e campo magnético

Suponha que uma conta de massa m tenha carga elétrica q e esteja confinada a se mover ao longo de uma superfície paraboloide dada por $\mathrm{z} = \alpha(\mathrm{x}^2 + \mathrm{y}^2)$, onde α é uma constante positiva. Sobre a partícula, agem a força gravitacional $-mg\hat{\boldsymbol{e}}_{\mathrm{z}}$ e a força de Lorentz devido a um campo magnético externo que é uniforme e aponta na direção vertical, $\boldsymbol{B} = B_0\,\hat{\boldsymbol{e}}_{\mathrm{z}}$, com B_0 sendo constante. A superfície à qual a partícula está confinada está ilustrada na parte esquerda da Fig. 10.5.

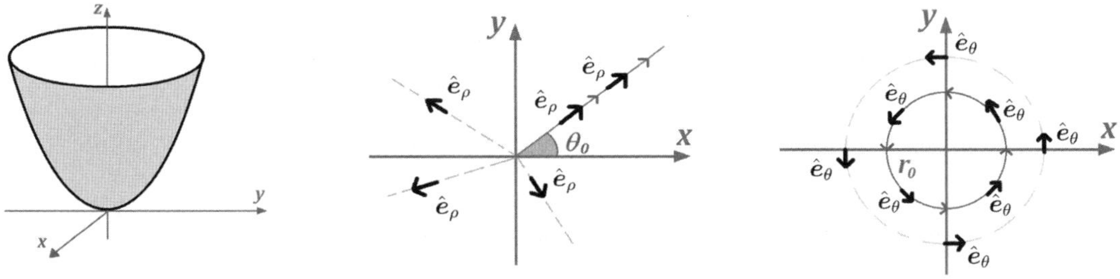

Figura 10.5: No lado esquerdo, vemos a superfície à qual a partícula está vinculada, o paraboloide $\mathrm{z} = \alpha\rho^2$. Na parte central, vemos que os vetores $\hat{\boldsymbol{e}}_\rho$ são aqueles tangentes às curvas com θ constante e ρ crescente. No lado direito, é mostrado que os vetores $\hat{\boldsymbol{e}}_\theta$ são tangentes às curvas onde θ aumenta enquanto ρ está fixo.

Em vez de usar coordenadas cartesianas e sua base de vetores, é mais útil, no presente caso, usar o sistema de coordenadas cilíndricas $\{\rho, \theta, \mathrm{z}\}$, que é definido implicitamente através das equações

$$\mathrm{x} = \rho\cos\theta \quad \text{e} \quad \mathrm{y} = \rho\,\mathrm{sen}\theta\,. \tag{10.15}$$

Nesse sistema de coordenadas, o vínculo é dado por $\mathrm{z} = \alpha\rho^2$, de forma que é natural usar $\{\rho, \theta\}$ como coordenadas generalizadas. O versor tangente à curva obtida através da variação de ρ, enquanto θ e z são mantidos constantes, é denotado por $\hat{\boldsymbol{e}}_\rho$. Ao passo que o versor obtido através da variação de θ, enquanto ρ e z são mantidos fixos, é denotado por $\hat{\boldsymbol{e}}_\theta$. Mais precisamente, como o vetor posição é dado por

$$\boldsymbol{r} = \mathrm{x}\hat{\boldsymbol{e}}_{\mathrm{x}} + \mathrm{y}\hat{\boldsymbol{e}}_{\mathrm{y}} + \mathrm{z}\hat{\boldsymbol{e}}_{\mathrm{z}}\,,$$

segue que sua diferencial é dada por:

$$\begin{aligned} d\boldsymbol{r} &= d\mathrm{x}\,\hat{\boldsymbol{e}}_{\mathrm{x}} + d\mathrm{y}\,\hat{\boldsymbol{e}}_{\mathrm{y}} + d\mathrm{z}\,\hat{\boldsymbol{e}}_{\mathrm{z}} \\ &= (\cos\theta\,\hat{\boldsymbol{e}}_{\mathrm{x}} + \mathrm{sen}\theta\,\hat{\boldsymbol{e}}_{\mathrm{y}})d\rho + (-\rho\,\mathrm{sen}\theta\,\hat{\boldsymbol{e}}_{\mathrm{x}} + \rho\cos\theta\,\hat{\boldsymbol{e}}_{\mathrm{y}})d\theta + d\mathrm{z}\,\hat{\boldsymbol{e}}_{\mathrm{z}}\,, \end{aligned}$$

onde, na passagem da primeira linha para a segunda, foi utilizada a Eq. (10.15). Então, fazendo $d\theta = 0$ e $d\mathrm{z} = 0$ na identidade acima, encontraremos um vetor que aponta no sentido de $\hat{\boldsymbol{e}}_\rho$, ao passo que, fazendo $d\rho = 0$ e $d\mathrm{z} = 0$, o vetor resultante estará no mesmo sentido de $\hat{\boldsymbol{e}}_\theta$. Como consequência, concluímos que a relação entre esses versores e a base cartesiana é a seguinte:

$$\hat{\boldsymbol{e}}_\rho = \cos\theta\,\hat{\boldsymbol{e}}_{\mathrm{x}} + \mathrm{sen}\theta\,\hat{\boldsymbol{e}}_{\mathrm{y}} \quad , \quad \hat{\boldsymbol{e}}_\theta = -\mathrm{sen}\theta\,\hat{\boldsymbol{e}}_{\mathrm{x}} + \cos\theta\,\hat{\boldsymbol{e}}_{\mathrm{y}}\,.$$

Notemos que, diferentemente dos versores da base cartesiana, $\hat{\boldsymbol{e}}_\rho$ e $\hat{\boldsymbol{e}}_\theta$ não são constantes, suas direções variam ponto a ponto, como ilustrado na Fig. 10.5. Apesar disso, a base

$\{\hat{\boldsymbol{e}}_\rho, \hat{\boldsymbol{e}}_\theta\}$ é sempre ortonormal. Usando essa base, segue que o vetor posição é dado por $\boldsymbol{r} = \rho\, \hat{\boldsymbol{e}}_\rho + \mathrm{z}\, \hat{\boldsymbol{e}}_\mathrm{z}$. Por sua vez, o vetor velocidade é dado por:

$$\boldsymbol{v} = \dot{\boldsymbol{r}} = \dot{\rho}\, \hat{\boldsymbol{e}}_\rho + \rho \frac{d\hat{\boldsymbol{e}}_\rho}{dt} + \dot{\mathrm{z}}\, \hat{\boldsymbol{e}}_\mathrm{z} = \dot{\rho}\, \hat{\boldsymbol{e}}_\rho + \rho\, \dot{\theta}\, \hat{\boldsymbol{e}}_\theta + \dot{\mathrm{z}}\, \hat{\boldsymbol{e}}_\mathrm{z}\,.$$

Sendo assim, a energia cinética da partícula é dada por:

$$E_{cin} = \frac{m}{2} |\dot{\rho}\, \hat{\boldsymbol{e}}_\rho + \rho\, \dot{\theta}\, \hat{\boldsymbol{e}}_\theta + \dot{\mathrm{z}}\, \hat{\boldsymbol{e}}_\mathrm{z}|^2 = \frac{m}{2}\left(\dot{\rho}^2 + \rho^2\dot{\theta}^2 + \dot{\mathrm{z}}^2\right).$$

Então, usando o vínculo $\mathrm{z} = \alpha\rho^2$, podemos escrever $\dot{\mathrm{z}}$ em termos de $\dot{\rho}$. Mais precisamente, $\dot{\mathrm{z}} = 2\alpha\rho\dot{\rho}$. Logo, em termos das coordenadas generalizadas, a energia cinética é dada por:

$$E_{cin} = \frac{m}{2}\left(1 + 4\alpha^2\rho^2\right)\dot{\rho}^2 + \frac{m}{2}\rho^2\dot{\theta}^2\,.$$

Por fim, para montar o lagrangiano da partícula carregada, precisamos encontrar potenciais eletromagnéticos, $(\phi, \boldsymbol{A})$, que geram o campo eletromagnético desejado, ou seja, $\boldsymbol{E} = 0$ e $\boldsymbol{B} = B_0\hat{\boldsymbol{e}}_\mathrm{z}$. Um escolha possível é a seguinte:

$$\phi = 0 \quad \text{e} \quad \boldsymbol{A} = \frac{1}{2}\rho\, B_0\, \hat{\boldsymbol{e}}_\theta\,. \tag{10.16}$$

De fato, inserindo (10.16) na Eq. (10.11) e usando a expressão para o rotacional em coordenadas cilíndricas, chegaremos ao campo eletromagnético dado no problema. Então, fazendo uso da Eq. (10.14), concluímos que o lagrangiano que rege a dinâmica do sistema é dado por:

$$\mathcal{L} = E_{cin} - mg\mathrm{z} + \frac{\mathfrak{q}}{c}\boldsymbol{v}\cdot\boldsymbol{A} = \frac{m}{2}\left(1 + 4\alpha^2\rho^2\right)\dot{\rho}^2 + \frac{m}{2}\rho^2\dot{\theta}^2 - \alpha mg\rho^2 + \frac{\mathfrak{q}B_0}{2c}\rho^2\,\dot{\theta}\,.$$

Com o lagrangiano em mãos, podemos obter as equações de movimento. A equação associada a θ é dada por:

$$\frac{d}{dt}\left[m\,\rho^2\dot{\theta} + \frac{\mathfrak{q}B_0}{2c}\rho^2\right] = 0\,.$$

Logo, segue que o termo entre colchetes é constante. Denotemos essa constante por ℓ_0. Sendo assim, concluímos que:

$$\dot{\theta} = \frac{\ell_0}{m\,\rho^2} - \frac{\mathfrak{q}B_0}{2mc}\,. \tag{10.17}$$

Por sua vez, a equação de Lagrange associada à coordenada generalizada ρ é dada por:

$$(1 + 4\alpha^2\rho^2)\ddot{\rho} + 8\alpha^2\rho\dot{\rho}^2 + 2\alpha g\rho - \rho\dot{\theta}^2 - \frac{\mathfrak{q}B_0}{mc}\rho\dot{\theta} = 0\,.$$

Na equação acima, podemos substituir $\dot{\theta}$ pela expressão dada na Eq. (10.17), pois, dessa forma, teremos uma equação apenas para $\rho(t)$, desacoplada de $\theta(t)$. Fazendo isso, chegaremos à seguinte equação de movimento:

$$(1 + 4\alpha^2\rho^2)\ddot{\rho} + 8\alpha^2\rho\dot{\rho}^2 + 2\alpha g\rho + \frac{\mathfrak{q}^2B_0^2}{4m^2c^2}\rho - \frac{\ell_0^2}{m^2\,\rho^3} = 0\,.$$

Logo, resolvendo essa equação (através de métodos computacionais, por exemplo) obteremos $\rho(t)$. Então, inserindo a solução obtida na Eq. (10.17) e tomando a integral temporal da equação resultante, obteremos $\theta(t)$. Ou seja, teremos a solução completa para a dinâmica.

10.6 Exercícios sugeridos

Exercício 1

Uma conta de massa m está confinada a se mover ao longo de um círculo de raio R. Essa conta está presa a uma mola cujo comprimento natural é R e cuja constante de mola é k. A outra extremidade da mola está presa a uma rótula fixada no teto e localizada a uma distância de $3R$ acima do centro do círculo, conforme ilustrado ao lado. A aceleração local da gravidade é g.

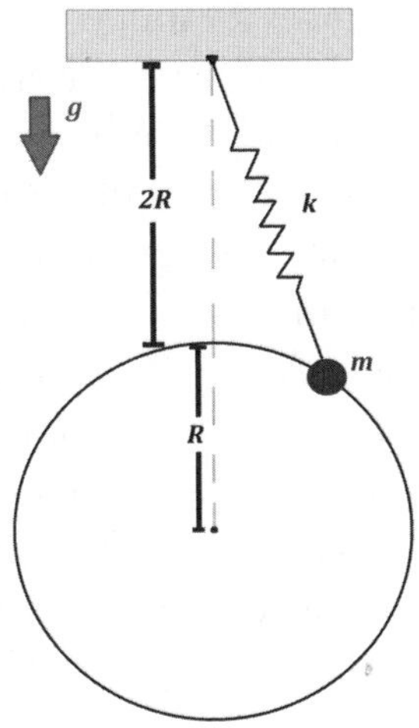

a) Escolha uma coordenada generalizada conveniente e obtenha o lagrangiano da conta.

b) Obtenha a equação de movimento para a conta.

c) Qual é a frequência das pequenas oscilações da conta em torno do(s) ponto(s) de equilíbrio?

Exercício 2

Considere um problema semelhante ao exercício anterior. Mas, agora, em vez de a conta estar presa a um aro circular unidimensional de raio R, ela está confinada à superfície de uma esfera de raio R. Portanto, agora a partícula tem dois graus de liberdade efetivos. Sejam ϕ o ângulo em torno do eixo que passa pela extremidade da mola que está fixa e pelo centro da esfera e θ o ângulo entre esse eixo e a posição da conta (medida a partir do centro da esfera). Use esses dois ângulos como coordenadas generalizadas.

a) Encontre o lagrangiano para o sistema e as equações de movimento associadas.

b) Integre parcialmente a equação para ϕ e substitua o resultado na equação de movimento para θ, de forma a desacoplar os graus de liberdade.

Exercício 3 – *resolvido*

Uma conta de massa m está restrita a se mover ao longo de um anel circular de raio R. Esse anel, por sua vez, está conectado a um motor que faz com que o anel gire com velocidade angular constante ω em torno do eixo vertical, conforme ilustrado ao lado. O módulo da aceleração local da gravidade é g. Assuma que $\frac{g}{R\omega^2} < 1$.

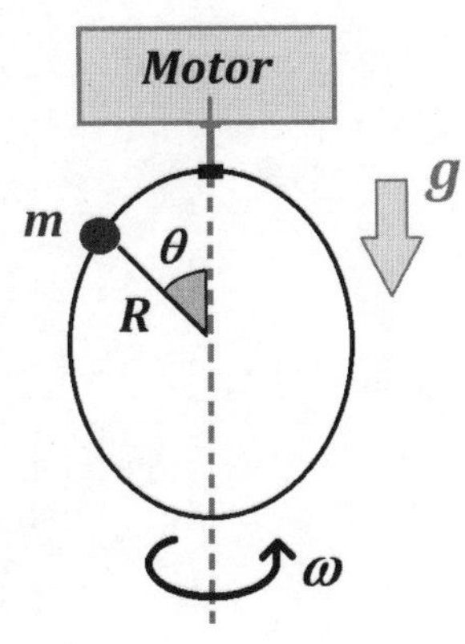

a) Sendo θ o ângulo entre o eixo vertical e o vetor posição da conta medido a partir do centro do anel, conforme ilustrado ao lado, determine o lagrangiano associado a esse sistema, usando θ como coordenada generalizada.

b) Obtenha a equação de movimento para θ e determine uma solução de equilíbrio diferente de $\theta = 0$ e $\theta = \pi$.

c) Obtenha o período das pequenas oscilações em torno da solução de equilíbrio obtida no item anterior.

Exercício 4 – *resolvido*

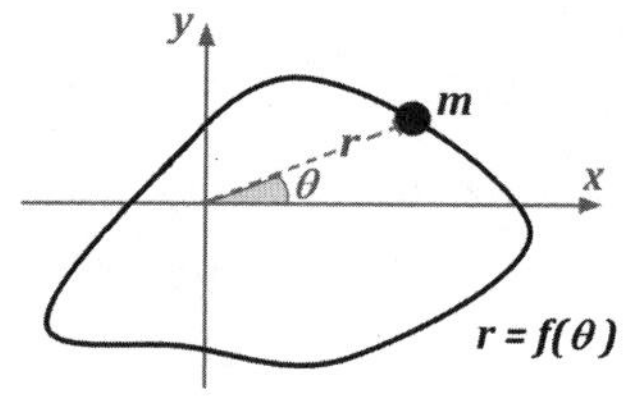

Uma conta de massa m e carga elétrica q está confinada a se mover ao longo de um anel contido no plano cartesiano xy, conforme ilustrado na figura ao lado. O anel tem formato dado por $r = f(\theta)$, onde r e θ são as coordenadas polares do plano. O anel e as coordenadas polares são mostrados na figura ao lado. Suponha que exista um campo magnético externo uniforme dado por $\boldsymbol{B} = \boldsymbol{B}_0 \hat{\boldsymbol{e}}_z$, ortogonal ao plano do anel. Além disso, suponha a existência de um campo elétrico dado por $\boldsymbol{E} = E_0\, \hat{\boldsymbol{e}}_x$.

a) Usando θ como coordenada generalizada, obtenha a equação de movimento da conta.

b) Note que essa equação não depende da intensidade do campo magnético. Tente entender a razão desse fenômeno.

c) Descreva o movimento geral da conta no caso particular em que o anel é um círculo centrado na origem e $E_0 = 0$.

Solução do Exercício 3

a) Colocando a origem de um referencial cartesiano no centro do anel e alinhando o eixo de rotação do anel com o eixo z, segue que as coordenadas cartesianas da conta são:

$$\mathrm{x} = R\,\mathrm{sen}\theta\,\cos\phi\;, \quad \mathrm{y} = R\,\mathrm{sen}\theta\,\mathrm{sen}\phi\;, \quad \mathrm{z} = R\,\cos\theta\,,$$

onde ϕ é o ângulo azimutal da partícula, ou seja, o ângulo em torno do eixo z, medido a partir do eixo x. Como a velocidade de rotação do anel é constante, segue que $\phi = \omega t + \phi_0$, onde ϕ_0 é constante. Portanto, $\dot{\phi} = \omega$. Logo a energia cinética é dada por:

$$\begin{aligned} E_{cin} &= \frac{m}{2}\left[\dot{\mathrm{x}}^2 + \dot{\mathrm{y}}^2 + \dot{\mathrm{z}}^2\right] = \frac{m}{2}\Big[(R\,\cos\theta\,\dot{\theta}\,\cos\phi - R\,\mathrm{sen}\theta\,\omega\,\mathrm{sen}\phi)^2 \\ &\quad + (R\,\cos\theta\,\dot{\theta}\,\mathrm{sen}\phi + R\,\mathrm{sen}\theta\,\omega\,\cos\phi)^2 + (R\,\mathrm{sen}\theta\,\dot{\theta})^2\Big] \\ &= \frac{m\,R^2}{2}\,\dot{\theta}^2 + \frac{m\,R^2}{2}\,\omega^2\,\mathrm{sen}^2\theta\,. \end{aligned}$$

Por conseguinte, o lagrangiano é dado por:

$$\mathcal{L} = E_{cin} - U = E_{cin} - m\,g\,\mathrm{z} = \frac{m\,R^2}{2}\,\dot{\theta}^2 + \frac{m\,R^2}{2}\,\omega^2\,\mathrm{sen}^2\theta - m\,g\,R\,\cos\theta$$

b) A equação de Euler-Lagrange fornece:

$$\frac{d}{dt}\frac{\partial\mathcal{L}}{\partial\dot{\theta}} = \frac{\partial\mathcal{L}}{\partial\theta} \quad \Rightarrow \quad \ddot{\theta} - \mathrm{sen}\theta\left[\frac{g}{R} + \omega^2\,\cos\theta\right] = 0\,.$$

Então, vemos que $\theta(t) = 0$ e $\theta(t) = \pi$ são soluções da equação de movimento. Além disso,

$$\theta(t) = \theta_0\;, \quad \text{com} \quad \theta_0 = \arccos[-\,g/(R\,\omega^2)] \quad \text{é solução de equilíbrio}\;.$$

c) Seja $\theta(t) = \theta_0 + \delta(t)$, com δ sendo infinitesimal. Então, inserindo esse ansatz na equação de movimento e considerando termos até primeira ordem em δ, temos:

$$\begin{aligned} \ddot{\delta} &= \mathrm{sen}(\theta_0 + \delta)\left[\omega^2\,\cos(\theta_0 + \delta) + \frac{g}{R}\right] \\ &= \left[\mathrm{sen}\theta_0 + \cos\theta_0\,\delta + O(\delta^2)\right]\left[\omega^2\,(\cos\theta_0 - \delta\,\mathrm{sen}\theta_0 + O(\delta^2)) + \frac{g}{R}\right] \\ &\simeq -\delta\,\omega^2\,\mathrm{sen}^2\theta_0\,. \end{aligned}$$

Logo, a equação para δ é $\ddot{\delta} + \lambda^2\,\delta = 0$, onde $\lambda \equiv \omega\,\mathrm{sen}\theta_0 = \sqrt{1 - \frac{g^2}{\omega^4\,R^2}}$. Essa é a equação de um oscilador harmônico com frequência angular λ. Portanto, concluímos que o período procurado é $T = 2\pi/\lambda$.

Solução do Exercício 4

a) Usando coordenadas polares, a base ortonormal associada a esse sistema é dada por:

$$\hat{\boldsymbol{e}}_r = \cos\theta\, \hat{\boldsymbol{e}}_{\mathrm{x}} + \mathrm{sen}\theta\, \hat{\boldsymbol{e}}_{\mathrm{y}} \ , \qquad \hat{\boldsymbol{e}}_\theta = -\mathrm{sen}\theta\, \hat{\boldsymbol{e}}_{\mathrm{x}} + \cos\theta\, \hat{\boldsymbol{e}}_{\mathrm{y}} \,.$$

Nessa base, o vetor posição da conta é $\boldsymbol{r} = r\,\hat{\boldsymbol{e}}_r$. Por sua vez, o vetor velocidade é dado por

$$\boldsymbol{v} = \dot{r}\,\hat{\boldsymbol{e}}_r + r\,\frac{d\hat{\boldsymbol{e}}_r}{dt} = \dot{r}\,\hat{\boldsymbol{e}}_r + r\,\dot{\theta}\,\hat{\boldsymbol{e}}_\theta \,.$$

Podemos usar essa expressão para encontrar a energia cinética da conta:

$$E_{cin} = \frac{m}{2}|\dot{r}\,\hat{\boldsymbol{e}}_r + r\,\dot{\theta}\,\hat{\boldsymbol{e}}_\theta|^2 = \frac{m}{2}\left(\dot{r}^2 + r^2\dot{\theta}^2\right) = \frac{m}{2}\left[f'(\theta)^2 + f(\theta)^2\right]\dot{\theta}^2 \,,$$

onde, no último passo, foi utilizado o vínculo $r = f(\theta)$. Por fim, para montar o lagrangiano da conta carregada, precisamos encontrar potenciais eletromagnéticos, $(\phi, \boldsymbol{A})$, que deem origem ao campo eletromagnético desejado, ou seja, $\boldsymbol{E} = E_0\hat{\boldsymbol{e}}_{\mathrm{x}}$ e $\boldsymbol{B} = B_0\hat{\boldsymbol{e}}_{\mathrm{z}}$. Um escolha possível é a seguinte:

$$\phi = -E_0\,\mathrm{x} \qquad \mathrm{e} \qquad \boldsymbol{A} = \frac{1}{2}\,r\,B_0\,\hat{\boldsymbol{e}}_\theta \,.$$

De fato, inserindo essas expressões na Eq. (10.11) e usando a expressão para o rotacional em coordenadas polares, chegaremos ao campo eletromagnético dado no problema. Também é possível usar a expressão para o rotacional em coordenadas cartesianas, desde que adotemos a base cartesiana para expressar o vetor $\boldsymbol{A}$. Então, usando a Eq. (10.14), temos que o lagrangiano que rege a dinâmica do sistema é dado por:

$$\mathcal{L} = E_{cin} - \mathfrak{q}\,\phi + \frac{\mathfrak{q}}{c}\,\boldsymbol{v}\cdot\boldsymbol{A} = \frac{m}{2}\left(f'^2 + f^2\right)\dot{\theta}^2 + \mathfrak{q}\,E_0\,f\cos\theta + \frac{\mathfrak{q}B_0}{2c}\,f^2\,\dot{\theta} \,.$$

Logo, os termos que compõem a equação de Lagrange são dados por:

$$\frac{d}{dt}\frac{\partial\mathcal{L}}{\partial\dot{\theta}} = \frac{d}{dt}\left[m(f'^2 + f^2)\dot{\theta} + \frac{\mathfrak{q}B_0}{2c}\,f^2\right] = 2mf'(f'' + f)\dot{\theta}^2 + m(f'^2 + f^2)\ddot{\theta} + \frac{\mathfrak{q}B_0}{c}\,ff'\dot{\theta} \,,$$

$$\frac{\partial\mathcal{L}}{\partial\theta} = m\,f'\,(f'' + f)\,\dot{\theta}^2 + \mathfrak{q}\,E_0\,(f'\cos\theta - f\mathrm{sen}\theta) + \frac{\mathfrak{q}B_0}{c}\,f\,f'\,\dot{\theta} \,.$$

Igualando esses termos, chega-se à equação de Lagrange, que é dada por:

$$(f'^2 + f^2)\ddot{\theta} + f'(f'' + f)\dot{\theta}^2 + \mathfrak{q}\,E_0\,(f\mathrm{sen}\theta - f'\cos\theta) = 0 \,.$$

b) Vemos claramente que a equação acima não depende de B_0, portanto não depende da intensidade do campo magnético. Isso pode ser facilmente entendido ao olharmos para a expressão da força de Lorentz, $\boldsymbol{F} = \mathfrak{q}\boldsymbol{v} \times \boldsymbol{B}$. Segundo essa expressão, a força gerada pelo campo magnético deve ser sempre ortogonal à velocidade. Por sua vez, a velocidade é sempre tangente ao arame. Concluímos, então, que a força exercida pelo campo magnético deve sempre ser ortogonal ao arame. No entanto, forças ortogonais ao arame não geram aceleração na conta, pois são sempre contrapostas pelas forças de reação exercidas pelo arame, já que a partícula não pode deixar o arame em instante algum. Na verdade, essa mesma conclusão valeria qualquer que fosse o campo magnético, ainda que não fosse homogêneo.

c) Se o anel for um círculo, teremos $r = f(\theta) = r_0$, onde r_0 é uma constante. Nesse caso, $f' = f'' = 0$. Se, além disso, assumirmos $E_0 = 0$, a equação de movimento será dada por $r_0^2\,\ddot{\theta} = 0$, cuja solução geral é

$$\theta(t) = \theta_0 + \omega_0\,t\,,$$

onde θ_0 e ω_0 são constantes que dependem das condições iniciais. Essa solução significa que a conta ficará girando no anel com velocidade angular constante. Portanto, nesse caso, o momento angular da partícula em relação à origem é conservado.

Capítulo 11

Cálculo variacional e o princípio da mínima ação

Suponha que queiramos projetar um escorrego que caia de uma altura h_0 e nos faça avançar, da forma mais rápida possível, de uma distância d_0 na direção horizontal. Vamos assumir que não há atrito durante o deslizamento no escorrego e que o passageiro parte do repouso. O lado esquerdo da Fig. 11.1 ilustra um escorrego com o formato $\mathrm{y} = \mathrm{y}(\mathrm{x})$. A

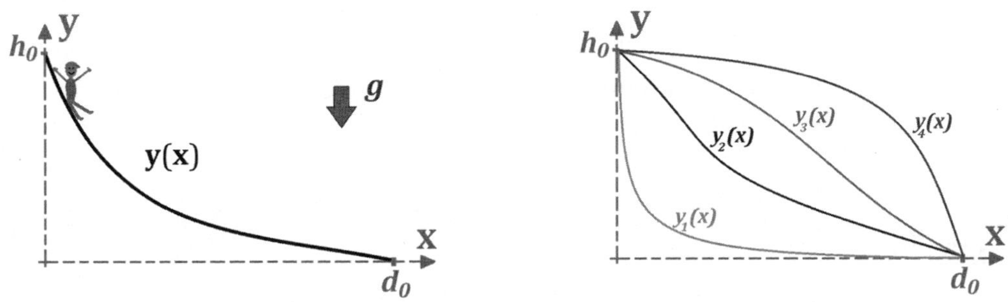

Figura 11.1: No lado esquerdo da figura, vemos um escorrego com o formato da curva y(x). No lado direito, vemos vários possíveis escorregos. Em geral, cada um desses escorregos levará a um tempo de trajeto diferente.

velocidade do passageiro virá da conversão da energia potencial gravitacional em energia cinética. Portanto, quando o passageiro estiver em uma altura $\mathrm{y}(t)$, sua velocidade, v, será tal que:

$$\frac{m}{2}\,v^2 = m\,g\,[h_0 - \mathrm{y}(t)] \quad\Rightarrow\quad v(t) = \sqrt{2g(h_0 - \mathrm{y})}\,,$$

onde g é a aceleração local da gravidade. Por outro lado, a velocidade instantânea é definida por $v = ds/dt$, onde $ds = \sqrt{d\mathrm{x}^2 + d\mathrm{y}^2}$ é o elemento de comprimento no plano de movimento, o plano xy. No caso, como o passageiro está vinculado a seguir a curva formada pelo escorrego, segue que $\mathrm{y} = \mathrm{y}(\mathrm{x})$, conforme ilustrado na Fig. 11.1. Portanto, podemos concluir que $d\mathrm{y} = \mathrm{y}'\,d\mathrm{x}$, de forma que $ds = \sqrt{1 + \mathrm{y}'^2}\,d\mathrm{x}$. Então, usando as duas expressões obtidas para a velocidade, concluímos que

$$dt = \frac{ds}{v} = \frac{\sqrt{1 + \mathrm{y}'^2}\,d\mathrm{x}}{\sqrt{2g(h_0 - \mathrm{y})}}\,.$$

Sendo assim, o tempo total do percurso no escorrego é dado por:

$$T = \int dt = \frac{1}{\sqrt{2g}} \int_0^{d_0} \sqrt{\frac{1 + \mathrm{y}'(\mathrm{x})^2}{h_0 - \mathrm{y}(\mathrm{x})}}\,d\mathrm{x}\,. \tag{11.1}$$

Nosso objetivo é, então, descobrir qual é a curva y(x) que minimiza o tempo acima. Por exemplo, o lado direito da Fig. 11.1 ilustra quatro possíveis curvas. Cada uma dessas trajetórias deve levar a um tempo distinto e queremos obter aquela que minimiza o tempo necessário para se ir do ponto inicial, $(\mathrm{x}, \mathrm{y}) = (0, h_0)$, até o ponto final, $(\mathrm{x}, \mathrm{y}) = (d_0, 0)$. Note que, se a inclinação inicial da curva for muito pequena, como na curva $\mathrm{y}_4(\mathrm{x})$ da Fig. 11.1, o passageiro passará boa parte do tempo com uma baixa velocidade e, portanto, seu trajeto demorará muito. De fato, escolhendo essa inclinação inicial como sendo muito pequena, podemos fazer a duração do percurso ser arbitrariamente elevada. Por outro lado, se a inclinação inicial do trajeto for muito alta, como na curva $\mathrm{y}_1(\mathrm{x})$, a velocidade do passageiro será elevada na maior parte do trajeto, contribuindo para uma diminuição da duração do percurso. Em compensação, uma grande inclinação inicial aumenta a distância percorrida pelo passageiro, pois desvia a trajetória em relação ao caminho de menor comprimento, o trajeto retilíneo. Portanto, deve haver um formato de escorrego que otimize essas duas variáveis, elevando a velocidade sem aumentar demais a distância a ser percorrida, de forma a minimizar a duração do trajeto. O problema que acabou de ser descrito serve apenas como uma motivação para a introdução do cálculo variacional, a ferramenta matemática adequada para responder a tal questão e que terá usos muito mais abrangentes na mecânica clássica. Esse problema do escorrego é conhecido como o problema da braquistócrona (do grego *brakhisto*, que significa o mais curto, e *chronos*, que significa tempo), uma questão com relevância histórica proposta por J. Bernoulli ainda no final do século XVII.

11.1 Equação de Euler

Denotemos por $y(\tau)$ uma função genérica que obedece às condições de contorno:

$$y(\tau_i) = a \quad \text{e} \quad y(\tau_f) = b\,, \tag{11.2}$$

onde τ_i, τ_f, a e b são constantes fixas. Além disso, denotemos por $y'(\tau)$ a derivada dessa função em relação a τ. Então, dada uma função $F = F(y, y', \tau)$, cuja dependência funcional em (y, y', τ) é conhecida, nosso objetivo é determinar a função $y(\tau)$ que extremiza (isto é, minimiza ou maximiza) a seguinte integral:

$$I_y \equiv \int_{\tau_i}^{\tau_f} F(y(\tau), y'(\tau), \tau)\, d\tau\,.$$

Trata-se de uma generalização do problema da braquistócrona. Diferentes escolhas da função $y(\tau)$ costumam levar a diferentes valores para a integral I_y; queremos determinar a função $y(\tau)$ que minimiza I_y (ou maximiza, a depender do problema). A ideia fundamental para solucionar esse tipo de problema passa por lembrar que, se uma função $f(x)$ tem um mínimo (ou máximo) local em x_0, então $f'(x_0) = 0$. Portanto, a expansão em série de Taylor em torno desse ponto fornece:

$$f(x_0 + \epsilon) = f(x_0) + \epsilon\, f'(x_0) + O(\epsilon^2) = f(x_0) + O(\epsilon^2)\,.$$

Ou seja, o termo de ordem um no parâmetro ϵ se anula, onde ϵ afere o desvio em relação ao ponto extremo. Em outras palavras, até primeira ordem em ϵ, vale a identidade $f(x_0 + \epsilon) = f(x_0)$. Aplicando esse mesmo raciocínio ao problema de extremização da integral I_y, devemos buscar uma função $\bar{y}(\tau)$ tal que, ao inserirmos

$$y(\tau) = \bar{y}(\tau) + \varepsilon(\tau) \tag{11.3}$$

na integral I_y, o resultado seja igual à integral $I_{\bar{y}}$ até primeira ordem na função infinitesimal $\varepsilon(\tau)$. A função $\bar{y}(\tau)$ será então aquela que extremiza a integral. Uma vez que, no cálculo da integral I_y, só devemos considerar funções que obedeçam às condições de contorno (11.2), segue que $\bar{y}(\tau)$ deve satisfazer a essas condições. Portanto, avaliando a Eq. (11.3) em $\tau = \tau_i$, obtemos:

$$y(\tau_i) = \bar{y}(\tau_i) + \varepsilon(\tau_i) \quad \Rightarrow \quad a = a + \varepsilon(\tau_i) \quad \Rightarrow \quad \varepsilon(\tau_i) = 0\,.$$

Analogamente, prova-se que $\varepsilon(\tau_f) = 0$. Portanto, devemos sempre considerar que:

$$\varepsilon(\tau_i) = 0 \quad \text{e} \quad \varepsilon(\tau_f) = 0\,. \tag{11.4}$$

A menos dessas duas restrições, a função infinitesimal $\varepsilon(\tau)$ é totalmente arbitrária.[1] Agora, inserindo $y(\tau)$, conforme escrito na Eq. (11.3), dentro da definição da integral I_y e expandindo a função F em série de Taylor no parâmetro ε, temos:

$$I_y = \int_{\tau_i}^{\tau_f} F(\bar{y} + \varepsilon, \bar{y}' + \varepsilon', \tau)\, d\tau = \int_{\tau_i}^{\tau_f} \left[F + \varepsilon\, \partial_y F + \varepsilon'\, \partial_{y'} F + O(\varepsilon^2)\right]\, d\tau\,,$$

onde, no lado direito da equação acima, F e suas derivadas parciais estão sendo avaliadas em $y = \bar{y}$, ou seja, no extremo. Logo, desprezando os termos quadráticos em ε, concluímos que:

$$\delta I \equiv I_y - I_{\bar{y}} = \int_{\tau_i}^{\tau_f} [\, \partial_y F\, \varepsilon + \partial_{y'} F\, \varepsilon' \,]\; d\tau\,. \tag{11.5}$$

O último termo dentro dos colchetes pode ser reescrito da seguinte maneira:

$$(\partial_{y'} F)\, \varepsilon' = \frac{d}{d\tau}\left[(\partial_{y'} F)\, \varepsilon\right] - \varepsilon\, \frac{d}{d\tau}(\partial_{y'} F)\,.$$

Agora, inserindo isso dentro da Eq. (11.5), concluímos que:

$$\begin{aligned} \delta I &= \int_{\tau_i}^{\tau_f} \left[\partial_y F - \frac{d}{d\tau}(\partial_{y'} F)\right]\, \varepsilon(\tau)\; d\tau \; + \; (\varepsilon\, \partial_{y'} F)\big|_{\tau_i}^{\tau_f} \\ &= \int_{\tau_i}^{\tau_f} \left[\partial_y F - \frac{d}{d\tau}(\partial_{y'} F)\right]\, \varepsilon(\tau)\; d\tau\,, \end{aligned} \tag{11.6}$$

onde, na última passagem, foi utilizado o fato de que a função ε deve se anular nas extremidades do intervalo de integração, como estabelecido na Eq. (11.4). Conforme argumentado há pouco, se $\bar{y}$ extremizar a integral I_y, devemos ter $I_y = I_{\bar{y}}$ (ou seja, $\delta I = 0$). De acordo com a Eq. (11.6), para que essa restrição seja válida, a seguinte equação deve ser satisfeita:

$$\int_{\tau_i}^{\tau_f} \left[\partial_y F - \frac{d}{d\tau}(\partial_{y'} F)\right]\, \varepsilon(\tau)\; d\tau = 0\,. \tag{11.7}$$

Essa igualdade deve valer para *qualquer* função infinitesimal $\varepsilon(\tau)$ que obedeça às condições de contorno (11.4). A função $\varepsilon(\tau)$ pode ser pensada como sendo $\varepsilon(\tau) = \epsilon g(\tau)$, onde ϵ é um parâmetro infinitesimal constante e $g(\tau)$ é uma função arbitrária que se anula em

[1] No jargão matemático, diz-se que essas restrições nos pontos extremos têm medida nula, pois o comprimento de um ponto é zero. Por outro lado, diz-se que um intervalo $\tau \in \{\tau_1, \tau_2\}$, cujo comprimento é finito, tem medida não nula.

$\tau = \tau_i$ e $\tau = \tau_f$. Dada a arbitrariedade da função ε, segue que a Eq. (11.7) só pode ser válida se o termo entre colchetes for nulo, ou seja, se[2]

$$\frac{d}{d\tau}(\partial_{y'} F) = \partial_y F \,. \tag{11.8}$$

A identidade encontrada acima deve ser avaliada em $y(\tau) = \bar{y}(\tau)$, a função que extremiza a integral I_y. Essa é a chamada **equação de Euler**, é através da resolução dessa equação que podemos encontrar a função $\bar{y}(\tau)$. Como veremos a seguir, trata-se de uma equação diferencial ordinária de segunda ordem, tipicamente. Como tal, a solução geral terá duas constantes de integração. Tais constantes devem ser fixadas impondo as condições de contorno $y(\tau_i) = a$ e $y(\tau_f) = b$.

No caso especial em que $F(y, y', \tau)$ não depende explicitamente de τ, ou seja, $F = F(y, y')$, é possível converter a equação de Euler em uma equação diferencial de primeira ordem. De fato, notando que

$$\frac{d}{d\tau} F(y, y', \tau) = (\partial_y F)\,\frac{dy}{d\tau} + (\partial_{y'} F)\,\frac{dy'}{d\tau} + \partial_\tau F = (\partial_y F)\, y' + (\partial_{y'} F)\, y'' + \partial_\tau F \,,$$

é imediato provar a validade da seguinte relação:

$$\frac{d}{d\tau}\left[y'\,\partial_{y'} F - F\right] + \partial_\tau F = y' \left[\frac{d}{d\tau}(\partial_{y'} F) - \partial_y F\right] .$$

Logo, se o lado direito da equação acima for zero, ou seja, se a equação de Euler for satisfeita, então o lado esquerdo também será nulo e vice-versa (excetuando o cenário especial em que $y' = 0$). Portanto, chegamos a uma versão alternativa para a equação de Euler:

$$\frac{d}{d\tau}\left[y'\,\partial_{y'} F - F\right] + \partial_\tau F = 0 \,. \tag{11.9}$$

Essa equação diferencial deve ser obedecida pela função $y(\tau)$ que extremiza a integral I_y. Tal versão alternativa para a equação de Euler é particularmente útil quando F não depende explicitamente de τ. De fato, se $\partial_\tau F = 0$, a equação anterior implica que $(y'\,\partial_{y'} F - F)$ deve ser constante. Em suma,

$$\partial_\tau F = 0 \quad \to \quad y'\,\partial_{y'} F - F = constante \,. \tag{11.10}$$

Essa é uma equação diferencial de primeira ordem para $y(\tau)$ e, portanto, é mais simples de ser resolvida que a versão original da equação de Euler, a Eq. (11.8). Todavia, tal equação só é valida no caso especial em que $\partial_\tau F = 0$. Por se tratar de uma equação de primeira ordem, haverá apenas uma constante de integração. No entanto, a outra constante de integração esperada já aparece no lado direito da Eq. (11.10), totalizando duas constantes arbitrárias na solução final. Essas constantes devem ser fixadas impondo as condições de contorno $y(\tau_i) = a$ e $y(\tau_f) = b$.

Para exemplificar como a equação de Euler nos permite encontrar a função que extremiza uma integral, comecemos considerando o seguinte problema em particular:

$$F(y, y', \tau) = \frac{1}{2}(y')^2 + 6\,\tau\, y \,,$$

[2]A restrição da função $\varepsilon(\tau)$ nos pontos extremos $\tau = \tau_i$ e $\tau = \tau_f$ não altera a conclusão de que o termo entre colchetes na Eq. (11.7) deve ser identicamente zero, pois tais restrições estão em um domínio de medida nula, conforme comentado na nota de rodapé anterior.

com as condições de contorno sendo dadas por:

$$y(0) = 0 \quad \text{e} \quad y(1) = 0\,. \tag{11.11}$$

Nesse caso, temos

$$\partial_{y'} F = y' \quad \text{e} \quad \partial_y F = 6\,\tau\,,$$

de forma que a equação de Euler (11.8) fornece:

$$y'' = 6\,\tau\,.$$

A solução geral dessa equação diferencial é dada por $\bar{y} = \tau^3 + c_1\,\tau + c_2$, onde c_1 e c_2 são constantes de integração que devem ser fixadas pelas condições de contorno. Impondo a validade da Eq. (11.11), conclui-se que $c_2 = 0$ e $c_1 = -1$, de forma que a função procurada é dada por

$$\bar{y}(\tau) = \tau^3 - \tau\,. \tag{11.12}$$

Executando a integral I_y com essa função, obtemos o seguinte:

$$I_{\bar{y}} = \int_0^1 F d\tau = \int_0^1 \left(\frac{1}{2}\bar{y}'^2 + 6\,\tau\,\bar{y}\right) d\tau = \int_0^1 \left(\frac{21}{2}\tau^4 - 9\tau^2 + \frac{1}{2}\right) d\tau = -\frac{2}{5} = -0,4\,.$$

Como um teste comparativo, consideremos a função $\hat{y}(\tau) = \alpha\,\mathrm{sen}(\pi\tau)$, que obedece às condições de contorno (11.11) e, portanto, é uma função aceitável para o cálculo de I_y. Nesse caso, temos

$$\hat{y}(\tau) = \alpha\,\mathrm{sen}(\pi\tau) \quad \rightarrow \quad I_{\hat{y}} = \frac{6}{\pi}\alpha + \frac{\pi^2}{4}\,\alpha^2\,.$$

Como função do parâmetro α, a integral $I_{\hat{y}}$ é uma parábola com concavidade positiva, conforme mostrado no lado esquerdo da Fig. 11.2. Sendo assim, essa integral pode ter um valor arbitrariamente alto se aumentarmos o valor de $|\alpha|$. Isso mostra que a integral I_y não tem limite superior. Em contrapartida, essa parábola tem um mínimo, que pode ser obtido através da equação $dI_{\hat{y}}/d\alpha = 0$, o que fornece $\alpha = -12/\pi^3$, em cujo caso se obtém $I_{\hat{y}} = -36/\pi^2 \simeq -0,37$. Note que esse valor é maior do que $I_{\bar{y}}$, endossando a afirmação de que $\bar{y} = \tau^3 - \tau$ é a função que minimiza a integral I_y dentre todas a funções que obedecem às condições de contorno (11.11).

Figura 11.2: No lado esquerdo, vemos como o valor da integral $I_{\hat{y}}$ varia quando modificamos o parâmetro α. Em particular, nota-se que não há limite superior para $I_{\hat{y}}$. Quando $|\alpha| \rightarrow \infty$, o valor da integral vai a infinito. Mas existe um valor mínimo, que ocorre quando $\alpha = \alpha^\star = -12/\pi^3$. No lado direito, vemos os gráficos da função $\bar{y}(\tau)$, a função que minimiza a integral, e da função $\hat{y}(\tau)$ no caso em que $\alpha = \alpha^\star$. Note que os gráficos são muitos semelhantes, razão pela qual é esperado que os valores das integrais $I_{\bar{y}}$ e $I_{\hat{y}}$ sejam similares.

Como um segundo exemplo, vamos aplicar a equação de Euler ao problema que motivou nosso estudo do cálculo variacional, a questão da braquistócrona. Nesse problema, devemos fazer as seguintes identificações a fim de aplicar a teoria geral vista há pouco:

$$y \to \mathrm{y}\ , \quad \tau \to \mathrm{x}\ , \quad F = \sqrt{\frac{1+\mathrm{y}'^2}{h_0 - \mathrm{y}}}\,.$$

Além disso, as condições de contorno são as seguintes:

$$y(\tau_i) = a \to \mathrm{y}(0) = h_0 \quad \text{e} \quad y(\tau_f) = b \to \mathrm{y}(d_0) = 0\,.$$

Com esses dados em mãos, podemos montar a equação de Euler. No entanto, notemos que, neste problema, F não depende explicitamente da variável $\tau = \mathrm{x}$, de forma que podemos aplicar a versão alternativa da equação de Euler, dada em (11.10). Vale, então, a seguinte relação:

$$\frac{\mathrm{y}'^2}{(1+\mathrm{y}'^2)^{1/2}(h_0-\mathrm{y})^{1/2}} - \frac{(1+\mathrm{y}'^2)^{1/2}}{(h_0-\mathrm{y})^{1/2}} = constante$$

Denotando essa constante por $1/\sqrt{2R_0}$ e resolvendo essa equação para y', obtemos o seguinte:

$$\frac{d\mathrm{y}}{d\mathrm{x}} = \mathrm{y}' = \pm\sqrt{\frac{2R_0 - h_0 + \mathrm{y}}{h_0 - \mathrm{y}}} \quad \Rightarrow \quad \mathrm{x} = -\int \sqrt{\frac{h_0 - \mathrm{y}}{2R_0 - h_0 + \mathrm{y}}}\, d\mathrm{y}\,.$$

Na passagem acima, foi escolhido o sinal negativo para a raiz porque, no escorrego, y deve diminuir quando x aumentar, de forma que y' deve ser negativo. A fim de executar essa integral, implementemos a seguinte mudança de variáveis:

$$\mathrm{y} \to \theta(\mathrm{y})\ , \quad \text{onde } \mathrm{y} = h_0 - R_0(1-\cos\theta)\,.$$

Fazendo isso, temos:

$$\mathrm{x} = -\int \sqrt{\frac{1-\cos\theta}{1+\cos\theta}}\,(-R_0\,\mathrm{sen}\theta)d\theta = R_0\int(1-\cos\theta)d\theta = R_0\,(\theta - \mathrm{sen}\theta) + c\,,$$

onde c é uma constante de integração. Quando $\theta = 0$ temos $\mathrm{y} = h_0$, em cujo caso a condição de contorno do escorrego impõe que valha $\mathrm{x} = 0$, o que só é possível se $c = 0$. Portanto, concluímos que:

$$\mathrm{x} = R_0(\theta - \mathrm{sen}\theta) \quad \text{e} \quad \mathrm{y} = h_0 - R_0(1-\cos\theta)\,, \tag{11.13}$$

essa é uma equação paramétrica para a curva $\mathrm{y} = \mathrm{y}(\mathrm{x})$, onde θ é o parâmetro e R_0 é uma constante que deve ser determinada de forma numérica pela condição de que a curva passe pelo ponto $(\mathrm{x}, \mathrm{y}) = (d_0, 0)$. A Fig. 11.3 ilustra o formato da trajetória para diferentes razões entre d_0/h_0. É interessante notar que, se $d_0 > \frac{\pi}{2}h_0$, o escorrego que dá origem à trajetória mais rápida tem pontos que ficam abaixo da altura final. Ou seja, nesses casos, é mais rápido descer e depois subir do que apenas descer, de forma monotônica, até chegar ao ponto final. A curva descrita pela Eq. (11.13) é chamada de **cicloide**, que é a curva percorrida por um ponto fixo de um aro circular que rola sem deslizar ao longo de uma

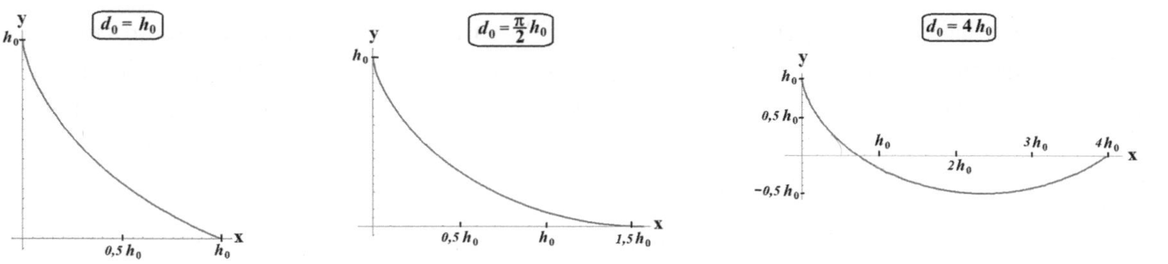

Figura 11.3: O formato da curva que dá origem ao escorrego mais veloz depende da razão entre a altura, h_0, e o deslocamento horizontal do escorrego, d_0. Na figura acima, vemos três razões distintas. Notemos que, se $d_0 > \frac{\pi}{2} h_0$, como no caso do gráfico mais à direita, o escorrego deve ter pontos que ficam abaixo da altura final.

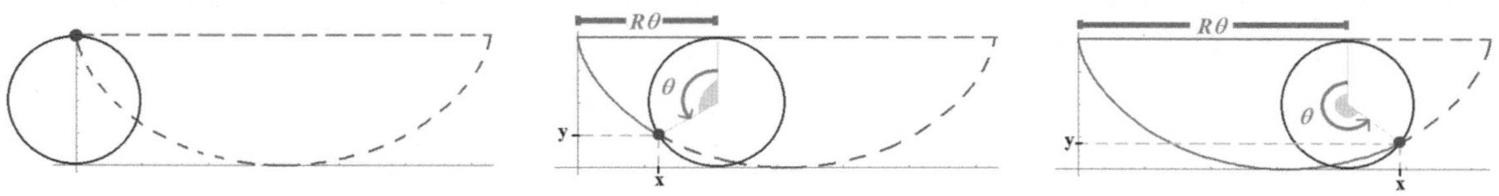

Figura 11.4: O aro circular de raio R rola sem deslizar pela reta horizontal superior. Enquanto faz isso, um ponto fixo do aro descreve uma curva. Essa curva é chamada de cicloide. Quando o aro gira de um ângulo θ, a distância horizontal percorrida pelo centro do aro é $R\theta$.

reta horizontal. A Fig. 11.4 ilustra a maneira geométrica como uma cicloide pode ser gerada.

Até agora, consideramos apenas o caso simplificado no qual a função F, que está dentro da integral, depende somente de uma função $y(\tau)$. Um cenário mais geral seria considerar a extremização do seguinte tipo de integral:

$$I = \int_{\tau_i}^{\tau_f} F(y_1, y_2, \cdots, y_n, y_1', y_2', \cdots, y_n', \tau)\, d\tau\,,$$

onde $y_\alpha = y_\alpha(\tau)$ são n funções da variável τ que obedecem a condições de contorno fixas:

$$y_\alpha(\tau_i) = a_\alpha \quad \text{e} \quad y_\alpha(\tau_f) = b_\alpha\,, \tag{11.14}$$

com a_α e b_α formando um total de $2n$ constantes predeterminadas. O índice α varia dentro do conjunto $\{1, 2, \cdots, n\}$. O problema de cálculo variacional consiste em encontrar o conjunto de n funções $\{y_\alpha(\tau)\}$ que obedece às condições de contorno (11.14) e torna o valor da integral I um extremo. As funções que resolvem esse problema de extremização são aquelas que obedecem às equações de Euler:

$$\frac{d}{d\tau}(\partial_{y_\alpha'} F) = \partial_{y_\alpha} F\,. \tag{11.15}$$

Note que, agora, teremos n equações de Euler, uma para cada valor de α, o que nos permitirá determinar as n funções procuradas $y_\alpha(\tau)$. Essas serão equações diferenciais de segunda ordem e, portanto, cada uma delas dará origem a uma solução com duas constantes de integração, totalizando $2n$ constantes arbitrárias na solução final. Tais constantes devem ser fixadas impondo as $2n$ condições de contorno da Eq. (11.14).

Como exemplo de um problema variacional com mais de uma função no argumento de F, procuremos a curva de menor comprimento que conecta dois pontos do espaço $\mathbb{R}^3$. Sendo τ um parâmetro para a curva, consideremos as seguintes condições de contorno:

$$\mathrm{x}(\tau = 0) = \mathrm{x}_i\,, \quad \mathrm{y}(\tau = 0) = \mathrm{y}_i\,, \quad \mathrm{z}(\tau = 0) = \mathrm{z}_i\,,$$

$$\mathrm{x}(\tau = 1) = \mathrm{x}_f\,, \quad \mathrm{y}(\tau = 1) = \mathrm{y}_f\,, \quad \mathrm{z}(\tau = 1) = \mathrm{z}_f\,.$$

O comprimento de uma curva que conecta esses pontos é dado por:

$$L = \int \sqrt{d\mathrm{x}^2 + d\mathrm{y}^2 + d\mathrm{z}^2} = \int_0^1 \sqrt{\left(\frac{d\mathrm{x}}{d\tau}\right)^2 + \left(\frac{d\mathrm{y}}{d\tau}\right)^2 + \left(\frac{d\mathrm{z}}{d\tau}\right)^2}\, d\tau\,. \tag{11.16}$$

O nosso objetivo é determinar as funções $\mathrm{x}(\tau)$, $\mathrm{y}(\tau)$ e $\mathrm{z}(\tau)$ que minimizam esse comprimento. A função F, nesse problema, é dada por:

$$F = F(\mathrm{x}', \mathrm{y}', \mathrm{z}') = \sqrt{(\mathrm{x}')^2 + (\mathrm{y}')^2 + (\mathrm{z}')^2}\,. \tag{11.17}$$

A equação de Euler associada à função $\mathrm{x}(\tau)$ fornece:

$$\frac{d}{d\tau}\partial_{\mathrm{x}'}F = \partial_{\mathrm{x}}F \;\rightarrow\; \frac{d}{d\tau}\left(\frac{\mathrm{x}'}{\sqrt{(\mathrm{x}')^2 + (\mathrm{y}')^2 + (\mathrm{z}')^2}}\right) = \frac{d}{d\tau}\left(\frac{\mathrm{x}'}{F}\right) = 0\,,$$

onde F é a função dada no lado direito da Eq. (11.17). Integrando essa última equação no parâmetro τ, conclui-se que $\mathrm{x}' = c_1\, F$, onde c_1 é uma constante de integração. Analogamente, as equações de Euler associadas às funções $\mathrm{y}(\tau)$ e $\mathrm{z}(\tau)$ fornecem:

$$\mathrm{y}' = c_2\, F \quad \text{e} \quad \mathrm{z}' = c_3\, F\,,$$

onde c_2 e c_3 são constantes de integração. Tomando a razão entre essas duas últimas equações, concluímos que:

$$\frac{\mathrm{z}'}{\mathrm{y}'} = \frac{c_3}{c_2} \;\Rightarrow\; \frac{d}{d\tau}\left(\mathrm{z} - \frac{c_3}{c_2}\mathrm{y}\right) = 0 \;\Rightarrow\; \mathrm{z} = \frac{c_3}{c_2}\mathrm{y} + d_3\,,$$

onde d_3 é uma constante de integração. Isso prova que a relação entre as funções z e y é linear. Analogamente, chega-se à conclusão de que a relação entre x e y é linear. Isso prova que a curva de menor comprimento é uma reta, como deveria ser esperado. Uma possível solução para as equações de Euler e para as condições de contorno é dada por:

$$\mathrm{x}(\tau) = (\mathrm{x}_f - \mathrm{x}_i)\,\tau + \mathrm{x}_i\,, \quad \mathrm{y}(\tau) = (\mathrm{y}_f - \mathrm{y}_i)\,\tau + \mathrm{y}_i\,, \quad \mathrm{z}(\tau) = (\mathrm{z}_f - \mathrm{z}_i)\,\tau + \mathrm{z}_i\,.$$

No entanto, essa não é a única solução. De fato, as funções

$$\mathrm{x}(\tau) = (\mathrm{x}_f - \mathrm{x}_i)\,g(\tau) + \mathrm{x}_i\,, \quad \mathrm{y}(\tau) = (\mathrm{y}_f - \mathrm{y}_i)\,g(\tau) + \mathrm{y}_i\,, \quad \mathrm{z}(\tau) = (\mathrm{z}_f - \mathrm{z}_i)\,g(\tau) + \mathrm{z}_i\,,$$

com $g(\tau)$ sendo uma função monotônica *arbitrária* que obedece às condições de contorno $g(0) = 0$ e $g(1) = 1$, também resolverá as equações de Euler. Por exemplo, podemos escolher $g(\tau) = \mathrm{sen}(\tau\pi/2)$. O fato de haver múltiplas soluções é uma peculiaridade deste problema especificamente, não se trata de uma característica comum. A origem dessa multiplicidade está no fato de que a integral que define o comprimento, dada na Eq. (11.16), é invariante por mudança da variável τ que parametriza a curva. Geometricamente isso faz todo sentido, pois o comprimento de uma curva e sua geometria não devem depender da nossa escolha de parametrização.

Antes de prosseguirmos, vale a pena introduzirmos um pouco do jargão que se costuma adotar no tratamento do tipo de problema considerado neste capítulo. Em primeiro lugar, o tipo de manipulação matemática que nos levou à equação de Euler é denominada **cálculo variacional**. A integral I, que depende da função $y(\tau)$ ou de várias funções $y_\alpha(\tau)$, é chamada, na matemática, de **funcional**. Um funcional é um objeto matemático que é alimentado por uma ou várias funções e tem como resultado um número. Isso é exatamente o que ocorre com a integral I_y, que fornece um número para cada função $y(\tau)$.

11.2 O princípio da mínima ação

A essa altura, o/a leitor/a atento/a já deve ter notado a enorme semelhança entre a equação de Euler, que rege o cálculo variacional, e a equação de Lagrange, que rege a mecânica lagrangiana. De fato, tais equações são idênticas:

$$\text{Eq. de Lagrange: } \frac{d}{dt}\frac{\partial \mathcal{L}}{\partial \dot{q}^\alpha} = \frac{\partial \mathcal{L}}{\partial q^\alpha} \quad , \quad \text{Eq. de Euler: } \frac{d}{d\tau}\frac{\partial F}{\partial y'_\alpha} = \frac{\partial F}{\partial y_\alpha} .$$

Isso demonstra que as equações de movimento da mecânica clássica podem ser obtidas através da extremização de um funcional dado pela integral do lagrangiano. Esse funcional é denominado **ação** e denotado pela letra S:

$$S[q(t)] = \int_{t_i}^{t_f} \mathcal{L}(q(t), \dot{q}(t), t)\, dt . \tag{11.18}$$

A extremização da ação S deve ser feita mantendo os pontos inicial e final da trajetória fixos. Ou seja, a solução genérica da equação de movimento é a trajetória que extremiza S dentre todas as trajetórias que obedecem às restrições

$$q^\alpha(t_i) = a^\alpha \quad \text{e} \quad q^\alpha(t_f) = b^\alpha ,$$

com a^α e b^α sendo mantidos fixos durante a procura do caminho $\bar{q}(t)$ que extremiza a ação. Se a extremização for feita fixando a posição e a velocidade iniciais, ou seja,

$$q^\alpha(t_i) = a^\alpha \quad \text{e} \quad \dot{q}^\alpha(t_i) = c^\alpha , \tag{11.19}$$

como de costume em mecânica clássica, então a solução da extremização, em geral, não obedecerá à equação de Euler e, portanto, não será a solução desejada. De fato, na dedução da equação de Euler, foi essencial assumir que a variação da função $y(\tau)$ se anula nas extremidades do intervalo de integração. Todavia, isso não quer dizer que, na mecânica lagrangiana, não possamos usar condições de contorno do tipo (11.19). Podemos, sim. Basta resolvermos a equação de Lagrange, que terá $2n$ constantes de integração, a^α e b^α, e depois fixar essas constantes de integração utilizando as condições de contorno (11.19). Portanto, uma coisa é a hipótese que devemos adotar durante a extremização da ação. Outra coisa é, após encontrada a solução geral das equações de movimento, como vamos decidir estabelecer as constantes de integração. Podemos estabelecer tais constantes da maneira que quisermos.

Por conta da equivalência entre as equações de Lagrange e as equações de Euler, diz-se que a trajetória seguida pelos sistemas físicos é aquela que minimiza a ação, esse é o chamado **princípio da mínima ação**, também conhecido como **princípio de Hamilton**.

Tal princípio pressupõe que a extremização é feita mantendo os pontos inicial e final da trajetória fixos, como explicado no parágrafo anterior. Embora o princípio carregue a palavra "mínima" em seu nome, o correto é afirmar que a trajetória adotada pelo sistema extremiza a ação. Ou seja, em alguns casos, a solução correta pode maximizar a ação. A razão de se ter adotado a palavra "mínima" é meramente histórica, já que em muitos problemas tradicionais, como o problema da partícula livre e o do oscilador harmônico, a solução física, de fato, minimiza a ação. A existência de tal princípio traz um grande apelo de elegância à física clássica, pois afirma que a natureza sempre adota o caminho ótimo, aquele que "minimiza" o funcional ação. Tal princípio se aplica não apenas ao domínio das partículas, os campos que descrevem as quatro interações fundamentais da natureza também têm suas dinâmicas regidas por equações que podem ser deduzidas por meio do princípio da mínima ação.

Como ambos os matemáticos L. Euler e J. Lagrange tiveram grande relevância no estabelecimento das equações que extremizam um funcional, as equações de Euler (ou de Lagrange) são geralmente denominadas **equações de Euler-Lagrange**. É dessa forma que nos referiremos a tais equações de agora em diante.

Agora, consideremos dois sistemas, A e B, com o mesmo número de graus de liberdade efetivos e descritos pelas mesmas coordenadas generalizadas. Suponhamos que suas dinâmicas sejam regidas por lagrangianos que diferem por um termo que é a derivada total em relação ao tempo de alguma função das coordenadas generalizadas, q^α, e do tempo, t. Ou seja,

$$\mathcal{L}_B(q,\dot{q},t) = \mathcal{L}_A(q,\dot{q},t) + \frac{d}{dt}f(q,t)\,.$$

Note que a função f não pode depender de $\dot{q}$, pois, se assim fosse, o lagrangiano do sistema B dependeria da derivada temporal de segunda ordem da coordenada q, o que não é aceitável, pois levaria a equações de movimento de terceira ordem.[3] Então, integrando a identidade acima no intervalo $t \in (t_i, t_f)$ chegaremos à seguinte relação entre as ações dos dois sistemas:

$$S_B[q(t)] = S_A[q(t)] + [\,f(q(t_f),t_f) - f(q(t_i),t_i)\,] = S_A[q(t)] + [\,f(b,t_f) - f(a,t_i)\,]\,.$$

Agora, como, no princípio da mínima ação, assume-se que as extremidades das trajetórias estão fixas, $q(t_i) = a$ e $q(t_f) = b$, segue que o termo $f(b,t_f) - f(a,t_i)$, que aparece na equação anterior, é o mesmo para todas as trajetórias $q(t)$ aceitáveis no processo de extremização da ação. Portanto, o caminho $q(t)$ que extremizar a ação S_A será o mesmo caminho que extremizará a ação S_B. Em outras palavras, S_B será mínimo (ou máximo) quando S_A for mínimo (ou máximo). Em suma, dois sistemas cujas funções lagrangianas diferem por uma derivada total em relação ao tempo têm a mesma dinâmica. Por esse motivo, dizemos que suas lagrangianas são equivalentes. Essa conclusão também pode ser obtida de forma direta através das equações de Euler-Lagrange para ambos os sistemas. De fato, notemos que:

$$\frac{d}{dt}f(q,t) = (\partial_q f)\dot{q} + \partial_t f \quad\Rightarrow\quad \mathcal{L}_B = \mathcal{L}_A + (\partial_q f)\dot{q} + \partial_t f\,.$$

[3] É um fato da natureza que as dinâmicas das partículas e dos campos fundamentais são regidas por equações que, no máximo, são de segunda ordem no tempo. Essa afirmação é fruto de uma constatação empírica, não é algo que se prove. Lembre-se de que a Física não tem como objetivo principal explicar a natureza, mas sim construir modelos que forneçam boas predições de como a natureza se comportará.

Então,

$$\begin{cases} \frac{d}{dt}\partial_{\dot{q}}\mathcal{L}_B = \frac{d}{dt}\left[\partial_{\dot{q}}\mathcal{L}_A + \partial_q f\right] = \frac{d}{dt}\partial_{\dot{q}}\mathcal{L}_A + (\partial_q^2 f)\dot{q} + \partial_t\partial_q f\,, \\ \partial_q\mathcal{L}_B = \partial_q\left[\mathcal{L}_A + (\partial_q f)\dot{q} + \partial_t f\right] = \partial_q\mathcal{L}_A + (\partial_q^2 f)\dot{q} + \partial_q\partial_t f\,. \end{cases}$$

Agora, tomando a diferença entre as duas identidades acima e usando o fato de que derivadas parciais comutam, chegaremos à seguinte igualdade:

$$\frac{d}{dt}\partial_{\dot{q}}\mathcal{L}_B - \partial_q\mathcal{L}_B = \frac{d}{dt}\partial_{\dot{q}}\mathcal{L}_A - \partial_q\mathcal{L}_A\,.$$

Portanto, se o caminho $q(t)$ satisfizer a equação de Euler-Lagrange do sistema B, ou seja, se o lado esquerdo da equação acima se anular, então o lado direito também será nulo, isto é, $q(t)$ também resolverá a equação de movimento do sistema A.

Como um exemplo explícito da equivalência de lagrangianos tratada no parágrafo anterior, consideremos o seguinte lagrangiano:

$$\mathcal{L} = \frac{m}{2}\,\dot{\mathrm{x}}^2 + \alpha\,\dot{\mathrm{x}} - \frac{k}{2}\,\mathrm{x}^2 + \beta\,t^2\,,$$

com m, α, k e β sendo constantes. Então, a equação de Euler-Lagrange associada a esse lagrangiano é dada por

$$m\,\ddot{\mathrm{x}} = -\,k\,\mathrm{x}\,.$$

Notemos que tal equação não depende dos parâmetros α e β. Consequentemente, se adotarmos $\alpha = 0$ e $\beta = 0$ no lagrangiano, isso em nada alterará a dinâmica do sistema. A razão para isso é que tais parâmetros aparecem no lagrangiano através do seguinte termo aditivo:

$$\alpha\,\dot{\mathrm{x}} + \beta\,t^2 = \frac{d}{dt}\left(\alpha\,\mathrm{x} + \frac{\beta}{3}t^3\right)\,.$$

Como esse termo é uma derivada total em relação ao tempo, é de se esperar que seu efeito seja inócuo.

11.3 Extremizando um funcional com vínculo do tipo integral

Agora, vamos trabalhar com a classe de funções $y(\tau)$ que, além de obedecerem às condições de contorno

$$y(\tau_i) = a \quad \text{e} \quad y(\tau_f) = b\,,$$

também obedecem ao vínculo

$$\int_{\tau_i}^{\tau_f} V(y, y', \tau)\,d\tau = c\,, \tag{11.20}$$

onde c é uma constante fixa e V é uma função conhecida de suas variáveis. Nesta seção, nosso objetivo será determinar, dentre todas as funções $y(\tau)$ que obedecem a essas três restrições, aquela que extremiza o funcional

$$I_y = \int_{\tau_i}^{\tau_f} F(y, y', \tau)\,d\tau\,.$$

Vamos assumir que $\bar{y}(\tau)$ seja a função procurada. Então, uma pequena variação em torno dessa função não deve modificar o valor do funcional I_y, ao menos até primeira ordem na variação. Como antes, escrevamos a função $y(\tau)$, após a variação, da seguinte forma:

$$y(\tau) = \bar{y}(\tau) + \varepsilon(\tau) .$$

O fato de as condições de contorno serem válidas tanto para $y(\tau)$ quanto para $\bar{y}(\tau)$ nos faz concluir que as seguintes restrições devem ser obedecidas pela variação:

$$\varepsilon(\tau_i) = 0 \quad \text{e} \quad \varepsilon(\tau_f) = 0 .$$

Assumindo isso, em conjunto com o fato de que I_y deve ser igual a $I_{\bar{y}}$ até primeira ordem em ε, chegamos à seguinte condição:

$$\int_{\tau_i}^{\tau_f} \left(\partial_y F - \frac{d}{d\tau} \partial_{y'} F \right) \bigg|_{y=\bar{y}} \varepsilon(\tau)\, d\tau = 0 . \tag{11.21}$$

Essa é a mesma restrição obtida no caso em que não havia vínculo integral, vide Eq. (11.7). A diferença, no entanto, é que, agora, a função $\varepsilon(\tau)$ não é mais arbitrária. De fato, a condição acima só precisa ser verdadeira para aquelas funções ε que são compatíveis com o vínculo (11.20). Até primeira ordem em ε, esse vínculo é dado por:

$$c = \int_{\tau_i}^{\tau_f} V(\bar{y} + \varepsilon, \bar{y}' + \varepsilon', \tau)\, d\tau \simeq \int_{\tau_i}^{\tau_f} V(\bar{y}, \bar{y}', \tau)\, d\tau + \int_{\tau_i}^{\tau_f} \left(\partial_y V - \frac{d}{d\tau} \partial_{y'} V \right) \bigg|_{y=\bar{y}} \varepsilon(\tau)\, d\tau ,$$

onde foi utilizado o fato de que a função $\varepsilon(\tau)$ deve se anular nos pontos $\tau = \tau_i$ e $\tau = \tau_f$. Como o vínculo (11.20) deve ser satisfeito pela função $\bar{y}$, segue que a primeira integral no lado direito da equação acima é igual a c, de forma que se chega à seguinte identidade:

$$\int_{\tau_i}^{\tau_f} \left(\partial_y V - \frac{d}{d\tau} \partial_{y'} V \right) \bigg|_{y=\bar{y}} \varepsilon(\tau)\, d\tau = 0 . \tag{11.22}$$

Portanto, no cenário em que o vínculo (11.20) deve ser satisfeito, a função $\varepsilon(\tau)$ não é mais arbitrária, ela deve obedecer à restrição (11.22). Logo, nosso processo de extremização consiste em achar a função $\bar{y}(\tau)$ tal que a Eq. (11.21) seja satisfeita sempre que a função $\varepsilon(\tau)$ obedecer à condição (11.22). Isso é possível se o integrando da primeira equação for proporcional ao integrando da segunda. Ou seja,

$$\left(\partial_y F - \frac{d}{d\tau} \partial_{y'} F \right) \bigg|_{y=\bar{y}} = \lambda \left(\partial_y V - \frac{d}{d\tau} \partial_{y'} V \right) \bigg|_{y=\bar{y}} , \tag{11.23}$$

para alguma constante λ. Dessa forma, a validade da Eq. (11.22) implicará a validade da Eq. (11.21). Uma maneira alternativa de entender essa afirmação é encarando as funções de τ como sendo vetores de um espaço vetorial de dimensão infinita, com o produto interno entre dois vetores sendo a integral do produto das funções no intervalo $\tau \in (\tau_i, \tau_f)$. Nessa linguagem, nosso objetivo é fazer com que o vetor $(\partial_y F - \frac{d}{d\tau}\partial_{y'} F)$ seja ortogonal a qualquer vetor ε que seja ortogonal à função $(\partial_y V - \frac{d}{d\tau}\partial_{y'} V)$. Isso é possível se os vetores $(\partial_y F - \frac{d}{d\tau}\partial_{y'} F)$ e $(\partial_y V - \frac{d}{d\tau}\partial_{y'} V)$ forem paralelos, razão pela qual a Eq. (11.23) deve valer para alguma constante λ. Essa constante é chamada de **multiplicador de Lagrange**. Trata-se do mesmo conceito que costuma ser visto no cálculo de multivariáveis quando se quer extremizar uma função sujeita a algum vínculo.

O resultado que acabamos de obter pode ser generalizado para o caso em que o funcional a ser extremizado depende de n funções. Suponha que nosso problema variacional consista em achar n funções $y_\alpha(\tau)$, onde $\alpha \in \{1, 2, \cdots, n\}$, com condições de contorno fixas e que extremizem o funcional

$$I = \int_{\tau_i}^{\tau_f} F(y_1, \ldots, y_n, y_1', \ldots, y_n', \tau)\, d\tau \,, \tag{11.24}$$

enquanto satisfazem aos N vínculos

$$\int_{\tau_i}^{\tau_f} V_r(y_1, \ldots, y_n, y_1', \ldots, y_n', \tau)\, d\tau = c_r \,, \tag{11.25}$$

com o índice r variando de 1 a N. Então, nesse cenário, as funções y_α que extremizam o funcional I serão as soluções das n equações diferenciais dadas por:

$$\partial_{y_\alpha} F - \frac{d}{d\tau}\partial_{y_\alpha'} F = \sum_r \lambda_r \left(\partial_{y_\alpha} V_r - \frac{d}{d\tau}\partial_{y_\alpha'} V_r\right) , \tag{11.26}$$

onde $\{\lambda_r\}$ são N constantes a serem determinadas. Tais constantes podem ser encontradas justamente inserindo a solução geral da Eq. (11.26) nas equações de vínculo (11.25). Note que achar a solução da Eq. (11.26) é equivalente a extremizar o seguinte funcional com condições de contorno fixas:

$$I = \int_{\tau_i}^{\tau_f} \left[F - \sum_r \lambda_r V_r\right] d\tau \,. \tag{11.27}$$

Como um exemplo concreto do tipo de questão que acabamos de tratar, consideremos o problema de achar o formato adotado por uma corda de comprimento fixo, L_0, com suas extremidades penduradas em dois pontos fixos. Digamos que as extremidades dessa corda estejam nos pontos $(\mathrm{x}, \mathrm{y}) = (0, 0)$ e $(\mathrm{x}, \mathrm{y}) = (d_0, h_0)$. O formato da corda será aquele que minimizar a energia potencial gravitacional da corda. Denotemos por $\boldsymbol{g} = -g\hat{\boldsymbol{e}}_{\mathrm{y}}$ a aceleração local da gravidade e por M_0 a massa total da corda. Supondo que a corda seja uniforme, um elemento de corda com comprimento ds terá massa dada por $dm = M_0 ds/L_0$. Logo, a energia potencial desse pedaço de corda será $dU = \mathrm{y} g dm = \mathrm{y} g M_0 ds/L_0$. Portanto, a energia potencial total da corda é dada por:

$$U = \frac{g\, M_0}{L_0} \int \mathrm{y} ds = \frac{g\, M_0}{L_0} \int \mathrm{y}\sqrt{d\mathrm{x}^2 + d\mathrm{y}^2} = \alpha \int_0^{d_0} \mathrm{y}(\mathrm{x})\sqrt{1 + \mathrm{y}'(\mathrm{x})^2}\, d\mathrm{x} \,,$$

onde, na última passagem, a curva foi representada através de uma equação que fornece y em função de x e se definiu $\alpha \equiv g M_0/L_0$. Na verdade, a constante α poderia ser ignorada, já que extremizar U é equivalente a extremizar U/α. Apesar disso, vamos manter essa constante. As condições de contorno obedecidas pela curva y(x) devem ser as seguintes:

$$\mathrm{y}(0) = 0 \quad \text{e} \quad \mathrm{y}(d_0) = h_0 \,. \tag{11.28}$$

Mas não basta extremizar U e considerar tais condições de contorno para obter a resposta procurada, temos que levar em consideração o fato de que a corda tem comprimento fixo. Esse vínculo, por sua vez, é dado por:

$$L_0 = \int ds = \int \sqrt{d\mathrm{x}^2 + d\mathrm{y}^2} = \int_0^{d_0} \sqrt{1 + \mathrm{y}'(\mathrm{x})^2}\, d\mathrm{x} \,. \tag{11.29}$$

Trata-se de um vínculo integral. Conforme estabelecido na Eq. (11.27), resolver esse problema com vínculo equivale a extremizar o seguinte funcional:

$$\int_0^{d_0} (\alpha\, \mathrm{y} - \lambda)\, \sqrt{1 + (\mathrm{y}')^2}\, d\mathrm{x}\,,$$

onde λ é uma constante, o multiplicador de Lagrange. Já que esse funcional não depende explicitamente da variável de integração, x, segue que podemos usar a versão alternativa da equação de Euler-Lagrange, dada em (11.10). Fazendo isso, chega-se à seguinte equação diferencial:

$$(\alpha\, \mathrm{y} - \lambda) \frac{(\mathrm{y}')^2}{\sqrt{1 + (\mathrm{y}')^2}} - (\alpha\, \mathrm{y} - \lambda)\, \sqrt{1 + (\mathrm{y}')^2} = constante\,.$$

Então, denotando a constante no lado direito da equação acima por $1/\beta$ e resolvendo essa equação para y', obtém-se o seguinte:

$$\mathrm{y}' = \sqrt{\beta^2(\alpha \mathrm{y} - \lambda)^2 - 1} \quad \Rightarrow \quad \mathrm{x} = \int \frac{d\mathrm{y}}{\sqrt{\beta^2(\alpha \mathrm{y} - \lambda)^2 - 1}} = \frac{1}{\alpha\beta} \int \frac{d\tilde{y}}{\sqrt{\tilde{y}^2 - 1}}\,,$$

onde foi feita a mudança de variável de integração $\mathrm{y} \to \tilde{y} = \beta(\alpha \mathrm{y} - \lambda)$. Realizando essa última integral e denotando a constante de integração por x_0, concluímos que

$$\mathrm{x} = \frac{1}{\alpha\beta} \log\left(\tilde{y} + \sqrt{\tilde{y}^2 - 1}\right) + \mathrm{x}_0 \quad \Rightarrow \quad \tilde{y} = \cosh\left[\alpha\beta(\mathrm{x} - \mathrm{x}_0)\right]\,.$$

Finalmente, substituindo $\tilde{y}$ por $\beta(\alpha \mathrm{y} - \lambda)$, chegamos à seguinte curva:

$$\mathrm{y} = \frac{1}{a} \cosh\left(a\mathrm{x} - b\right) + c\,, \tag{11.30}$$

onde, na equação acima, foi feita uma redefinição nas constantes de integração e no multiplicador de Lagrange: $\beta \to a/\alpha$, $\mathrm{x}_0 \to b/(\alpha\beta)$ e $\lambda \to \alpha c$. Tal tipo de curva é chamada de **catenária**. Esse é o formato adquirido, por exemplo, por um cabo de eletricidade cujas extremidades estão fixadas em postes. As três constantes, a, b e c, devem ser determinadas impondo as condições de contorno da Eq. (11.28) e o vínculo (11.29). A tentativa de obtenção dessas constantes nos leva a equações transcendentais, que só podem ser resolvidas numericamente. No entanto, a solução existe sempre que $L_0 > \sqrt{d_0^2 + h_0^2}$, ou seja, sempre que o comprimento da corda for longo o suficiente para conectar a origem $(\mathrm{x}, \mathrm{y}) = (0, 0)$ ao ponto $(\mathrm{x}, \mathrm{y}) = (d_0, h_0)$. A Fig. 11.5 ilustra algumas das soluções para certas escolhas dos parâmetros d_0, h_0 e L_0.

11.4 Extremizando um funcional com vínculos algébricos

Agora, suponha que tenhamos que extremizar o funcional

$$I = \int_{\tau_i}^{\tau_f} F(y_1, y_2, \cdots, y_n, y_1', y_2', \cdots, y_n', \tau)\, d\tau\,, \tag{11.31}$$

com condições de contorno fixas nas extremidades do caminho, como sempre temos considerado neste capítulo. Mas, desta vez, levando em consideração a existência de um vínculo extra do tipo algébrico:

$$h(y, y', \tau) \equiv h(y_1, \ldots, y_n, y_1', \ldots, y_n', \tau) = 0\,, \tag{11.32}$$

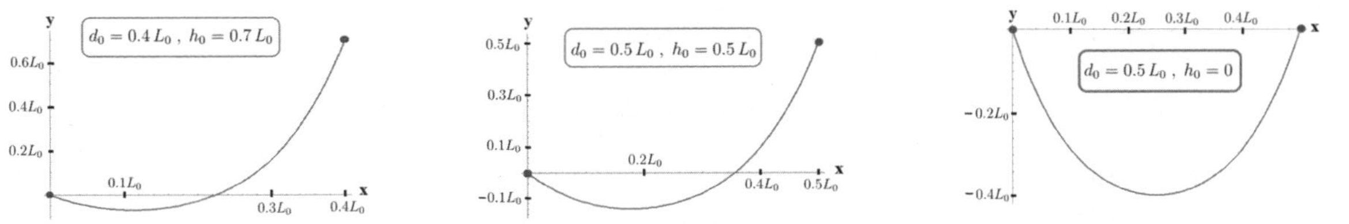

Figura 11.5: Nesta figura, vemos o formato adotado por uma corda de comprimento L_0 presa nas duas extremidades e posta em um campo gravitacional uniforme na direção do eixo vertical (eixo y). As três ilustrações correspondem a diferentes escolhas de parâmetros d_0 e h_0.

onde, no lado esquerdo da equação acima, y é apenas uma abreviação para $\{y_1, \cdots, y_n\}$, uma prática comum neste livro. Portanto, o vínculo em questão pode ser holonômico, quando não depender de y', ou pode ser não holonômico, quando o vínculo depender de y'.[4]

Note que, se a identidade

$$\int_{\tau_i}^{\tau_f} Q(\tau)\, f(\tau)\, d\tau = 0 \tag{11.33}$$

for válida para *qualquer* função $Q(\tau)$, então a função $f(\tau)$ tem que ser a função zero. Portanto, uma forma alternativa de escrever o vínculo (11.32) é a seguinte:

$$\int_{\tau_i}^{\tau_f} Q(\tau)\, h(y(\tau), y'(\tau), \tau)\, d\tau = 0\,, \tag{11.34}$$

onde $Q(\tau)$ é uma função arbitrária. Já que conseguimos escrever nosso vínculo algébrico na forma integral, podemos usar os resultados da seção anterior. Aqui, o vínculo integral é dado por $\int V d\tau = 0$, onde $V(y, y', \tau) = Q(\tau)h(y, y', \tau)$. Conforme estabelecido na seção anterior, o problema com vínculo integral é equivalente ao problema de extremizar o seguinte funcional:

$$\int_{\tau_i}^{\tau_f} [F(y, y', \tau) - \lambda\, V(y, y', \tau)]\; d\tau = \int_{\tau_i}^{\tau_f} [F(y, y', \tau) - \lambda\, Q(\tau)\, h(y, y', \tau)]\; d\tau\,,$$

onde λ é uma constante e $Q(\tau)$ é uma função arbitrária. Denotando o produto $\lambda Q(\tau)$ pela função $\Lambda(\tau)$, segue que o funcional a ser extremizado se torna:

$$\int_{\tau_i}^{\tau_f} [F(y, y', \tau) \;-\; \Lambda(\tau)\, h(y, y', \tau)]\; d\tau\,.$$

A função $\Lambda(\tau)$ também é chamada de multiplicador de Lagrange, assim como no cenário da seção anterior, no qual essa função seria constante. A extremização desse novo funcional nos levará a n equações de Euler-Lagrange. Em conjunto com a equação de vínculo (11.32), teremos um total de $(n+1)$ equações, o que nos permitirá resolver para as $(n+1)$ funções $(y_1, \cdots, y_n, \Lambda)$.

[4]No caso de o vínculo ser holonômico, uma forma correta de se resolver o problema variacional em questão seria usar o vínculo para escrever uma das funções y_α em termos das demais. Depois, substituir essa relação no funcional e, por fim, variar o funcional em relação às $(n-1)$ funções remanescentes. No entanto, existem cenários onde essa forma de impor o vínculo não é a ideal. Por exemplo, podemos ter um problema de extremização com certa simetria e um vínculo holonômico que quebra tal simetria. Nesse caso, a inserção do vínculo no funcional pode complicar a interpretação do resultado e dificultar a obtenção da solução das equações de Euler.

De forma geral, se houver N vínculos algébricos

$$h_r(y, y', \tau) \equiv h_r(y_1, \ldots, y_n, y'_1, \ldots, y'_n, \tau) = 0\,,$$

com o índice r indo de 1 a N, então, em vez de extremizar o funcional (11.31), devemos considerar o seguinte funcional que incorpora os vínculos:

$$\int_{\tau_i}^{\tau_f} \left[F(y, y', \tau) - \sum_r \Lambda_r(\tau) h_r(y, y', \tau) \right] d\tau\,, \tag{11.35}$$

onde as N funções $\Lambda_r(\tau)$ são multiplicadores de Lagrange que, a princípio, são funções arbitrárias. Porém, depois de resolvermos as n equações de Euler-Lagrange (associadas às n funções y_α), podemos determinar as funções $\Lambda_r(\tau)$ através da imposição dos N vínculos algébricos.

Os resultados desta seção têm grande importância prática na mecânica clássica. Com efeito, conforme apresentado neste livro, até o momento, o formalismo lagrangiano não se mostrou adequado para abordar sistemas físicos com vínculos não holonômicos, a exemplo do problema da moeda rolante apresentado na Seção 9.3. No entanto, agora, há uma forma de tratar esse tipo de sistema. De fato, se um sistema mecânico puder ser descrito por n coordenadas generalizadas q^α e se houver N vínculos não holonômicos, $h_r(y, y', t) = 0$, então as equações de movimento para esse sistema serão as equações de Euler-Lagrange associadas ao seguinte "lagrangiano" generalizado:

$$\mathfrak{L} = E_{cin}(q, \dot{q}, t) - U(q, t) - \sum_r \Lambda_r(t)\, h_r(q, q', t)\,,$$

onde $U(q, t)$ é a energia potencial associada às forças que agem no sistema. Além das n equações de Euler-Lagrange, também devemos considerar os N vínculos $h_r(y, y', t) = 0$ para sermos capazes de encontrar as $(n + N)$ funções $q^\alpha(t)$ e $\Lambda_r(t)$. Então, por exemplo, no problema da moeda rolante, o lagrangiano a ser considerado é o seguinte:

$$\mathfrak{L} = \frac{M}{2}(\dot{\mathrm{x}}^2 + \dot{\mathrm{y}}^2) + \frac{M\,R^2}{4}\dot{\theta}^2 + \frac{M\,R^2}{8}\dot{\phi}^2 - \Lambda_1(\dot{\mathrm{x}} - R\dot{\theta}\cos\phi) - \Lambda_2(\dot{\mathrm{y}} - R\dot{\theta}\,\mathrm{sen}\phi)\,,$$

onde M é a massa da moeda (vide Seção 9.3). Na equação acima, foram inseridos os momentos de inércia supondo que a moeda é um disco homogêneo. Além das quatro equações de Euler associadas às coordenadas x, y, θ e ϕ, também temos que considerar as equações de vínculo $\dot{\mathrm{x}} = R\dot{\theta}\cos\phi$ e $\dot{\mathrm{y}} = R\dot{\theta}\,\mathrm{sen}\phi$.

Como uma outra aplicação do conteúdo que acabamos de ver, consideremos o problema de uma conta de massa m vinculada a se mover ao longo de um arame em forma de círculo de raio ℓ_0 centrado na origem do plano xy. Suponhamos que a conta esteja sujeita à aceleração gravitacional $\boldsymbol{g} = -g\hat{\boldsymbol{e}}_{\mathrm{y}}$. Esse sistema é equivalente a um pêndulo simples com uma haste de comprimento ℓ_0. Usando coordenadas polares, definidas através das relações $\mathrm{x} = r\cos\theta$ e $\mathrm{y} = r\,\mathrm{sen}\theta$, segue que o lagrangiano da partícula sujeita à força gravitacional é dado por:

$$\mathcal{L} = \frac{m}{2}(\dot{\mathrm{x}}^2 + \dot{\mathrm{y}}^2) - m\,g\,\mathrm{y} = \frac{m}{2}(\dot{r}^2 + r^2\dot{\theta}^2) - m\,g\,r\,\mathrm{sen}\theta\,.$$

O vínculo pode ser escrito da seguinte forma: $h(r) \equiv r - \ell_0 = 0$. Portanto, em decorrência da existência do vínculo, o "lagrangiano" a ser considerado deve ser o seguinte:

$$\mathfrak{L} = \mathcal{L} - \Lambda(t)h(r) = \frac{m}{2}(\dot{r}^2 + r^2\dot{\theta}^2) - m\,g\,r\,\mathrm{sen}\theta - \Lambda(t)(r - \ell_0)\,.$$

As equações de Euler-Lagrange associadas a r e θ fornecem respectivamente:

$$m\ddot{r} - m\,r\,\dot{\theta}^2 + mg\,\text{sen}\theta + \Lambda = 0 \quad \text{e} \quad m\,r^2\ddot{\theta} + 2m\,r\,\dot{r}\,\dot{\theta} + mg\,r\,\cos\theta = 0\,.$$

Agora, por meio da equação de vínculo, concluímos que $r = \ell_0$, de forma que $\dot{r} = 0$ e $\ddot{r} = 0$. Usando esse fato, as equações de movimento se tornam:

$$-m\,\ell_0\,\dot{\theta}^2 + m\,g\,\text{sen}\theta + \Lambda = 0 \quad \text{e} \quad m\,\ell_0^2\,\ddot{\theta} + m\,g\,\ell_0\,\cos\theta = 0\,.$$

Portanto, obtemos o seguinte:

$$r = \ell_0\,, \quad \Lambda = m\,\ell_0\,\dot{\theta}^2 - mg\,\text{sen}\theta\,, \quad \ddot{\theta} + \frac{g}{\ell_0}\cos\theta = 0\,.$$

Essa equação de movimento para θ é diferente da que se costuma atribuir ao pêndulo simples, porque neste problema θ não representa o deslocamento angular em relação à posição de equilíbrio. Aqui, o ponto de equilíbrio estável é dado por $\theta = -\pi/2$. Então, definindo $\theta = -\pi/2 + \vartheta$, de forma que ϑ afere o desvio angular em relação ao ponto de equilíbrio, segue que a equação de movimento associada a ϑ é dada por:

$$\ddot{\vartheta} + \frac{g}{\ell_0}\cos(\vartheta - \pi/2) = 0 \quad \Leftrightarrow \quad \ddot{\vartheta} + \frac{g}{\ell_0}\,\text{sen}\vartheta = 0\,,$$

que é a equação de movimento usualmente associada a um pêndulo simples. Então, vemos que, no caso de vínculos holonômicos, eles podem ser impostos ou através do uso de coordenadas generalizadas que já levam tais vínculos em consideração, como feito nos dois capítulos anteriores, ou podemos fazer uso de multiplicadores de Lagrange. Tipicamente, a primeira dessas opções é mais conveniente, embora haja exceções.

11.5 Exercícios sugeridos

Exercício 1 – ***resolvido***
Considere o funcional

$$I[y_{(\tau)}] = \int_{\tau_i}^{\tau_f} G(y, y', y'', \tau)\, d\tau\,,$$

que atua no conjunto de funções que obedecem às seguintes condições de contorno fixas:

$$y(\tau_i) = a\,, \quad y'(\tau_i) = b\,, \quad y(\tau_f) = c\,, \quad y'(\tau_f) = d\,.$$

Determine a equação diferencial obedecida por $y(\tau)$ a fim de que o funcional $I[y_{(\tau)}]$ seja extremizado. Depois, prove que o funcional

$$\tilde{I}[y_{(\tau)}] = \int_{\tau_i}^{\tau_f} \left[G(y, y', y'', \tau) + \tfrac{d}{d\tau} f(y, y', \tau)\right] d\tau$$

é extremizado pela função que obedece à mesma equação diferencial associada ao funcional $I[y_{(\tau)}]$.

Exercício 2
Considere o oscilador harmônico unidimensional cuja posição é descrita pela função $\mathrm{x}(t)$, que obedece às condições de contorno

$$\mathrm{x}(0) = 0 \quad \text{e} \quad \mathrm{x}\left(\frac{\pi}{2\omega}\right) = \mathrm{x}_0\,,$$

e cujo lagrangiano é dado por

$$\mathcal{L} = \frac{m}{2}\dot{\mathrm{x}}^2 - \frac{m\,\omega^2}{2}\mathrm{x}^2\,.$$

a) Encontre o caminho $\mathrm{x}(t)$ que extremiza a ação do sistema e que obedece às condições de contorno.
b) Calcule a ação associada ao caminho do item anterior.
c) Escolha outra função $\mathrm{x}(t)$ que seja diferente da solução obtida, mas que obedeça às mesmas condições de contorno. Calcule a ação para essa função $\mathrm{x}(t)$ e prove que ela tem valor maior que aquela calculada no item anterior.

Exercício 3
Considere uma partícula de massa m sujeita a um campo gravitacional uniforme e que esteja confinada a se mover na superfície de uma esfera de raio R_0. Encontre as equações de movimento que regem a dinâmica dessa partícula de duas formas.
a) Escolha duas coordenadas generalizadas para descrever os graus de liberdade efetivos e chegue às equações de movimento.
b) Encontre as equações de movimento impondo o vínculo através do uso de um multiplicador de Lagrange.

Solução do Exercício 1

Para que $y(\tau)$ forneça um extremo desse funcional, a variação $y(\tau) \to y(\tau) + \varepsilon(\tau)$ não deve afetar o valor do funcional em primeira ordem na função $\varepsilon(\tau)$. No entanto, essa invariância só precisa ocorrer quando valerem as seguintes igualdades:

$$\varepsilon(\tau_i) = 0 \ , \quad \varepsilon(\tau_f) = 0 \ , \quad \varepsilon'(\tau_i) = 0 \ , \quad \varepsilon'(\tau_f) = 0 \, ,$$

pois, por hipótese, as condições de contorno de y e y' são mantidas fixas durante a extremização. Calculando o funcional $I[y + \varepsilon]$ até primeira ordem em ε, temos:

$$\begin{aligned} I[y+\varepsilon] &= \int_{\tau_i}^{\tau_f} G(y+\varepsilon, y'+\varepsilon', y''+\varepsilon'', \tau)\, d\tau \\ &\simeq I[y] + \int_{\tau_i}^{\tau_f} [\,(\partial_y G)\varepsilon + (\partial_{y'}G)\varepsilon' + (\partial_{y''}G)\varepsilon''\,]\, d\tau \, . \end{aligned}$$

Agora, notemos que valem as seguintes identidades:

$$\begin{aligned} (\partial_{y'}G)\varepsilon' &= \frac{d}{d\tau}\,[(\partial_{y'}G)\,\varepsilon] - \varepsilon\,\frac{d}{d\tau}(\partial_{y'}G)\, , \\ (\partial_{y''}G)\varepsilon'' &= \frac{d}{d\tau}\,[(\partial_{y''}G)\,\varepsilon'] - \varepsilon'\,\frac{d}{d\tau}(\partial_{y''}G) \\ &= \frac{d}{d\tau}\,[(\partial_{y''}G)\,\varepsilon'] - \frac{d}{d\tau}\left[\varepsilon\frac{d}{d\tau}(\partial_{y''}G)\right] + \varepsilon\frac{d^2}{d\tau^2}(\partial_{y''}G)\, . \end{aligned}$$

Inserindo essas identidades na expressão obtida para $I[y + \varepsilon]$ e usando o fato de que ε e ε' se anulam nos extremos do caminho, chega-se ao seguinte resultado:

$$I[y+\varepsilon] = I[y] + \int_{\tau_i}^{\tau_f} \left[(\partial_y G) - \frac{d}{d\tau}(\partial_{y'}G) + \frac{d^2}{d\tau^2}(\partial_{y''}G)\right] \varepsilon\, d\tau \, .$$

Logo, como a função ε pode ser completamente arbitrária no intervalo $\tau \in (\tau_i, \tau_f)$, para que tenhamos $I[y + \varepsilon]$ igual a $I[y]$, o termo entre colchetes, na equação acima, deve se anular:

$$(\partial_y G) - \frac{d}{d\tau}(\partial_{y'}G) + \frac{d^2}{d\tau^2}(\partial_{y''}G) = 0\, .$$

Essa é a equação diferencial que deve ser obedecida por $y(\tau)$ a fim de que tal função extremize o funcional $I[y]$ com condições de contorno fixas.

Agora, sendo

$$\tilde{G}(y, y', y'', \tau) = G + \frac{d}{d\tau}f(y, y', \tau) = G + (\partial_y f)y' + (\partial_{y'} f)y'' + (\partial_\tau f) \tag{11.36}$$

o integrando do funcional $\tilde{I}[y]$, segue que a função $\tilde{y}(\tau)$ que extremiza $\tilde{I}$ deve obedecer à seguinte equação:

$$(\partial_{\tilde{y}}\tilde{G}) - \frac{d}{d\tau}(\partial_{\tilde{y}'}\tilde{G}) + \frac{d^2}{d\tau^2}(\partial_{\tilde{y}''}\tilde{G}) = 0\, .$$

Inserindo a expressão para $\tilde{G}$, dada na Eq. (11.36), na equação diferencial acima, obtemos:

$$\begin{aligned}
0 =&(\partial_y \tilde{G}) - \frac{d}{d\tau}(\partial_{y'}\tilde{G}) + \frac{d^2}{d\tau^2}(\partial_{y''}\tilde{G}) \\
=&(\partial_y G) - \frac{d}{d\tau}(\partial_{y'}G) + \frac{d^2}{d\tau^2}(\partial_{y''}G) \\
&+ [(\partial_y\partial_y f)y' + (\partial_y\partial_{y'} f)y'' + (\partial_y\partial_\tau f)] \\
&- \frac{d}{d\tau}\left[(\partial_y f) + (\partial_{y'}\partial_y f)y' + (\partial_{y'}\partial_{y'} f)y'' + (\partial_{y'}\partial_\tau f)\right] + \frac{d^2}{d\tau^2}(\partial_{y'} f) \\
=&(\partial_y G) - \frac{d}{d\tau}(\partial_{y'}G) + \frac{d^2}{d\tau^2}(\partial_{y''}G) \\
&- \frac{d}{d\tau}\left[(\partial_y\partial_{y'} f)y' + (\partial_{y'}\partial_{y'} f)y'' + (\partial_\tau\partial_{y'} f)\right] + \frac{d^2}{d\tau^2}(\partial_{y'} f) \\
=&(\partial_y G) - \frac{d}{d\tau}(\partial_{y'}G) + \frac{d^2}{d\tau^2}(\partial_{y''}G) - \frac{d}{d\tau}\left[\frac{d}{d\tau}(\partial_{y'} f)\right] + \frac{d^2}{d\tau^2}(\partial_{y'} f) \\
=&(\partial_y G) - \frac{d}{d\tau}(\partial_{y'}G) + \frac{d^2}{d\tau^2}(\partial_{y''}G)\,.
\end{aligned}$$

Portanto, se $y(\tau)$ for uma função que extremiza o funcional $I[y]$, ou seja, se $y(\tau)$ obedecer à equação

$$(\partial_y G) - \frac{d}{d\tau}(\partial_{y'}G) + \frac{d^2}{d\tau^2}(\partial_{y''}G) = 0\,,$$

então $y(\tau)$ obedecerá à equação diferencial associada à extremização do funcional $\tilde{I}[y]$.

Capítulo 12

Forças centrais

Neste capítulo, vamos tratar de sistemas formados por duas partículas que interagem entre si através de forças centrais cujas intensidades dependem apenas da distância entre as partículas. Por força central, entenda-se a força cuja direção seja aquela do segmento de reta que une as duas partículas, tal qual a força gravitacional newtoniana.

Sendo $\boldsymbol{r}_1$ e $\boldsymbol{r}_2$ as posições das partículas 1 e 2, cujas respectivas massas são m_1 e m_2, definamos os seguintes objetos:

$$\boldsymbol{r} \equiv \boldsymbol{r}_2 - \boldsymbol{r}_1 \ , \quad r \equiv |\boldsymbol{r}| \quad \text{e} \quad \hat{\mathbf{r}} \equiv \frac{1}{r}\boldsymbol{r} \, .$$

Usando essa notação, segue que os problemas aqui tratados serão aqueles para os quais as forças que agem nas partículas 1 e 2 podem ser escritas, respectivamente, da seguinte forma:

$$\boldsymbol{F}_1 = -\, f(r)\,\hat{\mathbf{r}} \quad \text{e} \quad \boldsymbol{F}_2 = f(r)\,\hat{\mathbf{r}} \, , \tag{12.1}$$

onde $f(r)$ é alguma função da grandeza escalar r, que afere a distância entre as partículas. Esses objetos recém-definidos estão ilustrados na Fig. 12.1. Note que essas expressões para as forças são coerentes com a terceira lei de Newton, pois se assume que a força que a partícula 1 exerce sobre a partícula 2, denotada por $\boldsymbol{F}_2$, é oposta à força que a partícula 2 exerce sobre a partícula 1, $\boldsymbol{F}_1$. Dessa forma, a força resultante sobre o sistema é zero.

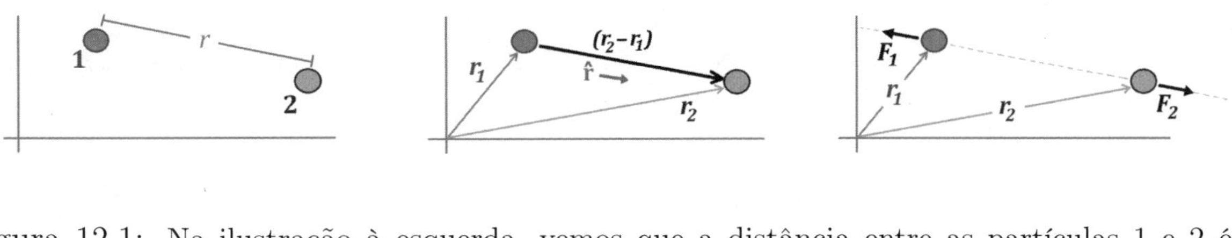

Figura 12.1: Na ilustração à esquerda, vemos que a distância entre as partículas 1 e 2 é r. Na ilustração central, vemos os vetores posição das partículas bem como o versor $\hat{\mathbf{r}}$. À direita, são ilustradas as forças que atuam nas partículas; elas têm mesmo módulo e direção, porém sentidos opostos. Note que a direção das forças é aquela do segmento de reta que conecta as duas partículas; forças com essa característica são denominadas "centrais".

Embora o cenário aqui assumido possa, à primeira vista, parecer muito restrito, ele, na verdade, abrange boa parte das interações fisicamente relevantes. De fato, a mecânica newtoniana assume que o espaço é homogêneo (invariante por translações), isotrópico (tem a mesma forma em todas as direções) e invariante por translação temporal, hipóteses que são compatíveis com as forças da Eq. (12.1). Por exemplo, o fato de a intensidade das forças depender apenas da distância r e não da direção de $\boldsymbol{r}$ significa que ela é invariante por rotações e, portanto, compatível com o conceito de isotropia. Da mesma forma, o fato de as forças dependerem apenas da combinação $(\boldsymbol{r}_2-\boldsymbol{r}_1)$, e não de $\boldsymbol{r}_1$ e $\boldsymbol{r}_2$ individualmente, indica que, se fizermos uma translação global (ou seja, a mesma translação em todos os vetores posição), a força não mudará:

$$\begin{cases} \boldsymbol{r}_1 \to \boldsymbol{r}_1' = \boldsymbol{r}_1 + \boldsymbol{\delta} \\ \\ \boldsymbol{r}_2 \to \boldsymbol{r}_2' = \boldsymbol{r}_2 + \boldsymbol{\delta} \end{cases} \Rightarrow \quad (\boldsymbol{r}_2' - \boldsymbol{r}_1') = (\boldsymbol{r}_2 - \boldsymbol{r}_1) \quad \Rightarrow \begin{cases} \boldsymbol{F}_1' = \boldsymbol{F}_1 \\ \\ \boldsymbol{F}_2' = \boldsymbol{F}_2 \end{cases}.$$

As interações gravitacionais e eletrostáticas são exemplos de interações do tipo central. No entanto, vale mencionar que, de acordo com a teoria da relatividade geral, que descreve a natureza com mais acurácia que o modelo newtoniano, o espaço-tempo não é homogêneo nem isotrópico. Apesar disso, localmente (em pequenas porções do espaço-tempo), a hipótese newtoniana de homogeneidade e isotropia pode ser vista como uma excelente aproximação da realidade. Também é pertinente mencionar que, na Eq. (12.1), assume-se que a interação entre as partículas viaja com velocidade infinita. Ou seja, se uma das partículas se movimentar, isso afetará a força que a outra partícula sentirá de forma instantânea. Isso está em desacordo com os princípios da relatividade, segundo os quais nenhuma comunicação pode se propagar com velocidade superior à velocidade da luz no vácuo. No entanto, mais uma vez, em muitos cenários, podemos considerar a hipótese de que as interações têm velocidade infinita como sendo uma excelente aproximação da realidade.

12.1 Massa reduzida

As forças dadas na Eq. (12.1) são conservativas e advêm do seguinte potencial:

$$U(r) = -\int f(r)\,dr\,.$$

De fato, adotando essa expressão para a energia potencial de interação, temos:

$$\boldsymbol{F}_1 = -\boldsymbol{\nabla}_1 U(r) = -f(r)\,\hat{\mathbf{r}} \quad \text{e} \quad \boldsymbol{F}_2 = -\boldsymbol{\nabla}_2 U(r) = f(r)\,\hat{\mathbf{r}}\,,$$

em conformidade com a Eq. (12.1). Nas identidades acima, $\boldsymbol{\nabla}_1$ e $\boldsymbol{\nabla}_2$ denotam os gradientes em relação às coordenadas $\boldsymbol{r}_1$ e $\boldsymbol{r}_2$ respectivamente. Por exemplo, se

$$f(r) = \frac{\alpha}{r^n} = \frac{\alpha}{|\boldsymbol{r}_2 - \boldsymbol{r}_1|^n}\,,$$

com α e n sendo constantes e $n \neq 1$, então teremos

$$U(r) = -\int f(r)\,dr = \frac{\alpha}{(n-1)\,r^{n-1}}\,.$$

Assim sendo, as forças que agem nas partículas 1 e 2 serão dadas por:

$$\boldsymbol{F}_1 = -\boldsymbol{\nabla}_1 U(r) = -\frac{dU}{dr}\,\boldsymbol{\nabla}_1 r = f(r)\,\boldsymbol{\nabla}_1 r \quad \text{e} \quad \boldsymbol{F}_2 = -\boldsymbol{\nabla}_2 U(r) = f(r)\,\boldsymbol{\nabla}_2 r\,.$$

Para calcular $\boldsymbol{\nabla}_1 r$ e $\boldsymbol{\nabla}_2 r$, devemos usar

$$r = \sqrt{(\mathrm{x}_2 - \mathrm{x}_1)^2 + (\mathrm{y}_2 - \mathrm{y}_1)^2 + (\mathrm{z}_2 - \mathrm{z}_1)^2}\,.$$

Logo, por exemplo, temos:

$$\frac{\partial r}{\partial \mathrm{x}_2} = \frac{1/2}{\sqrt{(\mathrm{x}_2-\mathrm{x}_1)^2+(\mathrm{y}_2-\mathrm{y}_1)^2+(\mathrm{z}_2-\mathrm{z}_1)^2}}\frac{\partial}{\partial \mathrm{x}_2}(\mathrm{x}_2-\mathrm{x}_1)^2 = \frac{\mathrm{x}_2-\mathrm{x}_1}{r}\,.$$

Portanto,

$$\begin{aligned}\boldsymbol{\nabla}_2\, r &= \frac{\partial r}{\partial \mathrm{x}_2}\,\hat{\boldsymbol{e}}_{\mathrm{x}} + \frac{\partial r}{\partial \mathrm{y}_2}\,\hat{\boldsymbol{e}}_{\mathrm{y}} + \frac{\partial r}{\partial \mathrm{z}_2}\,\hat{\boldsymbol{e}}_{\mathrm{z}} \\ &= \frac{\mathrm{x}_2-\mathrm{x}_1}{r}\,\hat{\boldsymbol{e}}_{\mathrm{x}} + \frac{\mathrm{y}_2-\mathrm{y}_1}{r}\,\hat{\boldsymbol{e}}_{\mathrm{y}} + \frac{\mathrm{z}_2-\mathrm{z}_1}{r}\,\hat{\boldsymbol{e}}_{\mathrm{z}} = \frac{\boldsymbol{r}_2-\boldsymbol{r}_1}{r} = \hat{\mathbf{r}}\,.\end{aligned}$$

Inserindo esse resultado na equação $\boldsymbol{F}_2 = f(r)\,\boldsymbol{\nabla}_2 r$, chega-se à expressão correta para a força. Analogamente, usando que $\boldsymbol{\nabla}_1\, r = -\hat{\mathbf{r}}$, chega-se à expressão correta para $\boldsymbol{F}_1$.

Usando o fato de que a energia potencial de interação entre as partículas é dada por $U(r)$, concluímos que o lagrangiano que descreve esse sistema de duas partículas é dado por:

$$\mathcal{L} = E_{cin} - U = \frac{m_1}{2}\,|\dot{\boldsymbol{r}}_1|^2 + \frac{m_2}{2}\,|\dot{\boldsymbol{r}}_2|^2 - U(r)\,. \tag{12.2}$$

Agora, em vez de usarmos as posições $\{\boldsymbol{r}_1, \boldsymbol{r}_2\}$ como coordenadas generalizadas,[1] vamos usar $\{\boldsymbol{r}, \boldsymbol{R}\}$, onde $\boldsymbol{r} = \boldsymbol{r}_2 - \boldsymbol{r}_1$ e $\boldsymbol{R}$ é a posição do centro de massa, definida por:

$$\boldsymbol{R} = \frac{1}{m_1+m_2}\,(m_1\,\boldsymbol{r}_1 + m_2\,\boldsymbol{r}_2)\,.$$

Podemos inverter as equações que definem $\boldsymbol{r}$ e $\boldsymbol{R}$ e escrever $\boldsymbol{r}_1$ e $\boldsymbol{r}_2$ em termos dessas duas novas coordenadas. O resultado final é o seguinte:

$$\boldsymbol{r}_1 = \boldsymbol{R} - \frac{m_2}{m_1+m_2}\,\boldsymbol{r} \quad \text{e} \quad \boldsymbol{r}_2 = \boldsymbol{R} + \frac{m_1}{m_1+m_2}\,\boldsymbol{r}\,. \tag{12.3}$$

Note que, ao fazermos a mudança de coordenadas generalizadas $\{\boldsymbol{r}_1, \boldsymbol{r}_2\} \to \{\boldsymbol{r}, \boldsymbol{R}\}$, estamos trocando seis graus de liberdade por seis graus de liberdade, como deveria ser. No formalismo lagrangiano, podemos escolher o sistema de coordenadas que quisermos, mas o número de coordenadas generalizadas é sempre fixo e igual ao número de graus de liberdade efetivos, a não ser que queiramos implementar os eventuais vínculos holonômicos do sistema através do uso de multiplicadores de Lagrange, em cujo caso teremos mais coordenadas que graus de liberdade efetivos.

Agora, calculando a energia cinética do par de partículas em termos do novo sistema de coordenadas, temos:

$$E_{cin} = \frac{m_1}{2}\left|\dot{\boldsymbol{R}} - \frac{m_2}{m_1+m_2}\,\dot{\boldsymbol{r}}\right|^2 + \frac{m_2}{2}\left|\dot{\boldsymbol{R}} + \frac{m_1}{m_1+m_2}\,\dot{\boldsymbol{r}}\right|^2 = \frac{M}{2}\,|\dot{\boldsymbol{R}}|^2 + \frac{\mu}{2}\,|\dot{\boldsymbol{r}}|^2\,,$$

onde, na última igualdade, foram introduzidas as constantes M, que denota a massa total do par de partículas, $M = m_1 + m_2$, e μ, que é denominada a **massa reduzida** do par de partículas e definida da seguinte forma:

$$\mu \equiv \frac{m_1\, m_2}{m_1+m_2}\,. \tag{12.4}$$

---

[1]Dizer que $\{\boldsymbol{r}_1, \boldsymbol{r}_2\}$ são "coordenadas generalizadas" é um abuso de linguagem, pois $\boldsymbol{r}_1$ e $\boldsymbol{r}_2$ são vetores, não escalares. O que se quer dizer, na verdade, é que as coordenadas cartesianas $\{\mathrm{x}_1, \mathrm{y}_1, \mathrm{z}_1, \mathrm{x}_2, \mathrm{y}_2, \mathrm{z}_2\}$ são as coordenadas generalizadas. Trata-se apenas de uma forma mais breve e compacta de se comunicar.

Portanto, nesse novo sistema de coordenadas, o lagrangiano do par de partículas é dado por:

$$\mathcal{L} = \frac{M}{2}\,|\dot{\boldsymbol{R}}|^2 + \frac{\mu}{2}\,|\dot{\boldsymbol{r}}|^2 - U(|\boldsymbol{r}|)\,. \tag{12.5}$$

As equações de Euler-Lagrange associadas às coordenadas $\boldsymbol{R}$ e $\boldsymbol{r}$ são dadas respectivamente por:

$$M\,\ddot{\boldsymbol{R}} = 0 \quad \text{e} \quad \mu\,\ddot{\boldsymbol{r}} = -\boldsymbol{\nabla}U(r) = f(r)\,\hat{\mathbf{r}}\,.$$

A solução da primeira dessas equações de movimento é imediata, dada por $\boldsymbol{R} = \boldsymbol{R}_0 + \boldsymbol{V}_0\,t$, onde $\boldsymbol{R}_0$ e $\boldsymbol{V}_0$ são vetores constantes. Esse resultado significa que o centro de massa do par de partículas segue um movimento retilíneo e uniforme. Isso é coerente com o fato de que não há forças externas sobre o sistema e que as forças internas obedecem à terceira lei de Newton. Como consequência, é possível fazer uma transformação de Galileo (que preserva as forças) e passar para o chamado *referencial do centro de massa*, cuja origem está localizada no centro de massa do par de partículas. Ou seja, no referencial do centro de massa, vale $\boldsymbol{R} = 0$. Fazendo ou não tal escolha de referencial, como a dinâmica da coordenada $\boldsymbol{R}$ é trivial, é justificado focarmos apenas o elemento mais desafiador, a dinâmica da coordenada $\boldsymbol{r}$. Ou seja, vamos concentrar nossa atenção no seguinte lagrangiano e na seguinte equação de movimento:[2]

$$\mathcal{L} = \frac{\mu}{2}\,|\dot{\boldsymbol{r}}|^2 - U(r) \quad \text{e} \quad \mu\,\ddot{\boldsymbol{r}} = -\frac{dU}{dr}\,\hat{\mathbf{r}}\,. \tag{12.6}$$

Dessa forma, fomos capazes de reduzir o problema de duas partículas interagindo por uma força central que só depende da distância entre as partículas ao problema matematicamente equivalente de uma única partícula fictícia de massa μ e vetor posição $\boldsymbol{r}$ sujeita a um potencial $U(r)$. No que segue, trataremos de sistemas descritos pelo lagrangiano da Eq. (12.6). Em particular, se usarmos coordenadas esféricas $\{r, \theta, \phi\}$, relacionadas com as coordenadas cartesianas através das identidades[3]

$$\mathrm{x} = r\,\mathrm{sen}\theta\,\cos\phi\,, \quad \mathrm{y} = r\,\mathrm{sen}\theta\,\mathrm{sen}\phi\,, \quad \mathrm{z} = r\cos\theta\,,$$

conclui-se que o lagrangiano da partícula fictícia pode ser escrito da seguinte forma:

$$\mathcal{L} = \frac{\mu}{2}\,\left(\dot{r}^2 + r^2\,\dot{\theta}^2 + r^2\,\mathrm{sen}^2\theta\,\dot{\phi}^2\right) - U(r)\,. \tag{12.7}$$

O sistema de coordenadas esféricas está ilustrado na Fig. 12.2.

12.2 Conservação do momento angular

O momento angular da partícula fictícia de massa μ, cuja dinâmica é descrita pela Eq. (12.6), é definido da seguinte forma:

$$\boldsymbol{L} = \mu\,\boldsymbol{r} \times \dot{\boldsymbol{r}}\,. \tag{12.8}$$

[2]Só podemos ignorar a parte do lagrangiano que depende de $\boldsymbol{R}$ porque ela é desacoplada da parte do lagrangiano que depende de $\boldsymbol{r}$. A equação de movimento de $\boldsymbol{R}$ só envolve essa coordenada e a equação de Euler-Lagrange associada a $\boldsymbol{r}$ só envolve a coordenada $\boldsymbol{r}$. Em contraste, no lagrangiano (12.2), escrito em termos das coordenadas $\boldsymbol{r}_1$ e $\boldsymbol{r}_2$, não podemos ignorar uma das coordenadas, pois as equações de movimento acoplam tais coordenadas. Por exemplo, a equação de Euler-Lagrange associada a $\boldsymbol{r}_1$ depende de r, que, por sua vez, depende de $\boldsymbol{r}_2$.

[3]Aqui, $\{\mathrm{x}, \mathrm{y}, \mathrm{z}\}$ são as coordenadas cartesianas referentes à posição da partícula fictícia. Do ponto de vista do problema original, no qual o sistema é composto por duas partículas, temos $\mathrm{x} = \mathrm{x}_2 - \mathrm{x}_1$, $\mathrm{y} = \mathrm{y}_2 - \mathrm{y}_1$ e $\mathrm{z} = \mathrm{z}_2 - \mathrm{z}_1$.

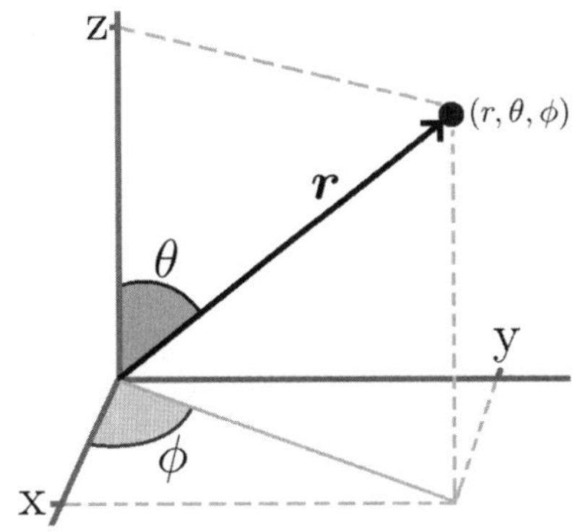

Figura 12.2: Dado um ponto cujo vetor posição é $\boldsymbol{r}$ e cujas coordenadas cartesianas são (x, y, z), segue que suas coordenadas esféricas são definidas da forma mostrada na ilustração acima. A coordenada r representa a distância do ponto até a origem, θ denota o ângulo entre o vetor posição e o eixo z, ao passo que a coordenada ϕ representa o ângulo entre o eixo x e a projeção do vetor posição no plano xy. Em particular, note que o plano xy é formado pelos pontos cuja coordenada θ é dada por $\pi/2$.

O fato de essa partícula estar sujeita a uma força do tipo central faz com que esse vetor seja uma constante de movimento. De fato,

$$\frac{d\boldsymbol{L}}{dt} = \mu\,\dot{\boldsymbol{r}} \times \dot{\boldsymbol{r}} + \mu\,\boldsymbol{r} \times \ddot{\boldsymbol{r}} = 0 - \frac{dU}{dr}\boldsymbol{r} \times \hat{\mathbf{r}} = 0\,,$$

onde foi usado o fato de que, se dois vetores são paralelos entre si, então o produto vetorial entre eles é zero.

Agora, vejamos que a conservação da direção do momento angular garante que o movimento da partícula fictícia se dá em um plano fixo. Dados dois vetores, é sempre possível encontrar um plano que os contenha. Em particular, escolhendo convenientemente o referencial cartesiano utilizado, podemos sempre dizer que esses vetores são paralelos ao plano xy. Sendo assim, vamos assumir que, no instante $t = 0$, o vetor posição e o vetor velocidade da partícula fictícia estão contidos no plano xy. Por conta da definição do momento angular, dada na Eq. (12.8), seguirá que, no instante $t = 0$, o vetor momento angular apontará na direção do eixo z. Então, como o momento angular é constante, ele continuará apontando nessa direção em qualquer instante posterior, o que garante que os vetores $\boldsymbol{r}$ e $\dot{\boldsymbol{r}}$ estarão sempre contidos no plano xy. Ou seja, o movimento da partícula fictícia é planar. Então, usando coordenadas esféricas, podemos considerar que nossa partícula fictícia está sempre no plano equatorial $\theta = \pi/2$, que é o plano z = 0.[4] Por esse motivo, no lagrangiano da Eq. (12.7), pode-se assumir $\theta = \pi/2$, em cujo caso se chega ao seguinte:

$$\mathcal{L} = \frac{\mu}{2}\left(\dot{r}^2 + r^2\,\dot{\phi}^2\right) - U(r)\,. \tag{12.9}$$

[4]Essa mesma conclusão pode ser extraída analisando as equações de Euler-Lagrange associadas ao lagrangiano (12.7). Note que $\theta(t) = \pi/2$ é uma possível solução para tais equações, pois, ao inserirmos tal ansatz nessas equações, uma das três equações de movimento será resolvida, sobrando duas equações que envolvem as funções $r(t)$ e $\phi(t)$. Se, em contraste, ficássemos com três equações para duas variáveis, o ansatz não seria uma solução. Outra forma de entender por que $\theta(t) = \pi/2$ é uma solução é notando que, se tivermos $\theta(t_0) = \pi/2$ e $\dot{\theta}(t_0) = 0$ em um instante $t = t_0$, então a equação de Euler-Lagrange associada a θ implicará $\ddot{\theta}(t_0) = 0$, de forma que a partícula nunca deixará o plano equatorial, pois sua velocidade e aceleração na direção ortogonal ao plano equatorial serão nulas em todos os instantes.

Esse é o lagrangiano de uma partícula de massa μ em duas dimensões, com r e ϕ sendo coordenadas polares, sujeita a um potencial $U(r)$ que depende apenas da distância da partícula à origem.

Agora, considere um lagrangiano $\mathcal{L}(q, \dot{q}, t)$, com q sendo uma abreviação para o conjunto de n coordenadas generalizadas $\{q^1, \cdots, q^n\}$. A grandeza $p_i \equiv \partial\mathcal{L}/\partial\dot{q}^i$ é chamada de **momento canônico** associado à coordenada q^i. Por exemplo, no caso de uma partícula de massa m em três dimensões sujeita a um potencial $V(\boldsymbol{r})$, segue que o lagrangiano é escrito em coordenadas cartesianas da seguinte maneira:

$$\mathcal{L} = \frac{m}{2}\left(\dot{\mathrm{x}}^2 + \dot{\mathrm{y}}^2 + \dot{\mathrm{z}}^2\right) - V(\mathrm{x}, \mathrm{y}, \mathrm{z}).$$

Então, os momentos canônicos são:

$$p_{\mathrm{x}} = \frac{\partial\mathcal{L}}{\partial\dot{\mathrm{x}}} = m\,\dot{\mathrm{x}}\ , \quad p_{\mathrm{y}} = \frac{\partial\mathcal{L}}{\partial\dot{\mathrm{y}}} = m\,\dot{\mathrm{y}}\ , \quad p_{\mathrm{z}} = \frac{\partial\mathcal{L}}{\partial\dot{\mathrm{z}}} = m\,\dot{\mathrm{z}}\,.$$

Note que essas são exatamente as componentes do momento linear ao longo dos eixos cartesianos. Por sua vez, considerando o lagrangiano da Eq. (12.7), vemos que o momento canônico associado à coordenada ϕ é dado por:

$$p_\phi = \frac{\partial\mathcal{L}}{\partial\dot{\phi}} = \mu\, r^2 \operatorname{sen}^2\theta\, \dot{\phi}\,.$$

Esse, por outro lado, não é o momento linear da partícula. Em vez disso, trata-se da componente z do momento *angular*. Logo, é importante manter em mente que nem sempre o momento canônico é igual ao momento linear; às vezes ele pode representar o momento angular (quando a coordenada em questão representar o ângulo em torno de um eixo). Mais ainda, em geral, o momento canônico associado a uma determinada coordenada generalizada não tem uma interpretação física clara. Em particular, o momento canônico não precisa ter unidade de momento linear ou de momento angular; sua unidade dependerá da unidade de medida da coordenada generalizada associada, que pode ser qualquer uma.

Suponhamos agora que o lagrangiano $\mathcal{L}(q, \dot{q}, t)$ dependa de $\dot{q}^1$ porém não dependa explicitamente da coordenada q^1, ou seja, $\partial_{q^1}\mathcal{L} = 0$. Nesse caso, dizemos que q^1 é uma **coordenada cíclica**. A equação de Euler-Lagrange associada a essa coordenada é, então, dada por:

$$\frac{d}{dt}\left(\frac{\partial\mathcal{L}}{\partial\dot{q}^1}\right) = \partial_{q^1}\mathcal{L} = 0 \quad\Rightarrow\quad p_1 = \frac{\partial\mathcal{L}}{\partial\dot{q}^1} = constante\,.$$

Portanto, coordenadas cíclicas estão associadas a leis de conservação dos momentos canônicos. Em particular, no lagrangiano da partícula fictícia que representa o nosso sistema com força central, dado na Eq. (12.9), a coordenada ϕ é cíclica, de forma que seu momento canônico associado é constante ao longo da trajetória. Denotando essa constante por ℓ, temos então:

$$\ell = p_\phi = \frac{\partial\mathcal{L}}{\partial\dot{\phi}} = \mu\, r^2\, \dot{\phi} \quad\Rightarrow\quad \dot{\phi} = \frac{\ell}{\mu\, r^2}\,. \tag{12.10}$$

A constante ℓ é fisicamente interpretada como sendo a magnitude do momento angular da partícula fictícia em torno do eixo z, que é o eixo de rotação. Essa lei de conservação é a origem da segunda lei de Kepler. Tal lei afirma que, quando um planeta orbita em torno do Sol, seu vetor posição varre áreas iguais em tempos iguais, ou seja, a velocidade areolar é constante. De fato, a Fig. 12.3 ilustra a geometria por trás dessa afirmação. Em um deslocamento infinitesimal de um ângulo $d\phi$, a área infinitesimal varrida pelo vetor posição é dada por $dA = \frac{1}{2}r^2 d\phi$, até primeira ordem nas diferenciais $d\phi$ e dr. Logo, a taxa de variação da área varrida é:

$$\frac{dA}{dt} = \frac{1}{2}r^2\frac{d\phi}{dt} = \frac{1}{2}r^2\frac{\ell}{\mu\, r^2} = \frac{\ell}{2\mu}\,, \tag{12.11}$$

provando que a velocidade areolar é constante. Portanto, a segunda lei de Kepler vale não apenas para a interação gravitacional entre dois corpos celestes, mas também para qualquer par de partículas que interage através de uma força central cuja intensidade só depende da distância entre as partículas.

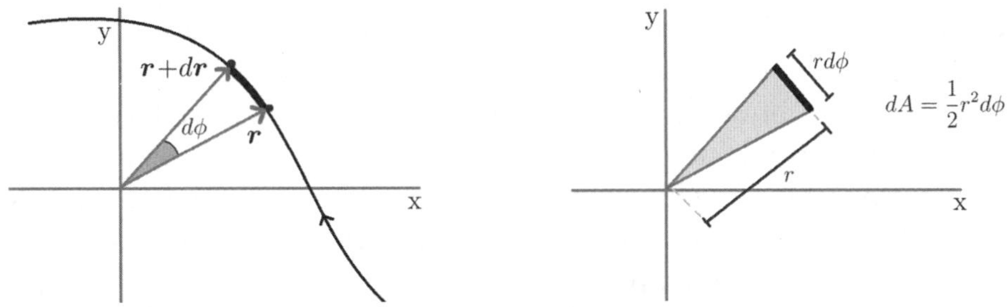

Figura 12.3: No lado esquerdo, vemos a trajetória da partícula e, em destaque, um deslocamento infinitesimal da partícula que levou a uma mudança de $d\phi$ na posição angular. No lado direito, a área varrida pelo vetor posição é aproximada por um triângulo cuja altura é r e cuja base é $rd\phi$, de forma que a área desse triângulo infinitesimal é $dA = \frac{1}{2}r^2 d\phi$.

É importante manter em mente que não podemos substituir a Eq. (12.10) no lagrangiano para depois extrair a dinâmica de r, pois isso levaria à equação de movimento errada. De fato, ao calcular as equações de movimento no formalismo lagrangiano, deve-se assumir que r e $\dot{\phi}$ são variáveis independentes. No entanto, a Eq. (12.10) relaciona essas duas variáveis, de maneira que sua substituição no lagrangiano estaria em contradição com as hipóteses que embasaram a dedução das equações de Euler-Lagrange. Portanto, só podemos utilizar a Eq. (12.10) no formalismo lagrangiano após obtermos as equações de movimento para r e ϕ. Podemos imaginar a Eq. (12.10) como um sendo vínculo que conecta as coordenadas r e ϕ. Ocorre que esse vínculo não é holonômico, razão pela qual não podemos simplesmente inseri-lo no lagrangiano. Se o vínculo fosse holonômico, sua inserção no lagrangiano não levaria a equações de movimento erradas.

12.3 Equação de movimento e equação da órbita

Nós já obtivemos a equação de Euler-Lagrange da partícula fictícia associada à coordenada angular ϕ, o que nos levou à lei de conservação da magnitude do momento angular. Agora, vamos obter a equação associada à coordenada r. Através do lagrangiano (12.9), chega-se à seguinte equação de Euler-Lagrange:

$$\mu\,\ddot{r} = \mu\, r\,\dot{\phi}^2 - \frac{dU}{dr} = \frac{\ell^2}{\mu\, r^3} - \frac{dU}{dr} = -\frac{d}{dr}\left(U + \frac{\ell^2}{2\mu\, r^2}\right)\,, \tag{12.12}$$

onde, na segunda igualdade, foi usada a Eq. (12.10). Por sua vez, na última igualdade, a equação de movimento foi escrita como sendo igual à segunda lei de Newton para uma partícula de massa μ em uma dimensão sujeita a uma força conservativa cuja energia potencial é dada por

$$U_{ef}(r) = U(r) + \frac{\ell^2}{2\mu\, r^2}\,. \tag{12.13}$$

A função $U_{ef}(r)$ é denominada **potencial efetivo** da partícula fictícia. O segundo termo no lado direito da equação acima é chamado de **barreira potencial do momento angular**. Note que, assumindo $\ell \neq 0$, esse termo vai a infinito quando r se aproxima de zero. Isso ocorre porque o momento angular deve ser conservado, isto é, $\mu r^2\dot{\phi} = constante$. Logo, se r diminuir, então $\dot{\phi}$ aumentará. Esse aumento da velocidade angular tem um custo energético e essa é a causa da existência da barreira de momento angular no potencial efetivo.

Antes de avançarmos, vamos recapitular e contemplar o que foi obtido até agora. O sistema aqui abordado é o de duas partículas interagindo por uma força do tipo central. Portanto, trata-se de um problema com seis graus de liberdade efetivos. Vimos que, eliminando os graus de liberdade associados ao movimento do centro de massa, que é trivial, o problema fica equivalente àquele de uma partícula fictícia, de massa μ, movendo-se em três dimensões, sujeita a um potencial que só depende de r (distância entre a partícula e a origem do referencial). Como esse último sistema tem um lagrangiano que é invariante por rotações, segue que o momento angular da partícula fictícia é conservado. Em particular, a preservação da direção do vetor momento angular implica que seu movimento se dá em um plano fixo, digamos, o plano z = 0. Portanto, a dinâmica da coordenada z é trivial, de maneira que só há dois graus de liberdade relevantes, r e ϕ. Por fim, a conservação do módulo do momento angular implica que, se conhecermos $r(t)$, podemos obter $\phi(t)$, através da Eq. (12.10). Portanto, resta apenas descobrir a dinâmica da coordenada r. É possível, então, encarar esse problema como sendo aquele de uma partícula de massa μ em uma única dimensão, com r sendo a coordenada generalizada e o potencial sendo dado pelo potencial efetivo da Eq. (12.13). Em suma, conseguimos trocar um problema com seis graus de liberdade por um problema unidimensional.

Em várias situações, mais desejado que conhecer a dinâmica $r(t)$, é determinar a geometria da órbita da partícula sujeita à força central, ou seja, estabelecer como r varia com ϕ. Por essa razão, vamos encontrar uma equação diferencial para $r(\phi)$. Na verdade, vamos definir $u = r^n$, para alguma constante n, e tentar achar uma equação diferencial de segunda ordem para $u(\phi)$. Em breve, veremos que existe um escolha específica de n que torna a equação diferencial para $u(\phi)$ mais simples. Uma vez determinado $u(\phi)$, segue que $r(\phi)$ estará automaticamente estabelecido: $r = u^{1/n}$. Notemos que:

$$\frac{d}{dt} = \frac{d\phi}{dt}\frac{d}{d\phi} = \frac{\ell}{\mu\, r^2}\frac{d}{d\phi} \quad \Rightarrow \quad \frac{d}{d\phi} = \frac{\mu r^2}{\ell}\frac{d}{dt}\,.$$

Logo, se $u = r^n$, então:

$$\frac{du}{d\phi} = \frac{\mu\, r^2}{\ell}\frac{d}{dt}r^n = \frac{n\,\mu\, r^{n+1}}{\ell}\,\dot{r}\,.$$

Por fim, fazendo uso das duas últimas identidades, chegamos ao seguinte resultado:

$$\frac{d^2u}{d\phi^2} = \frac{\mu\, r^2}{\ell}\frac{d}{dt}\left(\frac{n\,\mu\, r^{n+1}}{\ell}\,\dot{r}\right) = \frac{n\,(n+1)\,\mu^2\, r^{n+2}}{\ell^2}\,\dot{r}^2 + \frac{n\,\mu^2\, r^{n+3}}{\ell^2}\,\ddot{r}\,.$$

Vemos, portanto, que, se assumirmos $u = r$, ou seja, $n = 1$, que seria o mais natural, a equação da órbita, que envolve a derivada segunda de u em relação a ϕ, teria um termo não linear na velocidade, a saber, $r^3\dot{r}^2$. Por outro lado, escolhendo $n = -1$, vemos que esse termo é eliminado. Isto é,

$$u = \frac{1}{r} \quad \Rightarrow \quad \frac{d^2u}{d\phi^2} = -\frac{\mu^2 r^2}{\ell^2}\ddot{r}\,.$$

Então, substituindo a equação de movimento (12.12) no lado direito da identidade acima, chega-se, finalmente, à seguinte equação para a órbita:

$$u = \frac{1}{r} \quad \Rightarrow \quad \frac{d^2u}{d\phi^2} + u = \frac{\mu}{u^2\,\ell^2}\,U'(r)\,, \tag{12.14}$$

onde $U'(r)$ denota a derivada de U em relação a r. Depois de calcularmos essa derivada, devemos substituir qualquer dependência em r por $1/u$.

Exemplo: Determine o formato das órbitas de duas partículas, de massas m_1 e m_2, que interagem entre si com a energia potencial de interação dada por

$$U(r) = -\frac{\alpha}{|\boldsymbol{r}_2 - \boldsymbol{r}_1|^2}\,,$$

onde α é uma constante. Em seguida, obtenha a evolução dinâmica dessas partículas.

Solução

A força de interação é dada por:

$$\boldsymbol{F} = -\frac{dU}{dr}\,\hat{\mathbf{r}} = -\frac{2\alpha}{r^3}\,\hat{\mathbf{r}}\,.$$

Portanto, se $\alpha > 0$, a força é atrativa, pois apontará em direção à origem, que é a direção em que r decresce. Em contraste, se $\alpha < 0$, a força será repulsiva, pois ela contribuirá para o aumento de r. O problema de determinar a trajetória das partículas que interagem através dessa força é matematicamente equivalente ao problema de uma partícula de massa $\mu = \frac{m_1 m_2}{m_1+m_2}$ cuja órbita obedece à Eq. (12.14), que, no caso do potencial em questão, é dada por:

$$\frac{d^2u}{d\phi^2} + u = \frac{\mu}{u^2\,\ell^2}\left(\frac{2\alpha}{r^3}\right) = \frac{2\alpha\,\mu}{\ell^2}\,u \quad \Rightarrow \quad u'' + \omega_0^2\,u = 0\,, \quad \text{onde } \omega_0 = \sqrt{1 - \frac{2\alpha\mu}{\ell^2}}\,.$$

Temos, então, dois regimes distintos, a depender da natureza real ou imaginária de ω_0. Quando $\ell^2 > 2\alpha\mu$, ω_0 é real, em cujo caso a solução geral para a órbita é dada por:

$$\frac{1}{r} = u = A\,\cos(\omega_0\,\phi + b)\,, \tag{12.15}$$

onde A e b são constantes de integração a serem determinadas pelas condições iniciais. Em particular, se a força central for repulsiva, isto é, se $\alpha < 0$, a condição $\ell^2 > 2\alpha\mu$ será automaticamente satisfeita. Por sua vez, se $\ell^2 < 2\alpha\mu$, o que pressupõe que α seja positivo (ou seja, a força deve ser atrativa), ω_0 será imaginário, em cujo caso uma solução é dada por

$$\frac{1}{r} = u = A\,\cosh(\tilde{\omega}_0\,\phi + b)\,, \quad \text{onde} \quad \tilde{\omega}_0 = \sqrt{\frac{2\alpha\mu}{\ell^2} - 1}\,. \tag{12.16}$$

Outra solução possível quando $\ell^2 < 2\alpha\mu$ é dada por

$$\frac{1}{r} = u = A\,\mathrm{senh}(\tilde{\omega}_0\,\phi + b)\,. \tag{12.17}$$

Note que, além da solução (12.15), também poderíamos escrever uma solução usando seno em vez de cosseno. Essa solução tipo seno seria válida quando $\ell^2 > 2\alpha\mu$. No entanto, a função seno pode ser obtida através do cosseno por meio de uma simples translação do seu argumento, o que equivale a uma mera redefinição da constante de integração b. O mesmo não vale para o seno e o cosseno hiperbólicos. De fato, as soluções (12.16) e (12.17) têm propriedades distintas. Enquanto o seno hiperbólico pode se anular, o cosseno hiperbólico é sempre diferente de zero. Portanto, na solução (12.16), a distância entre as partículas nunca será infinita, diferentemente do que ocorre na solução (12.17). As Eqs. (12.15), (12.16) e (12.17) formam, então, o conjunto de todas as órbitas possíveis para o potencial central em questão. Exemplares das diferentes órbitas aqui obtidas são mostrados na Fig. 12.4.

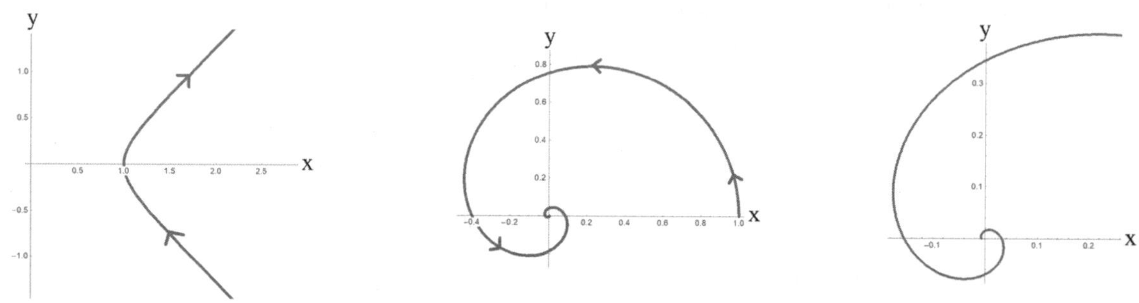

Figura 12.4: No lado esquerdo, é mostrado o formato da órbita traçada pelo vetor $\boldsymbol{r}(t)$, onde $\boldsymbol{r} = \boldsymbol{r}_2 - \boldsymbol{r}_1$, no caso em que $\ell^2 > 2\alpha\mu$. Mais precisamente, trata-se da solução (12.15) com $A = 1$, $b = 0$ e $\omega_0 = 2$. Nesse caso, vemos que as partículas se repelem, pois, ao final, a distância entre elas fica arbitrariamente grande. No gráfico do meio, vemos o formato da órbita quando $2\alpha\mu > \ell^2$. Mais precisamente, trata-se da solução (12.16) com $A = 1$, $b = 0$ e $\tilde{\omega}_0 = 1$. Vemos que, nesse caso, as partículas se atraem, uma espirala em torno da outra até se chocarem. Por fim, no lado direito, temos a órbita (12.17) com $A = 1$, $b = 1$ e $\tilde{\omega}_0 = 1/2$. O sentido da última órbita pode tanto ser espiralando em direção à origem quanto espiralando até o infinito, a depender das condições iniciais das partículas.

Para determinar a dinâmica, podemos começar integrando a equação que define a constante de movimento ℓ. Por exemplo, consideremos o caso em que $\ell^2 > 2\alpha\mu$, para o qual vale a solução (12.15):

$$\frac{d\phi}{dt} = \frac{\ell}{\mu\, r^2} \quad \Rightarrow \quad t = \frac{\mu}{\ell}\int r^2 d\phi = \frac{\mu}{\ell}\int \frac{d\phi}{A^2\,\cos^2(\omega_0\,\phi + b)} = \frac{\mu}{\ell\, A^2\,\omega_0}\,\tan(\omega_0\,\phi + b)\,,$$

onde a constante de integração foi escolhida como sendo zero, o que equivale a uma redefinição da origem do tempo. Resolvendo a equação anterior para a variável ϕ, encontraremos ϕ em função do tempo:

$$\phi(t) = \frac{1}{\omega_0}\left[\arctan\left(\frac{\ell\, A^2\,\omega_0}{\mu}\,t\right) - b\right]\,.$$

Então, inserindo essa relação na Eq. (12.15), chega-se à seguinte dinâmica para a distância entre as partículas:

$$r(t) = \frac{1}{A\,\cos(\omega_0\,\phi(t) + b)} = \frac{1}{A}\sqrt{1 + \frac{\ell^2\,A^4\,\omega_0^2}{\mu^2}\,t^2}\,.$$

Em particular, da equação acima, vemos que, se $t \to \pm\infty$, então $r \to \infty$. Ou seja, as partículas que estavam inicialmente apartadas por uma distância infinita se aproximam (em razão das condições iniciais de aproximação), chegam ao ápice da aproximação quando $t = 0$ e, a partir daí, distanciam-se indefinidamente (por conta da força repulsiva em conjunto com a barreira potencial de momento angular). As posições das partículas 1 e 2 podem ser obtidas através do uso da Eq. (12.3). Escolhendo o centro de massa do par de partículas como sendo a origem do referencial cartesiano adotado, podemos afirmar que $\boldsymbol{R} = 0$. Fazendo essa escolha, seguem da Eq. (12.3) as seguintes igualdades:

$$\boldsymbol{r}_1 = -\frac{\mu}{m_1}\,\boldsymbol{r} \quad \text{e} \quad \boldsymbol{r}_2 = \frac{\mu}{m_2}\,\boldsymbol{r}\,, \qquad \text{onde} \quad \boldsymbol{r} = r(t)\,[\,\cos\phi(t)\,\hat{\boldsymbol{e}}_{\text{x}} + \text{sen}\phi(t)\,\hat{\boldsymbol{e}}_{\text{y}}] \quad \blacksquare$$

12.4 Conservação de energia e a solução formal para a dinâmica

Como fora discutido no início deste livro, se um sistema de partículas interage através de forças conservativas cujo potencial de interação não depende explicitamente do tempo, então a energia total do sistema é conservada. Portanto, a energia do par de partículas considerado aqui neste capítulo deve ser constante ao longo da dinâmica. Como podemos substituir o problema do par de partículas que interagem através de uma força central conservativa pelo problema equivalente de uma partícula de massa μ em duas dimensões cujo lagrangiano é dado por (12.9), segue que a energia a ser conservada é a seguinte:[5]

$$E = E_{cin} + U = \frac{\mu}{2}\left(\dot{r}^2 + r^2\,\dot{\phi}^2\right) + U(r) = \frac{\mu}{2}\,\dot{r}^2 + \frac{\ell^2}{2\mu r^2} + U(r) = \frac{\mu}{2}\,\dot{r}^2 + U_{ef}(r)\,,$$

onde, na terceira igualdade, foi usada a lei de conservação da magnitude do momento angular para substituir $\dot{\phi}$. Por sua vez, na última igualdade, foi utilizada a definição da energia potencial efetiva dada na Eq. (12.13), que incorpora a barreira potencial do momento angular. Essa lei de conservação fornece a seguinte expressão para a velocidade radial:

$$\frac{dr}{dt} = \sqrt{\frac{2}{\mu}[E - U_{ef}(r)]} \quad \Rightarrow \quad dt = \sqrt{\frac{\mu}{2}}\,\frac{dr}{\sqrt{E - U_{ef}(r)}}\,. \tag{12.18}$$

Então, integrando ambos os lados da última equação, chega-se ao seguinte:

$$t = \sqrt{\frac{\mu}{2}}\int\frac{dr}{\sqrt{E - U_{ef}(r)}}\,. \tag{12.19}$$

Essa é uma solução formal para a dinâmica da coordenada radial. Com efeito, se executarmos a integral no lado direito da equação acima, obteremos $t = t(r)$. Então, invertendo

[5] A energia no problema original, o problema de duas partículas, é igual à energia da partícula fictícia acrescida da energia cinética de translação do centro de massa do par de partículas. Como o centro de massa tem velocidade constante, segue que a energia total do par de partículas também será constante, assim como a energia da partícula fictícia.

essa relação algébrica, podemos encontrar $r = r(t)$. A integração dará origem a uma constante de integração, que, junto com a energia E e com o momento angular ℓ, pode ser fixada uma vez escolhidas as condições iniciais do sistema. Encontrada a solução $r(t)$, em seguida, podemos determinar a dinâmica da coordenada angular por meio da seguinte equação:

$$\phi = \int d\phi = \int \dot{\phi}\, dt = \frac{\ell}{\mu} \int \frac{dt}{[r(t)]^2} \,. \tag{12.20}$$

Nessa última integração, surgirá mais uma constante, que deve ser fixada pela condição inicial $\phi(t_0)$. Em suma, através das Eqs. (12.19) e (12.20), temos a solução formal para a dinâmica de um par de partículas que interage através de uma força conservativa do tipo central.

Além da solução para a dinâmica, também é possível obter uma solução formal para a órbita. Ou seja, uma relação entre as coordenadas angular e radial válida para um potencial $U(r)$ arbitrário. De fato, usando a definição da constante $\ell = \mu r^2 \dot{\phi}$ em conjunto com a Eq. (12.18), obtemos o seguinte:

$$\phi = \int \dot{\phi}\, dt = \frac{\ell}{\mu} \int \frac{dt}{r^2} = \frac{\ell}{\sqrt{2\mu}} \int \frac{dr}{r^2 \sqrt{E - U_{ef}(r)}} \,. \tag{12.21}$$

Se formos capazes de executar a integral no lado direito da equação acima, obteremos a relação entre ϕ e r, o que nos fornece a geometria da órbita. Para fins de exemplificação, consideremos o potencial de interação investigado no exemplo da seção anterior, $U(r) = -\alpha/r^2$, para o qual a Eq. (12.21) fornece a seguinte identidade:

$$\phi = \frac{\ell}{\sqrt{2\mu}} \int \frac{dr}{r^2 \sqrt{E - \frac{1}{r^2}(\frac{\ell^2}{2\mu} - \alpha)}} = \int \frac{dr}{r^2 \sqrt{\frac{2\mu E}{\ell^2} - \frac{\omega_0^2}{r^2}}} = \frac{1}{\omega_0} \text{arccos} \left(\frac{\ell \omega_0}{r\sqrt{2\mu E}} \right) - \tilde{b} \,,$$

onde $\tilde{b}$ é uma constante de integração e $\omega_0 = \sqrt{1 - \frac{2\mu\alpha}{\ell^2}}$ é a mesma constante definida no exemplo da seção anterior. A solução acima para a órbita está em pleno acordo com o que fora obtido na Eq. (12.15), onde a constante b deve ser identificada com $\tilde{b}\omega_0$ e a constante A deve ser identificada com $\frac{\sqrt{2\mu E}}{\ell \omega_0}$. Como um outro exemplo do uso da Eq. (12.21), analisemos o caso em que as partículas não interagem entre si, isto é, o cenário em que $U = 0$. Esse caso pode ser obtido do exemplo anterior fazendo $\alpha = 0$, ou seja, $\omega_0 = 1$. Agindo dessa forma, chega-se à seguinte equação para a órbita:

$$\phi = \text{arccos} \left(\frac{1}{A\, r} \right) - b \quad \Rightarrow \quad r = \frac{A}{\cos(\phi + b)} \,,$$

onde A e b são constantes arbitrárias. Embora não aparente à primeira vista, essa equação representa uma reta no plano xy, porém escrita em coordenadas polares. De fato, usando as identificações $\mathrm{x} = r\cos\phi$ e $\mathrm{y} = r\,\mathrm{sen}\phi$, segue que a equação acima fornece:

$$A = r\, \cos(\phi + b) = r\, \cos\phi\, \cos b \,-\, r\, \mathrm{sen}\phi\, \mathrm{sen}b = \mathrm{x}\, \cos b - \mathrm{y}\, \mathrm{sen}b \quad \Rightarrow \quad \mathrm{y} = c\,\mathrm{x} + d \,,$$

onde $c \equiv \cot b$ e $d \equiv -A/\mathrm{sen}b$. Portanto, vemos que, de fato, trata-se da equação de uma reta. Isso já deveria ser esperado, uma vez que, na ausência de força de interação, as partículas devem seguir movimentos retilíneos e uniformes.

12.5 Análise gráfica das características da órbita

Embora as Eqs. (12.19) e (12.20) forneçam soluções formais para a dinâmica das duas partículas que interagem através de uma força central conservativa, na prática, é comum não se conseguir realizar as integrais de forma analítica. No entanto, através de uma simples análise gráfica do potencial efetivo, $U_{ef}(r)$, é possível extrair várias informações fisicamente relevantes, como veremos nesta seção.

Conforme argumentado na seção anterior, a lei de conservação de energia fornece a seguinte igualdade:

$$E = \frac{\mu}{2}\dot{r}^2 + U_{ef}(r) \quad \Rightarrow \quad \frac{\mu}{2}\dot{r}^2 = E - U_{ef}(r)\,, \tag{12.22}$$

onde E é constante ao longo do movimento. Já que o lado esquerdo da última equação não pode ser negativo, segue que a energia, E, deve sempre ser maior ou igual ao potencial efetivo. Ou seja, a partícula fictícia nunca acessará pontos com coordenadas radiais r cujos valores da energia potencial efetiva, $U_{ef}(r)$, excedam o valor de E. Além disso, quando r_0 é tal que $E = U_{ef}(r_0)$, temos $\dot{r} = 0$. Isso significa que r_0 é um ponto de retorno para o movimento radial, de forma que, ao atingir $r = r_0$, a partícula inverte o sentido do seu movimento radial.

A melhor forma de entender como se dá a análise gráfica é através da aplicação em um caso específico. Façamos isso para o exemplo considerado há pouco, do potencial $U(r) = -\alpha/r^2$. Nesse caso, o potencial efetivo é dado por:

$$U_{ef}(r) = U(r) + \frac{\ell^2}{2\mu r^2} = \frac{\ell^2 - 2\mu\alpha}{2\mu r^2}\,.$$

Portanto, temos dois regimes possíveis com características distintas: quando $\ell^2 > 2\mu\alpha$ e quando $\ell^2 < 2\mu\alpha$. A Fig. 12.5 esboça o comportamento da função $U_{ef}(r)$ nesses dois cenários.

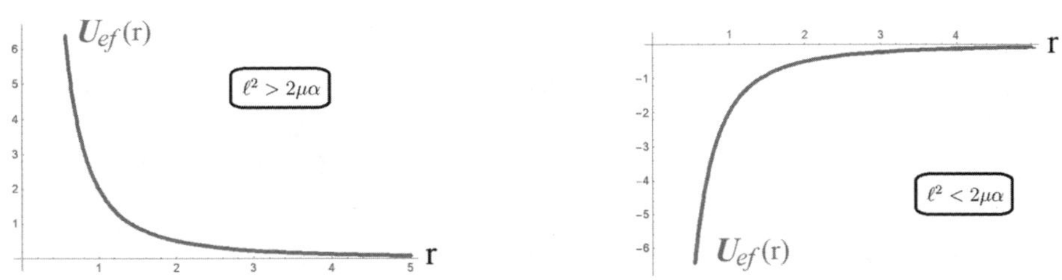

Figura 12.5: Ilustração do comportamento genérico dos gráficos de $U_{ef}(r)$ nos casos em que $\ell^2 > 2\mu\alpha$, esboçado à esquerda, e $\ell^2 < 2\mu\alpha$, ilustrado à direita. Os valores que constam nos eixos não são tão relevantes, já que as unidades de distância e energia, utilizadas para medir r e U_{ef}, não foram explicitadas.

Comecemos a análise gráfica considerando o caso $\ell^2 > 2\mu\alpha$, para o qual a energia E deve sempre ser positiva, caso contrário ela seria menor que o potencial efetivo para qualquer r. A Fig. 12.6 mostra uma situação em que o sistema tem energia positiva. Nessa figura, vemos que, ainda que a condição inicial das duas partículas que interagem seja de aproximação ($\dot{r} < 0$), elas nunca se chocarão. De fato, qualquer que seja a energia E, sempre haverá um ponto de retorno $r = r_0$. Após o sistema atingir esse ponto de retorno, as partículas passarão a se afastar indefinidamente.

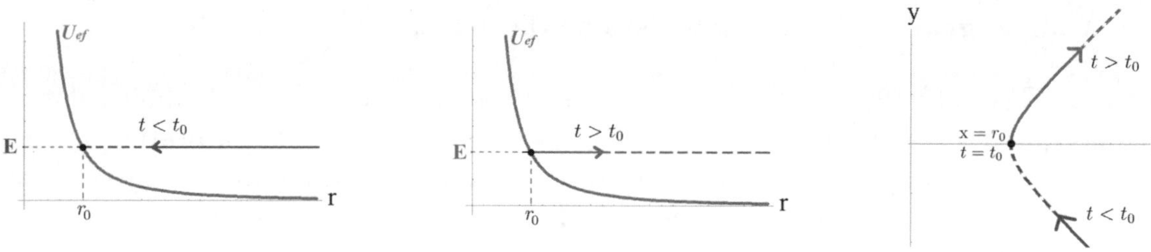

Figura 12.6: Na ilustração da esquerda, vemos a energia do sistema, E, sendo dada por uma reta horizontal. A seta para a esquerda, em cima dessa reta, denota a posição radial da partícula fictícia e seu sentido de movimento em um instante $t < t_0$. Nesse instante, as partículas estão se aproximando, pois a seta está no sentido decrescente do eixo r. A distância $r = r_0$ é tal que $E = U_{ef}(r_0)$, de maneira que se trata de um ponto de retorno. Suponha que a partícula fictícia atinja esse ponto no instante $t = t_0$. O gráfico do meio ilustra o sentido do movimento da partícula em um instante posterior, $t > t_0$. Vemos que, agora, r aumenta com o passar do tempo, ou seja, as partículas reais estão se afastando indefinidamente, já que não haverá outro ponto de retorno. No gráfico à direita, vemos a ilustração da órbita no plano xy.

Por sua vez, no cenário $\ell^2 < 2\mu\alpha$, o sistema pode ter qualquer valor de energia, positiva ou negativa, pois sempre existem valores de r para os quais $E \geq U_{ef}(r)$. Se a energia for positiva, a partícula fictícia nunca encontrará um ponto de retorno. Ou seja, se as partículas estiverem se aproximando inicialmente, elas seguirão se aproximando até atingir $r = 0$, isto é, até se chocarem. Por outro lado, se as condições iniciais forem tais que as partículas estejam se afastando no instante inicial, elas aumentarão a distância entre si indefinidamente. A Fig. 12.7 ilustra esse fato. Note que a condição $\ell^2 < 2\mu\alpha$ pressupõe $\alpha > 0$, ou seja, a força deve ser atrativa. Apesar dessa força atrativa, é possível que as partículas se afastem indefinidamente. Isso não deve causar estranheza, pois a nossa conhecida força gravitacional, que é atrativa, também admite esse tipo de comportamento. De fato, se lançarmos um projétil da superfície de um planeta com velocidade superior à velocidade de escape ele nunca retornará.

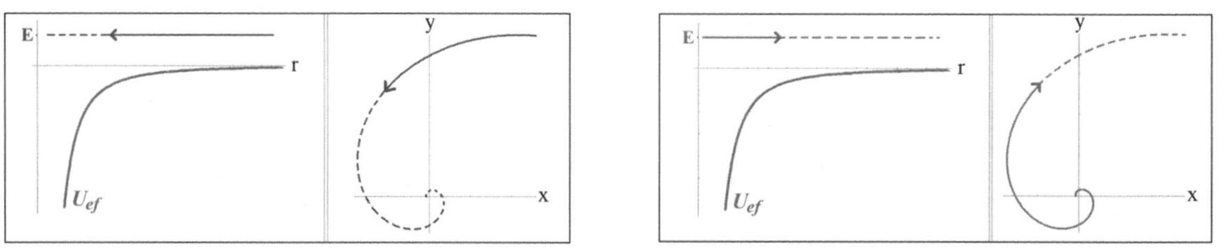

Figura 12.7: Nessa figura, adota-se o cenário $\ell^2 < 2\mu\alpha$ no caso em que $E > 0$, o que corresponde à órbita (12.17). No quadro da esquerda, vemos o caso em que a condição inicial das partículas é que elas estejam se aproximando. Então, a análise gráfica mostra que a reta horizontal de energia $E > 0$ não intercepta a curva $U_{ef}(r)$. Portanto, não há ponto de retorno, de forma que as partículas se aproximarão até se chocarem. Por sua vez, no quadro da direita, vemos o caso em que as partículas estão inicialmente se afastando, pois r está aumentando. Nota-se que esse afastamento se manterá indefinidamente.

Por fim, analisemos o cenário $\ell^2 < 2\mu\alpha$ quando $E < 0$. Nesse caso, a análise gráfica da energia potencial efetiva revela que há um ponto de retorno e que, ao final, as partículas acabarão por se chocar, conforme ilustrado na Fig. 12.8. Essa simples análise gráfica nos permite determinar o comportamento genérico da órbita. Em particular, observa-se que a distância máxima entre as partículas é r_0, que pode ser facilmente estabelecida através da equação $E = U_{ef}(r_0)$.

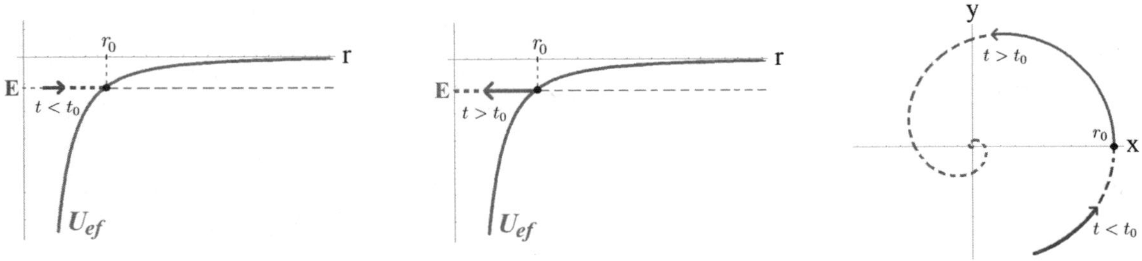

Figura 12.8: Nessa figura, adota-se o cenário $\ell^2 < 2\mu\alpha$ no caso em que $E < 0$, o que corresponde à órbita (12.16). Na ilustração da esquerda, as partículas estão se afastando, por conta das condições iniciais. Esse processo de afastamento se dará até que a distância entre elas seja r_0. Na parte central da figura, vemos a situação pouco depois de o ponto de retorno ser atingido. As partículas passam a se aproximar e farão isso até que se choquem, ou seja, até que r se anule. Na ilustração da direita, é mostrada a órbita correspondente no plano xy.

Suponha que a energia potencial efetiva tenha um máximo ou um mínimo em $r = r_0$, ou seja, $U'_{ef}(r_0) = 0$. Logo, se a energia da partícula fictícia for igual ao valor do potencial efetivo em r_0, isto é, $E = U_{ef}(r_0)$, então a Eq. (12.22) impõe que $\dot{r} = 0$, ou seja, o valor de r é constante. Isso significa que a órbita é circular, pois a distância da partícula fictícia à origem não varia com o tempo. As ilustrações à esquerda das Figs. 12.9 e 12.10 são exemplos desses cenários. Quando U_{ef} é mínimo em $r = r_0$, uma perturbação na

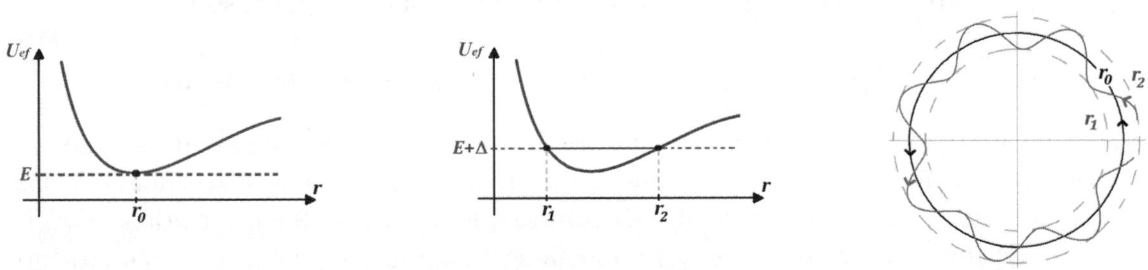

Figura 12.9: Aqui estamos supondo que $U_{ef}(r)$ tem um mínimo em r_0. Na parte esquerda, vemos que, se a energia for $E = U_{ef}(r_0)$, o único raio acessível será $r = r_0$, pois a condição $E \geq U_{ef}(r)$ deve sempre ser satisfeita durante a trajetória da partícula fictícia. Como r é fixo, isso significa que a trajetória da partícula é circular. Se perturbarmos a trajetória dessa partícula, a sua energia deve aumentar, caso contrário a condição $E \geq U_{ef}(r)$ não seria satisfeita para nenhum r. Essa trajetória perturbada é ilustrada na parte central da figura, na qual vemos que a partícula oscilará entre os raios r_1 e r_2. No lado direito, vemos a representação das órbitas referentes às energias E e $E + \Delta$.

órbita circular da partícula necessariamente aumentará sua energia, já que a condição $E \geq U_{ef}(r)$ deve ser satisfeita para qualquer r acessível. Conforme ilustrado na Fig. 12.9, isso leva a uma órbita limitada, cujo raio oscila dentro de um intervalo finito $r_1 < r < r_2$. A órbita da partícula perturbada será, então, uma oscilação em torno da órbita circular. Nesse caso, diz-se que a órbita circular $r = r_0$ é estável. Por outro lado, quando U_{ef} tem um máximo em $r = r_0$, uma perturbação na energia da órbita circular levará a órbitas não limitadas. Isto é, ou r crescerá indefinidamente, se a perturbação empurrar a partícula fictícia para o sentido crescente do eixo r; ou a partícula fictícia atingirá $r = 0$, se a perturbação a empurrar para o sentido decrescente do eixo r. A Fig. 12.10 ilustra esses cenários. Em suma, máximos e mínimos do potencial efetivo correspondem

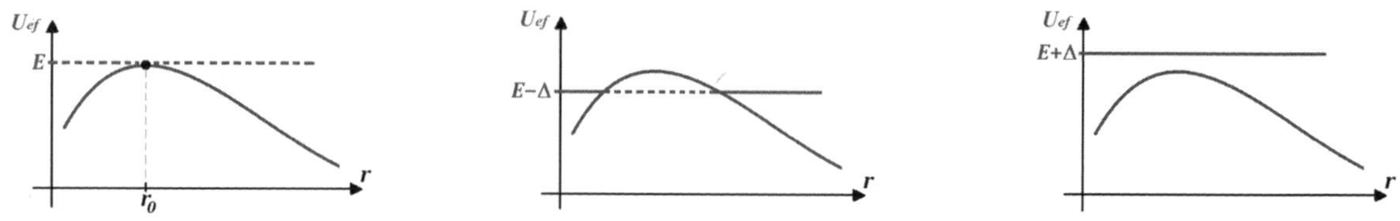

Figura 12.10: Aqui estamos supondo que $U_{ef}(r)$ tem um máximo em r_0. Na parte esquerda, é assumido $E = U_{ef}(r_0)$ e as condições iniciais $r(0) = r_0$ e $\dot{r}(0) = 0$, em cujo caso a órbita é circular. A ilustração central mostra uma perturbação da órbita circular que diminui a energia da partícula. Vemos que a vizinhança de r_0 fica inacessível, pois nessa vizinhança temos $E < U_{ef}(r)$. Além disso, ou a partícula irá para $r = 0$ ou se deslocará rumo a $r = \infty$. A parte direita da figura, por sua vez, ilustra uma perturbação que aumenta a energia. Nesse último caso, não há ponto de retorno, de modo que a partícula também irá para um dos extremos, $r = 0$ ou $r = \infty$. Como mesmo uma perturbação *infinitesimal* na órbita circular $r = r_0$ acarreta em distanciamento finito (se a partícula for para $r = 0$) ou até infinito (se a partícula for para $r = \infty$), dizemos que a órbita circular em questão é instável.

a trajetórias circulares, com os máximos gerando órbitas circulares instáveis, ao passo que os mínimos estão relacionados a órbitas circulares estáveis, de maneira que podemos concluir o seguinte:

$$\begin{cases} U'_{ef}(r_0) = 0\,,\quad U''_{ef}(r_0) > 0 \quad \to \quad r = r_0 \text{ é uma órbita circular estável}\,, \\ \\ U'_{ef}(r_0) = 0\,,\quad U''_{ef}(r_0) < 0 \quad \to \quad r = r_0 \text{ é uma órbita circular instável.} \end{cases} \tag{12.23}$$

Essa afirmação foi fruto de uma simples análise gráfica, provando como a análise do gráfico da energia potencial efetiva pode ser poderosa. É possível, no entanto, chegar à mesma conclusão de forma algébrica. De fato, assumindo que $U'_{ef}(r_0) = 0$ e inserindo $r = r_0 + \delta(t)$ na equação de movimento $\mu\ddot{r} = -U'_{ef}(r)$, chega-se à seguinte equação até primeira ordem na perturbação δ:

$$\mu\,\ddot{\delta} = -U'_{ef}(r_0 + \delta) = -U'_{ef}(r_0) - \delta\, U''_{ef}(r_0) + O(\delta^2) \quad \Rightarrow \quad \mu\,\ddot{\delta} + U''_{ef}(r_0)\,\delta \simeq 0\,.$$

A natureza da solução para a última equação depende do sinal de $U''_{ef}(r_0)$. Se $U''_{ef}(r_0)$ for positivo, podemos escrever a equação para δ na forma $\ddot{\delta} + \nu_0^2\,\delta \simeq 0$, onde $\nu_0 \equiv \sqrt{U''_{ef}(r_0)/\mu}$ é uma constante real e positiva. A solução geral para essa última equação é dada por:

$$\delta = \delta_0\, \cos(\nu_0\, t + b_0) \quad \Rightarrow \quad r(t) = r_0 + \delta_0\, \cos(\nu_0\, t + b_0)\,,$$

o que representa uma trajetória que oscila em torno da órbita circular entre os raios $r_0 - \delta_0$ e $r_0 + \delta_0$. Por outro lado, se $U''_{ef}(r_0)$ for negativo, a solução é dada por exponenciais,

$$\delta = a_0\, e^{\tilde{\nu}_0\, t} + b_0\, e^{-\tilde{\nu}_0\, t}\,,$$

onde a_0 e b_0 são constantes de integração e $\tilde{\nu}_0 \equiv \sqrt{-U''_{ef}(r_0)/\mu}$. Vemos que, nesse último caso, a solução corresponde a um desvio exponencial, ou seja, a órbita circular é instável.

12.6 Órbitas limitadas e fechadas

Diz-se que a órbita da partícula fictícia é **limitada** quando a coordenada radial r está sempre contida em um intervalo $r \in [r_1, r_2]$, com $r_1 \neq 0$ e $r_2 \neq \infty$. Isso significa que o par de partículas que interage através da força central não se choca nem se afasta indefinidamente; tais partículas estarão sempre a uma distância finita uma da outra. A Fig. 12.9 ilustra bem esse tipo de cenário. Nela, tanto a órbita circular quanto a trajetória com pontos de retorno r_1 e r_2 são exemplos de órbitas limitadas. Fazendo a análise gráfica da energia potencial efetiva na ilustração central da Fig. 12.9, podemos ficar com a impressão de que a órbita da partícula é necessariamente periódica, já que a coordenada r fica oscilando entre r_1 e r_2. No entanto, a periodicidade do movimento radial não garante que a órbita em si seja periódica. De fato, suponha que, no intervalo de tempo $[t_i, t_f]$, a partícula parta de r_1, aumente sua coordenada r até atingir r_2 e, depois, passe a diminuir r até atingir r_1. Nesse caso, $T_r = (t_f - t_i)$ é o período do movimento radial. No entanto, em geral, a posição angular da partícula não se repete nesse mesmo intervalo de tempo. Ou seja, em geral, não existirá nenhum inteiro n tal que $\phi(t_f) - \phi(t_i) = 2n\pi$. Para que a órbita em si fosse periódica, seria necessário que, após um número inteiro n_r de períodos do movimento radial, a coordenada angular fosse alterada pela adição de $2n_\phi\pi$, para algum inteiro n_ϕ. Nesse caso, diríamos que a órbita é **fechada**, pois, após n_ϕ voltas em torno da origem, a posição se repetiria, tanto na coordenada radial quanto na variável angular. Portanto, para que a órbita seja fechada, é necessário que existam inteiros n_r e n_ϕ tais que $n_r T_r = n_\phi T_\phi$, onde T_r denota o período do movimento radial e T_ϕ é o período da rotação em torno da origem. Ou seja, T_ϕ denota o tempo necessário para que a coordenada ϕ avance (ou retroceda) de 2π. Então, a condição de órbita fechada é que a razão entre os períodos radial e angular seja um número racional:

$$\text{Órbita Fechada:} \quad \frac{T_\phi}{T_r} = \frac{n_r}{n_\phi},$$

onde n_r e n_ϕ são números inteiros. A Fig. 12.11 ilustra dois exemplos de órbitas fechadas e um exemplo de órbita aberta.

Para a maioria dos potenciais de interação $U(r)$, as órbitas limitadas serão abertas, ou seja, o movimento no plano xy não será periódico. É claro que qualquer potencial efetivo que possua um máximo ou um mínimo local terá ao menos uma órbita fechada, a órbita circular que corresponde a esse máximo ou mínimo de U_{ef}. Mas, em geral, as demais órbitas limitadas serão abertas. De fato, os únicos potenciais tais que *todas* as órbitas limitadas são fechadas são os seguintes:

$$U(r) = -\frac{\alpha}{r} \quad \text{e} \quad U(r) = \beta\, r^2\,,$$

onde α e β são constantes positivas. Esse resultado é chamado de **teorema de Bertrand**, em homenagem ao matemático Francês Joseph Bertrand. O primeiro desses potenciais representa a interação gravitacional entre duas partículas pontuais na teoria newtoniana, problema que será tratado em detalhe no próximo capítulo. Por sua vez, o segundo potencial representa um sistema massa-mola com liberdade para girar em um plano, o chamado oscilador harmônico radial, sistema que será abordado na próxima seção.

Para obter uma prova do teorema de Bertrand, comecemos notando que todo potencial que admite órbitas limitadas também admite uma órbita circular. Com efeito, para que existam órbitas limitadas, o potencial efetivo deve ter alguma região com concavidade

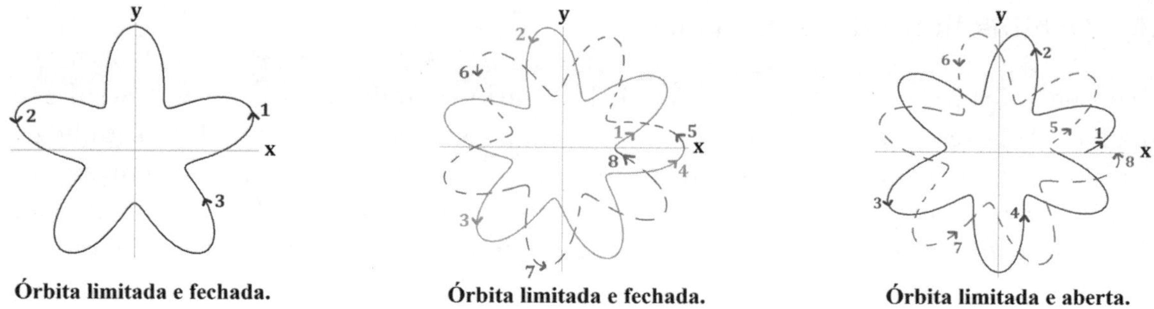

Figura 12.11: Nas três ilustrações temos órbitas limitadas, pois, ao longo dessas trajetórias, a distância até a origem é sempre finita e diferente de zero. Na ilustração à esquerda, a órbita é claramente fechada, pois, após uma volta em torno da origem, a trajetória se repete. Nesse primeiro exemplo, note que o período angular é cinco vezes o período radial, $T_\phi = 5T_r$. Na ilustração central, vemos uma órbita fechada, mas que precisa de dois giros em torno da origem para voltar a se repetir, ou seja, a coordenada angular ϕ precisa variar de 4π para que a trajetória se feche. Os números ao lado das setas servem para ajudar a seguir a sequência da trajetória. Nesse segundo exemplo, temos $2T_\phi = 11T_r$. Por fim, no lado direito, vemos uma órbita aberta. Apenas duas voltas são explicitamente mostradas, por fins de clareza na visualização. Vemos que o ponto final após duas voltas não é igual ao inicial. No entanto, mesmo após um número arbitrário de voltas, essa órbita não se fechará.

positiva, como ilustrado na parte central da Fig. 12.9. Consequentemente, esse potencial efetivo terá um mínimo local e, portanto, admitirá uma órbita circular. Denotemos por r_0 o raio dessa órbita circular. Analogamente, definamos $u_0 \equiv 1/r_0$. Dessa forma, $u(\phi) = u_0$ representa uma órbita circular, pois u tem o mesmo valor qualquer que seja a coordenada ϕ, de maneira que $du/d\phi = 0$ e $d^2u/d\phi^2 = 0$. Portanto, inserindo essa última identidade na equação de órbita (12.14), conclui-se que:

$$u_0 = \frac{\mu}{u_0^2\,\ell^2}\,U'(r_0)\,. \tag{12.24}$$

Agora, se todas as órbitas limitadas forem fechadas, então, em particular, qualquer órbita que seja uma perturbação dessa órbita circular deverá ser fechada. Logo, a ideia é considerar órbitas da forma $u(\phi) = u_0 + \xi(\phi)$, com ξ sendo infinitesimal, e verificar que potenciais admitem que essas órbitas próximas à órbita circular sejam fechadas. Inserindo $u = u_0 + \xi$ na equação da órbita (12.14), depois considerando apenas termos até primeira ordem na função infinitesimal $\xi(\phi)$ e, por fim, utilizando a Eq. (12.24), chega-se à seguinte equação:

$$\frac{d^2\xi}{d\phi^2} + w_0^2\,\xi = 0\,, \qquad \text{com} \quad w_0^2 \equiv 1 + \frac{2\mu\, r_0^3\, U'(r_0)}{\ell^2} + \frac{\mu\, r_0^4\, U''(r_0)}{\ell^2}\,.$$

A solução geral dessa equação diferencial é dada por:

$$\xi(\phi) = \varepsilon\,\mathrm{sen}(w_0\,\phi + b) \;\Rightarrow\; r(\phi) = \frac{1}{u_0 + \varepsilon\,\mathrm{sen}(w_0\,\phi + b)} + O(\varepsilon^2)\,, \tag{12.25}$$

onde ε e b são constantes de integração, com ε sendo infinitesimal, já que ξ é assumido infinitesimal. Agora, suponhamos, por exemplo, que $w_0 = 2/3$. Então, após a partícula dar 3 voltas em torno da origem, ou seja, após ϕ avançar de 6π, a coordenada r voltará ao seu valor inicial,

$$r(\phi_0 + 6\pi) = \frac{1}{u_0 + \varepsilon \operatorname{sen}(2\phi/3 + b + 4\pi)} = \frac{1}{u_0 + \varepsilon \operatorname{sen}(2\phi/3 + b)} = r(\phi_0)\,,$$

onde termos quadráticos no parâmetro infinitesimal ε foram desprezados. Vemos, portanto, que, neste caso, a órbita será fechada. Analogamente, se w_0 for qualquer outro número racional, a órbita será fechada. Por outro lado, se w_0 for um número irracional, então a órbita será aberta. Logo, para saber se as perturbações infinitesimais das órbitas circulares são órbitas fechadas, basta analisar a natureza racional da constante w_0. Queremos, então, encontrar os potenciais para os quais w_0 seja racional. Inserindo a Eq. (12.24) na definição de w_0^2, obtém-se:

$$w_0^2 = 3 + r_0 \frac{U''(r_0)}{U'(r_0)}\,. \tag{12.26}$$

Agora, notemos que diferentes condições iniciais para a partícula levam a diferentes valores de ℓ que, por sua vez, modificam o potencial efetivo e acabam por mudar o valor de r_0. Portanto, se quisermos que as órbitas limitadas sejam fechadas qualquer que seja a condição inicial, então devemos exigir que w_0 seja racional para qualquer valor de r_0. No entanto, ao passo que o lado esquerdo da Eq. (12.26) não pode variar continuamente com r_0, pois tem que ser um número racional, o lado direito poderia, a princípio, variar continuamente, já que $U(r)$ é uma função contínua. A única forma de conciliar esses dois fatos é se o lado direito da Eq. (12.26) for independente de r_0. Portanto, devemos exigir o seguinte:

$$r_0 \frac{U''(r_0)}{U'(r_0)} = c - 1\,,$$

para alguma constante c que não depende das condições iniciais e, consequentemente, não depende de r_0. Essa última equação pode ser vista como uma equação diferencial para $U(r_0)$, cuja solução geral é dada por:

$$(\text{se } c \neq 0) \;\; U(r_0) = \alpha\, r_0^c + \beta \quad ; \quad (\text{se } c = 0) \;\; U(r_0) = \alpha \log r_0 + \beta\,, \tag{12.27}$$

onde α e β são constantes quaisquer. A constante β, na verdade, pode ser ignorada, pois não contribui para a força ou, equivalentemente, pode ser eliminada por uma redefinição da origem da energia potencial. Finalmente, inserindo a solução (12.27) na Eq. (12.26), chega-se ao seguinte resultado:

$$w_0^2 = 2 + c \quad \Rightarrow \quad w_0 = \sqrt{2 + c}\,. \tag{12.28}$$

Portanto, concluímos que uma condição necessária para que todas as órbitas limitadas associadas a um potencial $U(r)$ sejam fechadas é que esse potencial tenha a forma $U = \alpha\, r^c$ e que $\sqrt{2+c}$ seja um número racional. Por exemplo, se $c = -1$ (potencial gravitacional) e $c = 2$ (potencial do oscilador harmônico radial), essas condições são satisfeitas. Outras opções compatíveis com essas restrições seriam, $c = 7$ e $c = 1/4$, por exemplo. No entanto, aqui a prova foi conduzida apenas até primeira ordem em ξ. Se considerássemos também os termos de segunda ordem, chegaríamos à conclusão de que apenas as opções $c = -1$ e $c = 2$ satisfazem à condição de órbita fechada. Como essa segunda parte da demonstração não é tão instrutiva quanto o que já foi apresentado, vamos omitir esse trecho da prova.

12.7 Oscilador harmônico radial

Nesta seção, vamos considerar o problema de duas partículas que interagem através de uma força central advinda da seguinte energia potencial:

$$U(r) = \frac{\kappa}{2} r^2 \quad \Rightarrow \quad \boldsymbol{F} = -\kappa\, r\, \hat{\mathbf{r}}\,.$$

A força em questão é atrativa e proporcional ao deslocamento r, o que lembra a lei de Hooke de um sistema massa-mola. De fato, o problema aqui considerado é equivalente ao de uma partícula fictícia de massa μ presa a uma mola cujo comprimento natural é desprezível e cuja constante de mola é κ. A Fig. 12.12 ilustra esse sistema análogo.

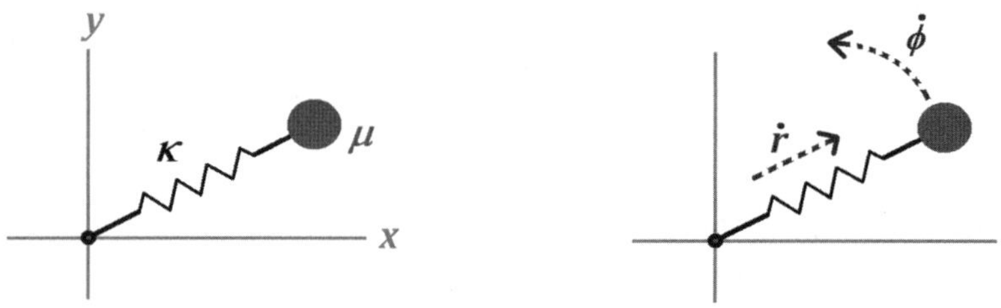

Figura 12.12: Uma partícula de massa μ está presa a uma mola cuja extremidade está fixada a uma rótula na origem do plano xy e essa rótula tem liberdade para girar em torno da origem. Na parte direita, vemos que a massa tem tanto liberdade para um movimento radial, esticando ou contraindo a mola, quanto liberdade para rotacionar em torno da origem.

O potencial efetivo associado a esse problema é ilustrado na Fig. 12.13. Através dessa figura, vemos que a energia do sistema deve ser necessariamente positiva e que, qualquer que seja essa energia, haverá dois pontos de retorno, de forma que a órbita será limitada. Para determinar a dinâmica do sistema, podemos fazer uso das Eqs. (12.19) e (12.21),

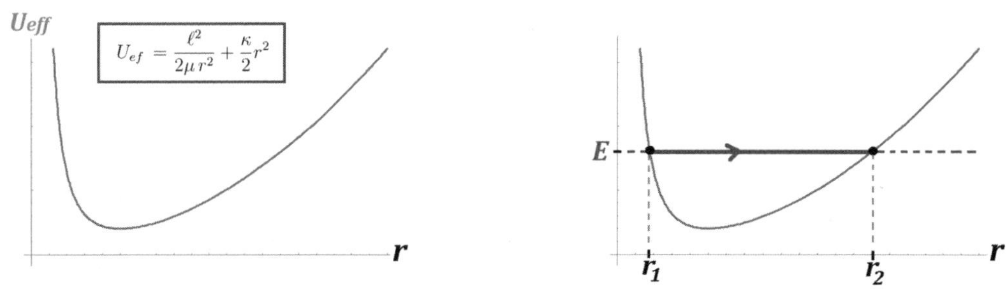

Figura 12.13: À esquerda, vemos a forma genérica do gráfico da energia potencial efetiva para o problema do oscilador harmônico radial. À direita, vemos que as trajetórias radiais sempre têm dois pontos de retorno. Ou seja, as órbitas são todas limitadas. O caso da órbita circular, que ocorre quando E é igual ao mínimo do potencial efetivo, pode ser visto como um caso degenerado, no qual os dois pontos de retorno coincidem.

que, no presente problema, conduzem às seguintes relações:

$$t = \sqrt{\mu} \int \frac{dr}{\sqrt{2E - \kappa r^2 - \frac{\ell^2}{\mu r^2}}} \quad \text{e} \quad \phi = \int \frac{\ell\, dr}{r^2 \sqrt{2\mu E - \mu\kappa r^2 - \frac{\ell^2}{r^2}}}\,.$$

Ambas as integrais podem ser calculadas de forma analítica, mas os resultados são complicados e não serão explicitados aqui. Além disso, a inversão desses resultados de maneira a encontrarmos $r(t)$ e $r(\phi)$ é extremamente difícil de ser feita de forma analítica. Para encontrar $r(\phi)$, também poderíamos tentar resolver a equação da órbita, Eq. (12.14), que, no presente problema, é dada por

$$u'' + u - \frac{\mu\,\kappa/\ell^2}{u^3} = 0\,. \tag{12.29}$$

Essa é uma equação diferencial não linear e, portanto, muito difícil de ser resolvida analiticamente, pois não existe um algoritmo genérico. Há, no entanto, outra forma de resolver por completo esse problema: mudando de coordenadas. De fato, como visto na Eq. (12.9), o lagrangiano desse sistema é dado por

$$\mathcal{L} = \frac{\mu}{2}\left(\dot{r}^2 + r^2\,\dot{\phi}^2\right) - \frac{\kappa}{2}\,r^2\,.$$

Então, utilizando coordenadas cartesianas $\mathrm{x} = r\cos\phi$ e $\mathrm{y} = r\,\mathrm{sen}\phi$, segue que tal lagrangiano é expresso da seguinte forma:

$$\mathcal{L} = \frac{\mu}{2}\left(\dot{\mathrm{x}}^2 + \dot{\mathrm{y}}^2\right) - \frac{\kappa}{2}\left(\mathrm{x}^2 + \mathrm{y}^2\right),$$

cujas equações de Euler-Lagrange fornecem:

$$\mu\,\ddot{\mathrm{x}} + \kappa\,\mathrm{x} = 0 \qquad \text{e} \qquad \mu\,\ddot{\mathrm{y}} + \kappa\,\mathrm{y} = 0\,.$$

Essas equações diferenciais lineares podem ser facilmente resolvidas e suas soluções gerais são dadas por:

$$\mathrm{x}(t) = A_1\,\cos(\omega\,t) + A_2\,\mathrm{sen}(\omega\,t) \qquad \text{e} \qquad \mathrm{y}(t) = B_1\,\cos(\omega\,t) + B_2\,\mathrm{sen}(\omega\,t)\,, \tag{12.30}$$

onde A_i e B_i são constantes de integração arbitrárias e $\omega \equiv \sqrt{\kappa/\mu}$. Agora, notemos o seguinte: se implementarmos uma mudança de coordenadas cartesianas, $\{\mathrm{x},\mathrm{y}\} \to \{\tilde{\mathrm{x}},\tilde{\mathrm{y}}\}$, correspondendo a uma rotação de um ângulo θ no plano xy, seguirá que as novas coordenadas serão dadas por:

$$\begin{cases} \tilde{\mathrm{x}} = \cos\theta\,\mathrm{x} + \,\mathrm{sen}\theta\,\mathrm{y} = (A_1\cos\theta + B_1\,\mathrm{sen}\theta)\cos(\omega\,t) + (A_2\cos\theta + B_2\,\mathrm{sen}\theta)\,\mathrm{sen}(\omega\,t)\,, \\ \\ \tilde{\mathrm{y}} = \cos\theta\,\mathrm{y} - \,\mathrm{sen}\theta\,\mathrm{x} = (B_1\cos\theta - A_1\,\mathrm{sen}\theta)\cos(\omega\,t) + (B_2\cos\theta - A_2\,\mathrm{sen}\theta)\,\mathrm{sen}(\omega\,t)\,. \end{cases}$$

Como as expressões para $\tilde{\mathrm{x}}(t)$ e $\tilde{\mathrm{y}}(t)$ são combinações lineares de $\cos(\omega\,t)$ e $\mathrm{sen}(\omega\,t)$, sempre podemos escrevê-las da seguinte forma:

$$\tilde{\mathrm{x}} = \tilde{A}_\theta\,\cos(\omega\,t + a_\theta) \qquad \text{e} \qquad \tilde{\mathrm{y}} = \tilde{B}_\theta\,\mathrm{sen}(\omega\,t + b_\theta)\,,$$

onde as constantes $\tilde{A}_\theta$, a_θ, $\tilde{B}_\theta$ e b_θ dependem das quatro constantes A_i e B_i, bem como dependem do parâmetro θ. As expressões específicas para essas novas constantes não são relevantes para nossos propósitos. O que nos importa é que temos um grau de liberdade advindo da escolha de θ. Sendo assim, sempre podemos encontrar algum θ tal que valha a seguinte equação: $a_\theta = b_\theta$. Fazendo essa escolha de θ, chega-se então às seguintes expressões para $\tilde{\mathrm{x}}$ e $\tilde{\mathrm{y}}$:

$$\tilde{\mathrm{x}}(t) = \tilde{A}\,\cos(\omega\,t + a) \qquad \text{e} \qquad \tilde{\mathrm{y}}(t) = \tilde{B}\,\mathrm{sen}(\omega\,t + a)\,. \tag{12.31}$$

Em particular, notemos que vale a seguinte identidade:

$$\frac{\tilde{\mathrm{x}}^2}{\tilde{A}^2} + \frac{\tilde{\mathrm{y}}^2}{\tilde{B}^2} = 1\,.$$

Isso significa que a órbita da partícula é uma elipse com semieixos de tamanho $|\tilde{A}|$ e $|\tilde{B}|$. Por conta da escolha de θ que fizemos, os eixos principais da elipse estão alinhados com os eixos cartesianos $\tilde{\mathrm{x}}$ e $\tilde{\mathrm{y}}$, diferentemente do que acontece de forma típica quando usamos coordenadas cartesianas quaisquer. Ou seja, a rotação foi utilizada para alinhar os eixos da órbita elíptica com os eixos cartesianos. Também é importante chamar atenção para os casos especiais em que ou $\tilde{A}$ ou $\tilde{B}$ se anula. Nesse cenário, a órbita da partícula será uma reta alinhada com o eixo $\tilde{\mathrm{y}}$ ou com o eixo $\tilde{\mathrm{x}}$ respectivamente. Tal movimento retilíneo corresponde ao caso em que o momento angular é nulo, $\ell = 0$. A dinâmica quando $\ell = 0$ é simplesmente aquela do sistema massa-mola unidimensional usual. Na Fig. 12.14, temos a ilustração de algumas órbitas para o oscilador harmônico radial.

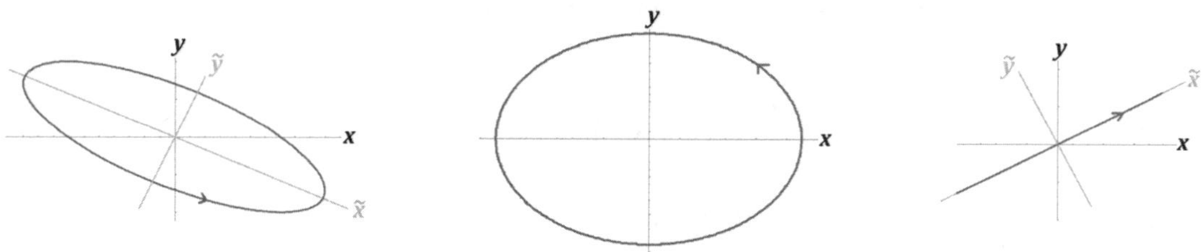

Figura 12.14: Essas são algumas órbitas possíveis para a partícula conectada a uma mola cuja extremidade está presa a uma rótula localizada na origem do plano xy, conforme ilustrado na Fig. 12.12. Na ilustração da esquerda, temos uma órbita típica, uma elipse inclinada em relação aos eixos x e y. Na ilustração central, vemos o caso de uma partícula cuja condição inicial deixa a elipse já alinhada com os eixos cartesianos do sistema de coordenadas $\{\mathrm{x}, \mathrm{y}\}$. A ilustração da direita mostra uma partícula que, no instante inicial, tem vetor velocidade alinhado com o vetor posição, de forma que seu momento angular, ℓ, é nulo. Nesse caso, a órbita é um segmento de reta, a partícula vai e volta ao longo desse segmento na medida em que o tempo evolui.

Acabamos de provar que as órbitas associadas ao potencial $U = \frac{\kappa}{2}r^2$ são limitadas e fechadas, o que está em concordância com o que foi visto na seção anterior, quando tratamos do teorema de Bertrand. Além disso, o formato da órbita está em acordo com o resultado da Eq. (12.28), que afirma que, para esse sistema, deve valer a identidade $w_0 = 2$, já que aqui temos $c = 2$. Ou seja, para cada volta de 2π em torno da origem do plano xy, a coordenada r passa duas vezes por r_1, o menor raio de retorno, e duas vezes por r_2, o maior raio de retorno, o que, de fato, ocorre na órbita elíptica.

Uma vez encontrada a dinâmica da partícula fictícia em coordenadas cartesianas, podemos agora obter agora a dinâmica das coordenadas polares r e ϕ:

$$\begin{cases} r(t) = \tilde{r} = \sqrt{\tilde{\mathrm{x}}^2 + \tilde{\mathrm{y}}^2} = \sqrt{\tilde{A}^2\cos^2(\omega\, t + a) + \tilde{B}^2\,\mathrm{sen}^2(\omega\, t + a)}\,, \\[2ex] \phi(t) = \tilde{\phi} - \theta = \arctan\left(\frac{\tilde{\mathrm{y}}}{\tilde{\mathrm{x}}}\right) - \theta = \arctan\left[\frac{\tilde{B}}{\tilde{A}}\tan(\omega\, t + a)\right] - \theta\,, \end{cases} \tag{12.32}$$

onde, na equação acima, devemos ver $\tilde{A}$, $\tilde{B}$, a e θ como sendo as quatro constantes arbitrárias que devem ser determinadas pelas condições iniciais. Em particular, invertendo e segunda relação da Eq. (12.32), chega-se ao seguinte resultado:

$$\omega\, t + a = \arctan\left[\frac{\tilde{A}}{\tilde{B}}\, \tan(\phi + \theta)\right].$$

Então, inserindo esse resultado na primeira relação da Eq. (12.32), chega-se à seguinte equação para a órbita:

$$r(\phi) = \frac{\tilde{A}\tilde{B}}{\sqrt{\tilde{A}^2 \operatorname{sen}^2(\phi + \theta) + \tilde{B}^2\, \cos^2(\phi + \theta)}}. \tag{12.33}$$

Usando a definição $u = 1/r$, podemos verificar que, de fato, essa órbita resolve a Eq. (12.29), como deveria ser. Para demonstrar essa última afirmação, é preciso usar a seguinte identificação: $\tilde{A}\tilde{B} = \ell^2/(\mu\, \kappa)$. Tal relação, por sua vez, é decorrente da definição de momento angular, $\ell = \mu\, r^2\, \dot{\phi}$, em conjunto com a identidade $\omega^2 = \kappa/\mu$. Portanto, através da mudança de coordenadas $\{r, \phi\} \to \{\mathrm{x}, \mathrm{y}\}$, fomos capazes de resolver a dinâmica completa e ainda encontrar a solução geral para a equação diferencial não linear (12.29). Embora, tipicamente, a Matemática sirva de ferramenta para resolver problemas físicos, aqui temos um exemplo no qual a Física pode ser utilizada para resolver um problema matemático. A solução aqui apresentada também ilustra como a escolha de coordenadas adequadas para descrever o sistema de interesse pode fazer a diferença entre conseguir ou não conseguir resolver o problema. No entanto, é oportuno ressaltar que, para problemas de força central, as coordenadas polares $\{r, \phi\}$ são, geralmente, as mais adequadas; o problema do oscilador harmônico radial é uma rara exceção.

12.8 Exercícios sugeridos

Exercício 1
Considere o potencial $U(r) = \alpha\, r$, com α sendo uma constante positiva.
a) Esboce um gráfico com o formato típico do potencial efetivo quando $\ell \neq 0$.
b) Encontre o raio da trajetória circular em função da energia, E, do momento angular, ℓ, e da massa reduzida, μ.
c) Determine o período da trajetória circular. Uma forma alternativa de obter esse resultado é usando o conceito de aceleração centrípeta e recordando que ela é dada por $r\omega^2$.
d) Argumente que a trajetória circular é estável e determine a razão entre o período da oscilação radial em torno da trajetória circular e o período da órbita circular.
e) Discuta se a órbita perturbada (em torno da órbita circular) é fechada e se sua conclusão é compatível com o teorema de Bertrand.

Exercício 2 – *resolvido*
Determine o potencial $U(r)$ cujas órbitas associadas são dadas por

$$r(\phi) = \frac{1}{A + B\, e^{\lambda(\phi+b)}}\,,$$

com A, B, λ e b sendo constantes arbitrárias que dependem das condições iniciais do sistema. Encontre uma relação entre as constantes A e λ que deve ser obedecida para que essas órbitas estejam associadas a um problema de força central. Investigue a existência de órbitas limitadas e de órbitas circulares estáveis.

Exercício 3
Considere uma partícula de massa m que está confinada a se mover em uma superfície esférica de raio R. Utilize as coordenadas esféricas $\{\theta, \phi\}$ para rotular os graus de liberdade da partícula. Supondo que a partícula está imersa em um campo gravitacional uniforme de aceleração g, faça o que é pedido abaixo.
a) Monte o lagrangiano desse sistema.
b) Prove que o momento angular na direção do campo gravitacional é conservado.
c) Utilize a lei de conservação da energia para encontrar uma solução formal para $\theta(t)$ em termos de uma integral. Não precisa resolver a integral. Na verdade, você deve encontrar t em função de θ, o que se presume que pode ser invertido.
d) Encontre uma solução formal para ϕ em função de θ.

Exercício 4

Uma partícula de massa m está sujeita a uma força do tipo central dada por:

$$\boldsymbol{F}(\boldsymbol{r}) = -\frac{\alpha\, e^{-r/r_0}}{r^2}\,\hat{\mathbf{r}}\,,$$

onde α e r_0 são constantes positivas, com $\boldsymbol{r}$ sendo o vetor posição da partícula.

a) Obtenha qual deve ser o módulo do momento angular da partícula a fim de que ela percorra uma trajetória circular de raio R.

b) Qual deve ser a restrição sobre r_0 para que a órbita circular do item anterior seja estável?

c) No caso de a órbita ser estável, obtenha o período das pequenas oscilações radiais em torno da órbita circular.

d) Supondo as condições iniciais $r(0) = R + \eta$, $\dot{r}(0) = 0$ e $\phi(0) = 0$, considere $|\eta| \ll R$ e encontre uma solução para $r(t)$ e para $\phi(t)$ em primeira ordem no parâmetro η/R.

Solução do Exercício 2

Para encontrar o potencial $U(r)$, podemos utilizar a equação da órbita, que nos fornece:

$$U'(r) = \frac{\ell^2\, u^2}{\mu}\left(\frac{d^2u}{d\phi^2} + u\right).$$

No caso, temos:

$$u = \frac{1}{r} = A + Be^{\lambda(\phi+b)} \quad \Rightarrow \quad \frac{d^2u}{d\phi^2} = B\,\lambda^2\,e^{\lambda(\phi+b)} = \lambda^2(u - A)\,.$$

Logo, inserindo esse resultado na equação para $U'(r)$, temos:

$$U'(r) = \frac{\ell^2}{\mu}\left[(1+\lambda^2)u^3 \,-\, \lambda^2\,A\,u^2\right] = \frac{\ell^2}{\mu}\left(\frac{1+\lambda^2}{r^3} - \frac{\lambda^2\,A}{r^2}\right).$$

Integrando ambos os lados da equação acima na variável r, temos:

$$U(r) = \frac{\ell^2}{\mu}\left(\frac{\lambda^2\,A}{r} - \frac{1+\lambda^2}{2\,r^2}\right) + U_0\,.$$

A constante de integração U_0 pode ser ignorada, pois seu valor não modifica a força e, portanto, não tem relevância física. Por sua vez, não faz sentido que o potencial dependa do momento angular ℓ, pois a força não deve depender das condições iniciais da partícula, deve depender apenas da posição da partícula, caso contrário não seria uma força conservativa. Sendo assim, concluímos que devem valer as seguintes identidades:

$$\ell^2\,\lambda^2\,A = \mu\,c_1 \qquad \text{e} \qquad \ell^2\,(1+\lambda^2) = \mu\,c_2\,,$$

onde c_1 e c_2 são constantes globais, que independem do estado inicial da partícula. Ou seja, c_1 e c_2 são as mesmas constantes em qualquer órbita. Isso difere do comportamento de ℓ e da energia E, por exemplo, que são constantes ao longo de cada trajetória, mas que podem variar de órbita para órbita. Dessa forma, o potencial será dado por:

$$U = \frac{c_1}{r} - \frac{c_2}{2r^2}\,.$$

Usando as equações acima que definem c_1 e c_2, obtemos:

$$A = \frac{\mu\,c_1}{\ell^2\,\lambda^2} = \frac{c_1\,(1+\lambda^2)}{c_2\,\lambda^2}\,.$$

Portanto, vemos que A e λ não são parâmetros completamente arbitrários em cada órbita, eles devem estar relacionados entre si através da equação acima. Caso a relação entre A e λ não seja dada pela relação acima, com c_1 e c_2 sendo os mesmos para as diferentes órbitas, seguirá que o conjunto de órbitas $r = r(\phi)$ não será compatível com um problema de força central.

Para investigar a existência de órbitas circulares estáveis e de órbitas limitadas, vamos averiguar as soluções da equação $U'_{ef}(r_0) = 0$ e analisar o sinal de $U''_{ef}(r_0)$. No caso, temos:

$$U_{ef} = \frac{\ell^2}{2\mu r^2} + U = \frac{c_1}{r} + \frac{\ell^2 - \mu\,c_2}{2\mu\,r^2} \quad \Rightarrow \quad U'_{ef}(r_0) = -\frac{c_1}{r_0^2} + \frac{\mu\,c_2 - \ell^2}{\mu\,r_0^3}\,.$$

A condição de órbita circular é $U'_{ef}(r_0) = 0$, cuja única solução é:

$$r_0 = \frac{\mu c_2 - \ell^2}{\mu\, c_1} = \frac{1}{A}\,.$$

Como o domínio da coordenada r é o intervalo $(0, \infty)$, segue que a órbita circular só existirá se $r_0 > 0$, ou seja, se $A > 0$. Por sua vez, a segunda derivada do potencial efetivo avaliada em r_0 é dada por:

$$U''_{ef}(r_0) = \frac{2c_1}{r_0^3} - \frac{3(\mu\, c_2 - \ell^2)}{\mu\, r_0^4} = 2A^4 \frac{\ell^2\,\lambda^2}{\mu} - 3\,A^4\,\frac{\ell^2\,\lambda^2}{\mu} = -\,A^4\,\frac{\ell^2\,\lambda^2}{\mu}\,.$$

Como o lado direito da equação acima é sempre negativo, segue que a órbita circular será instável sempre que ela existir. As mesmas conclusões podem ser tiradas olhando diretamente para a definição da família de órbitas $r = r(\phi)$ dada no enunciado. Uma órbita será circular se $r = \frac{1}{A + B\, e^{\lambda(\phi+b)}}$ for independente de ϕ, pois, em uma órbita circular, o raio r é o mesmo em todos os pontos da órbita. Isso ocorre quando $B = 0$, o que implica $r_0 = 1/A$. Portanto, para investigar perturbações em torno de uma órbita circular (a fim de averiguar a estabilidade), devemos assumir $B = \epsilon$, com ϵ sendo infinitesimal:

$$r = \frac{1}{A\,(1 + \frac{\epsilon}{A}\, e^{\lambda(\phi+b)})}\,.$$

Se $\frac{\epsilon}{A} > 0$, ou seja, se $\epsilon > 0$, o denominador da equação acima irá a infinito quando $\phi \to \infty$, o que significa que $r \to 0$, de forma que a órbita não é limitada, mesmo que $B = \epsilon$ seja infinitesimal. Esse tipo de perturbação fará com que a partícula fictícia espirale em torno da origem, aproximando-se cada vez mais da origem $r = 0$. Portanto, a perturbação com $\epsilon > 0$ é instável. Da mesma forma, perturbações com $\epsilon < 0$ também serão instáveis, pois, nesses casos, o denominador da relação $r = \frac{1}{A + \epsilon\, e^{\lambda(\phi+b)}}$ se anulará para algum valor finito de ϕ, significando que a partícula fictícia atingirá $r = \infty$. Essa órbita, portanto, não será limitada e a perturbação levará a uma instabilidade.

Capítulo 13

O problema de Kepler

Neste capítulo, trataremos do problema de partículas interagindo através de uma força central cuja magnitude decai com o quadrado da distância entre as partículas. Ou seja, utilizando a notação adotada no capítulo anterior, vamos considerar a seguinte força e potencial, respectivamente:

$$\boldsymbol{F} = -\frac{\alpha}{r^2}\,\hat{\mathbf{r}} \quad \text{e} \quad U(r) = -\frac{\alpha}{r}, \tag{13.1}$$

onde α é uma constante. Quando α é positivo, a força central é atrativa. Já se α for negativo, a força será repulsiva. Esse potencial central tem grande relevância na Física porque ele aparece tanto quando a interação entre as partículas é do tipo gravitacional (no formalismo newtoniano) quanto na interação eletrostática entre duas partículas eletricamente carregadas. Nesses casos, a constante α tem as seguintes identificações, respectivamente:

$$\alpha = G\, m_1\, m_2 \quad \text{e} \quad \alpha = -K\, \mathfrak{q}_1\, \mathfrak{q}_2\,.$$

Nas identidades acima, G denota a constante gravitacional Universal e K denota a constante de Coulomb, cujos valores no sistema internacional de unidades (SI) são os seguintes:

$$G \simeq 6,67 \times 10^{-11}\,\frac{\text{m}^3}{\text{kg}\,\text{s}^2} \quad \text{e} \quad K \simeq 8,99 \times 10^{9}\,\frac{\text{kg}\,\text{m}^3}{\text{C}^2\,\text{s}^2}\,.$$

Além disso, m_i representam as massas das partículas, que são sempre positivas, e $\mathfrak{q}_i$ representam as cargas elétricas das partículas que estão interagindo. Como as cargas elétricas podem ser positivas ou negativas, segue que, se as cargas $\mathfrak{q}_1$ e $\mathfrak{q}_2$ tiverem o mesmo sinal, a força será repulsiva. No entanto, é importante esclarecer que, ao se moverem, por conta da interação elétrica, as partículas carregadas passarão a gerar campos magnéticos. Tais campos, por sua vez, farão com que a força de interação entre as partículas seja diferente daquela mostrada na Eq. (13.1), pois o campo magnético também exercerá força sobre as cargas elétricas. Portanto, a maior utilidade do potencial $U = -\alpha/r$ é, de fato, para investigar a dinâmica de duas partículas interagindo gravitacionalmente, o chamado problema de Kepler. Em particular, mais adiante neste capítulo, provaremos as três leis de Kepler, leis que regem o movimento dos planetas em torno do Sol. Tais leis foram originalmente estabelecidas pelo astrônomo e matemático alemão Johannes Kepler no início do século XVII, após a análise de dados observacionais do astrônomo dinamarquês Tycho Brahe feitos na segunda metade do século XVI.

13.1 A primeira lei de Kepler

A primeira lei de Kepler afirma que os planetas do sistema solar seguem órbitas elípticas tais que o Sol está em um dos focos dessas elipses. Para provar essa lei, vamos considerar apenas a presença de dois corpos, o Sol, de massa M_S, e o planeta, de massa m, desprezando a influência gravitacional dos demais corpos celestes. Além disso, precisamos levar em consideração que a massa do Sol é muitíssimo maior que a massa dos planetas do sistema solar, $M_S \gg m$. Isso é verdade mesmo no caso de Júpiter, o planeta de maior massa do sistema solar. De fato, a massa do Sol é mais de mil vezes a massa de Júpiter. Com relação à Terra, o Sol tem massa 3×10^5 vezes maior. Mais precisamente, temos os seguintes valores:

$$M_S \simeq 1,99 \times 10^{30}\,\text{kg} \qquad \text{e} \qquad M_T \simeq 5,97 \times 10^{24}\,\text{kg}\,,$$

onde M_T denota a massa da Terra. Portanto, embora a força que o Sol exerce em um planeta do sistema solar tenha a mesma intensidade da força que o planeta exerce sobre o Sol, a aceleração do Sol é muito menor, por conta da sua massa proporcionalmente elevada. Para a maior parte dos fins práticos, podemos desprezar a aceleração do Sol proveniente da atração dos planetas do sistema solar.

Como vimos no capítulo anterior, o centro de massa do par de partículas que interage através da força central segue uma trajetória retilínea e uniforme. Sendo assim, a relação entre o referencial inicial, aquele no qual vale a força gravitacional newtoniana (13.1), e o referencial do centro de massa é uma transformação de Galileo.[1] Portanto, se mudarmos de referencial e adotarmos o referencial do centro de massa, a força gravitacional continuará tendo a forma usual mostrada na Eq. (13.1). Essa é a escolha que faremos aqui, de maneira que, na notação da Eq. (12.3), vamos adotar $\boldsymbol{R} = 0$. Nesse caso, a Eq. (12.3) nos leva às seguintes expressões para as posições do Sol, $\boldsymbol{r}_S$, e do planeta, $\boldsymbol{r}_p$:

$$\boldsymbol{r}_S = -\frac{m}{M_S + m}\boldsymbol{r} \simeq -\frac{m}{M_S}\boldsymbol{r} \qquad \text{e} \qquad \boldsymbol{r}_p = \frac{M_S}{M_S + m}\boldsymbol{r} \simeq \left(1 - \frac{m}{M_S}\right)\boldsymbol{r}\,, \tag{13.2}$$

onde $\boldsymbol{r}$ denota a posição relativa do planeta em relação ao Sol, $\boldsymbol{r} \equiv \boldsymbol{r}_p - \boldsymbol{r}_S$. Nas aproximações acima, foram desprezados termos da ordem de $(m/M_S)^2$. Além disso, se também desprezarmos termos da ordem de (m/M_S), obteremos $\boldsymbol{r}_S \simeq 0$ e $\boldsymbol{r}_p \simeq \boldsymbol{r}$, ou seja, o Sol estará na origem do sistema de coordenadas nesse regime de aproximação. Isso acontece porque, como o Sol é muito mais massivo que o planeta, o centro de massa do sistema está muitíssimo mais próximo do Sol que do planeta. Por fim, notemos que a massa reduzida é dada por:

$$\mu = \frac{M_S m}{M_S + m} \simeq m\left(1 - \frac{m}{M_S}\right).$$

Portanto, se desprezarmos termos da ordem de m/M_S, a massa reduzida será igual à massa do planeta.

Feita essa introdução, vamos agora à equação que descreve a órbita do sistema de duas partículas. Inserindo o potencial (13.1) na Eq. (12.14), chega-se à seguinte equação diferencial para $u(\phi)$, com $u = 1/r$:

$$u'' + u = \frac{1}{s}\,, \qquad \text{onde} \quad s \equiv \frac{\ell^2}{\mu\,\alpha}. \tag{13.3}$$

Tal equação diferencial é linear e, portanto, trivial de ser resolvida. Sua solução geral é dada por:

$$u = \frac{1}{s}\left[\,1 - e\,\cos(\phi + \theta_0)\,\right]\,,$$

[1] O chamado referencial do centro de massa é aquele cujos eixos têm a mesma orientação do referencial inicial e cuja origem está localizada no centro de massa do sistema de duas partículas.

com e e θ_0 sendo constantes de integração arbitrárias a serem fixadas pelas condições iniciais. Em particular, a constante θ_0 pode ser eliminada por uma simples translação no ângulo ϕ, o que corresponde a uma inócua rotação nos eixos cartesianos do plano xy. Portanto, vamos assumir $\theta_0 = 0$, em cujo caso a equação acima fornece a seguinte órbita:

$$r = \frac{s}{1 - e\,\cos(\phi)}\,. \tag{13.4}$$

Essa órbita descreve uma seção cônica, sendo uma elipse se $0 \leq |e| < 1$, uma parábola se $|e| = 1$ e uma hipérbole se $|e| > 1$. O parâmetro e é chamado de **excentricidade** da cônica. A troca de e por $-e$ corresponde a uma reflexão da órbita em relação ao eixo y e, portanto, leva a uma órbita de geometria equivalente. Na Eq. (13.4), a origem do sistema de coordenadas, $r = 0$, está situada em um dos focos da curva cônica. A Fig. 13.1 ilustra as órbitas para diferentes valores da excentricidade.

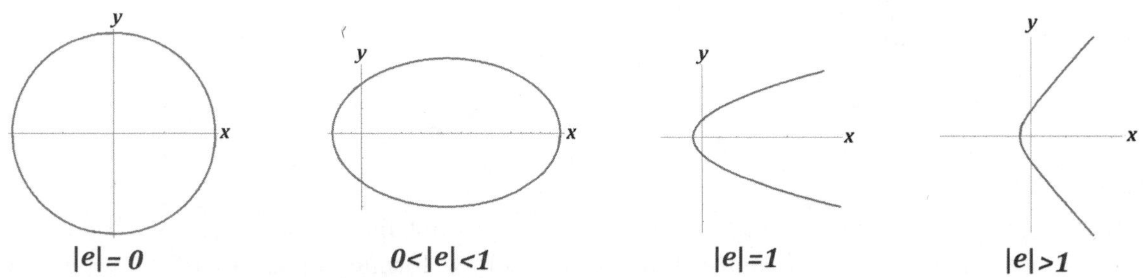

Figura 13.1: Vemos a órbita descrita pela Eq. (13.4) para diferentes valores da excentricidade, e. Quando $0 \leq |e| < 1$ temos elipses, com o caso especial $e = 0$ sendo um círculo. Para $|e| = 1$ a órbita é uma parábola. Finalmente, à direita, para $|e| > 1$ a órbita é uma hipérbole.

Na próxima seção, vamos provar que, de fato, a órbita da Eq. (13.4) representa uma curva cônica com a origem do sistema de coordenadas estando em um dos focos. Por ora, vamos apenas aceitar essa afirmação. Sendo assim, acabamos de provar a primeira lei de Kepler. Entretanto, note que a prova dessa lei não é exata; ela passa por aproximações. Em primeiro lugar, a lei diz que o Sol está em um dos focos, o que só é fidedigno se o Sol estiver na origem do sistema de coordenadas. Isso não é exatamente verdade, como visto na Eq. (13.2), embora possa ser considerado aproximadamente válido se desprezarmos termos da ordem de m/M_S, o que é plausível devido ao fato de a massa do Sol ser muito maior que a massa dos planetas do sistema solar. A afirmação precisa seria dizer que o centro de massa do sistema Sol-planeta é que está localizado em um dos focos. Outro fato que está sendo desconsiderado na prova que acabamos de apresentar é que existem incontáveis corpos celestes, além do Sol e do planeta, e esses corpos também exercem forças gravitacionais. Por exemplo, no caso da Terra, os corpos que causam maior aceleração gravitacional, além do Sol, são Vênus e Júpiter. Porém, a aceleração causada por esses planetas corresponde a menos de $0,01\%$ da aceleração decorrente da atração gravitacional causada pelo Sol. Portanto, desprezar a aceleração causada pelos demais corpos celestes constitui uma hipótese inócua para a maior parte das aplicações de interesse. O fato de podermos fazer tal aproximação causa bastante alívio, pois o problema de três partículas pontuais interagindo através da força gravitacional, o famoso *problema dos três corpos*, é extremamente desafiador. Tanto que o genial matemático francês Henri Poincaré chegou a conjecturar que tal problema não permitiria solução geral analítica. No entanto, essa afirmação se provou errada. De fato, no início do século XX, o matemático finlandês Karl

Sundman conseguiu encontrar uma solução geral para o problema no formato de uma série infinita convergente. Todavia, a convergência dessa série é tão lenta que, na prática, ela é de pouca utilidade. Posteriormente, nas duas primeiras décadas do século XXI, várias soluções analíticas válidas em contextos específicos foram apresentadas para o problema de três corpos. Uma delas, particularmente interessante, consiste em três partículas em um movimento planar ao longo de uma curva fechada no formato de um número 8, como ilustrado na Fig. 13.2. Apesar dessas várias soluções, trata-se ainda de um problema cujo uso prático é desafiador por conta de sua natureza caótica, ou seja, as órbitas podem mudar drasticamente de formato mesmo com pequenas alterações nas condições iniciais. Tal problema tem relevância prática, por exemplo, para estabelecer as órbitas do trio Sol-Terra-Lua.

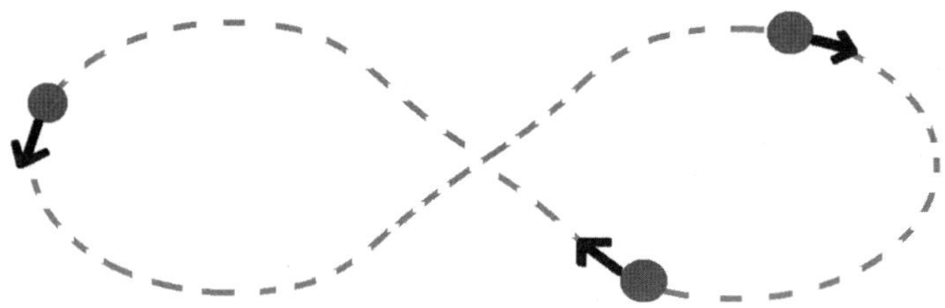

Figura 13.2: Essa é uma solução particular para o problema de três corpos. Nela, as três partículas percorrem indefinidamente uma órbita com o formato do número 8. Apesar de o problema de três corpos ser caótico, essa solução particular tem uma margem de estabilidade.

13.2 Cônicas em coordenadas polares

As chamadas seções cônicas são curvas obtidas através da interseção de um plano com um cone, como mostrado na Fig. 13.3. Denotemos o ângulo de abertura do cone por 2θ. Então, se o ângulo entre a normal do plano e o eixo de simetria do cone for menor que θ, a interseção fornecerá uma elipse. Se o ângulo for igual a θ, teremos uma parábola e, se for maior que θ, a interseção fornecerá uma hipérbole. Essas seções são mostradas na Fig. 13.3.

Em coordenadas cartesianas, os pontos que pertencem à superfície do cone cujo vértice está na origem e que tem o eixo z como seu eixo de simetria devem obedecer à seguinte equação para alguma constante κ:

$$\mathrm{z} = \kappa \sqrt{\mathrm{x}^2 + \mathrm{y}^2}\,.$$

Por sua vez, um plano genérico (que não contenha uma reta paralela ao eixo z) obedece à seguinte equação:

$$\mathrm{z} = A\,\mathrm{x} + B\,\mathrm{y} + C\,. \tag{13.5}$$

Para determinar a interseção entre o plano e o cone, basta igualar as duas expressões para z. Em seguida, tomando o quadrado da igualdade, a fim de eliminar a raiz quadrada, chega-se a uma relação quadrática entre as coordenadas x e y, ou seja,

$$A_2\,\mathrm{x}^2 + B_2\,\mathrm{y}^2 + C_2\,\mathrm{x}\,\mathrm{y} + A_1\,\mathrm{x} + B_1\,\mathrm{y} + D = 0\,, \tag{13.6}$$

onde A_i, B_i, C_2 e D são constantes que não têm muita relevância neste momento. Vista como uma curva do plano xy, essa não é exatamente a curva obtida pela interseção entre

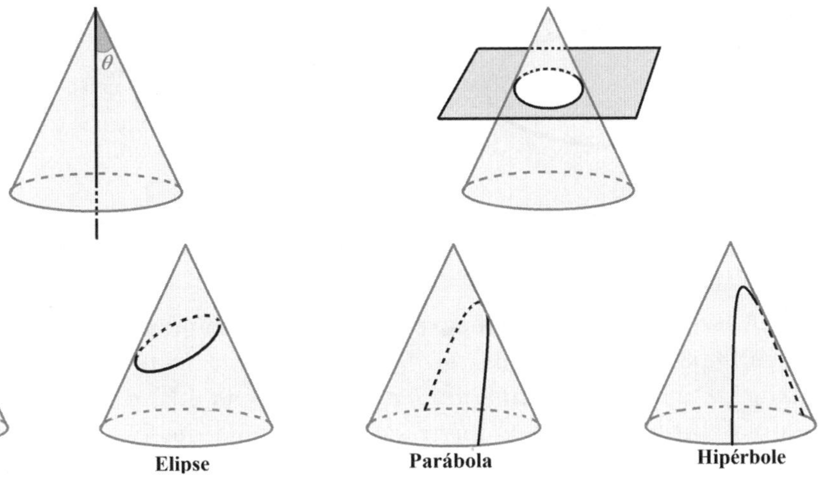

Figura 13.3: Na parte superior, à esquerda, vemos um cone, seu eixo de simetria e o ângulo θ, que é metade do ângulo de abertura do cone. À direita da parte superior, vemos que a interseção entre a superfície do cone e um plano gera uma curva. Na parte inferior da figura, são mostradas as possíveis seções cônicas. Embora não esteja ilustrado na figura, uma reta também pode ser vista como um caso degenerado de uma seção cônica.

o cone e o plano da Eq. (13.5), mas sim sua projeção no plano xy.[2] No entanto, uma projeção ortogonal não alteraria a natureza polinomial de uma curva. Ou seja, a curva procurada também seria definida por uma combinação quadrática entre as coordenadas cartesianas do plano (13.5). Em suma, a curva cônica mais geral contida no plano cartesiano xy pode sempre ser expressa através da Eq. (13.6) para algum conjunto de constantes A_i, B_i, C_2 e D. Aqui focaremos o caso especial de uma elipse, que são as curvas tais que $4A_2B_2 > C_2^2$. Em particular, se $C_2 = 0$, as elipses podem ser escritas da seguinte forma:

$$\frac{1}{a^2}(\mathrm{x} - \mathrm{x}_0)^2 + \frac{1}{b^2}(\mathrm{y} - \mathrm{y}_0)^2 = 1\,, \tag{13.7}$$

onde a, b, x_0 e y_0 são constantes. Tal elipse está ilustrada na Fig. 13.4. Vemos que a elipse descrita pela Eq. (13.7) tem seus eixos principais alinhados com os eixos cartesianos x e y, o que é decorrente do fato de que o termo cruzado xy não faz parte da equação dessa elipse, pois adotamos $C_2 = 0$. A eliminação desse termo cruzado é sempre possível através de uma rotação do referencial cartesiano. Na Fig. 13.4, vemos também que $(\mathrm{x}_0, \mathrm{y}_0)$ é a posição do ponto central da elipse, a é o tamanho do semieixo maior e b é o tamanho do semieixo menor (estou assumindo $a \geq b$).

A elipse tem dois pontos especiais chamados de focos, denotados por f_1 e f_2, que têm a seguinte propriedade: dado um ponto p_e da elipse, a distância desse ponto até um dos focos somada à distância de p_e até o outro foco tem o mesmo valor qualquer que seja o ponto p_e da elipse. Para a elipse da Eq. (13.7), os focos estão localizados nas seguintes posições do plano cartesiano:

$$f_1 : (\mathrm{x}_1, \mathrm{y}_1) = (\mathrm{x}_0 - \sqrt{a^2 - b^2}, \mathrm{y}_0) \quad \text{e} \quad f_2 : (\mathrm{x}_2, \mathrm{y}_2) = (\mathrm{x}_0 + \sqrt{a^2 - b^2}, \mathrm{y}_0)\,.$$

[2]Suponha que resolvamos a Eq. (13.6) para a coordenada y, de forma a obter $\mathrm{y} = f(\mathrm{x})$. Então, os pontos que pertencem à curva que é a interseção entre o cone e o plano são dados por $(\mathrm{x}, \mathrm{y}, \mathrm{z}) = (\mathrm{x}, f(\mathrm{x}), A\mathrm{x} + Bf(\mathrm{x}) + C)$. Por sua vez, a curva formada pelos pontos $(\mathrm{x}, \mathrm{y}, \mathrm{z}) = (\mathrm{x}, f(\mathrm{x}), 0)$ é a projeção da curva anterior no plano xy.

Figura 13.4: À esquerda, a curva destacada é a elipse formada pelos pontos que obedecem à Eq. (13.7). Essa elipse está centrada em $(\mathrm{x}_0, \mathrm{y}_0)$. Seu semieixo maior tem tamanho a e é paralelo ao eixo x. O semieixo menor tem tamanho b e é paralelo ao eixo y. Na ilustração à direita, vemos os focos de uma elipse, f_1 e f_2. É ilustrado que a soma das distâncias d_1 e d_2 é dada por $2a$. Esse valor da soma independe do ponto p_e que escolhamos ao longo da elipse.

De fato, se o ponto da elipse p_e tem coordenadas dadas por (x, y), então a soma entre a distância desse ponto até o foco f_1 e a distância entre p_e e f_2 é dada por:

$$\sqrt{(\mathrm{x}-\mathrm{x}_0+\sqrt{a^2-b^2})^2+(\mathrm{y}-\mathrm{y}_0)^2}+\sqrt{(\mathrm{x}-\mathrm{x}_0-\sqrt{a^2-b^2})^2+(\mathrm{y}-\mathrm{y}_0)^2}\,. \qquad (13.8)$$

Então, utilizando a Eq. (13.7) para substituir $(\mathrm{y}-\mathrm{y}_0)^2$ por $b^2 - \frac{b^2}{a^2}(\mathrm{x}-\mathrm{x}_0)^2$, conclui-se que a soma acima pode ser escrita da seguinte forma:

$$\sqrt{\left[a+\sqrt{1-\frac{b^2}{a^2}}(\mathrm{x}-\mathrm{x}_0)\right]^2}+\sqrt{\left[a-\sqrt{1-\frac{b^2}{a^2}}(\mathrm{x}-\mathrm{x}_0)\right]^2}=2a\,.$$

Note que a soma independe de x, ou seja, tem o mesmo valor para qualquer ponto p_e da elipse. A Fig. 13.4 ilustra os focos de uma elipse.

Agora, vamos ver qual equação descreve uma elipse com um dos focos, digamos o foco f_1, localizado na origem do sistema de coordenadas e cujo eixo maior é paralelo ao eixo x. A fim de colocar o foco f_1 na origem, devemos impor a seguinte equação:

$$(\mathrm{x}_1, \mathrm{y}_1) = (0,0) \quad \Rightarrow \quad \mathrm{x}_0 = \sqrt{a^2-b^2} \quad \text{e} \quad \mathrm{y}_0 = 0\,.$$

Inserindo essa escolha na Eq. (13.7), chega-se à equação procurada, que é a dada por:

$$\frac{1}{a^2}(\mathrm{x}-\sqrt{a^2-b^2})^2+\frac{\mathrm{y}^2}{b^2}=1\,. \qquad (13.9)$$

Por sua vez, a órbita obtida na seção anterior, dada na Eq. (13.4), pode ser escrita em coordenadas polares da seguinte forma:

$$r = s + e\,r\cos\phi \quad \Rightarrow \quad \sqrt{\mathrm{x}^2+\mathrm{y}^2} = s + e\,\mathrm{x}\,.$$

Tomando o quadrado de ambos os lados da última equação e depois agrupando alguns termos, chega-se exatamente à Eq. (13.9); basta que façamos as seguintes identificações:

$$a = \frac{s}{1-e^2} \quad \text{e} \quad b = \frac{s}{\sqrt{1-e^2}}\,. \qquad (13.10)$$

Portanto, acabamos de provar que, de fato, se $0 \le e < 1$, a equação da órbita (13.4) representa uma elipse com um dos focos na origem e com eixos principais paralelos aos eixos cartesianos. A elipse mais geral com um dos focos na origem pode ser obtida da elipse anterior fazendo uma rotação no plano xy. Em termos das coordenadas polares, isso corresponde a fazer uma translação na coordenada ϕ. Sendo assim, a equação mais geral de uma elipse com um dos focos na origem pode ser escrita em coordenadas polares da seguinte maneira:

$$r = \frac{s}{1 - e\,\cos(\phi + \theta_0)}\,,$$

onde θ_0 é alguma constante, que denota o ângulo entre o semieixo maior da elipse e o eixo x. É pertinente lembrar que, na solução do problema do oscilador harmônico radial, nos deparamos com uma forma alternativa de representar uma elipse em coordenadas polares, dada na Eq. (12.33). No entanto, essa última equação representa uma elipse cujo centro está na origem, ao passo que, neste capítulo, estamos tratando de elipses tais que um dos focos está na origem.

13.3 Análise gráfica dos tipos de órbitas

O fato de que há três tipos de órbitas possíveis para a partícula fictícia submetida ao potencial $U = -\alpha/r$ pode ser facilmente observado através da análise do gráfico da energia potencial efetiva,

$$U_{ef} = \frac{\ell^2}{2\mu\, r^2} - \frac{\alpha}{r}\,.$$

Supondo $\ell \neq 0$, vemos que $U_{ef} \to +\infty$ quando $r \to 0$ e U_{ef} vai a zero quando $r \to \infty$. Além disso, tomando a derivada de U_{ef} em relação a r e igualando a zero, podemos concluir que seu gráfico possui um, e apenas um, ponto estacionário, que é sempre um mínimo, localizado em $r_0 = \frac{\ell^2}{\mu\,\alpha}$.[3] O valor do potencial efetivo nesse mínimo é sempre negativo, $U_{ef}(r_0) = -\frac{\mu\,\alpha^2}{2\ell^2}$. Sendo assim, o formato genérico do potencial efetivo é aquele ilustrado na Fig. (13.5). Nessa figura, vemos que, se a energia do sistema for negativa, porém maior que $U_{ef}(r_0)$, a trajetória terá dois pontos de retorno, e esse será o regime de órbitas elípticas. Por outro lado, se a energia for positiva, a trajetória terá um único ponto de retorno, o que corresponderá às órbitas hiperbólicas. O caso especial em que a energia é exatamente zero é um caso limítrofe, onde o segundo ponto de retorno seria em $r = \infty$. Esse último caso corresponde à órbita parabólica.

Quando, no instante inicial, as partículas interagindo gravitacionalmente estão se movendo ao longo da direção radial que as separa, o momento angular do sistema é nulo, $\ell = 0$. Esse caso especial conduz a um comportamento drasticamente diferente para energia potencial efetiva. Se $\ell = 0$, temos $U_{ef} = U = -\alpha/r$, de maneira que $U_{ef} \to -\infty$ quando $r \to 0$ e o potencial não tem mais um mínimo. Nesse caso, a forma do potencial está ilustrada na Fig. 13.6. Vemos que há dois cenários possíveis. Se a energia do sistema for negativa, a trajetória tem um ponto de retorno e as partículas acabarão por se chocar mesmo se a velocidade inicial for no sentido de afastar as partículas. Por outro lado, se a energia for positiva, não haverá ponto de retorno. Sendo assim, se, inicialmente, as partículas estiverem se afastando, elas continuarão a se afastar indefinidamente.

[3]Aqui estamos assumindo $\alpha > 0$, que é sempre válido no caso da interação gravitacional. Se $\alpha < 0$, o que ocorre na interação eletrostática com cargas de mesmo sinal, o valor de r_0 seria negativo, ou seja, não existiria órbita circular.

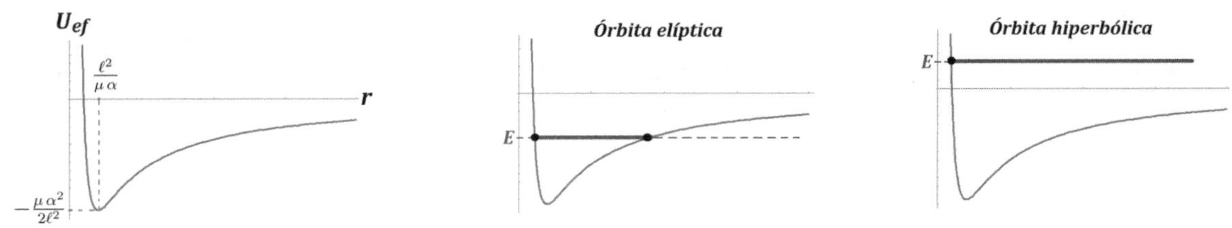

Figura 13.5: À esquerda, vemos o formato genérico do potencial efetivo para o problema de Kepler. O potencial vai a infinito quando $r \to 0$ e tende a zero quando $r \to \infty$, tendo um mínimo entre esses extremos. Na parte central, vemos que, se a energia do sistema for negativa, o movimento radial terá dois pontos de retorno. Esse é o caso em que a órbita é uma elipse. Já se a energia for positiva, o movimento radial terá um ponto de retorno e a órbita será uma hipérbole.

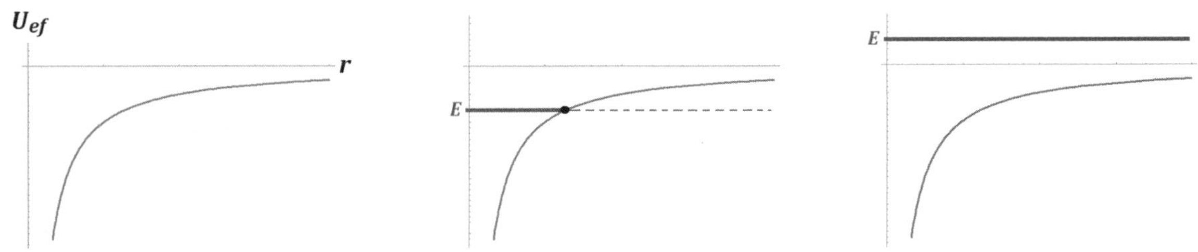

Figura 13.6: À esquerda, vemos o formato do potencial efetivo para o problema de Kepler quando $\ell = 0$. Nota-se que o potencial cresce monotonicamente partindo de $-\infty$, quando $r = 0$, e se aproxima do valor zero de forma assíntota quando $r \to \infty$. Na parte central, vemos que, se a energia do sistema for negativa, a órbita terá um ponto de retorno, as partículas não têm energia suficiente para escapar da atração gravitacional. Já se a energia for positiva, a órbita não terá ponto de retorno e, se a condição inicial for de afastamento, as partículas serão separadas indefinidamente.

13.4 Relação entre parâmetros físicos e geométricos

O sistema aqui estudado é descrito por duas coordenadas generalizadas, r e ϕ, as quais obedecem a equações de movimento de segunda ordem. Portanto, precisamos de quatro condições iniciais para fixar a solução final. No entanto, a condição inicial $\phi(0)$ não tem grande relevância física porque pode ser modificada por uma simples rotação no sistema de coordenadas. De forma análoga, a condição inicial $r(0)$ pode ser modificada sem alterar o formato da órbita, através de uma translação no tempo. Tal translação temporal promove o deslocamento da partícula ao longo de sua órbita, sem alterar o formato da órbita. Sendo assim, das quatro condições iniciais necessárias para estabelecer a dinâmica completa, apenas duas condições iniciais são de real relevância para estabelecer a geometria da órbita. Essas condições iniciais, por sua vez, podem ser codificadas através dos parâmetros E e ℓ. A vantagem desses parâmetros é que eles têm significados físicos muito claros.

Em contrapartida, do ponto de vista puramente matemático, a geometria de uma cônica também precisa de apenas dois parâmetros para ser descrita, as constantes s e e, introduzidas na Eq. (13.4). Alternativamente, no caso de trajetórias elípticas, também podemos usar os parâmetros a e b, que representam os tamanhos dos semieixos maior e menor, respectivamente. A conexão entre o par (a, b) e o par (s, e) foi estabelecida na Eq.

(13.10), cujas relações inversas são:

$$e = \frac{\sqrt{a^2 - b^2}}{a} \quad \text{e} \quad s = \frac{b^2}{a}. \tag{13.11}$$

O objetivo nesta seção é, então, conectar os parâmetros físicos E e ℓ aos parâmetros geométricos s e e. A chave para alcançar esse objetivo é utilizar a equação que define a energia mecânica do sistema. Antes, no entanto, vamos utilizar a equação da órbita, Eq. (13.4), para achar uma relação entre $\dot{r}$ e $\dot{\phi}$:

$$r = \frac{s}{1 - e\cos\phi} \;\Rightarrow\; \frac{dr}{dt} = \frac{-s}{(1 - e\cos\phi)^2}\,(e\,\text{sen}\phi\,\dot{\phi}) = \frac{-r^2}{s}\,(e\,\text{sen}\phi\,\dot{\phi}) = -\,\frac{e\,\ell}{s\,\mu}\,\text{sen}\phi\,,$$

onde, na penúltima igualdade, foi utilizada a equação da órbita e, na última igualdade, foi inserida a definição do momento angular, $\ell = \mu r^2\dot{\phi}$. A função senϕ pode ser escrita em termos do raio r por meio da equação da órbita:

$$\text{sen}\phi = \pm\sqrt{1 - \cos^2\phi} = \pm\sqrt{1 - \left(\frac{r - s}{e\,r}\right)^2} = \pm\frac{\sqrt{2s\,r - r^2(1 - e^2) - s^2}}{e\,r}.$$

Então, inserindo essa identidade na última equação para $\dot{r}$, chega-se ao seguinte resultado:

$$\dot{r} = \mp\,\frac{\ell}{s\,\mu\,r}\,\sqrt{2s\,r - r^2(1 - e^2) - s^2}\,. \tag{13.12}$$

Finalmente, usando essa relação na definição da energia mecânica do sistema, temos:

$$\begin{aligned} E &= \frac{\mu}{2}\dot{r}^2 + \frac{\ell^2}{2\mu\,r^2} - \frac{\alpha}{r} = \frac{\ell^2}{2\,s^2\,\mu}\left(\frac{2s}{r} - (1 - e^2) - \frac{s^2}{r^2}\right) + \frac{\ell^2}{2\mu\,r^2} - \frac{\alpha}{r} \\ &= -\,\frac{\ell^2\,(1 - e^2)}{2\,s^2\,\mu} + \frac{1}{r}\left(\frac{\ell^2}{s\,\mu} - \alpha\right). \end{aligned} \tag{13.13}$$

Como o lado esquerdo da equação acima é uma constante de movimento, segue que o lado direito não deve depender do ponto da órbita em que o sistema está. Em outras palavras, o lado direito não pode depender de r e, portanto, o último termo entre parênteses deve ser nulo:

$$\left(\frac{\ell^2}{s\,\mu} - \alpha\right) = 0 \;\Rightarrow\; \ell = \sqrt{\alpha\,s\,\mu}\,. \tag{13.14}$$

Essa última relação pode ser vista como a própria definição do parâmetro s, dada anteriormente na Eq. (13.3). Logo, inserindo esse resultado na Eq. (13.13), obtém-se a seguinte identidade:

$$E = -\,\frac{\ell^2\,(1 - e^2)}{2\,s^2\,\mu} = -\,\frac{\alpha(1 - e^2)}{2s}\,. \tag{13.15}$$

As Eqs. (13.14) e (13.15) fornecem a relação procurada entre os parâmetros físicos e os parâmetros geométricos da órbita. Em particular, note que, se $|e| < 1$, ou seja, se a órbita for elíptica, a energia será negativa. Essa constatação está em pleno acordo com o que fora visto na seção anterior, através da análise gráfica da energia potencial efetiva.

Em vez de escrevermos os parâmetros físicos E e ℓ em termos de s e e, podemos preferir os parâmetros a e b. Nesse caso, basta inserir a Eq. (13.11) nas relações (13.14) e (13.15). Fazendo isso, chegaremos às seguintes identidades:

$$E = -\,\frac{\alpha}{2\,a} \quad \text{e} \quad \ell = b\sqrt{\frac{\alpha\,\mu}{a}}\,. \tag{13.16}$$

13.5 Terceira lei de Kepler

A terceira lei de Kepler trata de uma relação entre o período da órbita e o tamanho do semieixo maior da órbita planetária. Portanto, para prová-la, precisamos estabelecer uma conexão entre o período e os parâmetros físicos do sistema. Até agora, não encontramos expressões para $r(t)$ e $\phi(t)$. A solução $r(t)$ pode ser formalmente obtida através da integral (12.19), obtida no capítulo anterior para um potencial central arbitrário. Uma vez obtido $r(t)$, podemos usar a equação da órbita para encontrar $\phi(t)$. Ocorre que essas soluções dinâmicas não são particularmente elegantes e são desnecessárias para estabelecer uma fórmula para o período do movimento planetário, de sorte que não prosseguiremos por esse caminho.

A órbita do planeta em torno do Sol tem um ponto de maior proximidade entre o planeta e o Sol, chamado de *periélio*, e um ponto de maior afastamento entre esses corpos, denominado *afélio*. Partindo do periélio, para que o planeta complete uma volta em torno do Sol, ele precisa chegar até o afélio e depois regressar ao periélio. Ocorre que o afélio e o periélio são exatamente os pontos de retorno da análise gráfica da energia potencial efetiva, como ilustrado na Fig. 13.7. Logo, o tempo necessário para que o planeta vá do

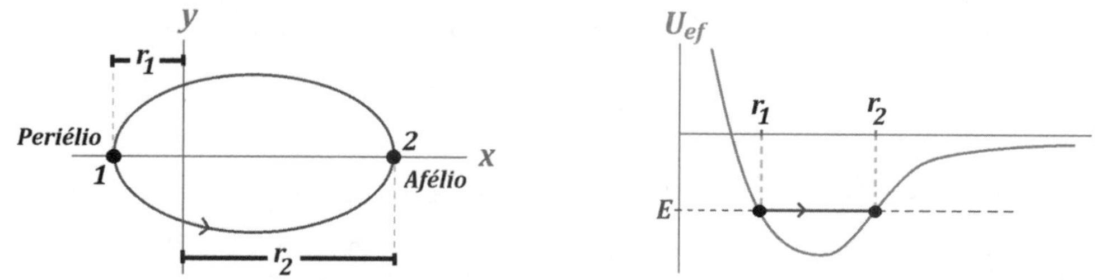

Figura 13.7: À esquerda, vemos destacados os pontos 1 e 2 da órbita, que estão a uma distância r_1 e r_2 em relação à origem respectivamente. O ponto 1 é o periélio; trata-se do ponto de maior proximidade entre o planeta e o Sol (localizado na origem). O ponto 2, por sua vez, é o ponto da órbita com maior distância entre o planeta e o Sol, denominado afélio. Como mostrado na ilustração do lado direito, esses pontos correspondem aos pontos de retorno da órbita, pontos em que a energia mecânica se iguala ao valor do potencial efetivo.

periélio ao afélio corresponde a metade do período da órbita, $T/2$. Portanto, uma forma de se obter o período é calculando o tempo transcorrido entre os pontos de retorno do movimento radial através da integral (12.19):

$$\frac{1}{2}T = \sqrt{\frac{\mu}{2}} \int_{r_1}^{r_2} \frac{dr}{\sqrt{E - \frac{\ell^2}{2\mu r^2} + \frac{\alpha}{r}}}, \tag{13.17}$$

onde r_1 e r_2 são os pontos de retorno, ou seja, os pontos em que a energia E se iguala ao potencial efetivo. Resolvendo a equação $E = U_{ef}(r)$, encontramos as seguintes soluções para r:

$$r_1 = \frac{-\alpha}{2E}\left(1 - \sqrt{1 + \frac{2\ell^2 E}{\mu\,\alpha^2}}\right) \quad \text{e} \quad r_2 = \frac{-\alpha}{2E}\left(1 + \sqrt{1 + \frac{2\ell^2 E}{\mu\,\alpha^2}}\right).$$

Note que, apesar de esses raios parecerem negativos, por conta do sinal negativo em frente às expressões, lembre que a energia do sistema é negativa para órbitas elípticas, $E < 0$.

Sendo assim, ambos os raios, r_1 e r_2, são reais e positivos. Apesar de a Eq. (13.17) fornecer uma expressão formal para o período, também não usaremos esse caminho para determinar o período da órbita. Em vez disso, notemos que, quando o planeta vai de $\phi = 0$ até $\phi = \pi$, o intervalo de tempo transcorrido é de meio período. Portanto, usando a definição do momento angular ℓ, obtém-se:

$$\ell = \mu r^2 \dot{\phi} \quad \Rightarrow \quad dt = \frac{\mu}{\ell} r^2 \, d\phi \quad \Rightarrow \quad \frac{1}{2} T = \frac{\mu}{\ell} \int_0^{\pi} [\, r(\phi)\,]^2 \, d\phi \, .$$

Ou seja, temos uma outra expressão para o período. Para usá-la, basta lançar mão da equação da órbita (13.4) e, então, executar a integral. Seguindo esse roteiro, chega-se ao seguinte resultado:

$$T = \frac{2\,\pi\,\mu\,s^2}{\ell\,(1-e^2)^{3/2}} = 2\pi\, a^{3/2} \sqrt{\frac{\mu}{\alpha}} \, , \tag{13.18}$$

onde, na última igualdade, foram utilizadas as Eqs. (13.11) e (13.16) para escrever s, e e ℓ em termos dos parâmetros geométricos a e b. Uma forma mais fácil de se calcular o período é sugerida no segundo problema da seção de exercícios deste capítulo. Então, a Eq. (13.18) fornece:

$$\frac{T^2}{a^3} = \frac{4\pi^2\,\mu}{\alpha} = \frac{4\pi^2\,\mu}{m\,M_S\,G} \simeq \frac{4\pi^2}{M_S\,G} \, , \tag{13.19}$$

onde, na segunda igualdade, foi utilizado que, para o problema de Kepler no sistema solar, vale a identificação $\alpha = m\,M_S\,G$, com m sendo a massa do planeta; M_S a massa do Sol; e G a constante gravitacional de Newton.[4] Além disso, na última passagem da Eq. (13.19), foi feita a aproximação $\mu \simeq m$, que é aceitável sempre que $m \ll M_S$, o que, de fato, é verdadeiro para todos os planetas do sistema solar. Nesse caso, a Eq. (13.19) estabelece a prova da terceira lei de Kepler, pois o lado direito dessa equação não depende de nenhuma informação do planeta cuja órbita está sendo analisada, não depende de a, nem de b, nem de m; depende apenas da massa do Sol, que é a mesma qualquer que seja o planeta cuja órbita estejamos investigando. No entanto, note que, assim como a primeira lei de Kepler, a terceira lei não é uma lei exata de acordo com a teoria da gravitação newtoniana, já que, para prová-la, foi necessário utilizar a aproximação $\mu \simeq m$. Diferentemente, a segunda lei é exata dentro do cenário de dois corpos interagindo por meio de um potencial central conservativo. Ela afirma que o vetor que vai de um dos corpos (o Sol, por exemplo) até o outro corpo (o planeta) varre áreas iguais em tempos iguais. Não precisamos provar a segunda lei de Kepler neste capítulo porque ela já foi provada de forma genérica, para qualquer potencial central, no capítulo anterior. Tal lei é uma consequência imediata da conservação do momento angular.

13.6 Vetor de Laplace-Runge-Lenz

Além da energia, E, e do vetor momento angular, $\boldsymbol{L}$, que são sempre constantes em um problema de força central conservativa, o potencial de Kepler admite uma outra constante de movimento, o chamado vetor de Laplace-Runge-Lenz, definido através da seguinte equação:

$$\boldsymbol{\mathcal{A}} \equiv \dot{\boldsymbol{r}} \times \boldsymbol{L} \, - \, \alpha\, \hat{\mathbf{r}} \, . \tag{13.20}$$

[4] A Eq. (13.19) é frequentemente utilizada pelos astrônomos para calcular a massa de um objeto celeste. Por exemplo, sabendo a distância da Terra ao Sol e conhecendo o período de revolução em torno do Sol, podemos obter a massa do Sol através dessa equação. Analogamente, sabendo a distância da Terra à Lua e o período de revolução da Lua em torno da Terra, podemos calcular a massa da Terra.

Curiosamente, nenhum dos três pesquisadores que dão nome ao vetor foi o pioneiro na descoberta dessa quantidade conservada. Na verdade, por conta de seu caráter interessante, porém com pouco uso prático, diversos autores pensaram tê-lo descoberto pela primeira vez. Mas, aparentemente, a primeira pessoa a estabelecer a conservação desse vetor foi o matemático Jakob Hermann, no ano de 1710. A prova de que esse vetor é conservado é simples e segue abaixo:

$$\frac{d\boldsymbol{\mathcal{A}}}{dt} = \ddot{\boldsymbol{r}} \times \boldsymbol{L} - \alpha \frac{d}{dt}\left(\frac{\boldsymbol{r}}{r}\right) = -\frac{\alpha}{\mu r^2}\left(\hat{\mathbf{r}} \times \boldsymbol{L}\right) - \alpha\left(\frac{\dot{\boldsymbol{r}}}{r} - \frac{\boldsymbol{r}}{r^2}\frac{dr}{dt}\right), \tag{13.21}$$

onde, na primeira igualdade, foi utilizado o fato de que $\boldsymbol{L}$ é constante ao longo da órbita e, na segunda passagem, foi utilizada a equação dinâmica, $\mu\ddot{\boldsymbol{r}} = -\frac{\alpha}{r^2}\hat{\mathbf{r}}$. Agora, notemos que $\dot{r}$ pode ser expresso da seguinte forma:

$$\frac{dr}{dt} = \frac{d}{dt}\sqrt{\boldsymbol{r}\cdot\boldsymbol{r}} = \frac{1}{2r}\frac{d}{dt}\left(\boldsymbol{r}\cdot\boldsymbol{r}\right) = \frac{1}{r}\left(\dot{\boldsymbol{r}}\cdot\boldsymbol{r}\right) = \dot{\boldsymbol{r}}\cdot\hat{\mathbf{r}}\,. \tag{13.22}$$

Por sua vez, podemos usar a identidade vetorial (4.9) para escrever $\hat{\boldsymbol{r}} \times \boldsymbol{L}$ da seguinte maneira:

$$\hat{\mathbf{r}} \times \boldsymbol{L} = \mu\,\hat{\mathbf{r}} \times (\boldsymbol{r} \times \dot{\boldsymbol{r}}) = \mu\,(\hat{\mathbf{r}}\cdot\dot{\boldsymbol{r}})\boldsymbol{r} \;-\; \mu\, r\,\dot{\boldsymbol{r}}\,. \tag{13.23}$$

Então, inserindo as Eqs. (13.22) e (13.23) no lado direito da Eq. (13.21), chega-se à conclusão de que o vetor $\boldsymbol{\mathcal{A}}$ é conservado, ou seja, $d\boldsymbol{\mathcal{A}}/dt = 0$. É importante destacar que a existência dessa quantidade conservada é uma peculiaridade do potencial de Kepler. Geralmente, outros potenciais centrais não admitem uma quantidade conservada quadrática no vetor velocidade além da energia E. Há, no entanto, quantidades conservadas que dependem da velocidade através de potências mais elevadas e com expressões bem mais complicadas em termos de $\boldsymbol{r}$, $\dot{\boldsymbol{r}}$ e t.[5]

Como a direção do vetor momento angular é ortogonal ao plano da órbita, segue que $\hat{\mathbf{r}}\cdot\boldsymbol{L} = 0$. Além disso, por definição de produto vetorial, o vetor $(\dot{\boldsymbol{r}}\times\boldsymbol{L})$ é sempre ortogonal aos vetores $\dot{\boldsymbol{r}}$ e $\boldsymbol{L}$. Assim sendo, podemos concluir que

$$\boldsymbol{\mathcal{A}}\cdot\boldsymbol{L} = (\dot{\boldsymbol{r}} \times \boldsymbol{L})\cdot\boldsymbol{L} \;-\; \alpha\,\hat{\mathbf{r}}\cdot\boldsymbol{L} = 0\,. \tag{13.24}$$

Ou seja, $\boldsymbol{\mathcal{A}}$ é ortogonal a $\boldsymbol{L}$. Isso significa que o vetor de Laplace-Runge-Lenz está contido no plano do movimento orbital. Por sua vez, usando a identidade vetorial

$$\boldsymbol{a}\cdot(\boldsymbol{b}\times\boldsymbol{c}) = \boldsymbol{b}\cdot(\boldsymbol{c}\times\boldsymbol{a}) = \boldsymbol{c}\cdot(\boldsymbol{a}\times\boldsymbol{b})\,,$$

podemos chegar à seguinte expressão para o produto escalar entre $\boldsymbol{\mathcal{A}}$ e o vetor posição:

$$\boldsymbol{\mathcal{A}}\cdot\boldsymbol{r} = \boldsymbol{r}\cdot(\dot{\boldsymbol{r}}\times\boldsymbol{L}) \;-\; \alpha\, r = \boldsymbol{L}\cdot(\boldsymbol{r}\times\dot{\boldsymbol{r}}) - \alpha\, r = \boldsymbol{L}\cdot\left(\frac{1}{\mu}\boldsymbol{L}\right) - \alpha\, r = \frac{\ell^2}{\mu} - \alpha\, r\,.$$

Finalmente, escrevendo o lado esquerdo da equação acima na forma $r(\boldsymbol{\mathcal{A}}\cdot\hat{\mathbf{r}})$ e depois resolvendo essa identidade para r, obtém-se o seguinte resultado:

$$r = \frac{\ell^2/(\mu\alpha)}{1 + \frac{1}{\alpha}\boldsymbol{\mathcal{A}}\cdot\hat{\mathbf{r}}}\,. \tag{13.25}$$

[5]As grandezas conservadas associadas às simetrias newtonianas clássicas estão conectadas a certos objetos matemáticos denominados vetores de Killing, elementos de grande importância em geometria diferencial. Os vetores de Killing são os geradores das transformações de simetria do espaço das configurações. Diferentemente, o vetor de Laplace-Runge-Lenz está conectado a um objeto chamado tensor de Killing de rank dois, que gera transformações de simetria no espaço de fase do problema dinâmico.

Como o vetor de Laplace-Runge-Lenz está contido no plano da órbita, que é o plano xy, segue que podemos escrevê-lo da seguinte forma:

$$\boldsymbol{\mathcal{A}} = \mathcal{A}_{\rm x}\,\hat{\boldsymbol{e}}_{\rm x} + \mathcal{A}_{\rm y}\,\hat{\boldsymbol{e}}_{\rm y}\,,$$

onde as componentes $\mathcal{A}_{\rm x}$ e $\mathcal{A}_{\rm y}$ são constantes em toda a órbita, já que o vetor $\boldsymbol{\mathcal{A}}$ é uma constante de movimento. Então, usando que $\hat{\mathbf{r}}\cdot\hat{\boldsymbol{e}}_{\rm x} = \cos\phi$ e $\hat{\mathbf{r}}\cdot\hat{\boldsymbol{e}}_{\rm y} = \text{sen}\phi$, onde ϕ é a coordenada angular do sistema de coordenada polares, concluímos que a Eq. (13.25) fornece:

$$r = \frac{\ell^2/(\mu\alpha)}{1 + \frac{1}{\alpha}\mathcal{A}_{\rm x}\cos\phi + \frac{1}{\alpha}\mathcal{A}_{\rm y}\,\text{sen}\phi}\,.$$

Logo, comparando essa equação com a equação da órbita (13.4), constatamos que valem as seguintes identificações:

$$s = \frac{\ell^2}{\mu\alpha}\,, \qquad \mathcal{A}_{\rm x} = -\alpha\,e\,, \qquad \mathcal{A}_{\rm y} = 0\,.$$

A primeira dessas identidades é a própria definição de s, dada na Eq. (13.3). Por sua vez, as expressões para $\mathcal{A}_{\rm x}$ e $\mathcal{A}_{\rm y}$ nos permitem concluir que, no caso dada órbita (13.4), o vetor de Laplace-Runge-Lenz é explicitamente dado por

$$\boldsymbol{\mathcal{A}} = -\alpha\,e\,\hat{\boldsymbol{e}}_{\rm x}\,. \tag{13.26}$$

Vemos, então, que o vetor $\boldsymbol{\mathcal{A}}$ está alinhado com o eixo maior da órbita elíptica e aponta no sentido do periélio, como ilustrado na Fig. 13.8. Note que a norma do vetor de Laplace-Runge-Lenz tem relação direta com a excentricidade da órbita, $|\boldsymbol{\mathcal{A}}| = |\alpha\,e|$. Portanto, a norma de $\boldsymbol{\mathcal{A}}$ pode ser expressa em termos de E e ℓ. Por conta disso e da condição $\boldsymbol{\mathcal{A}}\cdot\boldsymbol{L} = 0$, conclui-se que apenas um dos três graus de liberdade de $\boldsymbol{\mathcal{A}}$ dá origem a uma nova grandeza conservada. Essa nova quantia conservada pode ser entendida como sendo a direção do vetor $\boldsymbol{\mathcal{A}}$ ou, equivalentemente, o ângulo entre esse vetor e o eixo x. Desse modo, podemos dizer que a orientação da órbita elíptica é uma constante de movimento.

Figura 13.8: À esquerda, são destacados três pontos da órbita, $\boldsymbol{r}_1$, $\boldsymbol{r}_2$ e $\boldsymbol{r}_3$, e mostrado que o vetor $\boldsymbol{\mathcal{A}}$, definido pela Eq. (13.20), tem tamanho constante e aponta para a mesma direção e sentido nesses três pontos. O mesmo vale em qualquer outro ponto da órbita. Na ilustração à direita, vemos que o vetor de Laplace-Runge-Lenz, quando posto na origem do plano da órbita, está alinhado com o semieixo maior e aponta no sentido do periélio.

É importante entender o conceito de quantidade conservada e sua relevância. Não se trata de definir um objeto arbitrariamente e postular que ele seja constante ao longo das órbitas. Por exemplo, poderíamos definir o vetor

$$\boldsymbol{\mathcal{B}} \equiv \hat{\boldsymbol{e}}_{\rm x} + \tan\theta_0\,\hat{\boldsymbol{e}}_{\rm y}$$

para alguma constante θ_0 e dizer que tal vetor corresponde a uma quantidade conservada, como ilustrado na Fig. 13.9. De fato, se θ_0 for constante, esse vetor $\boldsymbol{\mathcal{B}}$ será constante, ou seja, $d\boldsymbol{\mathcal{B}}/dt = 0$. Por exemplo, o vetor $\hat{\boldsymbol{e}}_{\mathrm{y}}$ é constante. Apesar disso, não é apropriado se referir a esse vetor como sendo uma constante de movimento, pois, para sê-lo, é preciso que seja possível expressá-lo apenas em termos de $\boldsymbol{r}$, $\dot{\boldsymbol{r}}$, t e de parâmetros físicos do problema, como μ e α, no caso em questão. Portanto, no jargão da mecânica clássica, uma constante de movimento (ou integral de movimento) C é um objeto construído utilizando as grandezas dinâmicas $\boldsymbol{r}$, $\dot{\boldsymbol{r}}$ e t e que, apesar de $\boldsymbol{r}$ e $\dot{\boldsymbol{r}}$ variarem com o tempo ao longo das órbitas, C é constante em cada uma das órbitas. Ou seja, $C = C(\boldsymbol{r}, \dot{\boldsymbol{r}}, t)$ e $dC/dt = 0$. É claro que qualquer objeto que não dependa de $\boldsymbol{r}$, $\dot{\boldsymbol{r}}$ e t será automaticamente constante ao longo das órbitas, como o número $\sqrt{2}$ ou o versor cartesiano $\hat{\boldsymbol{e}}_{\mathrm{y}}$, mas essas grandezas não são consideradas integrais de movimento. As constantes de movimento são de grande importância para ajudar a integrar as equações de movimento dos sistemas dinâmicos, como veremos mais adiante neste livro.

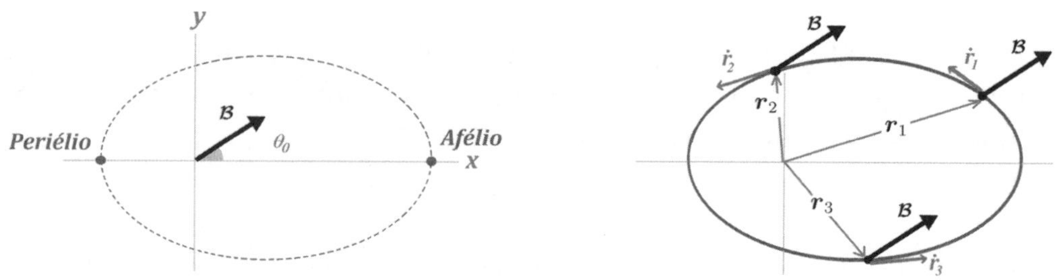

Figura 13.9: Um vetor constante $\boldsymbol{\mathcal{B}}$ é definido e se postula que tal vetor é constante ao longo das órbitas. Em geral, esse vetor não pode ser expresso em termos de $\boldsymbol{r}$, $\dot{\boldsymbol{r}}$ e t e, portanto, não é considerado uma quantidade conservada do sistema.

O átomo de hidrogênio é formado por um núcleo com carga elétrica positiva e um elétron de carga negativa que se atraem através da força de Coulomb, de maneira que, em primeira aproximação (desprezando a força de Lorentz decorrente dos campos magnéticos gerados pelas cargas em movimento), trata-se do problema de Kepler. Portanto, o vetor de Laplace-Runge-Lenz também é uma constante de movimento na dinâmica que descreve o átomo de hidrogênio. Curiosamente, antes mesmo da descoberta da equação de Schroedinger (equação que rege a dinâmica dos sistemas na mecânica quântica não relativística), o físico austríaco Wolfgang Pauli conseguiu deduzir o espectro do átomo de hidrogênio usando, entre outras coisas, o vetor de Laplace-Runge-Lenz.

13.7 Órbita na teoria da relatividade geral

Segundo a teoria da relatividade geral, a presença de energia em uma região deforma o espaço-tempo e isso, por sua vez, faz com que as trajetórias dos objetos sejam curvadas ao passarem perto da região com energia. Em particular, a massa dos objetos é uma forma de energia e, portanto, deforma o espaço-tempo. É essa deformação que faz com que duas massas tendam a se aproximar, explicando assim a atração gravitacional entre massas. Uma analogia grosseira, porém bastante instrutiva, é imaginar que uma bola bem pesada seja colocada no centro de uma cama elástica e, depois, soltemos uma pequena esfera em qualquer ponto da cama elástica. Essa esfera será naturalmente conduzida em direção à bola pesada, como ilustrado na Fig. 13.10. Essa deformação no espaço-tempo é que chamamos de campo gravitacional na teoria da relatividade.[6]

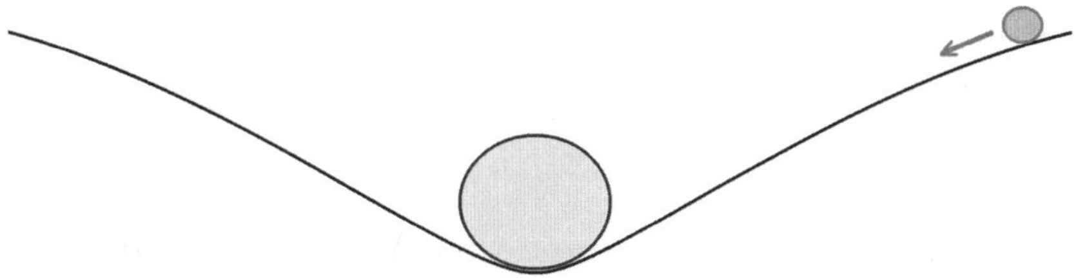

Figura 13.10: Uma bola pesada é posta no centro de uma cama elástica e causa uma deformação na superfície da cama, como ilustrado acima. Se colocarmos uma outra esfera na cama, ela será atraída em direção à bola que está no centro. Essa é uma analogia para a ilustrar como a energia deforma o espaço-tempo e como isso afeta a trajetória dos objetos.

Na relatividade geral, a órbita de uma partícula imersa no campo gravitacional é a curva geodésica compatível com as condições iniciais de posição e velocidade. Uma curva geodésica é a trajetória de menor comprimento que conecta dois pontos do espaço-tempo. Essa curva obedece a uma equação diferencial de segunda ordem, que é o análogo da segunda lei de Newton para uma partícula se movendo em um potencial gravitacional. Em particular, no caso de um campo gerado por um objeto de massa M muito maior que a massa da partícula cuja dinâmica estamos estudando, m, o potencial gravitacional relativístico é dado por

$$U_{RG}(r) = -\frac{m\,M\,G}{r} - \frac{M\,G\,\ell^2}{c^2\,m\,r^3}\,, \tag{13.27}$$

onde $\ell = mr^2\dot{\phi}$ é o momento angular da partícula, que também é conservado na abordagem relativística, r é a coordenada radial da partícula de massa m, e c é a velocidade da luz no vácuo. Vemos, então, que esse potencial é semelhante ao da teoria newtoniana, porém com o acréscimo de uma correção que varia com o inverso do cubo da coordenada r. De forma geral, a força gravitacional na relatividade é mais intensa que no caso newtoniano, mas a diferença é desprezível se r for grande. De fato, a Fig. 13.11 ilustra a diferença entre os potenciais efetivos (potencial acrescido da barreira de momento angular) nos casos newtoniano e relativístico. Vemos que os potenciais coincidem quando r é grande e têm formas qualitativamente diferentes quanto r se aproxima de zero. Em particular, vemos que, na teoria relativística, se a partícula tiver energia suficientemente elevada, ela sempre poderá atingir $r = 0$, o que difere do caso newtoniano.

Nesta seção, investigaremos o caso em que o termo adicional relativístico na Eq. (13.27) pode ser visto como uma pequena correção ao potencial newtoniano. Portanto, escrevendo o potencial da forma

$$U_{RG} = -\frac{\alpha}{r} - \frac{\epsilon}{r^3}\,,$$

onde $\alpha = mM_SG$ e $\epsilon = M_S\,G\,\ell^2/(mc^2)$, podemos desprezar termos quadráticos em ϵ, o que equivale a considerar a correção relativística até primeira ordem. Essa aproximação é

[6] Os seguintes vídeos disponíveis no *YouTube* mostram experimentos em camas elásticas que ilustram como a deformação do espaço-tempo afeta a órbita das partículas: [Título: `Brian Greene Explores General Relativity in His Living Room` | Canal: `World Science Festival`]; [Título: `Gravity Demo Part 2 Basic Demo` | Canal: `SpaceSciNewsroom`] .

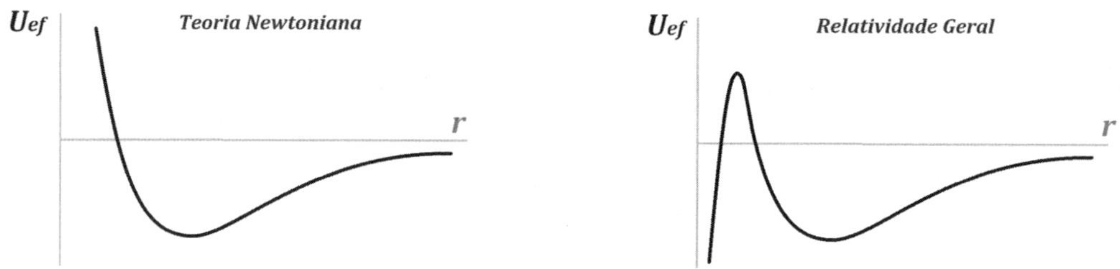

Figura 13.11: À esquerda, vemos o formato do potencial efetivo para um sistema de duas partículas se atraindo gravitacionalmente segundo a teoria newtoniana. No lado direito, vemos o gráfico do potencial efetivo segundo a teoria da relatividade geral. Note que os gráficos são indistinguíveis para valores elevados de r, mas diferem significativamente nas proximidades de $r = 0$.

bastante plausível para todos os planetas do sistema solar. Nesse cenário, podemos tratar a órbita dos planetas como sendo elipses que precessionam morosamente, ou seja, elipses cujos eixos maiores giram a uma taxa muito menor que a taxa de rotação do planeta em torno do Sol. A Fig. 13.12 ilustra essa precessão. Em particular, a órbita não é mais fechada, o que já é de se esperar por conta do teorema de Bertrand, visto no capítulo anterior.

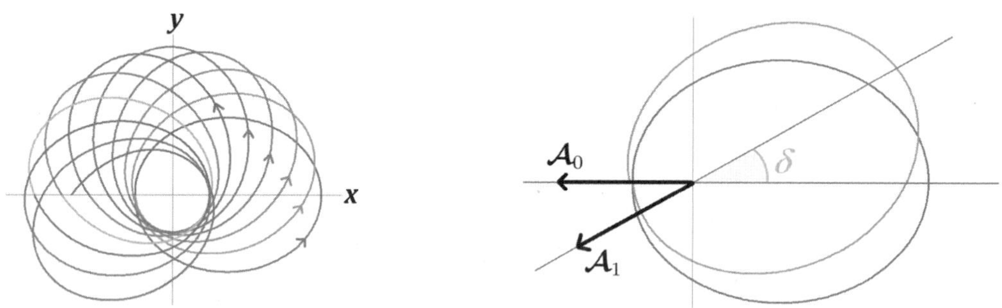

Figura 13.12: A ilustração à esquerda mostra parte da órbita de um planeta em torno do Sol considerando a correção relativística. É como se a órbita fosse uma elipse cujo eixo maior vai girando gradativamente. Para os planetas do sistema solar, essa taxa de rotação do eixo maior é muito pequena, de forma que essa ilustração está exagerada para o contexto do sistema solar. À direita, vemos que a rotação do eixo maior corresponde a uma rotação no vetor de Laplace-Runge-Lenz. O ângulo δ denota a rotação do eixo depois de uma volta do planeta.

No que segue, vamos tentar encontrar o ângulo δ que afere a rotação do eixo maior em uma volta do planeta. Como, no caso não relativístico, o vetor de Laplace-Runge-Lenz está alinhado com o eixo maior da órbita, calcular δ equivale a determinar a rotação do vetor $\boldsymbol{\mathcal{A}}$ quando o ângulo ϕ avança de 2π, conforme ilustrado na parte direita da Fig. 13.12. Comecemos calculando a derivada temporal de $\boldsymbol{\mathcal{A}}$, usando a definição da Eq. (13.20), mas, dessa vez, adotando a equação dinâmica relativística:

$$m\,\ddot{\mathbf{r}} = -\,U'_{RG}(r)\,\hat{\mathbf{r}} = -\left(\frac{\alpha}{r^2} + \frac{3\epsilon}{r^4}\right)\hat{\mathbf{r}}\,.$$

Seguindo passos completamente análogos aos dados na seção anterior, chega-se ao seguinte resultado:

$$\frac{d\boldsymbol{\mathcal{A}}}{dt} = \frac{3\epsilon}{r^3}\left[\,\dot{\boldsymbol{r}} - (\dot{\boldsymbol{r}}\cdot\hat{\mathbf{r}})\hat{\mathbf{r}}\,\right] \quad \Rightarrow \quad \frac{d\boldsymbol{\mathcal{A}}}{d\phi} = \frac{3\epsilon}{r^3}\left[\frac{d\boldsymbol{r}}{d\phi} - \left(\frac{d\boldsymbol{r}}{d\phi}\cdot\hat{\mathbf{r}}\right)\hat{\mathbf{r}}\right], \tag{13.28}$$

onde foi utilizada a relação $\frac{d}{dt} = \frac{\ell}{\mu r^2}\frac{d}{d\phi}$. Em particular, vemos que, se $\epsilon = 0$, então $\boldsymbol{\mathcal{A}}$ é constante, o que está em pleno acordo com o fato de que, no potencial de Kepler, o vetor de Laplace-Runge-Lenz é uma integral de movimento. O vetor entre colchetes, na última equação, representa a componente de $d\boldsymbol{r}/d\phi$ que é ortogonal a $\hat{\mathbf{r}}$. Agora, usando que

$$\boldsymbol{r} = r\,\cos\phi\,\hat{\boldsymbol{e}}_{\rm x} + r\,\text{sen}\phi\,\hat{\boldsymbol{e}}_{\rm y}\,,$$

chega-se à seguinte identidade:

$$\begin{aligned}\frac{d\boldsymbol{r}}{d\phi} &= \frac{dr}{d\phi}(\cos\phi\,\hat{\boldsymbol{e}}_{\rm x} + \text{sen}\phi\,\hat{\boldsymbol{e}}_{\rm y}) + r\,(-\text{sen}\phi\,\hat{\boldsymbol{e}}_{\rm x} + \cos\phi\,\hat{\boldsymbol{e}}_{\rm y}) \\ &= \frac{dr}{d\phi}\hat{\mathbf{r}} + r\,(-\text{sen}\phi\,\hat{\boldsymbol{e}}_{\rm x} + \cos\phi\,\hat{\boldsymbol{e}}_{\rm y})\,,\end{aligned} \tag{13.29}$$

onde, na última linha, o vetor entre parênteses é ortogonal ao versor $\hat{\mathbf{r}}$. Por fim, inserindo esse resultado na Eq. (13.28), chega-se à seguinte igualdade:

$$\frac{d\boldsymbol{\mathcal{A}}}{d\phi} = \frac{3\epsilon}{r^2}\,(-\text{sen}\phi\,\hat{\boldsymbol{e}}_{\rm x} + \cos\phi\,\hat{\boldsymbol{e}}_{\rm y})\,. \tag{13.30}$$

Para conseguirmos integrar essa equação, precisamos saber a equação da órbita, ou seja, $r = r(\phi)$. No entanto, o lado direito dessa equação já é de primeira ordem no parâmetro ϵ, de forma que basta considerar $r(\phi)$ em ordem zero na correção relativística. Isto é, basta considerarmos a órbita de Kepler obtida na Eq. (13.4). Embora essa não seja a órbita correta para o potencial U_{RG}, a diferença entre essa órbita e a órbita correta é de ordem pelo menos um no parâmetro ϵ, de forma que essa diferença contribuiria para a expressão de $d\boldsymbol{\mathcal{A}}/d\phi$ com termos de ordem no mínimo quadrática em ϵ. Então, inserindo a órbita (13.4) na Eq. (13.30), chega-se ao seguinte resultado:

$$\frac{d\boldsymbol{\mathcal{A}}}{d\phi} \simeq \frac{3\epsilon}{s^2}\,(1 - e\,\cos\phi)^2\,(-\text{sen}\phi\,\hat{\boldsymbol{e}}_{\rm x} + \cos\phi\,\hat{\boldsymbol{e}}_{\rm y})\,. \tag{13.31}$$

Finalmente, integrando ambos os lados dessa equação no intervalo $\phi \in (0, 2\pi)$, chega-se à seguinte conclusão:

$$\boldsymbol{\mathcal{A}}(2\pi) - \boldsymbol{\mathcal{A}}(0) = \int_0^{2\pi}\frac{d\boldsymbol{\mathcal{A}}}{d\phi}\,d\phi \simeq -\,\frac{6\pi\,e\,\epsilon}{s^2}\,\hat{\boldsymbol{e}}_{\rm y}\,.$$

Logo, considerando que, quando $\phi = 0$, o vetor de Laplace-Runge-Lenz era aquele da órbita não perturbada, dado na Eq. (13.26), concluímos que, após uma volta do planeta, o vetor $\boldsymbol{\mathcal{A}}$ será dado por:

$$\boldsymbol{\mathcal{A}}_1 = \boldsymbol{\mathcal{A}}(2\pi) = \boldsymbol{\mathcal{A}}_0 - \frac{6\pi\,e\,\epsilon}{s^2}\,\hat{\boldsymbol{e}}_{\rm y} = -\left(\alpha\,e\,\hat{\boldsymbol{e}}_{\rm x} + \frac{6\pi\,e\,\epsilon}{s^2}\,\hat{\boldsymbol{e}}_{\rm y}\right).$$

A tangente do ângulo δ entre os vetores $\boldsymbol{\mathcal{A}}(0)$ e $\boldsymbol{\mathcal{A}}(2\pi)$ é dada por:

$$\tan(\delta) = \frac{\frac{6\pi\,e\,\epsilon}{s^2}}{\alpha\,e} = \frac{6\pi\,\epsilon}{\alpha\,s^2} \quad \Rightarrow \quad \delta \simeq \frac{6\pi\,\epsilon}{\alpha\,s^2}\,, \tag{13.32}$$

onde, na última passagem, foi utilizado o fato de que δ é pequeno (ordem um em ϵ), de forma que $\tan\delta \simeq \delta$. Agora, substituindo as expressões para ϵ e α na equação acima e escrevendo ℓ e s em termos dos parâmetros a e e, chega-se ao seguinte resultado:

$$\delta \simeq \frac{6\pi\, M_S\, G}{c^2\, a\,(1-e^2)}\,. \tag{13.33}$$

É importante destacar que a correção relativística do potencial não é o único fator que contribui para a precessão das órbitas. O fato de existirem outros corpos celestes nas "proximidades" exercendo atração gravitacional, além do Sol, também contribui para a precessão. Na verdade, em geral, o efeito do campo gravitacional dos planetas vizinhos é mais relevante que a contribuição relativística. Não obstante, há séculos, os experimentos já são precisos o suficiente para detectar inclusive a precessão ocasionada pela correção relativística.

13.8 Exercícios sugeridos

Exercício 1 – ***resolvido***

Prove que o vetor velocidade do planeta descreve um círculo no plano xy. Ou seja, colocando uma das extremidades do vetor $\dot{\boldsymbol{r}}$ na origem do plano xy, a ponta desse vetor traçará um círculo enquanto o planeta segue sua trajetória. Esse círculo geralmente não está centrado na origem.

Exercício 2

Obtenha uma expressão para o período da órbita, T, usando o fato de que a área de uma elipse é dada por πab, com a e b sendo os semieixos maior e menor da elipse, e usando o fato de que a velocidade areolar do planeta é constante. Depois, use essa expressão para provar a terceira lei de Kepler.

Exercício 3

Considere um planeta de massa m que está girando em torno de uma estrela de massa M, com $M \gg m$, em uma órbita circular cujo período é T. Suponha que a órbita do planeta é, então, levemente perturbada, sendo fornecida uma energia ε para o planeta, com $\varepsilon > 0$. Qual será a excentricidade da nova órbita em função dos parâmetros fornecidos no enunciado? Basta considerar sua resposta até primeira ordem em ε.

Exercício 4

Suponha que a versão relativística da energia potencial gravitacional de um planeta girando em torno do Sol tenha a seguinte forma:

$$U = -\frac{\alpha}{r} - \frac{\epsilon}{r^{n+1}},$$

onde ϵ e n são constantes e $n > 0$. Considerando apenas termos de primeira ordem no parâmetro ϵ, ignorando termos quadráticos e de ordem mais alta, obtenha o ângulo de precessão do periélio a cada volta do planeta em torno do Sol. O resultado no caso $n = 2$ deve recair naquele obtido na Eq. (13.32).

Solução do Exercício 1

Usando a Eq. (13.29) junto com a relação $\frac{d}{dt} = \frac{\ell}{\mu r^2}\frac{d}{d\phi}$, conclui-se que:

$$\dot{\boldsymbol{r}} = \frac{d\boldsymbol{r}}{dt} = \frac{\ell}{\mu}\left[\left(\frac{\cos\phi}{r^2}\frac{dr}{d\phi} - \frac{\text{sen}\phi}{r}\right)\hat{\boldsymbol{e}}_{\text{x}} + \left(\frac{\text{sen}\phi}{r^2}\frac{dr}{d\phi} + \frac{\cos\phi}{r}\right)\hat{\boldsymbol{e}}_{\text{y}}\right].$$

Agora, utilizando a equação da órbita (13.4), podemos chegar à seguinte expressão para $dr/d\phi$:

$$\frac{dr}{d\phi} = \frac{-s}{(1-e\cos\phi)^2}\, e\,\text{sen}\phi = \frac{-r^2}{s}\, e\,\text{sen}\phi\,.$$

Então, inserindo essa expressão e a equação da órbita na identidade obtida para $\dot{\boldsymbol{r}}$, obtém-se o seguinte resultado:

$$\dot{\boldsymbol{r}} = \frac{\ell}{s\,\mu}\left[-\text{sen}\phi\,\hat{\boldsymbol{e}}_{\text{x}} + (\cos\phi - e)\,\hat{\boldsymbol{e}}_{\text{y}}\right].$$

Portanto, as componentes cartesianas do vetor velocidade são dadas por:

$$v_{\text{x}} = -\frac{\ell}{s\,\mu}\,\text{sen}\phi \quad \text{e} \quad v_{\text{y}} = \frac{\ell}{s\,\mu}\,(\cos\phi - e)\,.$$

Sendo assim, nota-se que:

$$v_{\text{x}}^2 + \left(v_{\text{y}} + \frac{e\,\ell}{s\,\mu}\right)^2 = \frac{\ell^2}{s^2\,\mu^2}(\cos^2\phi + \text{sen}^2\phi) = \frac{\ell^2}{s^2\,\mu^2}\,.$$

Essa é uma equação de um círculo centrado no ponto $(\text{x},\text{y}) = \left(0, -\frac{\ell^2}{s^2\mu^2}\right)$. A Fig. 13.13 ilustra esse círculo.

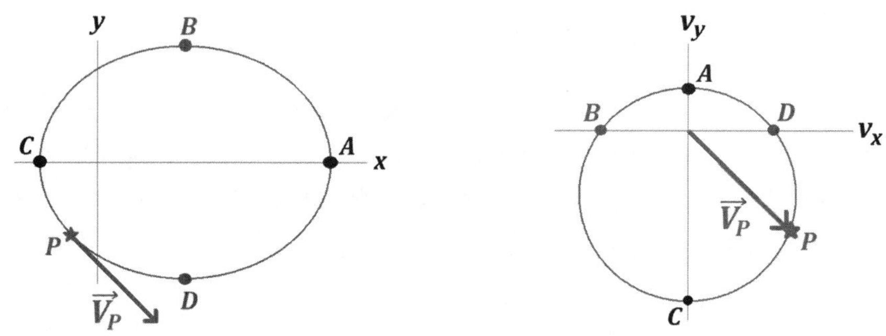

Figura 13.13: À esquerda, vemos a órbita do planeta no plano xy e cinco pontos destacados. Em particular, no ponto P, foi mostrado o vetor velocidade, que é tangente à órbita. No lado direito, vemos a curva formada pelos pontos cujas coordenadas (x, y) são as componentes cartesianas da velocidade do planeta, $(v_{\text{x}}, v_{\text{y}})$. Para cada ponto da órbita no gráfico do lado esquerdo, existe um ponto correspondente na curva dos vetores velocidade, no lado direito. Em particular, o vetor velocidade associado ao ponto P foi destacado.

Capítulo 14

Pequenas oscilações – Caso unidimensional

Se colocarmos um pêndulo simples para oscilar, com uma condição inicial arbitrária, o atrito com o ar dissipará gradualmente a energia do sistema até deixar o pêndulo parado (ou aproximadamente parado) na posição $\theta = 0$, que é a configuração que minimiza a energia potencial. Como há diversos mecanismos de dissipação no mundo real, algo análogo ocorre em boa parte dos sistemas do nosso dia a dia. Por exemplo, uma ponte é uma estrutura mecânica que, na ausência de grandes perturbações (como a passagem de veículos), ficará em sua configuração de equilíbrio. Outro exemplo é a água em uma piscina, que, quando não é perturbada, fica aproximadamente em repouso (macroscópico). Tais sistemas em equilíbrio também são frequentemente perturbados por agentes externos. Por exemplo, uma ponte pode ser atingida por uma rajada de vento e uma piscina pode ser perturbada ao derrubarmos um objeto na água. Nesse cenário, se o equilíbrio for estável, o sistema tenderá a oscilar em torno do estado de equilíbrio e essa oscilação terá frequências e taxas de decaimento características. Saber calcular tais frequências e taxas de decaimento é absolutamente essencial para sermos capazes de descrever a dinâmica desses sistemas. Neste capítulo, daremos o primeiro passo em direção a entender como se dá a oscilação em torno de um estado de equilíbrio, analisando sistemas com apenas um grau de liberdade. Então, no capítulo seguinte, daremos sequência e estudaremos sistemas multidimensionais.

14.1 Pequenas oscilações harmônicas

Consideremos um sistema com um grau de liberdade cujo lagrangiano não depende explicitamente do tempo e que tem a seguinte forma geral:

$$\mathcal{L}(x, \dot{x}) = \frac{1}{2} M(x)\, \dot{x}^2 + N(x)\, \dot{x} - U(x)\,, \tag{14.1}$$

onde $M(x)$, $N(x)$ e $U(x)$ são funções da coordenada x. A função $M(x)$ deve ser sempre positiva, caso contrário a energia cinética seria negativa, o que não faz sentido. No que segue, $U(x)$ será denominada a função potencial. A equação de Euler-Lagrange para esse sistema geral fornece:

$$\frac{d}{dt}\left[M\, \dot{x} + N\right] = \frac{1}{2} M'\, \dot{x}^2 + N'\, \dot{x} - U'\,,$$

onde $M' = \frac{d}{dx} M(x)$, e assim por diante, como usualmente denotado. No lado esquerdo da equação acima, temos que usar a regra da cadeia para derivar M e N em relação ao tempo. Por exemplo, $dN/dt = (dN/dx)(dx/dt) = N'\dot{x}$. Fazendo isso, segue que a equação de movimento do sistema se torna:

$$M\,\ddot{x} + \frac{1}{2}M'\,\dot{x}^2 + U' = 0\,. \tag{14.2}$$

Note, em particular, que o termo $N\dot{x}$ que aparece no lagrangiano não contribui para a equação de movimento. Isso já era de se esperar, uma vez que esse termo pode ser reescrito na forma $N\dot{x} = \frac{d}{dt}\int N(x)dx$. Ou seja, trata-se de uma derivada total em relação ao tempo e, portanto, não deve modificar a equação de Euler-Lagrange (vide Seção 11.2).

Agora, suponha que procuremos uma **solução estacionária** para a equação de movimento. Ou seja, queremos uma solução da forma $x(t) = x_0$, onde x_0 é uma constante. Nesse caso, temos $\dot{x} = 0$ e $\ddot{x} = 0$, de forma que a Eq. (14.2) se torna $U'(x_0) = 0$. Concluímos que $x = x_0$ será uma solução estacionária se, e somente se, x_0 for um ponto de máximo ou de mínimo da função $U(x)$. Se esse for o caso, dizemos então que x_0 é um **ponto de equilíbrio**.

Embora interessante, a solução estacionária (caso exista) é muito rara, no sentido de que ela requer uma condição inicial específica, a saber, $x(0) = x_0$ e $\dot{x}(0) = 0$. Qualquer outra condição inicial não fornecerá a solução estacionária. Portanto, mais relevante é estudar o que acontece com o sistema na vizinhança da solução estacionária. Isto é, suponha que o sistema esteja próximo de x_0, de forma que sua posição possa ser escrita na forma

$$x(t) = x_0 + \delta(t)\,,$$

com $\delta(t)$ sendo "pequeno". Nesse caso, a equação de movimento (14.2) fornece:

$$M\,\ddot{\delta} + \frac{1}{2}M'\,\dot{\delta}^2 + U' = 0\,. \tag{14.3}$$

Como estamos supondo que δ é pequeno, podemos desprezar termos quadráticos ou de ordem mais alta em δ. De fato, suponha que $\delta(t) = \epsilon(t)\,\ell$, onde ℓ é um comprimento característico do problema e ϵ é uma grandeza adimensional e muito pequena, ou seja, $|\epsilon| \ll 1$.[1] Logo, por exemplo, se $\epsilon = 10^{-2}$, então $\epsilon^2 = 10^{-4}$ e $\epsilon^3 = 10^{-6}$. Portanto, $|\epsilon| \gg |\epsilon^2| \gg |\epsilon^3| \gg \cdots$. Esse exemplo ilustra que, quando δ é muito pequeno, como assumido aqui, suas potências de ordem mais alta podem ser desprezadas em uma primeira aproximação. No que segue, faremos a aproximação de primeira ordem, ou seja, termos da forma δ^n com $n > 1$ serão desprezados. Em particular, como o termo $\dot{\delta}^2$, que aparece na Eq. (14.3), é quadrático em δ, devemos desprezá-lo. Analogamente, as funções $M(x) = M(x_0 + \delta)$ e $U'(x) = U'(x_0 + \delta)$, que aparecem na Eq. (14.3), podem ser expandidas em série de Taylor em torno de x_0 e termos quadráticos e de ordem mais alta em δ devem ser desprezados. Fazendo isso, segue que a Eq. (14.3) se torna:

$$[\,M(x_0) + M'(x_0)\,\delta\,]\;\ddot{\delta} + 0 + [\,U'(x_0) + U''(x_0)\,\delta\,] = 0\,.$$

Finalmente, usando que $U'(x_0) = 0$, já que, por hipótese, x_0 é um ponto de equilíbrio, e desprezando o termo $\delta\,\ddot{\delta}$, por ser de ordem quadrática em δ, segue que a equação acima deve ser aproximada por:

$$M_0\,\ddot{\delta} + U_0''\,\delta = 0\,, \tag{14.4}$$

[1] Na verdade, as coordenadas x e δ podem ter dimensão diferente da dimensão de comprimento. Nesse caso, o parâmetro ℓ deve ter a dimensão da coordenada x, que é igual à dimensão da coordenada δ.

onde foram usadas as definições $M_0 \equiv M(x_0)$ e $U_0'' \equiv U''(x_0)$. A Eq. (14.4) é uma equação diferencial ordinária com coeficientes constantes e, como tal, é simples de ser resolvida. De fato, sua solução geral no corpo real é dada por

$$\delta(t) = A\,\cos(\omega\,t + \varphi_0)\,, \quad \text{onde } \omega \equiv \sqrt{\frac{U_0''}{M_0}}\,. \tag{14.5}$$

Na solução acima, A e φ_0 são constantes reais que são arbitrárias a princípio, mas que podem ser fisicamente fixadas por meio da imposição de condições iniciais ao problema, ou seja, estipulando valores para $\delta(0)$ e $\dot{\delta}(0)$. Portanto, a dinâmica da coordenada x é dada por:

$$x(t) = x_0 + A\,\cos(\omega\,t + \varphi_0)\,.$$

Notemos que, por construção, tal solução só tem validade no caso em que a amplitude A é "pequena". Movimentos oscilatórios que podem ser matematicamente descritos pela solução $x(t)$ mostrada acima, usando senos e cossenos com um argumento linear no tempo, são denominados **oscilações harmônicas**.

Notemos, entretanto, que essa última solução pressupõe $U_0'' > 0$, caso contrário, ω seria imaginário e a solução $\delta(t)$ seria complexa. Note que M_0 é necessariamente positivo, pois, como mencionado há pouco, a energia cinética deve sempre ser positiva. Todavia, se U_0'' for negativo, também há solução real, mas, nesse caso, ela deixa de ser oscilatória. De fato, quando $U_0'' < 0$, a solução geral da Eq. (14.4) no corpo dos reais é dada por:

$$\delta(t) = c_1\,e^{\kappa\,t} + c_2\,e^{-\kappa\,t}\,, \quad \text{onde } \kappa \equiv \sqrt{\frac{-U_0''}{M_0}} = \sqrt{\frac{|U_0''|}{M_0}}\,. \tag{14.6}$$

Na equação acima, c_1 e c_2 são constantes reais arbitrárias que podem ser fixadas pela condição inicial do problema físico.

Há, portanto, dois cenários distintos que são possíveis:

$$\begin{cases} U_0'' > 0 \;\rightarrow\; \text{solução } \delta(t) \text{ oscila em torno de zero}\,, \\[2ex] U_0'' < 0 \;\rightarrow\; \text{solução } \delta(t) \text{ cresce exponencialmente}\,. \end{cases}$$

Logo, quando $U_0'' > 0$, segue que δ permanece limitado a todo instante, pois a função cosseno oscila entre -1 e $+1$. Isso significa que, se no instante inicial δ e $\dot{\delta}$ forem "pequenos", então δ permanecerá pequeno em todo o tempo, de forma que a aproximação feita na equação de movimento continua legítima a todo instante. Esse é o chamado regime de pequenas oscilações e ω é a frequência angular dessa oscilação, que é uma característica do sistema e independe da condição inicial. O período da oscilação é dado por $T = 2\pi/\omega$. Por outro lado, no caso $U_0'' < 0$, a solução prevê um crescimento exponencial para δ, de maneira que nossa aproximação deixa de valer depois de um tempo. Por esse motivo, neste capítulo, estaremos interessados apenas no caso em que U_0'' é positivo. A figura abaixo ilustra a forma do potencial $U(x)$ próximo de x_0 nos dois casos mencionados acima.

Quando $U_0'' > 0$, dizemos que x_0 é um **ponto de equilíbrio estável**, pois isso garante que, se o sistema estiver inicialmente em x_0 e, depois, for levemente perturbado por um agente externo, então o sistema passará a executar uma oscilação em torno de x_0; ele nunca se distanciará muito de x_0. Em contrapartida, se $U_0'' < 0$, uma pequena perturbação na condição $x = x_0$ terá como efeito um desvio exponencialmente rápido da posição em

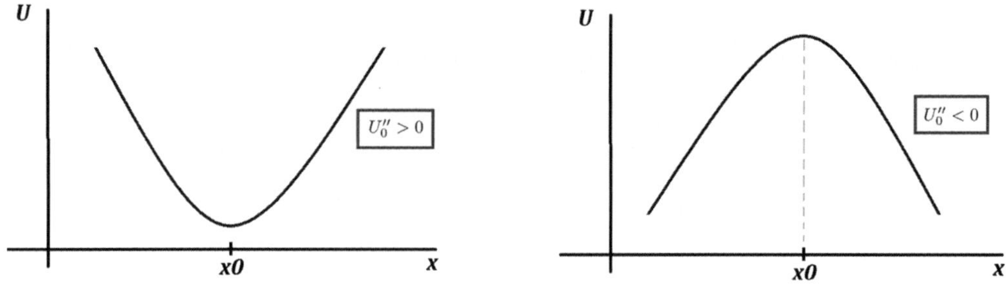

Figura 14.1: Quando a U_0'' é positivo, a concavidade do gráfico de $U(x)$ é positiva em x_0, conforme ilustrado à esquerda. Por outro lado, se U_0'' é negativo, a concavidade em x_0 é negativa, como no gráfico à direita.

relação ao ponto de equilíbrio $x = x_0$. Por esse motivo, se $U_0'' < 0$, dizemos que x_0 é um **ponto de equilíbrio instável**. A equação abaixo resume esses dois cenários:

$$\begin{cases} U_0'' > 0 \quad \to \quad x_0 \text{ é um ponto de equilíbrio estável}\,, \\ \\ U_0'' < 0 \quad \to \quad x_0 \text{ é um ponto de equilíbrio instável}\,. \end{cases}$$

Dada a forma gráfica da função potencial $U(x)$, é fácil localizar os pontos de equilíbrio, bem como classificá-los como estáveis ou instáveis. De fato, os pontos de equilíbrio são os máximos e os mínimos locais do gráfico, como ilustrado na Fig. 14.2. Máximos locais têm concavidade negativa e, portanto, representam pontos de equilíbrio instáveis. Por sua vez, mínimos locais indicam pontos de equilíbrio estáveis. A aproximação em $U'(x)$ im-

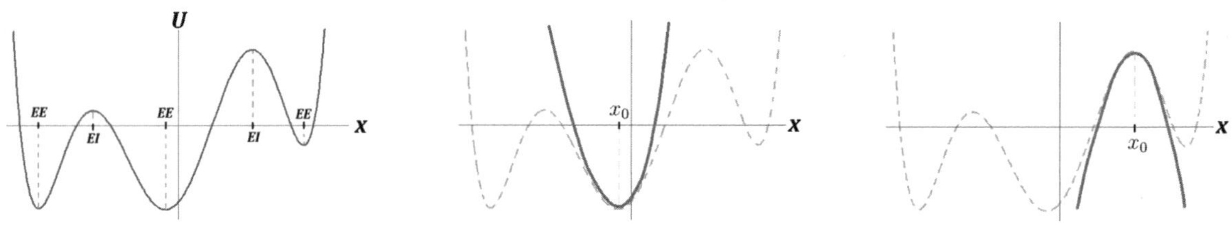

Figura 14.2: À esquerda, vemos os pontos de equilíbrio de uma função potencial $U(x)$ destacados. Os máximos locais do gráfico são os pontos de equilíbrio instável, denotados na figura por *EI*. Os mínimos locais são pontos de equilíbrio estável, denotados pela abreviação *EE*. Na ilustração central, vemos que a aproximação de primeira ordem em δ na equação de movimento é equivalente à substituição de $U(x)$ por uma parábola com concavidade positiva que tangencia o gráfico de $U(x)$ no ponto de equilíbrio estável x_0. Por sua vez, se o ponto de equilíbrio em torno do qual se faz a aproximação é instável, então a aproximação de primeira ordem em δ equivale a substituir $U(x)$ por uma parábola com concavidade negativa, conforme mostrado na ilustração à direita.

plementada acima, na qual expandimos $U'(x_0 + \delta)$ até primeira ordem em δ, é equivalente a considerar $U(x_0 + \delta)$ até segunda ordem em δ. Ou seja, fizemos a seguinte aproximação:

$$U(x) \simeq U(x_0) + \frac{1}{2} U_0'' \, (x - x_0)^2 \,,$$

onde foi usado que $U'(x_0) = 0$. Isso significa que a aproximação utilizada substitui a forma exata de $U(x)$ por uma parábola que tangencia o ponto de equilíbrio, conforme ilustrado graficamente na Fig. 14.2.

Dois comentários são pertinentes antes de prosseguirmos para alguns exemplos onde a teoria vista acima será aplicada. Em primeiro lugar, algo que poderia ser dito da solução exponencial apresentada na Eq. (14.6) é que nem sempre $\delta(t)$ divergirá exponencialmente. Com efeito, se $c_1 = 0$, então $\delta(t)$ irá a zero exponencialmente e, portanto, permanecerá limitado, de forma que a solução será válida em todo instante. No entanto, para que tenhamos $c_1 = 0$, a condição inicial do sistema deve ser muito específica. Mais precisamente, só teremos $c_1 = 0$ se $\dot{\delta}(0) = -\kappa\,\delta(0)$. Essa não é, portanto, uma situação genérica, motivo pelo qual vamos ignorar esse caso. Outro ponto que foi omitido foi a possibilidade de termos $U_0'' = 0$. Nesse caso especial, nossa aproximação deve considerar potências de ordem mais alta em δ, a fim de que a aproximação seja fidedigna. Trataremos desse caso especial na próxima seção. Agora, vejamos dois exemplos.

Exemplo: Considere um arame que foi suavemente deformado, ficando sempre contido em um plano, e uma conta de massa m que está vinculada a se mover ao longo do arame. A forma do arame é dada pela equação $\mathrm{y} = f(\mathrm{x})$, conforme ilustrado na Fig. 14.3. A aceleração local da gravidade é g, no sentido negativo do eixo y. Como mostrado na figura, assuma que $\mathrm{x} = \mathrm{x}_0$ é um mínimo local da função $f(\mathrm{x})$, de forma que $f'(\mathrm{x}_0) = 0$ e $f''(\mathrm{x}_0) > 0$. Nesse caso, se a conta for solta próximo de $\mathrm{x} = \mathrm{x}_0$, então ela irá oscilar em torno do ponto x_0. Determine a frequência da oscilação.

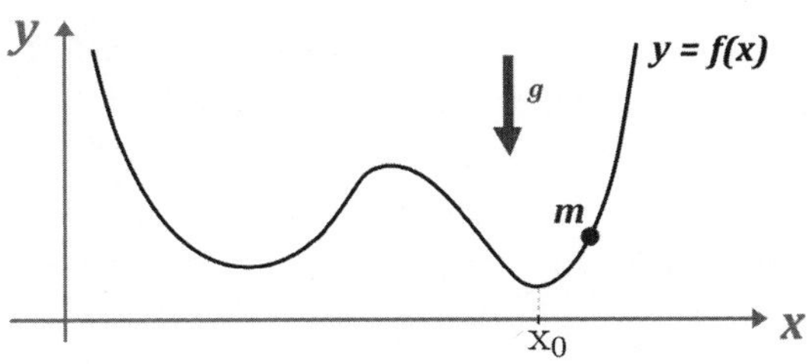

Figura 14.3: Arame deformado na forma $\mathrm{y} = f(\mathrm{x})$ e a conta de massa m vinculada a se mover ao longo do arame.

Solução

Usando que as coordenadas cartesianas da conta obedecem ao vínculo $\mathrm{y} = f(\mathrm{x})$ e usando x como coordenada generalizada, segue que o lagrangiano da partícula é

$$\mathcal{L} = \frac{m}{2}(\dot{\mathrm{x}}^2 + \dot{\mathrm{y}}^2) - m\,g\,\mathrm{y} = \frac{m}{2}[1 + f'(\mathrm{x})^2]\,\dot{\mathrm{x}}^2 - m\,g\,f(\mathrm{x})\,.$$

Portanto, comparando com o lagrangiano considerado na Eq. (14.1), temos as seguintes identificações: $M(\mathrm{x}) = m[1 + f'^2]$, $N(\mathrm{x}) = 0$ e $U(\mathrm{x}) = mgf$. Logo, o movimento geral da conta será:

$$\mathrm{x}(t) = \mathrm{x}_0 + A\,\cos(\omega\,t + \varphi_0) \quad \text{onde} \quad \omega \equiv \sqrt{\frac{U_0''}{M_0}} = \sqrt{g\,f''(\mathrm{x}_0)}.$$

Por exemplo, se o arame for deformado no formato de um semicírculo de raio R, então teremos

$$f(\mathrm{x}) = \mathrm{y} = -\sqrt{R^2 - \mathrm{x}^2}\,.$$

Nesse caso particular, o ponto de equilíbrio é $x_0 = 0$. Calculando então $f''(x_0)$, obtemos $f''(0) = 1/R$, de forma que a frequência das pequenas oscilações é dada, nesse caso, por $\omega = \sqrt{g/R}$ ■

Exemplo: Um pêndulo simples de comprimento ℓ e massa m teve sua extremidade fixada na borda de um disco de raio R que gira com frequência angular constante igual a Ω, conforme ilustrado na Fig. 14.4. O sistema está posto em uma região cuja aceleração local da gravidade é g. Considerando que $g \gg R\Omega^2$, determine a frequência das pequenas oscilações.

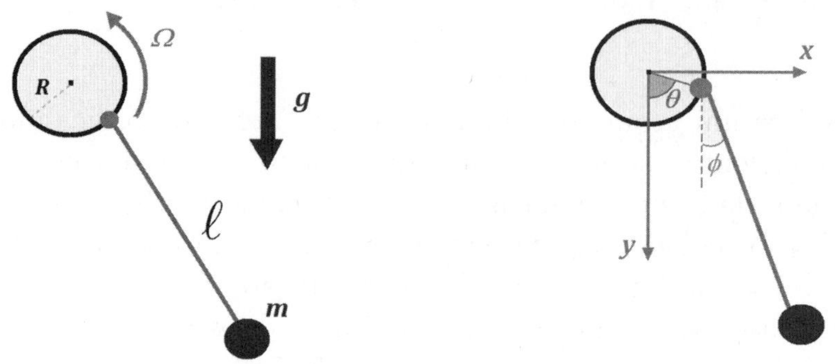

Figura 14.4: À esquerda, vemos um pêndulo simples cuja extremidade superior está presa à borda de um disco de raio R que gira com velocidade angular constante Ω. À direita, vemos a definição das coordenadas angulares θ e ϕ, bem como das coordenadas cartesianas x e y.

Solução

Comecemos montando o lagrangiano associado à partícula. Usando o sistema de coordenadas cartesiano $\{x, y\}$ definido na Fig. 14.4, segue que a energia cinética e a energia potencial associadas à partícula são dadas por:

$$E_{cin} = \frac{m}{2}(\dot{x}^2 + \dot{y}^2) \quad \text{e} \quad U = -\, m\, g\, y\,.$$

No entanto, existe um vínculo que conecta as coordenadas x e y. De fato, usando as coordenadas angulares θ e ϕ definidas na Fig. 14.4, temos que:

$$x = R\,\text{sen}\theta + \ell\,\text{sen}\phi \quad \text{e} \quad y = R\,\cos\theta + \ell\,\cos\phi\,.$$

Por sua vez, por hipótese, o ângulo θ cresce linearmente com o tempo: $\theta = \Omega t + \theta_0$, onde θ_0 é uma constante e Ω é a velocidade angular do disco, que também é constante. Sendo assim, concluímos que:

$$x = R\,\text{sen}(\Omega\, t + \theta_0) + \ell\,\text{sen}\phi \quad \text{e} \quad y = R\,\cos(\Omega\, t + \theta_0) + \ell\,\cos\phi\,. \tag{14.7}$$

Isso demonstra que basta a coordenada ϕ para descrever os graus de liberdade do sistema. Usemos ϕ como coordenada generalizada. Antes de prosseguir, no entanto, notemos que a constante θ_0 pode ser eliminada através de uma simples redefinição da origem do tempo, ou seja, através de uma translação temporal: $t \to t - \frac{\theta_0}{\Omega}$. Portanto, a constante θ_0 não tem relevância física, pois pode ser aniquilada simplesmente escolhendo de forma adequada o momento em que $t = 0$. Sendo assim, por simplicidade, façamos $\theta_0 = 0$. Se quisermos, ao fim da solução, é possível reinserir um θ_0 arbitrário através de uma translação temporal. Agora, tomando a derivada temporal da Eq. (14.7), encontra-se:

$$\dot{\mathrm{x}} = R\,\Omega\,\cos(\Omega\,t) + \ell\,\dot{\phi}\,\cos\phi \quad \text{e} \quad \dot{\mathrm{y}} = -\,R\,\Omega\,\mathrm{sen}(\Omega\,t) - \,\ell\,\dot{\phi}\,\mathrm{sen}\phi\,.$$

Então, usando essas identidades para calcular e energia cinética e, em seguida, inserindo o resultado no lagrangiano, $\mathcal{L} = E_{cin} - U$, concluímos que a função lagrangiana é dada por:

$$\mathcal{L} = \frac{m}{2}\left[\ell^2\,\dot{\phi}^2 + 2\,R\,\Omega\,\ell\,\dot{\phi}\,\cos(\phi - \Omega\,t) + R^2\,\Omega^2\right] + m\,g\,[R\,\cos(\Omega\,t) + \ell\,\cos\phi]\,. \tag{14.8}$$

Note que esse lagrangiano depende do tempo, diferentemente do que fora assumido na teoria geral considerada no início desta seção. Os elementos que compõem a equação de Euler-Lagrange são os seguintes:

$$\begin{cases} \frac{d}{dt}\frac{\partial \mathcal{L}}{\partial \dot{\phi}} = m\,\ell^2\,\ddot{\phi} \;-\; m\,R\,\ell\,\Omega\,(\dot{\phi} - \Omega)\,\mathrm{sen}(\phi - \Omega t)\,, \\ \\ \frac{\partial \mathcal{L}}{\partial \phi} = -\,m\,R\,\Omega\,\ell\,\dot{\phi}\,\mathrm{sen}(\phi - \Omega t) \;-\; m\,g\,\ell\,\mathrm{sen}\phi\,. \end{cases}$$

Logo, igualando as expressões acima, chega-se à seguinte equação que rege a dinâmica da coordenada ϕ:

$$\ddot{\phi} + \frac{R}{\ell}\,\Omega^2\,\mathrm{sen}(\phi - \Omega t) + \frac{g}{\ell}\,\mathrm{sen}\phi = 0\,. \tag{14.9}$$

Como, por hipótese, $g \gg R\Omega^2$, segue que o termo intermediário da equação acima tem amplitude muito menor que último termo. Logo, em uma aproximação grosseira, podemos desprezar o termo proporcional a $R\Omega^2$. Nesse caso, recupera-se a equação de um pêndulo simples, de forma que $\phi = 0$ é uma solução de equilíbrio dentro desse regime de aproximação. Por esse motivo, é plausível expandir a Eq. (14.9) em torno de $\phi = 0$ até primeira ordem em ϕ, de forma a analisar o regime de pequenas oscilações. Para fazer essa expansão, é útil antes usar a seguinte identidade trigonométrica:

$$\mathrm{sen}(\phi - \Omega t) = \mathrm{sen}\phi\,\cos(\Omega t) \;-\; \mathrm{sen}(\Omega t)\,\cos\phi\,.$$

Então, assumindo as aproximações de primeira ordem $\mathrm{sen}\phi \simeq \phi$ e $\cos\phi \simeq 1$, segue que a Eq. (14.9) se torna:

$$\ddot{\phi} + \frac{g}{\ell}\left[1 + \frac{R\,\Omega^2}{g}\,\cos(\Omega t)\right]\,\phi \simeq \frac{R}{\ell}\,\Omega^2\,\mathrm{sen}(\Omega t)\,. \tag{14.10}$$

Finalmente, ainda podemos fazer mais uma aproximação. No termo entre colchetes, podemos desprezar a parte oscilante, pois a amplitude dessa oscilação é muito menor que um, já que $g \gg R\Omega^2$. Sendo assim, é plausível fazer a seguinte aproximação para a equação de movimento:

$$\ddot{\phi} + \frac{g}{\ell}\,\phi \simeq \frac{R}{\ell}\,\Omega^2\,\mathrm{sen}(\Omega t)\,. \tag{14.11}$$

Note que, embora o lado direito da equação acima tenha amplitude $R\Omega^2/\ell$, que é muito menor que o termo g/ℓ que aparece no lado esquerdo, não devemos desprezar o lado direito dessa equação. Isso porque o lado esquerdo está multiplicado por ϕ, que é pequeno no regime de pequenas oscilações. Portanto, o termo $g\phi/\ell$, que aparece no lado esquerdo da equação, pode ser comparável à amplitude $R\Omega^2/\ell$, que aparece no lado direito da equação de movimento. A equação diferencial (14.11) é linear e sua solução geral é dada por:

$$\phi(t) = A\,\text{sen}(\omega\, t + \alpha) + \frac{R\,\Omega^2}{g - \ell\,\Omega^2}\,\text{sen}(\Omega t)\,, \tag{14.12}$$

onde A e α são constantes a serem determinadas pelas condições iniciais do sistema e $\omega \equiv \sqrt{g/\ell}$ é a frequência natural do pêndulo. Portanto, na solução acima, vemos que o sistema não tem uma única frequência de oscilação, ou seja, a oscilação não é harmônica mesmo no regime de pequenas amplitudes. A origem da discrepância entre o que ocorre neste problema e o que vimos no caso geral de sistemas regidos pelo lagrangiano (14.1) é que a função $N(x)$ que aparece no lagrangiano (14.1) não depende do tempo. Por outro lado, no problema em tela, o análogo dessa função seria $mR\Omega\ell\cos(\phi - \Omega t)$, que depende explicitamente do tempo. Note que, na teoria geral, a função $N(x)$ não contribuía para a equação de movimento, ao passo que, no problema presente, o termo proporcional a $\dot{\phi}$ contribui de forma crucial para a equação de movimento. No entanto, é interessante notar que o termo proporcional a $\dot{\phi}$ pode ser eliminado às custas de modificarmos o potencial $U(\phi, t)$ que aparece no lagrangiano (14.8). De fato, notemos que

$$\dot{\phi}\,\cos(\phi - \Omega t) = \Omega\,\cos(\phi - \Omega t) + \frac{d}{dt}\text{sen}(\phi - \Omega t)\,.$$

Então, utilizando essa identidade no lagrangiano (14.8), segue que ele pode ser equivalentemente escrito da seguinte forma:

$$\mathcal{L} = \frac{m}{2}\ell^2\,\dot{\phi}^2 + m\,\ell\,\left[R\,\Omega^2\,\cos(\phi - \Omega\,t) + g\,\cos\phi\right]\,,$$

onde, na última equação, foram desprezados termos do lagrangiano que podem ser escritos como a derivada total de uma função de ϕ e t em relação ao tempo, já que esses termos não contribuem para a equação de movimento. Dessa expressão para o lagrangiano, vemos que o coeficiente da energia cinética é constante, ao passo que a energia potencial desse sistema varia com o tempo:

$$U(\phi, t) = -\,m\,\ell\,\left[R\,\Omega^2\,\cos(\phi - \Omega\,t) + g\,\cos\phi\right]\,.$$

Isso significa que o mínimo do potencial $U(\phi, t)$, caracterizado pela condição $\partial_\phi U = 0$, muda de posição com o tempo. Essa é a razão pela qual o movimento não é harmônico. De fato, expandindo esse potencial até segunda ordem na coordenada ϕ e depois calculando a posição de seu mínimo, chega-se ao seguinte resultado:

$$\phi_0(t) = \frac{R\,\Omega^2\,\text{sen}(\Omega t)}{g + R\,\Omega^2\cos(\Omega t)} \simeq \frac{R\,\Omega^2}{g}\,\text{sen}(\Omega t)\,.$$

Ou seja, a posição angular de equilíbrio do pêndulo oscila com frequência Ω. Essa é a origem da oscilação com frequência Ω que surge na solução (14.12). Portanto, temos duas oscilações nesse sistema: a oscilação do pêndulo em torno da direção vertical, que tem frequência angular $\omega = \sqrt{g/\ell}$, e a oscilação da posição de equilíbrio do pêndulo, que tem frequência angular Ω ■

14.2 Pequenas oscilações não harmônicas

Por simplicidade de argumentação, nesta seção, vamos considerar um sistema unidimensional um pouco menos geral que o considerado na seção anterior. A saber, consideremos o caso $M(x) = m$, onde m é uma constante. Neste cenário, o lagrangiano é dado por

$$\mathcal{L}(x, \dot{x}) = \frac{m}{2}\,\dot{x}^2 + N(x)\,\dot{x} - U(x)\,, \tag{14.13}$$

de forma que a equação de movimento se torna:

$$m\,\ddot{x} = -U'(x)\,.$$

Agora, consideremos que x_0 é um ponto estacionário, ou seja, $U'(x_0) = 0$. Então, a fim de estudar perturbações em torno do ponto estacionário, vamos escrever $x(t) = x_0 + \delta(t)$, de forma que a equação de movimento pode ser escrita da seguinte forma:

$$m\,\ddot{\delta} = -U'(x_0 + \delta) = -U_0''\,\delta - \frac{1}{2}\,U_0^{(3)}\,\delta^2 - \frac{1}{3!}\,U_0^{(4)}\,\delta^3 + \cdots\,, \tag{14.14}$$

onde, na última passagem, foi feita a expansão de $U'(x)$ em série de Taylor em torno de x_0. Nessa equação, $U_0^{(n)}$ significa a n-ésima derivada de $U(x)$ em relação a x avaliada em x_0. Como δ é assumido pequeno, segue que, em geral, o termo linear em δ é muito mais relevante que os termos de ordem superior. Se mantivermos apenas o termo linear em δ, voltaremos ao caso da seção anterior, onde a solução será uma oscilação harmônica. No entanto, se $U_0'' = 0$, a melhor aproximação que pode ser feita no lado direito da Eq. (14.14) é considerar apenas o termo quadrático em δ e desprezar os termos de ordem superior, em cujo caso teríamos

$$m\,\ddot{\delta} \simeq -\frac{1}{2}\,U_0^{(3)}\,\delta^2\,. \tag{14.15}$$

No entanto, essa equação não leva a um movimento oscilatório. De fato, como o lado esquerdo da equação é massa vezes aceleração, segue que o lado direito significa a força que age na partícula. Essa força tem a característica de ter sempre o mesmo sinal, a saber, o sinal oposto ao sinal de $U_0^{(3)}$. Portanto, a força não é do tipo restauradora. Isso está em contraste com o caso da oscilação harmônica, no qual a força é $F = -U_0''\,\delta$, de forma que o sinal de F é o oposto do sinal de δ, supondo que U_0'' seja positivo. Logo, se a partícula é deslocada para a direita ($\delta > 0$), a força será para a esquerda ($F < 0$) e vice-versa. É essa eterna oposição entre os sentidos da força e do deslocamento que permite um movimento oscilatório. Por outro lado, se $U_0'' < 0$, a força $F = -U_0''\,\delta$ terá o mesmo sentido do deslocamento, de forma que a força sempre contribuirá para que a partícula se distancie do ponto de equilíbrio x_0. De fato, vimos que, se U_0'' for negativo, a dinâmica da partícula consistirá em um distanciamento exponencial do ponto x_0. Em suma, vemos que, no caso $U_0'' = 0$, no qual a equação relevante é a Eq. (14.15), $\delta(t)$ não terá um comportamento oscilatório e, portanto, não será limitado, de forma que a aproximação de δ pequeno deixará de valer. Teremos, então, que considerar termos de ordem mais alta em δ.

Uma forma alternativa de entender a razão pela qual a aproximação $F \simeq -\frac{1}{2}U_0^{(3)}\delta^2$, considerada quando $U_0'' = 0$, não leva a um movimento oscilatório é olhando para o gráfico da energia potencial V associada a essa força. A relação entre força e energia potencial é $F(\delta) = -dV/d\delta$. Portanto,

$$F = -\frac{1}{2}U_0^{(3)}\delta^2 = -\frac{d}{d\delta}\left(\frac{U_0^{(3)}}{6}\delta^3\right) \quad \Rightarrow \quad V(\delta) = \frac{U_0^{(3)}}{6}\delta^3 .$$

O gráfico dessa energia potencial é mostrado na Fig. 14.5, donde vemos que, se o sistema for deslocado de x_0, haverá ponto de retorno apenas de um lado do eixo δ; do outro lado, o δ pode crescer indefinidamente.

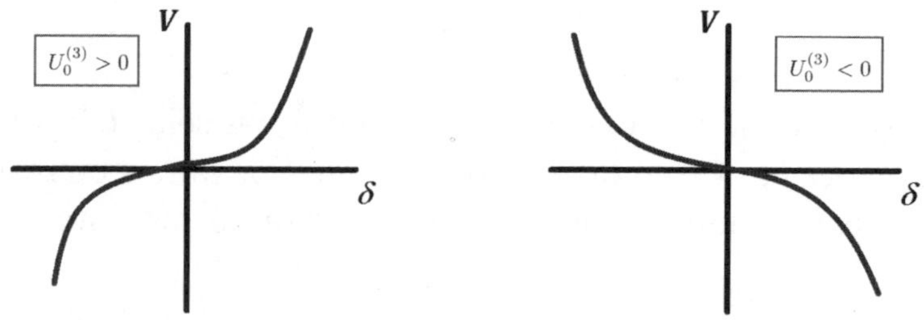

Figura 14.5: Gráfico da energia potencial $V = \frac{1}{6}\,U_0^{(3)}\,\delta^3$ nos casos $U_0^{(3)} > 0$ (esquerdo) e $U_0^{(3)} < 0$ (direito).

Pelo que acabamos de ver, quando $U_0'' = 0$, a aproximação em que apenas o termo quadrático em δ é mantido no lado direito da Eq. (14.14) não leva a um comportamento oscilatório. Apesar disso, pode ser que x_0 seja um ponto de equilíbrio estável. Mas, se esse for o caso, só conseguiremos enxergar o comportamento oscilatório em torno de $x = x_0$ se formos além e também considerarmos o termo de ordem δ^3 na força, pois esse termo é do tipo restaurador. Portanto, temos que considerar

$$m\,\ddot{\delta} \simeq -\frac{1}{2}\,U_0^{(3)}\,\delta^2 - \frac{1}{6}\,U_0^{(4)}\,\delta^3 . \tag{14.16}$$

Nesse caso, se $U_0^{(4)} > 0$, a força adicional será do tipo restauradora. Essa equação diferencial é não linear e não admite uma solução analítica. Ou seja, para resolver tal equação temos que usar métodos computacionais (a chamada solução numérica). A Fig. 14.6 ilustra, para uma escolha particular de parâmetros e condições iniciais, a energia potencial associada à força dada no lado direito da Eq. (14.16) e a solução numérica $\delta(t)$. O gráfico de $\delta(t)$, na Fig. 14.6, deixa claro que a oscilação tem uma forma não harmônica.

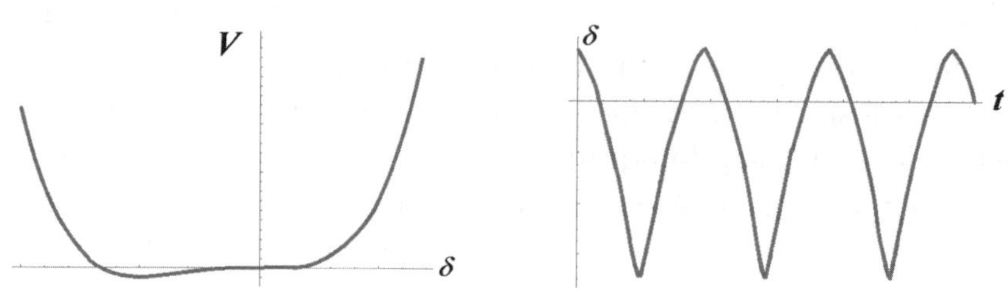

Figura 14.6: No lado esquerdo, temos o gráfico de $V = \frac{1}{3}\delta^3 + \frac{1}{2}\delta^4$, que é o potencial associado à força $F = -\delta^2 - 2\delta^3$. No lado direito, temos a solução $\delta(t)$ para essa força, considerando que $m = 1$ e com a condição inicial $\delta(0) = 2/10$ e $\dot{\delta}(0) = 0$.

Como um último exemplo nesta seção, podemos considerar o caso em que U_0'' e $U_0^{(3)}$ são ambos nulos, em cujo caso a aproximação mais simples que podemos adotar na Eq. (14.14) é

$$m\ddot{\delta} \simeq -\frac{1}{6}\,U_0^{(4)}\,\delta^3\,. \tag{14.17}$$

Nesse caso, se $U_0^{(4)} > 0$, temos uma força do tipo restauradora, de forma que o movimento será oscilatório. Essa equação diferencial também não admite solução analítica, ou seja, não admite uma solução exata em termos de funções tradicionais como polinômios, senos, cossenos, exponenciais e logaritmos. A Fig. 14.7 ilustra a forma da energia potencial nesse caso e uma solução numérica para a Eq. (14.17). Na Fig. 14.7, o gráfico de

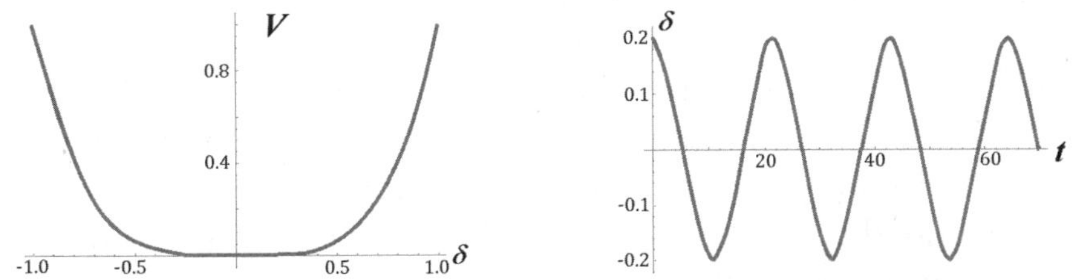

Figura 14.7: No lado esquerdo, temos o gráfico de $V = \delta^4$. No lado direito, temos a solução $\delta(t)$ para uma partícula de massa 1 sujeita a esse potencial e à condição inicial $\delta(0) = 2/10$ e $\dot{\delta}(0) = 0$.

$\delta(t)$ se assemelha ao de uma função cosseno. No entanto, é apenas uma impressão ao primeiro olhar. Note que, quando o gráfico cruza o eixo do tempo, ele é essencialmente uma reta, o que decorre do fato de que a força é muito pequena quando δ é pequeno. Ou seja, a partícula está essencialmente livre e, portanto, tem velocidade aproximadamente constante nessa região. O fato é que, nesse caso, $\delta(t)$ não pode ser descrito como uma combinação linear *finita* de senos e cossenos. Dizemos que se trata de uma oscilação não harmônica. Podemos, no entanto, escrever a solução como sendo uma combinação linear de infinitos termos harmônicos com frequências que são múltiplas de uma frequência fundamental. Na verdade, qualquer função periódica $G(t)$, com período T, pode ser escrita como uma combinação linear de funções harmônicas com frequências $\omega_n = 2\pi n/T$, onde n são inteiros não negativos:

$$G(t) = a_0 + \sum_{n=1}^{\infty}\left[a_n \cos(\omega_n t) + b_n \operatorname{sen}(\omega_n t)\right]\,,$$

essa é a chamada *série de Fourier* da função $G(t)$.

14.3 Correções não lineares quando $U_0'' \neq 0$: método perturbativo

O caso considerado na seção anterior, no qual a força não tem um termo linear em δ, é um caso muito especial e não genérico. Portanto, trata-se de algo raro de se ver espontaneamente na natureza. Sendo assim, é mais interessante concentramos nossos esforços no caso genérico em que $U_0'' \neq 0$. A aproximação de primeira ordem para esse caso já foi tratada na seção inicial. Nesta seção, iremos além e consideraremos correções de ordem mais alta. Mais precisamente, vamos tratar da seguinte equação de movimento:

$$\ddot{\delta} = -\omega^2\,\delta - \alpha\,\delta^2 - \beta\,\delta^3\,, \tag{14.18}$$

onde ω, α e β são constantes reais e $\omega \neq 0$. Comparando com a Eq. (14.14), que é a equação de movimento de uma partícula de massa m sujeita a uma energia potencial $U(x)$, vemos que valem as seguintes identificações:

$$\omega = \sqrt{\frac{U_0''}{m}}\,, \quad \alpha = \frac{1}{2m}\,U_0^{(3)}\,, \quad \beta = \frac{1}{6m}\,U_0^{(4)}\,.$$

Se fizermos $\alpha = 0$ e $\beta = 0$ na Eq. (14.18), voltaremos ao caso da seção inicial, onde a função potencial $U(x)$ foi aproximada por um polinômio de grau dois em x, ou seja, onde $U(x)$ foi aproximado por uma parábola. Nesta seção, a presença dos parâmetros α e β permitem uma aproximação mais refinada.

Quando δ é infinitesimal, o termo dominante no lado direito da Eq. (14.18) é o termo linear em δ, com δ^2 e δ^3 sendo de ordem muito menor. No entanto, se a condição inicial é tal que a partícula oscila com uma amplitude pequena, porém não infinitesimal, é possível que os termos não lineares em δ tenham um efeito observável, embora não dominante. Ou seja, o termo $\alpha\delta^2 + \beta\delta^3$ pode ser visto como uma correção que tornará nossa aproximação do potencial mais lapidada e a solução mais fidedigna. O acréscimo do termo $\alpha\delta^2 + \beta\delta^3$ na força afetará a solução $\delta(t)$ também como uma pequena correção. Esse é o tipo de cenário onde o uso da teoria de perturbação é oportuno. Na teoria de perturbação, vamos assumir que a solução da Eq. (14.18) tem a seguinte forma:

$$\delta(t) = \delta_1(t) \,+\, \delta_2(t) \,+\, \delta_3(t) \,+\, \cdots\,, \tag{14.19}$$

onde $\delta_n(t)$ é uma função que é de ordem n na amplitude do movimento. Ou seja, se A é a amplitude (adimensional) do movimento oscilatório, então

$$\delta_n(t) = A^n\, f_n(t)\,,$$

onde f_n é uma função com dimensão igual à da coordenada x. Portanto, como estamos assumindo pequenas oscilações, ou seja, A pequeno, o termo δ_n da solução é mais relevante que o termo δ_{n+1}.

O roteiro para aplicar a teoria de perturbação é o seguinte: devemos inserir o ansatz (14.19) na equação diferencial e depois rearranjar o resultado de forma a separar os termos de diferentes ordens. Fazendo isso, temos que a Eq. (14.18) fornece:

$$\underbrace{(\ddot{\delta}_1 + \omega^2\delta_1)}_{\text{ordem } A} + \underbrace{(\ddot{\delta}_2 + \omega^2\delta_2 + \alpha\,\delta_1^2)}_{\text{ordem } A^2} + \underbrace{(\ddot{\delta}_3 + \omega^2\delta_3 + 2\alpha\delta_1\delta_2 + \beta\delta_1^3)}_{\text{ordem } A^3} + \cdots = 0\,.$$

De acordo com o método perturbativo, os termos de diferentes ordens devem se anular isoladamente. Ou seja, devemos assumir o seguinte:

$$\begin{cases} \ddot{\delta}_1 + \omega^2\delta_1 = 0\,, \\ \ddot{\delta}_2 + \omega^2\delta_2 = -\alpha\,\delta_1^2\,, \\ \ddot{\delta}_3 + \omega^2\delta_3 = -2\alpha\delta_1\delta_2 - \beta\delta_1^3\,, \\ \quad\vdots \end{cases} \tag{14.20}$$

A razão de podermos afirmar que cada uma das ordens deve se anular de forma independente na equação diferencial tem relação com a independência linear de funções. Suponha que a seguinte equação

$$c_0 + c_1\,A + c_2\,A^2 + c_3\,A^3 + \cdots = 0 \tag{14.21}$$

seja verdadeira para um valor *arbitrário* de A, onde os coeficientes c_n independem de A. Então os coeficiente c_0, c_1, c_2, ... devem ser todos zero. De fato, como A é arbitrário, podemos fazer $A = 0$, em cujo caso obtemos $c_0 = 0$. Depois, derivando a Eq. (14.21) em relação a A e então tomando $A = 0$, obtemos $c_1 = 0$. Analogamente, derivando n vezes a Eq. (14.21) em relação a A e depois inserindo $A = 0$, obtemos $c_n = 0$. Isso explica a validade da separação feita na Eq. (14.20).

No presente cenário, basta considerarmos as três equações explicitamente mostradas em (14.20); não faz sentido tratarmos das equações de ordem mais alta. Isso porque, na nossa aproximação do potencial, só fomos até a correção de terceira ordem na força, vide Eq. (14.18). Sendo assim, seria incoerente se esmerar em encontrar uma solução para $\delta(t)$ válida até ordem A^4, por exemplo, quando, no início, tratamos da força apenas até ordem δ^3, isto é, até ordem A^3. Sendo assim, nossa solução no método perturbativo será dada por:

$$\delta(t) = \delta_1(t) + \delta_2(t) + \delta_3(t) .$$

Tal solução não é exata, trata-se uma aproximação correta até ordem cúbica na amplitude da oscilação.

Antes de resolver as equações diferenciais (14.20), vale a pena entender a sua estrutura geral. Essas equações devem ser resolvidas em cadeia; primeiro resolvemos para δ_1 e depois substituímos essa solução na segunda equação, a partir da qual podemos encontrar δ_2. Com δ_1 e δ_2 em mãos, podemos substituir na terceira equação e, então, obter δ_3 e assim por diante. Esse é um padrão típico em teoria de perturbação; as equações devem ser tratadas em sequência, da menor ordem para a maior, pois precisaremos das soluções de ordem menor para poder resolver as de ordem maior. Sigamos esse procedimento no problema em tela. A solução geral da equação diferencial para δ_1 é

$$\delta_1(t) = a_1\, e^{i\omega\, t} + b_1\, e^{-i\omega\, t} ,$$

onde a_1 e b_1 são constantes complexas arbitrárias. Se quisermos uma solução real, devemos assumir $b_1 = a_1^*$. No entanto, por simplicidade nas contas, vamos assumir $b_1 = 0$ e $a_1 = A$. Ou seja, vamos considerar uma solução complexa. Embora não seja o desejável do ponto de vista físico, isso será o suficiente para entendermos como as correções não lineares na força contribuem para a oscilação de δ. Portanto, vamos adotar a seguinte solução:[2]

$$\delta_1 = A\, e^{i\omega\, t} .$$

Inserindo isso na equação para δ_2, em (14.20), obtemos

$$\ddot{\delta}_2 + \omega^2 \delta_2 = -\alpha\, A^2\, e^{2i\omega t} .$$

A solução geral dessa equação diferencial não homogênea é dada por

$$\delta_2 = a_2\, e^{i\omega\, t} + b_2\, e^{-i\omega\, t} + A^2\, \frac{\alpha}{3\omega^2}\, e^{2i\omega\, t} ,$$

onde a_2 e b_2 são constantes arbitrárias. Quando δ_1 e δ_2 são somados para formar δ, vide Eq. (14.19), segue que as constantes a_2 e b_2 se somam às constantes a_1 e b_1 respectivamente, de forma que elas só servem para redefinir os coeficientes que aparecem em δ_1. Portanto,

[2]Isso equivale a impor a condição de contorno $\delta(i\infty) = 0$. Embora essa seja uma condição sem nenhuma relação com a Física, ela faz sentido do ponto de vista matemático. A razão de adotarmos tal condição de contorno é apenas por simplicidade das contas.

essa parte da solução é supérflua, pois já foi considerada em δ_1.[3] Vamos, então, assumir $a_2 = b_2 = 0$, de forma que

$$\delta_2 = A^2 \frac{\alpha}{3\omega^2} e^{2i\omega t}.$$

Por fim, inserindo δ_1 e δ_2 na equação diferencial para δ_3, obtemos:

$$\ddot{\delta}_3 + \omega^2 \delta_3 = -A^3 \left(\beta + \frac{2\alpha^2}{3\omega^2}\right) e^{3i\omega t}.$$

A solução geral dessa equação é

$$\delta_3 = a_3\, e^{i\omega t} + b_3\, e^{-i\omega t} + A^3 \left(\frac{\beta}{8\,\omega^2} + \frac{\alpha^2}{12\,\omega^4}\right) e^{3i\omega t},$$

onde a_3 e b_3 são constantes arbitrárias. Mais uma vez, podemos assumir $a_3 = b_3 = 0$ sem perda de generalidade, pois essa escolha equivale a redefinir a_1 e b_1. Fazendo isso, vemos que a solução perturbativa para $\delta(t)$ se torna:

$$\begin{aligned} \delta(t) &= \delta_1 + \delta_2 + \delta_3 + \cdots \qquad (14.22) \\ &= A\, e^{i\omega t} + A^2 \frac{\alpha}{3\omega^2} e^{2i\omega t} + A^3 \left(\frac{\beta}{8\,\omega^2} + \frac{\alpha^2}{12\,\omega^4}\right) e^{3i\omega t} + \cdots . \end{aligned}$$

Note que os termos no lado direito da equação anterior seguem uma hierarquia, o primeiro tem ordem A, o segundo tem ordem A^2 e o terceiro tem ordem A^3. Logo, no regime de pequenas amplitudes, o primeiro termo é mais relevante que o segundo, o segundo é mais relevante que o terceiro e assim por diante. Ademais, se fizermos $\alpha = 0$ e $\beta = 0$, a solução será uma oscilação harmônica com frequência ω, que é a frequência natural do sistema. Por outro lado, quando introduzimos termos não lineares na equação de movimento, ou seja, quando assumimos $\alpha \neq 0$ ou $\beta \neq 0$, então a oscilação de frequência ω é corrigida por termos que oscilam com frequências 2ω, 3ω ... Isto é, as correções oscilam com frequências que são múltiplas da frequência natural do sistema. Se seguíssemos o método perturbativo até ordens mais altas, encontrando δ_n para $n > 3$, obteríamos termos que oscilariam com frequência $n\omega$. Além disso, se tivéssemos assumido que $\delta_1 = A\cos(\omega t + \phi_0)$, em vez de considerar a solução complexa $\delta_1 = Ae^{i\omega t}$, obteríamos que δ_n seria uma combinação linear de $\cos(n\omega t)$ e $\operatorname{sen}(n\omega t)$. Ou seja, chegaríamos à mesma conclusão, que $\delta_n(t)$ oscila com frequência $n\omega$.

De forma geral, uma correção na força do tipo $F \propto \delta^{n+1}$ contribuirá para a oscilação de δ com termos aditivos que oscilam com frequências $(n+1)\omega$, $(2n+1)\omega$, $(3n+1)\omega$ e assim por diante. Por exemplo, fazendo $\alpha = 0$ e $\beta \neq 0$ na solução (14.22), vemos que a primeira correção oscila com frequência 3ω, o que vem do fato de que β multiplica um termo δ^3 na Eq. (14.18). As demais correções quando $\alpha = 0$ teriam frequências 5ω, 7ω e assim por diante.

O resumo da ópera é o seguinte: quando vamos considerar o regime de pequenas oscilações em um determinado sistema, o termo dominante da força é aquele que é linear no deslocamento em relação ao ponto de equilíbrio. Esse termo fornece a frequência

[3] Ao resolvermos a equação $\dot{x} = 0$, podemos dizer que a solução geral é $x(t) = a$, onde a é uma constante arbitrária, ou podemos dizer que $x(t) = a + b$ é a solução geral, com a e b sendo constantes arbitrárias. Ocorre que a constante b pode ser eliminada por uma redefinição da constante a e, portanto, não é relevante. Esse tipo de raciocínio é o mesmo que nos permitiu fazer $a_2 = b_2 = 0$ na solução para δ_2.

natural do sistema. Se, além do termo linear, considerarmos termos de ordem mais alta no deslocamento, então a oscilação do deslocamento será corrigida por fatores aditivos que oscilam com frequências que são múltiplas da frequência natural. Isso pode ser observado, por exemplo, em experimentos de óptica não linear. Em geral, quando incidimos luz de frequência ω em um material, a luz entra na amostra e é reemitida com uma frequência igual à incidente. Do ponto de vista clássico, a Física por trás desse fenômeno é a seguinte: a luz é uma oscilação do campo eletromagnético que, quando atinge o material, induz uma polarização oscilante. Ou seja, cargas passam a oscilar dentro do material. Por sua vez, cargas oscilantes geram radiação eletromagnética com a frequência de suas oscilações. Ocorre que a polarização de um material por conta de um campo elétrico externo costuma depender linearmente desse campo elétrico, de forma que a oscilação do campo externo faz a polarização oscilar com a mesma frequência. Ou seja, a densidade de cargas induzida oscilará com a frequência da luz incidente e, portanto, gerará luz com a mesma frequência. No entanto, há materiais (chamados não lineares) cujas polarizações dependem do campo elétrico externo de forma não linear. Nesses materiais, a luz reemitida tem contribuições que são múltiplas da frequência da luz incidente. Algo análogo também pode ser visto quando estudamos ondas estacionárias em uma corda com as extremidades fixas (como nas cordas de um violão). Nesse "experimento", sabemos que o primeiro modo ressonante é aquele que tem apenas dois nós (ou seja, dois pontos fixos), como mostrado na Fig. 14.8. Se esse modo tem frequência ω_0, então os demais modos ressonantes terão frequências

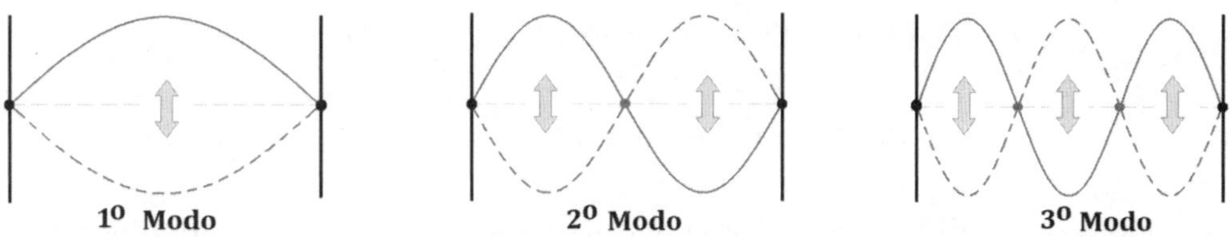

Figura 14.8: Modos ressonantes de uma corda com extremidades fixas. Os pontos destacados são os nós, pontos que nunca se movem durante a oscilação. O n-ésimo modo de oscilação tem $(n+1)$ nós.

que são múltiplas de ω_0. Portanto, quando tocamos a corda de um violão, o som que escutamos é uma combinação de sons com frequências ω_0, $2\omega_0$, $3\omega_0$ ... Todavia, na medida em que o tempo passa, as oscilações ressonantes com maior frequência tendem a se dissipar mais rapidamente que as oscilações de menor frequência, pois, quanto maior a frequência ressonante, maior o número de nós necessários. As perturbações existentes no ambiente não permitem que os nós fiquem exatamente fixos e isso contribui para a dissipação, de forma que, quanto maior o número de nós, mais numerosos são os canais de dissipação. Por isso, depois de um tempo, haverá uma hierarquia, com os modos de menor frequência tendo amplitudes maiores que os modos de maior frequência. Esse é exatamente o padrão visto nesta seção ao estudarmos pequenas oscilações. No entanto, as contas aqui feitas se referem a sistemas com um grau de liberdade, ao passo que uma corda, embora seja geometricamente unidimensional, é descrita como um sistema mecânico com infinitos graus de liberdade, pois ela é feita de infinitas partículas. O domínio da Física que estuda a mecânica de sistemas com infinitos graus de liberdade é a chamada teoria (clássica) de campos.

14.4 Exercícios sugeridos

Exercício 1

Considere uma partícula de massa m que está presa a duas molas, conforme ilustrado na figura abaixo.

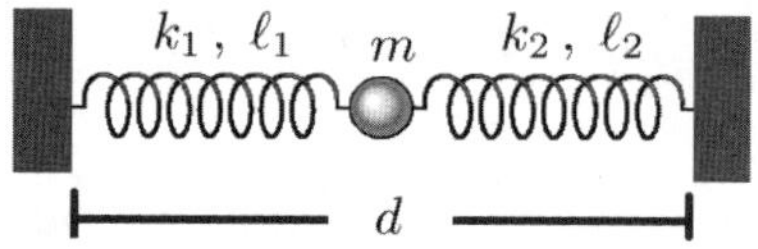

As molas têm constantes de mola k_1 e k_2 e seus comprimentos naturais são ℓ_1 e ℓ_2. A distância entre as duas extremidades das molas que estão fixas é d. Considere que a partícula oscila apenas na direção horizontal.

a) Monte o lagrangiano do sistema.

b) Encontre o ponto de equilíbrio.

c) Determine a frequência de oscilação em torno do ponto de equilíbrio.

Exercício 2

Considere um sistema com um grau de liberdade cujo lagrangiano é dado por

$$\mathcal{L} = \frac{1}{2}(1+x^2)\dot{x}^2 + 3x\,\dot{x} - x^4 + 2x^3 + 3x^2 - 4x\,.$$

a) Encontre os pontos de equilíbrio desse sistema e os classifique como estáveis ou instáveis.

b) Para os pontos de equilíbrio estáveis, encontre a solução $x(t)$ para pequenas oscilações.

c) Considere que, no instante $t=0$, o sistema obedece às condições inicias $x(0)=21/10$ e $\dot{x}(0)=0$. Encontre a solução $x(t)$ usando teoria de perturbação até segunda ordem na amplitude do movimento.

Exercício 3 – *resolvido*

Considere um cilindro homogêneo de massa m e raio r que oscila *sem deslizar* em uma pista semicircular de raio R sob influência da gravidade com aceleração g, conforme ilustrado na figura abaixo. Determine o lagrangiano do sistema e obtenha a frequência das pequenas oscilações em torno do ponto mais baixo da pista.

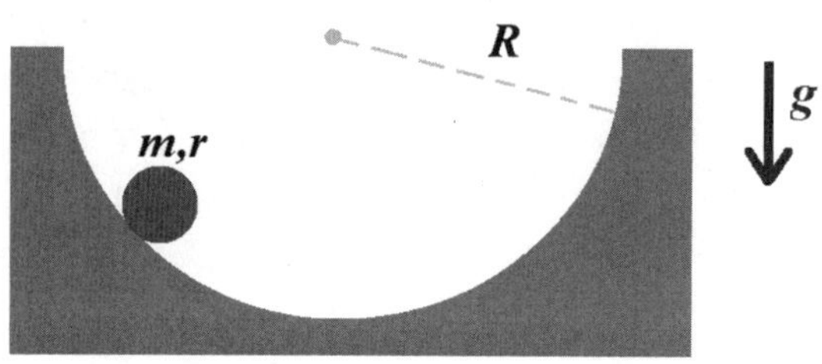

Solução do Exercício 3

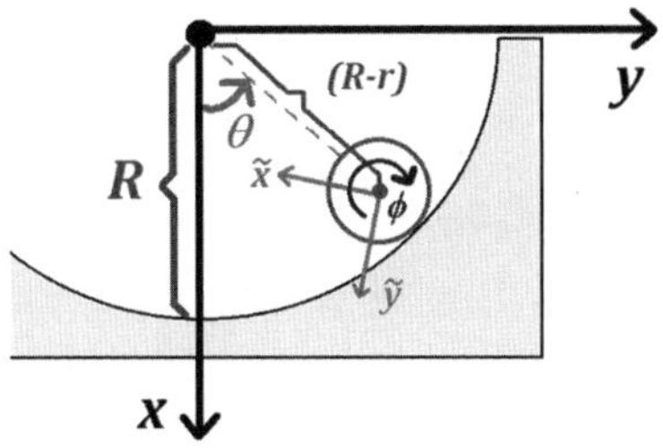

Sejam θ e ϕ os ângulos definidos na figura ao lado. A energia cinética do cilindro, medida em um referencial que está parado em relação à pista (o referencial do observador), é a soma da energia cinética de translação do centro de massa com a energia de rotação do cilindro, conforme provado na Eq. (7.14). Portanto,

$$E_{cin} = \frac{m}{2}\, v_{cm}^2 + \frac{1}{2}\, I\, \omega^2 = \frac{m}{2}\,(R-r)^2\,\dot{\theta}^2 + \frac{m\, r^2}{4}\,\omega^2\,,$$

onde $v_{cm} = (R-r)\dot{\theta}$ é a velocidade de translação do centro de massa do cilindro, ω é a velocidade angular do cilindro em torno do eixo paralelo ao seu eixo de simetria e $I = mr^2/4$ é o momento de inércia do cilindro homogêneo em torno do seu eixo de simetria. Agora, o vínculo de rolar sem deslizar implica $R\,\theta = r\,\phi$, pois o lado esquerdo representa a distância percorrida pelo ponto de contato entre o cilindro e a pista, ao passo que o lado direito indica a distância rolada pelo cilindro. Em particular, concluímos que $\dot{\phi} = \frac{R}{r}\,\dot{\theta}$. Somos tentados a pensar que $\omega = \dot{\phi}$. No entanto, essa última igualdade está errada. De fato, é sempre importante manter em mente que a velocidade angular de um corpo rígido, $\boldsymbol{\omega}$, mede a rotação do corpo *em relação ao referencial do observador*. Isso vale mesmo quando usamos a base cartesiana atrelada ao corpo para escrever suas componentes $\tilde{\omega}^i$, algo que já foi discutido nos capítulos 7 e 8. No presente problema, há duas rotações em relação ao referencial do observador, e ambas as rotações são em relação à direção do eixo de simetria (o eixo z da figura acima, eixo ortogonal à página): 1) a rotação do cilindro em torno do seu próprio eixo, cuja velocidade angular associada é $\omega^3 = \tilde{\omega}^3 = -\dot{\phi}$, com o sinal negativo vindo do fato de que a rotação se dá no sentido horário (supondo que o cilindro esteja subindo); 2) a rotação rígida do cilindro em torno do centro da pista semicircular, cuja velocidade angular associada é $\omega^3 = \tilde{\omega}^3 = \dot{\theta}$, com o sinal positivo vindo do fato de que essa rotação se dá no sentido anti-horário. Portanto, no cômputo final, a velocidade angular do cilindro é:

$$\boldsymbol{\omega} = (\dot{\theta} - \dot{\phi})\,\boldsymbol{e}_{\rm z} = \left[\dot{\theta} - \frac{R}{r}\dot{\theta}\right]\,\boldsymbol{e}_{\rm z} = -\,\frac{R-r}{r}\,\dot{\theta}\,\boldsymbol{e}_{\rm z}\,.$$

Uma forma alternativa de se obter essa expressão para a intensidade da velocidade angular é notando que, quando um disco de raio r rola sem deslizar, a velocidade angular, ω, deve estar conectada à velocidade de translação do centro do disco através da relação $v_{cm} = \omega r$. Usando a expressão obtida para ω, conclui-se que a energia cinética é dada por:

$$E_{cin} = \frac{3m}{4}\,(R-r)^2\,\dot{\theta}^2\,.$$

Por sua vez, a energia potencial gravitacional é dada por mgh_{cm}, onde h_{cm} é a altura do centro de massa em relação à parte mais baixa da pista. Essa altura é dada por $h_{cm} = R - (R-r)\cos\theta$. Portanto, usando θ como coordenada generalizada, segue que o lagrangiano do sistema é dado por:

$$\mathcal{L} = \frac{3m}{4}\,(R-r)^2\,\dot{\theta}^2 + m\,g\,(R-r)\,\cos\theta\;-\;m\,g\,R\,.$$

A equação de Euler-Lagrange fornece então:

$$\ddot{\theta} + \frac{4\,g}{3(R-r)}\,\text{sen}\theta = 0\,.$$

Em particular, notemos que $\theta(t) = 0$ é uma solução para essa equação de movimento, ou seja, $\theta = 0$ é um ponto de equilíbrio. No regime de pequenas oscilações em torno desse equilíbrio, podemos considerar θ pequeno, de forma que sen$\theta \simeq \theta$. Nesse cenário, a equação de movimento se torna:

$$\ddot{\theta} + \omega^2\,\theta = 0\,, \qquad \text{onde} \quad \omega = \sqrt{\frac{4\,g}{3(R-r)}}\,.$$

Essa é a equação de um oscilador harmônico com frequência angular ω. Essa é a frequência procurada.

Capítulo 15

Pequenas oscilações – Caso geral

Neste capítulo, aprenderemos a descrever a dinâmica de um sistema arbitrário que é perturbado a partir do seu estado de equilíbrio estável. Veremos que tais perturbações costumam fazer o sistema oscilar com frequências características que independem dos detalhes da perturbação que ocasionou a oscilação. O conteúdo abordado neste capítulo é importante para compreender um número incontável de fenômenos físicos, que vão desde o estudo da estabilidade de uma edificação durante terremotos à procura de trajetórias adequadas para sondas espaciais.

15.1 Modos e frequências normais

Consideremos um sistema com n graus de liberdade descrito em termos das coordenadas $\{x^i\} = \{x^1, x^2, \cdots, x^n\}$ e cuja dinâmica é regida pelo seguinte lagrangiano:

$$\mathcal{L} = \frac{1}{2} M_{ij}(x)\, \dot{x}^i \dot{x}^j \; - \; U(x)\,. \tag{15.1}$$

Note que estamos supondo que o termo cinético depende de forma quadrática das velocidades. No caso unidimensional, abordado no capítulo anterior, um termo da forma $N(x)\dot{x}$ havia sido considerado no lagrangiano, mas não contribuía para as equações de movimento. No caso multidimensional, a conclusão seria diferente. Ou seja, a adição de um termo $N_i(x)\dot{x}^i$ ao lagrangiano geralmente repercute na equação de movimento. Tal termo só é inócuo no caso especial em que N_i é um gradiente de uma função. Isto é, quando $N_i = \partial F/\partial x^i$ para alguma função $F(x)$, em cujo caso a equação de movimento independe de N_i. A razão é que, nesse último caso, o termo $N_i(x)\dot{x}^i$ pode ser escrito como uma derivada total em relação ao tempo, dF/dt. Neste capítulo, por simplicidade, vamos considerar $N_i = 0$, muito embora um desenvolvimento semelhante também possa ser feito no caso geral. A matriz de componentes M_{ij} pode ser considerada simétrica sem perda de generalidade. Com efeito, se ela tiver uma parte antissimétrica, então essa parte não contribuirá para o lagrangiano e, consequentemente, não contribuirá para as equações de movimento, já que, no lagrangiano, tal matriz está contraída com $\dot{x}^i\dot{x}^j$, que é simétrico. Lembre-se que a contração de um par de índices antissimétricos com um par simétrico sempre fornece zero.

A fim de montar as equações de Euler-Lagrange, precisamos, primeiro, executar os seguintes cálculos:

$$\begin{cases} \frac{d}{dt}\frac{\partial \mathcal{L}}{\partial \dot{x}^k} = \frac{d}{dt}\left[\frac{1}{2}M_{ij}\,\delta^i_k\,\dot{x}^j + \frac{1}{2}M_{ij}\,\dot{x}^i\,\delta^j_k\right] = \frac{d}{dt}\left[M_{kj}\,\dot{x}^j\right] = M_{kj}\,\ddot{x}^j + (\partial_\ell M_{kj})\,\dot{x}^\ell\,\dot{x}^j\,, \\ \frac{\partial \mathcal{L}}{\partial x^k} = \frac{1}{2}(\partial_k M_{ij})\,\dot{x}^i\,\dot{x}^j - \partial_k U\,, \end{cases}$$

onde foi usada a convenção $\partial_k U \equiv \partial U/\partial x^k$ em conjunto com o fato de que a matriz M_{ij} foi assumida simétrica. Também foi feita uma mudança de índices mudos. Igualando os dois termos calculados acima, chega-se à seguinte equação de movimento:

$$M_{kj}\,\ddot{x}^j + \left(\partial_i M_{kj} - \frac{1}{2}\partial_k M_{ij}\right)\dot{x}^i\,\dot{x}^j + \partial_k U = 0\,. \tag{15.2}$$

Logo, se x_0^i é um ponto tal que

$$\partial_k U\big|_{x_0} = 0\,, \tag{15.3}$$

então $x^i(t) = x_0^i$ resolverá a equação de movimento (15.2). De fato, para esse ansatz, temos $\ddot{x}^i = 0$ e $\dot{x}^i = 0$, de forma que a equação dinâmica se reduzirá à condição (15.3). Ou seja, temos uma solução estacionária e x_0 é um ponto de equilíbrio. Nosso objetivo neste capítulo é investigar o que acontece quando essa solução é levemente perturbada. Para isso, é útil utilizar a coordenada δ^i, que denota o deslocamento do sistema em relação à posição de equilíbrio, em detrimento da coordenada x^i. A relação entre as duas coordenadas consiste em uma simples translação:

$$\delta^i = x^i - x_0^i\,.$$

Essa mudança significa um deslocamento da origem do sistema de coordenadas, transladando-a do ponto $x^i = 0$ para o ponto $x^i = x_0^i$. De fato, na nova origem, ou seja, no ponto $\delta^i = 0$, temos $x^i = x_0^i$. Nesse novo sistema de coordenadas, a equação de movimento se torna:

$$M_{kj}\big|_{x_0+\delta}\,\ddot{\delta}^j + \left(\partial_i M_{kj} - \frac{1}{2}\partial_k M_{ij}\right)\Bigg|_{x_0+\delta}\dot{\delta}^i\,\dot{\delta}^j + \partial_k U\big|_{x_0+\delta} = 0\,. \tag{15.4}$$

Pequenos deslocamentos em relação à posição de equilíbrio significam que δ é pequeno, de forma que, em primeira aproximação, podemos desprezar termos quadráticos em δ na equação de movimento. Sendo assim, nesse regime de aproximação, o segundo termo da equação acima já pode ser ignorado, pois é, no mínimo, quadrático em δ. Os dois outros termos precisam ser expandidos em série de Taylor. A série de Taylor de uma função de multivariáveis é dada por:

$$f(x_0+\delta) = f(x_0) + (\partial_\ell f)\big|_{x_0}\,\delta^\ell + \frac{1}{2!}\,(\partial_k\partial_\ell f)\big|_{x_0}\,\delta^\ell\,\delta^k + O(\delta^3)\,.$$

Fazendo as expansões de M_{kj} e de $\partial_k U$ em série de Taylor em torno de x_0 e então as inserindo na Eq. (15.4) e, finalmente, desprezando os termos quadráticos ou de ordem superior em δ, chega-se à seguinte equação de movimento linear em δ:

$$M_{kj}^0\,\ddot{\delta}^j + U_{kj}^0\,\delta^j = 0\,, \tag{15.5}$$

onde

$$M_{kj}^0 \equiv M_{kj}(x_0) \quad \text{e} \quad U_{kj}^0 \equiv (\partial_k\partial_j U)\big|_{x_0}\,.$$

Na notação matricial, essa mesma equação de movimento pode ser escrita da seguinte forma:

$$\mathbb{M}^0\,\ddot{\boldsymbol{\delta}} + \mathbb{U}^0\,\boldsymbol{\delta} = 0\,,$$

onde $\mathbb{M}^0$ e $\mathbb{U}^0$ denotam as matrizes $n\times n$ de componentes M_{ij}^0 e U_{ij}^0, respectivamente, ao passo que $\boldsymbol{\delta}$ denota o vetor coluna de componentes δ^i. Note que expandir a equação de movimento até a primeira ordem em δ é equivalente a expandir o lagrangiano até segunda ordem em δ. De fato, considerando o lagrangiano (15.1) até segunda ordem em δ, temos:

$$\begin{aligned} \mathcal{L} &= \frac{1}{2} M_{ij}(x_0+\delta)\,\dot{\delta}^i\,\dot{\delta}^j - U_{ij}(x_0+\delta) \\ &= \frac{1}{2} M^0_{ij}\,\dot{\delta}^i\,\dot{\delta}^j - U_0 - \frac{1}{2}U^0_{ij}\,\delta^i\,\delta^j + O(\delta^3) \\ &= \frac{1}{2}\,\dot{\boldsymbol{\delta}}^t\,\mathbb{M}^0\,\dot{\boldsymbol{\delta}} - \frac{1}{2}\,\boldsymbol{\delta}^t\,\mathbb{U}^0\,\boldsymbol{\delta} - U_0\,, \end{aligned} \tag{15.6}$$

onde foi utilizada a definição $U_0 \equiv U(x_0)$ e, na última passagem, foram desprezados termos cúbicos em δ. A constante aditiva U_0 não tem influência na equação de movimento e, portanto, poderia ser desprezada. Note que o termo linear em $\boldsymbol{\delta}$ não aparece na expansão de U em série de Taylor, já que $(\partial_k U)$ se anula no ponto de equilíbrio. A ausência desse termo linear em $\boldsymbol{\delta}$ é o sinal de que estamos usando coordenadas centradas em um ponto de equilíbrio. A equação de movimento associada ao lagrangiano acima é exatamente a Eq. (15.5), provando que considerar o lagrangiano até ordem quadrática em $\boldsymbol{\delta}$ é equivalente a considerar a equação de Euler-Lagrange até ordem linear nesse desvio. Note que o lagrangiano (15.6) se assemelha ao lagrangiano de um oscilador harmônico, pois é uma função quadrática das velocidades e das coordenadas com coeficientes constantes. De fato, como veremos adiante, é possível encontrar um sistema de coordenadas que diagonaliza o lagrangiano de forma a torná-lo a soma de n lagrangianos de osciladores harmônicos simples desacoplados. Essas coordenadas que desacoplam os movimentos de oscilação são as chamadas **coordenadas normais** do sistema.

Como visto no caso unidimensional, uma perturbação em torno de um ponto de equilíbrio pode, em geral, levar a dois tipos de movimento: uma oscilação harmônica (equilíbrio estável) ou um distanciamento exponencial (equilíbrio instável). Vimos que x_0 será um ponto de equilíbrio estável se, e somente se, U_0 for um mínimo local. Isso significa que $U(x_0+\delta)-U(x_0)$ é positivo para δ pequeno. De forma análoga, no caso multidimensional, x_0 será um ponto de equilíbrio estável quando U_0 for um mínimo local. Isso significa que

$$U(x_0+\delta) - U(x_0) = \frac{1}{2}U^0_{ij}\,\delta^i\,\delta^j > 0 \quad \forall\ \delta^i \neq 0\,.$$

Uma matriz P_{ij} que obedece à condição $P_{ij}\delta^i\delta^j > 0$ para δ^i arbitrário e diferente de zero é dita uma matriz **positiva definida**. Portanto, x_0 será um ponto de equilíbrio estável se $\mathbb{U}^0$ for uma matriz positiva definida. Como a matriz $\mathbb{U}^0$ é simétrica e real, segue do teorema espectral que ela admite uma base onde ela é diagonal, ou seja,

$$\mathbb{U}^0 \xrightarrow{\text{mudança de base}} \tilde{\mathbb{U}}^0 = \operatorname{diag}(u_1, u_2, \cdots, u_n)\,.$$

Dizer que $\mathbb{U}^0$ é positiva definida é, então, equivalente a afirmar que seus autovalores u_i são todos positivos. Se houver alguns autovalores positivos e alguns negativos, significa que, quando o sistema sofre uma perturbação, partindo do ponto de equilíbrio, então pode surgir um movimento oscilatório ou de distanciamento exponencial, a depender da direção da perturbação. A propósito, vale mencionar que a matriz $\mathbb{M}$ deve sempre ser positiva definida, pois a energia cinética deve ser positiva, qualquer que seja o conjunto de velocidades $\dot{\delta}^i$.

Agora, vamos resolver a equação de movimento (15.5). Trata-se de um sistema de n equações diferenciais ordinárias de segunda ordem acopladas. A solução geral deve, portanto, conter $2n$ constantes arbitrárias, que podem ser fixadas pelas $2n$ condições iniciais $\delta^i(0)$ e $\dot{\delta}^i(0)$. Como as equações são lineares em δ, segue que uma combinação linear de soluções também será uma solução. Vamos começar procurando uma solução oscilatória com a seguinte forma:

$$\delta^i(t) = A^i \cos(\omega\, t + \varphi)\,,$$

onde A^i, ω e φ são constantes. Devemos assumir $A^i \neq 0$, caso contrário a solução será trivial, ou seja, teremos a solução estacionária $x = x_0$. Inserindo esse ansatz na equação de movimento (15.5), chega-se à seguinte igualdade:

$$\left(U^0_{kj} - \omega^2\, M^0_{kj}\right)\, A^j \cos(\omega\, t + \varphi) = 0\,.$$

Como essa equação deve valer para todo t, concluímos que

$$\left(\mathbb{U}^0 - \omega^2\, \mathbb{M}^0\right) \boldsymbol{A} = 0\,, \tag{15.7}$$

onde $\boldsymbol{A}$ denota o vetor coluna cujas componentes são A^i. Essa última equação significa que o vetor $\boldsymbol{A}$ deve estar no núcleo da matriz $(\mathbb{U}^0 - \omega^2\mathbb{M}^0)$. Em particular, isso implica que essa última matriz tem que ter determinante zero, caso contrário o único vetor aniquilado pela matriz seria $\boldsymbol{A} = 0$. Portanto, devemos impor

$$\det\left(\mathbb{U}^0 - \omega^2\mathbb{M}^0\right) = 0\,. \tag{15.8}$$

Essa equação fornecerá um polinômio de grau n na variável ω^2. Portanto, em geral, teremos n soluções distintas para ω^2. Cada uma dessas soluções fornece dois valores possíveis para ω, um com sinal positivo e outro com sinal negativo. No entanto, os dois valores com sinais opostos levam a soluções linearmente dependentes entre si, de forma que basta considerar apenas um deles. Consideremos o sinal positivo. Em suma, geralmente teremos n soluções para ω; denotemos essas frequências por ω_α, onde α é um índice que varia de 1 a n e rotula as diferentes frequências admissíveis. Tais frequências são as chamadas **frequências naturais** ou **frequências características** do sistema. Essas n frequências são assinaturas do sistema e independem das condições iniciais. No caso geral, dado um ponto de equilíbrio, as frequências ω_α podem ser reais ou complexas. Se ω_α for real, teremos uma solução oscilatória; se ω_α for um imaginário puro, então a solução dependerá exponencialmente do tempo; por sua vez, se ω_α tiver partes real e imaginária, então a solução representará uma oscilação amortecida. Aqui, vamos nos ater ao caso em que o ponto x_0 é um ponto de equilíbrio estável, em cujo caso todas as frequências características são reais. De fato, da Eq. (15.7), concluímos que

$$\omega^2 = \frac{\boldsymbol{A}^t\, \mathbb{U}^0\, \boldsymbol{A}}{\boldsymbol{A}^t\, \mathbb{M}^0\, \boldsymbol{A}}\,.$$

Logo, se $\mathbb{U}^0$ e $\mathbb{M}^0$ forem matrizes positivo definidas, então o lado direto da identidade acima será positivo, de forma que as soluções para ω serão todas reais.

Para cada frequência característica ω_α que resolve a equação (15.8) teremos um vetor coluna $(A_\alpha)^j$ que será solução da Eq. (15.7). Ou seja, vale o seguinte esquema:

$$\left(U^0_{kj} - \omega^2\, M^0_{kj}\right)\, A^j = 0 \quad \xrightarrow{\text{soluções}} \quad \left\{ \begin{array}{l} \omega \to \omega_\alpha \\ \\ A^j \to (A_\alpha)^j \end{array} \right. ,\ \alpha \in \{1, \cdots, n\}\,. \tag{15.9}$$

A solução encontrada é então dada por:

$$\delta^j(t) = (A_\alpha)^j \cos(\omega_\alpha t + \varphi)\,.$$

Dizemos que essa solução representa um **modo normal de vibração**, pois se trata de uma oscilação com uma frequência específica. O índice α rotula os n modos normais de vibração. Ou seja, na verdade, temos n soluções para as equações de movimento, uma para cada índice α. Note que, para cada valor de α, o vetor coluna $\boldsymbol{A}_\alpha$ não é único. De fato, a equação que o define é homogênea, de forma que, se $\boldsymbol{A}_\alpha$ é solução, então $\lambda\boldsymbol{A}_\alpha$ também será solução, para uma constante λ arbitrária. Portanto, vemos que cada vetor coluna $\boldsymbol{A}_\alpha$ tem um fator de escala global que é arbitrário.

Finalmente, notemos que uma combinação linear de soluções é uma solução, já que o sistema de equações diferenciais que estamos considerando é linear, como pode ser visto na Eq. (15.5). Portanto, uma solução mais geral é dada por:

$$\delta^j(t) = \sum_{\alpha=1}^{n} (A_\alpha)^j \cos(\omega_\alpha t + \varphi_\alpha)\,. \tag{15.10}$$

Essa solução tem $2n$ constantes arbitrárias. A saber, as n constantes φ_α e os n fatores de escala que são arbitrários em $(A_\alpha)^j$. Concluímos, portanto, que essa é a solução geral. De fato, como mencionado anteriormente, a solução geral deve ter $2n$ constantes arbitrárias que podem ser fixadas pelas $2n$ condições iniciais. Vejamos então um exemplo que ilustra bem o conceito de modo normal de vibração.

Exemplo: Uma partícula de massa m está presa a quatro molas, conforme ilustrado na Fig. 15.1, com as molas horizontais tendo constantes de mola k_1 e as molas verticais tendo constantes de mola k_2. Assuma que a partícula fica em equilíbrio quando ela está no centro da configuração. Monte o lagrangiano do sistema e depois obtenha suas frequências características e os modos normais de vibração.

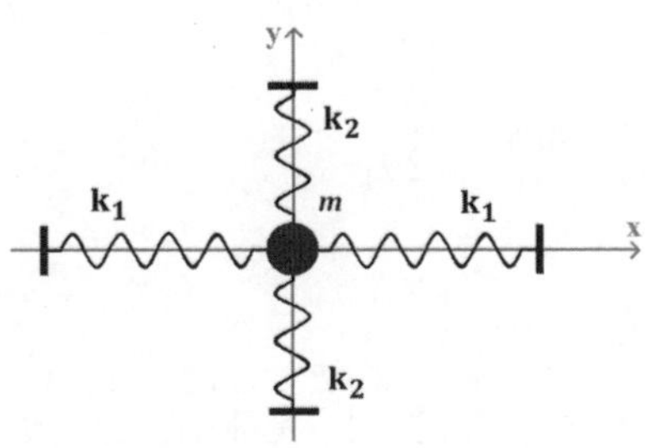

Figura 15.1: Partícula de massa m presa a quatro molas. A posição de equilíbrio do sistema se dá quando a partícula está na origem do sistema de coordenadas $\{\mathrm{x}, \mathrm{y}\}$ definido na figura acima.

Solução

Comecemos montando o lagrangiano. A energia cinética do sistema é dada por

$$E_{cin} = \frac{1}{2}\, m\, |\boldsymbol{v}|^2 = \frac{m}{2}\,(\dot{\mathrm{x}}^2 + \dot{\mathrm{y}}^2).$$

Por sua vez, a energia potencial do sistema é a soma das energias potenciais das quatro molas do sistema. Sendo ℓ_1 e ℓ_2 os comprimentos naturais das molas horizontais e verticais respectivamente e sendo d_1 e d_2 os comprimentos das molas horizontais e verticais na posição de equilíbrio, concluímos que

$$\begin{aligned} U =& \frac{k_1}{2}\left(|\boldsymbol{r} - d_1\hat{\boldsymbol{e}}_{\mathrm{x}}| - \ell_1\right)^2 + \frac{k_1}{2}\left(|\boldsymbol{r} + d_1\hat{\boldsymbol{e}}_{\mathrm{x}}| - \ell_1\right)^2 \\ &+ \frac{k_2}{2}\left(|\boldsymbol{r} - d_2\hat{\boldsymbol{e}}_{\mathrm{y}}| - \ell_2\right)^2 + \frac{k_2}{2}\left(|\boldsymbol{r} + d_2\hat{\boldsymbol{e}}_{\mathrm{y}}| - \ell_2\right)^2 \\ =& \frac{k_1}{2}\left\{\left[\sqrt{(\mathrm{x} - d_1)^2 + \mathrm{y}^2} - \ell_1\right]^2 + \left[\sqrt{(\mathrm{x} + d_1)^2 + \mathrm{y}^2} - \ell_1\right]^2\right\} \\ &+ \frac{k_2}{2}\left\{\left[\sqrt{\mathrm{x}^2 + (\mathrm{y} - d_2)^2} - \ell_2\right]^2 + \left[\sqrt{\mathrm{x}^2 + (\mathrm{y} + d_2)^2} - \ell_2\right]^2\right\}. \end{aligned} \tag{15.11}$$

Uma vez que a posição de equilíbrio é dada por $(\mathrm{x}, \mathrm{y}) = (0, 0)$ e estamos interessados no regime de pequenas oscilações, podemos considerar x e y pequenos em comparação a d_1 e d_2. Como dito anteriormente, para analisar as pequenas oscilações, o lagrangiano precisa ser expandido apenas até segunda ordem nos deslocamentos em relação à posição de equilíbrio. No presente caso, isso significa que basta considerarmos a energia potencial até segunda ordem em x e y. Por exemplo, usando a expansão em série de Taylor

$$\sqrt{1+\delta} = 1 + \frac{1}{2}\,\delta - \frac{1}{8}\,\delta^2 + O(\delta^3)\,,$$

segue que podemos escrever

$$\begin{aligned} \sqrt{(\mathrm{x} \pm d_1)^2 + \mathrm{y}^2} &= \sqrt{d_1^2 \pm 2\mathrm{x}\, d_1 + \mathrm{x}^2 + \mathrm{y}^2} = d_1\sqrt{1 \pm \frac{2\mathrm{x}}{d_1} + \frac{\mathrm{x}^2 + \mathrm{y}^2}{d_1^2}} \\ &\simeq d_1\left[1 + \frac{1}{2}\left(\pm\frac{2\mathrm{x}}{d_1} + \frac{\mathrm{x}^2 + \mathrm{y}^2}{d_1^2}\right) - \frac{1}{8}\left(\pm\frac{2\mathrm{x}}{d_1}\right)^2\right] \\ &= d_1 \pm \mathrm{x} + \frac{\mathrm{y}^2}{2d_1}\,. \end{aligned}$$

Portanto,

$$\begin{aligned} U \simeq& \frac{k_1}{2}\left\{\left[(d_1 - \ell_1) - \mathrm{x} + \frac{\mathrm{y}^2}{2d_1}\right]^2 + \left[(d_1 - \ell_1) + \mathrm{x} + \frac{\mathrm{y}^2}{2d_1}\right]^2\right\} \\ &+ \frac{k_2}{2}\left\{\left[(d_2 - \ell_2) - \mathrm{y} + \frac{\mathrm{x}^2}{2d_2}\right]^2 + \left[(d_2 - \ell_2) + \mathrm{y} + \frac{\mathrm{x}^2}{2d_2}\right]^2\right\} \\ \simeq& U_0 + \mathrm{x}^2\left[k_1 + \frac{k_2\,(d_2 - \ell_2)}{d_2}\right] + \mathrm{y}^2\left[k_2 + \frac{k_1\,(d_1 - \ell_1)}{d_1}\right], \end{aligned} \tag{15.12}$$

onde

$$U_0 \equiv k_1(d_1 - \ell_1)^2 + k_2(d_2 - \ell_2)^2\,.$$

Note que não existem termos lineares em x e em y na expressão aproximada para U. Isso denuncia que a origem do nosso sistema de coordenadas está situada em um ponto de equilíbrio. Essa expressão aproximada para a energia potencial também pode ser calculada através das derivadas parciais da expressão exata de U dada na Eq. (15.11):

$$\begin{aligned} U &\simeq U_0 + (\partial_i U)|_0\, x^i + \frac{1}{2}\,(\partial_i\partial_j U)|_0\, x^i\, x^j \\ &\simeq U_0 + \frac{1}{2}\,(\partial_\mathrm{x}\partial_\mathrm{x} U)|_0\, \mathrm{x}^2 + (\partial_\mathrm{x}\partial_\mathrm{y} U)|_0\, \mathrm{x}\,\mathrm{y} + \frac{1}{2}\,(\partial_\mathrm{y}\partial_\mathrm{y} U)|_0\, \mathrm{y}^2\,. \end{aligned} \tag{15.13}$$

De fato, calculando as derivadas de segunda ordem do potencial U dado na Eq. (15.11) e depois tomando $(\mathrm{x},\mathrm{y}) \to (0,0)$, obtemos:

$$(\partial_\mathrm{x}\partial_\mathrm{x} U)|_0 = 2k_1 + 2k_2\frac{d_2-\ell_2}{d_2}\,, \quad (\partial_\mathrm{x}\partial_\mathrm{y} U)|_0 = 0\,, \quad (\partial_\mathrm{y}\partial_\mathrm{y} U)|_0 = 2k_2 + 2k_1\frac{d_1-\ell_1}{d_1}\,.$$

Inserindo essas expressões em (15.13), chegaremos a uma concordância perfeita com a Eq. (15.12). Portanto, dada uma energia potencial, em geral, há duas formas de encontrar sua aproximação quadrática: (1) fazendo a expansão em série de Taylor das funções contidas em U e mantendo apenas termos até ordem quadrática no desvio; (2) calculando as derivadas parciais do potencial no ponto de equilíbrio e depois inserindo na definição genérica da série de Taylor de uma função de multivariáveis. Ambas as estratégias levam, obviamente, ao mesmo resultado e a escolha de um método ou de outro método depende da preferência pessoal. Em suma, chegamos à seguinte expressão para o lagrangiano aproximado até ordem quadrática:

$$\mathcal{L} = E_{cin} - U \simeq \frac{m}{2}\left[\dot{\mathrm{x}}^2 - \omega_1^2\,\mathrm{x}^2\right] + \frac{m}{2}\left[\dot{\mathrm{y}}^2 - \omega_2^2\,\mathrm{y}^2\right] - U_0\,, \tag{15.14}$$

onde

$$\omega_1 \equiv \sqrt{\frac{2k_1}{m} + \frac{2k_2(d_2-\ell_2)}{md_2}} \quad \text{e} \quad \omega_2 \equiv \sqrt{\frac{2k_2}{m} + \frac{2k_1(d_1-\ell_1)}{md_1}}\,.$$

Achar os modos normais para o lagrangiano acima é trivial, pois o lagrangiano já está diagonalizado. Ou seja, não há termos mistos como $\mathrm{x}\mathrm{y}$ ou $\dot{\mathrm{x}}\dot{\mathrm{y}}$. O lagrangiano é simplesmente a soma dos lagrangianos de dois osciladores harmônicos, um com frequência ω_1 e outro com frequência ω_2. Portanto, as equações de movimento para x e para y são desacopladas:

$$\ddot{\mathrm{x}} + \omega_1^2\,\mathrm{x} = 0 \quad \text{e} \quad \ddot{\mathrm{y}} + \omega_2^2\,\mathrm{y} = 0\,,$$

cujas soluções são

$$\mathrm{x}(t) = a_1\cos(\omega_1 t + \varphi_1) \quad \text{e} \quad \mathrm{y}(t) = a_2\cos(\omega_2 t + \varphi_2)\,. \tag{15.15}$$

Portanto, o primeiro modo normal pode ser obtido fazendo $a_2 = 0$, em cujo caso temos uma oscilação na direção horizontal com frequência ω_1. Por outro lado, podemos dizer que o segundo modo normal é obtido fazendo $a_1 = 0$, de forma que o movimento se dá na direção vertical e com frequência ω_2. O caso geral, em que a_1 e a_2 são diferentes de zero, não representa um movimento com frequência específica. Em particular, se a razão ω_2/ω_1 não for um número racional e a_1 e a_2 forem ambos diferentes de zero, o movimento da partícula não será nem periódico.

Apesar de já termos encontrado os modos normais simplesmente resolvendo as equações de movimento, vamos seguir os procedimentos da teoria geral das pequenas oscilações para verificar que as respostas coincidem. Para isso, precisamos primeiro encontrar as matrizes M^0_{ij} e U^0_{ij}. Da definição dessas matrizes, elas são obtidas através da seguinte equação que fornece a aproximação do lagrangiano até segunda ordem na perturbação:

$$\begin{aligned}\mathcal{L} &\simeq \frac{1}{2}M^0_{ij}\,\dot{\delta}^i\dot{\delta}^j - \frac{1}{2}U^0_{ij}\,\delta^i\delta^j - U_0 \\ &= \frac{1}{2}\left[M^0_{11}(\dot{\delta}^1)^2 + M^0_{22}(\dot{\delta}^2)^2 + 2M^0_{12}\dot{\delta}^1\dot{\delta}^2\right] \\ &\quad - \frac{1}{2}\left[U^0_{11}(\delta^1)^2 + U^0_{22}(\delta^2)^2 + 2U^0_{12}\delta^1\delta^2\right] - U_0\,,\end{aligned} \tag{15.16}$$

onde, na expansão acima, foi considerado o caso com dois graus de liberdade. Note, em particular, o fator de 2 na frente de M^0_{12}. Tal fator advém do fato de que, na soma $M^0_{ij}\,\dot{\delta}^i\dot{\delta}^j$, existe o termo $M^0_{12}\,\dot{\delta}^1\dot{\delta}^2$ e existe o termo $M^0_{21}\,\dot{\delta}^2\dot{\delta}^1$, que são iguais, já que sempre assumiremos que a matriz M^0_{ij} é simétrica. Então, fazendo as identificações $\delta^1 = \mathrm{x}$ e $\delta^2 = \mathrm{y}$, segue da comparação dos lagrangianos (15.14) e (15.16) que, no presente problema, temos as seguintes matrizes:

$$\mathbb{M}^0 = \begin{bmatrix} m & 0 \\ 0 & m \end{bmatrix} \quad \text{e} \quad \mathbb{U}^0 = \begin{bmatrix} m\omega_1^2 & 0 \\ 0 & m\omega_2^2 \end{bmatrix}.$$

Para encontrar os modos normais, devemos obter os vetores colunas $\boldsymbol{A}$ que pertencem ao núcleo da matriz $\mathbb{U}^0 - \omega^2\,\mathbb{M}^0$. Ou seja, devemos resolver a seguinte equação:

$$(\mathbb{U}^0 - \omega^2\,\mathbb{M}^0)\boldsymbol{A} = m\begin{bmatrix} (\omega^2-\omega_1^2) & 0 \\ 0 & (\omega^2-\omega_2^2) \end{bmatrix}\begin{bmatrix} A^1 \\ A^2 \end{bmatrix} = \begin{bmatrix} 0 \\ 0 \end{bmatrix}. \tag{15.17}$$

Essa equação só admite solução não trivial quando o determinante da matriz quadrada que atua no vetor $\boldsymbol{A}$ é zero, ou seja, quando $\omega^2 = \omega_1^2$ ou quando $\omega^2 = \omega_2^2$. No primeiro caso, quando $\omega = \omega_1$, teremos que a solução para a Eq. (15.17) será $A^i = (\alpha, 0)$, com α sendo arbitrário. Por sua vez, quando $\omega = \omega_2$, temos a solução $A^j = (0, \beta)$, com β sendo arbitrário. Logo, os modos normais são os seguintes:

$$\begin{cases} 1^o \text{ Modo Normal: } \omega = \omega_1\,,\ \boldsymbol{A} = \alpha\begin{bmatrix} 1 \\ 0 \end{bmatrix} \Rightarrow \begin{cases} \delta^1(t) = \alpha\,\cos(\omega_1\,t + \varphi_1)\,, \\ \delta^2(t) = 0\,, \end{cases} \\ \\ 2^o \text{ Modo Normal: } \omega = \omega_2\,,\ \boldsymbol{A} = \beta\begin{bmatrix} 0 \\ 1 \end{bmatrix} \Rightarrow \begin{cases} \delta^1(t) = 0\,, \\ \delta^2(t) = \beta\,\cos(\omega_2\,t + \varphi_2)\,. \end{cases} \end{cases}$$

Esses modos normais estão em perfeito acordo com a solução encontrada por meio da integração direta das equações de movimento, vide Eq. (15.15) ■

Suponha que um sistema com n graus de liberdade está em sua configuração de equilíbrio estável até que sofre uma perturbação na forma de um breve impulso. Em geral, essa perturbação levará a um movimento oscilatório, mas esse movimento não será um movimento harmônico simples, pois será uma combinação linear de oscilações com diferentes frequências. Sendo assim, apenas impulsos dados em direções específicas levam a oscilações harmônicas de frequência bem determinada. Mais precisamente, entre um infinito contínuo de dimensão n formado pelas possíveis direções da perturbação inicial, apenas n direções discretas e específicas levam a um movimento harmônico simples; essas direções são as direções dos modos normais, ou seja, as direções dos vetores $(A_\alpha)^j \hat{\boldsymbol{e}}_j$. Por exemplo, no problema que acabamos de resolver, se a partícula estiver inicialmente parada na origem e então a empurrarmos levemente, o movimento resultante será uma oscilação harmônica apenas se o empurrão for dado ou na direção horizontal, em cujo caso a frequência de oscilação será ω_1, ou se o empurrão for na direção vertical, cuja frequência de oscilação será ω_2. Uma exceção ocorre quando há frequências degeneradas no espectro de frequências normais, em cujo caso há infinitas direções para o impulso que levam a uma oscilação harmônica. De fato, se a frequência normal ω_1 tiver degenerescência de ordem p, então o núcleo de $(\mathbb{U}^0 - \omega_1^2\mathbb{M}^0)$ terá dimensão p. Nesse caso, dada uma direção A^j qualquer pertencente a esse núcleo, $\delta^j = A^j \cos(\omega_1 t)$ será uma solução da equação de movimento. Em suma, quando há frequências normais degeneradas, há subespaços com dimensão maior que um em que o movimento será um modo normal. Podemos observar esse fato de forma mais concreta no exemplo anterior. Assumindo $\omega_1 = \omega_2$ naquele exemplo, segue que uma solução das equações de movimento é dada por

$$\boldsymbol{\delta}(t) = \begin{bmatrix} \alpha \\ \beta \end{bmatrix} \operatorname{sen}(\omega_1 t)\,,$$

onde α e β são constantes arbitrárias. Essa solução é um modo normal e é compatível com a condição inicial $\delta^j(0) = 0$ e $\dot{\delta}^j(0) = v^j$, com v^1 e v^2 arbitrários. Nesse caso, a velocidade inicial $\boldsymbol{v} = v^1\hat{\boldsymbol{e}}_{\mathrm{x}} + v^2\hat{\boldsymbol{e}}_{\mathrm{y}}$ está alinhada com a direção arbitrária do impulso dado à partícula no instante $t = 0$.

15.2 Coordenadas normais

O exemplo anterior deixa claro que, quando lidamos com um lagrangiano diagonalizado, ou seja, sem termos mistos da forma $\dot{\delta}^i\dot{\delta}^j$ ou $\delta^i\delta^j$, com $i \neq j$, então as equações de movimento são desacopladas e a solução geral pode ser trivialmente encontrada. Ocorre que, em geral, o lagrangiano não é diagonal. No entanto, dado o sistema de coordenadas inicial $\{\delta^1, \cdots, \delta^n\}$, sempre podemos construir um outro sistema de coordenadas, $\{\zeta^1, \cdots, \zeta^n\}$, que é uma combinação linear das coordenadas anteriores e que diagonaliza o lagrangiano. Essas últimas coordenadas são as chamadas **coordenadas normais**. Quando escrito em termos das coordenadas normais, o lagrangiano é uma soma de lagrangianos de osciladores harmônicos simples desacoplados.

No exemplo da seção anterior, as coordenadas iniciais $\{\mathrm{x}, \mathrm{y}\}$ já eram as coordenadas desejadas que diagonalizavam o lagrangiano. Notemos que a dinâmica dessas coordenadas é bem descomplicada, elas executam um movimento harmônico simples, como mostrado na Eq. (15.15). De fato, essa é uma característica das coordenadas normais. Como estamos lidando com lagrangianos que são quadráticos nas velocidades e nas coordenadas (dentro da aproximação do regime de pequenas oscilações), segue que, se as equações de movimento não acoplarem as diferentes coordenadas, então as coordenadas obedecerão a equações diferenciais ordinárias e lineares de segunda ordem com coeficientes constantes, cujas soluções serão senos e cossenos. Logo, concluímos que as coordenadas que diagonalizam o lagrangiano têm o atributo de executarem movimentos harmônicos simples. Busquemos, então, coordenadas que têm esse tipo de dinâmica.

Na Eq. (15.10), vimos que a solução geral para o regime de pequenas oscilações é dada pela combinação linear dos modos normais, ou seja:

$$\delta^j(t) = \sum_{\alpha=1}^{n} (A_\alpha)^j \cos(\omega_\alpha t + \varphi_\alpha)\,, \tag{15.18}$$

onde, para cada $\alpha \in \{1, \cdots, n\}$, o vetor coluna $\boldsymbol{A}_\alpha$ é um elemento não nulo pertencente ao núcleo da matriz $(\mathbb{U}^0 - \omega_\alpha^2 \mathbb{M}^0)$. Os n vetores $\boldsymbol{A}_\alpha$ formam uma base para o $\mathbb{R}^n$ e, portanto, a matriz $n \times n$ definida por

$$\mathbb{A}: \quad A_\alpha^{\ j} \equiv (A_\alpha)^j$$

é uma matriz inversível. Denotando as componentes da matriz inversa por $(A^{-1})_j^{\ \alpha}$, segue que

$$(A^{-1})_j^{\ \alpha} A_\alpha^{\ i} = \delta_j^{\ i} \quad \text{e} \quad A_\alpha^{\ i} (A^{-1})_i^{\ \beta} = \delta_\alpha^{\ \beta}.$$

Então, contraindo a Eq. (15.18) com $(A^{-1})_j^{\ \beta}$, temos:

$$\delta^j (A^{-1})_j^{\ \beta} = \sum_{\alpha=1}^{n} \delta_\alpha^{\ \beta} \cos(\omega_\alpha t + \varphi_\alpha) = \cos(\omega_\beta t + \varphi_\beta)\,.$$

Logo, se definirmos a coordenada ζ^β, para um β fixo, como sendo $\delta^j (A^{-1})_j^{\ \beta}$, a dinâmica de ζ^β será uma oscilação harmônica. Ou seja,

$$\zeta^\beta \equiv \delta^j (A^{-1})_j^{\ \beta} \quad \Rightarrow \quad \zeta^\beta(t) = \cos(\omega_\beta t + \varphi_\beta)\,. \tag{15.19}$$

Isso prova que as n coordenadas ζ^β, uma para cada valor de β, são as coordenadas normais que estávamos procurando. Em termos dessas coordenadas, o lagrangiano assume a seguinte forma diagonal:

$$\mathcal{L} = \sum_{\alpha=1}^{n} \frac{m_\alpha}{2} \left[(\dot{\zeta}^\alpha)^2 - \omega_\alpha^2 (\zeta^\alpha)^2 \right] - U_0\,. \tag{15.20}$$

Em notação matricial, a relação (15.19) entre os vetores colunas $\boldsymbol{\zeta}$ e $\boldsymbol{\delta}$ é a seguinte:

$$\boldsymbol{\zeta}^t = \boldsymbol{\delta}^t \, \mathbb{A}^{-1} \quad \text{ou} \quad \boldsymbol{\zeta} = (\mathbb{A}^{-1})^t \, \boldsymbol{\delta}\,.$$

É importante salientar que o sistema de coordenadas normais aqui definido não é único, pois sua definição depende da matriz $(\mathbb{A}^{-1})$, que, por sua vez, depende diretamente dos vetores colunas $\boldsymbol{A}_\alpha$. Como salientado anteriormente, esses vetores não são unicamente definidos, pois em cada um desses n vetores há um grau de liberdade multiplicativo global que é arbitrário. Uma mudança nesse grau de liberdade leva a uma mudança no parâmetro m_α que aparece no lagrangiano (15.20). Isso mostra que os parâmetros m_α não têm grande relevância. De fato, tais parâmetros não aparecem nas equações de movimento. Portanto, se $\{\zeta^1, \cdots, \zeta^n\}$ é um sistema de coordenadas normais, então $\{\lambda_1 \zeta^1, \cdots, \lambda_n \zeta^n\}$ também será um sistema de coordenadas normais, quaisquer que sejam os fatores λ_α, desde que sejam diferentes de zero.

Da Eq. (15.19) que define as coordenadas ζ^α, segue que $\delta^j = \zeta^\alpha A_\alpha^{\ j}$. Em particular, isso implica $\dot{\delta}^j = \dot{\zeta}^\alpha A_\alpha^{\ j}$. Então, inserindo essas expressões para $\boldsymbol{\delta}$ e $\dot{\boldsymbol{\delta}}$ no lagrangiano escrito em termos das coordenadas δ^i, temos:

$$\begin{aligned}
\mathcal{L} &= \frac{1}{2} \dot{\delta}^i \, M_{ij}^0 \, \dot{\delta}^j - \frac{1}{2} \delta^i \, U_{ij}^0 \, \delta^j - U_0 \\
&= \frac{1}{2} \left(A_\alpha^{\ i} \, M_{ij}^0 \, A_\beta^{\ j} \right) \dot{\zeta}^\alpha \dot{\zeta}^\beta - \frac{1}{2} \left(A_\alpha^{\ i} \, U_{ij}^0 \, A_\beta^{\ j} \right) \zeta^\alpha \zeta^\beta - U_0\,.
\end{aligned}$$

Comparando essa última expressão para o lagrangiano com a Eq. (15.20), concluímos que valem as seguintes igualdades:

$$A_\alpha^{\ i} \, M_{ij}^0 \, A_\beta^{\ j} = m_\alpha \, \delta_{\alpha\beta} \quad \text{e} \quad A_\alpha^{\ i} \, U_{ij}^0 \, A_\beta^{\ j} = m_\alpha \, \omega_\alpha^2 \, \delta_{\alpha\beta}\,, \tag{15.21}$$

onde, nas igualdades acima, os índices α e β estão livres, ou seja, não devem ser somados usando a convenção de soma de Einstein. Contraindo essas equações com $(A^{-1})_\ell{}^\alpha$, concluímos que

$$M^0_{\ell j}\, A_\beta{}^j = m_\beta\, (A^{-1})_\ell{}^\beta \quad \text{e} \quad U^0_{\ell j}\, A_\beta{}^j = m_\beta\, \omega_\beta^2\, (A^{-1})_\ell{}^\beta\,,$$

onde, nessas igualdades, o índice β não está sendo somado. Essa última expressão, por sua vez, implica:

$$(A^{-1})_\ell{}^\beta = \frac{1}{m_\beta}\, M^0_{\ell j}\, A_\beta{}^j = \frac{1}{m_\beta \omega_\beta^2}\, U^0_{\ell j}\, A_\beta{}^j\,. \tag{15.22}$$

A utilidade dessa equação é que ela fornece uma expressão para a matriz inversa $\mathbb{A}^{-1}$ em termos das matrizes $\mathbb{M}^0$ e $\mathbb{A}$ ou $\mathbb{U}^0$ e $\mathbb{A}$, que são matrizes conhecidas. Em geral, calcular a inversa de uma matriz é um processo complicado, mas através da expressão (15.22) podemos evitar esse trabalho. Em particular, as coordenadas normais podem ser escritas da seguinte forma:

$$\zeta^\alpha = \delta^j\, (A^{-1})_j{}^\alpha = \delta^j\, \frac{1}{m_\alpha}\, M^0_{ji}\, A_\alpha{}^i\,,$$

onde o índice α não está sendo somado na equação acima. Portanto, concluímos que

$$\zeta^\alpha \propto \delta^j\, M^0_{ji}\, A_\alpha{}^i \quad \text{ou} \quad \boldsymbol{\zeta} \propto \mathbb{A}\, \mathbb{M}^0\, \boldsymbol{\delta}\,. \tag{15.23}$$

Como um fator multiplicativo global em cada uma das coordenadas normais não tem relevância, podemos considerar o símbolo de proporcionalidade na equação acima como sendo uma igualdade. A fim de entender melhor a teoria das coordenadas normais, vamos considerar dois exemplos específicos.

Exemplo: Um sistema é formado por duas partículas de massa m e por três molas idênticas com constantes de mola k e comprimentos naturais ℓ. Esses elementos estão vinculados conforme ilustrado na Fig. 15.2. A distância entre as paredes que fixam as

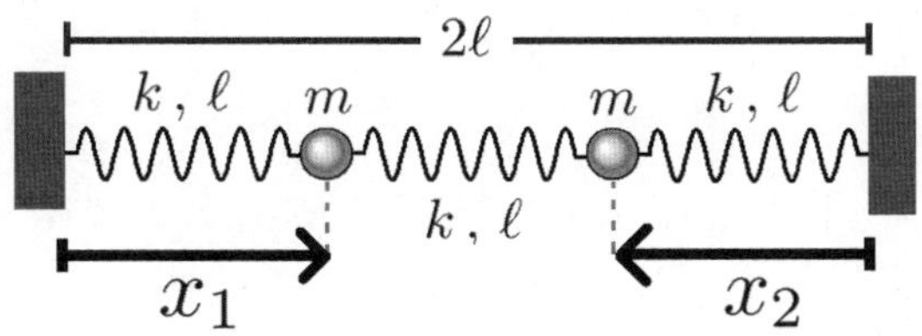

Figura 15.2: Conjunto de três molas idênticas com constantes de mola k e com comprimentos naturais ℓ presas a duas partículas de tamanhos desprezíveis e massas m. A distância entre as duas extremidades fixas das molas é de 2ℓ. A coordenada x_1 mede a distância da parede esquerda até a partícula 1, ao passo que a coordenada x_2 mede a distância da parede direita até a segunda partícula.

molas é de 2ℓ. Considerando apenas perturbações na direção horizontal, encontre as frequências naturais do sistema e obtenha coordenadas normais para esse sistema.

Solução

Primeiro, precisamos introduzir um sistema de coordenadas no problema. Usemos as coordenadas x_1 e x_2 definidas na Fig. 15.2. A energia cinética do sistema é então dada por

$$E_{cin} = \frac{m}{2}(\dot{x}_1)^2 + \frac{m}{2}(\dot{x}_2)^2 .$$

Por sua vez, a energia potencial é a soma das energias potenciais das três molas. Ou seja,

$$U = \frac{k}{2}(x_1 - \ell)^2 + \frac{k}{2}[(2\ell - x_1 - x_2) - \ell]^2 + \frac{k}{2}(x_2 - \ell)^2 .$$

Portanto, o lagrangiano é dado por:

$$\mathcal{L} = \frac{m}{2}\left[(\dot{x}_1)^2 + (\dot{x}_2)^2\right] - k\left[(x_1)^2 + (x_2)^2 + x_1 x_2 - 2\ell(x_1 + x_2) + \frac{3}{2}\ell^2\right] .$$

Para analisar as perturbações é necessário, antes de qualquer coisa, estabelecer o ponto de equilíbrio do sistema. Isso é feito impondo $\partial_{x_1} U = 0$ e $\partial_{x_2} U = 0$:

$$\left\{\begin{array}{l} \partial_{x_1} U = 0 \Rightarrow 2x_1 + x_2 - 2\ell = 0 \\ \\ \partial_{x_2} U = 0 \Rightarrow 2x_2 + x_1 - 2\ell = 0 \end{array}\right. \Rightarrow x_1 = 2\ell/3 \quad \text{e} \quad x_2 = 2\ell/3 .$$

Portanto, vamos usar as coordenadas δ^1 e δ^2 que medem o desvio das partículas em relação às suas posições de equilíbrio:

$$\delta^1 = x_1 - \frac{2\ell}{3} \qquad \text{e} \qquad \delta^2 = x_2 - \frac{2\ell}{3} .$$

Escrevendo o lagrangiano em termos dessas novas coordenadas, temos:

$$\mathcal{L} = \frac{m}{2}\left[(\dot{\delta}^1)^2 + (\dot{\delta}^2)^2\right] - k\left[(\delta^1)^2 + (\delta^2)^2 + \delta^1\,\delta^2 + \frac{1}{6}\ell^2\right] . \tag{15.24}$$

Note que, agora, não há termos lineares nas coordenadas, apenas termos de ordem zero e termos quadráticos, indicando que as novas coordenadas estão centradas em um ponto de equilíbrio. Comparando as Eqs. (15.24) e (15.6), vemos que, nesse problema, as matrizes $\mathbb{M}^0$ e $\mathbb{U}^0$ são dadas por:

$$\mathbb{M}^0 = \begin{bmatrix} m & 0 \\ 0 & m \end{bmatrix} \qquad \text{e} \qquad \mathbb{U}^0 = \begin{bmatrix} 2k & k \\ k & 2k \end{bmatrix} .$$

Para encontrar as frequências naturais, devemos resolver a seguinte equação polinomial:

$$\det(\mathbb{U}^0 - \omega^2\mathbb{M}^0) = \begin{vmatrix} 2k - \omega^2 m & k \\ k & 2k - \omega^2 m \end{vmatrix} = m^2\omega^4 - 4km\omega^2 + 3k^2 = 0 ,$$

cujas soluções são:

$$\omega^2 = \left\{\begin{array}{l} 3k/m , \\ k/m \end{array}\right. \Rightarrow \omega = \left\{\begin{array}{l} \omega_1 \equiv \sqrt{3k/m} , \\ \omega_2 \equiv \sqrt{k/m} . \end{array}\right.$$

Essas são as frequências naturais do sistema. Agora, procuremos os modos normais de oscilação. Para isso, é necessário determinar os vetores que estão nos núcleos das matrizes $(\mathbb{U}^0 - \omega_1^2\mathbb{M}^0)$ e $(\mathbb{U}^0 - \omega_2^2\mathbb{M}^0)$. Fazendo isso, temos:

$$(\mathbb{U}^0 - \omega_1^2\mathbb{M}^0)\boldsymbol{A}_1 = 0 \Rightarrow \begin{bmatrix} -k & k \\ k & -k \end{bmatrix} \begin{bmatrix} (A_1)^1 \\ (A_1)^2 \end{bmatrix} = 0 \Rightarrow \boldsymbol{A}_1 = \alpha \begin{bmatrix} 1 \\ 1 \end{bmatrix},$$

$$(\mathbb{U}^0 - \omega_2^2\mathbb{M}^0)\boldsymbol{A}_2 = 0 \Rightarrow \begin{bmatrix} k & k \\ k & k \end{bmatrix} \begin{bmatrix} (A_2)^1 \\ (A_2)^2 \end{bmatrix} = 0 \Rightarrow \boldsymbol{A}_2 = \beta \begin{bmatrix} 1 \\ -1 \end{bmatrix}.$$

Logo, concluímos que os modos normais são os seguintes:

$$\begin{cases} 1^o \text{ modo: } \delta^1(t) = \alpha\cos(\omega_1 t + \varphi_1)\,, \quad \delta^2(t) = \alpha\cos(\omega_1 t + \varphi_1)\,, \\ \\ 2^o \text{ modo: } \delta^1(t) = \beta\cos(\omega_2 t + \varphi_2)\,, \quad \delta^2(t) = -\beta\cos(\omega_2 t + \varphi_2)\,. \end{cases} \tag{15.25}$$

Agora, podemos interpretar esse modos normais. No primeiro modo, temos $\delta^1 = \delta^2$. Portanto, pela definição das coordenadas x_1 e x_2 (ver Fig. 15.2), segue que, quando a primeira partícula se desloca uma distância δ para a direita, a partícula 2 terá se movido uma distância δ para a esquerda. Ou seja, no primeiro modo, as partículas se aproximam e depois se afastam repetidas vezes. A frequência angular desse movimento é $\omega_1 = \sqrt{3k/m}$. Já no segundo modo normal, temos $\delta^1 = -\delta^2$. Portanto, quando x_1 aumenta de δ, x_2 diminui de δ. Logo, as partículas se movem no mesmo sentido; quando a partícula 1 se desloca uma distância δ para a direita, então a partícula 2 também se move δ para a direita. Nesse segundo modo, a distância entre as duas partículas não é alterada, é sempre $2\ell/3$. Consequentemente, no segundo modo, a mola do meio não participa da oscilação e essa é a razão pela qual a frequência do modo normal é $\omega_2 = \sqrt{k/m}$, que é a frequência angular de uma das molas presa a uma das partículas. A Fig. 15.3 ilustra o movimento do sistema em seus dois modos normais.

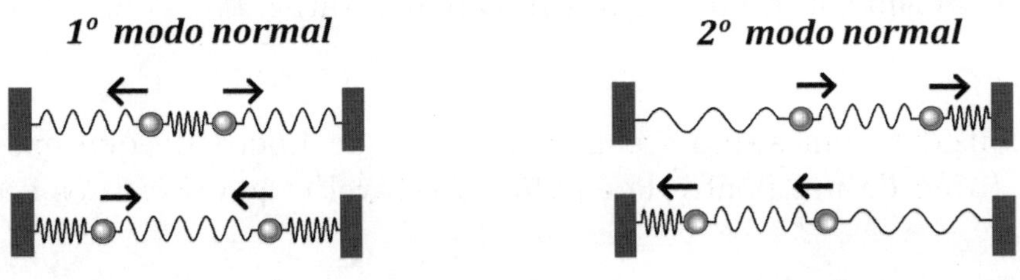

Figura 15.3: Modos normais do sistema descrito na Fig. 15.2. No segundo modo, à direita, a mola do meio não altera seu comprimento ao longo do movimento, de forma que ela não participa da oscilação.

A matriz $\mathbb{A}$, formada pelas componentes $(A_\alpha)^j$, é então dada por:

$$\mathbb{A} = \begin{bmatrix} \alpha & \alpha \\ \beta & -\beta \end{bmatrix}.$$

Usando a Eq. (15.23) e ignorando a constante de proporcionalidade, vemos que as coordenadas normais são dadas por:

$$\begin{bmatrix} \zeta^1 \\ \zeta^2 \end{bmatrix} = \begin{bmatrix} \alpha & \alpha \\ \beta & -\beta \end{bmatrix} \begin{bmatrix} m & 0 \\ 0 & m \end{bmatrix} \begin{bmatrix} \delta^1 \\ \delta^2 \end{bmatrix} \Rightarrow \begin{cases} \zeta^1 = m\alpha(\delta^1 + \delta^2) \\ \\ \zeta^2 = m\beta(\delta^1 - \delta^2) \end{cases}.$$

Notemos que, como α e β são constantes arbitrárias, as coordenadas normais dadas acima também têm uma arbitrariedade, conforme já fora discutido na teoria geral. Façamos, então, a escolha particular $\alpha = \beta = 1/m$, em cujo caso temos:

$$\zeta^1 = \delta^1 + \delta^2 \quad \text{e} \quad \zeta^2 = \delta^1 - \delta^2 . \tag{15.26}$$

A verificação de que essas são, de fato, coordenadas normais é simples. No primeiro modo, só a coordenada ζ^1 deve ser ativada, ou seja, devemos ter $\zeta^2 = 0$. Como $\zeta^2 = \delta^1 - \delta^2$, a condição $\zeta^2 = 0$ implica $\delta^1 = \delta^2$. Isso é exatamente o que acontece no primeiro modo normal, como obtido na Eq. (15.25). Por sua vez, no segundo modo, apenas a coordenada ζ^2 deve ser diferente de zero. Portanto, no segundo modo, temos $\zeta^1 = 0$, o que implica $\delta^1 = -\delta^2$, que está em concordância com a Eq. (15.25).

Invertendo as Eq. (15.26), podemos encontrar δ em função de ζ:

$$\delta^1 = \frac{1}{2}(\zeta^1 + \zeta^2) \quad \text{e} \quad \delta^2 = \frac{1}{2}(\zeta^1 - \zeta^2) .$$

Agora, inserindo essas expressões no lagrangiano (15.24), chegaremos à seguinte igualdade:

$$\mathcal{L} = \frac{m}{4}\left[(\dot{\zeta}^1)^2 - \frac{3k}{m}(\zeta^1)^2\right] + \frac{m}{4}\left[(\dot{\zeta}^2)^2 - \frac{k}{m}(\zeta^2)^2\right] - k\frac{\ell^2}{6} .$$

Vemos então que as coordenadas normais desacoplam os graus de liberdade do sistema, ou seja, fazem com que o lagrangiano fique diagonalizado. As equações de movimento e a solução geral nesse sistema de coordenadas são dadas por:

$$\begin{cases} \ddot{\zeta}^1 + \omega_1^2\zeta^1 = 0 \quad \Rightarrow \quad \zeta^1(t) = \tilde{\alpha}\,\cos(\omega_1 t + \tilde{\varphi}_1) \\ \\ \ddot{\zeta}^2 + \omega_2^2\zeta^2 = 0 \quad \Rightarrow \quad \zeta^2(t) = \tilde{\beta}\,\cos(\omega_2 t + \tilde{\varphi}_2) \end{cases} ,$$

onde $\tilde{\alpha}$, $\tilde{\beta}$, $\tilde{\varphi}_1$ e $\tilde{\varphi}_2$ são constantes de integração arbitrárias ■

Exemplo: Considere um sistema com três graus de liberdade que executa pequenas oscilações em torno de um ponto de equilíbrio estável e que possui os seguintes modos normais:

$$\begin{cases} 1^o \text{ modo: } \delta^1 = \cos(\omega_1 t)\ , \quad \delta^2 = 2\cos(\omega_1 t)\ , \quad \delta^3 = 0\,; \\ 2^o \text{ modo: } \delta^1 = 3\cos(\omega_2 t)\ , \quad \delta^2 = 0\ , \quad \delta^3 = -3\cos(\omega_2 t)\,; \\ 3^o \text{ modo: } \delta^1 = 2\,\text{sen}(\omega_3 t)\ , \quad \delta^2 = 2\,\text{sen}(\omega_3 t)\ , \quad \delta^3 = 2\,\text{sen}(\omega_3 t)\,. \end{cases}$$

Encontre coordenadas normais para esse sistema.

Solução

Se $\{\zeta^1, \zeta^2, \zeta^3\}$ são coordenadas normais associadas a esses modos, então, quando apenas o primeiro modo estiver ativo, devemos ter $\zeta^2 = \zeta^3 = 0$, ao passo que $\zeta^1 \neq 0$. Ou seja, de forma geral, vale o seguinte:

$$\begin{cases} 1^o \text{ modo: } \zeta^2 = 0 \quad \text{e} \quad \zeta^3 = 0\,, \\ 2^o \text{ modo: } \zeta^1 = 0 \quad \text{e} \quad \zeta^3 = 0\,, \\ 3^o \text{ modo: } \zeta^1 = 0 \quad \text{e} \quad \zeta^2 = 0\,. \end{cases} \tag{15.27}$$

Por outro lado, a partir do que foi dado no enunciado, podemos concluir que os três modos são caracterizados pelas seguintes relações:

$$\begin{cases} 1^o \text{ modo: } 2\,\delta^1 - \delta^2 = 0 \quad \text{e} \quad \delta^3 = 0\,, \\ 2^o \text{ modo: } \delta^1 + \delta^3 = 0 \quad \text{e} \quad \delta^2 = 0\,, \\ 3^o \text{ modo: } \delta^1 - \delta^2 = 0 \quad \text{e} \quad \delta^2 - \delta^3 = 0\,. \end{cases} \tag{15.28}$$

A relação entre as coordenadas normais ζ^i e os desvios δ^i é linear, de forma que há constantes a_i, b_i e c_i que tornam as seguintes relações verdadeiras:

$$\begin{cases} \zeta^1 = a_i\delta^i = a_1\,\delta^1 + a_2\,\delta^2 + a_3\,\delta^3\,, \\ \zeta^2 = b_i\delta^i = b_1\,\delta^1 + b_2\,\delta^2 + b_3\,\delta^3\,, \\ \zeta^3 = c_i\delta^i = c_1\,\delta^1 + c_2\,\delta^2 + c_3\,\delta^3\,. \end{cases} \tag{15.29}$$

Usando a Eq. (15.29) para impor as restrições (15.27) e (15.28) relativas ao primeiro modo, obtemos o seguinte:

$$b_1\,\delta^1 + b_2\,(2\delta^1) = 0 \quad \text{e} \quad c_1\,\delta^1 + c_2\,(2\delta^1) = 0 \;\Rightarrow\; b_1 = -2b_2 \quad \text{e} \quad c_1 = -2c_2\,.$$

Analogamente, os vínculos advindos do segundo modo normal e do terceiro modo são:

$$a_1 = a_3 \quad \text{e} \quad c_1 = c_3\,; \qquad a_1 + a_2 + a_3 = 0 \quad \text{e} \quad b_1 + b_2 + b_3 = 0\,.$$

A solução geral para esses três pares de vínculos é a seguinte:

$$\begin{cases} a_1 = a\,,\; a_2 = -2a\,,\; a_3 = a\,, \\ b_1 = 2b\,,\; b_2 = -b\,,\; b_3 = -b\,, \\ c_1 = 2c\,,\; c_2 = -c\,,\; c_3 = 2c\,, \end{cases}$$

onde a, b e c são constantes arbitrárias. Portanto, finalmente, as coordenadas normais são dadas por

$$\begin{cases} \zeta^1 = a\,(\delta^1 - 2\delta^2 + \delta^3)\,, \\ \zeta^2 = b\,(2\delta^1 - \delta^2 - \delta^3)\,, \\ \zeta^3 = c\,(2\delta^1 - \delta^2 + 2\delta^3)\,, \end{cases}$$

onde a, b e c são constantes que podem ser escolhidas arbitrariamente desde que sejam diferentes de zero ■

15.3 Exercícios sugeridos

Exercício 1 – *resolvido*

Considere duas partículas (contas), uma de massa m e a outra de massa $3m$, que podem se mover livremente sobre um círculo de raio R. As partículas estão conectadas por molas cujas constantes de mola são k e $2k$, conforme ilustrado ao lado. A configuração de equilíbrio é essa ilustrada na figura, na qual uma partícula está no "polo norte" e a outra está no "polo sul". Suponha que não há atrito e que não há campo gravitacional.

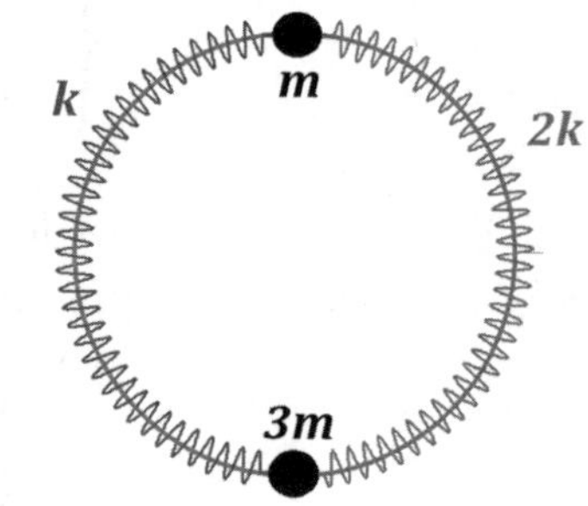

a) Usando a posição angular das partículas como coordenadas, encontre o lagrangiano do sistema.
b) Determine as frequências características das pequenas oscilações deste sistema.
c) Encontre as coordenadas normais deste sistema.
d) Explique como se dá o movimento nos modos normais.

Exercício 2

Um pêndulo duplo é formado por duas hastes de comprimento ℓ, por uma partícula de massa $3m$ e uma partícula de massa m, conforme ilustrado ao lado. A aceleração local da gravidade é g. Obtenha as frequências naturais do sistema, descreva os modos normais e obtenha coordenadas normais para esse sistema.

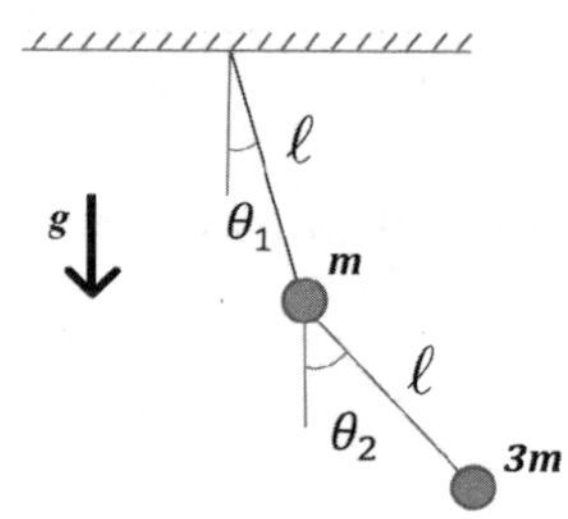

Exercício 3 – *resolvido*

Considere um sistema cujo lagrangiano é dado por:

$$\mathcal{L} = \dot{x}\,\dot{y} + e^{-(x^2+4y^2+2x+1)}$$

a) Encontre um ponto de equilíbrio do sistema.
b) Obtenha uma direção $\boldsymbol{v} = \alpha\hat{x} + \beta\,\hat{y}$ ao longo da qual uma perturbação levaria a um movimento oscilatório em torno do ponto de equilíbrio.

Solução do Exercício 1

a) Usando as coordenadas θ_1 e θ_2 ilustradas ao lado, segue que a energia cinética do sistema é dada por

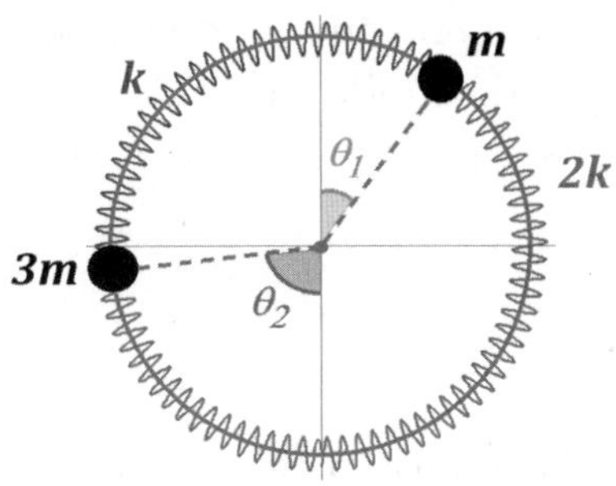

$$E_{cin} = \frac{m}{2}R^2(\dot{\theta}_1)^2 + \frac{3m}{2}R^2(\dot{\theta}_2)^2 .$$

Na configuração da figura ao lado, a mola de constante $2k$ está distendida de um comprimento $R(\theta_2 - \theta_1)$, ao passo que a mola de constante k está distendida de $R(\theta_1 - \theta_2)$. Portanto, a energia potencial é dada por

$$U = \frac{1}{2}\,2k\,R^2\,(\theta_2 - \theta_1)^2 + \frac{1}{2}\,k\,R^2\,(\theta_1 - \theta_2)^2 = \frac{3kR^2}{2}\,(\theta_2 - \theta_1)^2 .$$

Logo, o lagrangiano do sistema é

$$\mathcal{L} = \frac{mR^2}{2}\dot{\theta}_1^2 + \frac{3mR^2}{2}\dot{\theta}_2^2 - \frac{3kR^2}{2}\,(\theta_2 - \theta_1)^2 .$$

b) Se escrevermos os lagrangiano da forma $\mathcal{L} = \frac{1}{2}\,M_{ij}\,\dot{x}^i\,\dot{x}^j - \frac{1}{2}\,U_{ij}\,x^i\,x^j$, com $x^1 = R\theta_1$ e $x^2 = R\theta_2$, segue que as matrizes $\mathbb{M}$ e $\mathbb{U}$ são dadas por:

$$\mathbb{M} = \begin{bmatrix} m & 0 \\ 0 & 3m \end{bmatrix}, \qquad \mathbb{U} = \begin{bmatrix} 3k & -3k \\ -3k & 3k \end{bmatrix}.$$

As frequências características são determinadas através da equação $\det(\mathbb{U} - \omega^2\mathbb{M}) = 0$:

$$(3k - \omega^2 m)(3k - 3\omega^2 m) - 9k^2 = 0 \quad \Rightarrow \quad 3m^2\omega^4 - 12km\omega^2 = 0 ,$$

cujas soluções não negativas são:

$$\omega_1 = 0 \quad \text{e} \quad \omega_2 = 2\sqrt{k/m} .$$

c) Para achar as coordenadas normais, temos que resolver a equação $(\mathbb{U} - \omega_\alpha^2\mathbb{M})\boldsymbol{A}_\alpha = 0$, onde $\boldsymbol{A}_\alpha$ são vetores colunas. Para o primeiro modo normal, temos:

$$0 = \mathbb{U}\boldsymbol{A}_1 = \begin{bmatrix} 3k & -3k \\ -3k & 3k \end{bmatrix}\begin{bmatrix} A_1^1 \\ A_1^2 \end{bmatrix} \quad \rightarrow \quad \boldsymbol{A}_1 = \begin{bmatrix} 1 \\ 1 \end{bmatrix}.$$

Por sua vez, para o segundo modo normal, temos:

$$0 = \left(\mathbb{U} - \frac{4k}{m}\mathbb{M}\right)\boldsymbol{A}_2 = \begin{bmatrix} -k & -3k \\ -3k & -9k \end{bmatrix}\begin{bmatrix} A_2^1 \\ A_2^2 \end{bmatrix} \quad \rightarrow \quad \boldsymbol{A}_2 = \begin{bmatrix} 3 \\ -1 \end{bmatrix}.$$

As coordenadas normais são, então, dadas por

$$\begin{bmatrix} z_1 \\ z_2 \end{bmatrix} = \mathbb{A}\,\mathbb{M}\begin{bmatrix} x^1 \\ x^2 \end{bmatrix} = \begin{bmatrix} 1 & 1 \\ 3 & -1 \end{bmatrix}\begin{bmatrix} m & 0 \\ 0 & 3m \end{bmatrix}\begin{bmatrix} x^1 \\ x^2 \end{bmatrix} = m\begin{bmatrix} x^1 + 3x^2 \\ 3x^1 - 3x^2 \end{bmatrix}.$$

Como um múltiplo de uma coordenada normal é uma coordenada normal, segue que as seguintes coordenadas são normais:

$$y_1 = \theta_1 + 3\,\theta_2 , \qquad y_2 = \theta_1 - \theta_2 .$$

d) O primeiro modo ocorre quando $y_2 = 0$, o que significa que $\theta_1 = \theta_2$. Isso nos diz que, no primeiro modo, o sistema gira rigidamente, sem que as molas sejam distorcidas. Já no segundo modo normal, temos $y_1 = 0$, o que significa que $\theta_1 = -3\theta_2$, ou seja, se a massa $3m$ se move θ para a esquerda então a massa m anda 3θ para a esquerda.

Solução do Exercício 3

a) As equações de movimento desse sistema são

$$\ddot{y} = -\frac{\partial U}{\partial x} \quad \text{e} \quad \ddot{x} = -\frac{\partial U}{\partial y} \quad \text{onde } U = -e^{-(x^2+4y^2+2x+1)}$$

Um ponto de equilíbrio é um ponto (x_0, y_0) tal que $x(t) = x_0$ e $y(t) = y_0$ resolvem as equações de movimento. Isso acontece quando

$$\left.\frac{\partial U}{\partial x}\right|_0 = 0 \quad \text{e} \quad \left.\frac{\partial U}{\partial y}\right|_0 = 0 \;\Rightarrow\; 2x_0 + 2 = 0 \quad \text{e} \quad 8y_0 = 0 \;\Rightarrow\; (x_0, y_0) = (-1\,,\,0)\,.$$

b) Para analisar as perturbações em torno do ponto de equilíbrio, vamos fazer $x = \chi - 1$ e vamos usar χ como sendo uma coordenada no lugar de x. Dessa forma, uma perturbação em torno de (x_0, y_0) significa que χ e y são pequenos. Em termos das coordenadas χ e y, o argumento da exponencial se torna:

$$x^2 + 4y^2 + 2x + 1 = (\chi - 1)^2 + 4y^2 + 2(\chi - 1) + 1 = \chi^2 + 4y^2\,.$$

Para o estudo das pequenas oscilações, só precisamos considerar o lagrangiano até ordem quadrática em (χ, y). Desse modo, as equações de movimento serão lineares em (χ, y). Adotando essa aproximação, temos:

$$\begin{aligned}\mathcal{L} &= \dot{\chi}\,\dot{y} + e^{-(\chi^2+4y^2)} = \dot{\chi}\,\dot{y} + \left[1 - (\chi^2 + 4y^2) + \frac{1}{2!}(\chi^2 + 4y^2)^2 + \cdots\right] \\ &\simeq \dot{\chi}\,\dot{y} - (\chi^2 + 4y^2) + 1\,.\end{aligned}$$

Agora, vamos diagonalizar o lagrangiano. Ou seja, procuremos coordenadas $(\tilde{\chi}, \tilde{y})$ que estejam linearmente relacionadas com (χ, y) e que desacoplem as dinâmicas de $\tilde{\chi}$ e $\tilde{y}$.

$$\left\{\begin{array}{l} \chi = \tilde{\chi} + a\,\tilde{y}\,, \\[2ex] y = b\,\tilde{\chi} + c\,\tilde{y}\,, \end{array}\right. \quad\Rightarrow\quad \left\{\begin{array}{l} \dot{\chi}\,\dot{y} = b\,\dot{\tilde{\chi}}^2 + a\,c\,\dot{\tilde{y}}^2 + (c + ab)\,\dot{\tilde{\chi}}\,\dot{\tilde{y}}\,, \\[2ex] \chi^2 + 4y^2 = (1 + 4b^2)\tilde{\chi}^2 + (a^2 + 4c^2)\,\tilde{y}^2 + (2a + 8bc)\,\tilde{\chi}\,\tilde{y}\,. \end{array}\right.$$

Para aniquilar os termos cruzados nas equações acima, ou seja, para fazer sumir $\dot{\tilde{\chi}}\,\dot{\tilde{y}}$ e $\tilde{\chi}\,\tilde{y}$, devemos ter:

$$(c + ab) = 0 \quad \text{e} \quad (2a + 8bc) = 0 \;\Rightarrow\; c = -ab \quad \text{e} \quad b = 1/2\,.$$

Façamos, então, a seguinte escolha: $(a, b, c) = (2, 1/2, -1)$, em cujo caso o lagrangiano se torna:

$$\begin{aligned}\mathcal{L} &= \dot{\chi}\,\dot{y} - (\chi^2 + 4y^2) + 1 = b\,\dot{\tilde{\chi}}^2 - (1 + 4b^2)\tilde{\chi}^2 + a\,c\,\dot{\tilde{y}}^2 - (a^2 + 4c^2)\,\tilde{y}^2 + 1 \\ &= \left[\frac{1}{2}\dot{\tilde{\chi}}^2 - 2\tilde{\chi}^2\right] - \left[2\dot{\tilde{y}}^2 + 8\tilde{y}^2\right] + 1\,.\end{aligned}$$

Olhando para os sinais relativos entre os termos cinéticos e potenciais no lagrangiano acima, vemos que o movimento em $\tilde{\chi}$ será oscilatório, ao passo que a dinâmica de $\tilde{y}$ será exponencial. Portanto, para ter um movimento oscilatório, devemos manter $\tilde{y} = 0$, ou seja,

$$\begin{cases} \chi = \tilde{\chi} + a\,\tilde{y} = \tilde{\chi}\,, \\[2ex] y = b\,\tilde{\chi} + c\,\tilde{y} = b\,\tilde{\chi} = \frac{1}{2}\,\tilde{\chi}\,, \end{cases} \quad \Rightarrow \quad \chi = 2\,y \quad \Rightarrow \quad \Delta x = 2\,\Delta y \quad \Rightarrow \quad \boldsymbol{v} = 2\,\hat{x} + \hat{y}\,.$$

Capítulo 16

Introdução ao formalismo hamiltoniano

No Capítulo 9, foi introduzido o formalismo lagrangiano e, na sequência, foram feitas diversas aplicações dessa abordagem para tratar da dinâmica de sistemas mecânicos. Neste momento, já deve estar claro para o/a leitor/a o quão eficiente pode ser o método lagrangiano. Há, no entanto, um formalismo que pode ser ainda mais poderoso, o chamado formalismo hamiltoniano. Dado um sistema mecânico com n graus de liberdade efetivos, o método lagrangiano lida com o chamado **espaço das configurações**, o espaço de dimensão n cujos pontos são rotulados por n coordenadas generalizadas. Por sua vez, no formalismo hamiltoniano, trabalha-se no espaço de fase, que tem dimensão $2n$ e cujos pontos são rotulados pelas n coordenadas generalizadas e por seus n momentos canônicos associados. O fato de o espaço de trabalho ter dimensão maior nos fornece mais liberdade para a escolha de coordenadas, resultando em mais possibilidades para se tentar determinar a dinâmica do sistema em análise. Neste capítulo, daremos início ao estudo do formalismo hamiltoniano.

16.1 O hamiltoniano

No formalismo lagrangiano, a dinâmica dos sistemas mecânicos é descrita através de uma função, chamada de função lagrangiana, que pode depender das posições, das velocidades e do tempo:

$$\mathcal{L} = \mathcal{L}(q, \dot{q}, t)\,.$$

Escolhida uma trajetória $q(t)$ que obedece às condições de contorno $q(t_0) = q_0$ e $q(t_f) = q_f$, segue que a ação associada a essa trajetória é dada por

$$S[q(t)] = \int_{t_0}^{t_f} \mathcal{L}(q, \dot{q}, t)\, dt\,.$$

De acordo com o chamado princípio da mínima ação, a trajetória seguida pelo sistema, dadas condições de contorno fixas, é aquela que minimiza (ou maximiza) a ação. Como sabemos, isso implica que o caminho $q(t)$ obedece às equações de Euler-Lagrange:

$$\frac{\partial \mathcal{L}}{\partial q^j} = \frac{d}{dt}\left[\frac{\partial \mathcal{L}}{\partial \dot{q}^j}\right] = \frac{\partial^2 \mathcal{L}}{\partial \dot{q}^i \partial \dot{q}^j}\,\ddot{q}^i + \frac{\partial^2 \mathcal{L}}{\partial q^i \partial \dot{q}^j}\,\dot{q}^i + \frac{\partial^2 \mathcal{L}}{\partial t \partial \dot{q}^j}\,. \tag{16.1}$$

Neste capítulo, e em todos os próximos, excetuando o capítulo 26 (capítulo que trata de sistemas hamiltonianos vinculados), vamos assumir que a matriz

$$\mathbb{M} :\; M_{ij} \equiv \frac{\partial^2 \mathcal{L}}{\partial \dot{q}^i \partial \dot{q}^j}$$

é uma matriz inversível. Essa é a chamada matriz hessiana do problema dinâmico e o fato de ela ser inversível significa que a relação

$$p_i = \frac{\partial \mathcal{L}}{\partial \dot{q}^i} = p_i(q, \dot{q}, t)\,,$$

que define os momentos canônicos do sistema, pode ser invertida de maneira a fornecer as velocidades $\dot{q}$ em termos dos momentos p. Ou seja, vale o seguinte:

$$\det(\mathbb{M}) \neq 0 \quad \Rightarrow \quad \dot{q}^i = \dot{q}^i(q, p, t)\,.$$

Assumindo que essa matriz hessiana é inversível, segue que a equação de movimento (16.1) pode ser resolvida para as acelerações. Mais precisamente, obtém-se:

$$\ddot{q}^i = (M^{-1})^{ij} \left[\frac{\partial \mathcal{L}}{\partial q^j} - \frac{\partial^2 \mathcal{L}}{\partial q^\ell \partial \dot{q}^j}\, \dot{q}^\ell - \frac{\partial^2 \mathcal{L}}{\partial t \partial \dot{q}^j} \right].$$

Isso prova que, quando $\mathbb{M}$ é inversível, as equações de movimento formam um conjunto de n equações diferenciais ordinárias de *segunda ordem*. Diferentemente, no chamado formalismo hamiltoniano, as equações dinâmicas são expressas através de $2n$ equações diferenciais de primeira ordem, as chamadas equações de Hamilton, como veremos adiante.

A chamada função hamiltoniana, ou simplesmente o **hamiltoniano** de um sistema, é definida através da seguinte equação:

$$h \equiv p_i\, \dot{q}^i \; - \; \mathcal{L}(q, \dot{q}, t) \qquad \left\{ \begin{array}{l} \dot{q}^i \to \dot{q}^i(q, p, t) \\ h \to h(q, p, t) \end{array} \right. . \tag{16.2}$$

Conforme explicitado na equação acima, é fundamental que, ao fim do cálculo do hamiltoniano, as velocidades $\dot{q}$ sejam escritas em termos de (q, p, t), o que é sempre possível quando a matriz hessiana $\mathbb{M}$ é inversível. No formalismo hamiltoniano, h é uma função no chamado **espaço de fase**, que é um espaço de dimensão $2n$ cujos pontos são rotulados pelas coordenadas (q^i, p_i). Não é correto deixar a função hamiltoniana dependendo das velocidades $\dot{q}$.

É interessante notar que, na verdade, é natural considerar o hamiltoniano como sendo apenas uma função de (q, p, t), apesar de sua definição envolver a velocidade $\dot{q}$. Vejamos isso. Se variarmos as grandezas $(q, \dot{q}, p, t)$ na expressão que define o hamiltoniano, isso acarretará uma variação em h que é a seguinte:

$$\begin{aligned} dh &= d\left(p_i\, \dot{q}^i \; - \; \mathcal{L}\right) = p_i\, d\dot{q}^i + \dot{q}^i\, dp_i - d\mathcal{L} \\ &= \dot{q}^i\, dp_i - \frac{\partial \mathcal{L}}{\partial q^i}\, dq^i - \frac{\partial \mathcal{L}}{\partial t}\, dt + \left(p_i - \frac{\partial \mathcal{L}}{\partial \dot{q}^i}\right) d\dot{q}^i\,. \end{aligned}$$

Vemos que, fazendo uso da identidade $p = \partial \mathcal{L}/\partial \dot{q}$, o termo entre parênteses, no lado direito da equação acima, anular-se-á, de forma que a variação $d\dot{q}^i$ não contribuirá para a variação de h. Isso mostra que é natural assumir que o hamiltoniano não dependa fundamentalmente das velocidades. Como $p = \partial \mathcal{L}/\partial \dot{q}$ é uma identidade que é sempre verdadeira, segue que a equação acima fornece:

$$dh = \dot{q}^i\, dp_i - \frac{\partial \mathcal{L}}{\partial q^i}\, dq^i - \frac{\partial \mathcal{L}}{\partial t}\, dt\,. \tag{16.3}$$

Em particular, mantendo q e t constantes, ou seja, assumindo $dq = 0$ e $dt = 0$, segue que a equação acima fornece $dh/dp = \dot{q}$. Como h é uma função de (q, p, t) mas as variáveis q e t foram mantidas constantes durante o cálculo da derivada dh/dp, segue que tal derivada deve, na verdade, ser escrita como uma derivada parcial. Portanto, a equação correta é $\partial h/\partial p = \dot{q}$. Por definição de derivada parcial, está implícito que a derivada $\partial h/\partial p$ deve ser feita mantendo as demais variáveis, q e t, fixas durante a derivação. De forma geral, a Eq. (16.3) implica as seguintes identidades:

$$\frac{\partial h}{\partial p_i} = \dot{q}^i \,, \quad \frac{\partial h}{\partial q^i} = -\frac{\partial \mathcal{L}}{\partial q^i} \,, \quad \frac{\partial h}{\partial t} = -\frac{\partial \mathcal{L}}{\partial t} \,. \tag{16.4}$$

Essas são identidades válidas em todo o espaço de fase, independentemente de estarmos ao longo das soluções das equações de movimento. No caso particular em que assumimos a validade das equações de movimento, segue que, na segunda relação da Eq. (16.4), o lado direito pode ser escrito como $-\dot{p}_i$, por conta da equação de Euler-Lagrange. Sendo assim, concluímos que valem as seguintes identidades ao longo das soluções das equações de movimento:

$$\dot{q}^i = \frac{\partial h}{\partial p_i} \quad \text{e} \quad \dot{p}_i = -\frac{\partial h}{\partial q^i} \,. \tag{16.5}$$

Essas são as chamadas **equações de Hamilton**. Elas são as substitutas das equações de Euler-Lagrange no formalismo hamiltoniano, são as equações de movimento nesse formalismo. Note que se trata de $2n$ equações diferenciais ordinárias de *primeira ordem* para $q^i(t)$ e $p_i(t)$.

Exemplo: Considere um sistema unidimensional cujo lagrangiano é dado por:

$$\mathcal{L} = \frac{m}{2}\,\dot{q}^2 - V(q,t) \,,$$

onde m é uma constante e $V(q,t)$ é uma função de q e de t. Mostre que a dinâmica prevista pela equação de Euler-Lagrange é equivalente àquela que decorre das equações de Hamilton.

Solução

A equação de Euler-Lagrange para esse sistema fornece:

$$\frac{d}{dt}\frac{\partial \mathcal{L}}{\partial \dot{q}} = \frac{\partial \mathcal{L}}{\partial q} \quad \Rightarrow \quad m\ddot{q} = -\frac{\partial V}{\partial q} \,.$$

Em particular, como $p = \partial \mathcal{L}/\partial \dot{q} = m\dot{q}$, a equação acima implica que o momento canônico obedece à seguinte dinâmica:

$$\dot{p} = m\ddot{q} = -\frac{\partial V}{\partial q} \,.$$

Agora, vamos às equações de Hamilton. Antes, no entanto, precisamos calcular o hamiltoniano do sistema:

$$h = p\,\dot{q} - \mathcal{L} = m\dot{q}^2 - \left(\frac{m}{2}\,\dot{q}^2 - V\right) = \frac{m}{2}\,\dot{q}^2 + V = \frac{1}{2m}\,p^2 + V(q,t) \,.$$

Note que a última passagem, na qual a velocidade $\dot{q}$ foi escrita em termos do momento canônico, é essencial para podermos calcular as equações de Hamilton. Tais equações são dadas por:

$$\dot{q} = \frac{\partial h}{\partial p} = \frac{1}{m}p \qquad \text{e} \qquad \dot{p} = -\frac{\partial h}{\partial q} = -\frac{\partial V}{\partial q}\,.$$

Vemos que a primeira dessas equações fornece a definição do momento p em termos da velocidade, ao passo que a segunda identidade acima fornece a equação dinâmica para p em plena conformidade com o que fora obtido através das equações de Euler-Lagrange. Em suma, vemos que os formalismos lagrangiano e hamiltoniano conduzem à mesma evolução dinâmica ■

Admitindo apenas variações de (q, p, t) que respeitem as equações de movimento, segue que a Eq. (16.3) pode ser escrita da seguinte forma:

$$dh \stackrel{\star}{=} \dot{q}^i\, dp_i - \dot{p}_i\, dq^i - \frac{\partial \mathcal{L}}{\partial t}\, dt\,,$$

onde o sinal de igualdade $\stackrel{\star}{=}$ significa que a identidade vale ao longo das soluções das equações de movimento. Então, dividindo essa última equação por dt, temos:

$$\frac{dh}{dt} \stackrel{\star}{=} \dot{q}^i\, \dot{p}_i - \dot{p}_i\, \dot{q}^i - \frac{\partial \mathcal{L}}{\partial t} = -\frac{\partial \mathcal{L}}{\partial t} \quad \Rightarrow \quad \frac{dh}{dt} \stackrel{\star}{=} \frac{\partial h}{\partial t}\,, \tag{16.6}$$

onde a Eq. (16.4) foi utilizada na última passagem. É importante lembrar a diferença entre a derivada total, dh/dt, e a derivada parcial, $\partial h/\partial t$. A última dessas derivadas considera apenas a dependência explícita de h em relação ao tempo, ao passo que dh/dt considera também a variação temporal de h por conta da dependência implícita de q e p em relação ao tempo devido à evolução dinâmica. O exemplo abaixo ilustra bem essa diferença.

Exemplo: Considere um sistema com o seguinte hamiltoniano:

$$h = \frac{1}{2}p^2 + q\,t\,.$$

Calcule $\partial h/\partial t$ e dh/dt.

Solução

A derivada parcial $\partial h/\partial t$ é calculada olhando apenas para a dependência explícita de h em relação ao tempo, ou seja, consideramos p e q constantes durante a execução da derivada.

$$\frac{\partial h}{\partial t} = \frac{\partial}{\partial t}\left[\frac{1}{2}p^2 + q\,t\right] = q\,.$$

Por outro lado, no cálculo da derivada dh/dt, devemos considerar que q e p evoluem dinamicamente e, portanto, podem variar com o tempo.

$$\frac{dh}{dt} = \frac{d}{dt}\left[\frac{1}{2}p^2 + q\,t\right] = p\,\dot{p} + \dot{q}\,t + q\,.$$

Agora, usando as equações de Hamilton para substituir $\dot{p}$ e $\dot{q}$, obtemos a seguinte expressão para a derivada total em relação ao tempo ao longo das trajetórias que resolvem as equações dinâmicas:

$$\frac{dh}{dt} \stackrel{\star}{=} p\left(-\frac{\partial h}{\partial q}\right) + \left(\frac{\partial h}{\partial p}\right) t + q = p\,(-t) + p\,t + q = q\,,$$

o que coincide com $\frac{\partial h}{\partial t}$. Em suma, concluímos que $dh/dt \neq \partial h/\partial t$, mas $dh/dt \stackrel{\star}{=} \partial h/\partial t$. Ou seja, em geral, as derivadas dh/dt e $\partial h/\partial t$ não coincidem em todo o espaço de fase, mas têm o mesmo valor ao longo das soluções da equação de movimento, o que está em pleno acordo com a Eq. (16.6). Note, no entanto, que a igualdade entre a derivada total e a derivada parcial em relação ao tempo ao longo das soluções não vale para uma função qualquer, trata-se de uma propriedade especial da função hamiltoniana. Por exemplo, note que, para o hamiltoniano em questão, temos:

$$\frac{\partial^2 h}{\partial t^2} = \frac{\partial q}{\partial t} = 0 \quad \text{e} \quad \frac{d^2 h}{dt^2} \stackrel{\star}{=} \frac{dq}{dt} \stackrel{\star}{=} p \neq 0 \quad \blacksquare$$

A igualdade (16.6) é interessante porque ela nos diz que se h não depender explicitamente do tempo, o que é equivalente a dizer que o lagrangiano não depende explicitamente do tempo (vide Eq. (16.4)), então o hamiltoniano será uma constante de movimento, ou seja, teremos $dh/dt \stackrel{\star}{=} 0$. Essa constante de movimento é tipicamente interpretada como sendo a energia do sistema. De fato, consideremos, por exemplo, um sistema conservativo paradigmático, que tem uma energia cinética que é quadrática nas velocidades e uma energia potencial genérica, de forma que o lagrangiano é dado por:

$$\mathcal{L} = E_{cin} - U = \frac{1}{2} M_{ij}(q)\, \dot{q}^i\, \dot{q}^j - U(q)\,,$$

onde a matriz M_{ij} é simétrica e inversível. Então, a relação entre os momentos canônicos e as velocidades é a seguinte:

$$p_\ell = \frac{\partial \mathcal{L}}{\partial \dot{q}^\ell} = M_{\ell j}\, \dot{q}^j \quad \Rightarrow \quad \dot{q}^i = (M^{-1})^{ij}\, p_j\,.$$

Logo, o hamiltoniano é dado por:

$$h = p_i \dot{q}^i - \mathcal{L} = M_{ij} \dot{q}^j \dot{q}^i - \mathcal{L} = 2E_{cin} - (E_{cin} - U) = E_{cin} + U\,.$$

Vemos, então, que o hamiltoniano é a soma da energia cinética com a energia potencial e, portanto, pode ser interpretado como sendo a energia total do sistema. Todavia, é importante salientar que, quando a energia cinética não é quadrática nas velocidades, o hamiltoniano não é a soma da energia potencial com a energia cinética. Apesar disso, a função hamiltoniana, via de regra, continua sendo interpretada como sendo a energia total do sistema. De fato, a energia é tipicamente definida como sendo a quantidade conservada associada à invariância por translação temporal. Portanto, a energia é o valor da função hamiltoniana e, geralmente, não é igual à soma da energia cinética com a energia potencial. Antes de prosseguir, vejamos um exemplo completo de como se obtém o hamiltoniano e as equações de Hamilton se conhecermos o lagrangiano do sistema.

Exemplo: Um sistema com dois graus de liberdade tem sua dinâmica regida pelo seguinte lagrangiano:

$$\mathcal{L} = A(x)\,\dot{x}^2 + B(y)\,\dot{y}^2 + C(y)\,\dot{x} - V(x,y)\,.$$

Obtenha o hamiltoniano do sistema e monte as equações de Hamilton. Por fim, considere o caso particular $A = B = C = 1$ e $V = y^2$ e resolva as equações de Hamilton.

Solução

Para obter o hamiltoniano, primeiro precisamos calcular os momentos canônicos:

$$p_x = \frac{\partial \mathcal{L}}{\partial \dot{x}} = 2A\,\dot{x} + C \qquad \text{e} \qquad p_y = \frac{\partial \mathcal{L}}{\partial \dot{y}} = 2B\,\dot{y}\,.$$

Invertendo essas relações para as velocidades, temos:

$$\dot{x} = \frac{p_x - C}{2A} \qquad \text{e} \qquad \dot{y} = \frac{p_y}{2B}\,.$$

Logo, o hamiltoniano é dado por:

$$\begin{aligned} h &= p_x\,\dot{x} + p_y\,\dot{y} - \mathcal{L} \\ &= (2A\dot{x} + C)\dot{x} + 2B\dot{y}^2 - \left[A\dot{x}^2 + B\dot{y}^2 + C\dot{x} - V\right] \\ &= A\,\dot{x}^2 + B\,\dot{y}^2 + V\,. \end{aligned}$$

Entretanto, o hamiltoniano nunca deve ser escrito em termos das velocidades, ele deve ser função das coordenadas do espaço de fase. Portanto, precisamos substituir as velocidades em termos dos momentos, o que nos conduz à seguinte expressão:

$$h = A\left(\frac{p_x - C}{2A}\right)^2 + B\left(\frac{p_y}{2B}\right)^2 + V = \frac{1}{4A(x)}\,[p_x - C(y)]^2 + \frac{1}{4B(y)}\,p_y^2 + V(x,y)\,.$$

Agora, montemos as equações de Hamilton:

$$\dot{x} = \frac{\partial h}{\partial p_x} = \frac{p_x - C}{2A}\,, \quad \dot{p}_x = -\frac{\partial h}{\partial x} = \frac{(p_x - C)^2}{4A^2}\,A' - \partial_x V\,.$$

$$\dot{y} = \frac{\partial h}{\partial p_y} = \frac{p_y}{2B}\,, \quad \dot{p}_y = -\frac{\partial h}{\partial y} = \frac{p_x - C}{2A}\,C' + \frac{p_y^2}{4B^2}\,B' - \partial_y V\,.$$

Então, no caso particular em que $A = B = C = 1$ e $V = y^2$, as equações de Hamilton se tornam:

$$\dot{x} = \frac{1}{2}(p_x - 1)\,, \quad \dot{p}_x = 0\,, \quad \dot{y} = \frac{1}{2}p_y\,, \quad \dot{p}_y = -2y\,.$$

A segunda dessas equações fornece $p_x(t) = a_1$, onde a_1 é uma constante. Por sua vez, inserindo isso na primeira equação, temos:

$$\dot{x} = \frac{1}{2}(a_1 - 1) \;\Rightarrow\; x(t) = \frac{t}{2}(a_1 - 1) + a_2\,,$$

onde a_2 é constante. Agora, derivando a equação para $\dot{y}$ em relação ao tempo e substituindo a equação para $\dot{p}_y$, temos:

$$\ddot{y} = \frac{1}{2}\dot{p}_y = -y \;\Rightarrow\; \ddot{y} + y = 0 \;\Rightarrow\; y(t) = b_1\,\mathrm{sen}t + b_2\,\cos t\,,$$

onde b_1 e b_2 são constantes de integração. Finalmente, usando a terceira equação de Hamilton, conclui-se que:

$$p_y = 2\dot{y} = 2b_1 \cos t - 2b_2 \text{sen}t\,.$$

Em suma, a solução geral das equações de Hamilton é a seguinte:

$$x = \frac{a_1 - 1}{2}t + a_2\,, \quad p_x = a_1\,, \quad y = b_1\,\text{sen}t + b_2\,\cos t\,, \quad p_y = 2b_1\cos t - 2b_2\text{sen}t\,.$$

As constantes de integração, a_1, a_2, b_1 e b_2, podem ser determinadas pelas quatro condições iniciais $q^i(0)$ e $p_i(0)$. Substituindo essas soluções na função hamiltoniana, temos:

$$h(t) = h\big(q(t), p(t), t\big) = \frac{1}{4}(p_x - 1)^2 + \frac{1}{4}p_y^2 + y^2 = \frac{1}{4}(a_1 - 1)^2 + b_1^2 + b_2^2\,.$$

Então, vemos que diferentes condições iniciais, isto é, diferentes constantes a_i e b_i, levam a diferentes valores de h. No entanto, uma vez fixadas as condições iniciais, temos que h é constante ao longo do movimento. Isso já era de se esperar do fato de que o hamiltoniano em questão não depende explicitamente do tempo, ou seja, $\partial_t h = 0$ ■

16.2 Partícula carregada em campo eletromagnético

Quando uma partícula de massa m e carga elétrica $\mathfrak{q}$ está submetida a um campo eletromagnético $(\boldsymbol{E}, \boldsymbol{B})$, a força que o campo exerce sobre a partícula é chamada de força de Lorentz e é dada por $\boldsymbol{F} = \mathfrak{q}(\boldsymbol{E} + \dot{\boldsymbol{r}} \times \boldsymbol{B})$. Nesse caso, a segunda lei de Newton fornece a seguinte equação que rege a dinâmica da partícula:

$$m\,\ddot{\boldsymbol{r}} = \mathfrak{q}\,(\boldsymbol{E} + \dot{\boldsymbol{r}} \times \boldsymbol{B}) \;-\; \boldsymbol{\nabla} U\,, \tag{16.7}$$

onde $U = U(\boldsymbol{r})$ é um potencial adicional devido a forças conservativas que possam existir, além da força eletromagnética. Se a única força atuando na partícula for a força de Lorentz, basta fazer $U = 0$.

É uma consequência das equações de Maxwell sem fonte que o campo eletromagnético pode sempre ser escrito da seguinte maneira:

$$\boldsymbol{E} = -\boldsymbol{\nabla}\phi - \partial_t \boldsymbol{A} \quad \text{ e } \quad \boldsymbol{B} = \boldsymbol{\nabla} \times \boldsymbol{A}\,,$$

onde $\phi(\boldsymbol{r}, t)$ e $\boldsymbol{A}(\boldsymbol{r}, t)$ são os chamados potencial escalar e potencial vetor do campo eletromagnético. Usando esses potenciais, podemos escrever um lagrangiano cujas equações de Euler-Lagrange levam à dinâmica prevista pela Eq. (16.7). De fato, como visto na Eq. (10.14), esse lagrangiano é dado por:

$$\mathcal{L} = \frac{m}{2}\,|\,\dot{\boldsymbol{r}}\,|^2 + \mathfrak{q}\,(\dot{\boldsymbol{r}} \cdot \boldsymbol{A}) - \mathfrak{q}\,\phi - U\,. \tag{16.8}$$

O objetivo desta seção é calcular o hamiltoniano associado ao lagrangiano (16.8). Antes de prosseguir, é útil escrever o lagrangiano na notação indicial:

$$\mathcal{L} = \frac{m}{2}\,\delta_{ij}\,\dot{q}^i\dot{q}^j + \mathfrak{q}\,\dot{q}^i\,A_i - \mathfrak{q}\,\phi - U\,.$$

Na equação acima, foi feita a identificação $(q^1, q^2, q^3) = (\mathrm{x}, \mathrm{y}, \mathrm{z})$, onde $(\mathrm{x}, \mathrm{y}, \mathrm{z})$ são coordenadas cartesianas. Em particular, temos $\boldsymbol{r} = q^i \hat{\boldsymbol{e}}_i$ e $\boldsymbol{A} = A_i \hat{\boldsymbol{e}}^i$, onde $\{\hat{\boldsymbol{e}}_i\}$ é uma base ortonormal de vetores e $\hat{\boldsymbol{e}}^i \equiv \hat{\boldsymbol{e}}_i$. Então, os momentos canônicos são dados por:

$$p_\ell = \frac{\partial \mathcal{L}}{\partial \dot{q}^\ell} = m\,\dot{q}^\ell + \mathfrak{q}\,A_\ell \quad \Rightarrow \quad \boldsymbol{p} = p_\ell\,\hat{\boldsymbol{e}}^\ell = m\,\dot{\boldsymbol{r}} + \mathfrak{q}\,\boldsymbol{A}\,.$$

Logo, o hamiltoniano associado a esse sistema é o seguinte:

$$\begin{aligned} h &= \boldsymbol{p}\cdot\dot{\boldsymbol{r}} - \mathcal{L} \\ &= \frac{1}{m}\boldsymbol{p}\cdot(\boldsymbol{p} - \mathfrak{q}\,\boldsymbol{A}) - \left[\frac{1}{2m}\left|\boldsymbol{p} - \mathfrak{q}\,\boldsymbol{A}\right|^2 + \frac{\mathfrak{q}}{m}(\boldsymbol{p} - \mathfrak{q}\,\boldsymbol{A})\cdot\boldsymbol{A} - \mathfrak{q}\,\phi - U\right] \\ &= \frac{1}{2m}\left|\boldsymbol{p} - \mathfrak{q}\,\boldsymbol{A}\right|^2 + U + \mathfrak{q}\,\phi\,. \end{aligned} \tag{16.9}$$

Note que, na ausência de campo eletromagnético externo, ou seja, quando $\phi = 0$ e $\boldsymbol{A} = 0$, o hamiltoniano é dado simplesmente pela soma da energia cinética com a energia potencial, ou seja,

$$h = \frac{1}{2m}\left|\,\boldsymbol{p}\,\right|^2 + U\,. \tag{16.10}$$

Comparando os hamiltonianos (16.9) e (16.10), vemos que, para passar do caso sem campo eletromagnético externo para o caso com campo eletromagnético externo, basta fazer as seguintes substituições no hamiltoniano:

$$\boldsymbol{p} \to \boldsymbol{p} - \mathfrak{q}\,\boldsymbol{A} \qquad \text{e} \qquad U \to U + \mathfrak{q}\,\phi\,. \tag{16.11}$$

Essas substituições são chamadas de **princípio do acoplamento mínimo**. Esse princípio é uma regra simples que permite sabermos como o hamiltoniano de um sistema é alterado ao "ligarmos" o campo eletromagnético externo.

16.3 Princípio variacional hamiltoniano

No formalismo lagrangiano, ao variarmos a ação, não consideramos q e $\dot{q}$ como sendo variáveis independentes. De fato, uma vez dado um caminho $q(t)$, segue que $\dot{q}(t)$ já estará automaticamente determinado, de forma que as variações δq e $\delta\dot{q}$ não são vistas como independentes. Além disso, consideramos que os pontos inicial e final, $q(t_0)$ e $q(t_f)$, estão fixos durante a variação. Esse é o chamado princípio variacional da mínima ação.

No formalismo hamiltoniano, por sua vez, é comum fazer uso de outro princípio variacional, o chamado **princípio variacional hamiltoniano**, no qual a ação é vista como um funcional dos caminhos $q(t)$ e $p(t)$ e as variações de δq e δp são tratadas como *independentes*. Além disso, nesse princípio, devemos considerar as posições e os momentos iniciais e finais, $q(t_0)$, $q(t_f)$, $p(t_0)$ e $p(t_f)$, como estando fixos durante a variação. Conforme provaremos adiante, as equações de movimento resultantes desse princípio variacional são as equações de Hamilton e, portanto, são equivalentes às equações de Euler-Lagrange obtidas através do princípio variacional da mínima ação.

Nesse princípio variacional hamiltoniano, a ação deve ser escrita da seguinte forma:

$$S = S[q(t), p(t)] = \int_{t_0}^{t_f} \mathcal{L}\,dt = \int_{t_0}^{t_f} \left[\,p_i\,\dot{q}^i - h(q,p,t)\,\right]\,dt\,. \tag{16.12}$$

Como visto no capítulo sobre cálculo variacional (Capítulo 11), os caminhos $q(t)$ e $p(t)$ que extremizam esse funcional são aqueles que obedecem à equação de Euler. Explicitemos tais equações. A equação de Euler para q^i fornece:

$$\frac{d}{dt}\left(\frac{\partial \mathcal{L}}{\partial \dot{q}^i}\right) = \frac{\partial \mathcal{L}}{\partial q^i} \quad \Rightarrow \quad \frac{d}{dt}p_i = -\frac{\partial h}{\partial q^i}\,,$$

que é uma das equações de Hamilton. Por sua vez, a equação de Euler para p_i fornece:

$$\frac{d}{dt}\left(\frac{\partial \mathcal{L}}{\partial \dot{p}_i}\right) = \frac{\partial \mathcal{L}}{\partial p_i} \quad \Rightarrow \quad 0 = \dot{q}^i - \frac{\partial h}{\partial p_i}\,,$$

que é a outra equação de Hamilton. Note que, ao aplicarmos as equações de Euler, tratamos $q^i(t)$ e $p_j(t)$ como variáveis independentes, o que está em conformidade com as diretrizes do princípio variacional hamiltoniano. O fato de esse princípio variacional levar à dinâmica correta, ou seja, à mesma dinâmica prevista pelo princípio da mínima ação, é uma mera coincidência. Não precisaria ser assim, já que os dois princípios variacionais aqui mencionados são distintos.

Note que, para chegarmos às equações de movimento corretas através do princípio variacional hamiltoniano, precisamos necessariamente escrever o lagrangiano da seguinte forma:

$$\mathcal{L} = p_i\,\dot{q}^i - h(q,p,t)\,.$$

Por exemplo, não podemos substituir $\dot{q}$ por uma função de (q,p,t). De fato, para ilustrar essa afirmação, consideremos o caso de uma partícula livre em uma dimensão cujos lagrangiano e hamiltoniano são dados respectivamente por

$$\mathcal{L} = \frac{m}{2}\dot{q}^2 \quad \text{e} \quad h = \frac{1}{2m}p^2\,.$$

Então, escrevendo o lagrangiano apenas em termos de (q,p,t), ou seja, fazendo a substituição $\dot{q} \to \dot{q}(q,p,t)$ na expressão do lagrangiano, obtemos $\mathcal{L} = p^2/(2m)$. Nesse caso, o princípio variacional de Hamilton fornece

$$\begin{cases} \frac{d}{dt}\frac{\partial \mathcal{L}}{\partial \dot{q}} = \frac{\partial \mathcal{L}}{\partial q} \quad \Rightarrow \quad 0 = 0\,, \\[2ex] \frac{d}{dt}\frac{\partial \mathcal{L}}{\partial \dot{p}} = \frac{\partial \mathcal{L}}{\partial p} \quad \Rightarrow \quad 0 = \frac{1}{m}p\,, \end{cases}$$

que não são as equações de movimento corretas. Só chegaremos às equações corretas se escrevermos o lagrangiano da seguinte forma específica:

$$\mathcal{L} = p\,\dot{q} - h = p\,\dot{q} - \frac{1}{2m}p^2\,.$$

16.4 A função ação

Até agora, quando falamos da ação S, não estávamos interessados no valor da ação para um determinado caminho $q(t)$, apenas usávamos a ação a fim de extremizá-la, com o objetivo de determinar a equação de movimento. Diferentemente, de agora em diante, estaremos interessados na ação em si, não apenas em sua extremização. Vamos introduzir a **função ação**, que é definida da seguinte forma:

$$S(q_0,t_0,q_f,t_f) = \int_{t_0}^{t_f} \mathcal{L}(\tilde{q},\dot{\tilde{q}},t)\,dt\,, \tag{16.13}$$

onde a integral deve ser feita ao longo do único caminho $\tilde{q}(t)$ que obedece às equações de movimento e às condições de contorno $\tilde{q}(t_f) = q_f$ e $\tilde{q}(t_0) = q_0$. Vemos, portanto, que $S(q_0, t_0, q_f, t_f)$ é, de fato, uma função, não um funcional, pois a integral que define a função ação é feita ao longo de um caminho específico, não um caminho genérico. Para ilustrar de forma explícita como calcular a função ação, vamos a um exemplo.

Exemplo: Calcule a função ação de um sistema com um grau de liberdade que consiste em uma partícula de massa m que pode se mover em uma dimensão e está sujeita a uma aceleração constante a.

Solução

O lagrangiano desse sistema é dado por

$$\mathcal{L} = \frac{m}{2}\dot{x}^2 + m\,a\,x\ ,$$

já que a equação de Euler-Lagrange associada e esse lagrangiano fornece $\ddot{x} = a$, que é a equação dinâmica de uma partícula com aceleração constante a. A primeira coisa que devemos fazer aqui é achar a solução para a equação de movimento que obedece às condições de contorno $x(t_f) = q_f$ e $x(t_0) = q_0$. Façamos isso. Integrando essa equação dinâmica, concluímos que a solução geral é dada por:

$$x(t) = c_1 + c_2\,t + \frac{a}{2}\,t^2\,, \tag{16.14}$$

onde c_1 e c_2 são constantes de integração que devem ser fixadas pelas condições de contorno. Impondo essas condições, encontramos que

$$c_1 = \frac{a\,t_0 t_f(t_f - t_0) + 2(q_0 t_f - q_f t_0)}{2(t_f - t_0)} \quad \text{e} \quad c_2 = \frac{2(q_f - q_0) - a(t_f^2 - t_0^2)}{2(t_f - t_0)}\,.$$

Inserindo essas expressões na Eq. (16.14), vemos que a solução procurada é:

$$\tilde{x}(t) = q_0\,\frac{(t_f - t)}{t_f - t_0} + q_f\,\frac{(t - t_0)}{t_f - t_0} - \frac{a}{2}(t - t_0)(t_f - t)\,, \tag{16.15}$$

De fato, é fácil verificar que tal função obedece à equação $\ddot{x} = a$ e às condições de contorno $\tilde{x}(t_f) = q_f$ e $\tilde{x}(t_0) = q_0$. Em particular, $\dot{\tilde{x}}(t)$ é dado por

$$\dot{\tilde{x}}(t) = \frac{q_f - q_0}{t_f - t_0} + a\left[t - \frac{1}{2}(t_0 + t_f)\right]\,. \tag{16.16}$$

Agora, usando as expressões (16.15) e (16.16) para calcular a integral

$$S = \int_{t_0}^{t_f} \mathcal{L}\,dt = \int_{t_0}^{t_f} \left[\frac{m}{2}\,\dot{\tilde{x}}(t)^2 + m\,a\,\tilde{x}(t)\right]\,dt\,,$$

chega-se ao seguinte resultado para a função ação:

$$S(q_0, t_0, q_f, t_f) = \frac{m}{2}\left[\frac{(q_f - q_0)^2}{t_f - t_0} + a(q_0 + q_f)(t_f - t_0) - \frac{a^2}{12}(t_f - t_0)^3\right] \blacksquare \tag{16.17}$$

A função ação tem grande relevância no formalismo hamiltoniano, pois aparece em diversos momentos de seu desenvolvimento teórico. Em particular, veremos que a função ação gera uma transformação bastante especial no espaço de fase, a evolução temporal. Além disso, a função ação surge no método de Hamilton-Jacobi. Na mecânica quântica, a função ação também tem importância central no formalismo das integrais de caminho, que é uma maneira alternativa criada por Richard Feynman para abordar a mecânica quântica.

Agora, provemos que a função ação obedece às seguintes identidades:

$$\frac{\partial S}{\partial q_0} = -p_0\,, \quad \frac{\partial S}{\partial t_0} = h_0\,, \quad \frac{\partial S}{\partial q_f} = p_f\,, \quad \frac{\partial S}{\partial t_f} = -h_f\,, \tag{16.18}$$

onde p_0 e h_0 são os valores do momento canônico e da função hamiltoniana no instante t_0 escritos em termos de (q_0, t_0, q_f, t_f). Analogamente, p_f e h_f representam os valores do momento canônico e do hamiltoniano no instante t_f respectivamente. Uma vez que as condições de contorno $q(t_0) = q_0$ e $q(t_f) = q_f$ determinam completamente o caminho $\tilde{q}(t)$, segue que as velocidades $\dot{q}_0 = \dot{\tilde{q}}(t_0)$ e $\dot{q}_f = \dot{\tilde{q}}(t_f)$ ficarão fixadas uma vez escolhidas as condições de contorno q_0 e q_f. Sendo assim, essas velocidades $\dot{q}_0$ e $\dot{q}_f$ podem ser escritas em termos de (q_0, t_0, q_f, t_f). Consequentemente, p e h nos instantes t_0 e t_f podem ser determinados em função de (q_0, t_0, q_f, t_f). Antes de partir para a prova geral dessas equações, um bom exercício é verificar a validade da Eq. (16.18) para o caso particular do exemplo tratado acima, o de uma partícula com aceleração constante. Por exemplo, tomando a derivada parcial da Eq. (16.17) em relação a q_0, mantendo q_f, t_0 e t_f fixos, chega-se ao seguinte resultado:

$$\frac{\partial S}{\partial q_0} = m\,\frac{q_0 - q_f}{t_f - t_0} + \frac{m\,a}{2}(t_f - t_0)\,. \tag{16.19}$$

Por outro lado, o momento canônico associado à coordenada x da partícula acelerada é:

$$p = \frac{\partial \mathcal{L}}{\partial \dot{x}} = m\,\dot{x} = m\,\frac{q_f - q_0}{t_f - t_0} + m\,a\left[t - \frac{1}{2}(t_0 + t_f)\right]\,,$$

onde a Eq. (16.16) foi utilizada. Agora, avaliando a última expressão em $t = t_0$, obtemos:

$$p_0 = m\,\frac{q_f - q_0}{t_f - t_0} - \frac{m\,a}{2}(t_f - t_0)\,. \tag{16.20}$$

Comparando as Eqs. (16.19) e (16.20), vemos que, nesse exemplo particular, vale a igualdade $\partial S/\partial q_0 = -p_0$, o que está em pleno acordo com a primeira identidade da Eq. (16.18). A verificação das outras três identidades nesse sistema particular será deixada a cargo do/a leitor/a. No caso geral, em vez de provar a Eq. (16.18), provemos a seguinte identidade equivalente:

$$dS = p_f\,dq_f - p_0\,dq_0 - h_f\,dt_f + h_0\,dt_0\,. \tag{16.21}$$

Notemos que, no cálculo da função ação, definida na Eq. (16.13), se variarmos t_0 e t_f, então, em geral, os pontos extremos da trajetória, q_0 e q_f, acabarão por se modificar também, já que o caminho $\tilde{q}(t)$ é mantido fixo. Por exemplo, se fizermos a variação $t_f \to t_f + dt_f$, então, como consequência, q_f será modificado da seguinte forma:

$$q_f \to \tilde{q}(t_f + dt_f) = \tilde{q}(t_f) + \dot{\tilde{q}}(t_f)\,dt_f + O(dt_f^2) \simeq q_f + \dot{q}_f\,dt_f\,,$$

onde $\dot{q}_f \equiv \dot{\tilde{q}}(t_f)$. Portanto, vamos usar a seguinte notação: dt_f denotará a variação de t_f, ao passo que δq_f denotará a variação em q_f feita independentemente da variação de t_f, de forma que a variação total de q_f será a soma da variação decorrente da mudança em t_f e da variação δq_f. Ou seja, a mudança total em q_f será

$$dq_f = \delta q_f \,+\, \dot{q}_f \, dt_f \,.$$

Note que a variação de q_f decorrente da mudança em t_f não altera o caminho $\tilde{q}(t)$ que resolve a equação de movimento. Já a mudança δq_f gera uma mudança no caminho ao longo do qual devemos integrar para obter a função ação. A Fig. 16.1 ilustra esse fato. Obviamente, podemos tratar de forma análoga as mudanças em t_0 e q_0. Em particular,

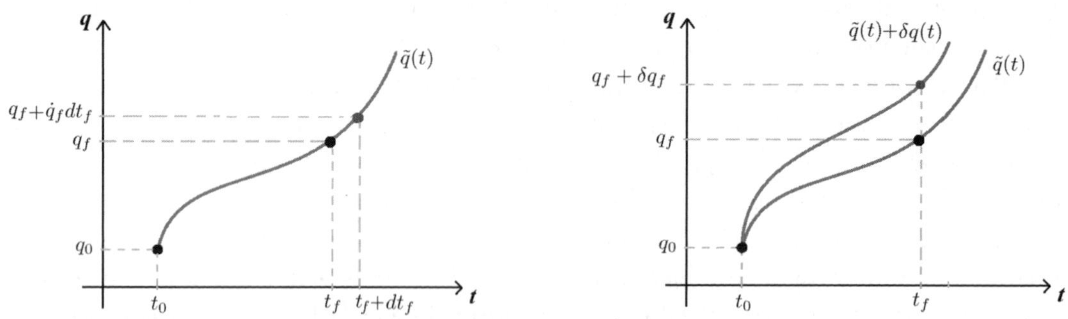

Figura 16.1: No lado esquerdo, vemos a mudança em q_f gerada pela alteração em t_f. Note que o caminho $\tilde{q}(t)$ não é modificado. Já no lado direito, vemos a alteração em q_f decorrente da mudança δq_f, mantendo t_f fixo. Nesse último caso, o caminho original $\tilde{q}(t)$ não passa pelo ponto $q_f + \delta q_f$ no tempo $t = t_f$, de forma que o caminho precisa ser alterado.

vale a seguinte equação para a mudança total em q_0:

$$dq_0 = \delta q_0 + \dot{q}_0 \, dt_0$$

Como ilustrado na Fig. 16.1, uma mudança geral em q_f e q_0 leva a uma mudança no caminho $\tilde{q}(t)$ ao longo do qual executaremos a integral que define a função ação. Vamos denotar o novo caminho por $\tilde{q}(t) + \delta q(t)$. Sendo assim, a mudança na função ação por conta de todas essas variações é, até primeira ordem nas modificações, a seguinte:

$$\begin{aligned}
dS &= \int_{t_0+dt_0}^{t_f+dt_f} \mathcal{L}(\tilde{q}+\delta q, \dot{\tilde{q}}+\delta\dot{q}, t)\, dt \,-\, S(q_0, t_0, q_f, t_f) \\
&\simeq dt_f\, \mathcal{L}(q_f, \dot{q}_f, t_f) - dt_0\, \mathcal{L}(q_0, \dot{q}_0, t_0) + \int_{t_0}^{t_f} \mathcal{L}(\tilde{q}+\delta q, \dot{\tilde{q}}+\delta\dot{q}, t) dt - S \\
&\simeq dt_f\, \mathcal{L}_f - dt_0\, \mathcal{L}_0 + \int_{t_0}^{t_f} \left[\frac{\partial \mathcal{L}}{\partial q}\delta q + \frac{\partial \mathcal{L}}{\partial \dot{q}}\delta \dot{q}\right] dt \\
&= dt_f\, \mathcal{L}_f - dt_0\, \mathcal{L}_0 + \int_{t_0}^{t_f} \frac{d}{dt}\left[\frac{\partial \mathcal{L}}{\partial \dot{q}}\,\delta q\right] dt \\
&= dt_f\, \mathcal{L}_f - dt_0\, \mathcal{L}_0 + p_f\, \delta q_f - p_0\, \delta q_0 \\
&= dt_f\, \mathcal{L}_f - dt_0\, \mathcal{L}_0 + p_f\, (dq_f - \dot{q}_f\, dt_f) - p_0\, (dq_0 - \dot{q}_0\, dt_0) \\
&= p_f\, dq_f - h_f\, dt_f - p_0\, dq_0 + h_0\, dt_0 \,,
\end{aligned}$$

onde, na passagem da terceira para a quarta linha, foi utilizada a equação de Euler-Lagrange, que, por hipótese, é satisfeita pelo caminho $\tilde{q}(t)$. Essa expressão para dS está em pleno acordo com a Eq. (16.21) e, portanto, prova a validade da Eq. (16.18). Na dedução acima, termos de ordem quadrática nas variações, como $dt_f \delta q_f$ e $(\delta q_0)^2$, foram ignorados.

16.5 Hamiltonianos incompatíveis com a mínima ação

Se $f(x)$ é qualquer função suave de n variáveis $\{x^j\}$, então a seguinte identidade é sempre válida:

$$\frac{\partial^2 f}{\partial x^i \partial x^j} = \frac{\partial^2 f}{\partial x^j \partial x^i}.$$

De forma compacta, isso pode ser escrito da seguinte maneira: $\partial_i \partial_j f = \partial_j \partial_i f$. Dizemos que derivadas parciais comutam. Logo, por exemplo, se $S(q_0, t_0, q_f, t_f)$ é a função ação, então a seguinte identidade deve valer:

$$\partial_{q_0} \partial_{t_0} S = \partial_{t_0} \partial_{q_0} S \overset{Eq.(16.18)}{\longrightarrow} \partial_{q_0} h_0 = -\,\partial_{t_0} p_0 .$$

De forma geral, usando a comutatividade das derivadas parciais em conjunto com a Eq. (16.18), segue que as seguintes identidades devem ser satisfeitas:

$$\begin{cases} \partial_{q_0} h_0 = -\,\partial_{t_0} p_0 \,, \quad \partial_{q_f} h_f = -\,\partial_{t_f} p_f \,, \quad \partial_{q_0} p_f = -\,\partial_{q_f} p_0 \,, \\ \partial_{t_f} p_0 = \partial_{q_0} h_f \,, \quad \partial_{q_f} h_0 = \partial_{t_0} p_f \,, \quad \partial_{t_f} h_0 = -\,\partial_{t_0} h_f \,. \end{cases} \tag{16.22}$$

Por exemplo, usando a Eq. (16.16), vemos que, no exemplo da partícula com aceleração constante em uma dimensão, valem as seguintes expressões:

$$p_0 = m\,\frac{q_f - q_0}{t_f - t_0} - \frac{m\,a}{2}(t_f - t_0) \quad \text{e} \quad p_f = m\,\frac{q_f - q_0}{t_f - t_0} + \frac{m\,a}{2}(t_f - t_0)\,.$$

Nesse caso, é fácil ver que a identidade $\partial_{q_0} p_f = -\partial_{q_f} p_0$ é verdadeira, o que está em pleno acordo com a Eq. (16.22).

No entanto, consideremos agora o seguinte hamiltoniano:

$$h(q,p) = \alpha\,\frac{p}{q}\,,$$

onde α é uma constante. Para determinarmos p_0, p_f, h_0 e h_f em termos de (q_0, t_0, q_f, t_f), primeiro precisamos resolver as equações de movimento e impor as condições de contorno apropriadas. As equações de Hamilton fornecem:

$$\begin{cases} \dot{q} = \partial_p h = \alpha/q \;\Rightarrow\; q\,dq = \alpha dt \;\Rightarrow\; q = \sqrt{2(\alpha\,t + c_1)}\,, \\ \dot{p} = -\partial_q h = \alpha\,p/q^2 \;\Rightarrow\; dp/p = \alpha dt/[2(\alpha\,t + c_1)] \;\Rightarrow\; p = c_2\sqrt{\alpha\,t + c_1}\,, \end{cases}$$

onde c_1 e c_2 são constantes de integração. Essas constantes são fixadas pelas condições de contorno. Por exemplo, impondo $q(t_f) = q_f$ e $p(t_f) = p_f$, obtemos o seguinte:

$$c_1 = \frac{1}{2}q_f^2 - \alpha\,t_f \quad \text{e} \quad c_2 = \sqrt{2}\,\frac{p_f}{q_f}\,.$$

Inserindo essas expressões para as constantes de integração em $q(t)$ e $p(t)$, finalmente obtemos:

$$q(t) = \sqrt{2\alpha(t - t_f) + q_f^2} \quad \text{e} \quad p(t) = \frac{p_f}{q_f}\, q(t)\,. \tag{16.23}$$

Em particular, assumindo $t = t_0$ nessas duas relações acima, obtemos:

$$q_0 = \sqrt{2\alpha(t_0 - t_f) + q_f^2} \quad \text{e} \quad p_0 = \frac{p_f}{q_f}\, q_0,. \tag{16.24}$$

A primeira igualdade acima deve nos causar estranheza, pois nela q_0 é escrito em termos de (t_0, q_f, t_f). Isso está em contradição com o fato de que, na função ação, as variáveis (q_0, t_0, q_f, t_f) são vistas como independentes umas das outras. Isso também é incompatível com a existência das Eqs. (16.18), pois, nessas equações, quando tomamos a derivada em relação a q_f, ou seja, quando variamos em relação a q_f, supomos que q_0, t_0 e t_f são mantidos constantes. Ocorre que isso é incompatível com a primeira identidade da Eq. (16.24). De fato, segundo essa equação, se variamos q_f mantendo t_0 e t_f constantes, então q_0 também terá que variar. Esse exemplo é apenas uma ilustração de que nem todo hamiltoniano é compatível com o princípio da mínima ação. Ou seja, existem sistemas tais que a solução não pode ser unicamente fixada através das duas condições de contorno $q(t_0) = q_0$ e $q(t_f) = q_f$, que são as condições utilizadas no princípio da mínima ação. Portanto, a hipótese de que um sistema dinâmico obedece ao princípio da mínima ação é restritiva. Calculando a lagrangiana associada à hamiltoniana em questão, temos:

$$\mathcal{L} = p\,\dot{q} \,-\, h = p\,(\alpha/q) \,-\, h = 0\,.$$

Uma lagrangiana nula leva a uma dinâmica vazia, já que ambos os lados da equação de Euler-Lagrange são iguais a zero, de maneira que nenhuma informação pode ser extraída. De forma geral, hamiltonianas do tipo $h = pf(q)$, para uma função f arbitrária, têm lagrangianos associados iguais a zero e são, portanto, incompatíveis com a formulação lagrangiana da dinâmica. Ou seja, se houver um sistema na natureza cuja dinâmica no espaço de fase seja dada pela solução (16.23), por exemplo, então esse sistema não poderá ser representado dentro do formalismo lagrangiano, embora sua dinâmica possa ser modelada através do formalismo hamiltoniano. Isso prova que nem todo hamiltoniano advém de uma lagrangiana e que o formalismo hamiltoniano existe independentemente da existência de uma formulação lagrangiana. Esse é mais um aspecto no qual a abordagem hamiltoniana é mais poderosa que a lagrangiana.

É pertinente pontuar que, ao passo que a dinâmica descrita pelo lagrangiano $\mathcal{L} = 0$ é vazia, uma hamiltoniana nula, $h = 0$, descreve uma dinâmica perfeitamente válida, aquela na qual as soluções $q(t)$ e $p(t)$ são constantes. De fato, no chamado método de Hamilton-Jacobi, do qual trataremos mais adiante neste livro, procura-se fazer uma mudança de coordenadas no espaço de fase de maneira a tornar o novo hamiltoniano igual a zero, de forma que as equações de Hamilton fiquem triviais de serem resolvidas.

16.6 Espaço de fase estendido

Considere um sistema cuja dinâmica é descrita pelo lagrangiano $\mathcal{L}(q, \dot{q}, t)$. Então, se o lagrangiano não depender da coordenada q^1, dizemos que tal coordenada é cíclica, em cujo caso o lagrangiano e a dinâmica serão invariantes por translações na coordenada q^1. Ou seja,

$$\mathcal{L}(q^1 + \alpha, q^2, \cdots, q^n, \dot{q}, t) = \mathcal{L}(q^1, q^2, \cdots, q^n, \dot{q}, t)\,,$$

para qualquer constante α, o que é equivalente a afirmar que $\partial_{q^1}\mathcal{L} = 0$. Em termos da dinâmica, essa condição significa que, se $q^1(t) = f(t)$ for solução das equações de movimento, então $q^1(t) = f(t) + \alpha$ também será solução. Assumindo a hipótese $\partial_{q^1}\mathcal{L} = 0$, segue, como consequência imediata da equação de Euler-Lagrange, que o momento canônico p_1 será uma constante de movimento. Em outras palavras, se o sistema (e, consequentemente, o lagrangiano) for invariante por translações na coordenada q^i, então o momento canônico p_i será conservado durante o movimento. Por sua vez, vimos que, se o lagrangiano for invariante por translação temporal, $\partial_t\mathcal{L} = 0$, então teremos $\partial_t h = 0$, o que, por meio da Eq. (16.6), implica que o hamiltoniano h é conservado durante a dinâmica. Sendo assim, parece justo afirmar que o hamiltoniano é o "momento canônico" associado à "coordenada t". Na verdade, o mais correto é afirmar que o negativo do hamiltoniano é o momento canônico associado à "coordenada" temporal. Ou seja, valem as seguintes associações canônicas:

$$q^i \leftrightarrow p_i \quad , \quad t \leftrightarrow p_t \equiv -h\,.$$

Para entender melhor a razão de termos $p_t = -h$, montemos uma expressão para a ação do sistema na qual o parâmetro de integração é alterado. Em vez de integrar no tempo, vamos usar um parâmetro $\lambda = \lambda(t)$ que seja alguma função crescente do tempo. Fazendo isso, temos:

$$\begin{aligned} S = \int_{t_0}^{t_f} \mathcal{L}\, dt &= \int_{t_0}^{t_f} \left[p_i \frac{dq^i}{dt} - h\right] dt \\ &= \int_{\lambda_0}^{\lambda_f} \left[p_i \frac{dq^i}{d\lambda} - h\frac{dt}{d\lambda}\right] d\lambda \\ &= \int_{\lambda_0}^{\lambda_f} \left[p_i \frac{dq^i}{d\lambda} + p_t\frac{dt}{d\lambda}\right] d\lambda = \int_{\lambda_0}^{\lambda_f} p_{\bar{\ell}} \frac{dq^{\bar{\ell}}}{d\lambda}\, d\lambda\,, \end{aligned} \tag{16.25}$$

onde o índice $\bar{\ell}$ varia de 1 até $(n+1)$ com $q^{n+1} = t$ e $p_{n+1} = p_t = -h$. Portanto, fica claro que, se encararmos o tempo como sendo uma coordenada, então o mais natural é que assumamos que seu momento canônico conjugado seja $p_t = -h$, pois, dessa maneira, a coordenada q^{n+1} e o momento p_{n+1} aparecerão na expressão para a ação de forma completamente análoga às demais coordenadas e momentos, respectivamente. Desse modo, a Eq. (16.25) se torna uma forma elegante e compacta de expressar a ação. O espaço cujos pontos são rotulados pelas $2(n+1)$ coordenadas $\{q^{\bar{\ell}}, p_{\bar{\ell}}\}$ é chamado de **espaço de fase estendido**. Tal espaço é particularmente relevante no contexto da teoria de relatividade, na qual o tempo e as coordenadas espaciais estão em pé de igualdade. Além disso, na teoria relativística, o intervalo de tempo entre dois eventos depende do referencial utilizado, de forma que não faz sentido dizer que o tempo é o parâmetro ideal para executar a integração da ação de um sistema, já que não existe um único tempo. Por isso, no contexto relativístico, o uso de um parâmetro arbitrário como $\lambda(t)$ é muito mais natural que o uso de um tempo específico.

Agora, vejamos que, quando usamos o formalismo do espaço de fase estendido, o hamiltoniano do sistema é sempre zero. De fato, nessa abordagem, a ação é dada por

$$S = \int \bar{\mathcal{L}}\, d\lambda \;\Rightarrow\; \bar{\mathcal{L}} = p_{\bar{\ell}} \frac{dq^{\bar{\ell}}}{d\lambda}\,,$$

onde a Eq. (16.25) foi utilizada. Sendo assim, já que a ação é a integral do lagrangiano, é natural assumir que $\bar{\mathcal{L}}$ seja o lagrangiano no formalismo do espaço de fase estendido.

Logo, usando a definição usual para o hamiltoniano em termos do lagrangiano, só que, desta vez, considerando todas as $(n+1)$ coordenadas e todos os $(n+1)$ momentos, temos que o hamiltoniano seria dado nesse formalismo por:

$$\bar{h} = p_{\bar{\ell}} \frac{dq^{\bar{\ell}}}{d\lambda} - \bar{\mathcal{L}} = 0 . \tag{16.26}$$

Lembremos que, ao passo que um lagrangiano nulo não produz equações dinâmicas bem definidas, pois ambos os lado da equação de Euler-Lagrange são nulos, um hamiltoniano nulo não é problemático, pois as equações de Hamilton continuam gerando dinâmicas bem definidas, a saber, $\dot{q}^i = 0$ e $\dot{p}_i = 0$. Do desenvolvimento feito na Eq. (16.25), vemos que a relação entre o lagrangiano $\mathcal{L}$, usado na abordagem usual, e o lagrangiano $\bar{\mathcal{L}}$, usado quando o tempo é considerado uma coordenada, é a seguinte:

$$\bar{\mathcal{L}} = \mathcal{L} \frac{dt}{d\lambda} .$$

Logo, inserindo esse fato na Eq. (16.26) que define o novo hamiltoniano, temos:

$$\bar{h} = p_{\bar{\ell}} \frac{dq^{\bar{\ell}}}{d\lambda} - \bar{\mathcal{L}} = p_{n+1} \frac{dt}{d\lambda} + p_i \frac{dq^i}{d\lambda} - \mathcal{L} \frac{dt}{d\lambda} = \left(p_{n+1} + p_i \dot{q}^i - \mathcal{L}\right) \frac{dt}{d\lambda} = \left(p_{n+1} + h \right) \frac{dt}{d\lambda} .$$

Portanto, a condição $\bar{h} = 0$ é simplesmente uma consequência do fato de que $p_t = -h$.

Se considerarmos o espaço de fase estendido, a equação

$$p_{n+1} + h(q^i, \dot{q}^i, t) = 0$$

deve ser vista como um vínculo na dinâmica hamiltoniana. O estudo geral de sistemas hamiltonianos vinculados será feito mais adiante, no Capítulo 26. No entanto, por ora, vamos usar um multiplicador de Lagrange para impor esse vínculo durante o princípio variacional hamiltoniano no espaço de fase estendido. O objetivo é verificar que as equações de movimento obtidas são as equações corretas. Denotando por η o multiplicador de Lagrange que nos ajudará a implementar o vínculo em questão, temos que o funcional a ser extremizado é o seguinte:

$$\int F(q, \dot{q}, p, t) \, d\lambda \equiv \int \left[\bar{\mathcal{L}} + \eta \left(p_{n+1} + h\right) \right] d\lambda = \int \left[p_{\bar{\ell}} \frac{dq^{\bar{\ell}}}{d\lambda} + \eta \left(p_{n+1} + h\right) \right] d\lambda ,$$

onde, na expressão acima, $h = h(q^i(\lambda), p_i(\lambda), t(\lambda))$ e $\eta = \eta(\lambda)$. Aqui, vamos usar o princípio variacional hamiltoniano, segundo o qual q e p são vistos como variáveis independentes. Sendo assim, as equações de Euler-Lagrange fornecem:

$$\frac{d}{d\lambda} \left[\frac{\partial F}{\partial \grave{q}^{\bar{\ell}}} \right] = \frac{\partial F}{\partial q^{\bar{\ell}}} \quad \text{e} \quad \frac{d}{d\lambda} \left[\frac{\partial F}{\partial \grave{p}_{\bar{\ell}}} \right] = \frac{\partial F}{\partial p_{\bar{\ell}}} . \tag{16.27}$$

Nas equações acima, $\grave{q}$ e $\grave{p}$ denotam as derivadas de q e p em relação a λ. Usando a forma explícita de F, temos que a Eq. (16.27) fornece:

$$\frac{d}{d\lambda} p_{\bar{\ell}} = \eta \frac{\partial h}{\partial q^{\bar{\ell}}} \quad \text{e} \quad 0 = \frac{dq^{\bar{\ell}}}{d\lambda} + \eta \, \delta^{\bar{\ell}}_{(n+1)} + \eta \frac{\partial h}{\partial p_{\bar{\ell}}} .$$

No caso em que $\bar{\ell} \leq n$, ou seja, $\bar{\ell} = i$, temos que essas equações são dadas por:

$$\frac{d}{d\lambda} p_i = \eta \frac{\partial h}{\partial q^i} \quad \text{e} \quad \frac{dq^i}{d\lambda} = -\eta \frac{\partial h}{\partial p_i}. \tag{16.28}$$

Por sua vez, quando $\bar{\ell} = n + 1$, as equações de movimento implicam:

$$\frac{d}{d\lambda}(-h) = \eta \frac{\partial h}{\partial t} \quad \text{e} \quad \eta = -\frac{dt}{d\lambda}. \tag{16.29}$$

Compondo as Eqs. (16.28) e (16.29), chegamos ao seguinte:

$$\frac{d}{dt} p_i = -\frac{\partial h}{\partial q^i}, \quad \frac{d}{dt} q^i = \frac{\partial h}{\partial p_i}, \quad \frac{d}{dt} h = \frac{\partial h}{\partial t},$$

que são as mesmas equações obtidas no formalismo usual. Portanto, vemos que o tratamento no espaço de fase estendido é consistente desde que encaremos a condição $p_t = -h$ como sendo um vínculo. De fato, se tivéssemos aplicado as equações de Euler-Lagrange ao lagrangiano $\bar{\mathcal{L}}$ sem considerar esse vínculo, seríamos levados às equações de movimento $dp_{\bar{\ell}}/d\lambda = 0$ e $dq^{\bar{\ell}}/d\lambda = 0$, que não são as equações corretas.

16.7 O princípio de Maupertuis

No princípio variacional usual da mecânica clássica, o princípio da mínima ação, a ação é variada considerando que os tempos inicial e final, t_0 e t_f, bem como as posições inicial e final, q_0 e q_f, são todos fixos durante a variação. Nesse caso, temos:

$$\delta S = \delta \int_{t_0}^{t_f} \mathcal{L}(q, \dot{q}, t)\, dt = 0 \quad \Rightarrow \quad \text{equação de movimento}.$$

No chamado princípio variacional de Maupertuis, a hipótese sobre a variação é diferente, assim como o objeto a ser variado é diferente, mas a trajetória obtida é a mesma. Mais precisamente, nesta abordagem, o objeto a ser variado é

$$\Gamma = \int_{q_0}^{q_f} p_i\, dq^i \quad \rightarrow \quad \text{ação reduzida}.$$

Além disso, no princípio de Maupertuis, assume-se que o tempo inicial, t_0, e o tempo final, t_f, estão livres para serem variados ao buscarmos o caminho que extremiza Γ. Há um outro detalhe: esse princípio foi formulado para sistemas em que a energia é conservada, ou seja, para sistemas cujo lagrangiano e, consequentemente, o hamiltoniano não dependem explicitamente do tempo. A variação das trajetórias é então feita considerando a energia constante durante o processo variacional. A Tabela 16.1 resume as semelhanças e diferenças entre o princípio de Maupertuis e o chamado princípio da mínima ação.

Agora, provemos que o princípio variacional de Maupertuis leva, de fato, à trajetória correta. Notemos que, para um sistema mecânico com um grau de liberdade, vale a seguinte identidade:

$$S = \int \mathcal{L} dt = \int (p\dot{q} - h) dt = \int p dq - \int h dt = \Gamma - \int h dt.$$

	Mínima Ação	**Maupertuis**
q_0, q_f	Fixos	Fixos
t_0, t_f	Fixos	Devem ser variados
Energia	Arbitrária e $\mathcal{L}$ pode depender explicitamente de t	$\partial_t \mathcal{L} = 0$ e a energia é mantida fixa na variação
Objeto variado	$S = \int \mathcal{L} dt$ (Ação)	$\Gamma = \int p_i \, dq^i$ (Ação reduzida)

Tabela 16.1: Esta tabela compara os princípios variacionais da mínima ação e de Maupertuis.

No princípio de Maupertuis, a energia é constante durante a variação, de forma que podemos fazer $h = E$ na equação acima, onde E é uma constante. Sendo assim, temos

$$S = \Gamma - E(t_f - t_0)\,. \tag{16.30}$$

Finalmente, variando a Eq. (16.30) usando a prescrição de Maupertuis, segundo a qual E é constante, obtemos

$$\delta S = \delta\Gamma - E(\delta t_f - \delta t_0)\,. \tag{16.31}$$

Por outro lado, quando assumimos a validade das equações de movimento, podemos calcular a função ação $S(q_0, t_0, q_f, t_f)$. A variação dessa função em relação às suas variáveis é dada por

$$\delta S = p_f \, \delta q_f - p_0 \, \delta q_0 - h_f \, \delta t_f + h_0 \, \delta t_0\,, \tag{16.32}$$

conforme estabelecido na Eq. (16.21). Então, já que no princípio variacional de Maupertuis se assume que q_0 e q_f são fixos, de forma que $\delta q_0 = \delta q_f = 0$, e já que a energia é mantida fixa, $h_0 = h_f = E$, podemos concluir que, quando a variação de Maupertuis age na função ação, ela fornece:

$$\delta S = -E(\delta t_f - \delta t_0)\,. \tag{16.33}$$

Como a função ação é definida ao longo da solução das equações de movimento, segue que a Eq. (16.33) só tem validade quando as equações de movimento são satisfeitas. Então, inserindo a Eq. (16.33) dentro da Eq. (16.31), concluímos que, quando as equações de movimento são obedecidas, vale a igualdade

$$\delta\Gamma = 0\,.$$

Ou seja, quando as equações de movimento são válidas e variamos os tempos inicial e final mantendo a energia fixa, segue que a ação reduzida é extremizada. Note que, nas Eqs. (16.32) e (16.33), não podemos assumir $\delta S = 0$ para a trajetória do sistema, pois a variação feita aqui, δ, é a variação de Maupertuis, que, via de regra, não deixa S estacionário, apenas Γ é invariante pela variação nesse contexto.

Agora, suponhamos que o lagrangiano de um sistema unidimensional seja dado por

$$\mathcal{L} = E_{cin} - U = F(q)\,\dot{q}^{\alpha} - U(q)\,,$$

onde, na equação acima, α é um expoente, não um índice. Então, a ação reduzida é dada por

$$\Gamma = \int p dq = \int \frac{\partial \mathcal{L}}{\partial \dot{q}}\,\dot{q}\,dt = \int \alpha\,F(q)\,\dot{q}^{\alpha}\,dt = \alpha \int E_{cin}\,dt\,. \tag{16.34}$$

Por sua vez, a hamiltoniana do sistema é dada por

$$h = p\,\dot{q} - \mathcal{L} = \alpha\,E_{cin} - (E_{cin} - U) = (\alpha - 1)E_{cin} + U\,.$$

Então, para trajetórias de energia constante, $h = E$, vale a seguinte igualdade:

$$E_{cin} = \frac{1}{\alpha - 1}(E - U)$$

Logo, como na abordagem de Maupertuis a energia é considerada constante, segue que a expressão (16.34) pode ser escrita como

$$\Gamma = \frac{\alpha}{\alpha - 1}\int_{t_0}^{t_f}(E - U)\,dt\,. \tag{16.35}$$

Portanto, o princípio de Maupertuis pode ser expresso da seguinte forma: a trajetória seguida pelo sistema, para dadas condições de fronteira com q_0 e q_f fixos, é aquela que extremiza o seguinte funcional:

$$\int_{t_0}^{t_f}(E - U)\,dt\,.$$

Até aqui, fizemos a dedução para o caso em que o sistema tem apenas um grau de liberdade. Entretanto, a mesma conclusão pode ser alcançada para sistemas multidimensionais tais que a energia cinética seja uma função homogênea das velocidades, ou seja,

$$E_{cin} = F_{j_1 j_2 \cdots j_\alpha}\,\dot{q}^{j_1}\,\dot{q}^{j_2}\,\cdots\,\dot{q}^{j_\alpha}\,,$$

onde o tensor $F_{i_1\cdots i_\alpha}$ pode ser uma função das coordenadas q^j. Em particular, na ausência de forças externas, ou seja, quando $U = 0$, temos que o funcional a ser variado é

$$\int_{t_0}^{t_f} E\,dt = E(t_f - t_0)\,.$$

Como E deve ser mantido constante durante a variação, a trajetória que extremiza esse último funcional é aquela que extremiza $(t_f - t_0)$. Se esse extremo for um mínimo, concluímos que, para sistemas livres, isto é, aqueles com energia potencial nula (ou constante, em geral), a trajetória do sistema é aquela que minimiza o tempo do percurso (supondo que a energia cinética é função homogênea das velocidades). É nesse cenário que o princípio variacional de Maupertuis é particularmente atraente e foi nesse contexto que ele adquiriu uma relevância histórica. No entanto, hoje em dia, tal princípio variacional tem pouco interesse prático. Em geral, é mais fácil lidar com o princípio da mínima ação, pois nele as condições de contorno são todas mantidas fixas e as variações de $q(t)$ são totalmente arbitrárias fora da fronteira, ao passo que, na abordagem de Maupertuis, t_0 e t_f devem ser variados e só aquelas variações de $q(t)$ com h fixo devem ser consideradas.

16.8 Teorema do Virial

Um sistema é dito periódico com período τ quando sua configuração (posição e momento) se repetem a cada intervalo de tempo τ. Por sua vez, um sistema é dito quase periódico com "período" τ quando sua configuração fica próxima de se repetir a cada intervalo de tempo τ, por exemplo, $q^i(t+\tau) \simeq q^i(t)$ para todo tempo t. O teorema do virial se aplica a esses dois tipos de sistema, fornecendo uma relação entre a média da energia cinética e a média da energia potencial. Note que, se τ é um período do sistema, então $n\tau$ também será um período, para qualquer inteiro positivo n. Chamamos de período fundamental, aqui denotado por τ_0, o menor período para a função periódica ou quase periódica. Por exemplo, a função $A(t) = \text{sen}^2(t)$ se repete a cada intervalo de tempo $\Delta t = 2\pi$, assim como também se repete a cada $\Delta t = 4\pi$, de forma que $\tau = 2\pi$ e $\tau = 4\pi$ são períodos dessa função. No entanto, só existe um período fundamental para essa função, a saber: $\tau_0 = \pi$.

Se uma função $F(t)$ é periódica com período τ, então a média dessa função é definida por

$$\langle F \rangle \equiv \frac{1}{\tau} \int_{t_0}^{t_0+\tau} F(t)dt = \frac{1}{\tau} \int_0^{\tau} F(t)dt\,, \tag{16.36}$$

onde t_0 é um tempo qualquer. Por exemplo, consideremos a função $A(t) = \text{sen}^2 t$. Seu período fundamental é $\tau_0 = \pi$, de forma que $\tau = n\pi$ é um período para qualquer inteiro positivo n. Sendo assim, a média dessa função é:

$$\langle A \rangle = \frac{1}{n\,\pi} \int_{t_0}^{t_0+n\pi} \text{sen}^2(t)dt = \left[\frac{t}{2n\pi} - \frac{\text{sen}(2t)}{4n\pi}\right]\Bigg|_{t=t_0}^{t=t_0+n\pi} = \frac{1}{2}\,.$$

Note que o resultado não depende de n e, portanto, não depende da nossa escolha para o período τ. Analogamente, o resultado também não depende de t_0. A função $A(t)$ está ilustrada na parte esquerda da Fig. 16.2. No caso de funções quase periódicas, também usaremos a Eq. (16.36) para definir sua média, mas, nesse cenário, o resultado exato geralmente dependerá da escolha de período τ e de t_0. Entretanto, essa dependência, em geral, terá magnitude desprezível, especialmente se adotarmos períodos elevados. Por exemplo, a função

$$B(t) = \text{sen}^2 t + \frac{1}{5}\text{sen}^2(\sqrt{2}t) \tag{16.37}$$

pode ser considerada quase periódica. O gráfico dessa função está ilustrado na parte direita da Fig. 16.2. Vemos que tal função quase se repete a cada intervalo de tempo $\tau = \pi$. A Tabela 16.2 reúne alguns valores para a média da função $B(t)$ para diferentes escolhas de t_0 e τ. Dos resultados resumidos na Tabela 16.2, vemos que, ao adotar $\tau = n\tau_0$

t_0	0.4	1	2.2	3	0	1	2
τ	π	π	π	π	10π	20π	50π
$\langle B \rangle$	0.6165	0.6119	0.5930	0.6203	0.5991	0.6007	0.6000

Tabela 16.2: Esta tabela fornece alguns valores para a média da função $B(t)$, definida na Eq. (16.37), para diferentes escolhas de t_0 e τ. A média é calculada através da Eq. (16.36).

com $n \gg 1$, a média da função B parece se aproximar do valor $0,6$. De fato, esse seria o valor obtido para $\langle B \rangle$ no limite $n \to \infty$. Algo análogo vale para qualquer função quase periódica. Ao calcularmos sua média através de uma integral no intervalo de tempo $(t_0, t_0 + \tau)$, com $\tau = n\tau_0$, o resultado convergirá para um limite bem definido quando fizermos $n \gg 1$. Esse limite independerá de t_0.

Se $F(t)$ é uma função quase periódica com "período" fundamental τ_0, então devemos ter $F(t+n\tau_0) - F(t) \simeq 0$ para qualquer tempo fixo t e qualquer inteiro n. Consequentemente,

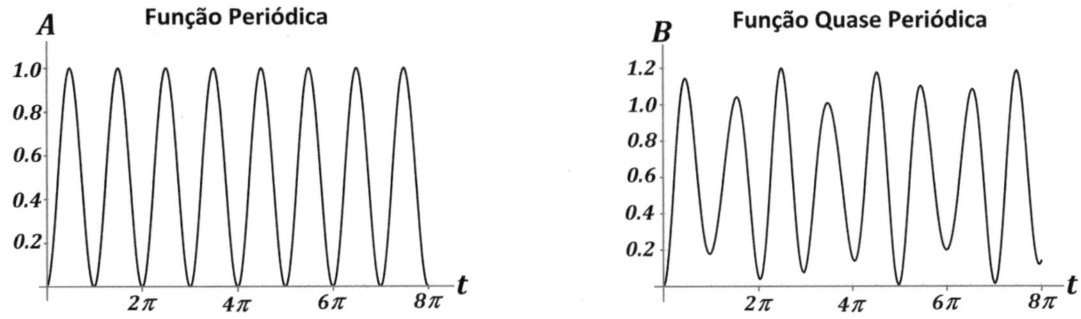

Figura 16.2: No lado esquerdo, vemos a função periódica $A(t) = \text{sen}^2 t$, cujo período fundamental é $\tau_0 = \pi$. Por sua vez, no lado direito, vemos o gráfico da função quase periódica $B(t) = \text{sen}^2 t + \frac{1}{5}\text{sen}^2(\sqrt{2}t)$, cujo quase período fundamental é $\tau_0 = \pi$.

concluímos que

$$\frac{F(t + n\tau_0) - F(t)}{n\tau_0} \simeq 0 \tag{16.38}$$

para qualquer t. A expressão no lado esquerdo fornece um valor arbitrariamente próximo de zero na medida em que aumentamos o valor de n. Em particular, no limite $n \to \infty$, a expressão se torna exatamente zero, pois o denominador irá a infinito enquanto o numerador permanecerá finito. Outro fato que vale mencionar é que, dado um t, sempre podemos fazer $F(t+n\tau_0)$ arbitrariamente próximo de $F(t)$ através da escolha de um valor especial para o inteiro n. Por exemplo, no caso da função $B(t)$, definida na Eq. (16.37), a Tabela 16.3 fornece um compêndio de alguns valores de $B(n\pi)$ para alguns valores de n. Podemos, então, comparar os valores de $B(n\pi)$ com o valor $B(0) = 0$, ou seja,

n	1	5	12	29	70
$B(n\pi)$	0.1858	0.0098	0.0017	0.0003	0.0001

Tabela 16.3: Esta tabela mostra o valor de $B(n\pi)$ para diferentes valores do inteiro n. Vemos que existem certas escolhas de n que deixam o valor de $B(n\pi)$ muito próximos do valor de $B(0)$, ou seja, muito próximos de zero. Outras escolhas específicas de n podem fazer com que o valor de $B(n\pi)$ fique ainda mais próximo de zero.

estamos assumindo $t = 0$ na equação $B(t + \tau) \simeq B(0)$. Por exemplo, vemos que, após 70 períodos, a função $B(t)$ repete o valor de $B(0)$ com uma precisão de três casas decimais. Se quiséssemos uma aproximação ainda melhor na repetição do valor $B(0)$, bastaria varrer um domínio maior para o inteiro n até achar o valor de n que forneça a precisão desejada. Por exemplo, se $n = 338$, temos $B(n\tau) - B(0) \simeq 3 \times 10^{-5}$.

Muitas oscilações observadas na natureza não são exatamente periódicas, mas podem ser consideradas quase periódicas. Por exemplo, o movimento de revolução de um planeta em torno de uma estrela é quase periódico. Segundo a teoria newtoniana da gravitação, a órbita do planeta seria uma elipse, de forma que o movimento seria periódico. No entanto, usando a relatividade geral, que é uma descrição mais precisa da gravitação, segue que a órbita pode ser aproximada por uma elipse que precessiona, ou seja, uma elipse cujo afélio vai girando lentamente. A Fig. 16.3 ilustra a órbita do planeta nos dois cenários, o newtoniano e o relativístico. O movimento previsto pela relatividade geral não é periódico. Tipicamente, o planeta não volta ao mesmo ponto do plano de rotação. No entanto, se esperarmos tempo suficiente, haverá algum instante no qual ele chegará muito próximo ao ponto inicial. Esse movimento é quase periódico.

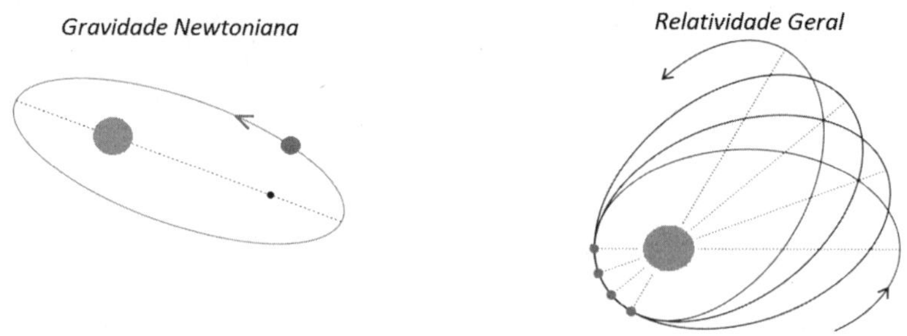

Figura 16.3: No lado esquerdo, vemos a órbita de um planeta girando em torno de uma estrela, segundo a teoria newtoniana da gravitação. Trata-se de uma órbita elíptica e, portanto, periódica. No lado direito, vemos a órbita do planeta quando usamos a teoria da relatividade geral para descrever o campo gravitacional. Esse é um modelo mais fidedigno para o que é observado experimentalmente. Vemos que a órbita se assemelha a uma elipse mas a cada "período" ela não fecha exatamente, seu afélio (bem como o periélio) sofre uma pequena rotação.

Agora, considere um sistema mecânico periódico ou quase periódico cujas coordenadas generalizadas são q^i e seus respectivos momentos canônicos são p_i. Definamos, então, a função $G(t)$ da seguinte forma:

$$G(t) = q^i\, p_i = q^i(t)\; p_i(t)\,,$$

onde há uma soma implícita no índice i. Como o sistema é (quase) periódico, segue que $q^i(t)$ e $p_i(t)$ são funções (quase) periódicas do tempo. Consequentemente, $G(t)$ também será (quase) periódica. Derivando G em relação ao tempo e usando as equações de Hamilton, temos:

$$\frac{dG}{dt} = \dot{q}^i\, p_i + q^i\, \dot{p}_i = \frac{\partial h}{\partial p_i}\, p_i \;-\; q^i\, \frac{\partial h}{\partial q^i}\,. \tag{16.39}$$

Então, tomando a média do lado esquerdo da equação acima em um período $\tau = n\tau_0$, obtém-se:

$$\left\langle \frac{dG}{dt} \right\rangle = \frac{1}{n\tau_0} \int_0^{n\tau_0} \frac{dG}{dt}\, dt = \frac{G(n\tau_0) - G(0)}{n\,\tau_0} \simeq 0\,, \tag{16.40}$$

onde, no último passo, foi utilizada a Eq. (16.38), válida porque o sistema é (quase) periódico. No caso periódico, o lado direito da equação acima é exatamente igual a zero, para qualquer inteiro n. Por sua vez, no cenário de um sistema quase periódico, adotando uma escolha conveniente para o inteiro n, é sempre possível fazer tal resultado chegar arbitrariamente próximo de zero. Além disso, essa expressão tende a zero no limite $n \to \infty$. Por isso, vamos assumir que o lado direito da Eq. (16.40) é igual a zero, tanto no caso periódico quanto no caso quase periódico. Logo, tomando a média de ambos os lados da Eq. (16.39) e assumindo a igualdade exata no lado direito da Eq. (16.40), concluímos que

$$\left\langle \frac{\partial h}{\partial p_i}\, p_i \right\rangle \;=\; \left\langle q^i\, \frac{\partial h}{\partial q^i} \right\rangle\,. \tag{16.41}$$

Essa igualdade é o que constitui o chamado **teorema do virial**. A utilidade da identidade acima se dá quando analisamos casos específicos.[1]

Por exemplo, suponha que a energia cinética de um sistema seja uma função quadrática das velocidades e que a energia potencial seja uma função cúbica das coordenadas. Ou seja,

$$E_{cin} = A_{ij}\,\dot{q}^i\,\dot{q}^j \quad \text{e} \quad U = B_{ijk}\,q^i\,q^j\,q^k\,,$$

onde A_{ij} e B_{ijk} são objetos constantes e totalmente simétricos. Então, o lagrangiano é dado por

$$\mathcal{L} = E_{cin} - U = A_{ij}\,\dot{q}^i\,\dot{q}^j \;-\; B_{ijk}\,q^i\,q^j\,q^k\,.$$

Logo, o momento canônico p_i é

$$p_\ell = \frac{\partial \mathcal{L}}{\partial \dot{q}^\ell} = A_{ij}\,\delta^i_\ell\,\dot{q}^j + A_{ij}\,\dot{q}^i\,\delta^j_\ell = A_{\ell j}\,\dot{q}^j + A_{i\ell}\,\dot{q}^i = A_{\ell j}\,\dot{q}^j + A_{j\ell}\,\dot{q}^j = 2A_{\ell j}\,\dot{q}^j\,. \tag{16.42}$$

Multiplicando ambos os lados dessa equação por $(A^{-1})^{k\ell}$, a inversa da matriz $A_{k\ell}$, temos:

$$(A^{-1})^{k\ell}\,p_\ell = 2\,(A^{-1})^{k\ell}A_{\ell j}\,\dot{q}^j = 2\,\delta^k_j\,\dot{q}^j = 2\dot{q}^k \quad\Rightarrow\quad \dot{q}^k = \frac{1}{2}\,(A^{-1})^{k\ell}\,p_\ell\,. \tag{16.43}$$

Logo, a energia cinética pode ser escrita em termos dos momentos da seguinte forma:

$$\begin{aligned} E_{cin} &= A_{ij}\,\dot{q}^i\,\dot{q}^j = A_{ij}\,\left[\frac{1}{2}\,(A^{-1})^{i\ell}\,p_\ell\right]\,\left[\frac{1}{2}\,(A^{-1})^{jk}\,p_k\right] = \frac{1}{4}\,(A^{-1})^{i\ell}\,\delta^k_i\,p_\ell\,p_k \\ &= \frac{1}{4}\,(A^{-1})^{k\ell}\,p_k\,p_\ell\,. \end{aligned} \tag{16.44}$$

O hamiltoniano é dado por

$$\begin{aligned} h &= p_i\,\dot{q}^i - \mathcal{L} = 2A_{ij}\,\dot{q}^j\dot{q}^i - (E_{cin} - U) = 2E_{cin} - (E_{cin} - U) = E_{cin} + U \\ &= \frac{1}{4}\,(A^{-1})^{k\ell}\,p_k\,p_\ell + B_{ijk}\,q^i\,q^j\,q^k \end{aligned} \tag{16.45}$$

Finalmente, calculando, para esse hamiltoniano, as expressões que aparecem no teorema do virial, vide Eq. (16.41), obtemos o seguinte:

$$\frac{\partial h}{\partial p_i}\,p_i = \frac{1}{2}\,(A^{-1})^{i\ell}\,p_\ell\,p_i = 2E_{cin} \quad \text{e} \quad q^i\,\frac{\partial h}{\partial q^i} = 3q^i\,B_{ijk}\,q^j\,q^k = 3U\,,$$

de maneira que o teorema do virial fornece, nesse caso,

$$2\langle E_{cin}\rangle = 3\langle U\rangle\,.$$

De forma geral, em um sistema com movimento periódico ou quase periódico cuja energia cinética seja uma função homogênea de grau n_{cin} das velocidades e a energia potencial seja uma função homogênea de grau n_U das coordenadas, o teorema do virial nos dirá que

$$n_{cin}\,\langle E_{cin}\rangle = n_U\,\langle U\rangle\,.$$

[1]O nome *virial* era utilizado no passado para se referir a uma grandeza proporcional àquela que aparece no lado direito da Eq. (16.41). Mais precisamente, o chamado virial é $(-1/2)$ vez o lado direito da Eq. (16.41). Essa é a razão do nome *teorema do virial.*

Por exemplo, no caso de um planeta girando em torno de uma estrela, a energia cinética é $\frac{m}{2}|\boldsymbol{v}|^2$ e a energia potencial é $U(r) = \frac{-GMm}{|\boldsymbol{r}|}$. Portanto, para esse sistema, temos $n_{cin} = 2$ e $n_U = -1$, de forma que podemos afirmar que

$$2\langle E_{cin}\rangle = -\langle U\rangle\,.$$

Por sua vez, em um sistema massa-mola, vale $\langle E_{cin}\rangle = \langle U\rangle$.

O teorema do virial tem importantes aplicações na termodinâmica. Isso é de se esperar, pois esse teorema trata sobre médias em um sistema dinâmico e a termodinâmica é a parte da Física que busca descrever o *comportamento médio* dos sistemas macroscópicos de muitas partículas. Em particular, podemos usar o teorema do virial para deduzir a equação de estado de um gás ideal. Por definição, um gás é dito ideal quando as partículas que o compõem não interagem entre si. A única força que age sobre as moléculas do gás é a força exercida pelas paredes que confinam o gás. A força que a parede exerce em um elemento de área dS da parede do recipiente é dada por $d\boldsymbol{F} = -\mathrm{P}\,d\boldsymbol{S}$, onde P é a pressão do gás e $d\boldsymbol{S}$ é o elemento de área direcional que é ortogonal à parede e que aponta para fora do recipiente. Como a força conservativa é o negativo do gradiente da energia potencial, segue que essa última equação pode ser escrita assim:

$$-\mathrm{P}\,d\boldsymbol{S} = -\boldsymbol{\nabla}U = -\boldsymbol{\nabla}h \quad\Rightarrow\quad \frac{\partial h}{\partial \mathrm{x}^i} = \mathrm{P}\,dS_i\,, \tag{16.46}$$

onde dS_i é a componente do elemento de área $d\boldsymbol{S}$ na direção da coordenada cartesiana x^i. Substituindo a Eq. (16.46) no teorema do virial, e usando que a energia cinética das partículas do gás ideal é uma função quadrática da velocidade, temos

$$2\langle E_{cin}\rangle = \left\langle \mathrm{x}^i \frac{\partial h}{\partial \mathrm{x}^i}\right\rangle = \mathrm{P}\,\langle \mathrm{x}^i dS_i\rangle\,.$$

A média no lado direito da equação acima é uma média temporal, mas é plausível imaginá-la como sendo uma média espacial (hipótese ergódica), em cujo caso vale a seguinte igualdade:

$$\langle \mathrm{x}^i dS_i\rangle = \int \mathrm{x}^i dS_i = \int \boldsymbol{r}\cdot d\boldsymbol{S}\,,$$

onde a integral é feita em todas as paredes do recipiente. O chamado teorema da divergência afirma que, dado um campo vetorial qualquer no $\mathbb{R}^3$, $\boldsymbol{A}(\boldsymbol{r})$, vale a seguinte identidade:

$$\int_R \boldsymbol{\nabla}\cdot\boldsymbol{A}\,dV = \int_{\partial R} \boldsymbol{A}\cdot d\boldsymbol{S}\,,$$

onde R é uma região tridimensional e ∂R é a fronteira de R, ou seja, ∂R é a superfície bidimensional que envolve R. Usando esses fatos, concluímos finalmente que

$$2\langle E_{cin}\rangle = \mathrm{P}\int_{\partial R} \boldsymbol{r}\cdot d\boldsymbol{S} = \mathrm{P}\int_R \boldsymbol{\nabla}\cdot\boldsymbol{r}\,dV = \mathrm{P}\int_R 3\,dV = 3\mathrm{P\,V}\,, \tag{16.47}$$

onde V é o volume do recipiente. Agora, o chamado teorema da equipartição nos diz que a média da energia cinética é proporcional à temperatura do gás (na escala Kelvin). Mais precisamente, tal teorema estabelece que cada grau de liberdade da molécula contribui com $\frac{1}{2}k\mathrm{T}$ para a energia cinética, onde k é a constante de Boltzmann e T é a temperatura do sistema. Em particular, se a molécula for monoatômica, ela só terá três graus de liberdade, os três translacionais, de forma que o teorema da equipartição permite concluir que a média da energia cinética do conjunto de N partículas monoatômicas é dada por $\langle E_{cin}\rangle = \frac{3}{2}\mathrm{N}k\mathrm{T}$. Inserindo isso na Eq. (16.47), concluímos que

$$\mathrm{P\,V} = \mathrm{N}\,k\,\mathrm{T}\,,$$

que é a famosa equação de estado de um gás ideal.

16.9 Exercícios sugeridos

Exercício 1

Um sistema unidimensional é descrito pela coordenada generalizada x e tem sua dinâmica ditada pelo lagrangiano

$$\mathcal{L} = \frac{m}{2}\dot{x}^2 - \alpha\, x\, \dot{x}\,.$$

Faça o que é pedido abaixo.
a) Resolva a dinâmica do sistema através do formalismo lagrangiano.
b) Encontre o hamiltoniano do sistema.
c) Resolva as equações de Hamilton para $x(t)$ e $p(t)$, onde p é o momento canônico associado a x, e mostre que a solução é equivalente àquela encontrada através do formalismo lagrangiano.
d) Substitua as soluções $x(t)$ e $p(t)$ no hamiltoniano e mostre que o hamiltoniano é constante durante a evolução temporal do sistema.
e) Mostre que as trajetórias do sistema correspondem a retas no espaço de fase que fazem um ângulo de 45° com o eixo vertical, o eixo do momento p. Além disso, veja que cada reta corresponde a uma energia inicial diferente para o sistema.

Exercício 2

O lagrangiano de um oscilador harmônico simples com frequência angular ω é dado por

$$\mathcal{L} = \frac{m}{2}\dot{x}^2 + \frac{m\omega^2}{2}x^2\,.$$

Faça o que é pedido abaixo.
a) Obtenha o hamiltoniano desse sistema.
b) Resolva as equações de Hamilton.
c) Encontre a solução $\tilde{x}(t)$ que obedece às condições de contorno $\tilde{x}(0) = 0$ e $\tilde{x}(t_f) = q_f$.
d) Obtenha a função ação $S(q_f, t_f)$ para o caso particular em que $t_0 = 0$ e $q_0 = 0$.
e) Prove a validade das equações $\frac{\partial S}{\partial t_f} = -h_f$ e $\partial_{q_f} h_f = -\partial_{t_f} p_f$.

Exercício 3

Considere um sistema unidimensional cujo hamiltoniano é dado por

$$h(q,p) = p^2 + \omega^2 q^2 + \eta\,(p^2 + \omega^2 q^2)^2\,,$$

onde ω e η são constantes. Resolva as equações de Hamilton desse sistema. Dica: comece provando que $f = p^2 + \omega^2 q^2$ é constante ao longo das órbitas.

Exercício 4 – ***resolvido***

Considere que um sistema massa-mola tem uma pequena componente anarmônica, de forma que seu hamiltoniano é dado por

$$h = \frac{1}{2}p^2 + \frac{\omega^2}{2}q^2 + \epsilon\, q^4 \,,$$

onde o parâmetro ϵ pode ser considerado muito pequeno.
a) Encontre as soluções $q(t)$ e $p(t)$ até primeira ordem no parâmetro ϵ usando teoria de perturbação (conforme visto na Seção 14.3, mas agora utilizando soluções reais).
b) Calculando as médias que aparecem na igualdade (16.41), usando a solução obtida via teoria de perturbação, conclua que o teorema do virial não é válido dentro desse cenário. Argumente a razão pela qual o teorema do virial deixa de valer nesse caso.

Solução do Exercício 4

a) As equações de Hamilton associadas a esse sistema são:

$$\dot{q} = \frac{\partial h}{\partial p} = p \quad \text{e} \quad \dot{p} = -\frac{\partial h}{\partial q} = -\omega^2 q - 4\epsilon q^3 .$$

Derivando a primeira dessas equações em relação ao tempo e utilizando a segunda equação para substituir $\dot{p}$, obteremos a seguinte equação desacoplada para $q(t)$:

$$\ddot{q} + \omega^2 q + 4\epsilon q^3 = 0 .$$

O método perturbativo no parâmetro ϵ nos leva a tentar um ansatz da seguinte forma:

$$q(t) = q_0(t) + \epsilon q_1(t) + \epsilon^2 q_2(t) + \epsilon^3 q_3(t) + \cdots$$

Inserindo esse ansatz na equação de movimento para $q(t)$ e separando ordem a ordem, temos:

$$(\ddot{q}_0 + \omega^2 q_0) + \epsilon(\ddot{q}_1 + \omega^2 q_1 + 4 q_0^3) + \epsilon^2(\ddot{q}_2 + \omega^2 q_2 + 12 q_0 q_1) + \cdots = 0 .$$

A teoria de perturbação nos permite afirmar que cada uma dessas parcelas entre parênteses deve se anular isoladamente. Em particular, temos:

$$\ddot{q}_0 + \omega^2 q_0 = 0 \quad \text{e} \quad \ddot{q}_1 + \omega^2 q_1 = -4 q_0^3 .$$

A primeira dessas equações tem como solução geral $q_0 = A_0 \cos(\omega t + b_0)$. Então, inserindo isso na segunda equação, temos:

$$\ddot{q}_1 + \omega^2 q_1 = -4A_0^3 \cos^3(\omega t + b_0) ,$$

cuja solução geral é dada por:

$$q_1(t) = A_1 \cos(\omega t + b_1) + \frac{A_0^3}{8\omega^2} \cos(3\omega t + 3b_0) - \frac{3A_0^3}{2\omega} t \,\text{sen}(\omega t + b_0) .$$

A parcela $\epsilon A_1 \cos(\omega t + b_1)$ da solução acima representa o mesmo tipo de oscilação contida no termo de ordem zero $A_0 \cos(\omega t + b_0)$, de forma que ela pode ser incorporada em q_0 por uma mudança das constantes de integração A_0 e b_0. Sendo assim, a escolha $A_1 = 0$ não traz perda de generalidade. Portanto, temos a seguinte solução geral válida até primeira ordem em ϵ:

$$q(t) = A \cos(\omega t + b) + \epsilon \frac{A^3}{8\omega^2} \left[\cos(3\omega t + 3b) - 12\,\omega\, t \,\text{sen}(\omega t + b)\right] .$$

Note que há duas constantes de integração, A e b, como deveria ser, já que a equação diferencial para $q(t)$ é de segunda ordem. Usando a equação de Hamilton $\dot{q} = p$, podemos obter a dinâmica do momento canônico:

$$p(t) = -A\,\omega \,\text{sen}(\omega t + b) - \epsilon \frac{3A^3}{8\omega} \left[\text{sen}(3\omega t + 3b) + 4\,\text{sen}(\omega t + b) + 4\,\omega\, t \cos(\omega t + b)\right] .$$

b) A parcela dominante da solução, $q_0(t)$, é periódica com período $T = 2\pi/\omega$. Calculando as médias da Eq. (16.41) nesse período, temos:

$$\langle p \frac{\partial h}{\partial p} \rangle = \frac{\omega}{2\pi} \int_0^{2\pi/\omega} p^2 dt = \frac{A^2\omega^2}{2} + \epsilon \frac{3A^4}{4}$$

$$\langle q \frac{\partial h}{\partial q} \rangle = \frac{\omega}{2\pi} \int_0^{2\pi/\omega} \left[\omega^2 q^2 + 4\epsilon q^4\right] dt = \frac{A^2\omega^2}{2} + \epsilon \frac{9A^4}{4} .$$

Vemos que tais médias não coincidem. Mesmo se calcularmos essas médias em um intervalo de tempo maior, digamos $t \in (0, 2n\pi/\omega)$, com n sendo um inteiro e $n \gg 1$, as médias não coincidirão. Mais precisamente, as médias serão as mesmas obtidas no cálculo acima, quando $n = 1$. A razão para a não validade do teorema do virial, ou seja, para a não validade da Eq. (16.41), é que as funções $q(t)$ e $p(t)$ não são periódicas ou quase periódicas, ao menos não a solução perturbativa. De fato, os termos $t\,\mathrm{sen}(\omega t + b_0)$ e $t\,\cos(\omega t + b_0)$ que aparecem nessas soluções crescem linearmente com o tempo. Isso faz com que a própria solução perturbativa deixe de ser uma boa aproximação após um tempo da ordem de $\Delta t \simeq \omega/(\epsilon A^2)$. Mesmo se fôssemos até segunda ordem na teoria de perturbação, as médias $\langle p \frac{\partial h}{\partial p} \rangle$ e $\langle q \frac{\partial h}{\partial q} \rangle$ não coincidiriam, pois a solução perturbativa tem esse defeito de não valer para longos intervalos de tempo. Notemos que a função $G(t) = q(t)p(t)$, definida na dedução do teorema do virial, obedece à seguinte igualdade até primeira ordem em ϵ:

$$\frac{G(2n\pi/\omega) - G(0)}{2n\pi/\omega} = -\epsilon \frac{3\,A^4}{\omega} \neq 0 .$$

No entanto, a prova do teorema do virial passa pela hipótese de que o lado esquerdo da equação acima é igual a zero, o que não ocorre com a solução perturbativa que obtivemos. É importante manter em mente, no entanto, que, se obtivéssemos a solução exata para o problema dinâmico, iríamos concluir a validade da igualdade (16.41), ao menos no caso $\epsilon > 0$, quando o potencial só admite soluções periódicas.

Faz sentido que a teoria de perturbação leve a inconsistências ao aplicarmos o teorema do virial, pois tal teorema pressupõe soluções periódicas ou quase periódicas. Todavia, se $\epsilon < 0$, as soluções geralmente não serão periódicas, as soluções divergirão exponencialmente com o tempo quando a amplitude de movimento for suficientemente alta, $A \gtrsim \omega/\sqrt{|\epsilon|}$. Diferentemente, se $\epsilon \geq 0$, as soluções serão sempre periódicas. Logo, como o teorema não deveria se aplicar a esse sistema quando $\epsilon < 0$ (a não ser quando a amplitude de oscilação é muito pequena), é de se esperar que as médias $\langle p \frac{\partial h}{\partial p} \rangle$ e $\langle q \frac{\partial h}{\partial q} \rangle$ calculadas com a solução perturbativa não coincidam, pois o método perturbativo assume um ansatz para $q(t)$ que é suave no parâmetro ϵ e, portanto, esse método não permite uma solução que mude de natureza ao mudarmos continuamente o sinal de ϵ. Entretanto, podemos ver que as parcelas $\langle p \frac{\partial h}{\partial p} \rangle$ e $\langle q \frac{\partial h}{\partial q} \rangle$ coincidem se consideramos o regime de pequenas amplitudes, $|A| \ll \omega/\sqrt{|\epsilon|}$. De fato, se ignorarmos termos de ordem A^4, poderemos considerar que $\langle p \frac{\partial h}{\partial p} \rangle$ e $\langle q \frac{\partial h}{\partial q} \rangle$ coincidem, pois a diferença entre essas médias é da ordem de A^4.

Capítulo 17

Simetrias e o teorema de Nöther

Em várias passagens dos capítulos anteriores, foi chamada a atenção do/a leitor/a para a noção de simetria e foi dito que a existência de tais simetrias está relacionada a importantes conclusões. Por exemplo, vimos que se um sistema for descrito por um lagrangiano que não depende explicitamente de determinada coordenada, ou seja, se houver uma coordenada cíclica, então o momento canônico associado a essa coordenada será conservado. Nesse caso, diz-se que o sistema é invariante por translações globais na coordenada cíclica e que há uma simetria. Lidamos explicitamente com esse cenário quando tratamos de forças centrais, argumentando que havia uma simetria por rotações e que a coordenada ϕ era um coordenada cíclica, o que levou à conservação do módulo do momento angular. Esse fato foi explorado intensamente a fim de investigar a dinâmica de um par de partículas interagindo através de uma força central. Em particular, esse fato está por trás da segunda lei de Kepler, a lei das áreas. Além disso, vimos que, quando o hamiltoniano de um sistema não depende explicitamente do tempo, ou seja, quando é invariante por translação temporal, a função hamiltoniana é conservada. Essas associações entre simetrias e leis de conservação não são casuais. De fato, podemos vê-las como consequências do teorema de Nöther, que permite associar grandezas conservadas a simetrias contínuas de um sistema mecânico. Neste capítulo, definiremos de forma mais precisa o conceito de simetria e provaremos o importante teorema de Nöther.

17.1 Simetrias da mecânica newtoniana

Suponha que um sistema mecânico seja composto por apenas duas partículas, de massas m_1 e m_2, que interagem entre si. Na mecânica newtoniana, assume-se que o espaço onde tais partículas vivem é homogêneo e isotrópico. Isso significa que o espaço tem a mesma aparência quando olhado de diferentes pontos e em diferentes direções. Em particular, isso pressupõe que a interação entre as partículas não deve depender das posições específicas das partículas. As forças de interação devem ser do tipo central, com a intensidade dependendo apenas da distância entre as partículas. A Fig. 17.1 ilustra o significado dessa hipótese. A fim de traduzir essa suposição abstrata para a linguagem matemática, é útil introduzir alguns objetos. Denotando por $\boldsymbol{r}_1$ e $\boldsymbol{r}_2$ os vetores posição das duas partículas, definamos então

$$\boldsymbol{r} \equiv \boldsymbol{r}_2 - \boldsymbol{r}_1 \ , \quad r \equiv |\boldsymbol{r}| = |\boldsymbol{r}_2 - \boldsymbol{r}_1| \quad \text{e} \quad \hat{\boldsymbol{r}} \equiv \frac{\boldsymbol{r}}{r} = \frac{\boldsymbol{r}_2 - \boldsymbol{r}_1}{|\boldsymbol{r}_2 - \boldsymbol{r}_1|} \, .$$

Usando essa notação, as hipóteses newtonianas significam que a intensidade das forças de interação deve depender apenas da distância r, ao passo que a direção deve sempre ser

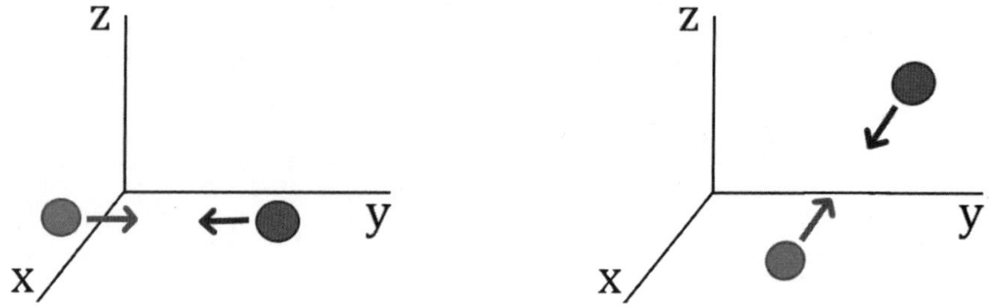

Figura 17.1: Na figura acima, vemos dois cenários onde as partículas estão à mesma distância uma da outra. Para passar de um cenário para o outro foi feita uma translação e uma rotação no par de partículas. Nesse caso, como a distância entre as partículas é a mesma, a intensidade das forças que atuam nas partículas é a mesma em ambos o cenários. No entanto, vemos que as direções dos vetores força são diferentes nos dois cenários; isso porque as forças são do tipo central, sempre apontam na direção da linha que conecta as duas partículas.

aquela do versor $\hat{\boldsymbol{r}}$. Supondo que o espaço tenha dimensão três, segue que, em vez de a interação depender dos seis graus de liberdade contidos nos vetores $\boldsymbol{r}_1$ e $\boldsymbol{r}_2$, ela depende apenas de três graus de liberdade, a saber: os três graus de liberdade do vetor $\boldsymbol{r}$. Por fim, assume-se a validade da terceira lei de Newton, a lei da ação e reação. Segundo tal hipótese, se $f(r)\,\hat{\boldsymbol{r}}$ denota a força que a partícula 2 exerce sobre a partícula 1, então a força que 1 exerce sobre 2, no mesmo instante, deve ser $-f(r)\,\hat{\boldsymbol{r}}$. Sendo assim, a segunda lei de Newton fornece as seguintes equações de movimento para o sistema de duas partículas:

$$m_1 \frac{d^2}{dt^2}\boldsymbol{r}_1 = \hat{\boldsymbol{r}}\, f(r) \qquad \text{e} \qquad m_2 \frac{d^2}{dt^2}\boldsymbol{r}_2 = -\hat{\boldsymbol{r}}\, f(r)\,. \tag{17.1}$$

A princípio, além da dependência em r, a intensidade da força $f(r)$ também poderia depender do tempo t. Todavia, na mecânica newtoniana, também se assume que a dimensão temporal é homogênea, de forma que uma mudança na origem do tempo não deve alterar a intensidade da interação, se a distância r se mantiver inalterada.

As hipóteses feitas por Newton sobre o espaço e o tempo se refletem nas equações de movimento (17.1) através de simetrias, isto é, transformações que deixam o conjunto de soluções das equações de movimento invariante. Em particular, se determinada transformação nas variáveis $(\boldsymbol{r}_1, \boldsymbol{r}_2, t)$ não modificar a forma das equações dinâmicas, então podemos afirmar que se trata de uma simetria, pois, nesse caso, o conjunto de soluções será o mesmo. Por exemplo, se fizermos as transformações

$$t \to t \ , \qquad \boldsymbol{r}_1 \to \boldsymbol{r}_1 - \boldsymbol{r}_0 \ , \qquad \boldsymbol{r}_2 \to \boldsymbol{r}_2 - \boldsymbol{r}_0 \ , \tag{17.2}$$

com $\boldsymbol{r}_0$ sendo algum vetor constante, seguirá que as Eqs. (17.1) não mudarão de formato. De fato, note que as acelerações $\ddot{\boldsymbol{r}}_1$ e $\ddot{\boldsymbol{r}}_2$ não são modificadas:

$$\ddot{\boldsymbol{r}}_1 \to \frac{d^2}{dt^2}(\boldsymbol{r}_1 - \boldsymbol{r}_0) = \ddot{\boldsymbol{r}}_1 \qquad \text{e} \qquad \ddot{\boldsymbol{r}}_2 \to \frac{d^2}{dt^2}(\boldsymbol{r}_2 - \boldsymbol{r}_0) = \ddot{\boldsymbol{r}}_2\,.$$

Também, o versor $\hat{\boldsymbol{r}}$ e a distância r ficam inalterados pela ação da transformação definida acima:

$$\boldsymbol{r} = [\boldsymbol{r}_2 - \boldsymbol{r}_1] \to [(\boldsymbol{r}_2 - \boldsymbol{r}_0) - (\boldsymbol{r}_1 - \boldsymbol{r}_0)] = [\boldsymbol{r}_2 - \boldsymbol{r}_1] = \boldsymbol{r}\,.$$

Portanto, nenhum dos elementos que compõem o par de equações (17.1) será modificado. Temos, então, uma simetria. Tal transformação é conhecida como uma **translação**

espacial global.[1] De forma análoga, a **translação temporal**, definida por

$$t \to t - t_0 \;, \quad \boldsymbol{r}_1 \to \boldsymbol{r}_1 \;, \quad \boldsymbol{r}_2 \to \boldsymbol{r}_2 \tag{17.3}$$

com t_0 sendo uma constante qualquer, também é uma simetria do sistema de equações (17.1). De fato, como o tempo só aparece na Eq. (17.1) através da diferencial dt e como a diferencial não é alterada por uma translação constante, $d(t - t_0) = dt$, segue que essas equações de movimento não serão alteradas por tal transformação, provando assim a existência da simetria. Essas simetrias de translação decorrem da homogeneidade do espaço e do tempo respectivamente.

Outra classe de transformações de simetria da mecânica newtoniana é formada pelas chamadas **transformações de Galileo**, que são as seguintes transformações que misturam tempo e espaço:

$$t \to t \;, \quad \boldsymbol{r}_1 \to \boldsymbol{r}_1 - \boldsymbol{v}_0\, t \;, \quad \boldsymbol{r}_2 \to \boldsymbol{r}_2 - \boldsymbol{v}_0\, t \;,$$

onde o parâmetro $\boldsymbol{v}_0$ que aparece acima é um vetor constante arbitrário. É fácil ver que as acelerações $\ddot{\boldsymbol{r}}_1$ e $\ddot{\boldsymbol{r}}_2$ não são afetadas pela transformação de Galileo. Além disso, o versor $\hat{\boldsymbol{r}}$ e a distância r também não são modificados. Sendo assim, as Eqs. (17.1) não se alteram pela ação de uma transformação de Galileo. Portanto, trata-se de uma simetria. A transformação de Galileo pode ser interpretada como representando uma mudança de um referencial cartesiano para outro que se move com velocidade constante $\boldsymbol{v}_0$ em relação ao referencial inicial. Tal simetria reflete o fato empírico de que, se estivermos dentro de um vagão fechado e sem acesso visual ao exterior, não seremos capazes de distinguir se o vagão está parado ou se está em movimento retilíneo uniforme. Os experimentos realizados dentro do vagão só conseguem "sentir" acelerações, o movimento do vagão a uma velocidade constante não pode ser detectado.

Por fim, a última classe de simetrias da mecânica newtoniana é formada pelas **rotações**. Tal simetria é reflexo da isotropia do espaço. A ação de uma rotação tem a seguinte forma:

$$t \to t \;, \quad \boldsymbol{r}_1 \to \mathcal{R} \cdot \boldsymbol{r}_1 \;, \quad \boldsymbol{r}_2 \to \mathcal{R} \cdot \boldsymbol{r}_2 \;,$$

onde $\mathcal{R}$ é alguma matriz 3×3 ortogonal e constante, com $\mathcal{R} \cdot \boldsymbol{r}_1$ denotando a ação dessa matriz no vetor coluna formado pelas três componentes do vetor posição $\boldsymbol{r}_1$. Neste ponto, convém lembrar que uma matriz é dita ortogonal se satisfizer à seguinte propriedade: $\mathcal{R}^t \cdot \mathcal{R} = \mathbb{I}$, onde $\mathbb{I}$ é a matriz identidade. Transformações ortogonais podem ser equivalentemente definidas como aquelas que preservam o tamanho dos vetores, razão pela qual a distância r não é alterada pela rotação:

$$r = |\boldsymbol{r}_2 - \boldsymbol{r}_1| \to |\mathcal{R} \cdot \boldsymbol{r}_2 \,-\, \mathcal{R} \cdot \boldsymbol{r}_1| = |\mathcal{R} \cdot (\boldsymbol{r}_2 - \boldsymbol{r}_1)| = |\boldsymbol{r}_2 - \boldsymbol{r}_1| = r \,.$$

Portanto, a intensidade da força, $f(r)$, não é modificada por uma rotação. Por sua vez, o versor $\hat{\boldsymbol{r}}$ sofre a seguinte transformação $\hat{\boldsymbol{r}} \to \mathcal{R} \cdot \hat{\boldsymbol{r}}$. Sendo assim, a direção da força é alterada pela ação da rotação, conforme ilustrado na Fig. 17.1. Em suma, a equação de movimento para a partícula 1 assume a seguinte forma após a transformação:

$$m_1 \frac{d^2}{dt^2} (\mathcal{R} \cdot \boldsymbol{r}_1) = \mathcal{R} \cdot \hat{\boldsymbol{r}}\, f(r) \;\Rightarrow\; \mathcal{R} \cdot \left[m_1 \frac{d^2}{dt^2} \boldsymbol{r}_1 - \hat{\boldsymbol{r}}\, f(r) \right] = 0 \,.$$

[1] A razão da palavra "global" advém do fato de que a translação é a mesma em todos os pontos do espaço. Em outras palavras, $\boldsymbol{r}_0$ é constante. Contrariamente, se $\boldsymbol{r}_0$ depender da posição e/ou do tempo, dizemos que se trata de uma transformação local. O teorema de Nöther, que será abordado na próxima seção, deve ser aplicado a simetrias globais.

Aplicando a matriz $\mathcal{R}^{-1}$ à esquerda da última equação, concluímos que a equação de movimento após a rotação é equivalente à equação inicial, ou seja, tem o mesmo conjunto de soluções gerais. Analogamente, a equação de movimento da partícula 2 continua tendo as mesmas soluções após a rotação, provando assim que as rotações são simetrias do par de equações (17.1). Vale mencionar que as matrizes ortogonais têm determinantes iguais a ± 1, de maneira que sempre admitem inversa. Chamaremos de rotações apenas aquelas transformações geradas por matrizes com determinante $+1$. Diferentemente das três simetrias tratadas anteriormente, as rotações modificam as equações de movimento. Apesar disso, o que importa, para que tais transformações sejam classificadas como simetrias, é que o conjunto de soluções antes e depois das transformações seja o mesmo. Usando o jargão matemático, diz-se que as equações de movimento (17.1) são covariantes pela ação das rotações.

No total, as simetrias da mecânica newtoniana possuem dez graus de liberdade, ou seja, são rotuladas por dez parâmetros. De fato, são três graus de liberdade advindos das translações espaciais (as três componentes de $\boldsymbol{r}_0$), um da translação temporal (t_0), três provenientes das transformações de Galileo (as três componentes de $\boldsymbol{v}_0$) e três advindos das rotações (os três ângulos de Euler que rotulam uma matriz ortogonal).[2]

As transformações consideradas até agora só incluem as chamadas simetrias conectadas à identidade (ou contínuas), aquelas que podem ser continuamente deformadas até se tornar a transformação identidade, sem deixar de ser uma simetria durante o processo de aproximação da identidade. Por exemplo, consideremos a translação temporal. Se tomarmos o limite matemático $t_0 \to 0$, a transformação virará a transformação identidade. Além disso, durante o processo de aproximar t_0 de zero, as transformações não deixam de ser simetrias das equações de movimento. No entanto, há transformações de simetria que não podem ser continuamente conectadas à identidade, a exemplo das seguintes transformações discretas:

$$\textbf{Inversão Espacial:} \quad t \to t \ , \quad \boldsymbol{r}_1 \to -\boldsymbol{r}_1 \ , \quad \boldsymbol{r}_2 \to -\boldsymbol{r}_2 \ ,$$

$$\textbf{Inversão Temporal:} \quad t \to -t \ , \quad \boldsymbol{r}_1 \to \boldsymbol{r}_1 \ , \quad \boldsymbol{r}_2 \to \boldsymbol{r}_2 \ .$$

Da mesma forma, a composição de uma dessas transformações com as transformações contínuas discutidas anteriormente gera uma simetria que não está conectada à identidade. Por exemplo, se compusermos uma rotação com uma inversão espacial daremos origem a uma transformação ortogonal com determinante -1, que não é continuamente conectada à identidade.

A composição de quaisquer duas transformações acima também deixa o conjunto de soluções das equações de movimento invariante e, portanto, também será uma transformação de simetria. Por exemplo, a composição de uma translação espacial com uma rotação é uma simetria. Como cada uma das transformações definidas acima tem uma inversa que também é uma simetria, segue que tais transformações formam uma estrutura

[2] Além dessas "simetrias da mecânica newtoniana", há a simetria apresentada na Eq. (17.16). No entanto, essa última não é uma "simetria de Nöther", conceito que será definido em breve neste capítulo. Essas onze simetrias independem da forma específica da força $f(r)$. Ademais, haverá outras transformações de simetria que deixarão as equações de movimento invariantes, mas cujas formas dependem da expressão para a força $f(r)$. Por exemplo, no caso $f(r) = \kappa$, há a seguinte simetria de escala: $t \to \lambda t$, $\boldsymbol{r}_1 \to \lambda^2 \boldsymbol{r}_1$, $\boldsymbol{r}_2 \to \lambda^2 \boldsymbol{r}_2$, com λ sendo constante. Por fim, para cada escolha de $f(r)$, há simetrias que só podem ser percebidas no espaço de fase, pois são transformações que misturam posição e momento, algo que será abordado com mais profundidade na Seção 21.4.

matemática chamada de **grupo**. O grupo em questão é denominado Galileo 3 e abreviado pela sigla $Gal(3)$. As matrizes ortogonais 3×3 também formam um grupo por si, o grupo $O(3)$. Se considerarmos apenas as matrizes ortogonais com determinante $+1$, as rotações, teremos o grupo $SO(3)$ (*special orthogonal*). Trataremos do conceito de grupo em mais detalhes no próximo capítulo.

17.2 Teorema de Nöther

As simetrias têm um papel central na física moderna e a principal razão de tal destaque tem suas bases em um importante resultado provado pela matemática alemã Amalie Emmy Nöther por volta do ano 1915, o hoje chamado Teorema de Nöther. Tal teorema afirma que para cada simetria *contínua* de um sistema mecânico está associada uma quantidade conservada, ou seja, uma constante de movimento. Por exemplo, com relação às simetrias vistas na seção anterior, as quantidades conservadas estão resumidas na Tabela 17.1. Em geral, a palavra *simetria* é utilizada para denotar qualquer transformação que deixe o conjunto de soluções das equações de movimento invariante. Nesta seção, no entanto, a palavra simetria se refere especificamente a uma transformação infinitesimal que modifica o lagrangiano do sistema pela adição de uma derivada total em relação ao tempo, como será discutido no próximo parágrafo. Esse tipo especial de simetria será denominada **simetria de Nöther**

Simetria	**Quantidade Conservada**
Translação Espacial	Momento Linear
Translação Temporal	Energia
Rotação	Momento Angular
Transformação de Galileo	Posição do Centro de Massa

Tabela 17.1: Esta tabela fornece a quantidade conservada associada a cada uma das simetrias da mecânica newtoniana.

A fim de provar o teorema de Nöther, vamos usar o formalismo lagrangiano e o princípio da mínima ação. Para que uma determinada transformação nas coordenadas generalizadas $x^j = \{x^1, x^2, \cdots, x^n\}$ e no tempo t seja considerada uma simetria, o conjunto de soluções das equações de movimento deve permanecer inalterado pela transformação. No entanto, isso não significa necessariamente que o lagrangiano do sistema deva ficar imutável. De fato, se o lagrangiano for modificado pela adição de um termo que é uma derivada total em relação ao tempo,

$$\mathcal{L}\,dt \to \tilde{\mathcal{L}}\,d\tilde{t} = (\,\mathcal{L} + \dot{g}\,)dt\,, \tag{17.4}$$

onde $g = g(x,t)$, a ação se modificará da seguinte forma:

$$S = \int_{t_0}^{t_f} \mathcal{L}\,dt \to S + g(x_f, t_f) - g(x_0, t_0)\,. \tag{17.5}$$

Como, no princípio da mínima ação, a variação do funcional é feita mantendo os extremos dos caminhos fixos, segue que a alteração da ação obtida na Eq. (17.5) não modifica as equações de movimento. Em outras palavras, fixadas as condições de contorno, o caminho que extremiza a ação no lado esquerdo da Eq. (17.5) também extremizará o funcional no lado direito da Eq. (17.5). Por esse motivo, vamos definir uma simetria de Nöther como sendo uma transformação que modifica a lagrangiana pela adição de uma derivada total em relação ao tempo.[3] Se a lagrangiana não for alterada também teremos uma simetria de Nöther, já que isso equivale a adotar $g = 0$.

O teorema de Nöther trata apenas de simetrias contínuas e conectadas à identidade, ou seja, aquelas que podem ser continuamente deformadas na transformação identidade. Em particular, para tais transformações podemos considerar suas versões infinitesimais, isto é, aquelas que diferem da identidade por um termo infinitesimal. A fim de simplificar a prova do teorema, vamos começar considerando o caso em que o tempo não é modificado, de forma que a transformação infinitesimal é dada por

$$x^j \to \tilde{x}^j = x^j + \varepsilon^j \qquad \text{e} \qquad t \to \tilde{t} = t\,,$$

onde $\varepsilon^j = \varepsilon^j(x,t)$ é infinitesimal. Se essa transformação for uma simetria de Nöther, então a diferença entre o lagrangiano antes e depois da transformação deve ser uma derivada total de alguma função $g(x,t)$:

$$\begin{aligned}\frac{dg}{dt} &= \tilde{\mathcal{L}} - \mathcal{L} = \mathcal{L}(\tilde{x}^i, \dot{\tilde{x}}^i, \tilde{t}\,) - \mathcal{L}(x^i, \dot{x}^i, t) = \mathcal{L}(x^i + \varepsilon^i, \dot{x}^i + \dot{\varepsilon}^i, t) - \mathcal{L}(x^i, \dot{x}^i, t)\\ &= \left[\frac{\partial \mathcal{L}}{\partial x^i}\,\varepsilon^i + \frac{\partial \mathcal{L}}{\partial \dot{x}^i}\,\frac{d}{dt}\varepsilon^i\right] + O(\varepsilon^2)\,.\end{aligned}$$

Então, usando a equação de Euler-Lagrange, podemos escrever essa identidade da seguinte forma:

$$\frac{dg}{dt} = \left[\frac{d}{dt}\left(\frac{\partial \mathcal{L}}{\partial \dot{x}^i}\right)\varepsilon^i + \frac{\partial \mathcal{L}}{\partial \dot{x}^i}\,\frac{d}{dt}\varepsilon^i\right] + O(\varepsilon^2) = \frac{d}{dt}\left(\frac{\partial \mathcal{L}}{\partial \dot{x}^i}\,\varepsilon^i\right) + O(\varepsilon^2)\,.$$

Logo, ignorando os termos de ordem quadrática nas funções infinitesimais ε^i, chega-se à seguinte lei de conservação:

$$\frac{d}{dt}\left(\frac{\partial \mathcal{L}}{\partial \dot{x}^i}\,\varepsilon^i - g\right) = 0 \qquad \Rightarrow \qquad \frac{\partial \mathcal{L}}{\partial \dot{x}^i}\,\varepsilon^i - g = \text{constante}\,.$$

De forma análoga, é possível provar uma lei de conservação no caso geral, no qual o tempo também pode ser modificado na transformação de simetria. De fato, se assumirmos que a transformação infinitesimal

$$x^j(t) \to \tilde{x}^j(\tilde{t}\,) = x^j(t) + \varepsilon^j\,, \quad t \to \tilde{t} = t + \eta\,, \tag{17.6}$$

onde $\varepsilon^j = \varepsilon^j(x,t)$ e $\eta = \eta(x,t)$, modifica o lagrangiano pela adição de $\dot{g}$, vide Eq. (17.4), então chagaremos à seguinte lei de conservação:

$$\frac{\partial \mathcal{L}}{\partial \dot{x}^i}\,(\varepsilon^i - \dot{x}^i\,\eta) + \mathcal{L}\,\eta - g = \text{constante}\,. \tag{17.7}$$

A prova desse caso mais geral será deixada a cargo do/a leitor/a. Como, durante o processo de dedução da lei de conservação, faz-se uso da equação de Euler-Lagrange,

[3] O teorema de Nöther não abarca a possibilidade de uma transformação modificar a ação pela multiplicação por um fator constante, o que também deixa as equações de movimento invariantes e, portanto, é uma simetria. Essas são as denominadas simetrias de escala. Tais simetrias geralmente não estão associadas à existência de constantes de movimento.

segue que essa quantidade é conservada apenas ao longo das soluções das equações de movimento. Portanto, se $x^i(t)$ é um caminho que não extremiza a ação, então o lado esquerdo da Eq. (17.7) avaliado nesse caminho, em geral, não será constante ao longo do tempo. Diferentemente, se $x^i(t)$ obedecer às equações de movimento, então o lado esquerdo da Eq. (17.7) avaliado em $x^i(t)$ não dependerá do tempo. Dizemos que a lei de conservação associada ao teorema de Nöther é válida apenas *on shell*, ao passo que leis de conservação válidas independentemente de impormos a obediência às equações de movimento são ditas *off shell*. Esses jargões bastante usados na Física teórica têm suas origens em teoria de campos, onde as equações de movimento definem uma superfície no espaço de fase. Essa superfície é comumente chamada de concha, ou *shell*, em inglês.

Agora, vamos aplicar esse teorema ao sistema de duas partículas considerado no início deste capítulo. Visto que uma força central cuja intensidade depende apenas da distância é sempre conservativa, podemos afirmar que existe um potencial $U(r)$ tal que $\hat{\boldsymbol{r}}f(r) = -\boldsymbol{\nabla}U$. De fato, basta definir $U = -\int f dr$. Sendo assim, conclui-se que o seguinte lagrangiano reproduz as equações de movimento (17.1):

$$\mathcal{L}(x, \dot{x}, t) = \frac{1}{2}m_1|\dot{\boldsymbol{r}}_1|^2 + \frac{1}{2}m_2|\dot{\boldsymbol{r}}_2|^2 - U(r)\,, \tag{17.8}$$

onde $r \equiv |\boldsymbol{r}_2 - \boldsymbol{r}_1|$. Neste exemplo, as coordenadas generalizadas são

$$x^j = (\boldsymbol{r}_1, \boldsymbol{r}_2) = (\mathrm{x}_1,\, \mathrm{y}_1,\, \mathrm{z}_1,\, \mathrm{x}_2,\, \mathrm{y}_2,\, \mathrm{z}_2)\,.$$

Comecemos analisando a simetria de translação temporal. Nesse caso, assumindo t_0 como sendo infinitesimal, temos: $\varepsilon^i = 0$ e $\eta = -t_0$, vide Eqs. (17.3) e (17.6). Além disso, como o lagrangiano (17.8) não depende explicitamente do tempo, é imediato perceber que o produto $\mathcal{L}dt$ é invariante por essa transformação infinitesimal, de forma que $g = 0$. Logo, a lei de conservação (17.7) permite afirmar que a seguinte quantidade é conservada

$$t_0\left(\frac{\partial \mathcal{L}}{\partial \dot{x}^i}\dot{x}^i - \mathcal{L}\right) = t_0\left(\frac{1}{2}m_1|\dot{\boldsymbol{r}}_1|^2 + \frac{1}{2}m_2|\dot{\boldsymbol{r}}_2|^2 + U(r)\right).$$

Já que t_0 é uma constante, segue que a quantidade dentro dos parênteses deve ser conservada ao longo do movimento das partículas. A expressão dentro dos parênteses é a soma da energia cinética do sistema com a energia potencial, ou seja, trata-se da energia total. Isso prova que a grandeza conservada associada à simetria de translação temporal é a energia total do sistema. Em sistemas genéricos, a quantidade conservada associada à simetria de translação temporal é a função hamiltoniana, que é interpretada como sendo a energia do sistema.

Agora, vamos considerar a simetria de translação espacial. Tal transformação não modifica o lagrangiano (17.8), de forma que $g = 0$ nesse caso. Além disso, assumindo $\boldsymbol{r}_0$ infinitesimal, temos que a translação espacial (17.2) pode ser escrita no formato (17.6) desde que escolhamos os parâmetros ε^j e η da seguinte forma:

$$\varepsilon^j = (\tilde{\boldsymbol{r}}_1 - \boldsymbol{r}_1,\, \tilde{\boldsymbol{r}}_2 - \boldsymbol{r}_2) = (-\boldsymbol{r}_0, -\boldsymbol{r}_0) \quad \text{e} \quad \eta = 0\,.$$

Inserindo isso na lei de conservação (17.7), concluímos que a seguinte grandeza é uma constante de movimento:

$$\frac{\partial \mathcal{L}}{\partial \dot{\boldsymbol{r}}_1}\cdot(-\boldsymbol{r}_0) + \frac{\partial \mathcal{L}}{\partial \dot{\boldsymbol{r}}_2}\cdot(-\boldsymbol{r}_0) = -\boldsymbol{r}_0\cdot(m_1\dot{\boldsymbol{r}}_1 + m_2\dot{\boldsymbol{r}}_2) = -\boldsymbol{r}_0\cdot\boldsymbol{P}\,,$$

onde $\boldsymbol{P} = m_1\dot{\boldsymbol{r}}_1 + m_2\dot{\boldsymbol{r}}_2$ é o momento linear total do sistema. Ou seja, a quantidade conservada associada à simetria de translação espacial global de um deslocamento $\boldsymbol{r}_0$ é o momento linear na direção do vetor $\boldsymbol{r}_0$. No sistema em questão, como qualquer direção de translação dará origem a uma simetria, segue que o momento linear como um todo, $\boldsymbol{P}$, será uma constante de movimento.

Por sua vez, nas transformações de Galileo, temos $\varepsilon^j = (-\boldsymbol{v}_0 t, -\boldsymbol{v}_0 t)$ e $\eta = 0$, onde aqui devemos considerar $\boldsymbol{v}_0$ como sendo infinitesimal. Agora, vejamos a modificação na lagrangiana (17.8):[4]

$$\begin{aligned}\tilde{\mathcal{L}} - \mathcal{L} &= \frac{m_1}{2}|\dot{\boldsymbol{r}}_1 - \boldsymbol{v}_0|^2 + \frac{m_2}{2}|\dot{\boldsymbol{r}}_2 - \boldsymbol{v}_0|^2 - U(r) - \mathcal{L} \\ &= -m_1\,\dot{\boldsymbol{r}}_1\cdot\boldsymbol{v}_0 - m_2\,\dot{\boldsymbol{r}}_2\cdot\boldsymbol{v}_0 + \frac{|\boldsymbol{v}_0|^2}{2}(m_1+m_2)\,.\end{aligned}$$

Como $\boldsymbol{v}_0$ é infinitesimal, por hipótese, segue que podemos desprezar o último termo no lado direito da expressão anterior, já que ele é quadrático nesse parâmetro. Sendo assim, temos:

$$\tilde{\mathcal{L}} - \mathcal{L} = -\boldsymbol{v}_0\cdot(m_1\,\dot{\boldsymbol{r}}_1 + m_2\,\dot{\boldsymbol{r}}_2) = \frac{dg}{dt} \quad\Rightarrow\quad g = -\boldsymbol{v}_0\cdot(m_1\,\boldsymbol{r}_1 + m_2\,\boldsymbol{r}_2)\,. \tag{17.9}$$

Inserindo na Eq. (17.7) as expressões para os parâmetros ε^j, η e g relativos à transformação de Galileo, obtemos que a seguinte quantidade é conservada:

$$\boldsymbol{v}_0\cdot[(m_1\boldsymbol{r}_1 + m_2\boldsymbol{r}_2) - (m_1\dot{\boldsymbol{r}}_1 + m_2\dot{\boldsymbol{r}}_2)\,t] = \boldsymbol{v}_0\cdot[\,(m_1+m_2)\boldsymbol{R}_{CM} - \boldsymbol{P}\,t\,]\;, \tag{17.10}$$

onde $\boldsymbol{R}_{CM} \equiv (m_1\boldsymbol{r}_1 + m_2\boldsymbol{r}_2)/(m_1+m_2)$ é a posição do centro de massa do sistema. Como $\boldsymbol{v}_0$ é constante e arbitrário, segue que o termo dentro dos colchetes é constante. Esse termo pode ser interpretado como sendo a posição inicial do centro de massa. De fato, tomando a derivada temporal de $\boldsymbol{R}_{CM}$ vemos que $\dot{\boldsymbol{R}}_{CM} = \boldsymbol{P}/(m_1+m_2)$. Logo, como o momento linear total é uma constante de movimento desse sistema, integrando a última igualdade para $\dot{\boldsymbol{R}}_{CM}$, prova-se que a evolução temporal do centro de massa é dada por

$$\boldsymbol{R}_{CM} = \frac{1}{m_1+m_2}\boldsymbol{P}\,t + \boldsymbol{R}_0\,,$$

onde $\boldsymbol{R}_0$ é a posição do centro de massa no instante inicial $t = 0$. Resolvendo a equação acima para $\boldsymbol{R}_0$, vemos que se trata exatamente do termo conservado que está dentro dos colchetes na Eq. (17.10). Portanto, podemos afirmar que a quantidade conservada associada às transformações de Galileo é a posição inicial do centro de massa. Em particular, nos referenciais em que $\boldsymbol{P} = 0$, que sempre existem quando o momento linear é conservado, essa quantidade conservada $\boldsymbol{R}_0$ é exatamente a posição do centro de massa. A princípio, pode parecer estranho ter uma condição inicial como quantidade conservada. No entanto, no Cap. 23, no qual trataremos do método de Hamilton-Jacobi, veremos que todo sistema com n graus de liberdade tem $2n$ constantes de movimento e que tais

[4]Conforme definido na Eq. (17.4), a fim de determinar a função g, o correto é verificar a modificação da diferencial $\mathcal{L}\,dt$, não apenas a modificação do lagrangiano. Todavia, como no presente caso $d\tilde{t} = dt$, segue que $\tilde{\mathcal{L}}d\tilde{t} - \mathcal{L}dt = (\tilde{\mathcal{L}} - \mathcal{L})dt$, de forma que o fator dt não faz diferença na hora de determinar a função g. No entanto, há situações em que a presença da diferencial dt é essencial. Um exemplo desse cenário pode ser visto no problema 3 da seção de exercícios sugeridos deste capítulo. Em tal exemplo, a combinação $\mathcal{L}dt$ é invariante pela ação de determinada transformação, caracterizando assim uma simetria. No entanto, a lagrangiana não é invariante.

constantes podem ser associadas às condições iniciais do sistema. Portanto, o fato de a constante de movimento associada à simetria de Galileo ser a posição inicial do centro de massa deve ser encarado com naturalidade.

Por fim, vamos obter a quantidade conservada associada às rotações. Primeiro, por definição, o tempo não é modificado, de forma que $\eta = 0$. Também, notemos que tais transformações não modificam a lagrangiana, ou seja, $g = 0$. Resta calcular ε^i. Para tanto, lembremos que, se $\{\mathrm{x}, \mathrm{y}, \mathrm{z}\}$ são as coordenadas cartesianas do espaço, então uma rotação de um ângulo θ em torno do eixo z modifica as coordenadas da seguinte forma:

$$\begin{bmatrix} \mathrm{x} \\ \mathrm{y} \\ \mathrm{z} \end{bmatrix} \rightarrow \begin{bmatrix} \tilde{\mathrm{x}} \\ \tilde{\mathrm{y}} \\ \tilde{\mathrm{z}} \end{bmatrix} = \begin{bmatrix} \cos\theta & -\sin\theta & 0 \\ \sin\theta & \cos\theta & 0 \\ 0 & 0 & 1 \end{bmatrix} \begin{bmatrix} \mathrm{x} \\ \mathrm{y} \\ \mathrm{z} \end{bmatrix} .$$

No caso em que θ é infinitesimal, podemos usar as expressões $\cos\theta \simeq 1$ e $\sin\theta \simeq \theta$, que são verdadeiras em primeira ordem no parâmetro θ. Nesse regime de aproximação, temos:

$$\tilde{\mathrm{x}} = \mathrm{x} - \theta\,\mathrm{y}\,, \quad \tilde{\mathrm{y}} = \mathrm{y} + \theta\,\mathrm{x}\,, \quad \tilde{\mathrm{z}} = \mathrm{z}\,.$$

Em termos do vetor posição $\boldsymbol{r} = \mathrm{x}\hat{\boldsymbol{e}}_\mathrm{x} + \mathrm{y}\hat{\boldsymbol{e}}_\mathrm{y} + \mathrm{z}\hat{\boldsymbol{e}}_\mathrm{z}$, essa transformação infinitesimal pode ser elegantemente escrita da seguinte forma:

$$\boldsymbol{r} \rightarrow \tilde{\boldsymbol{r}} = \boldsymbol{r} + \theta\,\hat{\boldsymbol{e}}_\mathrm{z} \times \boldsymbol{r}\,. \tag{17.11}$$

A aparição do versor $\hat{\boldsymbol{e}}_\mathrm{z}$ se deu pelo fato de estarmos considerando uma rotação em torno do eixo z. No caso geral, a ação de uma rotação infinitesimal de um ângulo θ em torno da direção $\hat{\boldsymbol{n}}$, onde $\hat{\boldsymbol{n}}$ é um vetor de norma um, é a seguinte: $\boldsymbol{r} \rightarrow \boldsymbol{r} + \theta\hat{\boldsymbol{n}} \times \boldsymbol{r}$. De fato, anteriormente neste livro, através de outros passos, chegamos à mesma conclusão na Eq. (5.5). Portanto, para as rotações, temos:

$$\varepsilon^j = (\theta\,\hat{\boldsymbol{n}} \times \boldsymbol{r}_1,\, \theta\,\hat{\boldsymbol{n}} \times \boldsymbol{r}_2)\,.$$

Inserindo então essa expressão para ε^j na Eq. (17.7), obtemos a seguinte quantidade conservada:

$$\frac{\partial\mathcal{L}}{\partial\dot{\boldsymbol{r}}_1}\cdot(\theta\,\hat{\boldsymbol{n}} \times \boldsymbol{r}_1) + \frac{\partial\mathcal{L}}{\partial\dot{\boldsymbol{r}}_2}\cdot(\theta\,\hat{\boldsymbol{n}} \times \boldsymbol{r}_2) = \theta\,\hat{\boldsymbol{n}}\cdot(m_1\boldsymbol{r}_1 \times \dot{\boldsymbol{r}}_1 + m_2\boldsymbol{r}_2 \times \dot{\boldsymbol{r}}_2)\,,$$

onde a identidade vetorial $\boldsymbol{a}\cdot(\boldsymbol{b}\times\boldsymbol{c}) = \boldsymbol{b}\cdot(\boldsymbol{c}\times\boldsymbol{a})$ foi utilizada. Como θ e $\hat{\boldsymbol{n}}$ são constantes e como $\hat{\boldsymbol{n}}$ tem direção arbitrária (já que o sistema em questão é invariante por qualquer rotação), segue que o termo entre parênteses no lado direito da equação acima deve ser constante. Esse termo é exatamente o vetor momento angular total. Ou seja, se um sistema apresenta uma simetria de rotação em torno da direção $\hat{\boldsymbol{n}}$, então o momento angular nessa direção será conservado o longo da dinâmica.

É importante manter em mente que as simetrias são do sistema como um todo ou do *conjunto* de soluções, não de uma solução particular. Por exemplo, consideremos uma partícula em três dimensões com aceleração constante na direção $\hat{\boldsymbol{e}}_\mathrm{z}$, cujo lagrangiano é dado por

$$\mathcal{L} = \frac{m}{2}\,(\dot{\mathrm{x}}^2 + \dot{\mathrm{y}}^2 + \dot{\mathrm{z}}^2) + m\,a\,\mathrm{z}\,,$$

onde m e a são parâmetros constantes. Pela própria descrição geométrica do problema, podemos concluir que existe uma simetria de rotação em torno do eixo z, algo que também pode ser verificado notando que o lagrangiano é invariante por essa transformação. Uma solução particular das equações de movimento é a seguinte:

$$\boldsymbol{r}(t) = v\, t\, \hat{\boldsymbol{e}}_{\rm x} + \frac{a}{2}\, t^2\, \hat{\boldsymbol{e}}_{\rm z}\,, \tag{17.12}$$

onde v é uma constante. Se aplicarmos a essa solução uma rotação de um ângulo θ em torno do eixo z, obteremos o seguinte resultado:

$$\boldsymbol{r} \;\rightarrow\; \tilde{\boldsymbol{r}} = v\, t\, (\cos\theta\, \hat{\boldsymbol{e}}_{\rm x} - {\rm sen}\theta\, \hat{\boldsymbol{e}}_{\rm y}) + \frac{a}{2}\, t^2\, \hat{\boldsymbol{e}}_{\rm z}\,. \tag{17.13}$$

Concluímos então que a solução (17.12) não é invariante pela ação da transformação de simetria. Isso é absolutamente normal. Em geral, as soluções, de forma individual, não são invariantes pelas simetrias. No entanto, existe uma invariância de forma coletiva; o conjunto das soluções é invariante pela ação de uma simetria. Ou seja, a ação de uma transformação de simetria deve levar solução em solução. Em particular, podemos facilmente verificar que o caminho mostrado no lado direito da Eq. (17.13) também é uma solução das equações de movimento, mostrando, nesse exemplo, que a ação da simetria transformou uma solução em uma solução, como deve sempre acontecer. É claro que podem existir soluções especiais que são individualmente invariantes pela ação de alguma simetria. Por exemplo, no caso particular em que $v = 0$ na Eq. (17.12), a solução permanece inalterada pela ação da rotação em torno do eixo z, isto é, a simetria do sistema também é simetria dessa solução, mas se trata de uma exceção. Um exemplo mais visual do que acabamos de discutir é o seguinte. Considere que uma bola foi colocada no "polo norte" de uma superfície esférica, com a aceleração gravitacional local apontando do norte para o sul, conforme ilustrado na Fig. 17.2. Esse sistema claramente tem uma simetria

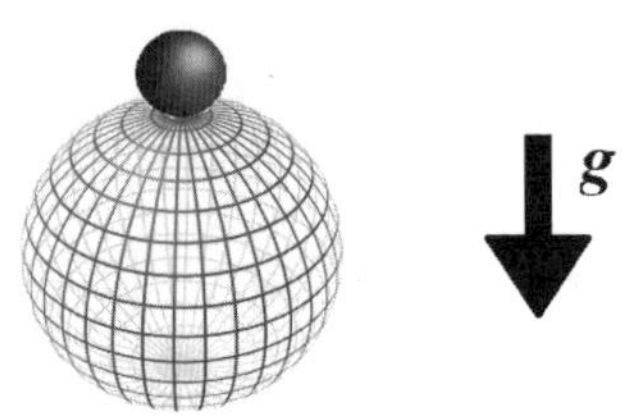

Figura 17.2: Partícula em cima de uma esfera. A aceleração gravitacional local é na direção norte-sul, apontando para o sul, como ilustrado pela seta.

de rotação em torno do eixo norte-sul. Na teoria, a bola poderia ficar parada em cima do polo norte; essa é uma solução estacionária porém instável. Tal solução é invariante por rotações em torno do eixo norte-sul. Todavia, na prática, perturbações sempre existem e a bola acabará caindo. Quando começar a cair, ela o fará em alguma direção específica. Ou seja, essa solução na qual a bola cai não é invariante pela rotação em torno do eixo note-sul. Esse tipo de fenômeno em que o sistema é obrigado a "escolher" uma solução que não tem as simetrias do problema é conhecido em teoria de campos como **quebra espontânea de simetria**.

Neste capítulo, discutimos como a existência de simetrias contínuas se relaciona com quantidades conservadas. No entanto, uma pergunta pertinente e com legitimidade científica é a seguinte: do ponto de vista prático, para que servem as simetrias e as constantes de movimento? No que tange às simetrias, a resposta foi discutida no parágrafo anterior.

Se tivermos uma única solução em mãos, podemos aplicar uma transformação de simetria para gerar outras soluções. Esse procedimento só não trará frutos se acontecer de a solução inicial ser invariante pela ação da simetria. E as leis de conservação, têm algum uso? Sim, as quantidades conservadas são muito úteis para ajudar a integrar as equações de movimento. Vejamos um exemplo explícito disso. Considere o sistema unidimensional cuja dinâmica é ditada pelo seguinte lagrangiano:

$$\mathcal{L} = \frac{1}{2}\dot{\mathrm{x}}^2 + \frac{1}{2}\mathrm{x}^4 .$$

A equação de movimento desse sistema é dada por $\ddot{\mathrm{x}} = 2\mathrm{x}^3$. Trata-se de uma equação diferencial de segunda ordem e não linear. A não linearidade torna essa equação de difícil solução. No entanto, podemos usar simetrias para ajudar a resolver o problema dinâmico. Por exemplo, notemos que o lagrangiano é invariante por translações temporais, de forma que a função hamiltoniana é conservada. Ou seja, ao longo das soluções, vale o seguinte:

$$\frac{1}{2}\dot{\mathrm{x}}^2 - \frac{1}{2}\mathrm{x}^4 = \text{constante} = E \quad \Rightarrow \quad \dot{\mathrm{x}} = \pm\sqrt{\mathrm{x}^4 + 2E} .$$

Portanto, em vez de usar uma equação diferencial de segunda ordem para achar as soluções, podemos fazer uso da equação de primeira ordem encontrada acima, graças à lei de conservação da energia. Essa equação de primeira ordem tem a seguinte solução implícita:

$$\int \frac{d\mathrm{x}}{\sqrt{\mathrm{x}^4 + 2E}} = \pm \int dt = \pm(t + c) ,$$

onde c é uma constante de integração. Em particular, se quisermos soluções que obedeçam à condição de contorno $\dot{\mathrm{x}}(0) = [\mathrm{x}(0)]^2$, teremos que a constante E deverá ser nula, o que pode ser percebido avaliando a lei de conservação em $t = 0$. Logo, nesse caso, a solução anterior se torna:

$$\pm(t + c) = \int \frac{d\mathrm{x}}{\mathrm{x}^2} = -\frac{1}{\mathrm{x}} \quad \Rightarrow \quad \mathrm{x}(t) = \frac{\pm 1}{t + c} .$$

É fácil ver que, de fato, essa é uma solução para a equação de movimento $\ddot{\mathrm{x}} = 2\mathrm{x}^3$. Notemos que, ao aplicarmos uma translação temporal a essa classe específica de soluções, obtemos:

$$\mathrm{x}(t) = \frac{\pm 1}{t + c} \;\rightarrow\; \mathrm{x}(\tilde{t}\,) = \frac{\pm 1}{t - t_0 + c} = \frac{\pm 1}{t + \tilde{c}} ,$$

onde $\tilde{c} = c - t_0$. Vemos então que a ação da simetria leva solução em solução, mas permanecemos na mesma classe de soluções que obedecem à condição inicial $\dot{\mathrm{x}}(0) = [\mathrm{x}(0)]^2$. Esse simples exemplo deixa claro que as leis de conservação podem ser de grande ajuda para conseguirmos resolver as equações de movimento. É por essa razão que o teorema de Nöther tem importância central na Física teórica moderna.

17.3 Simetria × simetria de Nöther

O conceito de simetria pode ser introduzido em um contexto muito mais amplo que aquele da mecânica clássica. Podemos falar da simetria associada a qualquer sistema de equações diferenciais ordinárias e até a equações diferenciais parciais. Dizemos que uma determinada transformação é uma simetria quando ela transforma cada solução do sistema de equações em outra solução. No caso de equações diferenciais ordinárias, se uma simetria for aplicada à solução geral, seu efeito consiste em uma simples alteração dos valores das constantes de integração. A título de ilustração, consideremos a equação diferencial $\ddot{x} = 2$, que tem a seguinte solução geral:

$$x(t) = a + b\,t + t^2\,, \tag{17.14}$$

onde a e b são as constantes de integração. A transformação

$$t \to \tilde{t} = \lambda\, t + t_0\,, \quad x \to \tilde{x} = \lambda^2\, x + x_0\,, \tag{17.15}$$

onde t_0, x_0 e λ são constantes, é um exemplo de simetria da equação $\ddot{x} = 2$. De fato, notemos que, aplicando essa transformação à solução geral (17.14), temos:

$$\tilde{x}(\tilde{t}\,) = \lambda^2\, x(t(\tilde{t}\,)) + x_0 = \lambda^2 \left[a + b\frac{1}{\lambda}(\tilde{t} - t_0) + \frac{1}{\lambda^2}(\tilde{t} - t_0)^2 \right] + x_0 = \tilde{a} + \tilde{b}\,\tilde{t} + \tilde{t}^{\,2}\,,$$

onde as constantes $\tilde{a}$ e $\tilde{b}$ são definidas por:

$$\tilde{a} \equiv \lambda^2 a - \lambda\, b\, t_0 + t_0^2 + x_0 \quad \text{e} \quad \tilde{b} \equiv \lambda\, b - 2t_0\,.$$

Isso prova que a transformação (17.15) é, de fato, uma simetria, pois sua ação manteve a forma da solução geral, promovendo apenas uma redefinição das constantes de integração. Em outras palavras, a função $\tilde{x}(\tilde{t}\,)$ obedece a uma equação diferencial idêntica à original, isto é, $d^2\tilde{x}/d\tilde{t}^{\,2} = 2$. Esse é o conceito mais abrangente de simetria. Nesse exemplo, parâmetros t_0 e x_0 podem ser relacionados a constantes de movimento. Mais precisamente, $(\dot{x} - 2t)$ é a quantidade conservada associada à simetria $t \to t$ e $x \to x + x_0$; ao passo que $(\dot{x}^2 - 4x)$ é a constante de movimento associada à simetria $t \to t + t_0$ e $x \to x$. No entanto, é importante manter em mente que nem toda simetria contínua está relacionada a uma constante de movimento. Por exemplo, o parâmetro λ é contínuo, mas não está relacionado a uma quantidade conservada. Ou seja, não há nenhuma constante de movimento associada à simetria $t \to \lambda\, t$ e $x \to \lambda^2 x$. Por essa razão, faz sentido diferenciar os termos *simetria* e *simetria de Nöther*. Toda simetria de Nöther é uma simetria, mas o contrário não é verdadeiro.

Na seção anterior, definiram-se as simetrias de Nöther como sendo transformações contínuas conectadas à identidade que modificam o integrando da ação pela adição de uma derivada total:

$$\mathcal{L}\, dt \to \tilde{\mathcal{L}}\, d\tilde{t} = \left(\mathcal{L} + \frac{dg}{dt} \right) dt\,.$$

Se isso acontecer, podemos aplicar o teorema de Nöther e encontrar uma quantidade conservada associada a essa simetria. Esse foi o caso das simetrias newtonianas tratadas na última seção. No entanto, transformações de escala, que modificam o integrando da ação pela multiplicação de um fator constante, $\mathcal{L}\, dt \to \lambda^n\, \mathcal{L}\, dt$, são exemplos de simetrias que não são simetrias de Nöther. Além das transformações de escala, há outro tipo de simetria contínua que não é considerada uma simetria de Nöther. A fim de ilustrar esse tipo de simetria, voltemos a considerar o sistema de duas partículas cujas equações de movimento são

$$m_1\, \ddot{\boldsymbol{r}}_1 = f(r)\, \hat{\boldsymbol{r}} \quad \text{e} \quad m_2\, \ddot{\boldsymbol{r}}_2 = -\, f(r)\, \hat{\boldsymbol{r}}\,.$$

Para esse sistema, a transformação

$$\boldsymbol{r}_1 \to \tilde{\boldsymbol{r}}_1 = \boldsymbol{r}_1 + \alpha\,(m_1\boldsymbol{r}_1 + m_2\boldsymbol{r}_2)\,, \quad \boldsymbol{r}_2 \to \tilde{\boldsymbol{r}}_2 = \boldsymbol{r}_2 + \alpha\,(m_1\boldsymbol{r}_1 + m_2\boldsymbol{r}_2)\,, \tag{17.16}$$

é uma simetria, qualquer que seja a constante α. De fato, derivando $\tilde{\boldsymbol{r}}_1$ em relação ao tempo, temos:

$$\ddot{\tilde{\boldsymbol{r}}}_1 = \ddot{\boldsymbol{r}}_1 + \alpha\,(m_1\ddot{\boldsymbol{r}}_1 + m_2\ddot{\boldsymbol{r}}_2) = \ddot{\boldsymbol{r}}_1 + \alpha\,(f - f)\,\hat{\boldsymbol{r}} = \ddot{\boldsymbol{r}}_1\,.$$

Logo, o lado esquerdo da equação de movimento para $\boldsymbol{r}_1$ é preservado pela ação da transformação (17.16). Além disso, o lado direito dessa equação também não sofre alteração, pois $\tilde{\boldsymbol{r}} = \tilde{\boldsymbol{r}}_2 - \tilde{\boldsymbol{r}}_1 = \boldsymbol{r}_2 - \boldsymbol{r}_1 = \boldsymbol{r}$. Analogamente, a equação diferencial para $\boldsymbol{r}_2$ permanece inalterada. Apesar de ser uma simetria, essa não é uma simetria de Nöther. De fato, o lagrangiano desse sistema é dado por

$$\mathcal{L} = \frac{m_1}{2}|\dot{\boldsymbol{r}}_1|^2 + \frac{m_2}{2}|\dot{\boldsymbol{r}}_2|^2 - U(r)\,,$$

onde $U(r) = -\int f(r)dr$. Aplicando a transformação (17.16) ao lagrangiano acima, vemos que $\tilde{\mathcal{L}} - \mathcal{L} = \alpha|m_1\dot{\boldsymbol{r}}_1 + m_2\dot{\boldsymbol{r}}_2|^2$, até primeira ordem no parâmetro α. Essa variação não pode ser escrita como a derivada total em relação ao tempo de uma função $g = g(\boldsymbol{r}_1, \boldsymbol{r}_2, t)$. Portanto, a transformação (17.16) não é uma simetria de Nöther. É importante manter em mente que, durante o processo de determinação da função g, *não devemos usar as equações de movimento*. Por exemplo, no caso da simetria de Galileo, considerada na seção anterior, fomos capazes de determinar g imediatamente, sem a necessidade de conhecer a solução dinâmica do problema, vide Eq. (17.9). O mesmo não pode ser feito no caso da simetria (17.16). No entanto, se flexibilizarmos a aplicação do teorema de Nöther e admitirmos o uso das equações de movimento durante o cálculo da função g associada à simetria (17.16), poderemos usar o fato de que $\boldsymbol{P} = (m_1\dot{\boldsymbol{r}}_1 + m_2\dot{\boldsymbol{r}}_2)$ é constante ao longo da dinâmica (em razão da simetria de translação espacial). Nesse caso, é plausível escrever a variação do lagrangiano da seguinte forma:

$$\tilde{\mathcal{L}} - \mathcal{L} = \alpha\,|m_1\dot{\boldsymbol{r}}_1 + m_2\dot{\boldsymbol{r}}_2|^2 = \alpha\,|\boldsymbol{P}|^2 = \frac{d}{dt}\left(\alpha\,|\boldsymbol{P}|^2\,t\right)\,.$$

Ou seja, $g = \alpha\,|\boldsymbol{P}|^2\,t$. Inserindo essa expressão na Eq. (17.7), vemos que a quantidade conservada associada à simetria (17.16) é dada por:

$$C = \frac{\partial\mathcal{L}}{\partial\dot{x}^i}\,\varepsilon^i - g = \alpha\,\left(M\boldsymbol{R}_{CM}\cdot\boldsymbol{P} - |\boldsymbol{P}|^2\,t\right)\,,$$

onde $M \equiv (m_1 + m_2)$ é a massa total do sistema e $\boldsymbol{R}_{CM} \equiv \frac{1}{M}(m_1\boldsymbol{r}_1 + m_2\boldsymbol{r}_2)$ é a posição do centro de massa. É fácil ver que C é, de fato, uma constante de movimento. Com efeito, recordando que a dinâmica do centro de massa é um movimento retilíneo e uniforme, $\boldsymbol{R}_{CM} = \frac{1}{M}\boldsymbol{P}\,t + \boldsymbol{R}_0$, conclui-se que a grandeza C é a dada por:

$$C = \alpha\,\left[(\boldsymbol{P}\,t + M\,\boldsymbol{R}_0)\cdot\boldsymbol{P} - |\boldsymbol{P}|^2\,t\right] = \alpha\,M\,(\boldsymbol{R}_0\cdot\boldsymbol{P})\,.$$

Portanto, a quantidade conservada associada à simetria (17.16) é, essencialmente, o produto interno entre a posição inicial do centro de massa, $\boldsymbol{R}_0$, e o momento linear total do sistema, $\boldsymbol{P}$. Isso é curioso, pois $\boldsymbol{R}_0$ é a quantidade conservada associada à simetria de Galileo, ao passo que $\boldsymbol{P}$ é a constante de movimento relacionada à simetria de translação espacial. Apesar disso, a simetria (17.16) não pode ser obtida através da composição das transformações de Galileo com as translações espaciais.

Em suma, existem duas categorias de simetrias que, embora levem solução em solução, têm ações infinitesimais que modificam $\mathcal{L}dt$ de uma forma distinta daquela considerada no teorema de Nöther. A primeira é formada pelas transformações de escala, que alteram a ação do sistema pela aparição de um fator multiplicativo coletivo, $\mathcal{L}dt \to \lambda^n \mathcal{L}dt$. A segunda é aquela cuja modificação $\delta\mathcal{L}dt \equiv \tilde{\mathcal{L}}d\tilde{t} - \mathcal{L}dt$ é tal que $\delta\mathcal{L}$ só pode ser identificado como sendo uma derivada total em relação ao tempo se usarmos as equações de movimento. Também é possível ter uma mistura dessas duas transformações.

17.4 Exercícios sugeridos

Exercício 1
Prove a lei de conservação (17.7).

Exercício 2
Considere um sistema bidimensional cujo lagrangiano é dado por:

$$\mathcal{L} = \frac{m}{2}(\dot{x}^2 + \dot{y}^2) + \omega\,(x - a\,y)^2\,,$$

onde m, ω, e a são constantes.
a) Prove que as transformações $(x, y, t) \to (x, y, t + t_0)$, $(x, y, t) \to (x + a\,x_0, y + x_0, t)$, e $(x, y, t) \to (x + a\,v_0 t, y + v_0 t, t)$ são simetrias e encontre as quantidades conservadas associadas.
b) Tome a derivada temporal de cada uma das quantidades conservadas obtidas no item anterior e prove que o resultado fornece zero sempre que assumimos a validade das equações de movimento.

Exercício 3 – *resolvido*
Considere o sistema unidimensional cujo lagrangiano é:

$$\mathcal{L} = \frac{m}{2}\dot{x}^2 + \frac{\omega}{x^2}\,,$$

onde m e ω são constantes.
a) Prove que as transformações $(x, t) \to (x, t + t_0)$ e $(x, t) \to (\lambda x, \lambda^2 t)$ são simetrias do sistema.
b) Obtenha as quantidades conservadas associadas a essas simetrias.
c) Use as duas quantidades conservadas para encontrar a solução geral $x(t)$ sem precisar fazer nenhuma integração.
d) Verifique que a solução encontrada no item anterior obedece à equação de movimento.

Exercício 4

Considere os dois lagrangianos abaixo de sistemas com um grau de liberdade:

$$\mathcal{L} = \frac{1}{2}\dot{q}^2 \quad \text{e} \quad \tilde{\mathcal{L}} = \frac{1}{2}\dot{q}^2 + q^2 + 2t\,q\,\dot{q}\,.$$

O primeiro lagrangiano é o de uma partícula livre, cuja equação dinâmica é simplesmente $\ddot{q} = 0$, ou seja, sua velocidade é constante. O segundo lagrangiano, por sua vez, é equivalente ao primeiro, pois difere por uma derivada total, a derivada da função $f(q,t) = t\,q^2$.

a) Usando o formalismo lagrangiano, prove que a dinâmica associada ao lagrangiano $\tilde{\mathcal{L}}$ é a dinâmica esperada, ou seja, aceleração nula.

b) Prove que as transformações $(q,t) \to (q+\varepsilon, t)$ e $(q,t) \to (q, t+\eta)$, com ε e η constantes, são simetrias de ambos os lagrangianos e estabeleça as quantidades conservadas associadas a essas simetrias.

c) Calcule o momento canônico e o hamiltoniano para ambos os lagrangianos. Ambos os momentos canônicos são constantes de movimento? Ambos os hamiltonianos são constantes de movimento?

d) Obtenha as equações de Hamilton e prove, em ambos os casos, que tais equações preveem a dinâmica correta, a saber, $\ddot{q} = 0$.

Solução do Exercício 3

a) Como o lagrangiano não depende explicitamente do tempo, é imediato verificar que a translação temporal é uma simetria, e a ação será invariante por essa transformação. Com relação à transformação de escala $(x,t) \to (\lambda x, \lambda^2 t)$, ela implica a seguinte transformação na velocidade:

$$\dot{x} = \frac{dx(t)}{dt} \quad \to \quad \frac{d\tilde{x}(\tilde{t})}{d\tilde{t}} = \frac{d}{\lambda^2\, dt}\,[\lambda\, x(t)] = \frac{1}{\lambda}\,\frac{dx(t)}{dt} = \frac{1}{\lambda}\,\dot{x}\,.$$

Sendo assim, após a transformação de escala, a ação se torna:

$$\tilde{S} = \int_{\lambda t_0}^{\lambda t_f} \left[\frac{m}{2}\left(\frac{d\tilde{x}(\tilde{t})}{d\tilde{t}}\right)^2 + \frac{\omega}{\tilde{x}(\tilde{t})^2}\right] d\tilde{t} = \int_{t_0}^{t_f} \left[\frac{m}{2\,\lambda^2}\,\dot{x}(t)^2 + \frac{\omega}{\lambda^2\, x(t)^2}\right] \lambda^2\, dt = S\,,$$

onde, na segunda igualdade, foi feita uma mudança de variável de integração, passando da variável $\tilde{t} = \lambda^2 t$ para a variável t, razão pela qual o limite de integração foi alterado nessa passagem. Na última igualdade, vemos que os fatores de λ se cancelam, de forma que somos deixados com a ação original do sistema. Isso prova que a transformação de escala é uma simetria e deixa a ação invariante (ou seja, $g = 0$ para essa transformação de simetria).

b) A quantidade conservada associada à simetria de translação temporal é a função hamiltoniana. No caso, como a dependência do lagrangiano em $\dot{x}$ é quadrática, a hamiltoniana é dada pela soma da energia cinética com a energia potencial $U = -\omega/x^2$. Portanto, a grandeza

$$E = \frac{m}{2}\dot{x}^2 - \frac{\omega}{x^2}$$

é mantida constante durante a dinâmica do sistema. Com relação à transformação de escala, a fim de aplicar o teorema de Nöther, ou seja, usar a Eq. (17.7), precisamos obter a transformação em x e t quando fazemos uma transformação infinitesimal. No caso da transformação de escala, a transformação identidade é dada por $\lambda = 1$. Portanto, a transformação infinitesimal é dada por um λ muito próximo de um. Isto é, $\lambda = 1 + \delta$, com δ sendo infinitesimal. Logo, a transformação na coordenada x é dada por:

$$x(t) \;\to\; \tilde{x}(\tilde{t}) = \lambda\, x(t) = (1+\delta)x(t) = x(t) \,+\, \delta\, x(t)\,,$$

comparando essa identidade com a Eq. (17.6), vemos que $\varepsilon = \delta\, x$. Por sua vez, a transformação no tempo fornece:

$$t \;\to\; \tilde{t} = \lambda^2\, t = (1+\delta)^2\, t \simeq (1+2\delta)\, t = t \,+\, 2\delta\, t\,,$$

onde termos quadráticos em δ foram desprezados. Comparando essa identidade com a Eq. (17.6), vemos que $\eta = 2\delta\, t$. Sendo assim, a Eq. (17.7) fornece a seguinte quantidade conservada:

$$constante = \frac{\partial \mathcal{L}}{\partial \dot{x}}(\varepsilon - \eta\, \dot{x}) + \mathcal{L}\,\eta = m\,\dot{x}\,\delta(x - 2\,t\dot{x}) + 2\delta\, t\,\mathcal{L} = \delta\left[m x\dot{x} - \left(m\,\dot{x}^2 - \frac{2\omega}{x^2}\right)t\right].$$

Portanto, definindo c como sendo essa constante dividida por $m\delta$, podemos afirmar que vale a seguinte lei de conservação:

$$x\,\dot{x} - \frac{2E}{m}\,t = c\,.$$

c) Dessa última lei de conservação, podemos concluir que:

$$\dot{x} = \frac{c}{x} + \frac{2E}{m\,x\,t}.$$

Então, inserindo essa relação na lei de conservação da energia, obtemos:

$$E = \frac{m}{2\,x^2}\left(c + \frac{2E\,t}{m}\right)^2 - \frac{\omega}{x^2} \quad\Rightarrow\quad x = \sqrt{\frac{m}{2\,E}\left(c + \frac{2E\,t}{m}\right)^2 - \frac{\omega}{E}}.$$

Portanto, a solução geral para o problema é:

$$x(t) = \sqrt{\frac{2E}{m}t^2 + 2\,c\,t + \left(\frac{m\,c^2}{2\,E} - \frac{\omega}{E}\right)}$$

Note que essa solução depende de duas constantes arbitrárias, c e E. Isso deveria ser esperado, pois o sistema é unidimensional, de forma que são necessárias duas condições iniciais para fixar a solução, $x(0)$ e $\dot{x}(0)$.

d) A equação de Euler-Lagrange associada a esse lagrangiano é dada por:

$$\ddot{x} = -\frac{2\omega}{m\,x^3}.$$

Vamos verificar que a solução encontrada no item anterior obedece a essa equação. Tomando a primeira derivada temporal da solução $x(t)$, obtemos:

$$\dot{x} = \frac{1}{2\sqrt{\frac{2E}{m}t^2 + 2\,c\,t + \left(\frac{m\,c^2}{2\,E} - \frac{\omega}{E}\right)}}\left(\frac{4E}{m}t + 2\,c\right) = \frac{2E\,t + m\,c}{m\,x}.$$

Portanto,

$$\begin{aligned}\ddot{x} &= \frac{2E}{m\,x} - \frac{2E\,t + m\,c}{m\,x^2}\dot{x} = \frac{2E}{m\,x} - \frac{2E\,t + m\,c}{m\,x^2}\left(\frac{2E\,t + c}{m\,x}\right)\\ &= \frac{2mEx^2 - (2E\,t + m\,c)^2}{m^2\,x^3} = -\frac{2\omega}{m\,x^3},\end{aligned}$$

provando que a solução encontrada resolve, de fato, a equação de movimento. Esse problema ilustra bem como as leis de conservação podem ser usadas para ajudar a encontrar as soluções para as equações de movimento. De fato, conseguimos encontrar a solução geral sem executar uma única integração.

Capítulo 18

Simetrias do $\mathbb{R}^3$, o grupo euclidiano

O conceito de simetria tem papel absolutamente central nos desenvolvimentos mais modernos da Física teórica, de forma que um conhecimento básico sobre as simetrias é essencial para a formação de qualquer pesquisador/a em Física, independentemente de qual seja sua área de atuação. Mantendo isso em mente, o objetivo deste capítulo é fazer uma breve introdução às principais ferramentas matemáticas que são utilizadas para lidar com simetrias. Aqui apresentaremos a definição de grupo, bem como falaremos sobre os geradores de um grupo de Lie e da álgebra de um grupo de Lie. Usaremos um exemplo específico para apresentar tais conceitos; nosso estudo será focado no grupo E^3, o grupo das simetrias do espaço $\mathbb{R}^3$. É importante mencionar que há muito mais a ser visto sobre teoria de grupos além do que será abordado neste capítulo, a exemplo da teoria de representação de grupos e da geometria diferencial dos grupos de Lie.

18.1 Grupos: relevância e definição

A estrutura matemática utilizada para descrever as simetrias se chama **grupo**. A teoria de grupos e suas ferramentas têm um papel inegavelmente central na Matemática e na Física teórica modernas. Por exemplo, o grupo de simetria da relatividade especial é o chamado grupo de Lorentz. Na descrição vigente para todas as quatro iterações fundamentais da natureza (interação eletromagnética, nuclear fraca, nuclear forte e gravitacional), a invariância pela ação desse grupo é um pré-requisito assumido. As simetrias também podem surgir quando a descrição matemática de um problema físico é redundante. Ou seja, quando existem várias descrições matemáticas para o mesmo estado físico. Isso acontece, por exemplo, quando descrevemos os graus de liberdade do campo eletromagnético em termos dos potenciais escalar e vetorial, ϕ e $\boldsymbol{A}$. Existem várias opções de ϕ e $\boldsymbol{A}$ que dão origem aos mesmos campos elétrico e magnético. Esse tipo de simetria que surge quando a descrição matemática tem mais graus de liberdade que o mínimo necessário para descrever determinado sistema físico é chamada de simetria de calibre (*gauge symmetry*, em inglês). As simetrias de calibre formam a espinha dorsal do modelo-padrão, um modelo de teoria quântica de campos que descreve as partículas elementares da natureza e suas interações. Ademais, a teoria de grupos também tem relevância na descrição de fenômenos coletivos, como na formação de redes cristalinas.

Suponha que haja duas transformações, a princípio independentes, que, quando agem sobre um certo objeto, o deixam invariante; dizemos então que são transformações de simetria. Logo, se aplicarmos essas transformações em sequência, o objeto também permanecerá invariante, por definição. Portanto, a composição de simetrias gera uma simetria. Além disso, feita uma transformação de simetria, é sempre possível desfazê-la, o que também dá origem a uma transformação de simetria. É por essas razões que os grupos constituem o arcabouço matemático ideal para descrever as simetrias. Um grupo é um conjunto de elementos G munido de uma operação de composição $\cdot : G \times G \to G$ que obedece às seguintes regras:

- ▷ se $g_1, g_2 \in G$, então $g_1 \cdot g_2 \in G$;
- ▷ existe $I \in G$ tal que $I \cdot g = g$ para qualquer $g \in G$;
- ▷ dado $g \in G$, sempre existe $g^{-1} \in G$ tal que $g^{-1} \cdot g = I = g \cdot g^{-1}$;
- ▷ $g_1 \cdot (g_2 \cdot g_3) = (g_1 \cdot g_2) \cdot g_3$ para quaisquer $g_1, g_2, g_3 \in G$.

O elemento I é denominado a **identidade do grupo** e g^{-1} é o chamado elemento inverso de g. Em palavras, um grupo é definido como sendo um conjunto munido de uma operação associativa, um elemento identidade, e tal que cada elemento tenha um inverso.

Os grupos podem ser discretos ou contínuos. Por exemplo, o grupo não trivial mais simples que pode ser formado é o grupo $\mathbb{Z}^2$, que consiste no conjunto $\{-1, 1\}$ com a operação de composição sendo dada pela multiplicação. Nesse grupo, a identidade é o número 1. O conjunto dos números inteiros também forma um grupo com a operação de composição sendo a soma e com a identidade sendo o número zero. Esses são exemplos de grupos discretos. No entanto, os grupos mais relevantes da Física e da Matemática são os grupos contínuos, os chamados **grupos de Lie**. Por exemplo, as rotações formam um grupo de Lie, assim como o grupo Galileo 3, visto no capítulo anterior. Neste capítulo, vamos focar nosso estudo no grupo euclidiano em três dimensões, o grupo E^3. Apesar de se tratar de um grupo de Lie específico, as ferramentas que veremos aqui durante seu estudo podem servir para explorar qualquer outro grupo de Lie.

18.2 O Grupo E^3

O grupo E^3, o grupo euclidiano em três dimensões, é formado pelas transformações que preservam a estrutura métrica do espaço euclidiano em três dimensões, o espaço $\mathbb{R}^3$. Em outras palavras, é o grupo formado pelas transformações que preservam a distância entre os pontos no $\mathbb{R}^3$. Logo, se $\boldsymbol{r}_1$ e $\boldsymbol{r}_2$ são pontos do $\mathbb{R}^3$ e $\tilde{\boldsymbol{r}}_1$ e $\tilde{\boldsymbol{r}}_2$ são as respectivas imagens desses pontos após a ação de um elemento do grupo E^3, então a seguinte igualdade deve valer:

$$|\tilde{\boldsymbol{r}}_1 - \tilde{\boldsymbol{r}}_2| = |\boldsymbol{r}_1 - \boldsymbol{r}_2|\,.$$

Existem duas classes de transformações que obedecem a essa restrição, as rotações e as translações. A composição dessas duas classes forma então o grupo E^3. Portanto, a transformação mais geral do grupo euclidiano pode ser descrita da seguinte forma:

$$x^i \mapsto \tilde{x}^i = R^i{}_j\, x^j + a^i\,, \tag{18.1}$$

onde x^i são as três coordenadas do vetor posição $\boldsymbol{r} = x^i\,\hat{\boldsymbol{e}}_i$. As constantes a^i são arbitrárias, ao passo que as matrizes $R^i{}_j$ devem ser matrizes 3×3 ortogonais, como provaremos explicitamente no que segue.

A distância entre os pontos $\boldsymbol{r}_1 = x_1^i\,\hat{\boldsymbol{e}}_i$ e $\boldsymbol{r}_2 = x_2^i\,\hat{\boldsymbol{e}}_i$ pode ser escrita da seguinte forma:

$$\Delta = (x_1^1 - x_2^1)^2 + (x_1^2 - x_2^2)^2 + (x_1^3 - x_2^3)^2 = \delta_{ij}\,(x_1^i - x_2^i)(x_1^j - x_2^j)\,. \tag{18.2}$$

Então, usando a Eq. (18.1), segue que a distância após a ação da transformação se torna:

$$\begin{aligned}\tilde{\Delta} &= \delta_{ij}\,(\tilde{x}_1^i - \tilde{x}_2^i)(\tilde{x}_1^j - \tilde{x}_2^j) \\ &= \delta_{ij}\,\left[(R^i{}_k x_1^k + a^i) - (R^i{}_k x_2^k + a^i)\right]\left[(R^j{}_\ell x_1^\ell + a^j) - (R^j{}_\ell x_2^\ell + a^j)\right] \\ &= R^i{}_k\,\delta_{ij}\,R^j{}_\ell\,(x_1^k - x_2^k)(x_1^\ell - x_2^\ell) \\ &= R^k{}_i\,\delta_{k\ell}\,R^\ell{}_j\,(x_1^i - x_2^i)(x_1^j - x_2^j)\,, \end{aligned} \tag{18.3}$$

onde, na última passagem, foi feita uma mudança de índices mudos. Então, impondo que valha $\tilde{\Delta} = \Delta$ para $\boldsymbol{r}_1$ e $\boldsymbol{r}_2$ arbitrários, segue, da comparação entre as Eqs. (18.2) e (18.3), que a matriz $R^k{}_i$ deve obedecer à seguinte restrição:

$$R^k{}_i \delta_{k\ell} R^\ell{}_j = \delta_{ij}\,. \tag{18.4}$$

Em linguagem matricial, isso pode ser escrito da seguinte forma: $R^t \mathbb{I} R = \mathbb{I}$, ou seja, $R^t R = \mathbb{I}$. Portanto, a transformação (18.1) será uma simetria do $\mathbb{R}^3$ se, e somente se, a matriz R for ortogonal. O conjunto das matrizes ortogonais 3×3 forma por si só um grupo, o chamado grupo ortogonal, denotado por $O(3)$. A operação de composição desse grupo é a multiplicação matricial. É fácil provar que a multiplicação de duas matrizes ortogonais quaisquer, R_1 e R_2, dá origem a uma matriz ortogonal $R_3 = R_1 \cdot R_2$. De fato,

$$R_3^t \cdot R_3 = R_2^t \cdot R_1^t \cdot R_1 \cdot R_2 = R_2^t \cdot \mathbb{I} \cdot R_2 = \mathbb{I}\,.$$

Também é simples ver que a inversa de uma matriz ortogonal é uma matriz ortogonal. Em primeiro lugar, tomando o determinante da identidade $R^t R = \mathbb{I}$, concluímos que $\det(R) = \pm 1$, de forma que toda matriz ortogonal é inversível, pois tem determinante diferente de zero. Além disso, multiplicando a equação $\mathbb{I} = R^t R$ por $(R^t)^{-1}$ à esquerda e por R^{-1} à direita, obtemos o seguinte:

$$\left(R^t\right)^{-1} \cdot \mathbb{I} \cdot R^{-1} = \left(R^t\right)^{-1} \cdot (R^t \cdot R) \cdot R^{-1} \;\Rightarrow\; \left(R^{-1}\right)^t \cdot R^{-1} = \mathbb{I}\,,$$

o que prova que R^{-1} é uma transformação ortogonal. Por fim, é óbvio que a matriz identidade é ortogonal. Isso prova que, de fato, as matrizes ortogonais formam um grupo. Dizemos que $O(3)$ é um subgrupo do grupo E^3. Notemos que translações não preservam a posição da origem $\boldsymbol{r} = 0$, ao passo que os elementos de $O(3)$ mapeiam a origem na origem, por isso que $O(3)$ é dito a **parte homogênea** do grupo euclidiano.

Os elementos de um grupo contínuo, isto é, de um grupo de Lie, são rotulados através de parâmetros contínuos. O número de parâmetros contínuos necessários é chamado de **dimensão do grupo**. Além dos parâmetros contínuos, também pode ser necessário um número finito de parâmetros discretos, como veremos adiante para o grupo $O(3)$. Em geral, uma matriz 3×3 tem 9 graus de liberdade. Todavia, o seguinte vínculo deve valer se R for ortogonal: $M \equiv R^t R - \mathbb{I} = 0$. A princípio, essa equação matricial pode parecer impor 9 vínculos. No entanto, como ambos os lados dessa equação são automaticamente simétricos, segue que, na verdade, apenas 6 restrições decorrem dessa equação. Por exemplo, a componente $M_{12} = 0$ dessa equação impõe a mesma restrição que a componente $M_{21} = 0$, razão pela qual não devemos contabilizar como sendo vínculos independentes. Logo, dentre as 9 componentes independentes que R poderia ter, 6 delas são fixadas pela imposição de que R seja ortogonal, sobrando apenas 3 graus de liberdade. Portanto, o grupo $O(3)$ tem dimensão 3. Como as translações são rotuladas pelas três componentes de a^i, definidas na Eq. (18.1), segue que, no total, o grupo E^3 tem dimensão 6; 3 dimensões advindas das rotações e 3 provenientes das translações.

O grupo $O(3)$ é formado por dois ramos, o ramo das matrizes com determinante $+1$ e o ramo das matrizes com determinante -1. Em cada um desses ramos, precisamos de três parâmetros contínuos para descrever seus elementos. Esses parâmetros podem ser escolhidos como sendo os ângulos $\theta_{\rm x}$, $\theta_{\rm y}$ e $\theta_{\rm z}$ que rotulam rotações em torno dos eixos x, y e z respectivamente. Ou seja, o elemento mais geral do ramo com determinante positivo pode sempre ser escrito da seguinte forma:

$$R_+(\theta_{\rm x}, \theta_{\rm y}, \theta_{\rm z}) = R_{{\rm z},\theta_{\rm z}}\, R_{{\rm y},\theta_{\rm y}}\, R_{{\rm x},\theta_{\rm x}}\,,$$

onde as matrizes $R_{{\rm x},\theta}$, $R_{{\rm y},\theta}$ e $R_{{\rm z},\theta}$ são definidas da seguinte forma:

$$R_{{\rm x},\theta} \equiv \begin{bmatrix} 1 & 0 & 0 \\ 0 & \cos\theta & -{\rm sen}\theta \\ 0 & {\rm sen}\theta & \cos\theta \end{bmatrix}, \qquad R_{{\rm y},\theta} \equiv \begin{bmatrix} \cos\theta & 0 & {\rm sen}\theta \\ 0 & 1 & 0 \\ -{\rm sen}\theta & 0 & \cos\theta \end{bmatrix},$$
$$R_{{\rm z},\theta} \equiv \begin{bmatrix} \cos\theta & -{\rm sen}\theta & 0 \\ {\rm sen}\theta & \cos\theta & 0 \\ 0 & 0 & 1 \end{bmatrix}. \tag{18.5}$$

Por sua vez, os elementos pertencentes ao ramo das matrizes ortogonais com determinante -1 podem ser rotulados pelos ângulos $\theta_{\rm x}$, $\theta_{\rm y}$ e $\theta_{\rm z}$ da seguinte forma:

$$R_-(\theta_{\rm x}, \theta_{\rm y}, \theta_{\rm z}) = -\, R_{{\rm z},\theta_{\rm z}}\, R_{{\rm y},\theta_{\rm y}}\, R_{{\rm x},\theta_{\rm x}}\,.$$

Portanto, o elemento mais geral do grupo $O(3)$ pode ser denotado da seguinte forma: $R_\varepsilon(\theta_{\rm x}, \theta_{\rm y}, \theta_{\rm z})$, onde $\varepsilon \in \{-1, +1\}$. Ou seja, além dos três parâmetros contínuos $(\theta_{\rm x}, \theta_{\rm y}, \theta_{\rm z})$, também precisamos de um parâmetro discreto, ε. As matrizes ortogonais do ramo $\varepsilon = +1$ formam um subgrupo denotado por $SO(3)$. Note, por exemplo, que o produto de duas matrizes com determinante $+1$ é uma matriz com determinante $+1$. Por outro lado, o conjunto das matrizes do ramo $\varepsilon = -1$ não forma um subgrupo. De fato, a matriz identidade não faz parte desse ramo, de maneira que esse conjunto não pode ser um grupo.

18.3 Os geradores do grupo de Lie

As matrizes do ramo $R_+(\theta_{\rm x}, \theta_{\rm y}, \theta_{\rm z})$ estão continuamente conectadas à identidade, pois, se fizermos a deformação $(\theta_{\rm x}, \theta_{\rm y}, \theta_{\rm z}) \to (0, 0, 0)$ continuamente, chegaremos na identidade sem nunca deixar o ramo $\varepsilon = +1$. Isso significa que faz sentido falar de uma transformação infinitesimal neste ramo, ou seja, uma transformação que difere da transformação identidade por um termo infinitesimal. Por outro lado, o ramo $\varepsilon = -1$ não está continuamente conectado à identidade. De fato, a identidade tem determinante $+1$, ao passo que todos os elementos do referido ramo têm determinante -1, e não existe nenhuma transformação contínua em uma matriz que possa mudar seu determinante de forma descontínua. É claro que, dada uma matriz do ramo $\varepsilon = -1$, sempre podemos fazer uma deformação contínua que a transforme na matriz identidade, mas essa deformação necessariamente passará por matrizes com determinantes pertencentes ao intervalo $(-1, 1)$, de forma que essas matrizes intermediárias estariam fora do grupo ortogonal e, em particular, fora do ramo $\varepsilon = -1$.

No que segue, focaremos nossa atenção nas transformações infinitesimais do grupo E^3. Portanto, no que tange às transformações ortogonais, trataremos do ramo $\varepsilon = +1$, cujas matrizes formam o subgrupo $SO(3)$. Para começar, vamos assumir $\theta = \epsilon$ na Eq. (18.5), onde ϵ é infinitesimal. Logo, desprezando termos quadráticos e de ordem mais alta em ϵ, podemos escrever $\cos\theta \simeq 1$ e $\text{sen}\theta \simeq \epsilon$. Fazendo isso, chega-se à seguinte forma de escrever as rotações infinitesimais em torno dos eixos cartesianos:

$$R_{\text{x},\epsilon} \simeq \mathbb{I} + \epsilon \begin{bmatrix} 0 & 0 & 0 \\ 0 & 0 & -1 \\ 0 & 1 & 0 \end{bmatrix}, \qquad R_{\text{y},\epsilon} \simeq \mathbb{I} + \epsilon \begin{bmatrix} 0 & 0 & 1 \\ 0 & 0 & 0 \\ -1 & 0 & 0 \end{bmatrix},$$
$$R_{\text{z},\epsilon} \simeq \mathbb{I} + \epsilon \begin{bmatrix} 0 & -1 & 0 \\ 1 & 0 & 0 \\ 0 & 0 & 0 \end{bmatrix}. \tag{18.6}$$

De forma geral, uma rotação infinitesimal qualquer tem a seguinte forma:

$$R = \mathbb{I} + \epsilon\, G\,, \tag{18.7}$$

onde G é uma matriz finita denominada a matriz **geradora** da rotação. Vejamos quais as restrições sobre G para que a transformação geral acima seja um elemento do grupo ortogonal. Por um lado, fazendo uso da Eq. (18.7), temos:

$$R^t R = (\mathbb{I} + \epsilon\, G^t)(\mathbb{I} + \epsilon\, G) \simeq \mathbb{I} + \epsilon\,(G^t + G)\,, \tag{18.8}$$

onde o termo quadrático em ϵ foi desprezado no último passo. Por outro lado, toda rotação deve obedecer à condição $R^t R = \mathbb{I}$. Comparando as duas expressões para $R^t R$, obtemos que a matriz geradora de uma rotação deve ser antissimétrica, ou seja, deve obedecer à condição

$$G^t = -\,G\,. \tag{18.9}$$

Essa é a condição necessária e suficiente para que a transformação infinitesimal da Eq. (18.7) seja uma rotação. Portanto, dada qualquer matriz antissimétrica, podemos gerar uma rotação infinitesimal.

Suponha que queiramos compor duas transformações infinitesimais, $R_1 = \mathbb{I} + \epsilon\, G_1$ e $R_2 = \mathbb{I} + \epsilon\, G_2$. Então, até primeira ordem em ϵ, a transformação total é dada por:

$$R = R_1\, R_2 = (\mathbb{I} + \epsilon\, G_1)(\mathbb{I} + \epsilon\, G_2) \simeq \mathbb{I} + \epsilon\,(G_1 + G_2)\,. \tag{18.10}$$

Ou seja, vemos que a matriz geradora da transformação total é a soma das matrizes G_1 e G_2. Portanto, ao passo que, no âmbito das rotações finitas, a composição de transformações passa pela multiplicação de matrizes, no caso de rotações infinitesimais, a composição envolve apenas a soma de matrizes. Como somar matrizes é computacionalmente muito mais simples que multiplicar, essa é a razão pela qual é vantajoso lidar com transformações infinitesimais. Apesar dessa grande simplificação, trocar transformações arbitrárias pelas infinitesimais não implica uma significativa perda de generalidade nos grupos de Lie. De fato, partindo das transformações infinitesimais, é possível gerar todas as transformações finitas do ramo do grupo de Lie que é conectado à identidade. Veremos isso em detalhe no grupo euclidiano.

Suponha que façamos a composição de N transformações geradas por G, de forma a obter a transformação R_G:

$$R_G = \underbrace{(\mathbb{I} + \epsilon\, G) \cdot (\mathbb{I} + \epsilon\, G) \cdots (\mathbb{I} + \epsilon\, G)}_{N \text{ vezes}} = (\mathbb{I} + \epsilon\, G)^N \,.$$

Tomando o limite $N \to \infty$ de forma apropriada, podemos obter uma transformação finita. De fato, assumindo $N = \theta/\epsilon$, com θ sendo algum parâmetro finito, segue que o limite $\epsilon \to 0$ coincide com o limite $N \to \infty$, de forma que temos:

$$R_G = \lim_{\epsilon \to 0} (\mathbb{I} + \epsilon\, G)^{\theta/\epsilon} = e^{\theta\, G} \,,$$

onde, no último passo, foi utilizada uma das definições da função exponencial. No caso em que G é uma matriz ou uma transformação abstrata, essa exponencial deve ser interpretada em termos da série de Taylor da função exponencial. Ou seja,

$$e^{\theta G} \equiv \sum_{k=0}^{\infty} \frac{\theta^k}{k!} G^k = \mathbb{I} + \theta\, G + \frac{\theta^2}{2!} G^2 + \cdots \,.$$

Por exemplo, se consideramos G como sendo a matriz geradora da rotação em torno do eixo z, temos

$$G = \begin{bmatrix} 0 & -1 & 0 \\ 1 & 0 & 0 \\ 0 & 0 & 0 \end{bmatrix} \,,$$

como pode ser visto da Eq. (18.6). Então, as potências dessa matriz geradora podem ser calculadas:

$$G^2 = G \cdot G = \begin{bmatrix} -1 & 0 & 0 \\ 0 & -1 & 0 \\ 0 & 0 & 0 \end{bmatrix} \,, \quad G^3 = G \cdot G \cdot G = \begin{bmatrix} 0 & 1 & 0 \\ -1 & 0 & 0 \\ 0 & 0 & 0 \end{bmatrix} \cdots$$

De forma geral, é imediato concluir que temos o seguinte padrão para as potências pares e ímpares dessa matriz geradora:

$$G^{2n} = (-1)^n \begin{bmatrix} 1 & 0 & 0 \\ 0 & 1 & 0 \\ 0 & 0 & 0 \end{bmatrix} = (-1)^{n+1}\, G^2 \,,$$

$$G^{2n+1} = (-1)^n \begin{bmatrix} 0 & -1 & 0 \\ 1 & 0 & 0 \\ 0 & 0 & 0 \end{bmatrix} = (-1)^n\, G \,,$$

onde $n \in \{0, 1, 2, 3, \cdots\}$. Portanto, a exponencial da matriz G fornece:

$$\begin{aligned} R_G = e^{\theta G} &= \sum_{k=0}^{\infty} \frac{\theta^k}{k!} G^k = \mathbb{I} - \sum_{n=1}^{\infty} \frac{\theta^{2n}}{(2n)!} (-1)^n G^2 + \sum_{n=0}^{\infty} \frac{\theta^{2n+1}}{(2n+1)!} (-1)^n G \\ &= \mathbb{I} - (\cos\theta - 1)\, G^2 + \sin\theta\, G \,. \end{aligned}$$

Finalmente, inserindo as formas explícitas de G^2 e G na equação acima, concluímos que:

$$R_G = e^{\theta G} = \begin{bmatrix} \cos\theta & -\sin\theta & 0 \\ \sin\theta & \cos\theta & 0 \\ 0 & 0 & 1 \end{bmatrix} = R_{z,\theta} \,.$$

Portanto, como antecipado, a exponencial da matriz geradora fornece a transformação finita. A conta foi feita para um exemplo particular do grupo das rotações, mas a conclusão é válida para qualquer grupo de Lie. Logo, embora as transformações infinitesimais pareçam apenas elementos muito especiais e particulares de um grupo contínuo, a verdade é que elas permitem gerar o grupo de Lie como um todo (ou pelo menos o ramo do grupo de Lie conectado à identidade). Estudar as transformações infinitesimais e seus geradores é a forma mais eficaz de se analisar um grupo de Lie.

O espaço vetorial formado pelas matrizes 3×3 antissimétricas tem dimensão três. Uma possível base para esse espaço é $\{L_\mathrm{x}, L_\mathrm{y}, L_\mathrm{z}\}$, onde essas três matrizes são definidas da seguinte forma:

$$L_\mathrm{x} = \begin{bmatrix} 0 & 0 & 0 \\ 0 & 0 & -1 \\ 0 & 1 & 0 \end{bmatrix}, \ L_\mathrm{y} = \begin{bmatrix} 0 & 0 & 1 \\ 0 & 0 & 0 \\ -1 & 0 & 0 \end{bmatrix}, \ L_\mathrm{z} = \begin{bmatrix} 0 & -1 & 0 \\ 1 & 0 & 0 \\ 0 & 0 & 0 \end{bmatrix}. \tag{18.11}$$

Portanto, qualquer matriz antissimétrica G pode ser escrita como uma combinação linear dessas três matrizes:

$$G = \theta_\mathrm{x}\, L_\mathrm{x} + \theta_\mathrm{y}\, L_\mathrm{y} + \theta_\mathrm{z}\, L_\mathrm{z}\,,$$

onde θ_x, θ_y e θ_z são constantes reais. Como as matrizes antissimétricas são as geradoras do grupo $SO(3)$, segue que o elemento mais geral desse grupo pode ser escrito da seguinte forma:

$$R = e^G = e^{\theta_\mathrm{x} L_\mathrm{x} + \theta_\mathrm{y} L_\mathrm{y} + \theta_\mathrm{z} L_\mathrm{z}}\,. \tag{18.12}$$

Como há três parâmetros reais livres na expressão para a rotação mais geral, segue que a dimensão do grupo $SO(3)$ é três, como já fora previamente argumentado. Neste momento, é importante salientar que, diferentemente do que ocorre com a exponencial de números, em geral, temos:

$$e^{G_1+G_2} \neq e^{G_1}\, e^{G_2}\,.$$

A razão é que, em geral, $G_1 G_2 \neq G_2 G_1$. Portanto, embora

$$e^{\theta_\mathrm{x} L_\mathrm{x}} = R_{\mathrm{x},\theta_\mathrm{x}}\,, \quad e^{\theta_\mathrm{y} L_\mathrm{y}} = R_{\mathrm{y},\theta_\mathrm{y}}\,, \quad e^{\theta_\mathrm{z} L_\mathrm{z}} = R_{\mathrm{z},\theta_\mathrm{z}}\,, \tag{18.13}$$

não podemos escrever o lado direito da Eq. (18.12) como sendo a composição das rotações $R_{\mathrm{x},\theta_\mathrm{x}} \cdot R_{\mathrm{y},\theta_\mathrm{y}} \cdot R_{\mathrm{z},\theta_\mathrm{z}}$. Por conta da Eq. (18.13), dizemos que L_x é o gerador das rotações em torno do eixo x, ao passo que L_y e L_z são os geradores das rotações em torno dos eixos y e z, respectivamente. Por sua vez, o gerador de uma rotação em torno de um eixo arbitrário é uma combinação linear desses três geradores. Mais precisamente, se

$$\hat{\boldsymbol{n}} = n_\mathrm{x}\, \hat{\boldsymbol{e}}_\mathrm{x} + n_\mathrm{y}\, \hat{\boldsymbol{e}}_\mathrm{y} + n_\mathrm{z}\, \hat{\boldsymbol{e}}_\mathrm{z}$$

é um vetor normalizado ($|\hat{\boldsymbol{n}}| = 1$), então o gerador das rotações em torno dessa direção é dado por

$$L_n = n_\mathrm{x}\, L_\mathrm{x} + n_\mathrm{y}\, L_\mathrm{y} + n_\mathrm{z}\, L_\mathrm{z}\,.$$

Ou seja, o operador $(\mathbb{I} + \epsilon L_n)$ implementa uma rotação infinitesimal de um ângulo ϵ em torno da direção $\hat{\boldsymbol{n}}$, ao passo que $e^{\theta L_n}$ executa uma rotação de um ângulo θ (não necessariamente infinitesimal) em torno dessa direção.

18.4 Representando os geradores através de operadores diferenciais

Até agora, vimos como os geradores do grupo das rotações podem ser representados através de matrizes 3×3. Essa é apenas uma das formas de representar tais geradores; existem infinitas outras. Essa forma de representar não é a mais conveniente quando queremos tratar do grupo E^3, pois a ação das translações no vetor posição não pode ser representada como a ação de uma matriz 3×3 no vetor coluna $\boldsymbol{r}$. De fato, operadores lineares (como matrizes) levam necessariamente o vetor zero no vetor zero, ao passo que uma translação não trivial desloca a posição do vetor $\boldsymbol{r} = 0$. Por isso, nesta seção, vamos em busca de uma forma de representar os geradores das rotações em uma linguagem que também comporte os geradores das translações. Visando esse fim, é útil utilizar a notação de índices para denotar as coordenadas cartesianas do $\mathbb{R}^3$. Nessa notação, x^i denotarão as três coordenadas cartesianas, $(x^1, x^2, x^3) = (\mathrm{x}, \mathrm{y}, \mathrm{z})$.

Uma rotação infinitesimal de um ângulo ϵ em torno do eixo x pode ser descrita como tendo a ação $x^i \to \tilde{x}^i$, onde

$$\tilde{x}^1 = x^1 \,, \quad \tilde{x}^2 = x^2 - \epsilon\, x^3 \,, \quad \tilde{x}^3 = x^3 + \epsilon\, x^2 \,.$$

Essa ação pode ser resumida através da seguinte equação que faz uso do delta de Kronecker:

$$x^i \to \tilde{x}^i = x^i + \epsilon \left(x^2 \, \delta^i{}_3 - x^3 \, \delta^i{}_2 \right) . \tag{18.14}$$

Agora, denotando a derivada parcial $\frac{\partial}{\partial x^i}$ por ∂_i, segue que vale a seguinte identidade: $\partial_j x^i = \delta^i{}_j$. Então, a transformação (18.14) pode ser escrita da seguinte maneira:

$$x^i \to \tilde{x}^i = \left[1 + \epsilon \left(x^2 \, \partial_3 - x^3 \, \partial_2 \right) \right] \, x^i \tag{18.15}$$

Por outro lado, usando o fato de que denotamos o gerador da rotação em torno do eixo x por L_{x}, segue que a ação de uma rotação infinitesimal em torno do eixo x pode ser genericamente escrita da forma

$$x^i \to \tilde{x}^i = \left[\mathbb{I} + \epsilon \, L_{\mathrm{x}} \right] \, x^i \,. \tag{18.16}$$

Comparando as Eqs. (18.15) e (18.16), vemos que o gerador L_{x} pode ser identificado como sendo o operador diferencial $x^2 \partial_3 - x^3 \partial_2 = \mathrm{y}\partial_{\mathrm{z}} - \mathrm{z}\partial_{\mathrm{y}}$. De forma geral, valem as seguintes identificações para os geradores das rotações em torno dos eixos cartesianos:

$$L_{\mathrm{x}} \sim \mathrm{y}\, \partial_{\mathrm{z}} - \mathrm{z}\, \partial_{\mathrm{y}} \,, \quad L_{\mathrm{y}} \sim \mathrm{z}\, \partial_{\mathrm{x}} - \mathrm{x}\, \partial_{\mathrm{z}} \,, \quad L_{\mathrm{z}} \sim \mathrm{x}\, \partial_{\mathrm{y}} - \mathrm{y}\, \partial_{\mathrm{x}} \,, \tag{18.17}$$

Portanto, vemos que os geradores das rotações podem ser identificados com operadores diferenciais que agem nas coordenadas do espaço $\mathbb{R}^3$. As Eqs. (18.11) e (18.17) fornecem diferentes expressões para os geradores L_i. No entanto, não devemos encarar tais expressões como sendo contraditórias; são apenas diferentes representações para os mesmos operadores abstratos.

De forma análoga, é possível representar os geradores das translações em termos de operadores diferenciais. Por exemplo, uma translação infinitesimal de uma distância ϵ na direção $\hat{\boldsymbol{e}}_{\mathrm{x}}$ tem a seguinte ação nas coordenadas cartesianas:

$$\mathrm{x} \to \mathrm{x} + \epsilon \,, \quad \mathrm{y} \to \mathrm{y} \,, \quad \mathrm{z} \to \mathrm{z} \quad \Rightarrow \quad x^i \to x^i + \epsilon \, \delta^i{}_1 \,.$$

Essa regra de transformação pode ser escrita da seguinte forma:

$$x^i \to \tilde{x}^i = \left(1 + \epsilon \, \partial_1 \right) \, x^i \,.$$

Vemos então que o operador diferencial $\partial_1 = \partial_\mathrm{x}$ pode ser visto como o gerador das translações na direção do eixo x. Vamos denotar esse operador por P_x. Analogamente, P_y e P_z denotarão os geradores das translações nas direções $\hat{\boldsymbol{e}}_\mathrm{y}$ e $\hat{\boldsymbol{e}}_\mathrm{z}$, respectivamente. Em suma, valem as seguintes identificações para os geradores das translações:

$$P_\mathrm{x} \sim \partial_\mathrm{x}\,, \qquad P_\mathrm{y} \sim \partial_\mathrm{y}\,, \qquad P_\mathrm{z} \sim \partial_\mathrm{z}\,.$$

As translações em direções outras são geradas por combinações lineares dos operadores acima. Mais precisamente, uma translação de uma distância ϵ na direção do versor $\hat{\boldsymbol{n}}$ é implementada pelo operador $(\mathbb{I} + \epsilon P_n)$, onde

$$P_n = \hat{\boldsymbol{n}} \cdot \boldsymbol{P} = n_\mathrm{x}\, P_\mathrm{x} + n_\mathrm{y}\, P_\mathrm{y} + n_\mathrm{z}\, P_\mathrm{z}\,.$$

Por sua vez, uma translação finita de uma distância a na direção $\hat{\boldsymbol{n}}$ é implementada pelo operador e^{aP_n}. Por exemplo, o operador e^{aP_x} quando age em x^i fornece o seguinte resultado:

$$e^{aP_\mathrm{x}}\, x^i = \left(1 + a\,\partial_1 + \frac{a^2}{2!}\partial_1\partial_1 + \frac{a^3}{3!}\partial_1\partial_1\partial_1 + \cdots \right) x^i = x^i + a\,\delta^i{}_1\,,$$

que, de fato, corresponde à translação esperada. O interessante é que a ação do operador e^{aP_n} implementa translações não apenas quando age nas coordenadas x^i em si, mas também quando age em funções arbitrárias das coordenadas. Por exemplo, se $f(\boldsymbol{r}) = f(\mathrm{x},\mathrm{y},\mathrm{z})$ é uma função arbitrária no $\mathbb{R}^3$, então a ação de e^{aP_x} nessa função fornece:

$$e^{aP_\mathrm{x}}\, f(\boldsymbol{r}) = \left(1 + a\,\partial_\mathrm{x} + \frac{a^2}{2!}\partial_\mathrm{x}\partial_\mathrm{x} + \cdots \right) f(\mathrm{x},\mathrm{y},\mathrm{z}) = f(\mathrm{x}+a,\mathrm{y},\mathrm{z}) = f(\boldsymbol{r} + a\hat{\boldsymbol{e}}_x)\,,$$

onde $f(\mathrm{x}+a,\mathrm{y},\mathrm{z})$ foi identificada com sua série de Taylor em torno do ponto $(\mathrm{x},\mathrm{y},\mathrm{z})$. Vemos que, de fato, e^{aP_x} implementa a translação anunciada.

Já que a transformação mais geral do grupo euclidiano E^3 é uma composição de uma rotação com uma translação, segue que o gerador mais geral desse grupo é dado por

$$G = \theta_\mathrm{x}\, L_\mathrm{x} + \theta_\mathrm{y}\, L_\mathrm{y} + \theta_\mathrm{z}\, L_\mathrm{z} + a_\mathrm{x}\, P_\mathrm{x} + a_\mathrm{y}\, P_\mathrm{y} + a_\mathrm{z}\, P_\mathrm{z} = \theta^i\, L_i + a^i\, P_i\,. \tag{18.18}$$

Portanto, o elemento mais geral do ramo do grupo E^3 que está continuamente conectado à identidade pode ser escrito da seguinte forma:

$$T = e^{\theta^i\, L_i + a^i\, P_i}\,.$$

O fato de serem necessários seis graus de liberdade para descrever o elemento mais geral do grupo, a saber, os três parâmetros reais θ^i acrescidos dos três parâmetros a^i, significa que o grupo E^3 tem dimensão seis, como já fora previamente argumentado.

Antes de prosseguir, convém justificar o uso das letras L e P adotadas para representar os geradores das rotações e das translações respectivamente. Como visto no capítulo anterior, a quantidade conservada associada à simetria rotacional é o momento angular, usualmente denotado pela letra L, ao passo que a quantidade conservada associada à simetria de translação é o momento linear, normalmente denotado pela letra P. Não foi ao acaso que essas mesmas letras foram escolhidas para representar os geradores das transformações infinitesimais. Mais adiante neste livro, quando tratarmos das chamadas transformações canônicas, veremos que o momento angular e o momento linear são exatamente os geradores das rotações e translações respectivamente. Além disso, de forma geral, dada uma simetria de Nöther qualquer, a grandeza conservada associada a essa simetria será exatamente a geradora da transformação de simetria em questão, algo que será demonstrado na Seção 21.4.

18.5 A álgebra do grupo de Lie

Na Eq. (18.10), vimos que, quando compomos duas transformações infinitesimais com geradores G_1 e G_2, o gerador da transformação composta é a soma dos geradores G_1 e G_2. Isso prova que a combinação linear dos geradores de um grupo de Lie é um gerador do grupo de Lie. Esse fato também foi ilustrado explicitamente para o grupo E^3 na Eq. (18.18). Isso mostra que os geradores de um grupo de Lie formam um espaço vetorial. Ocorre que esse espaço vetorial também é munido de um "produto" bilinear, o que faz desse espaço vetorial uma **álgebra**. Esse "produto" entre os elementos do espaço vetorial formado pelos geradores é denominado parêntese de Lie e a álgebra formada por esses geradores é referida como a **álgebra de Lie** do grupo.

Suponha que T_1 e T_2 sejam duas transformações infinitesimais geradas por G_1 e G_2, respectivamente, de forma que podemos escrever

$$T_1 = \mathbb{I} + \epsilon_1 G_1 \quad \text{e} \quad T_2 = \mathbb{I} + \epsilon_2 G_2 \,, \tag{18.19}$$

onde ϵ_1 e ϵ_2 são parâmetros infinitesimais cujas potências quadráticas e de ordem mais alta podem ser desprezadas. É imediato provar que as inversas dessas transformações são dadas por

$$T_1^{-1} = \mathbb{I} - \epsilon_1 G_1 \quad \text{e} \quad T_2^{-1} = \mathbb{I} - \epsilon_2 G_2 \,. \tag{18.20}$$

Já que a composição de transformações infinitesimais é uma transformação infinitesimal, segue que

$$T_3 \equiv T_2^{-1} T_1^{-1} T_2 T_1 \tag{18.21}$$

deve ser uma transformação infinitesimal do grupo de Lie e, como tal, pode ser escrita da seguinte forma:

$$T_3 = \mathbb{I} + \epsilon_3 G_3 \,,$$

para algum parâmetro infinitesimal ϵ_3 e algum gerador G_3. De fato, inserindo as expressões de T_1, T_2 e suas inversas no lado direito da Eq. (18.21) e desprezando os termos da ordem de $(\epsilon_1)^2$ e $(\epsilon_2)^2$ e de ordem superior, concluímos que $\epsilon_3 = \epsilon_1 \epsilon_2$ e

$$G_3 = G_2 G_1 - G_1 G_2 \equiv [G_2, G_1] \,. \tag{18.22}$$

Essa operação denotada por $[G_2, G_1]$, definida pela equação acima, é denominada de **parêntese de Lie** de G_2 com G_1 ou de **comutador** entre esses elementos. O parêntese de Lie de dois geradores sempre é um gerador. Esse "produto" de geradores é bilinear, ou seja, se a e b são constantes reais, então

$$[a\,G_1 + b\,G_2, G] = a[G_1, G] + b[G_2, G] \quad \text{e} \quad [G, a\,G_1 + b\,G_2] = a[G, G_1] + b[G, G_2] \,.$$

A existência de tal produto torna o espaço vetorial dos geradores de um grupo de Lie uma álgebra, chamada de álgebra de Lie do grupo. Note que o parêntese de Lie também é antissimétrico, $[G_1, G_2] = -[G_2, G_2]$. Por fim, pode ser provado que tal produto obedece à chamada identidade de Jacobi:

$$[\,G_1,\, [G_2, G_3]\,] + [\,G_2,\, [G_3, G_1]\,] + [\,G_3,\, [G_1, G_2]\,] \;=\; 0 \,.$$

Já que os geradores de um grupo de Lie formam um espaço vetorial, segue que podemos introduzir uma base. Denotemos essas base por $\{G_a\}$, onde os índices a, b, c variam dentro do conjunto $\{1, 2, \cdots, p\}$, onde p é a dimensão do grupo de Lie. Então, como o comutador de quaisquer dois geradores deve ser um gerador, segue que o comutador de dois elementos da base pode ser expresso como uma combinação linear dos elementos da base. Ou seja,

$$[G_a, G_b] = \Pi^c_{ab} G_c ,$$

onde Π^c_{ab} é um conjunto de constantes denominado de **constantes de estrutura** do grupo de Lie. Se mudarmos de base, as constantes de estrutura também se modificam, mas elas sempre carregam uma importante assinatura sobre o grupo de Lie. No caso especial em que as constantes de estrutura são todas zero, dizemos que o grupo é **abeliano**. Por exemplo, o subgrupo das translações é um grupo abeliano, mas o subgrupo das rotações não é abeliano. Isso significa que a ordem das rotações importa. Fazer uma rotação em torno do eixo x e depois uma rotação em torno do eixo y é diferente de fazer uma rotação em torno do eixo y e depois em torno do eixo x.

Como último elemento do estudo do grupo de Lie E^3, vamos obter as constantes de estrutura desse grupo na base $\{P_i, L_j\}$. Para esse fim, vamos usar a representação dos geradores do grupo em termos de operadores diferenciais e vamos fazer esses geradores atuarem em uma função $f : \mathbb{R}^3 \to \mathbb{R}$ arbitrária. Por exemplo, comecemos calculando $[P_i, P_j]$. A atuação desse comutador em uma função $f(\boldsymbol{r})$ é dada por

$$[P_i, P_j]f = (\partial_i\partial_j - \partial_j\partial_i)f = 0 \quad \Rightarrow \quad [P_i, P_j] = 0 .$$

Como antecipado, isso significa que o subgrupo das translações é abeliano. Agora, calculemos o parêntese de Lie de P_i com L_j. Para tanto, é útil notar que os três geradores das rotações em torno dos eixos cartesianos podem ser escritos da seguinte forma compacta:

$$L_i = \varepsilon_{ij}{}^{k}\, x^j\, \partial_k ,$$

onde $\varepsilon_{ij}{}^{k}$ é o símbolo de Levi-Civita, introduzido na Seção 4.5. Usando essa expressão para L_i, temos:

$$\begin{aligned} [P_i, L_j]f &= \partial_i(\varepsilon_{jk}{}^{\ell}\, x^k\, \partial_\ell f) - (\varepsilon_{jk}{}^{\ell}\, x^k\, \partial_\ell)\partial_i f \\ &= \varepsilon_{jk}{}^{\ell} \left[\, \delta^k{}_i \partial_\ell f + x^k\, \partial_i\partial_\ell f - x^k\, \partial_\ell\partial_i f \,\right] \\ &= \varepsilon_{ji}{}^{\ell}\partial_\ell f = -\varepsilon_{ij}{}^{\ell}\, P_\ell f , \end{aligned}$$

de onde concluímos que vale a seguinte relação:

$$[P_i, L_j] = -\varepsilon_{ij}{}^{\ell}\, P_\ell .$$

Por fim, calculando o comutador de dois geradores das rotações, chega-se ao seguinte resultado:

$$[L_i, L_j] = -\varepsilon_{ij}{}^{k}\, L_k .$$

Isso encerra o cálculo das constantes de estrutura do grupo E^3.

18.6 Exercícios sugeridos

Exercício 1
Considere o operador diferencial $G \equiv \mathrm{x}\,\partial_{\mathrm{y}} - \mathrm{y}\,\partial_{\mathrm{x}} + 2\,\partial_{\mathrm{z}}$.
a) Mostre que esse operador pode ser visto como um gerador de uma transformação infinitesimal do grupo E^3.
b) Obtenha a atuação da potência $(G)^n$ em x^i e use isso para calcular a ação de $e^{\lambda G}$ no vetor posição, onde λ é uma constante real.

Exercício 2
Prove a validade da equação $[L_i, L_j] = -\varepsilon_{ij}{}^k\, L_k$.

Exercício 3
Se M é uma matriz complexa, define-se $M^\dagger$ como sendo a matriz obtida a partir de M após transpô-la e depois tomar seu conjugado complexo, ou seja, $M^\dagger \equiv (M^t)^\star$. O grupo $SU(2)$ é então definido como sendo o conjunto das matrizes 2×2 com entradas complexas que têm determinante 1 e que obedecem à relação $MM^\dagger = \mathbb{I}$.
a) Prove que as matrizes de $SU(2)$ formam um grupo.
b) Prove que os geradores desse grupo podem ser vistos como matrizes complexas 2×2 que obedecem às seguintes restrições: $G^\dagger = G$ e tr(G)=0.
c) Definindo os geradores G_1 e G_2 por

$$G_1 = \begin{bmatrix} 1 & 0 \\ 0 & -1 \end{bmatrix} \quad \text{e} \quad G_2 = \begin{bmatrix} 0 & -i \\ i & 0 \end{bmatrix},$$

encontre a matriz G_3 que completa a base da álgebra de Lie de $SU(2)$ e tal que $\{G_i\}$ tenha as mesmas constantes de estrutura dos operadores $\{L_i\}$ que geram o grupo $SO(3)$. Por esse motivo, diz-se que as álgebras de Lie de $SU(2)$ e $SO(3)$ são isomorfas.

Exercício 4 – ***resolvido***
Considere o seguinte lagrangiano:

$$\mathcal{L}(x, y, \dot{x}, \dot{y}) = \dot{x}\,\dot{y} + \alpha\, x\, y\,.$$

a) Argumente que $(x, y) \to (\lambda\, x, \frac{1}{\lambda} y)$ é uma simetria do sistema em questão. Explique, brevemente, o que significa ser uma simetria.
b) Encontre a versão infinitesimal da transformação do item anterior.
c) Use o teorema de Nöther para obter a quantidade conservada associada à simetria.
d) Prove que, de fato, a quantidade construída no item (c) é conservada.
e) Encontre o operador diferencial $G = f(x, y)\,\partial_x + h(x, y)\,\partial_y$ que gera a transformação em questão. Qual é a sua relação com a quantidade conservada do item (c)?
f) Calcule a ação da exponencial e^{aG} no vetor posição (x, y), onde a é um parâmetro finito.

Solução do Exercício 4

a) Uma transformação é dita uma simetria de Nöther quando a combinação $\mathcal{L}dt$ é mantida invariante ou quando muda pela adição de um termo que é uma diferencial total de uma função das coordenadas e do tempo. A transformação em questão não envolve o tempo e, portanto, não modifica a diferencial dt. Além disso, os produtos xy e $\dot{x}\dot{y}$ são ambos invariantes pela ação da transformação em tela, de forma que o lagrangiano não é modificado e temos uma simetria.

b) Na versão infinitesimal, temos $\lambda = 1 + \epsilon$. Logo,

$$x \to (1+\epsilon)x = x + \epsilon\, x \quad \text{e} \quad y \to (1+\epsilon)^{-1}\, y \simeq y - \epsilon\, y$$

c) Usando a Eq. (17.7) com $\eta = 0$ e $g = 0$, temos a seguinte quantidade conservada:

$$\frac{\partial \mathcal{L}}{\partial \dot{x}^i}\, \varepsilon^i = \frac{\partial \mathcal{L}}{\partial \dot{x}}\, \epsilon\, x - \frac{\partial \mathcal{L}}{\partial \dot{y}}\, \epsilon\, y\,.$$

Logo, concluímos que

$$C = x\,\dot{y} - y\,\dot{x}$$

é uma constate de movimento. Notando que os momentos canônicos $p_x = \partial\mathcal{L}/\partial\dot{x}$ e $p_y = \partial\mathcal{L}/\partial\dot{y}$ são dados por $p_x = \dot{y}$ e $p_y = \dot{x}$, segue que essa quantidade conservada pode ser escrita na forma: $C = xp_x - yp_y$.

d) As equações de movimento do sistema são: $\ddot{y} = \alpha y$ e $\ddot{x} = \alpha x$. Logo,

$$\dot{C} = \frac{d}{dt}\,(x\,\dot{y} - y\,\dot{x}) = x\,\ddot{y} - y\,\ddot{x} = x(\alpha y) - y(\alpha x) = 0\,.$$

e) A transformação infinitesimal é, por um lado, $(x, y) \to (x, y) + \varepsilon(x, -y)$. Por outro lado, essa transformação é $(x, y) \to [\mathbb{I} + \varepsilon\, G]\,(x, y)$. Comparando as duas expressões, temos que a ação do operador G é a seguinte:

$$G \cdot (x, y) = (x, -y)\,.$$

Essa é a ação do seguinte operador:

$$G = x\,\partial_x - y\,\partial_y\,.$$

Por exemplo, $G \cdot y = (x\,\partial_x - y\,\partial_y)y = -y$, como deveria ser. Agora, façamos as seguintes identificações que estão em concordância com o que foi exposto no texto deste capítulo: $p_x \sim \partial_x$ e $p_y \sim \partial_y$. Desse modo, o gerador pode ser escrito na forma $G = xp_x - yp_y$, expressão que é idêntica àquela da quantidade conservada obtida no item (c). Esse é mais um exemplo de que a quantidade conservada associada a uma simetria contínua é também o gerador da transformação infinitesimal de simetria.

f) Para calcular essa exponencial, devemos saber a ação de G^n no vetor posição. A resposta é a seguinte:

$$G^n \cdot (x, y) = (x, (-1)^n\, y)\,.$$

Logo,

$$e^{aG} \cdot (x, y) = \sum_{n=0}^{\infty} \frac{a^n G^n}{n!} (x, y) = \left(\sum_{n=0}^{\infty} \frac{a^n}{n!} x \, , \, \sum_{n=0}^{\infty} (-1)^n \frac{a^n}{n!} y \right) = \left(e^a \, x \, , \, e^{-a} \, y \right) .$$

Vemos que essa é exatamente a ação da transformação finita dada no início do problema, desde que façamos a seguinte identificação $\lambda = e^a$.

Capítulo 19

Parênteses de Poisson

Neste breve capítulo, introduziremos uma ferramenta que é bastante útil durante o uso do formalismo hamiltoniano, o chamado parêntese de Poisson. Trata-se de um mapa que associa um par de funções no espaço de fase a outra função no mesmo espaço. Os parênteses de Poisson também são muito importantes na transição da mecânica clássica para a mecânica quântica, pois há uma relação direta entre os parênteses de Poisson clássicos e os comutadores quânticos. Mais precisamente, para cada função no espaço de fase clássico podemos associar um operador linear na teoria quântica e o comutador entre dois desses operadores lineares é igual a $i\hbar$ vezes o resultado do parêntese de Poisson entre as grandezas clássicas, onde i é a unidade imaginária e $\hbar$ é a chamada constante de Planck dividida por 2π.

19.1 Definição e propriedades básicas dos parênteses de Poisson

O espaço de fase de um sistema mecânico, aqui denotado por Π, é o espaço cujos pontos são rotulados pelas coordenadas generalizadas e por seus momentos canonicamente associados, $\{q^i, p_i\}$. Logo, se o sistema tem n graus de liberdade, ou seja, é descrito por n coordenadas generalizadas q^i, então o espaço de fase terá dimensão $2n$. Um ponto no espaço de fase determina o estado do sistema. Por exemplo, quando o sistema se resume a uma única partícula, um ponto no espaço de fase determina a posição e a velocidade (mais precisamente, o momento linear) da partícula no instante de tempo considerado. No caso em que o sistema é um gás de N moléculas se movendo em três dimensões, o espaço de fase tem dimensão $6N$ e um ponto nesse espaço determina a posição e a velocidade de todas as N partículas.

Sejam $f(q,p)$ e $g(q,p)$ duas funções no espaço de fase do sistema, ou seja,

$$f : \Pi \to \mathbb{R} \qquad \text{e} \qquad g : \Pi \to \mathbb{R}\,.$$

Então, o **parêntese de Poisson** entre essas duas funções é definido da seguinte forma:

$$\{f, g\} \equiv \frac{\partial f}{\partial q^i}\frac{\partial g}{\partial p_i} - \frac{\partial f}{\partial p_i}\frac{\partial g}{\partial q^i}\,, \tag{19.1}$$

onde a convenção de soma de Einstein está sendo utilizada. Note, em particular, que o parêntese de Poisson é antissimétrico:

$$\{f, g\} = -\{g, f\}\,.$$

A principal utilidade do parêntese de Poisson é que ele aparece sempre que tomamos a derivada total de uma função do espaço de fase em relação ao tempo. De fato, sendo

$f(q,p,t)$ uma função do espaço fase, pela regra da cadeia temos:

$$\begin{aligned}\frac{d}{dt}f(q,p,t) &= \frac{\partial f}{\partial q^i}\frac{dq^i}{dt} + \frac{\partial f}{\partial p_i}\frac{dp_i}{dt} + \frac{\partial f}{\partial t} \\ &= \frac{\partial f}{\partial q^i}\frac{\partial h}{\partial p_i} + \frac{\partial f}{\partial p_i}\left(-\frac{\partial h}{\partial q^i}\right) + \frac{\partial f}{\partial t} \\ &= \{f,h\} + \frac{\partial f}{\partial t}\,, \end{aligned} \tag{19.2}$$

onde $h = h(q,p,t)$ denota o hamiltoniano do sistema e, na segunda igualdade, foram utilizadas as equações de Hamilton. Dessa forma, vemos que o hamiltoniano é a peça central para sabermos a evolução temporal de qualquer grandeza no espaço de fase, pois ele está intimamente relacionado à derivada temporal dessa grandeza. De fato, quando tratarmos das transformações canônicas, mais adiante neste livro, veremos que o hamiltoniano é o gerador da evolução temporal. Como uma aplicação da Eq. (19.2), note que tal relação implica $dh/dt = \partial h/\partial t$, um resultado que já obtivemos anteriormente na Eq. (16.6) e que está por trás do fato de que o hamiltoniano é a quantidade conservada associada à simetria de translação temporal.

É apenas um simples exercício de álgebra provar que, além da antissimetria, os parênteses de Poisson satisfazem às propriedades abaixo.

- Bilinearidade: $\left[\begin{array}{l}\{f, g+\alpha\, m\} = \{f,g\} + \alpha\,\{f,m\}\,, \\ \{f+\alpha\, m, g\} = \{f,g\} + \alpha\,\{m,g\}\,.\end{array}\right.$
- Leibniz 1: $\left[\begin{array}{l}\{f, m\, g\} = \{f,m\}g \,+\, m\{f,g\}\,, \\ \{f\, m, g\} = f\,\{m,g\} \,+\, \{f,g\}m\,.\end{array}\right.$
- Leibniz 2: $\frac{\partial}{\partial\theta}\{f,g\} = \{\frac{\partial f}{\partial\theta},\, g\} + \{f,\, \frac{\partial g}{\partial\theta}\}\,.$
- Identidade de Jacobi: $\{\{f,g\},m\} + \{\{g,m\},f\} + \{\{m,f\},g\} = 0\,.$

Onde, nas identidades acima, f, g e m são quaisquer funções no espaço de fase; α é uma constante arbitrária; e θ é um parâmetro qualquer, podendo ser o tempo, uma coordenada generalizada, um momento canônico, ou algum outro parâmetro externo. A identidade de Jacobi junto com a antissimetria faz do espaço vetorial das funções no espaço de fase uma estrutura matemática denominada álgebra de Lie. É interessante notar que a propriedade chamada de *Leibniz 2* na lista acima também é válida para o caso em que a derivada agindo no parêntese é a derivada total em relação ao tempo (que é diferente da derivada parcial). De fato, provemos isso. Usando a Eq. (19.2) e depois a identidade de Jacobi, temos:

$$\begin{aligned}\frac{d}{dt}\{f,g\} &= \{\{f,g\},h\} + \frac{\partial}{\partial t}\{f,g\} \\ &= -\{\{g,h\},f\} - \{\{h,f\},g\} + \{\partial_t f, g\} + \{f, \partial_t g\} \\ &= -\{\frac{d}{dt}g - \partial_t g, f\} - \{-\frac{d}{dt}f + \partial_t f, g\} + \{\partial_t f, g\} + \{f, \partial_t g\} \\ &= \{\frac{d}{dt}f, g\} + \{f, \frac{d}{dt}g\}\,,\end{aligned}$$

onde, nos cálculos acima, h denota o hamiltoniano do sistema.

Os parênteses de Poisson mais fundamentais, através dos quais se consegue calcular qualquer outro parêntese de Poisson, são os que envolvem as coordenadas do espaço de fase. Usando a definição de parêntese de Poisson, é trivial provar que eles são dados por:

$$\{q^i, q^j\} = 0\,, \qquad \{p_i, p_j\} = 0\,, \qquad \{q^i, p_j\} = \delta^i{}_j\,, \qquad \{p_i, q^j\} = -\delta^j{}_i\,. \tag{19.3}$$

Por exemplo, suponha que queiramos calcular o parêntese de Poisson entre as grandezas $f = S_{ij}\, q^i\, q^j$ e $g = B^i{}_j\, p_i\, q^j$, onde S_{ij} e $B^i{}_j$ são matrizes que podem depender do tempo, mas que não dependem explicitamente de (q,p). Além disso, assumamos que S_{ij} seja simétrica, $S_{ij} = S_{ji}$. Então, fazendo uso das propriedades algébricas dos parênteses de Poisson em conjunto com os parênteses fundamentais da Eq. (19.3), obtemos:

$$\begin{aligned}
\{f, g\} &= \{S_{ij}\, q^i\, q^j, B^k{}_\ell\, p_k\, q^\ell\} = S_{ij}\, B^k{}_\ell\, \{q^i\, q^j, p_k\, q^\ell\} \\
&= S_{ij}\, B^k{}_\ell\, \left[\, q^i\, \{q^j, p_k\}\, q^\ell + q^j\, \{q^i, p_k\}\, q^\ell + q^i\, \{q^j, q^\ell\}\, p_k + q^j\, \{q^i, q^\ell\}\, p_k \,\right] \\
&= S_{ij}\, B^k{}_\ell\, \left[\, q^i\, \delta^j{}_k\, q^\ell + q^j\, \delta^i{}_k\, q^\ell + 0 + 0 \,\right] = S_{ij}\, B^j{}_\ell\, q^i\, q^\ell \,+\, S_{ij}\, B^i{}_\ell\, q^j\, q^\ell \\
&= 2\, S_{ij}\, B^j{}_\ell\, q^i\, q^\ell\,,
\end{aligned}$$

onde, na passagem da primeira para a segunda linha, foi utilizada a propriedade *Leibniz 1* e, na passagem da penúltima linha para a última, foi utilizada a simetria de S_{ij} em conjunto com uma mudança de índices mudos. De forma geral, qualquer parêntese de Poisson pode ser calculado de forma análoga utilizando as identidades fundamentais (19.3). Na verdade, é possível recuperar a definição do parêntese de Poisson utilizando apenas as identidades (19.3) em conjunto com as propriedades de bilinearidade e *Leibniz 1*. Esbocemos a prova dessa última afirmação no caso em que o sistema só tem um grau de liberdade. Assumindo $\{q, p\} = 1$ e utilizando a regra *Leibniz 1* sucessivas vezes, podemos estabelecer as seguintes igualdades:

$$\begin{aligned}
\{q, p^n\} &= \{q, p\, p^{n-1}\} = \{q, p\}\, p^{n-1} + p\, \{q, p^{n-1}\} \\
&= p^{n-1} + p\, \{q, p\, p^{n-2}\} = p^{n-1} + p\, \left(p\, \{q, p^{n-2}\} + \{q, p\}\, p^{n-2}\,\right) \\
&= 2\, p^{n-1} \,+\, p^2\, \{q, p^{n-2}\} = \cdots \\
&= (n-1)\, p^{n-1} \,+\, p^{n-1}\, \{q, p\} = n\, p^{n-1}\,,
\end{aligned}$$

onde, no desenvolvimento acima, n não é um índice, mas sim uma potência. De forma completamente análoga, prova-se que $\{q^m, p^n\} = m\, n\, q^{m-1}\, p^{n-1}$. Então, se $f(q,p)$ e $g(q,p)$ forem funções suaves do espaço fase, poderemos expandi-las em série de Taylor em torno do ponto $(q,p) = (0,0)$:

$$f(q,p) = \sum_{n,m} \frac{A_{m,n}}{m!\, n!}\, q^m\, p^n \quad \text{e} \quad g(q,p) = \sum_{a,b} \frac{B_{a,b}}{a!\, b!}\, q^a\, p^b\,, \tag{19.4}$$

onde $A_{m,n}$ e $B_{a,b}$ são constantes. Então, usando a bilinearidade e *Leibniz 1*, segue que o parêntese de Poisson entre f e g é dado por:

$$
\begin{aligned}
\{f,g\} &= \sum_{n,m}\sum_{a,b}\frac{A_{m,n}\,B_{a,b}}{m!\,n!\,a!\,b!}\,\{q^m\,p^n\,,\,q^a\,p^b\} \\
&= \sum_{n,m}\sum_{a,b}\frac{A_{m,n}\,B_{a,b}}{m!\,n!\,a!\,b!}\,\left[\{q^m\,,\,q^a\,p^b\}\,p^n + q^m\,\{p^n\,,\,q^a\,p^b\}\right] \\
&= \sum_{n,m}\sum_{a,b}\frac{A_{m,n}\,B_{a,b}}{m!\,n!\,a!\,b!}\,\left[m\,b\,q^{m-1}\,p^n\,q^a\,p^{b-1} - n\,a\,q^m\,p^{n-1}\,q^{a-1}\,p^b\right] \\
&= \frac{\partial f}{\partial q}\frac{\partial g}{\partial p} - \frac{\partial f}{\partial p}\frac{\partial g}{\partial q}\,,
\end{aligned}
$$

onde a igualdade entre a penúltima e a última linhas pode ser verificada tomando as derivadas das séries de Taylor da Eq. (19.4) em relação a q e a p e inserindo na última linha da equação acima. Isso prova, no caso em que há um grau de liberdade, que as identidades (19.3), em conjunto com a bilinearidade e *Leibniz 1*, implicam a definição usual do parêntese de Poisson. Essa prova também poderia ser estendida para o caso em que o número de graus de liberdade é maior que um.

19.2 Parênteses de Poisson e a evolução temporal

Agora, suponhamos o caso particular em que o hamiltoniano de um sistema não dependa explicitamente do tempo, ou seja, $\partial h/\partial t = 0$ e, consequentemente, $dh/dt = 0$. Se, além disso, $f = f(q,p)$ não depender explicitamente do tempo, então podemos concluir que:

$$
\begin{aligned}
\dot{f} &= \frac{df}{dt} = \{f,h\}\,, \\
\ddot{f} &= \frac{d^2f}{dt^2} = \frac{d}{dt}\{f,h\} = \{\frac{d}{dt}f,h\} = \{\{f,h\},h\}\,, \\
f^{(3)} &= \frac{d^3f}{dt^3} = \frac{d}{dt}\{\{f,h\},h\} = \{\frac{d}{dt}\{f,h\},h\} = \{\{\{f,h\},h\},h\}\,,\;\cdots
\end{aligned}
$$

Por outro lado, a série de Taylor de $f(t) \equiv f(q(t),p(t))$ em torno de $t=0$ fornece o seguinte:

$$f(q(t),p(t)) = f_0 + \dot{f}_0\,t + \tfrac{1}{2}\ddot{f}_0\,t^2 + \tfrac{1}{3!}f_0^{(3)}\,t^3 + \cdots = \textstyle\sum_{n=0}^{\infty}\frac{1}{n!}f_0^{(n)}\,t^n\,,$$

onde, por exemplo, $f_0 \equiv f(q(0),p(0))$ e $\dot{f}_0 \equiv df/dt|_{t=0}$. Juntando as duas expressões anteriores, concluímos que, quando o hamiltoniano não depende explicitamente do tempo, qualquer função do espaço de fase que não dependa explicitamente do tempo pode ser expandida em série de Taylor em função do tempo da seguinte forma:

$$f(q(t),p(t)) = f_0 + t\,\{f,h\}_0 + \tfrac{t^2}{2}\,\{\{f,h\},h\}_0 + \tfrac{t^3}{3!}\,\{\{\{f,h\},h\},h\}_0\; + \cdots\,, \qquad (19.5)$$

onde, na expansão acima, o subscrito zero informa que, após calcular o parêntese de Poisson, devemos avaliá-lo no instante $t=0$.

Exemplo: Use a Eq. (19.5) para encontrar a solução dinâmica da coordenada q para o problema do oscilador harmônico cujo hamiltoniano é dado por

$$h = \frac{1}{2}p^2 + \frac{\omega^2}{2}q^2\,.$$

Considere que o oscilador partiu do repouso em $t = 0$.

Solução

Primeiro, notemos que:

$$\{q, h\} = \{q, \frac{1}{2}p^2\} = p \quad \text{e} \quad \{p, h\} = \{p, \frac{\omega^2}{2}q^2\} = -\omega^2 q\,.$$

Logo, assumindo $f = q$ na Eq. (19.5), podemos afirmar que vale a seguinte igualdade:

$$\begin{aligned}
q(t) &= q_0 + t\,\{q, h\}_0 + \frac{t^2}{2}\,\{\{q, h\}, h\}_0 + \frac{t^3}{3!}\,\{\{\{q, h\}, h\}, h\}_0 + \cdots \\
&= q_0 + t\,p_0 + \frac{t^2}{2}\{p, h\}_0 + \frac{t^3}{3!}\{\{p, h\}, h\}_0 + \frac{t^4}{4!}\{\{\{p, h\}, h\}, h\}_0 + \cdots \\
&= q_0 + t\,p_0 + \frac{t^2}{2}(-\omega^2 q_0) + \frac{t^3}{3!}(-\omega^2)\{q, h\}_0 + \frac{t^4}{4!}(-\omega^2)\{\{q, h\}, h\}_0 + \cdots \\
&= q_0 + t\,p_0 - \omega^2\frac{t^2}{2}\,q_0 - \omega^2\frac{t^3}{3!}p_0 + \frac{t^4}{4!}(-\omega^2)\{p, h\}_0 + \cdots \\
&= q_0 + t\,p_0 - \omega^2\frac{t^2}{2}\,q_0 - \omega^2\frac{t^3}{3!}p_0 + \omega^4\frac{t^4}{4!}q_0 + \cdots \\
&= q_0\,\cos(\omega t) + \frac{1}{\omega}\,p_0\,\text{sen}(\omega t)\,,
\end{aligned}$$

onde, para efetuar a passagem da penúltima linha para a última, é preciso separar a série que multiplica q_0 da série que multiplica p_0 e perceber que tais séries são, respectivamente, as séries de Taylor do cosseno e do seno em torno de $t = 0$. Essa solução está em pleno acordo com a solução conhecida para o oscilador harmônico. Em particular, como no enunciado é dito que o oscilador partiu do repouso, segue que $p_0 = 0$, de forma que a solução é $q(t) = q_0 \cos(\omega t)$ ■

19.3 Parênteses de Poisson e o momento angular

Nesta seção, vamos nos concentrar no caso em que o sistema mecânico de interesse consiste em uma partícula se movendo em um espaço de dimensão três, com $\{\mathrm{x}, \mathrm{y}, \mathrm{z}\}$ sendo coordenadas cartesianas desse espaço. Nesse cenário, os vetores posição, momento linear e momento angular são dados por:

$$\boldsymbol{r} = \mathrm{x}\,\hat{\boldsymbol{e}}_\mathrm{x} + \mathrm{y}\,\hat{\boldsymbol{e}}_\mathrm{y} + \mathrm{z}\,\hat{\boldsymbol{e}}_\mathrm{z}\,, \quad \boldsymbol{p} = p_\mathrm{x}\,\hat{\boldsymbol{e}}_\mathrm{x} + p_\mathrm{y}\,\hat{\boldsymbol{e}}_\mathrm{y} + p_\mathrm{z}\,\hat{\boldsymbol{e}}_\mathrm{z}\,, \quad \boldsymbol{L} = L_\mathrm{x}\,\hat{\boldsymbol{e}}_\mathrm{x} + L_\mathrm{y}\,\hat{\boldsymbol{e}}_\mathrm{y} + L_\mathrm{z}\,\hat{\boldsymbol{e}}_\mathrm{z}\,.$$

O momento angular é um campo vetorial definido no espaço de fase, ou seja, suas componentes são funções no espaço de fase. Mais precisamente, da definição $\boldsymbol{L} = \boldsymbol{r} \times \boldsymbol{p}$, temos que as componentes desse campo vetorial na base cartesiana são:

$$L_\mathrm{x} = \mathrm{y}\,p_\mathrm{z} - \mathrm{z}\,p_\mathrm{y}\,, \quad L_\mathrm{y} = \mathrm{z}\,p_\mathrm{x} - \mathrm{x}\,p_\mathrm{z}\,, \quad L_\mathrm{z} = \mathrm{x}\,p_\mathrm{y} - \mathrm{y}\,p_\mathrm{x}\,.$$

Então, por exemplo, temos o seguinte parêntese de Poisson:

$$\{\boldsymbol{r}, L_\mathrm{x}\} = \{\mathrm{x}\,\hat{\boldsymbol{e}}_\mathrm{x} + \mathrm{y}\,\hat{\boldsymbol{e}}_\mathrm{y} + \mathrm{z}\,\hat{\boldsymbol{e}}_\mathrm{z}, \mathrm{y}\,p_\mathrm{z} - \mathrm{z}\,p_\mathrm{y}\} = \{\mathrm{z}, p_\mathrm{z}\}\,\mathrm{y}\,\hat{\boldsymbol{e}}_\mathrm{z} - \{\mathrm{y}, p_\mathrm{y}\}\,\mathrm{z}\,\hat{\boldsymbol{e}}_\mathrm{y} = \mathrm{y}\,\hat{\boldsymbol{e}}_\mathrm{z} - \mathrm{z}\,\hat{\boldsymbol{e}}_\mathrm{y}\,.$$

Esse resultado à direita pode ser escrito como $\hat{\boldsymbol{e}}_{\mathrm{x}} \times \boldsymbol{r}$. De forma geral, dado um versor constante $\hat{\boldsymbol{n}}$, segue que $\{\boldsymbol{r}, \hat{\boldsymbol{n}}\cdot\boldsymbol{L}\} = \hat{\boldsymbol{n}}\times\boldsymbol{r}$. Uma relação análoga vale para o vetor momento linear. Provemos tal relação usando a notação indicial:

$$\begin{aligned}\{\boldsymbol{p}, \hat{\boldsymbol{n}} \cdot \boldsymbol{L}\} &= \{p_i\, \hat{\boldsymbol{e}}^i\,,\, \varepsilon_j{}^k{}_\ell\, q^j\, p_k\, n^\ell\} = \{p_i, q^j\}\, \varepsilon_j{}^k{}_\ell\, p_k\, n^\ell\, \hat{\boldsymbol{e}}^i = \left(-\delta^j{}_i\right)\, \varepsilon_j{}^k{}_\ell\, p_k\, n^\ell\, \hat{\boldsymbol{e}}^i \\ &= -\,\varepsilon_i{}^k{}_\ell\, p_k\, n^\ell\, \hat{\boldsymbol{e}}^i = \varepsilon_\ell{}^k{}_i\, n^\ell\, p_k\, \hat{\boldsymbol{e}}^i = \hat{\boldsymbol{n}} \times \boldsymbol{p}\,.\end{aligned}$$

Um resultado análogo também vale para o parêntese de Poisson do vetor momento angular com uma componente do momento angular. A equação abaixo resume essas identidades:

$$\{\boldsymbol{r}, \hat{\boldsymbol{n}} \cdot \boldsymbol{L}\} = \hat{\boldsymbol{n}} \times \boldsymbol{r}\,, \quad \{\boldsymbol{p}, \hat{\boldsymbol{n}} \cdot \boldsymbol{L}\} = \hat{\boldsymbol{n}} \times \boldsymbol{p}\,, \quad \{\boldsymbol{L}, \hat{\boldsymbol{n}} \cdot \boldsymbol{L}\} = \hat{\boldsymbol{n}} \times \boldsymbol{L}\,. \tag{19.6}$$

Como veremos adiante, quando tratarmos das transformações canônicas infinitesimais, a componente $\hat{\boldsymbol{n}} \cdot \boldsymbol{L}$ poderá ser interpretada como a geradora das rotações em torno do versor $\hat{\boldsymbol{n}}$. Essa é a razão pela qual os vetores $\boldsymbol{r}$, $\boldsymbol{p}$ e $\boldsymbol{L}$ obedecem ao mesmo tipo de relação ao computarmos seus parênteses de Poisson com $\hat{\boldsymbol{n}} \cdot \boldsymbol{L}$, pois todos os vetores se transformam da mesma maneira por uma rotação. De forma geral, se $\boldsymbol{\mathcal{V}}$ é um *vetor construído canonicamente* através dos vetores $\boldsymbol{r}$ e $\boldsymbol{p}$, então vale a seguinte relação:

$$\{\boldsymbol{\mathcal{V}}, \hat{\boldsymbol{n}} \cdot \boldsymbol{L}\} = \hat{\boldsymbol{n}} \times \boldsymbol{\mathcal{V}}\,. \tag{19.7}$$

As identidades da Eq. (19.6) são apenas casos particulares dessa equação geral. Mais precisamente, o vetor mais geral que podemos construir canonicamente (sem fazer uso de uma base específica) usando $\boldsymbol{r}$ e $\boldsymbol{p}$ é o seguinte:

$$\boldsymbol{\mathcal{V}} = f\,\boldsymbol{r} + g\,\boldsymbol{p} + m\,\boldsymbol{r} \times \boldsymbol{p}\,, \tag{19.8}$$

onde f, g e m são funções arbitrárias dos escalares $(\boldsymbol{r}\cdot\boldsymbol{r})$, $(\boldsymbol{p}\cdot\boldsymbol{p})$ e $(\boldsymbol{r}\cdot\boldsymbol{p})$. Por exemplo, se $\boldsymbol{\mathcal{V}} = |\boldsymbol{r} + 2\boldsymbol{p}|\,\boldsymbol{r} + (\mathrm{x}^2 + \mathrm{y}^2 + \mathrm{z}^2)\,\boldsymbol{L}$, então $\boldsymbol{\mathcal{V}}$ obedecerá à identidade (19.7). Por outro lado, um vetor constante, $\boldsymbol{\mathcal{V}} = \hat{\boldsymbol{e}}_{\mathrm{x}}$, por exemplo, ou um vetor da forma $\boldsymbol{\mathcal{V}} = \mathrm{x}\hat{\boldsymbol{e}}_{\mathrm{x}} + p_{\mathrm{z}}\hat{\boldsymbol{e}}_{\mathrm{y}}$ não obedecerão à identidade (19.7), pois não têm a forma geral descrita na Eq. (19.8) e não podem ser escritos de forma canônica, sem fazer menção a uma base cartesiana específica.

Dizemos que uma grandeza é um escalar quando ela é invariante por rotações (ou mudanças arbitrárias de coordenadas, em um contexto mais amplo). Por exemplo, sabemos que produtos escalares entre vetores não são afetados por rotações e, portanto, trata-se de grandezas escalares. Como o momento angular é o gerador das rotações (veremos mais sobre isso no capítulo 21), segue que o parêntese de Poisson dos escalares com qualquer componente do momento angular deve ser zero. De fato, se $\boldsymbol{\mathcal{V}}$ e $\boldsymbol{\mathcal{N}}$ são vetores canonicamente construídos a partir de $\boldsymbol{r}$ e $\boldsymbol{p}$, então vale a seguinte relação:

$$\{\boldsymbol{\mathcal{V}} \cdot \boldsymbol{\mathcal{N}}, \hat{\boldsymbol{n}} \cdot \boldsymbol{L}\} = 0\,, \tag{19.9}$$

qualquer que seja a direção do versor $\hat{\boldsymbol{n}}$. Como um exemplo explícito dessa igualdade, consideremos o caso $\boldsymbol{\mathcal{V}} = \boldsymbol{\mathcal{N}} = \boldsymbol{p}$ e $\hat{\boldsymbol{n}} = \hat{\boldsymbol{e}}_{\mathrm{x}}$:

$$\{|\boldsymbol{p}|^2, L_{\mathrm{x}}\} = \{p_{\mathrm{x}}^2 + p_{\mathrm{y}}^2 + p_{\mathrm{z}}^2, \mathrm{y}\,p_{\mathrm{z}} - \mathrm{z}\,p_{\mathrm{y}}\} = \{p_{\mathrm{y}}^2, \mathrm{y}\}\,p_{\mathrm{z}} - \{p_{\mathrm{z}}^2, \mathrm{z}\}\,p_{\mathrm{y}} = -2p_{\mathrm{y}}p_{\mathrm{z}} + 2p_{\mathrm{z}}p_{\mathrm{y}} = 0\,,$$

o que está em pleno acordo com a Eq. (19.9).

19.4 Teorema de Poisson

Sejam $A(q,p,t)$ e $B(q,p,t)$ duas funções do espaço de fase que são constantes de movimento de um sistema. Então, o chamado **teorema de Poisson** afirma que $\{A, B\}$ também é uma constante de movimento. Ou seja,

$$\text{Teorema de Poisson:} \quad \frac{dA}{dt} = 0 \quad \text{e} \quad \frac{dB}{dt} = 0 \quad \Rightarrow \quad \frac{d}{dt}\{A, B\} = 0\,. \tag{19.10}$$

De fato, no início deste capítulo, foi estabelecido que o parêntese de Poisson obedece à propriedade *Leibniz 2*, mesmo quando a derivada que age no parêntese é a derivada total em relação ao tempo. Sendo assim, temos:

$$\frac{d}{dt}\{A, B\} = \{\frac{d}{dt}A, B\} + \{A, \frac{d}{dt}B\} = \{0, B\} + \{A, 0\} = 0\,.$$

Então, o teorema de Poisson nos diz que, através do parêntese de Poisson, podemos usar quantidades conservadas para gerar mais quantidades conservadas. Como discutido no capítulo sobre o teorema de Nöther, quantidades conservadas são muito importantes, pois elas nos ajudam a integrar as equações de movimento. Entretanto, nem sempre $\{A, B\}$ nos fornecerá uma nova grandeza conservada. Por exemplo, $\{A, B\}$ pode fornecer uma combinação linear de A e B com coeficientes constantes, o que obviamente também será constante, mas não acrescentará em nada às quantidades conservadas já conhecidas A e B. Além disso $\{A, B\}$ pode ser zero ou pode ser igual a outro número constante, digamos 1. Portanto, o uso do parêntese de Poisson pode ser uma forma de gerar novas quantidades conservadas, mas nem sempre nos levará a uma informação útil. É preciso verificar caso a caso.

Para ilustrar exemplos em que o teorema de Poisson fornece algo de relevante e casos em que não produz nada de útil, consideremos o sistema tridimensional cujo hamiltoniano é dado por

$$h = \frac{1}{2}|\boldsymbol{p}|^2 - a\,(\hat{\boldsymbol{e}}_{\rm z} \cdot \boldsymbol{r}) = \frac{1}{2}(p_{\rm x}^2 + p_{\rm y}^2 + p_{\rm z}^2) - a\,{\rm z}\,, \tag{19.11}$$

que representa uma partícula de massa $m = 1$ (em algum sistema de unidades) constantemente acelerada na direção $\hat{\boldsymbol{e}}_{\rm z}$, com a intensidade da aceleração sendo a. As equações de Hamilton fornecem:

$$\dot{q}^i = \frac{\partial h}{\partial p_i} \quad \Rightarrow \quad \dot{\rm x} = p_{\rm x}\,, \quad \dot{\rm y} = p_{\rm y}\,, \quad \dot{\rm z} = p_{\rm z}\,.$$

$$\dot{p}_i = -\frac{\partial h}{\partial q_i} \quad \Rightarrow \quad \dot{p}_{\rm x} = 0\,, \quad \dot{p}_{\rm y} = 0\,, \quad \dot{p}_{\rm z} = a\,.$$

Olhando para a forma do hamiltoniano da Eq. (19.11), vemos que ele é claramente invariante pela rotação em torno do eixo z, o que significa que $L_{\rm z}$ é uma quantidade conservada, como consequência do teorema de Nöther. Da mesma forma, o sistema é invariante por translações em x, de forma que $p_{\rm x}$ deve ser uma quantidade conservada. De fato, uma das equações de Hamilton afirma exatamente que $p_{\rm x}$ é uma constante de movimento. Chequemos que $L_{\rm z}$ também é uma constante de movimento:

$$\frac{d}{dt}L_{\rm z} = \frac{d}{dt}({\rm x}\,p_{\rm y} - {\rm y}\,p_{\rm x}) = (\dot{\rm x}\,p_{\rm y} + {\rm x}\,\dot{p}_{\rm y} - \dot{\rm y}\,p_{\rm x} - {\rm y}\,\dot{p}_{\rm x}) = p_{\rm x}\,p_{\rm y} + 0 - p_{\rm y}\,p_{\rm x} - 0 = 0\,.$$

Como $p_{\rm x}$ e $L_{\rm z}$ são quantidades conservadas, segue que o parêntese de Poisson entre essas funções do espaço de fase também será uma quantidade conservada. De fato, calculando explicitamente tal parêntese de Poisson, temos:

$$\{p_{\rm x}, L_{\rm z}\} = \{p_{\rm x}, {\rm x}\, p_{\rm y} - {\rm y}\, p_{\rm x}\} = \{p_{\rm x}, {\rm x}\}\, p_{\rm y} = -p_{\rm y}\,,$$

que, de fato, é uma grandeza conservada, como pode ser visto das equações de Hamilton. Então, nesse caso, conseguimos gerar uma nova constante de movimento que é independente das anteriores. Em contrapartida, consideremos agora a seguinte quantidade conservada:

$$C = {\rm z} - p_{\rm z}\, t + \frac{a}{2} t^2\,.$$

De fato, provemos que se trata de uma constante de movimento:

$$\frac{d}{dt} C = \dot{\rm z} - \dot{p}_{\rm z}\, t - p_{\rm z} + a\, t = p_{\rm z} - a\, t - p_{\rm z} + a\, t = 0\,.$$

Calculando o parêntese de Poisson de C com as outras quantidades conservadas que já encontramos, $\{C, p_{\rm x}\}$, $\{C, L_{\rm z}\}$ e $\{C, p_{\rm y}\}$, veremos que são todos identicamente zero e, portanto, não fornecem novas quantidades conservadas.

19.5 Exercícios sugeridos

Exercício 1
Demonstre explicitamente a identidade de Jacobi para o parêntese de Poisson.

Exercício 2 – ***resolvido***
Considere o hamiltoniano do oscilador harmônico cuja frequência angular é ω,

$$h(x,p) = \frac{1}{2m}\,p^2 + \frac{m\omega^2}{2}\,x^2\,.$$

Considere também a seguinte função complexa do espaço de fase,

$$A(x,p) = m\,\omega\,x + i\,p\,,$$

onde $i = \sqrt{-1}$ é a unidade imaginária. Usando a Eq. (19.5), encontre a evolução dinâmica de A. Em seguida, separando as partes real e imaginária de A, obtenha a evolução dinâmica das variáveis x e p.

Exercício 3
Usando a notação indicial e o símbolo de Levi-Civita, calcule o parêntese de Poisson $\{\boldsymbol{L}, \hat{\boldsymbol{n}}\cdot\boldsymbol{L}\}$, onde $\boldsymbol{L}$ é o momento angular em três dimensões e $\hat{\boldsymbol{n}}$ é um versor constante qualquer. Demonstre a validade da última igualdade da Eq. (19.6).

Exercício 4
Considere que $\boldsymbol{\mathcal{V}}$ e $\boldsymbol{\mathcal{N}}$ sejam vetores no $\mathbb{R}^3$, com componentes que são funções no espaço de fase, e que esses vetores obedeçam à Eq. (19.7). Então, usando a notação indicial, prove a validade da Eq. (19.9).

Exercício 5
Considere o seguinte campo vetorial: $\boldsymbol{V} = (a\,r^2 + b\,p^2)\boldsymbol{r}$, onde a e b são constantes,

$$r^2 \equiv \boldsymbol{r}\cdot\boldsymbol{r} = \mathrm{x}^2 + \mathrm{y}^2 + \mathrm{z}^2 \quad \text{e} \quad p^2 = p_\mathrm{x}^2 + p_\mathrm{y}^2 + p_\mathrm{z}^2\,.$$

Calcule o parêntese de Poisson de $\boldsymbol{V}$ com L_z e mostre que o resultado está de acordo com o predito pela Eq. (19.7).

Exercício 6

Um corpo rígido com um ponto fixo pode ter sua energia cinética escrita da forma $E_{cin} = \frac{1}{2} I_{ij}\omega^i\omega^j$, onde ω^i são as componentes cartesianas da velocidade angular do corpo em torno do ponto fixo e I_{ij} é a matriz do momento de inércia, que é constante e simétrica. Por sua vez, as componentes cartesianas do momento angular são dadas por $L_i = I_{ij}\omega^j$. Supondo que não haja forças externas, monte uma expressão para o hamiltoniano do sistema escrevendo as componentes da velocidade angular em termos das componentes do momento angular. Em seguida, usando as Eqs. (19.2) e (19.6), determine a equação dinâmica de primeira ordem satisfeita por L_i. Por fim, assuma que I_{ij} é diagonal e recupere as equações de Euler para um corpo onde não agem torques externos.

Solução do Exercício 2

Calculando o parêntese de Poisson de A com o hamiltoniano, temos:

$$\begin{aligned}\{A, h\} &= \{m\omega x + ip, \frac{1}{2m}p^2 + \frac{m\omega^2}{2}x^2\} = m\omega\,\frac{1}{2m}\,\{x, p^2\} + i\,\frac{m\omega^2}{2}\{p, x^2\} \\ &= \omega\, p - i\, m\, \omega^2 x = -i\,\omega\,(m\omega x + i\, p) = -i\omega\, A\,.\end{aligned}$$

Portanto,

$$\{\{A, h\}\,,\, h\} = \{-i\omega\, A\,,\, h\} = (-i\omega)\,\{A, h\} = (-i\omega)^2\, A\,,$$

e assim por diante. Ou seja, se tomarmos o parêntese de Poisson de A com o hamiltoniano n vezes sucessivas, teremos:

$$\{\{\cdots\{A, h\}\cdots\,,\, h\}, h\} = (-i\omega)^n\, A$$

Portanto, aplicando a Eq. (19.5) à função A, teremos:

$$A(x(t), p(t)) = \textstyle\sum_{n=0}^{\infty} \frac{(-i\omega)^n\, t^n}{n!}\, A_0 = e^{-i\omega t}\, A_0\,,$$

onde $A_0 \equiv A(x(0), p(0))$ é o valor da função complexa A no instante $t = 0$. Esse resultado pode ser equivalentemente escrito da seguinte forma:

$$\begin{aligned}A &= [\cos(\omega t) - i\,\mathrm{sen}(\omega t)]\,[m\,\omega\, x_0 + i\, p_0] \\ &= m\,\omega\left[x_0\,\cos(\omega t) + \frac{p_0}{m\,\omega}\,\mathrm{sen}(\omega t)\right] + i\,[\,p_0\,\cos(\omega t) - m\,\omega\, x_0\,\mathrm{sen}(\omega t)\,]\end{aligned}$$

Então, como a parte real de A é $m\omega x$, concluímos que:

$$x(t) = \frac{1}{m\omega}\mathfrak{Re}\{A\} = x_0\,\cos(\omega t) + \frac{p_0}{m\,\omega}\,\mathrm{sen}(\omega t)\,.$$

Analogamente, como p é a parte imaginária de A, segue que:

$$p(t) = \mathfrak{Im}\{A\} = p_0\,\cos(\omega t) - m\,\omega\, x_0\,\mathrm{sen}(\omega t)\,.$$

É fácil verificar que, de fato, essas expressões para $x(t)$ e $p(t)$ obedecem às equações de Hamilton.

Capítulo 20

Transformações canônicas

Como argumentado anteriormente, as equações de Euler-Lagrange têm a interessante e útil propriedade de serem invariantes pelas transformações de coordenadas generalizadas $q^i \to Q^i(q,t)$, também chamadas de **transformações de ponto**. Ou seja, se $\ell(q,\dot{q},t)$ for o lagrangiano no sistema de coordenadas q, definindo

$$\mathcal{L}(Q,\dot{Q},t) \equiv \ell\big(q(Q,t), \dot{q}(Q,\dot{Q},t), t\big)$$

como sendo o lagrangiano no sistema de coordenadas Q, então as equações de movimento nesses sistemas de coordenadas têm a mesma forma geral:

$$\frac{d}{dt}\frac{\partial \ell}{\partial \dot{q}^i} = \frac{\partial \ell}{\partial q^i} \quad \text{e} \quad \frac{d}{dt}\frac{\partial \mathcal{L}}{\partial \dot{Q}^i} = \frac{\partial \mathcal{L}}{\partial Q^i},$$

conforme fora explicitamente demonstrado na Seção 9.6. Essa liberdade de escolha de coordenadas para o espaço das configurações permite que elejamos o sistema de coordenadas de forma conveniente, a fim de facilitar a solução das equações de movimento. De fato, para o mesmo problema físico, as equações de movimento podem ser extremamente intrincadas em um determinado sistema de coordenadas e muito simples em outro sistema de coordenadas. Vimos isso claramente no estudo das pequenas oscilações em sistemas multidimensionais, onde o uso das coordenadas normais promove o desacoplamento dos diversos graus de liberdade do sistema, tornando a solução da dinâmica quase trivial. Fica claro, então, que as transformações de ponto podem ser usadas para simplificar a obtenção da solução para um problema dinâmico.

A grande vantagem do formalismo hamiltoniano em relação à abordagem lagrangiana é a seguinte: no último, trabalhamos apenas com o espaço das configurações, que tem dimensão n (quando o sistema tem n graus de liberdade); por sua vez, no formalismo hamiltoniano, o espaço de trabalho é o espaço de fase, que tem dimensão $2n$ e cujos pontos são rotulados pelas coordenadas $\{q^i, p_k\}$. O fato de o espaço de interesse na abordagem hamiltoniana ter dimensão maior faz com que possamos lidar com mudanças de variáveis muito mais gerais, de forma que há mais possibilidades de simplificar a análise de um problema através de uma escolha conveniente de coordenadas. De fato, no formalismo hamiltoniano podemos fazer mudanças da seguinte forma:

$$q^i \to Q^i = Q^i(q,p,t) \quad \text{e} \quad p_i \to P_i = P_i(q,p,t)\,. \tag{20.1}$$

Ou seja, em geral, as novas coordenadas do espaço de fase podem envolver misturas das antigas coordenadas generalizadas e dos antigos momentos canônicos. Então, as transformações de ponto, dadas por $q^i \to Q^i(q,\,t)$, são apenas casos particulares das transformações mais gerais no espaço de fase.[1] No entanto, nem todas as transformações no espaço de fase conservam o formato das equações de Hamilton. Uma condição suficiente para que as equações de Hamilton mantenham suas formas é que as variáveis Q^i e P_i continuem sendo variáveis **canonicamente conjugadas**, assim como q^i e p_i. Isso significa que, assim como as coordenadas antigas do espaço de fase obedecem às relações

$$\{q^i, q^j\} = 0 \;, \quad \{p_i, p_j\} = 0 \quad \text{e} \quad \{q^i, p_j\} = \delta^i{}_j \,, \tag{20.2}$$

o mesmo deve valer para as novas coordenadas do espaço de fase, Q^i e P_i. Ou seja, essas novas coordenadas devem obedecer às seguintes relações:

$$\{Q^i, Q^j\} = 0 \;, \quad \{P_i, P_j\} = 0 \quad \text{e} \quad \{Q^i, P_j\} = \delta^i{}_j \,. \tag{20.3}$$

Quando isso acontece, dizemos que a transformação (20.1) é uma **transformação canônica**. Neste capítulo trataremos de tais transformações.

20.1 Mudanças de variáveis e as derivadas parciais

Antes de seguirmos adiante para estudar as transformações canônicas, é salutar introduzir uma notação cujo papel é comunicar de forma clara o significado de determinada derivada parcial. Nesta seção, veremos que, quando trabalhamos com diferentes sistemas de coordenadas simultaneamente, ao calcularmos uma derivada parcial, é preciso ter clareza de quais coordenadas são mantidas constantes durante o cálculo da derivada. Portanto, teremos que estabelecer uma notação que faça a comunicação precisa.

Consideremos um espaço bidimensional cujos pontos podem ser rotulados pelo sistema de coordenadas $\{x, y\}$. Consideremos então as funções $z(x, y)$ e $w(x, y)$ que são definidas da seguinte forma:

$$z = x + y^2 \quad \text{e} \quad w = x - y^2 \,. \tag{20.4}$$

Em vez de usar $\{x, y\}$ como coordenadas do espaço, podemos usar qualquer um dos pares de coordenadas abaixo para rotular os pontos desse espaço:

$$\{x, z\} \,, \quad \{x, w\} \,, \quad \{y, z\} \,, \quad \{y, w\} \,, \quad \{z, w\} \,.$$

Na verdade, a liberdade para a escolha de coordenadas para tal espaço é infinita e vai muito além das seis opções mencionadas. Agora, seja F a função definida por $F = x + y$. Essa maneira de escrever F a encara como função das coordenadas $\{x, y\}$, $F = F(x, y)$. No entanto, temos igual direito de enxergar tal função como função de $\{x, z\}$. Para tanto, basta que na expressão $F = x + y$ escrevamos y como função de $\{x, z\}$. Mais precisamente, usando a definição da função z, dada na Eq. (20.4), vemos que

$$y^2 = z - x \quad \Rightarrow \quad y = \sqrt{z - x} \quad \Rightarrow \quad F = x + y(x, z) = x + \sqrt{z - x} = F(x, z) \,,$$

onde, no desenvolvimento acima, foi escolhido o ramo positivo da raiz quadrada, ou seja, está sendo assumido o domínio $y \geq 0$. Analogamente, é fácil verificar que valem as seguintes igualdades nos demais sistemas de coordenadas:

$$F(x, w) = x + \sqrt{x - w} \;, \qquad F(z, y) = z - y^2 + y \,,$$
$$F(y, w) = w + y^2 + y \;, \qquad F(z, w) = \frac{z + w}{2} + \frac{\sqrt{z - w}}{\sqrt{2}} \,.$$

[1] Nas transformações de ponto, os momentos canônicos também são alterados como consequência da transformação nas coordenadas. Veremos isso em detalhes em um exemplo mostrado mais adiante neste capítulo.

Agora, suponha que queiramos calcular a derivada parcial $\frac{\partial F}{\partial x}$. Usando os sistemas de coordenadas $\{x, y\}$, $\{x, z\}$ e $\{x, w\}$, chegaremos a três resultados distintos:

$$\begin{cases} F &= F(x,y) = x + y \quad \Rightarrow \quad \frac{\partial F}{\partial x} = 1\,, \\ F &= F(x,z) = x + \sqrt{z-x} \quad \Rightarrow \quad \frac{\partial F}{\partial x} = 1 - \frac{1}{2\sqrt{z-x}} = 1 - \frac{1}{2y}\,, \\ F &= F(x,w) = x + \sqrt{x-w} \quad \Rightarrow \quad \frac{\partial F}{\partial x} = 1 + \frac{1}{2\sqrt{x-w}} = 1 + \frac{1}{2y}\,. \end{cases}$$

Portanto, obtivemos três resultados distintos para a derivada $\frac{\partial F}{\partial x}$. O que há de errado? A resposta é que, como estamos usando diferentes sistemas de coordenadas, estamos, na verdade, calculando diferentes derivadas. Por exemplo, na primeira linha, ao derivarmos $F(x, y)$ em relação a x, estamos assumindo que y é constante durante o cálculo da derivada. Por outro lado, na segunda linha, ao encararmos F como função de $\{x, z\}$, mantivemos z constante durante o cálculo da derivada. No entanto, como z depende de x e de y, manter z constante é diferente de manter y constante. Portanto, a pergunta sobre qual é a expressão correta para a derivada $\frac{\partial F}{\partial x}$ é uma pergunta incompleta e imprecisa; temos que comunicar o que deve ser mantido constante durante o cálculo da derivada desejada. Usaremos, então, a seguinte notação para comunicar essa prescrição:

$$\left(\frac{\partial F}{\partial x}\right)_y = 1\,, \quad \left(\frac{\partial F}{\partial x}\right)_z = 1 - \frac{1}{2y}\,, \quad \left(\frac{\partial F}{\partial x}\right)_w = 1 + \frac{1}{2y}\,.$$

Por exemplo, a derivada no lado esquerdo da primeira identidade da equação acima denota a derivada de F em relação a x mantendo y constante. Esse tipo de cuidado é essencial sempre que estamos lidando com mais de um sistema de coordenadas simultaneamente. No entanto, se estivermos utilizando um único sistema de coordenadas, não há necessidade de informar quais coordenadas estão sendo mantidas fixas durante o cálculo da derivada, pois está implícito que as demais coordenadas do sistema utilizado estão sendo consideradas constantes durante a derivação. Por exemplo, se no $\mathbb{R}^3$ estivermos usando coordenadas esféricas, $\{r, \theta, \phi\}$, fica tácito que a derivada ∂_r representa a derivada em relação a r mantendo θ e ϕ constantes durante a derivação. No entanto, se quiséssemos ser rigorosos e precisos, deveríamos utilizar a notação $(\partial_r)_{\theta,\phi}$.

Agora, vamos achar uma relação entre as diferentes formas de se tomar uma derivada parcial em relação a determinada variável. Suponha que queiramos obter a mudança em uma função F quando variamos x mantendo y constante. Nesse caso, ao modificarmos a coordenada x, acrescendo seu valor de uma quantidade dx, a modificação na função F será a seguinte:

$$x \to x + dx \quad \Rightarrow \quad F(x,y) \to F(x+dx, y) = F(x,y) + \left(\frac{\partial F}{\partial x}\right)_y dx\,,$$

onde a expansão em série de Taylor foi utilizada e termos quadráticos em dx foram desprezados. Logo, nesse cenário, temos que a variação na função F é dada por

$$dF \equiv F(x+dx, y) - F(x,y) = \left(\frac{\partial F}{\partial x}\right)_y dx$$

Agora, consideremos que a função F estava originalmente escrita em termos das coordenadas $\{z, w\}$. Nesse caso, $F(x, y)$ é dada por $F = F(z(x,y), w(x,y))$. Sendo assim, a função

F após a variação em x, mantendo y constante, será dada por:

$$\begin{aligned} F(x+dx,y) &= F(\, z_{(x+dx,y)}\, ,\, w_{(x+dx,y)}\,) \\ &= F(z_{(x,y)} + dz\, ,\, w_{(x,y)} + dw) \\ &= F(z_{(x,y)}, w_{(x,y)}) + \left(\frac{\partial F}{\partial z}\right)_w dz + \left(\frac{\partial F}{\partial w}\right)_z dw \\ &= F(x,y) + \left(\frac{\partial F}{\partial z}\right)_w \left(\frac{\partial z}{\partial x}\right)_y dx + \left(\frac{\partial F}{\partial w}\right)_z \left(\frac{\partial w}{\partial x}\right)_y dx\,. \end{aligned}$$

Onde, na segunda linha, dz significa a variação em z quando fazemos $x \to x+dx$ enquanto mantemos y constante, ou seja, $dz = (\partial z/\partial x)_y\, dx$, conforme substituído na passagem da terceira linha para a quarta linha do cálculo acima. Analogamente, dw denota a variação em w quando fazemos $x \to x+dx$ enquanto mantemos y constante. Da expressão anterior, vemos que

$$dF = F(x+dx,y) - F(x,y) = \left(\frac{\partial F}{\partial z}\right)_w \left(\frac{\partial z}{\partial x}\right)_y dx + \left(\frac{\partial F}{\partial w}\right)_z \left(\frac{\partial w}{\partial x}\right)_y dx\,.$$

Finalmente, comparando as duas expressões para dF, concluímos que vale a seguinte igualdade:

$$\left(\frac{\partial F}{\partial x}\right)_y = \left(\frac{\partial F}{\partial z}\right)_w \left(\frac{\partial z}{\partial x}\right)_y + \left(\frac{\partial F}{\partial w}\right)_z \left(\frac{\partial w}{\partial x}\right)_y\,. \tag{20.5}$$

Essa identidade é muito útil em diversos âmbitos da física e da matemática e, em particular, será utilizada mais adiante neste capítulo.

A notação introduzida nesta seção é praxe nos estudos de termodinâmica, pois é comum utilizar diferentes variáveis como parâmetros fundamentais para rotular um estado termodinâmico. Por exemplo, ao estudarmos um gás, os parâmetros termodinâmicos de interesse costumam ser pressão, P, volume, V, temperatura, T, e número de partículas, N. Ocorre que existem equações de estado que conectam esses parâmetros. No gás ideal, por exemplo, vale $\mathrm{PV} = k\mathrm{NT}$, onde k é uma constante universal. Portanto, as variáveis (P,V,T,N) não são independentes umas das outras, de forma que apenas três dessas quatro são suficientes para especificar o estado termodinâmico do sistema. A escolha dos três parâmetros que são mais úteis depende do tipo de informação que queremos extrair do sistema. Por exemplo, se S denota a entropia do sistema, então

$$C_P \equiv \mathrm{T}\left(\frac{\partial \mathrm{S}}{\partial \mathrm{T}}\right)_{\mathrm{P,N}} \quad \text{e} \quad C_V \equiv \mathrm{T}\left(\frac{\partial \mathrm{S}}{\partial \mathrm{T}}\right)_{\mathrm{V,N}}$$

representam a capacidade térmica a pressão constante e a capacidade térmica a volume constante, respectivamente. Essas são grandezas fisicamente distintas e, em particular, vale a desigualdade $C_P > C_V$.

20.2 Condições para a invariância das equações de Hamilton

O objetivo desta seção é provar que as condições (20.3) garantem que a forma das equações de Hamilton seja preservada após a mudança de coordenadas no espaço de fase. Para simplificar a prova, evitando o uso de muitos índices, façamos a demonstração para o caso em que o sistema tem apenas um grau de liberdade. Nesse cenário, as condições (20.3) se resumem à restrição $\{Q, P\} = 1$, pois $\{Q, Q\}$ e $\{P, P\}$ são automaticamente nulos, já que o parêntese de Poisson é antissimétrico.

Agora, consideremos a mudança de coordenadas genérica do espaço de fase,

$$q \to Q = Q(q, p, t) \qquad \text{e} \qquad p \to P = P(q, p, t)\,,$$

ou, resumidamente, $(q, p) \to (Q, P)$. Então, utilizando a Eq. (19.2) para calcular a derivada temporal de Q, obtemos:

$$\dot{Q} = \{Q, h\} + \left(\frac{\partial Q}{\partial t}\right)_{q,p} = \left(\frac{\partial Q}{\partial q}\right)_{p,t}\left(\frac{\partial h}{\partial p}\right)_{q,t} - \left(\frac{\partial Q}{\partial p}\right)_{q,t}\left(\frac{\partial h}{\partial q}\right)_{p,t} + \left(\frac{\partial Q}{\partial t}\right)_{q,p}, \tag{20.6}$$

onde $h = h(q, p, t)$ denota o hamiltoniano do sistema no sistema de coordenadas inicial. No lado direito da expressão acima, a notação utilizada foi a mais rigorosa possível. No entanto, geralmente podemos ser menos cautelosos. Por exemplo, ao derivarmos em relação a q não é de todo necessário dizer que t será mantido contante, pois na mecânica clássica newtoniana o tempo é único e sempre será uma das coordenadas. Ou seja, a fim de parametrizar a dinâmica desse sistema podemos, em geral, usar qualquer um dos seguintes conjuntos de parâmetros:

$$(q, p, t)\,, \quad (q, P, t)\,, \quad (Q, p, t)\,, \quad (q, Q, t)\,, \quad (p, P, t) \quad \text{ou} \quad (Q, P, t)\,.$$

Note que o tempo sempre é um dos parâmetros. Sendo assim, ao derivarmos em relação a qualquer uma das coordenadas q, p, Q ou P manteremos o tempo fixo. Portanto, seria aceitável escrever $(\partial Q/\partial q)_p$ em vez de usar a notação mais rigorosa $(\partial Q/\partial q)_{p,t}$. Por outro lado, a notação $(\partial Q/\partial t)_{q,p}$ não deve ser flexibilizada em geral, pois, por exemplo, se P depender de p e do tempo, então tal derivada será diferente da derivada $(\partial Q/\partial t)_{q,P}$. Agora, vamos utilizar a identidade (20.5) para substituir as derivadas $(\partial h/\partial p)_{q,t}$ e $(\partial h/\partial q)_{p,t}$ em termos de derivadas em relação ao conjunto de coordenadas (Q, P, t). Fazendo isso e adotando a notação flexibilizada, temos:

$$\begin{aligned}
\dot{Q} = &\left(\frac{\partial Q}{\partial q}\right)_p \left[\left(\frac{\partial h}{\partial Q}\right)_P \left(\frac{\partial Q}{\partial p}\right)_q + \left(\frac{\partial h}{\partial P}\right)_Q \left(\frac{\partial P}{\partial p}\right)_q\right] \\
&- \left(\frac{\partial Q}{\partial p}\right)_q \left[\left(\frac{\partial h}{\partial Q}\right)_P \left(\frac{\partial Q}{\partial q}\right)_p + \left(\frac{\partial h}{\partial P}\right)_Q \left(\frac{\partial P}{\partial q}\right)_p\right] + \left(\frac{\partial Q}{\partial t}\right)_{q,p} \\
= &\left(\frac{\partial h}{\partial P}\right)_Q \left[\left(\frac{\partial Q}{\partial q}\right)_p \left(\frac{\partial P}{\partial p}\right)_q - \left(\frac{\partial Q}{\partial p}\right)_q \left(\frac{\partial P}{\partial q}\right)_p\right] + \left(\frac{\partial Q}{\partial t}\right)_{q,p} \\
= &\left(\frac{\partial h}{\partial P}\right)_Q \cdot \{Q, P\} + \left(\frac{\partial Q}{\partial t}\right)_{q,p}.
\end{aligned}$$

De forma completamente análoga, podemos estabelecer a seguinte igualdade:

$$\dot{P} = \{P, h\} + \left(\frac{\partial P}{\partial t}\right)_{q,p} = -\left(\frac{\partial h}{\partial Q}\right)_P \cdot \{Q, P\} + \left(\frac{\partial P}{\partial t}\right)_{q,p}.$$

Portanto, utilizando a hipótese de que a transformação $(q, p) \to (Q, P)$ é canônica, segundo a qual vale $\{Q, P\} = 1$, segue que os resultados acima podem ser resumidos pelas equações abaixo:

$$\dot{Q} = \left(\frac{\partial h}{\partial P}\right)_Q + \left(\frac{\partial Q}{\partial t}\right)_{q,p} \quad \text{e} \quad \dot{P} = -\left(\frac{\partial h}{\partial Q}\right)_P + \left(\frac{\partial P}{\partial t}\right)_{q,p} \tag{20.7}$$

Para analisar esse resultado, comecemos com um cenário mais simples, aquele no qual as coordenadas Q e P não dependem do tempo, ou seja, $Q = Q(q,p)$ e $P = P(q,p)$. Nesse caso especial, a Eq. (20.7) se reduz às seguintes igualdades:

$$\dot{Q} = \left(\frac{\partial h}{\partial P}\right)_Q \quad \text{e} \quad \dot{P} = -\left(\frac{\partial h}{\partial Q}\right)_P .$$

Portanto, se definirmos o novo hamiltoniano H como sendo igual ao antigo,

$$H(Q,P,t) = h(q(Q,P)\,,\, p(Q,P)\,,\, t)\,,$$

então essas equações se tornam exatamente as equações de Hamilton. Ou seja, provamos que, no cenário em que Q e P não dependem explicitamente do tempo, a condição de que a transformação seja canônica, $\{Q,P\} = 1$, garante que a forma das equações de Hamilton seja preservada. Vejamos um exemplo explícito de uma transformação canônica e de como as equações de Hamilton são preservadas.

Exemplo: Consideremos um sistema com um grau de liberdade cujo hamiltoniano é dado por

$$h(q,p,t) = e^{2\alpha t}\,(4p^2 - q^2)\,.$$

Então, sendo a função $Q(q,p)$ definida por

$$Q(q,p) = p + \frac{1}{2}q\,,$$

encontre alguma função $P(q,p)$ para que (Q,P) seja um par de variáveis canonicamente conjugadas e monte o hamiltoniano do sistema nas novas coordenadas. Mostre que as equações de Hamilton nos dois sistemas de coordenadas estão compatíveis.

Solução

Como o sistema tem apenas um grau de liberdade, não precisamos impor as condições $\{Q,Q\} = 0$ e $\{P,P\} = 0$, pois elas são automaticamente satisfeitas por conta da antissimetria do parêntese de Poisson. Sendo assim, para que Q e P sejam canonicamente conjugadas, basta impormos a relação $\{Q,P\} = 1$. Ou seja,

$$1 = \frac{\partial Q}{\partial q}\frac{\partial P}{\partial p} - \frac{\partial Q}{\partial p}\frac{\partial P}{\partial q} = \frac{1}{2}\frac{\partial P}{\partial p} - \frac{\partial P}{\partial q}\,. \tag{20.8}$$

Portanto, se fizermos a escolha

$$P(q,p) = p - \frac{1}{2}q\,,$$

temos que a Eq. (20.8) será resolvida. Dessa forma, podemos assumir as seguintes relações entre as antigas coordenadas do espaço de fase e as novas coordenadas:

$$\begin{cases} Q = p + \frac{1}{2}q \quad \text{e} \quad P = p - \frac{1}{2}q\,; \\ q = Q - P \quad \text{e} \quad p = \frac{1}{2}(Q + P)\,. \end{cases} \tag{20.9}$$

Notemos, em particular, que $4QP = (2p+q)(2p-q) = (4p^2 - q^2)$, de forma que o novo hamiltoniano é dado por:

$$H(Q,P,t) = h(q(Q,P), p(Q,P), t) = 4e^{2\alpha t} P\, Q\,.$$

As equações de Hamilton nas novas coordenadas fornecem então:

$$\dot{Q} = \frac{\partial H}{\partial P} = 4e^{2\alpha t} Q \quad \text{e} \quad \dot{P} = -\frac{\partial H}{\partial Q} = -4e^{2\alpha t} P\,. \tag{20.10}$$

Vejamos que isso está de acordo com as equações de Hamilton nas coordenadas originais. Segundo elas, temos:

$$\dot{q} = \frac{\partial h}{\partial p} = 8e^{2\alpha t} p \quad \text{e} \quad \dot{p} = -\frac{\partial h}{\partial q} = 2e^{2\alpha t} q \tag{20.11}$$

Provemos agora que as dinâmicas previstas pelas Eqs. (20.10) e (20.11) são idênticas. De fato, usando (20.9) e (20.11), obtém-se:

$$\begin{cases} \dot{Q} = \dot{p} + \frac{1}{2}\dot{q} = 2e^{2\alpha t} q + \frac{1}{2} 8e^{2\alpha t} p = 4e^{2\alpha t}(p + \frac{1}{2}q) = 4e^{2\alpha t} Q\,, \\ \dot{P} = \dot{p} - \frac{1}{2}\dot{q} = 2e^{2\alpha t} q - \frac{1}{2} 8e^{2\alpha t} p = -4e^{2\alpha t}(p - \frac{1}{2}q) = -4e^{2\alpha t} P\,, \end{cases} \tag{20.12}$$

o que está em pleno acordo com a Eq. (20.10). Notemos que as equações de Hamilton são mais fáceis de serem integradas no sistema de coordenadas (Q,P), pois nele as equações diferenciais para Q e para P, dadas na Eq. (20.10), estão desacopladas, de forma que só precisamos integrar duas equações de primeira ordem, cujas soluções são:

$$Q(t) = c_1\, e^{\frac{2}{\alpha} e^{2\alpha t}} \quad \text{e} \quad P(t) = c_2\, e^{-\frac{2}{\alpha} e^{2\alpha t}}\,,$$

onde c_1 e c_2 são constantes de integração. Se fôssemos resolver a dinâmica por meio do sistema de coordenadas (q,p), usando a Eq. (20.11), teríamos que desacoplar as equações de q e p e teríamos que integrar uma equação de segunda ordem ■

Até então, consideramos o caso em que a mudança de coordenadas $(q,p) \to (Q,P)$ não depende do tempo. Agora, tratemos do caso mais geral. Comecemos supondo que existe uma função $A(Q,P,t)$ que obedece às seguintes restrições:

$$\left(\frac{\partial A}{\partial P}\right)_{Q,t} = \left(\frac{\partial Q}{\partial t}\right)_{q,p} \quad \text{e} \quad \left(\frac{\partial A}{\partial Q}\right)_{P,t} = -\left(\frac{\partial P}{\partial t}\right)_{q,p}\,. \tag{20.13}$$

Assumindo a validade de tal hipótese, segue que a Eq. (20.7) poderá ser escrita da seguinte maneira:

$$\dot{Q} = \left(\frac{\partial h}{\partial P}\right)_Q + \left(\frac{\partial A}{\partial P}\right)_Q \quad \text{e} \quad \dot{P} = -\left(\frac{\partial h}{\partial Q}\right)_P - \left(\frac{\partial A}{\partial Q}\right)_P\,. \tag{20.14}$$

Portanto, se definirmos o novo hamiltoniano H como sendo dado por

$$H(Q,P,t) = h(q(Q,P,t), p(Q,P,t), t) + A(Q,P,t)\,, \tag{20.15}$$

seguirá que a Eq. (20.14) poderá ser escrita da seguinte forma:

$$\dot{Q} = \left(\frac{\partial H}{\partial P}\right)_Q \quad \text{e} \quad \dot{P} = -\left(\frac{\partial H}{\partial Q}\right)_P\,. \tag{20.16}$$

Ou seja, o par de coordenadas (Q, P) obedecerá às equações de Hamilton associadas ao hamiltoniano $H = h + A$. Isso prova que transformações canônicas, de fato, preservam o formato das equações de Hamilton. No entanto, para chegarmos a essa conclusão, precisamos provar que sempre existe uma função $A(Q, P, t)$ obedecendo às restrições da Eq. (20.13). Note que, tomando a derivada da primeira relação na Eq. (20.13) em relação a Q, depois tomando a derivada da segunda relação dessa equação em relação a P e, finalmente, subtraindo os resultados, somos levados à seguinte identidade:

$$\left(\frac{\partial}{\partial Q}\right)_P \left(\frac{\partial A}{\partial P}\right)_Q - \left(\frac{\partial}{\partial P}\right)_Q \left(\frac{\partial A}{\partial Q}\right)_P = \left(\frac{\partial}{\partial Q}\right)_P \left(\frac{\partial Q}{\partial t}\right)_{q,p} + \left(\frac{\partial}{\partial P}\right)_Q \left(\frac{\partial P}{\partial t}\right)_{q,p}.$$

Ocorre que o lado esquerdo da equação acima é sempre igual a zero, pois derivadas parciais comutam (quando um mesmo conjunto de variáveis é usado, o que, de fato, ocorre nesse caso). Ou seja, usando a notação menos rigorosa, segue que o lado esquerdo da equação acima pode ser escrito da seguinte forma:

$$\frac{\partial^2 A}{\partial Q \partial P} - \frac{\partial^2 A}{\partial P \partial Q},$$

que é sempre zero. Nesse caso, podemos abrir mão da notação rigorosa porque todas as derivadas envolvidas utilizam o mesmo conjunto de coordenadas, a saber, (Q, P, t). Logo, acabamos de estabelecer que uma condição necessária para a existência da função $A(Q, P, t)$ é que tenhamos

$$\left(\frac{\partial}{\partial Q}\right)_P \left(\frac{\partial Q}{\partial t}\right)_{q,p} + \left(\frac{\partial}{\partial P}\right)_Q \left(\frac{\partial P}{\partial t}\right)_{q,p} = 0. \tag{20.17}$$

Ocorre que essa condição necessária também é suficiente. No jargão matemático, diz-se que a Eq. (20.17) é condição de integrabilidade para a existência da função $A(Q, P, t)$. A prova dessa última afirmação foge ao escopo deste livro, mas pode ser vista como consequência do chamado lema de Poincaré. Em suma, precisamos provar que a condição (20.17) é sempre satisfeita. Para isso, antes definamos $\langle \, , \, \rangle$ como sendo o parêntese de Poisson associado às coordenadas (Q, P). Ou seja, dadas duas funções no espaço de fase, $f(Q, P, t)$ e $g(Q, P, t)$, temos:

$$\langle f, g \rangle \equiv \left(\frac{\partial f}{\partial Q}\right)_{P,t} \left(\frac{\partial g}{\partial P}\right)_{Q,t} - \left(\frac{\partial f}{\partial P}\right)_{Q,t} \left(\frac{\partial g}{\partial Q}\right)_{P,t}.$$

Logo, usando essa notação, é imediato estabelecer que a Eq. (20.17) pode ser equivalentemente posta na seguinte forma:

$$\langle \left(\frac{\partial Q}{\partial t}\right)_{q,p}, P \rangle + \langle Q, \left(\frac{\partial P}{\partial t}\right)_{q,p} \rangle = 0.$$

Essa equação, por sua vez, pode ser reescrita usando a regra de Leibniz, o que fornece

$$\left(\frac{\partial}{\partial t}\right)_{q,p} \langle Q, P \rangle = 0.$$

Essa última condição é sempre satisfeita, porque $\langle Q, P \rangle = 1$, por definição do parêntese de Poisson $\langle \, , \, \rangle$. Portanto, resumindo, acabamos de provar que, mesmo se as novas coordenadas (Q, P) dependerem explicitamente do tempo, uma condição suficiente para que elas obedeçam às equações de Hamilton em relação a um novo hamiltoniano H é que o par (Q,P) seja canonicamente conjugado, ou seja, $\{Q,P\}=1$. Além disso, se a relação entre (Q,P) e (q,p) não depender explicitamente do tempo, então o novo hamiltoniano, H, será igual ao antigo hamiltoniano, h. No entanto, quando a relação entre (Q,P) e (q,p) depende explicitamente do tempo, então o novo hamiltoniano H difere do antigo pela adição de uma função A, onde A deve obedecer às restrições da Eq. (20.13). Mais adiante, vamos explorar melhor o significado da função A.

Nas demonstrações feitas acima, foi considerado o caso em que só há um grau de liberdade. No caso geral, vale algo análogo. Mais precisamente, se a transformação de coordenadas for canônica, ou seja, se as condições

$$\{Q^i,Q^j\}=0\ ,\quad \{P_i,P_j\}=0 \quad \text{e} \quad \{Q^i,P_j\}=\delta^i{}_j$$

forem satisfeitas, então o novo conjunto de coordenadas obedecerá às equações de Hamilton para um novo hamiltoniano H. Esse hamiltoniano será igual ao anterior se a relação entre as coordenadas novas e antigas não depender explicitamente do tempo.

Toda transformação canônica preserva a forma das equações de Hamilton, embora o contrário não seja exatamente verdadeiro. Ou seja, há transformações que preservam a forma das equações de Hamilton apesar de não serem canônicas. Por exemplo, a transformação

$$q\to Q=q\ ,\quad p\to P=\lambda\, p\ ,\quad h\to H=\lambda\, h\ , \tag{20.18}$$

com $\lambda\neq 1$ sendo uma constante qualquer, é tal que vale a seguinte equivalência:

$$\dot q=\frac{\partial h}{\partial p}\ ,\ \dot p=-\frac{\partial h}{\partial q} \quad\Leftrightarrow\quad \dot Q=\frac{\partial H}{\partial P}\ ,\ \dot P=-\frac{\partial H}{\partial Q}\ .$$

Ou seja, a transformação (20.18) preserva a forma das equações de Hamilton, apesar de não ser uma transformação canônica. De fato, note que $\{Q,P\}=\{q,\lambda p\}=\lambda$, que é diferente de 1.

20.3 Função geratriz de uma transformação canônica

Como visto na Seção 16.3, as equações de Hamilton podem ser obtidas através do princípio variacional hamiltoniano. Tal princípio, que é distinto do princípio da mínima ação, consiste em impor a condição

$$\delta S=\delta\int_{t_0}^{t_f}\left[p_i\,\dot q^i-h(q,p,t)\right]dt=0\,,$$

onde h é o hamiltoniano do sistema e a variação δ é feita considerando q^i e p_i como variáveis independentes. Além disso, $q^i(t_0)$, $p_i(t_0)$, $q^i(t_f)$ e $p_i(t_f)$ são mantidos constantes durante a variação.

Agora, suponha que façamos a seguinte mudança de coordenadas no espaço de fase e no hamiltoniano do sistema:

$$q^i\to Q^i(q,p)\ ,\quad p_i\to P_i(q,p)\ ,\quad h(q,p)\to H(Q,P)\ . \tag{20.19}$$

Em particular, variar a ação em relação a todo o conjunto de coordenadas (q,p) equivale a variar a ação em relação a todo o conjunto de coordenadas (Q,P), pois é possível escrever um sistema de coordenadas em termos do outro e vice-versa.[2] Além disso, suponhamos que essa transformação tem a propriedade especial de fazer a seguinte identidade ser verdadeira:

$$p_i\,\dot{q}^i - h = P_i(q,p)\,\dot{Q}^i(q,p,\dot{q},\dot{p}) - H(Q_{(q,p)}, P_{(q,p)}) = P_i\,\dot{Q}^i - H\,, \tag{20.20}$$

onde, na última igualdade, apenas foram omitidos os argumentos das funções P, $\dot{Q}$ e H. Então, nesse caso, a ação a ser variada pelo princípio variacional hamiltoniano terá a mesma forma quando escrita em termos das novas coordenadas do espaço de fase, ou seja,

$$S = \int_{t_0}^{t_f} \Big[P_i\,\dot{Q}^i - H\Big]\,dt\,. \tag{20.21}$$

Como sabemos, extremizar a ação S em relação a (q,p) produzirá as equações de Hamilton no sistema de coordenadas (q,p), que são as equações que regem a dinâmica do sistema. Por outro lado, podemos, equivalentemente, extremizar a ação em relação a (Q,P). Então, usando a Eq. (20.21) para escrever a ação e depois aplicando as equações de Euler-Lagrange em relação às variáveis (Q,P), veremos que o caminho que extremiza a ação é aquele que satisfaz às equações

$$\dot{Q}^i = \frac{\partial H}{\partial P_i} \quad \text{e} \quad \dot{P}_i = -\frac{\partial H}{\partial Q^i}\,, \tag{20.22}$$

que são as equações de Hamilton no sistema (Q,P). Em outras palavras, transformações $(q,p)\to(Q,P)$ que obedecem à Eq. (20.20) preservam a forma das equações de Hamilton e, portanto, podem ser transformações canônicas.

Por exemplo, consideremos um sistema com um grau de liberdade cujo hamiltoniano é dado por:

$$h(q,p) = p\,q - a\,q\,,$$

onde a é uma constante fixa. A dinâmica regida por esse hamiltoniano é dada por:

$$\dot{q} = \frac{\partial h}{\partial p} = q \quad \text{e} \quad \dot{p} = -\frac{\partial h}{\partial q} = a - p \tag{20.23}$$

Agora, definamos as seguintes novas coordenadas para o espaço de fase:

$$Q = \alpha\,q^\gamma \quad \text{e} \quad P = \beta\,p + \kappa\,q\,, \tag{20.24}$$

onde α, β, γ e κ são constantes. Segundo o hamiltoniano h, as equações dinâmicas para essas novas coordenadas são dadas por:

$$\begin{cases} \dot{Q} = \alpha\,\gamma\,q^{\gamma-1}\,\dot{q} = \alpha\,\gamma\,q^\gamma = \gamma\,Q\,, \\ \dot{P} = \beta\,\dot{p} + \kappa\,\dot{q} = \beta\,(a-p) + \kappa\,q = a\,\beta - P + \frac{2\kappa}{\alpha^{1/\gamma}}\,Q^{1/\gamma}\,. \end{cases} \tag{20.25}$$

[2]Fazer a variação da ação em relação a q^1, por exemplo, geralmente não é equivalente a variar em relação a Q^1. De fato, Q^1 poderia, inclusive, ser independente de q^1, em cujo caso uma variação não teria nenhuma relação com a outra. A afirmação aqui feita é de que variar em relação a todo o conjunto $\{q^1,\cdots,q^n,p_1,\cdots,p_n\}$ é equivalente a variar em relação a todo o conjunto $\{Q^1,\cdots,Q^n,P_1,\cdots,P_n\}$. A razão é a mesma que faz com que variar o conjunto de coordenadas cartesianas do $\mathbb{R}^3$, $\{\mathrm{x},\mathrm{y},\mathrm{z}\}$, seja equivalente a variar em relação ao conjunto de coordenadas esféricas $\{r,\theta,\phi\}$. A equivalência decorre do fato de que ambos os sistemas de coordenadas rotulam de forma única os pontos do $\mathbb{R}^3$. Analogamente, tanto (q,p) quanto (Q,P) rotulam de forma única os pontos do espaço de fase.

Verifiquemos agora quais restrições são consequências da condição (20.20) e depois vejamos que tais restrições implicam a validade das equações de Hamilton no novo sistema de coordenadas. Impondo a Eq. (20.20), teremos:

$$p\,\dot{q} = P\,\dot{Q} + (h - H) = (\beta\,p + \kappa\,q)\,\alpha\,\gamma\,q^{\gamma-1}\,\dot{q} + (h - H)\,. \tag{20.26}$$

Note que, na equação acima, não foi utilizada a equação dinâmica para substituir $\dot{q}$, isso seria errado. Apenas utilizamos a definição de Q e P em função das coordenadas antigas (q, p). De fato, a igualdade (20.20) foi feita antes de variar a ação, ou seja, antes de obter as equações de movimento. Portanto, na Eq. (20.20) devemos enxergar $(q, \dot{q}, p, \dot{p})$ como parâmetros independentes, pois, na equação de Euler-Lagrange, esses quatro elementos são tratados de formas distintas. Sendo assim, para que valha a identidade da Eq. (20.26), os termos que multiplicam $\dot{q}$ em ambos os lados da equação devem ser iguais, ou seja,

$$p = (\beta\,p + \kappa\,q)\,\alpha\,\gamma\,q^{\gamma-1}\,.$$

Note que o termo $(H-h)$ não depende de $\dot{q}$, depende apenas de (Q, P, q, p, t). Na imposição da igualdade acima, devemos encarar q e p como variáveis independentes, de forma que se chega à seguinte conclusão:

$$\gamma = 1\ ,\quad \kappa = 0 \quad \text{e} \quad \alpha\,\beta\,\gamma = 1 \quad \Leftrightarrow \quad \gamma = 1\ ,\quad \kappa = 0 \quad \text{e} \quad \alpha = 1/\beta\,.$$

Uma vez assumidas essas condições necessárias, a Eq. (20.26) impõe que $H = h$. Portanto,

$$H = p\,q\; - \;a\,q = \left(\frac{1}{\beta}P\right)(\beta\,Q) - a\,\beta\,Q = P\,Q - a\,\beta\,Q\,.$$

A dinâmica das novas coordenadas de acordo com esse hamiltoniano é ditada pelas seguintes equações:

$$\dot{Q} = \frac{\partial H}{\partial P} = Q \qquad \text{e} \qquad \dot{P} = -\frac{\partial H}{\partial Q} = a\,\beta - P\,.$$

Essa dinâmica, prevista pelo hamiltoniano H, é idêntica àquela obtida na Eq. (20.25) através do hamiltoniano h, desde que assumamos $\gamma = 1$. Esse breve exemplo ilustra que a imposição da condição (20.20) garante a validade das equações de Hamilton no novo sistema de coordenadas. Por fim, vale testar sob que condições a transformação em questão é canônica. Adotando a definição inicial para Q e P, temos o seguinte parêntese de Poisson:

$$\{Q, P\} = \{\alpha\,q^{\gamma},\,\beta\,p\} = \alpha\,\beta\,\gamma\,q^{\gamma-1}\,.$$

A fim de que essa transformação seja canônica, o lado direito da equação acima deve ser igual a um, o que implica as restrições $\gamma = 1$ e $\alpha\,\beta\,\gamma = 1$, que são duas das três restrições advindas da imposição da condição (20.20). Ou seja, é possível que a transformação seja canônica sem obedecer à condição (20.20), basta que κ seja diferente de zero. Mas, se a transformação obedecer à condição (20.20), ela será automaticamente canônica.

O exemplo que acabamos de considerar demonstra que, quando tratamos apenas das transformações que obedecem à identidade (20.20), não estamos abarcando o caso mais geral de transformação que faz com que a dinâmica das coordenadas (Q, P) seja regida pelas equações de Hamilton do novo hamiltoniano H. De fato, sabemos que, se modificarmos uma lagrangiana pela adição de uma derivada total em relação ao tempo, isso não afeta as equações de movimento (considerando condições de contorno fixas, como é o caso do princípio variacional hamiltoniano). Além disso, se multiplicarmos a lagrangiana por uma constante, as equações de movimento também não serão afetadas. Portanto, em vez da Eq. (20.20), o caso mais geral de transformação $(q, p, h) \to (Q, P, H)$ que preserva a validade das equações dinâmicas (20.22) é aquele para o qual vale a seguinte identidade:

$$p_i\, \dot{q}^i - h = \lambda \left[P_i\, \dot{Q}^i - H \right] + \frac{dF}{dt}\,, \tag{20.27}$$

onde λ é uma constante multiplicativa e F é uma função qualquer de (q, p, t). De fato, nesse caso, a ação a ser variada pode ser escrita em termos das novas variáveis da seguinte forma:

$$S \equiv \int_{t_0}^{t_f} \left[p_i\, \dot{q}^i - h \right] dt = \lambda \int_{t_0}^{t_f} \left[P_i\, \dot{Q}^i - H \right] dt + F(q_f, p_f, t_t) - F(q_0, p_0, t_0)\,.$$

Portanto, como na dedução das equações de Hamilton devemos variar a ação mantendo os pontos extremos, (q_0, p_0) e (q_f, p_f), fixos, segue que a variação de S fornecerá:

$$\delta S = \lambda \left[\delta \int_{t_0}^{t_f} \left(P_i\, \dot{Q}^i - H \right) dt \right]. \tag{20.28}$$

A variação δ no lado esquerdo da equação acima é em relação a $(q(t), p(t))$. Portanto, a variação δ no lado direito da Eq. (20.28) também deve ser em relação a essas funções. No entanto, conforme argumentado anteriormente, como a transformação $(q, p) \to (Q, P)$ é inversível, segue que a variação em relação ao conjunto de funções $(q(t), p(t))$ é equivalente à variação em relação ao conjunto de funções $(Q(t), P(t))$. Então, igualando δS a zero e utilizando a Eq. (20.28), concluímos que

$$\delta \int_{t_0}^{t_f} \left(P_i\, \dot{Q}^i - H \right) dt = 0\,.$$

Por sua vez, aplicando as equações de Euler-Lagrange às variáveis P e Q, concluímos que a extremização ocorre quando

$$\dot{Q}^i = \frac{\partial H}{\partial P_i} \quad \text{e} \quad \dot{P}_i = -\frac{\partial H}{\partial Q^i}\,.$$

Isso prova que qualquer transformação de coordenadas do espaço de fase que obedeça à condição (20.27) preservará a forma das equações de Hamilton. As chamadas **transformações canônicas** são aquelas que obedecem à condição (20.27) no caso $\lambda = 1$. Portanto, transformações canônicas não englobam o caso especial em que o lagrangiano é alterado pela multiplicação por uma constante. É por isso que a transformação vista no final da Seção 20.2, a saber, $Q = q$, $P = \lambda p$ e $H = \lambda h$, não é dita canônica, embora preserve a forma das equações de Hamilton. Logo, uma transformação é canônica se, e somente se, obedecer à condição[3]

$$p_i\, \dot{q}^i - h = \left[P_i\, \dot{Q}^i - H \right] + \frac{dF}{dt}\,. \tag{20.29}$$

[3]No caso da transformação da Eq. (20.24), se ela for canônica, isto é, se $\{Q, P\} = 1$, teremos $\gamma = 1$ e $\alpha = 1/\beta$. Nesse caso, a imposição da Eq. (20.29) fornecerá $F = \frac{\alpha\kappa}{2} q^2$. Em particular, se $\kappa = 0$, teremos $F = 0$, que foi o cenário tratado no exemplo em tela.

A função F é denominada **função geratriz** da transformação canônica. Dessa equação, vemos que a diferencial da função geratriz é dada por

$$dF = p_i \, dq^i - P_i \, dQ^i + (H - h)dt \,. \tag{20.30}$$

A partir da igualdade acima, conclui-se que valem as seguintes identidades:

$$\left(\frac{\partial F}{\partial q^i}\right)_{Q,t} = p_i \,, \quad \left(\frac{\partial F}{\partial Q^i}\right)_{q,t} = -P_i \,, \quad \left(\frac{\partial F}{\partial t}\right)_{q,Q} = H - h \,. \tag{20.31}$$

De fato, por exemplo, se mantivermos q e Q constantes, teremos $dq^i = 0$ e $dQ^i = 0$ e, nesse caso, a Eq. (20.30) fornece $dF/dt = H - h$, o que está em conformidade com a Eq. (20.31). Concluímos, então, que é natural ver a função geratriz como sendo função de (q^i, Q^i, t). Em particular, a última das relações em (20.31) fornece

$$H = h + \partial_t F \,,$$

onde a derivada parcial em relação ao tempo é feita assumindo q^i e Q^i constantes. Essa expressão para H está em pleno acordo com o que vimos anteriormente na Eq. (20.15), quando tratamos de transformações canônicas que dependem do tempo.

Faz sentido chamar F de função geratriz porque, dada qualquer função $F(q, Q, t)$, podemos gerar uma transformação canônica através dela. Por exemplo, escolhendo $F(q, Q, t) = q^2 + qQe^{at}$, para alguma constante a, temos:

$$p = \frac{\partial F}{\partial q} = 2q + Q\, e^{at} \quad \text{e} \quad P = -\frac{\partial F}{\partial Q} = -q\, e^{at} \quad \Rightarrow \quad \begin{cases} Q = e^{-at}(p - 2q) \,, \\ P = -q\, e^{at} \,. \end{cases}$$

Calculando o parêntese de Poisson $\{Q, P\}$, vemos que o resultado é igual a um, provando que a transformação é canônica. De maneira geral, podemos criar diferentes transformações canônicas através do uso de diferentes funções F. Há, no entanto, dois detalhes a serem considerados. Primeiro, existem escolhas de F que levam a uma transformação mal definida. Por exemplo, a escolha $F = q$ fornece $P = 0$, de maneira que, nesse caso, (Q, P) não serviriam como coordenadas para o espaço de fase e, portanto, não seria adequado dizer que a transformação $(q, p) \to (Q, P)$ é canônica, pois ela não é inversível. Segundo, há transformações canônicas que não podem ser descritas em termos de uma função geratriz do tipo considerado até agora. Mais adiante, trataremos em detalhes dessa última observação.

Agora, vejamos um exemplo inverso. Dada uma transformação canônica, vamos obter sua função geratriz. Consideremos a seguinte transformação canônica em um sistema com um grau de liberdade:

$$q \to Q = q \cos\theta - p\,\mathrm{sen}\theta \quad \text{e} \quad p \to P = p \cos\theta + q\,\mathrm{sen}\theta \,, \tag{20.32}$$

onde o parâmetro θ pode, a princípio, ser uma função do tempo, $\theta = \theta(t)$. É fácil estabelecer que $\{Q, P\} = 1$, provando que realmente se trata de uma transformação canônica, qualquer que seja a função $\theta(t)$. Para encontrar a função geratriz $F(q, Q, t)$, devemos escrever p e P em termos de (q, Q, t), que são as variáveis da função geratriz. No caso, usando a Eq. (20.32), conclui-se que:

$$p = q \cot\theta - \frac{Q}{\mathrm{sen}\theta} \quad \text{e} \quad P = \frac{q}{\mathrm{sen}\theta} - Q \cot\theta \,.$$

Logo, utilizando a definição da Eq. (20.30), temos:

$$\begin{aligned} dF &= \left(q\,\cot\theta - \frac{Q}{\mathrm{sen}\theta}\right) dq - \left(\frac{q}{\mathrm{sen}\theta} - Q\,\cot\theta\right) dQ + (H-h)dt \\ &= \frac{\cot\theta}{2}\, d\,(q^2+Q^2) \;-\; \frac{1}{\mathrm{sen}\theta}\, d(q\,Q) \;+\; (H-h)dt\,. \end{aligned} \tag{20.33}$$

Na expressão acima, devemos lembrar que θ é, a princípio, uma função do tempo. Portanto, não podemos colocar as funções $\cot\theta$ e $1/\mathrm{sen}\theta$ para dentro das diferenciais impunemente. De fato, se $B = B(q,Q)$ e $f = f(\theta)$, então temos:

$$f\,dB = d(f\,B) \;-\; B\,df = d(f\,B) \;-\; B\,f'\,\dot\theta\,dt\,.$$

Levando isso em consideração na Eq. (20.33), obtemos a seguinte diferencial para a função geratriz:

$$dF = d\left[\frac{\cot\theta}{2}\,(q^2+Q^2) \;-\; \frac{q\,Q}{\mathrm{sen}\theta}\right] \;+\; \left[H - h + \frac{q^2+Q^2}{2\,\mathrm{sen}^2\theta}\,\dot\theta - \frac{q\,Q\cos\theta}{\mathrm{sen}^2\theta}\,\dot\theta\right] dt\,. \tag{20.34}$$

Portanto, fazendo as escolhas

$$F = \frac{\cot\theta}{2}\,(q^2+Q^2) \;-\; \frac{q\,Q}{\mathrm{sen}\theta} \qquad \text{e} \qquad H = h - \left(\frac{q^2+Q^2}{2\,\mathrm{sen}^2\theta} - \frac{q\,Q\cos\theta}{\mathrm{sen}^2\theta}\right)\dot\theta\,, \tag{20.35}$$

vemos que a Eq. (20.34) se torna uma identidade trivial. Notemos que, para essa escolha de função geratriz, temos:

$$\left(\frac{\partial F}{\partial q}\right)_{Q,t} = q\,\cot\theta - \frac{Q}{\mathrm{sen}\theta} = p\ , \quad \left(\frac{\partial F}{\partial Q}\right)_{q,t} = Q\,\cot\theta - \frac{q}{\mathrm{sen}\theta} = -P\ ,$$

o que está em pleno acordo com a Eq. (20.31). Além disso, temos

$$\left(\frac{\partial F}{\partial t}\right)_{q,Q} = -\left(\frac{q^2+Q^2}{2\,\mathrm{sen}^2\theta} - \frac{q\,Q\cos\theta}{\mathrm{sen}^2\theta}\right)\dot\theta\,,$$

o que, em conjunto com a escolha feita na Eq. (20.35) para a hamiltoniano H, concorda com a equação $H = h + \partial_t F$, estabelecida anteriormente na Eq. (20.31).

A função geratriz $F = F(q,Q,t)$ é chamada de função geratriz do tipo (q,Q) ou do tipo 1. No entanto, nem toda transformação canônica admite uma função geratriz desse tipo. Por exemplo, para a transformação identidade, que é a transformação canônica definida por $Q^i = q^i$ e $P^i = p_i$, não podemos encarar q e Q como sendo variáveis independentes. Sendo assim, o par de coordenadas (q,Q) não serve para rotular os pontos do espaço de fase. Para resolver esse "problema", podemos então definir a função

$$F_2 = F + P_i Q^i\,.$$

Dessa forma, tomando a diferencial de F_2 e usando a Eq. (20.30), prova-se que

$$dF_2 = dF + P_i\,dQ^i + Q^i\,dP_i = p_i\,dq^i + Q^i\,dP_i + (H-h)dt\,.$$

Portanto, concluímos que valem as seguintes relações:

$$\left(\frac{\partial F_2}{\partial q^i}\right)_{P,t} = p_i\ , \quad \left(\frac{\partial F_2}{\partial P_i}\right)_{q,t} = Q^i\ , \quad \left(\frac{\partial F_2}{\partial t}\right)_{q,P} = H - h\,. \tag{20.36}$$

Nesse caso, vemos que é natural dizer que F_2 é função de (q, P, t). Dizemos que F_2 é uma função geratriz do tipo (q, P), ou tipo 2. Em particular, é fácil verificar que a função geratriz do tipo 2 dada por $F_2 = q^i P_i$ produz a transformação identidade. De fato, aplicando a Eq. (20.36) para essa função, temos:

$$p_j = \frac{\partial F_2}{\partial q^j} = P_j \quad \text{e} \quad Q^j = \frac{\partial F_2}{\partial P_j} = q^j ,$$

que é a transformação identidade. Note que, nessa última equação, não foi dito explicitamente que variáveis foram mantidas fixas durante o cálculo das derivadas. Isso é aceitável porque a função geratriz do tipo 2, F_2, é *sempre* vista como função das coordenadas (q, P, t). Portanto, se a derivada de F_2 for em relação a q^1, por exemplo, está implícito que

$$(q^2, q^3, \cdots, q^n, P_1, P_2, \cdots, P_n, t)$$

serão todos mantidos fixos durante o cálculo da derivada. Analogamente, a função geratriz do tipo 1 é *sempre* vista como função das coordenadas (q, Q, t). Além de funções geratrizes dos tipos 1 e 2, também podemos considerar funções geratrizes que são funções naturais de outros conjuntos de variáveis. A Tabela 20.1 resume os quatro principais tipos de função geratriz.

$F_1(q, Q, t) = F$	$p_i = \partial_{q^i} F$	$P_i = -\partial_{Q^i} F$	$H = h + \partial_t F$
$F_2(q, P, t) = F + P_i Q^i$	$p_i = \partial_{q^i} F_2$	$Q^i = \partial_{P_i} F_2$	$H = h + \partial_t F_2$
$F_3(p, Q, t) = F - p_i q^i$	$q^i = -\partial_{p_i} F_3$	$P_i = -\partial_{Q^i} F_3$	$H = h + \partial_t F_3$
$F_4(p, P, t) = F - p_i q^i + P_i Q^i$	$q^i = -\partial_{p_i} F_4$	$Q^i = \partial_{P_i} F_4$	$H = h + \partial_t F_4$

Tabela 20.1: Esta tabela define os quatro tipos básicos de função geratriz de uma transformação canônica e resume as expressões para as derivadas parciais dessas funções. A prova dessas identidades para as funções dos tipos 3 e 4 pode ser feita de maneira análoga à prova da Eq. (20.36). Nesta tabela, não estão explícitas as variáveis que devem ser mantidas fixas durante o cálculo das derivadas parciais. Isso pode ser intuído observando as variáveis naturais de cada função geratriz. Por exemplo, na derivada $\partial_p F_4$, assume-se que P e t são mantidos constantes.

Em geral, uma transformação canônica admitirá os quatro tipos de função geratriz listados na Tabela 20.1, em cujo caso a escolha de qual função geratriz será utilizada é uma mera questão de conveniência. Por exemplo, pode acontecer de a função geratriz do tipo 4 ter uma expressão mais compacta e elegante que a função geratriz do tipo 1. Ou então, em determinado problema, pode ser mais conveniente utilizar (p, Q) como variáveis fundamentais, em cujo cenário devemos usar a função geratriz do tipo 3. No entanto, há casos especiais de transformações canônicas em que certo tipo de função geratriz pode não estar bem definida, contexto no qual não podemos usar tal função geratriz. Por exemplo, no caso da transformação identidade, as funções geratrizes dos tipos 1 e 4 não são bem definidas. Sendo assim, devemos usar uma função geratriz do tipo 2 ou do tipo 3. No exemplo da transformação canônica definida na Eq. (20.32), as funções geratrizes dos tipos 2, 3 e 4 são dadas por:

$$F_2 = -\frac{\tan\theta}{2}(q^2 + P^2) + \frac{q\,P}{\cos\theta} , \quad F_3 = -\frac{\tan\theta}{2}(p^2 + Q^2) - \frac{p\,Q}{\cos\theta} ,$$

$$F_4 = \frac{\cot\theta}{2}(p^2 + P^2) - \frac{p\,P}{\text{sen}\theta} .$$

Em particular, se $\theta = 0$, vemos que a função geratriz F_4 diverge, de forma que, nesse caso, a transformação canônica em questão não pode ser representada por uma função geratriz do tipo (p, P). De fato, se $\theta = 0$ a transformação (20.32) se torna a transformação identidade e, portanto, p e P não podem ser vistos como variáveis independentes, de maneira que a função geratriz do tipo 4 não é adequada. Analogamente, se $\theta = \pi/2$ ou $\theta = 3\pi/2$, as funções geratrizes dos tipos 2 e 3 divergem e, portanto, não devem ser utilizadas. No caso genérico, em que $\theta \neq n\,\frac{\pi}{2}$ para qualquer inteiro n, podemos usar qualquer uma das quatro funções geratrizes para tratar da transformação canônica (20.32). Seja qual for a transformação canônica, ela sempre admitirá no mínimo funções geratrizes de dois dos quatro tipos principais.

Também é possível ver a função geratriz da transformação canônica como sendo função de (q, p, t) ou função de (Q, P, t), mas, nesse caso, as expressões para as derivadas parciais da função geratriz ficam menos compactas. Por exemplo, na Eq. (20.30) podemos substituir dQ^i por

$$dQ^i = \left(\frac{\partial Q^i}{\partial q^j}\right)_{p,t} dq^j + \left(\frac{\partial Q^i}{\partial p_j}\right)_{q,t} dp_j + \left(\frac{\partial Q^i}{\partial t}\right)_{q,p} dt\,.$$

Inserindo isso na Eq. (20.30) obtemos:

$$dF = \left[p_i - P_j\left(\frac{\partial Q^j}{\partial q^i}\right)_{p,t}\right] dq^i - P_j\left(\frac{\partial Q^j}{\partial p_i}\right)_{q,t} dp_i + \left[H - h - P_j\left(\frac{\partial Q^j}{\partial t}\right)_{q,p}\right] dt\,.$$

Essa relação nos permite ver F como função natural de (q^i, p_i, t) e as derivadas parciais de F para esse conjunto de variáveis são:

$$\left(\frac{\partial F}{\partial q^i}\right)_{p,t} = p_i - P_j\left(\frac{\partial Q^j}{\partial q^i}\right)_{p,t}\quad , \quad \left(\frac{\partial F}{\partial p_i}\right)_{q,t} = -P_j\left(\frac{\partial Q^j}{\partial p_i}\right)_{q,t}\,,$$

$$\left(\frac{\partial F}{\partial t}\right)_{q,p} = H - h - P_j\left(\frac{\partial Q^j}{\partial t}\right)_{q,p}\,.$$

Vemos que essas relações são muito menos elegantes que aquelas mostradas na tabela 20.1, razão pela qual não é usual ver a função geratriz da transformação canônica como função de (q, p, t) ou (Q, P, t).

Exemplo: Prove que a transformação gerada por

$$F_2(q, P, t) = f^i(q, t)\, P_i$$

é uma transformação de ponto.

Solução

Usando as relações para uma função geratriz do tipo (q, P), dadas na Eq. (20.36), temos que

$$p_j = \left(\frac{\partial F_2}{\partial q^j}\right)_{P,t} = \frac{\partial f^i}{\partial q^j} P_i \;\Rightarrow\; P_k = \frac{\partial q^j}{\partial f^k} p_j \,,$$
$$Q^j = \left(\frac{\partial F_2}{\partial P_j}\right)_{q,t} = f^j(q,t)$$
$$H = h + \left(\frac{\partial F_2}{\partial t}\right)_{q,P} = h + P_i\,\partial_t f^i \,,$$

onde, na primeira linha da equação acima, foi usada a identidade

$$\delta^i_k = \frac{\partial f^i}{\partial f^k} = \frac{\partial f^i}{\partial q^j}\,\frac{\partial q^j}{\partial f^k} \,,$$

com a segunda igualdade advinda da regra da cadeia. Da relação $Q^j = f^j(q,t)$, obtida acima, vemos que a transformação em questão tem a cara de uma transformação de ponto, ou seja, uma transformação na qual as novas coordenadas generalizadas dependem apenas das coordenadas antigas e do tempo, mas não dependem dos momentos canônicos. Nos resta, no entanto, provar que uma transformação de ponto induz também uma mudança nos momentos, $p \to P$, e no hamiltoniano, $h \to H$, que é igual àquelas mudanças obtidas acima. De fato, se ℓ é o lagrangiano no sistema de coordenadas q, então o momento canônico associado a uma coordenada q^i é dado por

$$p_i = \left(\frac{\partial \ell}{\partial \dot{q}^i}\right)_{q,t} = \left(\frac{\partial \mathcal{L}}{\partial \dot{q}^i}\right)_{q,t} \,,$$

onde $\mathcal{L}(Q,\dot{Q},t) = \ell(q(Q,t), \dot{q}(Q,\dot{Q},t), t)$. Logo, se mudarmos de coordenadas, $q \to Q(q,t)$, então o novo momento canônico, associado à coordenada Q^i, deve ser dado por

$$P_i = \left(\frac{\partial \mathcal{L}}{\partial \dot{Q}^i}\right)_{Q,t} = \left(\frac{\partial \ell}{\partial \dot{q}^j}\right)_{q,t} \left(\frac{\partial \dot{q}^j}{\partial \dot{Q}^i}\right)_{Q,t} = p_j\,\frac{\partial \dot{q}^j}{\partial \dot{Q}^i} \,, \tag{20.37}$$

onde, na segunda igualdade, foi utilizada a regra da cadeia em conjunto com o fato de que toda dependência de $\ell(q(Q,t), \dot{q}(Q,\dot{Q},t), t)$ em $\dot{Q}$ vem da parte de $\ell(q,\dot{q},t)$ que depende de $\dot{q}$. Agora, notemos que, da igualdade $Q^j = f^j(q,t)$, podemos concluir o seguinte:

$$\dot{Q}^j = \frac{dQ^j}{dt} = \frac{\partial f^j}{\partial q^i}\,\frac{dq^i}{dt} + \partial_t f^j = \frac{\partial f^j}{\partial q^i}\,\dot{q}^i + \partial_t f^j \quad\Rightarrow\quad \frac{\partial \dot{Q}^j}{\partial \dot{q}^k} = \frac{\partial f^j}{\partial q^k}$$

Encarando a equação acima como uma igualdade matricial, segue que a inversa da relação acima também é verdadeira:

$$\frac{\partial \dot{q}^j}{\partial \dot{Q}^k} = \frac{\partial q^j}{\partial f^k} \,.$$

Logo, a Eq. (20.37) pode ser escrita da seguinte forma:

$$P_i = p_j\,\frac{\partial q^j}{\partial f^i} \,,$$

o que está em pleno acordo com a expressão obtida para P_i no início da solução. Nos resta obter o hamiltoniano após a mudança de coordenadas $q \to Q(q,t)$. Por definição, temos:

$$H = P_i\dot{Q}^i - \mathcal{L} = \left(p_k\,\frac{\partial q^k}{\partial f^i}\right)\left(\frac{\partial f^i}{\partial q^j}\,\dot{q}^j + \partial_t f^i\right) - \ell = h + p_k\,\frac{\partial q^k}{\partial f^i}\,\partial_t f^i = h + P_i\,\partial_t f^i \,,$$

o que também está em pleno acordo com o que obtivemos no início da resolução. Vemos, então, que as transformações de ponto, tão comuns no formalismo lagrangiano, induzem transformações canônicas no espaço de fase. Obviamente, o universo das transformações canônicas é muito mais vasto que o conjunto das transformações de ponto. Por fim, notemos que, no caso particular em que $f^i(q) = q^i$, a transformação canônica fornece

$$Q^i = q^i\,, \quad P_i = p_i\,, \quad H = h\,.$$

Essa é simplesmente a transformação identidade. Portanto, podemos afirmar que a função geratriz da transformação identidade é

$$F_2(q,P) = f^i P_i = q^i\, P_i \quad \blacksquare \tag{20.38}$$

Exemplo: Determine a transformação canônica gerada por

$$F(q,Q,t) = \frac{1}{2} m\,\omega(t)\, q^2 \cot Q\,.$$

Encontre também o novo hamiltoniano do sistema, dado que o hamiltoniano nas coordenadas (q,p) é o seguinte:

$$h = \frac{p^2}{2m} + \frac{m}{2}\,[\omega(t)]^2\, q^2\,.$$

Estabeleça as equações de movimento para P e Q e prove que $\langle q,p\rangle = 1$, onde $\langle\;,\;\rangle$ é o parêntese de Poisson nas coordenadas (Q,P). Por fim, determine a função geratriz do tipo (p,Q) para essa transformação canônica e verifique que suas derivadas parciais fornecem o resultado esperado.

Solução

Usando as relações fornecidas na Tabela 20.1, para funções geratrizes do tipo (q,Q), temos:

$$\begin{aligned}
p &= \left(\frac{\partial F}{\partial q}\right)_{Q,t} = m\,\omega(t)\, q\, \cot Q\,, \\
P &= -\left(\frac{\partial F}{\partial Q}\right)_{q,t} = \frac{1}{2} m\,\omega(t)\, q^2\, \frac{1}{\text{sen}^2 Q} \quad \Rightarrow \quad q = \sqrt{\frac{2P}{m\omega}}\,\text{sen} Q\,, \\
H &= h + \left(\frac{\partial F}{\partial t}\right)_{q,Q} = h + \frac{1}{2} m\,\dot{\omega}\, q^2 \cot Q\,.
\end{aligned} \tag{20.39}$$

Resolvendo a primeira dessas equações para Q, podemos obter $Q = Q(q,p,t)$. Depois, inserindo esse resultado na segunda equação acima e resolvendo para P, podemos obter $P = P(q,p,t)$. O resultado final é o seguinte:

$$Q = \arctan\left(\frac{m\omega q}{p}\right) \quad \text{e} \quad P = \frac{1}{2\,m\,\omega}(p^2 + m^2\,\omega^2\, q^2)\,.$$

Essas relações definem a transformação canônica procurada. De fato, é possível verificar que $\{Q,P\} = 1$.

A fim de expressar o hamiltoniano H, obtido na Eq. (20.39), em termos das novas coordenadas, precisamos saber escrever as coordenadas antigas em termos das novas. Então, inserindo o resultado obtido na segunda linha da Eq. (20.39) dentro da identidade apresentada na primeira linha, obteremos $p = \sqrt{2m\omega P}\cos Q$. Finalmente, inserindo essas expressões para q e p na expressão para o novo hamiltoniano, obtemos:

$$H = \omega\, P\, \cos^2 Q + \omega\, P\,\text{sen}^2 Q + P\,\frac{\dot{\omega}}{\omega}\,\text{sen}^2 Q\,\cot Q = P\left[\omega + \frac{\dot{\omega}}{2\omega}\,\text{sen}(2Q)\right].$$

As equações de movimento para Q e P são, portanto:

$$\dot{Q} = \frac{\partial H}{\partial P} = \omega + \frac{\dot{\omega}}{2\omega}\,\text{sen}(2Q) \qquad \text{e} \qquad \dot{P} = -\frac{\partial H}{\partial Q} = -P\,\frac{\dot{\omega}}{\omega}\,\cos(2Q)\,.$$

Em particular, note que, no caso em que ω não depende do tempo, ou seja, quando temos um oscilador harmônico simples, essas equações de movimento são triviais de serem integradas, com as soluções sendo $Q = \omega t + \phi_0$ e $P = A$, onde A e ϕ_0 são constantes a serem determinadas pelas condições iniciais. No caso geral, em que ω depende do tempo, essas novas coordenadas (Q, P) são ótimas para integrar as equações de movimento através do método perturbativo, com $\dot{\omega}/\omega^2$ sendo o parâmetro perturbativo.

Agora, calculemos o parêntese de Poisson $\langle q, p\rangle$:

$$\begin{aligned}
\langle q, p\rangle &= \frac{\partial q}{\partial Q}\,\frac{\partial p}{\partial P} - \frac{\partial q}{\partial P}\,\frac{\partial p}{\partial Q} \\
&= \sqrt{\frac{2P}{m\omega}}\cos Q\,\frac{1}{2\sqrt{P}}\sqrt{2m\omega}\,\cos Q - \frac{1}{2\sqrt{P}}\sqrt{\frac{2}{m\omega}}\text{sen}Q\,\left(-\sqrt{2m\omega P}\,\text{sen}Q\right) \\
&= \cos^2 Q + \text{sen}^2 Q = 1\,.
\end{aligned}$$

Isso prova que a transformação $(Q, P) \to (q, p)$ é canônica, no sentido da definição posta no início deste capítulo. Se uma transformação é canônica, sua inversa também será canônica. De forma que podemos concluir que a transformação $(q, p) \to (Q, P)$ também é canônica.

Para finalizar, devemos calcular a função geratriz do tipo 3 associada a essa transformação canônica. Segundo a Tabela 20.1, essa função é dada por:

$$F_3(p, Q, t) = F(q, Q, t) - p\,q = \frac{1}{2}m\,\omega(t)\,q^2\,\cot Q - p\,q\,. \tag{20.40}$$

No entanto, o lado direito da equação acima deve ser escrito apenas em termos das variáveis (p, Q, t). Para tanto, devemos ser capazes de escrever a variável q em função de (p, Q, t). Da relação estabelecida na primeira linha da Eq. (20.39), podemos concluir que vale a seguinte identidade:

$$q = \frac{p}{m\,\omega}\,\tan Q\,.$$

Então, inserindo esse fato na Eq. (20.40), temos:

$$F_3(p, Q, t) = -\frac{p^2}{2\,m\,\omega(t)}\,\tan Q\,. \tag{20.41}$$

Verifiquemos agora que essa função geratriz fornece a transformação canônica correta. Segundo a Tabela 20.1, as derivadas da função geratriz do tipo 3 devem fornecer:

$$q = -\partial_p F_3 \qquad \text{e} \qquad P = -\partial_Q F_3\,.$$

De fato, usando a Eq. (20.41) para calcular essas derivadas, obtemos os seguinte:

$$q = \frac{p}{m\,\omega}\tan Q \ , \quad P = \frac{p^2}{2\,m\,\omega\,\cos^2 Q} = \frac{q^2\,m\,\omega}{2\,\mathrm{sen}^2 Q} \,,$$

o que está em pleno acordo com o que obtivemos na Eq. (20.39), quando utilizamos a função geratriz do tipo 1 ■

Consideremos uma transformação $(q,p) \to (Q,P)$ no espaço de fase. Neste capítulo, demos duas definições distintas para estabelecer se essa transformação é canônica. Primeiro, foi dito que uma transformação será canônica se as coordenadas (Q,P) forem canonicamente conjugadas, isto é, se obedecerem à Eq. (20.3). Depois, foi dito que uma transformação é canônica quando a condição (20.29) é satisfeita, o que equivale a dizer que a transformação pode ser obtida através de uma função geratriz F em conjunto com a Eq. (20.31). Agora, é salutar que provemos a equivalência dessas duas definições. Façamos isso para o caso em que o sistema tem um grau de liberdade. Antes, vamos registrar duas identidades que são aplicações diretas da fórmula geral (20.5):

$$\begin{cases} \left(\frac{\partial P}{\partial q}\right)_p = \left(\frac{\partial P}{\partial q}\right)_Q \left(\frac{\partial q}{\partial q}\right)_p + \left(\frac{\partial P}{\partial Q}\right)_q \left(\frac{\partial Q}{\partial q}\right)_p = \left(\frac{\partial P}{\partial q}\right)_Q + \left(\frac{\partial P}{\partial Q}\right)_q \left(\frac{\partial Q}{\partial q}\right)_p \,, \\ \left(\frac{\partial P}{\partial p}\right)_q = \left(\frac{\partial P}{\partial q}\right)_Q \left(\frac{\partial q}{\partial p}\right)_q + \left(\frac{\partial P}{\partial Q}\right)_q \left(\frac{\partial Q}{\partial p}\right)_q = \left(\frac{\partial P}{\partial Q}\right)_q \left(\frac{\partial Q}{\partial p}\right)_q \,, \end{cases} \tag{20.42}$$

onde, na última igualdade, foi utilizado o fato de que a derivada $(\partial q/\partial p)_q$ é igual a zero. De fato, essa derivada denota a taxa de variação de q enquanto mantemos q constante. Tal taxa é, obviamente, nula. Agora, computando o parêntese de Poisson das funções Q e P e utilizando as identidades acima para substituir $\left(\frac{\partial P}{\partial q}\right)_p$ e $\left(\frac{\partial P}{\partial p}\right)_q$, obtemos o seguinte:

$$\begin{aligned} \{Q,P\} &= \left(\frac{\partial Q}{\partial q}\right)_p \left(\frac{\partial P}{\partial p}\right)_q - \left(\frac{\partial Q}{\partial p}\right)_q \left(\frac{\partial P}{\partial q}\right)_p \\ &= -\left(\frac{\partial Q}{\partial p}\right)_q \left(\frac{\partial P}{\partial q}\right)_Q = -\frac{\left(\frac{\partial P}{\partial q}\right)_Q}{\left(\frac{\partial p}{\partial Q}\right)_q} \,, \end{aligned} \tag{20.43}$$

onde, na última igualdade, foi utilizado o fato matemático de que, dada uma função suave qualquer $f(x)$ que é inversível (ou seja, é possível determinar $x = x(f)$), então $df/dx = 1/(dx/df)$. Com a identidade (20.43) em mãos, estamos prontos para estabelecer a equivalência entre as duas definições de transformação canônica. Para começar, vamos assumir que a transformação é gerada por uma função geratriz do primeiro tipo, $F(q,Q,t)$. Nesse caso, valem as seguintes igualdades:

$$p = \left(\frac{\partial F}{\partial q}\right)_Q \quad \text{e} \quad P = -\left(\frac{\partial F}{\partial Q}\right)_q \,, \tag{20.44}$$

onde foi omitido o fato de que t está sendo mantido constante durante o cálculo das derivadas parciais em relação às coordenadas do espaço de fase. Em particular, dessa equação, concluímos que

$$\left(\frac{\partial p}{\partial Q}\right)_q = \frac{\partial^2 F}{\partial Q \partial q} = \frac{\partial^2 F}{\partial q \partial Q} = -\left(\frac{\partial P}{\partial q}\right)_Q \,. \tag{20.45}$$

Inserindo essa igualdade na Eq. (20.43), obtemos imediatamente $\{Q, P\} = 1$, como queríamos provar. Reciprocamente, se $\{Q, P\} = 1$, então a Eq. (20.43) nos garante que a restrição (20.45) é válida e essa é justamente a condição de integrabilidade para a existência de uma função $F(q, Q, t)$ que obedeça às equações em (20.44).[4]

20.4 Formalismo hamiltoniano na notação simplética

Na chamada **notação simplética**, em vez de usarmos as coordenadas $\{q^i, p_j\}$ para rotular os pontos do espaço de fase, usaremos coordenadas z^α, onde $\alpha \in \{1, 2, \cdots, 2n\}$, com n sendo o número de graus de liberdade do sistema. A relação entre os dois tipos de sistemas de coordenadas é o seguinte:

$$z^\alpha = \begin{cases} z^i = q^i\,, \\ \\ z^{i+n} = p_i\,, \end{cases}$$

onde $i \in \{1, 2, \cdots, n\}$. Então, por exemplo, para um sistema com dois graus de liberdade ($n = 2$), temos

$$z^1 = q^1\,, \quad z^2 = q^2\,, \quad z^3 = p_1\,, \quad z^4 = p_2\,.$$

No que segue, os índices gregos como $\alpha, \beta, \rho, \sigma$ são índices que variam de 1 a $2n$, ao passo que índices latinos como i, j, k, ℓ variam de 1 a n. Um objeto bastante relevante no formalismo simplético é a seguinte matriz $2n \times 2n$:

$$\boldsymbol{\Omega} = \begin{bmatrix} \mathbb{O}_n & \mathbb{I}_n \\ -\mathbb{I}_n & \mathbb{O}_n \end{bmatrix},$$

onde $\mathbb{I}_n$ denota a matriz identidade $n \times n$, enquanto $\mathbb{O}_n$ representa a matriz zero $n \times n$. Ou seja, todas as n^2 componentes de $\mathbb{O}_n$ são zero. Por exemplo, no caso $n = 2$, a matriz $\boldsymbol{\Omega}$ é dada por

$$\boldsymbol{\Omega} = \begin{bmatrix} 0 & 0 & 1 & 0 \\ 0 & 0 & 0 & 1 \\ -1 & 0 & 0 & 0 \\ 0 & -1 & 0 & 0 \end{bmatrix}.$$

As funções no espaço de fase, $f(q, p, t)$, podem então ser escritas como $f = f(z, t)$. Usando a matriz $\boldsymbol{\Omega}$, segue que o parêntese de Poisson entre duas funções no espaço de fase pode ser elegantemente expresso da seguinte forma:

$$\{f, g\} = \Omega^{\alpha\beta} \frac{\partial f}{\partial z^\alpha} \frac{\partial g}{\partial z^\beta}\,, \tag{20.46}$$

onde $\Omega^{\alpha\beta}$ denotam as componentes da matriz $\boldsymbol{\Omega}$. Por exemplo, provemos essa afirmação explicitamente no caso $n = 1$, para o qual $z^1 = q$ e $z^2 = p$:

$$\begin{aligned} \Omega^{\alpha\beta} \frac{\partial f}{\partial z^\alpha} \frac{\partial g}{\partial z^\beta} &= \Omega^{11} \frac{\partial f}{\partial z^1} \frac{\partial g}{\partial z^1} + \Omega^{12} \frac{\partial f}{\partial z^1} \frac{\partial g}{\partial z^2} + \Omega^{21} \frac{\partial f}{\partial z^2} \frac{\partial g}{\partial z^1} + \Omega^{22} \frac{\partial f}{\partial z^2} \frac{\partial g}{\partial z^2} \\ &= 0 + \frac{\partial f}{\partial q} \frac{\partial g}{\partial p} - \frac{\partial f}{\partial p} \frac{\partial g}{\partial q} + 0 = \{f, g\}\,. \end{aligned}$$

[4] A prova de que essa condição de integrabilidade é suficiente para a existência da função $F(q, Q, t)$ definida na Eq. (20.44) está além do escopo deste livro. No entanto, os interessados no tema devem pesquisar sobre o chamado lema de Poincaré. Tal teorema afirma que, localmente, toda forma diferencial fechada é exata. Particularmente, em três dimensões, isso garante que todo campo vetorial com divergência nula pode ser escrito, localmente, como o rotacional de outro campo vetorial e todo campo vetorial com rotacional nulo pode ser localmente escrito como o gradiente de alguma função.

Lembrando da identidade

$$\frac{df}{dt} = \{f, h\} + \partial_t f = \Omega^{\alpha\beta} \frac{\partial f}{\partial z^\alpha} \frac{\partial h}{\partial z^\beta} + \partial_t f\,,$$

válida para qualquer função do espaço de fase $f(z, t)$, onde $h(z, t)$ é o hamiltoniano do sistema, é imediato verificar que as equações de Hamilton podem ser escritas da seguinte forma na notação simplética:

$$\dot{z}^\alpha = \Omega^{\alpha\beta} \frac{\partial h}{\partial z^\beta}\,. \tag{20.47}$$

Vimos no início deste capítulo que uma transformação $(q, p) \to (Q, P)$ é dita canônica se, e somente se, as novas coordenadas do espaço de fase obedecerem às seguintes relações:

$$\{Q^i, Q^j\} = 0\,, \quad \{P_i, P_j\} = 0\,, \quad \{Q^i, P_j\} = \delta^i{}_j\,.$$

O interessante é que essas relações podem ser resumidas a uma única equação na notação simplética:

$$\{Z^\alpha, Z^\beta\} = \Omega^{\alpha\beta}\,, \tag{20.48}$$

onde Z^α denotam as $2n$ coordenadas (Q, P), ou seja,

$$Z^1 = Q^1\,, \cdots\,, Z^n = Q^n\,, Z^{n+1} = P_1\,, \cdots\,, Z^{2n} = P_n\,.$$

Dada uma transformação $z \to Z$ no espaço de fase, segue que a chamada matriz jacobiana da transformação é dada por

$$J^\alpha{}_\beta = \frac{\partial Z^\alpha}{\partial z^\beta}\,.$$

Então, uma transformação no espaço de fase, $z \to Z$, é canônica se, e somente se,

$$\Omega^{\alpha\beta} = \{Z^\alpha, Z^\beta\} = \Omega^{\rho\sigma} \frac{\partial Z^\alpha}{\partial z^\rho} \frac{\partial Z^\beta}{\partial z^\sigma} = \Omega^{\rho\sigma} J^\alpha{}_\rho J^\beta{}_\sigma\,.$$

Em termos matriciais, a última equação é escrita da seguinte forma:

$$\boldsymbol{J}\,\boldsymbol{\Omega}\,\boldsymbol{J}^t = \boldsymbol{\Omega}\,. \tag{20.49}$$

As matrizes $\boldsymbol{J}$ que obedecem à restrição acima formam um grupo chamado **grupo simplético** e denotado por $Sp(2n)$. Tais matrizes são então chamadas de **matrizes simpléticas**. Logo, podemos fazer a seguinte afirmação:

> *Uma transformação no espaço de fase, $z \to Z$, é canônica se, e somente se, sua matriz jacobiana, $J^\alpha{}_\beta = \partial Z^\alpha / \partial z^\beta$, for uma matriz simplética, ou seja, $\boldsymbol{J} \in Sp(2n)$.*

Como o conjunto das matrizes simpléticas forma um grupo, segue que, se $\boldsymbol{J}$ é simplética, então sua inversa, $\boldsymbol{J}^{-1}$, também será simplética. Sendo $J^\alpha{}_\beta = \partial Z^\alpha / \partial z^\beta$, sua inversa é dada por $(J^{-1})^\alpha{}_\beta = \partial z^\alpha / \partial Z^\beta$, como consequência da regra da cadeia. Logo, essa última matriz também deve ser simplética, ou seja, ela deve obedecer à seguinte condição:

$$\Omega^{\alpha\beta} = \Omega^{\rho\sigma} \frac{\partial z^\alpha}{\partial Z^\rho} \frac{\partial z^\beta}{\partial Z^\sigma}\,.$$

Levando em consideração a Eq. (20.46), conclui-se que a igualdade acima corresponde à seguinte equação escrita no formalismo simplético:

$$\langle z^\alpha, z^\beta \rangle = \Omega^{\alpha\beta}\,,$$

onde $\langle\,,\,\rangle$ denota o parêntese de Poisson associado às variáveis (Q, P). Portanto, acabamos de estabelecer a seguinte equivalência:

$$\{Z^\alpha, Z^\beta\} = \Omega^{\alpha\beta} \;\Leftrightarrow\; \langle z^\alpha, z^\beta \rangle = \Omega^{\alpha\beta}\,.$$

20.5 Exercícios sugeridos

Exercício 1

Considere um sistema com um grau de liberdade cuja função hamiltoniana é dada por $h(q, p, t) = p^2$. Considere então as seguintes variáveis:

$$Q = p + t\,q \quad \text{e} \quad P = p + f(t)q\,.$$

a) Encontre a função $f(t)$ que torna o par (Q, P) canonicamente conjugado. Nos demais itens desta questão, considere que tal função $f(t)$ foi a adotada.
b) Prove que a condição (20.17) é devidamente satisfeita, de forma que podemos definir um hamiltoniano $H(Q, P, t)$.
c) Encontre o hamiltoniano $H(Q, P, t)$.
d) Mostre que as equações de Hamilton advindas de H preveem a mesma dinâmica do hamiltoniano h.

Exercício 2 – *resolvido*

Um sistema unidimensional tem hamiltoniano dado por

$$h(q, p, t) = \frac{1}{2}p^2 - \frac{a}{t}\,q\,p$$

onde a é uma constante, q é a coordenada generalizada, p é o momento canônico e t é o tempo. Considere, então, a seguinte função geratriz do tipo 2:

$$F_2(q, P, t) = t^a\,q\,P - \frac{t^{2a+1}}{2(2a+1)}\,P^2\,.$$

a) Determine a transformação $(q, p) \to (Q, P)$ associada a F_2 e prove que ela é canônica no sentido da Eq. (20.3).
b) Obtenha o hamiltoniano associado ao novo sistema de coordenadas e resolva as equações de Hamilton no novo sistema de coordenadas.
c) Use o resultado do item (b) para encontrar as soluções $q(t)$ e $p(t)$ para o sistema com hamiltoniano h. Em seguida, verifique que sua solução obedece, de fato, às equações de Hamilton associadas a $h(q, p, t)$.

Exercício 3 – *resolvido*

Demonstre que a transformação $(q_x, q_y, p_x, p_y) \to (Q_x, Q_y, P_x, P_y)$ definida por

$$Q_x = q_x^2\,, \quad Q_y = q_y \sec p_y\,, \quad P_x = \frac{p_x}{2q_x} - \frac{q_y}{q_x}\sec p_y\,, \quad P_y = \operatorname{sen} p_y - 2q_x$$

é canônica e depois encontre uma função geratriz para essa transformação.

Exercício 4
Usando a identidade (20.5), prove as seguintes relações:
a) $\left(\frac{\partial F}{\partial z}\right)_y = \left(\frac{\partial F}{\partial z}\right)_w + \left(\frac{\partial F}{\partial w}\right)_z \left(\frac{\partial w}{\partial z}\right)_y$.
b) $\left(\frac{\partial F}{\partial x}\right)_y = \left(\frac{\partial F}{\partial z}\right)_y \left(\frac{\partial z}{\partial x}\right)_y$.

Exercício 5
Seja $h(q,p) = T^{ij}\, p_i\, p_j + M^i{}_j\, p_i\, q^j + V_{ij}\, q^i\, q^j$ o hamiltoniano de um sistema com n graus de liberdade, onde as matrizes $\mathbb{T}$, $\mathbb{M}$ e $\mathbb{V}$ são constantes, com $\mathbb{T}$ e $\mathbb{V}$ sendo inversíveis. Considerando a transformação canônica gerada pela função geratriz do tipo 4 dada por

$$F_4(p, P, t) = A^{ij}(t)\, p_i\, p_j + B^{ij}(t)\, p_i\, P_j + C^{ij}(t)\, P_i\, P_j\,,$$

obtenha o hamiltoniano do sistema nas novas coordenadas, $H(Q, P, t)$. Então, obtenha uma escolha para as matrizes $\mathbb{A}(t)$, $\mathbb{B}(t)$ e $\mathbb{C}(t)$ que faça com que o novo hamiltoniano seja identicamente nulo, $H = 0$.

Exercício 6
Considere um sistema cujo espaço das configurações é o $\mathbb{R}^3$, com $q^i = \{\mathrm{x}, \mathrm{y}, \mathrm{z}\}$ sendo coordenadas cartesianas e $p_i = \{p_\mathrm{x}, p_\mathrm{y}, p_\mathrm{z}\}$ sendo os momentos canônicos associados. Definamos $Q^i = R^i{}_j q^j$ e $P_i = p_j R^j{}_i$, onde a matriz $R^i{}_j$ não depende de (q, p). Prove que, a fim de que a transformação $(q, p) \to (Q, P)$ seja canônica, a matriz $R^i{}_j$ deve ser uma matriz ortogonal. Essa matriz ortogonal pode depender do tempo?

Exercício 7
Prove que as matrizes simpléticas formam um grupo.

Exercício 8
Usando a notação simplética, demonstre que, se a transformação $z^\alpha \to Z^\alpha = Z^\alpha(z)$ não depende do tempo, então as variáveis Z obedecem às equações de Hamilton para o hamiltoniano $H(Z) = h(z(Z))$, onde $h(z)$ é o hamiltoniano do sistema escrito nas coordenadas z.

Solução do Exercício 2

a) Usando as relações para uma função geratriz do tipo 2, temos:

$$p = \frac{\partial F_2}{\partial q} = t^a\,P \quad , \quad Q = \frac{\partial F_2}{\partial P} = q\,t^a - \frac{t^{2a+1}}{(2a+1)}\,P \quad \Rightarrow \quad \begin{cases} P = t^{-a}\,p\,, \\ Q = t^a\,q - \frac{t^{a+1}}{2a+1}\,p\,. \end{cases}$$

Essa é a transformação procurada. Para provar que se trata de uma transformação canônica, devemos mostrar que o parêntese de Poisson $\{Q, P\}$ é igual a um:

$$\left\{ t^a\,q - \frac{t^{a+1}}{2a+1}\,p\,,\, t^{-a}\,p \right\} = \{q, p\} = 1\,,$$

provando que a transformação é, de fato, canônica.
b) O hamiltoniano associado ao sistema de coordenadas (Q, P) é dado por:

$$H = h + \frac{\partial F_2}{\partial t} = \left(\frac{1}{2}\,p^2 - \frac{a}{t}\,q\,p\right) + \left(a\,t^{a-1}\,q\,P - \frac{t^{2a}}{2}\,P^2\right) = 0\,.$$

Logo, as equações de movimento para Q e P são:

$$\dot{Q} = \frac{\partial H}{\partial P} = 0 \quad \text{e} \quad \dot{P} = -\frac{\partial H}{\partial Q} = 0 \quad \Rightarrow \quad Q = c_1 \;\; \text{e} \;\; P = c_2\,,$$

onde c_1 e c_2 são constantes.
c)

$$p = t^a\,P = c_2\,t^a \quad \text{e} \quad q = t^{-a}\,Q + \frac{t}{2a+1}\,p = c_1\,t^{-a} + c_2\,\frac{t^{a+1}}{2a+1}\,.$$

Essas são as soluções procuradas. Por sua vez, as equações de Hamilton associadas a h são:

$$\dot{q} = \frac{\partial h}{\partial p} = p - \frac{a}{t}\,q \quad \text{e} \quad \dot{p} = -\frac{\partial h}{\partial q} = \frac{a}{t}\,p\,.$$

Então, inserindo a solução $p = c_2\,t^a$ na segunda equação acima, vemos que, de fato, $\dot{p} = \frac{a}{t}\,p$, provando que a solução $p(t)$ obtida está correta. Fazendo algo análogo com a solução $q(t)$, temos:

$$\dot{q} + \frac{a}{t}\,q = \left(-a\,c_1\,t^{-a-1} + c_2\,\frac{a+1}{2a+1}\,t^a\right) + \frac{a}{t}\left(c_1\,t^{-a} + c_2\,\frac{t^{a+1}}{2a+1}\right) = c_2\,t^a = p\,,$$

o que está em pleno acordo com a equação de Hamilton para $\dot{q}$.

Solução do Exercício 3

Calculando os parênteses de Poisson das novas coordenadas do espaço de fase, temos:

$$\begin{aligned}
\{Q_x, Q_y\} &= \{q_x^2, q_y \sec p_y\} = 0 \,, \\
\{P_x, P_y\} &= \{\frac{p_x}{2q_x} - \frac{q_y}{q_x} \sec p_y, \text{sen} p_y - 2q_x\} = \frac{-1}{q_x}\{p_x, q_x\} - \frac{\sec p_y}{q_x}\{q_y, \text{sen} p_y\} = 0\,, \\
\{Q_x, P_x\} &= \{q_x^2, \frac{p_x}{2q_x} - \frac{q_y}{q_x} \sec p_y\} = \frac{1}{2q_x}\{q_x^2, p_x\} = 1 \,, \\
\{Q_y, P_y\} &= \{q_y \sec p_y, \sin p_y - 2q_x\} = \sec p_y \{q_y, \text{sen} p_y\} = 1 \,, \\
\{Q_x, P_y\} &= \{q_x^2, \text{sen} p_y - 2q_x\} = 0 \,, \\
\{Q_y, P_x\} &= \{q_y \sec p_y, \frac{p_x}{2q_x} - \frac{q_y}{q_x} \sec p_y\} = -\frac{1}{q_x}\{q_y \sec p_y, q_y \sec p_y\} = 0 \,.
\end{aligned}$$

Essas seis equações nos garantem que as coordenadas (Q_x, Q_y) e os momentos (P_x, P_y) são canonicamente conjugados. Agora, busquemos uma função geratriz do tipo (p, Q). De acordo com a Tabela 20.1, essa função geratriz tem a seguinte diferencial:

$$dF_3 = -q^i\, dp_i - P_i\, dQ^i = -q_x\, dp_x - q_y\, dp_y - P_x\, dQ_x - P_y\, dQ_y \,,$$

onde foi levado em consideração o fato de que a transformação canônica em questão não depende do tempo, de forma que $H = h$. Como (p_x, p_y, Q_x, Q_y) são as variáveis fundamentais das quais F_3 depende, nosso objetivo é conseguir escrever as funções (q_x, q_y, P_x, P_y), que aparecem na diferencial acima, em termos de (p_x, p_y, Q_x, Q_y). Usando as definições das novas coordenadas, dadas no enunciado da questão, obtemos:

$$q_x = \sqrt{Q_x} \,, \quad q_y = Q_y \cos p_y \,, \quad P_x = \frac{p_x}{2\sqrt{Q_x}} - \frac{Q_y}{\sqrt{Q_x}} \,, \quad P_y = \text{sen} p_y - 2\sqrt{Q_x} \,. \qquad (20.50)$$

Portanto,

$$\begin{aligned}
dF_3 &= -\sqrt{Q_x}\, dp_x - Q_y \cos p_y dp_y - \left(\frac{p_x}{2\sqrt{Q_x}} - \frac{Q_y}{\sqrt{Q_x}}\right) dQ_x - \left(\text{sen} p_y - 2\sqrt{Q_x}\right) dQ_y \\
&= -d\left(\sqrt{Q_x}\, p_x + Q_y\, \text{sen} p_y - 2\sqrt{Q_x}\, Q_y\right) .
\end{aligned}$$

Sendo assim,

$$F_3(p, Q) = \sqrt{Q_x}\,(2Q_y - p_x) - Q_y\, \text{sen} p_y \,.$$

Como um teste de que obtivemos uma função geratriz correta, podemos notar que:

$$q_x = -\frac{\partial F_3}{\partial p_x} = \sqrt{Q_x} \quad \text{e} \quad P_x = -\frac{\partial F_3}{\partial Q_x} = \frac{1}{2\sqrt{Q_x}}(p_x - 2Q_y) \,,$$

o que está em pleno acordo com a Eq. (20.50).

Capítulo 21

Transformações canônicas infinitesimais

Quando estudamos as simetrias e suas quantidades conservadas, nos Capítulos 17 e 18, vimos a importância central desempenhada pelas chamadas transformações infinitesimais. Em particular, o teorema de Nöther só pode ser aplicado a simetrias que são continuamente conectadas à identidade, pois a prova de tal teorema é feita analisando transformações que são infinitesimalmente próximas à transformação identidade. Vimos também que parte expressiva dos elementos de um grupo contínuo, um grupo de Lie, pode ser obtida tomando a exponencial dos geradores do grupo, que são os elementos que aparecem em uma transformação infinitesimal. Por exemplo, uma rotação infinitesimal pode ser escrita como a soma da matriz identidade com uma matriz antissimétrica multiplicada por um parâmetro infinitesimal. A exponencial dessa matriz antissimétrica fornece então uma rotação finita. Ou seja, os estudos sobre rotações infinitesimais nos permitem aprender bastante sobre as rotações finitas. Analogamente, as transformações infinitesimais também são relevantes dentro do contexto das transformações canônicas. Assim como ocorre com os elementos de um grupo de Lie, as transformações canônicas finitas que são continuamente conectadas à identidade também podem ser obtidas exponenciando o gerador da transformação canônica infinitesimal. Dada a grande importância desse tópico, tanto do ponto de vista teórico quanto prático, este capítulo será inteiramente dedicado ao estudo das transformações canônicas infinitesimais.

21.1 O gerador de uma transformação canônica infinitesimal

A transformação identidade no espaço de fase, dada por $\{q^i, p_j\} \to \{Q^i, P_j\}$, onde $Q^i = q^i$ e $P_j = p_j$, é uma transformação canônica, obviamente, já que preserva os parênteses de Poisson. Essa transformação é gerada pela seguinte função geratriz do tipo (q, P):

$$F_2(q, P, t) = q^i \, P_i \,. \tag{21.1}$$

De fato, para funções geratrizes do tipo 2, valem as seguintes relações:

$$p_i = \left(\frac{\partial F_2}{\partial q^i}\right)_{P,t} \quad \text{e} \quad Q^i = \left(\frac{\partial F_2}{\partial P_i}\right)_{q,t} , \tag{21.2}$$

que, quando aplicadas à função geratriz (21.1), fornecem exatamente $Q^i = q^i$ e $P_j = p_j$, como fora afirmado. Portanto, se quisermos tratar de transformações canônicas infinitesimais, ou seja, transformações no espaço de fase que são infinitesimalmente próximas da transformação identidade, é natural dizer que sua função geratriz do tipo 2 tem a seguinte forma:

$$F_2(q, P, t) = q^i \, P_i + \epsilon \, f_2(q, P, t) \,, \tag{21.3}$$

onde ϵ é um parâmetro infinitesimal. Por consistência, em todas as expressões só precisamos considerar expansões até primeira ordem em ϵ, termos quadráticos ou de ordem mais alta devem ser desprezados ($\epsilon^2 \simeq 0$, $\epsilon^3 \simeq 0, \cdots$). Portanto, se a mudança nas coordenadas do espaço de fase induzida pela transformação infinitesimal for

$$q^i \to Q^i = q^i + \epsilon\, A^i \quad \text{e} \quad p_i \to P_i = p_i + \epsilon\, B_i\,,$$

então, na Eq. (21.3), podemos escrever:

$$\begin{aligned} F_2 &= q^i\, P_i + \epsilon\, f_2(q, p + \epsilon B, t) = q^i\, P_i + \epsilon\, \left[f_2(q,p,t) + \epsilon B \partial_p f_2(q,p,t) + O(\epsilon^2)\right] \\ &\simeq q^i\, P_i + \epsilon\, f_2(q,p,t)\,, \end{aligned}$$

onde foi usada a expansão em série de Taylor e foram desprezados os termos de ordem dois em ϵ. Portanto, o que a equação acima nos diz é que podemos considerar $f_2(q, P, t)$ como sendo uma função de (q, p, t), ou seja, podemos trocar P por p. É por isso que a função geratriz de uma transformação canônica infinitesimal é usualmente escrita da seguinte forma:

$$F_2(q, P, t) = q^i\, P_i + \epsilon\, G(q, p, t)\,, \tag{21.4}$$

onde a função $G(q, p, t)$ é o chamado **gerador** da transformação canônica infinitesimal. Aqui, é pertinente chamar a atenção para a distinção entre os termos *função geratriz* e *gerador*. Neste livro, a expressão *função geratriz* se refere às funções $F = F_1$, F_2, F_3 e F_4, vistas no capítulo anterior, ao passo que o *gerador* G é a função que aparece na Eq. (21.4) e que afere o desvio em relação à função geratriz da transformação identidade.

Como discutido no capítulo anterior, a transformação identidade também pode ter uma função geratriz do tipo 3, ao passo que funções geratrizes dos tipos 1 e 4 não são bem definidas para essa transformação canônica particular. Portanto, também seria igualmente natural abordar o tópico das transformações canônicas infinitesimais usando funções geratrizes do tipo 3 em vez de funções do tipo 2. Neste livro, no entanto, seguiremos a praxe e iremos utilizar apenas as funções geratrizes do tipo 2 para tratar das transformações canônicas infinitesimais.

Das Eqs. (21.2) e (21.4), concluímos que as mudanças nas coordenadas (q, p) por conta da transformação canônica infinitesimal são dadas por:

$$\begin{aligned} \delta q^i &\equiv Q^i - q^i = \frac{\partial F_2}{\partial P_i} - q^i = \left(q^i + \epsilon\, \frac{\partial G}{\partial P_i}\right) - q^i = \epsilon\, \frac{\partial G}{\partial P_i} \simeq \epsilon\, \frac{\partial G}{\partial p_i}\,, \\ \delta p_i &\equiv P_i - p_i = P_i - \frac{\partial F_2}{\partial q^i} = P_i - \left(P_i + \epsilon\, \frac{\partial G}{\partial q^i}\right) = -\epsilon\, \frac{\partial G}{\partial q^i}\,, \end{aligned}$$

onde, na primeira linha, a derivada em relação a P foi substituída por uma derivada em relação a p, pois a diferença entre as duas derivadas contribuiria com um termo de ordem quadrática em ϵ. Agora, notemos que o lado direito da equação para δq^i pode ser escrito como o parêntese de Poisson $\epsilon\{q^i, G\}$, ao passo que o lado direito da equação para δp_i pode ser escrito como $\epsilon\{p_i, G\}$. Portanto, acabamos de provar que valem as seguintes identidades:

$$\delta q^i = \epsilon\, \{q^i, G\} \quad \text{e} \quad \delta p_i = \epsilon\, \{p_i, G\}\,. \tag{21.5}$$

De forma geral, se $f(q, p)$ for uma variável dinâmica, então sua mudança por conta da transformação canônica infinitesimal será dada por:

$$\begin{aligned}\delta f &= f(q+\delta q, p+\delta p) - f(q,p) \simeq \delta q^i\,\partial_{q^i} f(q,p) \,+\, \delta p_i\,\partial_{p_i} f(q,p)\\ &= \epsilon\,\frac{\partial G}{\partial p_i}\,\frac{\partial f}{\partial q^i} \,-\, \epsilon\,\frac{\partial G}{\partial q^i}\,\frac{\partial f}{\partial p_i}\\ &= \epsilon\,\{f,G\}\,. \end{aligned} \tag{21.6}$$

Portanto, uma transformação infinitesimal no espaço de fase será canônica se a transformação de uma variável dinâmica genérica se der como na Eq. (21.6). Equivalentemente, uma transformação infinitesimal será canônica se a transformação nas variáveis canônicas (q,p) for conforme mostrado na Eq. (21.5). Nesse caso, dizemos que G é o gerador da transformação canônica infinitesimal. Então, dada uma função qualquer no espaço de fase, $G(q,p,t)$, podemos usá-la para gerar uma transformação canônica infinitesimal. Por exemplo, podemos nos perguntar qual é a transformação canônica cujo gerador é a função $G = p_1$. A resposta é a seguinte:

$$\begin{cases} q^i \to Q^i = q^i + \delta q^i = q^i + \epsilon\,\{q^i, p_1\} = q^i + \epsilon\,\delta^i{}_1\,,\\ \\ p_i \to P_i = p_i + \delta p_i = p_i + \epsilon\,\{p_i, p_1\} = p_i\,,\end{cases}$$

ou seja, $q^1 \to q^1 + \epsilon$, ao passo que p_k e q^j ficam inalterados para todo k e todo $j \neq 1$. Portanto, $G = p_1$ é o gerador de uma translação infinitesimal na coordenada q^1. Analogamente, o momento canônico p_i é o gerador da translação infinitesimal na direção espacial i. De forma geral, compondo sucessivas translações infinitesimais, chegamos à conclusão de que as translações,

$$q^i \to q^i + a^i \quad \text{e} \quad p_i \to p_i\,,$$

com a^i sendo constantes finitas, são transformações canônicas.

É interessante notar que as transformações canônicas infinitesimais nos dão um caminho bem elegante para provar que os parênteses de Poisson obedecem à identidade de Jacobi. Seja $f = \{A,B\}$ uma função no espaço de fase. Então, a mudança em f causada pela transformação canônica infinitesimal gerada por G é

$$\delta f = \epsilon\,\{f,G\} = \epsilon\,\{\{A,B\},\,G\}\,.$$

Por outro lado, usando a regra de Leibniz para o parêntese de Poisson (sabendo que uma variação é, essencialmente, uma derivada), temos:

$$\begin{aligned}\delta f &= \delta\{A,B\} = \{\delta A, B\} \,+\, \{A, \delta B\}\\ &= \{\epsilon\{A,G\}, B\} \,+\, \{A, \epsilon\{B,G\}\}\,.\end{aligned}$$

Então, igualando as duas expressões para δf, temos:

$$\{\{A,B\},\,G\} \,+\, \{\{B,G\},\,A\} \,+\, \{\{G,A\},\,B\} = 0\,,$$

que é a identidade de Jacobi.

Seja $G_1(q,p,t)$ o gerador de uma transformação canônica infinitesimal T_1 e $G_2(q,p,t)$ o gerador de uma transformação canônica infinitesimal T_2. A composição dessas duas transformações, $T_3 = T_2 \circ T_1$, também será uma transformação canônica infinitesimal.

Vejamos qual é a mudança gerada em f pela ação da transformação T_3. Por um lado, temos que essa transformação advém da aplicação de T_1 seguida da aplicação de T_2, de forma que:

$$f \xrightarrow{T_1} f + \delta_1 f \xrightarrow{T_2} (f + \delta_1 f) + \delta_2(f + \delta_1 f) = f + \delta_1 f + \delta_2 f + \delta_2(\delta_1 f) .$$

Portanto, concluímos que a mudança total em f é:

$$\begin{aligned} \delta_3 f &= \delta_1 f + \delta_2 f + \delta_2(\delta_1 f) = \epsilon \{f, G_1\} + \epsilon \{f, G_2\} + \epsilon \{\epsilon \{f, G_1\}, G_2\} \\ &\simeq \epsilon \{f, G_1\} + \epsilon \{f, G_2\} \\ &= \epsilon \{f, G_1 + G_2\} , \end{aligned} \tag{21.7}$$

onde termos de ordem quadrática em ϵ foram desprezados. Por outro lado, se G_3 é a função geradora da transformação canônica infinitesimal T_3, segue que $\delta_3 f = \epsilon\{f, G_3\}$. Comparando essa expressão para $\delta_3 f$ com a obtida na Eq. (21.7), concluímos que $G_3 = G_1 + G_2$. Ou seja, o gerador da composição de duas transformações canônicas infinitesimais é a soma de seus geradores. A linha abaixo resume o resultado que acabamos de obter em linguagem matemática:

$$T_3 = T_2 \circ T_1 \quad \Leftrightarrow \quad G_3 = G_1 + G_2 . \tag{21.8}$$

Essa conclusão é apenas um exemplo particular do que vimos quando estudamos a álgebra de Lie de um grupo contínuo, no Capítulo 18. De fato, naquele capítulo, obtivemos que os geradores de um grupo contínuo formam um espaço vetorial munido de um produto antissimétrico (o comutador de matrizes, naquele caso). Além disso, esse produto antissimétrico obedece à identidade de Jacobi. O mesmo ocorre com as transformações canônicas: seus geradores formam um espaço vetorial (pois a soma de geradores é um gerador, conforme acabamos de provar) e esse espaço vetorial é munido de um produto antissimétrico (o parêntese de Poisson entre os geradores). Tal produto também obedece à identidade de Jacobi. Isso tudo não é coincidência; ocorre porque as transformações canônicas formam um grupo. De fato, no capítulo anterior, vimos que podemos associar a cada transformação canônica uma matriz simplética e o conjunto das matrizes simpléticas forma um grupo de Lie.

21.2 Momento angular como gerador das rotações

Nesta seção, consideremos o sistema de uma partícula se movendo no $\mathbb{R}^3$, com $q^i = \{\mathrm{x}, \mathrm{y}, \mathrm{z}\}$ sendo coordenadas cartesianas e $p_i = \{p_\mathrm{x}, p_\mathrm{y}, p_\mathrm{z}\}$ sendo os momentos canônicos associados. Dentro desse contexto, vimos, na Seção 19.3, que a componente do momento angular na direção de um versor $\hat{\boldsymbol{n}}$, ou seja, $\hat{\boldsymbol{n}} \cdot \boldsymbol{L}$, é tal que seu parêntese de Poisson com um campo vetorial $\boldsymbol{\mathcal{V}}$ construído canonicamente através dos vetores posição e momento linear obedece à seguinte relação:

$$\{\boldsymbol{\mathcal{V}}, \hat{\boldsymbol{n}} \cdot \boldsymbol{L}\} = \hat{\boldsymbol{n}} \times \boldsymbol{\mathcal{V}} . \tag{21.9}$$

Em particular, isso implica que a transformação canônica infinitesimal gerada por $G = \hat{\boldsymbol{n}} \cdot \boldsymbol{L}$ será tal que a variação no vetor posição é dada por:

$$\delta \boldsymbol{r} = \epsilon \{\boldsymbol{r}, G\} = \epsilon \{\boldsymbol{r}, \hat{\boldsymbol{n}} \cdot \boldsymbol{L}\} = \epsilon \hat{\boldsymbol{n}} \times \boldsymbol{r} .$$

Analogamente, a mudança no vetor momento linear será $\delta \boldsymbol{p} = \epsilon \hat{\boldsymbol{n}} \times \boldsymbol{p}$. Conforme estabelecido anteriormente, vide Eqs. (5.5) e (17.11), esse tipo de variação corresponde a uma rotação infinitesimal de um ângulo ϵ em torno do eixo $\hat{\boldsymbol{n}}$. Concluímos, então, o seguinte:

as rotações são transformações canônicas e, sendo $\boldsymbol{L} = \boldsymbol{r} \times \boldsymbol{p}$ o vetor momento angular e $\hat{\boldsymbol{n}}$ um versor constante no $\mathbb{R}^3$, segue que $G = \hat{\boldsymbol{n}} \cdot \boldsymbol{L}$ é o gerador das rotações infinitesimais em torno do eixo que está na direção de $\hat{\boldsymbol{n}}$.

Em particular, a componente L_x do vetor momento angular é o gerador das rotações em torno do eixo x e assim por diante.

Como rotações não modificam o produto interno entre dois vetores, devemos esperar que os escalares $\boldsymbol{r} \cdot \boldsymbol{p}$, $|\boldsymbol{r}|^2$ e $|\boldsymbol{p}|^2$ não sejam afetados por uma rotação infinitesimal. Portanto, o parêntese de Poisson dessas grandezas com $\hat{\boldsymbol{n}} \cdot \boldsymbol{L}$ deve ser zero. Mais explicitamente,

$$\delta(\boldsymbol{r} \cdot \boldsymbol{p}) = \epsilon \{\boldsymbol{r} \cdot \boldsymbol{p}, G\} = \epsilon \{\boldsymbol{r} \cdot \boldsymbol{p}, \hat{\boldsymbol{n}} \cdot \boldsymbol{L}\} = 0 \,.$$

De fato, na Eq. (19.9) foi estabelecido que o parêntese de Poisson de um produto escalar de vetores canonicamente construídos a partir de $\boldsymbol{r}$ e $\boldsymbol{p}$ com qualquer componente do vetor momento angular é igual a zero.

21.3 Hamiltoniano como gerador da evolução temporal

Agora, vamos averiguar qual é a transformação canônica infinitesimal gerada pelo hamiltoniano do sistema, $h(q, p, t)$. Se $f(q, p)$ é uma função qualquer do espaço de fase que não dependa explicitamente do tempo, a transformação sofrida por f é:

$$\delta f = \epsilon \{f, G\} = \epsilon \{f, h\} \,,$$

em conformidade com a Eq. (21.6). Por outro lado, vejamos qual é a alteração em f por conta de uma translação temporal $t \to t + \epsilon$:

$$\delta f = f(t+\epsilon) - f(t) = \left[f(t) + \epsilon \frac{df}{dt} + O(\epsilon^2) \right] - f(t) \simeq \epsilon \frac{df}{dt} = \epsilon \{f, h\} \,,$$

onde foi utilizado o fato de que, se f não depende explicitamente do tempo, então sua derivada total em relação ao tempo é dada por $\{f, h\}$, conforme provado na Eq. (19.2). Como as duas expressões para δf coincidem, concluímos que o hamiltoniano h é o gerador da translação temporal infinitesimal. Ou, equivalentemente, dizemos que **o hamiltoniano é o gerador da evolução temporal**. Além disso, compondo várias translações infinitesimais podemos obter uma translação temporal finita, que também será canônica, já que a composição de transformações canônicas é uma transformação canônica. Portanto, podemos afirmar que:

A evolução temporal é uma transformação canônica.

É pertinente ressaltar que, no formalismo das transformações canônicas, a translação temporal é vista de uma forma distinta de como a encaramos no teorema de Nöther. Nesse teorema, assim como na maior parte das vezes em que se trata das translações temporais, assume-se que as coordenadas generalizadas são mantidas fixas e o tempo é modificado. Contrariamente, na abordagem das transformações canônicas, o tempo não é modificado, pois $\delta t = \epsilon\{t, G\} = 0$, uma vez que o parêntese de Poisson do tempo com qualquer função do espaço de fase é igual a zero. Por sua vez, as coordenadas q e os momentos p geralmente são alterados pela ação da transformação canônica infinitesimal gerada pelo hamiltoniano. Essas duas formas de enxergar uma evolução temporal são complementares e igualmente válidas. É semelhante às interpretações ativa e passiva da ação de uma rotação no $\mathbb{R}^3$. Na visão ativa, assume-se que os vetores são modificados pela rotação, ao passo que os eixos cartesianos permanecem fixos. Inversamente, na visão passiva, assume-se que a rotação altera a orientação dos eixos, enquanto o vetor permanece inalterado. Ou seja, na visão passiva, o que muda não é o vetor, mas sim as componentes do vetor, que são as projeções do vetor nos eixos cartesianos. Com relação à evolução temporal, seria possível ter $\delta t \neq 0$ no contexto das transformações canônicas se usássemos o formalismo do espaço de fase estendido, mas isso foge ao escopo deste livro.

21.4 Simetrias de Nöther e as transformações canônicas

Lembremos que, quando tratamos do teorema de Nöther, vimos que a quantidade conservada relativa à simetria de translação espacial é o momento canônico associado à coordenada espacial em questão. Também provamos que a quantidade conservada relacionada à simetria de rotação em torno de um versor $\hat{\boldsymbol{n}}$ é a componente do momento angular nessa direção, ou seja, $\hat{\boldsymbol{n}} \cdot \boldsymbol{L}$. Finalmente, provamos que a simetria de translação temporal está associada à conservação da função hamiltoniana. Por outro lado, acabamos que provar que o momento canônico p_i é o gerador das translações espaciais na coordenada q^i, o momento angular é o gerador das rotações e o hamiltoniano é o gerador das translações temporais. Esses exemplos parecem estabelecer o seguinte padrão:

A quantidade conservada por conta de uma simetria de Nöther é também o gerador da transformação canônica infinitesimal de simetria.

De fato, nesta seção, vamos estabelecer essa conexão postulada.

Uma transformação será uma simetria de Nöther se o lagrangiano não mudar ou se mudar pela adição de uma derivada total em relação ao tempo.[1] Sendo $G(q, p, t)$ o gerador de uma transformação canônica infinitesimal, então a mudança no lagrangiano promovida

[1]No caso mais geral do teorema de Nöther, devemos olhar para a mudança em $\mathcal{L}dt$, não apenas para a alteração do lagrangiano, conforme explicitado na Eq. (17.4). Aqui, no entanto, está sendo assumido que $d\tilde{t} = dt$, o que é válido para transformações canônicas, pois tais transformações só agem no espaço de fase, não alteram ativamente o tempo. Mesmo a translação temporal, vista como transformação canônica, não promove, rigorosamente falando, uma mudança no tempo; trata-se de uma mudança em (q, p) que é equivalente à traslação temporal. De qualquer forma, as translações temporais também respeitam a condição $d\tilde{t} = dt$.

por tal transformação é dada por:[2]

$$\begin{aligned}
\delta\mathcal{L} &= \left[P\dot{Q} - H\right] - [p\dot{q} - h] \\
&= [(p + \delta p)(\dot{q} + \delta\dot{q}) - (h + \partial_t F_2)] - [p\dot{q} - h] \\
&\simeq \dot{q}\,\delta p + p\,\delta\dot{q} - \epsilon\,\partial_t G \\
&= \dot{q}\,\epsilon\,\{p, G\} + p\,\epsilon\,\{\dot{q}, G\} - \epsilon\,\partial_t G \\
&= \epsilon\left[-\dot{q}\,\frac{\partial G}{\partial q} + p\left(\frac{d}{dt}\{q, G\} - \{q, \frac{d}{dt}G\}\right) - \partial_t G\right] \\
&= \epsilon\left[-\dot{q}\,\partial_q G + p\left(\frac{d}{dt}\frac{\partial G}{\partial p} - \{q, \dot{G}\}\right) - \partial_t G\right] \\
&= \epsilon\left[-\dot{q}\,\partial_q G + \frac{d}{dt}(p\,\partial_p G) - \dot{p}\,\partial_p G - p\,\{q, \dot{G}\} - \partial_t G\right],
\end{aligned} \tag{21.10}$$

onde, na passagem da segunda para a terceira linha do desenvolvimento acima, foi desprezado o termo $\delta p \delta\dot{q}$, por ser um termo de segunda ordem em ϵ. Logo, usando que

$$\frac{dG}{dt} = \dot{q}\,\frac{\partial G}{\partial q} + \dot{p}\,\frac{\partial G}{\partial p} + \frac{\partial G}{\partial t},$$

que é nada mais nada menos que a regra da cadeia, segue que a Eq. (21.10) fornece:

$$\delta\mathcal{L} = \frac{d}{dt}(\epsilon\, p\,\partial_p G - \epsilon\, G) - \epsilon\, p\,\{q, \dot{G}\}\,. \tag{21.11}$$

Logo, se G é conservado ao longo do movimento, isto é, se $\dot{G} = 0$, então a equação acima afirma que a variação no lagrangiano devido à transformação canônica infinitesimal gerada por G é a derivada total de uma função em relação ao tempo. Como a prova foi elaborada para um sistema qualquer, é de se esperar que essa transformação de simetria no lagrangiano seja exatamente aquela que deu origem à quantidade conservada G por decorrência do teorema de Nöther. De fato, segundo a Eq. (17.7), a quantidade conservada associada a uma transformação de simetria $q \to q + \varepsilon$ e $t \to t$, de acordo com o teorema de Nöther, é dada por

$$C = p\,\varepsilon - g\,, \tag{21.12}$$

onde g é função cuja derivada total aparece na variação do lagrangiano. No presente caso, a Eq. (21.11) nos permite fazer a seguinte identificação:

$$g = \epsilon\, p\,\partial_p G - \epsilon\, G\,. \tag{21.13}$$

Além disso, no caso da transformação canônica infinitesimal gerada por G, temos:

$$\varepsilon = \delta q = \epsilon\,\{q, G\} = \epsilon\,\partial_p G\,.$$

[2]No cálculo de $\delta\mathcal{L}$, precisamos inserir a variação do hamiltoniano. Há duas formas de pensar tal variação: $\delta h = \epsilon\,\{h, G\} \stackrel{\star}{=} \epsilon[(\partial_t G)_{q,p} - \dot{G}]$ e $\Delta h = H - h = \epsilon\,(\partial_t G)_{q,P}$. Geralmente, essas duas variações são distintas, embora coincidam quando $\dot{G} = 0$ (até primeira ordem em ϵ). No cálculo da variação do lagrangiano, a mudança adequada a ser usada é $\Delta h = H - h$, pois, no contexto do teorema de Nöther, se define $\delta\mathcal{L}$ como sendo o lagrangiano novo menos o antigo. Note que, ao fazermos uma transformação canônica, a função hamiltoniana não é alterada apenas por conta das mudanças δq e δp, ela também ganha um termo extra, pois $H = h + \partial_t F_2$. Por outro lado, a variação $\delta h = \epsilon\,\{h, G\}$ só leva em consideração a alteração decorrente das mudanças δq e δp.

Logo, substituindo essas expressões para ε e g no lado direito da Eq. (21.12), vemos que a quantidade conservada associada ao teorema de Nöther é dada por

$$C = p\,(\epsilon\,\partial_p G) - (\epsilon\, p\,\partial_p G - \epsilon\, G) = \epsilon\, G\,.$$

Ou seja, o gerador da transformação canônica infinitesimal, G, é essencialmente igual à quantidade conservada de acordo com o teorema de Nöther (a menos de um fator multiplicativo constante, que é irrelevante para a interpretação física de C). Em suma, acabamos de provar que, se G for uma função do espaço de fase que é uma constante de movimento, então essa função gera uma transformação canônica que é uma simetria do sistema e a quantidade conservada associada a essa simetria, através do teorema de Nöther, é exatamente o gerador G.

Como um exemplo desse resultado geral obtido acima, investiguemos a simetria de Galileo associada ao sistema de duas partículas interagindo em três dimensões através de uma força conservativa cujo potencial é dado por $U(r)$, onde $r = |\boldsymbol{r}_1 - \boldsymbol{r}_2|$ é a distância entre as partículas. O lagrangiano desse sistema é dado por:

$$\mathcal{L} = \frac{m_1}{2}|\dot{\boldsymbol{r}}_1|^2 + \frac{m_2}{2}|\dot{\boldsymbol{r}}_2|^2 - U(r)\,.$$

De acordo com a Eq. (17.10), o teorema de Nöther associa a seguinte quantidade conservada à simetria por transformação de Galileo:

$$C = \boldsymbol{v}_0 \cdot (m_1\,\boldsymbol{r}_1 + m_2\,\boldsymbol{r}_2 - t\,\boldsymbol{p}_1 - t\,\boldsymbol{p}_2)\;, \tag{21.14}$$

onde $\boldsymbol{v}_0$ é um vetor constante, que representa a velocidade relativa entre os referenciais envolvidos na transformação de Galileo. Por sua vez, a transformação canônica gerada por C é tal que a variação em $\boldsymbol{r}_1$ é dada por:

$$\delta\boldsymbol{r}_1 = \epsilon\,\{\boldsymbol{r}_1, C\} = -t\,\epsilon\,\{\boldsymbol{r}_1, \boldsymbol{v}_0\cdot\boldsymbol{p}_1\} = -t\,\epsilon\,\{q_1^i\,\hat{\mathbf{e}}_i, v_0^j\,(p_1)_j\} = -t\,\epsilon\,\hat{\mathbf{e}}_i\,v_0^j\,\delta^i{}_j = -t\,\epsilon\,\boldsymbol{v}_0\,.$$

Analogamente, a variação em $\boldsymbol{p}_1$ é dada por:

$$\delta\boldsymbol{p}_1 = \epsilon\,\{\boldsymbol{p}_1, C\} = m_1\,\epsilon\,\{\boldsymbol{p}_1, \boldsymbol{v}_0\cdot\boldsymbol{r}_1\} = -m_1\,\epsilon\,\boldsymbol{v}_0\,.$$

Como $\boldsymbol{p}_1 = m_1\dot{\boldsymbol{r}}_1$, segue que tal transformação no momento canônico equivale à seguinte relação $\delta\dot{\boldsymbol{r}}_1 = -\epsilon\boldsymbol{v}_0$, que é simplesmente a derivada temporal da variação $\delta\boldsymbol{r}_1$, como deveria ser, por coerência. Analogamente, prova-se que $\delta\boldsymbol{r}_2 = -t\,\epsilon\,\boldsymbol{v}_0$. Essas transformações em $\boldsymbol{r}_1$ e $\boldsymbol{r}_2$ são exatamente aquelas que definem uma transformação de Galileo. Em suma, vimos que a quantidade conservada associada à simetria de Galileo gera, de fato, a transformação canônica infinitesimal que corresponde à transformação de Galileo.

É importante manter em mente que a existência de quantidades conservadas em sistemas lagrangianos (ou hamiltonianos) não é uma propriedade especial. De fato, todo sistema com n graus de liberdade tem $2n$ constantes de movimento independentes. Isso ocorre porque as equações de Euler-Lagrange são n equações de segunda ordem, cuja solução geral tem $2n$ constantes de integração. Essas constantes de integração são constantes de movimento. Como cada constante gera uma simetria, conclui-se que todo sistema com n graus de liberdade tem, ao menos, $2n$ simetrias contínuas.[3] Por exemplo, consideremos o sistema unidimensional cujo lagrangiano é dado por:

$$\mathcal{L} = \frac{1}{2}\dot{q}^2\; - \;\frac{1}{2}q^2\; + \;\lambda\, q\, e^{at}\,,$$

[3]No Capítulo 17, quando estudamos as simetrias da mecânica newtoniana, foi dito que, para um sistema de duas partículas interagindo em um espaço de dimensão três, o grupo de simetrias tem dimensão

onde a e λ são constantes. Trata-se de um sistema sem nenhuma simetria óbvia. Apesar disso, como o sistema tem um grau de liberdade, deve haver duas constantes de movimento. A equação de Euler-Lagrange associada a esse lagrangiano e sua solução geral são dadas por:

$$\ddot{q} + q = \lambda\, e^{at} \quad \Rightarrow \quad q(t) = c_1 \operatorname{sen} t + c_2 \cos t + \lambda\, \frac{e^{at}}{1+a^2}\,,$$

onde c_1 e c_2 são constantes arbitrárias. Podemos escrever essas constantes em termos de $(q, \dot{q}, t)$. De fato, tomado a derivada temporal da solução, obtemos

$$\dot{q}(t) = c_1 \cos t - c_2 \operatorname{sen} t + \lambda\, \frac{a\, e^{at}}{1+a^2}\,.$$

Então, com as equações para q e $\dot{q}$ em mãos, podemos resolvê-las para c_1 e c_2. O resultado final, após algumas manipulações algébricas simples, é o seguinte:

$$\begin{cases} c_1 = \dot{q}\, \cos t + q \operatorname{sen} t - \lambda\, \frac{e^{at}}{1+a^2}(a\, \cos t + \operatorname{sen} t)\,, \\ \\ c_2 = q\, \cos t - \dot{q} \operatorname{sen} t + \lambda\, \frac{e^{at}}{1+a^2}(a \operatorname{sen} t - \cos t)\,. \end{cases}$$

Essas são duas constantes de movimento do sistema independentes uma da outra. Vejamos agora quais são as transformações canônicas infinitesimais geradas por essas constantes. Para tanto, antes precisamos escrever tais constantes em termos de (q, p, t), ou seja, devemos eliminar a dependência em $\dot{q}$. Nesse caso, tal tarefa é trivial, pois $p = \dot{q}$. Sendo assim, definamos os seguintes geradores:

$$\begin{cases} G_1 = c_1 = p\, \cos t + q \operatorname{sen} t - \lambda\, \frac{e^{at}}{1+a^2}(a\, \cos t + \operatorname{sen} t)\,, \\ \\ G_2 = c_2 = q\, \cos t - p \operatorname{sen} t + \lambda\, \frac{e^{at}}{1+a^2}(a \operatorname{sen} t - \cos t)\,. \end{cases} \tag{21.15}$$

A transformação canônica infinitesimal gerada por G_1 fornece as seguintes variações:

$$\delta_1 q = \epsilon\, \{q, G_1\} = \epsilon\, \cos t \ , \quad \delta_1 p = \epsilon\, \{p, G_1\} = -\, \epsilon \operatorname{sen} t\,.$$

Por sua vez, a transformação canônica gerada por G_2 tem a seguinte ação:

$$\delta_2 q = \epsilon\, \{q, G_2\} = -\epsilon \operatorname{sen} t \ , \quad \delta_2 p = \epsilon\, \{p, G_2\} = -\, \epsilon\, \cos t\,.$$

10. Tal grupo é formado pela composição das seguintes operações: translações espaciais e temporal, transformações de Galileo e rotações. No entanto, segundo a afirmação feita nesta seção, deveria haver, ao menos, doze simetrias independentes, pois o sistema em questão tem seis graus de liberdade. De fato, há. Por exemplo, no problema de Kepler, vimos que o vetor de Laplace-Runge-Lenz é uma quantidade conservada adicional, além daquelas associadas às simetrias newtonianas genéricas. O vetor de Laplace-Runge-Lenz também tem uma transformação de simetria associada; essa transformação é mais fácil de ser visualizada embebendo a partícula fictícia de massa μ em um espaço de dimensão quatro. Fazendo isso, nota-se que o grupo de simetrias contém o subgrupo $O(4)$ e que as quantidades conservadas associadas a esse subgrupo abrangem o momento angular e o vetor de Laplace-Runge-Lenz. Além do vetor de Laplace-Runge-Lenz, existe uma outra quantidade conservada independente, completando o total de 12 constantes de movimento no problema de Kepler. Ademais, tal problema possui a seguinte simetria de escala: $t \to \lambda t$, $\boldsymbol{r} \to \lambda^{2/3}\, \boldsymbol{r}$. Vale mencionar que essa última é uma simetria das equações de movimento, mas não deixa a ação invariante; a ação é multiplicada por um fator de escala e, portanto, tal simetria não é abarcada pelo teorema de Nöther nem é uma transformação canônica. Não há quantidade conservada advinda da simetria de escala. Por fim, ainda há a simetria da Eq. (17.16), que também não é uma simetria de Nöther. Essa última é uma transformação de ponto e, como tal, é uma transformação canônica. O gerador da transformação canônica associada à simetria (17.16) é dado por $G = (m_1 \boldsymbol{r}_1 + m_2 \boldsymbol{r}_2) \cdot (\boldsymbol{p}_1 + \boldsymbol{p}_2)$. Note que G não é uma constante de movimento.

Note, em particular, que valem as seguintes relações:

$$\delta_1 p = \frac{d}{dt}\delta_1 q \quad \text{e} \quad \delta_2 p = \frac{d}{dt}\delta_2 q\,,$$

que são compatíveis com o fato de que $p = \dot{q}$. As variações no lagrangiano por conta dessas duas transformações canônicas são as seguintes:

$$\delta_1\mathcal{L} = \frac{d}{dt}\left[-\epsilon\, q\,\text{sen}\, t + \epsilon\lambda \int e^{at}\cos t\, dt\right]\,, \quad \delta_2\mathcal{L} = \frac{d}{dt}\left[-\epsilon\, q\cos t - \epsilon\lambda \int e^{at}\text{sen}t\, dt\right]\,.$$

Concluímos, então, que esse sistema tem duas quantidades conservadas e que essas constantes de movimento, escritas em termos que (q, p, t) geram transformações canônicas que são simetrias de Nöther.

No exemplo acima, vemos que, se $\lambda = 0$, teremos o lagrangiano de um oscilador harmônico simples com frequência angular $\omega = 1$. Nesse caso, como o lagrangiano não depende explicitamente do tempo, segue que o hamiltoniano

$$h = \frac{1}{2}p^2 + \frac{1}{2}q^2$$

é conservado. No entanto, essa não é uma nova constante de movimento. De fato, podemos escrever h em termos de c_1 e c_2 da seguinte forma:

$$h = \frac{1}{2}(c_1^2 + c_2^2)\,,$$

onde, neste parágrafo, estamos assumindo $\lambda = 0$. Portanto, além de ver o hamiltoniano como fruto da simetria de translação temporal, também podemos encarar essa quantidade conservada como consequência da existência de outras simetrias. No caso, as simetrias geradas por G_1 e G_2. De fato, conforme argumentado no último parágrafo da seção anterior, no formalismo das transformações canônicas, a translação temporal é tratada de forma distinta da abordagem usual, na qual o tempo é alterado, ao passo que as coordenadas generalizadas são mantidas fixas.

Existem dois detalhes técnicos que foram negligenciados na dedução da equação (21.13) para g. Em primeiro lugar, foi substituído $\dot{G} = 0$ na Eq. (21.11). Ou seja, fizemos uso das equações de movimento para determinar a função g, o que viola o algoritmo de aplicação do teorema de Nöther. Conforme discutido na Seção 17.3, isso tem relação com a distinção entre o conceito amplo de simetria e a definição restrita de simetria de Nöther. Em segundo lugar, a função g deve depender apenas de q e t, não pode ser função de $\dot{q}$, caso contrário a transformação $\mathcal{L} \to \mathcal{L} + \dot{g}$ não deve ser considerada uma simetria de Nöther. No entanto, a expressão para g na Eq. (21.13) pode, a princípio, depender de p e, portanto, seria função de $\dot{q}$. No caso em que a quantidade conservada G depende do momento de forma linear, como nos dois exemplos tratados acima, vide Eqs. (21.14) e (21.15), tal problema não acontece, pois g passa a não ser função de p. No entanto, se G depender de p de forma não linear, g será função de $\dot{q}$, o que é problemático. Vejamos isso através de um exemplo explícito. Consideremos o sistema unidimensional com o seguinte lagrangiano:

$$\mathcal{L} = \frac{1}{2}\,q\,\dot{q}^2\,.$$

Nesse caso, a equação de movimento fornece:

$$2\,q\,\ddot{q} + \dot{q}^2 = 0 \quad \Rightarrow \quad q(t) = c_1\,(t - c_2)^{2/3}\,,$$

onde c_1 e c_2 são as constantes de integração da solução geral. Então, tomando a derivada temporal dessa solução geral e depois resolvendo as equações de q e $\dot{q}$ para as constantes c_1 e c_2, temos:

$$c_1 = q^{1/3}\left(\frac{3\dot{q}}{2}\right)^{2/3} \qquad \text{e} \qquad c_2 = t - \frac{2\,q}{3\,\dot{q}}\,.$$

Nesse sistema, o momento canônico é dado por $p = q\,\dot{q}$, ou seja, $\dot{q} = p/q$. Substituindo esse fato nas expressões acima, obtemos:

$$c_1 = \frac{1}{q^{1/3}}\left(\frac{3p}{2}\right)^{2/3} \qquad \text{e} \qquad c_2 = t - \frac{2\,q^2}{3\,p}\,.$$

Já que c_1 e c_2 são constantes, segue que quaisquer funções dessas constantes também serão constantes. Logo, definindo $G_1 = \frac{4}{9}c_1^3$ e $G_2 = -3c_2/2$, segue que as seguintes grandezas são constantes de movimento:

$$G_1 = \frac{p^2}{q} \qquad \text{e} \qquad G_2 = \frac{q^2}{p} - \frac{3}{2}\,t\,.$$

A transformação canônica gerada por G_1 promove as seguintes variações nas coordenadas do espaço de fase:

$$\delta_1 q = \epsilon\,\{q, G_1\} = 2\,\epsilon\,\frac{p}{q} = 2\,\epsilon\,\dot{q} \qquad \text{e} \qquad \delta_1 p = \epsilon\,\{p, G_1\} = \epsilon\,\frac{p^2}{q^2} = \epsilon\,\dot{q}^2\,. \tag{21.16}$$

Notemos que essas duas variações são consistentes entre si desde que utilizemos a equação de movimento. De fato, como $p = q\dot{q}$, segue que

$$\delta_1 p = \dot{q}\,\delta_1 q + q\,\delta_1\dot{q} = 2\,\epsilon\,\dot{q}^2 + q\,\frac{d}{dt}\,(2\,\epsilon\,\dot{q}) = 2\,\epsilon\,\dot{q}^2 + 2\,\epsilon\,q\,\ddot{q}\,.$$

Então, utilizando a equação de movimento para substituir $\ddot{q}$ na expressão acima, chegamos à conclusão de que $\delta_1 p = \epsilon\,\dot{q}^2$, o que está em pleno acordo com a Eq. (21.16). De fato, é possível provar que esse tipo de consistência sempre ocorrerá, qualquer que seja o gerador G. No entanto, o ponto a ser chamado atenção aqui neste exemplo é que a variação $\delta_1 q$ depende de $\dot{q}$ e isso está fora do escopo de aplicação do teorema de Nöther. De fato, ao provarmos tal teorema, foi assumido que $\delta q = \tilde{q}(\tilde{t}) - q(t) = \varepsilon(q, t)$, ou seja, δq é considerado uma função de q e t apenas. Todavia, é possível enxergar a variação $\delta_1 \dot{q} = 2\epsilon\dot{q}$ dentro do contexto do teorema de Nöther desde que façamos uso de uma mudança no tempo. De fato, notemos que a translação temporal $t \to t + 2\epsilon$ promove a seguinte transformação em $q(t)$:

$$q(t) \to q(t + 2\epsilon) \simeq q(t) + 2\epsilon\,\dot{q}(t) \quad \Rightarrow \quad \delta q = 2\epsilon\,\dot{q}\,,$$

o que concorda exatamente com a transformação $\delta_1 q$. Portanto, podemos imaginar a transformação δ_1 como sendo uma translação temporal $t \to t + 2\epsilon$. De fato, essa é uma simetria do lagrangiano em tela, já que ele não depende explicitamente do tempo. Como sabemos, a quantidade conservada associada à simetria de translação temporal é o hamiltoniano do sistema, que, no caso, é dado por:

$$h = p\,\dot{q} \,-\, \mathcal{L} = q\,\dot{q}^2 \,-\, \mathcal{L} = \frac{1}{2}\,q\,\dot{q}^2 = \frac{p^2}{2\,q} = \frac{1}{2}\,G_1\,.$$

Portanto, vemos que a quantidade conservada associada à simetria de translação temporal, h, é igual a G_1 (a menos de um fator multiplicativo de 1/2, que é irrelevante). Mais uma vez, vemos que a quantidade conservada gera uma transformação canônica que é uma simetria do sistema e cuja quantidade conservada, via teorema de Nöther, é igual ao gerador da transformação canônica. Outra importante lição desse exemplo é que, em geral, a transformação canônica gerada por uma quantidade conservada terá uma variação δq que é incompatível com a versão usual do teorema de Nöther, pois ela dependerá de $\dot{q}$. No entanto, existe a chance de eliminarmos essa dependência através de mudanças no tempo, como feito no último exemplo. Caso contrário, é mais conveniente tratarmos das transformações de simetria dentro do domínio do formalismo hamiltoniano, sem lançar mão da abordagem lagrangiana. Também pode ser útil trabalhar dentro do espaço de fase estendido, no qual o tempo é visto como uma coordenada e o negativo hamiltoniano é seu momento canônico associado.

21.5 Função geratriz da evolução temporal finita

Dada uma transformação canônica cuja função geratriz do tipo 2 é F_2, segue que a função geratriz do tipo 1 é dada por $F = F_1 = F_2 - Q^i P_i$, conforme estabelecido na Tabela 20.1. Sendo assim, a função geratriz do tipo 1 associada a uma transformação canônica infinitesimal cujo gerador é G tem a seguinte expressão:

$$F = (q^i\, P_i + \epsilon\, G) - Q^i P_i = q^i(p_i + \delta p_i) + \epsilon\, G - (q^i + \delta q^i)(p_i + \delta p_i) \simeq \epsilon\, G - p_i \delta q^i\,,$$

onde o termo $\delta q^i\, \delta p_i$ foi ignorado, por ser de ordem quadrática em ϵ. Em particular, no caso da translação temporal infinitesimal, onde $G = h$ e $\epsilon = dt$, temos a seguinte função geratriz do tipo 1:

$$F = \epsilon\, G - p_i \delta q^i = dt\,\left(h - p_i\, \dot{q}^i\right) = -\mathcal{L}\, dt\,, \tag{21.17}$$

onde $\mathcal{L}$ denota o lagrangiano do sistema. Na segunda igualdade da equação acima, foi utilizado o fato de que a transformação canônica em questão é a translação temporal, de forma que

$$\delta q^i = \epsilon\, \{q^i, G\} = dt\, \{q^i, h\} = dt\, \dot{q}^i\,.$$

Em particular, note que, na Eq. (21.17), devemos assumir $dt \neq 0$, caso contrário teríamos $F = 0$, o que é problemático, pois fornece $p = \partial_q F = 0$ e $P = -\partial_Q F = 0$, que são igualdades que não fazem sentido dentro do contexto das transformações canônicas. Isso é apenas um reflexo de que a transformação identidade não pode ser representada através de uma função geratriz do tipo 1, embora transformações perto da identidade possam ter funções geratrizes desse tipo.

Conforme estabelecido na Eq. (21.8), a composição de duas transformações canônicas infinitesimais fornece uma transformação canônica infinitesimal cujo gerador é a soma dos geradores das duas transformações. Ou seja, a parte das funções geratrizes que é linear em ϵ se soma ao fazermos a composição. Como a função geratriz do tipo 1 é de ordem ϵ, conforme mostrado na Eq. (21.17) para o caso da evolução temporal, segue que, se fizermos duas translações temporais sucessivas, de valores dt_1 e dt_2, a função geratriz da transformação total será:

$$F = -\mathcal{L}(q_{(t)}, \dot{q}_{(t)}, t)\, dt_1 \;-\; \mathcal{L}(q_{(t+dt_1)}, \dot{q}_{(t+dt_1)}, t + dt_1)\, dt_2\,.$$

Analogamente, a função geratriz do tipo 1 que executa n translações temporais infinitesimais sucessivas é

$$F = -\sum_{\alpha=1}^{n} \mathcal{L}(q(t_\alpha), \dot{q}(t_\alpha), t_\alpha)\, dt_\alpha\,, \tag{21.18}$$

onde $t_\alpha = t + dt_1 + \cdots dt_{\alpha-1}$. Então, no limite em que $dt_\alpha \to 0$ e $n \to \infty$, ou seja, quando fazemos uma composição de infinitas translações temporais infinitesimais, a soma na Eq. (21.18) se torna uma integral. Portanto, a transformação canônica finita formada pela composição dessas translações temporais infinitesimais tem a seguinte função geratriz do tipo 1:

$$F = -\int_t^{t+\tau} \mathcal{L}(q(t'), \dot{q}(t'), t')\, dt'\,.$$

Notemos que a integral anterior é simplesmente a função ação do sistema, $S(q_0, t_0, q_f, t_f)$, aquela definida na Seção 16.4 e que é calculada ao longo do caminho $q(t)$ que resolve as equações de movimento. Ou seja,

$$F(q, Q, t) = -\,S(q, t, Q, t + \tau)\,, \tag{21.19}$$

onde a posição e o tempo iniciais, q_0 e t_0, foram identificados com q e t, ao passo que a posição e o tempo finais, q_f e t_f, foram identificados com Q e $t + \tau$ respectivamente. Colocando em palavras, acabamos de provar o seguinte:

A translação temporal finita é uma transformação canônica e sua função geratriz do tipo 1 é o negativo da função ação. Reciprocamente, podemos afirmar que a função ação é a função geratriz do tipo 1 que promove a reversão temporal.

Se $F(q, Q, t)$ é uma função geratriz do tipo 1, conforme visto no capítulo anterior, as seguintes identidades são verdadeiras:

$$\frac{\partial F}{\partial q} = p\,, \quad \frac{\partial F}{\partial Q} = -P \quad \text{e} \quad \frac{\partial F}{\partial t} = H - h\,. \tag{21.20}$$

Agora, fazendo as identificações $F = -S$, $q_0 = q$, $p_0 = p$, $q_f = Q$, $p_f = P$, $h_0 = h$ e $h_f = H$, válidas para a transformação canônica que corresponde à evolução temporal, segue que as relações da Eq. (21.20) se tornam:

$$\frac{\partial S}{\partial q_0} = -p_0\,, \quad \frac{\partial S}{\partial q_f} = p_f \quad \text{e} \quad \frac{\partial S}{\partial t} = h_0 - h_f\,. \tag{21.21}$$

Por outro lado, lembremos que, na Seção 16.4, foi provado que a função ação $S(q_0, t_0, q_f, t_f)$, como função apenas das coordenadas e dos tempos iniciais e finais, obedece às seguintes identidades:

$$\frac{\partial S}{\partial q_0} = -p_0\,, \quad \frac{\partial S}{\partial q_f} = p_f\,, \quad \frac{\partial S}{\partial t_0} = h_0 \quad \text{e} \quad \frac{\partial S}{\partial t_f} = -h_f\,. \tag{21.22}$$

As duas primeiras identidades em (21.22) são idênticas às duas primeiras igualdades da Eq. (21.21). No entanto, a última relação da Eq. (21.21) não parece corresponder a nenhuma das identidades em (21.22). Todavia, essa é apenas uma impressão à primeira vista. Lembremos que fizemos as identificações $t_0 = t$ e $t_f = t + \tau$, de forma que tanto t_0 quanto t_f dependem de t. Sendo assim, usando esse fato e a Eq. (21.22), temos:

$$\frac{\partial S}{\partial t} = \frac{\partial S}{\partial t_0}\frac{\partial t_0}{\partial t} + \frac{\partial S}{\partial t_f}\frac{\partial t_f}{\partial t} = h_0 - h_f$$

o que está em pleno acordo com a terceira igualdade da Eq. (21.21). Agora, vejamos um exemplo explícito de que o negativo da função ação é a função geratriz do tipo 1 para a evolução temporal.

Exemplo: Voltemos ao exemplo considerado na Seção 16.4, o sistema de uma partícula de massa m em uma dimensão sofrendo uma aceleração constante, cujo lagrangiano é dado por:

$$\mathcal{L} = \frac{m}{2}\dot{x}^2 + m\,a\,x\,.$$

Prove explicitamente que o negativo da função ação $S(q_0, t_0, q_f, t_f)$ é a função geratriz do tipo 1 da transformação canônica que promove evolução temporal $t \to t + \tau$. Assuma as seguintes identificações: $q_0 = q$, $t_0 = t$, $q_f = Q$ e $t_f = t + \tau$.

Solução

Na Eq. (16.17), foi provado que a função ação desse sistema assume a seguinte forma:

$$S(q_0, t_0, q_f, t_f) = \frac{m}{2}\left[\frac{(q_f - q_0)^2}{t_f - t_0} + a(q_0 + q_f)(t_f - t_0) - \frac{a^2}{12}(t_f - t_0)^3\right].$$

Então, substituindo as identificações $q_0 = q$, $t_0 = t$, $q_f = Q$ e $t_f = t + \tau$, vemos que a função geratriz desejada é dada por:

$$F(q, Q, t) = -S = -\frac{m}{2}\left[\frac{(Q - q)^2}{\tau} + a(q + Q)\tau - \frac{a^2}{12}\tau^3\right]$$

Agora, usando as relações

$$p = \frac{\partial F}{\partial q}\,, \quad P = -\frac{\partial F}{\partial Q}\,, \quad H = h + \frac{\partial F}{\partial t}\,,$$

válidas para funções geratrizes do tipo 1, conforme estabelecido na Tabela 20.1, concluímos que:

$$p = m\,\frac{Q - q}{\tau} - \frac{m}{2}\,a\,\tau\,, \quad P = m\,\frac{Q - q}{\tau} + \frac{1}{2}m\,a\,\tau\,, \quad H = h\,. \tag{21.23}$$

Resolvendo a primeira dessas igualdades para Q, podemos obter $Q = Q(q, p)$. Então, substituindo essa expressão para Q na segunda igualdade da Eq. (21.23), podemos obter $P = P(q, p)$. O resultado final é o seguinte:[4]

$$Q = q + \frac{p}{m}\tau + \frac{a}{2}\tau^2 \quad \text{e} \quad P = p + m\,a\,\tau\,. \tag{21.24}$$

Em primeiro lugar, notemos que $\{Q, P\} = 1$, provando que realmente se trata de uma transformação canônica. Agora, para verificar que essa transformação canônica corresponde a uma translação temporal de τ, precisamos resolver as equações de movimento.

[4] Na penúltima nota de rodapé, foi dito que a evolução temporal, como transformação canônica, deve ser vista como uma mudança nas coordenadas do espaço de fase, que não envolve mudança no tempo. A Eq. (21.24) é um exemplo explícito dessa afirmação. Note que não foi explicitada a mudança no tempo, apenas a mudança $(q, p) \to (Q, P)$. É claro que se trata de uma escolha de interpretação para a evolução temporal. Em outro contexto que não o das transformações canônicas, podemos assumir que evolução temporal preserva as coordenadas (q, p) e modifica o tempo, $t \to t + \tau$.

A equação de Euler-Lagrange desse sistema é dada por $\ddot{x} = a$, cuja solução geral é

$$q(t) = x(t) = c_1 + c_2\, t + \frac{a}{2}\, t^2 \,,$$

onde c_1 e c_2 são constantes de integração. Por sua vez, o momento canônico é dado por

$$p = \frac{\partial \mathcal{L}}{\partial \dot{x}} = m\, \dot{x} = m\, \dot{q} \quad \Rightarrow \quad p(t) = m\,(c_2 + a\, t)\,.$$

Então, usando essas soluções para calcular $q(t+\tau)$, obtemos o seguinte:

$$\begin{aligned} q(t+\tau) &= c_1 + c_2\,(t+\tau) + \frac{a}{2}\,(t+\tau)^2 \\ &= c_1 + c_2\, t + \frac{a}{2}\, t^2 + (c_2 + a\, t)\,\tau + \frac{a}{2}\,\tau^2 \\ &= q + \frac{p}{m}\tau + \frac{a}{2}\,\tau^2\,. \end{aligned}$$

Analogamente, computando $p(t+\tau)$, obtemos:

$$p(t+\tau) = m\,[c_2 + a\,(t+\tau)] = m\,(c_2 + a\, t) + m\, a\, \tau = p + m\, a\, \tau\,.$$

Agora, comparando com o resultado obtido na Eq. (21.24), vemos que as expressões para $q(t+\tau)$ e $p(t+\tau)$ coincidem com as expressões para Q e P respectivamente. Ou seja, as novas coordenadas do espaço de fase, após a transformação canônica, são iguais às variáveis anteriores avaliadas em um tempo posterior. Isso prova que, de fato, o negativo da função ação é a função geratriz do tipo 1 para a transformação canônica cuja ação no espaço de fase corresponde a uma evolução temporal finita ■

21.6 Transformações canônicas finitas

Seja $G(q,p)$ o gerador de uma transformação canônica infinitesimal. Então, a transformação infinitesimal sofrida por uma função do espaço de fase $f(q,p)$ por conta da ação da transformação canônica cuja função geratriz do tipo 2 é $F_2 = q^i P_i + \epsilon G$, com ϵ sendo um parâmetro "pequeno", é:

$$f \xrightarrow{T_\epsilon} f + \epsilon\,\{f, G\}\,.$$

Denotemos essa transformação por T_ϵ. Agora, se aplicarmos tal transformação duas vezes sucessivas, teremos a seguinte mudança em f:

$$f \xrightarrow{T_\epsilon} f + \epsilon\,\{f,G\} \xrightarrow{T_\epsilon} (f + \epsilon\,\{f,G\}) + \epsilon\,\{\,(f + \epsilon\,\{f,G\})\,,\, G\,\}\,.$$

No que segue, vamos manter as potências de ordem superior em ϵ, pois estamos interessados em compor infinitas transformações infinitesimais.[5] Logo, concluímos que a transformação T_ϵ^2, que é a composição de duas operações T_ϵ, tem a seguinte ação na função $f(p,q)$:

$$f \xrightarrow{T_\epsilon^2} f + 2\,\epsilon\,\{f,G\} + \epsilon^2\{\{f,G\},\, G\}\,. \tag{21.25}$$

[5]Na seção anterior, sobre evolução temporal finita, as potências de ordem mais alta em ϵ foram implicitamente mantidas, pois, na Eq. (21.18), o tempo t_α depende dos desvios infinitesimais anteriores $(dt_1, dt_2, \cdots, dt_{\alpha-1})$. Na Eq. (21.25), por outro lado, a função $f(q,p)$, em todas as suas aparições, está sendo avaliada em (q,p), em vez de $(q+\delta q, p+\delta p)$. É por isso que, nesta seção, a dependência em potências mais altas de ϵ deve ser mantida explicitamente se formos compor infinitas transformações infinitesimais.

Analogamente, aplicando T_ϵ três vezes sucessivas, temos:

$$f \xrightarrow{T_\epsilon^3} f + 3\,\epsilon\,\{f, G\} + 3\,\epsilon^2\{\,\{f, G\}\,, G\} + \epsilon^3\{\,\{\,\{f, G\}\,,\, G\}\,,\, G\}\,. \tag{21.26}$$

Das expressões acima, vemos que é útil introduzir um operador $\mathsf{G} : \Pi \to \Pi$, que leva funções do espaço de fase em funções do espaço de fase, cuja ação é definida como sendo o parêntese de Poisson da função em que o operador age com o gerador G, ou seja, $\mathsf{G}[f] \equiv \{f, G\}$. Sendo assim, n aplicações sucessivas do operador G fornecerão:

$$\mathsf{G}^n[f] \equiv \{\{\{f, G\},\, G\},\, \cdots\, G\} \to n \;\text{ parênteses de Poisson}\,.$$

Portanto, usando essa notação, podemos intuir das Eqs. (21.25) e (21.26) que n aplicações sucessivas da transformação T_ϵ fornecerão a seguinte mudança em $f(q, p)$:

$$f \xrightarrow{T_\epsilon^n} f + n\,\epsilon\,\mathsf{G}[f] + \frac{n(n-1)}{2!}\epsilon^2\mathsf{G}^2[f] + \frac{n(n-1)(n-2)}{3!}\epsilon^3\mathsf{G}^3[f] + \cdots + \epsilon^n\mathsf{G}^n[f]\,,$$

Então, se escrevermos $\epsilon = \lambda/n$, onde λ é um parâmetro finito e n é um inteiro muito maior que um, segue que

$$f \xrightarrow{T_{\lambda/n}^n} f + \lambda\,\mathsf{G}[f] + \frac{\left(1-\frac{1}{n}\right)}{2!}\lambda^2\mathsf{G}^2[f] + \frac{\left(1-\frac{1}{n}\right)\left(1-\frac{2}{n}\right)}{3!}\lambda^3\mathsf{G}^3[f] + \cdots + \frac{\lambda^n}{n^n}\mathsf{G}^n[f]\,.$$

Em particular, no limite $n \to \infty$, obteremos a seguinte transformação:

$$f \xrightarrow{T_{\lambda/n}^n} f + \lambda\,\mathsf{G}[f] + \frac{\lambda^2}{2!}\mathsf{G}^2[f] + \cdots + \frac{\lambda^a}{a!}\mathsf{G}^a[f] + \cdots\,. \tag{21.27}$$

Como tal transformação foi obtida compondo infinitas transformações canônicas infinitesimais, o resultado final é uma transformação canônica finita. De fato, vemos que ela só depende do parâmetro λ, que é finito por hipótese. O limite $\lambda \to 0$, mantendo λ até primeira ordem, fornece a transformação infinitesimal. Dizemos que a Eq. (21.27) fornece a versão finita da transformação canônica gerada por $G(p, q)$. Notemos que a série que aparece no lado direito da Eq. (21.27) é a série de Taylor da função exponencial. Portanto, diz-se que a transformação canônica finita gerada por G tem a seguinte ação em uma função f do espaço de fase:

$$f \to \tilde{f} = e^{\lambda\,\mathsf{G}}[f]\,, \tag{21.28}$$

onde $e^{\lambda\,\mathsf{G}} : \Pi \to \Pi$ denota o operador cuja ação em uma função f do espaço de fase é aquela mostrada no lado direito da Eq. (21.27); trata-se apenas de uma forma abreviada de denotar a série da Eq. (21.27). Já nos deparamos com uma versão particular da série (21.27) quando tratamos da relação entre os parênteses de Poisson e a evolução temporal, vide Eq. (19.5).

Como um exemplo, consideremos o gerador $G(p, q) = \alpha\, q^i\, p_i$, onde α é uma constante. A transformação canônica infinitesimal associada a esse gerador promove a seguinte mudança nas coordenadas do espaço de fase:

$$\begin{cases} \delta q^j = \epsilon\,\{q^j, G\} = \epsilon\,\{q^j, \alpha\, q^i\, p_i\} = \epsilon\,\alpha\, q^i\, \delta^j{}_i = \epsilon\,\alpha\, q^j\,, \\ \delta p_j = \epsilon\,\{p_j, G\} = \epsilon\,\{p_j, \alpha\, q^i\, p_i\} = -\epsilon\,\alpha\, p_i\, \delta^i{}_j = -\epsilon\,\alpha\, p_j\,, \end{cases}$$

Portanto, a transformação infinitesimal é dada por:

$$q^j \to \tilde{q}^j = (1 + \alpha\epsilon)\, q^j \quad \text{e} \quad p_j \to \tilde{p}_j = (1 - \alpha\epsilon)\, p_j\,.$$

Trata-se de uma transformação de escala, que multiplica as coordenadas q por um fator coletivo de $(1 + \alpha\,\epsilon)$ e que multiplica os momentos canônicos p por $(1 - \alpha\,\epsilon)$. Notemos que, até primeira ordem em ϵ, podemos considerar que o fator que multiplica p é o inverso do fator que multiplica q, ou seja, $(1 - \alpha\epsilon) \simeq (1 + \alpha\epsilon)^{-1}$. Agora, vejamos qual é a transformação finita associada ao gerador G. Para tanto, precisamos determinar a ação do operador G nas coordenadas e nos momentos:

$$\mathsf{G}[q^j] = \{q^j, \alpha\, q^i\, p_i\} = \alpha\, q^i\, \delta^j{}_i = \alpha\, q^j \quad \text{e} \quad \mathsf{G}[p_j] = \{p_j, \alpha\, q^i\, p_i\} = -\alpha\, p_i\, \delta^i{}_j = -\alpha\, p_j\,.$$

Logo, $\mathsf{G}^a[q^j] = \alpha^a\, q^j$ e $\mathsf{G}^a[p_j] = (-\alpha)^a\, p_j$. Portanto,

$$\tilde{q}^j = e^{\lambda\mathsf{G}}[q^j] = \sum_{a=0}^{\infty} \frac{\lambda^a \alpha^a}{a!}\, q^j = e^{\lambda\alpha}\, q^j \quad \text{e} \quad \tilde{p}_j = e^{\lambda\mathsf{G}}[p_j] = \sum_{a=0}^{\infty} \frac{\lambda^a (-\alpha)^a}{a!}\, p_j = e^{-\lambda\alpha}\, p_j\,.$$

Vemos, então, que a transformação finita é também uma transformação de escala, com o fator que multiplica as coordenadas q sendo o número $e^{\lambda\alpha}$ e o fator que multiplica os momentos sendo $e^{-\lambda\alpha}$, que é o inverso de $e^{\lambda\alpha}$. Em particular, podemos verificar que essa transformação finita é, de fato, uma transformação canônica, pois:

$$\{\tilde{q}^i, \tilde{q}^j\} = 0\,, \quad \{\tilde{q}^i, \tilde{p}_j\} = \delta^i{}_j\,, \quad \{\tilde{p}_i, \tilde{p}_j\} = 0\,.$$

Agora, utilizando a Eq. (21.28) para tomar a derivada de $\tilde{f}$ em relação a λ, temos:

$$\frac{d}{d\lambda}\tilde{f} = e^{\lambda\mathsf{G}}\,\mathsf{G}\,[f] = e^{\lambda\mathsf{G}}[\{f, G\}] = \widetilde{\{f, G\}}\,, \tag{21.29}$$

onde $\widetilde{\{f, G\}}$ significa a versão transformada do parêntese de Poisson $\{f, G\}$, ou seja, após a transformação canônica finita. Por exemplo, consideremos $f = q^j$ e $G = \alpha\, q^i\, p_i$, o gerador considerado há pouco, no parágrafo anterior. Nesse caso, a Eq. (21.29) fornece:

$$\frac{d\tilde{q}^j}{d\lambda} = \widetilde{\{q^j, \alpha\, q^i\, p_i\}} = \widetilde{\alpha\, q^j} = \alpha\, \tilde{q}^j\,.$$

Podemos ver essa última equação como uma equação diferencial para a função $\tilde{q}^j(\lambda)$. Integrando tal equação, conclui-se que $\tilde{q}^j(\lambda) = c^j\, e^{\lambda\,\alpha}$, onde c^j é uma constante de integração, uma para cada índice j. Para fixarmos as constantes c^j, devemos usar que quando $\lambda = 0$ temos a transformação identidade, como pode ser observado na Eq. (21.27). Sendo assim, podemos afirmar que $\tilde{q}^j|_{\lambda=0} = q^j$. Então, conclui-se que $c^j = q^j$ e, portanto, $\tilde{q}^j = q^j\, e^{\lambda\alpha}$. Essa é exatamente a transformação finita que obtivemos antes, através da soma da série $e^{\lambda\mathsf{G}}[q^j]$.

Uma forma completamente equivalente de escrever a Eq. (21.29) é a seguinte:

$$\frac{d}{d\lambda}\tilde{f} = \langle\, \tilde{f}, \tilde{G}\,\rangle\,, \tag{21.30}$$

onde $\langle , \rangle$ denota o parêntese de Poisson nas variáveis $(Q, P) = (\tilde{q}, \tilde{p})$ e $\tilde{G}$ é a versão transformada do gerador G. Mais explicitamente, dado o gerador $G(q, p, t)$, segue que

$$\tilde{G} = \tilde{G}(\tilde{q}, \tilde{p}, t) \equiv G(\tilde{q}, \tilde{p}, t)\,.$$

Em particular, aplicando a Eq. (21.30) aos casos $f = q^j$ e $f = p_j$, somos levados ao seguinte par de equações:

$$\frac{d}{d\lambda}\tilde{q}^j = \frac{\partial}{\partial \tilde{p}_j}\tilde{G} \quad \text{e} \quad \frac{d}{d\lambda}\tilde{p}_j = -\frac{\partial}{\partial \tilde{q}^j}\tilde{G}\,. \tag{21.31}$$

A utilidade dessas equações é que podemos usá-las para determinar a transformação canônica finita associada a um gerador, resolvendo equações diferenciais ordinárias em vez de precisar somar séries infinitas. De fato, fizemos exatamente isso no parágrafo anterior, quando encontramos $\tilde{q}^j$ para o caso em que $G = \alpha\, q^i\, p_i$. Vejamos mais uma aplicação da Eq. (21.31) no exemplo abaixo.

Exemplo: Considerando um sistema mecânico com um grau de liberdade, determine a transformação canônica finita gerada por $G = p^2$.

Solução

Nesse caso, $\tilde{G} = \tilde{p}^2$, de forma que a Eq. (21.31) fornece:

$$\frac{d}{d\lambda}\tilde{q} = \frac{\partial}{\partial \tilde{p}}\tilde{p}^2 = 2\,\tilde{p} \quad \text{e} \quad \frac{d}{d\lambda}\tilde{p} = -\frac{\partial}{\partial \tilde{q}}\tilde{p}^2 = 0\,.$$

Derivando a primeira dessas equações em relação a λ e depois usando a segunda equação, temos:

$$\frac{d^2}{d\lambda^2}\tilde{q} = 2\,\frac{d}{d\lambda}\tilde{p} = 0 \quad \Rightarrow \quad \tilde{q}(\lambda) = a + b\,\lambda\,,$$

onde a e b são constantes de integração. Agora, usando essa solução e a equação diferencial de primeira ordem para $\tilde{q}$, temos:

$$\tilde{p}(\lambda) = \frac{1}{2}\,\frac{d\tilde{q}}{d\lambda} = \frac{b}{2}\,.$$

Então, aplicando as condições iniciais $\tilde{q}(0) = q$ e $\tilde{p}(0) = p$, que vêm do fato de que $\lambda = 0$ corresponde à transformação identidade, concluímos que $b = 2p$ e $a = q$. Portanto,

$$Q = \tilde{q} = q + 2\lambda\, p \quad \text{e} \quad P = \tilde{p} = p\,.$$

Logo, a transformação canônica procurada é $(q, p) \to (Q, P)$, com Q e P definidos pela equação acima ■

Vale notar que as equações diferenciais em (21.31) se assemelham demais às equações de Hamilton. Isso não é à toa, ocorre porque, dada qualquer função do espaço de fase, $G(q, p, t)$, sempre podemos imaginá-la como sendo o hamiltoniano de um sistema fictício com o mesmo número de graus de liberdade do sistema de interesse. Então, se $\mathfrak{h} = G$, segue que a transformação canônica finita gerada por G coincidirá com a evolução temporal desse hamiltoniano fictício $\mathfrak{h}$. Por isso é de se esperar que as equações de Hamilton surjam. Nesse cenário, o parâmetro λ denotaria o tempo. Em particular, se quisermos determinar a função geratriz do tipo 1 associada à transformação canônica cujo gerador é G, basta calcularmos o lagrangiano fictício associado ao hamiltoniano $\mathfrak{h}$, caso o lagrangiano exista, e então determinar a função ação fictícia. A função geratriz do tipo 1 será o negativo dessa função ação.

21.7 Exercícios sugeridos

Exercício 1
Considere o seguinte gerador $G(q,p) = \alpha\, \delta_{ij}\, q^i\, q^j + \beta\, \delta^{ij}\, p_i\, p_j$, onde α e β são constantes. Determine a transformação canônica infinitesimal gerada por G. Depois, usando a Eq. (21.31), encontre a transformação canônica finita associada a esse gerador. Por fim, prove que a transformação obtida é, de fato, canônica e depois mostre que, no limite λ infinitesimal, recuperamos a transformação infinitesimal correta.

Exercício 2
Considere uma partícula livre de massa m em uma dimensão, cujo hamiltoniano é dado por $h = \frac{1}{2}m\dot{x}^2$.
a) Calcule a função ação para esse sistema, $S(q_0, t_0, q_f, t_f)$.
b) Demonstre que $F(q,Q,t) = -S(q,t,Q,t+\tau)$ é a função geratriz do tipo 1 que implementa a evolução temporal $t \to t+\tau$.

Exercício 3 – ***resolvido***
Sendo $\boldsymbol{r}$ e $\boldsymbol{p}$ o vetor posição e o vetor momento linear de uma partícula no $\mathbb{R}^3$, consideremos a seguinte função no espaço de fase: $A = \alpha\, \boldsymbol{r}\cdot\boldsymbol{p} + \beta\, \boldsymbol{p}\cdot\boldsymbol{p}$, onde α e β são constantes.
a) Encarando A como um gerador de uma transformação canônica infinitesimal, determine a modificação infinitesimal que essa transformação promove em $\boldsymbol{r}$ e em $\boldsymbol{p}$.
b) Determine a transformação canônica *finita* associada a esse gerador.
c) Determine a função geratriz do tipo 2, que promove a transformação canônica finita obtida no item (b).

Exercício 4 – ***resolvido***
Dentro do contexto de uma partícula se movendo no $\mathbb{R}^3$, determine a transformação canônica finita associada ao gerador $G = |\boldsymbol{L}|^2$, onde $\boldsymbol{L}$ é o momento angular da partícula.

Exercício 5
Demonstre que, se $\delta q^j = \epsilon\,\{q^j, A\}$ e $\delta p_j = \epsilon\,\{p_j, A\}$ para alguma função do espaço de fase, $A = A(q,p)$, então a transformação em questão é canônica até primeira ordem em ϵ.

Exercício 6
Dentro do contexto de uma partícula de massa m se movendo no $\mathbb{R}^3$, determine o gerador de uma transformação de Galileo e sua função geratriz do tipo 2.

Solução do Exercício 3

a)

$$\delta\boldsymbol{r} = \epsilon\{\, q^i\,\hat{\boldsymbol{e}}_i\,,\, \alpha\, q^j\, p_j + \beta\, p_j p^j\,\} = \epsilon\,\alpha\, q^j\,\hat{\boldsymbol{e}}_i\,\{q^i, p_j\} \,+\, 2\epsilon\,\beta\,\hat{\boldsymbol{e}}_i\, p^j\,\{q^i, p_j\} = \epsilon\,(\alpha\,\boldsymbol{r} + 2\beta\,\boldsymbol{p})\,.$$

$$\delta\boldsymbol{p} = \epsilon\{\, p_i\,\hat{\boldsymbol{e}}^i\,,\, \alpha\, q^j\, p_j + \beta\, p_j p^j\,\} = \epsilon\,\alpha\, p_j\,\hat{\boldsymbol{e}}^i\,\{p_i, q^j\} = -\epsilon\,\alpha\,\boldsymbol{p}\,.$$

b) Para determinar a transformação canônica finita, devemos integrar as seguintes equações:

$$\frac{d\tilde{q}^i}{d\lambda} = \frac{\partial\tilde{G}}{\partial\tilde{p}_i} \quad \text{e} \quad \frac{d\tilde{p}_i}{d\lambda} = -\frac{\partial\tilde{G}}{\partial\tilde{q}^i} \quad \Rightarrow \quad \frac{d\tilde{q}^i}{d\lambda} = \alpha\,\tilde{q}^i + 2\beta\,\tilde{p}_i \quad \text{e} \quad \frac{d\tilde{p}_i}{d\lambda} = -\alpha\,\tilde{p}_i\,.$$

Integrando a segunda dessas equações, temos: $\tilde{p}_i = a_i\, e^{-\alpha\,\lambda}$, onde a_i é uma constante de integração (uma para cada índice i). Agora, inserindo essa solução na equação diferencial para $\tilde{q}^i$, temos:

$$\frac{d\tilde{q}^i}{d\lambda} - \alpha\,\tilde{q}^i = 2\beta\, a_i\, e^{-\alpha\,\lambda} \quad \Rightarrow \quad \tilde{q}^i = b_i\, e^{\alpha\,\lambda} - \frac{\beta}{\alpha}\, a_i\, e^{-\alpha\,\lambda}\,.$$

O caso $\lambda = 0$ corresponde à transformação identidade, de forma que devemos ter $\tilde{q}^i(\lambda = 0) = q^i$ e $\tilde{p}_i(\lambda = 0) = p_i$, donde concluímos que $a_i = p_i$ e $b_i = q^i + \frac{\beta}{\alpha} p_i$. Em suma,

$$Q^i = \tilde{q}^i = q^i\, e^{\alpha\,\lambda} + \frac{\beta}{\alpha}\, p^i\,\left(e^{\alpha\,\lambda} - e^{-\alpha\,\lambda}\right) \quad \text{e} \quad P_i = \tilde{p}_i = p_i\, e^{-\alpha\,\lambda}\,.$$

c) Da equação anterior, vemos que valem a seguintes igualdades:

$$p_i = e^{\alpha\,\lambda}\, P_i \quad \text{e} \quad Q^i = q^i\, e^{\alpha\,\lambda} + \frac{\beta}{\alpha}\, P^i\,\left(e^{2\alpha\,\lambda} - 1\right)$$

Por sua vez, a diferencial de uma função geratriz do tipo 2 é dada por $dF_2 = p_i\, dq^i + Q^i\, dP_i + (H - h)dt$. No caso, como a transformação canônica não depende do tempo, segue que $H = h$. Portanto,

$$\begin{aligned} dF_2 = p_i\, dq^i + Q^i\, dP_i &= e^{\alpha\,\lambda}\, P_i\, dq^i + \left[q^i\, e^{\alpha\,\lambda} + \frac{\beta}{\alpha}\, P^i\,\left(e^{2\alpha\,\lambda} - 1\right)\right] dP_i \\ &= d\left[e^{\alpha\,\lambda}\, q^i\, P_i + \frac{\beta}{2\alpha}\,\left(e^{2\alpha\,\lambda} - 1\right)\, P^i\, P_i\right]\,. \end{aligned}$$

Portanto,

$$F_2(\boldsymbol{r}, \boldsymbol{P}) = e^{\alpha\,\lambda}\,\boldsymbol{r}\cdot\boldsymbol{P} + \frac{\beta}{2\alpha}\,\left(e^{2\alpha\,\lambda} - 1\right)\,\boldsymbol{P}\cdot\boldsymbol{P}\,.$$

Solução do Exercício 4

O gerador em questão é dado por

$$G = |\boldsymbol{L}|^2 = (\boldsymbol{r}\times\boldsymbol{p})\cdot(\boldsymbol{r}\times\boldsymbol{p}) = |\boldsymbol{r}|^2\,|\boldsymbol{p}|^2 - (\boldsymbol{r}\cdot\boldsymbol{p})^2 = (q^i\,q_i)(p_j\,p^j) - (q^i\,p_i)^2\,,$$

onde foram definidos $q_i \equiv \delta_{ij}q^j$ e $p^i \equiv \delta^{ij}p_j$. Ou seja, do ponto de vista numérico, temos $q_i = q^i$ e $p^i = p_i$. Só não usamos essas igualdades porque, em uma equação indicial, os índices livres devem estar na mesma posição em todas as parcelas. Ocorre que, sempre que usamos coordenadas cartesianas, não há diferença relevante entre índice up e índice down. Agora, aplicando a Eq. (21.31) ao gerador em questão, temos:

$$\frac{d}{d\lambda}\tilde{q}^\ell = 2\tilde{p}^\ell(\tilde{q}^i\,\tilde{q}_i) - 2\tilde{q}^\ell(\tilde{q}^i\,\tilde{p}_i) \quad \text{e} \quad \frac{d}{d\lambda}\tilde{p}_\ell = -2\tilde{q}_\ell(\tilde{p}^i\,\tilde{p}_i) + 2\tilde{p}_\ell(\tilde{q}^i\,\tilde{p}_i)\,. \tag{21.32}$$

Então, contraindo a primeira dessas equações com $\tilde{q}_\ell$, vemos que

$$\tilde{q}_\ell\frac{d}{d\lambda}\tilde{q}^\ell = 2(\tilde{q}_\ell\,\tilde{p}^\ell)(\tilde{q}^i\,\tilde{q}_i) - 2(\tilde{q}_\ell\,\tilde{q}^\ell)(\tilde{q}^i\,\tilde{p}_i) = 0 \;\Rightarrow\; \frac{d}{d\lambda}\left(\tilde{q}_\ell\,\tilde{q}^\ell\right) = 2\tilde{q}_\ell\frac{d}{d\lambda}\tilde{q}^\ell = 0\,.$$

Portanto, concluímos que a grandeza $(\tilde{q}_\ell\,\tilde{q}^\ell) = |\boldsymbol{r}|^2$ não é afetada pela transformação canônica. Analogamente, contraindo a segunda equação em (21.32) com p^ℓ, encontraremos que $(\tilde{p}_\ell\,\tilde{p}^\ell) = |\boldsymbol{p}|^2$ não depende de λ. Por fim, contraindo a primeira relação da Eq. (21.32) com $\tilde{p}_\ell$ e contraindo a segunda relação em (21.32) com $\tilde{q}^\ell$ e depois somando os dois resultados, obteremos que $(\tilde{p}_\ell\,\tilde{q}^\ell) = (\tilde{\boldsymbol{r}}\cdot\tilde{\boldsymbol{p}})$ não depende de λ, ou seja, não é modificado pela transformação canônica. Denotemos esses parâmetros que têm derivada nula em relação a λ da seguinte forma abreviada:

$$|\tilde{\boldsymbol{r}}|^2 = |\boldsymbol{r}|^2 = a\;,\quad |\tilde{\boldsymbol{p}}|^2 = |\boldsymbol{p}|^2 = b\;,\quad \tilde{\boldsymbol{r}}\cdot\tilde{\boldsymbol{p}} = \boldsymbol{r}\cdot\boldsymbol{p} = c\,.$$

Com essa notação, a Eq. (21.32) pode ser reescrita da seguinte maneira:

$$\frac{d}{d\lambda}\tilde{q}^\ell = 2a\,\tilde{p}^\ell - 2c\,\tilde{q}^\ell \quad \text{e} \quad \frac{d}{d\lambda}\tilde{p}_\ell = -2b\,\tilde{q}_\ell + 2c\,\tilde{p}_\ell\,. \tag{21.33}$$

Portanto, passamos de um par de equações não lineares para um par de equações lineares. Derivando a primeira dessas equações em relação a λ e depois substituindo essas equações dentro do resultado, obtemos:

$$\frac{d^2}{d\lambda^2}\tilde{q}^\ell = 2a\,(-2b\,\tilde{q}^\ell + 2c\,\tilde{p}^\ell) - 2c\,(2a\,\tilde{p}^\ell - 2c\,\tilde{q}^\ell) = -4\,(ab - c^2)\tilde{q}^\ell\,.$$

A solução geral para tal equação é

$$\tilde{q}^\ell(\lambda) = A^\ell\,\cos(\omega\,\lambda) + B^\ell\,\mathrm{sen}(\omega\,\lambda)\,,$$

onde $\omega \equiv 2\sqrt{ab - c^2}$, ao passo que A^ℓ e B^ℓ são constantes de integração, uma para cada índice ℓ. Agora, para determinar $\tilde{p}^\ell$, podemos usar a primeira relação da Eq. (21.33):

$$\tilde{p}^\ell(\lambda) = \frac{1}{2a}\frac{d}{d\lambda}\tilde{q}^\ell + \frac{c}{a}\tilde{q}^\ell = \left(\frac{c}{a}A^\ell + \frac{\omega}{2a}B^\ell\right)\,\cos(\omega\,\lambda) + \left(\frac{c}{a}B^\ell - \frac{\omega}{2a}\,A^\ell\right)\,\mathrm{sen}(\omega\,\lambda)\,.$$

Então, impondo as condições iniciais $\tilde{q}^\ell(0) = q^\ell$ e $\tilde{p}^\ell(0) = p^\ell$, temos:

$$q^\ell = A^\ell\;,\quad p^\ell = \frac{c}{a}A^\ell + \frac{\omega}{2a}B^\ell \quad\Rightarrow\quad A^\ell = q^\ell \;\;\text{e}\;\; B^\ell = \frac{2a}{\omega}\,p^\ell - \frac{2c}{\omega}\,q^\ell\,.$$

Portanto, a transformação canônica em questão é dada por $(q,p) \rightarrow (Q,P)$, onde

$$\begin{cases} Q^\ell &= \tilde{q}^\ell = q^\ell \cos(\omega\,\lambda) + \left(\frac{2a}{\omega}\,p^\ell - \frac{2c}{\omega}\,q^\ell\right)\,\mathrm{sen}(\omega\,\lambda)\,, \\ P^\ell &= \tilde{p}^\ell = p^\ell \cos(\omega\,\lambda) + \left(\frac{2c}{\omega}\,p^\ell - \frac{2b}{\omega}\,q^\ell\right)\,\mathrm{sen}(\omega\,\lambda)\,. \end{cases} \tag{21.34}$$

É importantíssimo destacar que a, b, c e ω, que aparecem acima, *não são constantes no espaço de fase*, ou seja, tais parâmetros dependem de q e p. Por esse motivo, na Eq. (21.34) devemos adotar as seguintes identificações:

$$a = q^i\,q_i \;\;,\quad b = p^i\,p_i \;\;,\quad c = q^i\,p_i \;\;,\quad \omega = 2\sqrt{(q^i\,q_i)(p^j\,p_j) - (q^i\,p_i)(q^j\,p_j)}\,.$$

Aqui, a Eq. (21.34) não foi escrita diretamente com essas identificações apenas para deixar as expressões de Q e P mais palatáveis, mas devemos manter em mente que tais substituições têm que ser feitas, pois os parâmetros a, b, c e ω têm diferentes valores em diferentes pontos do espaço de fase. Em particular, se formos calcular os parênteses de Poisson $\{Q^i, Q^j\}$, $\{Q^i, P_j\}$ e $\{P_i, P_j\}$, não devemos assumir que tais parâmetros são constantes. Por exemplo, $\{p_\ell, a\} = -2q_\ell$. Por fim, vale mencionar que, se calcularmos $Q^\ell Q_\ell$, $P^\ell P_\ell$ e $Q^\ell P_\ell$, obteremos como resultados $q^\ell q_\ell$, $p^\ell p_\ell$ e $q^\ell p_\ell$ respectivamente. Isso confirma que os parâmetros a, b e c são invariantes pela transformação canônica.

Capítulo 22

Teoremas de Liouville e da recorrência de Poincaré

Neste capítulo, trataremos de dois importantes teoremas válidos dentro do contexto de uma dinâmica hamiltoniana. O chamado teorema de Liouville afirma que o volume de uma região do espaço de fase é preservado durante a evolução temporal. Por sua vez, o teorema da recorrência de Poincaré estabelece que todo sistema hamiltoniano que é confinado nas posições e nos momentos tem uma dinâmica quase periódica. Ambos os teoremas são particularmente relevantes dentro do contexto da mecânica estatística, onde são estudados sistemas compostos por muitas partículas e, portanto, com um número elevado de graus de liberdade.

22.1 Teorema de Liouville

Suponha que, no instante $t = t_0$, selecionamos uma região (um volume) do espaço de fase e depois acompanhamos como os pontos dessa região evoluem temporalmente. Cada ponto de tal região selecionada em $t = t_0$ significa uma condição inicial de posição e momento para o sistema mecânico em questão, de forma que diferentes pontos seguirão diferentes trajetórias. Uma ilustração desse cenário é feita na Fig. 22.1. Da mesma

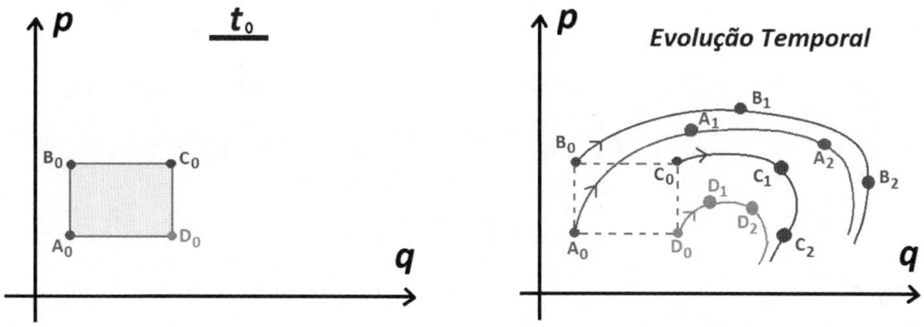

Figura 22.1: Na ilustração à esquerda, selecionamos uma região retangular do espaço de fase no instante $t = t_0$. Em particular, foram destacados os pontos que correspondem aos vértices desse retângulo. Na ilustração à direita, vemos as trajetórias desses quatro pontos destacados. As letras A, B, C e D ajudam a acompanharmos a trajetória de cada um desses pontos. Foram destacadas as posições em tempos posteriores, t_1 e t_2. Por exemplo, A_0 denota uma condição inicial para o sistema e A_1 denota a configuração desse sistema no tempo t_1.

forma que, na Fig. 22.1, acompanhamos a trajetória dos pontos localizados nas quinas da região retangular selecionada em $t = t_0$, podemos, igualmente, estabelecer o caminho seguido pelos demais pontos da região retangular, tanto os pontos da fronteira quanto os pontos do interior da região retangular. Assim, podemos acompanhar a evolução temporal da região em si, como ilustrado na Fig. 22.2. O teorema de Liouville estabelece que, durante a evolução temporal, os pontos que inicialmente formavam o domínio retangular em t_0 continuarão a formar uma região coesa que se deslocará pelo espaço de fase. Além disso, embora tal região possar ter formato distinto daquele em t_0, ela sempre terá área igual àquela do retângulo inicial. No exemplo ilustrado nas Figs. 22.1 e 22.2, a região é bidimensional, pois o sistema tem um grau de liberdade. No entanto, o teorema de Liouville também se aplica ao cenário geral em que o sistema tem n graus de liberdade, em cujo caso o espaço de fase tem dimensão $2n$. Nesse cenário geral, dizemos que o teorema de Liouville afirma que o volume de uma região no espaço de fase é preservado pela evolução temporal.

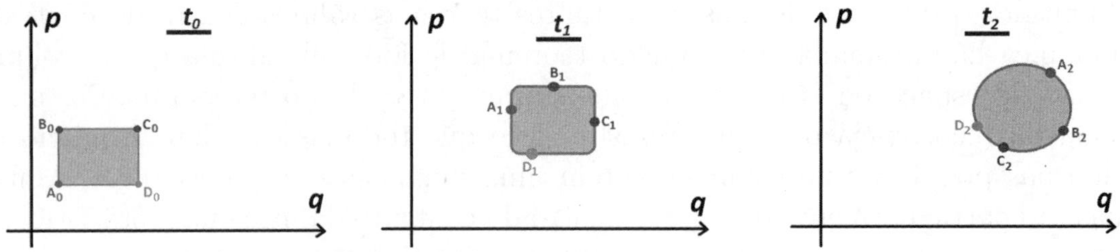

Figura 22.2: Cada uma das três ilustrações acima corresponde a um diferente instante de tempo. Vemos que, durante a evolução temporal desse sistema, a região deixa de ser retangular. Em particular, no instante $t = t_2$, a região se assemelha a um círculo. O teorema de Liouville afirma que, embora o formato do domínio possa mudar, o volume (ou, no caso da figura bidimensional acima, a área) da região selecionada não se altera durante a evolução temporal.

Antes de partir para a prova do teorema de Liouville, devemos notar que duas trajetórias no espaço de fase nunca se cruzam, pois, se isso acontecesse, significaria que o sistema dinâmico teria duas possíveis trajetórias no ponto de cruzamento, conforme ilustrado na Fig. 22.3. Isso ocorre porque, dado um ponto no espaço de fase em algum instante, digamos $t = t_0$, tal ponto determina por completo posições e momentos, (q_0, p_0), ou seja, determina todas as condições iniciais necessárias para estabelecer a trajetória do sistema. Logo, se houvesse um cruzamento de trajetórias no ponto (q_0, p_0), haveria ao

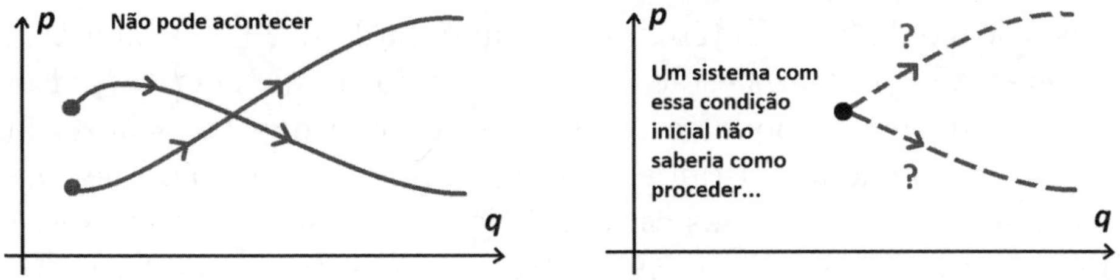

Figura 22.3: Em sistemas hamiltonianos, as trajetórias no espaço de fase nunca se cruzam. Portanto, o cenário ilustrado à esquerda nunca ocorrerá. De fato, caso isso ocorresse, haveria uma dubiedade para a evolução do sistema cuja condição inicial se dá no ponto de cruzamento, conforme ilustrado à direita.

menos duas trajetórias possíveis para o sistema com essa mesma condição inicial, conforme ilustrado na parte direita da Fig. 22.3. Essa duplicidade de caminhos possíveis não ocorre no domínio da dinâmica hamiltoniana, pois, dadas a posição e o momento iniciais de uma partícula, só deve haver uma trajetória possível. De fato, as equações de Hamilton fornecem

$$\begin{cases} \dot{q} &= \partial_p h(q,p,t) \quad \Rightarrow \quad \dot{q} = \dot{q}(q,p,t)\,, \\ \dot{p} &= -\partial_q h(q,p,t) \quad \Rightarrow \quad \dot{p} = \dot{p}(q,p,t)\,. \end{cases}$$

Portanto, se soubermos o hamiltoniano do sistema, $h(q,p,t)$, conheceremos unicamente $(\dot{q},\dot{p})$ em todos os pontos do espaço de fase. A grandeza $(\dot{q},\dot{p})$ significa a velocidade do ponto no espaço de fase e, se a conhecermos em determinado ponto do espaço de fase em certo instante, então saberemos em que direção o ponto se movimentará no instante imediatamente posterior. De fato, a série de Taylor fornece:

$$q(t_0+\epsilon) \simeq q_0 + \epsilon\,\dot{q}_0 \quad \text{e} \quad p(t_0+\epsilon) \simeq p_0 + \epsilon\,\dot{p}_0\,,$$

onde $q_0 \equiv q(t_0)$ e $\dot{q}_0 \equiv \dot{q}(q_0,p_0,t_0)$, por exemplo. Vale mencionar que uma conclusão análoga não é válida no domínio quântico, pois, nesse contexto, não é possível falar sobre a trajetória seguida por uma partícula. De fato, na mecânica quântica, é apenas possível atribuir uma probabilidade para cada trajetória. É verdade que a natureza é quântica, é um fato da vida, mas não trataremos de fenômenos quânticos neste livro. Portanto, neste livro, dada uma condição inicial no espaço de fase, só haverá uma solução para as equações de Hamilton que são compatíveis com tais condições iniciais. No jargão físico, dizemos que os sistemas mecânicos da mecânica clássica são **determinísticos**. Note que, apesar de não ser possível haver o cruzamento de duas trajetórias no *espaço de fase*, o mesmo não é verdadeiro no espaço das configurações, ou seja, no espaço das posições $\{q^i\}$. De fato, é perfeitamente possível termos partículas que começam na mesma posição mas seguem trajetórias distintas; basta que as partículas tenham velocidades iniciais diferentes. Ou seja, um ponto no espaço das configurações não determina completamente a condição inicial. Por outro lado, um ponto no espaço de fase no instante t_0 estabelece por completo as condições iniciais.

O não cruzamento de trajetórias no espaço de fase facilita enormemente a análise da evolução dinâmica de uma região desse espaço, pois, a fim de determinar o formato da região em instantes posteriores, basta seguirmos a trajetória dos pontos que estão na fronteira do domínio inicial. De fato, um ponto que inicialmente esteja no interior da região nunca poderá "ultrapassar" um ponto da fronteira, caso contrário suas trajetórias se cruzariam no espaço de fase. Então, por exemplo, na Fig. 22.2, os pontos que estavam no interior do retângulo em $t = t_0$ estão todos dentro do círculo em $t = t_2$. Em particular, uma fronteira fechada nunca pode se romper; é por isso que faz sentido falar sobre o volume da região em qualquer instante de tempo, pois uma região que seja limitada e coesa em t_0 permanecerá tendo essas características em tempos posteriores. O **teorema de Liouville** afirma então que o volume de tal região do espaço de fase será preservado durante evolução temporal. Ou seja, a região pode mudar bastante seu formato na medida em que evolui, como ocorre na Fig. 22.2, mas o volume (ou área, no caso da Fig. 22.2) é mantido fixo.

Para provar o teorema de Liouville, vamos demonstrar algo mais geral: nenhuma transformação canônica altera o volume de uma região do espaço de fase, como ilustrado na Fig. 22.4. Para provar o fato ilustrado na Fig. 22.4, convém usar a notação simplética,

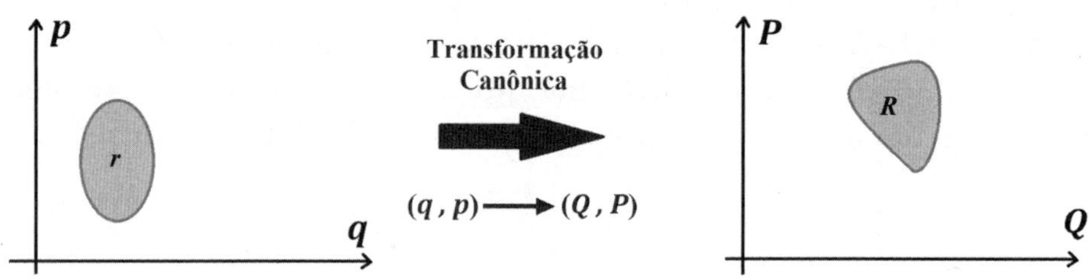

Figura 22.4: Uma transformação canônica $(q, p) \to (Q, P)$ mapeia os pontos de uma região r nos pontos de uma região R, como ilustrado acima. As transformações canônicas, em geral, alteram o formato da região, mas não alteram seu volume (no caso desta ilustração, o "volume" significa a área). Ou seja, nesta figura, a área de r é igual à área da região R.

segundo a qual os pontos do espaço de fase de um sistema mecânico são rotulados pelas coordenadas $\{z^\alpha\} = \{z^1, \cdots, z^{2n}\}$, onde n é o número de graus de liberdade do sistema. O volume da região r, antes da transformação canônica, é definido por

$$V_r = \int_r dz^1\, dz^2 \cdots dz^{2n} . \tag{22.1}$$

Por outro lado, no espaço de fase transformado, o volume da região R é dado por:

$$V_R = \int_R dZ^1\, dZ^2 \cdots dZ^{2n} ,$$

onde Z^α são as coordenadas do espaço de fase após a transformação canônica $z \to Z$ e R é a imagem da região r pela transformação canônica. Por outro lado, o volume V_R também pode ser calculado em termos das coordenadas z, basta escrever as coordenadas Z como função das coordenadas z. Para executar essa tarefa, é útil recordar o fato de que o elemento de volume de uma integral se transforma da seguinte maneira por mudança de coordenadas:

$$dZ^1 dZ^2 \cdots dZ^{2n} = |\det(\mathbf{J})|\, dz^1 dz^2 \cdots dz^{2n} \,,$$

onde $\mathbf{J}$ é a matriz jacobiana da transformação de coordenadas $z \to Z$, cujos elementos de matriz são dados por:

$$J^\alpha{}_\beta = \frac{\partial Z^\alpha}{\partial z^\beta} \,.$$

Portanto, concluímos que o volume V_R pode ser equivalentemente escrito da seguinte forma:

$$V_R = \int_r |\det(\mathbf{J})|\, dz^1 dz^2 \cdots dz^{2n} \,. \tag{22.2}$$

No entanto, conforme visto na Seção 20.4, as transformações canônicas são aquelas cujas matrizes jacobianas obedecem à seguinte relação:

$$\boldsymbol{J}\,\boldsymbol{\Omega}\,\boldsymbol{J}^t = \boldsymbol{\Omega} \,,$$

onde $\boldsymbol{\Omega}$ é a matriz simplética. Então, tomando o determinante da equação matricial acima e usando o fato de que o determinante do produto de matrizes é o produto de seus determinantes, concluímos que:

$$\det(\boldsymbol{J}) \cdot \det(\boldsymbol{\Omega}) \cdot \det(\boldsymbol{J}^t) = \det(\boldsymbol{\Omega}) \;\Rightarrow\; \det(\boldsymbol{J})^2 = 1 \;\Rightarrow\; |\det(\boldsymbol{J})| = 1 \,.$$

Portanto, o determinante da matriz jacobiana de uma transformação canônica sempre tem módulo 1. Fazendo uso desse fato em conjunto com a Eq. (22.1), segue que a Eq. (22.2) nos permite concluir que $V_R = V_r$. Provamos, então, que as transformações canônicas preservam o volume das regiões no espaço de fase. Como visto no capítulo anterior, a evolução temporal é uma transformação canônica (cujo gerador é o hamiltoniano), donde concluímos que o teorema de Liouville é verdadeiro. Ou seja, a evolução temporal preserva o volume das regiões do espaço de fase.

A maior utilidade do teorema de Liouville se dá no âmbito da mecânica estatística, no qual lidamos com sistemas contendo muitíssimas partículas, por exemplo, digamos 10^{20} partículas, em cujo caso o espaço de fase tem dimensão de no mínimo 6×10^{20} (a dimensão pode ser maior se as moléculas não forem monoatômicas, em cujo caso há graus de liberdade rotacionais e vibracionais). Nesse cenário, é impossível saber a condição inicial de todas as partículas, de forma que o interesse deve se restringir a analisar grandezas físicas que têm relação com comportamentos médios, como pressão (P), volume (V) e temperatura (T), por exemplo. Nesse contexto, costuma-se usar o conceito **ensemble**, que consiste em um conjunto de pontos do espaço de fase que são compatíveis com os parâmetros macroscópicos de interesse (V,P,T,$\cdots$). Então, se em determinado instante conhecermos (V,P,T) em um gás, existe um número enorme de pontos do espaço de fase, ou seja, um número enorme de estados do sistema, que são compatíveis com os mesmos parâmetros (V,P,T). Esses pontos do espaço de fase formam um ensemble, e não podemos dizer em qual desses pontos o sistema efetivamente está, apenas podemos falar da probabilidade de o sistema estar em certa região do espaço de fase. Por essa razão, a grandeza de maior interesse em mecânica estatística é $\rho(q,p,t) = \rho(z,t)$, que denota a densidade de probabilidade de o sistema estar em determinada região do espaço de fase. Portanto, a probabilidade de o sistema estar em uma pequena região centrada no ponto z_0 do espaço de fase no instante t_0 é dada por:

$$\mathcal{P}_0 = \rho(z_0, t_0)\, \delta V_0 \,,$$

onde δV_0 é o volume da região considerada.[1] Por hipótese, tal volume é "pequeno", caso contrário teríamos que fazer uma integral. Ocorre que, com o passar do tempo, os estados que estavam na vizinhança do ponto z_0 mudam de local no espaço de fase. Num instante posterior, t, tais estados passam a ocupar uma região em torno do ponto z_t e com volume δV_t, onde z_t é um ponto ao longo da órbita com condição inicial z_0. A probabilidade de o sistema estar dentro da região de volume δV_t em torno do ponto z_t é dada por:

$$\mathcal{P}_t = \rho(z_t, t)\, \delta V_t \,.$$

Notemos que δV_t é simplesmente a evolução temporal da região de volume δV_0, de maneira que $\delta V_t = \delta V_0$, por conta do teorema de Liouville. Portanto, a derivada temporal é δV_t é igual a zero. Sendo assim, a derivada da probabilidade $\mathcal{P}_t$ fornece:

$$\frac{d\mathcal{P}_t}{dt} = \frac{d\rho}{dt}\, \delta V_t \,. \tag{22.3}$$

Por outro lado, pela própria definição de $\mathcal{P}_t$, segue que tal probabilidade não depende do tempo. Por exemplo, a probabilidade de o sistema estar no volume δV_0, na vizinhança de z_0, no instante t_0, deve ser a mesma probabilidade de o sistema ser encontrado no volume δV_t, na vizinhança do ponto z_t, no instante t. Isso porque o volume δV_t é formado pelos estados que no instante t_0 ocupavam o volume δV_0. Ou seja, a "região" δV_t é justamente a evolução temporal da "região" δV_0. Portanto, a derivada temporal no lado esquerdo da Eq. (22.3) é igual a zero, de forma que vale a seguinte conclusão:

$$\frac{d\rho}{dt} = 0 \,. \tag{22.4}$$

Assim como é válido para qualquer função no espaço de fase, a derivada total da densidade ρ em relação ao tempo pode ser escrita da seguinte forma:

$$\frac{d\rho}{dt} = \{\rho, h\} + \partial_t \rho \,, \tag{22.5}$$

onde h é o hamiltoniano do sistema. Então, das Eqs. (22.4) e (22.5), concluímos que:

$$\partial_t \rho = -\{\rho, h\} \,, \tag{22.6}$$

que é a chamada **equação de Liouville**. Essa é uma outra forma de anunciar o teorema de Liouville. Em particular, se o sistema está em um estado estacionário, como se costuma assumir em termodinâmica, temos que as grandezas macroscópicas do sistema não dependem explicitamente do tempo. Em particular, isso significa que em um sistema em equilíbrio temos $\partial_t \rho = 0$, de forma que a equação de Liouville fornece $\{\rho, h\} = 0$.

Existe ainda uma maneira alternativa de encarar o teorema de Liouville. Nessa abordagem, cada estado do sistema, ou seja, cada ponto do espaço de fase, é pensado como sendo uma partícula fictícia. Essa partícula tem uma dinâmica que é ditada pelas equações de Hamilton. A Fig. 22.5 ilustra essa perspectiva. Então, se analisarmos o fluxo de "partículas" em certo volume Δ do espaço de fase, é possível provar que a "quantidade de partículas" que entram nesse volume em um intervalo de tempo δt é sempre igual ao

[1] O volume ao qual nos referimos não tem dimensão de comprimento ao cubo, trata-se de um volume no espaço de fase, não no espaço real. Tal volume tem dimensão de energia vezes tempo elevados a n, onde n é o número de graus de liberdade do sistema.

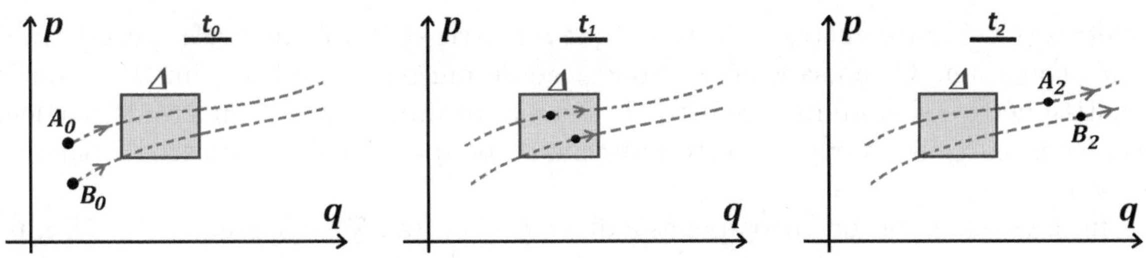

Figura 22.5: Nesta figura, vemos o espaço de fase mostrado em três instantes distintos. À esquerda, vemos dois pontos destacados, os pontos A_0 e B_0. Esses pontos podem ser pensados como partículas que seguem as órbitas tracejadas indicadas acima. Em particular, no instante t_2, as "partículas" A_0 e B_0 estarão nos pontos A_2 e B_2, respectivamente, conforme ilustrado na parte direita da figura. A cada intervalo de tempo, há partículas que entram no volume Δ e partículas que saem desse volume. Por exemplo, as "partículas" A_0 e B_0 estavam fora do volume quando $t = t_0$ e, no instante $t = t_1$, ficaram dentro de Δ, como ilustrado na parte central. Posteriormente, no tempo $t = t_2$, voltaram a ficar de fora do volume.

"número de partículas" que saem desse volume no mesmo intervalo de tempo. Ou seja, o "número de partículas" dentro do volume é constante. Se $\boldsymbol{v}$ é o campo de velocidades das partículas no espaço de fase, então o fluxo total de partículas que atravessam um certo elemento de área $d\boldsymbol{S}$ em um intervalo de tempo δt é proporcional a $\delta t(\boldsymbol{v} \cdot d\boldsymbol{S})$. Esse é o fluxo líquido, o número de partículas que atravessam no sentido de $d\boldsymbol{S}$ menos o número de partículas que atravessam no sentido contrário. É importante manter em mente que $\boldsymbol{v}$ não é uma velocidade real, mas sim uma velocidade no espaço de fase. As $2n$ componentes do vetor $\boldsymbol{v}$ são dz^α/dt, onde z^α são as coordenadas simpléticas, as n primeiras são as posições e as n últimas são os momentos. Da mesma forma, o produto interno $\boldsymbol{v} \cdot d\boldsymbol{S}$ é um produto em um espaço de dimensão $2n$. Por exemplo, se $d\boldsymbol{S}$ for um elemento de área ortogonal à direção do eixo q^1, então, nesse caso, temos:

$$\boldsymbol{v} \cdot d\boldsymbol{S} = \dot{q}^1 \, dq^2 dq^3 \cdots dq^n dp_1 dp_2 \cdots dp_n \,.$$

Logo, denotando a fronteira da região Δ por $\partial\Delta$, segue que o fluxo líquido de partículas (partículas que saem menos partículas que entram) no volume Δ no intervalo de tempo δt é proporcional à seguinte integral:

$$\delta t \int_{\partial\Delta} \boldsymbol{v} \cdot d\boldsymbol{S} \,.$$

Agora, por conta do chamado teorema de divergência, segue que essa integral de superfície é igual à seguinte integral de volume:

$$\delta t \int_{\Delta} \boldsymbol{\nabla} \cdot \boldsymbol{v} \, dV \,.$$

Ocorre que essa integral é sempre nula, pois a divergência $\boldsymbol{\nabla} \cdot \boldsymbol{v}$ é sempre nula em um sistema hamiltoniano. De fato,

$$\boldsymbol{\nabla} \cdot \boldsymbol{v} = \frac{\partial}{\partial z^\alpha} \dot{z}^\alpha = \frac{\partial}{\partial z^\alpha} \left(\Omega^{\alpha\beta} \frac{\partial h}{\partial z^\beta} \right) = \Omega^{\alpha\beta} \frac{\partial^2 h}{\partial z^\alpha \partial z^\beta} = 0 \,,$$

onde foram utilizadas as equações de Hamilton na forma simplética, vide Eq. (20.47). Na dedução acima, a conclusão de que $\Omega^{\alpha\beta}\partial_\alpha\partial_\beta h$ é nulo vem do fato de que a matriz simplética $\Omega^{\alpha\beta}$ é antissimétrica, ao passo que a matriz $\partial_\alpha\partial_\beta h$ é simétrica, pois derivadas parciais comutam. Como sabemos, a contração de um par de índices simétrico com um par antissimétrico sempre fornece zero. Em suma, provamos que o número de partículas que entram na região Δ em um certo intervalo de tempo é igual ao número de partículas que saem.

É interessante notar que não apenas a divergência total, $\boldsymbol{\nabla}\cdot\boldsymbol{v}$, é igual a zero. Em uma dinâmica hamiltoniana, a divergência em cada plano de fase (q^i, p_i), para i fixo, também é nula. Por exemplo, calculemos a divergência do campo de velocidades $\boldsymbol{v}$ no plano (q^1, p_1):

$$\boldsymbol{\nabla}_1\cdot\boldsymbol{v} \equiv \frac{\partial}{\partial q^1}\dot{q}^1 + \frac{\partial}{\partial p_1}\dot{p}_1 = \frac{\partial}{\partial q^1}\frac{\partial h}{\partial p_1} + \frac{\partial}{\partial p_1}\left(-\frac{\partial h}{\partial q^1}\right) = 0\,.$$

Isso prova que, em cada plano (q^i, p_i) do espaço de fase, o fluxo líquido de partículas que atravessa uma região na direção q^i é aniquilado pelo fluxo de partículas na direção p_i. Adotando a visão inicial do teorema de Liouville, na qual acompanhamos o movimento de uma região no espaço de fase, esse resultado significa o seguinte: se a região aumentar sua largura na direção q^i, então ela diminuirá de altura na direção p_i, e vice-versa. Logo, a projeção de uma região de dimensão $2n$ no espaço de fase no plano (q^i, p_i) será um domínio de dimensão 2 que terá área constante com o passar do tempo. Portanto, a área é preservada pela evolução temporal no espaço de fase para cada grau de liberdade individualmente. Ou seja, o teorema de Liouville é válido não apenas para espaço de fase como um todo, conforme inicialmente provado, ele também vale dentro de cada plano canônico (q^i, p_i).

Agora, consideremos uma partícula de massa unitária se movendo em uma dimensão. Nesse caso, o momento linear é dado por $p = \dot{q}$. Suponhamos que a única força sobre a partícula seja uma força de atrito proporcional à velocidade e com sentido oposto, ou seja, $F = -\dot{q}$. Sendo assim, usando a segunda lei de Newton, $F = \dot{p}$, podemos afirmar que a dinâmica do sistema no espaço de fase é ditada pelas seguintes equações diferenciais de primeira ordem:

$$\dot{q} = p \quad \text{e} \quad \dot{p} = F = -\dot{q} = -p\,. \tag{22.7}$$

Trata-se de uma dinâmica não hamiltoniana, pois nenhum hamiltoniano $h(q, p, t)$ é capaz de produzir equações de Hamilton iguais ao par de equações acima. De fato, se $\partial h/\partial p = p$, como exigido pela equação $\dot{q} = p$, então $h = \frac{1}{2}p^2 + f(q, t)$, para alguma função $f(q, t)$. Então, nesse caso, teremos $\partial h/\partial q = \partial_q f$, onde a função $\partial_q f$ não pode depender de p, pois $f = f(q, t)$. Em particular, não é possível termos $\partial_q f = -p$, como seria necessário para que o hamiltoniano h reproduzisse a equação para $\dot{p}$ assumida em (22.7). Notemos agora que o campo de velocidades definido pela Eq. (22.7) não tem divergência nula:

$$\boldsymbol{\nabla}\cdot\boldsymbol{v} = \frac{\partial}{\partial q}\dot{q} + \frac{\partial}{\partial p}\dot{p} = \frac{\partial}{\partial q}p + \frac{\partial}{\partial p}(-p) = -1\,.$$

Como a divergência do campo de velocidades $\boldsymbol{v} = (\dot{q}, \dot{p})$ é diferente de zero, segue que o teorema de Liouville não se aplica ao par de equações dinâmicas (22.7). De fato, a Fig. 22.6 ilustra que, nesse espaço de fase, a área de uma região diminuiu com a evolução temporal. A solução para o par de equações (22.7) é dada por

$$q(t) = q_0 + p_0(1 - e^{-t}) \quad \text{e} \quad p(t) = p_0\, e^{-t}\,, \tag{22.8}$$

onde (q_0, p_0) é a posição do sistema no espaço de fase quando $t = 0$. Para determinar a geometria da trajetória no espaço de fase representada por essa solução, precisamos

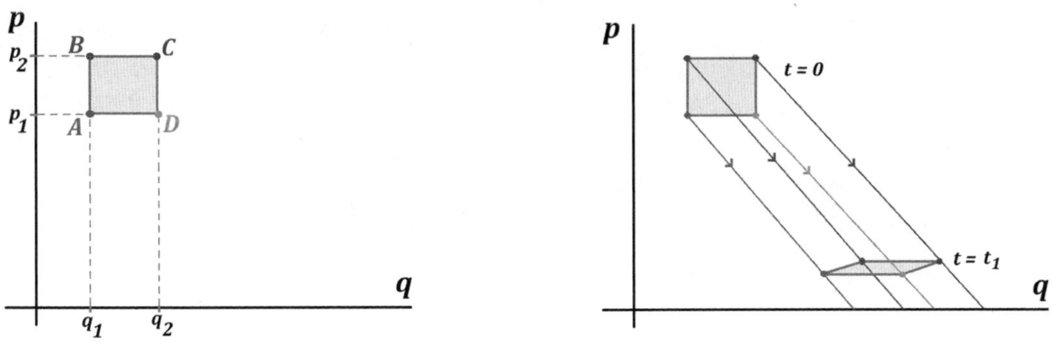

Figura 22.6: Na ilustração à esquerda, vemos uma região retangular do espaço de fase no instante $t = 0$. Os pontos A, B, C e D estão nas quinas dessa região. Na parte direita, vemos as trajetórias desses quatro pontos. Também vemos a diferença entre a região no tempo inicial, $t = 0$, e a região em um tempo posterior, $t = t_1$. Em particular, podemos observar que a área da região diminuiu com o passar do tempo.

escrever p em função de q. Dada a solução acima, é fácil provar que a relação procurada é a seguinte:

$$p = (q_0 + p_0) - q\,.$$

Essa é uma reta com inclinação -1, conforme ilustrado na parte direita da Fig. 22.6. Além disso, da solução (22.8), vemos que as dinâmicas dos pontos que estão nas quinas do retângulo da Fig. 22.6 são dadas pelas seguintes equações:

$$\begin{cases} q_A(t) &= q_1 + p_1(1 - e^{-t})\,, \quad p_A(t) = p_1\, e^{-t}\,, \\ q_B(t) &= q_1 + p_2(1 - e^{-t})\,, \quad p_B(t) = p_2\, e^{-t}\,, \\ q_C(t) &= q_2 + p_2(1 - e^{-t})\,, \quad p_C(t) = p_2\, e^{-t}\,, \\ q_D(t) &= q_2 + p_1(1 - e^{-t})\,, \quad p_D(t) = p_1\, e^{-t}\,, \end{cases}$$

onde $q_A(t)$ é a evolução temporal da coordenada q do ponto A é assim por diante. Em particular, vemos que

$$p_D(t) - p_A(t) = p_C(t) - p_B(t) = 0\,,$$

o que significa que dois pontos que inicialmente estavam na mesma reta horizontal (ou seja, tinham o mesmo momento) continuarão em uma mesma reta horizontal (continuarão tendo o mesmo momento) em qualquer instante posterior. Também, podemos estabelecer que

$$q_D(t) - q_A(t) = q_C(t) - q_B(t) = q_2 - q_1 = constante\,.$$

Isso mostra que a distância horizontal entre os pontos do espaço de fase não é alterada com o passar do tempo. Por fim, podemos concluir que

$$p_B(t) - p_A(t) = p_C(t) - p_D(t) = (p_2 - p_1)\, e^{-t}\,,$$

ou seja, a distância entre a aresta inferior e a aresta superior da região de interesse irá diminuir com o tempo. Logo, podemos perceber que a região que inicialmente era retangular terá o formato de um paralelogramo quando $t > 0$. Quanto maior o tempo t, mais achatado ficará esse paralelogramo. A área em função do tempo será, então, dada por:

$$\text{Área} = \text{base} \times \text{altura} = (q_2 - q_1) \times (p_2 - p_1)\, e^{-t} = A_0\, e^{-t}\,,$$

onde $A_0 = (q_2 - q_1)(p_2 - p_1)$ é a área da região no instante $t = 0$. Vemos, portanto, que a área da região diminui exponencialmente com o tempo. Isso *não* representa um contraexemplo ao teorema de Liouville, pois o par de equações dinâmicas (22.7) não advém de um hamiltoniano. Apesar desse resultado, vale pontuar que o sistema dissipativo tratado neste parágrafo, para o qual $\ddot{q} = -\dot{q}$, também pode ser descrito de forma a obedecer o teorema de Liouville. De fato, modificando a definição do momento, é possível descrever a dinâmica desse sistema como sendo uma dinâmica hamiltoniana. Definamos,

$$P = e^t \dot{q} \quad \Rightarrow \quad \dot{P} = e^t (\ddot{q} + \dot{q}) = 0 \,.$$

Nesse caso, em termos das variáveis (q, P), temos as seguintes equações dinâmicas no "novo espaço de fase":

$$\dot{q} = e^{-t} P \qquad \text{e} \qquad \dot{P} = 0 \,. \tag{22.9}$$

Esse par de equações pode ser deduzido do hamiltoniano $h(q, P, t) = \frac{1}{2} P^2 e^{-t}$. Sendo assim, no espaço de fase (q, P), o teorema de Liouville é satisfeito para esse sistema dinâmico dissipativo.

22.2 Teorema da recorrência de Poincaré

O chamado teorema da recorrência de Poincaré trata de sistemas isolados (sem troca de energia com o ambiente externo) e confinados em um volume espacial finito, a exemplo de um gás de partículas dentro de um recipiente rígido e termicamente isolado. Nesse cenário, se o sistema passou por um ponto z do espaço de fase em um instante t, então o sistema necessariamente chegará arbitrariamente próximo do mesmo ponto do espaço de fase em um instante posterior $t + \tau$. Ou seja, o sistema voltará (aproximadamente) ao mesmo estado dinâmico. Em outras palavras, todo sistema isolado e confinado em um volume finito pode ser considerado quase periódico. O intervalo de tempo necessário para que o sistema (quase) volte ao estado inicial, τ, é chamado de **tempo de recorrência de Poincaré**. Esse tempo de recorrência não é um valor unicamente definido, ele depende do estado inicial e do quão próximo queremos que o sistema chegue do seu estado inicial após a passagem do tempo de recorrência.

Uma prova simples desse teorema pode ser elaborada como consequência do teorema de Liouville. Denotemos por z_0 o estado inicial do sistema e seja r_0 uma vizinhança desse ponto no instante t_0. Então, com a evolução temporal, essa região irá ocupar outros locais do espaço de fase, podendo mudar seu formato, mas preservando seu volume, como ilustrado na Fig. 22.7. Nessa figura, a região dentro do retângulo destacado é a parte do espaço de fase que está disponível ao sistema, já que o sistema está confinado (o que implica limitação nas coordenadas) e isolado (o que implica energia constante e, portanto, limitação nos momentos). Com o passar do tempo, os estados que estavam no domínio r_0 quando $t = t_0$ passam a ocupar outras regiões do espaço de fase. Seja r_n a evolução temporal de r_0 no instante $t_n = t_0 + n\,\tau_0$, onde τ_0 é algum intervalo de tempo finito. Então, o conjunto de regiões $\{r_0, r_1, r_2\,, \cdots, r_N\}$ não pode ser disjunto para um N arbitrariamente alto. Ou seja, algum r_n deve intersectar algum r_m. De fato, como os volumes das regiões r_i são todos iguais, por conta do teorema de Liouville, segue que, se não houver interseção entre as regiões, o volume formado por esse conjunto será dado por NV_0, onde V_0 é o volume de r_0. Então, se não houvesse interseção, mesmo para N arbitrariamente alto, o volume ocupado por essas regiões tenderia a infinito quando $N \to \infty$. Ocorre que, por hipótese, o volume disponível no espaço de fase é finito.

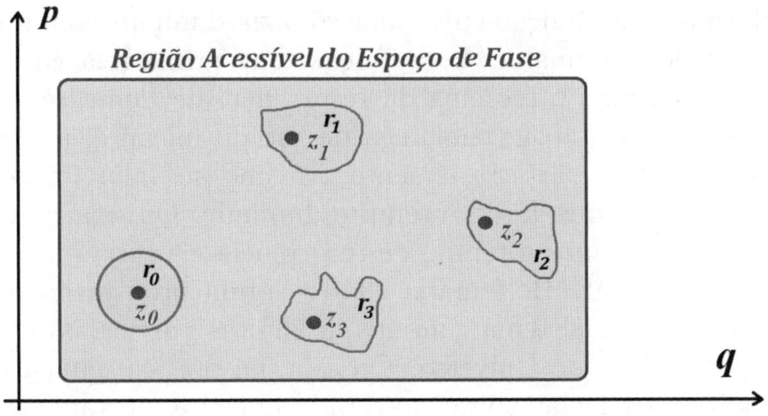

Figura 22.7: Esta figura ilustra o espaço de fase de um sistema que está confinado a se mover dentro do domínio destacado. O ponto z_0 denota o estado inicial do sistema no instante $t = t_0$. Esse sistema então evolui e, no instante t_1, passa a estar no estado z_1. Analogamente, no instante t_i, o sistema ocupa o estado z_i. Nesta figura, r_0 denota uma vizinhança em torno do estado inicial e r_i denota a evolução temporal dessa vizinhança no instante t_i. Em particular, pelo teorema de Liouville, o volume de r_i é igual ao volume de r_0.

Portanto, concluímos que deve haver alguma interseção se N for suficientemente alto. Então, devem existir inteiros n e m tais que $r_n \cap r_m \neq \emptyset$. Suponha que $n > m$ na última equação, de forma que possamos escrever $n = m + p$ para algum inteiro $p > 0$. Logo, concluímos que $r_{m+p} \cap r_m \neq \emptyset$. Agora, como estamos assumindo que o sistema tem energia conservada (sistema isolado), segue que as equações dinâmicas são invariantes por translações temporais. Portanto, aplicando a reversão temporal $t \to t - m\,\tau_0$ à equação $r_{m+p} \cap r_m \neq \emptyset$, chega-se à conclusão de que $r_p \cap r_0 \neq \emptyset$, provando que r_p intersectará r_0. Ou seja, após um tempo $p\tau_0$, a evolução temporal de r_0 irá intersectar r_0, de forma que o estado $z_p = z(t_0 + p\tau_0)$ estará próximo de z_0. Como o volume da região r_0 pode ser escolhido de forma a ser arbitrariamente pequeno, segue que z_p pode estar arbitrariamente próximo de z_0. Em suma, depois de um tempo finito, todo sistema isolado e espacialmente confinado passará por um estado arbitrariamente próximo do estado inicial. É importante notar que, em um sistema típico, quanto menor o volume r_0, maior será o valor de p para que haja interseção entre r_p e r_0, embora haja exceções (se o sistema for periódico, por exemplo). Isto é, tipicamente, quanto mais próximo exigirmos que o estado z_p chegue do estado z_0, maior será o tempo de recorrência.

Um sistema tal que a evolução temporal de r_0 preenche todo o espaço de fase disponível com o passar do tempo é dito um sistema **ergódico**. Para esse tipo de sistema, médias temporais podem ser trocadas por médias ao longo do espaço de fase acessível. A hipótese de o sistema ser ergódico é por vezes usada em mecânica estatística a fim de trocar a média temporal de uma grandeza física, dada uma certa condição inicial, pela média no ensemble de microestados compatíveis com o macroestado inicial. Diz-se que sistemas ergódicos não têm memória de longo prazo em relação à condição inicial. No entanto, nem todo sistema isolado e fechado tem essa característica. Ou seja, existem diversos sistemas fechados e isolados que não são ergódicos.

Nos princípios da mecânica estatística (no final do século XIX), o teorema da recorrência de Poincaré foi usado para colocar em descrédito as afirmações de Ludwig Boltzmann (físico austríaco considerado o fundador da mecânica estatística) sobre a teoria cinética dos gases. O trabalho do Boltzmann, dentro do contexto do comportamento termodinâmico de gases, falava de uma função cujo valor só fazia diminuir com o passar do tempo, a chamada função H de Boltzmann. Essa função tem íntima relação com a entropia do sistema. Ocorre que, segundo o teorema da recorrência de Poincaré, o sistema iria, em algum instante posterior, voltar à vizinhança do estado inicial e, portanto, a função H deveria voltar a ter um valor arbitrariamente próximo ao valor inicial, contrariando a afirmação de Boltzmann de que H deve sempre diminuir. Ou seja, mesmo que a função H inicialmente decrescesse, após o tempo de recorrência ela teria que aumentar de valor para retornar ao valor inicial. Boltzmann contra-argumentou dizendo que o tempo de recorrência para esse tipo de sistema (um gás de muitas partículas) era diversas ordens de grandeza superior à idade do Universo. Ou seja, na prática, nunca veremos esse tipo de sistema com muitas partículas voltar ao estado inicial e, portanto, nunca veríamos a função H aumentar de valor. Apesar do fato de a teoria de Boltzmann e seu argumento estarem corretos, sua contribuição acadêmica foi desacreditada por parte influente da comunidade científica da época. Alguns dizem que essa falta de reconhecimento foi um fator determinante para o suicídio desse brilhante cientista. Um exemplo no qual o tempo de recorrência é absurdamente elevado é dado pela expansão livre de um gás de muitas partículas que inicialmente ocupava apenas metade do recipiente, como ilustrado na Fig. 22.8. Sabemos que o gás pode passar de uma configuração onde ele está confinado na metade

Figura 22.8: À esquerda vemos um gás que, no instante t_0, está confinado a ocupar a metade esquerda do recipiente. O gás sofre então uma expansão livre e passa a ocupar todo o recipiente. É altamente improvável que o contrário ocorra, ou seja, que um gás que ocupava todo o recipiente passe, espontaneamente, a ocupar apenas metade do recipiente. Embora improvável, não é impossível, porém a probabilidade é incrivelmente pequena.

do recipiente, como na ilustração da esquerda na Fig. 22.8, para a configuração onde ele ocupa todo o espaço disponível, como na parte direita da Fig. 22.8. No entanto, não esperamos que o contrário aconteça, ou seja, que o gás voluntariamente deixe de ocupar todo o recipiente e passe a ocupar apenas metade do recipiente. Isso parece contrariar o teorema da recorrência de Poincaré. Ocorre, no entanto, que o gás pode, espontaneamente, deixar de ocupar o volume integral e voltar a ocupar apenas metade do recipiente, é um fato! Todavia, a probabilidade de tal contração espontânea acontecer é muito baixa. Por exemplo, se o gás tem N partículas, essa probabilidade é 2^{-N}. Então, se $N = 10^{23}$, por exemplo, é bem mais provável que você e seus dez familiares mais próximos ganhem a aposta lotérica da Mega-Sena, de forma independente e consecutiva, do que você ver o gás se recolher voluntariamente. Ou seja, é possível, mas é altamente improvável. Isso faz com que o tempo de recorrência para que o gás volte a ocupar apenas metade do recipiente seja proibitivamente elevado. O entendimento de que existem probabilidades que são muitas ordens de grandeza menores do que outras está no centro da compreensão da mecânica estatística e da interpretação estatística da segunda lei da termodinâmica.

22.3 Exercícios sugeridos

Exercício 1
Considere um sistema unidimensional cujo hamiltoniano é $h(q, p, t) = p\,q\,f'(t)$, onde $f(t)$ é alguma função do tempo e f' é sua derivada temporal. Prove que a imagem de uma região retangular no espaço de fase pelo mapa da evolução temporal também é uma região retangular. Em seguida, conclua que o teorema de Liouville é respeitado durante a evolução temporal da região retangular.

Exercício 2
Considere o oscilador harmônico cujo hamiltoniano é dado por

$$h(q,p) = \frac{1}{2}p^2 + \frac{\omega^2}{2}\,q^2\,.$$

a) Sendo (q_0, p_0) o estado inicial do sistema, mostre que a trajetória da partícula no espaço de fase é uma elipse.
b) Considere a região retangular definida por $0 \leq q_0 \leq a$ e $0 \leq p_0 \leq b$ definida no instante $t = 0$. Prove que, em $t = \frac{\pi}{2\omega}$, a região em questão também é retangular e que sua área no espaço de fase continua sendo $A(\pi/2\omega) = ab$.
c) Note que se $t \neq n \cdot \frac{\pi}{2\omega}$, com n sendo inteiro, então a região deixa de ser retangular.

Capítulo 23

Método de Hamilton-Jacobi

No Capítulo 20, vimos alguns exemplos de transformações canônicas que simplificam a forma das equações de Hamilton, facilitando a obtenção das soluções para o problema dinâmico. Todavia, tais transformações canônicas foram apresentadas sem uma explicação clara de como as podemos deduzir. Até então, essas transformações canônicas parecem ter sido fruto de uma inspiração superior ou de um lance de criatividade. Neste capítulo, no entanto, estabeleceremos uma forma sistemática para determinar uma função geratriz de uma transformação canônica $(q, p, h) \to (Q, P, H)$ que torna o novo hamiltoniano igual a zero, $H = 0$. Nesse caso, a dinâmica no novo sistema de coordenadas é trivial, as coordenadas Q^i e P_j são constantes ao longo das órbitas.

23.1 Motivação para o método de Hamilton-Jacobi

No Capítulo 21, vimos que o hamiltoniano é o gerador da evolução temporal infinitesimal e que o negativo da função ação é a função geratriz do tipo 1 para a evolução temporal finita, que é uma transformação canônica. Portanto, o negativo do hamiltoniano gera a reversão temporal infinitesimal e a função ação é a função geratriz do tipo (q, Q) que promove a reversão temporal finita. Mais explicitamente, a função geratriz

$$F(q, Q, t) = S(q, t, Q, t + \tau)\,, \tag{23.1}$$

onde $S(q_0, t_0, q_f, t_f)$ é a função ação, executa a seguinte transformação canônica:

$$q^i(t) \to Q^i(t) = q^i(t - \tau) \quad \text{e} \quad p_i(t) \to P_i(t) = p_i(t - \tau)\,. \tag{23.2}$$

Portanto, suponha que façamos $\tau = t - t_0$. Nesse caso, a transformação canônica será dada por

$$q^i(t) \xrightarrow{S} Q^i(t) = q^i(t_0) = q_0^i \quad \text{e} \quad p_i(t) \xrightarrow{S} P_i(t) = p_i(t_0) = p_{0\,i}\,.$$

onde (q_0, p_0) são as condições iniciais do sistema no instante $t = t_0$. As condições iniciais não mudam com o passar do tempo, de forma que q_0^i e $p_{0\,i}$ são constantes de movimento. Portanto, para essa transformação canônica, temos:

$$\dot{Q}^i = 0 \quad \text{e} \quad \dot{P}_i = 0\,.$$

Essas equações de movimento são compatíveis com as equações de Hamilton associadas ao hamiltoniano $H = 0$.[1]

[1]Mais geralmente, as equações de Hamilton $\dot{Q} = 0$ e $\dot{P} = 0$ podem vir de um hamiltoniano que é uma função arbitrária do tempo, $H = f(t)$. Ocorre que a função f pode ser aniquilada pela subtração da função $f(t)$ no lagrangiano, que não altera as equações de movimento e não tem relevância física. Por essa razão, podemos simplificar e assumir $H = 0$.

Segundo os resultados compilados na Tabela 20.1, valem as seguintes relações para uma função geratriz do tipo 1:

$$p_i = \frac{\partial F}{\partial q^i}\,, \quad P_i = -\frac{\partial F}{\partial Q^i}\,, \quad H = h(q,p,t) + \frac{\partial F}{\partial t}\,. \tag{23.3}$$

Em particular, aplicando a primeira dessas relações à função geratriz da Eq. (23.1), obtemos $p_i = \partial S/\partial q^i$. Logo, fazendo a substituição $p = \partial_q S$ no argumento do hamiltoniano $h(q,p,t)$ e usando o fato de que, após a reversão temporal, o novo hamiltoniano é identicamente nulo, ou seja, $H = 0$, segue que a terceira identidade da Eq. (23.3) fornece:

$$h\left(q, \frac{\partial S}{\partial q}, t\right) + \frac{\partial S}{\partial t} = 0\,. \tag{23.4}$$

Essa equação pode ser vista como uma equação diferencial parcial de primeira ordem para a função $S(q,t,q_0,t_0)$, a chamada **equação de Hamilton-Jacobi**. Em suma, acabamos de estabelecer duas formas de determinar uma transformação canônica que torna as equações dinâmicas triviais: (1) podemos calcular a função ação e então usar essa função como a função geratriz da transformação canônica que trivializa as equações de Hamilton; (2) podemos tentar encontrar a solução para a equação diferencial parcial (23.4) e usar essa solução como função geratriz. A maneira (1) pode parecer interessante, mas, na verdade, ela é conceitualmente falha. De fato, para determinar a função ação, precisamos calcular a integral $\int \mathcal{L}dt$ ao longo do caminho que resolve as equações de movimento. Ou seja, para encontrar a função ação, é preciso conhecer a solução do problema dinâmico. Isso não é de muita serventia, pois a razão de querermos determinar a função ação é justamente encontramos uma transformação canônica que nos permita resolver o problema dinâmico, de forma que a premissa é a de que não somos capazes de integrar diretamente as equações de movimento do sistema de interesse. Ficamos, então, com o caminho (2), buscar uma solução para a equação de Hamilton-Jacobi.

23.2 Descrição do método de Hamilton-Jacobi

O chamado **método de Hamilton-Jacobi** consiste em tentar encontrar uma função $S(q,t)$ que resolva a equação diferencial parcial (23.4) e, então, usar tal solução como função geratriz de uma transformação canônica. Essa transformação tornará a dinâmica das novas coordenadas do espaço de fase trivial. Entretanto, a solução para a equação de Hamilton-Jacobi não é única. De fato, do mesmo modo que a solução geral de uma equação diferencial *ordinária* de primeira ordem depende de uma *constante* arbitrária, uma equação diferencial *parcial* de primeira ordem depende de uma *função* arbitrária. Por exemplo, no $\mathbb{R}^3$, a solução geral $S(\mathrm{x},\mathrm{y},\mathrm{z})$ para a equação diferencial $\partial_{\mathrm{x}} S = 0$ é dada por $S = f(\mathrm{y},\mathrm{z})$, onde f é uma função arbitrária. Portanto, $S = 5$, $S = \mathrm{z}\,e^{\mathrm{y}}$ e $S = \cos(\mathrm{y}+\mathrm{z})$ são todas soluções possíveis. Sendo assim, se encontrarmos uma solução para a equação de Hamilton-Jacobi, nada garante que essa solução será a função ação $S(q,t,q_0,t_0)$. Não há problema, no entanto. Como será provado a seguir, sendo n o número de graus de liberdade do sistema, desde que a solução S contenha n constantes de integração independentes, tal solução dará origem a uma transformação canônica tal que $\dot{Q}^i = 0$ e $\dot{P}_i = 0$. Essas n constantes que devem surgir na integração da equação de Hamilton-Jacobi fazem o papel das n coordenadas $Q^i = q_0^i$. Elas servem para que possamos aplicar a segunda identidade da Eq. (23.3) a fim de determinar a transformação canônica procurada. Ocorre que, como não estamos interessados apenas na solução que é a função ação e sim em qualquer solução, é possível que as n constantes não sejam as coordenadas q_0^i da condição inicial em $t = t_0$. Tais constantes, inclusive, podem ter dimensões (unidades) diferentes das constantes q_0^i. Portanto, nesse cenário mais geral, é salutar denotar tais constantes por outra letra. Aqui, neste livro, essas contantes de integração serão denotadas por κ_i. Em geral, teremos $\kappa_i \neq q^i(t_0)$. Por sua vez, neste livro, denotaremos o análogo das constantes $p_{0\,i}$ por ρ_i. Sendo assim, a função geratriz $S(q,t,q_0,t_0)$ será escrita como $S(q,t,\kappa)$, pois κ_i tomou o lugar de q_0^i e o tempo t_0 não é relevante no método de Hamilton-Jacobi, já que, qualquer que seja esse tempo, a transformação canônica gerada por S dará origem a uma nova hamiltoniana trivial, $H = 0$. Em particular, sempre podemos escolher $t_0 = 0$, de forma que a dependência em t_0 suma nesse caso. Assim sendo, o análogo das igualdades mostradas na Eq. (23.3) se torna:

$$p_i = \left(\frac{\partial S}{\partial q^i}\right)_{\kappa,t} \,, \quad \rho_i = -\left(\frac{\partial S}{\partial \kappa_i}\right)_{q,t} \,, \quad h\left(q, \partial_q S, t\right) + \left(\frac{\partial S}{\partial t}\right)_{q,\kappa} = 0\,. \tag{23.5}$$

O método de Hamilton-Jacobi consiste na tentativa de encontrar uma solução $S(q,t,\kappa)$ para a equação de Hamilton-Jacobi (equação mostrada na última identidade acima) e, então, substituir essa solução nas duas primeiras identidades da Eq. (23.5), a fim de encontrar $q^i(t)$ e $p_i(t)$. Nessa última etapa, devemos considerar κ_i e ρ_i como sendo constantes de movimento. A segunda identidade em (23.5) fornecerá n igualdades do tipo $\rho = \rho(q,t,\kappa)$. Resolvendo essas relações para q^i, podemos determinar $q^i(t)$. No método de Hamilton-Jacobi, assume-se que essa inversão é sempre possível, o que ocorre se, e somente se, a matriz

$$\frac{\partial \rho_i}{\partial q^j} = -\frac{\partial^2 S}{\partial q^j \partial \kappa_i} \tag{23.6}$$

for uma matriz inversível. Uma vez com as soluções $q^i(t)$ em mãos, a primeira identidade em (23.5) fornecerá $p_j = p_j(q,\kappa,t)$. Substituindo q por $q(t)$ nessas relações, podemos determinar $p_j(t)$. Desse modo, teremos as soluções procuradas em termos de $2n$ constantes arbitrárias (κ_i e ρ_j), de maneira que se trata da solução mais geral para o problema dinâmico.

A melhor forma de entender o método de Hamilton-Jacobi é através de um exemplo explícito. Para começar, consideremos o caso de um sistema com dois graus de liberdade, com coordenadas generalizadas $\{x,y\}$, cujo hamiltoniano é dado por

$$h(q,p,t) = p_x\, p_y + y\,.$$

Nesse caso, a equação de Hamilton-Jacobi é dada por

$$(\partial_x S)\,(\partial_y S) \,+\, y \,+\, \partial_t S = 0\,. \tag{23.7}$$

Uma solução para essa equação diferencial parcial de primeira ordem é dada por

$$S = \frac{\kappa}{2}(t^2 + 2x) \,-\, y\,t\,,$$

onde κ é uma constante arbitrária. No entanto, essa solução não atende aos pré-requisitos do método de Hamilton-Jacobi, pois ela só contém uma constante arbitrária. No problema em tela, precisamos de duas constantes, pois o sistema tem 2 graus de liberdade. Outra solução para a Eq. (23.7), é dada por

$$S = \frac{\kappa_1}{2}(t^2 + 2x) \,-\, y\,t \,+\, \kappa_2\,(\kappa_1\, t - y)\,,$$

onde κ_1 e κ_2 são constantes arbitrárias. Como essa solução tem duas constantes independentes, podemos aplicar o método de Hamilton-Jacobi. Então, aplicando a segunda identidade da Eq. (23.5) ao presente problema, temos:

$$\rho_1 = -\frac{\partial S}{\partial \kappa_1} = -\frac{1}{2}(t^2 + 2x) - \kappa_2 t \quad \text{e} \quad \rho_2 = -\frac{\partial S}{\partial \kappa_2} = y - \kappa_1 t\,.$$

Em particular, resolvendo essas equações para x e y, temos:

$$x = -\rho_1 - \kappa_2 t - \frac{1}{2}t^2 \quad \text{e} \quad y = \rho_2 + \kappa_1 t\,. \tag{23.8}$$

Essas são as soluções $x(t)$ e $y(t)$ procuradas. Nessas soluções, κ_1, κ_2, ρ_1 e ρ_2 devem ser encaradas como constantes de integração independentes que podem ser fixadas pela imposição de uma condição inicial particular. Para determinar as soluções $p_x(t)$ e $p_y(t)$, devemos usar a primeira identidade da Eq. (23.5), segundo a qual temos:

$$p_x = \frac{\partial S}{\partial x} = \kappa_1 \quad \text{e} \quad p_y = \frac{\partial S}{\partial y} = -t - \kappa_2\,. \tag{23.9}$$

As Eqs. (23.8) e (23.9) fornecem, então, a solução geral para o nosso problema dinâmico. De fato, as equações de Hamilton para o problema em tela são dadas por:

$$\dot{x} = \frac{\partial h}{\partial p_x} = p_y\,, \quad \dot{y} = \frac{\partial h}{\partial p_y} = p_x\,, \quad \dot{p}_x = -\frac{\partial h}{\partial x} = 0 \quad \text{e} \quad \dot{p}_y = -\frac{\partial h}{\partial y} = -1\,.$$

É fácil notar que as soluções (23.8) e (23.9) resolvem essas equações dinâmicas. Nesse exemplo que acabamos de resolver, a solução da equação de Hamilton-Jacobi, $S(q,t,\kappa)$, foi apresentada sem explicar sua origem. Todavia, no decorrer deste capítulo, veremos técnicas de como encontrar uma solução por meio de um algoritmo que pode ser aplicado a uma ampla classe de problemas, os chamados problemas separáveis.

Agora, vamos provar que qualquer solução da equação de Hamilton-Jacobi que possua n constantes independentes, mesmo que não seja a função ação, servirá como função geratriz de uma transformação canônica que trivializa as equações de Hamilton, ou seja, que torna o novo hamiltoniano igual a zero. Para simplificar a prova, consideremos o caso de um sistema com um grau de liberdade. Seja, então, $S(q,t,\kappa)$ uma solução da equação de Hamilton-Jacobi, ou seja,

$$h(q, \partial_q S, t) \, + \, \partial_t S = 0\,,$$

onde κ é uma constante arbitrária. Logo, diferenciando essa equação em relação a κ (mantendo q e t constantes) e em relação a q (mantendo κ e t constantes), temos, respectivamente:

$$\left(\frac{\partial h}{\partial p}\right)_{q,t} \partial_\kappa \partial_q S + \partial_\kappa \partial_t S = 0 \quad \text{e} \quad \left(\frac{\partial h}{\partial q}\right)_{p,t} + \left(\frac{\partial h}{\partial p}\right)_{q,t} \partial_q \partial_q S + \partial_q \partial_t S = 0\,,$$

onde foi usada a identificação $p = \partial_q S$, válida no método de Hamilton-Jacobi. Além disso, foi usado o fato de que, no hamiltoniano $h(q,p,t) = h(q, \partial_q S, t)$, a única dependência "explícita" em κ vem da função $S = S(q,\kappa,t)$. Agora, inserindo as equações de Hamilton nas identidades da Eq. (23.2), obtemos:

$$\dot{q} = -\frac{\partial_\kappa \partial_t S}{\partial_\kappa \partial_q S} \quad \text{e} \quad \dot{p} = (\partial_q^2 S)\,\dot{q} \, + \, \partial_q \partial_t S\,. \tag{23.10}$$

Por outro lado, se assumirmos a validade do método de Hamilton-Jacobi, segue que κ e ρ devem ser constantes de movimento, ou seja, $\dot{\kappa} = 0$ e $\dot{\rho} = 0$. Além disso, devem valer as seguintes identidades: $\rho = -\partial_\kappa S$ e $p = \partial_q S$. Logo, tomando a derivada total em relação ao tempo dessas duas identidades, temos:

$$0 = -(\partial_q \partial_\kappa S)\, \dot{q} - \partial_t \partial_\kappa S \qquad \text{e} \qquad \dot{p} = (\partial_q^2 S)\, \dot{q} + \partial_t \partial_q S\,.$$

Tais equações são equivalentes às identidades da Eq. (23.10). Portanto, acabamos de provar que, se $S(q, \kappa, t)$ for uma solução da equação de Hamilton-Jacobi, então a utilização das equações $\rho = -\partial_\kappa S$ e $p = \partial_q S$ nos leva às soluções da equações de Hamilton. Note que, para que a prova acima seja bem-sucedida, precisamos ter $\partial_q \partial_\kappa S \neq 0$, pois esse termo apareceu no denominador da primeira identidade na Eq. (23.10). De forma geral, no caso em que há n graus de liberdade, a condição necessária para provar a validade do método de Hamilton-Jacobi é que a matriz $n \times n$ dada por $\partial_{q^i} \partial_{\kappa_j} S$ seja uma matriz inversível. Essa é exatamente a condição que foi mencionada anteriormente, vide Eq. (23.6), e que permite que as relações $\rho_i = \rho_i(q, \kappa, t)$ sejam invertidas de maneira a fornecer $q^i = q^i(\rho, \kappa, t)$. Essa exigência também garante que a primeira identidade da Eq. (23.5), que fornece $p_i = p_i(q, \kappa, t)$, possa ser invertida de maneira a fornecer $\kappa_i = \kappa_i(q, p, t)$. Em outras palavras, tal condição necessária garante que (κ, ρ) sejam coordenadas adequadas para rotular os pontos do espaço de fase.

Como a função $S(q, \kappa, t)$ aparece na equação de Hamilton-Jacobi apenas através de suas derivadas, segue que, se S for uma solução, então $\tilde{S} = S + c$ também será solução, qualquer que seja a constante c. No entanto, essa constante aditiva nunca deve ser escolhida como sendo uma das n constantes κ_i, pois, se a escolhêssemos, a matriz (23.6) não seria inversível, já que uma de suas colunas seria nula. Por exemplo, se fizéssemos $\kappa_1 = c$, a primeira coluna dessa matriz seria nula. Logo, a mensagem a ser registrada é a seguinte: *a constante aditiva que surgir da integração da função S deve ser ignorada, não podemos contabilizá-la como uma das constantes κ.* Agora, vamos aplicar o conhecimento adquirido a um problema dinâmico a fim de resolvê-lo, de forma integral, pelo método de Hamilton-Jacobi.

Exemplo: Considere uma partícula em uma dimensão sujeita ao seguinte hamiltoniano:

$$h(q, p) = \frac{1}{2}\, p^2 - a\, q\,.$$

Encontre uma solução para a equação de Hamilton-Jacobi e a utilize para resolver o problema dinâmico.

Solução

A equação de Hamilton-Jacobi é dada por

$$0 = h\left(q, \frac{\partial S}{\partial q}\right) + \frac{\partial S}{\partial t} = \frac{1}{2}\, (\partial_q S)^2 - a\, q + \partial_t S\,. \tag{23.11}$$

Para resolver essa equação, vamos supor que $S(q, \kappa, t)$ é separável como a soma de uma função de q com uma função de t, ou seja,

$$S = f(q) + g(t)\,. \tag{23.12}$$

A dependência na constante κ surgirá naturalmente do processo de integração. A princípio, não temos como saber se será possível achar uma solução com a forma postulada na Eq. (23.12), esse é apenas um palpite (um *ansatz*) que, se der certo, resolverá nosso problema. Inserindo esse ansatz na Eq. (23.11), encontramos:

$$\frac{1}{2}\left[f'(q)\right]^2 - a\,q = -g'(t)\,, \tag{23.13}$$

onde $f' = df/dq$ e $g' = dg/dt$. Agora, note que o lado esquerdo da equação acima só depende de q, ao passo que o lado direito só depende de t. Como q e t são variáveis independentes entre si, segue que o único modo de a Eq. (23.13) ser verdadeira é se ambos os lados da equação forem constantes.[2] Ou seja,

$$\frac{1}{2}(f')^2 - a\,q = \kappa \quad \text{e} \quad -g' = \kappa\,,$$

onde κ é uma constante. Da primeira dessas relações, temos:

$$\frac{df}{dq} = \sqrt{2(\kappa + a\,q)} \;\Rightarrow\; f = \int \sqrt{2(\kappa + a\,q)}\,dq = \frac{1}{3a}\left[2(\kappa + a\,q)\right]^{3/2} + c_1\,,$$

onde c_1 é uma constante de integração. Analogamente, a equação $-g' = \kappa$ fornece $g = -\kappa\,t + c_2$, onde c_2 é uma constante de integração. Então, concluímos que uma solução para S é dada por:

$$S = f(q) + g(t) = \frac{1}{3a}\left[2(\kappa + a\,q)\right]^{3/2} - \kappa\,t + (c_1 + c_2)\,.$$

Conforme discutido há pouco, a constante aditiva $(c_1 + c_2)$ não tem nenhuma serventia e, portanto, podemos ignorá-la. Por sua vez, a constante κ é não trivial. Sendo assim, adotemos a seguinte solução

$$S(q, \kappa, t) = \frac{1}{3a}\left[2(\kappa + a\,q)\right]^{3/2} - \kappa\,t\,. \tag{23.14}$$

Agora, inserindo a função geratriz (23.14) na segunda identidade da Eq. (23.5), temos:

$$-\rho = \frac{\partial S}{\partial \kappa} = \frac{1}{a}\left[2(\kappa + a\,q)\right]^{1/2} - t\,.$$

Resolvendo essa equação para q, temos:

$$q = -\,\frac{\kappa}{a} + \frac{a}{2}(t - \rho)^2\,. \tag{23.15}$$

De forma análoga, usando a primeira identidade da Eq. (23.5), temos:

$$p = \frac{\partial S}{\partial q} = \sqrt{2(\kappa + a\,q)} = a(t - \rho)\,, \tag{23.16}$$

onde, na última igualdade, foi utilizada a Eq. (23.15). Em suma, as Eqs. (23.15) e (23.16) nos fornecem as soluções que procuramos. De fato, é fácil verificar que essas expressões para $q(t)$ e $p(t)$ resolvem as equações de Hamilton

$$\dot{q} = \partial h/\partial p = p \quad \text{e} \quad \dot{p} = -\partial h/\partial q = a\,,$$

[2]Suponha que x e y sejam coordenadas independentes e que $A(x) = B(y)$, onde A e B são funções suaves de seus argumentos. Então, derivando essa equação em relação a x, temos: $A'(x) = 0$, pois $\partial_x B(y) = 0$. Portanto, concluímos que A é constante. Consequentemente, B também será constante.

cumprindo assim o objetivo de encontrar a solução geral para a dinâmica do sistema através do método de Hamilton-Jacobi ■

A função ação para o sistema considerado no exemplo anterior já foi calculada anteriormente, vide Eq. (16.17). Tal função é dada por

$$S(q_0, t_0, q_f, t_f) = \frac{(q_f - q_0)^2}{2(t_f - t_0)} + \frac{a}{2}(q_0 + q_f)(t_f - t_0) - \frac{a^2}{24}(t_f - t_0)^3 . \tag{23.17}$$

No caso, para que essa função seja a função geratriz da reversão temporal $t \to t_\star$, onde $t_\star$ é algum tempo fixo anterior a t, devemos fazer as seguintes identificações:

$$q_0 \to q \,, \quad t_0 \to t \,, \quad q_f \to q(t_\star) = \kappa_\star \,, \quad t_f \to t + \tau = t + (t - t_\star) = 2t - t_\star .$$

Tais identificações devem ser feitas para que haja concordância com as Eqs. (23.1) e (23.2). Inserindo essas identificações na Eq. (23.17), chega-se à seguinte função geratriz:

$$S(q, \kappa_\star, t) = \frac{(\kappa_\star - q)^2}{2(t - t_\star)} + \frac{a}{2}(\kappa_\star + q)(t - t_\star) - \frac{a^2}{24}(t - t_\star)^3 . \tag{23.18}$$

É possível provar que essa função obedece à equação de Hamilton-Jacobi (23.11). Apesar disso, note que essa solução é totalmente distinta da solução obtida no exemplo acima, vide Eq. (23.14). De fato, enquanto a função ação tem um termo de potência cúbica no tempo, a solução (23.14) só tem termos lineares no tempo. Todavia, conforme argumentado anteriormente, qualquer solução da equação de Hamilton-Jacobi com o número adequado de constantes serve para ser utilizada no método de Hamilton-Jacobi. Em particular, usando a função ação da Eq. (23.18) no método de Hamilton-Jacobi, temos:

$$p = \frac{\partial S}{\partial q} = \frac{q - \kappa_\star}{t - t_\star} + \frac{a}{2}(t - t_\star) \quad \text{e} \quad \rho_\star = -\frac{\partial S}{\partial \kappa} = \frac{q - \kappa_\star}{t - t_\star} - \frac{a}{2}(t - t_\star) .$$

Resolvendo essas equações para q e p, encontramos:

$$q(t) = \kappa_\star + \rho_\star (t - t_\star) + \frac{a}{2}(t - t_\star)^2 \quad \text{e} \quad p(t) = \rho_\star + a\,(t - t_\star) . \tag{23.19}$$

Notemos que essa é a solução correta para qualquer $t_\star$. Em particular, poderíamos escolher $t_\star = 0$. Além disso, vale observar que $q(t_\star) = \kappa_\star$ e $p(t_\star) = \rho_\star$, o que está em pleno acordo com a interpretação original das constantes κ_i e ρ_i, introduzidas no primeiro parágrafo desta seção. A solução geral apresentada nas Eqs. (23.15) e (23.16) pode adquirir uma forma idêntica à da solução (23.19), desde que façamos as seguintes identificações:

$$\kappa = -a\,\kappa_\star + \frac{1}{2}\rho_\star^2 \quad \text{e} \quad \rho = t_\star - \frac{1}{a}\rho_\star .$$

Essa identificação é apenas uma forma de renomear as constantes κ e ρ em termos de outras constantes.

23.3 Função ação usando uma solução da equação de Hamilton-Jacobi

Suponha que conheçamos uma solução da equação de Hamilton-Jacobi, $F\,(q,\, \kappa,\, t)$. Portanto, em particular, a seguinte igualdade deve ser válida:

$$\partial_t F = -h(q, \partial_q F, t) . \tag{23.20}$$

Como de costume, vamos assumir que tal solução possui n constantes de integração independentes, κ_i, que obedecem ao critério de que a matriz $\partial_{q^i}\partial_{\kappa_j}F$ seja inversível. Nesta seção, veremos que esse tipo de solução, embora geralmente distinta da função ação, pode ser utilizada para construir a função ação sem que precisemos calcular a integral temporal do lagrangiano ao longo das soluções da equação de movimento, usando apenas equações algébricas.

Como F é função de q, κ e t, segue que sua diferencial é dada por[3]

$$dF = \frac{\partial F}{\partial q^i}\,dq^i + \frac{\partial F}{\partial \kappa_i}\,d\kappa_i + \frac{\partial F}{\partial t}\,dt = p_i\,dq^i - \rho_i\,d\kappa_i - h(q,p,t)\,dt\,, \tag{23.21}$$

onde a Eq. (23.20) foi utilizada, bem como as relações $p = \partial_q F$ e $\rho = -\partial_\kappa F$, válidas no método de Hamilton-Jacobi. Agora, dividindo a Eq. (23.21) por dt, temos:

$$\frac{dF}{dt} = (p_i\,\dot{q}^i - h) - \rho_i\,\frac{d\kappa_i}{dt} \stackrel{\star}{=} \mathcal{L}\,, \tag{23.22}$$

onde $\mathcal{L}$ é o lagrangiano do sistema e foi utilizado o fato de que κ_i são constantes de movimento. Finalmente, integrando essa última equação no tempo, de t_0 a t_f, temos:

$$S(q_0,t_0,q_f,t_f) = \int_{t_0}^{t_f} \mathcal{L}\,dt = \int_{t_0}^{t_f} \frac{dF}{dt}\,dt = F(q_f,\kappa,t_f) - F(q_0,\kappa,t_0)\,. \tag{23.23}$$

Essa é a expressão que procuramos para a função ação. Note que, na Eq. (23.23), podemos adotar $\mathcal{L} = dF/dt$ porque, para obter a função ação, a integração da lagrangiana deve ser feita ao longo da solução das equações de movimento. Há, no entanto, um problema na Eq. (23.23). Ao passo que a função ação $S(q_0,t_0,q_f,t_f)$ não depende de κ, o lado direito da Eq. (23.23) dependerá de κ. Portanto, devemos substituir κ em termos de q_0, t_0, q_f e t_f. É possível encontrar a substituição adequada através do uso das seguintes igualdades:

$$\left.\frac{\partial F}{\partial \kappa_i}\right|_{t=t_0} = \left.\frac{\partial F}{\partial \kappa_i}\right|_{t=t_f}. \tag{23.24}$$

Trata-se de n igualdades que podem ser resolvidas para as n constantes κ_i. Fazendo isso, tais constantes ficarão escritas em termos de q_0, t_0, q_f e t_f, como queríamos. A razão da validade da igualdade postulada na Eq. (23.24) é que, segundo o método de Hamilton-Jacobi, o lado esquerdo de tal equação é igual a $-\rho_i$ avaliado no instante $t = t_0$, ao passo que o lado direto da Eq. (23.24) é igual a $-\rho_i$ avaliado no instante $t = t_f$. Como ρ_i são constantes de movimento, segue que seus valores devem ser os mesmos em qualquer instante de tempo. Em particular, $\rho_i(t_0) \stackrel{\star}{=} \rho_i(t_f)$.

Apliquemos o resultado que acabamos de obter ao exemplo tratado na seção anterior. Conforme estabelecido na Eq. (23.14), uma solução para a equação de Hamilton-Jacobi para o sistema cujo hamiltoniano é $h = p^2/2 - aq$ é dada por

$$F(q,\kappa,t) = \frac{1}{3a}\,[2(\kappa + a\,q)]^{3/2} - \kappa\,t\,.$$

[3]Neste capítulo, está sendo feito um certo "abuso" da notação de índices e da convenção de soma de Einstein. Segundo tal convenção, uma par de índices iguais está implicitamente sendo somado quando um dos índices está na posição *down* e o outro está na posição *up*. No entanto, nas Eqs. (23.21) e (23.22), assume-se que o índice de ρ_i está sendo somado com o índice de κ_i, embora ambos os índices estejam na posição *down*. A razão para isso é que as constantes κ_i, que fazem o papel das coordenadas Q^i, deveriam ter índice *up*. Todavia, neste livro, foi adotada a posição down para o índice de κ_i para evitar confusão entre o número de um índice e uma potência.

Agora, aplicando a Eq. (23.24) a essa solução, temos:

$$\frac{1}{a}\left[2(\kappa + a\,q_0)\right]^{1/2} - t_0 = \frac{1}{a}\left[2(\kappa + a\,q_f)\right]^{1/2} - t_f\,.$$

Após um breve exercício de álgebra, é possível resolver essa equação para κ. O resultado final é o seguinte:

$$\kappa = \frac{(q_f - q_0)^2}{2(t_f - t_0)^2} - \frac{a}{2}(q_f + q_0) + \frac{a^2}{8}(t_f - t_0)^2\,. \tag{23.25}$$

Por sua vez, segundo a Eq. (23.23), a função ação desse sistema deve ser dada por:

$$\begin{aligned} S &= F(q_f, \kappa, t_f) - F(q_0, \kappa, t_0) \\ &= \frac{1}{3a}\left[2(\kappa + a\,q_f)\right]^{3/2} - \frac{1}{3a}\left[2(\kappa + a\,q_0)\right]^{3/2} - \kappa\,(t_f - t_0)\,. \end{aligned}$$

Finalmente, na equação acima, substituindo κ pela expressão dada no lado direito da Eq. (23.25), chega-se à expressão correta para a função ação desse sistema, ou seja, chega-se exatamente à Eq. (23.17).

23.4 Separação de variáveis no método de Hamilton-Jacobi

É interessante entender o embasamento teórico que está por trás do método de Hamilton-Jacobi. Sua lógica é a seguinte: em vez de resolver a dinâmica através das equações de Hamilton associadas ao hamiltoniano inicial, $h(q, p, t)$, algo que pode ser bastante complicado em certos casos, fizemos uma transformação canônica que nos levou ao hamiltoniano $H(Q, P, t) = 0$, cujas equações dinâmicas são triviais de serem resolvidas; são simplesmente $\dot{Q} = 0$ e $\dot{P} = 0$, com suas soluções sendo $Q = \kappa = cte$ e $P = \rho = cte$. É claro que nada vem de graça (*there is no free lunch*); trocamos o problema de resolver as equações de Hamilton de h pelo problema de resolver a equação de Hamilton-Jacobi para $S(q, \kappa, t)$. Em alguns casos é mais simples resolver as equações de Hamilton de h, mas em vários outros pode ser mais simples encontrar uma solução para a equação de Hamilton-Jacobi. Ou seja, o método de Hamilton-Jacobi é um método alternativo que, por vezes, pode ser bastante útil. Mas não quer dizer que ele resolverá todos os nossos problemas, pois também pode ser bastante difícil resolver a equação de Hamilton-Jacobi por completo. Nesta seção, vamos lidar com uma ampla classe de problemas onde a solução da equação de Hamilton-Jacobi é relativamente elementar, basta seguir um algoritmo e realizar integrais simples. Essa classe de problemas são os chamados problemas separáveis.

Suponha que o hamiltoniano $h(q, p, t)$ não dependa da coordenada q^1 especificamente, isto é, assumamos que q^1 seja uma coordenada cíclica. Assim sendo, podemos escrever o hamiltoniano do sistema da seguinte forma:

$$h(q, p, t) = h(q^\alpha, p_1, p_\beta, t)\,,$$

onde os índices gregos α, β variam de 2 a n, com n sendo o número de graus de liberdade do sistema. Dessa forma, deixamos explícito que h não depende de q^1, embora possa depender de p_1 em geral. Nesse cenário, a equação de Hamilton-Jacobi fornece:

$$h\left(q^\alpha, \frac{\partial S}{\partial q^1}, \frac{\partial S}{\partial q^\beta}, t\right) + \frac{\partial}{\partial t} S = 0\,.$$

Então, resolvendo a equação acima para $\partial_{q^1} S$, teremos

$$\frac{\partial S}{\partial q^1} = N\left(q^\alpha, t, \frac{\partial S}{\partial q^\beta}, \frac{\partial S}{\partial t}\right), \tag{23.26}$$

onde N é alguma função que não depende de $\partial_{q^1} S$ e cuja forma específica não é relevante neste momento. Agora, vamos assumir que S tenha a seguinte forma separável:

$$S(q, \kappa, t) = f(q^1) + g(q^\alpha, t), \tag{23.27}$$

onde a dependência nas constantes κ_i foi omitida no lado direto da equação, embora tal dependência exista. Essa omissão foi feita porque, apesar de S depender de κ, os parâmetros κ_i não são variáveis da equação diferencial. Ou seja, na equação de Hamilton-Jacobi não há derivadas em relação a κ_i, esses parâmetros surgirão como constantes de integração. Agora, inserindo o ansatz (23.27) na Eq. (23.26), conclui-se que:

$$f'(q^1) = N\left(q^\alpha, t, \frac{\partial g}{\partial q^\beta}, \frac{\partial g}{\partial t}\right). \tag{23.28}$$

Vemos que o lado esquerdo da equação acima só pode depender de q^1, ao passo que o lado direito só pode depender de q^α (onde $\alpha \neq 1$) e do tempo t. Portanto, a única forma de a Eq. (23.28) ser válida para quaisquer q^1, q^α e t é se ambos os lados forem constantes. Isso porque (q^1, q^α, t) são variáveis totalmente independentes umas das outras. Na matemática, esse tipo de raciocínio utilizado para resolver equações diferenciais parciais é chamado de **método da separação de variáveis**. Então, podemos escrever

$$f'(q^1) = \kappa_1 \quad \text{e} \quad N\left(q^\alpha, t, \frac{\partial g}{\partial q^\beta}, \frac{\partial g}{\partial t}\right) = \kappa_1,$$

onde κ_1 é alguma constante. Integrando a primeira dessas equações, concluímos que $f = \kappa_1 q^1 + c$. A constante c contribuirá de forma aditiva para S, como pode ser visto da definição (23.27), e, portanto, pode ser desprezada. Assim sendo, S fica dado por

$$S = \kappa_1 q^1 + g(q^\alpha, t). \tag{23.29}$$

Usando essa expressão para S na primeira identidade da Eq. (23.5), obtemos:

$$p_1 = \frac{\partial S}{\partial q^1} = \kappa_1.$$

Portanto, $p_1(t)$ é constante. De fato, como nossa hipótese foi de que h não depende de q^1, segue que uma das equações de Hamilton fornece:

$$\dot{p}_1 = -\frac{\partial h}{\partial q^1} = 0 \;\Rightarrow\; p_1 = constante.$$

Esse fato também pode ser visto como uma consequência do teorema de Nöther. Com efeito, já que o hamiltoniano não depende de q^1, segue que o sistema é invariante por translações nessa coordenada, de forma que o momento associado à direção 1 é a quantidade conservada relativa a essa simetria. Portanto, a função S, dada na Eq. (23.29), pode, alternativamente, ser escrita da seguinte forma:

$$S = p_1 q^1 + g(q^\alpha, t), \tag{23.30}$$

onde $p_1 = \kappa_1$ é uma constante. No caso que acabamos de tratar, dizemos que a equação de Hamilton-Jacobi é separável na coordenada q^1, pois conseguimos isolar a dependência de S em q^1 de forma aditiva, como explicitado na Eq. (23.29).

Um outro cenário comum em que a equação de Hamilton-Jacobi é separável se dá quando o hamiltoniano não depende explicitamente do tempo, ou seja, $\partial_t h = 0$. De fato, nesse caso, supondo que

$$S(q, \kappa, t) = g(q) + f(t)\,, \tag{23.31}$$

temos que a equação de Hamilton-Jacobi é dada por

$$0 = h\left(q, \frac{\partial S}{\partial q}\right) + \partial_t S = h\left(q, \frac{\partial g}{\partial q}\right) + f'(t)\,,$$

de maneira que vale a seguinte igualdade:

$$f'(t) = -h\left(q, \frac{\partial g}{\partial q}\right). \tag{23.32}$$

O lado esquerdo da equação acima depende apenas de t, ao passo que o lado direito depende apenas de q. Então, a única forma de a última igualdade ser satisfeita é se ambos os lados forem constantes e iguais à mesma constante. Ou seja,

$$h\left(q, \frac{\partial g}{\partial q}\right) = \kappa_1 \quad \text{e} \quad f'(t) = -\kappa_1\,. \tag{23.33}$$

Em particular, a primeira igualdade acima afirma que h é uma constante de movimento, $h = \kappa_1$. Isso é de se esperar, pois sabemos que o hamiltoniano é conservado sempre que ele não depende explicitamente do tempo, como assumido aqui. Essa constante de movimento é interpretada como sendo a energia do sistema, geralmente denotada por E. Por esse motivo, nesse cenário, é comum fazer a identificação $\kappa_1 \to E$. Agora, integrando a Eq. (23.33) para $f(t)$, obtemos $f(t) = -\kappa_1 t + c$. A constante c contribui de forma aditiva para S e, portanto, pode ser desprezada. Logo, assumamos $c = 0$. Concluímos então que, se h não depende explicitamente do tempo, então a variável t é separável na solução da equação de Hamilton-Jacobi, de forma que

$$S(q, \kappa, t) = g(q) - \kappa_1 t = g(q) - E\,t\,, \tag{23.34}$$

onde $E = \kappa_1$ é uma constante de movimento. Inclusive, comparando as Eqs. (23.30) e (23.34), vemos que é natural dizer que o negativo da energia, $-E$, é o momento canônico conjugado ao tempo, ou seja, $p_t = -h$. Isso está em perfeito acordo com o que vimos na Seção 16.6, onde tratamos do espaço de fase estendido.

Exemplo: Considere uma partícula em duas dimensões cuja dinâmica é ditada pelo seguinte hamiltoniano:

$$h(q, p) = \frac{1}{2}\, p_\mathrm{x}^2 + \frac{1}{2}\, p_\mathrm{y}^2 - p_\mathrm{y}\,(a + b\,\mathrm{x})\,,$$

onde a e b são constantes. Encontre uma solução para a equação de Hamilton-Jacobi e resolva o problema dinâmico pelo método de Hamilton-Jacobi.

Solução

A equação de Hamilton-Jacobi para esse sistema é dada por:

$$\frac{1}{2}\left(\partial_{\mathrm{x}} S\right)^2+\frac{1}{2}\left(\partial_{\mathrm{y}} S\right)^2-(a+b\,\mathrm{x})\,\partial_{\mathrm{y}} S+\partial_t S=0\,.$$

Devemos notar que a hamiltoniana não depende explicitamente da coordenada y e não depende explicitamente do tempo. Portanto, a equação de Hamilton-Jacobi é separável nessas duas variáveis, de forma que podemos partir do seguinte ansatz:

$$S=\kappa_1\, t+\kappa_2\, \mathrm{y}+g(\mathrm{x})\,. \tag{23.35}$$

Inserindo esse ansatz na equação de Hamilton-Jacobi, temos:

$$\frac{1}{2}\left[g'(\mathrm{x})\right]^2+\frac{\kappa_2^2}{2}-\kappa_2(a+b\,\mathrm{x})+\kappa_1=0\,.$$

Então, resolvendo essa equação para g', obtemos:

$$\frac{dg}{d\mathrm{x}}=g'=\sqrt{\alpha+\beta\,\mathrm{x}}\,, \tag{23.36}$$

onde β e α são abreviações para as seguintes constantes:

$$\alpha \equiv 2a\,\kappa_2-2\kappa_1-\kappa_2^2 \quad \text{e} \quad \beta \equiv 2b\,\kappa_2\,.$$

Integrando a Eq. (23.36), encontramos a seguinte solução geral para $g(\mathrm{x})$:

$$g(\mathrm{x})=\int \sqrt{\alpha+\beta\,\mathrm{x}}\; d\mathrm{x}=\frac{2}{3\beta}(\alpha+\beta\,\mathrm{x})^{3/2}+c\,,$$

onde c é uma constante que só contribuirá de forma aditiva para S e, portanto, pode ser ignorada. Em suma, concluímos que uma solução da equação de Hamilton-Jacobi é dada por:

$$\begin{aligned} S &=\kappa_1\, t+\kappa_2\, \mathrm{y}+\frac{2}{3\beta}(\alpha+\beta\,\mathrm{x})^{3/2} \\ &=\kappa_1\, t+\kappa_2\, \mathrm{y}+\frac{1}{3\,b\,\kappa_2}\left(2a\,\kappa_2-2\kappa_1-\kappa_2^2+2b\,\kappa_2\,\mathrm{x}\right)^{3/2}. \end{aligned} \tag{23.37}$$

Uma vez achada uma solução $S(q,\kappa,t)$, vamos usar o método de Hamilton-Jacobi para resolver a dinâmica. Ou seja, vamos usar as equações

$$p_i=\frac{\partial S}{\partial q^i} \quad \text{e} \quad \rho_i=-\frac{\partial S}{\partial \kappa_i}\,.$$

Usando a segunda identidade acima e a Eq. (23.37), temos:

$$\begin{cases} -\rho_1 &= \frac{\partial S}{\partial \kappa_1}=t-\frac{2}{\beta}(\alpha+\beta\,\mathrm{x})^{1/2}\,, \\ -\rho_2 &= \frac{\partial S}{\partial \kappa_2}=\mathrm{y}-\frac{4b}{3\beta^2}(\alpha+\beta\,\mathrm{x})^{3/2}+\frac{2}{\beta}(a-\kappa_2+b\,\mathrm{x})(\alpha+\beta\,\mathrm{x})^{1/2}\,. \end{cases} \tag{23.38}$$

Resolvendo a primeira dessas relações para x, temos:

$$\mathrm{x}(t)=-\frac{\alpha}{\beta}+\frac{\beta}{4}(t+\rho_1)^2\,. \tag{23.39}$$

Agora, resolvendo a segunda relação na Eq. (23.38) para a variável y e depois substituindo a solução $\mathrm{x}(t)$, obtida em (23.39), e usando a igualdade $\kappa_2 = \beta/(2b)$, temos:

$$\mathrm{y} = -\rho_2 + \left(\frac{\beta}{2b} + \frac{\alpha\, b}{\beta} - a\right)(t + \rho_1) + \frac{b\,\beta}{12}(t + \rho_1)^3 \tag{23.40}$$

Agora, podemos determinar p_{x} e p_{y} através das seguintes relações:

$$p_{\mathrm{x}} = \frac{\partial S}{\partial \mathrm{x}} = (\alpha + \beta\,\mathrm{x})^{1/2} = \frac{\beta}{2}(t + \rho_1) \quad \text{e} \quad p_{\mathrm{y}} = \frac{\partial S}{\partial \mathrm{y}} = \kappa_2 = \frac{\beta}{2b}\,. \tag{23.41}$$

As Eqs. (23.39), (23.40) e (23.41) constituem a solução para o problema dinâmico. A fim de verificar a correção desses resultados, podemos checar se tais soluções obedecem às equações de Hamilton, que, no presente caso, são dadas por:

$$\dot{\mathrm{x}} = \frac{\partial h}{\partial p_{\mathrm{x}}} = p_{\mathrm{x}}\,, \quad \dot{\mathrm{y}} = \frac{\partial h}{\partial p_{\mathrm{y}}} = p_{\mathrm{y}} - (a + b\,\mathrm{x})\,, \quad \dot{p}_{\mathrm{x}} = -\frac{\partial h}{\partial \mathrm{x}} = b\,p_{\mathrm{y}}\,, \quad \dot{p}_{\mathrm{y}} = -\frac{\partial h}{\partial \mathrm{y}} = 0\,.$$

De fato, é imediato provar que as soluções obtidas satisfazem a essas equações dinâmicas. Note que essas soluções dependem de quatro constantes arbitrárias, $(\alpha, \beta, \rho_1, \rho_2)$,[4] de forma que se trata da solução geral, pois tem o número correto de constantes para o caso em que o número de graus de liberdade é dois ■

Até agora, tratamos da separabilidade da solução da equação de Hamilton-Jacobi no caso mais simples, no qual há coordenadas cíclicas, ou seja, quando o hamiltoniano não depende explicitamente de alguma coordenada ou não depende do tempo. No entanto, o exemplo anterior mostra que a solução da equação de Hamilton-Jacobi pode ser separável em uma coordenada mesmo se o hamiltoniano depender dessa coordenada. No exemplo acima, h depende de x e, ainda assim, a dependência de S em x ocorre através de uma função aditiva, de forma que também dizemos que S é separável na coordenada x. Em geral, dizemos que a equação de Hamilton-Jacobi é totalmente separável quando ela admite uma solução com a seguinte forma:

$$S(q, \kappa, t) = f_0(t, \kappa) \,+\, f_1(q^1, \kappa) \,+\, f_1(q^2, \kappa) \,+\, \cdots + \, f_n(q^n, \kappa)\,,$$

onde, na equação acima, κ denota o conjunto das n constantes de integração não triviais que são essenciais para a aplicação do método de Hamilton-Jacobi. Se a equação de Hamilton-Jacobi de um problema for separável, sempre poderemos encontrar uma solução para S através da realização de integrais simples. A equação de Hamilton-Jacobi, que é uma equação diferencial parcial de primeira ordem, reduzir-se-á a um conjunto de $n+1$ equações diferenciais ordinárias de primeira ordem desacopladas, que sempre podem ser integradas. Suponha, por exemplo, que uma partícula se movendo no $\mathbb{R}^3$ esteja sujeita a um potencial que tenha a seguinte forma:

$$U(\boldsymbol{r}) = A(\mathrm{x}) + B(\mathrm{y}) + C(\mathrm{z})\,,$$

de modo que seu hamiltoniano é dado por:

$$h = \frac{1}{2m}(p_{\mathrm{x}}^2 + p_{\mathrm{y}}^2 + p_{\mathrm{z}}^2) \,+\, A(\mathrm{x}) + B(\mathrm{y}) + C(\mathrm{z})\,.$$

[4]As contantes κ_1 e κ_2 foram trocadas pelas constantes α e β.

Então, assumindo que a equação de Hamilton-Jacobi é separável nesse caso, segue que o seguinte ansatz pode ser adotado:

$$S = f_0(t) \,+\, f_1(\mathrm{x}) \,+\, f_2(\mathrm{y}) \,+\, f_3(\mathrm{z})\,.$$

Adotando essa expressão para S, segue que a equação de Hamilton-Jacobi será dada por:

$$\left[\frac{1}{2m}\,(f_1')^2 + A(\mathrm{x})\right] + \left[\frac{1}{2m}\,(f_2')^2 + B(\mathrm{y})\right] + \left[\frac{1}{2m}\,(f_3')^2 + C(\mathrm{z})\right] + [f_0'(t)] = 0\,.$$

Na equação acima, cada um dos termos entre colchetes depende apenas de uma das variáveis $(\mathrm{x}, \mathrm{y}, \mathrm{z}, t)$. Portanto, como essas quatro variáveis são independentes entre si, o único modo de a soma de tais colchetes ser igual a zero é se cada um deles for uma constante e se a soma dessas constantes for igual a zero. Ou seja, podemos concluir que

$$\frac{(f_1')^2}{2m} + A = \kappa_1\,,\;\; \frac{(f_2')^2}{2m} + B = \kappa_2\,,\;\; \frac{(f_3')^2}{2m} + C = \kappa_3\,,\;\; f_0' = -(\kappa_1 + \kappa_2 + \kappa_3)\,,$$

onde κ_i são constantes. Então, integrando as três primeiras dessas equações, temos:

$$f_1 = \int \sqrt{2m(\kappa_1 - A)}d\mathrm{x}\,,\;\; f_2 = \int \sqrt{2m(\kappa_2 - B)}d\mathrm{y}\,,\;\; f_3 = \int \sqrt{2m(\kappa_3 - C)}d\mathrm{z}\,.$$

Por sua vez, integrando a equação diferencial para $f_0(t)$, temos:

$$f_0(t) = -(\kappa_1 + \kappa_2 + \kappa_3)\,t\,,$$

onde uma constante aditiva foi desprezada. Sendo assim, acabamos de obter a seguinte solução para a equação de Hamilton-Jacobi:

$$S = \int\!\sqrt{2m(\kappa_1 - A)}d\mathrm{x} + \int\!\sqrt{2m(\kappa_2 - B)}d\mathrm{y} + \int\!\sqrt{2m(\kappa_3 - C)}d\mathrm{z} - (\kappa_1 + \kappa_2 + \kappa_3)t.$$

Portanto, embora as coordenadas x, y e z não sejam cíclicas nesse problema, elas são separáveis.

Quando estamos estudando a dinâmica de uma partícula sujeita a uma força conservativa, a separabilidade da equação de Hamilton-Jacobi não depende apenas do tipo de força envolvida, também depende fortemente das coordenadas que vamos escolher para tratar do problema. Por exemplo, se uma partícula de massa m em três dimensões está sujeita a um potencial $U = \alpha\, r^p$, onde $r = |\boldsymbol{r}|$, então a equação de Hamilton-Jacobi só é separável nas coordenas cartesianas se $n = 0$ ou se $n = 2$. Por outro lado, usando coordenadas esféricas, esse mesmo potencial é separável qualquer que seja o valor do expoente p. Portanto, a escolha do sistema de coordenadas adequado é um ponto central para se conseguir achar uma solução para a equação de Hamilton-Jacobi.

Exemplo: Sendo (r, θ, ϕ) coordenadas esféricas para o $\mathbb{R}^3$, prove que potenciais da forma

$$U = A(r) \,+\, \frac{1}{r^2}\,B(\theta) \,+\, \frac{1}{r^2\,\mathrm{sen}^2\theta}\,C(\phi)$$

são separáveis nas coordenadas esféricas, onde A, B e C são funções arbitrárias de r, θ e ϕ respectivamente.

Solução

O primeiro passo a ser dado é encontrar o hamiltoniano desse sistema. Para isso, precisamos expressar a energia cinética da partícula em termos das coordenadas esféricas. Lembremos que, nesse sistema de coordenadas, o vetor posição é dado por

$$\boldsymbol{r} = r\,\text{sen}\theta\,\cos\phi\,\hat{\boldsymbol{e}}_{\text{x}} + r\,\text{sen}\theta\,\text{sen}\phi\,\hat{\boldsymbol{e}}_{\text{y}} + r\,\cos\theta\,\hat{\boldsymbol{e}}_{\text{z}}\,.$$

Tomando a derivada temporal desse vetor, podemos obter uma expressão para o vetor velocidade.

$$\begin{aligned}\dot{\boldsymbol{r}} &= (\dot{r}\,\text{sen}\theta\,\cos\phi + \dot{\theta}\,r\cos\theta\,\cos\phi - \dot{\phi}\,r\,\text{sen}\theta\,\text{sen}\phi\,)\,\hat{\boldsymbol{e}}_{\text{x}} \\ &\quad + (\dot{r}\,\text{sen}\theta\,\text{sen}\phi + \dot{\theta}\,r\cos\theta\,\text{sen}\phi + \dot{\phi}\,r\,\text{sen}\theta\,\cos\phi\,)\,\hat{\boldsymbol{e}}_{\text{y}} + (\dot{r}\,\cos\theta - \dot{\theta}\,r\,\text{sen}\theta)\,\hat{\boldsymbol{e}}_{\text{z}}\,.\end{aligned}$$

Então, calculando o módulo ao quadrado desse vetor, obtemos o seguinte:

$$|\dot{\boldsymbol{r}}|^2 = \dot{r}^2 + r^2\,\dot{\theta}^2 + r^2\,\text{sen}^2\theta\,\dot{\phi}^2\,.$$

Portanto, o lagrangiano da partícula no sistema de coordenadas esféricas é dado por:

$$\mathcal{L} = \frac{m}{2}(\dot{r}^2 + r^2\,\dot{\theta}^2 + r^2\,\text{sen}^2\theta\,\dot{\phi}^2) - \left[A(r) + \frac{1}{r^2}\,B(\theta) + \frac{1}{r^2\,\text{sen}^2\theta}\,C(\phi)\right]\,.$$

Por sua vez, o hamiltoniano do sistema é dado por h

$$h = p_r\,\dot{r} + p_\theta\,\dot{\theta} + p_\phi\,\dot{\phi} - \mathcal{L}\,,$$

onde os momentos canônicos associados às coordenadas esféricas são dados por

$$p_r = \frac{\partial\mathcal{L}}{\partial\dot{r}} = m\dot{r}\,, \quad p_\theta = \frac{\partial\mathcal{L}}{\partial\dot{\theta}} = mr^2\,\dot{\theta}\,, \quad p_\phi = \frac{\partial\mathcal{L}}{\partial\dot{\phi}} = mr^2\,\text{sen}^2\theta\,\dot{\phi}\,.$$

Finalmente, inserindo essas expressões para os momentos e para o lagrangiano na equação que define o hamiltoniano, temos:

$$h = \frac{1}{2m}\left(p_r^2 + \frac{1}{r^2}\,p_\theta^2 + \frac{1}{r^2\text{sen}^2\theta}\,p_\phi^2\right) + \left[A(r) + \frac{1}{r^2}\,B(\theta) + \frac{1}{r^2\,\text{sen}^2\theta}\,C(\phi)\right]\,.$$

Agora, procuremos uma solução para a equação de Hamilton-Jacobi que seja separável. Ou seja, adotemos o seguinte ansatz para a solução:

$$S = f_1(r) + f_2(\theta) + f_3(\phi) - \kappa_1\,t\,.$$

A dependência no tempo já foi colocada de forma linear porque o hamiltoniano não depende explicitamente do tempo. Assim, a equação de Hamilton-Jacobi é dada por:

$$\left[\frac{(f_1')^2}{2m} + A\right] + \frac{1}{r^2}\left[\frac{(f_2')^2}{2m} + B\right] + \frac{1}{r^2\,\text{sen}^2\theta}\left[\frac{(f_3')^2}{2m} + C\right] = \kappa_1\,.$$

Multiplicando essa equação por r^2, podemos escrevê-la da seguinte forma:

$$r^2\left[\frac{(f_1')^2}{2m} + A - \kappa_1\right] + \left[\frac{(f_2')^2}{2m} + B\right] + \frac{1}{\text{sen}^2\theta}\left[\frac{(f_3')^2}{2m} + C\right] = 0\,.$$

Na equação acima, toda dependência em r está no primeiro colchete, os outros dois termos não dependem de r. Portanto, como a soma dos três termos deve ser igual a zero, segue que esse primeiro termo deve ser uma constante, pois se dependesse de r não haveria como os outros dois termos aniquilarem essa dependência. Portanto, podemos concluir que

$$r^2\left[\frac{(f_1')^2}{2m}+A-\kappa_1\right]=\kappa_2 \quad \text{e} \quad \left[\frac{(f_2')^2}{2m}+B\right]+\frac{1}{\text{sen}^2\theta}\left[\frac{(f_3')^2}{2m}+C\right]=-\kappa_2\,,$$

onde κ_2 é uma constante. Agora, multiplicando essa segunda identidade por $\text{sen}^2\theta$, conclui-se que:

$$\text{sen}^2\theta\left[\frac{(f_2')^2}{2m}+B+\kappa_2\right]+\left[\frac{(f_3')^2}{2m}+C\right]=0\,.$$

Na equação acima, toda dependência em θ está no primeiro termo, ao passo que toda dependência em ϕ está no segundo termo. Portanto, a fim de que esses termos possam se cancelar, para θ e ϕ arbitrários, eles devem ser constantes. Sendo assim, podemos afirmar que existe uma constante κ_3 tal que:

$$\text{sen}^2\theta\left[\frac{(f_2')^2}{2m}+B+\kappa_2\right]=\kappa_3 \quad \text{e} \quad \left[\frac{(f_3')^2}{2m}+C\right]=-\kappa_3\,.$$

Em suma, obtivemos os seguintes resultados:

$$\frac{(f_1')^2}{2m}=\frac{\kappa_2}{r^2}+\kappa_1-A\,,\quad \frac{(f_2')^2}{2m}=\frac{\kappa_3}{\text{sen}^2\theta}-\kappa_2-B \quad \text{e} \quad \frac{(f_3')^2}{2m}=-\kappa_3-C\,.$$

A integração dessas equações para determinar $f_1(r)$, $f_2(\theta)$ e $f_3(\phi)$ é trivial. O resultado final é que a solução separável para a equação de Hamilton-Jacobi é a seguinte:

$$S=\int\sqrt{2m\left(\frac{\kappa_2}{r^2}+\kappa_1-A\right)}\,dr+\int\sqrt{2m\left(\frac{\kappa_3}{\text{sen}^2\theta}-\kappa_2-B\right)}\,d\theta+ \\ +\int\sqrt{-2m\,(\kappa_3+C)}\,d\phi\;-\;\kappa_1 t.$$

Isso prova explicitamente que o potencial em tela é separável nas coordenadas esféricas.

Uma vez que temos uma solução S em mãos, podemos aplicar o método de Hamilton-Jacobi para estabelecer a dinâmica do sistema. Em particular, aplicando a identidade $p_i=\partial S/\partial q^i$, obtemos as seguintes expressões para os momentos canônicos:

$$p_r=\sqrt{2m\left(\frac{\kappa_2}{r^2}+\kappa_1-A\right)}\,,\quad p_\theta=\sqrt{2m\left(\frac{\kappa_3}{\text{sen}^2\theta}-\kappa_2-B\right)}\,,\quad p_\phi=\sqrt{-2m\,(\kappa_3+C)}\,.$$

Essas igualdades fornecem p_r em função de r, p_θ em função de θ, e p_ϕ em função de ϕ respectivamente. Isso significa que o movimento genérico da partícula tem projeções bem definidas nos planos de fase (q^i,p_i), para cada índice i. Trata-se de uma característica típica de um sistema de coordenadas no qual a equação de Hamilton-Jacobi é separável, algo que será explorado no próximo capítulo. Para determinar $r(t)$, $\theta(t)$ e $\phi(t)$, precisamos usar as identidades $\rho_i=-\partial S/\partial\kappa_i$. Em particular, aplicando essa identidade para o caso $i=1$, temos:

$$-\rho_1=\int\frac{\sqrt{m}}{\sqrt{2\left(\frac{\kappa_2}{r^2}+\kappa_1-A\right)}}\,dr\;-\;t\,.$$

Essa equação estabelece uma relação entre r e t, ou seja, fornece a dinâmica da coordenada r. Por sua vez, a identidade $\rho_2 = -\partial S/\partial \kappa_2$ fornecerá uma relação entre θ e r. Portanto, substituindo $r = r(t)$ em tal relação, chegaremos a uma equação do tipo $\theta = \theta(t)$. Por fim, a identidade $\rho_3 = -\partial S/\partial \kappa_3$ estabelecerá uma relação entre θ e ϕ que, ao substituirmos $\theta = \theta(t)$, permitirá determinar ϕ em função do tempo ■

23.5 Exercícios sugeridos

Exercício 1

Use o método de Hamilton-Jacobi para encontrar a solução geral para a dinâmica do oscilador harmônico, cujo hamiltoniano é dado por:

$$h(q,p) = \frac{1}{2}p^2 + \frac{\omega^2}{2}q^2 .$$

Exercício 2

Calculando a integral $\int \mathcal{L}dt$ ao longo da solução da equação de movimento, obtenha a função ação $S(q_0, t_0, q_f, t_f)$ para o oscilador harmônico cujo hamiltoniano foi dado no exercício anterior. Mostre explicitamente que essa função ação obedece à equação de Hamilton-Jacobi e encontre a solução geral da dinâmica usando o método de Hamilton-Jacobi. Em particular, note que a transformação canônica cuja função geratriz do tipo 1 é dada por $S(q, t, Q, 2t)$ promove a reversão temporal ao instante $t = 0$.

Exercício 3

Considere o problema de uma partícula livre de massa m em n dimensões, cujo hamiltoniano é dado por $h = \frac{1}{2m}\delta^{ij}\, p_i\, p_j$. Faça o que é pedido abaixo.

a) Note que a equação de Hamilton-Jacobi é totalmente separável e encontre uma solução separável.

b) Adotando a solução do item anterior, use as Eqs. (23.23) e (23.24) para determinar a função ação do sistema.

c) Calcule a função ação explicitamente, através da integral temporal do lagrangiano ao longo da solução das equações de movimento, e prove que ela é idêntica àquela obtida no item anterior.

d) Demonstre que a transformação canônica gerada por $S(q, t, Q, 2t - t_0)$ é, de fato, a reversão temporal ao instante $t = t_0$.

e) Demonstre que a função ação $S(q, t, \kappa, 2t - t_0)$ obedece à equação de Hamilton-Jacobi.

Exercício 4 – ***resolvido***

Considere uma partícula de massa m em duas dimensões sujeita ao seguinte potencial:

$$U(\mathrm{x}, \mathrm{y}) = \frac{\arctan(\mathrm{y}/\mathrm{x})}{\mathrm{x}^2 + \mathrm{y}^2},$$

onde $\{\mathrm{x}, \mathrm{y}\}$ são coordenadas cartesianas do $\mathbb{R}^2$. A ideia deste problema é mostrar que é possível resolver a dinâmica da partícula usando o método de Hamilton-Jacobi no sistema de coordenadas $\{z, w\}$ definido por

$$\mathrm{x} = e^z \cos w \quad \text{e} \quad \mathrm{y} = e^z \,\mathrm{sen} w\,.$$

a) Encontre o hamiltoniano da partícula no sistema de coordenadas $\{z, w, p_z, p_w\}$.
b) Encontre uma solução para a equação de Hamilton-Jacobi no sistema de coordenadas do item anterior.
c) Obtenha uma expressão formal que forneça $z(t)$. Não precisa ser uma solução explícita, apenas uma equação algébrica que conecte z e t.

Exercício 5

Sendo $\{\mathrm{x}, \mathrm{y}\}$ coordenadas cartesianas do $\mathbb{R}^2$, considere o sistema de coordenadas $\{z, w\}$ definido pelas seguintes equações:

$$\mathrm{x} = 2\sqrt{z\,w} \quad \text{e} \quad \mathrm{y} = z - w\,.$$

Suponha que uma partícula de massa m em duas dimensões esteja sujeita a uma força conservativa cujo potencial é

$$U = \frac{A(z) + B(w)}{2\,m\,(z + w)},$$

a) Monte o hamiltoniano do sistema no sistema de coordenadas $\{z, w\}$.
b) Encontre uma solução para a equação de Hamilton-Jacobi.
c) Usando as identidades do método de Hamilton-Jacobi, estabeleça uma equação capaz de fornecer o formato geométrico da órbita da partícula no plano espacial $\{z, w\}$.

Solução do Exercício 4

a) O lagrangiano do sistema é dado por $\mathcal{L} = \frac{m}{2}(\dot{\mathrm{x}}^2 + \dot{\mathrm{y}}^2) - U$. Derivando as expressões $\mathrm{x} = \mathrm{x}(z, w)$ e $\mathrm{y} = \mathrm{y}(z, w)$ em relação ao tempo, temos:

$$\dot{\mathrm{x}} = \dot{z}\, e^z \cos w - \dot{w}\, e^z \mathrm{sen} w \quad \text{e} \quad \dot{\mathrm{y}} = \dot{z}\, e^z \mathrm{sen} w + \dot{w}\, e^z \cos w \quad \Rightarrow \quad \dot{\mathrm{x}}^2 + \dot{\mathrm{y}}^2 = e^{2z}(\dot{z}^2 + \dot{w}^2)\,.$$

Logo, o lagrangiano pode ser escrito da seguinte forma:

$$\mathcal{L} = \frac{m}{2}\, e^{2z}\,(\dot{z}^2 + \dot{w}^2) - U \;\Rightarrow\; \begin{cases} p_z = \frac{\partial \mathcal{L}}{\partial \dot{z}} = m\, e^{2z}\, \dot{z} \;\Rightarrow\; \dot{z} = \frac{1}{m} e^{-2z}\, p_z\,, \\ p_w = \frac{\partial \mathcal{L}}{\partial \dot{w}} = m\, e^{2z}\, \dot{w} \;\Rightarrow\; \dot{w} = \frac{1}{m} e^{-2z}\, p_w\,. \end{cases}$$

Então, o hamiltoniano é dado por

$$h = p_z\, \dot{z} + p_w\, \dot{w} - \mathcal{L} = m\, e^{2z}\,(\dot{z}^2 + \dot{w}^2) - \mathcal{L} = \frac{m}{2}\, e^{2z}\,(\dot{z}^2 + \dot{w}^2) + U = \frac{e^{-2z}}{2m}\,(p_z^2 + p_w^2) + U.$$

Notando que $\mathrm{x}^2 + \mathrm{y}^2 = e^{2z}$ e que $\mathrm{y}/\mathrm{x} = \tan w$, de forma que $\arctan(\mathrm{y}/\mathrm{x}) = w$, temos: $U = e^{-2z}\, w$. Logo,

$$h = e^{-2z}\left[\frac{1}{2m}(p_z^2 + p_w^2) + w\right].$$

b) Como o hamiltoniano não depende explicitamente do tempo, podemos assumir o seguinte ansatz para obter uma solução da equação de Hamilton-Jacobi: $S(q, \kappa, t) = F(q, \kappa) - E\, t$. Nesse caso, a equação de Hamilton-Jacobi se torna:

$$\left[\frac{1}{2m}\left(\frac{\partial F}{\partial z}\right)^2 - e^{2z}\, E\right] + \left[\frac{1}{2m}\left(\frac{\partial F}{\partial w}\right)^2 + w\right] = 0$$

Na última equação, se fizermos $F = f(z) + g(w)$, veremos que o primeiro termo entre colchetes só depende de z, ao passo que o segundo termo entre colchetes só depende de w, de forma que ambos os lados devem ser constantes:

$$\begin{cases} \frac{1}{2m} f'^2 - e^{2z} E = -c \;\Rightarrow\; \frac{df}{dz} = \sqrt{2m(E\, e^{2z} - c)} \;\Rightarrow\; f(z) = \sqrt{2m} \int \sqrt{E\, e^{2z} - c}\, dz, \\ \frac{1}{2m} g'^2 + w = c \;\Rightarrow\; \frac{dg}{dw} = \sqrt{2m}\, \sqrt{c - w} \;\Rightarrow\; g(w) = \sqrt{2m} \int \sqrt{c - w}\, dw\,. \end{cases}$$

Fazendo as identificações $c = \kappa_1$ e $E = \kappa_2$, temos a seguinte solução separável para a equação de Hamilton-Jacobi:

$$S(q, \kappa, t) = \sqrt{2m} \int \sqrt{\kappa_2\, e^{2z} - \kappa_1}\, dz - \frac{2}{3}\sqrt{2m}\,(\kappa_1 - w)^{3/2} - \kappa_2\, t$$

c) Usando a equação $\frac{\partial S}{\partial \kappa_2} = -\rho_2$, temos:

$$-\rho_2 = -t + \sqrt{2m}\, \frac{\partial}{\partial \kappa_2} \int \sqrt{\kappa_2\, e^{2z} - \kappa_1}\, dz = -t + \sqrt{2m} \int \frac{e^{2z}}{2\sqrt{\kappa_2\, e^{2z} - \kappa_1}}\, dz\,.$$

Na equação acima, κ_1, κ_2 e ρ_2 são constantes de movimento que devem ser determinadas pelas condições iniciais. Uma vez que realizarmos a integral, teremos uma expressão algébrica que conecta t e z.

Capítulo 24

Variáveis de ação-ângulo

Sistemas que exibem oscilações periódicas ou quase periódicas são onipresentes na natureza e, portanto, são de grande relevância na Física. Alguns exemplos de sistemas importantes com esse comportamento são: planetas girando em torno de estrelas, sistemas binários de estrelas, cristais de quartzo, partículas carregadas se movendo em campos eletromagnéticos, pêndulos, molas... No estudo desses sistemas periódicos ou quase periódicos, uma grandeza absolutamente fundamental é a frequência das oscilações, ou as frequências. De fato, se um sistema tiver n graus de liberdade, ele pode ter n frequências características de oscilação. Neste capítulo, veremos uma técnica para obter tais frequências sem a necessidade de resolver as equações de movimento do sistema oscilatório.

Um paradigma de sistema oscilatório é formado por uma partícula de massa m em movimento circular uniforme em torno de um ponto fixo, conforme ilustrado na Fig. (24.1). Nesse sistema, como a velocidade angular é constante, ω, segue que o ângulo ϕ cresce de forma linear com o tempo, $\phi = \omega t + \phi_0$. Por sua vez, o momento angular é constante, $L = mr^2\omega$, pois o raio de rotação, r, é constante. O ângulo ϕ e o momento

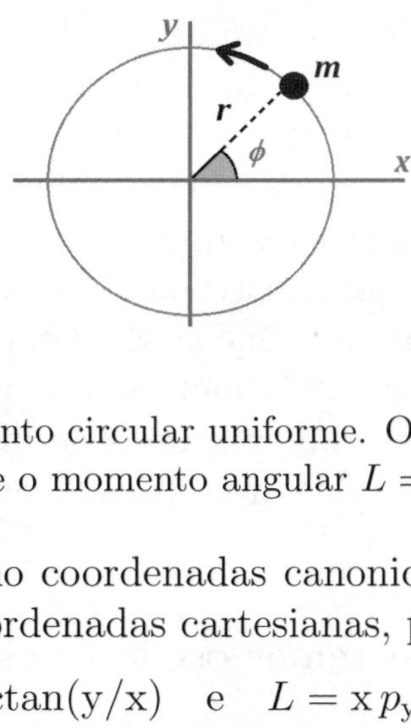

Figura 24.1: Partícula em movimento circular uniforme. O ângulo ϕ aumenta linearmente com o tempo, $\phi = \omega t + \phi_0$, ao passo que o momento angular $L = mr^2\omega$ é constante.

angular L podem ser vistos como coordenadas canonicamente conjugadas do espaço de fase. De fato, em termos das coordenadas cartesianas, podemos escrever:

$$\phi = \arctan(\mathrm{y}/\mathrm{x}) \quad \text{e} \quad L = \mathrm{x}\, p_\mathrm{y} - \mathrm{y}\, p_\mathrm{x}\,.$$

Logo, o parêntese de Poisson de ϕ com L é dado por:

$$\{\phi, L\} \equiv \frac{\partial \phi}{\partial \mathrm{x}}\frac{\partial L}{\partial p_\mathrm{x}} + \frac{\partial \phi}{\partial \mathrm{y}}\frac{\partial L}{\partial p_\mathrm{y}} - \frac{\partial \phi}{\partial p_\mathrm{x}}\frac{\partial L}{\partial \mathrm{x}} - \frac{\partial \phi}{\partial p_\mathrm{y}}\frac{\partial L}{\partial \mathrm{y}} = \frac{(-\mathrm{y})^2}{\mathrm{x}^2+\mathrm{y}^2} + \frac{\mathrm{x}^2}{\mathrm{x}^2+\mathrm{y}^2} - 0 - 0 = 1\,.$$

Por fim, notemos que a energia desse sistema é composta apenas pela energia cinética de rotação, de maneira que

$$E = \frac{m}{2}v^2 = \frac{m}{2}(r\omega)^2 = \frac{1}{2mr^2}\,L^2\,.$$

Sendo assim, calculando a derivada de E em relação a L, temos:

$$\frac{\partial E}{\partial L} = \frac{L}{m\,r^2} = \omega\,.$$

Ou seja, $\partial E/\partial L$ é a frequência angular de rotação.

A ideia do método das variáveis de ação-ângulo, que será o tema deste capítulo, é fazer um mapa entre um sistema oscilatório arbitrário e o sistema da Fig. 24.1, uma partícula em movimento circular uniforme. Mais precisamente, dado um sistema oscilatório conservativo unidimensional, definiremos novas coordenadas do espaço de fase, (Q, P), que sejam canonicamente conjugadas, $\{Q, P\} = 1$, e tais que P seja uma constante de movimento e Q dependa linearmente do tempo, de forma que $\dot{Q}$ seja constante. Desse modo, P seria o análogo do momento angular L e Q seria o análogo da variável angular ϕ. O momento P é a chamada variável de ação, tipicamente denotada pela letra J; ao passo que a coordenada Q é a chamada variável de ângulo. Como o sistema é unidimensional, há duas constantes de movimento independentes neste sistema (por exemplo, κ e ρ, no método de Hamilton-Jacobi). Uma dessas constantes pode ser identificada como sendo P e a outra constante como sendo Q_0, o valor da coordenada Q no instante $t = 0$. Como assumimos que o sistema em questão é conservativo, segue que sua energia, E, é constante. Essa constante pode, então, ser expressa como uma função das constantes P e Q_0, $E = E(Q_0, P)$. Ocorre que, como Q_0 pode ser eliminado por uma simples translação temporal, segue que a energia não deve depender de Q_0, ou seja, temos $E = E(P)$. Pois bem, assim como no caso da partícula em movimento circular uniforme $\partial E/\partial L$ é a frequência angular do sistema, segue que, nesse caso geral, $\partial E/\partial P$ também será a frequência angular da oscilação do sistema. O cálculo de tal frequência é o objetivo principal do método das variáveis de ação-ângulo. Ou seja, pretende-se descobrir a frequência de oscilação do sistema sem a necessidade de resolver as equações de movimento. Isso é de grande relevância, pois, em vários sistemas oscilatórios, a grandeza fisicamente relevante mais fácil de ser medida experimentalmente é a frequência da oscilação. Então, fazendo uso do método das variáveis de ação-ângulo, podemos calcular a frequência prevista por determinado modelo teórico, sem a necessidade de solucionar as equações de movimento, e então comparar com o que foi obtido nos experimentos. Por exemplo, as variáveis de ação-ângulo têm grande relevância em astronomia, pois objetos astronômicos estão constantemente girando em torno de planetas e estrelas e suas frequências de rotação são alguns dos poucos dados experimentais aos quais se tem acesso. O método das variáveis de ação-ângulo também pode ser aplicado a sistemas oscilatórios com mais de um grau de liberdade, desde que a equação de Hamilton-Jacobi seja totalmente separável em algum sistema de coordenadas, conforme será discutido adiante.

24.1 Sistemas periódicos × sistemas oscilatórios

Antes de definirmos as chamadas variáveis de ação e de ângulo, vamos esclarecer a diferença entre sistemas periódicos e sistemas oscilatórios. Como veremos, todo sistema periódico é oscilatório, mas o contrário não é verdadeiro. Para ilustrar esse ponto, consideremos o sistema mostrado na Fig. 24.2. Esse sistema tem duas frequências características e suas coordenadas normais são x e y. Nessa figura, a projeção do movimento da partícula de massa m na direção do eixo x, a direção horizontal, tem frequência angular $\omega_1 = \sqrt{2k_1/m}$, ao passo que a projeção do movimento na direção vertical tem frequência angular $\omega_2 = \sqrt{2k_2/m}$. Se olharmos apenas para a coordenada x da partícula,

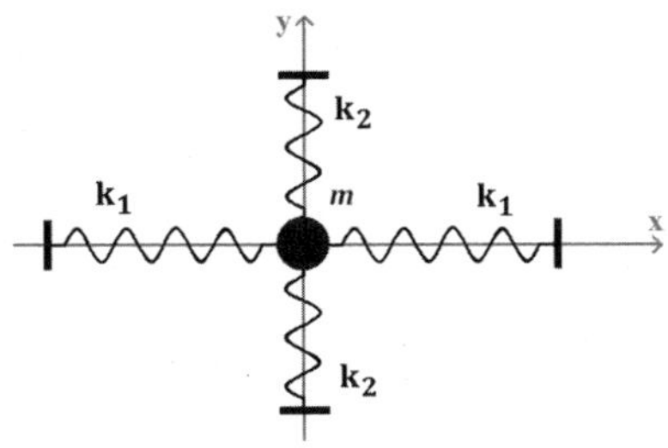

Figura 24.2: Partícula de massa m presa a quatro molas. As duas molas horizontais têm constante elástica k_1, ao passo que as duas molas verticais têm constante de mola k_2.

ignorando o valor de y, veremos uma oscilação harmônica, portanto periódica, com período $\tau_1 = 2\pi/\omega_1$. Analogamente, a dinâmica da coordenada y é periódica com período $\tau_2 = 2\pi/\omega_2$. Apesar disso, em geral, o movimento como um todo não é periódico, embora seja oscilatório.

Dizemos que as frequências ω_1 e ω_2 são **comensuráveis** quando existem inteiros n_1 e n_2 tais que $n_1\,\omega_1 = n_2\,\omega_2$. Quando isso acontece, o movimento da partícula é periódico. Pois se τ_1 é o período do movimento da partícula na direção horizontal e τ_2 é o período do movimento da partícula na direção vertical, então, depois de um tempo $\Delta t = n_2\tau_1$, a partícula terá feito n_2 ciclos na direção horizontal e voltará ao estado inicial de movimento na direção horizontal, ou seja, teremos

$$\mathrm{x}(t_0 + \Delta t) = \mathrm{x}(t_0) \quad \text{e} \quad \dot{\mathrm{x}}(t_0 + \Delta t) = \dot{\mathrm{x}}(t_0)\,.$$

Por outro lado, como $n_1\,\omega_1 = n_2\,\omega_2$, segue que Δt também pode ser escrito da seguinte forma:

$$\Delta t \equiv n_2\,\tau_1 = \frac{n_1\,\omega_1}{\omega_2}\,\tau_1 = n_1\,\frac{2\pi}{\omega_2} = n_1\,\tau_2\,.$$

Ou seja, o intervalo de tempo Δt corresponde a n_1 ciclos na direção vertical. Sendo assim, passado o tempo Δt, a variável y também voltará ao seu estado inicial,

$$\mathrm{y}(t_0 + \Delta t) = \mathrm{y}(t_0) \quad \text{e} \quad \dot{\mathrm{y}}(t_0 + \Delta t) = \dot{\mathrm{y}}(t_0)\,.$$

Portanto, após um intervalo de tempo Δt, ambas as variáveis dinâmicas, x e y, voltam ao seu estado inicial. Dizemos, então, que o movimento é periódico. No entanto, se as frequências ω_1 e ω_2 não forem comensuráveis, o fim do ciclo de oscilação na direção horizontal nunca vai coincidir com o fim do ciclo de oscilação na direção vertical, de forma que o movimento nunca se repetirá por completo. Nesse último caso, o sistema não é dito periódico, embora seja claramente oscilatório. Note que as frequências serão comensuráveis se, e somente se, os períodos forem comensuráveis.

Sistemas oscilatórios que não são periódicos podem ser ditos quase periódicos. De fato, o teorema da recorrência de Poincaré, visto na Seção 22.2, afirma que todo sistema hamiltoniano confinado e conservativo (como os sistemas oscilatórios tratados neste capítulo) é quase periódico. Por exemplo, suponha que

$$\tau_1 = 1\ \mathrm{s} \quad \text{e} \quad \tau_2 = \sqrt{2} \simeq 1{,}414\ \mathrm{s}\,.$$

Nesse caso, os períodos não são comensuráveis, já que a razão entre eles é um número irracional. No entanto, se esperarmos $\Delta t = 17\,\mathrm{s}$, o movimento horizontal terá completado dezessete ciclos, ao passo que o movimento vertical terá completado

$$\frac{17}{\tau_2} = \frac{17}{\sqrt{2}} \simeq 12,021$$

ciclos. Ou seja, terão passado doze ciclos verticais e mais 2% de um ciclo. Vemos, então, que podemos considerar o movimento como sendo quase periódico com quase período $\Delta t \simeq 17\,\mathrm{s}$. Se quisermos uma aproximação ainda maior entre o estado inicial e o estado final após um quase período, teremos que considerar um intervalo de tempo maior. Por exemplo, no intervalo de tempo $\Delta t \simeq 41\,\mathrm{s}$, o movimento horizontal terá completado 41 ciclos ao passo que o movimento vertical terá completado aproximadamente 28,99 ciclos, ou seja, estará a menos de 1% de completar mais um ciclo vertical. É possível chegar tão perto quanto se queira de haver uma coincidência entre o fim dos ciclos horizontal e vertical, basta que esperemos tempo suficiente. No entanto, o estado inicial $(\mathrm{x}, \dot{\mathrm{x}}, \mathrm{y}, \dot{\mathrm{y}})$ nunca se repetirá de forma exata (a não ser que a condição inicial seja tal que o movimento ocorra apenas na direção vertical ou apenas na direção horizontal; esses são cenários não genéricos).

24.2 Projeções nos planos canônicos: libração e rotação

O exemplo da seção anterior nos mostrou que, embora o movimento como um todo em um sistema oscilatório possa não ser periódico e, portanto, não ter um período bem definido, as projeções do movimento em certas direções podem ser exatamente periódicas e, portanto, ter frequências bem definidas. De fato, no sistema ilustrado na Fig. 24.2, a projeção da dinâmica no plano canônico $(\mathrm{x}, p_\mathrm{x})$ é um movimento periódico com período τ_1, assim como a projeção da dinâmica no plano canônico $(\mathrm{y}, p_\mathrm{y})$ é um movimento periódico com período τ_2. A energia desse sistema pode ser escrita da seguinte forma:

$$E = \left[\frac{1}{2m}p_\mathrm{x}^2 + \frac{m\,\omega_1^2}{2}\mathrm{x}^2\right] + \left[\frac{1}{2m}p_\mathrm{y}^2 + \frac{m\,\omega_2^2}{2}\mathrm{y}^2\right] . \tag{24.1}$$

É possível provar que o primeiro termo entre colchetes é uma constante de movimento, que fisicamente representa a energia do movimento horizontal. Da mesma forma, o segundo termo entre colchetes, no lado direito da Eq. (24.1), também é uma constante de movimento, que pode ser interpretada como a energia do movimento vertical. Portanto, denotando essas constantes por E_x e E_y, temos:

$$E = E_\mathrm{x} + E_\mathrm{y} \ , \quad \text{onde} \quad E_\mathrm{x} \equiv \left[\frac{1}{2m}p_\mathrm{x}^2 + \frac{m\,\omega_1^2}{2}\mathrm{x}^2\right] \quad \text{e} \quad E_\mathrm{y} \equiv \left[\frac{1}{2m}p_\mathrm{y}^2 + \frac{m\,\omega_2^2}{2}\mathrm{y}^2\right] .$$

As equações que definem E_x e E_y podem ser reescritas da seguinte forma:

$$\left(\frac{\mathrm{x}}{a_\mathrm{x}}\right)^2 + \left(\frac{p_\mathrm{x}}{b_\mathrm{x}}\right)^2 = 1 \quad \text{e} \quad \left(\frac{\mathrm{y}}{a_\mathrm{y}}\right)^2 + \left(\frac{p_\mathrm{y}}{b_\mathrm{y}}\right)^2 = 1\,, \tag{24.2}$$

onde a_x, b_x, a_y e b_y são constantes definidas por:

$$a_\mathrm{x} = \sqrt{\frac{2E_\mathrm{x}}{m\,\omega_1^2}} \ , \quad b_\mathrm{x} = \sqrt{2mE_\mathrm{x}} \ , \quad a_\mathrm{y} = \sqrt{\frac{2E_\mathrm{y}}{m\,\omega_2^2}} \ , \quad b_\mathrm{y} = \sqrt{2mE_\mathrm{y}}\,.$$

As identidades da Eq. (24.2) definem elipses nos planos canônicos $(\mathrm{x}, p_\mathrm{x})$ e $(\mathrm{y}, p_\mathrm{y})$, conforme ilustrado na Fig. 24.3. O fato de tais curvas serem fechadas indica que a dinâmica em questão é oscilatória. Quando a curva p_i em função de q^i é fechada, dizemos que o movimento no plano canônico (q^i, p_i) é uma **libração**. No problema em tela, os movimentos em ambos os planos canônicos, $(\mathrm{x}, p_\mathrm{x})$ e $(\mathrm{y}, p_\mathrm{y})$, são librações, o que garante que a dinâmica final seja oscilatória.

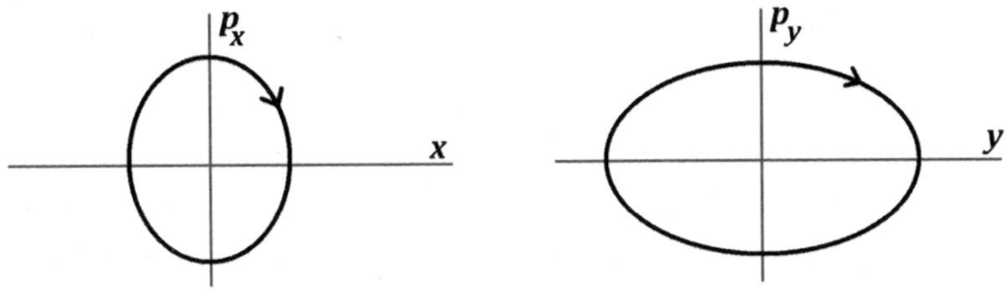

Figura 24.3: Essas curvas elípticas são as projeções do movimento do sistema ilustrado na Fig. 24.2 nos planos canônicos $(\mathrm{x}, p_\mathrm{x})$ e $(\mathrm{y}, p_\mathrm{y})$, respectivamente. Vemos que essas curvas são fechadas, o que indica que se trata de uma dinâmica oscilatória. Tais movimentos são librações.

As constantes E_x e E_y podem ser pensadas como sendo as constantes κ_1 e κ_2 do método de Hamilton-Jacobi. De fato, assumindo um ansatz para a solução da equação de Hamilton-Jacobi que seja totalmente separável,

$$S(q, \kappa, t) = f_1(\mathrm{x}) + f_2(\mathrm{y}) - E\, t\,,$$

vemos que, fazendo as identificações

$$p_\mathrm{x} = \frac{\partial S}{\partial \mathrm{x}} = f_1'(\mathrm{x}) \quad \text{e} \quad p_\mathrm{y} = \frac{\partial S}{\partial \mathrm{y}} = f_2'(\mathrm{y})\,,$$

a equação de Hamilton-Jacobi fica escrita da seguinte maneira:

$$0 = h(q, \partial_q S, t) + \partial_t S = \left[\frac{1}{2m}\,(f_1')^2 + \frac{m\,\omega_1^2}{2}\mathrm{x}^2\right] + \left[\frac{1}{2m}\,(f_2')^2 + \frac{m\,\omega_2^2}{2}\mathrm{y}^2\right] - E\,.$$

Notemos que essa equação está separada em blocos. O primeiro termo entre colchetes só depende de x e não depende de y, ao passo que o segundo termo entre colchetes só depende de y. Portanto, a fim de que essa equação diferencial seja válida para quaisquer x e y, ambos os blocos devem ser constantes. No método de Hamilton-Jacobi, denotamos tais constantes por κ_1 e κ_2, em cujo caso a equação de Hamilton-Jacobi implica $E = \kappa_1 + \kappa_2$. Além disso, temos

$$\frac{df_1}{d\mathrm{x}} = \frac{\partial S}{\partial \mathrm{x}} = p_\mathrm{x}(\mathrm{x}) \quad \Rightarrow \quad f_1(\mathrm{x}) = \int p_\mathrm{x}(\mathrm{x})\, d\mathrm{x}\,, \tag{24.3}$$

onde a função $p_\mathrm{x}(\mathrm{x})$ é determinada através da equação que define a constante κ_1:

$$\left[\frac{1}{2m}\,(p_\mathrm{x})^2 + \frac{m\omega_1^2}{2}\mathrm{x}^2\right] = \kappa_1 \quad \Rightarrow \quad p_\mathrm{x}(\mathrm{x}) = \pm\sqrt{2m\left(\kappa_1 - \frac{m\omega_1^2}{2}\mathrm{x}^2\right)}\,.$$

Os dois sinais possíveis na expressão para p_x representam os dois ramos da elipse ilustrada no lado esquerdo da Fig. 24.3, o ramo do semiplano superior $(p_\mathrm{x} \geq 0)$ e o ramo do semiplano inferior ($p_{\rm x} \leq 0$). Analogamente, obtém-se que

$$f_2(\mathrm{y}) = \int p_{\rm y}(\mathrm{y})\, d\mathrm{y}\ , \quad \text{onde } p_{\rm y}(\mathrm{y}) = \pm\sqrt{2m\left(\kappa_2 - \frac{m\omega_2^2}{2}\mathrm{y}^2\right)}\,.$$

O fato de sermos capazes de estabelecer curvas $p_{\rm x} = p_{\rm x}(\mathrm{x})$ e $p_{\rm y} = p_{\rm y}(\mathrm{y})$ tem relação direta com o fato de a equação de Hamilton-Jacobi do problema em questão ser separável no sistema de coordenadas adotado. Contrariamente, o sistema bidimensional com hamiltoniano

$$h = p_x^2 + p_y^2 + x^2 + 3\,x\,y$$

não admite uma solução totalmente separável para a equação de Hamilton-Jacobi no sistema de coordenadas (x, y). Por esse motivo, não é possível definir as projeções do movimento genérico nos planos canônicos (x, p_x) e (y, p_y). Ou seja, p_x não pode ser escrito como uma função apenas da coordenada x, assim como p_y não pode ser escrito como uma função apenas da coordenada y.

O fato de a curva $p = p(q)$ ser fechada não é uma exclusividade de uma oscilação harmônica. De fato, muitos movimentos oscilatórios dão origem a curvas fechadas nos planos canônicos. Ou seja, uma libração é uma indicação de um movimento oscilatório. Por exemplo, consideremos o caso de uma partícula de massa m em uma dimensão sujeita ao potencial $U(q) = \frac{\alpha}{2}q^{2n}$, com n inteiro e α positivo, de forma que o hamiltoniano é dado por

$$h = \frac{1}{2m}\,p^2 + \frac{\alpha}{2}\,q^{2n}\,.$$

Esses sistemas apresentam dinâmicas oscilatórias, pois a força que age na partícula é sempre restauradora. De fato, as equações de Hamilton fornecem

$$\dot q = \frac{\partial h}{\partial p} = \frac{1}{m}\,p \quad \text{e} \quad \dot p = -\frac{\partial h}{\partial q} = -n\alpha\, q^{2n-1} \quad \Rightarrow \quad \ddot q = -\frac{n\alpha}{m}\,q^{2n-1}\,. \tag{24.4}$$

Portanto, se $q > 0$, a aceleração é negativa, ou seja, a partícula é empurrada para $q < 0$. Por sua vez, se $q < 0$, a aceleração é positiva, ou seja, a partícula será empurrada para $q > 0$. Sendo assim, a força sempre aponta em sentido oposto ao deslocamento da partícula (deslocamento medido em relação ao ponto de equilíbrio $q = 0$). Por essa razão, o movimento será oscilatório. Agora, vejamos a geometria da trajetória da partícula no espaço de fase. Como a função hamiltoniana não depende explicitamente do tempo, segue que a energia do sistema é conservada, de forma que vale a seguinte equação:

$$E = h(q(t), p(t)) = \tfrac{1}{2m}\,p(t)^2 + \tfrac{\alpha}{2}\,q(t)^{2n}\,, \tag{24.5}$$

onde E é constante. Essa equação nos fornece então a relação entre q e p durante o movimento da partícula. Resolvendo essa equação para p, temos:

$$p = \pm\sqrt{2mE - m\,\alpha\,q^{2n}}\,. \tag{24.6}$$

Em particular, se $n = 1$ temos uma elipse. Porém, se $n \neq 1$, com n inteiro, as curvas também são fechadas, como ilustrado na Fig. 24.4. Por outro lado, se n for semi-inteiro, como $n = 3/2$ e $n = 5/2$, a dinâmica ditada pela Eq. (24.4) não será oscilatória, pois a força não será restauradora. Mais precisamente, a força sempre apontará na direção negativa do eixo q, independentemente do deslocamento q. Nesse caso as curvas definidas pela Eq. (24.6) não são fechadas. De fato, tais curvas são ilustradas na Fig. 24.5.

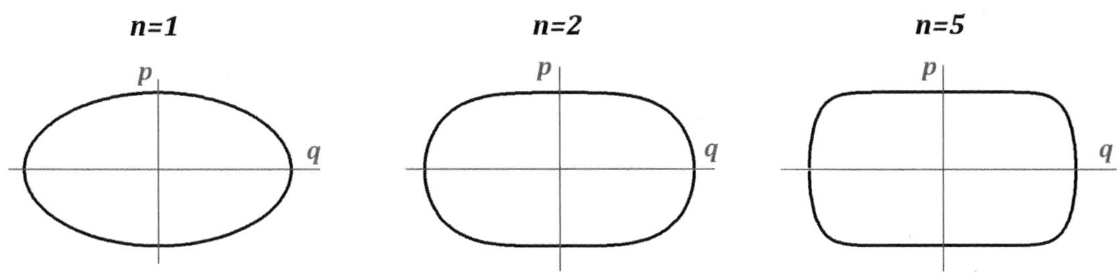

Figura 24.4: Essa figura mostra a curva definida pela Eq. (24.6) para os casos $n = 1$, $n = 2$ e $n = 5$ respectivamente. Vemos que tais curvas no plano canônico (q, p) são fechadas. Ou seja, os movimentos são librações. O mesmo ocorre sempre que n é inteiro.

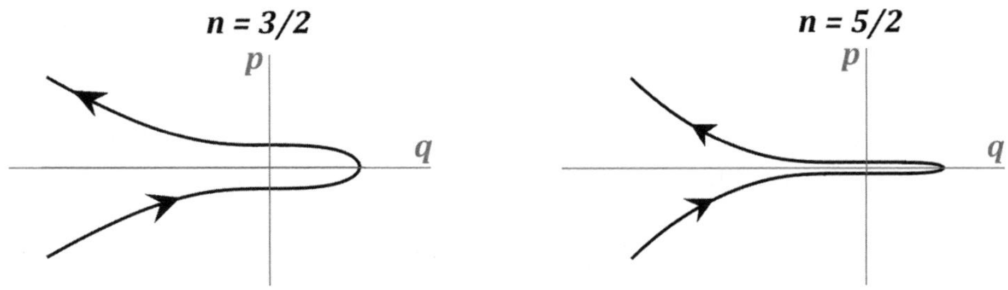

Figura 24.5: Essa figura mostra a curva definida pela Eq. (24.6) para os casos $n = 3/2$ e $n = 5/2$, respectivamente. Vemos que tais curvas no plano canônico (q, p) são abertas, não representam librações. Esses movimentos não são oscilatórios.

Nos exemplos anteriores, vimos que curvas fechadas no plano de fase indicam a existência de um movimento oscilatório. No entanto, também é possível que haja oscilação sem que a curva $p = p(q)$ seja fechada. De fato, movimentos oscilatórios também podem estar conectados a curvas abertas e periódicas. Para ilustrar esse fato, investiguemos o espaço de fase do pêndulo simples. Consideremos um pêndulo simples formado por uma partícula de massa m presa a uma haste de comprimento ℓ e massa desprezível. Tal sistema está ilustrado na parte esquerda da Fig. 24.6. Sendo θ o ângulo entre a haste e a

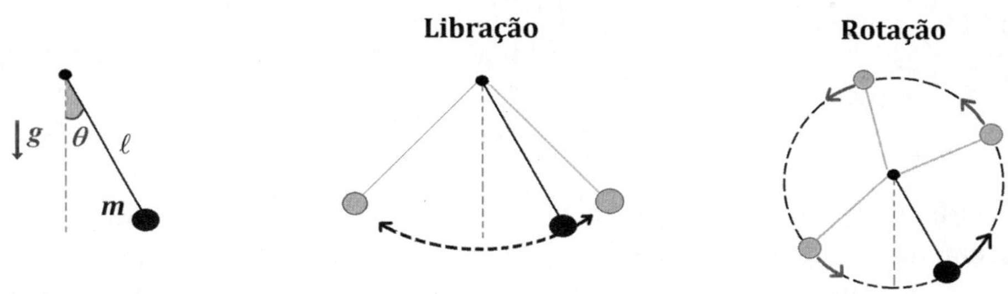

Figura 24.6: À esquerda, vemos a ilustração do pêndulo simples e dos parâmetros fisicamente relevantes nesse sistema. Na ilustração central, vemos o regime de libração, no qual o pêndulo oscila no domínio $\theta \in (-\theta_0, \theta_0)$, onde θ_0 é um ângulo entre zero e π. Na ilustração à direita, vemos o regime de rotação, que é um regime no qual o pêndulo tem energia suficiente para dar voltas completas em torno do pivô.

direção vertical, segue que o lagrangiano desse sistema é dado por:

$$\mathcal{L} = \frac{m}{2}(\ell\,\dot{\theta})^2 \; - \; m\,g\,\ell\,(1 - \cos\theta)\,,$$

onde o nível zero para a energia potencial gravitacional foi escolhido como sendo o ponto $\theta = 0$. Então, computando o hamiltoniano desse sistema, obtemos:

$$h = \frac{1}{2m\ell^2}\, p_\theta^2 + m\, g\, \ell\, (1 - \cos\theta)\,,$$

onde p_θ é o momento canonicamente conjugado à coordenada θ. Como esse sistema é conservativo e unidimensional, segue que a curva $p_\theta = p_\theta(\theta)$ pode ser obtida facilmente a partir da lei de conservação de energia:

$$E = \frac{1}{\alpha}\, p_\theta^2 + \frac{1}{\beta}\,(1 - \cos\theta) \;\Rightarrow\; p_\theta = \pm\sqrt{\frac{\alpha}{\beta}\,(\cos\theta + \beta\, E - 1)}\;, \tag{24.7}$$

onde $\alpha \equiv 2m\ell^2$ e $\beta \equiv \frac{1}{mg\ell}$. Para que p_θ não assuma valores complexos, devemos ter

$$\cos\theta \geq 1 - \beta\, E \tag{24.8}$$

para todo valor de θ acessível ao pêndulo. Se $E < 0$, não há valor de θ que torne a desigualdade (24.8) verdadeira, pois $|\cos\theta|$ deve ser sempre menor ou igual a 1. Portanto, $E \geq 0$. Há dois cenários distintos para $E > 0$. Se $\beta E > 2$, segue que todo valor de θ é acessível, pois a Eq. (24.8) não trará nenhuma restrição, já que $\cos\theta \geq (-1)$ qualquer que seja θ. Nesse cenário, o pêndulo está com tanta energia que ele dá voltas em torno do ponto fixo, ou seja, θ cresce indefinidamente, conforme ilustrado na parte direita da Fig. 24.6. Esse crescimento indefinido de θ é possível porque não há atrito. A função $p_\theta = p_\theta(\theta)$ é periódica nesse caso, $p_\theta(\theta) = p_\theta(\theta + 2\pi)$. Por outro lado, no regime de energia $0 \leq \beta E \leq 2$, temos que θ é limitado: $|\theta| \leq \arccos(1 - \beta\, E) = \theta_0$. Tal regime de oscilação está ilustrado na parte central da Fig. 24.6. Nesse último cenário, a curva $p_\theta = p_\theta(\theta)$ é fechada, pois o pêndulo nunca ultrapassa o ângulo θ_0. A ilustração central da Fig. 24.7 mostra algumas órbitas do regime de energia em que θ é limitado. As diferentes curvas

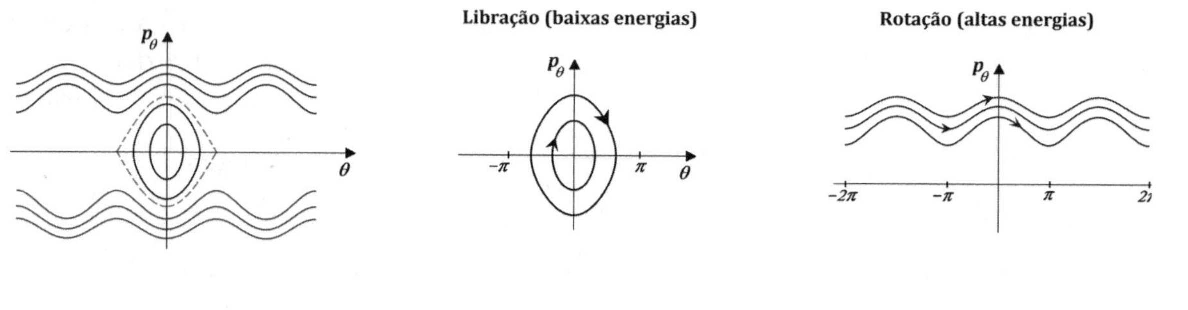

Figura 24.7: Plano de fase para o pêndulo simples. No primeiro quadro, à esquerda, são mostradas as curvas $p_\theta(\theta)$, dadas pela Eq. (24.7), para diferentes valores da energia E. Em particular, vemos que algumas curvas são fechadas, aquelas que estão mais próximas à origem e que representam níveis de energia mais baixos ($0 < \beta E < 2$), ao passo que algumas curvas são abertas e periódicas, aquelas que representam níveis de energia mais altos ($\beta E > 2$). Na ilustração central, vemos apenas as curvas de libração, que são do regime de baixa energia do pêndulo ($0 < \beta E < 2$). No lado direito, vemos as curvas $p_\theta(\theta)$ no regime em que o pêndulo tem energia suficiente para dar voltas em torno do ponto fixo ($\beta E > 2$). Nesse caso, a curva $p_\theta(\theta)$ é aberta e periódica, esse tipo de curva representa uma rotação.

na Fig. 24.7 representam diferentes energias. Na ilustração mais à esquerda vemos o espaço de fase "completo", ou seja, para os diferentes regimes da energia E. A ilustração central mostra as curvas $p_\theta = p_\theta(\theta)$ para dois valores de energia no domínio $0 \leq \beta E \leq 2$.

Como tais curvas são fechadas, dizemos que se trata do regime de libração. Por sua vez, na ilustração à direita, na Fig. 24.7, vemos as curvas $p_\theta = p_\theta(\theta)$ para três valores de energia, todos com $\beta E > 2$. Tais curvas são abertas e periódicas, em cujo caso dizemos que se trata de **curvas de rotação** (em contraste às curvas de libração).

Portanto, a partir dos exemplos anteriores, vemos que movimentos oscilatórios sempre estão ligados a um dos dois seguintes tipos de curvas no espaço de fase: (1) curvas fechadas, denominadas curvas de libração; (2) curvas abertas e periódicas, denominadas curvas de rotação.

Há sistemas oscilatórios com mais de um grau de liberdade tais que parte das curvas $p_i = p_i(q^i)$ são librações, para alguns valores de i, e o restante das curvas, para os outros valores de i, são rotações. Um importante exemplo desse cenário é dado pelo sistema formado por um planeta orbitando em torno de uma estrela. Como a força é do tipo central, segue que o momento angular do planeta é conservado, de forma que seu movimento é confinado a um plano. Podemos assumir esse plano como sendo o equatorial. Então, sendo r e ϕ as coordenadas polares desse plano, segue que o hamiltoniano do sistema, de acordo com a teoria newtoniana da gravitação, é dado por

$$h = \frac{1}{2m}\,p_r^2 + \frac{1}{2mr^2}\,p_\phi^2 - \frac{\lambda}{r}\,.$$

Como $\partial_\phi h = 0$, segue de uma das equações de Hamilton que $\dot{p}_\phi = 0$, ou seja, p_ϕ é constante ao longo do movimento. Sendo assim, a projeção do movimento do planeta no plano (ϕ, p_ϕ) do espaço de fase é dada pela ilustração do lado esquerdo da Fig. 24.8. Vemos que a curva $p_\phi = p_\phi(\phi)$ é uma curva aberta e periódica (com período zero). Portanto, o movimento no plano (ϕ, p_ϕ) é uma rotação. Já no plano (r, p_r) do espaço de fase, temos a seguinte equação que fornece $p_r = p_r(r)$:

$$E = \frac{1}{2m}\,p_r^2 + \frac{\ell^2}{2mr^2} - \frac{\lambda}{r}\,, \tag{24.9}$$

onde ℓ é o valor constante de p_ϕ. Se $E < 0$, essa relação não admite solução para $r \to \infty$, de forma que os valores de r são limitados, como ilustrado no lado direto da Fig. 24.8. Vemos que a dinâmica no plano (r, p_r) é uma libração. Se tratarmos do mesmo problema

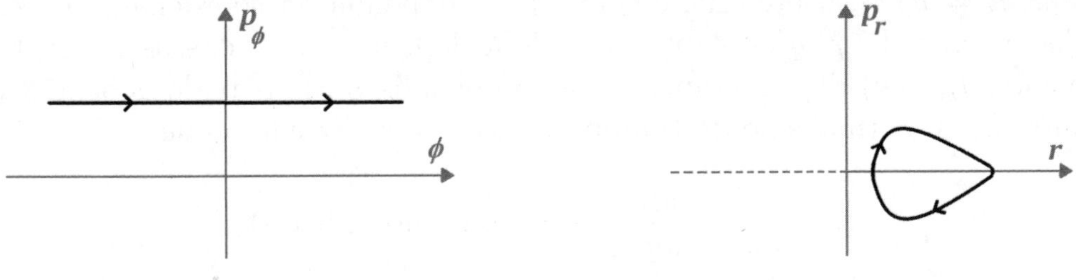

Figura 24.8: Na ilustração à esquerda, vemos a projeção do movimento do planeta no plano de fase (ϕ, p_ϕ). Vemos que o momento angular p_ϕ é constante durante o movimento. Essa é uma curva de rotação, pois é uma curva aberta e periódica (período zero). Por sua vez, à direita, vemos a projeção do movimento no plano de fase (r, p_r). A curva é fechada no regime de energia $E < 0$, de forma que o movimento nesse plano é uma libração.

físico, ou seja, do planeta girando em torno de uma estrela, mas usando a teoria de gravitação relativística (relatividade geral), obteremos que p_ϕ continua sendo constante, mas a equação de conservação da energia, que fornece a curva $p_r = p_r(r)$, será levemente modificada em relação à Eq. (24.9). De fato, no caso relativístico, temos uma relação da seguinte forma:

$$E = \frac{1}{2m} p_r^2 + \frac{\ell^2}{2mr^2} - \frac{\lambda}{r} - \frac{\epsilon}{r^3} \,. \tag{24.10}$$

Em geral, essa modificação não altera muito o formato da curva $p_r = p_r(r)$, que continua sendo uma curva fechada quando $E < 0$. Apesar disso, uma diferença significativa entre o caso relativístico e o newtoniano é que, no último, o tempo necessário para que o sistema dê uma volta na curva $p_r = p_r(r)$ é exatamente o tempo necessário para que ϕ tenha um acréscimo de 2π. Por outro lado, no caso relativístico, no intervalo de tempo necessário para dar uma volta na curva $p_r = p_r(r)$, o ângulo ϕ avança um pouco mais que 2π, de forma que, no espaço real, a trajetória do planeta não é periódica.

24.3 Definindo as variáveis de ação e ângulo

Para que seja possível definirmos as variáveis de ação e ângulo, é necessário que três condições básicas sejam obedecidas pelo sistema de interesse:

- O sistema é conservativo, ou seja, $\partial_t h = 0$.
- A equação de Hamilton-Jacobi admite uma solução totalmente separável.
- O sistema é oscilatório, ou seja, as curvas $p_i = p_i(q^i)$ são fechadas ou periódicas.

Quando a última dessas condições é satisfeita, diz-se que o sistema é **multiperiódico**. Esse termo faz sentido porque, em geral, se n for o número de graus de liberdade, o sistema terá n períodos característicos, um para cada plano canônico (q^i, p_i), ou seja, a projeção do movimento em cada plano canônico será periódica. Sendo $h(q,p)$ o hamiltoniano do sistema, as duas primeiras hipóteses acima nos garantem que a equação de Hamilton-Jacobi admite uma solução da seguinte forma:

$$S(q, \kappa, t) = -E\,t + f_1(q^1, \kappa) + f_2(q^2, \kappa) + \cdots + f_n(q^n, \kappa) \,, \tag{24.11}$$

onde a constante E tem interpretação de energia e é expressa em termos das constantes κ_i. Ou seja, $E = E(\kappa)$. Note que, embora f_1 só dependa da coordenada q^1, sendo, em geral, independente de $q^2, q^3, \cdots, q^n$, f_1 poderá depender de todas as n constantes κ_j. Analogamente, $f_i(q^i, \kappa)$ depende apenas da coordenada q^i, mas pode depender de todas as constantes κ_j. O formalismo de Hamilton-Jacobi nos diz então que

$$p_i = \frac{\partial S}{\partial q^i} = \frac{df_i}{dq^i} \quad \text{(sem soma no índice } i) \,. \tag{24.12}$$

Como f_i só depende da coordenada q^i, por hipótese, segue que a relação acima fornece uma curva no plano (q^i, p_i) para cada conjunto de constantes κ (ou seja, para cada condição inicial distinta) e essa curva independe do tempo. Então, a Eq. (24.12) fornece

$$p_i = p_i(q^i, \kappa) \,, \tag{24.13}$$

onde κ é um conjunto de n constantes definidas pela condição inicial. Portanto, para sistemas conservativos e separáveis, como os aqui tratados, faz sentido restringir o movimento do sistema no espaço de fase completo aos planos canônicos (q^i, p_i). Para sistemas mais gerais, que não obedecem às duas primeiras hipóteses listadas no início desta seção, esse tipo restrição não faz muito sentido. Portanto, só é possível falar que o sistema é multiperiódico se ele for separável e conservativo. Em outras palavras, a terceira hipótese acima tem como condição necessária a validade das duas primeiras hipóteses.

Se um sistema obedece a essas três hipóteses acima, podemos, então, introduzir as chamadas **variáveis de ação**, denotadas por J_i e definidas por

$$J_i \equiv \frac{1}{2\pi} \oint p_i(q^i, \kappa)\, dq^i \quad \text{(sem soma no índice } i\text{)}\,. \tag{24.14}$$

O símbolo circular na integral acima indica que tal integral deve ser feita no intervalo de um ciclo. Ou seja, se a curva $p_i = p_i(q^i, \kappa)$ for aberta e periódica (uma rotação), a variável ação J_i representa a área abaixo da curva durante um período da oscilação nesse plano de fase dividida por 2π. Já se a curva $p_i = p_i(q^i, \kappa)$ for fechada (uma libração), então J_i será a área no interior dessa curva dividida por 2π. Para cada plano de fase (q^i, p_i), J_i é uma constante, já que não depende do tempo. Essa constante é uma característica do movimento oscilatório nesse plano. Como a função $p_i = p_i(q^i, \kappa)$ depende das constantes κ, segue que J_i também dependerá das constantes κ. Logo, computando as integrais (24.14) para todos os valores possíveis de i, obtemos:

$$J_1 = J_1(\kappa)\,, \quad J_2 = J_2(\kappa)\,, \quad \cdots\,, \quad J_n = J_n(\kappa)\,.$$

Em geral, essas n equações podem ser invertidas de forma a escrever as n constantes κ_j em termos das n constantes J_i. Ou seja, podemos encontrar

$$\kappa_1 = \kappa_1(J_1, J_2, \cdots, J_n)\,, \quad \cdots\,, \quad \kappa_n = \kappa_n(J_1, J_2, \cdots, J_n)\,. \tag{24.15}$$

A essa altura do campeonato, não devemos achar estranho utilizar constantes de movimento como sendo coordenadas do espaço de fase. De fato, fizemos exatamente isso no método de Hamilton-Jacobi, pois foi implementada uma transformação canônica $(q,p) \to (Q,P)$, onde Q e P foram identificados como sendo as constantes κ e ρ. Analogamente, no formalismo das variáveis de ação-ângulo, vamos fazer uma transformação canônica $(q,p) \to (Q,P)$ segundo a qual os novos momentos canônicos, P, serão identificados com as variáveis de ação, J, que são constantes de movimento. A função geratriz do tipo 2 para essa transformação canônica será, então, definida por:

$$F_2(q,P) = F_2(q,J) \equiv \sum_{i=1}^{n} f_i(q^i\,, \kappa(J))\,, \tag{24.16}$$

onde as funções $f_i(q^i, \kappa)$ são as funções que aparecem na solução separável da equação de Hamilton-Jacobi, vide Eq. (24.11). Ou seja, usamos a "parte espacial" da solução da equação de Hamilton-Jacobi para definir uma transformação canônica. Note que isso é diferente do que é feito no método de Hamilton-Jacobi, onde a solução completa (não apenas a "parte espacial") é usada para gerar uma transformação canônica. Além disso, no método de Hamilton-Jacobi, a solução $S(q, \kappa, t)$ é vista como função de (q, Q, t), ou seja, é uma função geratriz do tipo 1. Diferentemente, aqui, no formalismo das variáveis de ação-ângulo, vemos a função geratriz como sendo do tipo 2, ou seja, uma função de (q, P). Note que, conforme definidas na Eq. (24.11), as funções $f_i(q^i, \kappa)$ são funções das constantes κ, não das constantes J. Por esse motivo, para definir a função geratriz (24.16), precisamos expressar as constantes κ em termos das constantes J, como mostrado na Eq. (24.15). Do formalismo de transformações canônicas, segue a validade das seguintes identidades:

$$p_i = \frac{\partial F_2}{\partial q^i} \quad \text{e} \quad Q^i = \frac{\partial F_2}{\partial P_i} \quad \Rightarrow \quad \begin{cases} p_i &= \frac{\partial f_i}{\partial q^i} \,, \\ Q^i &= \frac{\partial}{\partial J_i} \sum_j f_j \,. \end{cases} \tag{24.17}$$

A primeira dessas identidades não traz nada de novo, ela vem do próprio formalismo de Hamilton-Jacobi e já havia sido mencionada na Eq. (24.12). A segunda identidade, por sua vez, define as coordenadas Q^i, que são as chamadas **variáveis de ângulo**.

Agora, vejamos qual é a dinâmica obedecida pelas novas variáveis canônicas adotadas, ou seja, vamos obter as equações de movimento obedecidas por Q^i e $P_i = J_i$. Do formalismo de transformações canônicas, segue que o novo hamiltoniano é dado por:

$$H(Q,P) = h\big(q(Q,P), p(Q,P)\big) + \partial_t F_2 = h\big(q(Q,J), p(Q,J)\big) \,.$$

Para obter q e p em função de Q e J, precisamos usar as duas identidades da Eq. (24.17). As identidades $Q^i = \partial F_2/\partial J_i$ podem ser invertidas para fornecer $q^i = q^i(Q,J)$. Já a relação $p_i = \partial f_i/\partial q^i$ dá origem às identidades $p_i = p(q^i, J)$. Então, substituindo $q^i = q^i(Q,J)$ no argumento de $p_i = p(q^i, J)$, obteremos $p_i = p_i(Q,J)$, como desejado. No entanto, não precisaremos seguir esse procedimento para obter as equações de Hamilton. De fato, como o sistema é conservativo, por hipótese, segue que o hamiltoniano é uma constante de movimento, $h = E$. Além disso, conforme argumentado previamente, a constante E é escrita em termos das constantes κ. De fato, a relação $E = E(\kappa)$ pode ser obtida impondo a equação de Hamilton-Jacobi ao ansatz separável dado na Eq. (24.11). Então, como as constantes κ podem ser expressas em função das variáveis de ação, J, podemos obter $E = E(J) = E(\kappa(J))$. Portanto, o novo hamiltoniano é dado por:

$$H = h = E = E(\kappa) = E(\kappa(J)) = E(J) = H(J) \,.$$

Vemos, então, que H não depende das coordenadas Q, depende apenas dos momentos $P_i = J_i$. Isso é coerente com o fato de que as variáveis de ação são constantes de movimento, pois as equações de Hamilton no novo sistema de coordenadas fornecerão

$$\dot{J}_i = -\frac{\partial H}{\partial Q^i} = 0 \,.$$

Por sua vez, as equações de Hamilton associadas às coordenadas Q^i são:

$$\dot{Q}^i = \frac{\partial H}{\partial P_i} = \frac{\partial H}{\partial J_i} = \frac{\partial E}{\partial J_i} \,. \tag{24.18}$$

Logo, se soubermos E em função das variáveis de ação J, poderemos calcular o lado direito da equação acima. Todavia, neste momento, o que é realmente importante é que o lado direito da Eq. (24.18) será uma função das variáveis de ação J, que são constantes de movimento. Portanto, para cada valor de i, a derivada $\dot{Q}^i$ será constante. Denotemos tais constantes por ω_i:

$$\omega_i \equiv \frac{\partial E}{\partial J_i} \,. \tag{24.19}$$

Assim sendo, a equação de Hamilton (24.18) e sua solução são dadas por:

$$\dot{Q}^i = \frac{\partial E}{\partial J_i} = \omega_i = \text{constante} \quad \Rightarrow \quad Q^i(t) = \omega_i\, t + Q^i_0 \,,$$

onde Q_0^i são n constantes de integração independentes entre si e independentes das constantes J.

O mais relevante não é que resolvemos as equações de Hamilton, mas sim a interpretação das constantes ω_i. No que segue, provaremos que tais constantes são as frequências angulares dos movimentos nos planos de fase (q^i, p_i). Ou seja, se τ_i é o período do movimento no plano de fase (q^i, p_i), então $\omega_i = 2\pi/\tau_i$. Se isso for verdade, a variação de Q^i em um ciclo deve ser igual a 2π:

$$\Delta Q^i = Q^i(t+\tau_i) - Q^i(t) = \left[\omega_i\,(t+\tau_i) + Q_0^i\right] - \left[\omega_i\,t + Q_0^i\right] = \omega_i\,\tau_i = 2\pi\,.$$

Sendo assim, provar que ω_i é a frequência angular da oscilação é equivalente a provar que a variação de Q^i em um ciclo é $\Delta Q^i = 2\pi$. Calculemos, então, a variação de Q^i durante um ciclo do movimento no plano (q^i, p_i). A segunda relação em (24.17) fornece Q^i em termos dos argumentos de F_2, ou seja, em termos de (q, J). Portanto, é possível encontrar as seguintes expressões:

$$Q^i = Q^i(q, J)\,.$$

Usando tal equação, segue que a diferencial de Q^i é dada por:

$$dQ^i = \sum_{k=1}^{n}\left(\frac{\partial Q^i}{\partial q^k}\right)_J dq^k + \sum_{k=1}^{n}\left(\frac{\partial Q^i}{\partial J_k}\right)_q dJ_k\,,$$

onde foi explicitada a soma em k porque, neste capítulo, deixaremos de usar a convenção de soma de Einstein, já que não usamos essa convenção na definição de J_i e a adoção de um duplo padrão costuma causar confusão e erro. Ocorre que, durante a evolução dinâmica do sistema, J não varia, pois as variáveis de ação são constantes de movimento. Sendo assim, ao longo do ciclo, temos $dJ_k = 0$, de forma que a variação de Q^i será

$$\Delta Q^i = \oint dQ^i = \oint \sum_{k=1}^{n}\left(\frac{\partial Q^i}{\partial q^k}\right)_J dq^k = \oint \sum_{k=1}^{n}\frac{\partial}{\partial q^k}\frac{\partial F_2}{\partial J_i}\,dq^k = \oint \sum_{k=1}^{n}\frac{\partial}{\partial J_i}\frac{\partial F_2}{\partial q^k}\,dq^k\,,$$

onde, na terceira igualdade, foi utilizada a Eq. (24.17) e, na quarta igualdade, foi utilizado o fato de que as derivadas parciais comutam. Agora, usando a identificação $p_k = \partial F_2/\partial q^k$ e usando o fato de que as variáveis J são constantes durante a dinâmica, de forma que a derivada $\partial/\partial J$ pode ser retirada de dentro da integral acima, concluímos que a variação de Q^i em um ciclo é dada por:

$$\Delta Q^i = \frac{\partial}{\partial J_i}\sum_{k=1}^{n}\oint p_k\,dq^k = \frac{\partial}{\partial J_i}\sum_{k=1}^{n}(2\pi\,J_k) = 2\pi\sum_{k=1}^{n}\delta_k^i = 2\pi\,,$$

onde, na segunda igualdade, foi utilizada a definição das variáveis de ação, vide Eq. (24.14). Essa era exatamente a relação que queríamos provar. A coordenada Q^i é denominada variável de ângulo, justamente porque ela varia de 2π em um ciclo no plano de fase (q^i, p_i). Isso lembra a variável de ângulo do círculo trigonométrico, que aumenta de 2π a cada volta.

O resumo da ópera é o seguinte: podemos obter as frequências fundamentais de um sistema mecânico oscilatório sem precisar resolver as equações de movimento do sistema, basta calcular $\omega_i = \partial E/\partial J_i$. Esse é o objetivo principal do chamado método das variáveis de ação-ângulo, conhecer as frequências fundamentais do sistema sem ter que integrar as equações de movimento. Neste momento, vale lembrar da analogia proposta na introdução deste capítulo, onde vimos que, para uma partícula que efetua um movimento circular uniforme, o momento angular L é conservado (assim como as variáveis de ação J) e o ângulo ϕ depende linearmente do tempo (assim como as variáveis de ângulo Q). Além disso, vimos que L e ϕ são canonicamente conjugadas, $\{\phi, L\} = 1$, (assim como as variáveis J_i e Q^i também são). Por fim, vimos que $\partial E/\partial L$ fornecia a frequência angular do movimento circular uniforme (analogamente, provamos que a frequência angular da oscilação no plano canônico (q^i, p_i) é dada por $\partial E/\partial J_i$). Nesse sentido, o método das variáveis de ação-ângulo permite fazer um mapa entre um sistema oscilatório qualquer e um conjunto de n partículas executando movimentos circulares uniformes.

24.4 Aplicando o método das variáveis de ação-ângulo

A forma como as variáveis de ação e ângulo foram introduzidas foi bastante intrincada e abstrata. Apesar disso, a aplicação do método das variáveis de ação-ângulo para determinar as frequências características de um sistema oscilatório é relativamente simples e pode ser reduzida a seguir as etapas de um algoritmo. O passo a passo desse método é descrito abaixo.

1. *Identificar que o sistema obedece às três hipóteses necessárias: conservativo, separável, multiperiódico.*

2. *Separar a equação $E = h(q,p)$ em blocos independentes, para cada par (p_i, q^i), e igualar esses blocos às constantes κ_i. Dessa forma, teremos as curvas $p_i = p_i(q^i, \kappa_i)$ e uma expressão $E = E(\kappa)$.*

3. *Com as curvas $p_i = p_i(q^i, \kappa)$ em mãos, calcular as variáveis de ação $J_i = \frac{1}{2\pi}\oint p_i(q^i,\kappa)dq^i$, onde a integral é feita ao longo de um ciclo. As variáveis J são constantes de movimento.*

4. *O passo anterior nos fornece $J_i = J_i(\kappa)$. Devemos inverter essas relações para obter $\kappa_i = \kappa_i(J)$. Com isso em mãos, em conjunto com a expressão $E = E(\kappa)$, obtida no passo 2, encontra-se $E(J) = E(\kappa(J))$.*

5. *A frequência angular ω_i do movimento periódico no plano de fase (q^i, p_i) é então dada por $\omega_i = \frac{\partial E}{\partial J_i}$.*

A fim de ilustrar explicitamente o uso desse algoritmo, vamos agora implementar essas etapas a dois sistemas oscilatórios distintos.

Exemplo: Considere uma partícula em duas dimensões cuja dinâmica é descrita pelo seguinte hamiltoniano:

$$h(q,p) = \frac{1}{2}(p_{\mathrm{x}}^2 + p_{\mathrm{y}}^2) + \frac{1}{2}\mathrm{x}^2 + \mathrm{y}^2\,,$$

Encontre as frequências fundamentais desse sistema usando o método das variáveis de ação-ângulo e diga se o movimento da partícula é periódico.

Solução

Passos 1 e 2: Vemos que a hamiltoniana não depende explicitamente do tempo, de forma que o sistema é conservativo. Segue, portanto, que a lei de conservação da energia fornece:

$$E = \frac{1}{2}(\,p_{\mathrm{x}}^2 + p_{\mathrm{y}}^2\,) + \frac{1}{2}\mathrm{x}^2 + \mathrm{y}^2 \;\Rightarrow\; E = \frac{1}{2}(\,p_{\mathrm{x}}^2 + \mathrm{x}^2\,) + \left(\frac{1}{2}p_{\mathrm{y}}^2 + \mathrm{y}^2\right)$$

Vemos que conseguimos separar a equação da conservação de energia em blocos que só dependem dos pares canônicos (q^i, p_i). As projeções do movimento nos planos de fase são

$$\frac{1}{2}(\,p_{\mathrm{x}}^2 + \mathrm{x}^2\,) = \kappa_1^2 \quad \text{e} \quad \left(\frac{1}{2}p_{\mathrm{y}}^2 + \mathrm{y}^2\right) = \kappa_2^2\,,$$

onde κ_1 e κ_2 são constantes de separação da equação de Hamilton-Jacobi. Em particular, temos que

$$E = \kappa_1^2 + \kappa_2^2\,. \tag{24.20}$$

Vemos que as curvas $p_{\mathrm{x}} = p_{\mathrm{x}}(\mathrm{x})$ e $p_{\mathrm{y}} = p_{\mathrm{y}}(\mathrm{y})$ são fechadas, com a primeira delas sendo um círculo e a segunda sendo uma elipse. Portanto, o sistema é multiperiódico, de forma que podemos aplicar o método das variáveis de ação-ângulo.

Passos 3 e 4: Se a curva $p = p(q)$ for fechada, a variável ação, J, significa a área dentro da curva dividida por 2π. No problema em tela, as curvas são:

$$p_{\mathrm{x}}^2 + \mathrm{x}^2 = 2\,\kappa_1^2 \quad \text{e} \quad \left(\frac{p_{\mathrm{y}}}{\sqrt{2}\,\kappa_2}\right)^2 + \left(\frac{\mathrm{y}}{\kappa_2}\right)^2 = 1\,.$$

A primeira é um círculo de raio $R = \sqrt{2}\,\kappa_1$, cuja área interna é $\pi R^2 = 2\pi\kappa_1^2$. A segunda curva é uma elipse com eixos maior e menor de tamanhos $a = \sqrt{2}\,\kappa_2$ e $b = \kappa_2$, respectivamente; cuja área é $\pi ab = \sqrt{2}\,\pi\,\kappa_2^2$. Portanto, as variáveis ação para os planos $(\mathrm{x}, p_{\mathrm{x}})$ e $(\mathrm{y}, p_{\mathrm{y}})$ são dadas respectivamente por

$$J_{\mathrm{x}} = \kappa_1^2 \quad \text{e} \quad J_{\mathrm{y}} = \frac{1}{\sqrt{2}}\kappa_2^2 \;\Rightarrow\; \kappa_1 = \sqrt{J_{\mathrm{x}}} \quad \text{e} \quad \kappa_2 = \sqrt{\sqrt{2}\,J_{\mathrm{y}}}\,. \tag{24.21}$$

Logo, usando as Eqs. (24.20) e (24.21), concluímos que

$$E = J_{\mathrm{x}} + \sqrt{2}\,J_{\mathrm{y}}\,.$$

Passo 5: Finalmente, usando a equação $\omega = \partial E/\partial J$, concluímos que as frequências angulares das projeções do movimento da partícula nos planos $(\mathrm{x}, p_{\mathrm{x}})$ e $(\mathrm{y}, p_{\mathrm{y}})$ são dadas respectivamente por:

$$\omega_{\mathrm{x}} = \frac{\partial E}{\partial J_{\mathrm{x}}} = 1 \quad \text{e} \quad \omega_{\mathrm{y}} = \frac{\partial E}{\partial J_{\mathrm{y}}} = \sqrt{2}\,. \tag{24.22}$$

Esse resultado já poderia ter sido antevisto do fato de que o hamiltoniano em questão é formado pela soma dos hamiltonianos de dois osciladores harmônicos desacoplados:

$$\tilde{h} = \left[\frac{1}{2m_{\mathrm{x}}}p_{\mathrm{x}}^2 + \frac{k_{\mathrm{x}}}{2}\mathrm{x}^2\right] + \left[\frac{1}{2m_{\mathrm{y}}}p_{\mathrm{y}}^2 + \frac{k_{\mathrm{y}}}{2}\mathrm{y}^2\right]\,.$$

Comparando esse hamiltoniano com o que foi dado no enunciado, vemos que eles são iguais desde que façamos as seguintes escolhas:

$$m_\text{x} = 1 \;, \quad k_\text{x} = 1 \;, \quad m_\text{y} = 1 \;, \quad k_\text{y} = 2 \;.$$

Sabemos que a frequência angular de um oscilador harmônico é $\omega = \sqrt{k/m}$, de forma que é esperado que as frequências fundamentais sejam

$$\omega_\text{x} = \sqrt{\frac{k_\text{x}}{m_\text{x}}} = \sqrt{\frac{1}{1}} = 1 \quad \text{e} \quad \omega_y = \sqrt{\frac{k_\text{y}}{m_\text{y}}} = \sqrt{\frac{2}{1}} = \sqrt{2} \,,$$

o que está em pleno acordo com o que foi obtido através do método das variáveis de ação-ângulo, ver Eq. (24.22). A diferença é que, geralmente, a expressão $\omega = \sqrt{k/m}$ é obtida resolvendo as equações de movimento do oscilador harmônico, ao passo que, no método das variáveis de ação-ângulo, não precisamos resolver nenhuma equação diferencial.

Finalmente, conforme solicitado no enunciado deste exemplo, falta dizer se o movimento da partícula é periódico. Como a razão entre as frequências ω_y e ω_x é $\sqrt{2}$, que é um número irracional, segue que as frequências não são comensuráveis, de forma que o movimento não é periódico. Para que o movimento genérico fosse periódico, a razão $\omega_\text{y}/\omega_\text{x}$ precisaria ser um número racional ■

É importante entender que a separabilidade do hamiltoniano, condição necessária para o uso do método das variáveis de ação-ângulo, não depende apenas do problema físico em si, depende também, de forma crucial, do sistema de coordenadas adotado. Por exemplo, considere o seguinte sistema de n osciladores harmônicos acoplados, cujo hamiltoniano é dado por

$$h = \frac{1}{2}\, M^{ij}\, p_i\, p_j + \frac{1}{2} U_{ij}\, q^i\, q^j \,,$$

onde M^{ij} e U_{ij} são matrizes simétricas, positivo-definidas e constantes. Em geral, quando tais matrizes não são diagonais, esse hamiltoniano não é separável, ou seja, não é possível encontrar uma solução para a equação de Hamilton-Jacobi da forma $S = -Et + \sum_i f_i(q^i, \kappa)$. No entanto, do nosso estudo de pequenas oscilações, sabemos que, como esse hamiltoniano é quadrático, sempre é possível encontrar um sistema de coordenadas que seja linear nas coordenadas anteriores, $\tilde{q}^i = N^i{}_j q^j$, e tal que o hamiltoniano no novo sistema de coordenadas seja "diagonal":

$$H = \sum_i \left[\frac{m_i}{2} (\tilde{p}_i)^2 + \frac{k_i}{2} (\tilde{q}^i)^2 \right] \,.$$

De fato, esse sistema de coordenadas é o chamado sistema de coordenadas normais. Note que, nesse novo sistema de coordenadas, o hamiltoniano é obviamente separável e, portanto, podemos aplicar o método das variáveis de ação-ângulo. Um outro exemplo é o problema de Kepler, ou seja, o problema de uma partícula girando em torno de outra por consequência da mútua atração gravitacional. Esse problema é separável em coordenadas esféricas, como já visto anteriormente, mas não é separável em coordenadas cartesianas.

Exemplo: Encontre expressões para as frequências fundamentais no problema de Kepler usando método das variáveis de ação-ângulo. Em coordenadas esféricas, o hamiltoniano do sistema é dado por:

$$h = \frac{1}{2m}|\boldsymbol{p}|^2 - \frac{\lambda}{|\boldsymbol{r}|} = \frac{1}{2m}\left(p_r^2 + \frac{1}{r^2}p_\theta^2 + \frac{1}{r^2\sin\theta^2}\,p_\phi^2\right) - \frac{\lambda}{r}.$$

Solução

Embora esse sistema tenha, originalmente, três graus de liberdade, podemos fazer uso da simetria esférica para convertê-lo em um problema bidimensional ou até unidimensional. Nesta solução, no entanto, vamos manter os três graus de liberdade. Apliquemos, então, o algoritmo do método das variáveis de ação-ângulo a esse sistema.

Passos 1 e 2: Vemos que a hamiltoniana não depende explicitamente do tempo, de forma que o sistema é conservativo. Segue, portanto, que a lei de conservação de energia fornece:

$$E = \frac{1}{2m}\left(p_r^2 + \frac{1}{r^2}p_\theta^2 + \frac{1}{r^2\mathrm{sen}^2\theta}\,p_\phi^2\right) - \frac{\lambda}{r}.$$

Multiplicando essa equação por $r^2\,\mathrm{sen}^2\theta$, temos

$$\mathrm{sen}^2\theta\left[\frac{r^2}{2m}p_r^2 - \lambda\, r - r^2\, E\right] + \left[\frac{\mathrm{sen}^2\theta}{2m}\,p_\theta^2\right] + \left[\frac{1}{2m}p_\phi^2\right] = 0\,. \tag{24.23}$$

Vemos que o último termo entre colchetes depende apenas de p_ϕ, ao passo que os demais termos da expressão acima não dependem das coordenadas do plano de fase (ϕ, p_ϕ). Portanto, pelo argumento da separação de variáveis da equação de Hamilton-Jacobi, podemos afirmar que o último termo entre colchetes na equação acima é uma constante. Denotemos essa constante por $\kappa_1^2/(2m)$, ou seja,

$$\frac{1}{2m}\,p_\phi^2 = \frac{\kappa_1^2}{2m}\,. \tag{24.24}$$

Então, substituindo essa identidade na Eq. (24.23) e depois dividindo a equação final por $\mathrm{sen}^2\theta$, chega-se à seguinte identidade:

$$\left[\frac{r^2}{2m}p_r^2 - \lambda\, r - r^2\, E\right] + \frac{1}{2m}\left[p_\theta^2 + \frac{\kappa_1^2}{\mathrm{sen}^2\theta}\right] = 0\,. \tag{24.25}$$

Na expressão acima, os termos que dependem das coordenadas (θ, p_θ) estão separados dos termos que dependem das coordenadas do plano de fase (r, p_r). Portanto, tais termos são constantes. Logo, podemos estabelecer as seguintes igualdades:

$$\frac{1}{2m}\left[p_\theta^2 + \frac{\kappa_1^2}{\mathrm{sen}^2\theta}\right] = \frac{\kappa_2^2}{2m} \quad \text{e} \quad \frac{r^2}{2m}p_r^2 - \lambda\, r - r^2\, E = -\frac{\kappa_2^2}{2m}\,, \tag{24.26}$$

onde κ_2 é uma constante de movimento. Até agora, temos apenas duas constantes κ. Todavia, como o sistema tem três graus de liberdade, precisamos de três dessas constantes.

Podemos, então, associar a constante κ_3 à energia E. Mais precisamente, façamos a seguinte identificação:

$$E = -\frac{\kappa_3^2}{2m}\,. \tag{24.27}$$

O fato de o lado direito da equação acima ser negativo sempre que κ_3 for real foi uma escolha deliberada. Sabemos que, para que o movimento no problema de Kepler seja oscilatório, a energia deve ser negativa. De fato, se $E = 0$, a órbita no espaço $\mathbb{R}^3$ será uma parábola, ao passo que, se $E > 0$, a órbita será uma hipérbole. Agora, devemos inserir essa expressão para a energia na segunda igualdade da Eq. (24.26). Em suma, vimos que foi possível utilizar a relação da conservação de energia para separar essa relação em três blocos, com cada bloco dependendo apenas das coordenadas de um dos planos de fase. Isso mostra que a equação de Hamilton-Jacobi é separável nesse sistema de coordenadas. Através das Eqs. (24.24) e (24.26), podemos concluir a validade das seguintes expressões:

$$p_\phi = \kappa_1\ , \quad p_\theta = \pm\sqrt{\kappa_2^2 - \frac{\kappa_1^2}{\text{sen}^2\theta}}\ , \quad p_r = \pm\sqrt{\frac{2m\lambda}{r} - \frac{\kappa_2^2}{r^2} - \kappa_3^2}\,. \tag{24.28}$$

Essas equações definem as curvas que são as projeções do movimento nos planos de fase (ϕ, p_ϕ), (θ, p_θ) e (r, p_r), respectivamente. Tais curvas estão ilustradas na Fig. 24.9. Vemos que a curva no plano (ϕ, p_ϕ) é uma curva aberta porém periódica (com período zero) e, portanto, representa uma rotação. Por outro lado, as curvas nos planos (θ, p_θ) e (r, p_r) são fechadas, correspondem a movimentos de libração. Como nenhuma das curvas é aberta e não periódica, concluímos que o sistema em questão é multiperiódico (desde que $E < 0$). Em suma, conseguimos concluir que o sistema em questão é conservativo, totalmente separável e multiperiódico.

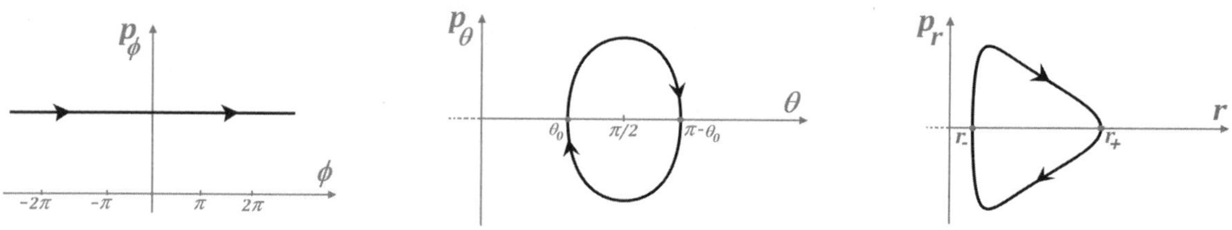

Figura 24.9: As três curvas definidas pelas relações da Eq. (24.28) são ilustradas nesta figura. A primeira delas, à esquerda, é uma curva aberta e periódica (período zero) e, portanto, trata-se de uma rotação. Por sua vez, as outras duas curvas são fechadas, representam librações. Vemos que o sistema em questão é multiperiódico.

Passo 3: Agora, vamos calcular as variáveis de ação J_ϕ, J_θ e J_r. Por definição, temos:

$$J_\phi = \frac{1}{2\pi}\oint p_\phi\, d\phi = \frac{1}{2\pi}\oint \kappa_1\, d\phi = \frac{\kappa_1}{2\pi}\int_0^{2\pi} d\phi = \kappa_1\,,$$

onde foi assumido que o ciclo no plano (ϕ, p_ϕ) se dá quando a coordenada ϕ avança de 2π. Essa hipótese destoa do fato de que, tipicamente, a integração deve ser feita no intervalo de um período de repetição do gráfico. No caso, o período do gráfico é $\Delta\phi = 0$, o que daria uma integral nula, em cujo caso não poderíamos considerar J_ϕ como sendo uma coordenada do espaço de fase. Por essa razão, faz sentido considerar o intervalo de integração como tendo tamanho 2π, pois sabemos que os ângulos ϕ e $\phi + 2\pi$ são equivalentes, ou seja, avançar de 2π significa uma repetição.

Por sua vez, J_θ é dado por:

$$J_\theta = \frac{1}{2\pi}\oint p_\theta\, d\phi = \frac{4}{2\pi}\int_{\theta_0}^{\pi/2}\sqrt{\kappa_2^2 - \frac{\kappa_1^2}{\operatorname{sen}^2\theta}}\, d\theta = \frac{2\kappa_2}{\pi}\int_{\theta_0}^{\pi/2}\sqrt{1 - \frac{\operatorname{sen}^2\theta_0}{\operatorname{sen}^2\theta}}\, d\theta\,,$$

onde $\theta_0 \equiv \operatorname{arcsen}(\kappa_1/\kappa_2)$ é o ângulo para o qual $p_\theta = 0$. O fator de 4, após a segunda igualdade, surgiu porque a integral foi feita apenas no ramo positivo de p_θ e porque o intervalo de integração, $\theta \in (\theta_0, \pi/2)$, corresponde a metade desse ramo superior. De fato, o gráfico central da Fig. 24.9 mostra que a área interna à curva $p_\theta = p_\theta(\theta)$ pode ser particionada em quatro trechos de mesma área. Consultando uma tabela de integrais, podemos verificar que a execução da integral acima fornece

$$J_\theta = \kappa_2 - \kappa_1\,.$$

Agora, calculando J_r, temos:

$$J_r = \frac{1}{2\pi}\oint p_r dr = \frac{2}{2\pi}\int_{r_-}^{r_+}\sqrt{\frac{2m\lambda}{r} - \frac{\kappa_2^2}{r^2} - \kappa_3^2}\, dr\,, \tag{24.29}$$

onde $r_\pm$ são os valores r para os quais $p_r = 0$, vide Fig. 24.9. O fator de 2, após a segunda igualdade, foi posto porque a integral está sendo feita apenas no ramo superior da trajetória, o que fornece apenas metade da área interna à curva fechada. Fisicamente, r_- e r_+ denotam o periélio e o afélio da órbita, respectivamente. Resolvendo a equação $p_r = 0$ para r, podemos encontrar expressões explícitas para $r_\pm$:

$$\sqrt{\frac{2m\lambda}{r} - \frac{\kappa_2^2}{r^2} - \kappa_3^2} = 0 \quad\Rightarrow\quad r_\pm = \frac{m\lambda}{\kappa_3^2} \pm \frac{1}{\kappa_3^2}\sqrt{m^2\lambda^2 - \kappa_2^2\kappa_3^2}$$

Então, executando a integral da Eq. (24.29), chega-se ao seguinte resultado:

$$J_r = \frac{m\lambda}{\kappa_3} - \kappa_2 \quad\Rightarrow\quad \kappa_3 = \frac{m\,\lambda}{J_r + \kappa_2}\,.$$

Passo 4: No passo anterior, obtivemos as relações $J_i = J_i(\kappa)$. Agora, invertendo essas relações de maneira a determinar $\kappa_j = \kappa_j(J)$, obtém-se o seguinte:

$$\kappa_1 = J_\phi\,, \quad \kappa_2 = \kappa_1 + J_\theta = J_\phi + J_\theta\,, \quad \kappa_3 = \frac{m\,\lambda}{J_r + \kappa_2} = \frac{m\,\lambda}{J_r + J_\phi + J_\theta}\,.$$

Agora, a energia é dada por $E = -\kappa_3^2/(2m)$. Portanto, em termos das variáveis de ação, temos:

$$E = -\frac{\kappa_3^2}{2m} = -\frac{m\,\lambda^2}{2(J_r + J_\phi + J_\theta)^2}\,.$$

Passo 5: Finalmente, utilizando a expressão para a energia que acabamos de obter, chega-se ao seguinte resultado:

$$\omega_r = \frac{\partial E}{\partial J_r} = \frac{m\,\lambda^2}{(J_r + J_\phi + J_\theta)^3} = \frac{(-2E)^{3/2}}{\sqrt{m}\,\lambda}\,.$$

Vale lembrar que a energia deve ser negativa para que a órbita seja periódica, razão pela qual não há problema em a expressão $(-2E)$ estar dentro de uma raiz. Cálculos análogos fornecem:

$$\omega_\theta = \frac{\partial E}{\partial J_\theta} = \frac{(-2E)^{3/2}}{\sqrt{m}\,\lambda} \quad \text{e} \quad \omega_\phi = \frac{\partial E}{\partial J_\phi} = \frac{(-2E)^{3/2}}{\sqrt{m}\,\lambda}\,.$$

Essas são as frequências angulares da projeção do movimento orbital nos três planos de fase associados às coordenadas esféricas. Algo importante a se destacar é que as três frequências angulares são idênticas. Em particular, essas frequências são comensuráveis, indicando que o movimento do planeta é periódico. De fato, sabemos que a órbita do planeta no $\mathbb{R}^3$ é uma curva fechada, uma elipse. Portanto, a cada período, o planeta retorna exatamente ao mesmo ponto do espaço $\mathbb{R}^3$ com a mesma velocidade. Se o potencial radial fosse diferente de $-\lambda/r$, como no caso da teoria da relatividade geral, também obteríamos a degenerescência $\omega_\theta = \omega_\phi$, mas essas frequências seriam diferentes de ω_r. Os únicos potenciais radiais que fazem com que as três frequências sejam comensuráveis são $U = -\lambda/r$ e $U = \alpha\, r^2$, com λ e α sendo constantes ■

Neste ponto, é pertinente chamar atenção para algo que pode parecer uma contradição, mas que, na verdade, não é. No início deste capítulo, foi dito que a curva $p_\phi = constante$ é uma curva periódica com período zero. Apesar disso, no exemplo anterior, obtivemos $\omega_\phi = \lambda^{-1} m^{-1/2}(-2E)^{2/3}$, o que evidencia um período diferente de zero para o movimento no plano (ϕ, p_ϕ). Ocorre que esses dois períodos mencionados se referem a grandezas totalmente distintas uma da outra. Quando o movimento no plano de fase (q,p) é uma rotação, ou seja, quando a curva $p = p(q)$ é uma curva aberta e periódica, é possível atribuir um período ao gráfico. Nesse caso, o chamado "período" do gráfico tem a mesma unidade da coordenada q, não se trata de um período temporal. Esse período é o menor intervalo Δq que devemos avançar a fim de que o gráfico se repita. Por outro lado, quando usamos o algoritmo do método das variáveis de ação-ângulo para estabelecer a frequência angular ω e o período $\tau = 2\pi/\omega$, esse período τ tem dimensão de tempo. Ou seja, esse é o período temporal. Portanto, essas duas noções de período têm unidades distintas e se referem a conceitos diferentes.

O problema de uma partícula sujeita a uma força do tipo central pode ser tratado de três formas distintas: como um sistema tridimensional, como um problema bidimensional e até como um sistema unidimensional. De fato, já que o vetor momento angular da partícula é conservado, segue que o movimento da partícula se dará em um plano fixo, o plano ortogonal ao vetor momento angular. Em particular, podemos assumir que esse plano seja o plano equatorial, $\theta = \pi/2$, em cujo caso a dinâmica da coordenada θ será trivial, $\theta = constante$, de forma que o problema se reduzirá a um problema bidimensional. Com efeito, esse cenário foi considerado no fim da Seção 24.2. Além disso, o fato de o módulo do vetor momento angular ser constante faz com que p_ϕ seja constante e o hamiltoniano não dependa de ϕ. Assim sendo, é possível substituir p_ϕ por uma constante ℓ na expressão para a energia e, desse modo, a energia só dependeria das coordenadas r e p_r do espaço de fase. Ou seja, o sistema seria descrito como um problema unidimensional.

24.5 Frequências degeneradas

Quando um sistema oscilatório tem um conjunto de frequências fundamentais tal que p dessas frequências são degeneradas, como é o caso do movimento planetário tratado no exemplo anterior, é possível encontrar um sistema de coordenadas de ação-ângulo onde $(p-1)$ das frequências degeneradas se anulam. Por exemplo, se uma frequência tem degenerescência tripla, $\omega_1 = \omega_2 = \omega_3$, então é possível encontrar um sistema de coordenadas de ação-ângulo no espaço de fase, $(\tilde{Q}, \tilde{P} = \tilde{J})$, tal que $\tilde{\omega}_1 = \omega_1$ e $\tilde{\omega}_2 = \tilde{\omega}_3 = 0$.

Provemos essa afirmação genérica no caso de uma degenerescência dupla. Suponha que (Q, J) seja um conjunto de variáveis de ação-ângulo tal que $\omega_1 = \omega_2$. Isso implica

$$\frac{\partial E}{\partial J_1} = \frac{\partial E}{\partial J_2}\,. \tag{24.30}$$

Agora, vamos definir as seguintes novas coordenadas para o espaço de fase:

$$\tilde{Q}^1 = \frac{1}{2}(Q^1 + Q^2)\,,\quad \tilde{Q}^2 = \frac{1}{2}(Q^1 - Q^2)\,,\quad \tilde{P}_1 = J_1 + J_2\,,\quad \tilde{P}_2 = J_1 - J_2\,.$$

Além disso, definamos $\tilde{Q}^k = Q^k$ e $\tilde{P}_k = J_k$ para todo $k \geq 3$. As relações inversas são dadas por:

$$Q^1 = \tilde{Q}^1 + \tilde{Q}^2\,,\quad Q^2 = \tilde{Q}^1 - \tilde{Q}^2\,,\quad J_1 = \frac{1}{2}\left(\tilde{P}_1 + \tilde{P}_2\right) \quad \text{e} \quad J_2 = \frac{1}{2}\left(\tilde{P}_1 - \tilde{P}_2\right).$$

A mudança de coordenadas $(Q, J) \to (\tilde{Q}, \tilde{P})$ é uma transformação canônica, pois, utilizando as condições $\{Q^i, Q^j\} = 0$, $\{Q^i, J_j\} = \delta^i_j$ e $\{J_i, J_j\} = 0$, é imediato verificar que o novo sistema de coordenadas é formado por pares canonicamente conjugados, ou seja,

$$\{\tilde{Q}^i, \tilde{Q}^j\} = 0\,,\quad \{\tilde{Q}^i, \tilde{P}_j\} = \delta^i_j \quad \text{e} \quad \{\tilde{P}_i, \tilde{P}_j\} = 0\,.$$

Além disso, o novo sistema de coordenadas é formado por variáveis de ação-ângulo. De fato, como os momentos J são constantes de movimento, segue que $\tilde{P}_i$ também serão constantes de movimento, uma vez que foram definidos como sendo combinações lineares dos momentos J com coeficientes constantes. Analogamente, assim como as coordenadas Q dependem linearmente do tempo, as coordenadas $\tilde{Q}$ são todas funções lineares do tempo. Por exemplo, a dinâmica de Q^1 é dada por:

$$\tilde{Q}^1 = \frac{1}{2}[Q^1 + Q^2] = \frac{1}{2}\left[(\omega_1 t + Q^1_0) + (\omega_2 t + Q^2_0)\right] = \omega_1\, t + \frac{Q^1_0 + Q^2_0}{2}\,,$$

onde, na última passagem, foi utilizada hipótese de que $\omega_1 = \omega_2$. Então, já que os momentos $\tilde{P}_i$ são constantes de movimento e as coordenadas $\tilde{Q}^i$ dependem linearmente do tempo, segue que essas são variáveis de ação-ângulo. Agora, usando a regra da cadeia, notemos que:

$$\frac{\partial E}{\partial \tilde{P}_2} = \sum_{i=0}^{n} \frac{\partial E}{\partial J_i}\frac{\partial J_i}{\partial \tilde{P}_2} = \sum_{i=0}^{n} \omega_i \frac{\partial J_i}{\partial \tilde{P}_2} = \omega_1\left(\frac{1}{2}\right) + \omega_2\left(-\frac{1}{2}\right) = 0\,,$$

onde a Eq. (24.30) foi utilizada na última igualdade. Portanto, quando escrevemos a energia em termos dos novos momentos $\tilde{P}$, ou seja, $E = E(J(\tilde{P}))$, a expressão para E não dependerá de $\tilde{P}_2$.

$$E(\tilde{P}) = E(\tilde{P}_1, \tilde{P}_3, \tilde{P}_4, \cdots, \tilde{P}_n)\,.$$

A derivada $\partial E/\partial\tilde{P}_2$ pode ser identificada como sendo a frequência $\tilde{\omega}_2$ no novo sistema de coordenadas de ação-ângulo:

$$\tilde{\omega}_2 = \frac{\partial E}{\partial \tilde{J}_2} = \frac{\partial E}{\partial \tilde{P}_2} = 0\,.$$

De fato, a nulidade da frequência $\tilde{\omega}_2$ pode ser verificada ao investigar a evolução temporal da coordenada $\tilde{Q}^2$:

$$\tilde{Q}^2 = \frac{1}{2}[Q^1 - Q^2] = \frac{1}{2}\left[(\omega_1 t + Q_0^1) - (\omega_2 t + Q_0^2)\right] = \frac{Q_0^1 - Q_0^2}{2}\,,$$

donde concluímos que a frequência angular $\tilde{\omega}_2 = d\tilde{Q}^2/dt$ é nula. Além disso, notemos que:

$$\tilde{\omega}_1 = \frac{\partial E}{\partial \tilde{J}_1} = \frac{\partial E}{\partial \tilde{P}_1} = \sum_{i=0}^{n} \frac{\partial E}{\partial J_i}\frac{\partial J_i}{\partial \tilde{P}_1} = \sum_{i=0}^{n} \omega_i \frac{\partial J_i}{\partial \tilde{P}_1} = \omega_1\left(\frac{1}{2}\right) + \omega_2\left(\frac{1}{2}\right) = \omega_1\,.$$

Isso prova que, quando há frequências degeneradas, podemos definir novas variáveis de ação-ângulo tais que as frequências degeneradas excedentes são aniquiladas. Portanto, se obtivermos alguma frequência nula ao calcularmos as frequências características de um sistema, isso pode indicar que o movimento no plano de fase correspondente representa uma oscilação com frequência que é igual a uma das frequências não nulas do sistema. De fato, caso a frequência fosse realmente nula, isso indicaria um período infinito, ou seja, o movimento no plano de fase de frequência zero não seria periódico e, consequentemente, o sistema não seria multiperiódico.

24.6 Exercícios sugeridos

Exercício 1 – *resolvido*
Usando o método das variáveis de ação-ângulo, encontre uma expressão para o período de oscilação do pêndulo simples. Essa expressão deve estar em termos de uma integral que não permite resolução analítica. Depois, expanda o integrando para o regime de baixas energias e obtenha o conhecido período do sistema nesse cenário, a saber, $T = 2\pi\sqrt{\ell/g}$. *Dica: Monte a expressão para a variável ação J_θ e depois derive ambos os lados dessa expressão em relação a J_θ. Isso fornecerá uma expressão para a frequência e, consequentemente, uma expressão para o período. Depois, usando o fato de que o regime de baixas energias corresponde ao regime de pequena amplitude angular, adote a aproximação* $\cos\theta \simeq 1 - \theta^2/2$.

Exercício 2
Considere uma partícula de massa m sujeita ao potencial

$$U(x) = \frac{a}{\cos^2(x/\ell)},$$

onde a e ℓ são constantes positivas. Argumente que o movimento da partícula é periódico e obtenha o período do sistema em função da energia.

Exercício 3 – *resolvido*
Considere um sistema mecânico bidimensional regido pelo seguinte hamiltoniano:

$$h = \frac{p_x^2 + p_y^2 + x^2 + 2\,x}{y^2}.$$

Obtenha em que regime de energia (e das demais constantes de movimento) a dinâmica é multiperiódica e obtenha uma expressão para a razão entre as duas frequências fundamentais desse sistema em função da energia.

Exercício 4
Sendo α um parâmetro constante, considere o seguinte hamiltoniano de um sistema unidimensional:

$$h(q,p) = \frac{p^2}{q^2} - \frac{\alpha}{q}.$$

a) Determine o regime de energia para o qual a dinâmica é periódica.
b) Usando o método das variáveis de ação-ângulo, determine o período T da dinâmica periódica *em termos da energia*.
c) Verifique que as equações de movimento são de difícil solução e conclua que seria complicado obter o período através da solução dessas equações.

Solução do Exercício 1

Usando a Eq. (24.7) para o momento p_θ conjugado à coordenada angular θ, vemos que a variável ação é dada por:

$$J_\theta = \frac{4}{2\pi}\sqrt{2m^2\ell^3 g}\int_0^{\theta_0}\sqrt{\cos\theta - 1 + \tilde{e}}\,,$$

onde $\tilde{e} \equiv E/(mg\ell)$ e $\theta_0 = \arccos(1-\tilde{e})$. Agora, vamos derivar ambos os lados da última equação em relação a J_θ. Para isso, devemos lembrar que E depende de J_θ, e, portanto, θ_0 e $\tilde{e}$ dependem de J_θ. Levando isso em consideração, temos:

$$1 = \frac{2\sqrt{2m^2\ell^3 g}}{\pi}\sqrt{\cos\theta_0 - 1 + \tilde{e}}\,\frac{\partial\theta_0}{\partial J_\theta} + \frac{\sqrt{2m^2\ell^3 g}}{\pi}\int_0^{\theta_0}\frac{d\theta}{\sqrt{\cos\theta - 1 + \tilde{e}}}\frac{\partial\tilde{e}}{\partial J_\theta}\,.$$

O primeiro desses termos, no lado direito da equação acima, é nulo, pela própria definição de θ_0. Por sua vez, no segundo termo, temos que usar o seguinte:

$$\frac{\partial\tilde{e}}{\partial J_\theta} = \frac{1}{mg\ell}\frac{\partial E}{\partial J_\theta} = \frac{1}{mg\ell}\omega = \frac{1}{mg\ell}\frac{2\pi}{T}\,,$$

onde T é o período do pêndulo. Portanto, concluímos que:

$$T = \frac{2\sqrt{2\ell}}{\sqrt{g}}\int_0^{\theta_0}\frac{d\theta}{\sqrt{\cos\theta - 1 + \tilde{e}}}\,. \tag{24.31}$$

Essa expressão é válida para qualquer valor da energia no regime de libração. No caso especial de baixas energias, a amplitude angular é pequena e, portanto, podemos assumir que $|\theta_0| \ll 1$. Sendo assim, temos:

$$\cos\theta_0 \equiv 1 - \tilde{e} \;\Rightarrow\; 1 - \frac{1}{2}\theta_0^2 \simeq 1 - \tilde{e} \;\Rightarrow\; \theta_0 \simeq \sqrt{2\tilde{e}}\,.$$

Adotando essa expressão para θ_0 e usando a aproximação $\cos\theta = 1 - \theta^2/2$, válida para pequenos ângulos, a Eq. (24.31) fornece:

$$T \simeq \frac{2\sqrt{2\ell}}{\sqrt{g}}\int_0^{\sqrt{2\tilde{e}}}\frac{d\theta}{\sqrt{\tilde{e} - \frac{1}{2}\theta^2}} = \frac{4\sqrt{\ell}}{\sqrt{g}}\int_0^1\frac{dy}{\sqrt{1-y^2}} = \frac{4\sqrt{\ell}}{\sqrt{g}}\left(-\arccos y\right)\Big|_{y=0}^{y=1} = 2\pi\sqrt{\frac{\ell}{g}}\,,$$

onde, na segunda igualdade, foi utilizada a mudança de coordenadas $\theta \to y$, com $y = \theta/\sqrt{2\tilde{e}}$. Essa é a conhecida expressão para o período do pêndulo simples no regime de pequenas oscilações.

Solução do Exercício 3

Como o hamiltoniano não depende explicitamente do tempo, segue que o sistema é conservativo, de forma que vale a seguinte lei de conservação:

$$\frac{p_x^2 + p_y^2 + x^2 + 2\,x}{y^2} = \text{constante } = E \quad \Rightarrow \quad \left[p_x^2 + x^2 + 2\,x\right] + \left[p_y^2 - E\,y^2\right] = 0\,.$$

Na última equação, conseguimos separar os planos canônicos, de forma que os termos devem ser independentemente constantes:

$$\left[p_x^2 + x^2 + 2\,x\right] = -c \quad \text{e} \quad \left[p_y^2 - E\,y^2\right] = c\,, \tag{24.32}$$

onde c é uma constante que depende das condições iniciais. Para aplicar o método das variáveis de ação-ângulo, as curvas nos planos canônicos (p, q) devem ser ou fechadas ou periódicas. No caso, vemos que ambas as curvas são funções quadráticas em (p, q) e, portanto, são cônicas. Logo, devem ser parábolas, hipérboles ou elipses. Dentre essas três curvas, só a elipse é fechada ou periódica, de forma que devemos nos restringir ao regime das constantes E e c onde as curvas são elipses. Olhando para a curva do plano (y, p_y), na Eq. (24.32), vemos que devemos ter $E < 0$ e $c > 0$. Então, vamos definir:

$$E = -\kappa_1^2 \quad \text{e} \quad c = \kappa_2^2\,.$$

Sendo assim, as Eqs. (24.32) podem ser escritas da seguinte forma:

$$p_x^2 + (x+1)^2 = 1 - \kappa_2^2 \quad \text{e} \quad \left(\frac{p_y}{\kappa_2}\right)^2 + \left(\frac{y}{\kappa_2/\kappa_1}\right)^2 = 1$$

Vemos que a primeira equação é a de um círculo de raio $R = \sqrt{1-\kappa_2^2}$, ao passo que a segunda equação é a de uma elipse com semieixos $a = \kappa_2$ e $b = \kappa_2/\kappa_1$. Em particular, vemos que κ_2 deve estar no domínio $\kappa_2 \in [0, 1]$, caso contrário o raio R seria imaginário. As variáveis de ação são dadas pelas áreas dentro dessas curvas fechadas divididas por 2π. Portanto, podemos concluir que:

$$J_x = \frac{1}{2\pi} \times \pi R^2 = \frac{1}{2}(1 - \kappa_2^2) \quad \text{e} \quad J_y = \frac{1}{2\pi} \times \pi a b = \frac{\kappa_2^2}{2\kappa_1}\,.$$

Invertendo as equações $J = J(\kappa)$, a fim de determinar κ em função de J, obtemos:

$$\kappa_2 = \sqrt{1 - 2J_x} \quad \text{e} \quad \kappa_1 = \frac{\kappa_2^2}{2J_y} = \frac{1 - 2J_x}{2J_y}\,.$$

A energia é dada por

$$E = -\kappa_1^2 = -\,\frac{(1-2J_x)^2}{4J_y^2}\,.$$

Logo, as frequência angulares fundamentais são:

$$\omega_x = \frac{\partial E}{\partial J_x} = \frac{1-2J_x}{J_y^2} \quad \text{e} \quad \omega_y = \frac{(1-2J_x)^2}{2J_y^3} \quad \Rightarrow \quad \frac{\omega_y}{\omega_x} = \frac{1-2J_x}{2J_y} = \sqrt{-E}\,.$$

Capítulo 25

Invariantes adiabáticos

Consideremos um sistema massa-mola de massa m e constante elástica k. Sua dinâmica é regida pelo seguinte hamiltoniano:

$$h = \frac{1}{2m}\,p^2 + \frac{k}{2}\,q^2\,,$$

onde q denota o deslocamento em relação à posição de equilíbrio. Como sabemos, a solução geral para a dinâmica é dada por uma oscilação harmônica:

$$q(t) = A\,\mathrm{sen}(\omega\,t + \varphi_0) \quad \text{e} \quad p(t) = m\,\dot{q} = m\,\omega\,A\,\cos(\omega\,t + \varphi_0)\,,$$

onde $\omega \equiv \sqrt{k/m}$ é a frequência angular do movimento periódico. Usando o fato de que a média das funções $\mathrm{sen}^2\theta$ e $\cos^2\theta$ em um período é igual a $1/2$, segue que as médias dos termos cinético e potencial que aparecem no hamiltoniano são dadas por:

$$\begin{cases} \left\langle \frac{1}{2m}\,p^2 \right\rangle & = \frac{m\,\omega^2}{2}\,A^2\,\langle \cos^2(\omega t + \varphi_0)\rangle = \frac{k}{4}\,A^2\,, \\ \left\langle \frac{k}{2}\,q^2 \right\rangle & = \frac{k}{2}\,A^2\,\langle \mathrm{sen}^2(\omega t \varphi_0)\rangle = \frac{k}{4}\,A^2\,. \end{cases} \tag{25.1}$$

Por sua vez, usando a identidade $\mathrm{sen}^2\theta + \cos^2\theta = 1$, verifica-se que energia total desse sistema é constante e dada por

$$E = \frac{1}{2m}\,p(t)^2 + \frac{k}{2}\,q(t)^2 = \frac{k}{2}\,A^2\,. \tag{25.2}$$

Sendo assim, por meio das Eqs. (25.1) e (25.2), conclui-se a validade das seguintes médias em um período:

$$\left\langle \frac{1}{2m}\,p^2 \right\rangle = \frac{E}{2} \quad \text{e} \quad \left\langle \frac{k}{2}\,q^2 \right\rangle = \frac{E}{2}\,. \tag{25.3}$$

Por fim, a variável ação do sistema massa-mola é dada por:

$$J = \frac{1}{2\pi}\oint p\,dq = \frac{1}{2\pi} \times \left(\pi \cdot \sqrt{2mE} \cdot \sqrt{2E/k}\right) = \frac{\sqrt{m}\,E}{\sqrt{k}} = \frac{E}{\omega}\,, \tag{25.4}$$

onde, na segunda igualdade, foi utilizada a expressão para a área da elipse, pois a curva $p = p(q)$ é uma elipse.

Notemos que, se $G(q, p, t)$ é alguma grandeza dinâmica qualquer e $X(t)$ é uma função que varia muito pouco durante o período de um ciclo de oscilação, então a média do produto $X\,G$ em um ciclo é aproximadamente igual ao produto do valor médio de X no ciclo em questão com o valor médio de G. De fato, como estamos supondo que X varia muito pouco durante um período, podemos assumir que X é essencialmente constante, com essa constante sendo o valor médio de X durante o ciclo. Denotemos esse valor médio por χ. Sendo assim, a média do produto $X(t)G(q,p,t)$ no ciclo que que começa no instante t_0 é dada por:

$$\langle X\, G\rangle = \frac{1}{\tau}\int_{t_0}^{t_0+\tau} X(t)\, G(q(t), p(t), t)\, dt \simeq \frac{1}{\tau}\int_{t_0}^{t_0+\tau} \chi\, G\, dt = \frac{\chi}{\tau}\int_{t_0}^{t_0+\tau} G\, dt = \chi\,\langle G\rangle\,,$$

onde τ é o período do ciclo. Esse procedimento de retirar X da integral só é possível porque foi assumido que X é aproximadamente constante durante um ciclo. Nesse caso, diz-se que a variação temporal de X é adiabática.

Agora, suponhamos o seguinte cenário: vamos assumir que um agente externo atua no sistema massa-mola de maneira a modificar os parâmetros m e k, de forma que tais parâmetros não são mais constantes. Consideremos que esses parâmetros são alterados muito lentamente, de maneira que a modificação em um único ciclo de oscilação é desprezível, mas a mudança acumulada no intervalo de tempo de vários ciclos pode ser significativa. Nesse novo cenário, a energia não é mais uma contante de movimento, pois o hamiltoniano depende explicitamente do tempo. Mais precisamente, temos:

$$\frac{dh}{dt} \overset{\star}{=} \frac{\partial h}{\partial t} = -\frac{\dot{m}}{2m^2}p^2 + \frac{\dot{k}}{2}q^2 = -\frac{\dot{m}}{m}\left(\frac{1}{2m}p^2\right) + \frac{\dot{k}}{k}\left(\frac{k}{2}q^2\right).$$

Agora, vamos tomar a média temporal da expressão acima em um ciclo do oscilador. Como k e m variam muito pouco durante um ciclo, podemos substituí-los pelos seus valores médios no ciclo em questão; denotemos esses valores por κ e μ, respectivamente. Além disso, denotemos por $\mathcal{E}$ o valor médio da energia nesse ciclo. Sendo assim, temos:

$$\frac{d\mathcal{E}}{dt} = \left\langle\frac{dh}{dt}\right\rangle \simeq -\frac{\dot{\mu}}{\mu}\left\langle\frac{1}{2m}p^2\right\rangle + \frac{\dot{\kappa}}{\kappa}\left\langle\frac{k}{2}q^2\right\rangle = -\frac{\dot{\mu}}{\mu}\left(\frac{1}{2}\mathcal{E}\right) + \frac{\dot{\kappa}}{\kappa}\left(\frac{1}{2}\mathcal{E}\right), \tag{25.5}$$

onde, na última igualdade, foram utilizadas as médias dos termos cinético e potencial da energia, calculadas na Eq. (25.3). Podemos utilizar esses resultados porque, embora agora estejamos assumindo que m e k variam com o tempo, essas variações são essencialmente desprezíveis durante um único ciclo, que é o intervalo de tempo no qual a média está sendo calculada. Por essa mesma razão, na segunda passagem da Eq. (25.5), as grandezas $\dot{m}/m$ e $\dot{k}/k$ foram substituídas por suas médias no ciclo em questão. Na equação acima, $\dot{\mu}$ e $\dot{\kappa}$ denotam as médias das taxas de variação $\dot{m}$ e $\dot{k}$ no ciclo em questão. É importante manter em mente que κ, μ e $\mathcal{E}$ não devem ser encarados como constantes em um tempo qualquer, mas sim em cada ciclo. Portanto, o valor de κ no instante t_0 pode ser pensado como sendo o mesmo valor de κ no instante $t_0+\tau$, mas pode ser muito diferente do valor de κ no instante $t_0+n\tau$, se $n \gg 1$. Agora, multiplicando a Eq. (25.5) por $2/\mathcal{E}$, podemos reescrevê-la da seguinte forma:

$$0 \simeq \frac{2}{\mathcal{E}}\frac{d\mathcal{E}}{dt} + \frac{1}{\mu}\frac{d\mu}{dt} - \frac{1}{\kappa}\frac{d\kappa}{dt} = \frac{d}{dt}\left[\ln(\mathcal{E}^2) + \ln(\mu) - \ln(\kappa)\right] = \frac{d}{dt}\ln\left(\frac{\mathcal{E}^2\,\mu}{\kappa}\right).$$

Portanto, dessa equação, concluímos que a combinação $\mu\mathcal{E}^2/\kappa$ é aproximadamente constante. Mas o que esse "aproximadamente" quer dizer? Significa que, embora as médias $\mathcal{E} = \langle E\rangle$, $\mu = \langle m\rangle$ e $\kappa = \langle k\rangle$ possam variar significativamente com o passar de muitos ciclos, a combinação $\mu\mathcal{E}^2/\kappa$ permanece essencialmente imutável, mesmo durante o intervalo de tempo de muitos ciclos. Dizemos que tal combinação é um invariante adiabático. Se essa combinação é um invariante adiabático, então sua raiz quadrada também será um invariante. Essa raiz quadrada é dada por:

$$\frac{\sqrt{\mu}\,\mathcal{E}}{\sqrt{\kappa}} = \frac{\mathcal{E}}{w},$$

onde $w = \sqrt{\kappa/\mu}$ é a média da frequência em um ciclo. Notemos que essa combinação é exatamente a média da variável ação, vide Eq. (25.4). Portanto, acabamos de provar que a variável ação é um invariante adiabático para o sistema massa-mola. Neste capítulo, veremos que tal resultado se aplica a qualquer sistema oscilatório. Ou seja, se algum parâmetro de um sistema oscilatório variar adiabaticamente (isto é, se a variação em um ciclo for desprezível), então as variáveis ação serão invariantes adiabáticos. A noção de invariante adiabático teve e ainda tem grande relevância dentro do âmbito da astronomia. Por exemplo, suponha um sistema binário de estrelas que libera energia lentamente através de radiação (eletromagnética e gravitacional). Apesar da mudança na energia, que acarreta grandes modificações nas trajetórias com o passar do tempo, existem quantidades que permanecem essencialmente imutáveis, os invariantes adiabáticos desse sistema. Tais invariantes também tiveram papel de destaque no início da teoria quântica, através da chamada regra de quantização de Bohr-Sommerfeld, que afirmava que as órbitas dos elétrons em um átomo deveriam obedecer à condição:

$$\oint p\,dq = n\,h\,,$$

onde n é um inteiro não negativo e h é a constante de Planck. Note que o lado esquerdo da última equação é exatamente a variável ação multiplicada por 2π, que é um invariante adiabático, razão pela qual tal grandeza não pode mudar continuamente de uma órbita para outra. Em particular, quando aplicada à coordenada angular azimutal, essa regra implica a quantização do momento angular. Além disso, aplicando essa regra à coordenada radial do elétron no átomo de hidrogênio, obtém-se o espectro discreto de energias desse átomo.

25.1 Variável ação como invariante adiabático

Consideremos um sistema mecânico conservativo com um grau de liberdade que executa um movimento oscilatório de período τ. Suponha que a dinâmica desse sistema dependa de um certo parâmetro físico η. Por exemplo, se o sistema é um pêndulo simples de comprimento ℓ podemos ter $\eta = \ell$; se o sistema é um conjunto massa-mola com constante de mola k e massa m, podemos ter $\eta = k$, $\eta = m$ ou η igual a alguma função específica de k e m. Ou seja, η é algum parâmetro fisicamente relevante no sistema e que é constante. O hamiltoniano do sistema em questão é então dado por

$$h = h(q, p, \eta)\,,$$

onde a dependência em η foi tornada explícita.

Agora, suponha que o sistema seja lentamente perturbado de forma que o parâmetro η passa a ser alterado **muito lentamente**, ou seja, η deixa de ser constante e passa a ser uma função do tempo que varia de forma paulatina. Aqui, "muito lentamente" significa que, durante um período de oscilação do sistema, τ, a variação relativa de η é ínfima:

$$\left|\frac{\eta(t+\tau)-\eta(t)}{\eta(t)}\right| \ll 1\,.$$

Na Física, esse tipo de mudança muito paulatina é dita uma **mudança adiabática**. Expandindo $\eta(t+\tau)$ em série de Taylor, $\eta(t+\tau) \simeq \eta(t) + \tau\,\dot{\eta}(t)$, vemos que a hipótese de η variar muito lentamente é expressa pela seguinte condição matemática:

$$\left|\tau\,\frac{\dot{\eta}}{\eta}\right| \ll 1 \quad \text{ou} \quad \left|\frac{\dot{\eta}}{\omega\,\eta}\right| \ll 1\,, \tag{25.6}$$

onde $\omega = 2\pi/\tau$ é a frequência angular da oscilação. No que segue, vamos denotar por ϵ essa última fração adimensional diminuta,

$$\epsilon \equiv \frac{\dot{\eta}}{\omega\,\eta}\,. \tag{25.7}$$

Diremos que ϵ é o parâmetro adiabático, pois é através dele que podemos verificar se a mudança em η é adiabática ou não. Mais precisamente, a condição para que a mudança em η seja considerada adiabática é dada por $|\epsilon| \ll 1$.

Note que, se permitirmos que o parâmetro η varie com o tempo, o sistema deixará de ser conservativo, já que o hamiltoniano passará a depender explicitamente do tempo através de $\eta(t)$:

$$h = h(q, p, \eta(t))\,.$$

Portanto, a energia deixará de ser uma constante de movimento, $dE/dt \neq 0$. Invertendo a relação $\eta = \eta(t)$ para t, de forma a obter $t = t(\eta)$, podemos, então, escrever uma expressão para a energia em função de η:

$$E = h(q(t), p(t), \eta(t)) = E(t) = E(t(\eta)) = E(\eta)\,.$$

Essa relação entre E e η pode sempre ser escrita em termos da constância de alguma combinação de E e η. Por exemplo, se $E(t) = \alpha\,\eta(t)$, com α sendo uma constante, então a grandeza $A = E/\eta$ é conservada. Se $E(t) = e^{\alpha\,\eta(t)^2}$, então $A = \ln E/\eta^2$ será constante. De forma geral, sempre será possível escrever a relação entre E e η em termos da constância de alguma grandeza, $A(E, \eta) = cte$. Essa grandeza $A(E, \eta)$ é então dita um **invariante adiabático** do sistema. Apesar de não ser o usual, em vez de usar a energia para escrever o invariante adiabático, podemos usar qualquer grandeza física que é uma constante de movimento quando η é constante.

O objetivo desta seção é provar que, até primeira ordem no parâmetro adiabático ϵ, a variável ação, $J = \frac{1}{2\pi}\oint pdq$, é um invariante adiabático de qualquer sistema oscilatório com um grau de liberdade. Para demonstrar essa afirmação, é útil usar outras coordenadas no espaço de fase. Mais precisamente, façamos uma transformação canônica $(q, p) \to (Q, P)$ cuja função geratriz do tipo 2 é dada por:

$$F_2(q, P, t) = F_2(q, P, \eta(t)) \equiv \int p(q, E(P,\eta), \eta)\, dq = \int p(q, P, \eta)\, dq\,, \tag{25.8}$$

onde a integral anterior é uma integral indefinida, de forma que seu resultado é uma função de q, além de também depender de P e t. A dependência temporal se dá de forma implícita através da função $\eta = \eta(t)$. A função $p(q, P, \eta)$ é obtida resolvendo a equação $E = h(q, p, \eta)$ para p, donde podemos encontrar $p = p(q, E, \eta)$. Por sua vez, definindo P como sendo

$$P = \frac{1}{2\pi} \oint p(q, E, \eta)\, dq\,, \tag{25.9}$$

onde a integral se dá ao longo de um ciclo de oscilação, podemos inverter essa relação e determinar $E = E(P, \eta)$. Finalmente, inserindo $E = E(P, \eta)$ na relação $p = p(q, E, \eta)$, podemos obter p como função de q, P e η; essa é a função $p(q, P, \eta)$ utilizada na Eq. (25.8). Na próxima seção, veremos um exemplo explícito do cálculo dessa função geratriz. Note que, se η for constante, então P é igual à variável ação e F_2 é exatamente a função geratriz que leva às variáveis de ação-ângulo, vide Eqs. (24.12) e (24.16). Apesar disso, quando η varia com o tempo, não é adequado dizer que as coordenadas (Q, P) são variáveis de ação-ângulo, pois, conforme definidas no capítulo anterior, as chamadas variáveis de ação-ângulo só podem ser introduzidas em sistemas conservativos, o que não é o caso quando η depende do tempo.

Utilizando as relações válidas para uma função geratriz do tipo 2, vide a Tabela 20.1, podemos concluir que o hamiltoniano associado ao novo sistema de coordenadas, (Q, P), é dado por

$$H = h + \left(\frac{\partial F_2}{\partial t}\right)_{q,P} = E(P, \eta) + \dot{\eta} \left(\frac{\partial F_2}{\partial \eta}\right)_{q,P}.$$

Portanto, a equação de Hamilton para P fornece:

$$\dot{P} = -\left(\frac{\partial H}{\partial Q}\right)_{P,t} = -\,\dot{\eta} \left(\frac{\partial}{\partial Q}\right)_{P,t} \left(\frac{\partial F_2}{\partial \eta}\right)_{q,P}.$$

Como estamos assumindo que a variação em η é adiabática, segue que $\dot{\eta}$ também varia pouco por ciclo, de maneira que a média da equação acima pode ser aproximada da seguinte forma:

$$\left\langle \dot{P} \right\rangle = -\left\langle \dot{\eta} \left(\frac{\partial}{\partial Q}\right)_{P,t} \left(\frac{\partial F_2}{\partial \eta}\right)_{q,P} \right\rangle \simeq -\left\langle \dot{\eta} \right\rangle \left\langle \left(\frac{\partial}{\partial Q}\right)_{P,t} \left(\frac{\partial F_2}{\partial \eta}\right)_{q,P} \right\rangle. \tag{25.10}$$

Uma vez que $\dot{\eta}$ já é da ordem de ϵ e como queremos desprezar termos de ordem quadrática no parâmetro adiabático, segue que, no lado direito da equação acima, a média da derivada de F_2 pode ser tomada considerando apenas os termos de ordem zero em ϵ. Ordem zero em ϵ equivale a considerar $\dot{\eta} = 0$, ou seja, significa assumir que η é constante, em cujo caso P é igual à variável ação do sistema conservativo e Q se torna a variável ângulo. Nesse cenário, um ciclo significa avançar Q de 2π, enquanto P é mantido contante.

Agora, nosso objetivo é mostrar que, em ordem zero em ϵ, a média

$$\left\langle \left(\frac{\partial}{\partial Q}\right)_{P,t} \left(\frac{\partial F_2}{\partial \eta}\right)_{q,P} \right\rangle \tag{25.11}$$

é igual a zero. Para isso, neste parágrafo, vamos assumir o cenário em que η é constante. Nesse caso, P é mantido constante durante a dinâmica, de forma que, quando o sistema vai de $q = q_1$ até $q = q_2$, a variação da função geratriz F_2 é dada por

$$\Delta F_2 = \int_{q_0}^{q_2} p(q, P, \eta) dq - \int_{q_0}^{q_1} p(q, P, \eta) dq = \int_{q_1}^{q_2} p(q, P, \eta) dq\,,$$

onde a definição da função F_2, dada na Eq. (25.8), foi utilizada. Em particular, podemos concluir que a variação de F_2 em um ciclo será dada por:

$$\Delta F_2 = \oint p(q, P, \eta) dq = 2\pi P . \tag{25.12}$$

Embora F_2 seja uma função natural de (q, P), podemos substituir q por $q(Q, P)$ e então ver F_2 como função de (Q, P). Assim sendo, podemos concluir que

$$F_2 = Q P + f(Q, P, \eta) , \tag{25.13}$$

onde $f(Q, P, \eta)$ é uma função periódica em Q, ou seja, $f(Q + 2\pi, P, \eta) = f(Q, P, \eta)$. Com efeito, desse modo, a variação de F_2 em um ciclo é dada por:

$$\begin{aligned} \Delta F_2 &= F_2(Q + 2\pi, P, \eta) - F_2(Q, P, \eta) \\ &= [(Q + 2\pi) P + f(Q + 2\pi, P, \eta)] - [Q P + f(Q, P, \eta)] = 2\pi P , \end{aligned}$$

o que está em pleno acordo com o obtido na Eq. (25.12). Agora, utilizando a expressão (25.13) para a função geratriz, segue que a média da Eq. (25.11) é dada por:

$$\left\langle \left(\frac{\partial}{\partial Q} \right)_{P,t} \left(\frac{\partial f}{\partial \eta} \right)_{q,P} \right\rangle . \tag{25.14}$$

Ocorre que, se g é uma função periódica na variável Q, então podemos afirmar que, durante um ciclo, a média da derivada de g em relação Q é igual a zero. De fato, se g é periódica, então podemos expandir g em série de Fourier:

$$g(Q) = g_0 + \sum_{n=1}^{\infty} [a_n \cos(nQ) + b_n \operatorname{sen}(nQ)] ,$$

onde g_0, a_n e b_n são coeficientes que não dependem de Q. Então, tomando a derivada dessa expressão em relação a Q e depois tomando a média, obtemos zero. Isso porque, se n for inteiro diferente de zero, as funções $\cos(nQ)$ e $\operatorname{sen}(nQ)$ têm médias no intervalo $Q \in (Q_0, Q_0 + 2\pi)$ iguais a zero. No caso da média (25.14), é útil fazer a identificação $g = \partial f/\partial \eta$, o que é justificável porque f é periódica em Q, de modo que $\partial f/\partial \eta$ também será periódica. Então, como, na expressão (25.14), estamos tomando a média da derivada $\partial g/\partial Q$, segue que o resultado é zero. Em suma, vimos que, em ordem zero em ϵ, a média mostrada na Eq. (25.11) é nula. Portanto, podemos concluir que, até primeira ordem em ϵ, o lado direito da Eq. (25.10) é zero e, então,

$$\left\langle \dot{P} \right\rangle = O(\epsilon^2) \simeq 0 .$$

Por isso, diz-se que a variável ação é um invariante adiabático. Vejamos um exemplo explícito dessa afirmação.

Exemplo: Considere uma partícula de massa m que oscila dentro de uma caixa unidimensional sofrendo colisões elásticas com a parede. Suponha que a parede direita é movida lentamente, de forma que a distância entre as paredes, ℓ, é diminuída adiabaticamente, conforme ilustrado na Fig. 25.1. Utilizando argumentos básicos de cinemática, em

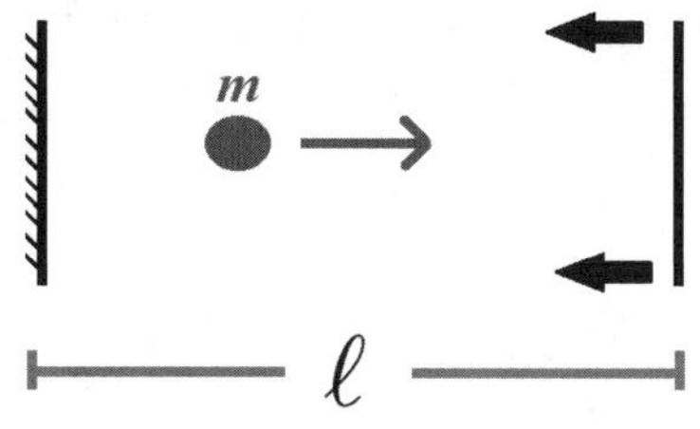

Figura 25.1: A partícula de massa m se choca de forma elástica com a parede, oscilando de um lado para o outro. Enquanto isso, a parede direita se move lentamente, fazendo com que a distância ℓ diminua adiabaticamente.

conjunto com o fato de que os choques da partícula com a parede são elásticos, encontre uma combinação entre a velocidade da partícula e o parâmetro ℓ que seja um invariante adiabático. Em seguida, prove que esse invariante é a variável ação do sistema oscilatório.

Solução

A hipótese de colisão elástica com as paredes significa que a velocidade relativa entre a partícula e a parede antes do choque deve ser igual à velocidade relativa entre essas duas entidades após o choque. No caso da parede direita, que está se movendo em direção à parede esquerda, se v_1 for o módulo da velocidade da partícula em relação ao chão antes do choque e v_p for o módulo da velocidade da parede em relação ao chão, então a velocidade de aproximação é dada por $v_1 + v_p$, como ilustrado na Fig. 25.2. Por sua vez, se v_2 é o módulo da velocidade da partícula em relação ao chão após o choque, então a velocidade de afastamento em relação à parede direita será dada por $v_2 - v_p$, conforme ilustrado na Fig. 25.2. Portanto, a condição de choque elástico com a parede direita se

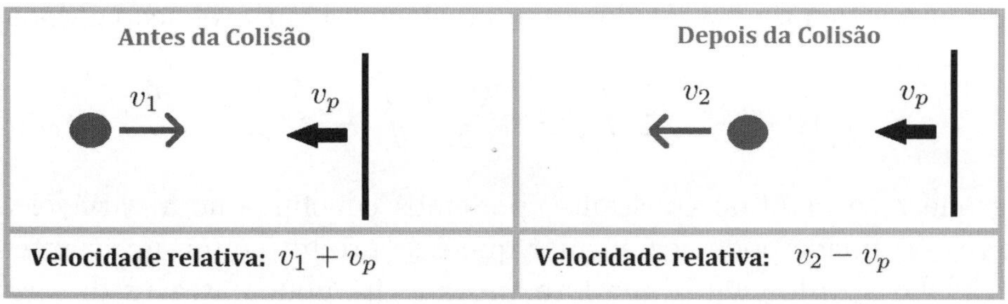

Figura 25.2: Na ilustração à esquerda, vemos que, antes do choque, a velocidade relativa entre a partícula e a parede é maior que a velocidade da partícula em relação ao chão. Por sua vez, na ilustração à direita, vemos que, após o choque, a velocidade relativa entre a partícula e a parede é menor que a velocidade da partícula em relação ao chão.

resume à seguinte equação:

$$v_2 - v_p = v_1 + v_p \quad \Rightarrow \quad v_2 - v_1 = 2v_p \tag{25.15}$$

Ou seja, após o choque, a velocidade da partícula é acrescida de $2v_p$. Esse acréscimo ocorre uma vez por ciclo. Portanto, se $v(t) = v_1$, podemos afirmar que, após um ciclo, a velocidade será v_2, ou seja, $v(t + \tau) = v_2$, onde τ é o período do ciclo, tempo necessário para a partícula se chocar com ambas as paredes e voltar à posição inicial. Logo, a Eq. (25.15) se torna:

$$v(t+\tau) - v(t) = 2v_p = -2\frac{d\ell}{dt}, \tag{25.16}$$

onde o sinal negativo no lado direito foi posto porque ℓ está diminuindo, de forma que $d\ell/dt < 0$, ao passo que v_p deve ser positivo, pois se trata do módulo da velocidade da parede. Essa igualdade pode ser reescrita da seguinte forma:

$$\frac{v(t+\tau) - v(\tau)}{\tau}\,\tau + 2\frac{d\ell}{dt} = 0 \;\Rightarrow\; \frac{dv}{dt}\tau + 2\frac{d\ell}{dt} = 0\,. \tag{25.17}$$

Agora, usando que $\Delta\mathrm{x} = 2\ell$ é a distância percorrida pela partícula em um ciclo, concluímos que o módulo da sua velocidade é dado por:

$$v = \frac{\Delta\mathrm{x}}{\Delta t} = \frac{2\ell}{\tau} \;\Rightarrow\; \tau = \frac{2\ell}{v}\,.$$

Então, substituindo essa expressão para o período na Eq. (25.17), temos:

$$\frac{dv}{dt}\frac{2\ell}{v} + 2\frac{d\ell}{dt} = 0 \;\Rightarrow\; \frac{dv}{dt}\ell + \frac{d\ell}{dt}v = 0 \;\Rightarrow\; \frac{d}{dt}(v\,\ell) = 0\,.$$

Esse resultado nos permite concluir que o produto $v\ell$ é um invariante adiabático. Em outras palavras, se ℓ varia com o tempo, então v também mudará com o tempo, mas o produto $v\ell$ permanecerá constante.

Por outro lado, sabemos que a variável ação é um invariante adiabático. Vamos calcular essa variável e comparar com o que obtivemos no parágrafo anterior. Sabemos que a variável ação é dada por $J = \frac{1}{2\pi}\oint p dq$. No caso, se ℓ não variar, o momento da partícula será constante, uma vez que, após as colisões, o momento p apenas mudará de sinal, com seu módulo sendo constante, pois as colisões são elásticas. Além disso, não há nenhuma força atuando na partícula no meio do caminho. Logo, a variável ação é dada por

$$J = \frac{1}{2\pi}\oint p dq = \frac{p}{2\pi}\int_0^{\ell} d\mathrm{x} + \frac{(-p)}{2\pi}\int_{\ell}^{0} d\mathrm{x} = \frac{p}{\pi}\ell = \frac{m}{\pi}v\,\ell\,.$$

Portanto, já que m é mantido constante, podemos concluir que a variável ação é uma constante vezes $v\ell$, donde podemos afirmar que esse produto é um invariante adiabático. Isso está em pleno acordo com o que fora provado há pouco através de argumentos de cinemática. Ou seja, quando ℓ diminui, v aumenta. Isso já deveria ser esperado, pois, se ℓ está diminuindo, então a velocidade de choque entre a parede e a partícula será maior que a velocidade da partícula, pois a velocidade da partícula se somará à velocidade da parede. Portanto, a colisão com a parede será mais energética e a velocidade da partícula aumentará ■

25.2 Mudanças adiabáticas no sistema massa-mola, dinâmica exata

Nesta seção, vamos mostrar, de forma gráfica, a solução exata para a dinâmica de um sistema massa-mola cuja constante de mola varia com o tempo de forma adiabática. Como o sistema massa-mola é o paradigma de uma dinâmica oscilatória, os resultados desta seção servirão para ilustrar o que significa dizer que uma grandeza é um invariante adiabático. Veremos que um invariante adiabático não é uma constante de movimento, pois o invariante pode mudar com o tempo, mas sua dinâmica se resume a uma oscilação de pequena amplitude em torno de um valor médio fixo.

Consideremos, então, o seguinte hamiltoniano:

$$h(q, p, k) = \frac{1}{2m}\, p^2 + \frac{1}{2} k(t)\, q^2 \,.$$

Para provar que a variável ação é um invariante adiabático, é útil mudar o sistema de coordenadas do espaço de fase, passando para o par (Q, P), onde essas seriam as variáveis de ação-ângulo se k fosse constante. Resolvendo a equação

$$E = h = \frac{1}{2m}\, p^2 + \frac{1}{2} k(t)\, q^2$$

para o momento p, obtemos:

$$p = p(q, E, k) = \pm \sqrt{2mE - mk\, q^2} \,.$$

Portanto, a função geratriz F_2, dada na Eq. (25.8), fica dada por:

$$\begin{aligned} F_2(q, E, k) &= \int p\, dq = \int \sqrt{2mE - mk\, q^2}\, dq \\ &= \frac{q}{2} \sqrt{m(2E - kq^2)} + \frac{\sqrt{m}\, E}{\sqrt{k}} \arctan\left(\frac{q\sqrt{k}}{\sqrt{2E - kq^2}} \right) . \end{aligned}$$

Nessa expressão, devemos substituir a dependência em E por $E(P, k)$. Para isso, podemos usar a definição do novo momento, P, dada na Eq. (25.9):

$$P \equiv \frac{1}{2\pi} \oint p dq = \frac{4}{2\pi} \int_0^{\sqrt{\frac{2E}{k}}} \sqrt{2mE - mk\, q^2} dq = \frac{\sqrt{m}\, E}{\sqrt{k}} \quad \Rightarrow \quad E = \frac{P\sqrt{k}}{\sqrt{m}} \,.$$

Então, substituindo essa expressão para E na definição de F_2, obtemos:

$$F_2(q, P, k) = \frac{q}{2} \sqrt{2P\sqrt{mk} - mkq^2} + P \arctan\left(\frac{q}{\sqrt{\frac{2P}{\sqrt{mk}} - q^2}} \right) .$$

Usando as relações válidas para uma função geratriz do tipo 2, vide Tabela 20.1, temos:

$$p = \frac{\partial F_2}{\partial q} = \sqrt{2P\sqrt{mk} - mkq^2} \quad \text{e} \quad Q = \frac{\partial F_2}{\partial P} = \arctan\left(\frac{q}{\sqrt{\frac{2P}{\sqrt{mk}} - q^2}} \right)$$

Resolvendo essas equações para q e p, temos:

$$q = \frac{\sqrt{2P}}{(mk)^{1/4}} \operatorname{sen} Q \qquad \text{e} \qquad p = (mk)^{1/4} \sqrt{2P} \cos Q \,.$$

Um possível teste para verificar se houve falha nesse conjunto de cálculos é checar se o parêntese de Poisson $\langle q, p \rangle$ é igual a um, o que significa dizer que a transformação de coordenadas $(q, p) \to (Q, P)$ é canônica. Se o resultado for diferente de um, então podemos concluir que houve algum erro, o que não é o caso. Agora, estamos aptos a calcular o hamiltoniano no novo sistema de coordenadas. Ele é dado por:

$$\begin{aligned} H(Q,P,t) &= h + \partial_t F_2 = h(q(Q,P,t), p(Q,P,t), k(t)) + \frac{\partial F_2}{\partial k}\dot{k} \\ &= P\left[\sqrt{\frac{k}{m}} + \frac{\dot{k}}{4k}\,\text{sen}(2Q)\right] = \omega\, P\left[1 + \frac{\epsilon}{4}\,\text{sen}(2Q)\right], \end{aligned}$$

onde foram utilizadas as identificações $\omega = \sqrt{k/m}$ e $\epsilon = \dot{k}/(\omega k)$. Devemos manter em mente que, agora, k é uma função do tempo. Consequentemente, ω também varia com o tempo. As equações de Hamilton nesse sistema de coordenadas são dadas por:

$$\dot{Q} = \frac{\partial H}{\partial P} = \omega\left[1 + \frac{\epsilon}{4}\,\text{sen}(2Q)\right] \quad \text{e} \quad \dot{P} = -\frac{\partial H}{\partial Q} = -\frac{1}{2}\,\epsilon\,\omega\, P\cos(2Q)\,. \tag{25.18}$$

Notemos que, se $\epsilon = 0$, ou seja, se k for constante, então teremos $\dot{P} = 0$, isto é, P será uma constante de movimento, e $\dot{Q} = \omega$, o que implica $Q = \omega\, t + Q_0$, onde Q_0 é uma constante. Isso deixa claro que, no caso em que k é constante, as coordenadas (Q, P) se reduzem às variáveis de ação-ângulo, como esperado. No caso em que k é alguma função do tempo, no entanto, as equações de movimento (25.18) são difíceis de serem resolvidas de forma exata. Para a maior parte das escolhas da função $k(t)$, não há solução analítica. Por esse motivo, a seguir, vamos fornecer as soluções gráficas exatas para diversas escolhas da função $k(t)$. Tais soluções nos permitirão entender o significado de invariância adiabática de forma mais concreta. Nos exemplos abaixo, serão assumidos $m = 1$ e $k(0) = 4\pi^2$, de tal forma que o período do sistema quando $t = 0$ é $\tau = 1$. Também serão assumidas as condições iniciais $Q(0) = 0$ e $P(0) = 2$.

Exemplo 1: $\mathbf{k(t) = 4\pi^2 + t^8}$

Nesse caso, usando a hipótese de que $m = 1$, temos que o parâmetro adiabático é dado por:

$$\epsilon = \frac{\dot{k}}{k\omega} = \frac{\dot{k}}{k^{3/2}} = \frac{8\,t^7}{(4\pi^2 + t^8)^{3/2}}\,.$$

Os gráficos de $k(t)$ e $\epsilon(t)$ são ilustrados na Fig. 25.3. Através dessa figura, vemos que, em geral, $|\epsilon|$ é bem pequeno. Uma exceção ocorre no domínio $1 \lesssim t \lesssim 3$. Em particular, quando $t \simeq 2$, vê-se que $|\epsilon| \sim 1/5$. Conclui-se, então, que a condição de perturbação adiabática é satisfeita quase sempre, com uma curta exceção no domínio $1 \lesssim t \lesssim 3$, no qual, embora $|\epsilon| < 1$, não é plausível dizer que $|\epsilon| \ll 1$.

Agora, resolvendo o sistema de equações (25.18) de forma numérica para essa escolha de função $k(t)$, chega-se às soluções gráficas mostradas na Fig. 25.4. Nesses gráficos, vemos que a *variável angular*, Q, desvia muito do seu comportamento linear em função do tempo, que ocorreria caso k fosse constante. Por outro lado, a *variável ação*, P, é quase constante. Vemos que, fora do domínio $1 \lesssim t \lesssim 3$, a variável P oscila menos de 1% em relação ao seu valor inicial. Além disso, durante a oscilação, mantém o valor médio como sendo $\langle P\rangle = 2$. Por outro lado, no domínio $1 \lesssim t \lesssim 3$, vemos que P oscila mais fortemente. Mas, nessa região, não temos $|\epsilon| \ll 1$, de forma que a hipótese de perturbação adiabática não é válida. Portanto, não devemos esperar que P oscile pouco e que sua média seja

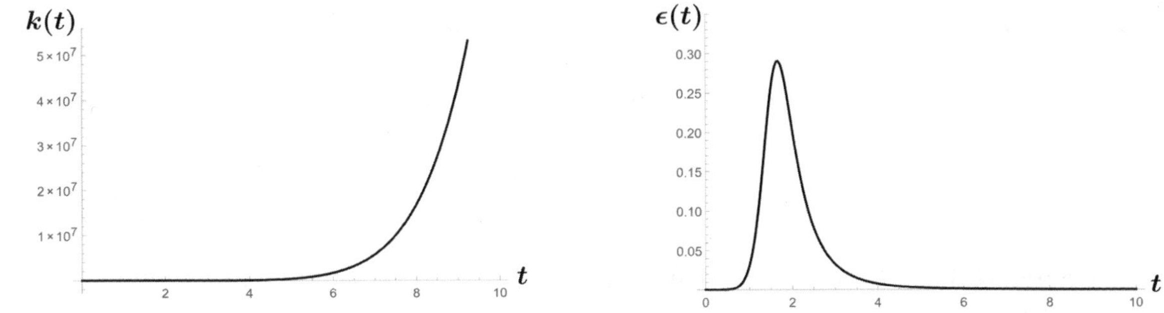

Figura 25.3: À esquerda, vemos o gráfico de $k(t)$ e, à direita, temos o gráfico de $\epsilon(t)$, relativos ao exemplo 1. Notemos que, embora k cresça indefinidamente, o parâmetro ϵ é quase sempre muito menor que 1, exceto quando $1 < t < 3$, intervalo no qual $0,03 < \epsilon < 0,3$. Portanto, para $t > 3$, podemos afirmar que a mudança em k é adiabática.

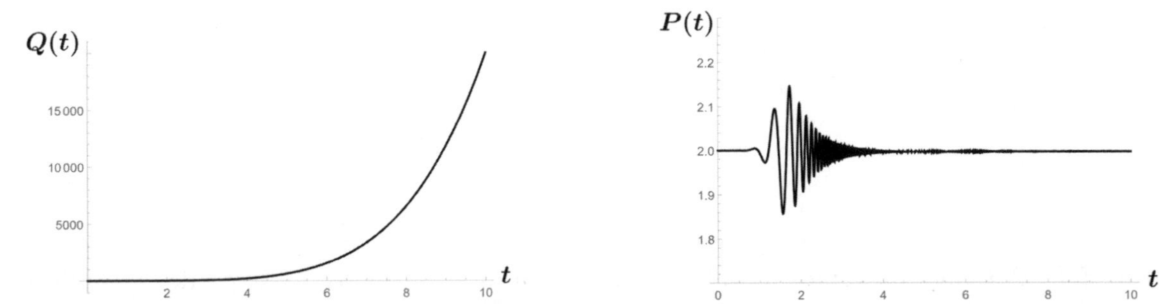

Figura 25.4: À esquerda, vemos o gráfico da solução numérica para $Q(t)$ e, à direita, temos o gráfico para a solução numérica de $P(t)$, soluções relativas à função $k(t)$ do exemplo 1. Percebe-se que $Q(t)$ desvia significativamente do comportamento linear, que seria esperado caso k fosse constante. Por sua vez, no lado direito, vemos que $P(t)$ é essencialmente constante, apenas oscilando um pouco em torno do valor inicial. Essa oscilação tem maior amplitude no intervalo $1 < t < 3$, no qual a condição de mudança adiabática não é satisfeita.

constante no domínio $1 \lesssim t \lesssim 3$. Apesar disso, no presente exemplo, a média de P se mantém constante mesmo nessa região.

Da expressão $k(t) = 4\pi^2 + t^8$, vemos que esse parâmetro cresce arbitrariamente e a uma taxa cada vez maior, como podemos ver no lado esquerdo da Fig. 25.3. Esse fato poderia nos fazer concluir que a perturbação deixa de ser adiabática quando $t > 1$. Todavia, não é o caso. Este exemplo mostra a importância de quantificar o que é grande ou pequeno em termos de parâmetros **adimensionais**, como é o caso do parâmetro ϵ. Por exemplo, uma distância de 1 metro pode ser escrita como sendo $0,001$ se a unidade usada for quilômetro. Da mesma forma, o mesmo metro pode ser escrito como 1000000 se a unidade usada for o micrômetro. Note, então, que o número em si não tem muito valor, a não ser que a grandeza analisada seja adimensional. Portanto, ao fazer uso da teoria de perturbação, é essencial que o parâmetro perturbativo seja adimensional. Em particular, no caso das perturbações adiabáticas aqui consideradas, o que importa não é se $\dot{k}$ é pequeno, mas sim se a variação *relativa* de k é pequena *no período de um ciclo*. A grandeza adimensional que afere isso é ϵ ■

Exemplo 2: $\mathbf{k(t) = 4\pi^2 e^t}$

Para essa função $k(t)$, usando $m = 1$, temos que o parâmetro adiabático é dado por:

$$\epsilon = \frac{\dot{k}}{k\omega} = \frac{\dot{k}}{k^{3/2}} = \frac{1}{2\pi}\, e^{-t/2} .$$

Os gráficos de $k(t)$ e $\epsilon(t)$ são ilustrados na Fig. 25.5. Em particular, nessa figura, vemos que $|\epsilon|$ é sempre menor que $1/5$, de forma que a condição de perturbação adiabática é satisfeita, especialmente para $t > 4$. Vemos que k cresce exponencialmente, ao passo que ϵ, que é o parâmetro relevante para caracterizar uma perturbação adiabática, decresce exponencialmente. Então, quanto maior o tempo t, mais adiabático é o processo.

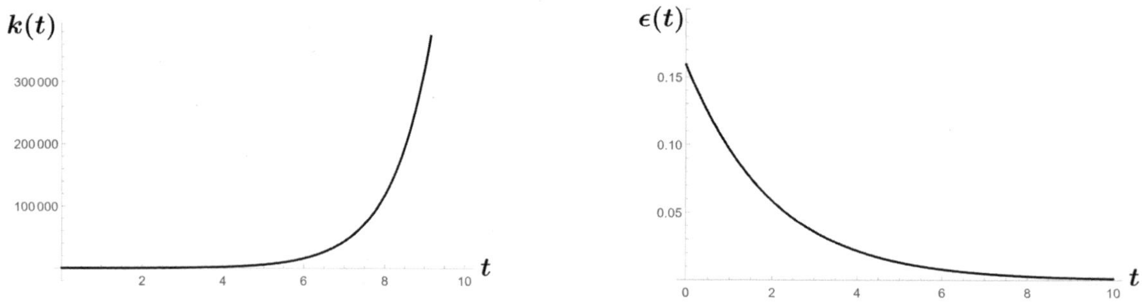

Figura 25.5: À esquerda, vemos o gráfico de $k(t)$ e, à direita, temos o gráfico de $\epsilon(t)$, relativos ao exemplo 2. Notemos que, embora k cresça indefinidamente, o parâmetro ϵ é sempre menor que $1/5$ e pode ser considerado muito menor que 1 quando $t > 4$. Portanto, para $t > 4$, podemos afirmar que a mudança em k é adiabática.

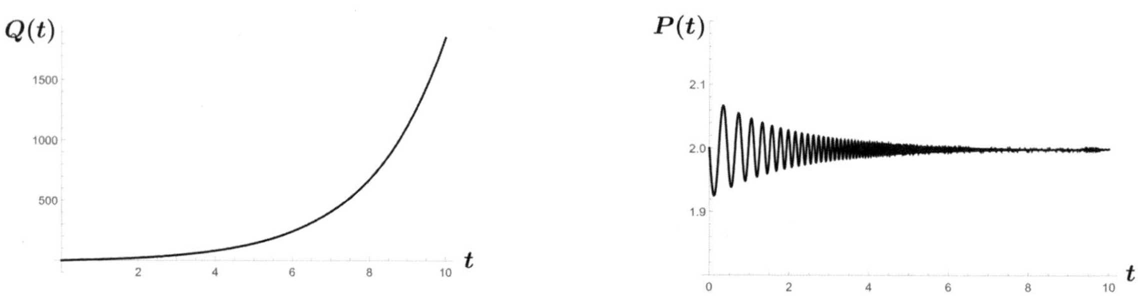

Figura 25.6: À esquerda, vemos o gráfico da solução numérica para $Q(t)$ e, à direita, temos o gráfico para a solução numérica de $P(t)$, soluções relativas à função $k(t)$ do exemplo 2. Vemos que $Q(t)$ desvia significativamente do comportamento linear, que seria esperado se k fosse constante. Por sua vez, no lado direito, vemos que $P(t)$ é essencialmente constante, apenas oscilando com pequena amplitude em torno do valor inicial. A amplitude dessa oscilação é especialmente pequena na região $t > 4$, para a qual o parâmetro ϵ é muito menor que um.

Agora, resolvendo o sistema de equações (25.18) de forma numérica para essa função $k(t)$ específica, chega-se às soluções gráficas mostradas na Fig. 25.6. Vemos claramente que P oscila em torno do valor médio $\langle P \rangle = 2$, que é o valor inicial adotado para P. Quando $t > 4$, observa-se que P é essencialmente constante, pois oscila de forma muito rápida e com pequena amplitude em torno do valor médio. Isso é esperado do fato de que, quando $t > 4$, temos $|\epsilon| < 1/40$, de forma que a perturbação é significativamente adiabática ■

Exemplo 3: $\mathbf{k(t) = 4\pi^2\, e^{-t}}$

Nesse caso, o parâmetro adiabático é dado por

$$\epsilon = \frac{\dot{k}}{k\omega} = \frac{\dot{k}}{k^{3/2}} = -\,\frac{1}{2\pi}\,e^{t/2}\,.$$

Os gráficos de $k(t)$ e do módulo de $\epsilon(t)$ são mostrados na Fig. 25.7. Em particular, vemos que a mudança no parâmetro k não pode ser considerada adiabática, pois o regime $|\epsilon| \ll 1$ só é válido quando estamos muito próximos de $t = 0$ e deixa de valer para $t > 1$.

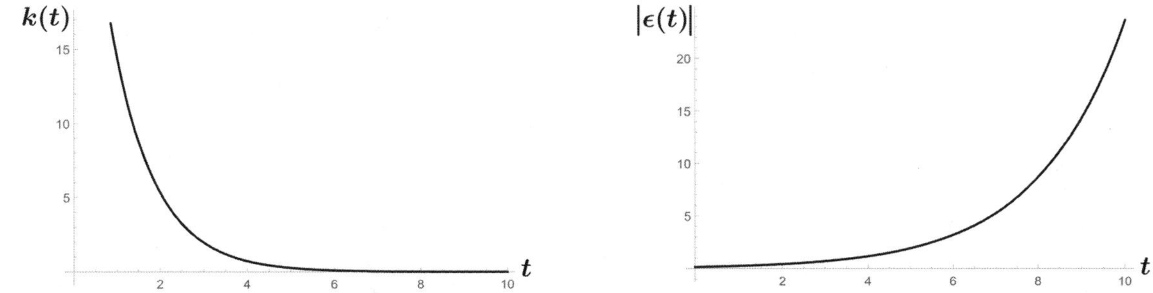

Figura 25.7: À esquerda, vemos o gráfico de $k(t)$ e, à direita, temos o gráfico do valor absoluto de $\epsilon(t)$, relativos ao exemplo 3. Notemos que, ao passo que k decresce exponencialmente com o passar do tempo, o módulo de ϵ cresce exponencialmente. Em particular, para $t > 1$, temos $|\epsilon| > 1/4$ e, portanto, a mudança em k não é adiabática.

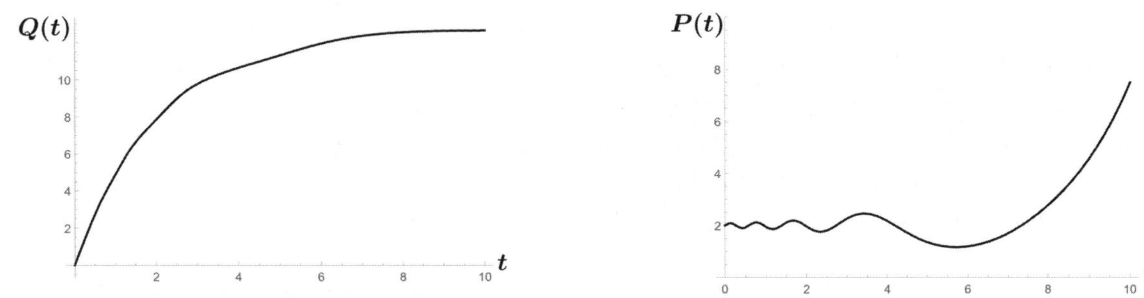

Figura 25.8: À esquerda, vemos o gráfico da solução numérica para $Q(t)$ e, à direita, temos o gráfico para a solução numérica de $P(t)$, soluções relativas à função $k(t)$ do exemplo 3. Em particular, vemos que $P(t)$ não pode ser considerado um invariante adiabático nesse caso, pois seu valor cresce indefinidamente com o tempo.

Já que $|\epsilon|$ não é muito menor que um, não devemos esperar que P seja essencialmente constante. Ou seja, a condição de mudança adiabática não é satisfeita e, portanto, não há por que esperar que a variável ação oscile com pequena amplitude em torno de um valor fixo. De fato, resolvendo o sistema de equações (25.18) de forma numérica, obtém-se o resultado gráfico mostrado na Fig. 25.8. Esse exemplo é muito interessante porque demonstra que o importante não é a taxa de variação $\dot{k}$, mas sim o valor do parâmetro adimensional ϵ. Com efeito, neste exemplo, $|\dot{k}|$ decai exponencialmente, de forma que uma análise superficial poderia concluir que o processo passa a ser extremamente adiabático quando t é grande. No entanto, exatamente o contrário acontece. O fato de $|\epsilon|$ crescer exponencialmente demonstra que o processo não é nada adiabático, especialmente para valores de t elevados ■

Exemplo 4: $\mathbf{k(t) = 4\pi^2 \left[1 + \pi \arctan(5) - \pi \arctan(5 - t) \right]^{-2}}$

Para essa escolha de $k(t)$, o parâmetro ϵ é dado por:

$$\epsilon(t) = \frac{-1}{1 + (t-5)^2}.$$

Os gráficos para $k(t)$ e $\epsilon(t)$ têm as formas ilustradas na Fig. 25.9. O interessante desse

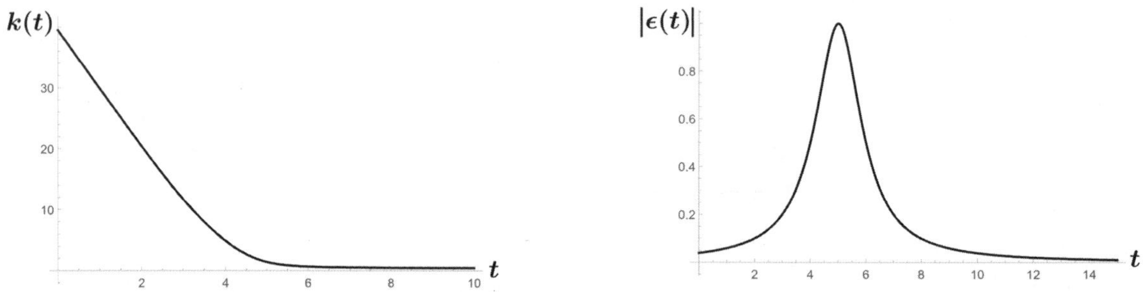

Figura 25.9: À esquerda, vemos o gráfico de $k(t)$. Em particular, nota-se que k decresce e se aproxima assintoticamente do valor $k \simeq 0,38$ no limite $t \to \infty$. À direita, temos o gráfico do valor absoluto de $\epsilon(t)$, relativo ao exemplo 4. No intervalo $2 < t < 8$, não podemos afirmar que a mudança em k é adiabática, pois, nesse domínio, $|\epsilon|$ não é muito menor que um. No entanto, para $t > 8$, é possível dizer que $|\epsilon|$ é muito pequeno e que a transformação é adiabática. Em particular, no limite $t \to \infty$, temos $|\epsilon| \to 0$.

último exemplo é que o valor de $|\epsilon|$ é, inicialmente, muito pequeno, caracterizando uma perturbação adiabática. Depois, por volta de $t \sim 5$, temos $|\epsilon| \simeq 1$, o que não é mais um regime adiabático. Por fim, quando $t > 8$, voltamos a ter uma perturbação adiabática. Logo, o que devemos esperar para a dinâmica de P é o seguinte: no domínio $0 < t < 2$, P deve ser aproximadamente constante, podendo oscilar com pequena amplitude em torno do valor inicial $P = 2$; quando $2 < t < 8$, o regime não é adiabático e não há nenhuma razão para esperar que P oscile em torno de uma média constante, ou seja, P e $\langle P \rangle$ podem mudar de valor; por fim, para $t > 8$, esperamos que P oscile com pequena amplitude em torno do seu novo valor médio (caso tenha mudado). De fato, a Fig. 25.8 ilustra a solução numérica para as equações de Hamilton desse sistema massa-mola. Vemos que o comportamento de P se distingue do comportamento de um invariante adiabático exatamente na região $2 < t < 8$, que é a região na qual a perturbação em questão deixa de ser adiabática. Outro comportamento interessante de ser observado na solução gráfica é que, para $t > 6$, o gráfico de $Q(t)$ é essencialmente uma reta. Isso é compatível com o fato de que, quando $t > 6$, temos ϵ muito próximo de zero, ou seja, k é essencialmente constante. Como sabemos, se k for exatamente constante, a coordenada Q se torna a

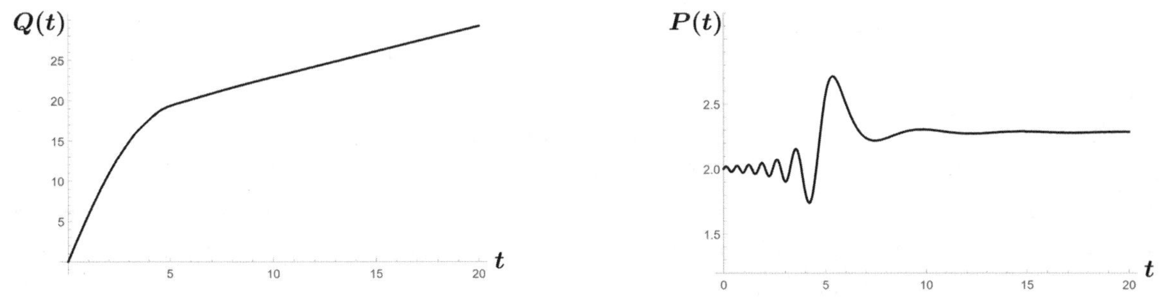

Figura 25.10: À esquerda, vemos o gráfico da solução numérica para $Q(t)$ e, à direita, temos o gráfico para a solução numérica de $P(t)$, soluções relativas à função $k(t)$ do exemplo 4. Vemos que, quando $t > 6$, o gráfico de $Q(t)$ é essencialmente uma reta. Por sua vez, vemos que, fora da região $2 < t < 8$, a dinâmica de $P(t)$ é compatível com o comportamento esperado para um invariante adiabático.

variável ângulo, cuja dependência temporal é linear. No entanto, de forma geral, se k não for constante, mesmo que ϵ seja muitíssimo pequeno, não é garantido que Q se comporte de maneira semelhante ao caso em que k é constante. O comportamento linear de $Q(t)$ para $t > 6$ é uma peculiaridade deste exemplo. De fato, nos exemplos 1 e 2 desta seção, a dinâmica de Q não se aproxima de um comportamento linear com o tempo mesmo para $t \gg 1$, onde ϵ é ínfimo ■

Esses exemplos, que ilustram a dinâmica exata do sistema massa-mola com k dependente do tempo, deixam claro que P, o análogo da variável ação no caso não conservativo, só é um invariante adiabático quando o parâmetro ϵ é muito menor que um. Além disso, os gráficos de $P(t)$ mostram que o fato de P ser um invariante adiabático não significa dizer que P é constante, mas sim que essa grandeza oscila com uma pequena amplitude em torno de um valor médio fixo.

25.3 Exercícios sugeridos

Exercício 1

Suponha que a corda de um pêndulo simples que executa pequenas oscilações é segurada por uma pessoa, conforme ilustrado ao lado.

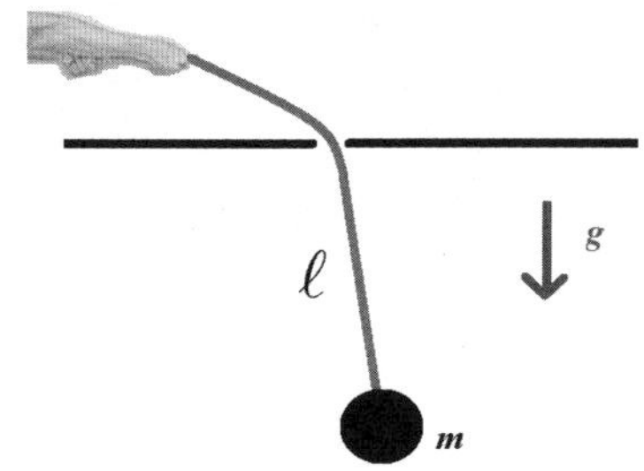

a) Qual é a força média por ciclo que a pessoa deve aplicar para manter o comprimento do pêndulo como sendo ℓ?

b) Use o resultado anterior para argumentar que $E^2\,\ell$ deve ser um invariante adiabático do sistema quando o comprimento ℓ é adiabaticamente alterado, onde E é a energia do sistema.

c) Prove que $E^2\,\ell$ tem relação com o quadrado da variável ação.

Exercício 2 – ***resolvido***

Partindo das equações de Hamilton para o sistema massa-mola com k dependente do tempo, dadas na Eq. (25.10), resolva esse par de equações de forma perturbativa no parâmetro ϵ, considerando a solução até primeira ordem nesse parâmetro. Prove que, nesse domínio de aproximação, a solução para $P(t)$ é uma oscilação de pequena amplitude em torno de um valor médio fixo.

Exercício 3 – ***resolvido***

Considere um sistema unidimensional cujo hamiltoniano é dado por:

$$h(q,p) = \frac{p^2}{q^2} - \frac{\alpha}{q},$$

onde α é um parâmetro constante do sistema. Suponha que o parâmetro α seja lentamente alterado por um agente externo. Sendo τ o período da oscilação nesse sistema, quais são os menores inteiros n_1 e n_2 que fazem com que o produto $(\,\tau^{n_1} \times \alpha^{n_2}\,)$ permaneça essencialmente inalterado com o passar do tempo?

Exercício 4

Considere uma partícula em uma dimensão sujeita ao potencial $U(\mathrm{x}) = \alpha\,\mathrm{x}^{2n}$, onde α é uma constante positiva e $n \geq 1$ é um inteiro. Primeiro, argumente que o movimento da partícula é periódico. Em seguida, considere que α é modificado adiabaticamente e mostre que $\tau\,E$ é um invariante adiabático, onde τ é o período do sistema e E é a energia. Dica: para calcular o período, note que $\tau = \oint dt = \oint \frac{1}{\frac{d\mathrm{x}}{dt}}\,d\mathrm{x} = \oint \frac{m}{p}\,d\mathrm{x}$.

Exercício 5

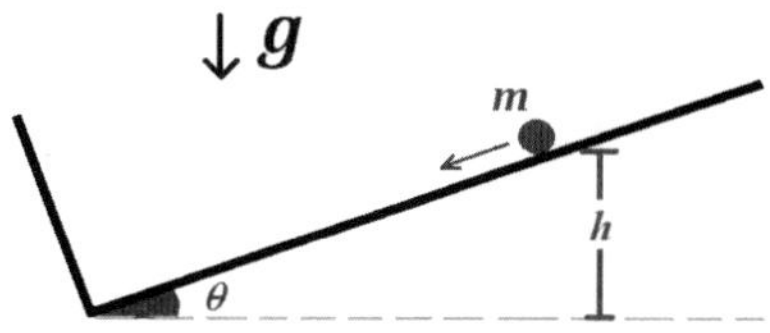

Considere uma partícula de massa m que desliza sem atrito em um plano inclinado que faz um ângulo θ com a direção horizontal. O campo gravitacional tem aceleração local g e está na direção vertical, conforme ilustrado ao lado. Suponha que, na base do plano inclinado, haja uma superfície ortogonal ao plano com a qual a partícula sofre choques elásticos. Então, se não houver variação dos parâmetros, a partícula vai e volta sempre atingindo a altura máxima h. Supondo que o ângulo θ começa a ser perturbado adiabaticamente, obtenha qual é a relação entre h e θ que é mantida constante durante a perturbação adiabática.

Solução do Exercício 2

Como estamos interessados na solução até primeira ordem em ϵ, vamos considerar

$$Q = Q_{[0]} + Q_{[1]} \quad \text{e} \quad P = P_{[0]} + P_{[1]}\,, \tag{25.19}$$

onde $Q_{[0]}$ e $P_{[0]}$ são as soluções quando $\epsilon = 0$, ao passo que $Q_{[1]}$ e $P_{[1]}$ dependem de ϵ linearmente. Devemos notar que ω e ϵ variam com o tempo. Vamos, então, expandir esses parâmetros em série de Taylor no tempo em torno de $t = 0$. A expansão poderia ser em torno de um tempo t_0 qualquer, a escolha $t_0 = 0$ foi por mera conveniência. Denotando por ϵ_0 o valor de ϵ em $t = 0$, a expansão de Taylor que adotaremos para ϵ será a seguinte: $\epsilon \simeq \epsilon_0$. Com relação a ω, temos:

$$\omega(t) \simeq \omega_0 + \dot{\omega}_0\, t = \omega_0 + \frac{\dot{k}_0}{2\sqrt{k_0 m}}\, t = \omega_0 + \frac{\epsilon_0}{2}\,\omega_0^2\, t\,.$$

Logo, desprezando termos da ordem de ϵ_0^2, as equações diferenciais em (25.10) ficam dadas por:

$$\dot{Q} = \omega_0 + \frac{\epsilon_0}{4}\left[2\,\omega_0^2\, t + \operatorname{sen}(2Q)\right] \quad \text{e} \quad \dot{P} = -\frac{\epsilon_0}{2}\,\omega_0\, P\, \cos(2Q)\,. \tag{25.20}$$

Agora, inserindo a expansão (25.19) nas equações acima e separando os termos de ordem zero e ordem um em ϵ_0, temos:

$$\begin{cases} \dot{Q}_{[0]} = \omega_0 \quad \text{e} \quad \dot{P}_{[0]} = 0\,, \\[2ex] \dot{Q}_{[1]} = \frac{\epsilon_0}{4}\left[2\,\omega_0^2\, t + \operatorname{sen}(2Q_{[0]})\right] \quad \text{e} \quad \dot{P}_{[1]} = -\frac{\epsilon_0}{2}\,\omega_0\, P_{[0]}\, \cos(2Q_{[0]})\,. \end{cases} \tag{25.21}$$

Resolvendo as equações de ordem zero, obtemos:

$$Q_{[0]} = \omega_0\, t + \varphi_0 \quad \text{e} \quad P_{[0]} = J_0\,,$$

onde φ_0 e J_0 são constantes de integração. Agora, inserindo as soluções de ordem zero nas equações diferenciais de ordem um, chega-se às seguintes equações:

$$\dot{Q}_{[1]} = \frac{\epsilon_0}{4}\left[2\,\omega_0^2\, t + \operatorname{sen}(2\omega_0 t + 2\varphi_0)\right] \quad \text{e} \quad \dot{P}_{[1]} = -\frac{\epsilon_0}{2}\,\omega_0\, J_0\, \cos(2\omega_0 t + 2\varphi_0)$$

Para resolver essas equações diferenciais, basta uma simples integração, o que fornece

$$Q_{[1]} = \frac{\epsilon_0}{4}\left[\omega_0^2\, t^2 - \frac{1}{2\omega_0}\cos(2\omega_0 t + 2\varphi_0)\right] \quad \text{e} \quad P_{[1]} = \frac{\epsilon_0}{4}\; J_0 \operatorname{sen}(2\omega_0 t + 2\varphi_0)\,.$$

Nessas últimas integrações, podem surgir duas constantes de integração aditivas. Tais constantes foram ignoradas, já que elas só representariam uma mudança nas constantes de integração da solução de ordem zero e iriam modificar as condições iniciais $Q(0) = \varphi_0$ e $P(0) = J_0$. Em suma, chegamos à seguinte solução para a dinâmica até primeira ordem em ϵ.

$$\begin{cases} Q(t) \;\; = \varphi_0 + \omega_0\, t + \frac{\epsilon_0}{4}\left[\omega_0^2\, t^2 - \frac{1}{2\omega_0}\cos(2\omega_0 t + 2\varphi_0)\right]\,, \\[2ex] P(t) \;\; = J_0\left[1 + \frac{\epsilon_0}{4}\operatorname{sen}(2\omega_0 t + 2\varphi_0)\right]\,. \end{cases} \tag{25.22}$$

Da solução para $P(t)$, vemos que sua dinâmica consiste em uma oscilação de pequena amplitude em torno do valor inicial J_0. Podemos dizer que a amplitude da oscilação é pequena porque ela é proporcional ao valor de ϵ. Mais precisamente, a amplitude da oscilação é $J_0\epsilon_0/4$. Portanto, se $\epsilon_0 = 0.01$, por exemplo, então a oscilação terá amplitude de 1% do tamanho inicial de P. Além disso, a média de P em um ciclo é constante ao longo de vários ciclos. Mais explicitamente, denotando por $\langle P\rangle_n$ a média de P no $n-$ésimo ciclo, temos:

$$\langle P\rangle_n \equiv \frac{1}{\tau}\int_{(n-1)\tau}^{n\tau} P(t)\,dt = J_0\,, \tag{25.23}$$

onde, na equação acima, $\tau = 2\pi/\omega_0$ é o período do sistema não perturbado. Essas características da dinâmica de P são aquelas esperadas para um invariante adiabático. Vale mencionar que a prova da constância de $\langle P\rangle_n$ não deve ser considerada para n arbitrariamente altos. De fato, nessa demonstração, foi usada a aproximação em série de Taylor $\omega \simeq \omega_0(1 + \frac{1}{2}\epsilon_0\omega_0 t)$, que deixa de ser uma boa aproximação quando $\epsilon_0\omega_0 t \sim 1$. Portanto, se $n^\star$ é tal que $\epsilon_0\omega_0 n^\star\tau \sim 1$, então a prova acima não é válida para $n \gtrsim n^\star$.

Solução do Exercício 3

Esse problema pode ser visto como uma continuação natural do exercício 4 do capítulo anterior. Inicialmente, vamos considerar o caso em que α é constante, a fim de encontrar uma expressão para a variável ação e para o período. A energia do sistema é dada por:

$$E = \frac{p^2}{q^2} - \frac{\alpha}{q} \quad \Rightarrow \quad p^2 - E\,q^2 - \alpha\,q = 0$$

Essa curva é uma quádrica. Se $E > 0$, será uma hipérbole; se $E < 0$, será uma elipse; e se $E = 0$, será uma parábola. Para que o movimento seja periódico, a órbita no espaço de fase deve ser uma curva fechada ou periódica. Como uma elipse é fechada, concluímos que devemos ter $E < 0$. Então, denotando $E = -\kappa^2$, temos:

$$0 = p^2 + \kappa^2\,q^2 - \alpha\,q = p^2 + \kappa^2\left(q - \frac{\alpha}{2\kappa^2}\right)^2 - \frac{\alpha^2}{4\kappa^2} \quad \Rightarrow \quad 1 = \frac{p^2}{a^2} + \frac{(q-q_0)^2}{b^2},$$

onde $a = \alpha/(2\kappa)$, $b = \alpha/(2\kappa^2)$ e $q_0 = \alpha/(2\kappa^2)$. A variável ação é dada por $J = \frac{1}{2\pi}\oint pdq$. Ou seja, J é a área dentro da elipse no plano (q,p) dividida por 2π. A área de uma elipse é πab. Portanto,

$$J = \frac{1}{2\pi}\,\pi\,a\,b = \frac{1}{2}\times\frac{\alpha}{2\kappa}\times\frac{\alpha}{2\kappa^2} = \frac{\alpha^2}{8\kappa^3} \quad \Rightarrow \quad \kappa = \frac{1}{2}\,\alpha^{2/3}\,J^{-1/3}.$$

Logo, como $E = -\kappa^2$, e como a frequência angular é dada por $\partial E/\partial J$, temos que o período τ pode ser obtido da seguinte forma:

$$E = -\frac{1}{4}\,\alpha^{4/3}\,J^{-2/3} \quad \Rightarrow \quad \frac{2\pi}{\tau} = \frac{\partial E}{\partial J} = \frac{1}{6}\,\alpha^{4/3}\,J^{-5/3} = -\frac{2E}{3J} \quad \Rightarrow \quad \tau = \frac{3\pi\,\alpha^2}{8(-E)^{5/2}}.$$

Agora, vamos assumir que α seja perturbado adiabaticamente. Sabemos que a variável de ação é o invariante adiabático procurado. Portanto, precisamos escrever a variável ação em termos do período. Notemos que:

$$\kappa = \sqrt{-E} = \left(\frac{3\pi}{8}\right)^{1/5}\frac{\alpha^{2/5}}{\tau^{1/5}} = \left(\frac{3\pi}{8}\right)^{1/5}\alpha^{2/5}\,\tau^{-1/5}.$$

Portanto,

$$J = \frac{\alpha^2}{8\kappa^3} = C\,\frac{\alpha^2}{(\alpha^{2/5}\,\tau^{-1/5})^3} = C\,\alpha^{4/5}\,\tau^{3/5},$$

onde C é uma constante irrelevante, que não depende de α e de τ. Então, como J é um invariante, segue que a combinação $\alpha^{4/5}\,\tau^{3/5}$ é um invariante. Logo, elevando essa combinação a 5, concluímos que $\alpha^4\,\tau^3$ é constante. Portanto, $n_1 = 3$ e $n_2 = 4$.

Capítulo 26

Teorias de calibre e os sistemas hamiltonianos vinculados

Dizemos que uma determinada teoria física é uma teoria de calibre quando o número de graus de liberdade matemáticos utilizados para descrever o sistema de interesse excede o que seria fisicamente necessário. Em outras palavras, em uma teoria de calibre, duas configurações matematicamente distintas (dois pontos diferentes do espaço de fase) podem corresponder ao mesmo estado físico. Existe, portanto, uma espécie de redundância na descrição do sistema. Nesse contexto, uma transformação de calibre é uma alteração na descrição matemática (um deslocamento no espaço de fase) que não altera o estado físico do sistema. Por *estado físico*, entenda-se aquilo que efetivamente pode ser medido através de um experimento. Como veremos adiante, a formulação hamiltoniana desse tipo de teoria é caracterizada pela existência de vínculos entre as coordenadas do espaço de fase, $\phi_a(q,p) = 0$. Por isso, a área de estudo dessas teorias de calibre é por vezes denominada *teoria dos sistemas hamiltonianos vinculados*.

Um exemplo que, apesar de sua extrema simplicidade, é capaz de produzir várias lições didáticas sobre o que são as teorias de calibre é o seguinte: vamos adotar duas coordenadas generalizadas para descrever o estado de uma partícula que vive em uma dimensão. Mais precisamente, consideremos uma partícula de massa m se movendo em uma dimensão, na direção do eixo y, e sujeita a uma força conservativa cuja energia potencial é $U(y)$. Apesar de apenas a coordenada y ser suficiente para descrever a física desse problema, suponhamos que queiramos usar duas coordenadas para descrever a configuração da partícula, as coordenadas x e y, de forma que o lagrangiano desse sistema é dado por:

$$\mathcal{L}(x, y, \dot{x}, \dot{y}) = \frac{m}{2}\dot{y}^2 - U(y)\,.$$

Note que não há termo cinético associado à coordenada x, pois se trata de uma coordenada introduzida artificialmente. Nesse caso, as equações de Euler-Lagrange fornecem:

$$\frac{d}{dt}\frac{\partial \mathcal{L}}{\partial \dot{x}} = \frac{\partial \mathcal{L}}{\partial x} \quad \Rightarrow \quad 0 = 0 \qquad \text{e} \qquad \frac{d}{dt}\frac{\partial \mathcal{L}}{\partial \dot{y}} = \frac{\partial \mathcal{L}}{\partial y} \quad \Rightarrow \quad m\,\ddot{y} = -U'(y)\,.$$

Além disso, calculando os momentos canônicos associados às duas coordenadas generalizadas, temos:

$$p_x \equiv \frac{\partial \mathcal{L}}{\partial \dot{x}} = 0 \qquad \text{e} \qquad p_y \equiv \frac{\partial \mathcal{L}}{\partial \dot{y}} = m\,\dot{y}\,.$$

Dessas breves observações, é possível extrair as seguintes importantes lições:

- Como apenas a coordenada y tem significado físico, segue que as configurações $(x, y) = (x_0, y_0)$ e $(x, y) = (x_0 + \delta, y_0)$ correspondem ao mesmo estado físico, mesmo que δ seja diferente de zero. Um experimento nunca poderá distinguir entre essas duas configurações. Dizemos, então, que a translação em x é uma transformação de calibre.

- Note que a dinâmica da coordenada x é arbitrária, pois não é restringida pelas equações de movimento. Portanto, dada uma função arbitrária $\lambda(t)$, podemos dizer que $x(t) = \lambda(t)$ é uma possível solução para as equações de movimento. A existência de funções arbitrárias na solução dinâmica é uma característica de teorias de calibre.

- Note que $p_x = 0$ é um vínculo que surge naturalmente, mostrando a relação entre sistemas com liberdade de calibre e a existência de vínculos no espaço de fase.

- Em geral, quando vamos montar o hamiltoniano do sistema, precisamos ser capazes de escrever as velocidades $\dot{q}^i$ em termos dos momentos p_j. No exemplo em questão, isso não é possível. Não há como determinar $\dot{x}$ em termos de (x, y, p_x, p_y). Essa é uma marca das teorias de calibre e é essa impossibilidade que dá origem aos vínculos.

- A transformação canônica gerada por p_x (que é a variável canônica sendo restringida pelo vínculo) é uma translação na coordenada x. Por sua vez, a translação em x é exatamente a transformação de calibre do sistema. Essa é uma propriedade comum nas teorias de calibre, as transformações de calibre são geradas pelos vínculos.

Uma pergunta natural neste momento seria a seguinte: por que estudar teorias de calibre? Não seria melhor utilizar apenas descrições matemáticas que tenham o mesmo número de graus de liberdade que o sistema físico? A resposta é que nem sempre isso é possível, como será argumentado ao fim deste capítulo. Além disso, muitas vezes é mais conveniente lançar mão de graus de liberdade extras a fim de deixar a descrição matemática mais intuitiva e fácil de ser manipulada, deixando a análise da física para uma etapa posterior. O estudo das teorias de calibre ocupa papel central na Física teórica moderna. De fato, a descrição usual de todas as quatro interações fundamentais da natureza (forças eletromagnética, nuclear forte, nuclear fraca e gravitacional) é feita através de teorias de calibre. Como o procedimento padrão para se obter a versão quântica de uma teoria física passa pelo formalismo hamiltoniano, é de grande importância saber tratar das teorias de calibre no espaço de fase, razão pela qual este último capítulo será dedicado ao estudo do formalismo hamiltoniano de sistemas com liberdade de calibre.

26.1 Vínculos primários e secundários

Como ilustrado no exemplo introdutório, descrições que possuem liberdade de calibre têm relação com lagrangianos para os quais as relações

$$p_i = p_i(q, \dot{q}) = \frac{\partial}{\partial \dot{q}^i} \mathcal{L}(q, \dot{q}) \tag{26.1}$$

não podem ser invertidas para as velocidades, de forma que não conseguimos escrever todas as velocidades em termos dos momentos e das coordenadas generalizadas. O chamado teorema da função inversa nos diz que isso significa que a matriz hessiana,

$$\mathcal{H}_{ij} = \frac{\partial p_j}{\partial \dot{q}^i} = \frac{\partial^2 \mathcal{L}}{\partial \dot{q}^i \partial \dot{q}^j} ,$$

não é inversível. Ou seja, é possível escrever $\dot{q}^\ell$, para todo ℓ, em termos de (q, p) se, e somente se, o determinante da matriz $\mathcal{H}_{ij}$ for diferente de zero. Essa hipótese foi assumida verdadeira até esta parte do livro, em todos os problemas e desenvolvimentos teóricos abordados nos capítulos anteriores. Agora, no entanto, trataremos dos sistemas para os quais $\det(\mathcal{H}) = 0$. Conforme argumentado na introdução, embora esse tipo de sistema possa parecer exótico e raro, trata-se de um cenário que ocorre em diversas situações de interesse físico.

O determinante de uma matriz quadrada é igual a zero quando suas colunas são linearmente dependentes, ou seja, quando uma (ou mais) de suas colunas pode ser escrita como combinação linear das demais. Por isso, se $\det(\mathcal{H}) = 0$, significa que os lados direitos das n relações da Eq. (26.1) não são todos independentes. Por sua vez, isso implica a existência de vínculos da forma $\phi(q, p) = 0$. Por exemplo, consideremos um sistema descrito através de duas coordenadas, z e w, cujo lagrangiano é dado por:

$$\mathcal{L} = \frac{m}{2}\,(\,\dot{z} - \dot{w}\,)^2 = \frac{m}{2}\,\dot{z}^2 + \frac{m}{2}\,\dot{w}^2 - m\,\dot{z}\,\dot{w}\,.$$

Definindo $(q^1, q^2) = (z, w)$, segue que a matriz hessiana é dada por:

$$\mathcal{H}_{ij} = \frac{\partial^2 \mathcal{L}}{\partial \dot{q}^i \partial \dot{q}^j} = \begin{bmatrix} m & -m \\ -m & m \end{bmatrix}.$$

Vemos então que $\det(\mathcal{H}) = 0$. Por sua vez, as definições dos momentos fornecem:

$$p_z = m(\dot{z} - \dot{w}) \quad \text{e} \quad p_w = m(\dot{w} - \dot{z}) \quad \Rightarrow \quad p_z + p_w = 0\,.$$

Portanto, chegamos ao vínculo $\phi(q, p) = p_z + p_w = 0$. Note que não é possível encontrar uma expressão para $\dot{z}$ apenas em termos de (z, w, p_z, p_w), assim como não é possível escrever $\dot{w}$ em termos das coordenadas do espaço de fase. Podemos, no entanto, determinar a combinação $(\dot{z} - \dot{w})$ em função de (z, w, p_z, p_w). Esse sistema que acabamos de considerar é, na verdade, tão trivial quanto aquele considerado na introdução. De fato, definindo as coordenadas $x = z + w$ e $y = z - w$, segue que o presente lagrangiano pode ser escrito da seguinte forma: $\mathcal{L} = \frac{m}{2}\dot{y}^2$, donde vemos que a coordenada x é espúria, sem valor físico. Esses vínculos que surgem como consequência imediata das definições dos momentos canônicos, em decorrência de a matriz hessiana não ser inversível, são denominados **vínculos primários**.

Como um outro exemplo do surgimento de vínculos primários, consideremos um sistema descrito por três graus de liberdade, usando o sistema de coordenadas $\{x, y, z\}$, cujo lagrangiano é dado por

$$\mathcal{L} = \frac{z}{2}\dot{x}^2 + \frac{z}{2}\dot{y}^2 + z\,\dot{x}\,\dot{y} + y^2\,\dot{x} + x^2\,\dot{z}\,.$$

Então, definindo $(q^1, q^2, q^3) = (x, y, z)$, segue que a matriz hessiana é dada por:

$$\mathcal{H}_{ij} = \frac{\partial^2 \mathcal{L}}{\partial \dot{q}^i \partial \dot{q}^j} = \begin{bmatrix} z & z & 0 \\ z & z & 0 \\ 0 & 0 & 0 \end{bmatrix}.$$

Vemos que $\det(\mathcal{H}) = 0$. Portanto, deve haver vínculos primários. De fato, as definições dos momentos canônicos fornecem:

$$p_x = z\,\dot{x} + z\,\dot{y} + y^2\,, \quad p_y = z\,\dot{y} + z\,\dot{x}\,, \quad p_z = x^2\,.$$

Vemos, então, que há dois vínculos que surgem dessas relações:

$$\phi_1(q,p) \equiv p_x - p_y - y^2 = 0 \quad \text{e} \quad \phi_2(q,p) \equiv p_z - x^2 = 0\,.$$

Esses são os vínculos primários do sistema.

Ocorre que os vínculos devem ser válidos a todo instante de tempo. Portanto, se $\phi_1(q,p) = 0$ é um vínculo, então a derivada temporal dessa equação também pode levar ao surgimento de outro vínculo:

$$\phi_1(q,p) = 0 \quad \Rightarrow \quad \phi_2(q,p) = \frac{d}{dt}\phi_1(q,p) = 0\,.$$

Às vezes, o vínculo ϕ_2 pode ser obedecido como decorrência dos vínculos já existentes, em cujo caso não diremos que um novo vínculo foi encontrado. No entanto, outras vezes, um novo vínculo pode surgir. Por exemplo, consideremos o lagrangiano

$$\mathcal{L} = \frac{1}{2}\dot{y}^2 + y\,\dot{x}\,. \tag{26.2}$$

Os momentos canônicos são dados por

$$p_x = y \quad \text{e} \quad p_y = \dot{y}\,.$$

Portanto, temos um vínculo primário, $\phi_1 = p_x - y = 0$. Esse vínculo deve ser válido em todo instante de tempo, de forma que é correto impor

$$\frac{d}{dt}\phi_1 = \dot{p}_x - \dot{y} = 0\,. \tag{26.3}$$

Por outro lado, as equações de Euler-Lagrange fornecem:

$$\dot{p}_x = \frac{d}{dt}\frac{\partial \mathcal{L}}{\partial \dot{x}} = \frac{\partial \mathcal{L}}{\partial x} = 0 \quad \text{e} \quad \dot{p}_y = \frac{d}{dt}\frac{\partial \mathcal{L}}{\partial \dot{y}} = \frac{\partial \mathcal{L}}{\partial y} = \dot{x}\,.$$

Então, substituindo a primeira dessas equações dinâmicas na Eq. (26.3), temos:

$$0 = \frac{d}{dt}\phi_1 = \dot{p}_x - \dot{y} = -\dot{y} = -\,p_y\,,$$

onde, na última passagem, foi utilizada a definição do momento canônico p_y. Portanto, obtivemos um novo vínculo distinto do anterior, $\phi_2 = p_y = 0$. Esse vínculo é denominado um **vínculo secundário**. O novo vínculo também deve ser válido em todo instante de tempo. Portanto, devemos ter

$$\frac{d\phi_2}{dt} = \dot{p}_y = \dot{x} = 0\,.$$

Ocorre que, usando as definições dos momentos canônicos, não é possível escrever $\dot{x}$ em termos de (x, y, p_x, p_y). Portanto, não diremos que $\dot{x} = 0$ é um vínculo, a nulidade de $\dot{x}$ é apenas uma consequência da dinâmica e dos vínculos ϕ_1 e ϕ_2. Logo, o sistema aqui considerado tem dois vínculos, um primário, ϕ_1, e um secundário, ϕ_2.

Em suma, os vínculos primários são aqueles que decorrem das definições dos momentos canônicos; são vínculos que surgem independentemente de impormos a validade das equações de movimento. Por outro lado, os vínculos secundários são aqueles que decorrem da imposição da compatibilidade entre os vínculos existentes e a dinâmica do sistema. É importante manter em mente que um vínculo secundário também pode dar origem a outro vínculo secundário. Mais precisamente, se $\phi_2 = 0$ for um vínculo secundário e se sua derivada temporal, após substituir as equações de movimento, puder ser escrita em termos das coordenadas do espaço de fase, então a equação $d\phi_2/dt = 0$ dará origem a um vínculo. Se esse vínculo for uma consequência direta dos vínculos já existentes, não diremos que se trata de um novo vínculo. Caso contrário, será um novo vínculo secundário e devemos adicioná-lo à lista de vínculos já existentes. É importante manter em mente que o processo de encontrar todos os vínculos secundários pode precisar de muitas iterações, mas ele chegará ao fim em algum momento. Com efeito, como o número de coordenadas do espaço de fase é finito, igual a $2n$, onde n é o número de graus de liberdade, segue que, se houver mais de $2n$ vínculos independentes, teremos uma teoria inconsistente. No exemplo do parágrafo anterior, fizemos uso do formalismo lagrangiano para determinar a dinâmica do sistema e então estabelecer os vínculos secundários. Mais adiante, no entanto, veremos como encontrar os vínculos secundários utilizando o formalismo hamiltoniano, que é o mais adequado para tratar da dinâmica no espaço de fase. Neste capítulo, se dissermos que um sistema tem N vínculos,

$$\phi_1(q,p) = 0\ , \quad \phi_2(q,p) = 0\ , \quad \cdots \quad \phi_N(q,p) = 0\ ,$$

sempre será assumido que esses N vínculos são independentes entre si. No que segue, o conjunto de todos os vínculos será denotado por $\{\phi_a\}$, ou seja, os índices latinos do começo do alfabeto, a, b, $\cdots$, variam sobre os N vínculos, incluindo tanto os primários quanto os secundários.

Agora, vejamos por que a existência de vínculos implica a existência de funções arbitrárias na solução geral das equações dinâmicas. Usando a regra da cadeia, segue que as equações de Euler-Lagrange associadas a um lagrangiano $\mathcal{L}(q,\dot{q},t)$ são dadas por

$$\frac{\partial \mathcal{L}}{\partial q^i} = \frac{d}{dt}\left[\frac{\partial \mathcal{L}}{\partial \dot{q}^i}\right] = \frac{\partial^2 \mathcal{L}}{\partial \dot{q}^j \partial \dot{q}^i}\frac{d\dot{q}^j}{dt} + \frac{\partial^2 \mathcal{L}}{\partial q^j \partial \dot{q}^i}\frac{dq^j}{dt} + \frac{\partial^2 \mathcal{L}}{\partial t \partial \dot{q}^i}\,.$$

Ou seja,

$$\ddot{q}^j\, \mathcal{H}_{ji} = \underbrace{\frac{\partial \mathcal{L}}{\partial q^i} - \frac{\partial^2 \mathcal{L}}{\partial q^j \partial \dot{q}^i}\dot{q}^j - \frac{\partial^2 \mathcal{L}}{\partial t \partial \dot{q}^i}}_{\text{Função de } (q,\dot{q},t)} \equiv K_i(q,\dot{q},t)\,, \tag{26.4}$$

onde, na última passagem, a função $K_i(q,\dot{q},t)$ foi definida. Logo, se $\mathcal{H}_{ij}$ for inversível, podemos resolver as equações acima para as acelerações $\ddot{q}$. Mais precisamente, teremos:

$$\ddot{q}^k = K_i(q,\dot{q},t)\,(\mathcal{H}^{-1})^{ik}\,. \tag{26.5}$$

Portanto, quando a matriz hessiana $\mathcal{H}$ é inversível, é possível expressar as acelerações em termos das posições q e das velocidades $\dot{q}$. Por sua vez, derivando a equação (26.5) em relação ao tempo, poderemos obter d^3q/dt^3 em termos de $(q,\dot{q},\ddot{q},t)$. Então, como $\ddot{q}$ é conhecido em função de $(q,\dot{q},t)$ (basta usar a Eq. (26.5)), segue que podemos montar uma expressão para d^3q/dt^3 em função de $(q,\dot{q},t)$. De forma análoga, derivando a Eq. (26.5) sucessivas vezes em relação ao tempo, podemos obter todas as derivadas d^wq/dt^w, com $w \geq 2$, em função de $(q,\dot{q},t)$. Logo, dadas as condições iniciais $q(t_0)$ e $\dot{q}(t_0)$, poderemos determinar as derivadas d^wq/dt^w no instante $t = t_0$ e, então, usando a série de Taylor, é possível obter $q(t_0 + \delta t)$ para um δt arbitrário. Em suma, quando a matriz hessiana $\mathcal{H}_{ij}$ é inversível, podemos determinar a dinâmica do sistema por completo dadas as condições iniciais $q(t_0)$ e $\dot{q}(t_0)$. Por outro lado, quando $\mathcal{H}_{ij}$ não é inversível, algumas acelerações não podem ser determinadas, de forma que as condições iniciais $q(t_0)$ e $\dot{q}(t_0)$ não fixam a dinâmica por completo. Existe, portanto, uma arbitrariedade nas soluções dinâmicas $q^i(t)$. Isso acontece exatamente porque, nesse caso, há liberdade de calibre, de forma que diferentes valores para $q^i(t)$ podem representar o mesmo estado físico. Portanto, essa multiplicidade de soluções matemáticas não é refletida em uma indeterminação física. De fato, vimos um exemplo dessa arbitrariedade no exemplo introdutório deste capítulo, cujo lagrangiano no sistema de coordenada $\{x, y\}$ é dado por

$$\mathcal{L}(x, y, \dot{x}, \dot{y}) = \frac{m}{2}\dot{y}^2 - U(y)\,.$$

Nesse caso, vimos que as equações de Euler-Lagrange não impõem restrição alguma sobre $x(t)$. Então, mesmo se soubermos a condição inicial $(x_0, y_0, \dot{x}_0, \dot{y}_0)$, não seremos capazes de determinar $x(t)$, pois a dinâmica de x é arbitrária e, na verdade, sem relevância. De fato, o valor de x não importa para determinarmos o estado físico do sistema, tal coordenada é espúria. Portanto, dadas as condições iniciais $x(t_0) = x_0$ e $\dot{x}(t_0) = 0$, por exemplo, podemos dizer que

$$\{\, x(t), y(t)\,\} = \{\, x_0, y(t)\,\} \quad \text{e} \quad \{\, x(t), y(t)\,\} = \{\, x_0 + \lambda(t), y(t)\,\} \tag{26.6}$$

representam a mesma solução física para *qualquer função* $\lambda(t)$ que obedeça às condições de contorno $\lambda(t_0) = 0$ e $\lambda'(t_0) = 0$. A Fig. 26.1 ilustra esse ponto.

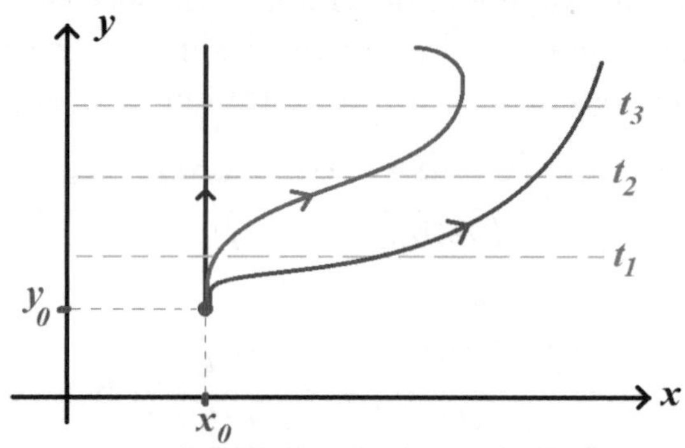

Figura 26.1: Nesta figura, todos os pontos que têm o mesmo valor de y, ou seja, todos os pontos cortados por uma mesma linha horizontal tracejada, representam o mesmo estado físico, pois a coordenada x pode ser modificada por uma transformação de calibre. Logo, as três trajetórias ilustradas, apesar de serem matematicamente distintas entre si, são indistinguíveis através de um experimento, pois a evolução de $x(t)$ é arbitrária, a menos da condição inicial que deve ser $x(t_0) = x_0$ e $\dot{x}(t_0) = 0$.

Antes de avançar no estudo dos sistemas com liberdade de calibre, é importante salientar que nem todo lagrangiano nos leva a uma dinâmica consistente, há situações em que as equações de movimento previstas pelo lagrangiano são contraditórias. Por exemplo, consideremos um sistema descrito por dois graus de liberdade matemáticos, as coordenadas x e y, com lagrangiano dado por

$$\mathcal{L} = \frac{1}{2}\dot{y}^2 - U(x)\,.$$

As equações de movimento desse sistema são:

$$\ddot{y} = 0 \quad \text{e} \quad \frac{dU}{dx} = 0\,.$$

Então, por exemplo, se $U(x) = x$, a segunda equação de movimento acima fornece $1 = 0$, o que é claramente inconsistente. Para potenciais $U(x)$ mais gerais, tipicamente teremos uma teoria que difere do que estamos habituados, pois não será possível impor uma condição inicial arbitrária para a coordenada x. Por exemplo, se $U(x) = x^2$, a equação de movimento fornecerá $x = 0$, que determina que x assuma um certo valor constante, independentemente da condição inicial escolhida para a coordenada x. Esse último cenário, no qual as condições iniciais de posição e velocidade não podem ser escolhidas arbitrariamente, é comum em teorias com vínculos.

26.2 Superfície de vínculo

Se a descrição matemática de um determinado sistema mecânico se der através de n coordenadas $\{q^1, q^2, \cdots, q^n\}$, o espaço de fase terá dimensão $2n$, com suas coordenadas sendo (q^i, p_j). No entanto, quando o sistema tem N vínculos $\phi_a(q,p) = 0$ (primários mais secundários), os únicos pontos do espaço de fase que são acessíveis ao sistema são aqueles que obedecem a todos esses N vínculos. O sistema fica, então, confinado a se mover em uma superfície de dimensão $(2n - N)$ contida no espaço de fase. Essa superfície é chamada de **superfície de vínculo**.

Por exemplo, para o sistema cujo lagrangiano é aquele dado na Eq. (26.2), vimos que há dois vínculos no total,

$$\phi_1 = p_x - y = 0 \quad \text{e} \quad \phi_2 = p_y = 0\,.$$

Portanto, a superfície de vínculo nesse caso é formada pelos pontos do espaço de fase cujas coordenadas são dadas por:

$$(x, y, p_x, p_y) = (x, y, y, 0)\,.$$

Vemos, então, que a superfície em questão tem dimensão dois, pois precisamos de dois parâmetros para rotular seus pontos (no caso, foram usadas as coordenadas x e y). Além disso, nesse caso particular, a superfície é um plano, pois as direções normais são constantes ao longo do espaço de fase.

O conceito de vínculos secundários pode ser elegantemente apresentado utilizando a noção de superfície de vínculo. De fato, suponha que resolvamos as equações de movimento para obter a evolução dinâmica do sistema de interesse, dado que ele começou em $t = t_0$ no ponto (q_0, p_0) pertencente à superfície dos vínculos primários S_1. É possível, então, que a solução das equações de movimento leve a uma trajetória $(q(t), p(t))$ que passe por pontos fora dessa superfície. Essa última possibilidade deve ser eliminada e a forma de fazer isso é considerar apenas as condições iniciais que levam a soluções que nunca deixam a superfície dos vínculos primários. Ou seja, apenas um subespaço da superfície dos vínculos primários, $S_2 \subset S_1$, deve ser acessado pelo sistema. A imposição dessa restrição nos leva a novos vínculos, e esses são os vínculos secundários.

Na análise física de um sistema com liberdade de calibre, temos que sempre assumir que os vínculos são satisfeitos, ou seja, devemos apenas considerar pontos contidos na superfície de vínculo. Por essa razão, é útil introduzir o conceito de **igualdade fraca**.

Dizemos que duas funções do espaço de fase, $F(q,p)$ e $G(q,p)$, são fracamente iguais quando elas coincidem na superfície de vínculo. Denotamos a igualdade fraca pelo símbolo $\approx$. Ou seja, escreve-se $F \approx G$ se, e somente se, tivermos $F = G$ quando $\phi_a = 0$ para todo a. Por exemplo, se $\phi_1(q,p)$ e $\phi_2(q,p)$ são vínculos do sistema e F e G são relacionadas por

$$F = G + p_1\,\phi_1 + 2q^1\phi_2\,,$$

então podemos afirmar que $F \approx G$, já que, na superfície de vínculo, a diferença entre F e G se anula. Na verdade, é possível provar que se F e G são fracamente iguais, então existem funções $f^a(q,p)$ tais que $F = G + f^a\,\phi_a$. Ou seja,

$$F \approx G \quad \Leftrightarrow \quad F = G + f^a\,\phi_a\,. \tag{26.7}$$

Todas as equações de vínculo devem, então, ser escritas como uma igualdade fraca, $\phi_a \approx 0$, pois elas só são válidas na superfície de vínculo, algo que será feito daqui em diante. Diferentemente, dizemos que uma igualdade é forte quando ela é válida independentemente de estarmos confinados à superfície de vínculo. Por exemplo, se um sistema tem vínculo $\phi_1 = p_x - y \approx 0$, então podemos dizer que $p_x \approx y$. No entanto, a igualdade $p_x = y$ não é verdadeira, pois ela não é válida em todo o espaço de fase. Por exemplo, ela não é válida no ponto $(x, y, p_x, p_y) = (0, 0, 1, 0)$.

Lembremos da notação simplética para rotular os pontos do espaço de fase, segundo a qual as coordenadas z^α englobam tanto as posições q^i quanto os momentos p_j, com o índice α indo de 1 a $2n$. Usando essa notação, os vínculos podem ser escritos da seguinte forma: $\phi_a(z) = 0$. Agora, suponha que, no instante t_0, o sistema estava no ponto z_0 do espaço de fase, onde z_0 pertence à superfície de vínculo. Então, em um instante posterior, $t_0 + \delta t$, o sistema passa a ocupar outro ponto do espaço de fase, de forma que suas coordenadas sofrem a seguinte alteração:

$$z_0^\alpha \;\to\; z_0^\alpha + \delta z^\alpha$$

Em uma teoria sem vínculos, as variações δz^α podem ser completamente arbitrárias, ou seja, há $2n$ graus de liberdade nessas variações. No entanto, no caso de uma teoria com vínculos, tais variações não podem ser quaisquer, o vetor infinitesimal δz^α (vetor que pertence ao espaço $\mathbb{R}^{2n}$) deve ser tangente à superfície de vínculo, caso contrário o ponto $z_0 + \delta z$ não pertenceria à superfície de vínculo, vide Fig. 26.2. Portanto, em um sistema

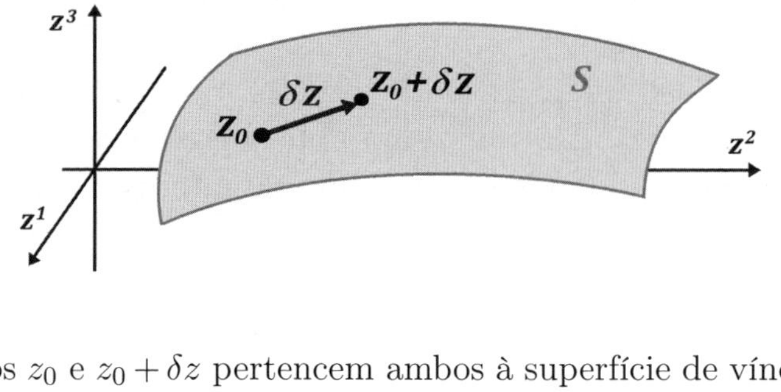

Figura 26.2: Os pontos z_0 e $z_0 + \delta z$ pertencem ambos à superfície de vínculo, S. Então, o vetor infinitesimal que conecta os dois pontos, δz, é tangente à superfície.

com vínculos, as $2n$ variações δz^α não devem ser vistas como independentes entre si. Por exemplo, se houver um vínculo que contenha as coordenadas z^1 e z^2, então δz^1 não será independente de δz^2. Logo, em vez de o deslocamento genérico δz ter $2n$ graus de liberdade, há $(2n - N)$ parâmetros livres, onde N é o número de vínculos independentes.

Esse fato precisa ser levado em consideração quando aplicamos princípios variacionais a sistemas vinculados.

Se $\phi(z) \approx 0$ é um dos vínculos e se z_0 e $z_0 + \delta z$ pertencem à superfície de vínculo, então devemos ter:

$$\phi(z_0) \approx 0 \quad \text{e} \quad \phi(z_0 + \delta z) \approx 0 \,.$$

Em particular, usando o fato de que δz^α é infinitesimal, podemos fazer a seguinte expansão em série de Taylor até primeira ordem:

$$0 \approx \phi(z_0 + \delta z) \simeq \phi(z_0) + \left(\frac{\partial \phi}{\partial z^\alpha}\right) \delta z^\alpha \approx (\partial_\alpha \phi)\, \delta z^\alpha \quad \Rightarrow \quad (\partial_\alpha \phi)\, \delta z^\alpha \approx 0 \,.$$

Já que o vetor de componentes δz^α é tangente à superfície, a equação acima nos diz que o vetor de componentes $\partial_\alpha \phi$ deve ser ortogonal à superfície. Ou seja, o gradiente do vínculo é um vetor ortogonal à superfície de vínculo. De forma geral, se $\{\phi_a\}$ é o conjunto de N vínculos, então o campo vetorial mais geral que é ortogonal à superfície de vínculo tem as seguintes componentes:

$$\mathsf{N}_\alpha = \lambda^1 (\partial_\alpha \phi_1) + \lambda^2 (\partial_\alpha \phi_1) + \cdots + \lambda^1 (\partial_\alpha \phi_N) = \lambda^a (\partial_\alpha \phi_a) \,, \tag{26.8}$$

onde $\lambda^a = \lambda^a(z)$ são N funções arbitrárias. Em particular, se δz^α for tangente à superfície, então teremos $\mathsf{N}_\alpha \delta z^\alpha \approx 0$.

26.3 Hamiltoniano total e as equações de Hamilton

O hamiltoniano de um sistema mecânico cujo lagrangiano é $\mathcal{L}(q, \dot{q}, t)$ é usualmente definido por

$$h(q, p, t) = p_i\, \dot{q}^i - \mathcal{L}(q, \dot{q}, t) \,, \tag{26.9}$$

onde, na expressão acima, $\dot{q}$ deve ser substituído por $\dot{q} = \dot{q}(q, p, t)$. No entanto, quando a matriz hessiana $\mathcal{H}_{ij}$ não é inversível, como assumido neste capítulo, não é possível expressar todas as velocidades em função de (q, p, t), conforme já argumentado. Isso poderia ser visto como um grande problema para o uso do formalismo hamiltoniano. Todavia, ao variarmos o lado direito da Eq. (26.9) em relação a q, p e $\dot{q}$, temos:

$$\delta h = \dot{q}^i\, \delta p_i - \frac{\partial \mathcal{L}}{\partial q^i}\, \delta q^i + \left(p_i - \frac{\partial \mathcal{L}}{\partial \dot{q}^i}\right) \delta \dot{q}^i = \dot{q}^i\, \delta p_i - \frac{\partial \mathcal{L}}{\partial q^i}\, \delta q^i \,, \tag{26.10}$$

onde, na última igualdade, foi usada a definição do momento canônico. Essa expressão mostra que h é uma função natural de (q, p, t), já que a variação de $\dot{q}$ não contribui para a variação de h sempre que assumimos $p = \partial \mathcal{L}/\partial \dot{q}$. Portanto, apesar de não ser possível escrever $\dot{q}$ como função de (q, p, t) no tipo de sistema que estamos considerando, as velocidades aparecerão na definição do hamiltoniano, ou seja, na Eq. (26.9), apenas através de combinações que podem ser expressas em termos de (q, p, t). Para ilustrar esse ponto, voltemos ao caso do lagrangiano

$$\mathcal{L} = \frac{m}{2}\,(\,\dot{z} - \dot{w}\,)^2 = \frac{m}{2}\dot{z}^2 + \frac{m}{2}\dot{w}^2 - m\dot{z}\dot{w} \,.$$

Calculando os momentos canônicos, temos:

$$p_z = m(\dot{z} - \dot{w}) \quad \text{e} \quad p_w = m(\dot{w} - \dot{z}) \,, \tag{26.11}$$

donde vem o vínculo $\phi = p_z + p_w \approx 0$. Neste exemplo, vemos que não é possível expressar $\dot{z}$ em função de (z, w, p_z, p_w). De fato, o máximo que podemos fazer é escrever algo do tipo

$$\dot{z} = \frac{1}{m} p_z + \dot{w} \quad \text{ou} \quad \dot{z} = -\frac{1}{m} p_w + \dot{w}\,.$$

Apesar disso, veremos que é possível expressar o hamiltoniano apenas em termos das coordenadas do espaço de fase. Com efeito, montando a expressão do hamiltoniano, obtemos:

$$h = p_z\,\dot{z} + p_w\,\dot{w} - \frac{m}{2}\left(\,\dot{z} - \dot{w}\,\right)^2 .$$

Então, usando o vínculo, podemos afirmar que $p_w \approx -p_z$. Logo, o hamiltoniano acima pode ser escrito da seguinte forma na superfície de vínculo:

$$h \approx p_z\,(\dot{z} - \dot{w}) - \frac{m}{2}\left(\,\dot{z} - \dot{w}\,\right)^2 . \tag{26.12}$$

O interessante é que as velocidades $\dot{z}$ e $\dot{w}$ aparecem no hamiltoniano apenas através da combinação $(\dot{z} - \dot{w})$ e essa combinação, para nossa felicidade, pode ser escrita em termos de (q, p). De fato, usando a Eq. (26.11), vemos que $(\dot{z} - \dot{w})$ é proporcional aos momentos p_z e p_w. Por exemplo, substituindo $(\dot{z} - \dot{w}) = -\frac{1}{m} p_w$ na Eq. (26.12), temos:

$$h(q,p) \approx -\frac{1}{m} p_z\,p_w - \frac{1}{2m} p_w^2 . \tag{26.13}$$

Usando o vínculo $p_z \approx -p_w$, segue que o hamiltoniano também pode ser escrito das seguintes formas equivalentes:

$$h \approx \frac{1}{2m} p_z^2 \quad \text{e} \quad h \approx \frac{1}{2m} p_w^2 .$$

Note que, se definirmos os três hamiltonianos

$$h_1 \equiv \frac{1}{2m} p_z^2\,, \quad h_2 \equiv \frac{1}{2m} p_w^2 \quad \text{e} \quad h_3 \equiv -\frac{1}{m} p_z\,p_w - \frac{1}{2m} p_w^2\,,$$

podemos estabelecer as seguintes relações entre eles:

$$h_2 = h_1 - \frac{1}{2m}(p_z - p_w)\,\phi \quad \text{e} \quad h_3 = h_1 - \frac{1}{2m}(p_z + p_w)\,\phi\,,$$

onde $\phi \equiv p_z + p_w$ é o vínculo do sistema. Isso está em pleno acordo com o que fora afirmado na Eq. (26.7), pois os três hamiltonianos são fracamente iguais. Este exemplo ilustra que, embora o hamiltoniano não esteja bem definido em todo o espaço de fase, já que não sabemos escrever as velocidades em termos de (q, p), ele fica bem definido na superfície de vínculo, onde a dependência nas velocidades pode ser eliminada.

De forma geral, quando a matriz hessiana não é inversível, o hamiltoniano só é bem definido na superfície de vínculo. Desse modo, se h é um hamiltoniano para o sistema, então $h + \lambda^a\,\phi_a$ também será um hamiltoniano aceitável, quaisquer que sejam os parâmetros λ^a. Por esse motivo, vamos definir o **hamiltoniano total** do sistema como sendo

$$H_T = h + \lambda^a\,\phi_a\,. \tag{26.14}$$

Na equação acima, $\lambda^a = \lambda^a(q,p)$ são funções que, a princípio, são arbitrárias. No entanto, mais adiante, veremos que as condições de compatibilidade entre os vínculos e a dinâmica podem eventualmente fixar alguns dos graus de liberdade de λ^a. As equações de Hamilton são, portanto, dadas por:

$$\begin{cases} \dot{q} & = \frac{\partial H_T}{\partial p} = \frac{\partial h}{\partial p} + \lambda^a \frac{\partial \phi_a}{\partial p} + \frac{\partial \lambda^a}{\partial p} \phi_a \approx \frac{\partial h}{\partial p} + \lambda^a \frac{\partial \phi_a}{\partial p} , \\ \dot{p} & = -\frac{\partial H_T}{\partial q} = -\frac{\partial h}{\partial q} - \lambda^a \frac{\partial \phi_a}{\partial q} - \frac{\partial \lambda^a}{\partial q} \phi_a \approx -\frac{\partial h}{\partial q} - \lambda^a \frac{\partial \phi_a}{\partial q} . \end{cases} \tag{26.15}$$

O surgimento das funções arbitrárias λ^a nas equações dinâmicas está em pleno acordo com o que observamos no exemplo introdutório deste capítulo, no qual a liberdade de calibre da coordenada x fez com que a dinâmica de x fosse arbitrária. Essa arbitrariedade se dá na descrição matemática, mas não deve haver arbitrariedade na dinâmica dos estados físicos. Caso haja, a teoria em questão será fisicamente inconsistente.

As equações de movimento (26.15) foram deduzidas acima através de passos intuitivos. No entanto, as equações de Hamilton para sistemas vinculados também podem ser obtidas de maneira mais formal. Façamos isso. Usando a igualdade $\dot{p} = \partial \mathcal{L}/\partial q$, que é a equação de movimento no formalismo lagrangiano (equação de Euler-Lagrange), segue que a variação do hamiltoniano vista na Eq. (26.10) se torna:

$$\delta h = \dot{q}^i \, \delta p_i - \dot{p}_i \, \delta q^i , \tag{26.16}$$

Se as $2n$ variações δp_i e δq^j fossem todas independentes entre si, poderíamos concluir que $\dot{q}^i = \partial h/\partial p_i$ e $\dot{p}_i = -\partial h/\partial q^i$, ou seja, obteríamos as equações de Hamilton usuais. Todavia, conforme salientado na seção anterior, quando há vínculos no espaço de fase, as variações δz^α não são arbitrárias, elas devem ser tangentes à superfície de vínculo. Usando que

$$\delta h = \frac{\partial h}{\partial q^i} \delta q^i + \frac{\partial h}{\partial p_i} \delta p_i = \frac{\partial h}{\partial z^\alpha} \delta z^\alpha ,$$

segue que a Eq. (26.16) pode ser escrita em notação simplética da seguinte forma:

$$\mathcal{N}_\alpha \, \delta z^\alpha = 0 , \quad \text{onde } \mathcal{N}_\alpha = (\mathcal{N}_i \, , \, \mathcal{N}_{n+i}) = \left(-\frac{\partial h}{\partial q^i} - \dot{p}_i \, , \, -\frac{\partial h}{\partial p_i} + \dot{q}^i \right) . \tag{26.17}$$

Se as variações δz^α fossem arbitrárias e independentes, poderíamos concluir que $\mathcal{N}_\alpha$ é identicamente nulo, o que nos levaria às equações de Hamilton usuais. No entanto, como δz^α deve ser tangente à superfície de vínculo, a conclusão adequada para a Eq. (26.17) é que $\mathcal{N}_\alpha$ é algum vetor ortogonal a essa superfície. Conforme estabelecido na Eq. (26.8), o vetor mais geral que é ortogonal à superfície de vínculo é $\mathsf{N}_\alpha = \lambda^a \partial_\alpha \phi_a$, onde $\lambda^a(q, p)$ são parâmetros arbitrários. Portanto, as Eqs. (26.8) e (26.17) nos permitem afirmar que

$$\mathcal{N}_\alpha = \lambda^a \partial_\alpha \phi_a \quad \Rightarrow \quad \left(-\frac{\partial h}{\partial q^i} - \dot{p}_i \, , \, -\frac{\partial h}{\partial p_i} + \dot{q}^i \right) = \left(\lambda^a \frac{\partial \phi_a}{\partial q^i} \, , \, \lambda^a \frac{\partial \phi_a}{\partial p_i} \right) .$$

Conclui-se, então, a validade das seguintes igualdades:

$$\dot{q}^i = \frac{\partial h}{\partial p_i} + \lambda^a \frac{\partial \phi_a}{\partial p_i} \quad \text{e} \quad \dot{p}_i = -\frac{\partial h}{\partial q^i} - \lambda^a \frac{\partial \phi_a}{\partial q^i} , \tag{26.18}$$

que são exatamente as equações de movimento obtidas na Eq. (26.15). Essa é uma prova mais formal da necessidade de se introduzir o conceito de hamiltoniano total, $H_T = h + \lambda^a \phi_a$, ao tratarmos de sistemas vinculados.

De forma geral, se $F(q,p)$ é uma função no espaço de fase, então sua derivada temporal é dada por

$$\begin{aligned}\dot{F} = \frac{dF}{dt} &= \frac{\partial F}{\partial q^i}\frac{dq^i}{dt} + \frac{\partial F}{\partial p_i}\frac{dp_i}{dt} \\ &= \frac{\partial F}{\partial q^i}\left(\frac{\partial h}{\partial p_i} + \lambda^a \frac{\partial \phi_a}{\partial p_i}\right) + \frac{\partial F}{\partial p_i}\left(-\frac{\partial h}{\partial q^i} - \lambda^a \frac{\partial \phi_a}{\partial q^i}\right) \\ &= \{F,h\} + \lambda^a \{F,\phi_a\}\,, \end{aligned} \tag{26.19}$$

onde, como sempre, $\{\,,\,\}$ denota o parêntese de Poisson no sistema de coordenadas (q,p). Por conta da regra de Leibniz obedecida pelo parêntese de Poisson, e levando em consideração as igualdades $\phi_a \approx 0$, segue que

$$\{F, \lambda^a \phi_a\} = \lambda^a \{F,\phi_a\} + \{F,\lambda^a\}\,\phi_a \approx \lambda^a \{F,\phi_a\}\,.$$

Portanto, a Eq. (26.19) pode ser equivalentemente escrita da seguinte forma:

$$\dot{F} \approx \{F\,,\, h + \lambda^a \phi_a\} = \{F, H_T\}\,. \tag{26.20}$$

Como acabamos de ver, a fim de calcular a evolução dinâmica de uma variável, precisamos computar os parênteses de Poisson da variável com os vínculos. É essencial notar que devemos assumir o fato $\phi_a \approx 0$ apenas *depois* de calcular o parêntese de Poisson. Por exemplo, suponha que um sistema tem o vínculo $\phi = p_y + y \approx 0$ e consideremos a função $F = y^2$. Então, temos o seguinte parêntese de Poisson:

$$\textbf{Correto:}\quad \{F,\phi\} = \{y^2\,,\, p_y + y\} = 2y \approx -2p_y\,,$$

essa é a resposta correta, apesar do fato de que $\phi \approx 0$. Ou seja, não podemos assumir a sequência de passos considerada abaixo:

$$\textbf{Errado:}\quad \{F,\phi\} \approx \{F,0\} = 0\,.$$

Suponha, no entanto, que F seja uma função cujo parêntese de Poisson com todos os vínculos seja fracamente igual a zero, ou seja,

$$\{F,\phi_a\} \approx 0 \quad \forall\ a \in \{1,2,\cdots,N\}\,.$$

Nesse caso, dizemos que F é uma **função de primeira classe**. Então, por definição, se F é de primeira classe, ao calcularmos o parêntese de Poisson de F com algum vínculo ϕ, podemos assumir $\phi \approx 0$ antes mesmo de calcular o parêntese, pois o parêntese de Poisson fornecerá zero de qualquer forma. Uma função no espaço de fase que não é de primeira classe é chamada uma **função de segunda classe**. Por exemplo, se, em um determinado sistema rotulado pelas coordenadas generalizadas $\{x,y\}$, o único vínculo for $\phi = p_x \approx 0$, então as funções da forma $F = F(y,p_x,p_y)$ serão funções de primeira classe. Além disso, funções do tipo $G = g_1(x,y,p_x,p_y)\,g_2(p_x)$, com $\partial_{p_x} g_2 \neq 0$, também serão de primeira classe. Em contraste, as funções do tipo $K = K(x,y,p_y)$, com $\partial_x K \neq 0$, serão de segunda classe.

Como já provado anteriormente, se G for uma função fracamente igual a zero, ou seja, $G \approx 0$, então existem parâmetros g^a tais que

$$G = g^a\,\phi_a\,.$$

Portanto, se F é uma função de primeira classe, devem existir N^2 funções $f^a{}_b(q,p)$ tais que

$$\{F,\phi_a\} = f^b{}_a\,\phi_b\,.$$

Esse fato pode ser usado para provar o seguinte resultado interessante: *o parêntese de Poisson de duas funções de primeira classe é uma função de primeira classe.* A prova explícita será deixada a cargo do/a leitor/a.

Dizemos que um determinado vínculo ϕ é um **vínculo de primeira classe** quando ele é uma função de primeira classe, ou seja, quando $\{\phi,\phi_a\} \approx 0$ para todo índice $a \in \{1,\cdots,N\}$. Caso contrário, o vínculo é denominado **um vínculo de segunda classe**. Ou seja, se ϕ for de segunda classe, então deve existir algum outro vínculo $\tilde{\phi}$ tal que $\{\phi,\tilde{\phi}\}$ seja diferente de zero na superfície de vínculo. Devemos tomar cuidado para não confundirmos os conceitos de vínculos primários e vínculos de primeira classe; são noções completamente distintas. Analogamente, os vínculos secundários formam, em geral, um conjunto distinto do conjunto de vínculos de segunda classe. É perfeitamente possível que um vínculo secundário seja de primeira classe, assim como não há nenhuma contradição caso exista um vínculo primário que seja de segunda classe. Como veremos adiante, a distinção entre vínculos primários e secundários não é de muita relevância na teoria dos sistemas hamiltonianos vinculados; tal classificação foi introduzida apenas para facilitar a comunicação e pelo fato de que os vínculos primários são sempre encontrados antes dos secundários. No entanto, uma vez encontrados todos os vínculos secundários, eles passam a ser tratados em pé de igualdade com os primários; eles não são nem mais nem menos importantes. Diferentemente, a separação entre os vínculos de primeira classe e de segunda classe tem uma importância central nas teorias de calibre, pois esses dois tipos de vínculo desempenham papeis completamente diferentes, como veremos adiante.

26.4 Encontrando os vínculos secundários no formalismo hamiltoniano

Os vínculos primários são relativamente triviais de serem obtidos, pois são consequência direta da definição dos momentos canônicos. Por sua vez, o estabelecimento dos vínculos secundários pode dar um pouco mais de trabalho, pois eles vêm da imposição da compatibilidade entre os vínculos já existentes e a dinâmica prevista pelo hamiltoniano. Nesta seção, veremos como obter os vínculos secundários utilizando a noção de hamiltoniano total.

Seja $\{\phi_{a_1}\}$ o conjunto de vínculos primários, isto é, os vínculos advindos das relações que definem os momentos, $p = \partial\mathcal{L}/\partial\dot{q}$. Aqui, os índices a_1 e b_1 variam dentro do conjunto $\{1,2,\cdots,N_1\}$, onde N_1 é o número de vínculos primários. Até então, podemos dizer que o hamiltoniano total é dado por:

$$H_{T,1} = h\; +\; \lambda^{b_1}\,\phi_{b_1}\,,$$

onde h é algum hamiltoniano compatível com o lagrangiano e com os vínculos primários do sistema. Então, já que os vínculos devem ser satisfeitos a todo instante, devemos impor

$$\frac{d}{dt}\,\phi_{a_1} \approx 0 \quad\Rightarrow\quad \{\phi_{a_1}, H_{T,1}\} \approx 0 \quad\Rightarrow\quad \{\phi_{a_1}, h\} + \lambda^{b_1}\,\{\phi_{a_1},\phi_{b_1}\} \approx 0\,. \qquad (26.21)$$

Essa última equação deve ser imposta para todos os valores possíveis do índice a_1, ou seja, haverá N_1 equações. A partir daí, podem surgir vínculos secundários. Suponha, então, que outros N_2 vínculos independentes surjam da Eq. (26.21). Nesse caso, o novo conjunto de vínculos será $\{\phi_{a_2}\}$, onde os índices a_2 e b_2 variam dentro do conjunto $\{1, 2, \cdots, (N_1+N_2)\}$. Agora, com o surgimento de novos vínculos, o hamiltoniano total será dado por

$$H_{T,2} = h + \lambda^{b_2}\,\phi_{b_2}\,.$$

Devemos, então, impor que todos os vínculos ϕ_{a_2} sejam compatíveis com a dinâmica prevista por esse novo hamiltoniano. Ou seja, devemos impor

$$\frac{d}{dt}\,\phi_{a_2} \approx 0 \quad\Rightarrow\quad \{\phi_{a_2}, H_{T,2}\} \approx 0 \quad\Rightarrow\quad \{\phi_{a_2}, h\} + \lambda^{b_2}\,\{\phi_{a_2}, \phi_{b_2}\} \approx 0\,. \tag{26.22}$$

Essa equação deve ser imposta mesmo para os vínculos primários, isto é, mesmo para os índices a_2 contidos no intervalo $\{1, 2, \cdots, N_1\}$. Das $(N_1 + N_2)$ equações decorrentes de (26.22), novos vínculos secundários independentes dos anteriores podem surgir. Nesse caso, devemos montar um novo hamiltoniano total e impor que o conjunto total de vínculos seja compatível com a dinâmica prevista pelo novo hamiltoniano, $H_{T,3}$. Esse processo deve seguir até o momento em que não surjam novos vínculos. Notemos que o número de iterações será sempre finito, pois o número de vínculos independentes não pode ser maior que a dimensão do espaço de fase. Denotaremos o conjunto total de vínculos por $\{\phi_a\}$, com o índice a variando dentro do conjunto $\{1, 2, \cdots, N\}$, onde $N = N_1 + N_2 + \cdots$ é o número total de vínculos (primários mais secundários). Feito isso, teremos a expressão final para o hamiltoniano total, que será dada por

$$H_T = h + \lambda^a\,\phi_a\,.$$

Além disso, a partir desse ponto, não há razão para distinguir entre os vínculos primários e secundários, ambos passam a desempenhar o mesmo papel.

Existem dois cenários bem distintos que podem emergir ao impormos as condições de compatibilidade entre os vínculos e a dinâmica, ou seja, ao impormos as equações

$$\frac{d}{dt}\,\phi_a \approx 0 \quad\Rightarrow\quad \{\phi_a, H_T\} \approx 0 \quad\Rightarrow\quad \{\phi_a, h\} + \lambda^b\,\{\phi_a, \phi_b\} \approx 0\,. \tag{26.23}$$

Por exemplo, se o vínculo ϕ_1 for um vínculo de primeira classe, ou seja, se $\{\phi_1, \phi_b\} \approx 0$ para todo índice b, então o coeficiente λ^1 nunca aparecerá na Eq. (26.23). Por outro lado, se ϕ_1 for um vínculo de segunda classe, então λ^1 aparecerá em, ao menos, uma dessas equações, através da qual poderemos determinar uma expressão para λ^1. Por exemplo, suponhamos que $\{\phi_1, \phi_2\}$ seja diferente de zero na superfície de vínculo. Então, a equação $\dot{\phi}_2 \approx 0$ fornecerá

$$\{\phi_2, h\} + \{\phi_2, \phi_1\}\,\lambda^1 + \cdots \approx 0 \quad\Rightarrow\quad \lambda^1 \approx -\,\frac{\{\phi_2, h\}}{\{\phi_2, \phi_1\}} + \cdots\,.$$

Ou seja, em vez de obtermos um vínculo, obteremos uma equação para λ^1. O parâmetro λ^1, que era arbitrário, agora deixa de ser, como consequência da requisição de compatibilidade entre os vínculos e as equações de movimento. Portanto, chegamos ao seguinte quadro geral:

$$\begin{cases} \phi_{a_*} \text{ é um vínculo de } \textbf{primeira classe} \;\Rightarrow\; \lambda^{a_*} \text{ continua sendo arbitrário}\,, \\[2ex] \phi_{a_*} \text{ é um vínculo de } \textbf{segunda classe} \;\Rightarrow\; \lambda^{a_*} \text{ tem valor fixado}\,. \end{cases}$$

Como previamente mencionado, a existência de funções arbitrárias nas soluções das equações de movimento denuncia a existência de liberdade de calibre, pois deixa claro que existem graus de liberdade na descrição matemática que são totalmente espúrios. Já que os vínculos de primeira classe estão conectados a funções arbitrárias (λ^a), é natural fazer uma associação entre os vínculos de primeira classe e as transformações de calibre. De fato, mais adiante, veremos que os vínculos de primeira classe geram transformações canônicas infinitesimais que são transformações de calibre. No entanto, antes de avançarmos no estudo dos sistemas vinculados, é pertinente vermos um exemplo no qual os vínculos secundários são computados explicitamente através do formalismo hamiltoniano.

Exemplo: Considere um sistema descrito através de três graus de liberdade, usando o sistema de coordenadas $\{x, y, z\}$, cujo lagrangiano é dado por

$$\mathcal{L} = \frac{m}{2}\dot{y}^2 + y\,\dot{x} + \dot{z}\,.$$

Obtenha os vínculos primários e secundários. Em seguida, verifique que a dinâmica prevista pelo hamiltoniano total está em conformidade com a dinâmica prevista pelo lagrangiano.

Solução

Calculando os momentos canônicos, temos:

$$p_x = y\,, \quad p_y = m\dot{y} \quad \text{e} \quad p_z = 1\,.$$

Vemos, então, que há dois vínculos primários:

$$\phi_1 = p_x - y \approx 0 \quad \text{e} \quad \phi_2 = p_z - 1 \approx 0\,.$$

Calculemos agora o hamiltoniano do sistema:

$$\begin{aligned} h &= p_x\,\dot{x} + p_y\,\dot{y} + p_z\,\dot{z} - \mathcal{L} \\ &\approx y\,\dot{x} + m\dot{y}^2 + \dot{z} - \left[\frac{m}{2}\dot{y}^2 + y\,\dot{x} + \dot{z}\right] = \frac{m}{2}\dot{y}^2 \\ &= \frac{1}{2m}p_y^2 \end{aligned}$$

Portanto, até agora, o hamiltoniano total é dado por:

$$H_{T,1} = h + \lambda^1\,\phi_1 + \lambda^2\,\phi_2 = \frac{1}{2m}p_y^2 + \lambda^1(p_x - y) + \lambda^2(p_z - 1)\,.$$

Logo, impondo $\dot{\phi}_1 \approx 0$, temos:

$$0 \approx \{\phi_1, h\} + \lambda^2\,\{\phi_1, \phi_2\} = -\frac{1}{m}p_y \quad \Rightarrow \quad p_y \approx 0\,.$$

Portanto, obtemos um novo vínculo, $\phi_3 = p_y \approx 0$. Agora, impondo $\dot{\phi}_2 \approx 0$, temos:

$$0 \approx \{\phi_2, h\} + \lambda^1\,\{\phi_2, \phi_1\} = 0\,.$$

Vemos, então, que essa última equação não traz nenhum vínculo novo. Logo, neste momento, podemos dizer que nosso hamiltoniano total é dado por:

$$H_{T,2} = h + \lambda^1\,\phi_1 + \lambda^2\,\phi_2 + \lambda^3\,\phi_3 = \frac{1}{2m}p_y^2 + \lambda^1(p_x - y) + \lambda^2(p_z - 1) + \lambda^3 p_y\,.$$

Agora, utilizando esse novo hamiltoniano, devemos impor as equações $\dot{\phi}_1 \approx 0$, $\dot{\phi}_2 \approx 0$ e $\dot{\phi}_3 \approx 0$. Em particular, a primeira dessas condições fornece:

$$\dot{\phi}_1 \approx \{\phi_1, H_{T,2}\} = \{\phi_1, H_{T,1} + \lambda^3 p_y\} \approx \lambda^3\,\{\phi_1, p_y\} = -\lambda^3 \quad \Rightarrow \quad \lambda^3 \approx 0\,.$$

Analogamente, a condição $\dot{\phi}_3 \approx 0$ exige que $\lambda^1 \approx 0$. Por fim, a exigência $\dot{\phi}_2 \approx 0$ não impõe restrição alguma. Como nenhum vínculo novo foi encontrado,[1] podemos parar por aqui. Os vínculos ϕ_1 e ϕ_2 são primários, ao passo que ϕ_3 é secundário. Em particular, podemos afirmar que o hamiltoniano total é dado por:

$$H_T = h + \lambda^2\phi_2 = \frac{1}{2m}p_y^2 + \lambda^2(p_z - 1)\,,$$

onde as condições $\lambda^1 \approx 0$ e $\lambda^3 \approx 0$ foram utilizadas. Por sua vez, o parâmetro λ^2 é completamente arbitrário. Em particular, o fato de λ^1 e λ^3 terem sido fixados pelo formalismo indica que ϕ_1 e ϕ_3 são vínculos de segunda classe. Por sua vez, como λ^2 é arbitrário, segue que ϕ_2 é um vínculo de primeira classe. De fato, podemos ver que o parêntese de Poisson de ϕ_2 com os demais vínculos é igual a zero. Agora, dado esse hamiltoniano total, segue que a dinâmica de uma variável F qualquer é ditada pela seguinte equação:

$$\dot{F} = \{F, H_T\} \approx \frac{1}{2m}\{F, p_y^2\} + \lambda^2\,\{F, p_z\}\,,$$

Aplicando a equação anterior às coordenadas do espaço de fase, temos:

$$\dot{x} \approx 0\,,\quad \dot{p}_x \approx 0\,,\quad \dot{y} \approx \frac{1}{m}p_y \approx 0\,,\quad \dot{p}_y \approx 0\,,\quad \dot{z} \approx \lambda^2\,,\quad \dot{p}_z \approx 0\,.$$

Portanto, a solução da dinâmica é que x, y, p_x, p_y e p_z devem ser todos constantes na superfície de vínculo. Além disso, os vínculos impõem alguns valores específicos para essas constantes. Mais precisamente, temos: $p_z \approx 1$, $p_y \approx 0$ e $p_x \approx y$. Por outro lado, z é uma função arbitrária do tempo, já que λ^2 é arbitrário. Em suma, a solução geral é dada por:

$$x \approx c_1\,,\quad y \approx c_2\,,\quad z \approx f(t)\,,\quad p_x \approx c_2\,,\quad p_y \approx 0\,,\quad p_z \approx 1\,,$$

onde c_1 e c_2 são constantes arbitrárias, ao passo que $f(t)$ é uma função arbitrária do tempo.

Comparemos esses resultados com o que obteríamos através do formalismo lagrangiano. Aplicando as equações de Euler-Lagrange ao lagrangiano dado no enunciado, temos:

$$\begin{cases} \frac{d}{dt}\frac{\partial \mathcal{L}}{\partial \dot{x}} = \frac{\partial \mathcal{L}}{\partial x} \quad \Rightarrow \quad \dot{y} = 0 \quad \Rightarrow \quad y = \tilde{c}_1\,, \\ \frac{d}{dt}\frac{\partial \mathcal{L}}{\partial \dot{y}} = \frac{\partial \mathcal{L}}{\partial y} \quad \Rightarrow \quad m\ddot{y} = \dot{x} \quad \Rightarrow \quad \dot{x} = 0 \quad \Rightarrow \quad x = \tilde{c}_2\,, \\ \frac{d}{dt}\frac{\partial \mathcal{L}}{\partial \dot{z}} = \frac{\partial \mathcal{L}}{\partial z} \quad \Rightarrow \quad 0 = 0\,, \end{cases}$$

[1] É importante ressaltar que as restrições sobre os parâmetros λ^a não são consideradas vínculos.

onde $\tilde{c}_1$ e $\tilde{c}_2$ são constantes de integração. Notemos que as equações de movimento não restringem z de forma alguma. Portanto, $z(t)$ pode ser uma função arbitrária do tempo. Logo, vemos que o resultado obtido através do formalismo lagrangiano concorda com o que obtivemos utilizando a abordagem de sistemas hamiltonianos vinculados ■

O exemplo anterior deixa claro que, muitas vezes, o formalismo hamiltoniano para sistemas com vínculos pode ser mais laborioso que a abordagem lagrangiana. Então, por que utilizar o formalismo hamiltoniano? Existem duas razões. Em primeiro lugar, para obter a versão quântica de uma teoria clássica, geralmente precisamos da formulação hamiltoniana do problema. De fato, essa foi a principal motivação de Paul Dirac para dedicar parte de seus estudos a esse tema.[2] Em segundo lugar, conforme visto anteriormente neste livro, existem dinâmicas que só podem ser descritas através do formalismo hamiltoniano, não sendo possível obter um lagrangiano para essas teorias.

26.5 Separando os vínculos de primeira e de segunda classe

Conforme enfatizado há pouco, a distinção entre vínculos de primeira e de segunda classe é de grande importância para a teoria de sistemas hamiltonianos vinculados. A razão é que são os vínculos de primeira classe que estão associados às funções arbitrárias λ^a que, por sua vez, denunciam a existência de liberdade de calibre. Portanto, dado o conjunto total de vínculos $\{\phi_a\}$, é importante saber separar os vínculos de primeira e de segunda classe. Ocorre que nem sempre essa separação é tão trivial como ocorreu no exemplo da seção anterior. Por exemplo, consideremos um sistema contendo três vínculos, $\{\phi_1, \phi_2, \phi_3\}$, cujos parênteses de Poisson entre os vínculos são:

$$\{\phi_1, \phi_2\} = f \,, \quad \{\phi_1, \phi_3\} = -g \,, \quad \{\phi_2, \phi_3\} = k \,, \tag{26.24}$$

onde f, g, e k são funções no espaço de fase que não são zero na superfície de vínculo. Nesse caso, uma análise apressada levaria à conclusão de que este sistema não tem vínculos de primeira classe, já que nenhum dos três vínculos ϕ_1, ϕ_2 e ϕ_3 tem parêntese de Poisson com os demais vínculos fracamente igual a zero. No entanto, uma combinação linear de vínculos também é um vínculo, de forma que podemos montar o seguinte vínculo:

$$\varphi = k\,\phi_1 + g\,\phi_2 + f\,\phi_3 \,. \tag{26.25}$$

Notemos que $\varphi \approx 0$, pois $\phi_1 \approx 0$, $\phi_2 \approx 0$ e $\phi_3 \approx 0$. É imediato provar que esse é um vínculo de primeira classe, pois

$$\{\varphi, \phi_1\} \approx 0 \,, \quad \{\varphi, \phi_2\} \approx 0 \quad \text{e} \quad \{\varphi, \phi_3\} \approx 0 \,.$$

Esse exemplo deixa claro que determinar a existência de vínculos de primeira classe pode ser uma tarefa não trivial. Precisamos, portanto, de um método sistemático para fazer a identificação dos vínculos de primeira classe. O segredo é olhar para a matriz $M_{ab} \approx \{\phi_a, \phi_b\}$ e buscar os elementos do seu núcleo. De fato, suponhamos que, na superfície de vínculo, η^a esteja no núcleo da matriz M_{ab}, ou seja, $M_{ab}\eta^b \approx 0$. Então, o vínculo

$$\varphi = \eta^b\,\phi_b$$

[2] Alguns de seus resultados sobre sistemas hamiltonianos vinculados estão compilados no livro intitulado *Lectures on Quantum Mechanics*, da editora Dover.

será um vínculo de primeira classe. De fato,

$$\{\varphi, \phi_a\} = \{\eta^b\,\phi_b, \phi_a\} \approx \eta^b\,\{\phi_b, \phi_a\} = \eta^b\,M_{ba} = -M_{ab}\,\eta^b \approx 0\,,$$

onde, na penúltima passagem, foi utilizado o fato de que M_{ab} é uma matriz antissimétrica, pois o parêntese de Poisson é antissimétrico; e, na última passagem, foi usada a hipótese de que η^b está no núcleo da matriz M_{ab}. De forma geral, um vínculo será de primeira classe se, e somente se, ele puder ser escrito na forma $\varphi = \eta^b\,\phi_b$ com η^b estando no núcleo da matriz $M_{ab} = \{\phi_a, \phi_b\}$. Por exemplo, no caso explícito mencionado há pouco, o vínculo da Eq. (26.25) é dado por

$$\varphi = \eta^b\,\phi_b \quad \text{com} \quad \eta^1 = k\,,\;\; \eta^2 = g\,,\;\; \eta^3 = f \quad \Rightarrow \quad \eta^b = \begin{bmatrix} k \\ g \\ f \end{bmatrix}. \tag{26.26}$$

Por sua vez, por conta da Eq. (26.24), vemos que a matriz M_{ab} é dada por

$$M_{ab} = \{\phi_a, \phi_b\} = \begin{bmatrix} 0 & f & -g \\ -f & 0 & k \\ g & -k & 0 \end{bmatrix}.$$

Note que a matriz acima é antissimétrica, como sempre deve ser. Note também que o vetor coluna η^b dado na Eq. (26.26) está, de fato, no núcleo da matriz M_{ab}. Além disso, esse é o único vetor que está no núcleo (a menos da possibilidade de uma multiplicação por um fator global, que leva a um vínculo que é dependente de $\varphi = \eta^a\phi_a$), isso significa que, nesse sistema, só há um vínculo de primeira classe independente, pois qualquer outro é múltiplo do vínculo φ dado na Eq. (26.25).

No que segue, usaremos a seguinte notação para promover uma distinção visual entre os vínculos de primeira e de segunda classe:

$$\phi_a \;\rightarrow\; \begin{cases} \varphi_{\hat{a}} & \rightarrow \;\; \text{vínculos de primeira classe}\,, \\[2ex] \psi_{\bar{a}} & \rightarrow \;\; \text{vínculos de segunda classe}\,. \end{cases}$$

Então, de agora em diante, a letra φ será utilizada apenas para se referir a vínculos de primeira classe, ao passo que os vínculos de segunda classe serão denotados pela letra ψ. Além disso, os índices com um acento circunflexo, como $\hat{a}$ e $\hat{b}$, variam apenas entre os vínculos de primeira classe, ao passo que os índices com uma barra, como $\bar{a}$ e $\bar{b}$, variam apenas sobre os vínculos de segunda classe.

Pelo que fora exposto há pouco, podemos afirmar que, dado o conjunto total de vínculos $\{\phi_a\}$, a forma de se fazer a separação entre vínculos de primeira classe $\{\varphi_{\hat{a}}\}$ e de segunda classe $\{\psi_{\bar{a}}\}$ é usando uma base adaptada ao núcleo da matriz $M_{ab} = \{\phi_a, \phi_b\}$. Mais precisamente, uma vez computada a matriz M_{ab}, devemos começar obtendo seu núcleo. Suponha que a dimensão do núcleo de M_{ab} seja m e que

$$\{\eta_1^{\;a},\; \eta_2^{\;a},\; \eta_3^{\;a},\; \cdots\,,\; \eta_m^{\;a}\}$$

seja uma base desse núcleo. Então, os vínculos

$$\varphi_1 \equiv \eta_1^{\;a}\,\phi_a\,, \quad \varphi_2 \equiv \eta_2^{\;a}\,\phi_a\,, \quad \cdots\,, \quad \varphi_m \equiv \eta_m^{\;a}\,\phi_a$$

são todos vínculos de primeira classe. Além disso, qualquer outro vínculo de primeira classe do sistema é uma combinação linear dos m vínculos $\varphi_{\hat{a}}$ listados acima, onde o índice $\hat{a}$ varia de 1 a m. Dizemos que $\{\varphi_{\hat{a}}\}$ forma uma base para os vínculos de primeira classe. Agora, seja

$$\{\zeta_1{}^a,\ \zeta_2{}^a,\ \zeta_3{}^a,\ \cdots,\ \zeta_{N-m}^{\ a}\} = \{\zeta_{\bar{b}}{}^a\}$$

um conjunto de vetores colunas linearmente independentes que completam a base $\{\eta_{\hat{b}}{}^a\}$. Ou seja, o conjunto de N vetores colunas $\{\eta_{\hat{b}}{}^a,\ \zeta_{\bar{b}}{}^a\}$ forma uma base para o espaço $\mathbb{R}^N$, onde N é o número total de vínculos do sistema e o índice $\bar{b}$ varia de 1 a $N-m$. Logo, podemos afirmar que

$$\psi_1 \equiv \zeta_1{}^a\,\phi_a\,, \quad \psi_2 \equiv \zeta_2{}^a\,\phi_a\,, \quad \cdots, \quad \psi_{N-m} \equiv \zeta_{N-m}^{\ a}\,\phi_a$$

forma uma base para os vínculos de segunda classe. Devemos então tratar do problema mecânico usando a nova base ordenada de vínculos:

$$\{\tilde{\phi}_1, \tilde{\phi}_2, \cdots, \tilde{\phi}_N\} = \{\varphi_{\hat{1}}, \cdots, \varphi_{\hat{m}}, \psi_{\bar{1}}, \cdots, \psi_{\overline{N-m}}\}\,.$$

Ou seja, é pertinente que escrevamos o hamiltoniano total da seguinte forma:

$$H_T = h + \lambda^{\hat{a}}\,\varphi_{\hat{a}} + \lambda^{\bar{a}}\,\psi_{\bar{a}}\,. \tag{26.27}$$

Esse novo conjunto de vínculos define a mesma superfície que o conjunto inicial, $\{\phi_a\}$. No entanto, como o novo conjunto de vínculos separa os vínculos de primeira e de segunda classe, ele facilita sobremaneira a resolução das equações dinâmicas para o sistema. Nessa nova base de vínculos, a matriz construída com os parênteses de Poisson dos vínculos tem a seguinte forma:

$$\widetilde{M}_{ab} = \{\tilde{\phi}_a, \tilde{\phi}_b\} = \begin{bmatrix} \{\varphi,\varphi\} & \{\varphi,\psi\} \\ \{\psi,\varphi\} & \{\psi,\psi\} \end{bmatrix} \approx \begin{bmatrix} 0_m & 0_\star^t \\ 0_\star & S_{\bar{a}\bar{b}} \end{bmatrix}, \tag{26.28}$$

onde, na equação anterior, 0_m denota a matriz zero $m \times m$, ao passo que $0_\star$ é uma matriz $(N-m)\times m$ cujas componentes são todas iguais a zero. A matriz $0_\star^t$, por sua vez, é a transposta da matriz $0_\star$. Ou seja, $0_\star^t$ é a matriz $m \times (N-m)$ cujas entradas são todas iguais a zero. Por fim, a matriz $S_{\bar{a}\bar{b}}$ é uma matriz antissimétrica inversível. Caso $S_{\bar{a}\bar{b}}$ não fosse inversível, significaria que o núcleo da matriz M_{ab} seria maior que o espaço vetorial gerado pelos vetores $\{\eta_{\hat{a}}{}^b\}$, ou seja, haveria mais vínculos de primeira classe dentro do espaço gerado pelos vínculos $\{\psi_{\bar{a}}\}$, o que é contra a hipótese inicial. O fato de a matriz $S_{\bar{a}\bar{b}}$ ser antissimétrica e ter determinante diferente de zero faz com que $S_{\bar{a}\bar{b}}$ tenha que ser uma matriz de "tamanho" par.[3] *Ou seja, $N-m$, o número de vínculos de segunda classe independentes, deve sempre ser par.*

[3]Se $\mathbb{S}$ for antissimétrica e de tamanho ímpar então seu determinante será zero. De fato, se $\mathbb{S}$ é antissimétrica, então $\mathbb{H} = i\,\mathbb{S}$ é uma matriz hermitiana, $\mathbb{H}^\dagger = \mathbb{H}$. Logo, pelo teorema espectral, segue que $\mathbb{H}$ é diagonalizável no corpo dos complexos e seus autovalores são reais. Além disso, como $\mathbb{H}$ é antissimétrica, é possível provar que, se λ for um autovalor de $\mathbb{H}$, então $-\lambda$ também será um autovalor. Isso significa que os autovalores não nulos vêm em pares. Inclusive, isso assegura que o traço de $\mathbb{H}$ seja zero, o que deve ser válido para toda matriz antissimétrica. O único autovalor que não precisa vir com um par de sinal oposto é o zero. Logo, se o número de autovalores for ímpar (ou seja, se o tamanho de $\mathbb{H}$ for ímpar), então ao menos um dos autovalores tem que ser zero.

Uma vez encontrada uma base de vínculos adaptada ao núcleo de M_{ab}, ou seja, uma vez feita a mudança de base

$$\{\phi_a\} \rightarrow \{\tilde{\phi}_a\} = \{\varphi_{\hat{1}}, \cdots, \varphi_{\hat{m}}, \psi_{\bar{1}}, \cdots, \psi_{\overline{N-m}}\},$$

podemos afirmar que os parâmetros $\lambda^{\hat{a}}$ são funções completamente arbitrárias. Por sua vez, os parâmetros $\lambda^{\bar{a}}$, aqueles associados aos vínculos de segunda classe, têm valores fixos na superfície de vínculo. De fato, impondo a restrição $\dot{\psi}_{\bar{a}} \approx 0$, utilizando o hamiltoniano total da Eq. (26.5), segue que essa equação nos leva a:

$$0 \approx \dot{\psi}_{\bar{a}} = \{\psi_{\bar{a}}, H_T\} \approx \{\psi_{\bar{a}}, h\} + \lambda^{\bar{b}}\{\psi_{\bar{a}}, \psi_{\bar{b}}\} = \{\psi_{\bar{a}}, h\} + \lambda^{\bar{b}} S_{\bar{a}\bar{b}}.$$

Agora, como a matriz $S_{\bar{a}\bar{b}}$ é inversível, segue que podemos resolver essa última equação para os parâmetros $\lambda^{\bar{b}}$. De fato, multiplicando a equação anterior por $(S^{-1})^{\bar{c}\bar{a}}$, obtemos o seguinte:

$$\lambda^{\bar{c}} \approx -(S^{-1})^{\bar{c}\bar{a}}\{\psi_{\bar{a}}, h\}, \tag{26.29}$$

onde $(S^{-1})^{\bar{c}\bar{a}}$ é a inversa da matriz $S_{\bar{a}\bar{b}}$. Por sua vez, a condição $\dot{\varphi}_{\hat{a}} \approx 0$ fornece:

$$0 \approx \dot{\varphi}_{\hat{a}} = \{\varphi_{\hat{a}}, H_T\} \approx \{\varphi_{\hat{a}}, h\},$$

o que não impõe restrição alguma sobre os parâmetros λ^a, pois nenhum deles aparece na equação acima. Portanto, concluímos que os parâmetros $\lambda^{\bar{a}}$, aqueles associados aos vínculos de segunda classe, são unicamente fixados, ao passo que os parâmetros $\lambda^{\hat{a}}$ são completamente arbitrários.

Agora, seja $F = F(q, p)$ uma função qualquer do espaço de fase. Então, sua evolução temporal é ditada pela seguinte equação diferencial:

$$\frac{d}{dt}F = \{F, H_T\} \approx \{F, h\} + \lambda^{\bar{c}}\{F, \psi_{\bar{c}}\} + \lambda^{\hat{c}}\{F, \varphi_{\hat{c}}\}.$$

Ocorre que os parâmetros $\lambda^{\bar{c}}$ são determinados pelas relações de consistência entre os vínculos e a dinâmica, conforme estabelecido na Eq. (26.29). Então, substituindo essa expressão para $\lambda^{\bar{c}}$ na equação acima, chegamos à seguinte equação para $\dot{F}$:

$$\frac{d}{dt}F \approx \{F, h\} - \{F, \psi_{\bar{c}}\}(S^{-1})^{\bar{c}\bar{a}}\{\psi_{\bar{a}}, h\} + \lambda^{\hat{c}}\{F, \varphi_{\hat{c}}\}. \tag{26.30}$$

Essa expressão motiva a definição do seguinte parêntese denominado **parêntese de Dirac**:

$$[F, G] \equiv \{F, G\} - \{F, \psi_{\bar{a}}\}(S^{-1})^{\bar{a}\bar{b}}\{\psi_{\bar{b}}, G\}. \tag{26.31}$$

Usando essa definição, segue que a Eq. (26.30) pode ser escrita da seguinte forma compacta:

$$\dot{F} = [F, h] + \lambda^{\hat{a}}\{F, \varphi_{\hat{a}}\} \approx [F, h] + \lambda^{\hat{a}}[F, \varphi_{\hat{a}}]. \tag{26.32}$$

Portanto, quando fazemos uso dos parênteses de Dirac, os únicos parâmetros que aparecem nas equações dinâmicas são aqueles que são de fato arbitrários, ou seja, $\lambda^{\hat{a}}$. O parêntese de Dirac obedece a várias das propriedades satisfeitas pelo parêntese de Poisson: é antissimétrico, obedece à regra de Leibniz e satisfaz à identidade de Jacobi. Além disso, valem as seguintes identidades:

$$[\varphi, F] \approx \{\varphi, F\} \quad \text{e} \quad [\psi_{\bar{a}}, F] = 0,$$

onde F é uma função arbitrária, φ é um vínculo de primeira classe arbitrário e $\psi_{\bar{a}}$ é um dos vínculos de segunda classe da nova base de vínculos.

Dado um sistema com um total de N vínculos independentes, segue que podemos usá-los para escrever N das coordenadas do espaço de fase em termos das demais. A título ilustrativo, no exemplo da seção anterior, havia o vínculo $\phi_1 = p_x - y$. Podemos utilizar esse vínculo para substituir p_x por y nas equações dinâmicas. Isso é equivalente a eliminar a necessidade de lidar com a variável p_x. Analogamente, o vínculo $\phi_2 = p_z - 1$ pode ser utilizado para substituir p_z por 1 em todas as equações dinâmicas. Portanto, se um sistema tem N vínculos independentes, então N das coordenadas do espaço de fase podem ser eliminadas das equações de movimento. Além disso, como os parâmetros $\lambda^{\hat{a}}$ são arbitrários, eles podem ser utilizados para fixar alguns graus de liberdade da teoria. Por exemplo, no exemplo da seção anterior, vimos que $\dot{z} = \lambda^2$, com λ^2 sendo uma função arbitrária do tempo. Em particular, podemos fazer a escolha de calibre $\lambda^2 = 0$, de forma que teremos a solução $z(t) = z_0$ para alguma constante z_0. Dizemos então que a liberdade de calibre foi fixada. Foi feito uso da liberdade de calibre para trivializar a dinâmica da coordenada z. De forma geral, se houver m vínculos de primeira classe em um sistema, então haverá m parâmetros arbitrários $\lambda^{\hat{a}}$ e esses podem ser usados para fixar m graus de liberdade do sistema. Em suma, das $2n$ coordenadas do espaço de fase, apenas $(2n - N - m)$ são fisicamente relevantes. Como o número de coordenadas no espaço de fase é o dobro do número de graus de liberdade de um sistema, diz-se que o **número de graus de liberdade fisicamente relevantes** de um sistema com liberdade de calibre é dado por:

$$n_f = \frac{1}{2}(2n - N - m) = n - m - \frac{N - m}{2},$$

onde N é o número total de vínculos independentes do sistema e m é o número total de vínculos de primeira classe independentes. Notemos que n_f é sempre inteiro, apesar da divisão por 2 no lado direito da equação acima. De fato, conforme fora discutido há pouco, a matriz $S_{\bar{a}\bar{b}} = \{\phi_{\bar{a}}, \phi_{\bar{b}}\}$, que tem tamanho $(N - m) \times (N - m)$, deve ser inversível. Como $S_{\bar{a}\bar{b}}$ é antissimétrica, segue que isso só é possível se $(N - m)$ for par, razão pela qual o quociente $(N - m)/2$ é sempre um número inteiro.

26.6 Transformações de calibre e os vínculos de primeira classe

Lembremos que uma teoria tem liberdade de calibre quando sua descrição matemática possui mais graus de liberdade do que o sistema físico de interesse. No caso da mecânica clássica de partículas, isso significa que vários pontos do espaço de fase podem representar um mesmo estado físico. Nesse cenário, podemos falar de transformações de calibre, que são mudanças nas coordenadas (q, p) que não afetam o estado físico do sistema. Ou seja, se os pontos (q_1, p_1) e (q_2, p_2) do espaço de fase estiverem conectados por uma transformação de calibre, então ambos representarão o mesmo estado físico. Isto é, um experimento não será capaz de distinguir as configurações (q_1, p_1) e (q_2, p_2). Em sistemas com esse tipo de liberdade, a evolução temporal das coordenadas (q, p) não é única, já que podemos fazer transformações de calibre em (q, p) ao longo da evolução temporal e obter diferentes soluções $q(t)$ e $p(t)$ que produzem a mesma dinâmica fisicamente mensurável. De acordo com o que vimos na última seção, a única arbitrariedade existente em uma teoria hamiltoniana com vínculos reside nas m funções $\lambda^{\hat{a}}$. Tais funções são aquelas que aparecem no hamiltoniano total contraídas com os vínculos de primeira classe $\varphi_{\hat{a}}$. Já que essas funções são arbitrárias, é de se esperar que diferentes escolhas de $\lambda^{\hat{a}}$ levem ao mesmo resultado físico. Ou seja, uma mudança em $\lambda^{\hat{a}}$ corresponde a uma transformação de calibre. Vejamos então como uma mudança em $\lambda^{\hat{a}}$ altera a dinâmica de uma função no espaço de fase. Seja $F(z)$ uma função qualquer do espaço de fase que obedece à condição inicial $F(z_{(t_0)}) = F_0$. Então, seu valor após uma evolução temporal infinitesimal é:

$$\begin{aligned} F(t_0+\delta t) &= F_0 + \delta t\,\dot{F}_0 = F_0 + \delta t\,\{F, H_T\}|_{t=t_0} \\ &\approx F_0 + \delta t\,[F,h]|_{t=t_0} + \delta t\,\lambda_0^{\hat{a}}\,\{F, \varphi_{\hat{a}}\}|_{t=t_0}\,, \end{aligned} \tag{26.33}$$

onde, na primeira igualdade, termos quadráticos em δt foram ignorados e, na segunda igualdade, a Eq. (26.32) foi utilizada. Na equação acima, $\lambda_0^{\hat{a}}$ denota o valor de $\lambda^{\hat{a}}$ no instante $t = t_0$. Agora, diferentes valores de $\lambda_0^{\hat{a}}$ não devem alterar o estado físico do sistema, já que essas funções são arbitrárias. Em particular, as escolhas $\lambda_0^{\hat{a}} = 0$ e $\lambda_0^{\hat{a}} = \delta^{\hat{a}}_{\hat{b}_*}$, onde $\hat{b}_*$ é algum índice fixo entre 1 e m, devem levar ao mesmo estado físico. Portanto, substituindo essas possíveis escolhas para $\lambda_0^{\hat{a}}$ na Eq. (26.33), concluímos que

$$F_0 + \delta t\,[F,h]|_{t=t_0} \qquad \text{e} \qquad F_0 + \delta t\,[F,h]|_{t=t_0} + \delta t\,\{F, \varphi_{\hat{b}_*}\}|_{t=t_0}$$

devem representar o mesmo estado físico. A diferença entre essas duas grandezas é $\delta t\,\{F, \varphi_{\hat{b}_*}\}$, que deve corresponder a uma transformação de calibre. Ou seja, fazendo as identificações $\epsilon = \delta t$ e $F = F(t_0 + \delta t)$, concluímos que a transformação

$$F \;\rightarrow\; F + \epsilon\,\{F, \varphi_{\hat{b}_*}\}$$

é uma transformação de calibre infinitesimal. Esse tipo de transformação tem exatamente a forma de uma transformação canônica infinitesimal cuja função geradora é $\varphi_{\hat{b}_*}$.

Chegamos então ao seguinte importante resultado: *as transformações de calibre são transformações canônicas e as funções geradoras dessas transformações são os vínculos de primeira classe, $\varphi_{\hat{a}}$.*

Dizemos que uma função no espaço de fase $L = L(q,p)$ é **uma grandeza com realidade física** quando ela é invariante por transformações de calibre. Ou seja, $L = L(q,p)$ é uma grandeza com realidade física quando seu parêntese de Poisson com qualquer vínculo de primeira classe é igual a zero na superfície de vínculo. Equivalentemente, deve valer $\{L, \varphi_{\hat{a}}\} \approx 0$ para todo índice $\hat{a} \in \{1, \cdots, m\}$. Isso garante, entre outras coisas, que a dinâmica de L seja unicamente determinada. Ou seja, a evolução temporal de L não tem nenhuma arbitrariedade. De fato, se as m condições $\{L, \varphi_{\hat{a}}\} \approx 0$ forem satisfeitas, então a Eq. (26.32) nos diz que a equação diferencial que rege a dinâmica de L é dada por

$$\frac{d}{dt}L \approx [L, h]\,.$$

Note que não há nenhuma função arbitrária nessa equação. Por exemplo, no caso do sistema considerado na introdução deste capítulo, cuja dinâmica é descrita pelo lagrangiano

$$\mathcal{L}(x, y, \dot{x}, \dot{y}) = \frac{m}{2}\dot{y}^2 - U(y)\,,$$

a variável y é uma grandeza com realidade física, pois seu parêntese de Poisson com o único vínculo existente, $\phi_1 = p_x$, é zero. Em contraste, a coordenada x não tem realidade física. Isso é de se esperar, pois, nesse caso, x é uma coordenada totalmente espúria que foi introduzida artificialmente e, portanto, não pode ser medida.

Já que as transformações de calibre deixam os estados físicos invariantes, é comum se referir a tais transformações como sendo *simetrias de calibre*. Ou seja, dizemos que determinada teoria tem simetrias de calibre quando existem transformações que, apesar de modificarem a descrição matemática, não alteram os resultados das medidas experimentais. Apesar do nome *simetria*, é importante manter em mente que não há cargas conservadas associadas a essas transformações. Ou seja, o teorema de Nöther são se aplica a essas *simetrias*.

Notemos que nem toda teoria com vínculos possui simetrias de calibre, pois, se todos os vínculos forem de segunda classe, então não existirão geradores para as transformações de calibre. Por outro lado, toda teoria com simetrias de calibre possui vínculos no espaço de fase. Por exemplo, quando usamos o espaço de fase estendido para descrever um sistema mecânico, a evolução temporal é aferida por um parâmetro arbitrário, uma função qualquer que cresça monotonicamente com o tempo. Esse sistema tem simetria de calibre, já que a escolha do parâmetro utilizado para registrar a passagem do tempo é arbitrária. Portanto, deve haver algum vínculo no espaço de fase estendido. De fato, conforme demonstrado na Seção 16.6, o hamiltoniano deve ser igual a zero nesse cenário. Essa condição $h = 0$ deve ser entendida como um vínculo, não como uma equação válida em todo o espaço de fase.

Uma pergunta natural ao se estudar as teorias hamiltonianas com vínculos é a seguinte: dada uma teoria com vínculos, é possível descrevê-la como sendo uma teoria sem vínculos usando a superfície de vínculo como sendo o novo espaço de fase? A resposta é: geralmente não. Uma prova imediata disso é a seguinte: é possível que o número total de vínculos, N, seja ímpar e, nesse caso, a superfície de vínculo teria dimensão $(2n - N)$, que é impar. Ocorre que todo espaço de fase deve ter dimensão par. Portanto, nesse caso, a superfície de vínculo não poderia ser vista como o espaço de fase de uma teoria sem vínculos. Todavia, o ponto fundamental não é a paridade do número de vínculos, mas sim a existência de vínculos de primeira classe. Se uma teoria tiver vínculos de primeira classe, a solução geral das equações de movimento conterá funções arbitrárias, o que difere de um sistema sem vínculos. Além disso, dois pontos distintos da superfície de vínculo podem representar o mesmo estado físico, de forma que a superfície de vínculo, nesse caso, não poderia ser utilizada para representar o espaço de fase de um sistema sem vínculos. Por outro lado, se um sistema possui apenas vínculos de segunda classe, então existe a chance de podermos eliminar coordenadas espúrias e descrever esse sistema com menos graus de liberdade, sem a necessidade de usarmos vínculos. Nesse caso, como o número de vínculos de segunda classe é sempre par, podemos encarar a superfície de vínculo como sendo o espaço de fase de um sistema sem vínculos. Por exemplo, o sistema descrito pelas coordenadas $\{x, y\}$ cuja dinâmica é ditada pelo lagrangiano

$$\mathcal{L}(x, y, \dot{x}, \dot{y}) = \frac{m}{2}\dot{y}^2 - U(y) - \frac{\kappa}{2}(x - x_0)^2 , \tag{26.34}$$

com m, κ e x_0 sendo constantes, tem um total de dois vínculos:

$$\phi_1 = p_x \approx 0 \quad \text{e} \quad \phi_2 = x - x_0 \approx 0 .$$

Nesse caso, não há vínculos de primeira classe. A superfície de vínculo formada é pelos pontos do espaço de fase tais que $(x, y, p_x, p_y) = (x_0, y, 0, p_y)$. Ou seja, x e p_x têm valores fixos e apenas y e p_y têm dinâmicas relevantes. Portanto, podemos ignorar as coordenadas x e p_x do espaço de fase, assumindo que seus valores são sempre x_0 e 0, respectivamente. Nesse cenário, bastaria investigar a dinâmica das coordenadas y e p_y. O lagrangiano equivalente para esse sistema pode ser obtido implementando a substituição $(x, p_x) \to (x_0, 0)$ no lagrangiano original. Portanto, o lagrangiano fisicamente equivalente e com o número mínimo de graus de liberdade seria:

$$\mathcal{L}(y, \dot{y}) = \frac{m}{2}\dot{y}^2 - U(y)\,.$$

De forma geral, se um sistema só tem vínculos de segunda classe, poderíamos tentar definir uma base de vínculos $\{\psi_{\bar{a}}\}$ formada por pares de coordenadas canonicamente conjugadas, de forma que metade desses vínculos seriam como coordenadas generalizadas e a outra metade seria formada pelos seus momentos canônicos associados. Nesse caso, considerar a superfície de vínculo como sendo o espaço de fase completo do sistema equivale a eliminar $N/2$ coordenadas generalizadas espúrias, assim como fomos capazes de eliminar a coordenada x do lagrangiano (26.34).

Por fim, vale mencionar que a definição do que é fisicamente mensurável pode variar com o contexto. Por exemplo, ao estudarmos um sistema formado por um conjunto de n_p partículas interagindo, em três dimensões, através de forças centrais cujas intensidades só dependem da distância entre os pares de partículas, geralmente atribuímos realidade física às três coordenadas cartesianas de cada uma das partículas, bem como aos seus momentos lineares. Desse modo, o sistema seria descrito por $3n_p$ graus de liberdade e não haveria vínculos na formulação hamiltoniana. No entanto, é possível encarar as translações globais e rotações globais como sendo transformações de calibre. Isso faz sentido à luz do fato de que o Universo não vem naturalmente munido com uma origem e com um sistema de eixos; essas escolhas são arbitrárias. Portanto, tudo que podemos efetivamente medir é a posição *relativa* entre as partículas e suas orientações *relativas*. Adotando esse tipo de visão, parte das coordenadas generalizadas seria espúria. Nesse contexto, as grandezas com realidade física devem ser invariantes pela ação das translações globais e das rotações globais. Embora essa abordagem não seja a usual na mecânica clássica não relativística, é salutar manter em mente que essa é uma possibilidade. Ao se estudar teorias de campo relativísticas, é comum considerar as transformações de Poincaré como sendo transformações de calibre. Em teorias de campo, no entanto, as transformações de calibre podem ser locais (em vez de globais), pois cada componente do campo *em cada ponto do espaço* deve ser vista como representando um grau de liberdade.

26.7 Exercícios sugeridos

Exercício 1 – *resolvido*
Consideremos um sistema descrito por três graus de liberdade, usando o sistema de coordenadas $\{x, y, z\}$, cujo lagrangiano é dado por

$$\mathcal{L} = \frac{1}{2}\dot{x}^2 + 2\,x\,\dot{y} + x^2\,\dot{z}\,.$$

a) Obtenha os vínculos primários.
b) Obtenha o hamiltoniano do sistema.
c) Obtenha os vínculos secundários.
d) Obtenha uma base para os vínculos de primeira classe.
e) Determine o valor da constante α que faz com que $F = y + \alpha\, z\, p_y$ seja invariante por mudança de calibre.

Exercício 2
Considere um sistema descrito por três graus de liberdade, usando o sistema de coordenadas $\{x, y, z\}$, cujo lagrangiano é dado por

$$\mathcal{L} = \frac{1}{2}\dot{y}^2 + y^2\,\dot{x} + x\,\dot{z}\,.$$

a) Encontre os vínculos primários e secundários.
b) Usando o hamiltoniano total, obtenha as equações dinâmicas obedecidas por x, y e z. Verifique que essas equações são equivalentes àquelas advindas do formalismo lagrangiano.
c) Encontre uma base para os vínculos de primeira classe.
d) Complete a base do item anterior e determine a matriz $S_{\bar{a}\bar{b}}$ para a base escolhida.
e) Determine a forma mais geral de uma função do espaço de fase, $F(q, p)$, que seja uma grandeza com realidade física.
f) Quantos graus de liberdade físicos tem esse sistema?

Exercício 3
Com relação aos parênteses de Dirac, prove que eles obedecem às identidades de Leibniz e Jacobi. Demonstre também que, se φ é um vínculo de primeira classe, então $[\varphi, F] \approx \{\varphi, F\}$, qualquer que seja a função F. Por fim, estabeleça que $[\psi_{\bar{a}}, F] = 0$ para qualquer elemento $\psi_{\bar{a}}$ da base de vínculos secundários.

Exercício 4

Considere um sistema descrito através de quatro coordenadas, $\{x, y, z, w\}$, cujo lagrangiano é dado abaixo:

$$\mathcal{L} = \frac{1}{2x}\dot{y}^2 + \dot{x}\,[B(x,w) + \dot{w}] + w\,\dot{z}\,,$$

onde $B(x, w)$ é uma função das coordenadas x e w.
a) Obtenha os vínculos primários.
b) Determine o hamiltoniano do sistema.
c) Obtenha os vínculos secundários. Atenção, é preciso ter certeza de que se chegou ao final da cadeia de testes de compatibilidade entre os vínculos e a dinâmica.
d) Estabeleça uma base de vínculos de primeira classe.
e) Determine a função mais geral que é linear nas coordenadas do espaço de fase, ou seja, $L = a_i\, q^i + b^i\, p_i$, com a_i e b^i sendo constantes, tal que L seja uma grandeza com realidade física.
f) Qual é o número de graus de liberdade físicos desse sistema?

Exercício 5

Prove que o parêntese de Poisson entre duas funções de primeira classe é uma função de primeira classe.

Solução do Exercício 1

a) Calculando os momentos canônicos, temos:

$$p_x = \dot{x}\,, \quad p_y = 2x\,, \quad p_z = x^2$$

Os vínculos primários são, portanto,

$$\phi_1 = p_y - 2x \approx 0 \quad \text{e} \quad \phi_2 = p_z - x^2 \approx 0\,.$$

b) O hamiltoniano é dado por:

$$h = \dot{x}\,p_x + \dot{y}\,p_y + \dot{z}\,p_z - \mathcal{L} \approx \dot{x}^2 + \dot{y}(2x) + \dot{z}\,x^2 - \left[\frac{1}{2}\dot{x}^2 + 2\,x\,\dot{y} + x^2\,\dot{z}\right] = \frac{1}{2}\dot{x}^2 = \frac{1}{2}p_x^2\,.$$

c) Se $\phi \approx 0$ é um vínculo, sua compatibilidade com a dinâmica se dá através da seguinte equação:

$$0 \approx \dot{\phi} = \{\phi, h\} + \lambda^a\,\{\phi, \phi_a\}\,.$$

No caso, temos que $\{\phi_1, \phi_2\} = 0$, de maneira que a fórmula acima aplicada a ϕ_1 e ϕ_2 fornece respectivamente:

$$0 \approx \{\phi_1, h\} = -2p_x \quad \text{e} \quad 0 \approx \{\phi_1, h\} = -2x\,p_x\,.$$

A primeira dessas condições implica $p_x \approx 0$, o que faz com que a segunda condição, $x\,p_x \approx 0$, seja automaticamente satisfeita. Portanto, temos o seguinte vínculo secundário:

$$\phi_3 = p_x \approx 0\,.$$

O novo hamiltoniano total é então dado por

$$H_T = \frac{1}{2}p_x^2 + \lambda^1\,(p_y - 2x) + \lambda^2\,(p_z - x^2) + \lambda^3\,p_x\,.$$

Impondo as condições $\{\phi_1, H_T\} \approx 0$ e $\{\phi_2, H_T\} \approx 0$, conclui-se que $\lambda^3 \approx 0$. Por sua vez, a condição $\{\phi_3, H_T\} \approx 0$ fornece uma relação entre λ^1 e λ^2. Ou seja, não existem outros vínculos secundários. Então, vemos que, dos três parâmetros λ^a, só um deles é arbitrário, o que indica que devemos ter apenas um vínculo de primeira classe.

d) Os vínculos de primeira classe são $\varphi = \eta^a\,\phi_a$, onde η^a está no núcleo da matriz $M_{ab} = \{\phi_a, \phi_b\}$. Computando essa matriz, temos:

$$M_{ab} = \{\phi_a, \phi_b\} = \begin{bmatrix} 0 & 0 & -2 \\ 0 & 0 & -2x \\ 2 & 2x & 0 \end{bmatrix}$$

Portanto, os elementos do seu núcleo são dados por:

$$M_{ab}\,\eta^b = 0 \quad \Leftrightarrow \quad \begin{cases} \eta^3 = 0 \\ \\ \eta^1 + x\,\eta^2 = 0 \end{cases} \quad \Rightarrow \quad \eta^a \propto \begin{bmatrix} x \\ -1 \\ 0 \end{bmatrix}$$

Logo, só há um vínculo de primeira classe independente e ele é dado por:

$$\varphi = x\,\phi_1 - \phi_2 = x\,p_y - x^2 - p_z\,.$$

e) As transformações de calibre são transformações canônicas geradas pelos vínculos de primeira classe. No presente caso, só há um vínculo de primeira classe independente, φ. Logo, F será invariante por mudança de calibre se seu parêntese de Poisson com φ for fracamente nulo. Então, devemos impor:

$$0 \approx \{\varphi, F\} = \{x\, p_y - x^2 - p_z, y + \alpha\, z\, p_y\} = -x + \alpha\, p_y \approx -x + \alpha\,(2x) \quad \Rightarrow \quad \alpha = 1/2\,.$$

f) Nessa descrição matemática do sistema, o espaço de fase tem dimensão 6. No entanto, há três vínculos no problema e um dos parâmetros λ^a pode ser escolhido da forma que quisermos. Sendo assim, há $(6 - 3 - 1) = 2$ coordenadas fisicamente relevantes no espaço de fase, o que corresponde a um grau de liberdade fisicamente relevante.

Referências e sugestões de leitura

Para que possamos aprender mais profundamente sobre determinado assunto, acredito ser imprescindível que nos exponhamos a diferentes pontos de vista sobre o tema de interesse. Só dessa forma teremos elementos para estabelecer nossa própria perspectiva a respeito do objeto de estudo. Ao longo de anos imerso no mundo acadêmico, percebi que alguns dos aprendizados mais valiosos vêm exatamente quando confrontamos duas maneiras distintas de abordar um assunto. Nosso cérebro se esforça para tentar conciliar visões diferentes, por vezes até contraditórias, e somos obrigados a exercer um raciocínio crítico. É a partir dessa experiência que passamos a formar nossa própria opinião sobre o tema. Portanto, a verdade nunca será encontrada em um único livro. Para que tenhamos um conhecimento maduro sobre determinado tópico, precisaremos ler muitos livros de diferentes autores. Abaixo, segue uma pequena lista com sugestões de leitura nos temas abordados neste livro. A maior parte das obras sugeridas requerem conhecimento semelhante àquele necessário para a compreensão deste livro. Alguns, no entanto, são um pouco mais avançados e serão destacados com um asterisco nessa lista. Boa leitura!

Mecânica clássica

✓ LANDAU, L. D.; LIFSHITZ, E. M. *Mechanics (course of theoretical physics, vol. 1)*. Elsevier, 1976.

✓ LEMOS, N. A. *Mecânica Analítica.* Editora Livraria da Física 2007.

✓ THORNTON, S. T.;MARION, J. B. *Classical Dynamics of Particles and Systems.* Thomsom, 2004.

✓ GOLDSTEIN, H.; POOLE, C.; SAFKO, J. *Classical Mechanics.* Addison Wesley 2002.

✓ CORBEN, H. C.; STEHLE, P. *Classical Mechanics.* Dover, 1950.

✓ KOTKIN, G. L.; SERBO, V. G. *Collection of Problems in Classical Mechanics.* Pergamon Press, 1971.

∗ ARNOLD, V. I. *Mathematical Methods of Classical Mechanics.* Springer, 1978.

∗ ROVELI, C. *Quantum Gravity.* Cambridge, 2004.

Simetrias e o teorema de Nöther

✓ NEUENSCHWANDER, D. E. *Emmy Noether's Wonderful Theorem.* Johns Hopkins, 2011.

∗ FREEDMAN, D. Z.; PROEYEN, A. V. *Supergravity.* Cambridge, 2012.

Teoria de grupos

✓ TUNG, W.-K. *Group Theory in Physics.* World Scientific, 1985.

✓ NAKAHARA, M. *Geometry, Topology and Physics.* Taylor & Francis, 2003.

✓ FRANKEL, T. *The Geometry of Physics.* Cambridge, 2011.

✓ GILMORE, R. *Lie Groups, Physics and Geometry.* Cambridge, 2008.

Sistemas hamiltonianos vinculados e teorias de calibre

✓ DIRAC, P. A. M. *Lectures on Quantum Mechanics.* Dover, 2001.

∗ HENNEAUX, M.; TEITELBOIM, C. *Quantization of Gauge Systems.* Princeton, 1992.

∗ GÖCKELER, M.; SCHÜCKER, T. *Differential Geometry, Gauge Fields, and Gravity.* Cambridge, 1987.

Índice remissivo

GRÁFICA PAYM
Tel. [11] 4392-3344
paym@graficapaym.com.br